HISTOIRE DES TECHNIQUES
sous la direction d'Anne-Françoise Garçon, André Grelon
et Virginie Fonteneau
14

Une histoire de la cybernétique en France (1948-1975)

Ouvrage publié avec le soutien du LIS – EA 4395
« Lettres, idées, savoirs » de l'université Paris Est – Créteil – Val-de-Marne

Ronan Le Roux

Une histoire de la cybernétique en France

(1948-1975)

PARIS
CLASSIQUES GARNIER
2018

Ronan Le Roux, docteur de l'EHESS, est maître de conférences en sciences de l'information et de la communication à l'université Paris Est – Créteil – Val-de-Marne. Il a contribué à l'édition française des ouvrages de Norbert Wiener : *La Cybernétique* (Paris, 2014), *Cybernétique et société* (Paris, 2014). Il a coordonné le dossier « Les machines : objets de connaissance » dans la *Revue de synthèse* (Cachan, 2009).

ISBN 978-2-406-07293-5 (livre broché)
ISBN 978-2-406-07294-2 (livre relié)
ISSN 2118-8181

ABRÉVIATIONS

ADERSA	Association pour le développement des études et recherches en systématique appliquée.
AFCET	Association française de cybernétique économique et technique.
AFDAS	Association française pour le développement et l'analyse des systèmes.
AFIC	Association française de l'instrumentation et du contrôle.
AFIRO	Association française d'informatique et de recherche opérationnelle.
AFOSR	US Air Force Office of Scientific Research.
AFRA	Association française de régulation et d'automatisme.
AIC	Association internationale de cybernétique.
APLF	Association des physiologistes de langue française.
ATP	Actions thématiques programmées.
CAMS	Centre d'analyse et de mathématique sociale.
CASBS	Center for Advanced Studies in Behavioral Sciences.
CASDN	Comité d'action scientifique de la Défense nationale.
CCIF	Centre catholique des intellectuels français.
CEA	Commissariat à l'énergie atomique.
CECYB	Cercle d'études cybernétiques.
CENIS	Center for International Studies.
CERA	Centre d'études et de recherches en automatismes.
CERCI	Compagnie d'études et de réalisations de cybernétique industrielle.
CEREMADE	Centre d'études et de recherches en mathématiques de la décision.
CERMAP, CEPREMAP	Centre de recherches mathématiques pour la planification.
CIA	Central Intelligence Agency.
CISS	Conseil international des sciences sociales de l'Unesco.
CMAC	Centre de mathématiques appliquées et de calcul.

CNAM Conservatoire national des Arts et métiers.
CNET Centre national d'études des télécommunications.
CNRS Centre national de la recherche scientifique.
CNRSA Centre national de la recherche scientifique appliquée.
CSRSPT Conseil supérieur pour la recherche scientifique et le progrès technique.
DCRT Direction de la recherche et du contrôle technique.
DEFA Direction des études et fabrications d'armement.
DGRST Délégation générale pour la recherche scientifique et technique.
DMA Délégation ministérielle pour l'armement.
DRME Direction des recherches et moyens d'essais.
EEG Électro-encéphalographie.
EHESS École des hautes études en sciences sociales.
ENA École nationale de l'administration.
ENS École normale supérieure.
ENSAE École nationale supérieure d'aéronautique (Supaéro).
ENSAM École nationale supérieure des Arts et métiers.
EPHE École pratique des hautes études.
ESPCI École supérieure de physique et de chimie industrielles.
ESRO European Space Research Organisation.
EURATOM Communauté européenne de l'énergie atomique.
FBI Federal Bureau of Investigation.
GERBIOS Groupe d'études et de recherches sur les biosystèmes.
IBPC Institut de biologie physico-chimique.
IBM International Business Machines Corporation.
IBRO International Brain Research Organization.
IFAC International Federation of Automatic Control.
IHES Institut des hautes études scientifiques.
IHST Institut d'histoire des sciences et des techniques.
IIASA International Institute for Applied Systems Analysis.
INED Institut national d'études démographiques.
INOP Institut national de l'orientation professionnelle.
INPI Institut national de la propriété industrielle.
INRA Institut national de la recherche agronomique.
INSA Institut national des sciences appliquées.
INSEE Institut national de la statistique et des études économiques.
INSERM Institut national de la santé et de la recherche médicale.

IRCCYN	Institut de recherche en communication et cybernétique de Nantes.
IRD	Institut de recherche pour le développement.
IRIA	Institut de recherche en informatique et en automatique.
ISEA, ISMEA	Institut de science(s) (mathématiques et) économique(s) appliquée(s).
ISUP	Institut de statistique de l'université de Paris.
LRBA	Laboratoire de recherches balistiques et aérodynamiques.
NIH	National Institute of Health.
ONERA	Office national d'études et de recherches aérospatiales.
OULIPO	Ouvroir de littérature potentielle.
PCF	Parti communiste français.
PROPE	Programme of Research into Policy Optimization.
PTT	Postes, Télégraphes et Téléphones.
RCP	Recherches coopératives sur programme.
RITA	Réseau intégré de transmissions automatiques.
RO	Recherche opérationnelle.
SADT	Structured Analysis and Design Technique.
SEMA	Société d'économie et de mathématiques appliquées.
SEREB	Société pour l'étude et la réalisation d'engins balistiques.
SFCYB	Société française de cybernétique.
SFSC	Société française de sciences comparées.
SNCF	Société nationale des chemins de fer.
SNECMA	Société nationale d'étude et de construction de moteurs d'aviation.
STAR	Schéma théorique d'accumulation et de répartition.
STTA	Service technique des télécommunications de l'Air.
UCSF	Union catholique des scientifiques français.
UNESCO	Organisation des Nations unies pour l'éducation, la science et la culture.

INTRODUCTION

Depuis plusieurs années, la « cybernétique » suscite en maints lieux un regain d'intérêt : non la « cybercriminalité » ou le « cybersexe », dont on fait dûment cas dans les chaumières, mais la référence scientifique et technique originelle. Faut-il s'en étonner ? À vrai dire, une part non négligeable de cette curiosité – à commencer par la mienne, voici maintenant plus d'une quinzaine d'années – provient du flou qui, encore aujourd'hui, entoure le terme et le voit employé dans toutes sortes de contextes avec toutes sortes de significations qui n'aident pas y voir plus clair. Or la prolifération accélérée d'études sur l'histoire de la cybernétique (au point qu'en tenir à jour la bibliographie relève désormais en soi d'un travail de recherche), loin d'avoir dissipé ce flou, l'a accompagné, voire amplifié. Une tendance caractérisée à l'évacuation de l'épistémologie par nombre d'historiens des sciences, ces trois dernières décennies, n'est sans doute pas étrangère à cette persistance. L'engouement pour l'histoire culturelle des sciences et des techniques est louable, mais dès lors qu'il tend à occulter l'épistémologie au profit de récits destinés à captiver un public élargi, ne devient-il pas un symptôme, si actuel, oserais-je dire un vecteur, de perte d'autonomie du champ académique ?

Non qu'il faille nier la perméabilité de la science aux influences culturelles : dans ce livre, l'histoire des sciences est en interaction permanente avec l'histoire des techniques, mais aussi avec l'histoire politique et l'histoire culturelle – ce qui n'amène pas à sacrifier des interrogations portant sur la *pertinence scientifique* des idées cybernétiques telle qu'elle a été discutée par les intéressés. De perméabilité du champ scientifique, il ne sera donc question que de cela, à condition de préciser : 1) qu'on donnera à la cybernétique un statut épistémologique défini (il s'agit de construire un objet d'histoire des sciences) ; 2) que la porosité des frontières entre champs, entre disciplines, n'implique pas leur inexistence (les traverser entraîne des coûts : symboliques, cognitifs, financiers) ; et 3) que les relations concernées entre science et technique sont assez spécifiques. Ces différents points vont être abordés dans cette introduction. Le lecteur qui ne s'intéresse pas aux débats historiographiques, sociologiques et philosophiques concernant les sciences et les techniques peut donc sans grand dommage accéder directement aux chapitres de son choix.

Ce livre aborde l'histoire de la cybernétique sous l'angle de l'histoire des pratiques de modélisation interdisciplinaires au lendemain de la Seconde guerre mondiale. Il s'agit de suivre la diffusion du concept de rétroaction négative (ou boucle d'asservissement) dans un certain de nombre de disciplines relevant des sciences biologiques, humaines et sociales. Ce concept, et à travers lui la modélisation cybernétique (qu'elle s'appelle ainsi ou *automatique*, *théorie des asservissements*, *commande optimale*) est aujourd'hui intégré à la panoplie méthodologique de plusieurs domaines, où il propose ses services avec pignon sur rue[1]. Cette intégration et cette disponibilité d'outils ne sont peut-être pas aussi accomplies qu'elles le pourraient, mais ce n'est pas à ce livre d'en juger : ici, on s'intéresse à leur débuts. Par la circulation interdisciplinaire d'un concept, et le développement d'applications de moyens de modélisation, s'effectue depuis plusieurs décennies la répercussion encyclopédique d'un procédé issu du monde des machines (thermostats, régulateurs de vitesse, de position, de pression...). Ce sera l'angle principal adopté pour ce livre, mais non exclusif. En effet, la dispersion sémantique irréductible qui accompagne dès son apparition le terme *cybernétique* a été depuis le départ un paramètre de cette histoire. Au lieu de regretter ou d'ignorer cette dispersion, utilisons-la ! En scrutant les réactions du système à un signal polysémique, on apprendra toujours quelque chose de la France scientifique et technique des

1 Quelques exemples : W. J. P. Barnes, M. H. Gladden (dir.), *Feedback and Motor Control in Invertebrates and Vertebrates*, Londres / Sydney / Dover : Croom Helm, 1985 ; C. Cosentino, D. Bates, *Feedback Control in Systems Biology*, Boca Raton / Londres / New York : CRC Press, 2012 ; P. A. Iglesias, B. P. Ingalls, *Control Theory and Systems Biology*, Cambridge (Ma) : The MIT Press, 2010 ; E. E. Bittar, N. Bittar (dir.), *Molecular and Cellular Endocrinology*, Londres : JAI Press, 1997 ; C. Carraro, D. Sartore (dir.), *Developments of Control Theory for Economic Analysis*, Dordrecht / Boston / Lancaster : Kluwer academic Publishers, 1987 ; D. A. Kendrick, *Feedback: A New Framework for Macroeconomic Policy*, Dordrecht / Boston / Lancaster : Kluwer academic Publishers, 1988 ; A. Sarychev et al., *Mathematical Control Theory and Finance*, Berlin/Heidelberg : Springer-Verlag, 2008. Il n'est pas utile d'allonger la liste indéfiniment.

Trente glorieuses. Ce signal ambigu, ce signifiant flottant qu'est la cybernétique, tâchons de le tracer, tel un isotope qui va nous révéler quelques propriétés de la tuyauterie qu'il emprunte par la manière dont il y interagit localement.

La multiplication des études par différentes approches (« sociologie de la traduction », interactionnisme, *cultural studies of science*...) fournit maintenant une base de comparaison assez substantielle pour recenser les angles morts laissés dans l'historiographie de la cybernétique par les limites propres à chaque approche. Il faut bien reconnaître que la littérature dans ce domaine est loin d'avoir résolu tous les problèmes ; on peut même affirmer qu'elle en a créé. La cybernétique n'a été essentiellement abordée que sous l'angle de l'histoire culturelle, des intuitions philosophiques des pionniers, etc. Il n'existe en fait aucun bilan des conséquences scientifiques de la diffusion des modèles cybernétiques dans diverses disciplines, ni tout simplement de cartographie un peu méthodique de cette diffusion.

L'étude a donc été conçue sur le principe d'un canevas analytique visant à suivre la réception et la circulation du concept de rétroaction négative dans différentes disciplines pendant la période des années 1950 jusqu'au début des années 1970. Il y a plusieurs raisons à cela :

- Il s'agit du concept principal de la cybernétique[2] ; au-delà du mot *cybernétique* et de sa polysémie, l'enjeu est de tracer la circulation d'un *concept*, et donc faire de l'histoire des sciences « à la française ».
- La prise en compte de la répercussion encyclopédique de ce concept dans une extension appréciable réduit d'autant les risques de biais disciplinaire. Démultiplier les perspectives permet de rééquilibrer les évaluations rétrospectives et de démystifier certaines options narratives. Jusqu'à présent, par exemple, l'historiographie française de la cybernétique a été écrite à travers le prisme de l'histoire des sciences cognitives[3].

---

2 Une justification plus détaillée se trouve dans la présentation de la traduction française de N. Wiener, *La Cybernétique. Information et régulation dans l'organisme et la machine*, Paris : Éditions du Seuil, 2014 ; et de façon plus résumée ici même, au début du chapitre 6.

3 R. Le Roux, « Revue critique : Sur le moment cybernétique (à propos de : M. Triclot, *Le Moment cybernétique. La constitution de la notion d'information*, Champ Vallon, 2008) »,

– La nature du sujet exclut toute linéarité et contrarie toute forme narrative globale. Plus qu'une histoire à raconter, il s'agit de rendre compte de l'interconnexion de multiples histoires. Le livre n'est donc pas organisé selon une périodisation d'ensemble, c'est une série d'études de cas : cette structuration reflète l'articulation d'un questionnement épistémologique et sociologique à la construction d'une chronologie historique.
– La comparaison des réceptions et assimilations (ou rejets) disciplinaires laisse espérer le repérage d'invariants dans les mécanismes, processus ou pratiques d'échanges interdisciplinaires et les facteurs qui les conditionnent.

Les travaux portant sur les contextes nationaux ayant par ailleurs essaimé (États-Unis, Allemagne de l'Est, URSS, Grande-Bretagne, Tchécoslovaquie…), l'étude du cas français peut bénéficier d'une appréciation comparative plus vaste et y contribuer en retour. La France présente le cas de figure intéressant de n'avoir pu bénéficier de l'effort de guerre qui a considérablement amplifié les recherches menant à la cybernétique dans les pays anglo-saxons. À l'horizon d'une comparaison internationale figure donc une situation permettant d'observer de manière pseudo expérimentale les conditions favorables et défavorables au développement d'un certain type de circulations intellectuelles entre sciences, techniques et société.

Si ce cahier des charges idéal ne peut naturellement être intégralement respecté dans le cadre de ce seul livre, il s'agit au moins d'identifier certains points stratégiques du circuit de diffusion intellectuelle, et d'explorer la réception de la cybernétique dans certaines disciplines à titre d'études de cas, tout en considérant le contexte socio-historique.

Le corpus de cette étude est essentiellement constitué de littérature scientifique et technique, publiée ou « grise », et d'entretiens avec un

Revue de synthèse, vol. 130, n° 1, 2009, p. 181-185 ; « À propos de la filiation entre cybernétique et sciences cognitives. Une analyse critique de *Aux Origines des sciences cognitives* de J.-P. Dupuy (1994) », *Bulletin d'histoire et d'épistémologie des sciences de la vie*, vol. 22, n° 1, 2015, p. 77-100 (une erreur de mise en page dans cet article ne distingue pas deux citations commentées de mon propre commentaire, si bien qu'il peut en résulter une certaine confusion : les deux citations sont p. 80 « Tout cela est fort connu… …avant la lettre ! », et p. 81 « Mais surtout… …comportements »).

certain nombre d'acteurs impliqués à l'époque dans une forme ou une autre d'interdisciplinarité (pas toujours en rapport avec la cybernétique d'ailleurs). Le caractère parcellaire de ces sources, qu'il reste indispensable d'exploiter, implique naturellement une fiabilité limitée, une reconstruction imparfaite des réseaux et des circulations. C'est donc, avant tout, un travail de contextualisation et de construction d'hypothèses, préalables à toute analyse plus méthodique (au sens de l'application systématique, à chaque étude de cas, d'une grille d'analyse à la fois fine et robuste). Une telle approche eût été facilitée en remontant dans le temps à partir des manuels actuels d'applications de *control theory*, pour comparer différents stades de déploiement de la théorie des asservissements. Encore faudrait-il que ces manuels comportent des historiques fiables. Quand bien même, on y apprendrait peu de choses des « premiers contacts ». La priorité a donc ici été donnée à l'objet : le but n'était pas d'être méthodique, mais authentique. Un peu à la façon d'un carnet de naturaliste, ce livre exhibe des modèles comme des spécimens rapportés de diverses explorations. Il s'agit de repérer un concept de rétroaction à divers stades d'intégration dans différentes disciplines, et non un concept déjà intégré. On pourra donc avoir tantôt affaire, par exemple, à un médecin qui se pique d'introduire des schémas dans ses publications, tantôt à des échos de réunions informelles destinées à estimer, sur un coin de table, la faisabilité de principe d'une formalisation, tantôt à des « chaînes » plus complexes où interagissent sur la durée des représentants des disciplines d'accueil avec des ingénieurs ou des mathématiciens « naturalisés », eux-même faisant appel à d'autres ingénieurs ou mathématiciens, etc., avec des objectifs épistémologiques pas toujours explicites et susceptibles d'évoluer en cours de route. Il n'y a pas de configuration unique et prédéfinie, valable pour toute discipline.

En outre, les termes de « modèle » et « modélisation » ont ici un sens un peu lâche, dont on peut néanmoins exclure les acceptions matérielle (modèles physiques – il en sera tout de même un tout petit peu question) et logique (théorie des modèles). On peut dire que le modèle commence quand la métaphore (ici la métaphore entre machine et organisme ou société) se voit soumise à un jeu de contraintes réglées, dans une intention de construction de connaissance. Il peut être mathématisé, représenté par un diagramme, mais ce ne sont pas des conditions nécessaires. Les manuels d'automatique insistent régulièrement sur le fait qu'il ne s'agit pas seulement de poser et résoudre des équations : c'est la *façon de penser* qui compte, les hypothèses qui président à la formalisation, et pour lesquelles les raisonnements par analogie jouent un rôle heuristique notoire. Il y a une proximité entre les notions de *schème* (au sens kantien d'une règle de construction des objets), de *concept*, et de *modèle*. C'est cette façon de penser qu'on essaye de repérer ici, dans diverses traces – lexicales, conceptuelles, graphiques – où elle se dépose, et dans les discussions qu'elle suscite chez les principaux intéressés.

Les études de cas ont été choisies du fait de leur caractère significatif : la neurophysiologie (p. 301-408) est le canal historique d'application et d'inspiration de la cybernétique (cette discipline a été étrangement peu étudiée par les historiens de la cybernétique en comparaison de son importance séminale) ; en revanche, la biologie moléculaire (p. 409-449), l'économie (p. 451-509), et deux domaines associés au « structuralisme », l'anthropologie et la psychanalyse (p. 511-555), ont beaucoup plus attiré l'attention des commentateurs, alors même que *ce* qu'il s'agissait d'y analyser n'a pas toujours été aussi clarifié que possible. Autrement dit, le choix des disciplines a été déterminé en bonne partie à cause d'études préexistantes aux conclusions parfois hâtives, mais aussi, dans le cas de la neurophysiologie, à cause de l'*absence* d'étude préexistante. Pour autant, ce livre souffre inévitablement du défaut qu'il critique chez ses prédécesseurs, celui de se risquer à des conclusions générales quand manque encore tant de matériau. Mais les études de cas et le cadre d'analyse employé en arrière-plan entendent conduire à une confrontation constructive.

Dans la continuité de ces annonces liminaires, reste à dire un mot des domaines laissés de coté. Des disciplines importantes et également significatives auraient toute leur place comme autant de chapitres d'études de cas supplémentaires, non réalisées : il faut citer surtout l'éthologie[4],

4 K. Lorenz, *Les Fondements de l'éthologie*, Paris : Flammarion, 1984 (Lorenz s'y réfère beaucoup aux travaux du cybernéticien allemand B. Hassenstein) ; G. Viaud, « Recherches expérimentales sur le galvanotropisme des planaires », *L'Année psychologique*, vol. 54, n° 1, 1954, p. 1-33 ; « Langage des abeilles », *L'Année psychologique*, vol. 57, n° 1, 1957, p. 220-226 ; « L'éthologie », *L'Année psychologique*, vol. 60, n° 1, 1960, p. 129-132. Voir également l'entretien avec J.-A. Meyer en annexe.

l'endocrinologie, la psychologie[5], la sociologie[6], les sciences politiques[7]. Je laisse l'écologie en dehors de l'histoire de la cybernétique, contrairement à d'autres commentateurs[8]. En outre, il sera peu question des disciplines

---

5 La revue *L'Année psychologique* constitue un bon corpus de départ, notamment au travers d'un certain nombre de comptes rendus pouvant servir de baromètre à la perception et la réception de la cybernétique par les psychologues français (la discipline reste alors peu cloisonnée par rapport notamment à l'éthologie et à la neurophysiologie). Deux canaux d'échanges avec l'étranger sont à considérer plus particulièrement. D'une part, le très proche géant suisse Jean Piaget, dont la réception en France reste à analyser : J. Piaget, « Structures opérationnelles et cybernétique », *L'Année psychologique*, vol. 53, n° 1, p. 379-388 ; « Programmes et méthodes de l'épistémologie génétique », *Études d'épistémologie génétique* n° 1, Paris : Presses universitaires de France, 1957 ; voir aussi notamment le rapport *Tendances principales de la recherche dans les sciences sociales et humaines. Première partie : Sciences sociales*, Paris : Mouton/Unesco, 1970 ; J.-J. Ducret, « Jean Piaget et les sciences cognitives », *Intellectica* n° 33, 2001, p. 209-229. D'autre part, il s'agirait d'analyser la réception de la psychologie cognitive en France. L'un des ouvrages séminaux de la psychologie cognitive (G. Miller, E. Galanter, K. H. Pribram, *Plans and the Structure of Behavior*, New York : Henry Holt & Co., 1960) propose de redéfinir la psychologie autour du concept de rétroaction, en déclarant suivre un programme de recherche inspiré par la cybernétique. Le colloque international du CNRS de 1965 *Les modèles et la formalisation du comportement* est un moment important de cette réception, mais il y est peu question de rétroaction, hormis dans une communication de J.-M. Faverge. Le courant de la psychologie mathématique serait à regarder de près, notamment les relations entre Faverge, Bresson, Rouanet, et le mathématicien J.-P. Benzécri (*cf.* p. 291-296).

6 D. T. Robinson, « Control Theories in Sociology », *Annual Review of Sociology* n° 33, 2007, p. 157-174. En France, des sociologues majeurs comme Friedmann et Bourdieu ont été très hostiles au fonctionnalisme cybernétique. La cybernétique a intéressé des sociologues plus spécialisés (P. Naville, R. Escarpit, Y. Barel...). M. Grandvaux : « Cybernétique et sociologie », *3e Congrès international de cybernétique, 11-15 septembre 1961*, Namur : Association internationale de cybernétique, 1965, p. 590 ; M. Matarasso, compte rendu de P. Sorokin, *Tendances et déboires de la sociologie américaine*, *Revue française de sociologie*, vol. 1, n° 2, 1960, p. 246-247 ; *Revue française de sociologie*, vol. 11, numéro spécial analyse des systèmes, 1970 ; E. Friedberg, « Les systèmes formalisés de Niklas Luhmann », *Revue française de sociologie*, vol. 19, n° 4, 1978, p. 593-601.

7 En première instance, la question est celle de la réception de l'œuvre de Karl Deutsch : K. W. Deutsch, *The Nerves of Government : Models of Political Communication and Control*, New York : The Free Press, 1963 ; « This Week's Citation Classic : Deutsch, K. W. The Nerves of Government... », *Current Contents Social and Behavioral Sciences* n° 19, 1986, p. 18 ; S. Sidjanski, « En guise d'hommage : Karl W. Deutsch et son rôle dans le développement de la science politique européenne », *Revue internationale de politique comparée*, vol. 10, n° 4, 2003, p. 523-542.

8 À la différence des institutions humaines (marchés, politique démographique...), il n'y a pas de coordination dans la résilience des écosystèmes aux perturbations extérieures, ni dans les oscillateurs prédateurs-proies (les populations respectives ne corrigent pas leur effectif en fonction de l'information qu'elles recevraient au sujet du processus). Ce n'est pas parce qu'une oscillation est relativement stable qu'elle fait l'objet d'une régulation. On peut éventuellement la modéliser par un servomécanisme, cela ne signifie pas qu'un

d'ingénierie proprement dites (l'automatique et l'informatique), si ce n'est justement pour repérer un rapport ambigu à la cybernétique, et plus généralement à la recherche scientifique, marginalisées par le processus de disciplinarisation (p. 159-205). Cette étude n'est pas une étude d'histoire des techniques à proprement parler, même si quelques repères importants sont rappelés à l'occasion. Il n'a pas non plus été possible d'accorder à tous les acteurs concernés la place et l'attention qu'ils auraient méritées, et l'impasse a été injustement faite sur certains, tels Pierre Vendryès[9], Abraham Moles[10]…

Faire franchir à la cybernétique un seuil de bonne construction en tant qu'objet d'histoire des sciences suppose de prendre acte des problèmes de définition qui ont largement caractérisé la littérature en histoire de la cybernétique. Aucune représentation d'ensemble claire et cohérente de la cybernétique n'émerge de cette littérature, que ce soit du point de vue de son statut épistémologique (parle-t-on d'une théorie, d'une méthodologie, d'un paradigme, d'une science, d'un groupe de personnes, d'autre chose encore ? Il ne s'agit pas seulement d'un désaccord entre auteurs : de nombreux auteurs eux-mêmes emploient simultanément et indifféremment ces termes pour parler de la cybernétique dans une même publication) ; du point de vue de son cycle de vie (elle aurait tout envahi, tout en disparaissant cependant, et, telle Omar le Tchétchène, sa mort a été annoncée plus d'une fois) ; du point de vue de son bilan épistémologique…

---

servomécanisme existe effectivement dans le phénomène. On trouvera en général que le qualificatif « cybernétique » est alors employé dans un sens assez large, qui ne se limite pas aux boucles de rétroaction, mais inclut ce qu'on appelle « causalité circulaire » ou « mutuelle » ; c'était en effet le cas aux conférences Macy de cybernétique, auxquelles a participé l'un des principaux fondateurs de l'écologie, George Hutchinson. L'écologie a bien été influencée par la cybernétique, mais cette influence est en quelque sorte un malentendu.

9 P. Vendryès, « Introduction à la théorie mathématique de la physiologie respiratoire », *Revue française d'études cliniques et biologiques*, vol. 3, n° 8, 1958, p. 829-846 ; R. Virtanen, « Le colloque Claude Bernard, Paris 1965 », *Revue d'histoire des sciences et de leurs applications*, vol. 19, n° 1, 1966, p. 55-58 ; A. Pichot, « L'intériorité en biologie », *Rue Descartes* n° 43, 2004, p. 39-48 ; J. Lorigny, R. Vallée, G. Maugé, « Pierre Vendryès, la vie d'un chercheur remarquable », *Res-Systemica* n° 7, 2008 (en ligne).

10 A. Moles, E. Rohmer, « Autobiographie d'Abraham Moles. Le cursus scientifique d'Abraham Moles », *Bulletin de micropsychologie*, n° 28-29, 1996 ; M. Mathien, « L'approche physique de la communication sociale. L'itinéraire d'Abraham Moles », *Hermès* n° 11-12, 1992, p. 331-343 ; M. Mathien, V. Schwach, « De l'ingénieur à l'humaniste : l'œuvre d'Abrahams Moles », *Communication et langages*, n° 93, 1992, p. 84-98.

Il faut désormais faire primer les faits historiques et leur méthode de construction sur les interprétations hâtives. Il faut également examiner de façon critique l'affirmation par certains commentateurs d'une idiosyncrasie, d'un caractère *sui generis* de la cybernétique[11]. Si tel était le cas, si vraiment la cybernétique ne pouvait se comparer à rien, on n'aurait aucun moyen d'en faire l'analyse. Au contraire, on peut et on doit contextualiser la cybernétique à l'intersection de plusieurs histoires à plus ou moins longue durée : les pratiques de montages électroniques dans les expériences physiologiques ; les hybridations disciplinaires et méthodologiques rencontrées par les sciences du vivant (biologie mathématique[12] et autres sous-spécialités voisines qui émergent de façon tâtonnante : biométrie, biophysique, biomécanique…) ; l'histoire longue de la mathématisation sous l'angle des pratiques ; l'histoire des espaces de discussion et de la sociabilité salonnière (façon anthropologie historique des « lieux de savoir[13] ») ; l'histoire des pratiques de démonstrations techniques…

NI PARADIGME, NI ÉPISTÉMÈ

Nombre des auteurs ayant écrit sur l'histoire de la cybernétique ont employé, pour désigner celle-ci, les notions de *paradigme* ou encore d'*épistémè*, qui devraient en principe impliquer certaines contraintes pour la construction d'un objet d'étude historicisé. Le recours à ces notions introduit dans la périodisation des discontinuités temporelles radicales et généralisées – Kuhn parlait de *Gestalt switch*[14] – qui font problème sitôt posées. Que se passe-t-il, en effet, lorsqu'on zoome sur ces délimitations ? L'instant est toujours durée, on y cherche en vain

11 C'est notamment le cas de M. Triclot, pour qui la cybernétique serait « un objet épistémologique remarquable, quoique probablement éloigné des convenances du genre », « singulière et profondément atypique », « originale », « vraiment singulière », « littéralement extraordinaire » (M. Triclot, *op. cit.*, p. 8, 11, 407, 408, 411).

12 On peut mentionner la traduction française de : V. A. Kostītsyn, *Biologie mathématique*, Paris : Armand Colin, 1937. Il existe donc en France certaines préoccupations qui ne datent pas de la Second Guerre mondiale.

13 C. Jacob, *Qu'est-ce-qu'un lieu de savoir ?*, Marseille : Open Edition Press, 2014.

14 T. S. Kuhn : *La Structure des révolutions scientifiques*, Paris : Flammarion, 1972.

un instant dans l'instant, une limite dans la limite, en vertu du jeu de vases communicants qu'évoquait Claude Lévi-Strauss entre information et signification[15] : plus l'on grossit les détails, et plus les découpages signifiants opérés d'abord à l'échelle supérieure doivent être nuancés, parfois jusqu'au brouillage. Le rétablissement de continuité qui découle logiquement de ces agrandissements, en relativisant systématiquement le caractère ponctuel de tout événement, est en fait le travail total que tend à accomplir la communauté des historiens[16]. Si l'on nous autorise une comparaison géométrique, l'exploration de toute période par une succession infinie de travaux historiographiques d'importances variées équivaudrait à un pavage fractal tendant à recouvrir l'intégralité d'un espace. Ce caractère « transfini » de la flèche du temps ne rend pas tant les discontinuités absolument illégitimes qu'indéfiniment négociables et dépendantes des résolutions auxquelles on les considère.

Parce que la cybernétique a pu entraîner une modification des façons de penser dans plusieurs disciplines scientifiques (mais aussi disciplines « pratiques » : ingénierie, administration et management, sciences politiques…), il était tentant de la rapprocher de la façon dont Michel Foucault avait voulu désigner des cassures simultanées dans les sciences du vivant, de l'économie, et du langage[17]. Ainsi, Lily Kay a soutenu que la génétique moléculaire « informationnelle » d'après-guerre ressemblait plus à la linguistique de Jakobson qu'à la biochimie d'avant-guerre[18]. Un éventail transdisciplinaire de catégories intellectuelles en aurait donc remplacé un autre, la continuité perdue dans la diachronie se retrouvant dans la synchronie. Dans *Les Mots et les choses*, ces fractures transcendantales, dépourvues de sens et d'explication, faisaient se succéder de grands ensembles (les « épistémè »), dont l'homogénéité prétendue et les paradoxes liés à leur incommensurabilité réciproque ont été périodiquement critiqués[19]. Le concept même d'épistémè condamne à rendre inconnaissable ou impensable l'événement empirique qui fait se succéder une épistémè à une autre. Ce n'est au fond qu'un avatar du bon vieux problème cartésien du parallélisme, où institutions et discours remplacent

15 C. Lévi-Strauss : *La Pensée sauvage*, Paris : Plon, 1962, p. 346-347.

16 L'histoire du temps présent, avec son « retour à l'événement », n'y fait pas exception.

17 M. Foucault, *Les Mots et les choses*, Paris : Gallimard, 1966.

18 L. Kay, *Who Wrote the Book of Life ? A History of the Genetic Code*, Stanford : Stanford University Press, 2000.

19 J. Lamy, *Faire de la sociologie historique des sciences et des techniques*, Paris : Hermann, 2018.

respectivement le corps et l'âme, sans nous dire par quel miracle les « fondateurs de discursivité » – comme les appelle Foucault[20], et parmi lesquels il serait donc tentant de ranger Norbert Wiener – peuvent jouer le rôle de glandes pinéales de la culture.

Une façon de contourner le problème, pour les *cyborg studies* anglo-saxonnes, a été d'endosser un foucaldisme plus tardif, généalogique, post-structuraliste et politisé, sans nécessairement évoquer d'« épistémè cybernétique » proprement dite ; en d'autres termes, en faisant dépendre les formations discursives (ici le « discours cybernétique », ou le « discours de l'information »), d'un *dispositif* plutôt que d'une épistémè (celui-là subsumant néanmoins celle-ci). Il s'agissait alors d'empaqueter vision du monde, « culture matérielle » et projet politique (dont la dénonciation dirige en fait d'avance la construction de l'objet en un amalgame science-technologie-idéologie à caractère totalisant), dans un scénario selon lequel l'impérialisme américain, via le complexe militaro-industriel et les fondations philanthropiques, aurait financé des théories scientifiques véhiculant une représentation du monde propice à un meilleur contrôle technocratique des sociétés et des corps. Le caractère « calculé », et l'origine exacte de ce projet et de cette représentation du monde, peuvent différer dans le détail selon les commentateurs. La « solution » relative apportée par le concept de dispositif est alors, tantôt, d'évacuer la question de la discontinuité (Foucault n'y revenant apparemment plus), comme dans l'étude de Bernard Geoghegan[21], consacrée à l'influence du libéralisme américain sur la redéfinition (via le financement de travaux en cybernétique et théorie de l'information) des sciences sociales comme sciences de la communication susceptibles en tant que telles d'apparaître politiquement neutres, étude qui se trouve en fait plutôt reconstituer une *généalogie* d'un « dispositif cybernétique », c'est-à-dire (r)établir une continuité historique. Tantôt, d'une façon ou d'une autre, par un postulat d'émergence d'un nouvel ordre mondial porté par des innovations technologiques et scientifiques spécifiques, le problème de la caractérisation empirique de la rupture semble noyé dans

20 M. Foucault, « Qu'est-ce qu'un auteur ? », in *Dits et écrits. 1954-1988*, t. I, Paris : Gallimard, 1994, p. 804.

21 B. Geoghegan, *The Cybernetic Apparatus : Media, Liberalism, and the Reform of the Human Sciences*, thèse, Northwestern University, Evanston, Illinois, 2012 ; « From Information Theory to French Theory : Jakobson, Lévi-Strauss, and the Cybernetic Apparatus », *Critical Inquiry* n° 38, p. 96-126.

le tumulte de la seconde Guerre mondiale, comme s'il allait de soi que la guerre devait rebattre les cartes, comme si, à la faveur d'une période trouble constituée en boîte noire, l'on pouvait escamoter les critères d'ancrage empirique de la discontinuité[22]. S'il s'agit par là, comme souvent, de compter sur la guerre pour effacer des ardoises ou passer la muscade, force est de constater que les difficultés liées au concept d'épistémè ne sont pas levées par le recours au concept de dispositif. Il se pourrait que les tentatives de sauver ce concept en le solidarisant à des processus technologiques et/ou politiques chargés d'assumer le *switch* ne conduisent en fait à accentuer son affaiblissement, puisqu'en donnant un sens empirique à la rupture d'épistémè, elles en désavouent la définition princeps.

Le résultat est le même par d'autres chemins, lorsque le concept est employé sans respecter son axiome discontinuiste. Paul Edwards, qui n'utilise pas les concepts d'épistémè et de dispositif, mais les termes de *discourse* et *support* (en anglais) dans un sens équivalent, en se réclamant néanmoins de Foucault, attribue à ce dernier une approche « diachronique » axée sur le processus de production des objets et des sujets par les discours, et les compétitions entre discours[23]. Lily Kay oppose le nouvel âge informationnel de la biologie moléculaire à celui, le précédant, caractérisé par le concept de spécificité. Mais quelques chapitres plus loin, la voilà qui relate comment la cybernétique a réhabilité les explications téléologiques : transhistoricité souterraine théoriquement proscrite par le concept d'épistémè… L'usage des concepts foucaldiens dans les *cyborg studies* semble donc être resté un peu gratuit, sans doute moins engagé épistémologiquement qu'idéologiquement, et il semble

22 Dans l'absolu, cela ne semble pas une stratégie conceptuelle incohérente : dans la mesure où la transition historique entre deux dispositifs relève d'une praxis inaccessible à l'analyse (puisqu'une telle transition ne serait pensable ou connaissable que depuis l'intérieur d'une épistémè – et donc d'un dispositif – d'ordre supérieur), une « solution » au problème de son ancrage empirique consiste à la faire coïncider avec une guerre, moment typique où la praxis dépasserait le pensable (horreur indicible, innommable, etc.). Ce n'est pourtant pas la voie choisie par les *cyborg studies*, qui s'intéressent plutôt au processus de mise en place du nouveau dispositif et ne semblent pas très soucieuses d'assumer en toute rigueur le discontinuisme qu'elles affichent. Sur la « bataille » comme bord du pouvoir, opérateur de discontinuité et production d'événement chez Foucault, voir P. Chevallier, *Michel Foucault. Le pouvoir et la bataille*, Paris : Presses universitaires de France, 2004.

23 P. Edwards, *The Closed World. Computers and the Politics of Discourse in Cold War America*, Cambridge : The MIT Press, 1997, p. 37-40.

en fait difficile de trouver une autre manière d'en faire usage[24], en histoire de la cybernétique tout au moins. Que ce foucaldisme y soit seulement verbal, ou qu'il rencontre ses apories naturelles dans l'exercice authentique de ses fonctions, il ne semble pas soutenir sérieusement le discontinuisme qu'il devrait en principe impliquer (en tout cas, il ne discute pas de cette difficulté résiduelle de la période « structuraliste » de Foucault).

Le recours au concept kuhnien de *paradigme* pour qualifier la cybernétique n'est guère beaucoup plus satisfaisant. Contrairement aux ruptures d'épistémè, le *switch*, s'il génère lui aussi de l'incommensurabilité, conserve néanmoins un sens empirique : celui d'une révolution scientifique, avec résolution d'anomalies et compétition entre paradigmes concurrents. Le problème, dans le cas présent, est que ce sens ne semble pas pouvoir être attribué à quelque épisode significatif de l'histoire de la cybernétique. Lorsque l'article de 1943 « Behaviour, Purpose and Teleology » de Wiener, Rosenblueth et Bigelow[25], considéré comme fondateur, plaide en faveur du concept de téléologie sur la base de la théorie des servomécanismes, il se situe, quoi qu'il en dise, dans un prolongement théorique du béhaviorisme (définition fonctionnelle d'une boîte noire par une relation entrée-sortie) comme des précurseurs allemands, téléomécaniciens du XIXe siècle et autres[26]. La seule innovation de Wiener par rapport à ces concepts est la fertilisation croisée avec les méthodes formalisées des ingénieurs (à la mathématisation desquelles il contribue), difficilement assimilable à une rupture, par définition.

Faut-il alors, comme certains commentateurs l'ont fait, chercher plutôt dans le concept d'*information* la marque de fabrique de la cybernétique, et donc le point de repère d'un changement de paradigme ? C'est un argument qui pourrait s'appuyer, notamment, sur la critique que fait Wiener de la biophysique de Rashevsky pour en différencier la cybernétique[27], ou encore sur la façon dont il sous-entend que l'information

---

24 Pour une synthèse plus favorable, voir : J. Lamy, *op. cit.*

25 A. Rosenblueth, N. Wiener, J. Bigelow : « Behaviour, Purpose and Teleology », *Philosophy of Science* n° 10, p. 18-24, 1943.

26 T. Lenoir, *The Strategy of Life. Teleology and Mechanics in Nineteenth-Century German Biology*, Chicago : The University of Chicago Press, 1982 ; C. Bissell, « The Information Turn in Modelling People and Society. Early German Work », in Y. Espiña (dir.), *Images of Europe: Past, Present, Future. Proceedings of the XIV Conference of the International Society for the Study of European Ideas*, Porto : Universidade Católica Editora, 2016, p. 53-60.

27 Voir : N. Wiener, *La Cybernétique*, p. 114.

est ce qui manquait à la réflexion de Schrödinger pour comprendre certains mécanismes biologiques fondamentaux à l'échelle moléculaire[28]. Mais la succession d'époques que décrit Wiener ne correspond pas à une succession de paradigmes kuhniens, parce que le rapport science-technique qui est en jeu n'y est pas le même (on y reviendra plus loin), et parce que l'introduction du concept d'information se fait d'une façon qui ne correspond pas à une résolution d'anomalie ayant valeur de succès paradigmatique opératoire en biologie ou en sciences humaines et sociales. Plus encore peut-être, « le » concept d'information n'est ni aussi unitaire, ni aussi novateur que semble le prétendre Wiener, en quoi le contrat d'une discontinuité nette a été hâtivement signé par les commentateurs qui en ont fait leur clé de lecture. *Des* notions d'information ont émergé séparément en statistique, en thermodynamique et en télécommunications, comme Jérôme Segal l'a documenté dans sa somme[29] ; et aucun concept simultanément précis *et* unifié n'a pu être construit par la suite, laissant intuitive l'unité proclamée par Wiener. Mais d'autres domaines encore n'ont pas attendu les ingénieurs en télécommunications ou la cybernétique pour s'inventer une notion d'information explicite. C'est le cas des biologistes allemands déjà mentionnés[30], mais aussi de l'économie, des sciences politiques, et l'on peut en soupçonner d'autres[31]. Il faut aussi préciser si le critère retenu concerne

---

28 *ibid.*, p. 69-70.

29 J. Segal, *Le Zéro et le Un. Histoire de la notion scientifique d'information au* XX*e siècle*, Paris, Syllepse, 2003.

30 C. Bissell, « The Information Turn in Modelling People and Society », *op. cit.*

31 On pourrait citer l'exemple de l'économie agricole américaine de l'entre-deux-guerres, mais il est peu utile de multiplier ici des exemples. Est requise une histoire longue des *conceptions* de l'information, pour déconstruire les idées de « société de l'information » et d'émergence, soudaine ou téléologique, de la notion d'information contemporaine. Pas seulement au sens où « chaque âge fut un âge de l'information à sa manière » (R. Darnton, « The Research Library in the Digital Age », *Bulletin of the American Academy of Arts and Sciences* n° 61, 2008, p. 10), si l'on ne vise par là que les divers champs de pratiques qui s'y relient (dénombrement et inventaire, recherche d'information, documentation, calcul…) et dont les histoires respectives sont déjà étoffées ; mais au sens où il faudrait à chaque fois rechercher comment, sous quelle forme et dans quelle configuration s'élaborent des *représentations* de l'information, ou ce qui en tient lieu. Il s'agit d'éviter les historiographies messianiques (« puis vint Shannon – ou Wiener –, père(s) de la société de l'information »…) à la James Gleick (J. Gleick, *The Information: A History, a Theory, a Flood*, New York : Pantheon Books, 2011 ; tr. fr. *L'Information : l'histoire, la théorie, le déluge*, Paris : Cassini, 2015). Il ne s'agit pas de dire que notre époque n'a rien inventé, mais de cerner plus précisément ce qu'elle a inventé, et seule une telle recherche comparative peut le faire.

l'apparition d'un mot, d'une théorie, des éventuels besoins ou problèmes auxquels ils renvoient ou s'adressent, ou de leur adoption par une masse critique d'acteurs spécifiques. Il est évident que ces différentes facettes, pour dire le moins, ne concordent pas toujours chronologiquement, et ne peuvent être assimilées à un événement ponctuel qu'au prix d'un réglage élargi de la focale. James Beniger fait remonter l'émergence de la « société de l'information » aussi loin que la seconde moitié du XIXe siècle[32]. Le principe d'un *switch* unique et global est donc mis à mal par ces généalogies différenciées.

Ainsi donc, ces notions d'épistémè et de paradigme n'ont généralement de sens qu'à des degrés d'approximation qui conviennent peu à cette étude. Sans être nécessairement fallacieuses, elles sont surtout imprécises. Même si elles sont susceptibles de conserver un sens pour l'historien, l'histoire de la cybernétique ne leur convient qu'au prix de simplifications et contorsions que l'on est maintenant en droit de refuser. Ajoutons cependant que ces deux notions n'ont pas le monopole des périodisations discontinuistes. Invitant deux représentants des *cyborg studies* (Lily Kay et Paul Edwards), l'ouvrage collectif *Les Sciences pour la guerre*[33] entendait consacrer la lecture prenant la Seconde guerre mondiale comme point de rupture. C'est par le terme de *régime* que Dominique Pestre y propose de décrire la dynamique générale de production et de régulation des savoirs entre science, industrie, armée, société. Qu'on puisse y voir autre chose que des paradigmes kuhniens en contexte[34], sujets à des hétéronomies variées, n'est pas tellement la question ici. Il peut surtout sembler paradoxal que Pestre définisse un régime nouveau, issu de la Seconde guerre mondiale, au sein duquel « les frontières entre science et *engineering*, entre science comme savoir et science comme maîtrise sur les choses et les hommes se sont estompées, voire dissoutes[35] », alors même qu'il opposait ce concept de régime à celui de « mode 2 » avancé par les théoriciens de la *New Production of Knowledge*[36], et qui se

32 J. Beniger, *The Control Revolution. Technological and Economic Origins of the Information Society*, Cambridge (Ma) / London : Harvard University Press, 1982. Le fait que l'auteur emploie le terme de « révolution » n'objecte en rien à mon argumentation.

33 A. Dahan, D. Pestre (dir.), *Les Sciences pour la guerre*, Paris : Éditions de l'EHESS, 2004.

34 M. Armatte, compte rendu de D. Pestre & A. Dahan (*op. cit.*), *Traverse*, 2009, n° 3, p. 158.

35 D. Pestre, « Le nouvel univers des sciences et des techniques : une proposition générale », in D. Pestre & A. Dahan (dir.), *Les Sciences pour la guerre*, *op. cit.*, p. 11.

36 M. Gibbons et al., *The New Production of Knowledge. The Dynamics of Science and Research in Contemporary Societies*, Londres : SAGE Publications, 1994. Le « mode 2 » de

base pourtant sur une définition pour le moins voisine. Si la différence n'est pas très facile à saisir, le rôle de *switch* attribué à la guerre ne semble en tout cas pas varier. Dans ce bloc massif de la « technoscience » défini par Pestre, la cybernétique serait un produit de la guerre au même titre que les autres formes de modélisation interdisciplinaire (recherche opérationnelle, etc.)[37].

Sous-jacente à la mise en exergue d'une rupture occasionnée par la Seconde Guerre mondiale, on trouvera souvent une préoccupation morale légitime quant à l'ampleur inédite de l'implication de la science dans les affaires militaires et technocratiques. Partager cette préoccupation, comme reconnaître l'importance des mutations provoquées dans l'organisation de la recherche scientifique par les circonstances de la guerre, n'implique pas de négliger les continuités préexistantes, qui risquent de passer inaperçues à trop forcer la posture discontinuiste jusqu'à postuler de façon incantatoire le *switch* comme point de départ qui ne devrait plus être interrogé. De fait, différents travaux concernant l'histoire de la cybernétique à un titre ou un autre s'orientent vers l'exploration des continuités

---

production des connaissances consisterait en regroupement interdisciplinaires d'experts réunis temporairement autour de projets spécifiques définis par une demande sociétale, s'opposant au « mode 1 » d'une tour d'ivoire divisée en disciplines scientifiques cloisonnées. Selon Pestre, le mode 1 n'a jamais existé en tant que tel, les deux sont des archétypes extrêmes. Voir : D. Pestre, « La production des savoirs entre académies et marché – Une relecture historique du livre *The New Production of Knowledge*, édité par M. Gibbons », *Revue d'économie industrielle* n° 79, 1997, p. 163-174 ; « Regimes of Knowledge Production in Society: Towards a More Political and Social Reading », *Minerva* n° 41(3), 2003, p. 245-261 ; J. Lamy et A. Saint-Martin, « Pratiques et collectifs de la science en régimes. Note critique », *Revue d'histoire des sciences* n° 64(2), 2011, p. 377-389.

37 D. Pestre, « Le nouvel univers des sciences et des techniques », *op. cit.* ; voir aussi l'article d'A. Dahan dans le même volume ; A. Dahan-Dalmedico, « L'essor des mathématiques appliquées aux États-Unis : l'impact de la Seconde guerre mondiale », *Revue d'histoire des mathématiques* n° 2, 1996, p. 149-213 ; A. Dahan, D. Pestre, « Transferring Formal and Mathematical Tools from War Management to Political, Technological, and Social Intervention (1940-1960) », in M. Lucertini et al. (dir.), *Technological Concepts and Mathematical Models in the Evolution of Modern Engineering Systems. Controlling – Managing – Organizing*, Springer Basel AG, 2004, p. 79-100. Le *switch* est moins accentué, en revanche, dans l'article d'A. Dahan et M. Armatte, « Modèles et modélisations, 1950-2000 : nouvelles pratiques, nouveaux enjeux », *Revue d'histoire des sciences*, vol. 57, n° 2, 2004, p. 243-303. Le cours « Sciences au XXe siècle. Régimes de production et États » donné par A. Dahan au Centre Koyré en 2008-2009 comprenait une séance « La rupture de la Seconde guerre mondiale » basée sur les références ci-dessus, et une séance « Cybernétique, ordinateurs, simulations » basée sur les *cyborg studies* (http://koyre.in2p3.fr/spip.php?article178).

préalables à la Seconde Guerre mondiale. L'étude de David Mindell[38], déjà, reconstituait le contexte de convergence technologique amorcé dès la Première guerre mondiale entre communications, régulations et calcul. Celle de Bernard Geogheghan retrace jusqu'au XIXe siècle la genèse d'une stratégie idéologique de financement des travaux cybernétiques. Les travaux de Tara Abraham ont exploré l'enracinement des neurones logiques de McCulloch et Pitts dans la neurologie et la biophysique des années 1930. L'on a également mentionné les directions à suivre pour remonter les ramifications de l'histoire multidisciplinaire des concepts d'information (l'étude de J. Segal, d'ailleurs, impliquant déjà de considérer l'entre-deux-Guerres pour ce qui touche à la thermodynamique et la statistique). Le contexte américain des réseaux académiques et collèges invisibles commence aussi à être mieux connu dans son ensemble. L'écosystème de Harvard, avec ses cercles de discussion philosophiques et épistémologiques, mérite d'être scruté attentivement. L'influence sur Wiener de L. J. Henderson, A. N. Whitehead, ou bien sûr Walter Cannon, est à prendre en compte[39]. La cybernétique doit sans doute plus au fait que le petit Norbert visitait le laboratoire de Cannon avec son père[40] qu'au financement militaire de projets de conduite de tir. *Si la guerre n'avait pas eu lieu, la cybernétique aurait quand même existé*, à cause de la fréquentation par Wiener, dès 1932 ou 1933, du « club de philosophie des sciences » de l'école de médecine de Harvard, séminaire dînatoire de méthodologie scientifique organisé par Rosenblueth, meilleur élève de Cannon et par la suite meilleur ami de Wiener. Ce dernier aurait donc modélisé tôt ou tard homéostasies et signaux biologiques ; et il l'aurait fait avec la théorie des servomécanismes, qu'il connaissait de ses travaux avec Vannevar Bush autour de l'analyseur différentiel, l'un des

38 D. Mindell, *Between Human and Machine. Feedback, Control, and Computing Before Cybernetics*, Baltimore : Johns Hopkins University Press, 2002.

39 Notamment pour Henderson et Cannon, représentants d'une pensée organiciste (J. Parascandola, « Organismic and Holistic Concepts in the Thought of L. J. Henderson », *Journal of the History of Biology* n° 4, 1971, p. 63-113 ; S. J Cross et W. R. Albury, « Walter B. Cannon, L. J. Henderson, and the Organic Analogy », *Osiris*, 1987, n° 3, p. 165-192 ; M. Caminati, « Function, Mind and Novelty: Organismic Concepts and Richard M. Goodwin Formation at Harvard, 1932 to 1934 », *European Journal of the History of Economic Thought* n° 17, 2010, p. 255-277).

40 Cannon était un collègue et ami du père de Wiener, enseignant à Harvard. C'est lui qui a transmis à Wiener, dès son enfance, une passion pour la biologie. Le jeune Norbert, en raison de sa myopie, devra renoncer à la paillasse, mais ne renoncera jamais à contribuer, à sa façon mathématicienne, à la connaissance du vivant.

berceaux de la théorie (il n'a donc pas attendu les travaux sur la conduite de tir) ; il l'aurait fait avec la théorie des circuits électriques, qu'il enseignait dès les années 1930 au MIT ; quant à la notion d'information, il en connaissait, toujours avant-guerre, les versions de Fisher et de von Neumann, et serait parvenu tôt ou tard à la mathématisation présentée au chapitre 3 de *Cybernetics* (strictement contemporaine de celle de Shannon). La guerre n'a donc joué qu'un rôle d'accélérateur (comme c'est le cas en général). Enfin, parmi les perspectives continuistes, un autre axe majeur sur lequel situer l'histoire de la cybernétique est celui de l'histoire longue de la mathématisation, sous ses angles épistémologique aussi bien que sociologique. Le front de la mathématisation n'avance pas sans controverses, hésitations et résistances, et c'est aussi dans la perspective de ce processus de fond qu'il faut replacer les tergiversations de Wiener vis-à-vis de l'adaptation des méthodes mathématiques aux sciences sociales, comme un certain nombre de débats disciplinaires sur la place et le rôle des modèles mathématiques, ou encore de difficultés à implanter des compétences mathématiques dans des disciplines, qui jalonnent régulièrement le contexte de l'histoire de la cybernétique, et plus généralement de la modélisation.

Pour pouvoir pleinement estimer l'importance des nouveautés et des ruptures introduites par la Seconde guerre mondiale, il convient donc au minimum d'intégrer des processus à différentes échelles. Plus l'on aura rétabli les continuités, plus les vraies ruptures se détacheront de ce fond avec la netteté appropriée. On n'est donc pas dans une nécessité de devoir choisir à priori et une fois pour toutes entre continuisme et discontinuisme, et l'on considérera les délimitations sous un angle opératoire plutôt qu'ontologique, comme des fanions d'archéologue plutôt que des totems inamovibles. Cette stratégie de scansion apostérioriste suppose de ne pas considérer les délimitations comme des postulats, mais comme des résultats. Dans ce livre, écarter le postulat d'une rupture radicale globale provoquée par la Seconde Guerre mondiale était d'autant plus nécessaire que, dans le cas de la recherche scientifique et technique française, précisément, la guerre a été un facteur de stase autant que de bouleversements, avec des conséquences non négligeables pour les pratiques de modélisation interdisciplinaires. Bien que la réception de la cybernétique en France commence en 1948 avec le livre inaugural de Wiener, on ne comprend rien à l'histoire de cette réception si l'on ignore que le mathématicien Louis Couffignal avait suivi des voies assez similaires quelques années plus tôt en pleine tourmente (d'où son dépit palpable de se faire voler la vedette par les Américains). On ne comprend pas non plus son positionnement théorique, rétrospectivement curieux, voire aberrant, sans regarder du côté de la tradition biséculaire des « cours de machines » de l'école Polytechnique, qu'il s'efforçait de raviver pour la renouveler. En d'autres termes, les idées dont il s'agit d'étudier la diffusion circulent dans un espace intellectuel et institutionnel non dénué de reliefs et propriétés diverses dont la guerre n'a pas fait table rase.

LES PRATIQUES DE MODÉLISATION INTERDISCIPLINAIRES : (1) FRONTIÈRES, RÉGIMES, INNOVATION

Il s'agit donc d'étudier une réception intellectuelle en tant que processus complexe, et non *switch* ponctuel et présupposé. Les entendements ne se réforment pas à l'unisson, les conceptions scientifiques en vigueur ont un devoir de résilience. Hélas, point de méthode clé en main pour analyser la conversion d'une discipline à l'usage de concepts extérieurs. Il n'existe pas de théorie unifiée de la circulation des savoirs, de sorte que l'intérêt soutenu depuis de nombreuses années pour cette thématique trouve à s'appuyer essentiellement sur une métaphorique buissonnante : mobilité cognitive, dissémination, essaimage, réception, diffusion, transaction, traduction, migration, transversalité, trivialité, percolation, contamination, contagion, nomadisme, transfert, importation, acclimatation, appropriation, implantation, greffe… Pas question d'envisager ici une cartographie ou une bibliographie de toutes ces notions, qui justifieraient d'autres analyses. Si chaque terme peut suggérer une image séduisante, la lisibilité intuitive gagnée d'un côté se paye de l'autre par l'obstacle épistémologique de la signification qui y est sédimentée et nuit tôt ou tard à une pleine intelligibilité. Ce qui importe, au fond, n'est pas le mot qu'on choisit, mais la façon dont on va construire son opérativité conceptuelle, tant au contact de l'objet que par différenciation entre approches existantes.

Lorsque, comme dans ce livre, les circulations conceptuelles qu'on se propose d'étudier sont *transdisciplinaires* et *passées*, s'ajoutent des obstacles propres à l'objet, au corpus, au terrain. Si l'ultra empirisme des approches microsociologiques/interaction-nistes/ethnographiques (qui ont constitué un gros contingent des études sociales des sciences – « STS » – pendant trois décennies) convient à la rigueur pour observer localement des activités interdisciplinaires en train de se faire, leur pertinence semble devoir décroître rapidement à mesure qu'on s'éloigne dans le passé. Connexions informelles et interactions temporaires entre disciplines laissent peu de traces, parce que ces traces sont généralement en porte-à-faux avec le système de rétribution symbolique propre aux disciplines. D'une part, ce système de rétribution s'incarne très directement dans la cotation des revues, qui ne favorisent pas les recherches interdisciplinaires, de sorte que le corpus précieux constitué par la série des refus de manuscrits est aussi par suite le corpus qui a le moins de chances d'avoir survécu[41]. D'autre part, les interactions entre disciplines sont risquées, elles obligent les spécialistes à sortir de leur zone de confort pour des résultats rarement fructueux au-delà d'un échange poli de banalités philosophiques. Le témoignage suivant (recueilli au cours d'un entretien), au sujet d'une réunion, dans le cadre d'un projet de modélisation du pilotage au milieu des années 1960, explique pourquoi « tout le monde était content d'effacer les traces » :

> Réunion à Supaéro entre les experts en ergonomie du pilotage, les physiologistes, des hommes de science de tous les côtés. Il y avait une grande table et chacun disait « Voilà, c'est comme ça, c'est comme ça, ou comme ça ». Et en fait, on ne savait pas. Chacun arrivait avec son idée, pas forcément idiote, une idée de bon sens à priori. Il y avait des médecins, et il faut voir que la formation des gens est complètement cloisonnée, untel va devenir médecin, ou ingénieur, à la limite il méprise un peu ce que pensent les autres, etc. Un problème qui est à cheval sur les différentes techniques, qui est non expliqué, qui est même agressif vis-à-vis des sciences et des techniques qui ont leur valeur, la tendance est de dire « tout ça c'est bien, mais… ». Il y avait des discussions à n'en plus finir, du style « Oui, votre ergonomie, c'est tout simple ». Et puis, les pilotes de l'armée, c'est des princes. Ils poussent les gaz, ils ont cinq tonnes de poussée derrière, ils sont au-dessus du monde, ils ont une puissance et une efficacité qui plane sur eux, donc psychologiquement c'est des dieux quoi, voilà. Alors quand vous dites à un dieu que ce qu'il

41 Voir par exemple le témoignage du neurophysiologiste Gabriel Gauthier, p. 380.

> nous raconte [sur le pilotage] c'est bien mais que ce n'est pas comme ça que ça s'enregistre... Vous imaginez que, surtout nous, on était un petit groupe, les jeunes cons... Je crois que tout le monde était content d'effacer les traces. C'était le bordel, une discussion ou chacun sortait en disant que l'autre est un con. Il y avait une ambiance très dure, parce que ce sont des gens qui sont dans une position sociale élevée, qui sont intelligents, qui ont un passé, qui ont montré leur efficacité, et tout d'un coup on leur montre que désolé, mais ce n'est pas comme ça que ça se passe.

S'il reste heureusement bien quelques maigres traces de ces réunions, on n'y trouvera pas toute cette saveur du vécu. Pour autant, la reconstitution des échanges à partir de la mémoire des acteurs présente des limites suffisamment connues et évidentes pour que je me dispense de les énumérer.

Parmi les approches STS, la « théorie de l'acteur-réseau », ou « sociologie de la traduction », a proposé de décrire la circulation sous l'angle de la constitution de réseaux depuis des « forums » où les innovateurs tentent d'enrôler un maximum de sympathisants à leur cause. Certaines étapes génèrent des controverses, points de passage où se négocie la vie ou la mort des idées, c'est-à-dire leur aiguillage vers différents circuits. Ce type d'analyse vise à rendre compte de l'existence des innovations et des initiatives dynamiques qu'elles supposent pour gagner des marchés. Pour la théorie de l'acteur-réseau, les facteurs structurels sont des hypothèses dont il faut se débarrasser. Les frontières ne seraient qu'une convention arbitraire résultant de l'activité du réseau. Ce parti-pris n'est pas exempt de difficultés. Les structures sont coriaces. Le réseau est-il disposé à recruter aveuglément tout porte-parole potentiel ? Si tel acteur est plus écouté qu'un autre, n'est-ce pas que le leadership d'opinion est fonction du capital symbolique[42] ? Mais fallût-il absolument se défier de la théorie sociologique, l'argument historique se laissera difficilement écarter : quelle étude, au sujet de la réception française d'une cybernétique si antagoniste à la classification comtienne des sciences, pourrait bien être menée, qui refuserait d'entendre parler du conservatisme universitaire, de la rigidité des découpages institutionnels taillés dans les « masses de granit » napoléoniennes, du système de caste des grandes écoles ? Dans un tel système, aucune innovation anticonformiste n'ira bien loin

42 R. S. Burt, « The Social Capital of Opinion Leaders », *The Annals of the American Academy of Political and Social Science* n° 566, 1999, p. 37-54.

bien longtemps sans rencontrer de résistances. La politique scientifique des Trente glorieuses, malgré son mot d'ordre du « décloisonnement », butte sur des obstacles « systémiques » : concurrences institutionnelles, bureaucratisme, retour de la verticalité hiérarchique avec le passage à la Ve République (par quoi l'on retrouve l'histoire politique)... Le chapitre premier rassemble quelques éléments contextuels dans une optique macrosociologique. Les approches STS, focalisées sur l'accumulation d'études de cas décontextualisées des facteurs lourds, structuraux, à forte inertie, délimitent commodément leurs objets pour qu'ils ne puissent objecter à leur parti-pris. Mais que l'on multiplie les études de cas de réseaux interdisciplinaires coexistant et se succédant dans un cadre délimité (celui de la France pendant trois décennies), l'on s'apercevra que ces réseaux ne vivent et meurent pas totalement indépendamment les uns des autres comme des isolats dans des éprouvettes disposées côte à côte. Comment rester indifférent aux propriétés de l'espace commun dans lequel ils évoluent ? La période des Trente glorieuses, si l'on en croit la bibliométrie[43], a été globalement celle d'une forte consolidation disciplinaire aux dépens de l'interdisciplinarité : un tel résultat, par définition inaccessible aux enquêtes microsociologiques, présente l'intérêt de contredire de façon non triviale le récit en terme de « mode 2 » ou de « nouveau régime de la technoscience » (*cf.* supra). L'objection des approches STS aux arguments « macro » s'inspire de l'ethnométhodologie pour refuser au sociologue toute connaissance prétendument objective des structures et faire valoir les représentations des acteurs mêmes ; mais précisément, ici, les témoignages, trajectoires et décisions des acteurs reflètent de façon massive et très explicite le pouvoir des structures et l'inertie reproductive des institutions. En outre, si les décisions des acteurs doivent faire foi, il apparaît dans le cas présent que ceux-ci ne visent pas du tout un enrôlement maximal, une extension indéfinie de leur réseau au-delà d'un petit nombre de collaborateurs de confiance disponibles à portée de main. Ainsi le Ratio Club, principal groupe anglais de cybernétique, avait-il un *numerus clausus* officiel et délibéré[44].

43 V. Larivière, Y. Gingras, « Measuring Interdisciplinarity », in B. Cronin, C. Sugimoto (dir.), *Beyond Bibliometrics: Harnessing Multidimensional Indicators of Scholarly Impact*, Cambridge Ma : MIT Press, 2014, p. 187-200.

44 P. Husbands, O. Holland, « The Ratio Club: A Hub of British Cybernetics », in P. Husbands, M. Wheeler, O. Holland, *The Mechanical Mind in History*, Cambridge (Ma) : The MIT Press, 2008, p. 91-148.

Il n'était pas question de « devenir universel[45] », mais bien au contraire de rester *underground* : sitôt la cybernétique canonisée outre-Manche (et surtout *de ce fait même*), le Ratio Club s'est dissous. Le primat, pour la constitution des réseaux, des logiques de prédilection pour l'existant sur les logiques de maximisation (hypothèse de travail, notamment, du courant de la « nouvelle sociologie économique » dans les années 1980), semble ici plus éclairant que l'imagination de Geoff Bowker[46]. Cette prédilection interpersonnelle n'indique pas autre chose que l'existence de structures sociales, *a fortiori* lorsqu'il s'agit du sévère champ scientifique. En résumé : ce livre tient compte de la réalité des disciplines pour étudier ce qui (se) passe entre les disciplines.

L'approche dite « transversaliste », définie par le sociologue et historien Terry Shinn[47], présente l'avantage de tenir compte des contraintes institutionnelles que sont les frontières disciplinaires, tout en offrant une grille d'analyse dynamique des relations entre disciplines à partir de l'étude d'une catégorie d'acteurs dont le rôle consiste à développer et diffuser des instrumentations innovantes (matérielles, logicielles ou intellectuelles) pour les adapter aux particularités de niches spécialisées. Ces acteurs circulant entre disciplines pour y diffuser des techniques définissent un régime dit *transversal* dans le système de production des connaissances, régime qui côtoie, s'articule à, mais parfois aussi entre en friction avec, les autres régimes : le régime *disciplinaire*, le plus intuitif

45 G. Bowker, « How to Become Universal: Some Cybernetic Strategies, 1943-1970 », *Social Studies of Science*, vol. 23, n° 1, 1993, p. 107-127.

46 Pour Bowker, la cybernétique, à la différence des sciences traditionnelles, aurait cherché à s'implanter dans toutes les sphères sociales et culturelles. Là où les premières instaurent des « points de passage obligés » à leurs interfaces, la seconde aurait basé sa stratégie de conquête généralisée sur un… « point de passage distribué » ! *Contradictio in adjecto*, puisque la démultiplication indéfinie des points de passage annule par définition toute raison d'être d'un point, et par suite toute intelligibilité aux phénomènes de circulation : « Le point de passage distribué est incontournable parce que, où que l'on aille, […] on trouvera la nouvelle science universelle » (*op. cit.*, p. 123). C'est pourtant loin d'être le cas, comme on le verra ici. Les arguments donnés par Kline en faveur de Bowker restent peu convaincants (R. Kline, « Where are the Cyborgs in Cybernetics ? », *Social Studies of Science*, vol. 39, n° 3, 2009, p. 331-362). Ni l'un ni l'autre n'expliquent clairement en quoi consiste cette prétendue universalité.

47 T. Shinn, « Formes de division du travail scientifique et convergence intellectuelle. La recherche technico-instrumentale », *Revue française de sociologie*, vol. 41, n° 3, 2000, p. 447-473 ; *Research-Technology and Cultural Change. Instrumentation, Genericity, Transversality*, Oxford : Bardwell Press 2008 ; T. Shinn, P. Ragouet, *Controverses sur la science. Pour une approche transversaliste de l'activité scientifique*, Paris, Raisons d'agir, 2005.

et familier, correspond à l'essentiel des formes institutionnelles, et s'en trouve être le plus visible. Le régime *utilitaire* correspond à ce qu'on appelle la « science appliquée », répondant à une demande extérieure de résolution de problèmes. Le régime *transitaire* désigne les relations de voisinage entre disciplines, menant souvent à la création de sous-disciplines hybrides (géophysique, psycholinguistique, etc.[48]). Si la « recherche technico-instrumentale » définie par Shinn se rapporte initialement au monde de l'expérimentation et ce qu'on appelle souvent la « culture matérielle » des disciplines, Shinn a aussi proposé d'étudier les circulations conceptuelles, sans fournir lui-même d'étude de cas[49]. Reste à voir dans quelle mesure sa typologie est pertinente pour cela. Les régimes transitaire et transversal supposent tous deux un franchissement des frontières disciplinaires. « La plupart du temps, la recherche de ressources cognitives supplémentaires engage deux ou, au plus, trois disciplines. Le mouvement des praticiens s'inscrit dans un modèle oscillatoire d'aller-retour[50] ». Dans le régime transitaire, « la trajectoire reste circonscrite dans la durée et dans l'ampleur du mouvement [...], le centre principal de l'identité et de l'action des praticiens est encore lié aux disciplines alors même que les individus traversent les champs disciplinaires » ; « mouvement et procédures de mise en dialogue sont étroitement définis et régulés par les référents disciplinaires » : en dépit de la circulation des hommes et des savoirs, « le tout fonctionne dans un ensemble borné et restreint de coordonnées institutionnelles[51] ». C'est ce qui fait la différence avec le régime transversal, dans lequel la circulation est beaucoup plus ouverte et détachée des disciplines et les participants soustraits à des exigences utilitaires à court terme. Les caractéristiques

48 D'autres régimes ont été définis par la suite, mais la typologie initiale suffit pour cette étude.

49 Le séminaire animé en 2006-2007 par T. Shinn et P. Ragouet à l'EHESS, où fut présentée une forme embryonnaire de la présente introduction, était intitulé « Circulation transdisciplinaire des savoirs et commensurabilité. La place des instruments conceptuels et matériels ». Pour P. Bourdieu, dans le concept de recherche technico-instrumentale de Shinn, « il faut englober aussi toutes les formes rationalisées, formalisées, standardisées de pensée comme les mathématiques, susceptibles de fonctionner comme instruments de découverte, et les règles de la méthode expérimentale » (P. Bourdieu, *Science de la science et réflexivité*, Paris : Raisons d'agir, 2001, p. 130-131). Shinn a inclus, parmi divers exemples de recherche technico-instrumentale, « la cybernétique », sans préciser ce qu'il entendait par là (T. Shinn, *Research-Technology and Cultural Change*, *op. cit.*, p. 2).

50 T. Shinn, P. Ragouet, *Controverses sur la science*, *op. cit.*, p. 169.

51 *ibid.*, p. 171.

de ces deux régimes sont-elles adéquates pour décrire les profils et trajectoires de chercheurs impliqués dans des processus d'import-export conceptuel ou méthodologique, et notamment dans le cas du concept de rétroaction et de la théorie des asservissements ? Pour convenir à l'étude des pratiques de modélisation interdisciplinaires, l'approche transversaliste doit remplir deux conditions : la première, empirique, est d'identifier des configurations pratiques pouvant correspondre à la typologie de Shinn ; la seconde, théorique, est de justifier l'assimilation des modèles à des instruments.

Qu'en est-il, d'abord, des configurations pratiques ? Les praticiens de la modélisation, dans la France des Trente glorieuses, formaient-ils une catégorie spécifique, avaient-ils une identité de « modélisateurs », étaient-ils perçus comme des développeurs d'instruments ? Aujourd'hui on trouve de grandes banques de modèles, et la pratique de la modélisation n'a plus à justifier de son existence. On ne peut en dire autant de la période de l'après-guerre. Les modélisateurs sont essentiellement des mathématiciens et des ingénieurs, parfois (plus rarement dans le cas de la cybernétique) des physiciens. Les ingénieurs n'ont pas vocation à faire de la recherche – ils se destinent au régime utilitaire. Ceux que l'on appellera, seulement à partir des années 1960, des automaticiens, sont alors occupés à structurer leur champ sur le plan institutionnel (*cf.* p. 159-205), et à moderniser une industrie française à reconstruire. Les mathématiciens, eux, sont pris en étau entre une conception de leur discipline défavorable à des pratiques transversales (assimilées aux « mathématiques appliquées ») d'une part, et des cultures disciplinaires ou méthodologiques souvent hostiles (culture expérimentale en biologie, culture littéraire en sciences sociales) d'autre part. Le mathématicien français d'après-guerre n'a, c'est le moins qu'on puisse dire, guère de raison de définir son identité et sa vocation au travers de la collaboration interdisciplinaire. Un rapport d'André Lentin sur la situation des mathématiques appliquées aux sciences humaines, commandé par le CNRS en 1982, fait état en deux pages de la non-place qu'est celle du modélisateur en sciences humaines : lorsque l'on ne confond pas sa pratique avec la simulation informatique, ses collègues mathématiciens « purs » risquent de le mépriser pour le faible niveau de technicité de son travail ; s'il cherche à accroître ce niveau de technicité, il se rend incompréhensible auprès de ses collègues en sciences humaines, lesquels préfèrent de toute façon le tenir pour un simple technicien, « prestataire de service » n'ayant pas à participer à la réflexion conceptuelle proprement dite. Le rapport, publié en 1984[52], laisse augurer de ce que pouvait être la situation vingt ou trente ans plus tôt. Même écho du côté de la biomathématique[53]. Pour le mathématicien ou l'ingénieur, s'investir dans la biologie ou les sciences humaines relève du sacerdoce, voire de l'aberration. Les praticiens de la modélisation apparaissent alors souvent comme des exceptions, des profils atypiques, y compris à leurs propres yeux[54], quand bien même ils sont issus des formations les plus prestigieuses. Certains, faute de trouver une reconnaissance institutionnelle

52 A. Lentin, « Rapport sur les applications des mathématiques aux sciences de l'Homme, aux sciences de la Société et à la Linguistique », *Mathématiques et sciences humaines* n° 86, 1984, p. 5-58 (voir en particulier les paragraphes IV.3-4-5, p. 48-50). Le statisticien Henry Rouanet, diplômé des Mines et ayant fait une grande partie de sa carrière en psychologie mathématique, parle en ces termes de son parcours : « Dans les milieux des grandes Écoles, "faire dans les Sciences humaines" était à l'époque une activité peu répandue (cela a changé) et peu valorisée (cela n'a guère changé) » (http://www.math-info.univ-paris5.fr/~rouanet/recherche/parcours_scientifique20070509.html).

53 « … il n'est pas facile, en France, de faire vivre des laboratoires pluridisciplinaires. Si l'on y ajoute les difficultés inhérentes aux disciplines nouvelles, on voit que le tableau n'est guère encourageant. […] L'essentiel est de trouver des hommes suffisamment forts et motivés pour surmonter les difficultés de tous ordres et accepter le sacrifice qu'impose l'implantation d'une discipline et d'un mode de penser nouveaux. […] Bien que développée dans un certain nombre de pays (États-Unis, URSS…), [la biomathématique] est relativement nouvelle en France où elle est encore trop méconnue, voire *méprisée*, par les mathématiciens, les biologistes ou les médecins. » (Y. Cherruault, *Biomathématiques*, Paris : Presses universitaires de France, coll. « Que sais-je ? », 1983, p. 3-5).

54 Ce point est bien sûr à prendre avec des pincettes : entre la perception de soi, celle qu'on veut donner en telle ou telle circonstance, le caractère relatif de la typicité d'une trajectoire scientifique ou technique professionnelle, et le biais dû au fait qu'un témoignage autobiographique de chercheur n'existera probablement que si l'intéressé a des raisons de se trouver original, les motifs ne manquent pas pour être prudent dans l'interprétation des revendications d'originalité. Ces réserves faites, voyons tout de même quelques exemples. Heinz von Foerster témoigne ainsi de sa politique de recrutement au Biological Computer Lab qu'il a créé à l'université de l'Illinois : le BCL « rassemblait toute sorte de *freaks*, des gens qui ne pensent pas comme tout le monde. Ces originaux, adeptes du trapèze volant, qui se cassaient tous la figure, trouvaient un havre chez moi, je les récupérais tous dans mon laboratoire » (in D. Laurin (dir.), *Gotthard Günther. L'Amérique et la cybernétique. Autobiographie, réflexions, témoignages*, Paris : Éditions Petra, 2015, p. 105). Dans son autobiographie, Benoît Mandelbrot se qualifie de « franc-tireur » une bonne centaine de fois (B. Mandelbrot, *The Fractalist. Memoir of a Scientific Maverick*, New York : Pantheon Books, 2012). La revendication d'originalité peut aussi être un fardeau : « J'ai donc quarante (40) années d'avance sur les Anglo-Saxons. […] Pourquoi la France se refuse-t-elle à elle-même cette médaille d'or sur le podium des Jeux Olympiques Scientifiques ? » (lettre de Pierre Vendryès à Pierre Auger, 2 février 1980, fonds Auger 61-154).

satisfaisante à la pratique de la modélisation, légitiment celle-ci en revendiquant des filiations longues : G. T. Guilbaud avec la tradition des « sciences conjecturales », J. Riguet avec la *mathesis universalis*, B. Mandelbrot avec Kepler, L. Couffignal avec les cours de machines de l'école Polytechnique. Le chapitre 5 est consacré à l'émergence de ce microcosme paradoxal d'électrons libres qui étendent le domaine des mathématiques appliquées au contact des sciences biologiques, humaines et sociales, microcosme dans lequel des interconnexions apparaissent toutefois. Une façon de formuler le problème est de voir si ces trajectoires atypiques dessinent des tendances bien définies à l'échelle macro. Les praticiens de la modélisation conservent souvent une identité disciplinaire, soit de par leur formation, soit par naturalisation dans une autre discipline. Ils s'inscriraient donc dans le régime transitaire plus que dans le régime transversal. La distinction entre les deux régimes peut être une façon de résumer le fait que la cybernétique n'a pas constitué un domaine autonome, malgré, en France, les tentatives de Couffignal de rassembler et de faire école (voir annexe V). On peut interpréter ainsi le contraste entre la coquille vide que sera demeurée cette cybernétique-là, et la production de modèles qui ne disent pas toujours leur nom ou ne connaissent pas toujours leur arbre généalogique. De même que l'on cherchera en vain le qualificatif de « modélisateur » pour désigner les praticiens de la modélisation, la catégorie du « cybernéticien » devait rester une figure fictive, fantasmée : le cybernéticien dont parlent les textes est toujours à l'étranger, ou toujours quelqu'un d'autre et d'indéfini. Même Couffignal ne semble pas s'être désigné ainsi !

Qu'en est-il, ensuite, de la seconde condition ? L'assimilation non triviale des modèles à des instruments (non uniquement à des instruments de décision à partir de connaissances déjà élaborées, mais bien à des instruments pour la construction de connaissances) ne semble pas pouvoir susciter d'objection majeure, au moins en première approximation. Les historiens des sciences ont eu recours à divers concepts avoisinants[55], pour analyser la diffusion du tableau de Mendeleïev en chimie, des diagrammes de Feynman en physique, et autres techniques de représentation et manipulation de

55 Voir par exemple : L. Soler et al. (dir.), *Science After the Practice Turn in Philosophy, History, and the Social Studies of Science*, Londres : Routledge, 2014, p. 23 ; D. Kaiser, K. Ito, K. Hall, « Spreading the Tools of Theory: Feynman Diagrams in the USA, Japan, and the Soviet Union », *Social Studies of Science*, vol. 34, n° 6, 2004, p. 879-922.

symboles, en mettant l'accent sur l'importance des contextes de transmission informels. Pour analyser des modèles mathématiques en économie, ce sont des concepts de métrologie que Marcel Boumans utilise[56]. Des propositions conceptuelles plus anciennes existent. La notion d'*outillage mental* aborde la rationalité sous l'angle de son émergence historique envisagée comme une sophistication progressive[57]. Bien que proposée par un historien des sciences (et non des moindres dans l'institution de cette discipline en France), cette notion est demeurée embryonnaire et n'a pas joui en histoire des sciences de la même postérité qu'en histoire des mentalités[58]. Le concept d'*instrument symbolique* désigne une synthèse, proposée par Bourdieu, entre un projet durkheimien de sociologie des catégories mentales (sous l'angle de la division sociale du travail), et la philosophie des formes symboliques de Cassirer[59] ; l'accent ici est mis sur les relations de structuration réciproque dans les interactions entre les objets et les catégories mentales des agents qui les produisent et les utilisent. Le concept est employé en sociologie historique des sciences[60]. La *technologie intellectuelle* est un concept utilisé en anthropologie, en sciences de la documentation, sciences de l'information et de la communication ou encore sciences de l'éducation, mais qui, à l'exception des procédés de classification, reste souvent focalisé sur les prothèses matérielles, informatiques et institutionnelles des activités savantes[61]. Ce concept n'a été

56 M. Boumans, *How Economists Model the World Into Numbers*, Abingdon / New York : Routledge, 2005.

57 « Or, ces outillages se superposent. Chacun pousse la connaissance plus profondément que le précédent, lui donne plus d'amplitude et permet de mieux apprécier et limiter la portée des efforts antérieurs. Ainsi, l'ordre chronologique, en gros, se trouve-t-il manifester les stratifications successives de la technique intellectuelle et mettre à mesure les diverses familles d'instruments dont nous disposons aujourd'hui, à leur juste place et dans leur exacte subordination » (A. Rey, « Évolution de la pensée », in A. Rey, A. Meillet, P. Montel (dir.), *L'Encyclopédie française, t. 1 : L'Outillage mental. Pensée, langage, mathématiques*, Paris : S[té] de gestion de l'Encyclopédie française, 1937 : 1°14-1).

58 R. Chartier, « Outillage mental », in J. Le Goff, R. Chartier, J. Revel (dir.), *La Nouvelle histoire*, Paris : Retz, 1978, p. 448-452 ; P. Redondi, « Science moderne et histoire des mentalités. La rencontre de Lucien Febvre, Robert Lenoble et Alexandre Koyré », *Revue de synthèse* n° 111-112, 1983, p. 309-332.

59 P. Bourdieu, « Sur le pouvoir symbolique », *Annales. Économies, Sociétés, Civilisations*, vol. 32, n° 3, 1977, p. 405-411.

60 É. Brian, *La Mesure de l'État. Administrateurs et géomètres au* XVIII*e siècle*, Paris : Albin Michel, 1994.

61 P. Robert, « Qu'est-ce qu'une technologie intellectuelle ? », *Communication et langages* n° 123, 2000, p. 97-114 ; *Mnémotechnologies, une théorie générale critique des technologies intellectuelles*, Paris : Lavoisier, 2010.

généralement mobilisé en études sociales des sciences que sous un angle radicalement anti-différenciationniste[62], gommant ainsi d'avance et par définition toute spécificité des instruments scientifiques parmi les objets techniques. Enfin, certains sous-domaines de la psychologie cognitive et de l'intelligence artificielle parlent de *technologies cognitives* dans un sens proche de celui des technologies intellectuelles[63], en les rapportant à des modules mentaux de résolution de problèmes ; si les objets employés dans les opérations de raisonnement peuvent alors inclure les modèles scientifiques, il n'en reste pas moins que ces objets sont vus comme déterminés par les buts et tâches à accomplir, autrement dit par la structure des problèmes à résoudre, alors que le concept d'« instrument générique » chez Shinn suppose au contraire une logique de développement relativement autonome par rapport aux niches de problèmes spécialisées.

Si ce ne sont donc pas les concepts candidats qui manquent pour assurer qu'un modèle puisse être un instrument générique, un axe de consolidation envisageable consisterait à élaborer une synthèse adéquate à partir de tous ces concepts préexistants, relevant d'approches assez dispersées et hétérogènes, et qui conservent la problématisation de la technicité des formes symboliques dans un certain implicite. L'adoption d'un point de vue technologique sur les modèles élargit la notion d'instrumentation scientifique (voire d'artefact ou d'objet technique en général) au-delà du postulat matérialiste à partir duquel les philosophes l'ont souvent abordée[64]. Analyser les pratiques de modélisation en termes d'instrumentation fait écho, à propos des constructions symboliques scientifiques, au plaidoyer du philosophe Gilbert Hottois, selon lequel la philosophie des sciences a été abordée et pratiquée très majoritairement sous l'angle de la philosophie du langage au détriment de la philosophie des techniques[65]. En effet, les études sociales des sciences (philosophie, histoire, sociologie), souvent marquées par différents aspects

62 C'est-à-dire niant toute différence entre la science et d'autres activités culturelles (*cf.* T. Shinn, P. Ragouet, *op. cit.*). Pour le concept de technologie intellectuelle, voir par exemple le numéro 14 de *Culture technique*, « Les "vues" de l'esprit », 1985.

63 B. Gorayska, J. Marsh, J. Mey, « Cognitive Technology: Tool or Instrument ? », *Cognitive Technology : Instruments of Mind. Lecture Notes in Computer Science*, v2117, 2001, p. 1-16 ; B. Gorayska, J. Mey (dir.), *Cognition and Technology: Co-existence, Convergence, and Co-evolution*, Philadelphie : John Benjamins Publishing, 2004.

64 Par exemple : D. Baird, *Thing Knowledge. A Philosophy of Scientific Instruments*, Berkeley : University of California Press, 2004.

65 G. Hottois, *Philosophie des sciences, philosophie des techniques*, Paris : Odile Jacob, 2004.

d'un *linguistic turn* au XXe siècle, ont longtemps vu les modèles comme des énoncés ou systèmes d'énoncés, dont on analyse la « grammaire » logique et sémantique[66], dont on révèle la sédimentation de connotations culturelles, souvent idéologiques, qu'ils véhiculeraient au moyen de métaphores[67], ou encore, que l'on situe dans un théâtre d'opérations rhétoriques visant une suprématie discursive et sociale[68]. Des différents concepts préexistants mentionnés, on ne cherchera pas ici une synthèse sélective, non plus qu'une construction *de novo*. Il faudra théoriser ailleurs en quoi un modèle est un objet technique qu'on pourrait analyser comme Leroi-Gourhan un silex ou Simondon un moteur[69]. Dans ce livre, qui garde un caractère exploratoire, il s'agit moins de construire un concept épistémologiquement contraignant que de suggérer une faisabilité. La priorité est de s'enquérir d'une éventuelle incompatibilité des postulats de Shinn avec les épistémologies de la modélisation. De ce côté-là, le climat est-il favorable ? Les travaux ayant conceptualisé les modèles comme une couche intermédiaire entre les pôles théorique et expérimental de l'activité scientifique[70] consonent bien avec l'idée d'une autonomie relative du développement des instrumentations, telle que l'a avancée Peter Galison[71]. Shinn s'est d'ailleurs appuyé sur cette convergence théorique. Cependant, ce parallèle rencontre une limite potentielle importante : cette épistémologie des modèles concerne la

66 M. Black, *Models and Metaphors: Studies in Language and Philosophy*, Ithaca : Cornell University Press, 1962.

67 J. Bono, « Science, Discourse, and Literature : The Role/Rule of Metaphor in Science », in S. Peterfreund (dir.), *Literature and Science: Theory and Practice*, Boston : Northeastern University Press, 1990, p. 59-89.

68 B. Latour, *La Science en action*, Paris : La Découverte, 1989.

69 En rapport avec les instruments génériques de Shinn, la question est celle de la façon dont une souche technique est déclinée en variantes spécialisées au contact successif de niches de problèmes, dessinant des lignées qui se différencient. On en voit une illustration très intuitive en informatique avec la mise en œuvre d'un même noyau de système d'exploitation dans des environnements applicatifs très divers. Ce jeu de de décontextualisation et re-contextualisation trouve à s'observer dans les pratiques de modélisation, dans les allers et retours entre formes dimensionnées et quantifiées des modèles (adaptées aux phénomènes), et formes structurales adimensionnées (C. Imbert, « Sciences différentes, explications similaires, régularités transversales », in T. Martin (dir.), *L'unité des sciences, nouvelles perspectives*, Paris : Vuibert, p. 27-44).

70 M. Morgan, M. Morrisson (dir.), *Models as Mediators. Perspectives on Natural and Social Science*, Cambridge : Cambridge University Press, 1999.

71 P. Galison, *Image and Logic. A Material Culture of Microphysics*, Chicago : The University of Chicago Press, 1997.

physique, forte d'une structuration théorique dont ne bénéficient pas les disciplines dont il est question dans ce livre ; la différence est qu'en biologie (moins dans les sciences humaines et sociales), les modèles sont souvent *assimilés* à la théorie (avec une connotation d'ailleurs souvent négative). Mais, précisément, il ne s'agit pas d'une situation complètement figée, et son évolution est au cœur des enjeux dont il est question dans ce livre : au début des années 1970, la situation a un peu changé, et certains biologistes (par exemple Yves Laporte) comme certains modélisateurs (par exemple Jacques Richalet) peuvent s'accorder pour trouver aux pratiques de modélisation une meilleure proximité d'avec l'expérimentation, voire un caractère expérimental en soi. À les croire, n'est-ce pas admettre que la modélisation quitte la place de la théorie pour celle, mieux chevillée aux données de d'observation, d'une méthodologie ? Autrement dit, que le caractère technico-instrumental de la modélisation est alors en instance d'accomplissement – et de reconnaissance ?

S'il apparaît donc cohérent et raisonnable de considérer les modèles comme des « instruments génériques » au sens de Terry Shinn, dans le cas de la cybernétique, un tel point de vue instrumentaliste présente en outre un intérêt non négligeable : celui d'éclairer et de résoudre une difficulté importante rencontrée par les études culturalistes (*cultural studies of science*), dont ont relevé de façon emblématique certaines des contributions notoires à l'historiographie anglo-saxonne de la cybernétique[72]. L'approche culturaliste interprète les circulations conceptuelles en termes de figures de style littéraires : la réception de la cybernétique serait synonyme d'adoption par les scientifiques d'un vocable – un lexique, des tropes, une imagerie, un discours, une sémiotique – de l'information et du contrôle. Les scientifiques seraient juste des producteurs de métaphores sans critères épistémologiques. Toute évocation de machine électronique dans le discours des scientifiques considérés est alors prise pour indice suffisant d'une diffusion ou d'une appropriation effective des concepts cybernétiques. C'est la conséquence d'une conception post-structuraliste très explicitement affirmée, selon laquelle l'empire du langage (et en lui les caprices de la métaphore) ne connaîtrait aucune limite, y compris en sciences ; plus exactement, il n'existerait aucun champ, y compris scientifique, capable d'amortir – à défaut

72 Particulièrement les travaux de Lily Kay et Evelyn Fox Keller.

d'annuler – les effets polysémiques du langage[73]. Les faits objectent à cette conception un peu monolithique de l'activité symbolique, car l'adoption de métaphores ne témoigne pas forcément de l'intégration opératoire d'un concept. Un premier argument en ce sens provient du champ de la didactique : alors que les culturalistes prétendent que la cybernétique aurait redéfini l'espace des objets pensables à partir de son référentiel technologique[74], les didacticiens de la biologie témoignent que ni le concept de régulation, ni les schémas fonctionnels, ni les comparaisons avec des machines, ni moins encore la formalisation mathématique, ne sont devenus une grammaire naturelle de représentation des systèmes biologiques pour les élèves des classes scientifiques comme pour les concepteurs de manuels[75]. Un second argument s'appuie sur les échanges interdisciplinaires eux-mêmes, où l'on peut voir parfois que des scientifiques, tout en empruntant largement au champ sémantique des nouvelles machines, se gardent bien de pousser l'emprunt jusqu'au point où l'identité épistémologique de leur discipline s'en trouverait subvertie. Le dialogue de sourds entre le biochimiste André Lwoff et des mathématiciens au colloque de Royaumont, p. 436-442, en est une illustration remarquable. Les faits manifestent donc des discontinuités. Le flux du langage ne charrie pas de lui-même l'intelligibilité conceptuelle. Il y a un écart entre l'éclairage intuitif apporté par une métaphore commode et les opérations cognitives impliquées par la construction d'un objet scientifique, qui supposent un travail face à une résistance du réel. L'approche culturaliste, bien que se revendiquant d'un « tournant sémiotique », écrase en fait les contenus et processus symboliques sur le seul plan d'un mode unique de génération de sens, inspiré de la sémiologie littéraire. Par contraste, en couplant le *semiotic*

---

73 J. Rouse, « What are Cultural Studies of Science ? », *Configurations*, vol. 1, n° 1, 1993, p. 57-94.

74 Par exemple : « La nouvelle biosémiotique et ses tropes linguistiques furent naturalisés au sein des discours scientifiques et culturels de l'après-Guerre, au point qu'il devint impossible de penser les mécanismes génétiques et les organismes hors du cadre discursif de l'information » (L. Kay, *op. cit.*, p. 39).

75 P. Schneeberger, *Problèmes et difficultés de l'enseignement d'un concept transversal : le concept de régulation*, thèse, université Paris VII, 1992 ; J.-M. Lange, « Rencontre entre deux disciplines scolaires, biologie et mathématiques : première approche des enjeux didactiques de la formation des enseignants de biologie », *Canadian Journal of Science, Mathematics and Technology Education*, vol. 4, n° 5, 2005, p. 485-502 ; J. R. Jungck, « Ten Equations That Changed Biology: Mathematics in Problem-Solving Biology Curricula », *Bioscene*, vol. 23, n° 1, 1997, p. 11-36.

turn au *practical turn*, une approche instrumentaliste renvoie à la nature technique de la modélisation, technicité qui réside moins dans le degré d'abstraction formelle que dans l'utilité scientifique d'un juste niveau de fonctionnalité, qu'on peut qualifier, en reprenant un terme qui n'est pas dénué de connotation topologique, d'« adhérence » de la Méthode aux objets[76]. Cette technicité produit des discontinuités sémiotiques, en modifiant les modalités de construction d'objet, et donc leur façon de faire sens. Le calcul évacue les intuitions et sédimentations métaphoriques (ou en tout cas leur impose un travail, un remaniement) ; les diagrammes, supports opératoires de l'imagination scientifique[77], sont des objets sémiotiquement hybrides[78]. Or ces aspects, précisément, sont évacués dans l'indifférence des *cultural studies* à l'égard de l'épistémologie, alors même qu'ils constituent un point de tension dont les scientifiques témoignent largement. Contrairement aux culturalistes, les scientifiques ne sont pas du tout indifférents à l'hétérogénéité des formes symboliques, aux enjeux de la formalisation et à la légitimité des métaphores (même si, c'est vrai, certains d'entre eux semblent épouser l'idée que les mathématiques sont un langage comme un autre, ou encore une « vaste métaphore », comme disait Wiener lui-même !). Que peut-on comprendre aux débats sur la mathématisation de l'économie et de la biologie, si l'on ignore les jeux de poursuite entre constructions formelles et objets disciplinaires préexistants ? Que l'adéquation entre les mots et les choses soit impossible globalement ne veut pas dire qu'elle soit partout égale, et c'est un fait qu'il existe des communautés scientifiques qui travaillent à réduire et repousser le flottement des signifiants au-delà des frontières de leur spécialité. Si les disciplines scientifiques sont des îlots de capitonnage sémantique dans un océan d'effets de langage, à quel point les formes symboliques circulant d'un îlot à l'autre sont-elles sujettes à ces effets ? La question est une variante de celle consistant à se demander à quel point le champ scientifique est plus que la somme

76 D. Rabouin, *Mathesis Universalis. L'idée de « Mathématique universelle » d'Aristote à Descartes*, Paris : Presses Universitaires de France, 2009, p. 326.

77 C. Alunni, « Diagrammes & Catégories comme prolégomènes à la question : Qu'est-ce que s'orienter diagrammatiquement dans la pensée ? », in N. Batt (dir.), « Penser par le diagramme, de Gilles Deleuze à Gilles Châtelet », *Théorie Littérature Enseignement* n° 22, Saint-Denis : Presses Universitaires de Vincennes, p. 83-93.

78 É. Barbin, P. Lombard (dir.), *La Figure et la Lettre*, Nancy : Presses universitaires de Nancy, 2011.

des sous-champs disciplinaires qui le composent. L'activité scientifique refoule le flottement des signifiants à la marge, mais la science étant elle-même divisée en disciplines, ses marges sont aussi dans ses interstices. Il y a donc un aspect inévitable de « pensée sauvage » dans les réflexions interdisciplinaires, et ce n'est guère étonnant : aux premiers âges de la science, la pensée par analogie servait précisément aux pythagoriciens à retrouver un semblant d'unité dans le morcellement du monde, à rétablir la commensurabilité de ses facettes[79]. Pour les tenants de la *disunity of science*, il n'y a sans doute rien de tel que *le* champ scientifique, aucune barrière de corail n'empêchera les vagues roulant entre les îlots disciplinaires d'être les mêmes qu'au large. À mi-chemin de la perméabilité absolue de tout champ culturel aux flottements du langage – postulée par les culturalistes inspirés d'anarchisme épistémologique feyerabendien – et de l'imperméabilité de droit du champ scientifique à ces flottements – fiction normative positiviste – il ne faut pas ignorer les effets que les frontières disciplinaires et les instruments symboliques qui les traversent ont les un(e)s sur les autres.

Le cas princeps de la mathématisation des branches de la physique a vu l'établissement d'une barrière cognitive et sociale abrupte redéfinissant la frontière du champ autour de la compétence mathématique, non sans protestations véhémentes des décennies durant[80]. Dans le cas des sciences « molles » (biologiques, humaines et sociales), les choses sont moins tranchées : les greffes mathématiques soustraites à contestation y sont plus modestes, les débats sur l'utilité de la mathématisation plus structurels. Les Trente glorieuses constituent une période où ces débats sont très vivaces ; l'histoire de la cybernétique est donc à replacer dans ce contexte plus général où la mathématisation apparaît surtout comme une promesse ou une menace, plus qu'un fait accompli. L'emprunt, transfert ou adaptation de méthodes ou de modèles d'un domaine de connaissances vers un autre pose systématiquement des problèmes fondamentaux ; non seulement des problèmes pratiques, mais aussi des problèmes de justification. Bien que ces difficultés concernent différents formats cognitifs à tout degré de formalisation, les débats

79 J. Lohmann, « Mythos et Logos », in *Mousiké et Logos. Contributions à la philosophie et à la théorie musicale grecques*, Mauvezin : Trans-Europ-Repress, 1989, p. 141-152.

80 Y. Gingras, « Mathématisation et exclusion : Socio-analyse de la formation des cités savantes », in J.-J. Wunenburger (dir.), *Bachelard et l'épistémologie française*, Paris : Presses universitaires de France, 2003, p. 115-152.

sur la portée et les limites de la mathématisation en constituent un aspect très paradigmatique. Pour prendre un exemple plus récent, « l'affaire Sokal » représente de façon significative et spectaculaire, sans s'y réduire, une controverse entre normativités, au sujet du raisonnement par analogie et de la légitimité de l'utilisation de concepts mathématiques dans un nombre varié de domaines[81]. À un préjugé selon lequel la mathématisation serait naturelle pour certaines disciplines et supercherie pour les autres, n'a souvent répondu qu'un incantatoire « droit à la métaphore » peu enclin à reconnaître les enjeux épistémologiques spécifiques de la formalisation. Contre ce faux débat, il faut rappeler le long processus historique de développement de ce qu'Aristote désignait sous le nom de *metabasis*, soit l'emprunt de méthodes démonstratives dans un domaine pour les utiliser dans un autre domaine, et qui a mené à la mathématisation de la physique[82]. Le Stagirite recourait en pratique à ce qu'il déplorait en principe. La *metabasis* représentait un problème pour le système aristotélicien qui aurait voulu circonscrire d'avance son domaine de validité (et s'en est trouvé en porte-à-faux suite à la quantification des qualités au Moyen Âge). Dit autrement, il n'y a pas de Méthode pour adapter des méthodes à des problèmes nouveaux. Pas de règle, pas de légitimité ou d'illégitimité à priori. Un simple coup d'œil sur l'histoire longue de cette problématique suffit à constater qu'il n'existe pas de réglementation définissant par avance les critères indiquant quelles analogies seraient recevables, et quelles autres ne le seraient pas[83]. Le « régime transversal » défini par Shinn, rapporté aux pratiques de modélisation mathématique, ne désignant pas autre chose que la professionnalisation progressive de la *metabasis* conçue comme une dynamique de prestations technico-instrumentales

81 A. Sokal, J. Bricmont, *Impostures intellectuelles*, Paris : Odile Jacob, 1997. L'« affaire » ne se limite pas à cette question de la légitimité de l'import de concepts mathématiques. Voir par exemple B. Jurdant (dir.), *Impostures scientifiques : Les malentendus de l'affaire Sokal*, Paris : La Découverte, 1998 ; Y. Jeanneret, *L'Affaire Sokal, ou la querelle des impostures*, Paris : Presses universitaires de France, 1998.

82 S. Livesey, « William of Ockham, the Subalternate Sciences, and Aristotle's Theory of Metabasis », *The British Journal for the History of Science*, vol. 18, nº 2, 1985, p. 127-145.

83 Ce problème de normativité – ce « vide épistémologique » – possède d'autres facettes, tel le fait que les logiciens de toute époque et de toute envergure ont buté sur la caractérisation du raisonnement par analogie en tant que forme logique (R. Le Roux, « Analogies Between Systems, an Epistemological Loophole », Actes du VIe Congrès européen de systémique, 2005, en ligne).

méthodologiques entre disciplines scientifiques[84], il s'agit alors de savoir dans quelle mesure l'histoire longue d'un vide épistémologique persiste dans le contexte contemporain d'une division du travail savant. Les chercheurs pratiquant l'interdisciplinarité ne jouissent donc pas du confort de pouvoir se repérer dans un cadre épistémologique réglementaire ; mais faute de normes, ils ont peut-être des coutumes susceptibles d'être étudiées.

Pour cela, il faut repérer les points de rencontre entre développeurs d'instruments symboliques et représentants de disciplines potentiellement intéressées. À l'origine de la cybernétique, on connaît déjà deux de ces configurations sous la forme des tandems bien connus : Wiener-Rosenblueth, et Pitts-McCulloch. On peut lister de la même manière un certain nombre de configurations rencontrées dans le corpus de cette étude (voir tableau ci-contre), même si elles ne concernent pas toutes des modèles cybernétiques.

Représentant d'une discipline		↔	*« Modélisateur »*	
A. Rosenblueth	*Physiologie*	↔	Norbert Wiener	*Mathématiques*
W. S. McCulloch	*Neurologie*	↔	Walter Pitts	*Logique, mathématiques*
W. R. Ashby	*Neurologie*	↔	Jacques Riguet	*Mathématiques*
		↔	Theodore Vogel	*Dynamique non linéaire*
Louis Lapicque	*Neurophysiologie*	↔	Louis Couffignal	*Mathématiques*
Jean Scherrer	*Neurophysiologie*	↔	Alain Berthoz	*Ingénieur*
Alain Wisner	*Ergonomie*			
Alain Berthoz	*Neurophysiologie*	↔	Austin Blaquière	*Contrôle optimal*
Rémy Chauvin	*Entomologie*	↔	Jean-Arcady Meyer	*Ingénieur*
Jean Piaget	*Psychologie*	↔	Benoît Mandelbrot	*Mathématiques*
Henri Laborit	*Neurobiologie*	↔	Groupe Systema	*Ingénieurs*
Bernard Calvino	*Neurophysiologie*			

84 Le philosophe Gilbert Simondon compare la cybernétique à une *metabasis* (G. Simondon, « Cybernétique et philosophie », in *Sur la philosophie*, Paris : Presses universitaires de France, 2016, p. 40). Voir p. 561-563.

Claude Lévi-Strauss	*Anthropologie*	↔	Georges T. Guilbaud	*Mathématiques*
		↔	André Weil	*Mathématiques*
		↔	Philippe Courrège	*Mathématiques*
		↔	Jacques Riguet	*Mathématiques*
		↔	M.-P. Schützenberger	*Mathématiques*
François Perroux	*Économie*	↔	Louis Couffignal	*Mathématiques*
		↔	Robert Vallée	*Mathématiques*
Jacques Paillard	*Neurophysiologie*	↔	Gabriel Gauthier	*Ingénieur*
Jacques Monod	*Biologie moléculaire*	↔	M.-P. Schützenberger	*Mathématiques*
Conrad Waddington	*Biologie du développement*	↔	René Thom	*Mathématiques*
Jean-Marie Faverge	*Psychologie (mais mathématicien)*	↔	Henry Rouanet	*Ingénieur*
Jean-François Richard	*Psychologie*	↔	Henry Rouanet	*Ingénieur*
Henry Rouanet	*Psychologie*	↔	Jean-Paul Benzécri	*Mathématiques*
Yves Laporte	*Neurophysiologie*	↔	Jacques Richalet	*Ingénieur*
J. & C. Tardieu				
J.-C. Tabary	*+ psychologie*			
Jean-Pierre Changeux	*Neurobiologie*	↔	Philippe Courrège	*Mathématiques*
Antoine Danchin	*Biologie moléculaire*		Benoît Mandelbrot	*Mathématiques*
Jacques Lacan	*Psychanalyse*	↔	Georges T. Guilbaud	*Mathématiques*
		↔	Jacques Riguet	*Mathématiques*

Ce tableau de correspondances (présentées sans ordre particulier) regroupe divers types de relations :

– recrutement (Scherrer et Wisner recrutent Berthoz, Paillard recrute Gauthier, Chauvin recrute Meyer, Perroux recrute Vallée, Faverge recrute Rouanet, Piaget recrute Mandelbrot). À chaque fois, c'est un patron d'une « science molle » qui recrute un jeune ingénieur ou mathématicien, de façon durable ou le temps d'un contrat. Ici le recrutement ne correspond pas à une recherche menée en commun (généralement faute de compétence du recruteur, qui laisse carte blanche au recruté).

– collaboration spontanée ou autour d'un contrat de recherche (DRME pour Laporte-Tardieu-Richalet, DGRST pour Changeux-Danchin-Courrège), autour d'un ou plusieurs problèmes précis, récurrente (Lapicque-Couffignal, Rosenblueth-Wiener, Berthoz-Blaquière, Changeux-Danchin-Courrège plusieurs années au-delà du contrat DGRST) ou ponctuelle (Mandelbrot n'assiste qu'à une ou deux réunions du groupe Changeux-Danchin-Courrège).

La forme statique d'une présentation en tableau est évidemment peu adaptée à certaines dynamiques importantes, comme celle des « naturalisations » : Faverge, agrégé de mathématiques, devient psychologue et recrute Rouanet, ingénieur, qui devient psychologue à son tour, et collabore avec le mathématicien Jean-Paul Benzécri ; Berthoz l'ingénieur devient neurophysiologiste, et fait à son tour appel à un mathématicien (Blaquière, physicien d'origine, spécialiste des systèmes non linéaires). La naturalisation dans le sens inverse, des sciences molles vers l'ingénierie ou les mathématiques, reste exceptionnelle : le biochimiste René Thomas devient mathématicien pour développer son propre formalisme pour la description des régulations génétiques (p. 257-258 ; 434-436). On peut citer encore le neuroendocrinologue Élie Bernard-Weil, qui passe un doctorat de mathématiques et développe des modèles de régulation biologique dans le contexte de l'école de Jacques-Louis Lions.

Il n'y pas non plus de collaboration entre Lacan et ses deux premiers interlocuteurs mathématiciens, qui lui servent plutôt d'informateurs sur des nouvelles idées (cybernétique, théorie des jeux, *cf.* p. 537-555) auxquelles Lacan se référera librement (il reste permis de parler de modélisation, mais le statut épistémologique de la psychanalyse est tellement particulier que c'est un cas limite).

Il faut tenir compte d'autres profils : des profils doubles (Schützenberger qui est médecin et mathématicien), ou encore des acteurs qui franchissent les frontières mais en faisant plutôt cavalier seul (ainsi le physicien

Théodore Vogel – *cf.* p. 262-268 –, ou le médecin Pierre Vendryès qui élabore des modèles biomathématiques), et qui ne figurent donc pas dans ce tableau.

Lorsqu'on retranche les simples contacts de recrutement, il n'est pas évident que le binôme soit une forme collaborative privilégiée, alors même qu'elle semblerait plus naturelle aux discussions de travail informelles et à la construction de la confiance. On a vu qu'il existe des trios ou des situations plus complexes, à franchissements de frontière multiples (Faverge-Rouanet-Benzécri, Berthoz) ou fonctionnant en noyau stable à interlocuteurs passagers (Changeux-Danchin-Courrège). Cela mène naturellement à la question de la dynamique des groupes de cybernétique, ou plus généralement interdisciplinaires, qui ont existé, le temps d'une année de séminaire (celui du Cercle d'études cybernétiques, *cf.* p. 135-137 ; celui de Claude Lévi-Strauss sur les mathématiques et les sciences humaines et sociales en 1953-1954, *cf.* p. 584), ou pendant plusieurs années, comme la Société française de cybernétique, l'école de Poitiers[85], ou le groupe Systema ; d'autres qui se sont réunis plusieurs fois de manière complètement informelle et sur lesquels on dispose de très peu d'informations : Monod-Schützenberger, Richalet-Tabary-de Rosnay-et al. . Ces groupes requièrent une analyse autre que celle de la forme tableau, comme on le verra pour le Cercle d'études cybernétiques, et dans une moindre mesure pour d'autres.

En résumé, on aperçoit des régularités, mais aussi des variations individuelles qui obligent rapidement à entrer dans les particularités des configurations. Il n'y a pas de schéma unique, la présentation sous forme de liste ou de tableau n'est qu'une approximation commode en première instance, qui a au moins le mérite de faire voir des généralités importantes. Deux d'entre elles sont à souligner du point de vue sociologique : la seule énumération des acteurs du tableau permet de voir que ces configurations et leur dynamique répondent à une logique qui n'est ni celle de la migration, ni celle de l'*outsiding*. Le modèle de la migration veut que la saturation d'un champ disciplinaire (par excès de compétiteurs et/ou baisse de prestige des découvertes à l'agenda) amène certains de ses acteurs à migrer vers un champ disciplinaire plus ouvert

85 J. Demongeot, H. Hazgui, « The Poitiers School of Mathematical and Theoretical Biology: Besson–Gavaudan–Schützenberger's Conjectures on Genetic Code and RNA Structures », *Acta Biotheoretica*, vol. 64, n° 4, 2016, p. 403-426.

et moins prestigieux auquel ils adapteront leurs outils[86]. En un mot, il s'agit d'une logique de recyclage, dont on voit aussitôt qu'elle n'est pas celle des praticiens de la colonne de droite, qui sortent quasiment tous des meilleures institutions, et n'ont objectivement aucun capital symbolique à gagner au contact des disciplines de la colonne de gauche. L'idée de nouvelles conquêtes à réaliser est souvent bien présente, mais les acteurs n'y sont nullement poussés par un quelconque manque de perspectives de carrière dans leur champ d'origine (mathématique ou ingénierie), par médiocrité ou par surpopulation. Au contraire, ils sont tous très bons, et certainement pas en surnombre. Quant au modèle de l'*outsiding*, il suppose que les agents en position dominante dans chaque champ disciplinaire luttent contre de nouveaux entrants innovateurs (les deux étant de prime abord synonymes)[87]. Bourdieu a nuancé ce point de vue ultérieurement en considérant que les dominants « ne peuvent maintenir leur position que par une innovation permanente », en appuyant au besoin les nouveaux entrants innovateurs[88]. On est ici clairement dans ce second cas de figure, celui d'un parrainage des innovateurs par des patrons disciplinaires qui sont pour nombre d'entre eux au sommet de l'institution. En somme, les configurations promotrices de la modélisation – mathématiciens, ingénieurs, et les pontes qui les invitent dans leurs disciplines respectives – ne manquent ni du capital technique (pour les premiers) ni du capital symbolique nécessaire pour promouvoir sa réception (pour les seconds). On se trouve alors, si l'on exprime les choses en terme de sociologie de la communication et de la diffusion des innovations (ces deux domaines étant homologues), dans une situation où une jonction optimale doit s'établir entre un flux technique, innovation instrumentale cherchant à pénétrer un groupe disciplinaire

86 J. Ben-David, R. Collins, « Social Factors in the Origins of a New Science: The Case of Psychology », *American Sociological Review*, vol. 31, nº 4, 1966, p. 451-465 ; J.-L. Fabiani, « À quoi sert la notion de discipline ? », in J. Boutier, J.-C. Passeron, J. Revel, *Qu'est-ce-qu'une discipline ?*, Paris : Éditions de l'EHESS, 2006, p. 21.

87 « Les dominants sont voués à des stratégies de conservation visant à assurer la conservation de l'ordre scientifique établi avec lequel ils ont partie liée » (P. Bourdieu, « Le Champ scientifique », *Actes de la recherche en sciences sociales*, vol. 2, nº 2, 1976, p. 96). « On peut sans doute distinguer des familles de trajectoires avec notamment l'opposition entre d'un côté les centraux, les orthodoxes, les continuateurs, et, de l'autre, les marginaux, les hérétiques, les novateurs qui se situent souvent aux frontières de leur discipline (qu'ils traversent parfois) ou qui créent de nouvelles disciplines à la frontière de plusieurs champs » (P. Bourdieu, *Science de la science et réflexivité*, *op. cit.*, p. 87).

88 *ibid.*, p. 73-75.

pour y trouver de futurs utilisateurs, et un flux symbolique, discours d'accompagnement par lequel les leaders d'opinion de ce groupe (colonne de gauche du tableau) cautionnent les idées nouvelles (ce second flux au moins étant sujet au modèle du « double palier »). La liaison entre l'innovateur technique (le modélisateur) et le leader d'opinion (le leader disciplinaire) correspond donc à cette jonction stratégique. Dans une démarche plus exhaustive, un approfondissement sociométrique de la typologie des régimes de Shinn pourrait chercher si ces liaisons stratégiques correspondent à des « liens faibles », dont Granovetter a souligné l'importance comme opérateurs de cohésion et passerelles d'information entre groupes hétérogènes[89]. Ici, il s'agit surtout de déterminer si l'on a affaire à une configuration type derrière le divers empirique. L'hypothèse sociologique qui sous-tend ce livre est que ladite jonction est une condition nécessaire à l'implantation d'une innovation instrumentale dans un groupe disciplinaire. Des exemples le suggèrent : sans capital technique, bien évidemment, rien n'est possible, et des patrons disciplinaires qui déplorent l'indisponibilité de modélisateurs (au premier chapitre, des rapports de conjoncture du CNRS s'en font l'écho) ou qui se satisfont d'emprunts métaphoriques (p. 436-442, le dialogue de sourds entre biologistes moléculaires et mathématiciens) ne vont pas contribuer au développement de la modélisation. Réciproquement, et de façon moins triviale, quelle peut être la réception d'un capital technique extradisciplinaire dépourvu d'une caution symbolique propre à la discipline d'accueil ? Bien d'obscurs modèles mathématiques de phénomènes biologiques ou sociaux dorment dans des publications marginales sans avoir jamais la moindre chance d'être discutés ni même lus dans les disciplines concernées. Un peu de notoriété n'y suffit même pas toujours : Rashevsky, n'obtenant pas de bourses du National Institute of Health pour ses projets de biophysique mathématique que les comités de sélection spécialisés sont incapables de comprendre, plaide aussi en vain pour remédier au problème par la création d'un comité spécifique[90] : faute d'appui indigène qui se déléguerait dans la création d'une telle nouvelle instance de légitimation *intra muros*, cette barrière

89 M. Granovetter, « The Strength of Weak Ties », *American Journal of Sociology*, vol. 78, n° 6, 1973, p. 1360-1380.

90 P. Cull, « The Mathematical Biophysics of Nicolas Rashevsky », *BioSystems* n° 88, 2007, p. 182.

reste fermée (il faudra à Rashevsky des années pour obtenir la création d'autres bourses pour la formation en biomathématique).

Que la synergie entre innovateur technique et leader disciplinaire soit une condition nécessaire n'en fait nullement une condition suffisante, puisque l'alignement des planètes ne garantit nullement un résultat scientifique probant : Guilbaud ne parvient pas à formaliser tel système de parenté pour vérifier s'il est autorégulateur (*cf.* p. 532), Tardieu et Tabary montrent finalement que le modèle de commande neuromusculaire par asservissement de vitesse, élaboré pendant quelques années par Richalet, Laporte et eux-mêmes (*cf.* p. 323), ne comporterait en fait aucun asservissement… Le réel résiste, les choses opposent leur complexité aux symbolisations innovantes des équipes interdisciplinaires. Or, tant que la preuve n'a pas été faite de l'intérêt *scientifique* d'un instrument nouveau, quel leader disciplinaire, même le plus convaincu à priori, irait investir de précieuses ressources pour développer de nouvelles compétences, c'est-à-dire dépenserait son capital symbolique chèrement acquis pour du capital technique au rendement incertain ? Mais réciproquement, l'absence d'investissement transfrontalier à risque réduit les chances d'un premier succès, plus exactement allonge, par la raréfaction des contacts, le temps nécessaire à son obtention. On voit le mécanisme d'entraînement qui fait dépendre l'investissement dans une nouvelle technique d'un succès initial : les jonctions comme celles listées dans le tableau ci-dessus sont autant de tentatives répétées d'obtenir et de confirmer des succès initiaux. Ce sont ces moments initiaux, souvent ingrats, qui laissent moins de traces et sont les plus difficiles à documenter.

LES PRATIQUES DE MODÉLISATION INTERDISCIPLINAIRES : (2) INTÉRÊTS, ESPACES, STRATÉGIES

Trois dimensions au moins de ces points de rencontre, de ces marchés d'instruments symboliques, semblent devoir être prises en compte pour leur étude : l'existence d'intérêts convergents, les espaces de connexion, et les stratégies cognitives des agents. Tout d'abord, la convergence d'intérêts. Il faut déjà que l'offre et la demande existent, ce qui n'est pas toujours le cas. Comment comprendre le dialogue de sourds entre Lwoff et les mathématiciens à Royaumont si l'on n'en tient pas compte ? Si l'on y observe très bien ce que dit Bourdieu au sujet des rencontres interdisciplinaires – que celles-ci sont l'occasion d'une explicitation des habitus disciplinaires respectifs[91] –, on constate que le biologiste ne semble absolument pas intéressé par une modélisation plus avancée de son objet de recherche, qu'il compare pourtant à l'envi à une machine. Puisqu'il n'est pas intéressé par l'offre en matière d'instrumentation symbolique, que vient-il faire à ce colloque, quel est le sens de son intervention ? Ne s'agit-il pas au contraire d'utiliser Royaumont comme une vitrine philosophique de la maturité conquise, de l'auto-suffisance scientifique de la biologie moléculaire ? D'autres biologistes, ténors de leur discipline (les neurophysiologistes Alfred Fessard et Pierre Buser), ont en revanche persisté de façon étonnante à inciter leurs confrères et étudiants à l'usage de la modélisation mathématique, malgré l'indifférence, la méfiance ou la défiance des uns et des autres, et malgré la longue absence d'interlocuteurs modélisateurs. Des contrastes comparables s'observent du côté de l'offre. On a déjà évoqué le désintérêt, voire le mépris, de nombreux mathématiciens (particulièrement puristes en France) pour les « maths appliquées », et la différence de vocation entre ingénierie et recherche, particulièrement sensible lorsqu'il manque des milliers d'ingénieurs à l'industrie alors que le salaire d'un chercheur est rédhibitoire. Il s'agit donc d'autant plus de saisir ce qui pousse malgré tout certains d'entre eux, et parmi les meilleurs, à partir à l'aventure. C'est souvent là qu'on trouvera un lien entre intérêts scientifiques et marottes de jeunesse ou jardins secrets. On a évoqué plus haut la vocation manquée de Wiener pour la biologie. On peut mentionner pareillement le cas du polytechnicien Jacques Lesourne : pourquoi arrêter de « pantoufler » à la tête d'une brillante et prospère société de recherche opérationnelle pour se lancer dans la direction d'une Action thématique programmée « Systèmes » du CNRS, au risque d'exposer sa crédibilité aux diatribes d'un Schützenberger (*cf.* p. 281-282) ? Lesourne confie une « liaison brève mais passionnée[92] » avec la biologie dans

---

91 P. Bourdieu, *Science de la science et réflexivité*, *op. cit.*, p. 85-86.

92 « Ultime joie de mes études secondaires : le programme de biologie. Enfin, l'enseignement des sciences naturelles quittait le royaume des classifications [...] pour le territoire des

ses jeunes années, qui se combinera avec la lecture de *Cybernetics* pour fructifier vingt ou trente ans plus tard. Autre exemple : le mathématicien Jean-Pierre Aubin parle d'une « double vie, l'une qui était la vie officielle, mathématique ; et une autre qui était pour le plaisir, à laquelle j'ai consacré la moitié de mon temps, à m'intéresser à tout le reste, les sciences du vivant[93] ». Quant au mathématicien Jean-Paul Benzécri (*cf.* p. 291-296), ne cherche-t-il pas le secret de l'âme ? Le modèle migratoire explique tout au plus un mouvement d'une discipline « supérieure » vers une discipline « inférieure » ; il n'explique pas pourquoi *untel* choisit *telle* discipline parmi les nombreuses possibles. L'approche de Shinn peut offrir une résolution intermédiaire entre les effets de champs et les idiosyncrasies de trajectoires interdisciplinaires, à condition toutefois de ne pas appréhender ces dernières en termes de navigation à vue, passant d'un projet à un autre à seule raison des opportunités immédiates qui se présentent. Maintenir sur la durée, et souvent dans le vide, une offre ou une demande d'instruments de modélisation, exige des efforts non négligeables. On voit mal comment les régimes transitaire et transversal pourraient y parvenir sur la base de stratégies purement opportunistes.

Venons-en au deuxième aspect, les espaces de connexion : quand l'offre et la demande existent, il faut les mettre en relation – c'est le rôle du marché à proprement parler. Où les collaborations interdisciplinaires se négocient-elles donc ? Traditionnellement, à côté des sociétés savantes officielles qui incarnent le régime disciplinaire, c'est dans les salons qu'on recolle les morceaux de l'Encyclopédie, qu'on remédie à la fragmentation des savoirs. Les noms, formes, compositions et modes de fonctionnement de ces pratiques ont pu évoluer[94], mais pour autant qu'il soit question de parcellisation scientifique (indépendamment des

analyses fonctionnelles. [...] Liaison sans descendance (il n'y avait pas d'École polytechnique de la biologie), dont je me suis pourtant souvenu trente ans plus tard lorsqu'il me fallut pour approfondir la notion de système comprendre avec l'ingénuité de l'autodidacte l'apport de la neurobiologie » (J. Lesourne, *Un Homme de notre siècle*, Paris : Éditions Odile Jacob, 2000, p. 143).

93 Entretien avec J.-P. Aubin, 15 janvier 2014.

94 Salon, cercle, club, *think tank*... L'optique est ici celle d'une anthropologie comparative des configurations (C. Jacob, *Qu'est-ce-qu'un lieu de savoir ?*, *op. cit.*). Comparer dans la durée l'évolution respective des sociétés savantes spécialisées (dont l'histoire est souvent liée à une disciplinarisation) et des sociétés savantes généralistes constituerait un tableau instructif, mais laisserait encore passer des regroupements moins formels. J.-P. Chaline, *Sociabilité et érudition, les sociétés savantes en France*, Paris : CTHS, 1995.

nombreux objectifs autres de ces regroupements), une certaine invariance de leur fonction décloisonnante est aussi crédible, sinon plus, qu'une incommensurabilité totale de leurs aspects historiques successifs. Que sont donc devenus ces espaces avec la professionnalisation de la science et la bureaucratisation de la recherche ? Tantôt *no man's land*, tantôt empilement anarchique de codifications hétérogènes, les célèbres métaphores territoriales employées par Wiener[95] pour décrire les zones frontalières sont d'un intérêt limité pour le sociologue. Ces espaces « interstitiels » (comme les appelle Shinn) que sont les points de rencontre interdisciplinaires, hétérotopies de la production scientifique, présentent aux historiens, sociologues et philosophes des sciences le défi de conceptualiser et caractériser des régimes pratiques et normatifs particuliers : d'un côté ils seraient de simples lieux de tolérance épistémologique de la cité savante, l'Autre scène de la « psychanalyse » bachelardienne à laquelle on accède en suspendant temporairement le surmoi scientifique pour se livrer aux métaphores, et éventuellement réactiver paradigmes dominés et thémata refoulés le temps d'une brève réévaluation de sa généalogie disciplinaire. De l'autre, pourtant, ces points de rencontres ne sont pas dénués d'attentes et d'objectifs de la part des acteurs qui les formulent parfois très explicitement et sans rupture nécessaire avec les conventions épistémologiques de leur propre champ. La métaphore de la « zone de transaction » (*trading zone*) proposée par Peter Galison, d'inspiration anthropolinguistique, comparait les relations entre disciplines (ou entre spécialités) à des relations entre cultures différentes cherchant une base d'échange commune. Cette métaphore a le mérite de nommer intuitivement ce dont il s'agit – des marchés symboliques. S'il est commode de résumer le projet porté par ce livre en parlant d'une cartographie et d'une étude des principales *trading zones* de la modélisation cybernétique dans la France des Trente glorieuses, c'est à condition de rappeler que, d'une part, le cycle de vie, l'activité et l'éventuel rendement de ces zones dépendent aussi des champs qu'elles interconnectent, et, d'autre part, si les modèles qui y sont éventuellement construits peuvent à la rigueur être qualifiés d'« objets-frontières[96] » intégrant l'apport de chaque « culture »,

95 N. Wiener, *La Cybernétique*, *op. cit.*, p. 56-57 : « Le résultat s'apparente à l'invasion simultanée de l'Oregon par les colons américains, les Britanniques, les Mexicains et les Russes – un inextricable fouillis d'explorations, de nomenclatures et de lois ».

96 S. L. Star, J. R. Griesemer, « Institutional Ecology, 'Translations' and Boundary Objects », *Social Studies of Science*, vol. 19, nº 3, 1989, p. 387-420.

il faut éviter de réduire leur technicité à une question de codification lexicale : l'implantation d'une compétence technique durable dans la discipline d'accueil importe plus que l'adoption d'un « créole » ou d'une *lingua franca* (ces hypothèses linguistiques, reprises à Galison par Terry Shinn, restent à démontrer dans le cas de la cybernétique, en dépit de ce qui a pu être dit à ce sujet[97]). Galison attirait également l'attention sur l'inscription spatiale des relations entre spécialités disciplinaires dans les centres de recherche, opposant des bâtiments « positivistes » (une discipline ou spécialité par étage) à des bâtiments où la *trading zone* se matérialise par un espace commun, généralement informel (lieu de vie…)[98]. Le rôle clé de tels espaces informels dans les dynamiques de communication scientifique et technique est notoire. En songeant évidemment à l'étude de Panofsky[99], dont on aurait ici une déclinaison contemporaine, on voit comment les cloisonnements disciplinaires sont,

97 Par exemple, S. Gerovitch, *From Newspeak to Cyberspeak*, Cambridge (Ma) : The MIT Press, 2004, p. 89. Attentifs à leurs propres schémas de communication, les organisateurs et participants des conférences Macy de cybernétique n'étaient pas forcément, comme l'a proposé Gerovitch, en quête d'un vocabulaire universel : « … la plupart des intervenants se parlaient de façon informelle du fait qu'ils se connaissaient en dehors de ces rencontres. Basculer occasionnellement vers des échanges plus formels était un indice de distanciation et de désaccord. […] Il est remarquable que [les] invités ne peuvent être différenciés des membres réguliers du point de vue du vocabulaire. Un des aspects les plus étonnants du groupe est l'absence presque totale d'un vocabulaire idiosyncrasique. Après six années de fréquentation, ces vingt cinq interlocuteurs n'ont arrêté aucun langage propre. Nos idiomes sont limités à une poignée de termes empruntés les uns aux autres : analogique et digital, rétroaction et servomécanismes, processus à causalité circulaire. Même ces termes sont utilisés à contrecœur [*diffidence*] par la plupart des membres, et un philologue versé dans les mesures de fréquences lexicales trouverait sans doute que les fondateurs de la "cybernétique" ne sont pas les plus fervents dans l'utilisation de sa langue. Cette pauvreté du jargon est peut-être le signe d'un effort sérieux à apprendre le langage d'autres disciplines, ou d'une communauté de point de vue suffisante pour la cohésion du groupe. […] Tous les membres s'intéressent à certains modèles conceptuels qu'ils considèrent potentiellement applicables aux problèmes de nombreuses sciences. Les concepts suggèrent une approche similaire dans des situations très diverses ; l'accord quant à l'utilité de ces modèles laisse entrevoir une nouvelle *lingua franca* scientifique, fragments d'une langue commune susceptible de contrecarrer une partie de la confusion et de la complexité de notre langage » (H. von Foerster, M. Mead, H. L. Teuber, « A Note by the Editors », in H. von Foerster (dir.), *Cybernetics. Circular Causal and Feedback Mechanisms in Biological and Social Systems. Transactions of the Eighth Conference*, New York : Josiah Macy Foundation, 1952, p. XII-XIII).

98 P. Galison, *op. cit.*, chapitre 9.

99 E. Panofsky, *Architecture gothique et pensée scolastique*, tr. fr. P. Bourdieu, Paris : Les Éditions de Minuit, 1986.

dans la terminologie bourdieusienne, structurants-structurés, à travers de telles homologies entre « enceintes mentales[100] », délimitations administratives, et jusqu'à la communication ou la ségrégation topographiques : l'extra-territorialité académique (en l'occurrence celle des rencontres interdisciplinaires et des raisonnements par analogie sujets à un vide épistémologique) est signifiée matériellement lorsque les connexions ont lieu hors les murs des institutions du régime disciplinaire. Pour le premier gros projet multidisciplinaire d'après-guerre en sciences humaines et sociales (l'Action concertée de la DGRST portant sur l'étude de la commune de Plozévet), le local de réunion inter-équipes mis à disposition était « mal éclairé, mal chauffé, rarement nettoyé », écrit un thésard en observation participante, qui parle de « désolement » et de « misérabilisme » ; « Peu de réunions vont se tenir dans ce local[101] », et c'est plutôt autour des *krampouezh* de « tante Thérèse » que les rapports entre laboratoires se dégèleront[102].

Quels sont donc les « salons » interdisciplinaires très particuliers de la France des Trente glorieuses où se négocie la *metabasis* contemporaine que sont les pratiques de modélisation ? C'est à l'Institut d'histoire des sciences et des techniques de la rue du Four à Paris que se réunit le Cercle d'études cybernétiques. C'est en privé que Lévi-Strauss organise son séminaire hebdomadaire sur la modélisation mathématique en sciences sociales en 1953. Si le groupe de travail du contrat DRME sur la commande neuromusculaire se réunit dans les locaux de la DRME, et l'ingénieur Richalet se rend dans les laboratoires des physiologistes, la connexion initiale entre lui et le Dr. Tabary, s'est faite par une connaissance personnelle commune, et ce noyau initial constitue en parallèle son propre club de discussion qui se réunit dans un domicile parisien[103]. Les seules conversations, ou presque, que Jacques Monod consentira à avoir au sujet de la biomathématique auront lieu chez André Lichnerowicz[104], avec M.-P. Schützenberger. Le groupe Systema organise

100 J.-L. Fabiani, « À quoi sert la notion de discipline ? », *op. cit.*, p. 26.

101 J.-M. Jakobi, *Étude des équipes de recherche multidisciplinaires*, thèse, contrat DGRST, 1969, p. 100.

102 A. Burguière, « Plozévet, une mystique de l'interdisciplinarité », *Cahiers du Centre de recherches historiques* n° 36, 2005, p. 250.

103 Entretiens avec J. Richalet (5 mars 2014) et J.-C. Tabary (6 septembre 2014).

104 A. Lichnerowicz, « Marcel-Paul Schützenberger. Informaticien de génie, esprit paradoxal et gentilhomme de la science », *La Recherche* n° 291, 1996, p. 9. Voir aussi p. 431.

également quelques-unes de ses réunions dans les locaux de la DRME, mais les autres à domicile – notamment chez le biologiste Henri Laborit à partir du moment où des biologistes vont intégrer le groupe[105] (qui formera l'une des racines de la Société de biologie théorique quelques années plus tard). On perçoit facilement l'importance des cadres informels, spécialement les réunions à domicile, avec ce qu'elles peuvent impliquer de confiance, voire d'un parfum de clandestinité, d'élitisme et/ou d'ésotérisme dans la constitution de confréries. Dans son histoire des intellectuels sous la Ve République, Rémy Rieffel s'est intéressé aux espaces de socialisation de cette catégorie de producteurs symboliques, qui, sans se confondre complètement avec le milieu académique, le recoupe significativement[106]. Il distingue des espaces « publics » (café, librairie, bibliothèque) des espaces « privés » (salons, cocktails, dîners à domicile), en reconnaissant la porosité des deux (notamment dans le cas des colloques). Cette sociabilité reste, selon Rieffel, « faiblement institutionnalisée[107] », aussi pourra-t-on la trouver généralement très informelle par rapport aux communications entre scientifiques de différentes institutions, disciplines ou spécialités : la comparaison pourrait tourner court, du seul constat que la profession scientifique se distancie, après la guerre, de la figure du grand savant humaniste, creusant le fossé entre les « Deux cultures » littéraire et scientifique[108]. Pourtant, on constate un « air de famille » entre histoire des intellectuels et histoire des sciences, et même des intersections directes qui ne se limitent pas aux seuls colloques. Le Quartier Latin a ses coulisses, et notamment son sous-sol, où les Deux cultures swinguent dans les caves : l'histoire des rapports entre Riguet, Schützenberger et Braffort (*cf.* p. 253-255), est difficilement dissociable de la vie de ces « bandes » (Boris Vian, l'Oulipo…). Le philosophe François Wahl, qui va devenir l'un des directeurs de collection les plus en vue en sciences humaines, organise un dîner chez lui pour présenter l'un à l'autre Wiener et Lévi-Strauss[109]. Lors de ses séjours à Paris, Wiener joue aux échecs en terrasse du *Select* à Montparnasse. C'est aussi à côté de Montparnasse que McCulloch est assailli par les journalistes à la

105 Entretien avec D. Verney, 26 février 2016.

106 R. Rieffel, *La Tribu des clercs. Les intellectuels sous la Ve République*, Paris : Calmann-Lévy / CNRS Éditions, 1993.

107 *ibid.*, p. 29.

108 C. P. Snow, *The Two Cultures*. Cambridge : Cambridge University Press, 1959.

109 Lettre de C. Lévi-Strauss, 20 novembre 2006.

terrasse d'une brasserie. Même les locaux de la DRME sont, pour un temps, dans le « quadrilatère sacré » germanopratin, rue de la Chaise. Il y a une histoire mondaine de l'interdisciplinarité. Les connexions dont il est question sont un cas particulier, et donc fonction, des formes de la sociabilité savante. La question est de savoir quels réseaux et canaux sont activés pour contourner les cloisonnements des institutions scientifiques et techniques : lorsque le fleuve est trop large, quels détours les acteurs font-ils pour trouver des passerelles ? Les réseaux politiques et religieux amènent des scientifiques de différentes disciplines à se croiser, et parfois ces liens sont convertis en travail : Monod, si peu intéressé par la biomathématique, n'aurait sans doute pas pris rendez-vous pour en parler avec Schützenberger si ce dernier n'avait été son frère d'armes dans les rangs des Francs-tireurs partisans. Le parallèle avec la sociologie des intellectuels reste donc partiellement pertinent, avec au moins une limite évidente : dans le cas de la cybernétique, il faut des ingénieurs, dont l'intersection avec l'intersection déjà réduite entre le champ académique et le champ des intellectuels va s'en trouver encore plus réduite (à l'exception de la tradition française des ingénieurs-économistes). La coupure sociale est alors celle qui ostracise la technique par rapport à la culture[110]. Malgré cette limite, les traces parcellaires dont on dispose ici permettent de se demander si des formes plus générales de sociabilité intellectuelle ne prennent pas le relais des formes plus spécifiques de sociabilité scientifique lorsque celles-ci ne sont pas définies dans le cas particulier des prises de contact interdisciplinaires ; autrement dit, si les passerelles interdisciplinaires, du fait de leur extra-territorialité institutionnelle, ne sont pas tributaires des circuits plus souples de la sociabilité intellectuelle « générale » et de leurs aléas. Il y a quelque chose comme un fonds de culture humaniste qui imprègne souvent les élites scientifiques et médicales, de façon peut-être particulièrement accentuée en France, contribuant à limiter le fossé entre les Deux cultures et le divorce entre hyper-spécialisation professionnelle et préoccupations généralistes. À la fin de sa carrière, le neurophysiologiste Jean Scherrer a ainsi organisé des dîners pendant une

110 G. Simondon, « Psychosociologie de la technicité. Aspects psychosociaux de la genèse de l'objet d'usage », in *Sur la technique*, Paris : Presses universitaires de France, 2014, p. 27-129 ; A. Mack (dir.), *Technology and the Rest of Culture*, Columbus : The Ohio State University Press, 2001.

vingtaine d'années[111]. Le « Groupe des Dix » (1969-1976) est un autre exemple éminent de dîners à domicile où conversent scientifiques (dont des « cybernéticiens » tels Laborit et Sauvan) et politiques, ou encore le groupe « Quadrivium » (1966-1968), auquel appartenaient notamment Sauvan et Abraham Moles parmi une trentaine de participants[112].

L'extra-territorialité institutionnelle peut être un retrait volontaire (pour protéger les idées en gestation[113]), mais, réciproquement, les promoteurs de l'interdisciplinarité cherchent aussi des solutions à travers la

---

111 « Jean Scherrer aimait bien organiser des dîners (une fois par mois au moins, peut-être plus) où il invitait à chaque fois une dizaine de personnes d'horizons différents dans des restaurants variés » (Emmanuel Fournier, communication personnelle, courrier électronique, 24 avril 2016).

112 B. Chamak, *Le Groupe des Dix, ou les avatars des rapports entre science et politique*, Monaco : Éditions du Rocher, 1995, p. 17-19.

113 C'est ainsi qu'est conçu le Ratio Club anglais, comme le propose son fondateur : « … la création d'un environnement où l'on puisse discuter librement de ces sujets s'impose. L'essentiel semble être de limiter et fermer l'adhésion, et un créneau post-prandial [terme médical pour "après dîner"], autrement dit un club dînatoire sans les critères scientifiques conventionnels. […] L'idée serait de louer un local, commencer par un petit repas, puis pivoter nos sièges vers un tableau où l'un de nous lancerait un sujet » (lettre de J. Bates à W. Grey Walter, 27 juillet 1949, in P. Husbands and O. Holland, *op. cit.*, p. 100). Le lieu finalement choisi reste dans l'institution, tout en véhiculant une aura alternative : « Bloomsbury, à Londres, est le quartier des intellectuels libres-penseurs, des artistes dissolus et des écrivains névrosés […] Mais c'est aussi le berceau de la neurologie, puisque c'est là, en 1860, que fut fondé le premier hôpital au monde dédié aux maladies du système nerveux. À la fin des années 1940, le National Hospital jouissait d'un rayonnement global […]. Il s'apprêtait à accueillir un nouveau groupe de penseurs brillants et non conventionnels » (*ibid.*, p. 113). On notera le paradoxe, peut-être non dénué de *british humour*, qu'un club qui décide de s'appeler Ratio se réunisse dans les murs d'un tel hôpital (plus exactement dans la cave, lieu par excellence de la relégation, de la cachette, voire de la conspiration). Cela appelle une anecdote savoureuse (peut-être apocryphe) : lorsque Ashby, directeur d'un hôpital psychiatrique non loin du Pays de Galles, avait commandé à un constructeur local un appareil dont les composants non linéaires devaient être connectés aléatoirement (il s'agissait d'étudier les capacités d'apprentissage d'un tel réseau, par hypothèse d'une analogie avec le cortex), les ingénieurs avaient appelé l'hôpital pour demander si Ashby n'était pas un patient ! (*ibid.*, p. 126) Pour en revenir au club, la convivialité est un paramètre pris très au sérieux par les membres, notamment la disponibilité de bière pour les réunions. Ashby soumet au groupe une liste de questions de travail, la dernière étant : « Si tout cela ne donne rien : étude de l'effet de l'alcool sur le contrôle et la communication, avec travaux pratiques » (*ibid.*, p. 120 ; on aura relevé le clin d'œil au sous-titre du livre de Wiener). Cet aspect « boute en train » est souvent perceptiblement absent des codes traditionnels de la sociabilité académique française, ancrés dans un rapport plus sophistiqué à la gastronomie et au prestige conversationnel, mais cela dépend très certainement des disciplines concernées, des hiérarchies implicites ou explicites, de la familiarité préexistante… En un mot, on imagine mal ce type de plaisanterie aux réunions du Cercle d'études cybernétiques.

création d'espaces officiels pouvant tenir lieu de « correctifs » de décloisonnement. Les quelques institutions scientifiques françaises ouvertes à l'interdisciplinarité sont emblématiques, mais restent des exceptions : à l'Institut de biologie physico-chimique se réunit le groupe Changeux-Danchin-Courrège pour travailler sur un modèle de neurones formels. À l'Institut des hautes études scientifiques, le mathématicien René Thom souhaite mettre à profit la liberté qu'il est supposé y trouver pour se tourner vers la biologie, mais même cela n'est pas sans provoquer des tensions avec le directeur. Couffignal héberge son éphémère « Société française de sciences comparées » (*cf.* p. 595-599) dans son laboratoire de l'Institut Poincaré. On pourrait mentionner le Centre d'épistémologie génétique fondé par Jean Piaget en Suisse, qui va attirer provisoirement le mathématicien Benoît Mandelbrot, aux côtés de Seymour Papert et Léo Apostel. Mais pour ce dernier exemple couronné de succès, les acteurs français se débattent : Alfred Fessard, essaye de faire financer par l'Unesco un Institut du cerveau supposé accueillir un département de modélisation ; Richalet essaye de transformer son équipe en Institut de recherches sur les systèmes biologiques ; Lévi-Strauss essaye d'obtenir de la fondation Ford la création d'un centre européen de recherche en *behavioral sciences*. La France se dote elle aussi de fondations (Royaumont, Cerisy) qui, comme les grandes fondations américaines, promeuvent les rencontres interdisciplinaires en organisant des colloques, mais avec des moyens bien plus limités, qui ne permettent pas de financer directement des recherches. Ces colloques, qui restent des grand-messes espacées, contribuent-ils directement à l'établissement de passerelles productives, ou ne sont-ils que des chambres d'enregistrement, où les disciplines viennent se donner en représentation et prendre acte de leurs différences ? Ces événements ont au moins sans doute le mérite de générer du capital symbolique destiné spécifiquement à promouvoir l'interdisciplinarité. À Royaumont et Cerisy, et l'on pourrait ajouter les rencontres internationales de Genève, les philosophes jouent les gardiens au long cours de la sociabilité salonnière. Ce n'est pas qu'un rôle d'apparat. De part en part, dans le corpus étudié dans ce livre, des philosophes ont un rôle actif dans les circulations transfrontalières : Pierre Ducassé ouvre l'Institut d'histoire des sciences au Cercle d'études cybernétiques, joue un rôle direct dans certaines mises en relation, et fait de sa revue un quasi bulletin officiel du CECyb ou encore une tribune pour les idées de Couffignal ; à l'École Polytechnique, lorsque le jeune Maxime Schwartz, futur directeur de l'Institut Pasteur, envisage une carrière dans la recherche biologique, c'est vers Jean Ullmo qu'il est finalement aiguillé, lequel lui fournira des contacts de biologistes[114] ; Jean Wahl, on l'a dit, présente Wiener et Lévi-Strauss l'un à l'autre lors d'un dîner chez lui ; à Marseille, Gaston Berger organise des « Journées cybernétiques » ; la Société française de cybernétique sera présidée par le philosophe Léon Delpech ; autour de Gilbert Gadoffre et de son séminaire d'épistémologie, on retrouvera des promoteurs de l'interdisciplinarité et des problématiques inspirées plus ou moins directement par la cybernétique[115]. Cela ne signifie évidemment pas que la communauté philosophique française dans son ensemble fut impliquée dans la cybernétique, comme en témoigne Gilbert Simondon, qui a essayé en vain de créer un cercle de réflexion philosophique avec d'autres anciens de l'ENS (Michel Foucault, Louis Althusser…)[116]. Mais il reste significatif que des philosophes interviennent pour huiler les rouages encyclopédiques.

À côté des espaces physiques comptent aussi les espaces éditoriaux. On peut distinguer trois types de dispositifs : d'abord, les publications représentatives du régime disciplinaire (en biologie, économie…), qui n'accueillent de modèles cybernétiques qu'à un rythme assez lent (il reste à savoir si c'est en raison d'une tiédeur éditoriale ou de la rareté de la production de ces modèles) ; deuxièmement, des publications innovantes, d'abord artisanales, visant à occuper un espace vide et servir de point de ralliement, façon bulletin de liaison de « collège invisible » : telle est la revue lancée par Ducassé, *Structure et évolution des techniques* (*cf.* p. 565-573), tels sont encore les *Cahiers Systema* du groupe éponyme. Avec plus de moyens, et correspondant à des organisations plus structurées, on peut citer *Cybernetica* (la revue de l'Association internationale de cybernétique), ou encore *Biological Cybernetics*. Enfin, des bourgeons intermédiaires, telle la « série N » des *Cahiers de l'ISEA* (*cf.* p. 491-494), que l'économiste François Perroux confie à Couffignal (et qui ne sortira que quatre numéros). En parallèle s'affirme le rôle des nouveaux canaux

114 Entretien avec M. Schwartz, 16 janvier 2014.

115 Qui prendront la forme des colloques du Collège de France organisés avec André Lichnerowicz et François Perroux (*cf.* p. 601-602).

116 N. Simondon, in A. Iliadis et al., « Book Symposium on Le concept d'information dans la science contemporaine », *Philosophy & Technology*, vol. 29, n° 3, p. 284-291.

médiatiques, par lesquels il arrive plus d'une fois que ce soit par la vulgarisation que des chercheurs entendent parler de ce qui se passe de l'autre côté des palissades disciplinaires. Ainsi, c'est dans le *Scientific American* que Mandelbrot trouve sa vocation première de Kepler des sciences sociales ; c'est le journaliste Pierre de Latil qui met Laborit en contact avec Sauvan[117]. Par ailleurs, comment ne pas mentionner les acteurs très présents aux débuts de la cybernétique française, et qui sont par ailleurs des contributeurs significatifs à la diffusion de thèmes scientifiques et techniques sur les ondes ? François Le Lionnais anime une émission de radio « La science en marche » sur France III National (future France Culture), où il invite d'autres acteurs liés à la cybernétique, comme Schützenberger, Dubarle et Riguet ; Georges Théodule Guilbaud anime une émission pédagogique « Chantiers mathématiques » à la télévision ; et bien sûr, l'incontournable Albert Ducrocq, commentateur et vulgarisateur légendaire, mais aussi ingénieur constructeur de machines électroniques qu'il donne en spectacle (comme le « renard » Job), ressuscitant les démonstrations de machines du temps de Vaucanson. Le Lionnais, Guilbaud, Ducrocq, Dubarle, Riguet, de Latil, furent tous membres du Cercle d'études cybernétiques. Un peu plus tard, Joël de Rosnay, qui participe au petit club de Jacques Richalet, rejoint le Groupe des Dix après un séjour au MIT, et discute beaucoup avec Laborit, recevra le prix de l'information scientifique de l'Académie des sciences. Cet espace médiatique est à double tranchant, permettant à la fois certaines connexions, mais en inhibant nombre d'autres en heurtant l'habitus scientifique. Si le franchissement des frontières disciplinaires passe par un franchissement des frontières entre champ scientifique et son bord extérieur, cela se paye. La médiatisation de la cybernétique, en France et ailleurs[118], génère et amplifie le contraste entre une interdisciplinarité fantasmée, sur-représentée, qui en devient mythique alors qu'elle reste balbutiante en pratique. Le contexte moderniste de l'après-guerre est une période d'essor et de professionnalisation des pratiques de vulgarisation, qui profitent bien de

117 B. Chamak, *Le Groupe des Dix*, *op. cit.*, p. 111.

118 Les machines de Grey Walter et d'Ashby « firent les grands titres des journaux dans le monde entier, en particulier les tortues de Grey Walter qui firent des apparitions dans les actualités cinématographiques et à la télévision, et furent présentées à l'exposition Festival of Britain » (P. Husbands and O. Holland, *op. cit.*, p. 133) ; A. Jones, « Brains, Tortoises, and Octopuses: Postwar Interpretations of Mechanical Intelligence on the BBC », *Information and Culture : A Journal of History*, vol. 51, n° 1, p. 81-101.

la montée en puissance des médias hertziens et trouvent leur public[119]. Il est tout à fait remarquable de constater que ces canaux médiatiques ont pu contribuer directement à l'interdisciplinarité, pas seulement par leur vocation partielle[120], par diffusion large d'information ou par mises en contact, mais aussi d'une façon absolument inattendue : Sauvan et Laborit, deux grands noms de la cybernétique française, ont eu recours à une convention diagrammatique originale pour représenter leurs systèmes ; cette convention, c'est dans le best-seller de son inventeur Pierre de Latil, *Introduction à la cybernétique*, qu'ils l'ont trouvée[121] ! Le public de Laborit fut bien moins confidentiel que celui de Sauvan, mais non au sens où Laborit se serait contenté de relayer cette convention du grand public au grand public : entre les deux, il l'a rendue opératoire dans le champ biomédical (voir annexe VIII).

Enfin, le troisième aspect, celui des stratégies cognitives interdisciplinaires. Comme le disait Marx, la transparence des marchés est une *fictio juris* : le demandeur n'a pas la connaissance encyclopédique de l'intégralité de l'offre. Réciproquement, la recherche de débouchés est un travail en soi. Des deux côtés, il y a donc un *coût informationnel* d'identification des problèmes et des partenaires potentiels pertinents, et un *coût cognitif* d'adaptation.

Du point de vue des instrumentateurs :

– Le coût de repérage des marchés (des niches de problèmes spécialisés). Le minimum de familiarité nécessaire pour identifier des domaines d'application potentiellement pertinents dans diverses disciplines impose un apprentissage, ou du moins une documentation plus qu'occasionnelle.

119 J. Gregory, S. Miller, *Science in Public. Communication, Culture and Credibility*, New York : Plenum Press, 1998, p. 38, 41. Cet ouvrage vaut pour les pays anglo-saxons, mais le constat semble s'appliquer assez bien à la période moderniste des Trente glorieuses en France.

120 « La vulgarisation entre disciplines devint une préoccupation au début du XXe siècle [qui] a ainsi vu la communication scientifique divisée – entre disciplines scientifiques, et entre science et grand public » (*ibid.*, p. 26). Les auteurs ne donnent qu'un exemple de support de vulgarisation interdisciplinaire (la revue américaine *Science Conspectus*). Cette pratique de vulgarisation interdisciplinaire reste donc à documenter et à spécifier par rapport aux pratiques d'information scientifique « officielle » et aux pratiques de consommation de vulgarisation par les scientifiques français de l'époque.

121 P. de Latil, *Introduction à la cybernétique. La Pensée artificielle*, Paris : Gallimard, 1953, chapitre 3.

- Le coût de jonction adaptative entre les solutions génériques et les problèmes locaux (coût de spécification des instruments génériques). Entre la forme structurale du modèle et les données du problème local, un travail d'ajustement fin est à faire au niveau des variables. Les instruments de modélisation imposent une simplification des problèmes, et réciproquement les problèmes imposent une certaine complexité. Il y a un juste milieu de maniabilité à trouver, et parfois un mathématicien et un biologiste n'auront pas les mêmes priorités (typiquement, lorsqu'il s'agit de sacrifier des détails anatomiques ou de faire des hypothèses sur le temps).
- Le coût communicationnel pour se faire comprendre des autochtones. Le modélisateur doit gérer dans le temps un compromis entre deux stratégies : stratégie d'initiation et stratégie de recherche. Cette distinction désigne intuitivement que la priorité (voire l'exclusivité) est mise, dans le premier cas, sur la pédagogie de la présentation du nouvel instrument et de ses caractéristiques générales, et, dans le second cas, sur une tentative de faire un usage plus poussé de l'instrument dans les secteurs moins stabilisés des connaissances de la discipline cible. Dans le premier cas, le modélisateur touchera un plus large public, mais ne lui apportera pas de solution nouvelle à des problèmes pointus. Le risque limite est de reformuler autrement ce que le public connaît déjà de sa propre discipline, donc une inutilité pure et simple ; mais ce risque est inévitable, car il faut bien gagner des interlocuteurs (surtout pour établir des passerelles stables sur le long terme, plutôt que des passerelles qui disparaissent une fois un problème résolu). Dans le deuxième cas, le modélisateur limite d'autant le nombre de ses interlocuteurs potentiels que son problème est spécialisé, mais cela va aussi l'amener à pouvoir formuler des propositions positives, innovantes, ce qui peut alors précisément éveiller l'intérêt.

Stratégie	*Pertinence scientifique*	*Public potentiel*
initiation	–	+
recherche	+	–

Une telle matrice ne donne un aperçu intuitif que pour la situation de départ face à laquelle se trouve le modélisateur lorsqu'il doit choisir d'exploiter une fenêtre de tir dans une discipline. Si l'on introduit le temps, une stratégie d'initiation pure semble vouée à l'échec, puisqu'au bout d'un moment on se demandera quel peut bien être l'intérêt de découvrir un nouvel outil s'il ne permet aucun progrès[122]. Seule une stratégie de recherche peut parvenir au seuil critique d'un résultat scientifiquement intéressant, condition nécessaire à l'adoption de l'outil par l'ensemble du public concerné. Autrement dit, une stratégie de recherche ne restreint son public que durant la période incertaine où elle n'a pas fourni de résultat ; si ce cap est franchi, au contraire, la diffusion sera plus grande que par une stratégie d'initiation pure. Mais l'obtention de résultats n'est elle-même qu'une condition nécessaire et non suffisante, puisqu'un résultat intéressant obtenu par des moyens incompréhensibles risque de n'être même pas publié. Si bien qu'une stratégie de recherche pure est elle aussi vouée à l'échec si elle ne se combine pas à certains moments clés avec la stratégie d'initiation indispensable à la communication. La distinction entre stratégie d'initiation et stratégie de recherche recoupe ce qui a été dit précédemment : la première correspond à la transmission d'un instrument générique, la seconde consiste au travail de spécification ou d'adaptation de l'instrument à une classe de problèmes de la discipline cible. Par ailleurs, une stratégie de recherche est susceptible de rencontrer plus d'opposition dans le domaine cible, puisqu'elle va concurrencer les méthodes existantes, habituelles ; de sorte que les échanges interdisciplinaires sont parfois auto-limités par le souci implicite de respecter diplomatiquement certains postulats, courant le risque d'un échec impliqué par les conditions tacites de la rencontre. C'est une hypothèse qui a été avancée pour expliquer l'insuffisante percée des modèles cybernétiques en économie[123].

Réciproquement, les autochtones ont leurs propres coûts :

---

122 C'est ce qui est arrivé, semble-t-il, aux travaux de Tustin et Allen en modélisation économique (*cf.* chapitre « Cybernétique économique »).

123 « La collaboration idéale devrait partir sur des bases précisément contraires aux présupposés qui sont ceux de la littérature sur les politiques optimales de stabilisation. Tout d'abord, au lieu d'inviter des spécialistes en analyse des systèmes en partant du principe que les hôtes savent ce qu'il y a à savoir au sujet des systèmes économiques, et que les invités devraient s'y conformer, l'accord devrait reconnaître que les économistes n'en savent pas si long et qu'ils ne sont pas toujours capables de rendre compte clairement

– coût de repérage des instrumentations génériques (activité de veille).
– coût de compréhension des instruments exogènes et/ou de traduction des problèmes spécifiques en termes génériques

Bien sûr, ces coûts sont typiquement moins facilement consentis par les autochtones, ils supposent un besoin de la part de ces derniers en outils nouveaux.

Tous les agents ont une capacité d'acquisition d'information limitée, leur spécialisation implique une méconnaissance de tout le reste. Ils sont donc contraints à une problématique d'investissement très classique, le dilemme du choix entre étendre à un éventail de plusieurs sous-domaines une connaissance superficielle, ou pousser un peu plus la spécificité d'un nombre plus restreint de sous-domaines. Mais le champ scientifique est lui-même opaque, il ne peut plus se laisser représenter par les arborescences d'antan (ce n'est pas un hasard si les derniers « arbres des savoirs » datent d'avant la professionnalisation contemporaine de la recherche : l'explosion des sous-disciplines et spécialités en a rendu impossible toute représentation bi-dimensionnelle autre que locale). Cette complexité intrinsèque du champ scientifique l'éloigne de l'arbre pour le rapprocher du labyrinthe : le coût informationnel est pour beaucoup un *coût exploratoire*[124]. Ce coût exploratoire constitue un risque, puisqu'il ne peut exister sans que l'agent s'expose en dehors de son périmètre (qui est simultanément zone de confort et de juridiction) : dès qu'il sort de la posture sympathique de la simple curiosité pour se mettre en quête de ressources opérationnelles, l'agent se présente inexorablement en situation d'ignorance, de besoin, en position de faiblesse face à un autre qui reste libre de feindre l'auto-suffisance disciplinaire et donner une fin de non-recevoir. Au-delà de l'agent, le coût exploratoire est donc aussi un risque pour le capital symbolique de la discipline qu'il représente. Celle-ci risque d'apparaître en situation d'incomplétude, et donc d'immaturité scientifique. Les disciplines minimisent ce risque en inculquant à leurs représentants la méfiance vis-à-vis de ces marchés, ou en tout cas en excluant les transactions interdisciplinaires de leur panoplie normale.

---

de ce qu'ils savent » (M. Aoki & A. Leijonhufvud, « Cybernetics and Macroeconomics: A Comment », *Economic Inquiry* vol. 14, n° 2, 1976, p. 257).

124 C. Lefèvre, *Le Labyrinthe. Un paradigme du monde de l'interconnexion. Applications à l'urbanisme, l'esthétique et l'épistémologie*, Rennes : Presses universitaires de Rennes, 2001.

Les principaux intéressés eux-mêmes discutent de tous ces problèmes d'information et de communication, comme dans des comptes rendus commentant l'accessibilité et le mode d'exposition des outils de modélisation, ou encore lorsque des responsables de politique scientifique se heurtent aux difficultés de cartographie du paysage disciplinaire[125]. Ce n'est pas tout à fait étranger à la volonté d'alors de développer un réseau d'information scientifique efficace, et aux réflexions sur son organisation documentaire (et ce n'est donc pas un hasard que le physicien Pierre Auger, qui a incarné cette volonté, ait aussi été très préoccupé d'interdisciplinarité : voir chapitres 1 et 10). Malgré cette conscience des problématiques de communication transdisciplinaire et cette volonté d'améliorer l'information, les obstacles structuraux restent considérables. Alors que la cybernétique sert souvent d'étendard mythique à une interdisciplinarité vue comme une collaboration symbiotique, la littérature qui en relate l'histoire ne semble pas assez souvent avoir interrogé la qualité de la communication parmi et entre les groupes cybernétiques. Elle fut pourtant loin d'être optimale, comme le confirme le corpus français : souvent les acteurs sont mal informés, n'ont pas de vue d'ensemble de l'actualité des recherches interdisciplinaires, se connaissent mal entre eux, conservent au sein même des espaces interstitiels qu'ils fréquentent des cloisonnements qu'ils sont les premiers à dénoncer chez les autres, et sont *in fine* victimes des mêmes problèmes de surabondance informationnelle que tout chercheur. Ainsi, Sauvan ne semble avoir rencontré aucun interlocuteur mathématicien (bien qu'il connût Vallée), et percevait Ducrocq seulement comme un « journaliste » ; Wiener, au moment de la mise à jour de son *Cybernetics* pour la seconde édition, paraît « largué » en biologie moléculaire ; le mathématicien Jean-Pierre Aubin croit que le mathématicien Georges Théodule Guilbaud est un économiste (le Centre de recherches en mathématiques de la décision de Dauphine et le

125 Ainsi lors d'une enquête par questionnaire menée par la DGRST auprès des institutions scientifiques et techniques pour la préparation du IVe Plan : « Le questionnaire demande aux organismes de chiffrer leurs réponses *par discipline.* Or il apparaît que chacun des organismes [...] a sans doute tendance à définir une discipline suivant ses propres critères et ses propres préoccupations. Le travail de synthèse auquel nous estimons souhaitable d'arriver à la fin des travaux du Plan risque donc de poser quelques difficultés [...] » (P. Cognard, « Note à l'attention de Monsieur le Délégué général », 28 novembre 1960, p. 2, Archives nationales 19770321/286). Évidemment, les étiquetages disciplinaires étant parfois fonction des crédits budgétaires, cela n'arrange rien à la complexité labyrinthique de la situation.

Centre d'analyse et de mathématique sociale de l'École des hautes études semblent deux mondes à part) ; Benzécri traite en 1985, apparemment sans le savoir, la même problématique qu'Ashby et Riguet en 1960 ; les Américains R. Swanson et M. Arbib, lorsqu'ils visitent la France en mission pour en inventorier les recherches cybernétiques, ont chacun un réseau différent (*cf.* p. 120-122) ; Berthoz ne semble pas avoir été au courant de l'existence du cours d'analyse des systèmes donné par Buser à Jussieu, alors qu'ils se retrouvent dans un même jury de thèse sur ce thème ; d'autres encore font des erreurs dans des noms…

La sociologie peut donc fournir des clés à l'histoire des pratiques interdisciplinaires de modélisation ; si l'historien et le sociologue se disputeront comme d'habitude pour en délimiter la portée explicative, dans le cas présent, avec la modestie qu'impose une série très limitée d'études de cas, on peut au moins remarquer que le canevas défini ci-dessus a valeur d'idéal-type appelant des explications lorsque les collaborations interdisciplinaires entre les acteurs font défaut.

LA VALEUR HEURISTIQUE DES MACHINES

Du point de vue du *contenu* du processus de circulation conceptuelle étudié dans ce livre, on a affaire à un flux intellectuel qui alimente le champ scientifique à partir du champ technologique. Les machines peuvent inspirer à la pensée scientifique des schèmes d'intelligibilité pour l'étude de phénomènes biologiques, sociaux ou psychologiques. Cette catégorie d'analogies est connue des scientifiques : certains en témoignent, comme le biologiste François Jacob, qui raconte comment le commutateur du train électrique de son fils l'a inspiré pour la modélisation du mécanisme de l'« opéron » en biologie moléculaire[126]. Comme il peut arriver dans la mise en récit des moments de découverte, certaines anecdotes sont peut-être enjolivées, voire apocryphes. Ainsi, lorsque Warren McCulloch présente le diagramme de son appareil à reconnaissance optique de caractères au biologiste Gerhard von Bonin, ce dernier aurait

126 F. Jacob, *La Statue intérieure*, Paris : Odile Jacob, 1987, p. 337. Voir aussi p. 430.

cru à une planche anatomique d'une zone cérébrale[127]. McCulloch aurait admis plus tard qu'il s'agissait d'une légende[128]. Pourtant, les analogies inspirées par des machines ne peuvent être réduites à des cas isolés ou anecdotiques. Elles permettent parfois d'inaugurer des programmes de recherche, de recomposer la construction de certains objets scientifiques, de renouveler des philosophies disciplinaires. Pour le neurologue roumain Constantin Balaceanu, « … l'usage de l'informatique permet de persuader davantage de biologistes expérimentateurs de la nécessité d'une étape de formalisation claire et précise […] l'informatique précipite les biologistes dans l'ère des modèles[129] ». Voici encore ce qu'écrit le biologiste Konrad Lorenz dans son discours de la méthode éthologique :

> Admettons […] qu'un habitant de Mars arrivé sur la Terre doive analyser une pendule. […] C'est seulement une méthode de recherche qui est d'autant moins conseillée que le système à analyser est plus complexe ; or, un système organique avec l'ensemble de ses fonctions constitue naturellement un système à analyser plus difficile qu'une pendule. Il y a cependant des fonctions organiques qui ont été découvertes par des techniciens avant même que les biologistes les aient aperçues. En tant que biologiste, on se sent un peu honteux de penser par exemple que l'extrême importance du cycle régulateur de l'homéostase n'a été pleinement reconnue qu'après avoir été mise en lumière par les spécialistes des techniques de régulation[130].

Dans un traité de physiologie destiné à des étudiants et des médecins, et présentant néanmoins une synthèse relativement novatrice, Henri Laborit se réfère à un simple fil de cuivre pour illustrer la différence entre biologie et physique :

> Le but d'un fil de cuivre dans un circuit électrique peut être de conduire le courant. S'il est séparé de la source d'énergie électrique il n'en demeure pas moins fil de cuivre, sa structure ne varie pas bien que sa finalité ait disparu. Un organisme vivant par contre, qui ne réalise plus sa finalité, est un cadavre. Sa structure disparaît avec la disparition de l'action finalisée[131].

127 N. Wiener, *La Cybernétique*, *op. cit.*, p. 86, 255.

128 L.-J. Delpech, *La Cybernétique et ses théoriciens*, Tournai : Casterman, 1972, p. 92-93.

129 F. Varenne, *Le Destin des formalismes : à propos de la forme des plantes*, thèse, université Lyon II, 2004, p. 270.

130 K. Lorenz, *Les Fondements de l'éthologie*, *op. cit.*, p. 93-94. Lorenz se consolerait peut-être de savoir que Wiener a vu ces analogies avec les lunettes de Cannon et Rosenblueth, qui n'étaient pas les moindres spécialistes de la question.

131 H. Laborit, *Physiologie humaine cellulaire et organique*, Paris : Masson, 1961, p. 8.

Si l'analogie est un mode de raisonnement souvent utilisé à des fins didactiques, il n'est pas toujours possible de dissocier une analogie purement didactique d'une analogie qui guiderait la façon de penser de chercheurs de premier plan.

Des historiens et des philosophes des sciences se sont intéressés à cette valeur heuristique des objets techniques. Ainsi Canguilhem en 1961 :

> La dénomination grecque et latine des formes organiques perçues fait apparaître qu'une expérience technique communique certaines de ses structures à la perception des formes organiques. [...] Quand il compare les vertèbres à des gonds de porte (*Timée*, 74a) ou les vaisseaux sanguins à des canaux d'irrigation (*Timée*, 77c), Platon n'emploie-t-il pas savamment un procédé sommaire d'explication de fonctions physiologiques à partir d'un modèle technologique ? Aristote fait-il autre chose quand il compare les os de l'avant-bras fléchis par la traction des nerfs – c'est-à-dire des tendons – aux pièces d'une catapulte tirée par des câbles tenseurs (*De motu animalium*, 707b, 9-10)[132] ?

Gilbert Simondon a été sans doute le philosophe qui a donné une ampleur maximale à l'intérêt d'une herméneutique des schèmes techniques sous-jacents à des doctrines (généralement métaphysiques, mais aussi pour l'origine de la géométrie ou l'histoire de la psychologie)[133], mais aussi à avoir formulé une théorie de la valeur heuristique des techniques[134]. Jean-Claude Beaune a lui aussi engagé une analyse comparable[135], dans un contexte très significatif. Plus récemment, des historiens des sciences

132 G. Canguilhem, « Modèles et analogies dans la découverte en biologie », in *Études d'histoire et de philosophie des sciences*, Paris : Vrin, 1968, p. 306.

133 Notamment : l'origine du mode de pensée hylémorphique (forme/matière) dans le procédé de moulage des briques (G. Simondon, *L'individuation à la lumière des notions de forme et d'information*, Grenoble : Millon, 2005) ; les métaphores empruntées par Cicéron à l'agriculture, la navigation et la guerre (G. Simondon, « Psycho-sociologie de la technicité », *op. cit.*) ; la technologie de chaînage sous-jacente aux règles cartésiennes pour la direction de l'esprit (G. Simondon, « Mentalité technique », *Revue philosophique* vol. 131, n° 3, 2006, p. 343-357), et la cybernétique (*ibid.*), notamment pour la psychologie (G. Simondon, « Fondements de la psychologie contemporaine », in *Sur la psychologie*, Paris : Presses universitaires de France, 2015, p. 20-270) ; l'influence des habitudes de division sociale du travail sur la pensée théorique, notamment la géométrie (G. Simondon, *Imagination et invention (1965-1966)*, Chatou : Ed. de la Transparence, 2008, p. 153-154).

134 G. Simondon, « L'objet technique comme paradigme d'intelligibilité universelle », in *Sur la philosophie*, *op. cit.*, p. 397-420 (le texte date des années 1950).

135 J.-C. Beaune, « Les rapports entre la technologie et la biologie, du XVIIe au XIXe s. : L'automate, modèle du vivant », in P. Delattre, M. Tellier (dir.), *Actes du colloque élaboration et justification des modèles. Applications en biologie*, vol. 1, 1979, p. 199-214.

ont commencé à aborder le sujet dans une optique systématique. L'étude de D. Bertoloni Meli sur le rôle des pendules, plans inclinés et autres balances dans la constitution de problématiques de la mécanique classique montre que cet apport n'a pas été limité à un déclic empirique initial relayé ensuite exclusivement par un travail théorique autonome, mais un flux récurrent sur une longue période[136]. Le colloque « The Machine as Model and Metaphor », tenu à l'Institut d'histoire des sciences de Berlin en 2006, a exploré la question sur un intervalle de temps plus étendu mais aussi plus ancien (du XIIIe au XVIe siècles)[137]. On peut encore mentionner C. Borck, qui passe en revue quelques analogies importantes rythmant deux cent ans de neurosciences[138].

Les expériences de pensée cybernétiques, analogies avec des régulateurs automatiques, sont une manifestation de ce phénomène général qu'est la valeur heuristique des machines, objets ou procédés techniques. L'histoire de la cybernétique a surtout été écrite sous l'angle de l'histoire culturelle, axée sur les représentations, les métaphores, l'imaginaire. Ces *cyborg studies* ont tendu à ignorer – délibérément – l'épistémologie, mais aussi – et c'est peut-être moins évident – toute ambition explicative dans la relation qu'elles impliquent entre histoire des techniques et histoire des sciences : est-ce-que, dans quelle mesure, de quelle façon, la première explique la seconde ? Il est bien question de l'histoire des techniques en tant qu'histoire d'une réalité spécifique, d'« histoire technique des techniques », pour reprendre l'expression de Lucien Febvre, et non d'histoire politique ou économique des techniques, où les objets techniques ne seraient, sous la forme d'un simple champ lexical de la machine, qu'une courroie de transmission inconsistante pour les intérêts du complexe militaro-industriel américain.

L'idée d'une exploration systématique des métaphores structurant l'imagination scientifique à une époque donnée est demeurée très

136 D. Bertoloni Meli, *Thinking With Objects. The Transformation of Mechanics in the Seventeenth Century*, Baltimore : John Hopkins University Press, 2006.

137 « … au lieu de faire des machines des *explananda*, comme on le fait usuellement en histoire de la mécanique, il s'agissait de les examiner en tant qu'*explanantia* » (S. Roux, « À propos du colloque "The Machine as Model and Metaphor", Max-Planck-Institut für Wissenschaftsgeschichte, Berlin, novembre 2006 », *Revue de synthèse*, vol. 130, n° 1, 2009, p. 166).

138 C. Borck, « Toys are Us. Models and Metaphors in Brain Research » in J. Choudhury, J. Slaby (dir.), *Critical Neuroscience: A Handbook of the Social and Cultural Contexts of Neuroscience*, Chichester : Wiley-Blackwell, 2012, p. 113-133.

intellectualiste : la « métaphorologie » de Blumenberg[139] vise une métaphore dite « absolue », servant de fondement à toutes les autres, et la « tropologie » (ou « poétique de la science ») de Hallyn[140] ne cherche pas non plus à sortir des lois de la créativité langagière pour corréler celle-ci à d'autres lois. D'un autre côté, pourtant, les historiens des sciences ont montré un intérêt croissant pour la notion de « culture matérielle », en se revendiquant souvent de l'anthropologie (alors même que cette notion n'y puise pas un sens toujours clair[141]). L'articulation entre les systèmes interprétatifs et les ensembles technologiques matériels sur lesquels ils s'appuient parfois reste ainsi à conceptualiser dans les détails pour dépasser le stade du constat ubiquitaire. La valeur heuristique des objets techniques pour la pensée scientifique n'a pas encore été étudiée dans toute sa généralité. La multiplication des exemples, la reconnaissance de leur caractère non anecdotique, leur collecte attentive sur le long terme historique, le développement de leur étude systématique pour des contextes donnés (époques, disciplines, filières techniques), fournissent des éléments empiriques qu'il faudra tôt ou tard organiser dans une théorie. Mais laquelle ? Autant des anecdotes individuelles isolées coupent, des réseaux techniques dont il émane, l'objet technique inspirateur, autant les *cyborg studies* font de ce monde technique un monolithe massif où l'on ne pourrait analyser aucune structure ou dynamique spécifique : à la limite, *toute* la technique nouvelle d'une époque déterminerait *toute* la pensée de cette époque. Dans le premier cas, tous les éléments techniques sont absolument séparés les uns des autres ; dans le second, ces éléments sont absolument indistinguables (un mathématicien parlerait respectivement de « topologie discrète » et de « topologie grossière »). Il s'agirait donc de se placer à un niveau intermédiaire, d'adopter une granularité qui permette la mise en évidence de relations « de moyenne portée » (pour reprendre l'expression de Robert Merton), par opposition à des approches ultra empiriques au cas par cas, comme à des approches totalisantes où une infrastructure matérielle sécrète opaquement une superstructure intellectuelle.

Il s'agirait donc de comprendre comment une métaphorique technologique donnée est liée, d'un côté, à des problématiques épistémologiques

---

139 H. Blumenberg, *Paradigmes pour une métaphorologie*, tr. fr. D. Gamellin, Paris : Vrin, 2006.

140 F. Hallyn, *La structure poétique du monde : Copernic, Kepler*, Paris : Seuil, 1987.

141 T. Bonnot, *L'Attachement aux choses*, Paris : CNRS Éditions, 2014.

(autrement dit, sans qu'elle se limite à des jeux de langage) ; et, de l'autre côté, à certaines structures et dynamiques du monde technique.

> Alors que [Karl] Pearson se réfère dans sa comparaison [de l'activité du cerveau] à un central téléphonique manuel, avec ses opératrices, on inaugure en cette même année 1892 (le 3 novembre) le premier central automatique Strowger. Le référent technique de Pearson est pour ainsi dire en voie d'obsolescence, et l'on voit comment l'histoire des techniques détermine ce type de comparaison[142].

Sur cet exemple, Jérome Segal pressent bien la question. Mais cette question reste à construire : l'histoire des techniques détermine-t-elle vraiment ce type d'analogie ? Si oui, de quelle façon ? De même, lorsque Canguilhem écrit que Descartes est *tributaire* des techniques de son temps pour former ses analogies physiologiques[143], que faut-il entendre par là exactement ? La frontière ne semble guère simple à tracer entre un effet facilitateur et un effet inhibiteur des machines sur l'imagination et l'imaginaire.

Une partie du discours d'accompagnement des cybernéticiens a consisté à attirer l'attention sur la valeur inductive du progrès technique :

> Il est apparu que lorsqu'on doutait du fait que le cerveau soit ou non une machine, nos doutes reposaient principalement sur le fait que l'on entendait par « machine » un mécanisme d'un type rudimentaire. Familiers de la bicyclette et de la machine à écrire, on risquait de les considérer comme le type de toutes les machines. La dernière décennie, cependant, a corrigé cette erreur. Elle nous a appris à quel point notre perspective était restreinte, en développant des mécanismes qui ont largement transcendé les limites de ce que l'on croyait possible, et que l'idée de « mécanisme » était encore loin d'avoir épuisé ses possibilités. Aujourd'hui, on sait seulement que ces possibilités courent bien au-delà de ce que l'on peut en apercevoir[144].

Cette plaidoirie, au-delà de l'argument de principe, pointe du doigt l'intérêt *scientifique* de disposer d'un répertoire actualisé de schèmes

142 J. Segal, *Le Zéro et le Un*, *op. cit.*, p. 162.

143 « Quand Descartes cherche des analogies pour l'explication de l'organisme dans les machines, il invoque des automates à ressort, des automates hydrauliques. Il se rend par conséquent tributaire, intellectuellement parlant, des formes de la technique à son époque, de l'existence des horloges et des montres, des moulins à eau, des fontaines artificielles, des orgues, etc. » (G. Canguilhem, « Machine et organisme », in La Connaissance de la vie, Paris : Vrin, 1998, p. 106.

144 W. R. Ashby, « Statistical Machinery », *Thalès* n° 7, 1951, p. 1.

technologiques. Une culture technique insuffisante ou inappropriée risque de produire des obstacles épistémologiques, et de pénaliser tant la production que la réception de modèles ainsi construits. *A contrario*, le progrès technique pourrait débloquer les obstacles épistémologiques : l'électronique permet de construire des mécanismes réflexes élaborés, et ainsi de progresser par rapport à la statue de Condillac[145] ou au canard de Vaucanson dans la modélisation des comportements et des organismes. Étant donné que s'est déjà posée par le passé la question de la pertinence d'un schème technologique S_n, correspondant à un état donné de la technique, pour la théorie T_n, on peut s'attendre à ce que le progrès technique fournisse ultérieurement un schème S_{n+1} (même si l'on n'est pas en mesure d'en prévoir la teneur) pour lequel se posera à son tour la question de sa pertinence pour T_{n+1}. La mise en corrélation de l'histoire d'un problème scientifique avec des lignées techniques peut s'avérer un outil d'exploration diachronique ou synchronique pour l'historien. Ce livre concerne une étude synchronique, d'autres se concentrent sur un seul champ disciplinaire et retracent la série des schèmes technologiques l'ayant progressivement alimenté. Mais à quelles conditions les machines enrichissent-elles, ou au contraire restreignent-elles, les possibilités de raisonnement ? Le progrès technique (entendu ici comme sophistication des schèmes techniques) a-t-il un impact direct, linéaire, sur l'ensemble des objets pensables, sur les obstacles épistémologiques, sur le progrès scientifique ?

Le cas de l'histoire de la cybernétique, à travers un relevé des « référents techniques » (pour reprendre l'expression de J. Segal), permet de répondre par la négative. En dépit de ce que pourrait laisser croire une compréhension trop hâtive de son célèbre *motto* sur l'âge de la communication et de la commande qui remplace l'âge de la machine à vapeur après celui des horlogers, Norbert Wiener ne propose pas un paradigme qui annule et remplace les précédents. Parmi ses métaphores préférées, autant que le servomécanisme et la machine à calculer, on trouve le répéteur télégraphique (dont le brevet fut déposé par Edison 80 ans auparavant) et le central téléphonique automatique dont parle Segal. Quand les cybernéticiens débattent des processus cérébraux, il leur arrive de faire des comparaisons avec le gramophone, ou l'archivage d'un

145 P. de Latil, « De la machine considérée comme un moyen de connaître l'homme », *Dialectica*, vol. 10, n° 4, 1956, p. 288.

classeur à la cave[146] ! Non seulement, au contraire d'une incommensurabilité, il y a cumulativité, cohabitation des références à l'électronique avec des technologies plus anciennes, mais l'ancien a même son mot à dire, illustrant remarquablement la réflexion de l'historien des techniques David Edgerton sur le « *shock of the old*[147] ». Il faut alors en inférer les implications épistémologiques : c'est *l'étendue* d'une culture technique, et non sa seule contemporanéité ou désuétude, qui en détermine la valeur pour l'imagination scientifique. Mais cette valeur n'est pas directe, seulement potentielle. La technique propose, la science dispose. Il faut donc, semble-t-il, corriger les affirmations d'un déterminisme direct, qui n'ont d'ailleurs pas été jusqu'à détailler leur proposition. On voit ici une façon dont l'histoire des techniques, sous la forme d'une caractéristique structurale de persistance de lignées techniques anciennes, détermine de manière indirecte la construction d'objets scientifiques.

La valeur heuristique des machines n'est pas nécessairement synonyme de création de schèmes nouveaux. L'un de ses modes de manifestation peut être d'agir sur le plan de ce que l'historien des sciences Gerald Holton nomme les *hypothèses thématiques* ou « thémata », archétypes métaphysiques qui orientent plus ou moins consciemment les recherches et se présentent souvent par paires opposées (continu/discret, holisme/réductionnisme, etc.[148]). Parmi les thémata « atrophiés ou discrédités », aux côtés, par exemple, de l'action à distance ou de l'espace-temps absolu, Holton compte la téléologie[149] – ce qui ne veut pas dire qu'elle est inopérante, comme le signifiait finement la boutade attribuée à von Brücke[150]. On peut considérer la cybernétique comme une réhabilitation méthodologique de la téléologie. Kay a montré comment Jacques Monod a changé d'avis au sujet de la valeur des explications téléologiques[151]. Il

146 Voir la discussion au symposium Hixon, in W. S. McCulloch, « Why the Mind is in the Head », *Embodiments of Mind*, Cambridge : The MIT Press, 1988, p. 92-93.

147 D. Edgerton, *The Shock of the Old*, New York : Oxford University Press, 2007 ; tr. fr. C. Jeanmougin : *Quoi de neuf ? Du rôle des techniques dans l'histoire globale*, Paris : Seuil, 2013.

148 G. Holton, « Thémata », in D. Lecourt (dir.), *Dictionnaire d'histoire et de philosophie des sciences*, Paris : Presses universitaires de France, p. 937-940.

149 G. Holton, *Thematic Origins of Scientific Thought*, Cambridge : Harvard University Press, 1973, p. 27.

150 « La téléologie est une femme sans laquelle les biologistes ne peuvent vivre, bien qu'ils n'osent pas se montrer en public avec elle ». Boutade proverbiale, transmise de génération, qui indique la survivance de ce théma dans la mémoire disciplinaire des biologistes.

151 L. Kay, *Who Wrote the Book of Life ?*, *op. cit.*, p. 221. L'appropriation méthodologique de la cybernétique par Monod reste en fait assez superficielle ; sa « conversion » à la

s'agit d'un exemple remarquable amenant un chercheur d'exception à changer de position dans l'espace des thémata.

Si l'on s'intéresse aux conditions pratiques de la production des idées, on pourrait être tenté d'associer les phénomènes heuristiques (ici la suggestion de nouvelles analogies) à des moments spécialement féconds, à des événements ponctuels (« eurêka »). Cependant, dans le cas présent, l'une des hypothèses les plus intéressantes concernant les circonstances propices se fonde au contraire sur une acculturation invisible et progressive à l'électronique par les pratiques matérielles ordinaires de laboratoire. Le neurophysiologiste Barry Dworkin raconte que c'est en essayant de comprendre le fonctionnement de leurs nouveaux équipements de mesure que ses confrères y ont rencontré des circuits qui les ont amenés à mieux apprécier les intuitions de Wiener[152]. De même, le neurophysiologiste Pierre Buser témoigne que son apprentissage de l'électronique pendant la guerre lui a apporté une compétence qui s'est presque imposée ultérieurement sous la forme de tendances à la modélisation théorique, cela même contre son habitus de biologiste expérimentateur (voir p. 346).

Qu'il y ait des points de contact privilégiés entre la modélisation cybernétique et l'électrophysiologie, au plus haut niveau, notamment via les ténors de l'électroencéphalographie (W. Grey Walter, ou en France H. Gastaut et J. Scherrer, mais qui eux n'étaient pas « cybernéticiens » au contraire de leur confrère anglais), n'est pas surprenant : après tout, comment obtenir une conscience plus aiguë des analogies cybernétiques qu'en substituant aux parties des animaux des montages électromécaniques qui en simulent les fonctions, ou qu'en recueillant des potentiels électriques oscillants au moyen d'électrodes ? C'est beaucoup plus évident, par exemple, qu'en biochimie ou en biologie moléculaire, où les instruments sont moins directement couplés aux phénomènes étudiés. À plusieurs reprises, dans l'histoire de la cybernétique en France, l'on constate une proximité entre instrumentation et modélisation théorique : le livre du Dr. Paul Cossa[153] (l'un des premiers en France présentant la cybernétique) paraît chez Masson, éditeur de référence

téléologie est surtout philosophique.

152 B. Dworkin, *Learning and Physiological Regulation*, Chicago : The University of Chicago Press, 1993, p. 16.

153 P. Cossa, *La Cybernétique : du cerveau humain aux cerveaux artificiels*, Paris : Masson, 1955.

en instrumentation biomédicale[154] ; Uri Zelbstein, ingénieur physicien spécialiste de détection des variations de pression dans les fluides, est membre du Cercle d'études cybernétiques, et s'intéresse beaucoup aux applications biomédicales de la métrologie, y compris sous un angle historique[155] ; un autre membre du CECyb, l'ophtalmologiste François Paycha, travaille sur un système d'aide au diagnostic sur cartes perforées ; Jacques Sauvan et Henri Atlan sont radiologues de formation (le premier, d'ailleurs, reprendra cette activité médicale après la fin de ses projets cybernétiques à la SNECMA). Pierre Delattre, l'un des pères de la biologie théorique en France, s'est aussi beaucoup intéressé à la radiologie dans le cadre du département de biologie du Commissariat à l'énergie atomique. Il n'est peut-être pas anodin que la radiologie ait été à l'époque le domaine phare de la biophysique, elle-même partagée entre une acception technicienne, instrumentaliste, et une acception théoricienne[156] (rappelons que l'histoire de la biophysique et l'histoire de la cybernétique ont quelques intersections). Ingénieur-docteur diplômé en physiologie, Alain Faure, avant de se spécialiser dans la reconnaissance de formes par réseaux neuromorphes[157], avait commencé lui aussi par la biophysique (rayons X, traitement des signaux EEG et mesures thermiques fines appliqués à la médecine, dans le service de la neurologue Dominique Samson-Dollfus), avant de se tourner vers l'automatique et la robotique[158]. Si c'est la détection et les capteurs qui constituent sans doute le principal fil directeur de sa carrière, il a souvent articulé les problèmes pratiques à des préoccupations théoriques (par exemple, en élaborant un modèle mathématique de l'épilepsie lorsqu'il travaillait

154 On y trouvera par exemple : P. Gérin, *Notions d'électronique appliquée à la biologie*, Paris : Masson, 1966. Ainsi que plusieurs ouvrages traitant de radiologie.

155 U. Zelbstein, « Médecine et électricité. Histoire collatérale de la médecine et de l'électricité au "Siècle des Lumières" », *Culture technique* n° 15, 1985, p. 294-301 ; « Un aspect de l'histoire de l'électrothérapie : l'origine des courants galvaniques rythmés », *Histoire des sciences médicales*, t. XXII, n° 2, 1987, p. 29-36.

156 J. de Certaines, « La Biophysique en France. Critique de la notion de discipline scientifique », in G. Lemaine et al. (dir.), *Perspectives on the Emergence of Scientific Disciplines*, La Hague : Mouton / Paris : éd. de la MSH, 1976, p. 99-121. Pour une perspective complémentaire : C. Debru, « La Biophysique en France : Victor Henri et René Wurmser », in C. Debru, J. Gayon (dir.), *Les sciences biologiques et médicales en France 1920-1950*, Cahiers pour l'histoire de la recherche, Paris, CNRS Éditions, 1994, p. 27-40.

157 A. Faure, *Cybernétique des réseaux neuronaux. Commande et perception*, Paris : Hermès-Lavoisier, 1998.

158 Entretien avec Alain Faure, 6 février 2014.

en EEG). Lorsque se structure le développement et la standardisation de l'instrumentation biomédicale sur le plan international, avec notamment la création en 1963 de l'*International Federation for Medical Electronics*, hébergée à la Salpêtrière et présidée par Antoine Rémond, la revue de cette fédération va servir de niche pour des publications de cybernétique (voir p. 318). De rares ingénieurs mus par le goût de la recherche s'aventurent à apporter leur concours à ces développements. Chez les neurophysiologistes, Alain Berthoz conçoit et construit des machines pour ses expériences en laboratoire, tandis qu'à Marseille, Gabriel Gauthier doit composer lui-même tout son équipement à partir d'éléments qu'il doit dénicher ça et là[159]. Pris un à un, chacun de ces nombreux exemples pourrait n'être qu'une coïncidence ; tels qu'ils s'accumulent dans le matériau préparatoire de ce livre, ils dessinent un tableau significatif.

Puisque ces profils de chercheurs sont rares, cette hypothèse d'un conditionnement de l'esprit scientifique par son environnement technique présente l'intérêt de faire écho à des caractéristiques structurales du paysage scientifique et technique français à la Libération. Alors que l'instrumentation se fait désirer dans un contexte de pénurie et de retard, les ingénieurs français n'ont pas l'habitude – c'est le moins qu'on puisse dire – de fréquenter les laboratoires[160]. Et tandis qu'au pays du radar, les cybernéticiens du Ratio club achètent les pièces détachées pour leurs machines expérimentales dans des surplus militaires[161], les Français ne disposent pas d'un tel stock : non seulement ils n'ont pu l'enrichir pendant la guerre à coup de R&D militaire, mais le préexistant a été massivement pillé par l'occupant : un « surmoins » !

Il n'y a pas qu'un problème d'équipement et de moyens, mais aussi de transfert de culture technique. Gauthier témoigne des cloisonnements rigides entre biologistes et ingénieurs sur ce point : « Les physiologistes étaient à cette époque-là hermétiques à l'ingénierie, sous quelque forme que ce soit. Alors qu'ils faisaient appel à l'instrumentation électronique et électromécanique[162] ». Un poste d'expérimentation neurophysiologique

159 Voir les entretiens avec A. Berthoz et G. Gauthier, p. 349-393.

160 D. Guthleben, *Histoire du CNRS de 1939 à nos jours*, Paris : Armand Colin, 2013, p. 94.

161 P. Husbands, O. Holland, *op. cit.*, p. 133.

162 « Il y avait d'un côté les physiologistes et les médecins, en ce qui concerne la biologie et physiologie, et puis il y avait les ingénieurs. Les ingénieurs, c'était un domaine complètement imperméable. Il faut dire que c'est une époque où les ingénieurs trouvaient du boulot. Entrer au CNRS comme ingénieur était considéré comme un faux pas.

d'après-guerre est peu automatisé, obligeant l'opérateur à intervenir manuellement en davantage de points de la chaîne de production de données[163]. Les innovations s'y font parfois sans les ingénieurs. Lorsque le neurophysiologiste Jean Calvet, en 1955, met au point une technique de filtrage basée sur un système inspiré de la télévision, « il convient de souligner que ce procédé original a été mis au point en dehors des travaux généraux sur le traitement du signal[164] ». En France plus qu'à l'étranger, selon Terry Shinn, la recherche technico-instrumentale est davantage « diluée » dans les niches disciplinaires au risque permanent de la dissolution[165]. Sans se prononcer sur l'impact que cette situation peut avoir sur l'innovation, cela en tout cas n'en favorise pas par principe les dynamiques de diffusion. Si l'on y ajoute le statut morcelé, isolé et ingrat qu'est alors celui de la biophysique en France, les conditions défavorables semblent s'accumuler pour l'instrumentation biologique. Il reste à mieux comprendre, en termes d'écologie de l'innovation, l'existence de progrès d'instrumentation dans un contexte français que la tradition et la conjoncture ont rendu peu propice, cela dans une période de transition historique du génie individuel isolé vers la *big science*. De mauvaises conditions peuvent influer sur la quantité ou la compréhension des innovations, à défaut de leur qualité. Il s'agit de s'interroger sur l'homogénéité ou l'hétérogénéité de la culture technique des communautés de chercheurs, afin de construire l'hypothèse suivante : avant même qu'il soit question de passerelles intellectuelles pour les concepts cybernétiques, le terrain favorable des passerelles matérielles aurait peiné à se mettre en place. L'inventivité technique rendue nécessaire par la rareté et le caractère artisanal de l'instrumentation d'après-guerre aurait été découragée en France par les cloisonnements évoqués, puis

---

En effet, en 1971, mon premier salaire était de 2400 francs, ça devait être la moitié du SMIC de cette époque-là, alors qu'on m'offrait 10 000 francs le premier mois si j'étais entré à Télémécanique en tant que vendeur d'ordinateurs. L'ingénieur n'allait pas aller en neurophysiologie, il fallait vraiment qu'il en fasse un sacerdoce. [...] Quelqu'un qui sortait en électronique avec quelques connaissances informatiques, il faisait sa vie dans l'industrie, sans difficultés » (entretien avec G. Gauthier, p. 381).

163 E. Bonnard, *L'Introduction de l'ordinateur dans les neurosciences françaises. Fenêtre sur le lancement de l'informatique biomédicale*, mémoire de master 2 recherche en Histoire et philosophie des sciences, université Lyon 1, 2010, p. 21.

164 U. Zelbstein, *Les Certitudes de l'à-peu-près. Apparence et réalité de la nature des choses*, Genève : Patiño, 1988, p. 58.

165 T. Shinn, « Fourier Transform Spectroscopy », in *Research-Technology and Cultural Change*, *op. cit.*, p. 109-110. Shinn montre comment la spectroscopie a tiré son épingle du jeu.

aurait perdu son caractère de nécessité suite au recours ultérieur à une instrumentation standardisée, commerciale, souvent d'origine étrangère. C'est donc peut-être un certain stade historique de développement de l'instrumentation de laboratoire (la saturation du stade artisanal dans un contexte de besoins croissants ouvrant au stade industriel) qui pourrait avoir joué un rôle entraînant, amplificateur, pour la diffusion de la culture électronique sous-jacente à une meilleure compréhension des analogies cybernétiques, et il faut alors se demander si la France n'aurait pas abordé ce stade dans des conditions sous-optimales. Cette hypothèse, déjà complexe, ne peut sans doute se poser exactement de la même manière en fonction des communautés scientifiques concernées ; mais elle peut déjà concerner certains sous-domaines de la physiologie.

De façon plus générale, l'hypothèse consistant à chercher dans la culture technique des laboratoires de biologie (au sens large, incluant par exemple la psychophysiologie) un paramètre de diffusion des concepts cybernétiques, pour séduisante qu'elle soit, rencontre immédiatement deux autres limites : tout d'abord, tous les biologistes dotés d'une culture instrumentale ne sont pas automatiquement sensibles aux analogies cybernétiques. Deuxièmement, peuvent être sensibles à ces analogies des chercheurs d'autres disciplines n'ayant aucun rapport avec la biologie, l'expérimentation ou l'instrumentation de laboratoire, c'est-à-dire, en bref et en particulier, les sciences sociales. La culture instrumentale constituerait donc un vecteur possible, peut-être privilégié, et non une condition nécessaire ni encore moins suffisante, pour la formation ou la légitimation d'analogies machiniques. L'ampleur du chantier visant à identifier de telles conditions, du moins des contextes féconds, est peut-être excessive, mais à même de justifier le principe d'une étude systématique telle que ce livre en fournit une esquisse.

Se dessine là une histoire *méthodique* des analogies induites par les objets techniques, articulant métaphorologie des machines (en tant que relevé méthodique des registres ou « référents » techniques mobilisés dans les analogies), épistémologie historique « à la française » (en tant que prolongement cohérent d'une préoccupation clairement ancrée chez Canguilhem et Simondon), et sociologie des cultures techniques associées aux pratiques instrumentales. Cette perspective concourt ainsi à replacer la cybernétique dans un canevas trans-historique, et donc, au lieu de la déclarer idiosyncrasique, à la construire comme objet d'histoire des sciences ; plus exactement, comme objet d'étude à un *certain* croisement de l'histoire des techniques et de l'histoire des sciences, dont on vient d'indiquer quelques aspects et pistes d'approfondissement, parmi d'autres tout aussi importantes[166].

SOURCES

ENTRETIENS

Une place importante a été accordée dans ce livre au recueil d'une mémoire, malgré les limites évidentes du genre. Les archives orales ont une richesse qu'illustrent bien différents projets (d'ailleurs mis à profit ici même) : les sites Histcnrs.fr et Histrecmed.fr, portant respectivement sur l'histoire du CNRS et l'histoire de la recherche biomédicale française contemporaine ; l'ouvrage édité par le Club d'histoire des neurosciences[167], suite à un colloque, où les ténors du domaine témoignent de leur parcours ; l'ouvrage *Talking Nets*[168], recueil d'entretiens avec de grands noms de l'intelligence artificielle simulée par réseaux de neurones ; ou encore le livre de B. Chamak avec des interviews d'anciens membres du Groupe des Dix[169]. L'intérêt de la démarche se justifie si tant est que « le point de vue des chercheurs eux-mêmes sur [leur expérience de l'interdisciplinarité] a rarement été pris en compte[170] ». En France, cette problématique a notamment été privilégiée par un ensemble de travaux s'inscrivant autour de Jean-Marie Legay et de groupes d'épistémologues qu'il a stimulés[171].

166 Il faudrait en effet discuter, notamment, des différences entre *analogie* et *métaphore* ; entre *culture technique* et *technicité* (*cf.* A.-F. Garçon, *L'Imaginaire et la pensée technique. Une approche historique, XVIe-XXe siècles*, Paris : Classiques Garnier, 2012, p. 15) ; entre *imagination* et *imaginaire* ; etc. La problématique présentée ici est déjà suffisamment complexe pour justifier de laisser d'autres questions de côté.

167 C. Debru, J.-G. Barbara, C. Chérici, *L'Essor des neurosciences. France, 1945-1975*, Paris : Hermann, 2008.

168 J. A. Anderson, E. Rosenfeld (dir.), *Talking Nets. An Oral History of Neural Networks*, Cambridge (Ma) : The MIT Press, 2000.

169 B. Chamak, *op. cit.*

170 J. Prud'homme, Y. Gingras, « Les collaborations interdisciplinaires : raisons et obstacles », *Actes de la recherche en sciences sociales* n° 210, 2015, p. 43.

171 En particulier : M. Jollivet (dir.), *Sciences de la nature, sciences de la société. Les passeurs de frontières*, Paris : Éditions du CNRS, 1992 (et notamment l'article de M. Barrué-Pastor,

Cette logique de dépassement des monographies par une comparaison des configurations d'interdisciplinarité reste un horizon souhaitable, à quoi ce livre espère contribuer en dépit des compromis méthodologiques qu'il a du opérer.

Ont été interviewés (par ordre alphabétique) : Henri Atlan, Jean-Pierre Aubin, Alain Berthoz, Pierre Boué, Paul Braffort, Anton Brender, Henri Buc, Pierre Buser, Bernard Calvino, Alain Faure, Charles Galpérin, Gabriel Gauthier, Jean-Pierre Kahane, Jean-Claude Linquier, Jean-Arcady Meyer, Marc Pélegrin, Jacques Richalet, Jacques Riguet, Maxime Schwartz, Jean-Claude Tabary, René Thomas, Robert Vallée, Daniel Verney.

Ce fut hélas trop tard pour certains témoins et acteurs dont le témoignage eût été précieux, et qui ont disparu pendant le temps même d'élaboration de cette étude[172].

COMMUNICATIONS PERSONNELLES

Bernard Demeer, Jay W. Forrester, François Gros, Georges Théodule Guilbaud, Benoît Mandelbrot.

ARCHIVES

Archives de Georges Théodule Guilbaud au Centre d'Analyse et de Mathématique Sociale.
Fonds Jacques Monod, Institut Pasteur.
Fonds Pierre Auger, Académie des sciences.
Fonds Henri Laborit, Bibliothèque de la Faculté de médecine, Université Paris-Est Créteil.
SNECMA, site de Villaroche.
DRME, Service historique de la Défense, site de Châtellerault.
CSRSPT/DGRST, Archives nationales, site de Pierrefitte-sur-Seine.
Conseil international des sciences sociales (UNESCO), Paris.
UNESCO, Paris.

« L'Interdisciplinarité en pratiques », p. 457-475) ; N. Mathieu, A.-F. Schmid, *Modélisation et interdisciplinarités. Six disciplines en quête d'épistémologie*, Versailles : Éditions Quae, 2014.

172 En particulier : Maurice Allais, Jacques Berthélémy, Jean-François Boissel, Maurice Hugon, François Jacob, Yves Laporte, Pierre-Marie Larnac, Benoît Mandelbrot, Henri Mercillon, Thiébaut Moulin, Jacques Sauvan, François Wahl.

Charles Babbage Institute, Université du Minnesota.
Archives personnelles : Pierre Boué, Pierre Buser, Louis Couffignal, Jean-Claude Linquier, Jacques Riguet, Robert Vallée.

Ce livre est issu d'une thèse soutenue en 2010 à l'EHESS. Je remercie É. Brian d'en avoir assumé la direction, et les membres du jury (M.-J. Durand-Richard, L. Pérez, M. Morange, Y. Jeanneret), puisque le sujet impliquait qu'ils s'aventurent au bord de leurs disciplines respectives. Je remercie les personnes interviewées pour leur aimable disponibilité. Et à divers titres : J.-G. Barbara, A. Bernard, P. Boué, H. Buc, E. Buser, P.-H. & C. Couffignal, J.-P. Ducassé, E. Fournier, Y. Gingras, O. Holland, Ph. Husbands, F. Jacq, M. Jouvenet, J. Laborit, J. Lamy, J.-C. Linquier, J.-M. Logeat, O. Monod, P. Mounier-Kuhn, J.-P. Sauvan, N. Simondon, C. Toupin-Guyot, R. & N. Vallée ; D. Demellier, S. Kraxner (Institut Pasteur) ; M. Dal Soglio (Musée Safran / Snecma) ; M. Denis (CISS, Unesco) ; M. Destouches, N. Laillé-Benlaïd, P. Épinoux, P. Odin (Service historique de la Défense) ; enfin, ma bonne mère, qui n'a pas compté les heures de transcription d'interviews qu'elle m'a épargnées.

UN CONTEXTE NATIONAL PEU FAVORABLE

Ce premier chapitre rassemble des éléments suggérant que le paysage scientifique et technologique français d'après-guerre est globalement défavorable au développement de pratiques interdisciplinaires de modélisation, particulièrement dans le cas de la cybernétique. Rappelons-en brièvement les deux vecteurs : le premier est celui d'une valeur heuristique des machines, c'est-à-dire la possibilité pour le champ technologique de susciter de la recherche fondamentale. Le second vecteur est celui de la circulation interdisciplinaire de modèles. Cela suppose donc des passerelles entre ingénieurs, mathématiciens, biologistes, économistes, etc. L'explication qui vient le plus immédiatement à l'esprit est que ce type de pratiques part avec un fort handicap au pays d'Auguste Comte et de Bourbaki, à plus forte raison pour n'avoir pas bénéficié de l'effort de guerre si favorable au financement de la cybernétique et de la recherche opérationnelle dans les pays anglo-saxons. Cette explication appelle quelques nuances, dans un contexte où renouveaux et continuités coexistent de façon parfois subtile. Il s'agit somme toute, dans ce chapitre, d'esquisser en guise de contexte institutionnel quelques grandes lignes de la difficile émergence de l'interdisciplinarité en France.

LE CLOISONNEMENT EN HÉRITAGE

Il est difficile d'avoir une vue d'ensemble de la vie scientifique française : les récits ne convergent pas toujours. Dans son livre sur l'histoire du CNRS, Jean-François Picard résume ainsi l'état de la recherche française au début du XXe siècle :

> Une recherche fondamentale victime du conservatisme universitaire, mais capable à l'occasion de brillants feux individuels, une recherche appliquée pénalisée par les frilosités d'une industrie faiblement innovatrice et qui cherche déjà ses modèles outre-Atlantique, telle est brossée à grands traits la situation du pays au moment de la réalisation d'une organisation moderne de la science[1].

Aux « brillants feux individuels » s'ajoute aussi la création d'institutions pionnières, comme l'Institut Pasteur ou l'École Pratique des Hautes Études. D'autres travaux, cependant, ont tout autant insisté sur le manque de dynamisme de la recherche française. Les aspects ou les explications de ce tableau ne sont certes pas toujours univoques, ce qui tient beaucoup au fait que ces travaux esquissent des points de vue très généraux à partir de données qui restent parcellaires. La question des moyens matériels et budgétaires de la recherche (sont-ils insuffisants ou mal utilisés ?) en est un exemple, encore que les divergences tiennent aussi à son caractère d'emblée politique : l'on est autant dans le jugement de valeur que dans le constat factuel. La question des rapports entre recherche et université est sans doute plus pertinente à cet égard. « Exclusivement avant 1939, et majoritairement ensuite, les scientifiques sont des universitaires », lit-on dans une synthèse plus récente[2], alors que Theodore Zeldin, mentionnant l'échec des réformes du système universitaire français au début du XXe siècle, semblait bien suggérer le contraire :

> La résurrection des universités fut à la traîne d'une vie culturelle très active et qui s'était trouvé un autre terreau. L'élite intellectuelle, les gens de lettres, le monde des salons, cheminaient de façon plus ou moins indépendante des universités. Le progrès des connaissances aussi[3].

L'évocation des laboratoires universitaires donne lieu à un hiatus similaire. D'après Zeldin, « le cours universitaire se distinguait en théorie du cours magistral par l'importance donnée aux travaux pratiques, mais le manque de laboratoires, leur surpeuplement et la carence chronique

1 J.-F. Picard, *La République des savants. La Recherche française et le C.N.R.S.*, Paris : Flammarion, 1990, p. 29.

2 J.-M. Berthelot, O. Martin et C. Collinet, *Les Études sur la science en France*, Paris : Presses Universitaires de France, 2005, p. 24.

3 T. Zeldin, « Higher Education in France, 1848-1940 », *Journal of Contemporary History* vol. 2, n° 3, 1967, p. 69.

de ressources budgétaires rendait cela impossible en pratique[4] ». Picard peint un tout autre tableau de ces laboratoires :

> Leurs responsables sont des professeurs mal rémunérés, obligés de trouver des compléments de revenu dans des activités annexes qui, on s'en doute, ne relèvent qu'exceptionnellement de la recherche. Les témoins qui ont connu les laboratoires français d'avant-Guerre, gardent le souvenir de beaux parquets cirés, d'appareils impeccablement rangés dans des placards, mais d'endroits vides de chercheurs[5].

Peu de doutes, donc, qu'il faille manier avec précaution toute représentation globale de la recherche française d'avant-Guerre, puisque toute image uniforme pâtirait aussitôt des indispensables nuances relatives aux périodes, aux disciplines et à la géographie (contraste Paris-province).

À ce genre de nuances près, un facteur reste assez systématiquement invoqué pour expliquer le manque global de dynamisme de la recherche française : celui d'absence de véritable formation. Toujours selon Zeldin, l'université demeure un système de facultés spécialisées à vocation professionnalisante (pour la Médecine, le Droit ou l'enseignement secondaire), le cursus est sanctionné par des examens. L'esprit dominant est celui du bachotage, indifférent à la recherche et à l'encyclopédisme : « la mémorisation de cours dogmatiques et de manuels restait la principale occupation des étudiants[6] ». Dans les Écoles, l'esprit dominant est celui du concours, la culture du classement. Les classes préparatoires de mathématiques « étouffent, dit-on, l'esprit d'invention », écrit Picard. Polytechnique s'est clairement orientée vers la formation des élites de l'État et de l'Industrie par un bagage scientifique classique[7]. Par contraste, l'École Normale Supérieure tend à s'identifier à la figure de la « science pure », par opposition à celle de la « science appliquée[8] ». Les valeurs qui y dominent alors ne sont guère favorables à une reconnaissance de la modélisation interdisciplinaire. L'élitisme local promeut le purisme mathématique[9].

4 *Ibid.*, p. 65.
5 J.-F. Picard, *op. cit.*, p. 20. La chute démographique causée par la Première Guerre mondiale est aussi invoquée pour expliquer ce dernier tableau.
6 T. Zeldin, *op. cit.*, p. 65.
7 Voir par exemple D. Pestre, 1994, « Le renouveau de la recherche à l'École Polytechnique et le laboratoire de Louis Leprince-Ringuet (1936-1965) », in B. Belhoste, A. Dahan-Dalmedico & A. Picon (dir.), *La Formation polytechnicienne 1794-1994*, Paris : Dunod, p. 339, 344.
8 *ibid.*, p. 345.
9 *cf.* J.-F. Picard, *op. cit.*, p. 22.

Ainsi, ce qui est perdu, en terme de potentiel heuristique, par l'absence de contact avec le monde technique, n'est pas compensé par une promotion de l'usage interdisciplinaire des mathématiques.

Le splendide isolement des « mathématiques pures » va être incarné de façon emblématique par le groupe Bourbaki. Il faut essayer de préciser ce que représente ce nom dans le tableau d'un climat défavorable à la modélisation, car il ne désigne pas un opérateur univoque. Veut-on parler des membres officiels de ce groupe, de ce qu'ils ont dit, ce qu'ils ont fait, ce qu'ils ont voulu faire ? On n'obtiendra déjà pas un portrait parfaitement homogène. Si l'on considère les grands traits de la « doctrine » ou du programme de ce groupe, trois aspects au moins entrent en ligne de compte. Premièrement, la question d'un ostracisme à l'endroit des « maths appliquées » (au sens d'un usage interdisciplinaire des mathématiques, de recherches de mathématisation de phénomènes biologiques, économiques, etc., et non au sens d'un usage industriel ou militaire, bien que cet aspect entre en ligne de compte[10]). On peut trouver des contre-exemples tout aussi emblématiques à un tel ostracisme supposé : à commencer par l'aide apportée par André Weil à Claude Lévi-Strauss, pour l'algébrisation des relations de parenté dans la thèse de ce dernier[11] ; mais aussi des mathématiciens intéressés par Bourbaki, et qui se sont néanmoins trouvés en position de « passeurs » (comme Georges Théodule Guilbaud ou encore Jacques Riguet, que l'on retrouvera plus loin), voire de réformateur comme Gérard Debreu pour l'économie mathématique. Deuxièmement, la question d'une hostilité à l'égard des méthodes probabilistes. Ces méthodes occupent une place importante dans l'histoire des techniques de modélisation, bien avant la seconde Guerre mondiale et l'essor de la Recherche opérationnelle. En ce qui concerne plus spécifiquement la cybernétique, telle qu'elle est initialement présentée par Wiener, l'étude des asservissements et des communications va être de plus en plus basée sur de telles méthodes. Là encore, l'attitude du groupe Bourbaki n'est pas monolithique, si l'on en croit Jean-Pierre Kahane :

> Est-ce que Bourbaki a freiné le développement des probabilités en France ? Je dirais que non. La situation est curieuse et paradoxale. Les probabilités ont eu un retard de développement en France [...]. J'ai quand même gardé le

10 R. Godement, « Science, technologie, armement », in *Analyse mathématique*, vol. 2, Berlin / Heidelberg / New York : Springer, 2003, p. 393-482.

11 C. Lévi-Strauss, *Les Structures élémentaires de la parenté*, 2e éd., Paris / La Haye : Mouton & Co, 1967, p. 257-265.

> souvenir de l'invitation de [Michel] Loève, comme professeur associé à Paris – c'était dans le courant des années 50 – et Loève a eu comme élève Paul-André Meyer, c'est de là qu'est partie l'école moderne des probabilistes en France, qui est bonne. Ça a été une invitation d'un professeur [de] Berkeley, et il a été l'initiateur des rencontres de Berkeley, qui étaient un espèce de « must » des probabilités dans les années 50. Quand il est venu enseigner à Paris… à l'invitation de qui ? D'Henri Cartan. Donc, il faut quand même un peu resituer les choses […]. Bourbaki et les probabilités, c'est pas d'un seul bloc[12].

Certaines orientations des travaux du groupe, cependant, tendaient à exclure des familles de processus aléatoires du corpus mathématique[13] ; mais cette hostilité n'était ni nouvelle, ni exclusive[14]. La troisième question est davantage philosophique : Bourbaki défendait une conception internaliste du progrès des mathématiques[15], aux antipodes de la maxime de Fourier « L'étude approfondie de la nature est la source la plus féconde des découvertes mathématiques ». Wiener, narrant comme les remous de la *Charles River* passant sous les fenêtres de son bureau du MIT l'avaient inspiré pour ses travaux en analyse harmonique, partageait ouvertement ce credo[16] ; la cybernétique implique de surcroît qu'il vaille aussi pour des objets techniques, autrement dit que les machines soient susceptibles d'inspirer des progrès mathématiques en fournissant des problèmes originaux. Fourier demandait explicitement que les meilleurs suivent un apprentissage de cette sorte (étude de la Nature), et cette prescription pédagogique est vraisemblablement à l'opposé des aspirations bourbachiques. Sans doute, en principe, la collaboration interdisciplinaire et l'externalisme figuraient-ils en bas de l'échelle de valeur des fondateurs du groupe Bourbaki. L'intérêt très anecdotique accordé par Weil à sa collaboration avec Lévi-Strauss pèse peu face à la virulence d'un Dieudonné écrivant à Lions pour se scandaliser du recrutement de J.-P. Aubin à Dauphine[17].

---

12 Entretien avec J.-P. Kahane, 22 février 2007.

13 N. Meusnier, « Sur l'histoire de l'enseignement des probabilités et des statistiques », in E. Barbin, J.-P. Lamarche, *Histoires de probabilités et de statistiques*, Paris, Ellipses, 2004, p. 262-265.

14 E. Coumet, « Auguste Comte. Le calcul des chances, aberration radicale de l'esprit mathématique », *Mathématiques et sciences humaines* n° 162, 2003, p. 9-17. Il faut aussi mentionner un rejet des probabilités chez des statisticiens et économètres (comme Maurice Allais et François Divisia).

15 « … le développement d'un organisme vigoureusement charpenté… » (N. Bourbaki, « L'architecture des mathématiques », in F. Le Lionnais (dir.), *Les Grands courants de la pensée mathématique*, Éditions des Cahiers du Sud, 1948, p. 35).

16 N. Wiener, *I Am a Mathematician*, Cambridge : MIT Press, 1956, p. 33.

17 Entretien avec J.-P. Aubin, 15 janvier 2014.

Mais pour que l'élitisme à l'échelle d'une École puisse se propager à l'échelle d'un pays, cela suppose qu'il ne faille pas tant attribuer un verrouillage du champ au petit groupe fondateur qu'au sectarisme de ceux qui sont typiquement attirés par la radicalité de tout fondamentalisme plus ou moins « révolutionnaire[18] ». Donc, si Bourbaki joue un rôle dans le sous-développement de la modélisation qui était alors le lot en France, c'est davantage en tant que référence au nom de laquelle une situation s'est cristallisée qu'en tant qu'action directe des membres fondateurs. Ce nom a parfois laissé de mauvais souvenirs, comme n'a cessé d'en témoigner le mathématicien Benoît Mandelbrot qui a préféré une carrière outre-Atlantique, se qualifiant de « réfugié idéologique[19] ». La transition vers les « mathématiques modernes » ne s'est pas faite sans douleur, dans les écoles d'ingénieur comme ailleurs[20]. Mais les débats passionnés, en se focalisant sur un nom, tendent à oublier le rôle de facteurs à plus long terme, moins apparents mais pas moins puissants.

On songe naturellement à l'influence de la philosophie positiviste d'Auguste Comte, destinée à coordonner les connaissances scientifiques et techniques[21]. Les mathématiques ne sauraient jouer de rôle unificateur, d'après Mary Pickering qui résume ainsi le point de vue de Comte :

18 « Non, [les mathématiciens de l'époque] ne cherchaient pas à les détourner [du champ de l'exploration de la nature]. Les jeunes étaient naturellement attirés vers l'apparente nouveauté que constituait Bourbaki, et par les réelles nouveautés que constituaient toutes les mathématiques pures qui se développaient impétueusement à cette époque. Vous aviez un charme des mathématiques, et l'on était pris par le charme des mathématiques. Même si l'on n'était pas sensible au charme de Bourbaki [...] Mais les gens qui se sont dirigés vers Bourbaki, c'était pas que les bourbakistes leur disaient "venez" : au contraire ! Quelqu'un comme Henri Cartan ne cherchait pas tellement à attirer les élèves ; c'est les élèves qui se massaient autour de lui » (entretien avec J.-P. Kahane, 22 février 2007).

19 B. Mandelbrot, *The Fractalist*, *op. cit.*, p. 95. Le champ sémantique employé par Mandelbrot à propos de Bourbaki est éloquent : « culte », « tour d'ivoire », « népotisme », fanatisme, messianisme...

20 E. Roubine, « Les mathématiques modernes et l'ingénieur. Y a-t-il un problème ? », *Technique, art, science* n° 286, 1975, p. 5-12. Dans une enquête internationale de l'UNESCO publiée en 1979, le rapporteur indique que « les étudiants ont plus de difficultés à assimiler le contenu des cours et à le rapporter à des problèmes concrets, à des exemples de physique, etc. » (J. H. van Lint, « L'enseignement des mathématiques à l'université », in *Tendances nouvelles de l'enseignement des mathématiques*, Paris, UNESCO, 1979, p. 72). Voir aussi A Mabille, *Mathématiques, enseignement et modernité : Lieux et rhétorique des discours de mathématiciens, en France, dans les années 1950*, thèse, université Paris-Saclay, 2016.

21 « Il serait maintenant superflu de multiplier davantage les exemples de ces problèmes de nature multiple, qui ne sauraient être résolus que par l'intime combinaison de plusieurs sciences cultivées aujourd'hui de manière tout à fait indépendantes. Ceux que je viens de

> L'esprit d'ensemble (tourné vers la généralisation, la synthèse et la coordination) et l'esprit d'analyse (tourné vers la spécialisation, le détail et la division) représentaient des forces historiques dominant alternativement l'évolution mentale selon les besoins de chaque âge. L'âge de Comte était caractérisé par l'analyse ; les savants spécialisés étaient des « marchands en détail » s'enrichissant à travers la poursuite de « recherches aveugles et puériles ». À déplorer plus particulièrement, les mathématiciens, qui cherchaient à étendre leur analyse à tous les phénomènes et à dominer les autres sciences. Les mathématiciens étaient non seulement les principaux adversaires de Comte à l'Académie, mais aussi ses rivaux dans la lutte pour l'unification du savoir[22].

Ceci peut sembler paradoxal, puisque Comte estimait par ailleurs que les mathématiques traitent des objets les plus généraux. En fait, dans sa classification des sciences, les mathématiques ont le statut de science, « la plus ancienne et la plus parfaite de toutes », et leur rapport aux autres sciences est celui d'un emboîtement successif. Dans la série mathématiques-astronomie-physique-chimie-physiologie-sociologie, qui suit un ordre de complexité des phénomènes, elles n'ont et ne peuvent avoir de rapport qu'avec l'astronomie et la physique : à partir de la chimie, les phénomènes ne seraient plus assez « simples » pour permettre le recours aux mathématiques. Si ces dernières constituent le modèle de toute science, ce n'est pas au sens où chacune trouverait sa perfection dans la mathématisation.

> La première condition pour que des phénomènes comportent des lois mathématiques susceptibles d'être découvertes, c'est évidemment que les diverses quantités qu'ils présentent puissent donner lieu à des nombres fixes. Or, en comparant, à cet égard, les deux grandes sections principales de la philosophie naturelle, on voit que la physique organique tout entière, et probablement aussi les parties les plus compliquées de la physique inorganique, sont nécessairement inaccessibles, par leur nature, à notre analyse mathématique, en vertu de l'extrême variabilité numérique des phénomènes correspondans. Toute idée précise de nombres fixes est véritablement déplacée dans les phénomènes des corps vivans, quand on veut l'employer autrement que comme moyen de soulager l'attention, et qu'on attache quelque valeur aux relations exactes des valeurs assignées. Sous ce rapport, les réflexions de Bichat, sur l'abus de l'esprit mathématique en physiologie, sont

citer suffisent pour faire sentir, en général, l'importance de la fonction que doit remplir dans le perfectionnement de chaque science naturelle en particulier la philosophie positive, immédiatement destinée à organiser d'une manière permanente de telles combinaisons, qui ne pourraient se former convenablement sans elle » (A. Comte, *Cours de philosophie positive*, t. 1, Paris : Bachelier, 1830, p. 47).

22 M. Pickering, « Auguste Comte and the Académie des sciences », *Revue philosophique de la France et de l'Étranger*, vol. 132, n° 4, 2007, p. 443.

> parfaitement justes ; on sait à quelles aberrations conduit cette manière vicieuse de considérer les corps vivans. […]
>
> Dans tous les cas, il y a évidemment impossibilité totale d'obtenir jamais de véritables lois mathématiques. Il en est encore plus fortement de même pour les phénomènes sociaux, qui offrent une complication supérieure, et, par suite, une variabilité plus grande […][23].

On voit bien comment ce point de vue est tributaire d'une certaine conception des mathématiques. Aussi, bien que « tout phénomène soit logiquement susceptible d'être représentés par une *équation*[24] », il n'y a rien à attendre de la formalisation de relations non quantitatives :

> […] il n'y a pas le moindre espoir, à l'aide d'aucun artifice quelconque du langage scientifique, même en le supposant possible, de perfectionner, au même degré, des théories qui, portant sur des notions plus complexes, sont nécessairement condamnées, par leur nature, à une infériorité logique plus ou moins grande suivant la classe correspondante de phénomènes[25].

Cette dernière remarque semble disqualifier d'emblée tout formalisme (mathématique ou autre) pour la prise en charge d'objets « organiques » ou « complexes »… parmi lesquels, pour ce qui nous concerne plus particulièrement, on trouve évidemment les machines. On tombe là sur un deuxième point essentiel du Système qui verrouille tout échange pertinent dans un cas comme celui de la cybernétique : les machines, objets des « sciences d'application », ne sauraient manifester aucune valeur heuristique pour les sciences fondamentales :

> Le corps de doctrines propre à cette classe nouvelle [des ingénieurs], et qui doit constituer les véritables théories directes des différents arts, pourrait sans doute donner lieu à des considérations philosophiques d'un grand intérêt et d'une importance réelle. Mais un travail qui les embrasserait conjointement avec celles fondées sur les sciences proprement dites serait aujourd'hui tout à fait prématuré ; car ces doctrines intermédiaires entre la théorie pure et la pratique directe ne sont point encore formées[26]

Certes, dans ces lignes, Comte ne semble pas fermé *a priori* à une répercussion des sciences pratiques sur les sciences théoriques. En réalité, le

23 A. Comte, *op. cit.*, p. 152-153, 157.
24 *ibid.*, p. 150.
25 *ibid.*, p. 148.
26 *ibid.*, p. 68.

fonctionnement du Système implique que les « doctrines intermédiaires » découlent des sciences fondamentales, donc que ces dernières soient *achevées*, autrement dit hors d'atteinte de toute répercussion de ce type. Ce cloisonnement est directement traduit par une division du travail, exigence que Comte justifie par l'idée que « la haute capacité dans les sciences théoriques et la haute capacité dans les sciences d'application sont essentiellement distinctes et à tel point qu'elles s'excluent mutuellement, qu'elles ne sauraient exister dans la même tête[27] ». On voit très bien que des profils comme ceux de Norbert Wiener ou John von Neumann sont inconcevables dans ce cas de figure. En outre, les machines, en tant que réalisations spécialisées, ne comporteraient pas un niveau de généralité permettant de transfert quelconque. Et la division du travail reflète encore ce point, puisque, si les généralistes ne sauraient par définition aller convenablement au détail, on ne peut attendre des ingénieurs qu'ils s'élèvent au niveau de généralité requis[28].

La lutte contre la spécialisation n'est donc pas une lutte contre le cloisonnement, puisque l'étude systématique des « généralités scientifiques[29] » prescrite par Comte reviendrait encore à une catégorie spéciale de chercheurs. Le modèle comtien n'est et ne peut être collaboratif, puisque « la capacité philosophique et la capacité de détail *s'excluent mutuellement*[30] », elles aussi, même dans les sciences fondamentales. Les « généralistes », « méthodologues », « philosophes », quel que soit leur nom, seraient éventuellement susceptibles de jouer ce rôle de suggestion de transferts de méthodes (quoique dans des cadres restreints). Mais, on l'a déjà aperçu, les « généralités » en questions ne pourraient recouper le périmètre dans lequel se déploie la cybernétique, celui de la circulation de formalismes ou de concepts inspirés des machines pour représenter des phénomènes « organisés », biologiques ou sociaux. C'est peu dire : en fait, le livre *Cybernetics* de Wiener aurait constitué, au travers de ce qu'il revendique et promeut

27 A. Comte, cité par P. Ducassé, *Essai sur les origines intuitives du positivisme*, Paris : Alcan, 1939, p. 230.

28 « D'abord, tout enseignement est général et suppose, par là même, une inspiration philosophique. Au sens propre, il ne saurait y avoir d'enseignement technique. C'est pourquoi Comte ne prétend pas s'adresser aux ingénieurs, aux techniciens, dont l'esprit est désormais indisponible » (J. Muglioni, « Auguste Comte (1798-1857) », *Perspectives. Revue trimestrielle de l'éducation* vol. XXVI, n° 1, 1996, p. 230).

29 *cf.* M. Pickering, *op. cit.*, p. 440.

30 A. Comte, cité par A. Petit, « L'impérialisme des géomètres à l'École Polytechnique. Les critiques d'Auguste Comte », in B. Belhoste, A. Dahan-Dalmedico, A. Picon (dir.), *op. cit.*, p. 64.

par l'exemple, de véritables versets sataniques pour Comte : premièrement, la valeur heuristique des machines pour la science (tant par la suggestion de modèles pour la représentation de phénomènes biologiques, sociaux ou cognitifs que par les comportements imprévisibles des machines construites par les cybernéticiens, marquant les premiers pas de la robotique expérimentale) ; deuxièmement, le décloisonnement interdisciplinaire en acte, faisant collaborer ingénieurs, médecins, etc., avec un accent placé sur la modélisation mathématique ; troisièmement, le prestige des participants et l'excellence scientifique et technique faisant de la cybernétique un accomplissement emblématique du XXe siècle, là où Comte entendait orienter les recherches en distribuant bons et mauvais points. En bref, non seulement les passerelles interdisciplinaires et les savoirs circulant des machines vers les théories scientifiques étaient possibles, mais en plus ils étaient fertiles, court-circuitant le monopole du philosophe positiviste dans leur opposition commune à la spécialisation des connaissances.

La question est alors celle de l'imprégnation des institutions et mentalités de la France scientifique et technique par une normativité positiviste. Comment passe-t-on d'une interdiction dogmatique à des décisions ou des orientations effectives, plus ou moins diffuses et anonymes, dans la recherche ou l'enseignement ? Même si elle est surtout posthume et médiatisée par ses successeurs, l'influence de Comte n'est pas négligeable, si l'on en croit Georges Canguilhem[31], Michel Serres[32], ou encore Jean-François Picard[33].

31 « Le pouvoir de stimulation intellectuelle, le prestige de cette composition systématique ont été considérables. On n'en a retenu, trop souvent, dans les rangs des philosophes, que son influence sur la philosophie et la littérature du XIXe siècle [...]. En fait, il n'y a pas en France, de 1848 à 1880, de biologiste ou de médecin qui n'ait eu [...] affaire directement aux thèmes de la philosophie biologique comtienne, ou indirectement à elle par des thèmes qui en découlaient. » (G. Canguilhem, « La philosophie biologique d'Auguste Comte et son influence en France au XIXe siècle », in *Études d'histoire et de philosophie des sciences*, Paris : Vrin, 1994, p. 71). Des disciples de Comte, poursuit Canguilhem, sont derrière la Société de biologie ou encore le *Dictionnaire de médecine*.

32 « Les vieux murs des institutions le conservent et font indéfiniment ressurgir son fantôme » (M. Serres, « Auguste Comte auto-traduit dans l'Encyclopédie », in *Hermès III. La Traduction*, Paris : Éditions de Minuit, 1974, p. 159).

33 « La place des mathématiques [à l'École Polytechnique] y est celle d'une aristocratie de l'esprit inspirée de la fameuse hiérarchie des cours de philosophie positive d'Auguste Comte. [citant le biologiste Maurice Collery :] "... (Il) régnait (à l'École) une sorte de snobisme de la rigueur qui n'était pas propre à orienter les carrières débutantes vers la physique, moins encore vers la chimie, à l'égard de laquelle se manifestait d'ailleurs, chez beaucoup, un sentiment que le terme de dédain suffit à peine à indiquer". Outre sa classification des sciences, le positivisme comtien a d'ailleurs eu une influence philosophique

Une chose est d'identifier des doctrines défavorables à l'interdisciplinarité et à la modélisation, une autre en est de pouvoir déterminer dans quelle mesure ces doctrines inspirent une normativité effective, ou ne sont aussi bien que le reflet, délibéré ou fortuit, de caractéristiques structurales[34]. Des lignes de clivage sont « bien connues » dans les pratiques scientifiques et techniques ordinaires, et nul ne doute qu'elles puissent opérer sans qu'on parvienne toujours à les attribuer à des philosophies définies et explicites. Ainsi en est-il notamment de la culture expérimentale en biologie, et de la culture littéraire en sciences humaines, qui ne manqueront pas de se manifester en résistant à diverses tentatives de mathématisation.

À ces cloisonnements s'en ajoutent d'autres. Tout d'abord, un certain isolement international, qui ne date donc pas de la Seconde guerre mondiale. « Les chercheurs français ne voyagent pas », remarque Picard[35]. Les guerres n'engendrent pas mécaniquement un effet de repli, puisque les échanges n'auraient pas faibli durant les guerres du Premier Empire, au contraire de la période spécifiquement nationaliste postérieure à 1870[36]. Jusqu'après la Grande Guerre, le nationalisme est une attitude largement répandue dans le monde savant[37], mais encore faut-il attester que

---

sur la recherche française [qui] peut expliquer le retard pris par la France au XXe siècle dans deux disciplines nouvelles toutes deux issues d'un formalisme abstrait, la physique quantique et la génétique » (J.-F. Picard, *op. cit.*, p. 22). Il en va vraisemblablement de même à l'ENS, qui ne forme qu'une trentaine de biologistes de 1900 à 1939 (N. Chevassus-au-Louis, *Savants sous l'Occupation*, Paris : Perrin, 2008, p. 200).

34 Ainsi, l'ingénieur français n'est pas vraiment formé à la recherche ni destiné à l'innovation ; jusqu'aux années 1930, celles-ci seraient restées absentes des institutions qui le produisent et l'emploient (A. Grelon, « Les écoles d'ingénieurs et la recherche industrielle. Un aperçu historique », *Culture technique* n° 18, 1988, p. 232-238). Encore la recherche n'en demeure-t-elle pas moins généralement une absurdité pour des instances professionnelles qui avaient obtenu un *numerus clausus* : « Il était par exemple admis depuis 1937 que les jeunes ingénieurs des corps d'État, comme les Mines ou les Ponts et Chaussées, pouvaient aller dans les laboratoires de recherche tout en continuant à toucher leur traitement. Or un seul ingénieur avait finalement bénéficié de cette possibilité. La cause de ce maigre bilan revenait à l'opposition systématique de l'administration qui répondait toujours de la même façon : "Nous avons énormément de places d'ingénieur vacantes, nous sommes obligés de les remplir, ce n'est pas pour qu'ils aillent perdre leur temps dans les laboratoires" » (D. Guthleben, *Histoire du CNRS de 1939 à nos jours*, Paris : Armand Colin, 2013, p. 94).

35 J.-F. Picard, *op. cit.*, p. 21. Là encore, le tableau est à nuancer si tant est que « Les rapports annuels du doyen de la faculté des sciences de Paris montrent que les missions à l'étranger [étaient] fréquentes avant la guerre » (N. Chevassus-au-Louis, *op. cit.*, p. 33).

36 J.-M. Berthelot, O. Martin et C. Collinet, *op. cit.*, p. 33.

37 G. Somsen, « A History of Universalism: Conceptions of the Internationality of Science from the Enlightenment to the Cold War », *Minerva* vol. 46, n° 3, 2008, p. 361-379.

ces attitudes se traduisent par des comportements (fréquence, variété et nature des voyages, volume des correspondances), qu'il faut différencier discipline par discipline. En revanche, il est un autre facteur vraisemblablement plus général : « L'individualisme est devenu la plaie de la recherche française », écrit Picard[38]. Cette caractéristique serait en fait ancienne, d'après d'autres auteurs, et favorisée en partie par la prégnance du système universitaire : un seul spécialiste par chaire, des chaires isolées les unes des autres dans des facultés isolées les unes des autres. Joseph Ben-David, dans l'optique d'une explication structurelle, voyait dans le fort centralisme bureaucratique typiquement français l'origine de l'individualisme, de la rigidité et du cloisonnement[39] : dans le contexte post-révolutionnaire, les gouvernements tendaient à créer des institutions spécialisées afin de mieux les contrôler ; cette stratégie entretenait un cercle vicieux, puisque le rythme du progrès scientifique, plus rapide que le rythme d'adaptabilité de ce type d'organisation, nécessitait pour être suivi de créer toujours plus d'institutions nouvelles, toujours autant spécialisées pour ne pas remettre en cause le système. La conséquence, par la fragmentation et le conservatisme organisationnel de cette situation, était de générer des stratégies de carrière très individualistes chez les scientifiques qui ne pouvaient espérer modifier localement ou globalement les institutions. Dans la seconde moitié du XIXe siècle, cette tendance aurait progressivement isolé les savants français de leurs homologues qui travaillaient désormais de plus en plus par groupes ou « écoles », dans un contexte de croissance des effectifs avec la problématique de division du travail intellectuel qui s'ensuit. Le système français serait ainsi devenu durablement inapte à la flexibilité et à la coopération.

Cette thèse s'est notamment vu objecter que si ces institutions étaient improductives en matière de recherche, ce n'est pas tant du fait de ce modèle de centralisation bureaucratique que parce que la recherche n'était tout simplement pas leur vocation ; et, qu'à ce titre, il était rationnel pour cette forme d'organisation de ne pas se diversifier[40]. S'il convient certes d'éviter l'illusion rétrospective consistant à projeter

38 J.-F. Picard, *op. cit.*, p. 20.

39 J. Ben-David, « The Rise and Decline of France as a Scientific Centre », *Minerva* vol. 8, 1970, p. 174-178.

40 T. Clark, « The Rise and Decline of France as a Scientific Centre », *Minerva* vol. 8, 1970, p. 599-601.

anachroniquement une politique scientifique nationale avant l'heure[41], le résultat reste toutefois le même : ce n'est pas dans un espace vierge que la recherche moderne trouvera à se développer, mais selon les linéaments d'un paysage social et institutionnel peu collaboratif. Les tentatives de réformes peuvent se montrer révélatrices à cet égard. Entre les deux guerres, dans un climat idéologique et politique favorable à la science, des initiatives veulent promouvoir collaboration interdisciplinaire et synergie avec l'université[42]. Parmi elles comptent notamment la fondation de l'Institut de biologie physico-chimique (IBPC)[43] et du Centre national de la recherche scientifique appliquée (CNRSA)[44]. La question est alors de faire la part, dans la fortune de ce type d'initiative, de ce qui dépend des seules circonstances de la guerre et de ce qui dépend de facteurs plus structurels.

41 F. Jacq, « Aux sources de la politique de la science : mythes ou réalité ? 1945-1970 », *La Revue pour l'histoire du CNRS* n° 6, 2002, en ligne.

42 J.-F. Picard, *op. cit.*, p. 34-36 et p. 38.

43 M. Morange, « L'Institut de biologie physico-chimique de sa fondation à l'entrée dans l'ère moléculaire », *La Revue pour l'histoire du CNRS* n° 7, 2002, en ligne. L'interdisciplinarité de l'IBPC sert de modèle pour la fondation du proto-CNRS : « … entre les murs de cet institut, Jean Perrin constate avec ses deux codirecteurs […] à quel point le rapprochement de plusieurs disciplines est profitable. […] si cette organisation porte ses fruits au niveau d'un établissement, ne peut-on songer à l'établir à l'échelle d'un pays ? Ne parviendrait-on pas ainsi à un "décloisonnement" de la recherche – le mot est déjà utilisé à l'époque, par Jean Perrin lui-même –, à combattre cet esprit de chapelle que le prix Nobel de physique reproche abondamment à ses collègues des grandes écoles et des facultés ? » (D. Guthleben, *op. cit.*, p. 20-21).

44 Le CNRSA « n'est pas organisé suivant le découpage par discipline adopté pour la recherche fondamentale […] mais en commissions sur objectifs, réunissant les chercheurs et les laboratoires d'origines diverses, physiciens, chimistes, physiologistes capables de répondre à une demande spécifique » (J.-F. Picard, *op. cit.*, p. 64). Picard donne l'exemple, significatif dans le cas présent, d'un contrat avec Joseph Pérès pour de la modélisation mathématique en aéronautique qui débouchera sur la création de l'Institut Blaise Pascal après la guerre. On reconnaît un contexte qui s'approche de conditions favorables à la cybernétique. De fait, en 1950, Pérès va se retrouver organisateur du colloque international du CNRS « Les machines à calculer et la pensée humaine », rassemblant le gratin des cybernéticiens. Le co-organisateur de ce colloque, et directeur du Laboratoire de Calcul Mécanique de l'Institut Blaise Pascal, est Louis Couffignal, qui occupe une place importante dans l'histoire de la cybernétique en France. Il est déjà connu du CNRSA, qui l'a chargé de la mise en place du premier centre français d'économétrie à la veille de la guerre (M. Bungener, M.-E. Joël, « L'essor de l'économétrie au CNRS », *Cahiers pour l'histoire du CNRS*, 1989-4, p. 45-78).

LA GUERRE : CHOC OU STASE ?

La guerre a renouvelé certaines formes de la recherche. Elle a favorisé certains aspects du développement de la modélisation interdisciplinaire, et en a limité d'autres. L'antimilitarisme virulent de Wiener est bien sûr ambigu. En un sens, sa critique est ingrate, puisqu'elle semblerait nier le rôle que l'armée a joué en soumettant des problèmes féconds à des équipes interdisciplinaires (ici, en l'occurrence, l'automatisation de la défense contre avions[45]). En fait, Wiener reconnaît explicitement cette composante militaire. Il fustige le maintien des recherches dans un cadre trop rigide (hiérarchie, secret) qui limite les projets à la résolution de problèmes pratiques immédiats, au détriment d'une exploitation plus libre et à plus long terme des recherches. Tout du moins, dans les pays anglo-saxons, l'armée a joué un rôle moteur, direct ou indirect, dans le développement des technologies de contrôle et de communication d'une part[46], mais aussi des collaborations interdisciplinaires d'autre part. De fait, les deux sont souvent allées de pair, et ont suscité (ou favorisé) les progrès de diverses formes de modélisation – dans le cadre général de ce qu'on a alors appelé la « recherche opérationnelle » (RO). Mais la France, vaincue, ne peut bénéficier de cette impulsion puissante de l'effort de guerre. Notamment, toute recherche militaire est expressément interdite par la convention d'armistice de juin 1940. Cependant, interpréter que la défaite aurait empêché un scénario à l'anglo-saxonne mérite des nuances, d'abord parce qu'une incubation militaire de projets de RO ne semblait pas la voie royale choisie par la France en 1939, si l'on en juge par les habitudes existantes.

45 P. Galison, « The Ontology of the Enemy: Norbert Wiener and the Cybernetic Vision », *Critical Inquiry*, vol. 21, nº 1, 1991, p. 228-266 ; N. Hetherington, « Air Power and Governmental Support for Scientific Research: The Approach to the Second World War », *Minerva* vol. 29, nº 4, 1991, p. 420-439.

46 D. Mindell, *Between Human and Machine. Feedback, Control and Computing before Cybernetics*, Baltimore : John Hopkins University Press, 2002. L'armée représente au minimum un client essentiel pour des sociétés innovantes.

Hormis la parenthèse notable de la Grande guerre[47], l'armée avait globalement tourné le dos à l'innovation[48] et à la recherche scientifique, voyant dans la mainmise de l'Éducation nationale une hégémonie d'idées de gauche à contenir ou contourner[49]. L'union sacrée, déjà improvisée au début du conflit de 1914-1918, ne persista guère[50] (à quelques exceptions notables près, comme par exemple les recherches de Paul Langevin et Léon Brillouin sur le brouillage[51]). L'armée avait tendance à se détourner du CNRS comme du CNRSA[52], dont les missions concernaient l'organisation à grande échelle de l'effort de guerre ; ces missions ne furent pas annulées par la défaite, mais rendues au contraire plus pressantes par les difficultés du moment. Alors même que les institutions de recherche sont durablement marquées par leurs origines militaires

47 D. Aubin et P. Bret (dir.), *Le Sabre et l'éprouvette. L'invention d'une science de guerre, 1914-1939*, Paris : Viénot, 2003. Encore l'initiative de la mobilisation scientifique aurait-elle été majoritairement le fait de la communauté scientifique.

48 M. Goya, *L'Invention de la guerre moderne. Du pantalon rouge au char d'assaut, 1871-1918*, Paris : Tallandier, 2014. J.-F. Picard, *op. cit.*, p. 62-63. Depuis la fin du XIXe siècle, le divorce est surtout entre un haut-commandement passéiste, focalisé sur la valeur humaine au combat, et de nouvelles générations d'officiers qui ont compris l'importance de la technique. La leçon ne sera pas suffisamment retenue au lendemain de la Première Guerre mondiale… Ainsi, la DCA, l'une des meilleures en 1918, n'est pas mise à jour et devient obsolète en dépit de l'expertise d'un Jules Pagezy ou d'un René Riberolles (P. Augustin, *Essai sur l'artillerie contre-aérienne française et la guerre aéroterrestre des origines à nos jours*, thèse, université Montpellier III, 1991). Du côté des gyrocompas de la Marine, « il ne s'agit pas que le gyrocompas soit techniquement meilleur, mais qu'il soit français. […] l'état-major français reste dans un schéma de délégation [aux industriels], comme s'il craignait de confier le développement aux directions techniques, et par extension aux ingénieurs militaires » (S. Soubiran, « Les acteurs du système d'innovation technique des Marines française et britannique durant l'entre-deux-guerres : l'exemple de la conduite du tir des navires », in D. Pestre (dir.), *Deux siècles d'histoire de l'armement en France, de Gribeauval à la force de frappe*, Paris : CNRS Éditions, 2005, p. 132).

49 J.-F. Picard, *op. cit.*, p. 62-63.

50 Ce qui ne veut pas dire qu'elle fut sans effet sur les deux parties ; voir par exemple : L. Mazliak, « Borel, Fréchet, Darmois. La découverte des statistiques par les probabilistes français dans les années 1920 », *Journal électronique d'histoire des probabilités et de la statistique*, vol. 6, n° 2, 2010, en ligne. Est-ce une coïncidence si Borel publie en 1921 le premier théorème minimax, formalisant un concept de stratégie optimale pour les jeux de deux joueurs à somme nulle ?

51 S. Soubiran, « La protection contre le brouillage ennemi des systèmes de télécommande de la Marine française durant l'entre-deux guerres », in *La Guerre électronique en France au XXe siècle*, Paris : CHEAR, 2003, p. 25-41.

52 « La Défense nationale […] regardait d'un mauvais œil les incursions du [CNRS] dans ce qu'elle considérait comme son domaine réservé, la recherche militaire » (D. Guthleben, *op. cit.*, p. 59). Pour le CNRSA, *cf.* J.-F. Picard, *op. cit.*, p. 62.

(bonapartistes), le cloisonnement entre recherche publique et recherche militaire semblait s'être installé assez durablement pour résister à une guerre mondiale censée pourtant marquer les consciences et être « la der des der ». Avant toutefois de conclure que l'armée française n'a pas été un moteur pour le développement de la recherche dans l'entre-deux-guerres, certains éléments sont à considérer : premièrement, l'institutionnalisation officielle de la RO militaire est tardive même chez les Anglo-saxons (1936 pour le radar[53]), où les cloisonnements entre recherches militaire et académique auraient persisté là aussi[54] ; cette comparaison semble à première vue un argument de poids en faveur du rôle des crédits militaires dans l'incubation de projets interdisciplinaires, mais ne l'est véritablement seulement si ces crédits avaient été utilisés en France de la même façon. Or – deuxièmement –, le réarmement de 1935-1939 n'avait occasionné que peu de travaux innovants[55] ; à la décharge peut-être de l'armée, le réarmement avait surtout révélé les carences d'une industrie d'armement atone, vétuste, parfois encore artisanale, incapable de répondre quantitativement ou qualitativement aux commandes, en raison de problèmes qui relèvent davantage des relations entre l'État et les constructeurs privés[56]. Troisièmement, serait nécessaire une synthèse

53 S. I. Gass et A. A. Assad, *An Annotated Timeline of Operations Research : An Informal History*, Boston : Kluwer, 2005, p. 45.

54 Aux États-Unis, écrit Dominique Pestre, « … l'attitude est froide comme sur le Vieux continent. Malgré les collaborations qui se sont nouées durant la Première guerre, aucun enthousiasme réciproque n'est perceptible jusque dans les années 1930 et les deux milieux, universitaire et militaire, tendent à s'ignorer » (D. Pestre, « Repenser les variantes du complexe militaire-industriel-universitaire », in D. Pestre (dir.), *op. cit.*, p. 138).

55 « Les efforts budgétaires consentis à la DCA se concentrent sur la production de canons, organes principaux de la mission, en oubliant d'améliorer significativement leurs équipements périphériques (moyens de détection, conduites de tir, télémètres, transmissions, munitions…) car le concept de "système d'arme" n'est pas encore inventé. C'est pourtant la caractéristique majeure des moyens de DCA dont la complexité technique, l'interdépendance et les contraintes logistiques échappent encore à la perception des hauts états-majors. […] Une étude des moyens électroniques de conduite de tir est lancée par le Commandement des Transmissions en mars 1939 », un peu tard donc… (J.-P. Petit, *Un Siècle de défense sol-air française*, Base documentaire artillerie *Bas'Art*, 2015, § 3-32, en ligne).

56 R. Frankenstein, « Intervention étatique et réarmement en France, 1935-1939 », *Revue économique*, vol. 31, nº 4, 1980, p. 743-781 ; J.-P. Tasseau, « Le contexte, 50 ans d'évolutions », in *Un demi-siècle d'aéronautique en France, t. 1 : La formation*, Les Cahiers du COMAERO, Paris : CHEAR, 2013, p. 23. Ainsi, au moment de l'armistice, les matériels de DCA « pourtant déjà bien évolués pour l'époque, étaient en nombre trop faible, et on ne put guère se faire une idée de leur efficacité réelle durant les hostilités » (R. Lesavre

de l'histoire de la RO française (aujourd'hui parcellaire et écrite surtout pour la période d'après-Guerre par certains de ses acteurs ou témoins principaux[57]), pour avoir une vision d'ensemble de l'incubation et de ses modes d'organisation du travail à la veille de la guerre. Ce que l'on retiendra est qu'au moment de la défaite, il est difficile d'imputer au seul occupant l'incapacité de soutenir significativement l'innovation dans le cadre d'un effort de guerre.

L'Occupation a inévitablement engendré une certaine stase technologique et scientifique. La machine tourne au ralenti[58], avec confiscations et surtout pénuries, deux à trois fois moins de doctorants, et la perte tragique, quantitative et qualitative de chercheurs, par exil, persécution ou départ au STO (la démographie savante restant toutefois relativement préservée par rapport à la Première Guerre mondiale). L'isolement s'exacerbe : les voyages cessent presque complètement, les chercheurs cessent de publier à l'étranger et ne reçoivent plus les publications internationales. Cette problématique va être couplée à celle du développement d'un réseau d'information documentaire : en 1940 paraît un *Bulletin* destiné à inventorier les publications scientifiques internationales. Ce projet, porté par le physicien Pierre Auger, « est devenu le principal moyen de communication d'une communauté scientifique coupée de l'étranger[59] ». Pour autant, la léthargie n'est pas totale : la période confirme un certain dynamisme enclenché à la veille de la guerre. Des locaux sont construits, des instituts importants, conçus avant ou pendant l'Occupation, sont inaugurés (le CNET, l'INSEE, l'INED, l'INSERM, l'INRA, l'IRD… une part non négligeable du paysage actuel français de la recherche plonge ses racines dans la période de Vichy). Du côté de la recherche technologique, et particulièrement les automatismes, le bilan est très défavorable, comme on peut s'y attendre. Pour ce qui concerne l'une des technologies paradigmatiques pour la cybernétique,

---

et M. de Launet, *Les armements de défense anti-aérienne par canons et armes automatiques*, Paris : CHEAR, 2007, p. 17). L'essentiel du matériel disponible est donc obsolète ; le « faible nombre d'avions allemands qui seront abattus [en proportion du nombre de canons déployés] indique, sans ambiguïté, que des lacunes graves ont du exister dans l'emploi, le déploiement et dans la mise en œuvre de ces matériels » (J.-P. Petit, *op. cit.*, § 4-4, § 4-53).

57 B. Roy, « Regard historique sur la place de la Recherche opérationnelle et de l'aide à la décision en France », *Mathématiques et sciences humaines* n° 175, 2006, p. 25-40.

58 Voir notamment N. Chevassus-au-Louis (*op. cit.*).

59 J.-F. Picard, *op. cit.*, p. 83.

> …bien évidemment, l'activité d'étude en DCA devait, après l'armistice, être mise en sommeil, alors que les belligérants allemands, britanniques ou américains s'efforçaient de faire progresser la qualité de leurs moyens anti-aériens au fur et à mesure que l'arme aérienne de leurs adversaires respectifs se perfectionnait[60].

Cette situation est représentative d'autres coups sévères portés au potentiel technologique français[61]. Dans le recueil *La France face aux problèmes d'armement (1945-1950)*[62], le pays est dépeint comme « pillé par quatre années d'occupation » : on y apprend par exemple[63] que des recherches fondamentales et appliquées prometteuses sur les hyper-fréquences, nécessaires à la technologie du radar, furent interrompues par l'Occupation ; que la SNECMA ne récupérera d'Allemagne que 500 des 2000 machines que possédait sa société précurseure Gnôme & Rhône ; en outre, de nombreuses usines sont détruites ou reconverties durant l'Occupation. Cependant, des recherches se poursuivent plus ou moins clandestinement : ainsi parvient-on à construire et tester près de Toulon un prototype de fusée opérationnel à l'insu des Allemands ; des initiatives plus structurées sont également entreprises, comme la formation de la DCRT (Direction de la recherche et du contrôle technique), qui va rassembler le potentiel de recherche des PTT et d'officiers des transmissions, et s'impliquer dans des opérations de résistance (écoutes, fabrication de postes) avec le CNET, sur un mode évoquant le contexte d'origine de la recherche opérationnelle : « Les travaux menés en commun dans la clandestinité ont rapproché les hommes et abaissé le cloisonnement des recherches d'avant-guerre[64] ». Le tableau reste incomplet ; il reste à préciser, notamment, si les ingénieurs civils purent mener des recherches dans de meilleures conditions que les militaires, publier,

---

60 M. de Launet, *op. cit.*, p. 17. « Sur le territoire métropolitain, aucune des formations antiaériennes et aucun des Centres d'instruction ne survit à la tourmente de 1940 » ; seule l'armée de Vichy se voit autorisée à posséder une DCA sur la côté méditerranéenne, des centres de formation sont créés à Montpellier et Issoudun sous contrôle allemand, et dissous en 1943 (J.-P. Petit, *op. cit.*, § 5-3).

61 Pour l'aéronautique, voir J.-P. Tasseau, *op. cit.*, p. 25.

62 J. Villain (dir.), *La France face aux problèmes d'armement (1945-1950)*, Paris : Éditions Complexe, 1996.

63 J. Villain, « L'Apport des scientifiques allemands aux programmes de recherche relatifs aux fusées et avions à réaction à partir de 1945 », in J. Villain (dir.), *op. cit.*, p. 97-126 ; P. Griset, « Le Renouveau de la recherche, 1943-1949 », in J. Villain (dir.), *op. cit.*, p. 139-150.

64 P. Griset, *op. cit.*, p. 143.

etc. Au final, compte tenu d'épisodes comme celui du rôle de Gustave Bertrand dans le décryptage de la machine Enigma[65] ; compte tenu du fait que l'Occupation engendra paradoxalement une dissémination des connaissances en électronique par le développement de la radio clandestine[66] ; compte tenu, enfin, que le réarmement de l'armée française libre, incluant des formations en radar et transmissions, n'attendit pas la Libération mais commença dès janvier 1943[67] ; on retiendra que l'asphyxie française dans le domaine des technologies pertinentes pour la cybernétique (ou avoisinantes), si elle fut bien réelle et massive, ne fut pas totale. D'autre part, compte tenu des capacités de l'industrie de l'armement à la veille de la Guerre, cette asphyxie ne peut être imputée intégralement à l'occupant.

Le cas de Louis Couffignal peut être invoqué pour relativiser l'impact des financements militaires sur les conditions d'émergence de recherches cybernétiques. En 1935-1936, ses travaux sur l'asservissement des tourelles de DCA de bombardier lourd[68], faisant intervenir la numération binaire dont il est alors en train de démontrer formellement la supériorité

---

65 G. Bertrand, *Enigma ou la plus grande énigme de la guerre 1939–1945*, Paris : Plon, 1973.

66 « Petit à petit les émetteurs se sont miniaturisés et ont été fabriqués en série. [...] Notre propre expérience s'est développée et nous avons conçu et mis à l'épreuve de nouvelles tactiques. Enfin l'effet du nombre a joué, l'ennemi avouant à la fin de la guerre que la multiplication de nos liaisons avait noyé ses moyens de repérage et égaré ses recherches. » (« Les transmissions radio clandestines de la France Combattante », in *Les Réseaux Action de la France combattante*, Éditions de la Fondation de la Résistance, 2006, p. 230). Des scientifiques résistants de l'intérieur mettent ainsi les mains dans le cambouis de l'électronique appliquée, comme par exemple au laboratoire de Frédéric Joliot-Curie (N. Chevassus-au-Louis, *op. cit.*, p. 117). Sitôt Paris libérée, Joliot prend la tête du CNRS et met en place dès septembre 1944 des groupes de recherche opérationnelle (*ibid.*, p. 220), en lien direct avec l'armée (D. Guthleben, *op. cit.*, p. 96).

67 C'est l'occasion pour elle de remettre le pied à l'étrier avec de l'armement moderne essentiellement américain, dans le contexte de la mise en place du Corps expéditionnaire français en Afrique du Nord. Les transmissions représentent une part appréciable des formations techniques reçues (tant bien que mal) par de nombreux officiers français (M. Vigneras, *Rearming the French*, Washington D.C. : Center for Military History, 1989, p. 230, 234, 237).

68 Suite à ce projet du Ministère de la guerre, Couffignal, qui enseigne alors à l'École navale, obtient l'autorisation de déposer un brevet : « Perfectionnements apportés aux appareils destinés à diriger le tir d'armes, notamment de celles montées à bord des aéronefs militaires », brevet d'invention n° 815.489, demandé le 28 mars 1936, délivré le 12 avril 1937, publié le 12 juillet 1937, Direction de la propriété industrielle, Ministère du commerce et de l'industrie (archives de L. Couffignal ; les procès-verbaux de dépôts des années 1930 à 1937 n'existent plus à l'INPI, où l'on trouve un brevet EP0815489 de 1998 sans rapport).

pour le calcul automatique, le placent parmi les rares innovateurs à la pointe des recherches financées par l'armée. Mais lorsqu'il rencontre vers 1941 le neurophysiologiste Louis Lapicque pour explorer une analogie structurelle entre cervelet et machine à calculer, le contexte n'est plus celui d'un projet financé par l'armée.

Une question cruciale pour la recherche en temps de guerre est celle de la rupture ou de la modification des circuits d'échange de connaissances, avec des situations éventuellement inattendues comme en créent les brusques aléas des conflits. Si l'Occupation accentua un isolement scientifique et un retard industriel préexistants, elle donna aussi un coup de pied dans la fourmilière en amenant les résistants – ceux de l'extérieur sans doute plus encore – à nouer des liens et s'engager dans des pratiques qui n'auraient probablement pas vu le jour par ailleurs. On peut citer l'exemple du neurophysiologiste Pierre Buser, qui raconte s'être initié à l'électronique dans l'Armée d'Afrique en 1945, où il put se familiariser avec la notion de *feedback*[69]. L'exil donna ainsi l'occasion d'un brassage inhabituel des chercheurs : les épisodes de la « Mission Rapkine[70] » et de l'École Libre des Hautes Études[71] montrent comment des circonstances exceptionnelles ont pu générer de nouvelles connexions. En 1940, Henri Laugier, médecin et ex-directeur du CNRS, et Louis Rapkine, un biologiste, se rendent à New York pour mettre en place un plan de sauvetage de savants français (ou étrangers exilés en France)[72] avec l'appui – sélectif – de la Fondation Rockefeller. Par l'intermédiaire de la *New School for Social Research*, des chercheurs français et belges forment l'École Libre des Hautes Études, sur le modèle de l'École Pratique des Hautes Études. Il s'agit d'une structure produisant surtout des enseignements de sciences sociales ; les sciences « dures » y restent marginales, et les recherches semblent demeurer une occupation personnelle pour ses membres. Mais les réseaux qui se forment dans ce contexte sont

---

69 *Cf.* p. 347.

70 D. Dosso, *Louis Rapkine (1904-1948) et la mobilisation scientifique de la France libre*, thèse, université Paris VII, 1998 ; D. Zallen, « Louis Rapkine and the Restoration of French Science after the Second World War », *French Historical Studies*, vol. 17, n° 1, 1991, p. 16-17.

71 A. Zolberg, « The École Libre at the New School, 1941-1946 », *Social Research* vol. 65, n° 4, 1998, p. 921-951 ; E. Loyer, « La débâcle, les universitaires et la Fondation Rockefeller : France / États-unis, 1940-1941 », *Revue d'histoire moderne et contemporaine*, vol. 48, n° 1, 2001, p. 138-159.

72 D. Dosso, « Le plan de sauvetage des scientifiques français. New York, 1940-1942 », *Revue de synthèse* vol. 127, 2006, p. 429-451.

significatifs. Le cas de l'anthropologue Claude Lévi-Strauss en est bien sûr emblématique[73] : il y rencontre le linguiste Roman Jakobson (qui sera proche du milieu cybernétique américain[74]), et collabore avec le mathématicien André Weil dans le cadre de sa thèse : les deux axes interdisciplinaires décisifs pour le programme de l'anthropologie structurale. Lévi-Strauss fait aussi la connaissance des philosophes Alexandre Koyré et François Wahl : de retour à Paris, le premier présentera Lévi-Strauss au psychanalyste Jacques Lacan, le second le présentera à Wiener. Au-delà du réseau personnel plus ou moins mondain, c'est surtout une certaine orientation du travail qui prend là ses sources : lorsqu'il s'agira de fonder, dans la continuité de l'École Libre, la VIe section de l'EPHE, le séminaire de Lévi-Strauss rassemblera des représentants de diverses disciplines, ainsi que des mathématiciens intéressés par la cybernétique (Guilbaud, Riguet, Mandelbrot), avec l'appui financier du MIT[75]. La VIe section de l'EPHE inscrira l'interdisciplinarité (et en particulier les interactions avec les mathématiques) dans ses principes fondamentaux[76], qui seront conservés à l'École des hautes études en sciences sociales[77]. Le séminaire de Guilbaud « Modèles mathématiques dans les sciences humaines » sera un épicentre pour le développement de la recherche opérationnelle en France.

Le transfert de savants français aux États-Unis ne reposait pas sur des préoccupations purement humanitaires : pour les Américains, il s'agissait de sauver la crème de la science française (avec l'espoir, déçu, d'une naturalisation définitive) ; pour Rapkine, il fallait éviter que les scientifiques ne perdent la main. Les Américains ne leur ont pas laissé la possibilité de collaborer à l'effort de guerre. En 1944, à Londres, Rapkine forme avec Pierre Auger un groupe interdisciplinaire de 17 chercheurs sur le modèle anglo-saxon, pour faire de la recherche opérationnelle. En fait, la « Mission Rapkine » aura peu l'occasion de contribuer à ce type

73 L. Jeanpierre, « Les structures d'une pensée d'exilé. La formation du structuralisme de Claude Lévi-Strauss », *French Politics, Culture and Society* n° 28(1), 2010, p. 58-76.

74 J. Segal, *Le Zéro et le un, op. cit.*, ch. 6 ; B. Geoghegan, « La cybernétique "américaine" au sein du structuralisme "français". Jakobson, Lévi-Strauss et la Fondation Rockefeller », *Revue d'anthropologie des connaissances*, vol. 6, n° 3, 2012, p. 585-601.

75 Voir p. 583-595.

76 M. Barbut, « Mathématiques et sciences humaines », allocution pour le grade de docteur *Honoris causa* de la Faculté de Sociologie et de sciences politiques, Universidad Nacional de Educación a Distancia, 2004, en ligne.

77 P. Rosenstiehl, « La Mathématique et l'École », *Cahiers du CAMS* n° 105.

de travaux, mais va s'avérer importante d'une autre façon, en collectant auprès des Britanniques nombre de découvertes, d'innovations et de matériel au bénéfice de la recherche française, mais aussi en organisant des visites de chercheurs français sur le sol anglais[78]. La trajectoire de Rapkine n'est sans doute pas étrangère à sa préoccupation de mettre les chercheurs français à une autre école : ayant lui-même étudié à Montréal, puis à l'IBPC, Rapkine, plutôt que de rester spécialisé dans sa formation initiale, a choisi d'apprendre différentes méthodologies correspondant à différentes échelles biologiques (de la cellule aux enzymes), un peu à la façon d'un homme-orchestre[79].

La Guerre n'est donc pas automatiquement synonyme d'isolement pour la science française, mais plutôt d'accentuation du contraste entre un certain isolement préexistant du système traditionnel et des circonstances d'exposition à l'interdisciplinarité. On risque donc d'avoir un enjeu de confrontation entre ces deux régimes de production de connaissances au moment de la Libération, à plus forte raison dans la mesure où cette confrontation est susceptible de recouvrir un clivage vécu entre ceux qui, de l'intérieur ou de l'extérieur, ont participé à des recherches « résistantes », et les autres à qui des comptes risquent d'être demandés. Ceux qui sont partis ont sans doute bénéficié de l'expérience de recherche à l'anglo-saxonne, au prix du reproche d'avoir quitté le navire en pleine tourmente.

LA RECONSTRUCTION : NOUVELLES OU ANCIENNES BASES ?

La recherche en tant que pratique à part entière, méritant l'effort d'un pays, acquiert une légitimité décisive et un appui politique dans la France d'après-guerre. Encore faut-il, pour les aspects qui nous concernent, que la politique mise en œuvre ne soit pas accaparée par le nucléaire, militaire ou civil, autrement dit : que les efforts nouvellement consentis

78 « Au total, quarante-cinq groupes totalisant cent-vingt représentants de toute la France et de toutes les disciplines scientifiques ont fait le voyage en Angleterre » (D. Zallen, *op. cit.*, p. 17).

79 *ibid.*, p. 8-13.

ne soient pas à destination unique de la physique et des équipements lourds, au détriment des autres domaines[80]. La question générale qui se pose au sujet de la reconstruction est d'essayer de déterminer dans quelle mesure les aspects mentionnés plus haut vont survivre, ou au contraire être remplacés. La guerre pourrait contribuer à liquider l'héritage préexistant aussi bien qu'à l'exacerber au sein de noyaux qui auraient traversé l'Occupation. « L'effort du CNRS de l'Occupation a tendu à préserver l'acquis dans l'attente de jours meilleurs », résume Picard[81]. Toute la question est de savoir si cet « acquis » inclut ces formes anciennes dont les différents auteurs (Zeldin, Ben-David, Picard) soulignent la très forte inertie : poids de la tradition universitaire, tendance au cloisonnement disciplinaire et à l'individualisme. Les initiatives autres (EPHE, Institut de biologie physico-chimique, École libre, Mission Rapkine), quelle que soit leur longévité, restent toutes hors normes dans ce paysage, et il s'agit donc de savoir si les normes vont évoluer.

Le cas du CNRS est représentatif de cette tension. La Libération doit sonner l'heure d'un décloisonnement, tant des sections disciplinaires que de l'isolement international. Mais la mainmise universitaire, qui avait déjà contrarié les velléités d'interdisciplinarité au moment de la création du Centre, ne disparaît pas plus avec la Libération qu'avec Vichy. Le comité directeur, cette « assemblée de professeurs[82] », est aussi réticent à la proposition de Joliot-Curie de soustraire le CNRS au Ministère de l'Éducation Nationale qu'à tout lien du CNRS avec la recherche appliquée. « Mise à part l'augmentation de ses effectifs, le CNRS ne connaît pas de réel bouleversement à la Libération », écrit Guthleben qui fait état d'une hostilité constante de l'Université aux efforts du Centre pour être autre chose qu'une caisse de financement des laboratoires existants[83]. Même la politique d'échanges avec l'étranger,

80 Malgré la création du Commissariat à l'Énergie Atomique en 1945, le CNRS va continuer à consacrer une part largement majoritaire de son budget à la physique dans les années suivantes.

81 J.-F. Picard, *op. cit.*, p. 83.

82 J.-F. Picard, *op. cit.*, p. 99.

83 D. Guthleben, *op. cit.*, p. 111-113, 152. La situation est à peine apaisée par l'arrivée de Georges Teissier, normalien et universitaire dont le profil est néanmoins intéressant en ce qui nous concerne : biologiste et mathématicien, revendiquant des les années 1930 une « biologie mathématique » (même si dans son cas il s'agit surtout de méthodes statistiques appliquées au vivant), plein de considération pour la recherche technique, et réservant au CNRS une mission « d'avant-garde » (*ibid.*, p. 135).

qui paraissait évidente à la Libération, connaît un fléchissement dès 1950, malgré le programme remarquable des grands colloques internationaux pour lequel Joliot-Curie demande et obtient des fonds conséquents de la part de la fondation Rockefeller (sont ainsi organisés notamment le colloque de 1951 sur « Les machines à calculer et la pensée humaine », celui d'économétrie en 1952, celui de 1965 sur « Les modèles et la formalisation du comportement »).

Le décloisonnement est l'un des mots d'ordre des initiatives qui émergent alors pour chercher un remède à une situation perçue comme bloquée : le Mouvement pour l'expansion de la recherche scientifique[84], avec notamment le biologiste Jacques Monod, le mathématicien André Lichnerowicz, Pierre Auger, qui apporte le parrainage de l'Unesco au premier congrès international de cybernétique à Namur[85], ou encore le sociologue Jean Stoetzel, en croisade pour promouvoir l'usage et l'enseignement des méthodes mathématiques en sciences sociales – tous, ayant goûté à l'expérience américaine, sont réunis derrière la figure politique tutélaire de Pierre Mendès France[86] ; le colloque de Caen en 1956, qui se présente comme un moment d'« États généraux » de la recherche française, voit les préoccupations du MERS en bonne place, mais alors que le fameux rapport Bauer-Lichnerowicz-Monod qui les synthétise s'intéresse plus à la promotion des nouvelles disciplines négligées qu'à l'interdisciplinarité[87], Auger, attirant l'attention sur « un autre caractère

84 J.-L. Crémieux-Brilhac, « Le Mouvement pour l'expansion de la recherche scientifique (1954-1968) », in J.-L. Crémieux-Brilhac et J.-F. Picard, *Henri Laugier en son siècle*, Paris : CNRS Éditions, 1995, p. 123-138.

85 Mais aussi, qui introduit l'électronique et la biophysique à l'université, qui crée les écoles nationales supérieures d'ingénieur, liées à l'université (« J'étais très attaché à l'idée que la science et les ingénieurs soient liés », entretien avec J-F Picard et E. Pradoura, 23 avril 1986, http://www.histcnrs.fr/archives-orales/auger.html).

86 « Mendès France avait [...] attisé l'espoir de trois minorités : une poignée de doyens de facultés, démoralisés d'être réduits à un rôle de comptables, une avant-garde de jeunes chercheurs des disciplines nouvelles ou des secteurs interdisciplinaires, que la rigidité du système des chaires professorales privait de promotion ou de moyens, enfin quelques industriels de pointe, acharnés à prendre rang malgré la prépondérance américaine » (J.-L. Crémieux-Brilhac, « Une politique pour la recherche », in A. Chatriot et V. Duclert (dir.), *Le Gouvernement de la recherche*, Paris : La Découverte, 2006, p. 200.

87 « Disciplines à développer. [...] En biologie : embryologie, génétique, biochimie, physiologie. En chimie : chimie théorique, chimie structurale, chimie physique, chimie nucléaire. En physique : physique théorique, physique atomique et moléculaire, physique des solides, électronique. En mathématiques : probabilités et statistiques, information et théorie des jeux, laboratoires de calcul, mathématiques appliquées » (E. Bauer, A. Lichnérowicz et

de l'évolution des idées dans le monde de la recherche » qui nécessite de ne pas former des chercheurs trop spécialisés, salue la cybernétique[88]. Enfin, directement inspirée des revendications précédentes, la politique de la recherche : parmi les mesures prises en faveur de la coordination de la recherche figure la mise en place de structures transversales pour des dizaines de centres de recherche dépendant de treize ministères veillant chacun farouchement à l'indépendance de sa capacité de recherche.

La première de ces structures, créée en 1954, est le Conseil supérieur pour la recherche scientifique et le progrès technique. En 1957, en prévision du IIIe Plan, le CSRSPT produit un rapport en trois parties, dont la seconde, nettement plus que divers rapports préparatoires et textes réglementaires définissant la raison d'être du Conseil, commence par un plaidoyer vigoureux pour la nécessité de remédier à l'hyper spécialisation dans un contexte d'interdépendance croissante entre disciplines, qui rappelle fortement, dans sa structure rhétorique, celui par lequel Wiener ouvrait son *Cybernetics*[89]. Une commission « Recherche opérationnelle » est créée, mais surtout une commission « Emploi de l'électronique dans le

J. Monod, « Rapport sur la recherche fondamentale et l'enseignement supérieur », *Les Cahiers de la République* n° 5, 1957, p. 92). Voir aussi p. 84-86 sur la nécessité de « remettre en question *une classification des disciplines posée pour l'éternité* » (ce sont les auteurs qui soulignent) héritée de la Révolution. L'argumentaire concerne surtout le problème de l'émergence de disciplines nouvelles, pas celui des passerelles transversales ou interactions entre disciplines.

88 « On dit, et beaucoup le croient encore, que le siècle que nous vivons verra l'avènement définitif du spécialiste. Il me semble que c'est le contraire qui est vrai et que le règne du spécialiste appartient bien plutôt déjà à l'histoire. [...] De nouvelles disciplines scientifiques sont nées qui forment des liens entre la physique, la chimie et la biologie, et la dernière venue, la cybernétique, intéresse un très large secteur scientifique, depuis la sociologie jusqu'aux mathématiques. Il n'est pas jusqu'aux recherches appliquées, qui ne demandent de la part de ceux qui s'y consacrent une connaissance de plus en plus étendue des disciplines scientifiques autres que celles à laquelle s'adressent strictement leurs recherches. [...] C'est la constitution d'un réservoir contenant un nombre suffisant de tels éléments bien préparés, disponibles, mais non encore complètement finis, que demandent les nations modernes » (P. Auger, « La France et le problème mondial de la recherche scientifique », *Les Cahiers de la République* n° 5, 1957, p. 62).

89 *La recherche scientifique et le progrès technique*, Archives nationales 19920547 ; comparer II-A (p. 1-4) avec N. Wiener, *La Cybernétique*, *op. cit.*, p. 56-58. Le rapport met plus loin l'accent de façon intéressante, quoique encore très pyramidale, sur l'aspect documentaire du problème : « Comme le système nerveux des êtres vivants, ou encore le système des transmissions des armées en campagne, [le service documentaire] est nécessairement complexe, et ses ramifications doivent, en partant du centre, descendre jusqu'au niveau de l'utilisateur, chercheur isolé ou équipe » (*op. cit.*, p. 22).

domaine de la cybernétique » est mise en place sous la direction du général Paul Bergeron en mai 1955 ; elle comporte un certain nombres d'acteurs qui jouent un rôle important dans l'émergence de l'Automatique, mais aussi des noms diversement liés à la cybernétique et que l'on croisera ailleurs dans ce livre : notamment Couffignal, Robert Vallée (fondateur du Cercle d'études cybernétiques), Paul Braffort, ou encore les ingénieurs de l'Air Jean-Charles Gille et Marc Pélegrin (*cf.* p. 168-171). L'une des trois sous-commissions est considérée porter davantage sur les aspects cybernétiques et travaille à élaborer le programme d'une Licence de cybernétique (*cf.* annexe IV). On reviendra plus en détail sur cette commission (p. 171-177). Avec le changement de république en 1958, la politique de la recherche prend une dimension supérieure, empruntant largement la voie pavée par le CSRSPT, mais cette fois avec des moyens pour peser dans le paysage de la recherche. La Délégation générale à la recherche scientifique et technique définit un programme d'« actions concertées » pour financer des projets de recherche dans une dizaine de domaines. L'action « Fonctions et maladies du cerveau », où l'on retrouve des ténors de la neurophysiologie intéressés de longue date par la cybernétique (Fessard, Gastaut et Scherrer, *cf.* chapitre « Servos et cerveaux »), fait la part belle à l'étude de l'asservissement des réflexes (vigilance-sommeil, contrôle de la motricité, mécanismes neurovégétatifs...). Mais c'est sans doute dans le groupe « Méthodologie » du comité « Équilibre et lutte biologique » que la modélisation biologique trouve sa place la plus significative[90]. Du côté des SHS, on remarque parmi les

90 Ce comité démarre en 1972 à la suite d'un groupe « Lutte biologique » créé en 1968 (J.-P. Deffontaines, « Chronique des comités ELB, GRNR, ECAR et DMDR de la DGRST (1972-1982) », in M. Jollivet (dir.), *Sciences de la nature, sciences de la société. op. cit.*, p. 539-543). Le groupe de méthodologie de ce comité à l'intersection de l'écologie, de l'agronomie, de la géographie, est animé par Jean-Marie Legay, biostatisticien alors en pleine influence cybernétique : « Du point de vue qui est le leur, Legay et ses collègues sont vite amenés à soutenir par la suite les efforts de conception des chercheurs, d'abord en les mettant en contact les uns avec les autres, mais aussi et surtout en promouvant une méthode générale qui s'impose de plus en plus dans ces situations interdisciplinaires par excellence : la modélisation mathématique. [...] chez un biologiste déjà informé de l'approche cybernétique, la réception des formalismes venant de l'écologie ne rencontre pas d'obstacle et vient plutôt apporter une confirmation de la valeur générale de l'analyse systémique. C'est donc lorsque Legay occupe ce poste d'observateur privilégié et en même temps de pourvoyeur de méthodes qu'il se rend compte que les modèles se retrouvent nécessairement, d'une manière ou d'une autre, dans tous les projets interdisciplinaires qui ont été menés à bien jusqu'ici. À partir de cette époque, l'interdisciplinarité va donc

délégués la présence des promoteurs de la modélisation mathématiques (Stoetzel, Lévi-Strauss). Le Centre de recherches mathématiques pour la planification (CERMAP) est créé en 1961 dans le cadre de l'action « Science économique et problèmes de développement ». De son côté, le CNRS, suivant le modèle de la DGRST, lance ses propres « Recherches coopératives sur programme » (RCP) en 1963, qui laisseront à partir de 1971 la place à des « Actions thématiques programmées » (ATP) se voulant à la fois plus utilitaristes que les RCP et plus fondamentalistes que les actions concertées de la DGRST. Un certain accent est mis sur la transversalité des types de phénomènes proposés à l'étude[91]. Quelques projets d'automaticiens proposant des modélisations en physiologie et en économie obtiennent des financements, mais le mot cybernétique n'apparaît pas[92]. Il faudra attendre 1979 pour voir arriver une ATP « Analyse des systèmes » (dirigée par Jacques Lesourne). À noter en outre l'existence, dans la section « Sciences de l'homme », d'une part, de l'objectif « Information », qui regroupe des appels d'offre portant sur l'information économique aussi bien que sur ce qu'on va appeler bientôt les « sciences de l'information et de la communication », et qui reçoit peu de projets et en refuse la plupart – signe d'une expérimentation tâtonnante ? –; et d'autre part, d'appels d'offre portant sur l'analyse sociologique de l'interdisciplinarité ou encore de la prédominance des mathématiques pures sur les mathématiques appliquées, à travers lesquels on peut faire l'hypothèse d'une tentative de réflexivité de l'institution pour mieux connaître les cloisonnements auxquels se heurte sa politique.

être étroitement liée à la pratique des modèles dans l'esprit de Legay. Il va, à partir de ce moment-là, prôner dans toute situation complexe la "méthode des modèles". C'est en ce début des années 1970 que Legay reprend cette expression aux cybernéticiens [...] » (F. Varenne, *Le Destin des formalismes*, *op. cit.*, p. 273-274).

91 Notamment les appels d'offre pour les ATP « Mécanismes d'action des hormones », « Dynamique des populations » et « Physiologie écologique » (1972-1973-1974), qui suggèrent à chaque fois l'étude de processus (régulation, relation à l'environnement) pour des échelles ou des types de population variées (Archives nationales 19860367/20).

92 Ainsi, dans les ATP « Modélisation et identification » et « Commande » en 1974 : « Modélisation du système cardio-vasculaire », par R. Duperdu (Supélec) ; « Application des systèmes flous à la modélisation des phénomènes de prise de décision et d'appréhension des informations visuelles chez l'homme », par P. Vidal (Centre d'automatique de Lille) ; « Modélisation des systèmes multivariables, application aux systèmes économiques », par L. Povy (Centre d'automatique de Villeneuve d'Ascq) ; « Analyse dynamique et commande d'un système économique » par J.-P. Guérin (Laboratoire d'automatique de Grenoble). Objectif Automatique 1974, tableaux 69, 116, et 70, secteur « Électronique, informatique, télécommunications », Archives nationales 19860367/20.

Du côté des ingénieurs, l'ouverture à la recherche peine à advenir : dans les années 1950 se maintient « comme une coupure mentale entre la formation des ingénieurs et l'enseignement de recherche proprement dit[93] » ; d'après Grelon, c'est seulement à partir des années 1960 que la recherche devient une fonction à part entière de l'ingénieur (plus exactement, qu'émerge un profil d'ingénieur pratiquant la recherche), mais les écoles s'adaptent difficilement, au détriment de certaines filières et de la pluridisciplinarité des ingénieurs, qui semble un éternel parent pauvre. L'Automatique ne se structure décisivement en tant que discipline que pendant les années 1960, au dépens de ses passerelles avec certaines formes de recherche (c'est-à-dire en refoulant souvent sa part « cybernétique », comme on le verra au chapitre « Cybernétique et/ou automatique ? »). À l'école Polytechnique, des recherches en biologie et en économétrie sont envisagées[94]. La « botte recherche » lancée en 1959 semble rencontrer un certain succès (quelques dizaines d'élèves chaque année), dans le cadre de réformes de modernisation, incluant significativement l'adoption d'un campus à l'américaine, impulsées par le « visionnaire » Louis Armand (qui, par ailleurs, dirige la SNCF où se crée en 1966 un service de recherche comprenant un département « Cybernétique », *cf.* p. 167-168), entouré notamment de l'économiste Jacques Lesourne, porte-drapeau de la Recherche opérationnelle très influencé par la cybernétique (voir p. 485-487), et de Bertrand Schwartz, jeune directeur de l'école des Mines de Nancy ; mais la réforme des contenus d'enseignement rencontre des résistances substantielles, et doit avancer lentement et en catimini, ne pouvant finalement ouvrir des enseignements optionnels qu'à la faveur des événements de mai 1968[95].

93 A. Grelon, *op. cit.*, p. 235.

94 Plus précisément en « chimiothérapie du cancer ; vitamines, hormones ; économétrie » (réponse du CASDN au CSRSPT concernant l'école polytechnique dans le cadre de l'enquête pour la préparation du IIIe Plan, novembre 1956, Archives nationales 19920547/1).

95 À l'X, « ...la scolarité était la même pour tout le monde, depuis 1794, ce qui garantissait l'impartialité formelle du "concours de sortie" pour le choix des carrières. Or, devant l'impossibilité de plus en plus évidente d'un enseignement supérieur encyclopédique, les autres grandes écoles affichaient maintenant des "matières à option" dans leur programme. Armand, de tempérament plus encyclopédiste que personne, et ravi de promener ses interlocuteurs de la biologie à l'astrophysique et aux futures conquêtes de l'informatique, brûlait d'offrir à l'appétit des élèves un menu varié et, ce faisant, de leur donner le goût de la recherche et du savoir qu'émoussait un enseignement trop uniforme, trop abondant, trop indigeste. Il était urgent pour lui d'ouvrir à l'X des "options". [...] Mais il lui fallait avancer prudemment pour ne pas heurter de front une tradition bien ancrée [...] » (E. Grison, « Le calme précurseur », *Bulletin de la Sabix* n° 46, 2010, en ligne).

L'école des Mines de Nancy[96], plus favorisée de ce point de vue, voit souffler un vent d'ouverture encourageant les ingénieurs à faire de la recherche et à suivre des enseignements optionnels éventuellement exotiques : le jeune Alain Berthoz suivra ainsi une licence de Psychologie, ce qui ne sera pas sans retentir sur la suite de sa carrière d'une façon significative pour ce qui nous concerne présentement (voir p. 349-364).

L'armée, sitôt ses moyens retrouvés, est assez consciente de l'importance de reprendre le train de la recherche et ne plus le quitter – l'actualité géopolitique y incite, d'ailleurs. Sont ainsi créés le Commissariat à l'énergie atomique (CEA) en 1945, l'Office national d'études et de recherches aérospatiales (ONERA) en 1946, le Comité d'action scientifique de la Défense nationale (CASDN) en 1948, chargé de la coordination des recherches militaires. Les passerelles sont multiples dans le périmètre qui nous intéresse : ainsi, le général Bergeron qui dirige le CASDN est aussi celui de la commission « Électronique et cybernétique » du CSRSPT ; plusieurs officiers interviennent au séminaire de Louis de Broglie de 1951 consacré au traitement du signal (sous le titre « Cybernétique »), dont Pierre Aigrain, qui sera l'un des premiers douze sages de la DGRST ; la Recherche opérationnelle voit se croiser les profils académiques et les profils militaires[97] ; le CEA ouvre des laboratoires de physiologie et de biochimie à Grenoble en 1959[98] ; un rôle important est joué par des ingénieurs de l'Air dans l'émergence institutionnelle de l'Automatique ; l'ingénieur général Paul Idatte donne un cours de « cybernétique » aux élèves ingénieurs de l'INSA de Lyon[99] ; parmi les

---

96 F. Birck, *L'École des Mines de Nancy (ENSMN) 1919-2012. Entre université, grand corps d'État et industrie*, Nancy : Presses universitaires de Nancy / Éditions universitaires de Lorraine, 2013.

97 Par exemple, le statisticien normalien Jean-Paul Benzécri collabore avec le groupe de RO de la Marine, tandis que réciproquement l'officier René Moreau circule entre diverses sphères : traduction automatique (domaine investi par l'armée), linguistique, cryptographie, mais on pouvait aussi le croiser au séminaire organisé en 1943 par la Société toulousaine de philosophie sur le raisonnement par analogie.

98 L'histoire des sciences du vivant au CEA a fait l'objet d'un ouvrage (P. Griset, J.-F. Picard, *L'Atome et le vivant*, Paris : Cherche-Midi, 2015). Il y a aussi de la modélisation biologique au CEA, en particulier autour du biochimiste Pierre Delattre, qui jouera un rôle important aux origines de la Société française de biologie théorique avec le mathématicien René Thom, et plus généralement pour promouvoir la modélisation, au travers de sa collection « Recherches interdisciplinaires » aux éditions Maloine, de colloques, ou encore de l'ATP « Analyse des systèmes » de Lesourne.

99 P. Idatte, *Clefs pour la cybernétique*, Paris : Seghers, 1969.

besoins qu'elle identifie pour développer ses recherches, la Direction des études et fabrication d'armements inclut une rubrique « Mathématiques et cybernétique[100] » ; un petit groupe de polytechniciens ingénieurs de l'armement forme un Cercle d'études cybernétiques (voir chapitre suivant) ; on peut encore mentionner l'exemple de Jacques Sauvan, médecin constructeur de machines adaptatives, qui travaillera tardivement pour des projets militaires (voir p. 177-188), etc. Des commentateurs font état des efforts réels, mais parfois laborieux et limités, de (re)connexion de l'armée avec la recherche scientifique. Pour la décennie 1950, Jacq estime que l'armée « reste à l'écart des orientations réformistes[101] » faute de pouvoir mettre en œuvre une alternative au rôle central des services techniques, alors même que ces derniers sont conscients de leur incapacité croissante à moderniser l'armement sur des bases nécessitant une scientificité incontournable (notamment avec l'électronique). Pour les années 1960, Guthleben souligne la tiédeur des collaborations avec le CNRS[102]. Le changement de régime dans les relations entre l'armée et la recherche académique survient bien davantage avec la création de la Délégation ministérielle pour l'armement (DMA, 1961, qui succède au CASDN) et la Direction des recherches et moyens d'essais (DRME, 1961), qui nous intéresse plus particulièrement. Cet équivalent militaire de la DGRST procède de la même démarche et de la même logique de financement par projets. Son premier directeur scientifique jusqu'en 1965 n'est d'ailleurs autre qu'Aigrain, et les deux entités, dotées très similairement, se répartissent les domaines de recherche, collaborant parfois[103]. À côté de projets purement techniques portant sur le développement de systèmes modernes (asservissements, intelligence artificielle), la section « Biologie » de la DRME finance une part

100 Réponse de la DEFA à l'enquête du CSRSPT pour le IIIe Plan, p. 2, Archives nationales 19920547/1.

101 F. Jacq, *Pratiques scientifiques, formes d'organisation et représentations politiques de la science dans la France de l'après-guerre*, thèse, École nationale supérieure des Mines de Paris, 1996, p. 559.

102 « Chemin faisant, on découvre ainsi que les années 1960 ont également été marquées par un rapprochement, dans certains domaines bien ciblés – la traduction automatique ou l'espace –, du CNRS et de l'armée. Pour autant, il convient de ne pas généraliser : les archives de l'époque dévoilent les nombreuses réticences, qui, de part et d'autre, freinent de telles coopérations, y compris lorsqu'elles ne sont que ponctuelles » (D. Guthleben, *op. cit.*, p. 234).

103 G. Menahem, *La Science et le militaire*, Paris : Seuil, 1976, p. 128.

notable de recherches portant sur des régulations physiologiques – le gotha de la neurophysiologie française travaille ainsi sur des contrats militaires –, ainsi que les recherches sur la modélisation du pilotage qui vont constituer une authentique *trading zone* cybernétique autour de l'automaticien Jacques Richalet (*cf.* p. 188-200). Un organigramme de 1966 comporte une catégorie « cybernétique » en sous-rubrique du thème « couplage homme-machine[104] ». La DRME (qui deviendra la Direction des recherches et études techniques en 1977) semble plus généralement marquer une certaine normalisation des relations entre mondes militaire et académique, non sans une certaine prise de contrôle, pleinement voulue et explicite, du second[105]. La DRME met également en place un travail de veille et de prospective sur les domaines porteurs[106].

Ce bref tour d'horizon des initiatives politiques de décloisonnement institutionnel après la guerre laisse apercevoir d'une part leur multiplication parmi et entre différents milieux (scientifiques, techniques, militaires), et d'autre part que ces initiatives promeuvent et accueillent ce qui nous intéresse (l'interdisciplinarité, les méthodes de modélisation, les nouvelles technologies), et la cybernétique y est clairement identifiée parmi les domaines à soutenir. On aperçoit aussi la persistance des vieilles habitudes. Divers bilans donnent des indications globales sur la dynamique de décloisonnement et l'effet des réformes.

Les rapports de conjoncture du CNRS pour les années 1959 à 1963 font état de carences significatives. Dans le rapport 1961-1962, la Section 1 « Mathématiques pures » tient en ces quelques lignes :

> La Commission de Mathématiques pures confirme, dans l'ensemble, les termes du précédent rapport. En ce qui concerne les problèmes d'automatique, elle constate que nous n'avons pas en France assez de mathématiciens compétents disponibles, désireux de se consacrer à de recherches dans le domaine de l'automatique théorique. Dès lors, il est désirable de susciter des vocations, en envoyant des jeunes chercheurs de valeur dans les centres spécialisés étrangers

104 « Les Contrats de recherche de la DRME », *Le Progrès scientifique* n° 97, 1966, p. 47.

105 La DRME « est donc en mesure de jouer, par elle-même ainsi qu'en collaboration avec la DGRST, un rôle considérable dans la réorientation de la science et de la technique française » (R. Gilpin, *La Science et l'État en France*, Paris : Gallimard, 1970, p. 225).

106 « ... l'éventail s'étend de la polémologie ou science des conflits à la bionique, en passant par la stratégie, les sciences économiques, la sociologie, la biologie, la chimie, l'informatique, la cybernétique, la logique, sans oublier, évidemment, toutes les branches de la physique appliquée » (H. de L'Estoile, « La prospective et les armées », *L'Armée*, n° 65, 1967, p. 6).

> et en invitant des spécialistes éminents étrangers auxquels seraient accordés des bourses de direction de recherches.
>
> Il semble à la Commission actuellement prématuré d'envisager la création d'un Institut d'Automatique avant d'avoir l'assurance qu'il pourra être doté du personnel scientifique compétent[107].

Le rapport de l'année suivante enfonce le clou :

> [La Commission] insiste de nouveau pour que les disciplines telles que : logique et technologie des machines, langage des programmations (dont les progrès sont essentiels au développement du calcul électronique) soient d'abord l'objet de mesures prioritaires d'urgence. L'emploi des machines doit, certes, être généralisé ; c'est une question d'équipement et de formation de personnel. Mais la technologie des machines et les conditions de leur emploi peuvent être, sans doute, améliorés grâce à l'organisation de recherches actives sur les sujets précités. [...]
>
> La Commission a porté cette année une attention particulière à l'Automatique ; cette discipline est restée, jusqu'ici, parente pauvre de la famille des Mathématiques appliquées, en dépit de son importance déjà soulignée dans R.C. 60 et R.C. 61 ; on se souviendra que le retard de la France en ce domaine s'aggrave[108].

Voici la représentation qui paraît dominer ces verdicts : l'automatique et la « logique des machines » sont un domaine de recherche, ou du moins méritant « l'organisation de recherches actives » avec des « mathématiciens compétents » ; ce domaine dépend des « mathématiques appliquées ». Le problème est identifié comme un problème de disponibilité de chercheurs, donc le système de formation et les échanges avec l'étranger ne sont pas en adéquation. L'idée de valeur heuristique des machines semble en outre présente, bien que restreinte à l'exercice des mathématiques (et donc sans contact requis avec l'univers des ingénieurs et l'analyse des fonctions des objets techniques précédant la formalisation des systèmes).

Interrogeons maintenant ces rapports sur le deuxième volet qui nous intéresse, celui de la circulation des modèles ; les représentants des domaines susceptibles d'être concernés par la cybernétique parlent-ils de modélisation, et de quelle façon ? Sur ce point, le contraste est net entre, d'un côté, les sciences biologiques, et de l'autre les sciences sociales. Chez les premières (pour les sections « Physiologie » et « Biologie

107 Rapport de conjoncture du CNRS, 1961-1962, p. 9.
108 Rapport de conjoncture du CNRS, 1962-1963, p. 28.

Cellulaire »), il n'est tout simplement pas question de modélisation (ni même d'outils statistiques). L'idée de collaboration interdisciplinaire semble acquise, mais au sein des spécialités expérimentales seulement ; le mathématicien ou l'ingénieur ne sont pas invités. Du côté des sciences sociales, les deux domaines les plus propices à la formalisation évoquent la question. La section s'occupant de la linguistique, « science pilote », reste certes bien vague :

> On envisagera ultérieurement la création de laboratoires de phonétique rénovés, où pourraient s'associer les représentants de plusieurs disciplines : linguistes, acousticiens, psychologues, neurologues, etc. Des contacts seraient également fructueux entre les jeunes phonéticiens et les physiciens et ingénieurs de nos laboratoires de télécommunications[109].

En revanche, dans le rapport de l'année 1959 qui est un peu plus développé, la section « Études économiques et financières » précise certaines attentes, dessinant ainsi un périmètre susceptible d'accueillir la cybernétique, après avoir rappelé le peu de réalisme des hypothèses de concurrence pure et parfaite et d'information complète :

> Or, certains outils mathématiques, telles que la théorie des processus aléatoires et la théorie de l'information, paraissent de nature à permettre la mise sur pied de modèles moins irréalistes. Il semble qu'il y ait là une direction de recherches, encore peu explorée en France, qui serait susceptible de mener à des résultats intéressants.
>
> Dans un domaine voisin, des efforts de recherche fondamentale pourraient être entrepris sur les conditions dans lesquelles un organisme économique peut être conduit à une structure centralisée ou décentralisée, ces conditions dépendant naturellement du degré d'information que possèdent les différents échelons sur le monde extérieur, et des coûts de transmission interne de cette information.
>
> Non sans lien avec les recherches précédemment définies pourraient se poursuivre des travaux qui auraient pour objet de décrire, à l'aide d'instruments mathématiques appropriés (tels que par exemple la théorie des graphes), les relations par lesquelles se caractérise une économie donnée du point de vue des influences qui s'exercent sur les décisions (participations mutuelles, interactions des intérêts, etc.)[110].

Au paragraphe suivant, la commission suggère des

109 Rapport de conjoncture du CNRS, 1960, p. 287.
110 Rapport de conjoncture du CNRS, 1959, p. 252-253.

> Études de notions sur une série de concepts dont l'élaboration théorique ne se fait que difficilement. Exemple : recherches sur le contenu de notions telles Structure, Système, et sur les diverses quantités globales. Il s'agirait, non point de récrire un « Dictionnaire des sciences économiques », mais de concentrer les efforts sur certains concepts de base[111].

Une note de bas de page prend soin de remarquer que

> Sur ce dernier sujet, comme sans doute sur quelques autres, la collaboration entre spécialistes de diverses disciplines serait hautement profitable. Au point même qu'un des membres de la commission estime que le « couplage » des disciplines devrait être la condition du financement par le CNRS[112].

Il n'y a pas de précision sur l'organisation idéale d'un tel « couplage », et notamment sur le recours à des mathématiciens ou des ingénieurs compétents sur les outils évoqués. Le problème, on s'en doute, sera le cas échéant de les trouver, puisqu'ils devraient correspondre peu ou prou à la pénurie mentionnée par la Commission de mathématiques pures…

Tournons-nous vers les grandes initiatives de politique scientifique successives : leur bilan est en demi-teinte. Le CSRSPT manque de moyens, de marge de manœuvre, et semble impuissant face à la question des collaborations interdisciplinaires qu'il identifie pourtant :

> … la complication croissante des processus d'enchevêtrement entre disciplines était déjà perçue. Elle conduisait à la polyvalence des moyens à rassembler dans un projet. Si on insistait sur l'importance de l'ouverture des équipes de chercheurs entre elles, on ne s'orientait cependant pas vraiment vers l'interdisciplinarité. […] On semblait encore loin de promouvoir les nouvelles branches scientifiques nées de l'enchevêtrement des unes avec les autres, comme par exemple la biologie moléculaire, quelques années plus tard[113].

Les archives du CSRSPT mettent en évidence une prépondérance substantielle de problèmes urgents centrés autour de diverses carences (locaux, équipements, effectifs en chercheurs et ingénieurs), et d'une préoccupation de décloisonnement qui concerne au premier chef l'articulation entre science et industrie, et l'évitement de recherches faisant double emploi entre instituts qui s'ignorent et gâchant de la sorte des ressources

111 *ibid.*, p. 253.

112 *ibid.*, p. 253.

113 J.-D. Dardel, « Le Conseil supérieur de la recherche scientifique et du progrès technique vu de l'intérieur », in A. Chatriot et V. Duclert (dir.), *op. cit.*, p. 209.

humaines et budgétaires rares et précieuses. La DGRST se voit comme un relais du CSRSPT enfin pourvu des moyens nécessaires, et reprenant les choses où son prédécesseur les a laissées : les urgences logistiques atténuées, la voie serait enfin libre pour faire advenir l'interdisciplinarité, celle-ci obtiendrait enfin son tour dans l'ordre des priorités[114]. Mais la philosophie des actions concertées semble rester souvent dans une logique de domaines, avec l'accent mis sur le développement de disciplines (ex. : biologie moléculaire), et une interdisciplinarité surtout de contiguïté, de voisinage (ex. : neurophysiologie et pharmacologie) ; il y a une action concertée « biologie moléculaire », une action concertée « fonctions et maladies du cerveau », une action concertée « automatisation », mais pas de passerelles entre cette dernière (axée désormais uniquement sur les applications industrielles) et les précédentes (préoccupées surtout par leur consolidation) ; plus généralement, le développement de la modélisation n'est pas identifié dans les rapports d'activité de la DGRST comme un thème stratégique à part entière (à l'exception de la création du CERMAP). L'interdisciplinarité vire en mot d'ordre parfois dénué de contenu[115]. Un cas intéressant, qui reste à approfondir, est celui du projet de « fondation inter-disciplines[116] », lancé vers 1959 : diagnostiquant qu'il ne suffit pas « d'accroître les moyens matériels mis à la disposition des organismes de recherche existants », et qu'en dépit d'un exode scientifique français

114 « La réalisation du plan de modernisation et d'équipement 1958-1961 [...] a développé l'infrastructure [des] organismes [de recherche]. [...] Grâce à l'appareil existant, un effort supplémentaire est possible dans certains domaines reconnus d'intérêt national qui ne sauraient être explorées par une seule discipline ou un seul organisme. » (M. Debré, W. Baumgartner et V. Giscard d'Estaing, « Projet de loi de programme relative à des actions complémentaires coordonnées de recherche scientifique ou technique », annexe au procès-verbal de la séance du 22 juillet 1960, Assemblée nationale, Paris : Imprimerie nationale, p. 7) ; voir aussi A. Maréchal, « Pourquoi les actions concertées », in Délégation générale à la recherche scientifique et technique, *Les Actions concertées. Rapport d'activité 1961*, Paris : La Documentation française, 1962, p. 5-8.

115 « L'expérience [du projet "Plozévet"] aura révélé, une fois de plus, le poids du modèle hiérarchique dans l'organisation du système universitaire français comme dans celle du CNRS. L'un des objectifs de la DGRST, en contournant le fonctionnement du CNRS par ses moyens propres, était justement d'arracher la recherche à ces pesanteurs. Mais la force d'inertie des institutions et le style même du pouvoir qui inspirait cette innovation, un gaullisme étatiste et hiérarchique, interdisaient de mettre en question ce modèle qui s'est révélé, dans cette action, le principal obstacle au développement d'une pratique et surtout d'une réflexion interdisciplinaires » (A. Burguière, « Plozévet, une mystique de l'interdisciplinarité », *op. cit.*, p. 250).

116 Dossier « Fondation interdisciplinaire », fonds Auger 29-92.

faible, « On n'en constate pas moins une tendance à chercher outre-atlantique non seulement une tribune, mais aussi des programmes de recherche », la DGRST envisage, à titre d'« expérience pilote sur une échelle modeste », la création d'une fondation matérialisée sous forme d'un institut destiné à accueillir des chercheurs étrangers, organiser des conférences régulières (sur le modèle des *Gordon conferences*), et constituer un centre de recherche interdisciplinaire et inter-organismes (sans doute sur le modèle des hôtels à projet actuels). Bien que la composition des groupes de travail de la commission chargée de définir le projet reflète encore un découpage en domaines, on y trouve énoncée l'opportunité de collaborations orientées vers la modélisation mathématique (probablement suggérée par les physiologistes dans le cas de la biomathématique). Reste à trouver ce qu'il est advenu de ce projet (prévu pour Aix-en-Provence), mais l'on peut déjà remarquer que cinq années semblent long pour sa seule définition, et que la diversité des parties prenantes (INSERM, géophysique…) constitue un risque pour sa lisibilité.

Ailleurs, le découpage en grands domaines paraît dominer les RCP du CNRS, les ATP dans une moindre mesure. À la DRME, les projets de modélisation de systèmes et de biologie semblent coexister et n'être couplés que de façon anecdotique. La cybernétique est parfois présente dans les catégories des politiques de la recherche, mais bien peu semble fait pour lui donner forme et substance, en dépit des souhaits formulés dans les rapports de conjoncture du CNRS et ailleurs. La normalisation de la modélisation n'advient pas avant les années 1970 ; le fossé entre ingénieurs et scientifiques est long à se résorber lui aussi.

Il peut être intéressant de joindre au tableau un jugement extérieur sur l'Hexagone, en comparant les rapports Arbib et Swanson. Tous deux sont des comptes-rendus de l'état de l'art de la cybernétique en Europe et en URSS. On a donc la possibilité de croiser un point de vue scientifique et un point de vue administratif, à seulement une ou deux années d'intervalle (1964 et 1966). La brièveté de ces rapports est à la fois un avantage et un inconvénient : avantage car certains points significatifs sont immédiatement saillants, et inconvénient pour la même raison, car le manque de développements et de détails ne permet pas vraiment de comprendre ce que ces points significatifs, précisément, signifient[117]. Le

117 Le contexte dans lequel ces rapports ont été initiés reste à préciser. Ils émanent du Bureau de la recherche scientifique de l'US Air Force (AFOSR). À quelles questions étaient-ils

lecteur a de quoi être surpris par un certain contraste, entre ce qu'écrit, d'une part, Michael Arbib :

> En France, quasiment personne ne fait de recherche en cybernétique. Ceux qui le font, en principe, conçoivent des automatismes pour l'armée. La raison en est que le système français d'enseignement (élaboré voici 150 ans par Napoléon pour former de bons ingénieurs pour son armée) est structuré selon une hiérarchie rigide qui place les mathématiques au-dessus des sciences, elles-mêmes au-dessus de la médecine, de sorte que seuls 1 % des diplômés de médecine sont capables de raisonnements mathématiques[118].

Et d'autre part, le tableau brossé par Rowena Swanson, qui semble assez différent :

> En France, l'état des recherches en cybernétique est comparable à celui des États-Unis et du Royaume-Uni, peut-être pas quantitativement, mais au moins en nature, avec l'exception que le mot « cybernétique » est utilisé plus fréquemment. Des problèmes de financement existent, moins accentués qu'en Italie [...]. Au contraire des chercheurs italiens qui expérimentent prudemment le travail en commun, la collaboration entre groupes dans différentes universités semble être un mode de vie en France[119].

---

supposés répondre ? Il y a une part d'implicite qui limite l'interprétation. Michael Arbib vient de soutenir sa thèse de mathématiques pures au MIT en 1963. Rowena Swanson était co-responsable du *Directorate of Information Sciences* de l'AFOSR dans les années soixante. Elle et son collègue choisissaient des projets à financer, et ont été parmi les derniers à subventionner les cybernéticiens de première génération, comme McCulloch, Pask et von Foerster, avant d'être limogés fin 1969 pour des raisons inconnues. Des témoignages (favorables) évoquent le fait qu'ils étaient les seuls civils dans cette agence de l'Air Force et qu'ils finançaient des projets éloignés de retombées militaires (A. Müller, « The end of the Biological Computer Laboratory », in A. Müller & K. Müller (dir.), *An Unfinished Revolution ? Heinz von Foerster and the Biological Computer Laboratory, 1958 –1976*, Vienne : Echoraum, 2007, p. 303-321 ; E. von Glasersfeld, « Why I Consider Myself a Cybernetician », *Cybernetics and Human Knowing*, vol. 1, n° 1, 1992, p. 21-25 ; « Silvio Ceccato and the Correlational Grammar », in W. J. Hutchins (dir.), *Early Years in Machine Translation*, Amsterdam/Philadelphie : John Benjamins Publishing Co., 2001, p. 313–324). Ils ont rendu possibles des travaux décisifs de Minsky, Licklider, ou encore Englebart.

118 M. Arbib, « Notes on a Partial Survey of Cybernetics in Europe and the U.S.S.R. », Final Report, Directorate of Information Sciences, Air Force office of Scientific Research, Contract AF49(638)-1446, 1965, p. 32. La mise en page du rapport d'Arbib est ambiguë et ne permet pas de savoir si ce jugement est celui d'Arbib lui-même, ou bien si celui-ci ne fait que restituer les dires de son interlocuteur (le neurophysiologiste Robert Naquet).

119 R. Swanson, « Cybernetics in Europe and the U.S.S.R. Activities, plans and impressions », Directorate of Information Sciences, Air Force office of Scientific Research, Contract AFOSR 66-0579, 1966, p. 6. On ne sait pas si elle parle de collaborations intra- et/ou inter-universités.

Swanson évoque ensuite le système de financement du CNRS et d'autres instituts (INSERM, Institut Pasteur) « à la lumière des récentes critiques de [Jacques] Monod sur le climat de la recherche en France », en soulignant le rôle de coordination de la DGRST autour des « actions concertées ». Elle remarque toutefois que

> En dépit du soutien financier du CNRS aux recherches de cybernétique, la collaboration au sein des projets résulte majoritairement d'efforts individuels plutôt que d'une assistance administrative concertée[120].

Swanson, qui ne précise pas à quels financements du CNRS elle fait allusion, finit par une note qui se rapproche en fait de l'analyse d'Arbib :

> Par rapport à l'Angleterre et à l'Allemagne, il semble y avoir en France moins d'échanges entre mathématiciens et physiciens, d'une part, et biologistes d'autre part, malgré l'abondance de théories et de données produites de part et d'autre. Aucune initiative notable pour accroître l'interdisciplinarité n'a été relevée[121].

Cependant, on ne peut qu'être frappé par la différence entre les deux rapports : Swanson cite très peu Arbib, et, surtout, elle ne mentionne aucun des chercheurs qu'Arbib a rencontrés ! Chacun semble avoir son réseau, sans que l'on sache par quel biais – dans tous les sens du terme – il l'a sélectionné. Aucun n'explicite ses critères de sélection et sa méthodologie. Tous deux sont acquis à la cybernétique (dont ils connaissent personnellement les grands représentants), mais le rapport Arbib est tout de même plus objectif, dans le sens où il s'agit davantage d'un inventaire concis de l'état des recherches ; le rapport Swanson est plus « lyrique », ce qui ne peut qu'inciter à prendre avec des pincettes sa représentation de la collaboration scientifique en France comme « *way of life* ».

Pour autant que tous les rapports passés en revue soient représentatifs, il paraît possible de conclure que la guerre n'a pas provoqué en France un tournant brusque et massif dans les domaines qui concernent la cybernétique. Il y a bien un vent de réforme, mais celui-ci rencontre des obstacles substantiels. Les initiatives de politique scientifique, qui s'accélèrent avec les années 1960, indiquent que le champ scientifique et

120 *ibid.*, p. 6.
121 *ibid.*, p. 8.

technique français ne produit pas de lui-même les passerelles interdisciplinaires dont il reconnaît par ailleurs la carence, et que des correctifs sont nécessaires pour les soutenir. Mais ces initiatives ne produisent des effets que lentement et partiellement. Les tentatives récurrentes de rupture semblent sans cesse rappelées à l'inertie de l'existant que l'on ne souhaite pas trop malmener. La guerre ne fait donc pas table rase des vieilles habitudes, il faut plutôt envisager des vagues successives, coïncidant avec les changements politiques. Ce modèle itératif devrait bien sûr être affiné sous les angles du renouvellement démographique et de la professionnalisation[122].

POLARISATIONS IDÉOLOGIQUES : ORGUEIL NATIONAL, GUERRE FROIDE ET RELIGION

Essayons maintenant d'esquisser un bref aperçu global d'enjeux que l'on qualifiera d'« idéologiques », c'est-à-dire, dans le sens le plus général, parmi les facteurs susceptibles d'orienter ou de peser sur l'évaluation ou l'attitude de scientifiques à l'égard d'une théorie, d'un concept ou

---

122 Des commentateurs s'accordent pour considérer que la guerre a marqué un tournant dans la professionnalisation des scientifiques, par rapport à la figure préexistante du savant (par exemple : F. Jacq, « Le laboratoire au cœur de la reconstruction des sciences en France 1945-1965. Formes d'organisation et conceptions de la science », *Cahiers du Centre de recherches historiques*, nº 36, 2005, p. 86 ; N. Chevassus-au-Louis, *op. cit.*, p. 268 : « En définitive, si l'Occupation a dû, malgré des continuités manifestes, marquer une rupture dans l'histoire de la vie scientifique française, c'est peut-être parce qu'elle révèle le déplacement du scientifique d'un rôle d'intellectuel vers un rôle de "spécialiste", aujourd'hui très majoritaire »). En revanche, du côté du remplacement générationnel, la dynamique d'ensemble reste à préciser, entre deux images opposées : d'une part celle de l'arrivée d'une « nouvelle génération, de trente ans plus jeune, [...] née autour de 1900 et qui prit le contrôle de tous les postes-clés à la Libération » avec une volonté de rupture (D. Pestre & F. Jacq, « Une recomposition de la recherche académique et industrielle en France dans l'après-guerre, 1945-1970. Nouvelles pratiques, formes d'organisation et conceptions politiques », *Sociologie du travail*, vol. 38, nº 1, 1996, p. 267) ; et d'autre part, l'image d'une sclérose qui s'est emparée du CNRS : le rapport Chalendar (1962) dénonce une moyenne d'âge trop élevée au sein de sections disciplinaires trop perméables aux logiques mandarinales importées par les universitaires, mais aussi les académiciens, qui dirigent 19 des 32 sections. « Résultat : plusieurs présidents sont octogénaires, certains sont nonagénaires » (D. Guthleben, *op. cit.*, p. 241).

d'un instrument, d'identifier ceux qui relèvent de valeurs extérieures à la science elle-même, et que l'on peut associer à des choix politiques, religieux, nationaux, etc., bref, tout ce qui touche au fait que les scientifiques sont eux aussi des hommes dans la cité. On ne fera ici qu'énumérer des pistes d'influences possibles.

Premièrement, on peut s'interroger sur l'existence d'une certaine forme de nationalisme intellectuel. La France, comme rarement au cours de son histoire, souffre d'une grave blessure narcissique à la Libération : humiliée à l'extérieur, divisée à l'intérieur, elle mesure avec une conscience nouvelle, forcée et amère sa petitesse dans le monde d'après Yalta. Il n'y a pas qu'une guerre à rattraper, il y a une identité à reconstruire et réhabiliter. Celle-ci ne risque-t-elle pas d'être diluée dans la perfusion du plan Marshall ? Les Américains sont partiellement conscients de la situation : « *France will inevitably be specially nationalistic in emphasis over the first few post-war years* », écrit ainsi Warren Weaver[123] (qui a joué un rôle important dans le financement des recherches de Wiener, la diffusion de la théorie de l'information avec Shannon, et comme conseiller de la fondation Rockefeller). Les sentiments français à l'égard du Nouveau continent sont plus ambivalents que jamais, entre inspiration admirative et résistance[124]. Comme le chewing-gum ou le Coca-Cola, la cybernétique vient d'Amérique, pays des temps modernes ; ce halo[125] n'est pas dissipé

---

123 Cité par D. Zallen, *op. cit.*, p. 25.

124 « La France se faisait remarquer – au moins parmi les nations de l'Europe de l'Ouest – pour la vigueur de son anti-américanisme. Si, pendant les années 50, les Français ne participèrent qu'à certains aspects des manifestations les plus agressives de cet anti-américanisme, une part importante de l'élite intellectuelle et politique et au moins un groupe socio-politique, en l'occurrence ceux qui soutenaient le Parti communiste, invitait à résister à tout ce que représentait l'Amérique, y compris la société de consommation. Au cours des années 60, le Président De Gaulle mena une offensive diplomatique qui mérite le nom d'"anti-américaine" et encouragea une seconde vague d'hostilité qui comportait des manifestations de chauvinisme culturel » (R. Kuisel, « L'américanisation de la France (1945-1970) », *Cahiers du Centre de Recherches Historiques* n° 5, 1990, en ligne). « La France qui pleure sa grandeur perdue est jalouse de l'Amérique. Elle lui voue reconnaissance et rancune de l'avoir libérée. Elle aspire à la même opulence mais rejette sa forme de société. Elle adore ses films, mais ne s'y reconnaît point. Elle s'empêtre dans des relations de haine et d'amour, qui, cinquante ans plus tard, subsistent encore » (J. Lesourne, *Un Homme de notre siècle*, *op. cit.*, p. 169). Voir aussi : O. Dard et H.-J. Lüsebrink (dir.), *Américanisations et anti-américanismes comparés*, Lille : Presses universitaires du Septentrion, 2008.

125 Au sens de G. Simondon, l'effet de « halo » désigne notamment les associations véhiculées par les stéréotypes nationaux fondés sur un élément paradigmatique : par exemple, tout ce qui est suisse pourra bénéficier d'un préjugé favorable en termes de précision et de

par les critiques virulentes de Wiener à l'égard des valeurs américaines. La technologie est alors précisément le point d'exacerbation d'un souci de restauration de la souveraineté nationale, puisqu'elle est identifiée comme la cause de la Défaite, autant que de la Libération… mais de la libération par les Alliés. Elle est un symbole ambigu : d'un côté, celui d'une liberté et d'une indépendance à reconquérir pour redevenir maître de son destin[126] ; de l'autre, celui d'une perte irréversible de la culture française dans l'ultra-modernisme[127]. Le lien intrinsèque de la cybernétique aux technologies dernier cri ne peut passer inaperçu. Même chez ceux qui en font la promotion, on trouvera souvent des références à Descartes ou à Claude Bernard qui ne semblent pas toujours indispensables pour expliquer ce qu'est la cybernétique ; de même, la référence à Ampère (inventeur du mot « cybernétique », pour désigner dans sa classification des sciences une science future du gouvernement des hommes) revient avec une systématicité presque agaçante au regard de son lien très anecdotique avec la cybernétique de Wiener.

Un exemple de ce désir de retrouver une souveraineté nationale, au moins – et en fait surtout – symbolique, en matière scientifique et technique réside dans la façon dont le projet malheureux de machine à calculer de Couffignal fait l'objet d'une certaine instrumentalisation patriotique, comme dans cet éloge de Couffignal par le recteur de Lyon, André Allix :

> Il existe une admirable photographie qui représente d'un côté un Français et en face un Américain. L'Américain, c'est Aiken [l'inventeur du Mark I d'IBM, le premier ordinateur au sens moderne du terme]. Le Français, c'est M. Couffignal. Or l'expression des deux visages suffit à expliquer le

ponctualité, en raison du leadership traditionnel de ce pays dans l'industrie chronométrique ; idem pour la robustesse des voitures allemandes, etc. (G. Simondon, « L'effet de halo en matière technique : vers une stratégie de la publicité », in *Sur la technique*, Paris : Presses universitaires de France, 2014, p. 279-293).

126 « Il n'y a aucun doute, pour la reconstruction de la France, la science jouera un rôle considérable, ainsi que pour son indépendance. Un pays qui ne crée pas, qui n'apporte pas à l'extérieur des idées, est certainement une colonie. Actuellement c'est la science qui gagne la guerre, il n'y a pas de doute ; mais il faudra que la science qui gagne la guerre actuellement s'y maintienne. » Ces mots ne sont pas de De Gaulle, mais de F. Joliot-Curie, en 1944 (D. Guthleben, *op. cit.*, p. 94).

127 « Un monde gagné pour la Technique est perdu pour la Liberté » (G. Bernanos, *La France contre les robots*, Paris : Robert Laffont, 1947, p. 26). Dans ce pamphlet, Bernanos s'élève contre les valeurs déshumanisantes portées par le machinisme des superpuissances.

> commentaire qui fut fait de cette photographie : dialogue entre l'Europe et l'Amérique, « entre l'esprit de finesse et l'esprit de géométrie ». Vous êtes très beau sur cette photographie, M. Couffignal, et l'esprit de finesse se voit sur votre visage. Tandis que les Américains agissent et ont toujours agi en techniciens – je ne leur en fait point reproche, certes, sur ce point ils sont maîtres – vous leur avez montré, et même chez eux, qu'il fallait raisonner en cartésiens : c'est-à-dire commencer par résoudre les problèmes d'organisation du travail, qui ne sont pas des problèmes mécaniques, mais des problèmes intellectuels. Et c'est ainsi qu'on obtient la solution dite élégante. Le terme ne dénote pas, nous le savons bien, un simple souci d'esthétique, mais l'esprit caractéristique du mathématicien : recherche du moindre effort permettant d'obtenir un résultat donné, et le plus vite possible. Or, il se trouve que c'est la machine française inspirée de ce principe, la vôtre, qui est de beaucoup la plus rapide[128].

Ce que le monde nous doit. Inventions et découvertes françaises[129], est le titre éloquent d'un ouvrage également représentatif de ce climat. En invoquant les Grands anciens, on essaye de relativiser la portée d'un retard devenu la hantise des modernisateurs[130] ; ce changement d'échelle symbolique dans le discours sert aussi, vis-à-vis de l'extérieur du champ scientifique et technique, à restaurer ou conserver la confiance de la société dans ses forces vives (ce qui inclut les sources de financement, nationales ou étrangères), ainsi qu'à limiter, vis-à-vis cette fois de l'intérieur du champ, le cercle vicieux d'un *brain drain* excessif[131]. Mais le chauvinisme ambiant s'est aussi avéré un facteur de fermeture, par exemple dans la politique d'échange avec l'étranger[132].

---

128 A. Allix, « Présentation de M. Louis Couffignal par M. le Recteur André Allix », *Technica* n° 173, 1954, p. 3. La photographie en question se trouve dans l'ouvrage de P. de Latil, *Introduction à la cybernétique*, *op. cit.*

129 R. Le Gentil, *Ce que le monde nous doit. Inventions et découvertes françaises*, Paris : Ventadour, 1957.

130 J. Bouchard, *Comment le retard vient aux Français. Analyse d'un discours sur la recherche, l'innovation et la compétitivité 1940-1970*, Villeneuve d'Ascq : Presses Universitaires du Septentrion, 2008.

131 Pourtant bien moins important en France qu'en Allemagne et au Royaume-Uni (« L'émigration des scientifiques et des ingénieurs vers les États-Unis », *Le Progrès scientifique* n° 93, 1966, p. 38-53).

132 Le biologiste François Gros raconte ainsi : « Ayant terminé ma thèse, je suis donc parti aux États-Unis comme post-doc. J'avais obtenu une bourse Rockefeller, mais le CNRS où j'étais attaché de recherche l'a très mal pris, "*je désertais la science française*", et on a décidé que je ne ferai l'objet d'aucune promotion pendant mon séjour à l'étranger. » (S. Mouchet & J.-F. Picard, entretien avec F. Gros, 5 avril 2001, http://www.histcnrs.fr/histrecmedcopie/entretiens/gros/gros.html).

Dans la méfiance à l'égard des États-Unis, il n'est pas toujours facile de séparer ce qui relève de ce phénomène de frustration patriotique d'une part, et ce qui relève des enjeux directs de la Guerre froide d'autre part[133]. Les financements américains n'étaient pas idéologiquement désintéressés, surtout pour la recherche en sciences sociales. Les grandes fondations philanthropiques, qui ont joué un rôle important dans ces financements, agissaient généralement selon un agenda ou des critères qui ont fait l'objet d'études[134]. Certaines fondations ont parfois servi de vecteur, voire de simple paravent, à des subventions de la CIA dont l'ambition était, « telle une araignée dans sa toile, de contrôler l'ensemble de la vie culturelle européenne afin qu'elle ne s'oppose pas » aux valeurs capitalistes américaines[135]. Dans son histoire du premier groupe cybernétique, Steve Heims suspectait des liens entre la CIA et la Fondation Macy : la CIA aurait financé des études sur les effets du LSD par l'intermédiaire de la Fondation ; le même docteur Abramson responsable du lancement de ces études et travaillant pour la CIA fut aussi invité à la sixième conférence sur la cybernétique[136]. De même, trois organisateurs importants des conférences sur la cybernétique appartenaient à la *World Federation for Mental Health*, conçue en 1948 comme instrument promotionnel d'une paix globale fondée sur le bien-être psychologique individuel, et d'un contre-feu au marxisme[137]. Quel que soit le degré d'implication d'agences de ce type, il n'est pas certain qu'ils aient pu tirer davantage profit de la cybernétique que du LSD, en dépit de leurs espoirs. Wiener était suivi par le FBI. Tant le gouvernement américain que les fondations privées devinrent progressivement sceptiques vis-à-vis de la référence à la cybernétique, soit pour des raisons

---

133 Voir notamment l'analyse faite par Segal des revues *Les Lettres françaises* et *La Pensée* (J. Segal, *Le Zéro et le un*, *op. cit.*, p. 320-329).

134 En particulier : B. Mazon, *Aux origines de l'École des hautes études en sciences sociales. Le rôle du mécénat américain*, Paris : Éditions du Cerf, 1988 ; L. Tournès, *Sciences de l'homme et politique. Les fondations philanthropiques américaines en France au XXe siècle*, Paris : Classiques Garnier, 2011 ; B. D. Geoghegan, *The Cybernetic Apparatus*, *op. cit.*

135 E. Schmidt-Eenboom, citant une directive de la CIA dans le documentaire de H.-R. Minow *Quand la CIA infiltrait la culture*, ARTE/ZDF, 2006. La CIA créait des fondations-écrans, ou utilisait des fondations existantes, notamment les fondations Ford et Rockefeller, comme cela a été révélé publiquement en 1967 (F. S. Saunders, *Who Paid the Piper ? The CIA and the Cultural Cold War*, Londres : Granta Books, 1999).

136 S. J. Heims, *The Cybernetics Group. Constructing a Social Science for Postwar America*, Cambridge (Ma) : MIT Press, 1991, p. 167-168.

137 *ibid.*, p. 170 *sqq.*

intellectuelles, soit par méfiance à l'égard de l'intérêt croissant que lui témoignaient des pays communistes. À l'Est, la cybernétique fut d'abord fustigée comme « science bourgeoise », avant que la situation commence à changer après la mort de Staline et le dégel des années 1950, au point que la cybernétique devint même incorporée à la doctrine officielle[138]. Devant ces revirements, il paraît difficile de considérer que la cybernétique ait pu faire l'objet d'une instrumentalisation idéologique stable, efficace et significative. Mais ce bilan rétrospectif global n'est pas à la portée des acteurs. En France comme ailleurs, il fallait montrer patte blanche[139]. L'investissement des fondations américaines ne se fait pas les yeux fermés : il y a notamment une crainte du fait que les deux directeurs successifs du CNRS, Joliot et Teissier, sont communistes[140]. Pourtant les scientifiques français communistes ne suivent pas infailliblement la ligne officielle du Parti, comme en atteste la douloureuse « affaire Lyssenko ». P. Acot explique « l'absence de la théorie des écosystèmes [en plein essor aux États-Unis, et directement influencée par la cybernétique] dans le Colloque [international du CNRS sur l'écologie] de 1950 » par la divergence fondamentale des conceptions philosophiques et épistémologiques en vigueur des deux cotés de l'Atlantique depuis plusieurs décennies, mais admet « d'autres pistes explicatives, comme, par exemple, une possible réticence politique des organisateurs (très vraisemblable dans le cas de Marcel Prenant) vis-à-vis de la puissance des États-Unis dans l'après-guerre. Ce qui expliquerait le fait qu'un seul chercheur américain ait été invité[141] ». Prenant, porte-parole scientifique du PCF, sur la sellette du comité central depuis 1948 pour son scepticisme envers Lyssenko, est alors au seuil de l'éviction. Il n'est pas possible, *in fine*, de transposer

138 A. Kolman, « A Life-Time in Soviet Science Reconsidered: The Adventure of Cybernetics in the Soviet Union », *Minerva* 16(3), 1978, p. 416-424 ; S. Gerovitch, *From Newspeak to Cyberspeak: A History of Soviet Cybernetics*, Cambridge (Ma) : The MIT Press, 2002 ; V. Shilov, « Reefs of Myths: Towards the History of Cybernetics in the Soviet Union », *Third International Conference on Computer Technology in Russia and in the Former Soviet Union (SoRuCom)*, 2014, p. 177-182.

139 Voir par exemple l'entretien d'E. Pradoura avec Jean Stoetzel, 14 octobre 1986 (http://www.histcnrs.fr/archives-orales/stoetzel.html).

140 D. Zallen, *op. cit.*, p. 25-26.

141 P. Acot, « Le colloque international du CNRS sur l'écologie (Paris, 20-25 février 1950) », in C. Debru, J. Gayon (dir.), *La Recherche biologique et médicale en France. 1920-1950*, Paris : CNRS Éditions, 1994, p. 240. Le colloque fait pourtant partie de la série de grands colloques internationaux financés par la fondation Rockefeller, où la confrontation avec les recherches anglo-saxonnes est d'usage.

automatiquement au cas de la cybernétique un canevas indiquant si les sympathies communistes ont joué un rôle filtrant, ou combien de temps ni dans quels réseaux. Dans la revue communiste *La Pensée*, on constate facilement que le ton employé pour parler de la cybernétique change subitement en 1956, année pivot du dégel, mais cela ne dit rien du for intérieur de chaque scientifique communiste. Si un journaliste de *L'Humanité* dénonçait en 1948 la « bernétique[142] », nouvelle science destinée à berner le peuple, le mathématicien Paul Braffort, et plus tard le sociologue Robert Escarpit, l'économiste Jacques Peyréga, ou encore le « groupe des Dix », ne l'entendront pas de cette oreille. On peut certes s'attendre, de façon générale, à une certaine hostilité à la modélisation mathématique en sciences sociales de la part des « intellectuels proches du Parti communiste, qui faisaient du refus de tout ce qui venait d'Amérique une question de discipline politique[143] ». Un « dialogue » entre François Bresson (qui expose le point de vue du modélisateur en sciences humaines et sociales), et le sociologue et philosophe marxiste Henri Lefebvre, lors d'une conférence à la Sorbonne en février 1968, donne un aperçu de l'ambiance susceptible de régner dans les débats. Lefebvre, alors vent debout contre la technocratie et ce qu'il appelle le « cybernanthrope[144] », assaillit Bresson d'accusations de terrorisme intellectuel, et de collusion entre modélisation du social et fichage[145]... Il ne faut pas cependant tirer de conclusion hâtive : non en vertu de l'intérêt de Lefebvre, bien réel, pour la cybernétique[146], mais parce que, d'une part, les outils de modélisation seront utilisés des deux côtés du Rideau de fer[147], et parce que, d'autre part, la configuration institutionnelle n'est pas corrélée à un investissement stable de l'un ou l'autre bloc idéologique

142 D'après P. Breton, *L'Utopie de la communication*, Paris : La Découverte, 1997, p. 19.

143 P. Bourdieu, préface à B. Mazon (*op. cit.*), p. III.

144 H. Lefebvre, *Vers le cybernanthrope, contre les technocrates*, Paris, Denoël/Gonthier, 1967. Voir aussi son article « Marxisme et théorie de l'information », *Voies nouvelles*, n° 1, avril 1958 (1re partie), n° 2, mai 1958 (2e partie).

145 « Je me demande si vous n'êtes pas de ces hommes extrêmement dangereux qui veulent nous mettre sur cartes perforées ? [...] Êtes-vous sûr que cela n'a rien à voir ? » (H. Lefebvre à F. Bresson, in *Structuralisme et marxisme*, Paris, UGE 10/18, p. 124. Lefebvre oppose cinq ou six fois le qualificatif de « terroriste » à ses contradicteurs.

146 Lefebvre devait présenter à la Société française de cybernétique un exposé sur « Système et production », le 12 mai 1973, mais sa conférence a été remplacée (minutes de la Société française de cybernétique, archives personnelles de R. Vallée).

147 Voir p. 453-456.

en faveur de la cybernétique. Plus généralement, ce n'est pas parce que la modélisation mathématique est rêvée comme un *containment* cognitif par certains acteurs caractéristiques (et du reste assez interconnectés : la fondation Rockefeller qui finance la future EHESS, la commission de RO du CSRSPT qui veut « résoudre les problèmes politiques » par des équations[148], ou les militaires[149]) qu'elle l'est *de facto*, puisqu'on la trouve aussi bien prisée des planificateurs que d'économistes hétérodoxes de premier plan ou même (mais plus tardivement) marxistes.

Enfin, il est impossible de ne pas évoquer la présence de la pensée catholique dans le champ scientifique français à la Libération. La constitution du Centre Catholique des Intellectuels Français (CCIF) en 1945 vise à faire participer l'Église à la reconstruction du monde[150]. Il s'agit notamment de fédérer les intellectuels catholiques de tous horizons, parmi lesquels les ingénieurs et les savants en plus des traditionnelles « humanités ». Il s'agit aussi de construire une alternative culturelle au marxisme triomphant, ce qui contribue au désir de se poser publiquement en instance de production d'un discours globaliste, d'une vision du monde qui soit au fait de la modernité. Le CCIF va donc s'inscrire en plein sur une ligne de clivage interne à l'Église, en s'opposant à l'anti-modernisme thomiste alors dominant. La politique pontificale à l'égard des sciences, en particulier, était restée très conservatrice tout au long du XIXe siècle et depuis le début du XXe siècle. Le CCIF définit une stratégie de dialogue tous azimut, notamment avec les sciences ; cette attitude est à double tranchant : il faut se confronter aux thèses profanes, contraires au dogme, mais cette confrontation peut en même temps permettre une promotion de la foi, en sommant ces thèses de

148 Compte rendu de la réunion du 6 mars 1956 : « La séance se termine par une envolée vers les possibilités les plus élevées de la recherche opérationnelle et qui englobent, après la Démographie et l'Économie, la Sociologie, pour retomber sur la résolution des problèmes politiques par la Théorie des Modèles » (Archives Nationales 19770321/286).

149 Ainsi le président du CASDN : « Enfin, dans les études de situation et de comportement, dans les questions humaines, sociales, politiques, les ensembles et les structures algébriques et topologiques deviennent un auxiliaire puissant des sciences de l'homme [...] » (« Ce que la recherche scientifique peut apporter à la Défense nationale », conférence du Général Maurice Guérin, séance du 15 janvier 1958 du Comité parlementaire pour les sciences et les techniques, p. 13, Archives nationales 19920547/1).

150 C. Toupin-Guyot, *Modernité et christianisme. Le Centre catholique des intellectuels français (1941-1976)*, Thèse, Université Lyon II, 2000 ; J. Tavarès, « La "synthèse" chrétienne : dépassement vers l'"au-delà" », *Actes de la Recherche en Sciences Sociales*, vol. 34, n° 1, 1980, p. 45-65.

rendre compte de questions de sens ultimes. C'est donc une stratégie de compromis : d'un côté on admet qu'il faut « procéder à de sérieuses remises à jour[151] » ; et de l'autre, on espère légitimer intellectuellement la foi, à l'intérieur comme à l'extérieur, en exploitant les silences de la science. Pour faire survivre l'Église, il faut « raréfier les affaires Galilée[152] ». Ce vent de modernisme n'est pas du goût de tout le monde, et le positionnement du CCIF se veut clairement n'être pas « en bout de chaîne », mais alimenter et même réformer la doctrine : le CCIF jouera un rôle dans l'avènement du Concile Vatican II. En rapport d'affiliation avec le CCIF, l'Union Catholique des Scientifiques Français (UCSF)[153] tient cependant à conserver une certaine autonomie vis-à-vis des « intellectuels » littéraires et philosophes, en disposant d'un lieu où l'on puisse se réunir entre scientifiques pour débattre spécifiquement du problème de la conciliation de la science et de la foi. L'UCSF est dirigée par le physicien Louis Leprince-Ringuet pendant vingt ans (jusqu'en 1966), et compte environ 400 membres. Ses deux aumôniers nous intéressent particulièrement, puisqu'on va les retrouver ailleurs dans ce livre : le père François Russo (1909-1998), jésuite, collaborateur de la revue *Études*, et le père Dominique Dubarle (1907-1987), philosophe et logicien (qui est l'un des intervenants les plus fréquents au CCIF). Tous deux furent membres du Cercle d'Études Cybernétiques (*cf.* chapitre suivant).

Dans le cadre de l'UCSF, les idées de Teilhard de Chardin (mis à l'index en 1926) rencontrent un écho très favorable : Teilhard incarne un mariage de la science et de la foi qui correspond aux attentes du CCIF, de par la façon dont sa cosmologie intègre des idées scientifiques de son temps, tout en remplissant les espaces vides avec une réflexion voulue compatible avec le message de la Bible. Teilhard est admis à l'Académie des Sciences en 1950. Il manifeste un intérêt plutôt superficiel pour la cybernétique, en comparaison de Dubarle et Russo[154]. Tous trois, cependant, semblent partager une certaine adhésion au progrès

151 Document du CCIF adressé au Vatican, 1968, cité par J. Tavarès, *op. cit.*, p. 46.

152 C. Toupin-Guyot, *op. cit.*, I, 3-2.

153 M. Denizot, « L'Union catholique des scientifiques français : recherche sur la recherche pendant quarante ans », *Bulletin mensuel de l'Académie des sciences et lettres de Montpellier* n° 22, 1991, p. 269-280.

154 R. Le Roux, « Un jésuite, des machines, une histoire teilhardienne des techniques ? Russo dans le contexte de la pensée catholique française d'après-Guerre », *Bulletin de la Sabix* n° 53, 2013, p. 17-25.

technocratique, thème qui semble paradoxalement emprunté au positivisme. Aux Congrès internationaux de cybernétique de Namur, ce sera peut-être grâce à Russo et/ou Dubarle que se trouveront invités des conférenciers intervenant sur des thèmes plus ou moins explicitement théologiques ; l'un, notamment, porte sur « La cybernétique et Teilhard de Chardin[155] ».

Dans ce contexte, on pourrait s'attendre à une condamnation de la cybernétique de la part des savants catholiques moins libéraux. Sauvan, l'un des principaux cybernéticiens français dont la formation initiale est médicale, évoque une hostilité présente au sein du milieu biomédical lui-même (il faut rappeler que la recherche biologique reste alors presque uniquement le fait de médecins) :

> En France, la cybernétique ne s'est pas bien développée parce que, tout de suite, il y a eu l'hostilité des milieux officiels, pour des raisons liées à la prédominance des conceptions vitalistes. Toutes les élites intellectuelles se sont opposées à la cybernétique. [...] On a pu dire, par exemple, de Paul Cossa, qui était un catholique fervent, que c'était attenter à l'existence de Dieu que d'essayer d'expliquer le réflexe rotulien. Ses confrères neurophysiologistes disaient cela de lui après la parution de son livre, en 1955 [...][156].

Ces propos sont assez tranchés, mais finalement peu précis, puisque Sauvan ajoute aussitôt qu'« en France, les médecins ont été assez éblouis de tout ce qu'apportait la cybernétique pour comprendre le biologique ». Cossa aurait tout de même « renoncé à la cybernétique ». Difficile, donc, de se faire une image précise à partir de ce témoignage. Un numéro entier de la revue médicale jésuite des *Cahiers Laënnec*, paru en 1954 et titré « Biologie et cybernétique », est l'une des premières publications en France consacrée à la cybernétique, à la fois importante en taille (une centaine de pages), et qu'il faut reconnaître assez bien documentée (surtout par comparaison avec les autres publications du moment sur la cybernétique). Elle est intégralement rédigée par le Dr. Ernest Huant (1905-1993), cancérologue réputé, philosophe et auteur de science-fiction à ses heures. Celui-ci semble vouloir faire de la notion de téléologie un cheval de Troie pour affirmer une forme de « liberté »

155 Communication du philosophe jésuite belge Gaston Isaye, Actes du 3e Congrès international de cybernétique, Namur, p. 168-181.

156 Cité par B. Chamak, *Le Groupe des Dix ou les avatars des rapports entre science et politique*, Monaco, Éditions du Rocher, 1997, p. 107, 109-110.

de la matière vivante, et probablement faire ainsi jouer la cybernétique contre le marxisme (« telle ou telle philosophie de combat[157] »). Huant tente une synthèse entre thomisme et concepts cybernétiques[158], et restera un ardent militant anti-avortement[159]. Il publiera tardivement des ouvrages sur la cybernétique à une époque où celle-ci ne fera plus beaucoup parler d'elle. Le neurophysiologiste Paul Chauchard, élève de Louis Lapicque, teilhardien, et qui écrit lui aussi sur la cybernétique, sera l'une des figures majeures de la lutte anti-IVG en France. Du côté des catholiques, il paraît donc difficile de faire rimer cybernétique avec réformisme tous azimuts.

De ce rapide tour d'horizon des polarisations idéologiques du champ scientifique français d'après-Guerre, on retiendra deux choses : premièrement, il semble que la cybernétique, en France comme à l'Étranger, ait à la fois intéressé et divisé chaque camp, de sorte qu'on ne peut attribuer aux appartenances idéologiques un rôle monolithique, unilatéral ; sans doute parce que la cybernétique est un objet difficile à identifier, celle-ci ne provoque aucune réponse doctrinale standardisée, et son appréciation est laissée en bonne part aux jugements individuels (même si ceux-ci se font au nom d'une idéologie). Deuxièmement, dans le droit fil de ce chapitre, on peut soulever la question d'une capacité des réseaux « idéologiques » (au sens large entendu ici, c'est-à-dire incluant des organisations politiques ou religieuses) à participer à l'établissement de connexions interdisciplinaires que le champ scientifique à lui seul n'assure pas, et à jouer ainsi un rôle éventuellement inattendu de synthèse des connaissances ou de dialogue entre disciplines, indépendamment des objectifs stratégiques non scientifiques que ces réseaux aient pu cultiver par ailleurs.

157 E. Huant, *Biologie et cybernétique*, Cahiers Laënnec, vol. XIV, n° 2, 1954, p. 13.

158 « … le thomisme peut nous offrir […] une synthèse puissante de la différence essentielle entre le vivant et la machine » (E. Huant, « Ce que la pensée thomiste peut apporter au niveau de certains carrefours cruciaux de la pensée scientifique actuelle », *Bulletin du Cercle thomiste Saint-Nicolas de Caen* n° 34, 1966, p. 28). Huant participe aux congrès de médecine cybernétique, comme il le signale dans cet article.

159 Il publie un ouvrage contre l'avortement en 1972, à un moment où la position pontificale se coupe d'une partie de ses fidèles en condamnant officiellement l'IVG et la contraception (affaire « Humanae Vitae », 1968).

LE CERCLE D'ÉTUDES CYBERNÉTIQUES (1949-1953)

En 1949, Robert Vallée, polytechnicien effectuant son apprentissage d'application au Laboratoire de recherches balistiques et aérodynamiques (LRBA), décide de fonder avec deux de ses collègues un *Cercle d'études cybernétiques* (CECyb). Ce groupe, qui ne verra concrètement le jour qu'à partir de 1951, rassemblera plus d'une trentaine de membres et tiendra 14 réunions en deux ans. S'il reste très peu de traces de ces activités, le CECyb présente un intérêt appréciable de par son existence et sa composition : mathématiciens à la curiosité encyclopédique, médecins inventeurs de machines, ingénieurs piqués de philosophie ou d'histoire, vulgarisateurs passionnés, philosophes... La seule liste des membres, au-delà de la notoriété de nombre d'entre eux, présente un tel caractère d'« union sacrée », si rare et improbable dans le paysage scientifique français, qu'il vaut la peine d'y consacrer un chapitre entier en dépit du peu d'archives disponibles.

La plupart des sources utilisées proviennent de Vallée (photocopies de documents et entretiens). Leur caractère lacunaire n'empêche pas de mettre en évidence un certain nombre d'aspects intéressants, bien que conditionnels et hypothétiques. Cette reconstitution va privilégier un ordre logique à un ordre chronologique, dans la mesure où l'on s'intéresse spécialement à la liaison de milieux scientifiques et techniques habituellement séparés. Les principales étapes logiques seront représentées par un schéma dont les arêtes désignent l'intermédiaire par lequel tel ou tel membre aurait été mis en relation avec Vallée (seul véritable organisateur du CECyb). Je me base sur une liste des membres du Cercle, des lettres et des témoignages provenant tous de Vallée.

LA CONSTITUTION DU CECYB

La guerre est à peine finie que le gouvernement français décide de développer un programme balistique. Comme les Américains et les Soviétiques, la France récupère dès que possible du matériel et des ingénieurs allemands liés aux fusées V2. Le LRBA est créé en mai 1946 dans une base désaffectée à Vernon, en Normandie. On y teste des dérivés des V2, puis, à partir de 1949, les modèles Éole et Véronique[1]. Si la propulsion représente l'un des principaux domaines de recherche au LRBA, c'est, étymologie oblige, au département « Guidage » que nous allons trouver nos aspirants cybernéticiens.

Robert Vallée (1922-2017), ingénieur de l'armement, arrive au LRBA en 1948, après deux années passées à l'École nationale supérieure de l'armement (où il a entre autres suivi les cours d'asservissements de P. Naslin et F.-H. Raymond). Il travaille alors notamment sur le calcul des erreurs. À Vernon, il retrouve un camarade de l'École Polytechnique, Jacques Talbotier (1922-1999). Ce dernier, responsable d'une machine à calculer, restera à Vernon et deviendra plus tard ingénieur en chef chargé de la coordination des travaux de construction du lanceur Europa. Vallée, Talbotier, et un troisième collègue qui prépare l'École de guerre, Jean-Claude Scotto di Vettimo, s'intéressent aux travaux américains qui commencent à beaucoup faire parler d'eux en France : la « théorie mathématique de la communication » de Shannon, le mémoire de Wiener sur les séries temporelles récemment déclassifié, et, bien sûr, le *Cybernetics* paru quelques mois plus tôt. Les ouvrages circulent au LRBA, mais Vallée et ses collègues bénéficient également d'un canal supplémentaire décisif avec le séminaire organisé par deux autres polytechniciens fraîchement revenus des États-Unis au même moment, Jean-Charles Gille et Marc Pélegrin. Ces derniers ont suivi un enseignement de première main avec les grands spécialistes du MIT en asservissements, communications et calcul, et le restituent à l'École nationale supérieure d'aéronautique[2]. C'est là que Vallée se voit recommander

1 Une part non négligeable des activités du LRBA concerne les missiles tactiques et stratégiques et est classée « secret défense ». Pour des détails sur les volets spatiaux, voir notamment le site internet capcomespace.net ; voir aussi par exemple J. Villain (dir.), *La France face aux problèmes d'armement (1945-1950)*, *op. cit.*

2 M. Pélegrin, « Les automatismes et l'apport américain, un témoignage », in J. Villain (dir.), *op. cit.*, p. 127-138. « C'est à l'un de ces séminaires que j'ai entendu parler de Wiener »,

le livre de Wiener, qui le séduit aussitôt. Il propose à Talbotier et Vettimo de mettre en place un « Cercle d'études cybernétiques ».

> À Vernon, on me laissait la bride sur le cou grâce à la compréhension active de l'ingénieur général [Jacques] Lafargue qui était à la tête du Service Technique de l'Armement (situé à Paris). On savait que je m'intéressais à la cybernétique [...].
> On faisait des discussions le soir sur ces sujets. Puis un jour, je crois que c'est en 1950, je me suis dit : il faut créer une société de cybernétique[3].

En fait, c'est surtout la théorie de l'information qui intéresse Vallée. C'est lorsque son séjour au LRBA se termine, en juillet 1950, qu'il va commencer à lancer des initiatives concrètes pour la constitution du CECyb, l'amenant à sortir du milieu des polytechniciens et des ingénieurs de l'armement. La démarche comporte sa part de paradoxe, puisqu'un certain nombre de contacts « extérieurs » vont être fournis par des polytechniciens avec lesquels Vallée a lui-même peu de liens[4], ceux-ci étant « recrutés » par Vettimo qui n'est pas polytechnicien... Outre Marc Pélegrin, ce sont Paul Assens (1922-2006) et Robert Dubost (1912-2006) qui deviennent membres du CECyb.

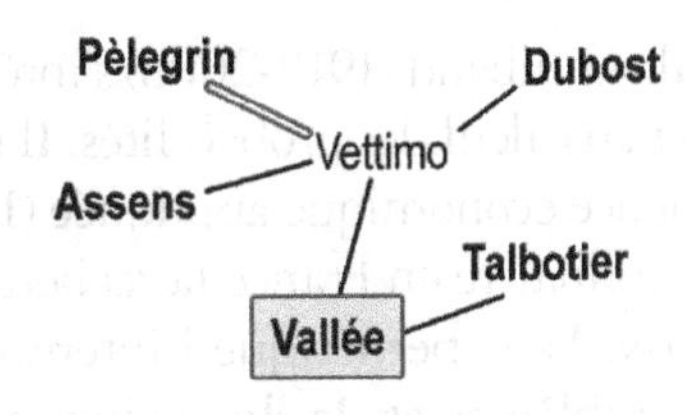

FIG. I – Graphe du CECyb, n° 1.

écrit Vallée (courrier électronique du 12 avril 2009). Gille et Pélegrin deviendront avec Paul Decaulne les auteurs de nombreux manuels de référence sur les asservissements ; ils appellent « cybernétique » la théorie des asservissements (*cf.* chapitre suivant).

3 Communications personnelles de R. Vallée (courrier électronique, 12 avril 2009 ; entretien, octobre 2005).

4 « Si je n'ai pas eu de contacts, ici ou là, c'est que j'étais assez "sauvage" » (courrier électronique du 12 avril 2009). Il faut ajouter que la promotion Polytechnique 42-43 a été « éclatée » en trois promotions séparées par les circonstances de la guerre (voir J. Raibaud, H. Henric, *Témoins de la fin du IIIe Reich : des polytechniciens racontent*, Paris : L'Harmattan, 2004), ce qui peut aussi expliquer que Vallée, Talbotier, Assens, Pélegrin et Gille, admis en 1943, ne se soient pas tous connus dès l'X.

Quelle est la nature de ces contacts extérieurs que Vallée va activer pour constituer le Cercle ?

Un premier groupe est constitué de « mathématiciens » (au sens large) :

– Par l'intermédiaire de son camarade polytechnicien Jean-Félix Avril, Vallée est mis en relation avec Serge Colombo. Colombo (1911-2000) est un spécialiste du calcul opérationnel et de son application à l'étude des circuits électriques. Il est l'un des seuls de ce groupe à s'intéresser un peu aux asservissements de façon spécifique, puisqu'il publie aux *Comptes rendus de l'Académie des sciences* une note intitulée « Sur un schéma général relatif à un problème de cybernétique », proposant une démarche de généralisation mathématique :

> L'établissement du schéma le plus général, auquel tout dispositif de régulation serait susceptible de se ramener, simplifie l'application des théorèmes généraux de la cybernétique. [...] Ce schéma nous servira ultérieurement à l'établissement de principes très généraux. Nous montrerons aussi comment il est possible de lui ramener des dispositifs très divers. Il est manifeste que le schéma simplifié de la contre-réaction, à partir duquel on établit le critérium de Nyquist, n'en est qu'un cas très particulier[5].

– Georges Théodule Guilbaud (1912-2008) s'intéresse principalement aux statistiques et au calcul des probabilités. Il travaille depuis 1945 à l'Institut de science économique appliquée (ISEA). Il joue un rôle phare pour faire connaître en France la recherche opérationnelle et la théorie des jeux. La cybernétique l'intéresse envisagée comme convergence de problèmes et de disciplines autour des méthodes stochastiques, en lien avec l'idée d'une « mathématique sociale » héritée de Condorcet. Le numéro de la revue *Esprit* de 1950 consacré aux « Machines à penser » est l'occasion pour Guilbaud de présenter une première réflexion, favorable mais mesurée[6]. Le point de vue est bien celui d'un mathématicien : « les thèmes, très variés, de la cybernétique se laissent assez facilement grouper autour de deux thèmes majeurs : l'un est spatial, l'autre est temporel[7] ». Ces groupements sont en fait des groupements autour de deux

5 S. Colombo, « Sur un schéma général relatif à un problème de cybernétique », *Comptes rendus de l'Académie des sciences*, 1951, p. 1287-1288.

6 G. Th. Guilbaud, « Divagations cybernétiques », *Esprit* n° 9, 1950, p. 281-295.

7 *ibid.*, p. 290.

sphères de notions et techniques mathématiques, la « structure des relations » d'un réseau, d'une part, et l'histoire irréversible de ce réseau, d'autre part. On reconnaît respectivement l'univers de l'algèbre de Bourbaki, et l'univers des processus aléatoires, et ce double prisme est à la fois représentatif du profil mathématique de Guilbaud (qui ne choisit pas son camp entre ces deux univers mathématiques), et original en comparaison d'autres mathématiciens intéressés par la cybernétique (Wiener lui-même semble ne jamais s'être intéressé à la topologie des réseaux).

– Benoît Mandelbrot (1924-2010) travaille à l'époque sur sa thèse *Contribution à la théorie mathématique des jeux de communications*, qu'il soutiendra en décembre 1952. Attaché de recherches au CNRS, il revient d'un séjour de deux ans au California Institute of Technology, et travaille à Paris dans une filiale de Philips pour la mise au point de la télévision couleur. Son oncle, le mathématicien Szolem Mandelbrojt, le charge d'accueillir Wiener lors de son séjour parisien de l'hiver 1950-1951[8]. Vallée a entendu parler des recherches de Mandelbrot. Celui-ci sera le conférencier de la troisième séance du CECyb, sur le thème « Relations entre la structure statistique de la langue et les propriétés présumées du cerveau » (avril 1952) ; c'est la seule conférence dont on trouve une trace sous la forme d'un résumé, dans la revue *Structure et évolution des techniques*[9]. Le thème abordé concerne la généralisation de la loi de Zipf, que Mandelbrot a entreprise et qui va lui apporter une certaine notoriété. « Je garde un bon souvenir de ces réunions. Mais cela a pris fin lorsque je suis parti au MIT, et je ne me souviens pas des sujets discutés par les autres intervenants[10] ». Mandelbrot part en effet en 1953 aux États-Unis, où il entame un post-doc sous la direction de von Neumann à Princeton. Il n'a passé qu'un mois au MIT, découragé par l'état de dépression et d'isolement qui est alors celui de Wiener avec qui il espérait collaborer[11].

8 S. Mandelbrojt invite Wiener à faire cours au Collège de France (voir ci-après).

9 *Structure et évolution des techniques* n° 29-30, rubrique « Informations », p. 15.

10 Communication personnelle de B. Mandelbrot (courrier électronique, 27 février 2008).

11 F. Conway & J. Siegelman, *Dark Hero of the Information Age. In search of Norbert Wiener, the Father of Cybernetics*, New York : Basic Books, 2005, p. 273 ; le séjour de Mandelbrot y est, malencontreusement semble-t-il, daté de 1952.

- Par l'intermédiaire du mathématicien Gaston Julia (qui enseigne depuis 1937 la géométrie à l'École Polytechnique, mais à qui Vallée avait été présenté par le biais de son oncle, le normalien Maurice Rat), Vallée rencontre Louis de Broglie à qui il demande de devenir parrain du CECyb. De Broglie (1892-1987), Prix Nobel de physique en 1929, membre de l'Académie des sciences et de l'Académie française, dirige depuis 1944 un « séminaire de théories physiques » à l'Institut Poincaré. Aux mois d'avril et mai 1950 est organisé un cycle, pris en charge par l'ingénieur télécom Julien Loeb, consacré à ce qui ne s'appelle pas encore le traitement du signal ; de Broglie avait été affecté pendant la Première guerre mondiale à l'émetteur radio de la Tour Eiffel. Les exposés sont publiés en 1951 dans un recueil qui a pour titre *La Cybernétique, théorie du signal et de l'information*[12]. De Broglie consent à devenir président d'honneur du CECyb, à la condition que cela reste purement symbolique et qu'il n'ait rien à faire. Son rôle est en général surtout celui d'un parrainage bienveillant : il présente à l'Académie des sciences les premières notes dont le titre comporte le terme « cybernétique[13] », produit quelques conférences et articles peu techniques[14].
- Jacques Riguet (1921-2013) est un algébriste qui soutient en décembre 1951 une thèse sur le calcul des « relations binaires ». Il s'intéresse à la notion de machine, et peut être considéré comme un précurseur français de théorie des automates. Il sera question de lui plus loin (p. 220-224). Si Vallée l'a contacté suite à ses travaux, ce ne peut être qu'à partir de l'année 1952.

Le contact de Vallée avec des mathématiciens est sans doute le plus naturel ; bien qu'ingénieur de l'armement, son goût pour les mathématiques est déjà affirmé, et le restera dans la suite de sa carrière. Réciproquement, Colombo et Mandelbrot intègrent aussi dans

12 L. de Broglie (dir), *La Cybernétique, théorie du signal et de l'information. Réunions d'étude et de mise au point*, Paris, Éd. de la Revue d'optique théorique et expérimentale. Colombo compte parmi les intervenants.

13 S. Colombo, *op. cit.* ; R. Vallée, « Réduction d'un problème de cybernétique à un problème de poursuite dans un espace de Hilbert », *Comptes rendus de l'Académie des sciences*, 1951, p. 1288-1290.

14 L. de Broglie, « Sens philosophique et portée pratique de la cybernétique », *Structure et évolution des techniques*, nº 35-36, 1952, p. 47-57.

leur cursus une formation d'ingénieur antérieure à leurs doctorats respectifs en mathématiques, tandis que de Broglie fut en charge de l'émetteur-récepteur TSF de la tour Eiffel durant la Première Guerre mondiale. Leur dénominateur commun, dans le contexte du CECyb, est surtout la théorie de l'information. Remarquons que le « coup » des notes de 1951 aux *Comptes rendus de l'Académie des sciences* est bien préparé, puisque la note de Vallée, qui suit immédiatement celle de Colombo, prend cette dernière pour point de départ. De Broglie n'a plus qu'à faire passer les deux à la suite, et la cybernétique fait efficacement son entrée dans l'arène (ce qui ne présume en rien de la suite qui y sera donnée, naturellement).

Vallée attire également au CECyb des journalistes et vulgarisateurs.

- Il connaît André George (1890-1978) pour avoir publié un article sur la cybernétique dans *Les Nouvelles littéraires*[15] ; George, agrégé de physique, est également collaborateur à la rubrique scientifique du *Figaro*, éditeur de Louis de Broglie, et un membre de première heure du Centre catholique des intellectuels français (voir chapitre 1).
- Albert Ducrocq (1921-2001)[16] est surtout connu rétrospectivement en tant que vulgarisateur scientifique (c'est lui qui a commenté les premiers pas sur la Lune à la télévision). Il a écrit de nombreux ouvrages sur maints sujets scientifiques et techniques à l'attention du grand public, dont quelques-uns en rapport avec la cybernétique[17]. La qualité de sa documentation et de ses connaissances était unanimement saluée. Ducrocq a une formation en physique (titulaire d'une licence de la Faculté des sciences de Paris, il se serait formé auprès de Louis de Broglie, et publie en 1950 un

15 A. George, « La cybernétique va-t-elle asservir l'homme ou le libérer ? », *Les Nouvelles Littéraires*, 5 juin 1952.

16 Pour une biographie : B. Rasle, *La Physique selon Albert Ducrocq*, Paris : Vuibert, 2006 ; C. Lardier, « Contribution of Albert Ducrocq (1921-2001) to Astronautics », in M. L. Ciancone (dir.), *History of Rocketry and Astronautics. Proceedings of the Thirty-Sixth History Symposium of the International Academy of Astronautics, Houston, Texas, U.S.A., 2002*, AAS History Series, vol. 33 / IAA History Symposia, vol. 22, 2010, p. 3-29.

17 A. Ducrocq, *L'Ère des robots* Paris : Julliard, 1953 ; *Découverte de la cybernétique*, Paris : Julliard, 1955 ; *Cybernétique et univers I : Le roman de la matière*, Paris : Julliard, 1963 ; *Cybernétique et univers II : Le roman de la vie*, Paris : Julliard, 1966. À noter également l'opuscule *Cybernétique et automation*, Montreuil : Groupement interprofessionnel des industries de la région Est de Paris, 1958.

ouvrage technique de référence sur l'énergie atomique dont il est un spécialiste), et il est également ingénieur électronicien (directeur d'une « Société française d'électronique et cybernétique », ainsi que de la « Fédération française d'automation » – il devient en 1949 ingénieur-conseil en automatisation de procédés industriels). Il commence à écrire des textes de vulgarisation en 1947, pour *Le Figaro* et diverses revues, ce qui l'amène à connaître notamment Pierre de Latil et François Le Lionnais. Il construit divers robots et machines au début des années 1950, qui le rendent célèbre dans le monde entier[18]. Le parcours scientifique de Ducrocq comporte encore des zones d'ombre[19].

– Pierre de Latil (1905-?) a également publié des ouvrages et articles de vulgarisation. Rédacteur en chef de *Sciences et avenir*, collaborateur du *Figaro* lui aussi et auteur de romans pour la jeunesse, il est surtout connu, dans le contexte qui nous intéresse, pour avoir écrit l'ouvrage *Introduction à la cybernétique. La Pensée artificielle*, paru en 1953. Il s'agit du premier ouvrage français sur la question, et donc aussi le premier à donner une vue d'ensemble du sujet ; en dépit de son caractère techniquement superficiel (et parfois peu rigoureux), il joue donc un rôle ou occupe une place délaissés par le champ scientifique proprement dit, puisqu'il contribue à mettre des scientifiques en contact.

Le contact avec des « journalistes » – ceux-ci en particulier – n'est pas incongru ; il est dans la nature du champ journalistique d'avoir un rapport facilité à de nombreux autres champs sociaux. Il est à priori plus facile d'obtenir l'adhésion d'un journaliste que celle d'un biologiste renommé, surtout lorsqu'on est mathématicien ou ingénieur. Cette excursion à la lisière extérieure du champ scientifique n'est donc pas très difficile, moins difficile peut-être que le franchissement de certaines

18 Le site Internet cyberneticzoo.com consacre une page richement documentée à quelques-unes des machines construites par Ducrocq.

19 Une vignette nécrologique dans *L'Humanité* du 25 octobre 2001 attribue à Ducrocq deux thèses (une en physique, une en mathématiques), qui ne sont pas enregistrées dans la base Sudoc. Ducrocq aurait été admis à Polytechnique en mai 1940 (groupe R1, matricule 110, d'après C. Lardier, *op. cit.*), mais on n'en trouve aucune trace dans les annuaires de l'X. L'école avait déménagé dans la Zone libre, et Ducrocq l'aurait abandonnée pour revenir à Paris, pour des raisons inconnues (C. Lardier, communication personnelle, courrier électronique, 25 février 2017).

frontières internes, mais elle présente vis-à-vis de ce champ un risque qui est réel ; et, de fait, l'aura de sensationnalisme qui va entourer la cybernétique ne lui rendra pas service. Remarquons qu'il n'y avait pas de profils équivalents dans les groupes anglais et américains de cybernétique.

Une rencontre décisive va avoir lieu en 1950 par un biais inattendu. Parmi ses relations polytechniciennes, Scotto di Vettimo compte le colonel René Sousselier, Directeur de l'Enseignement supérieur scientifique et technique. Sousselier, qui « collectionnait les certificats de licence[20] », est par ailleurs trésorier de l'Association pour l'étude des techniques, fondée par le philosophe Pierre Ducassé en 1948, et ami de son frère l'économiste Édouard Ducassé. Avec Pierre Ducassé (*cf.* p. 565-573), le CECyb se trouve connecté à la revue *Structure et évolution des techniques*, ainsi qu'à des historiens des techniques et des philosophes. On verra plus loin l'importance du relais constitué par Ducassé et sa revue.

Le groupe sans doute le plus intéressant, dans le contexte que nous étudions, est celui des biologistes. Presque tous sont des médecins. Deux d'entre eux sont des connaissances personnelles de Vallée : Franck Bourdier (1910-1985), préhistorien spécialiste du Quaternaire au Muséum national d'histoire naturelle, eut pour professeur d'histoire le père de Vallée. Serge Lissitzky (1919-1986) est un médecin militaire héros de la guerre d'Indochine (Croix de guerre et Légion d'Honneur), qui aurait connu Scotto di Vettimo. Il soutient en 1952 une thèse de biochimie sur la thyroïde après avoir rejoint en 1949 le laboratoire de biochimie du Collège de France, et poursuivra des recherches en endocrinologie moléculaire mondialement reconnues.

Malheureusement, on ignore comment se retrouvent au CECyb quatre personnages significatifs : les physiologistes Alfred Fessard, Jean Scherrer, et possiblement Maurice Hugon (on les retrouvera au chapitre « Servos et cerveaux »), ainsi que l'ophtalmologiste François Paycha. Fessard (1900-1982) occupe la chaire de neurophysiologie générale au Collège de France. Scherrer (1917-2007) est chef de clinique neurologique à la Salpêtrière. Hugon est un spécialiste de physiologie posturale. Paycha (?-2008), ophtalmologiste, est présent à un titre un peu différent : il cherche à mettre au point un système d'aide au diagnostic par cartes perforées. Les modèles d'intelligibilité dont il est en quête ont donc pour finalité la pratique médicale et non les connaissances biologiques.

20 Communication personnelle de Robert Vallée, courrier électronique, 12 avril 2009.

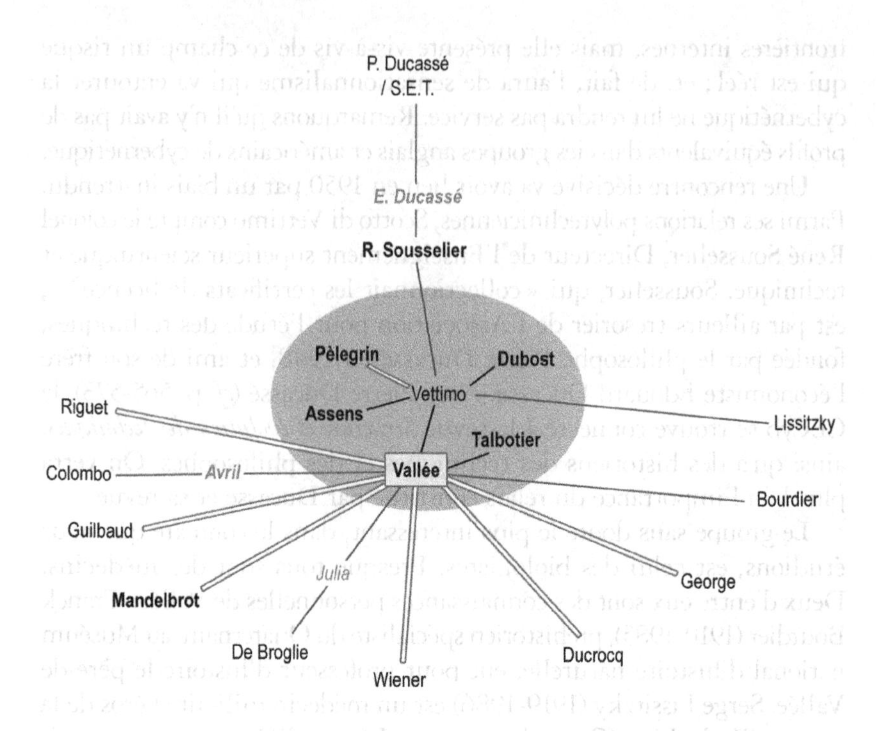

FIG. II – Graphe du CECyb, n° 2.

Vallée va écrire à la plupart de ces contacts à l'été 1951 pour leur proposer de faire partie du Cercle. On ne sait pas si d'autres personnes ont été contactées et, le cas échéant, ont décliné la proposition. Le groupe va s'agrandir encore un peu, d'une part par l'intermédiaire du bouche-à-oreille : François Le Lionnais écrit à Vallée de la part de Guilbaud[21]. Par le biais de Colombo, Léopold Gendre, un ingénieur radio du Centre émetteur de La Brague à Antibes, écrit à Vallée. Il précise qu'il est aussi en cinquième année de médecine et qu'il s'intéresse à la neurologie[22]. C'est lui qui va construire les premiers prototypes auto-régulateurs de Jacques Sauvan (*cf.* p. 177-188). Ducassé introduit au moins certainement

21 Lettre de F. Le Lionnais à R. Vallée, 11 mars 1952 (archives personnelles R. Vallée). Plus précisément, sur un papier à en-tête de l'Association des Écrivains Scientifiques de France, Le Lionnais écrit de la part de « Guilbeaux », qu'il doit donc connaître assez peu, en tout cas davantage par oral que par écrit.

22 Lettre de L. Gendre à R. Vallée, 10 octobre 1951 (archives personnelles R. Vallée).

Jean Gimpel (1918-1996), historien des techniques médiéviste, et, sans doute par l'IHST, le Père François Russo (1909-1998). Il est également très vraisemblable que ce soit Ducassé qui amène au CECyb un personnage symboliquement très important : l'architecte et ingénieur Jacques Lafitte (1884-1966), bien connu aujourd'hui pour son opuscule de 1932 *Réflexions sur la science des machines*[23]. L'année suivant la parution de son livre, Lafitte publiait un article dans la *Revue de synthèse*[24]. Ducassé, collaborateur du Centre de synthèse, participait aussi à ce numéro, ce qui fait de lui le mieux placé pour retrouver la trace de Lafitte quinze ans plus tard. Le chapitre sur les théories des machines revient sur Lafitte et sa « mécanologie ». Enfin, c'est donc encore certainement Ducassé qui introduit au CECyb une collaboratrice du Centre de synthèse : Suzanne Colnort, philosophe et assistante de Maurice Daumas. Colnort écrit à Vallée dans le cadre d'un article qu'elle veut préparer sur la cybernétique[25].

Le second vecteur d'agrandissement du CECyb est la publicité faite par le biais de la revue *Structure et évolution des techniques* de Ducassé (*cf.* p. 565-573). En juillet 1951, le Laboratoire de calcul mécanique de l'Institut Blaise Pascal écrit à l'« Association SET » pour demander à connaître les conditions d'inscription au CECyb, suite au n° 23-24 de mars-avril 1951 qui est le premier à aménager une place régulière au Cercle dans la rubrique « Informations[26] ». Il est peu douteux que c'est cette prise de contact qui va mettre en relation Louis Couffignal avec d'autres membres de façon durable, comme on aura l'occasion de le voir par la suite.

– Plus tardivement, en janvier 1953, Vallée reçoit une lettre d'un physiologiste de la Sorbonne, Raoul Husson, qui souhaite le rencontrer[27].

---

23 J. Lafitte, *Réflexions sur la science des machines*, Paris : Bloud & Gay, 1932.

24 J. Lafitte, « Sur la science des machines », *Revue de synthèse*, Tome VI, n° 2, 1933, p. 143-158.

25 S. Colnort, « Sur deux pôles de la pensée humaine et sur deux limites immanentes a la technique cybernétique », *Revue de synthèse* T. 76, 1955, p. 189-206. S. Colnort écrit également des comptes-rendus des ouvrages de Ducrocq, de Latil et Cossa pour la *Revue d'histoire des sciences*.

26 Lettre du Laboratoire de calcul mécanique de l'Institut Blaise Pascal à l'association SET, 5 juillet 1951 (archives personnelles R. Vallée). C'est M.-A. Lenouvel, chef du Bureau de calcul et assistante de Couffignal, qui signe pour l'IBP.

27 Lettre de R. Husson à R. Vallée, 12 janvier 1953 : « Votre brillant article sur la cybernétique, paru dans S.E.T. de juillet-septembre 1951 [R. Vallée, "Quelques thèmes initiaux de la cybernétique", *Structure et évolution des techniques* n° 27-28, 1951, p. 3-8], avait retenu

Husson (1901-1967)[28] est spécialiste de la phonation. Il deviendra une autorité mondiale après 1962 avec sa somme *Physiologie de la phonation* (au début des années 1950, il écrit une originale *Étude des phénomènes physiologiques et acoustiques de la voix chantée*, qui va paraître en 1952). En fait, Husson est initialement statisticien. Il est bien connu par ailleurs pour la petite histoire, puisque c'est lui qui, en 1923, avait porté une fausse barbe et inventé un personnage du nom de « Bourbaki » lors d'un fameux canular à l'École normale supérieure[29].

– Uri Zelbstein (1912- ?) est un ingénieur en radio et électronique, titulaire d'un doctorat de la faculté des sciences de Paris. Il travaille notamment à la SNECMA (Société nationale d'étude et de construction de moteurs d'avions), préside l'« Association des Ingénieurs Électroniciens », et donne des cours dans diverses écoles, dont le CNAM. Il sera membre du comité de rédaction de la revue *Automatisme* créée en 1956, et auteur d'ouvrages et articles de vulgarisation. Il écrit dans le numéro 27-28 de *SET* (juillet-novembre 1951). Il va participer au premier Congrès international d'automatique de Paris en 1956 (voir chapitre 3), et à plusieurs des congrès internationaux de cybernétique de Namur. Spécialiste de métrologie, il s'oriente vers les capteurs de pression dans les fluides, avec un intérêt prononcé pour les applications médicales. Zelbstein est soucieux d'une vue d'ensemble, humaniste, harmonieuse, des rapports entre sciences, techniques, culture. Il publiera plus tardivement des études assez pointues sur l'histoire des instruments scientifiques, ainsi que des ouvrages à caractère épistémologique ou philosophique, où sa réflexion est très marquée par diverses idées de la cybernétique[30].

– Aurel David (1909- ?) est un juriste philosophe, qui s'intéresse à la médecine et aux conséquences du progrès scientifique. C'est Ducassé qui lui parle de la cybernétique pour la première fois

dès cette époque mon attention, mais je n'ai pu me procurer votre adresse ». L'article de Vallée en question est en fait un résumé du *Cybernetics* de Wiener.

28 On peut consulter une notice nécrologique dans *L'Année psychologique*, n° 67/2, 1967, p. 650.

29 D'après A. Aczel, *Nicolas Bourbaki, Histoire d'un génie des mathématiques qui n'a jamais existé*, Paris : Éd. JC Lattès, 2009.

30 U. Zelbstein, *L'Homme face au monde*, Paris : Beauchesne, 1971 ; *Les Certitudes de l'à-peu-près*, *op. cit.*

en 1949. Il écrit dans le numéro 13 de *SET* (janvier 1950). Il soutient une thèse de Droit en 1955. Enseignant notamment à l'École pratique des hautes études (à partir de 1960), il va consacrer un ouvrage à la question de la redéfinition de l'humain par les progrès de la science (et en particulier, bien entendu, la cybernétique)[31], pour lequel il obtient un prix de l'Académie française. Il sera plus tardivement attaché de recherches au CNRS. Il s'intéresse aux méthodes de recherche documentaire automatique appliquées au droit[32], et à ce titre évolue autour de Couffignal (voir p. 595-599).

La liste du CECyb compte quelques autres membres dont la provenance reste indéterminée :

- le philosophe et logicien Dominique Dubarle (1907-1987), père dominicain connu en particulier, dans le contexte qui nous concerne, pour avoir publié le premier article français sur la cybernétique dans le journal *Le Monde*[33]. Dans le numéro spécial d'*Esprit*, en 1950 (au côté de Guilbaud), Dubarle reprenait la problématique du gouvernement rationnel et esquissait une comparaison entre cybernétique et théorie des jeux[34]. Ses points de contact avérés avec d'autres membres du CECyb ne manquent pas.
- Jacques Samain soutient en 1945 à Paris une thèse de médecine intitulée « La Documentation médicale et scientifique, conceptions et méthodes ». Il invente dans les années qui suivent un procédé de classement automatique qu'il va perfectionner en joignant aux machines à cartes perforées un système de reconnaissance optique. Ce procédé, le « Filmorex », va lui apporter une notoriété internationale en étant brevetée vers 1952. On peut considérer Samain comme un précurseur des recherches sur les bases de données ; ses centres d'intérêt correspondent à ce qui ne s'appellent pas encore

31 A. David, *La Cybernétique et l'humain*, Paris : Gallimard, 1965.

32 A. David, « La recherche documentaire automatique appliquée au droit », *Revue internationale de droit comparé*, vol. 20, n° 4, 1968, p. 629-945.

33 D. Dubarle, « Une nouvelle science : la cybernétique – Vers la machine à gouverner ? », *Le Monde*, 28 décembre 1948.

34 D. Dubarle, « Idées scientifiques actuelles et domination des faits humains », *Esprit*, vol. 18, n° 9, 1950, p. 296-317.

l'Intelligence artificielle. Il rejoint le CECyb en février 1952, et y donnera une conférence sur ses recherches en juin.
- Pierre Héliard semble être un ingénieur ou un mathématicien. Il fait mention de discussions mathématiques dans une lettre à Vallée (13 novembre 1953). Il s'intéresse à la notion explicite de « modèle », ce qui semble encore suffisamment rare à cette époque pour être souligné.
- Léon-Jacques Delpech (1908-1986) est un universitaire, qui enseigne alors la philosophie à Aix-en-Provence. Il interviendra aux Congrès de cybernétique de Namur, co-fondera et présidera la Société française de cybernétique à partir de 1963, et publiera un petit livre *La Cybernétique et ses théoriciens* en 1970. On peut considérer qu'il fait partie de la « garde rapprochée » de Couffignal. Il est plus connu dans d'autres cercles, et sera à l'origine de l'invitation de conférenciers pseudo-scientifiques à la SFCyb (*cf.* conclusion)…

On trouve aussi un certain « A. Franck » de Paris, qui écrit à Vallée en décembre 1951 pour faire partie du CECyb. Pas davantage de précisions concernant un certain Jacques Leuliette, qui s'enquiert de l'existence de travaux en « théorie qualitative de l'information ».

Enfin, *last but not least*, c'est Norbert Wiener lui-même que le Cercle accueille – à titre surtout honorifique, puisqu'il en rencontrera les membres à deux reprises lors de dîners. En effet, à la fin de 1950, Wiener arrive à Paris, invité pour deux occasions importantes : tout d'abord, Szolem Mandelbrojt le convie au Collège de France où il donnera une vingtaine de leçons pendant le printemps. Par ailleurs, en janvier 1951, c'est le grand colloque sur *Les machines à calculer et la pensée humaine*, au 29 de la rue d'Ulm.

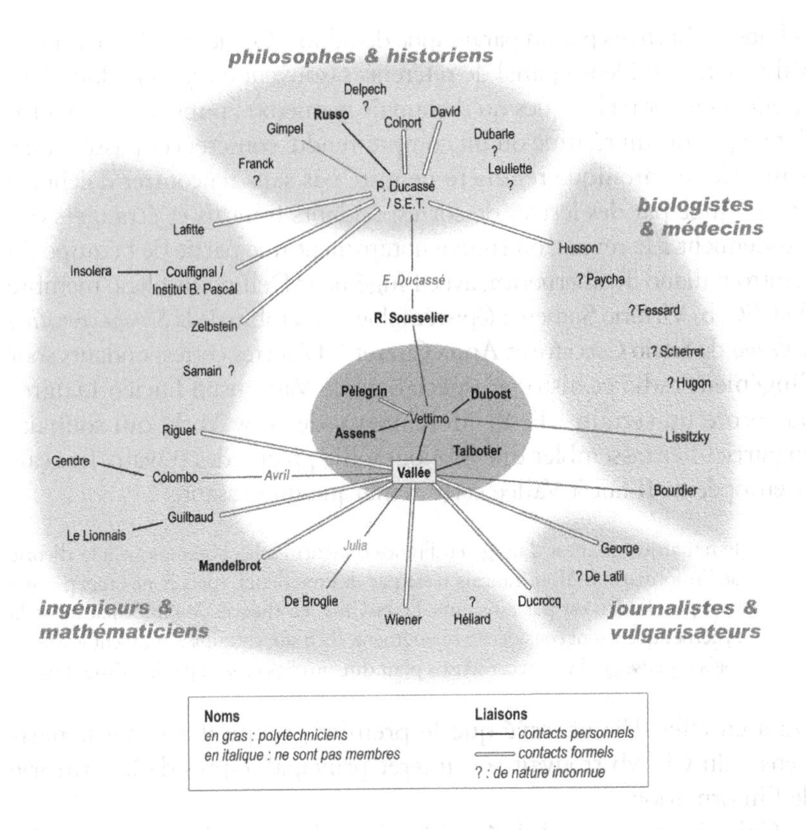

FIG. III – Graphe du CECyb, n° 3.

LES ACTIVITÉS DU CECYB

Après ses deux années au LRBA, Vallée revient donc à Paris en juillet 1950. C'est sans doute alors qu'il rencontre Ducassé. Les premières initiatives concrètes en faveur du CECyb démarrent en 1951. Outre les prises de contact, la première manifestation formelle d'existence du Cercle est bibliographique : Ducassé ouvre à Vallée les colonnes de *Structure et évolution des techniques* (*cf.* p. 565-573), et plus exactement, à partir du numéro 23-24 d'avril-mai 1951, la rubrique « Informations », qui débutera désormais par un paragraphe dédié au « Cercle de cybernétique ». Vallée y rassemble un panel de références (souvent élargi aux domaines scientifiques et techniques qu'il connaît le mieux) : publications dont il donne parfois un résumé ou un compte-rendu, conférences passées ou à venir. Cette chronique régulière ne reste pas sans rencontrer d'écho, si l'on en juge par des lettres de correspondants français et étrangers qui parviennent à la revue : on trouve notamment une partie de l'équipe du Centro italiano di cibernetica, avec l'ingénieur Delfino Insolera, membre du CECyb, Vittorio Somenzi (épistémologue membre de la *Scuola operativa italiana* de Silvio Ceccato) et Anna Cuzzer[35]. D'autres correspondants sont l'ingénieur radio et historien spécialiste de Vaucanson Lucien Liaigre ; ou encore un certain « E. R. McKinney » de New York, qui souhaite en particulier rassembler une bibliographie précise des travaux français et européens. Il fait à Vallée cette remarque intéressante :

> Je remarque qu'il est d'usage en France d'identifier la cybernétique à la théorie de l'information. Mon français n'est pas des meilleurs, mais je ne crois pas me tromper. Il n'en est pas ainsi aux États-Unis. La théorie de l'information et la cybernétique y sont considérées séparément. Bien sûr, certains combinent les deux, mais je pense qu'il y a un consensus pour dire qu'elles ne sont pas la même chose[36].

On a en effet déjà observé que le premier groupe des « mathématiciens » du CECyb trouvait son intérêt principal auprès de la « théorie de l'information ».

Grâce à ses responsabilités à l'Institut d'histoire des sciences et des techniques, Ducassé actionne deux leviers supplémentaires. Tout d'abord, en obtenant qu'un numéro de la revue de l'Institut, *Thalès*, soit consacré à la cybernétique. Initialement, le CECyb devait seulement prendre en charge la constitution d'une bibliographie pour ce numéro, et, finalement, c'est le numéro 7 qui est intégralement investi. On y trouve un article d'Ashby en anglais (« Statistical Machinery »), un article de

---

35 On ignore sa spécialité (peut-être la programmation ?). On la croise en 1954 au congrès d'électronique de Milan (qui contient une section « électronique et cybernétique »), où intervient Couffignal ; en 1956 au Ier Congrès international de cybernétique de Namur (« Le concept d'information : ses possibilités, ses limites ») ; elle écrira également un article (« La communication d'information », 1960) pour la série « Études sur la cybernétique et l'économie » des *Cahiers de l'ISEA*, dirigée par Couffignal (*cf.* p. 451-494). Elle a dirigé un ouvrage sur les débuts de l'informatique en Italie. Parmi les membres du CIC figure notamment Bruno de Finetti.

36 Lettre de E. R. McKinney à R. Vallée, 14 janvier 1953.

McCulloch traduit en français (« Dans l'antre du métaphysicien »), un article de Rashevsky en anglais (« Mathematical Biology of the Central Nervous System With Special Reference to the Problems of Gestalt and Perception of Relations »), des articles de Couffignal (« La mécanique comparée »), Russo (« La cybernétique située dans une phénoménologie générale des machines ») et Vallée (« La théorie de l'information »). Suivent cinq pages de bibliographie qui clôturent le numéro, composées par quatre membres du CECyb (Colombo, Scotto di Vettimo, Talbotier, Vallée), auxquels se joint Lucien Liaigre. Le numéro, cependant, ne sera publié qu'en 1953.

Par ailleurs, ce sont les portes de l'IHST que Ducassé ouvre au CECyb afin d'y tenir des réunions. À la fin de l'année 1951, Vallée dispose d'un carnet d'adresses intéressant. Les conditions sont réunies pour la tenue d'un séminaire. Ce sont quatorze conférences qui seront données dans la grande salle de l'Institut :

17 nov. 1951	R. Vallée	Cybernétique et théorie de l'observation
2 février 1952	S. Colombo	Mécanique héréditaire, théorie et applications
5 avril 1952	B. Mandelbrot	Relation entre la structure statistique de la langue et les propriétés présumées du cerveau
7 juillet 1952	J. Samain	Organisation des faits et des idées par les machines à cartes perforées
10 déc. 1952	J. Lafitte	Espèce humaine et monde des machines
7 janvier 1953	…	Monde des machines et voie technique
14 mars 1953	…	Monde des machines, développement et limites
8 avril 1953	…	Monde des machines et structures sociales
25 avril 1953	J. Riguet	Introduction à la théorie des réseaux d'interrupteurs
16 mai 1953	…	Analyse et synthèse des réseaux combinatoires
30 mai 1953	…	Réseaux séquentiels et applications (I)
6 juin 1953	Réunion	Définitions et terminologie en cybernétique
13 juin 1953	J. Riguet	Réseaux séquentiels et applications (II)
21 nov. 1953	Réunion	Délimitation du domaine propre à la cybernétique

Les réunions auraient rassemblé à chaque fois une vingtaine de personnes. On ne sait pas si des étudiants de l'IHST y ont également assisté[37]. Il ne reste quasiment aucune trace du contenu de ce séminaire[38]. Ce sont bien sûr les discussions qu'il aurait été particulièrement intéressant de pouvoir analyser. Nous savons au moins que des débats se poursuivaient par voie épistolaire : dans une lettre d'Héliard à Vallée, en décembre 1953, on apprend par exemple que Vallée a fait circuler des « remarques de Monsieur Liaigre » avec lesquelles Héliard est en désaccord ; il est question de définition de la cybernétique et de son rapport avec les mathématiques, sans précisions très développées[39].

On peut mettre au crédit du CECyb d'avoir fourni la matière à un cycle de conférences organisé par la « Maison des sciences », à Paris, en mars 1953[40]. Le programme est établi en deux mois :

13 mars : L. Couffignal, Inspecteur général de l'instruction publique, « Méthodes et limites de la cybernétique »
17 mars : J. Loeb, Directeur adjoint du CNET, « Information, communication et servomécanismes »
20 mars : A. Fessard, Professeur au Collège de France, « Points de contact entre neurophysiologie et cybernétique »
24 mars : G. Th. Guilbaud, Directeur adjoint de l'ISEA, « Pilotes, stratèges et joueurs. Vers une théorie de la conduite humaine »
27 mars : L De Broglie, « Vue générale et philosophique sur la cybernétique »

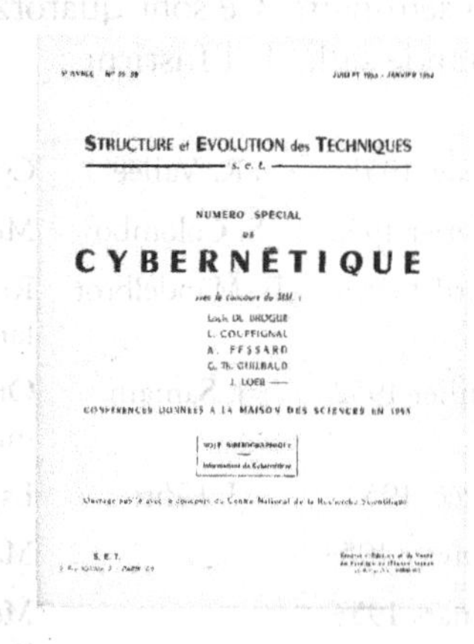

FIG. IV – Couverture du numéro spécial de SET sur la cybernétique, 1953.

37 Lettre de J. Lafitte à R. Vallée, 26 décembre 1952 : « Monsieur Bachelard m'a dit que les convenances de ses étudiants rendaient difficile une fixation de date dès maintenant pour ma seconde conférence ». Phrase ambiguë qui ne dit pas s'il s'agit d'obtenir la disponibilité de la seule salle ou aussi celle des étudiants.

38 Vallée, Guilbaud, Riguet et Mandelbrot n'ont pas laissé entendre qu'ils avaient conservé de notes.

39 « En ce qui concerne mon propre papier, je ne dis plus que la cybernétique est "un chapitre appliqué de la théorie des écarts", mais bien un "chapitre de l'étude des fonctions aléatoires et de corrélation" » (lettre de P. Héliard à R. Vallée, 21 décembre 1953).

40 Lettre de G. Th. Guilbaud à R. Vallée, 8 janvier 1953 : « Les étudiants de la Maison des Sciences ont envie qu'on leur parle de Cybernétique : ils organisent un cycle de conférences. Je pense que vous serez de bon conseil et j'ai dit au responsable [...] de vous contacter ».

Les textes sont publiés dans un numéro spécial de *SET* (n° 35-36, juillet 53 – janvier 54), ce qui témoigne qu'une priorité de principe a été accordée au CECyb pour l'exploitation de l'événement (c'est Vallée qui signe l'éditorial) ; il est peu douteux que ces conférences auraient pu trouver preneur auprès d'éditeurs plus en vue. On a sans doute, avec cette série, une des plus belles images de la cybernétique en France.

En juin 1953, une séance du CECyb intitulée « Définitions et terminologie en cybernétique » est organisée ; puis en novembre, la dernière réunion a pour objet la « Délimitation du domaine propre à la cybernétique ». Si de telles initiatives constituent un réquisit fondamental de toute recherche, leur position terminale, sans suite, dans la série de conférences du Cercle, peut aussi être interprétée comme un symptôme de la difficulté, sinon de l'impossibilité d'intégrer différentes approches ou attentes, de trouver une base commune pour un programme de travail. L'absence de consensus, un certain scepticisme croissant des uns ou des autres, peuvent expliquer la suspension des séances. De façon plus prosaïque, les obligations des membres ont pu exercer un effet centrifuge : Mandelbrot, par exemple, est parti aux États-Unis ; Vallée est au Laboratoire de recherche militaire franco-allemand de St-Louis-du-Rhin, près de Mulhouse ; Serge Lissitzky est parti à Alger, puis Marseille. Un dernier dîner est organisé en décembre 1953 avec Wiener, de passage à Paris juste avant la Noël[41]. Vallée est admis à une école d'été du MIT, où il suit un séminaire « Mathematical Problems of Communication Theory », et va ensuite passer une semaine dans la maison de campagne de Wiener. Ce dernier est alors en plein travail avec le physicien Armand Siegel, pour explorer des hypothèses de variables cachées en mécanique quantique. Peu de temps auparavant, à Paris, relate Vallée, « il m'a dit, sur le ton de la plaisanterie : "J'ai perdu assez de temps avec la cybernétique, il est temps de revenir à des choses sérieuses[42]" ». Ce qui ne l'empêche pas de projeter la même année d'écrire un traité

41 « J'ai reçu un invitation aux Indes ou je vais participer dans le Congress de Science indien pendant le mois de janvrier, et ou je visiterais plusieurs universités indiens, revenant aux États-Unis le commencement de fevrier. Je passerai par Paris en allant et en revenant. [...] S'il serait possible pour moi avoir quelque chose avec collègues de Cercle, je serai très content » (sic – lettre de N. Wiener à R. Vallée, 3 décembre 1953).

42 R. Vallée, « A Week in Hampshire With Norbert Wiener », in R. Trapl (dir.), *Cybernetics and Systems '90. Proceedings of the Tenth European Meeting on Cybernetics and Systems Research*, 1990, p. 345.

de cybernétique au contenu très technique[43]. Vallée, en tout cas, va lui-même prendre un peu de distance avec la cybernétique. Sentant un climat hexagonal défavorable, il se lance dans une thèse de physique relativiste sous la direction d'André Lichnerowicz.

Bien qu'il n'y ait jamais eu de dissolution officielle, on peut considérer que le CECyb disparaît en décembre 1953. Toutefois, le réseau mis en place conserve une certaine pérennité, comme l'attestent des lettres qui continuent d'être échangées des années plus tard. D'autres connexions se produisent : le mystérieux A. Franck introduit à Vallée une figure remarquable de l'histoire de la cybernétique française : Jacques Sauvan, médecin et inventeur de machines auto-régulatrices expérimentales, qui dirigera dans les années 1960 un département « cybernétique » à la SNECMA, avec une dizaine de personnes sous sa direction (voir chapitre suivant).

D'autres initiatives vont succéder au CECyb en s'appuyant sur son réseau : la très éphémère « Société Française de Sciences Comparées » de Couffignal (*cf.* p. 595-599), puis la « Société Française de Cybernétique », présidée par Léon Delpech (*cf.* conclusion).

REMARQUES

Il est bien sûr très délicat d'interpréter des informations aussi lacunaires. La faible taille et la brièveté de l'existence du groupe rendent particulièrement difficile de faire la part des contingences et de manifestations plus structurelles.

On peut quand même faire quelques observations sur les données de ce chapitre en les mettant en perspective avec la problématique générale et ce que l'on a balisé précédemment du contexte français d'après-guerre. On va se baser pour cela sur un commentaire du schéma. Signalons tout d'abord deux défauts propres à ce type de représentation : d'une part, il existe des profils hybrides, ce qui n'est évidemment pas anodin dans le cadre de cette étude (outre qu'il n'est que justice de ne pas

43 N. Wiener, « Ideas for an Outline of a Treatise on Cybernetics », 1953, archives de N. Wiener au MIT : 30C-730.

trop ignorer la complexité et la richesse des profils et des expériences individuelles). En effet, certains noms devraient être placés dans deux champs à la fois. C'est le cas de Husson (physiologiste et statisticien) ; Gendre (radio-ingénieur en cinquième année de médecine) ; Samain et Paycha – et, bien qu'il ne soit contacté par Vallée qu'en 1956, Sauvan – (médecins et inventeur de machines) ; Ducrocq et Zelbstein (ingénieurs et vulgarisateurs). Deuxièmement, le choix d'une commodité de présentation en faveur de certains aspects se faisant généralement au détriment d'autres, il faut bien préciser que certaines caractéristiques du schéma sont complètement arbitraires et ne doivent pas intervenir dans l'interprétation. Ainsi, la disposition respective des champs, et à l'intérieur d'eux celle des noms, n'a aucune signification, pas plus que les distances ou les longueurs des liaisons.

On constate déjà que l'affirmation de B. Chamak (« Le mépris des mathématiciens français pour la cybernétique nous aide à comprendre pourquoi [...] ses partisans français étaient principalement des médecins et des journalistes scientifiques[44] ») est contredite par la composition du CECyb.

L'existence de trois centres est mise en évidence sur le graphe : 1) Vallée, fondateur et pilier du CECyb, dont on peut considérer qu'il prend fin avec son départ[45] ; 2) Scotto di Vettimo, qui aide à rassembler le premier noyau. On a déjà exprimé une curiosité quant au fait que ce soit un non-polytechnicien qui fasse le liant entre des polytechniciens, dont certains sont pourtant supposés être de la même promotion. Si tant est qu'il s'agisse d'une anomalie sociologique, on peut y voir la marque d'une contingence historique (liée notamment aux circonstances de la Guerre pour le manque de cohésion préalable de la promotion polytechnicienne) ; 3) Ducassé, pourvoyeur des murs et de supports éditoriaux ; rôle capital et décisif, certes, mais est-ce un rôle contingent ? Vallée aurait pu trouver une autre salle et éditer un bulletin ailleurs : l'École Polytechnique pouvait offrir ce genre d'aide, et il n'est pas inutile de rappeler par ailleurs que plusieurs membres du CECyb assument des responsabilités éditoriales : Dubarle (alors directeur des Éditions du

44 B. Chamak, « The Emergence of Cognitive Science in France: A Comparison with the USA », *Social Studies of Science* vol. 29, n° 5, 1999, p. 650 ; voir aussi le chapitre « Mathématiciens butineurs ».

45 « Le Centre de Cybernétique va perdre de son dynamisme avec votre départ, je le crains » (lettre de R. Husson à R. Vallée, 31 octobre 1953).

Cerf), ou encore George ; enfin, évidemment, le CECyb compte assez de noms éminents, très bien insérés dans la vie scientifique, pour qu'on ait peine à imaginer qu'il trouvât porte close auprès des institutions. Il est curieux que Vallée n'en ait pas profité pour publier un bulletin plus structuré. Mais la question de la contingence du rôle de Ducassé a un autre sens : à la lumière de la problématique présentée en introduction, comment interpréter le fait que c'est une revue consacrée à la réflexion sur les techniques qui constitue une telle interface transdisciplinaire ? Est-ce trivial ? Si non, est-ce une coïncidence, ou bien faut-il y voir une signification plus profonde ?

Il ne faut pas oublier que le responsable de cette revue est initialement un philosophe ; du coup, le thème de la technicité pourrait être jugé contingent, tandis que la démarche philosophique serait le vrai moteur de l'initiative. Cette thèse plaira au philosophe, qui considère la réflexion encyclopédique comme l'un de ses lieux naturels : c'est le philosophe (ou « la philosophie ») qui recollerait les morceaux de la parcellisation disciplinaire. La perspective adoptée dans cet ouvrage renverse cette interprétation : *SET* est *un symbole philosophique de la dimension technique de l'espace interdisciplinaire* (voir le dernier chapitre). Les encyclopédistes effectifs sont ici les mathématiciens et les ingénieurs liés aux pratiques de modélisation interdisciplinaire.

L'analyse de la constitution du CECyb se précise alors : en ayant défini la cybernétique comme une famille de modèles potentiellement destinés aux sciences biologiques et sociales, on est amené à considérer que le sens d'un groupement comme le CECyb est d'être un *marché*, un lieu d'échange possible, où les ingénieurs et mathématiciens viennent avec leurs outils, et les biologistes avec leurs problèmes – on remarque la représentation quasi nulle des sciences sociales, à l'exception discutable de Guilbaud. On peut alors se demander si les philosophes et les journalistes suppléent en quelque manière à des circuits institutionnels inexistants. Cette question oblige à faire état d'une limitation supplémentaire du mode de présentation graphique choisi : contrairement à ce que peut laisser croire le schéma, les différents champs ne doivent pas être mis sur le même plan (d'abord parce que tous n'ont pas le même rôle vis-à-vis du « marché », ensuite parce que les ingénieurs du noyau central devraient rejoindre le champ des ingénieurs et des mathématiciens) ; et, ce qui en est le corollaire, il n'y a pas *un* espace interdisciplinaire, mais mathématiciens, ingénieurs, philosophes et journalistes ont chacun leur voie de circulation, et ces canaux ou vecteurs spécifiques ne communiquent pas forcément entre eux.

L'interprétation en terme de marché (explicitée en introduction) suggère un modèle explicatif pour comprendre la formation et la dissolution d'un groupe interdisciplinaire : au bout de deux ans, aucun échange n'ayant été noué, le CECyb disparaît. Cependant, il paraît impossible d'analyser un tel marché sans tenir compte de son rapport aux institutions scientifiques : en effet, et c'est sans aucun doute primordial, le caractère informel du groupe peut être un avantage au début de sa formation (en termes de réactivité, de créativité, etc.), mais il commence sans doute à devenir un inconvénient par la suite, dès lors que ses activités ne trouvent pas à s'intégrer auprès des institutions comme projet nécessitant d'y consacrer du temps et du travail au même titre que d'autres. Si bien que les obligations « officielles » des uns et des autres exercent un effet centrifuge que la perspective de pistes originales et innovantes ne parvient plus à compenser.

Enfin, il faut remarquer que les informations disponibles sur le CECyb restent trop lacunaires, sur trop peu d'individus et sur une durée trop courte, pour pouvoir mettre en évidence une relation caractéristique entre la nature des contacts, la proximité de leurs champs d'appartenance et le succès de ces prises de contact. On peut se demander, notamment, si le premier noyau d'ingénieurs polytechniciens se connectait aux autres champs (et lesquels) plutôt par des connaissances personnelles, ou plutôt par des relations formelles. En outre, on pourrait supposer que le contact d'un individu appartenant à un champ éloigné (par exemple, entre mathématiciens et biologistes) a plus de chances de succès s'il se fait par un intermédiaire personnel. Il n'est pas possible de répondre à ces questions à partir du seul cas du CECyb.

CYBERNÉTIQUE ET/OU AUTOMATIQUE ?

Le champ des ingénieurs

Ouvrir le dossier « Les ingénieurs français et la cybernétique après la Guerre » revient quasiment à le créer, puisqu'aucune étude générale n'a réellement été entreprise sur le sujet[1]. Il s'agit d'un vaste dossier dont un chapitre seul ne pourra faire le tour. Une étude bibliométrique extensive serait nécessaire pour apprécier la distribution et l'évolution de la référence à la cybernétique selon les spécialités d'ingénierie. Cela permettrait de comparer la variété des acceptions de la cybernétique entre le champ technologique et le champ scientifique : le terme est-il mieux circonscrit dans le premier que dans le second ?

La base technologique de la cybernétique est la régulation automatique. Ce domaine correspond principalement à la discipline qui va s'appeler quelques années plus tard, en France, « automatique ». Quelle relation la référence à la cybernétique entretient-elle avec l'émergence socio-professionnelle de la discipline automatique ? Certains éléments font penser que le nom de « cybernétique » aurait pu être choisi à la place d'« automatique » ; on va essayer de formuler des hypothèses pour comprendre ce choix.

Cette question renvoie à l'existence de passerelles avec les sciences, plus exactement de marques d'intérêt ou de tentatives d'ingénieurs pour contribuer à la production des connaissances scientifiques à partir de leur champ spécifique.

---

1 L'article de Philippe Breton « La cybernétique et les ingénieurs. Dans les années cinquante », en dépit de ce que son titre peut laisser espérer, reste assez éloigné de l'histoire de l'ingénierie (P. Breton, « La cybernétique et les ingénieurs. Dans les années cinquante », *Culture technique* n° 12, 1984, p. 155-161).

CONSTITUER UNE THÉORIE GÉNÉRALE UNIFIÉE

L'histoire générale de l'automatique disposait des grandes sommes de référence d'Otto Mayr et Stuart Bennett[2] ; elle s'est ensuite enrichie de deux études qui concernent plus particulièrement ce livre : la thèse de David Mindell, publiée en 2002[3], et la thèse de Patrice Remaud, soutenue en 2004[4]. La première porte sur la convergence technologique calcul-régulation-communication dans le contexte américain de la Seconde Guerre mondiale ; la seconde est une vue d'ensemble de l'histoire de l'automatique en France. Toutes deux s'intéressent aux changements majeurs survenus dans ce domaine durant le XXe siècle. L'enjeu est celui de la fédération de traditions techniques séparées, utilisant des recettes plus ou moins empiriques, en une discipline unifiée par une théorie générale. Les problèmes de régulation étaient surtout, depuis le XIXe siècle, l'affaire des ingénieurs mécaniciens. À partir des années 1920, ce sont les radio-électriciens qui commencent à s'intéresser aux propriétés des boucles de rétroaction négative dans les amplificateurs. Dans les années 1930 ont lieu des progrès décisifs, surtout dans les Laboratoires Bell aux États-Unis, où Harold Black parvient à résoudre un problème de stabilité du gain d'un amplificateur à lampes à l'aide d'un bouclage en rétroaction négative. Les électriciens s'approprient ainsi une classe indéfinie de problèmes de régulation pour lesquels leurs outils (calcul symbolique, analyse harmonique, auxquels s'ajoute désormais le formalisme des « schémas-blocs ») se révèlent plus puissants que ceux des mécaniciens (équations différentielles ou méthodes graphiques). La tendance générale est à l'abstraction croissante[5].

2 O. Mayr, *The Origins of Feedback Control*, Cambridge (Ma) : The MIT Press, 1970 ; S. Bennett, *A History of Control Engineering, 1930-1955*, IEE Control Engineering Series n° 47, Stevenage : Peter Peregrinus, 1993.

3 D. Mindell, *Between Human and Machine. Feedback, Control and Computing Before Cybernetics*, Baltimore : John Hopkins University Press, 2002.

4 P. Remaud, *Une Histoire de l'automatique en France 1850-1950*, Paris : Hermès-Lavoisier, 2007.

5 C. Bissell, « Models and "Black Boxes": Mathematics as an Enabling Technology in the History of Communications and Control Engineering », *Revue d'histoire des sciences*, tome 57, n° 2, 2004, p. 307-340 (Chris Bissell est un autre contributeur important à l'histoire de

La reconnaissance (temporaire) de cette supériorité des méthodes « fréquentielles » sur les méthodes « temporelles » ne pouvait se faire que par l'établissement d'un lieu de rencontre entre traditions technologiques habituellement disjointes, et ce lieu de rencontre a été le contexte de l'effort de guerre. C'est cette convergence que décrit l'ouvrage de David Mindell mentionné. Le décloisonnement disciplinaire a pu se produire dans ces circonstances d'exception, avec l'intensité et le « boom » technologique que l'on sait. L'avènement d'une discipline unifiée est donc lié à la généralisation de l'usage des méthodes fréquentielles – généralisation qui ne va pas de soi, puisqu'elle implique en fait le renouvellement de l'outillage mental d'importantes communautés d'ingénieurs. La confrontation des deux modes de pensée a en fait perduré bien après les années 1930 : d'un côté, les radio-ingénieurs n'avaient pas l'habitude de penser en termes de rétroaction négative, ni d'aborder des problèmes en très basses fréquences ; de l'autre, les ingénieurs des autres domaines n'ont pas l'habitude de « penser en fréquentiel », puisqu'en général les oscillations représentent chez eux un phénomène problématique à éliminer (vibrations, perturbations) plutôt qu'une donnée normale à organiser (comme font les radio-électriciens cherchant à moduler un signal). Le contexte de la guerre n'a pas nécessairement comblé le fossé partout, si l'on en juge par le souvenir que rapporte Pierre Naslin du congrès de Londres de 1947 sur les servomécanismes, congrès supposé œuvrer lui aussi dans le sens de l'unification méthodologique :

> Il y avait un profond malaise dans ce congrès parce que les gens ne se comprenaient pas. Vraiment il y avait une barrière de langage entre les tenants de la théorie temporelle et ceux qui voulaient répandre la théorie fréquentielle en s'inspirant de ce qu'avaient fait les électroniciens[6].

En France, bien entendu, les circonstances de l'effort de guerre n'ont pu se produire du fait de l'Occupation (voir le premier chapitre) ; quelle est alors la situation à la Libération ? C'est en fait une double fracture que Remaud décrit dans sa thèse : celle que l'on vient d'évoquer, entre méthodes temporelles et fréquentielles, mais aussi une rupture de génération. En effet, avant la guerre, les radio-électriciens et les ingénieurs

l'automatique) ; M. Lucertini et al. (dir.), *Technological Concepts and Mathematical Models in the Evolution of Modern Engineering Systems* (*op. cit.*).

6 Entretien de J. Segal avec P. Naslin, 19 mars 1997.

des PTT connaissaient les travaux américains des laboratoires Bell, progressivement introduits dans les années 1930 ; ils connaissaient aussi un peu la rétroaction négative (étudiée par Léon Brillouin dès le début des années 1920). Remaud montre que toute cette assimilation semble inconnue au lendemain de la Guerre, et qu'une génération entière d'ingénieurs doit s'approprier d'un bloc les méthodes fréquentielles : ces nouvelles méthodes sont alors estampillées anglo-saxonnes.

L'unification au sein d'une discipline commune après la guerre rencontre donc des obstacles non négligeables. Remaud en rapporte quelques traces :

> Les enseignements existant avant la deuxième guerre mondiale dans les écoles d'ingénieur autour des techniques de régulation, en dehors du domaine de l'électrotechnique, se poursuivent et restent toujours centrés sur l'approche classique de l'automatique, sans inclure les théories nouvelles. [...] L'incompréhension des nouvelles méthodes est patente, elle est probablement liée à la formation mathématique dispensée dans la plupart des écoles d'ingénieur à cette époque[7].

Une enquête est menée en 1954-1955, en France et à l'étranger, pour dresser un état des lieux de l'enseignement de la discipline. Ces enseignements sont souvent dispersés et inclus dans d'autres matières (mécanique, thermique), ce qui ne facilite pas la généralisation théorique. L'idée d'un telle généralité dépassant les particularismes technologiques et disciplinaires n'a pas gagné tous les esprits. Les auteurs de l'enquête ne trouvent « ... aucun cours d'automatisme et de régulation automatique comportant, à la fois, un exposé véritablement complet de ses bases théoriques et de nombreux exemples pris dans les techniques variées[8] ». Remaud insiste également plusieurs fois sur la dispersion des jargons, souvent déplorée, et les tentatives faites pour y remédier.

Contre cette inertie, des initiatives sont prises pour fédérer les pratiques. Les figures majeures de la diffusion des nouvelles méthodes sont notamment Victor Broïda, François-Henri Raymond ou Pierre Naslin. L'adoption des nouvelles méthodes fréquentielles étant l'occasion d'une certain prise de pouvoir par les ingénieurs en communication sur l'ensemble de la communauté, on peut douter qu'il s'agisse toujours

7 P. Remaud, *op. cit.*, p. 188.
8 Cité par P. Remaud, *op. cit.*, p. 188.

d'un problème de compréhension intellectuelle. Par exemple, dans le sommaire d'une conférence de 1953, Julien Loeb, directeur adjoint du CNET, écrit que « la présence dans [les servomécanismes] d'un circuit de transmission [...] les rattache à la théorie des communications[9] ». Cette formulation n'est pas innocente : elle revendique une dépendance de principe des autre domaines par rapport aux télécommunications.

L'année décisive pour l'institutionnalisation est 1956 : en janvier est créée la revue *Automatismes*, dont le premier article est écrit par le président du Conseil supérieur de la recherche scientifique et du progrès technique (CSRPST), Henri Longchambon. Il donne une définition de l'automatique :

> Aujourd'hui nous voyons, dans le même esprit, les techniciens et les théoriciens de l'automatisme, des systèmes asservis, des machines mathématiques, de l'information, faire un effort similaire de synthèse de ces disciplines pour arriver à les fusionner en une nouvelle science, l'Automatique[10].

Au printemps, la même équipe crée, avec l'aide du CSRPST, l'Association française de régulation et d'automatisme (AFRA), qui « démontre une volonté de dynamisme tous azimuts[11] » et décroche la reconnaissance au niveau international en invitant à Paris l'assemblée constitutive de l'*International Federation of Automatic Control*, en septembre 1957. Mais auparavant, un événement marquant vise à la fois la reconnaissance nationale et internationale : l'organisation du Congrès international de l'automatique, à Paris, en juin 1956. Ce n'est plus, alors, le nom « automatisme » qui apparaît, ni l'adjectif « automatique », mais l'automatique en tant que nom désignant la « nouvelle science ». On a peu de détails sur le choix de ce mot ; on sait qu'il était employé dans un article de Leonardo Torres y Quevedo de 1915[12]. On constate que, à l'image des obstacles à l'unification des méthodes, des lexiques et des communautés, ce nom d'automatique ne s'impose pas immédiatement et massivement ; au moment où, en 1956, il commence à gagner en visibilité, un autre nom existe déjà depuis plusieurs années, susceptible de lui faire concurrence : la cybernétique.

9 J. Loeb, « Information, communication et servomécanismes », *Structure et évolution des techniques* n° 35-36, 1953-1954, p. 12.

10 H. Longchambon, cité par P. Remaud, *op. cit.*, p. 192.

11 P. Remaud, *op. cit.*, p. 194.

12 L. Torres y Quevedo, « Essai sur l'Automatique. Sa définition. Étendue théorique de ses applications », *Revue générale des sciences pures et appliquées*, t. 26, 1915, p. 601-616.

CHOIX PUIS MARGINALISATION DE LA CYBERNÉTIQUE COMME RÉFÉRENCE UNIFICATRICE

Remaud ne fait presque aucune mention de la cybernétique, et la traite comme une référence indépendante et extérieure par rapport au domaine de l'automatique. Il semble important de remarquer que cette différenciation n'est pas un état de départ qui, devenu flou, aurait été légitimement rétabli par le choix du nom « automatique ». Au contraire, il paraît parfaitement compatible avec la situation décrite par Remaud (dispersion des méthodes, des lexiques, des préoccupations) de considérer que la référence cybernétique participe à l'instabilité identitaire qui est alors celle du champ. Certains éléments semblent en effet suffisants pour affirmer que le nom de « cybernétique » aurait pu être choisi à la place d'« automatique ».

Le Congrès de Paris de juin 1956 est une occasion privilégiée d'affirmer l'existence de la nouvelle discipline. François-Henri Raymond, qui en est le principal organisateur, ne manque pas, dans un article annonçant le congrès, de promouvoir l'appellation « automatique » au détriment de « cybernétique » :

> Le congrès de l'automatique aura pour mission, entre autres, de mettre en valeur les théories fondamentales de cette science nouvelle qu'est l'automatique théorique et appliquée – qu'on ne saurait confondre avec la cybernétique dont le caractère doit encore s'affirmer [...][13].

La démarcation que propose Raymond entre automatique et cybernétique, bien sûr, n'est pas complètement arbitraire, puisque cette dernière cultive déjà des antécédents de dispersion sémantique ; mais son geste n'est pas pour autant dénué d'un certain arbitraire, dans la mesure où les nouvelles méthodes autour desquelles il veut unifier des techniques variées sont alors minoritaires dans l'ensemble du champ. La cybernétique est assimilée au flou et à l'instabilité, et la disqualifier aide Raymond à appeler au rassemblement autour de repères qui, par contraste, peuvent apparaître mieux définis – sur le mode de la rupture[14], et de façon quasi

---

13 F.-H. Raymond, cité par P. Remaud, *op. cit.*, p. 196.

14 « Malgré l'admiration que nous devons avoir pour nos Aînés, l'Automatique est née relativement récemment parce que l'effort d'analyse n'a pas été en proportion avec

performative puisque ce rassemblement reste à faire en pratique : si, au clivage temporel/fréquentiel, on ajoute l'introduction des méthodes stochastiques et des automatismes logiques, ainsi que le rejet, similairement au cas de la cybernétique, du terme d'origine anglo-saxonne « automation » (auquel Raymond reproche aussi son imprécision), il est bien clair que l'« automatique » a elle aussi à s'affirmer et s'unifier, et de ce point de vue le rejet de la référence cybernétique par Raymond tient un peu du reproche que le camembert fait au munster. De fait, le congrès de 1956 manifeste une porosité qu'il est pourtant supposé contribuer à liquider. Dans les actes, certes, il est somme toute peu mention de la cybernétique : il en est question dans la communication un peu « philosophique » de Uri Zelbstein[15], ingénieur membre du Cercle d'études cybernétiques (*cf.* chapitre précédent), mais aussi membre du comité de rédaction de la revue *Automatismes* à sa création. Parmi les intervenants, on trouve en plus de Zelbstein un certain nombre de protagonistes ayant déjà associé leur nom d'une manière ou d'une autre à la cybernétique : Marc Pélegrin, Paul Braffort, G. Th. Guilbaud, Julien Loeb, Jacques Riguet. Au congrès proprement dit, Raymond, dans l'allocution d'ouverture, se montre plus prudent que dans son article d'annonce, se contentant d'allusions à « ceux qui superficiellement ont pu découvrir cette notion [de "*feedback*"] » :

> Chacun dans cette réunion a son idée sur l'Automatique et je me garderai bien d'y ajouter la mienne : souhaitons qu'à la fin de ce Congrès toutes soient plus claires et que se réalisent les liens entre les plus de cent exposés qui seront présentés. [...]

l'effort d'imagination, que cette longue expérience serve de leçon, le présent Congrès en est la preuve, et l'on peut affirmer qu'aucun effort intellectuel largement diffusé ne sera inutile qui ne s'inscrive dans le cadre de l'Automatique » (F.-H. Raymond, « Quelques remarques sur l'automatique », exposé d'ouverture, *Congrès international de l'automatique Paris 18-24 juin 1956*, Bruxelles : Presses académiques européennes, p. VII).

15 « Le mérite de cette théorie [cybernétique] est d'attirer l'attention sur la discrimination qu'il y a lieu de faire entre l'énergie directe de l'action et l'énergie servant uniquement de véhicule aux messages contenant une certaine information. La différenciation de ces deux modalités d'énergie permet de définir le schéma fonctionnel correspondant [...]. Cette analyse fonctionnelle donne un sens logique aux réseaux les plus complexes. Elle conduit alors vers un symbolisme formel [mais lequel ?] permettant une définition préalable des fonctions compte tenu du résultat à atteindre. C'est en cela peut-être que la cybernétique permet de dégager les prémisses d'une science d'automatismes, c'est-à-dire de l'automatique » (U. Zelbstein, « Automatique, science ou technique ? », *Congrès international de l'automatique*, *op. cit.*, 1959, p. 113).

> Le passage du phénomène physique [...] à la manipulation des informations prend un caractère général et abstrait qui donne, relativement, à cette forme de l'automatisme une portée pratique et physiologique qui a pu justifier l'enthousiasme de certains. Malheureusement, une part importante de fantaisie accompagne le contact du grand public avec ces matières et peut-être même de bon nombre de techniciens[16].

Que la cybernétique ait pu être associée à une « science des machines » (voir chapitre suivant) ne doit pas selon Raymond prêter à confusion :

> La Cybernétique – qu'il serait vain de chercher à définir avec trop de précision, – parmi ses tentatives, peut se préoccuper de réviser des conceptions sur la notion de machine, dépassées par les évolutions et les imbrications des techniques. On doit au R. P. Russo une analyse objective de l'intelligence des machines, mais peut-on prétendre élaborer une « science des machines » ? Nous ne le croyons pas, du moins si une telle science entend être de quelques utilité pratique. L'espérer peut conduire à de fertiles tentatives, à un enrichissement intellectuel [...][17]

Il s'agit somme toute de laisser la cybernétique s'occuper de philosopher sans distraire les ingénieurs, comme ce sera confirmé par l'évolution de la commission « Électronique et cybernétique » du CSRSPT (voir plus loin).

Si Raymond, Zelbstein et d'autres distinguent automatique et cybernétique à un titre ou un autre, on trouve d'autres contextes dans lesquels le terme de cybernétique désigne tout ou partie de la discipline technologique proprement dite. C'est le cas à l'Académie des sciences, dont les *Comptes rendus* comportent une rubrique « Cybernétique » (où Vallée et Colombo, mais aussi Raymond, ont publié[18]). Or à peine quelques jours après le congrès d'automatique de Paris, l'Académie réunie en Comité secret « adopte les suggestions suivantes du Comité consultatif du Langage scientifique : »

> 4. L'introduction du mot « automation » est désapprouvée. On doit suivant le cas utiliser les termes « automatique » ou « automatisation ».

---

16 F.-H. Raymond, « Quelques remarques sur l'automatique », *op. cit.*, p. III, VII.

17 F.-H. Raymond, *L'Automatique des informations*, Paris : Masson, 1957, p. XII.

18 F.-H. Raymond, « Sur la stabilité d'un asservissement linéaire multiple », *Comptes rendus de l'Académie des sciences*, t. 235, 1952, p. 508-510. Comme pour Vallée et Colombo (voir chapitre précédent), la note de Raymond est présentée par Louis de Broglie.

> 5. L'emploi du terme « cybernétique » doit être limité à la science des mécanismes régulateurs et servomécanismes, tandis que « télétechnique » comprendrait tout ce qui relève de la technique des télécommunications et de la théorie de l'information[19].

La thèse de Jean-Marc Logeat en histoire des techniques ferroviaires, *Cybernétique et chemin de fer*[20], nous apprend que c'est le terme « cybernétique » qui a été utilisé par la SNCF durant toute sa phase de modernisation[21], que Logeat fait débuter à peu près à l'époque du congrès de 1956. Un service de recherche sera créé en 1966, composé de cinq départements, dont un de « Cybernétique » ; il durera jusqu'en 1990, où il sera rebaptisé « Calculs physiques » à l'occasion de la réorganisation de la Direction de la recherche. C'est Paris qui accueille en 1963 le premier « Symposium de cybernétique ferroviaire[22] », invitant des délégués de 32 pays. Il est curieux que le nom d'« automatique » n'apparaisse pas dans la thèse de Logeat, pour désigner la discipline qui est pourtant aujourd'hui connue et enseignée sous ce nom. La dénomination « Cybernétique » longtemps retenue à la SNCF, bien plus qu'un choix scientifique ou une particularité culturelle de la maison, aurait surtout été un choix politique[23]. Dans le cas présent, cette dénomination

19 Séance du 2 juillet 1956, *Comptes rendus hebdomadaires des séances de l'Académie des sciences*, t. 243, 1956, p. 114.

20 J.-M. Logeat, *Cybernétique et chemin de fer*, thèse, université Paris IV, 1997, IIIe partie, § 1.

21 « Louis Armand, alors secrétaire général de l'Union Internationale des Chemins de fer (U.I.C.), avait été successivement directeur général, puis président du conseil d'administration de la S.N.C.F., et s'était trouvé confronté au problème de l'image d'un moyen de transport vieillissant (qui se posait tout entier en héritier du siècle précédent) face aux assauts de 'vecteurs' perçus comme plus modernes : l'automobile, gage universellement reconnu de liberté et l'aviation passée en un demi-siècle de l'époque des pionniers à celle du transport de masse » (*ibid.*, p. 146-147).

22 Les suivants, avec une appellation similaire : Montréal, 1967 ; Tokyo, 1970 ; Washington, 1974 ; Madrid, 1979.

23 « À mon avis l'histoire de la cybernétique à la SNCF est indissolublement liée à la personnalité de Louis Armand, dirigeant de grande envergure, et qui a voulu, en usant d'un terme volontairement "moderniste", à la fois s'inscrire dans une tradition de recherche qui a existé dès l'origine au chemin de fer, et provoquer une sorte de rupture avec des modes de pensée et d'action peut-être un peu trop conservateurs. [...] Il avait d'ailleurs été surpris de voir le peu d'intérêt pour la cybernétique dans le milieu ferroviaire en regard, par exemple, du transport aérien. On bénéficiait ainsi d'un incontestable effet de mode, dans la mesure où la cybernétique apparaissait à l'époque (à tort ou à raison) comme l'activité scientifique par excellence. [...] Historiquement, on s'aperçoit qu'il existait une forte tradition de l'innovation au sein des différents services, mais sans réelle

jouit d'une certaine commodité pour rassembler des spécialités différentes, débordant le cadre de l'automatique, et sans qu'il soit forcément question de transversalité entre spécialités : ainsi sa survivance dans « Association française de cybernétique économique et technique », « cybernétique navale » (dans la Marine), ou encore « Institut de recherche en communication et cybernétique de Nantes ». En ce qui concerne la SNCF, cependant, il existe une exception importante, en rapport avec les machines de Jacques Sauvan (voir plus loin).

Mais le cas sur lequel il s'agit insister possède un caractère beaucoup plus paradigmatique : le choix du terme « cybernétique » a été celui d'un trio important dans l'histoire de l'automatique française, les ingénieurs de l'air Jean-Charles Gille (1924-1995), Paul Decaulne (1928-1999) et Marc Pélegrin (né en 1923). Tous trois, à la sortie de l'École Polytechnique, bénéficient après la Libération des premières opportunités de séjours aux États-Unis, où ils peuvent s'instruire – au MIT en particulier – des dernières avancées théoriques : cours de Gordon Brown sur les servomécanismes, cours de Y. W. Lee sur les théories de Wiener, cours d'Albert Hall sur les pilotes automatiques d'avion, etc.[24] Ils restituent ces connaissances dans un enseignement donné à l'École supérieure d'aéronautique à la fin des années 1940. Pélegrin soutient également sa thèse *Calcul statistique des asservissements*. Ils publient chez Dunod un épais manuel de 700 pages qui donne un aperçu du contenu de ces cours : *Théorie et technique des asservissements*. Le manuel introduit progressivement les nouvelles méthodes et notions (diagramme fonctionnel, transformations de Laplace et de Fourier, réponse fréquentielle, fonction de transfert, entrées aléatoires, critère de Nyquist), et le plan s'articule autour d'une théorie générale (dynamique linéaire, asservissements linéaires, non linéaires, organes et conception de systèmes asservis) illustrée d'exemples mécaniques aussi bien qu'électriques (avec des tableaux d'analogies) ; l'ouvrage correspond donc à un cours moderne au sens voulu par les autres réformateurs (Broïda, Naslin, Raymond). Il est publié à la fin de l'année 1956, soit à un moment où les auteurs ont eu connaissance du congrès de Paris (rappelons que Pélegrin y a

possibilité de cohésion [...]. En fait, je pense qu'à la SNCF comme ailleurs, la notion de cybernétique a surtout servi de "concept fédérateur" permettant d'insuffler une certaine dynamique pour des activités qui auraient pu vivre sous une autre appellation [...] » (communication personnelle de J.-M. Logeat, courrier électronique, 12 juin 2009).

24 M. Pélegrin, « Les automatismes et l'apport américain, un témoignage », *op. cit.*

même participé) ; or non seulement il ne fait aucune mention du terme d'« automatique » pour désigner une discipline de référence, mais en plus, l'avant-propos (daté de septembre 1956) débute par ces mots :

> Le présent travail a pour but d'exposer de manière progressive la théorie des asservissements (cybernétique) et son application au projet des systèmes asservis[25].

Le terme « cybernétique » revient plusieurs fois, indiquant clairement que, pour les auteurs, il recouvre une signification technique assez précise, au contraire de Raymond. Cette divergence, bien plus qu'un désaccord terminologique *in fine* arbitraire, recouvrirait en fait implicitement deux conceptions différentes du rapport que l'ingénieur en automatismes peut et doit entretenir avec d'autres disciplines.

En effet, l'introduction du manuel comporte des exemples non technologiques : tout d'abord, dans un paragraphe qui présente la notion de système bouclé, trois exemples sont donnés : un thermostat, un servomoteur, puis le contrôle postural des muscles.

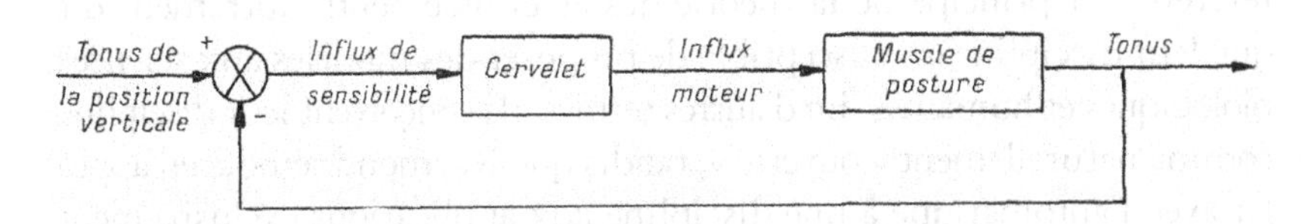

FIG. V – J.-C. Gille, P. Decaulne, M. Pélegrin, *Contrôle postural des muscles*, Dunod, 1956.

Il est précisé en note :

> Il faut noter que ce schéma comporte plusieurs simplifications. [...]
>
> De fait, les régulations physiologiques sont toutes très complexes et les schémas qu'on en fait supposent de grossières simplifications. La valeur de ces schémas est très variable : quelquefois, comme ici, il semble démontré qu'ils correspondent au mécanisme physiologique réel ; plus souvent il faut y voir une vue de l'esprit, dont nos connaissances ne nous permettent pas de savoir s'ils sont ou non conformes au fonctionnement effectif de la « machine humaine[26] ».

25 J.-C. Gille, M. Pélegrin, P. Decaulne, *Théorie et technique des asservissements*, Paris : Dunod, 1956, p. XIII.

26 *ibid.*, p. 12.

Plus loin, au paragraphe « Exemples de systèmes asservis ; leur philosophie », après les cas d'une meule reproductrice et de systèmes de pilotage automatique et humain, on trouve le schéma suivant :

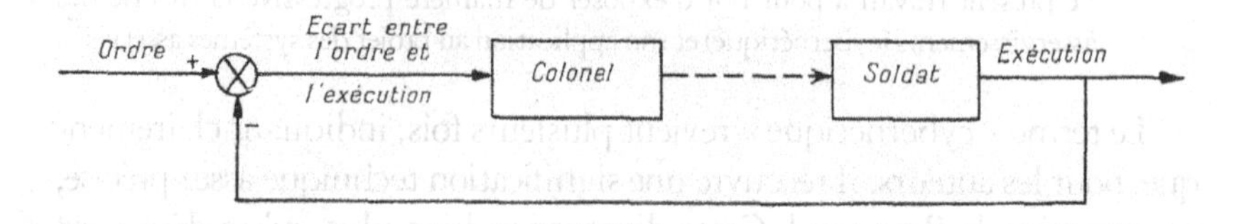

Fig. VI – J.-C. Gille, P. Decaulne, M. Pélegrin, *Exécution des ordres*, Dunod, 1956.

Les auteurs ajoutent que « suivant le point de vue auquel on se place, on peut voir là, soit une analogie amusante, soit une application de la Cybernétique à un problème de relations humaines[27]. ». D'autres remarques confirment que les auteurs envisagent que ces exemples relèvent par principe de la théorie des asservissements, autrement dit que leur discipline est susceptible de proposer des modèles aux sciences biologiques et humaines. En d'autres termes, ils conçoivent leur discipline comme naturellement « ouverte », tandis que Raymond semble en appeler avec l'automatique à une discipline aux applications exclusivement technologiques – discipline pour laquelle le statut de « science » n'en est pas moins revendiqué.

En 1958, suite à son succès, le manuel de Gille, Decaulne et Pélegrin est réédité (toujours chez Dunod). Le format a changé (300 pages au lieu des 700 initiales), de même que le titre, qui devient *Théorie et calcul des asservissements*[28]. « Calcul », et non plus « technique » : les méthodes se sont structurées, et on tient à le faire savoir. En ouvrant cette nouvelle édition, on peut lire que « Le présent travail expose de façon progressive la théorie des asservissements et son application au calcul des systèmes asservis ». Presque la même phrase que dans la première édition (voir ci-dessus) : « calcul » a remplacé « projet », mais, surtout, la parenthèse a disparu, de même que la plupart des autres occurrences du mot

27 *ibid.*, p. 18.

28 J.-C. Gille, M. Pélegrin, P. Decaulne, *Théorie et calcul des asservissements*, Paris : Dunod, 1958. Le gros manuel d'origine est désormais scindé en plusieurs manuels.

« cybernétique ». On ne trouve plus qu'une référence sous la forme d'un petit paragraphe dans la bibliographie :

> La notion de retour (feedback) et l'aspect statistique des asservissements ont incité de nombreux auteurs à appliquer les notions correspondantes à des problèmes humains (physiologiques et sociaux). C'est la vogue de la « Cybernétique », terme au contenu imprécis introduit par N. Wiener dans son curieux ouvrage *Cybernetics* [...]. Beaucoup des ouvrages correspondants manquent de sérieux et de solidité. [...][29]

C'est peu dire que le vent a tourné, en l'espace de seulement deux ans... Et ce n'est manifestement pas l'éditeur qui a fait la pluie et le beau temps sur ce point, puisque, au dos du même volume, l'une des deux « réclames » signale la traduction toute récente du classique d'Ashby *Introduction à la cybernétique*. Que s'est-il passé pour que l'appellation cybernétique soit éjectée aux marges en 1958 par ceux-là même qui en faisaient leur étendard en 1956 ? Ironiquement, Paul Decaulne sera lié ultérieurement à une filiale du groupe Schneider appelée « Compagnie d'études et de réalisations de cybernétique industrielle » (CERCI).

DE LA COMMISSION « ÉLECTRONIQUE ET CYBERNÉTIQUE » DU CSRSPT À L'ACTION CONCERTÉE « AUTOMATISATION » DE LA DGRST (1955-1964)

A été mentionnée, au premier chapitre, une commission du Conseil supérieur pour la recherche scientifique et le progrès technique, immatriculée 15-IIs[30], et dite « Électronique et cybernétique ». C'est ainsi que

29 *ibid.*, p. 316.

30 Le CSRSPT se compose de six sections (1 : Inventaire et mobilisation des moyens de la recherche, 2 : Objectifs de recherche d'intérêt national, 3 : Documentation, information, publication, liaisons scientifiques et techniques avec l'étranger, 4 : Formation, orientation et situation des chercheurs, 5 : Relations et échanges entre organismes de recherche publics et privés, 6 : Inventions, propriété industrielle). La commission « Électronique et cybernétique » est donc la numéro 15 sur les 28 « objectifs d'intérêt collectif » de la deuxième section, qui comporte en outre des « thèmes d'intérêt général » désignés par des lettres, où l'on trouvera à partir de mars 1956 une commission N-II.s « Recherche

la commission se désigne elle-même dans ses documents internes, mais son intitulé officiel varie : « Emploi de l'électronique dans le domaine de la cybernétique », ou encore « Électronique appliquée à la cybernétique ». Ces variations, loin d'être anodines, renvoient directement à l'indétermination qui caractérise alors les relations entre spécialités théoriques et techniques novatrices, et qui se donne à lire dans les discussions de la commission. La commission se réunit pour la première fois en mai 1955, soit un an avant le premier congrès international d'automatique de Paris, et la cristallisation terminologique des années qui suivent. Mais le choix du nom « cybernétique » pour la commission n'est pas seulement de commodité sémantique, puisqu'est incluse formellement au programme une ouverture interdisciplinaire vers les sciences biomédicales et les sciences sociales. En d'autres termes, le nom de la commission ne peut se réduire à un synonyme désuet de « Méthodes numériques pour l'automatique ».

Lors de la première réunion, il est décidé de créer trois groupes de travail ou sous-commissions : « Servomécanismes et automatisme » (nº 1), « Mathématiques expérimentales (machines à calculer, numériques et analogiques) » (nº 2), « Mécanique fonctionnelle, théories de l'information et des jeux, logistique. Logique mathématique » (nº 3)[31]. L'objectif principal à ce stade est d'élaborer des programmes d'enseignement. Chaque sous-commission travaille ainsi sur son propre programme d'enseignement, et le document préparatoire pour le programme de la sous-commission remarque que

> L'opinion a été émise qu'il serait intéressant de créer trois nouveaux certificats de licence, correspondant aux domaines respectifs des trois sous-commission :
> – un Certificat d'Automatique appliquée
> – un Certificat de Calcul automatique
> – un Certificat de Cybernétique
> ces dénominations n'ayant, bien entendu, rien de définitif[32].

opérationnelle » (Secrétariat d'État à la recherche scientifique et au progrès technique, « Brève note sur le Conseil supérieur de la recherche scientifique et du progrès technique », 15 mars 1955 ; Commission N-II.s « Recherche opérationnelle », « Compte-rendu de la première réunion », 6 mars 1956, Archives nationales 19770321/286).

31 « Listes des groupes de travail crées au sein de la commission 15-IIs », Archives nationales 19770321/293.

32 « Projet de programme d'enseignement d'automatique appliquée », p. 2, Archives nationales 19770321/293.

C'est donc, au moins dans la perception de certains des membres de la commission, au troisième groupe que correspond l'appellation « cybernétique », sans que cette appellation renvoie à « automatique théorique » (par opposition à l'« automatique appliquée » du groupe 1). Ce troisième groupe élabore un « programme d'enseignement de cybernétique – "science des relations" en trois parties : une introduction avec des rappels théoriques (algèbre, analyse, probabilités, réseaux), une partie sur la théorie de l'information, et dans une dernière partie un "tour d'horizon très général sur les domaines d'application de la théorie de l'information : en particulier au domaine des télécommunications [...] et à d'autres domaines comme : Industrie, Météorologie, Biologie, Médecine, Économie Politique et Humaine[33]" ».

On voit dans ce montage de propositions de programmes d'enseignement comment les deux noms « automatique » et « cybernétique » cohabitent ; mais si cette présentation semble disjoindre cybernétique et servomécanismes, le texte définitif de la proposition, regroupant les textes préparatoires des trois sous-commissions, déclare en introduction que

> La théorie de l'information présente un caractère fondamental qui rend sa connaissance indispensable aux théoriciens dans des domaines techniques et scientifiques très divers, depuis les télécommunications, qui lui ont donné naissance, jusqu'à la biologie et l'économie. Elle est en particulier étroitement liée à l'automatique, à tel point que, selon les points de vue, on peut considérer l'une comme constituant un chapitre de l'autre[34] !

Autrement dit, la commission admet un certain arbitraire dans sa classification, avec des passerelles au niveau non couvert par les projets de certificat de licence, celui de l'automatique théorique.

On trouve dans la commission, qui est dirigée par le général Bergeron, la plupart des pionniers institutionnels de l'automatique : dans une première liste de 27 personnes figurent Lagasse (secrétaire de la commission), Naslin (qui préside la sous-commission n° 1), Gille, Raymond, et l'on trouve aussi Pérès (qui avait co-organisé le congrès international de Paris en 1951, « Les machines à calculer et la pensée

33 « Projet de programme d'enseignement de cybernétique – science des relations », p. 5, Archives nationales 19770321/293. *Cf.* annexe IV.

34 « Programme d'enseignement d'automatique proposé par la commission 15 IIs "Électronique et cybernétique" », p. 1, Archives nationales 19770321/293.

humaine » avec les cybernéticiens anglo-saxons), Lichnerowicz, Borel et Gaston Berger (qui est alors directeur général de l'enseignement supérieur, et qui va organiser des « journées cybernétiques » à Marseille en 1956 pour les Études philosophiques) ; mais aussi Vallée et Assens (*cf.* chapitre précédent). Comment et à quel titre le fondateur et l'un des membres du Cercle d'études cybernétiques, tous deux anciens collègues au LRBA de Vernon, se sont-ils retrouvés dans la commission ? Les archives ne permettent pas de le dire. Il se pourrait que ce soit par l'entremise de Pélegrin, qui constitue le lien le plus direct entre ces anciens membres du CECyb (dont il fut membre lui-même), et un membre éminent de la commission (son collaborateur Gille), sauf que Pélegrin n'est pas lui-même sur cette première liste. Une seconde liste de juillet 1957 comporte 53 membres : font notamment leur entrée Pélegrin, Loeb, Couffignal, et Braffort, ainsi que René de Possel. La commission a doublé ses effectifs, suite à une vague de recrutement lancée à la fin de l'année 1956, vraisemblablement en guise de prolongement du congrès international d'automatique de juin. La composition de la commission inclut ainsi un certain nombre de profils « cybernétiques » significatifs, mais ceux-ci n'assisteront à aucune réunion dont les comptes rendus sont archivés (à l'exception de Couffignal, qui présente un exposé et se voit demander par Lagasse de contribuer à l'inventaire des formations existantes au titre d'Inspecteur général de l'enseignement technique).

Après le projet d'enseignement et la seconde vague de recrutement, un nouveau groupe de travail est formé au sein de la commission, afin d'organiser une université d'été annuelle d'automatique. L'idée est lancée en juillet 1957 par Raymond, qui prend la tête du nouveau groupe[35]. Prévue initialement pour durer six semaines, elle prévoit de prendre la forme plus modeste d'un congrès pour sa première année (l'été 1958). Un brouillon de programme rédigé et abondamment commenté par Raymond laisse voir l'ambition que cet événement joue un rôle structurant dans la communauté disciplinaire en formation. S'il n'est nulle part question de cybernétique ou d'applications interdisciplinaires à la modélisation, Raymond n'est pas contre un supplément d'âme :

35 Lettre de J. Lagasse à L. Ziéglé, 15 novembre 1957 ; lettre-type de F.-H. Raymond aux intervenants potentiels à l'université d'été, 20 janvier 1958, Archives nationales 19770321/293.

> Je pense que notre programme doit être conçu dans une voie différente de celle d'un enseignement destiné à former des ingénieurs, et les idées y être présentées dans un ordre différent des divers ouvrages qui pourraient être recommandés aux auditeurs de l'Université d'Été. Ce n'est pas seulement ce point de vue qui nous a guidés dans l'établissement de l'ordre des sujets à traiter, mais aussi notre but était-il de franchir d'abord une première étape, c'est le point 1, [...] même si certains aspects ont quelque caractère philosophique (en particulier sous le paragraphe « notion de machine », je pensais que le Révérend Père Russo serait tout à fait désigné pour faire un exposé d'introduction [...])[36].

Cette suggestion ne sort pas de nulle part : Raymond puise dans un vivier caractéristique, il connaît les réseaux français de la cybernétique et y fait appel, bien que ce soit pour réduire celle-ci à la portion congrue.

L'on ignore si l'université d'été aura jamais lieu, comme ce qu'il advient des projets de certificat(s) de licence. La dernière trace d'activité de la commission est la réunion du 21 mai 1958. La France est en plein coup d'État, or l'armée est très présente dans la commission (ainsi que dans le public pressenti pour l'université d'été) ; Gille aurait été proche d'un général putschiste, il émigre au Québec. Les circonstances justifieraient amplement que la commission gèle ses activités le temps que la poussière retombe, mais les archives conservées de la commission ne peuvent à elles seules le confirmer.

Suite au changement de République cette même année, la DGRST prend le relais du CSRSPT. Alors que la DGRST présente son premier rapport d'activité pour l'année 1961, c'est seulement en mars 1963 qu'une action concertée « Automatisation » est créée (une action concertée « Électronique » apparaît dans le rapport de 1962, puis, en 1963, on trouve les actions concertées « Électronique », « Calculatrices électroniques » et « Automatisation »). Le comité scientifique de l'action concertée « Automatisation » est composé de sept personnes – dont un vice-président ingénieur de l'artillerie navale : malgré la création de la DRME la même année, l'armée garde un pied dans son homologue civile –, où l'on retrouve trois célébrités de l'ex-commission 15-IIs : Lagasse, Loeb et Pélegrin. On ne sait pas ce qu'il s'est passé entre 1958 et 1963, mais le fait que l'action concertée « Automatisation » n'ait pas été mise en place parmi les premières en 1961 indique une discontinuité,

36 F.-H. Raymond, « Colloque de l'Institut des téléautomatismes et d'électronique. Projet de programme », 29 avril 1958, p. 5-6, Archives nationales 19770321/293.

un temps de réaction : il y a un éclatement différencié de la commission 15-IIs, l'action concertée « Automatisation » prenant le relais de la sous-commission n° 1, l'action concertée n° 2 « Calculatrices électroniques » prenant le relais de la sous-commission n° 2, et la sous-commission n° 3 disparaissant du tableau.

CSRSPT Commission 15-IIs		DGRST Actions concertées
Groupe n° 1	→	« Automatisation »
Groupe n° 2	→	« Calculatrices électroniques »
Groupe n° 3	→	Ø

Les rapports d'activité des actions concertées pour les années 1963 et 1964 précisent que l'année 1963, pour l'Action concertée « Automatisation », « n'aura été en définitive qu'une année de démarrage[37] » : le passage de relais schématisé ci-dessus ne semble donc pas avoir été prémâché par la commission 15-IIs, ce qui fait écho à la période de latence qui s'étire de 1958 à 1963. Le IVe Plan, avec ses défis et son dirigisme, est sans doute pour quelque chose dans cette redéfinition[38]. Le changement d'organisation va de pair avec un changement – ou plutôt une accentuation – des priorités. Pour résumer cet épisode d'histoire de l'automatique française avec la typologie de Terry Shinn : le régime utilitaire gagne en importance aux côtés du régime disciplinaire, aux dépens des régimes transitoire et transversal. Le nom « cybernétique » disparaît, et ce qui allait avec : un certain état pré-différencié des spécialités technologiques, l'ouverture vers la modélisation interdisciplinaire, et peut-être une partie des « idées » et « questions » dont un rapport d'activité provisoire de la commission 15-IIs notifiait la mise à l'écart :

37 DGRST, Rapport d'activité, 1963, p. 80. « Les actions de recherche [...] ont commencé à entrer en vigueur au début de l'année 1964 » (Rapport d'activité, 1964, p. 97). Pour une liste des projets financés, *cf. ibid.*, p. 102-103.

38 « Le comité d'action concertée Automatisation dont la mission a été définie par le groupe de travail du IVe plan "régulation automatique", s'est donné pour objectif de combler dans la mesure du possible le retard que la France a pris dans le domaine de l'automatique, sur le plan des recherches théoriques d'abord, ensuite et surtout en ce qui concerne l'application des principes de l'automatisation dans les divers secteurs de l'industrie. Sur ce dernier point en particulier, le retard accumulé menace de peser de la façon la plus inquiétante sur l'avenir économique de notre pays » (*ibid.*, p. 97).

> De nombreuses idées ont été soulevées au cours des multiples réunions de la Commission ou des Groupes de Travail ; seules les idées essentielles, celles sur lesquelles l'opinion a été à peu près unanime, trouveront leur expression ici [...]. La Commission a voulu limiter son action dans le présent à ce qui lui paraissait le plus urgent, c'est-à-dire, pour le moment : le (ou les) programme d'enseignement, la détermination des moyens d'enseignement, la détermination des besoins. Malgré leur intérêt, elle a réservé toutes les autres questions pour une action ultérieure, s'il y a lieu[39].

De la CSRSPT à la DGRST, la politique scientifique et technique a accompagné et sanctionné la disciplinarisation de l'automatique aux dépens de la cybernétique. Celle-ci va trouver d'autres micro-niches, notamment, plus tardivement, avec les Actions thématiques programmées (ATP) du CNRS (*cf.* p. 111). Entre temps, c'est paradoxalement l'industrie et l'armée qui vont financer des projets véritablement cybernétiques.

JACQUES SAUVAN ET LE DÉPARTEMENT CYBERNÉTIQUE DE LA SNECMA (1963-1970)

Ce paragraphe traite d'un sujet resté largement méconnu, en tout cas très peu documenté[40], celui des travaux de Jacques Sauvan (1912-2007) à la Société nationale d'étude et de construction de moteurs d'aviation (SNECMA). Le sujet est à l'intersection de l'histoire de l'intelligence artificielle neuromorphe, de l'informatique expérimentale, de leurs applications industrielles et militaires précoces, l'histoire de l'interaction de ces domaines étant encore, dans le cas de la France, une *terra incognita* dont on donne ici quelques repères exploratoires, en soulignant son rapport avec la cybernétique (entendue ici au sens de construction de « systèmes nerveux » artificiels), mais aussi, d'une façon assez marginale et originale, avec l'automatique.

---

39 « Rapport provisoire de la commission d'électronique appliquée à la cybernétique », 4 juillet 1956, Archives nationales, p. 1, Archives nationales 19770321/293. Plus loin : « La Commission n'avait pas à se préoccuper des incidences sociales de l'automatisme, et à chaque fois qu'il a été abordé, ce problème a été absolument évité » (*ibid.*, p. 4).

40 B. Chamak, *Étude de la construction d'un nouveau domaine : les sciences cognitives. Le cas français*, thèse, université Paris VII, 1997, p. 70 ; *Le Groupe des Dix*, *op. cit.*

Jacques Sauvan est initialement médecin gastro-entérologue à Antibes, formé ensuite à la radiologie (certificat d'études spéciales en électro-radiologie). Ce détail n'est sans doute pas anecdotique : étant donné qu'il s'agit d'une instrumentation alors en plein essor, non standardisée (elle fait l'objet de recherches considérables, notamment au CEA), elle constitue un candidat très plausible pour expliquer pourquoi un médecin s'intéresse assez subitement à des machines et devient capable d'en concevoir. Rappelons également que le biophysicien Henri Atlan était aussi initialement radiologue. C'est dans *La Presse médicale* que Sauvan aurait découvert l'Homeostat d'Ashby[41]. Il décide de se lancer dans la conception d'un appareil qu'il appelle « multistat », « qui fonctionnait avec les composants de l'époque : lampes, résistances, condensateur, bobines, commutateurs, quelques cartes perforées[42] ». Le réalisateur de ce premier prototype – ou plus exactement cette première série de prototypes, désignés par S1, S2, S3, S4 et S5 – ne serait autre que Léopold Gendre[43], membre correspondant du Cercle d'études cybernétiques, ingénieur PTT du Centre émetteur de Nice-La Brague, étudiant en médecine intéressé par la neurologie. Sauvan va présenter ses idées dans des colloques (notamment en Suisse[44]). Il arrive à la fin des années 1950 à la définition de deux familles de multistats :

> … l'homeostat d'Ashby représentait la conquête ultime des machines en fait d'autonomie dans l'action. Si, comme toutes les machines qui l'avaient précédée, celle-ci voyait son but fixé par construction, elle s'avérait disposer, à l'étonnement général, de l'indépendance du choix des moyens propres à aboutir à ce but. […] nous avons eu à ce moment l'idée […] de faire assumer par la machine elle-même le choix de son but. […] Pour qu'il y ait choix d'un but, il faut évidemment que la machine dispose de plusieurs buts potentiels. Ce groupe de buts potentiels peut être inclus de construction dans la machine

41 J. Sauvan, entretien avec B. Chamak, in *Le Groupe des Dix*, *op. cit.*, p. 105-106.

42 J.-P. Sauvan, « Synthèse des travaux de Jacques Sauvan », inédit, 2016 (communication personnelle).

43 J.-P. Sauvan, communication personnelle, 26 juillet 2016, courrier électronique.

44 Sauvan donne une communication au Congrès international de philosophie des sciences de Zürich en 1954 (« Machine de simulation du processus intelligent », communication absente des actes publiés ; il y aurait eu une section « cybernétique », qui n'a pas fait l'objet d'un volume), et au symposium « Cybernétique et connaissance », toujours à Zürich, en 1956-1957 (J. Sauvan, « La connaissance objective. Essai de caractérisation par la méthode des modèles », *Cybernetica*, vol. 1, nº 3, 1958, p. 174-188). Sauvan va ensuite publier plusieurs articles dans la revue *Dialectica*. C'est auprès du philosophe et mathématicien Ferdinand Gonseth que Sauvan trouve un accueil privilégié.

> et il correspond aux machines multistatiques simples, ou bien ce groupe est composé de buts élaborés par la machine elle-même en fonction de ses propres expériences et il correspond alors aux *machines ouvertes.* [...]
>
> En construisant la machine S4 qui fait la transition entre les multistats purs et les machines ouvertes, nous avons été amenés à concevoir un second type de système multistatique. Pour distinguer ces deux types, nous les appelons provisoirement, les premiers multistats séries, les seconds multistats parallèles[45].

Sauvan détaille ensuite les deux types : le multistat série « dérive de l'homeostat d'Ashby », c'est un homeostat qui fixe lui-même son but si le stimulus nouveau, au lieu d'être commandé manuellement par l'opérateur humain, est commandé automatiquement, par exemple par un certain état défini, et si les buts possibles émergent sans avoir été programmés (Sauvan fait un parallèle avec des attracteurs de systèmes dynamiques[46], et suggère que « ce système est probablement un bon simulateur du comportement humain lorsqu'il s'agit de décision ; il l'est également de diverses fonctions physiologiques[47] »). Évidemment la sémantique de la machine qui fixe « elle-même » ses buts est trompeuse, et il y a toujours un réglage humain à un niveau quelconque, ne serait-ce que pour restreindre les marges de fluctuation à des intervalles non destructifs. Sauvan donne un schéma de principe du S4 :

---

45 J. Sauvan, « Les systèmes multistatiques », *Cybernetica*, vol. 2, n° 3, 1959, p. 139-140.

46 Ashby faisait le même rapprochement, sans le vocabulaire des systèmes dynamiques, mais le même raisonnement semble avoir été fait indépendamment par Sauvan (qui se réfère à titre d'exemple à un article de 1937 sur l'hydrodynamique), ainsi que par G. T. Guilbaud pour les équilibres économiques (*cf.* p. 481, note 98).

47 *ibid.*, p. 141.

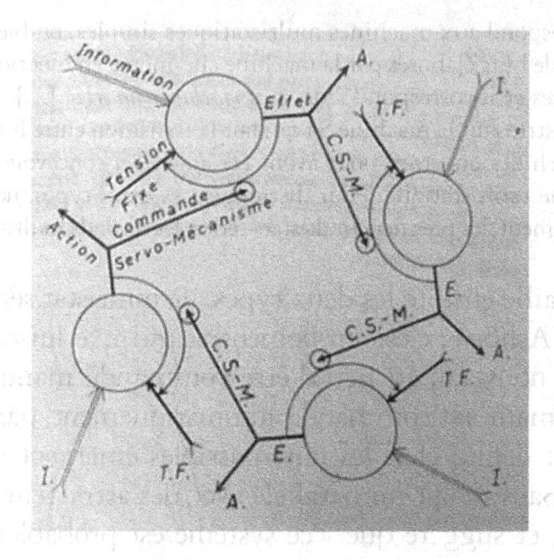

FIG. VII – J. Sauvan, *Schéma de principe du S4*, Dunod, 1959.

Sauvan adopte la codification graphique des diagrammes de rétroaction introduite par Pierre de Latil dans son livre de 1953 *Introduction à la cybernétique* (également reprise par Henri Laborit, que Sauvan connaît d'avant le Groupe des Dix[48]). On voit ici, pour la représentation de quatre servomécanismes interconnectés, une convention qui peut sembler assez baroque au regard des habitudes très perpendiculaires de l'approche « boîte noire » qui se généralise alors chez les ingénieurs en automatismes. Dans la deuxième partie de son article, Sauvan aborde la question des multistats parallèles. Dans le multistat série, chaque servomécanisme ne règle qu'une seule propriété. Ce que Sauvan envisage pour un S5, ce sont des mécanismes réglés par plusieurs boucles parallèles correspondant chacune à une propriété différente du même effet, dans le cas « intéressant » où ces propriétés évoluent selon des fonctions différentes : « Évidemment, pour un technicien de la régulation, cela paraît insensé, mais pour un familier des phénomènes complexes de la biologie ou de la sociologie, cela

48 « Un jour, Laborit est arrivé chez moi avec deux ou trois camarades, et m'a dit : "Je viens de la part de De Latil qui m'a dit que vous faisiez des choses intéressantes" » (J. Sauvan, entretien avec B. Chamak, *Le Groupe des Dix*, *op. cit.*, p. 111). Sauvan et Laborit ont en commun d'avoir fait leurs études de médecine de Marine à Rochefort (B. Demeer, communication personnelle, courrier électronique, 4 mai 2016).

évoque des processus familiers [...][49] ». On voit comment le cybernéticien « détourne » des systèmes automatiques, ou – c'est selon – comment les systèmes asservis des ingénieurs ne sont que des cas particuliers d'un ensemble plus vaste dont la cybernétique vise l'exploration.

> On peut donc s'attendre à avoir, en expérimentant toutes les variétés possibles, soit des systèmes avec quelques rares points d'équilibre, soit des systèmes avec des points d'équilibre de plus en plus nombreux jusqu'à donner l'illusion du continu. Il est probable, d'ailleurs, que dans les systèmes très complexes de ce type comme les systèmes biologiques, on a de même qu'avec la machine S4, à côté d'équilibres stables, des successions d'états d'équilibre se succédant spontanément à des rythmes divers, passant périodiquement ou non par les mêmes valeurs. Il ne s'agit pas là d'un pompage au sens vrai du terme, mais de restructuration constante. Il est possible que l'on trouve là le modèle des cycles en biologie et que la caractéristique des systèmes biologiques soit justement de n'avoir pas d'équilibre statique, mais, étant hors des conditions de stabilité des systèmes asservis, de présenter cet aspect particulier de recherche constante d'un équilibre toujours compromis. Nous n'allons pas jusqu'à affirmer que la vie est suspendue quand les critères de Nyquist sont satisfaits, ce qui reviendrait à dire que la vie est une lutte contre un certain type d'homéostasie, mais il peut y avoir là matière à préciser une notion de domaine[50].

Sauvan envisage de combiner les deux types de multistat dans le S5. Si cet article semble souligner un intérêt pour la simulation des fonctions biologiques – intérêt bien réel, d'ailleurs – il faut rappeler que l'intelligence artificielle reste son thème privilégié, comme l'attestent invariablement ses publications et communications. C'est ce champ d'application qui va l'occuper désormais.

> Pour faire évoluer le S3 il fallait que les topologies parcourues dans la recherche de buts et d'équilibres stables soient mémorisées et retrouvées. À cette époque, pour stocker l'information, on ne connaissait que les bandes magnétiques qui présentent le défaut d'être linéaires, c'est-à-dire qu'il faut parcourir toute une bande pour retrouver une information enregistrée au préalable. Trop long. Le Docteur Jacques Sauvan eut l'idée d'une « mémoire active », c'est-à-dire un système électronique qui enregistrerait les situations et les actions qui mènent d'une situation à l'autre (réseau de points et flèches) et retrouverait l'information en parcourant ce réseau. La technologie des semi-conducteurs commençait à être accessible, il fallait trouver un constructeur intéressé[51].

49 J. Sauvan, « Les systèmes multistatiques », *op. cit.*, p. 144.
50 *ibid.*, p. 145-146.
51 J.-P. Sauvan, « Synthèse des travaux de Jacques Sauvan », *op. cit.*

Sauvan est alors mis en contact, par l'intermédiaire du prospectiviste Georges Guéron[52], avec le PDG de la SNECMA Henri Desbruères. Desbruères souhaite à l'époque diversifier les activités de la SNECMA. Intéressé par les idées de Sauvan, il décide la création d'un nouveau service, le département Cybernétique, en 1962-1963. L'installation de Sauvan à la SNECMA ne se fait pas comme une lettre à la poste. Il y a inévitablement un certain choc des cultures. D'abord entre le médecin et les ingénieurs, le premier ayant quitté son statut libéral pour s'aventurer dans les fourches caudines des rapports très hiérarchisés et bureaucratisés d'un grand groupe industriel[53]. Avant même la signature du contrat d'embauche de Sauvan se présente le problème de trouver un terrain d'entente, et plus simplement une compréhension réciproque quant à la nature et aux perspectives de la recherche technique qu'il s'agit d'accomplir[54]. Que faire accomplir à des machines capables de simuler des formes élémentaires de processus intelligents ou organiques, *a fortiori* lorsqu'elles se basent sur des principes habituellement jugés pathologiques par les ingénieurs ? Comment le monde de Sauvan, avec ses diagrammes exotiques et ses tâtonnements imprévisibles, ne semblerait-il pas bien baroque pour un spécialiste des systèmes asservis, dont il reprend les postulats théoriques pour mieux subvertir les postulats pratiques ? La cybernétique trouverait ici à se définir comme *automatique non nyquistienne* (au sens où l'on parle de géométrie non euclidienne).

La bizarrerie du département Cybernétique se traduit au niveau de l'organigramme de la SNECMA – Sauvan rend directement compte

52 *ibid.* Guéron, collaborateur de Gaston Berger et membre de la Société internationale des conseillers de synthèse, intervient notamment au troisième congrès de Namur, et sera membre du conseil d'administration de l'Association internationale de cybernétique.

53 Ce qui n'est pas sans entraîner des frictions occasionnelles : Sauvan est ainsi régulièrement rappelé à l'ordre par le directeur technique, qui lui reproche de le court-circuiter en circulant des documents à l'extérieur sans l'en avertir.

54 H. Desbruères, lettre à J. Sauvan, 24 novembre 1962 : « … j'ai bien trouvé votre lettre […] me transmettant vos propositions pour un projet de contrat entre la SNECMA et vous-même. […] Le texte que vous m'avez envoyé, soit par modifications substantielles, soit par additions, s'écarte sensiblement des points que nous avions débattus lors de nos derniers entretiens à trois […]. Ceci a produit vis-à-vis de ceux qui avaient déjà discuté ces questions avec vous une surprise assez marquée et je dois vous le dire assez désagréable. Quoiqu'il en soit, j'ai décidé que les Services intéressés auraient à bâtir une contre-proposition complète et précise de la SNECMA […]. Néanmoins, étant donné qu'il s'agit de choses importantes et difficiles, il me semble qu'un hâte excessive de part et d'autre serait mauvaise conseillère […] » (Archives SNECMA, dossier personnel de J. Sauvan).

à Desbruères et court-circuite quelque peu la pyramide hiérarchique à laquelle sont soumis les autres départements –, ainsi qu'au niveau de la topographie du site[55]. Une certaine aura de mystère entoure le département et ses activités. Signe d'un temps d'ajustement nécessaire, le département connaît un faux départ lorsqu'est construit un prototype non viable sous la direction d'un chef de service désigné d'office, qui va s'avérer incompétent et être limogé (chose rare à la SNECMA)[56]. L'épisode est symptomatique de la difficulté pour une grosse structure à trouver les oiseaux rares à (ré)affecter à un projet aussi inhabituel. Un nouveau chef de service est désigné : Pierre Boué (né en 1929), spécialiste de la régulation des turboréacteurs. Une première équipe restreinte parvient, avec l'appui d'un contrat DGRST (non identifié), à un prototype opérationnel de « mémoire active », ainsi qu'est dénommé le procédé. L'évaluation des possibilités d'exploitation a sans doute eu lieu avant la signature du contrat de Sauvan, et les circonstances de cette adaptation restent à préciser : Sauvan n'avait sans doute pas lui-même d'idée précise d'applications opérationnelles des multistats, dont, curieusement, ses collaborateurs au département Cybernétique semblent avoir été ignorants. La transition ou continuité entre multistat et mémoire active reste donc à définir plus en détail, surtout si l'on veut situer plus précisément ces travaux dans le paysage de l'époque. Sauvan se réfère à l'Homeostat d'Ashby, auquel le Multistat emprunte l'adaptation en temps réel. Avec le Perceptron de Rosenblatt, la mémoire active partage la fonction de reconnaissance des formes[57], mais la mémoire active n'est pas un procédé probabiliste. Une classification des différentes machines et procédés de l'époque a été élaborée par un ingénieur de la SNCF qui a testé la mémoire active[58].

---

55 « Aucun contact avec les autres départements de la SNECMA, nous étions dans deux mondes très différents et d'ailleurs isolés physiquement du reste de l'établissement. Le laboratoire était situé dans une aile de la direction de la SNECMA Melun Villaroche » (B. Demeer, communication personnelle, courrier électronique, 4 juin 2016). Demeer, embauché en 1969, concevait des circuits au département Cybernétique.

56 Entretien avec P. Boué et J.-C. Linquier (respectivement : chef de service, et technicien, au département Cybernétique), 31 mai 2016.

57 Si le Perceptron est initialement un algorithme, testé sur calculateur IBM « classique », le Perceptron Mark 1 est une version câblée.

58 *Cf.* Annexe XI.

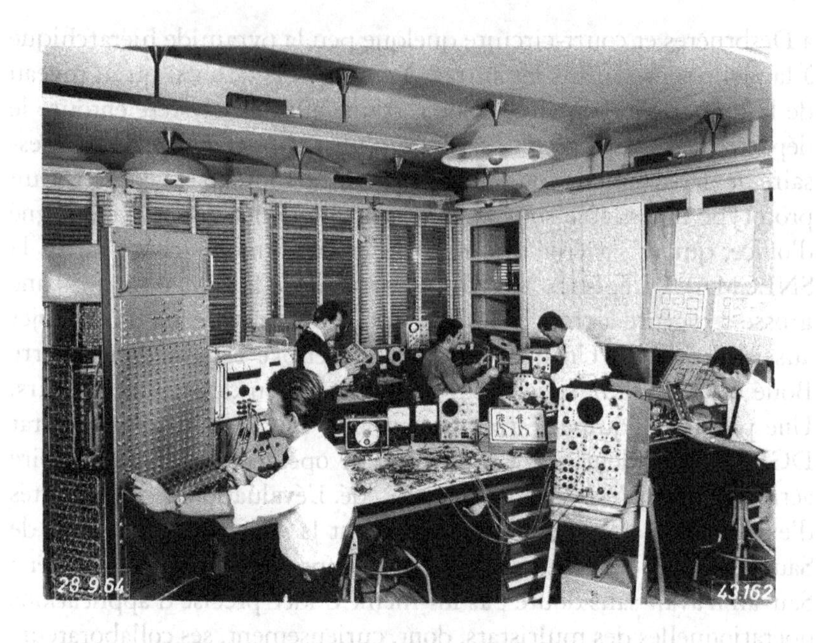

FIG. VIII – Au département Cybernétique de la SNECMA,
28 septembre 1964. À gauche, le premier prototype de mémoire active.
© Archives personnelles de J.-C. Linquier (ici à l'oscilloscope).

Une mémoire active se compose de circuits élémentaires (les « neurones »), fabriqués par Texas Instruments France d'après les spécifications du département Cybernétique. Les problèmes sont modélisés par des réseaux représentant toutes les trajectoires possibles entre une situation de départ et un point d'arrivée. Au lieu d'un traitement séquentiel (comme en informatique classique où les possibilités sont explorées une par une puis comparées), le traitement se fait en parallèle par l'exploration simultanée de toutes les trajectoires au moyen d'un signal partant comme un front d'onde du point d'arrivée ; dès que le signal atteint le point de départ, le processus s'arrête et recommence en s'arrêtant au point suivant, et ainsi de suite. Le système calcule ainsi une solution optimale, et lorsque les données de la situation se modifient (par exemple, ajout ou interdiction de nouvelles étapes), il s'agit de recalculer l'optimum en temps réel à chaque évolution de la situation[59].

59 « La mémoire active », brochure dactylographiée non datée, SNECMA, Département Cybernétique. Archives personnelles P. Boué ; J. Sauvan, « Modèle cybernétique d'une

Trois champs d'applications sont envisagés : reconnaissance de formes, optimisation, ordonnancement. En reconnaissance de formes, on peut mentionner un projet de reconnaissance d'empreintes digitales, pour la Préfecture de police de Paris, qui vaudra même une visite du FBI cherchant une solution pour identifier rapidement les empreintes des agents soviétiques à l'aéroport (les moyens classiques prenant alors plusieurs semaines) ; un autre contrat, avec l'armée, concerne la reconnaissance automatique d'objectifs sur photographies aériennes. En optimisation, le procédé intéresse principalement la régulation de trafic : un projet de régulation de trafic routier pour la Préfecture de Seine n'aboutit pas, en revanche un projet pour la SNCF est l'un des contrats importants du département Cybernétique. Il s'agit d'automatiser les aiguillages du triangle de Gagny, une interconnexion délicate de trois voies en Région parisienne : dans quel ordre faire passer les trains en maintenant une fluidité maximale, et comment réordonner en cas d'imprévu ? Pour chaque projet, une machine est construite et livrée au client. La SNCF va tester cette technologie de façon approfondie[60]. Quelques autres projets sont lancés, comme la commande de positionnement de satellites, ou encore la régulation des turboréacteurs. On retrouve ici des problématiques plus habituelles pour l'automaticien, et, dans ce second cas, un sujet connu du chef de service du département[61]. L'armée est un client important du département : le premier contrat obtenu serait un contrat de la DRME en 1966, dont l'objet n'est pas précisé[62]. Un autre contrat

mémoire active à capacité d'accueil illimitée », in N. Wiener, J. P. Schadé, *Nerve, Brain and Memory Models. Progress in Brain Research*, vol. 2, Amsterdam / Londres / New York : Elsevier, 1963, p. 142-153 ; J. Sauvan, J. Berthélémy, P. Boué, « Procédé et dispositif de recherche de trajet optimal », Brevet d'invention n° 1.483.778, délivré par arrêté du 2 mai 1967.

60 M. Genête, *Contribution à l'étude, à la réalisation et à l'exploitation d'un prototype expérimental de combinateur électronique optimisant adapté à l'ordonnancement et à la fluidification du trafic ferroviaire, basé sur le principe dit « Mémoire active »*, thèse, université Paris 6, 1971 ; M. Nivault, *Logiciel et matériel permettant de traiter en temps réel des problèmes hautement combinatoires*, thèse, Toulouse, 1976.

61 Compte rendu de réunion du 10 août 1967 sur la régulation électronique « par niveaux » ; note manuscrite de P. Boué pour la présentation du problème et du dispositif, archives personnelles P. Boué. Le projet concerne la régulation du réacteur ATAR, projet stratégique de la SNECMA.

62 Contrat non identifié parmi les inventaires de contrats de la DRME consultés. La DRME a aussi financé des recherches en réseaux connexionnistes programmés en FORTRAN, sous la direction de l'ingénieur Jean-Claude Lévy (« Étude de systèmes autoadaptatifs de reconnaissance des formes spatiales et temporelles », contrat DRME 65/336, archives

avec le STTA (Service technique des télécommunications de l'Air), déjà mentionné, concerne la reconnaissance aérienne automatique. Mais l'on trouve aussi une mention d'une étude « destinée à calculer la trajectoire optimale des bombardiers volant à basse altitude », absente des traces consultées[63]. Des contacts sont également pris pour utiliser une mémoire active pour un simulateur de guerre à Toulon[64], ce qui ne semble pas avoir abouti. Les anciens collaborateurs interrogés ne semblaient pas très au courant des détails des applications militaires.

La mémoire active est donc une « technologie générique » au sens de Terry Shinn, servant au calcul de gros problèmes combinatoires dans différents domaines spécialisés. Ce domaine du traitement parallèle est alors considéré comme très prometteur, par rapport aux architectures « classiques » encore lentes[65]. Le département, avec un effectif qui atteint une dizaine d'ingénieurs et techniciens[66], semble trouver un rythme de croisière après 1965, même si les retards sont fréquents dans les différents

DRME 217 1F1 1755). Le contrat est passé avec le Centre d'études et de recherches en automatisme (CERA), il est co-supervisé par J.-C. Gille, et évalué scientifiquement par, notamment, le mathématicien Jean-Paul Benzécri (*cf.* p. 291-296). Par contraste avec les travaux de la SNECMA, la référence au Perceptron de Rosenblatt est ici mise en avant. Ces deux groupes travaillant sur la reconnaissance de formes (département Cybernétique de la SNECMA et Jean-Claude Lévy) ne se citent pas et ignorent peut-être l'existence l'un de l'autre. La DRME les connaît tous les deux ; volonté de cloisonnement, ou réseaux distincts ? en tout cas il y a là un filon à creuser pour l'histoire du connexionnisme français.

63 M. Nivault, *op. cit.*, p. 3.

64 M. Quiot, compte rendu de communication téléphonique, 8 septembre 1970 (archives personnelles P. Boué).

65 « Les machines les plus prometteuses sont les machines en réseau qui veulent imiter l'aspect physiologique du cerveau humain » (J. Pitrat, « Simulation de l'intelligence sur machine », *Automatisme*, vol. 7, nº 7-8, 1962, p. 267). Le comité scientifique de l'Action concertée « Automatisation » de la DGRST se veut prudemment attentiste dans son rapport de 1964 : « Un certain nombre de problèmes sont en suspens en matière d'automatisation et pourront avoir les plus grandes conséquences sur la politique à mener pour le développement des calculateurs. Ainsi les automaticiens s'interrogent encore sur la méthode qui convient pour attaquer les problèmes d'optimalisation [sic] en régime dynamique avec ou sans modèle mathématique ou avec stratégie mixte et le rôle que pourront prendre très prochainement les machines à apprentissage, les calculateurs hybrides, les logiques à fluide. Les problèmes généraux de reconnaissance des formes, les méthodes de régulation numérique centralisée, la question de savoir s'il est préférable de construire une calculatrice spécialisée sur une machine ou un appareil, ou au contraire des calculatrices universelles, tout ceci pourra jouer sur l'avenir des calculateurs » (DGRST, Rapport d'activité 1964, p. 101).

66 Et non une trentaine comme l'affirme J.-F. Boissel, ingénieur-conseil qui s'occupe des brevets de Sauvan, et ami de Sauvan (J.-F. Boissel, entretien avec B. Chamak, in *Le Groupe des Dix*, *op. cit.*, p. 127). Voir les organigrammes (archives SNECMA, W.R.118.A.4/5).

projets (en raison, plaide Sauvan, d'un temps insuffisant accordé à l'étude préalable des spécificités de chaque dossier[67]). Le département est considéré comme rentable à partir de 1967, de l'avis d'un rapport interne de la direction technique[68], et un rapport externe apporte également une évaluation positive[69]. Ironie du sort, ce rapport va jusqu'à conseiller que le procédé Sauvan vienne au secours de la technologie de ce qu'on appelle désormais les ordinateurs[70], alors même que ceux-ci vont atteindre quelques années plus tard une puissance de calcul leur donnant l'avantage compétitif. À peu près au même moment, les approches parallèles (connexionnistes) subissent différents revers durables : critiques sur les possibilités des perceptrons, rapports défavorables sur un certain nombre de promesses déçues, coupes budgétaires subséquentes…

Sans attendre jusque là, et malgré les perspectives positives – des machines plus ambitieuses sont envisagées –, le département Cybernétique va faire l'objet d'une liquidation. Depuis plusieurs années, la politique de diversification du président Desbruères est en porte-à-faux avec le point de vue des ministères de tutelle de la SNECMA. Le bras de fer conduit au départ de Desbruères en 1964. Ses successeurs, dans la ligne du recentrage de l'activité sur l'aéronautique, abattent finalement l'épée de Damoclès en 1970. En quelques mois, le département Cybernétique est mis sous tutelle de la filiale ELECMA pour boucler les contrats

---

Boissel restera très influencé par les idées cybernétiques (J. F. Boissel, *Socialisme et utopie*, Sète : Édition de la Mouette, 2010).

67 J. Sauvan, note interne n° 18/70, 30 avril 1970, archives personnelles P. Boué.

68 « Département Cybernétique. Étude sur la gestion prévisionnelle à moyen terme (1966 à 1970) », 27 juin 1966, Archives SNECMA, W.R.118.A.5, carton 7.

69 « Il ressort de l'enquête que l'on a affaire à une invention méritant de retenir l'attention de l'administration. L'état actuel de la mémoire Sauvan correspond à une première exploitation industrielle par un bon laboratoire. Les réalisations obtenues sont unitaires mais ont donné lieu à un effort d'analyse important et à des fabrications d'un niveau technique assez élevé. La partie analyse a déjà débouché sur la connexion aux ordinateurs et la partie technique a permis la constitution d'une équipe bien expérimentée » (rapport de la société SESA, non daté, p. 43, archives personnelles P. Boué).

70 « Nous avons pensé que la mémoire Sauvan est apte à résoudre certains problèmes de gestion interne des ordinateurs ; les gros ordinateurs actuels ont un besoin certain d'ordonnancement qui n'est pas correctement satisfait par le software de supervision. Cela se traduit par un temps d'inactivité de l'unité centrale relativement important. Il semble possible, bien que cela nécessite une investigation sérieuse pour être confirmé, d'utiliser un dispositif câblé fonctionnant suivant le principe de la mémoire Sauvan pour optimiser l'utilisation des périphériques et éventuellement gérer les files d'attente » (rapport SESA, *op. cit.*, p. 44). Le vocabulaire moderne de l'informatique est quasiment en place.

courants. Même si la recherche de nouveaux contrats reste admise, Sauvan, qui était devenu proche de Desbruères, quitte la SNECMA et redevient radiologue, à Paris. Le reste de l'équipe refuse de déménager pour intégrer ELECMA et se voit dispersé en conséquence[71].

Une société, CYBCO S.A., reprend le principe de la mémoire active avec un prototype installé au Centre de calcul de l'École des mines de Saint-Étienne. De son côté, la SNCF décide de construire son prototype, celui de Sauvan restant trop limité pour ses besoins[72]. La principale postérité du système Sauvan dérive peut-être de l'un des premiers contrats du département Cybernétique, passé avec le CNET en septembre 1966 :

> Son algorithme de mémoire active a été utilisé dans le système RITA, « Réseau Intégré de Transmissions Automatiques » développé dans les années 70 par Alcatel et Thomson, installé en 1983 et encore en usage dans les armées françaises et américaines pour des réseaux de transmission sur les théâtres de guerre. Chaque élément, poste, ordinateur, commutateur, etc., cherche de lui-même le meilleur chemin pour sa connexion à un autre élément dans un réseau maillé dont la topologie peut varier en permanence (destruction, ajouts de nouveaux éléments etc.). Cette utilisation n'a pas été officielle, mais ceux qui ont conçu RITA ne s'y trompaient pas et savaient qui en était l'auteur[73].

JACQUES RICHALET, ENTRE RECHERCHE BIOLOGIQUE, CONTRATS DE LA DRME ET APPLICATIONS INDUSTRIELLES (1964-1975)

Jacques Richalet (né en 1936) est un ingénieur automaticien et docteur en mathématiques, célèbre pour le procédé de « commande prédictive[74] »

71 J. E. Lamy, arrêté du 6 juillet 1970 ; M. Quiot, rapport sur les mémoires actives, note interne du 25 juin 1970 (archives personnelles P. Boué) ; entretien avec P. Boué et J.-C. Linquier, 31 mai 2016.

72 M. Nivault, *op. cit.*, p. 3-4. « La société CYBCO [fut] constituée en 1972 dans le but d'exploiter les brevets Sauvan [...] ».

73 J.-P. Sauvan, « Synthèse des travaux de Jacques Sauvan », *op. cit.* ; « Département Cybernétique. Étude sur la gestion prévisionnelle à moyen terme (1966 à 1970) », *op. cit.*, p. 3.

74 J. Richalet, D. O'Donovan, *Predictive Functional Control. Principles and Industrial Applications*, Londres : Springer, 2009. La commande prédictive est une alternative à la régulation PID qui ne se base pas seulement, comme pour cette dernière, sur les mesures, mais aussi sur

dont il est considéré comme le précurseur, et qui équipe aujourd'hui de nombreux systèmes et installations dans le monde. Si les financements militaires de la DRME ont joué un rôle reconnu dans cette invention[75], le contenu des projets concernés reste à préciser : comme on va le voir ici, la biologie a joué un rôle non négligeable, non seulement dans cette invention, mais plus généralement dans le parcours de Richalet. Celui-ci fut élève, à Supaéro, de Pélegrin et Gille, dont il est devenu le secrétaire au sein de la Société des amis de l'ENSAE. Cette structure va, au début des années 1960, se développer de façon assez symbiotique avec la DRME. La SAENSAE met en place le Centre d'études et de recherches en automatismes (CERA) en 1962-1963, exactement au moment où la DRME fait elle-même ses premiers pas, et ce parallélisme n'est sans doute pas fortuit, si l'on en juge par l'attention avec laquelle celle-ci suit et attend la disponibilité du CERA pour ses actions, au point d'y faire allusion dans son rapport d'activité[76].

L'un des axes de travail les plus importants choisis initialement par la DRME concerne la « bionique[77] », dans le cadre de la division Biologie :

---

un modèle interne du processus, à partir duquel la commande en anticipe l'évolution. La commande prédictive a ainsi supplanté la régulation PID pour certaines problématiques. Richalet s'est vu décerner le Nordic Control Award en 2007.

75 « ... la commande prédictive a bénéficié au départ du soutien du ministère de la Défense (la DRME à l'époque) et il fallait, dans de nombreuses applications anticiper l'évolution du système. De façon imagée, je dirai que le système se charge lui-même de tirer deux mètres devant le canard, pour le saisir en vol. On rencontre ce genre de problématique dans les systèmes d'armes mais aussi en robotique, en métallurgie, en cristallisation et dans beaucoup de domaines » (J. Richalet, interview, *ISA Flash – Bulletin d'information d'ISA France*, n° 27, 2008, p. 2). La problématique de l'anticipation est présente dès le projet AA-Predictor de Wiener et Bigelow en 1942.

76 « Le CERA paraît avoir atteint un régime de fonctionnement normal » (Direction des recherches scientifiques, Compte rendu d'activité, IIe trimestre 1963, archives DRME 366-1F1-2, p. 23). Au troisième trimestre 1962, la division « Mathématiques et automatique » était encore une boîte vide, ne comptant ni projet ni responsable. En octobre, il est envisagé de « soutenir un groupe de recherche de niveau élevé spécialisé dans les asservissements » ; « un groupe s'est installé dans les locaux de l'École supérieure d'aéronautique, et nous espérons avoir bientôt certains résultats » (Compte-rendu d'activité de la Direction scientifique, 4e trimestre 1962 / 1er trimestre 1963, archives DRME 366-1F1-1, p. 10). Il faudrait confirmer, avec davantage d'archives de la DRME et des sources relatives au CERA, dans quelle mesure le CERA se serait construit avec l'hypothèse d'un financement pérenne de la DRME. Supaéro est alors installée au 32 boulevard Victor à Paris dans la Cité de l'Air, qui héberge le Ministère des Armées. La DRME, à partir d'une date non déterminée, sera au 26 boulevard Victor. En 1968 Supaéro déménage à Toulouse.

77 Le rapport emploie l'expression d'« action concertée "Bionique" », signe de gémellité et de porosité entre DRME et DGRST (Rapport d'activité 1963, fascicule II, 2e trimestre 1963,

> Les mécanismes physiologiques de l'information ont un degré de perfection qui n'a pas été atteint par les appareillages physiques. L'étude de leurs structures semble intéressante chez l'Homme comme chez l'animal. Un contrat sur l'émission des ultra-sons et leur reconnaissance malgré le brouillage est proposé. D'autres contrats sont à l'étude concernant les circuits cérébraux et les récepteurs thermo-sensibles[78].
>
> Au cours du trimestre (octobre 63-décembre 63), de nombreux contacts ont été pris principalement avec des biologistes et physiologistes, qui ont permis d'informer et d'intéresser ces spécialistes à l'activité de la DRME dans le domaine de la bionique. Ces contacts seront développés, d'autres seront pris avec des ingénieurs dans l'industrie. Les premières bases d'une collaboration entre spécialistes du monde vivant et ingénieurs ont été posées[79].

Les premiers contrats de cette action Bionique sur les « circuits cérébraux » reviennent à la neurophysiologiste Denise Albe-Fessard (« Méthodes employées par le système nerveux pour stocker l'information », contrat 44/63) et au CERA (contrat sur la modélisation d'un réseau de neurones par Jean-Claude Lévy, déjà mentionné plus haut). On voit déjà à ce stade que le choix du nom « bionique » s'apparente assez à une nouvelle couche de peinture sur quelque chose qui n'est pas inconnu… Ce caractère cosmétique se confirme avec un nouveau projet en 1964. Le

archives DRME 366-1F1-2, p. 2). « Un contact étroit est maintenu avec la DGRST et le CNRS en vue : de se préparer à participer aux actions concertées envisagées […], resserrer la coopération avec la DGRST par installation de la DGRST et de la DRME dans un même immeuble (Hôtel Cayré, puis clinique Velpeau), assurer la définition d'un fichier des chercheurs et recherches en France, à exploiter en commun par DGRST et DRME » (Rapport d'activité, Ier trimestre 1962, « Préparation des programmes – Coopération avec les organismes techniques », p. 13). « Malheureusement, l'inertie plus ou moins malveillante des Finances, remet en cause, pour des raisons mal définies, la solution acquise de la clinique Velpeau […] » (Rapport d'activité, IIe trimestre 1962, « Fonctionnement et moyens », p. 5).

78 Programme 1963, Direction des recherches scientifiques. Exposé des motifs, Fiche de présentation n° 1, Division Biologie, archives DRME 366-1F1-1, p. 2. Une « activité non négligeable a été consacrée à la mise en place d'une action Bionique à entreprendre par la DRME » (Compte rendu d'activité du Bureau prospective et orientation, 2e trimestre 1963, p. 1). « La mise en place du groupe Bionique a reçu une approbation chaleureuse de la part des chercheurs français concernés » (Compte rendu d'activité du Bureau prospective et orientation, 3e trimestre 1963, p. 2).

79 Compte rendu d'activité du Bureau prospective et orientation, 4e trimestre 1963, archives DRME 366-1F1-2, p. 4. « Nombreuses informations recueillies en matière de bionique auprès des personnalités scientifiques : Busnel, Chauvin, Coraboeuf, Couteaux, Dubois-Poulsen, Fessard, Buser, Albe-Fessard, Lemagnen, L'Hermitte, Monnier, Thomas, Laborit, Richard, Drach, Meim, Jachon, Pesson, Monod » (*ibid.*, p. 23). On va recroiser un certain nombre de ces noms plus loin…

CERA, avec Gille comme responsable scientifique et Richalet comme directeur de recherche, rédige une proposition pour un premier contrat de 12 mois, mais qui va en fait servir de matrice à une double série de contrats reconduits pendant plusieurs années, autour du thème de la commande neuromusculaire. La proposition s'organise en deux volets complémentaires : d'une part, « Réflexions sur la commande neuromusculaire à la lumière de la théorie des asservissements » :

> Il ne fait aucun doute que le muscle, organe d'action, soit un système asservi, et que sa compréhension doive gagner de façon certaine à l'application de la théorie des asservissements. La description des phénomènes mis en évidence par les physiologistes à propos du fonctionnement musculaire fait apparaître certains réseaux aux configurations classiques bien connus des automaticiens[80].

Ce volet n'est ni plus ni moins que l'hypothèse de travail canonique de la cybernétique, telle que Wiener et Rosenblueth l'ont formulée vingt ans plus tôt, et que les fondateurs du CERA, Gille et Pélegrin, ne peuvent ignorer. Le chapitre « Servos et cerveaux » revient sur ce volet, qui va associer notamment les neurophysiologistes Y. Laporte et J. Tardieu, à Richalet et ses collègues. Le second volet du projet du CERA est proprement bionique, au sens où il s'agit de viser des réalisations artificielles inspirées de la nature ; mais l'ambition est aussi que cette inspiration retentisse sur la théorie des asservissements.

> Réflexions sur la théorie des asservissements à la lumière des principes de la commande neuro-musculaire. Le muscle est un remarquable organe d'exécution. Avant toute étude approfondie, il apparaît déjà certains principes particuliers aux systèmes de commande biologiques. Force et vitesse dans un asservissement de position classique ne sont généralement pas considérées ensemble, de même et corollairement l'énergie de commande. Le muscle, au contraire, tend à minimiser l'énergie de commande et à affranchir la dynamique de sa réponse des conditions de charge. *De même, la simple élaboration, par différence, du « signal d'erreur » d'un asservissement, est un principe à revoir* : la boucle de retour d'un asservissement neuro-musculaire peut être tantôt excitatrice tantôt inhibitrice suivant les cas, cas auxquels d'ailleurs elle tend à s'adapter. *Une conception originale de l'automatisme peut ainsi être envisagée.* S'il apparaît que les automatismes biologiques et synthétiques sont fondés sur des axiomatiques qui se recouvrent en un certain nombre de principes communs,

80 ENSAE/CERA, Proposition de contrat « Asservissement neuro-musculaire », archives DRME 217-1F1-5144, 64/381, p. 2.

> d'autres principes propres aux asservissements naturels semblent pouvoir être mis en évidence et éventuellement utilisés par la technique[81].

Cependant il ne s'agit pas de réaliser un muscle synthétique, les connaissances restant trop lacunaires.

> Deux catégories d'applications principales peuvent être envisagées, outre l'apport axiomatique général que cette étude peut apporter à l'automatisme, en : a) Les appareils de manutention sensibles à la pression et auto commandés, qui seraient capables de joindre la puissance d'un organe synthétique à la précision de la main humaine ; b) Les appareils de prothèse, capables de se substituer à un membre amputé tout en imitant ses performances[82].

La proposition du CERA est recopiée quasiment telle quelle pour un premier contrat (n° 381/64) prolongé l'année suivante (n° 550/65). L'objet du contrat se précise peu à peu :

> Étude du détecteur position-vitesse de la commande neuro-musculaire. Analyse d'automatismes à commande structurelle. Étude d'un modèle mécanique du muscle. *Étude des systèmes à adaptation et à prévision.* Synthèse des résultats obtenus[83].

Il s'agit donc d'un véritable programme de recherche coordonné (et non une suite de contrats enchaînés sans réel fil directeur), aux premières loges duquel se trouve Richalet. Dès 1965 est énoncé clairement l'objectif : « l'examen des applications possibles aux automatismes en vue de les doter des propriétés d'adaptation et de prévision analogues à celles de la commande neuro-musculaire[84] ». Résumons les points soulignés dans les citations qui précèdent : régulation adaptative et prédictive, basée sur

81 *ibid.*, p. 2-3 (je souligne).

82 *ibid.*, p. 3. L'heure est en effet à la prothétique. La petite histoire veut qu'en 1961, Wiener se rompe la hanche en tombant dans un escalier du MIT, se retrouve à l'hôpital de Boston, dont les orthopédistes viennent d'assister à la présentation à Moscou d'une main artificielle, où il leur fut expliqué qu'ils devraient déjà connaître tout cela puisque les idées viennent de Wiener. Wiener (qui abordait déjà le sujet dans *Cybernetics* en 1948), organise une collaboration pour la conception d'un bras artificiel commandé par les nerfs, dont il ne verra pas l'aboutissement en 1968, le *Boston arm.*

83 « Annexe technique au contrat n° 550/65 », archives DRME 217-1F1-5144, p. 1. C'est moi qui souligne. La « commande structurelle » est « un principe nouveau pour l'automaticien [qui] consiste à faire agir le signal d'erreur de l'asservissement, ou une fonction de ce signal, non sur l'entrée, mais sur la structure du système » (ENSAE/CERA, Proposition de contrat « Étude prospective des principes de la commande musculaire », archives DRME 217-1F1-1755, p. 2).

84 *ibid.*, p. 3.

un « remodelage dans les centres supérieurs[85] » et non simplement sur la mesure des erreurs : on peut se demander si les principes à l'origine de la « commande prédictive » ne plongent pas leurs premières racines dès 1964-1965, dans l'action Bionique de la DRME.

> Le muscle est l'organe de référence de la chaîne de commande neuro-musculaire. La figure [ci-dessous] représente cette chaîne.

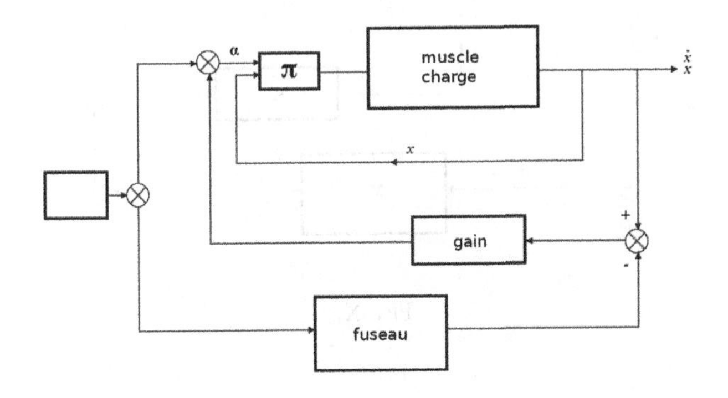

FIG. IX.

85 « Il apparaît [...] que la commande neuro-musculaire serait essentiellement adaptative en deux phases : adaptation locale de force, adaptation différée par remodelage dans les centres supérieurs de la réalité physique extérieure. L'intérêt d'un tel système est très grand pour les automaticiens, et le principe utilisé par la nature pourrait être appliqué à des organes synthétiques. Il y a beaucoup à faire dans cette voie et nous nous y emploierons au cours du prochain contrat » (« Compte rendu d'études relatives au contrat DRME 550/65 (partie physiologique) », archives DRME 217-1F1-5144, p. 2). « Expérience dite des "faux cylindres". Cette expérience a été reprise comme représentant un prolongement des expériences n'impliquant que des arcs réflexes. On met à la disposition d'un sujet un cylindre métallique qu'il manipule. On peut dire que le sujet en prend une connaissance complète. Une fois le sujet bien habitué, on change le cylindre, remplacé par d'autres de même taille, mais de poids différent. L'expérience consiste à faire déplacer ces nouveaux cylindres et à enregistrer le mouvement. Ces expériences en sont encore à leur début, mais montrent qu'aucun système asservi classique ne peut en rendre compte, sauf peut-être un dispositif (genre vérin hydraulique) pouvant déplacer une charge très forte à la même vitesse qu'une charge très faible, et ce n'est sûrement pas une solution comparable à celle qu'utilise la nature. En réalité, le sujet qui a manipulé le premier cylindre connaît déjà le futur du mouvement : il prévoit, il a un modèle de sa commande musculaire propre. Il sait comment doser son ordre de commande, ce qui est très important du point de vue de l'économie. Si on connaît le passé et le futur du mouvement, c'est bien au-delà des moyens de contrôle que la simple dérivation première ou seconde d'un moyen de prédiction. Le sujet connaît tout le futur de son mouvement, ce qui est très "agréable" au point de vue commande. La nature fait mieux que l'automaticien comme moyen de contrôle » (« Compte rendu de la réunion du 24 juin 1965 sur la commande neuromusculaire », archives DRME 217-1F1-5144, p. 7-8).

Ce schéma présente des analogies avec le schéma de la procédure d'auto-adaptation par le modèle de référence [figure ci-dessous][86].

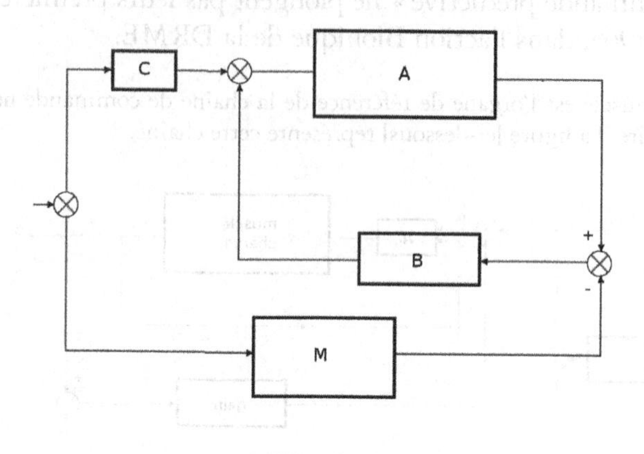

FIG. X.

On note également une évolution sur le plan des applications envisagées, puisqu'il est désormais question de pilotage automatique[87] et d'ergonomie[88]. C'est justement la division Ergonomie du Groupe 9 Biologie et sciences humaines de la DRME qui va prendre le relais de l'action Bionique à partir de 1970. Sitôt rendu le rapport sur la commande

86 J. Richalet et al., « Modèle de muscle. Auto-adaptation », avenant au contrat DRME 531/66, 1969, p. 27.

87 « L'étude de la commande neuro-musculaire permet de faire progresser la technique des asservissements et notamment des asservissements à commande par impulsions et des systèmes à auto-adaptation (*cf.* pilotes automatiques adaptatifs pour avions à grand domaine de vol) » (« Analyse générale de l'opération n° 531/66 », archives DRME 217-1F1-1755, p. 1)

88 Concernant les applications sur le plan des systèmes asservis : « L'étude faite montre comment un type de système auto-adaptatif est utilisé, cela nous confirme dans l'intérêt de la commande par modèle de référence, qui dans le cas de systèmes physiologiques, on le sait, donne de bons résultats. Il serait intéressant de poursuivre dans l'étude de l'opérateur humain, à savoir d'étudier plus avant les propriétés auto-adaptatives de la commande neuro-musculaire, ce qui apporterait des renseignement très précieux en ergonométrie » (ENSA/CERA, « Publication de synthèse finale (fiche d'exploitation) », décembre 1969, archives DRME 217-1F1-1755, p. 4). « Les études d'asservissements autoadaptatifs présentent un grand intérêt pour le pilotage des véhicules aérospatiaux à grand domaine de variation caractéristique » (« Analyse générale du complément de financement à la convention n° 531/66 (opération n° 69/044) », archives DRME 217-1F1-1755, p. 1).

neuromusculaire en septembre 1969, Richalet soumet conjointement aux Groupes 9 et 1 (Mathématiques-Informatique-Guidage) deux nouveaux projets de recherche : l'un sur la charge de travail du pilote, et l'autre sur « Identification en temps réel et autoadaptation » (contrat nº 69/051). L'identification d'un processus est une technique pour établir un modèle du processus (sa fonction de transfert, ou structure, ou relation entrée-sortie) ; Richalet et ses collègues du CERA jouent alors un rôle dans la formalisation et l'institutionnalisation de cette technique – notamment par la publication d'un manuel en 1971[89]. À l'horizon de ces projets pour la DRME figure l'ambition de modéliser et automatiser le pilote humain. L'une des principales préoccupations concerne la résistance au stress des pilotes, et la détermination d'un seuil d'effondrement des capacités. Ce qui restait un peu latent dans l'étude de la commande neuromusculaire (le rôle des centres supérieurs dans l'adaptation de la commande) vient désormais au premier plan : tenir compte des fonctions cognitives.

> Notons que d'une façon générale les modèles de pilote étudiés sont à caractère plus comportemental que physiologique ; en effet, les exemples sont assez rares pour lesquels le modèle est une recopie des fonctions physiologiques. C'est l'erreur dans laquelle sont tombés les cybernéticiens, mais la copie est difficile, surtout quand l'original est excellent. [...] L'organe de décision reste un élément assez mal défini qui correspond en réalité, soit à un « système d'apprentissage », soit à un programme logique très empirique[90].

Cette introduction de la psychologie dans la problématique de l'automatisation du pilotage n'est pas sans provoquer des discussions dans le panel d'experts de la DRME (dont beaucoup de médecins militaires[91]). C'est selon toute vraisemblance à ce stade qu'intervient aussi l'influence discrète de Jean-Claude Tabary sur la réflexion de Richalet. Tabary est un médecin qui a participé au projet sur la commande neuromusculaire, mais qui va évoluer vers la psychologie et devenir un

89 J. Richalet et al., *Identification des processus par la méthode du modèle*, Londres / Paris / New York : Gordon & Breach, 1971.

90 J. Richalet et al., *Charge de travail du pilote. Pilote – opérateur humain. Au titre du contrat DRME 70/272*, archives DRME 217-1F1-5166, p. 3-4.

91 Comptes rendus de réunions : 19 décembre 1969, 6 février 1970, 3 mars 1970, 13 mai 1970, archives DRME 217-1F1-5166. Les discussions portent sur les différents aspects à prendre en compte (cognitif, motivationnel, clinique...), et de la difficulté de les articuler dans un modèle objectif unique.

disciple de Piaget. Il avait été présenté par un ami commun à Richalet, qui l'a convié à participer à un groupe de discussion, composé essentiellement d'ingénieurs, mais auquel participait également Joël de Rosnay[92]. C'est par le biais de cette connexion initiale que se serait organisée la collaboration sur la commande neuromusculaire ; derrière le réseau formalisé d'un projet de la DRME se trouve ainsi un réseau informel. Rétrospectivement, c'est dans les idées de Piaget sur le développement sensorimoteur néonatal, transmises par Tabary, que Richalet reconnaît la source d'inspiration extra-technologique de la commande prédictive.

C'est évidemment l'occasion d'un commentaire sur l'une des rares références explicites que Richalet, dans la citation précédente, fait à la cybernétique. Il l'assimile à une approche « qui consisterait à essayer de recopier chacune des fonctions physiologiques de l'opérateur humain[93] », à laquelle il oppose une approche mixte, intégrant l'ergonomie cognitive au travers de mesures de quantités d'information relatives aux manœuvres de pilotage. Or la psychologie cognitive américaine, comme celle de Piaget, se sont toutes deux revendiquées fortement de la cybernétique[94]. La rareté de toute référence à la cybernétique dans la série des différents projets de la DRME évoqués, alors même qu'on la trouve dans un organigramme officiel de 1966[95] comme sous la plume de Hugues de l'Estoile[96] (chef du Bureau prospective et évaluation de la DRME, qui donne son imprimatur à certains des projets concernés), pourrait alors être rapportée à une fluctuation de mode – il y a de toute évidence du vieux vin dans les outres neuves de la bionique – aussi bien qu'à des cloisonnements impactant les activités et acteurs interdisciplinaires eux-mêmes – on le constate ailleurs dans ce livre. Que la commande prédictive puise ses origines cybernétiques dans la seule psychologie de Piaget ou aussi dans l'étude de la commande neuromusculaire, l'ironie de l'histoire veut qu'il s'agisse d'une psychologie elle-même redevable du concept de servomécanisme, et que ces enrichissements récursifs se payent d'une amnésie graduelle au fil

92 Entretien avec J. Richalet, 5 mars 2014 ; entretien avec J.-C. Tabary, 6 septembre 2014 ; entretien téléphonique avec J. Richalet, 13 juillet 2016.

93 J. Richalet et al., *Charge de travail du pilote*, *op. cit.*, p. 19.

94 *cf.* Introduction, note 5.

95 « Les contrats de recherche de la DRME », *Le Progrès scientifique* n° 97, juin 1966, p. 47 (il s'agit de la revue de la DGRST). Dans le même organigramme, la section Biologie contient une subdivision « bionique ».

96 H. de L'Estoile, « La prospective et les armées », *L'Armée*, n° 65, 1967, p. 6.

des allers et retours transfrontaliers. L'amnésie touche aussi le champ de l'automatique lui-même, si l'on rappelle que la prédiction et le pilotage étaient présents aux premiers pas de la cybernétique en 1942.

Cette continuité intellectuelle, dont certains points de transition sont partiellement effacés, dessine, au regard de la problématique de ce chapitre, une situation très instructive largement confirmée par la trajectoire de Richalet : une méthode phare de régulation, consacrée par l'usage et les instances du domaine, inventée par un automaticien dont la position est tout sauf marginale (Supaéro, CERA, DRME), tout cela évoluant selon une dynamique très ouvertement interdisciplinaire. Autrement dit, on a là le visage d'une automatique qui, même si elle n'admet qu'à demi-mot sa composante cybernétique initiale, combine un ancrage au cœur du champ disciplinaire *et* une politique de co-construction intensive à moyen terme avec des domaines (neurophysiologie, psychologie) que la discipline dans son ensemble, au fur et à mesure de son institutionnalisation, a préféré reléguer assez loin dans l'échelle de ses priorités.

On trouve le corollaire de ce positionnement dans la persistance de l'implication de Richalet dans la recherche biomédicale, en modélisation et en instrumentation, pendant une bonne dizaine d'années, avec ses réseaux d'interlocuteurs et collaborateurs médecins et biologistes[97]. Après la commande neuromusculaire, Richalet met ses compétences d'automaticien au service d'autres spécialités biologiques. Il essaye même de créer un « Institut de recherche en systèmes biologiques » qui serait financé par la Défense. Il s'agit en fait d'essayer de pérenniser l'entité dans laquelle lui et ses collègues officient depuis plusieurs années pour les contrats de la DRME : à partir de 1970, le groupe composé de Richalet et de ses collaborateurs, basé à Vélizy, adopte le nom « Groupe d'études et de recherches sur les bio-systèmes » (GERBIOS). Le projet d'institut est conservé dans un document d'une dizaine de pages, qu'il vaut la peine de citer longuement, car d'une part on y retrouve très clairement la logique de la « recherche technico-instrumentale » définie par Terry Shinn, tant sur le plan de l'outillage intellectuel (ou méthodologique) que matériel, et d'autre part s'y propose sans ambages une relation très symbiotique de l'automatique avec les sciences biomédicales :

97 Voir dans l'annexe X la liste des publications de Richalet et ses collaborateurs dans le *Journal de physiologie*, d'abord surtout pour la modélisation mathématique, puis pour l'instrumentation matérielle.

I. Opportunité de la création d'un tel centre de recherches.

L'expérience montre que, dans le passé, les sciences du vivant ont fait des progrès décisifs lorsqu'elles ont assimilé des techniques qui leur étaient extérieures. Une physiologie moderne doit bénéficier des très importantes possibilités qu'offre actuellement la théorie des systèmes et des signaux.

Le but est donc d'apporter aux physiologistes des outils méthodologiques nouveaux. Mais précisons nettement, dès le départ, notre position : ces outils sont à la disposition des physiologistes qui les utiliseront à leur convenance – il n'est pas question de les supplanter.

L'époque d'une cybernétique prétentieuse cherchant à tout expliquer est heureusement révolue. La théorie des systèmes et des signaux telle que les automaticiens l'utilisent, a atteint maintenant une potentialité telle qu'elle est susceptible de s'attaquer à des problèmes biologiques. En particulier, le problème de la représentation d'un objet physique par un modèle rationnel donc mathématique a fait de grands progrès ces dernières années. Si en fait l'essentiel méthodologique est déjà dans l'*Introduction à la médecine expérimentale* de Claude Bernard, depuis 1865 grand nombre de progrès ont été réalisés : les mathématiques se sont actualisées, les théories nouvelles de l'Informatique et de la Systématique ont bouleversé les méthodes de conceptualisation d'une hypothèse, et d'abstraction d'un fait expérimental. En particulier, on sait maintenant étudier les phénomènes physiques, physiologiques ou économiques de type « social », caractérisés par le fait que de la conjonction de systèmes élémentaires, apparaissent des propriétés nouvelles que chaque système ne possédait pas individuellement. De plus, les aides matérielles de calcul dont nous disposons, permettent de résoudre des problèmes tels qu'en changeant de taille, ils changent en fait radicalement de nature.

L'expérience que nous avons acquise ces dernières années montre qu'au début, l'étape des difficultés sémantiques franchie, ce sont ces possibilités de calcul qui attirent effectivement les physiologistes. Puis rapidement, ils découvrent qu'une aide à la formulation des problèmes peut leur être apportée, et enfin que les protocoles expérimentaux peuvent être même améliorés si on participe à leur élaboration.

De toute façon, le processus est irréversible : un physiologiste qui sait pouvoir disposer de l'aide d'un systématicien abordera à l'avenir ses problèmes de façon différente. Cela ne va-t-il pas dans le sens de l'évolution normale des sciences du vivant ?

II. Objectifs

Notre travail consiste donc d'une part à établir pour le compte de biologistes, physiologistes, ou physio-pathologistes, des modèles de systèmes élémentaires ou de comportement, d'autre part à analyser des signaux physiologiques – Cela peut être fait dans le but :

- soit de mieux comprendre, en le reproduisant, le fonctionnement d'un système : comment, par exemple, comprendre pleinement une régulation

hormonale ou ses dérèglements si l'on ne connaît pas la théorie des systèmes régulés ?
- soit à vérifier, si au moins au niveau théorique, avant toute expérience, les hypothèses faites sont significativement valables : il est plus facile d'effectuer des pré-vérifications sur un simulateur que sur le vivant.
- soit à préciser les protocoles expérimentaux afin qu'ils soient le plus sensibilisant du phénomène recherché.

Ce sont donc bien les objectifs d'une physiologie évoluée qui a véritablement dépassé le cadre de la description anatomique. Encore faut-il que cette étape ait été franchie de façon satisfaisante. [...]

- Outre l'aide indispensable que l'on peut apporter à la physiologie, base de toute thérapeutique, un certain nombre d'applications pratiques à court terme susceptibles d'être attendues, soit par exemple : en physiopathologie : surveillance des malades en temps réel, simulation de cas pathologiques et détermination de traitements thérapeutiques optimaux (en particulier en réanimation) ; en instrumentation : détection, analyse et reconnaissance de signaux physiologiques, étude de capteurs, acquisition de données (monitoring) ; liaison homme-machine : comportement humain lors d'un travail manuel, logique ou d'observation.
- Ne tombent pas dans nos objectifs : ce qui relève de la statistique : épidémiologie, statistique médicale, testes, enquêtes, etc., ou de l'informatique de type gestion ; ordonnancement hospitalier, dossiers médicaux, etc.
- Enfin ce serait une grave erreur que de ne plus nous intéresser à la systématique théorique et pratique. Nous serions vite dépassés et nous ne pourrions plus remplir convenablement notre mission. Il n'est pas question de recréer un centre de recherche en automatisme, nous devons cependant avoir la possibilité, en particulier en ce qui concerne la théorie des modèles, d'étudier des problèmes autres que biologiques[98].

Mais le projet n'aboutira pas. Les cordons de la bourse se resserrent au tournant des années 1970, ce qui amène Richalet à se tourner partiellement vers une carrière industrielle (il n'en reste pas moins directeur du GERBIOS, qui compte 27 titulaires fin 1977[99], et poursuit les contrats sur la modélisation du pilotage avec la DRME). Le GERBIOS se sépare vers 1973 de l'ONERA (qui avait repris la tutelle du CERA) et s'enregistre à la Chambre de commerce (via la création d'une Association pour le développement de l'enseignement et de la recherche en systématique appliquée, ADERSA), pour voler de ses propres ailes. La commande

98 J. Richalet, « Projet I.R.BIO.S. », archives DRME 217-1F1-5166, 1969, p. 1-5.

99 Personnel chercheur : 14 ingénieurs et 9 étudiants ; personnel non chercheur : 6 techniciens et 7 administratifs (archives DRME 217-1F1-5204, dossier 78/413).

prédictive, d'abord simulée en mai 68, est implémentée sur des grands sites industriels à partir du début des années 1970, notamment dans l'industrie pétrochimique[100]. Le profil de Richalet devient alors plus typique pour un automaticien. Mais l'on pourrait dire qu'il a incarné dans une certaine mesure la part cybernétique refoulée de l'automatique, quoique sous la nouvelle bannière des « systèmes » et de la systémique : le manuel de 1971 sur l'identification paraît, chez Gordon & Breach (en français), dans une collection « Théorie des systèmes » co-dirigée par Richalet, avec une préface de Pierre Naslin, autre figure de l'automatique « ouverte ». Dans ce manuel, Richalet reprend le cas de la commande neuromusculaire dans le chapitre consacré aux exemples d'applications : entre l'« identification de systèmes aéronautiques » et l'« identification de systèmes industriels » se glisse un paragraphe sur l'« identification de systèmes physiologiques », avec un modèle de muscle et un modèle de capteur physiologique – en d'autres termes, des travaux publiés dans le *Journal de physiologie* (voir chapitre « Servos et cerveaux » et annexe X)[101]. Puis, à la fin des années 1980, on retrouve Richalet, aux côtés de Tabary et d'autres, dans le comité de rédaction de la *Revue internationale de systémique*, publiée par l'AFCET et dirigée par Robert Vallée.

Du point de vue de la typologie de Shinn, le profil de Richalet correspond bien au « régime transversal », avec une volonté de développer un positionnement interstitiel et des technologies et techniques génériques (méthodologie de l'identification, commande prédictive, capteurs physiologiques…), tout en étant bien intégré au régime disciplinaire qui est désormais celui de l'automatique.

100 J. Richalet, D. O'Donovan, *op. cit.*, p. 6.

101 « L'ingénieur systématicien peut être surpris de la présence de ce paragraphe "systèmes physiologiques". En fait, sans vouloir refaire l'histoire des travaux qui sont à l'origine de cet ouvrage, rappelons que les techniques décrites ici ont été en partie développées sur des systèmes physiologiques. Il peut également admettre qu'un système physiologique se caractérise, comme dans les autres domaines, par des signaux, des paramètres, et que la technique du modèle lui soit applicable. Le lecteur peut donc aborder la lecture de ce paragraphe, en considérant les deux études que nous décrivons, comme deux exemples d'identification. On peut cependant insister sur les problèmes particuliers qui se posent en physiologie, et montrer comment la méthode du modèle semble particulièrement bien adaptée pour les résoudre » (J. Richalet et al., *Identification des processus par la méthode du modèle*, *op. cit.*, p. 312).

AUTOMATIQUE, CYBERNÉTIQUE : DEUX NOMS, DEUX CONCEPTIONS ?

Ce chapitre avait pour but de montrer qu'il existe des éléments qui méritent que l'on interroge les raisons historiques du choix du terme « automatique » au détriment de celui de « cybernétique ». On a suggéré que ce choix renvoyait à des conceptions différentes de ce que doit être l'ouverture de la discipline aux échanges avec d'autres domaines. Le contexte historique étant celui de la constitution d'une discipline, au sens institutionnel du terme autant que scientifique, ce choix renvoie également à deux stratégies de reconnaissance : d'un côté, on aurait une stratégie représentée par Raymond, qui serait une stratégie de clôture du champ par éjection de la référence cybernétique ; c'est au fond une stratégie du « bouc émissaire » visant à renforcer la cohésion par exclusion d'un élément, auquel on fait porter le poids de l'instabilité sémantique, de l'égarement fantaisiste, etc. (même politique vis-à-vis du terme d'« automation »). La désignation d'un « ennemi » est le geste rassembleur par excellence. En résulte un refoulement de la cybernétique de la mémoire disciplinaire des ingénieurs, hormis dans certaines « niches ». D'un autre côté, on aurait une stratégie coopérative, représentée par la première édition du manuel de Gille, Pélegrin et Decaulne, par la commission 15sII du CSRSPT, par Richalet dans une moindre mesure ; maintenir, voire développer les échanges avec d'autres disciplines pourrait être payant pour la reconnaissance de la nouvelle discipline (un peu comme l'obtention d'un siège à l'ONU pour un nouveau pays), l'exportation de modèles opératoires, la collaboration et le transfert de compétences un signe de maturité et de puissance. Il semble également que Pierre Naslin puisse s'inscrire dans une telle stratégie : il a fréquenté de façon récurrente des circuits interdisciplinaires, en s'intéressant en particulier au raisonnement par analogie[102].

102 Par exemple, il écrit dans la revue *Dialectica* (P. Naslin, « Analogies, homologies et modèles », *Dialectica*, vol. 17, n° 2-3, 1963, p. 215-239), dans un numéro spécial sur « L'analogie en tant que méthode de connaissance », et on le retrouve en 1975 au 94e Congrès de l'Association Française pour l'Avancement des Sciences, « Analogies et modèles, outils de progrès des sciences », où il fait partie des huit conférenciers généraux, aux côtés notamment de Jean Piaget, René Thomas et Ilya Prigogine (P. Naslin, « L'évolution des

De plus, lorsque l'AFRA fusionnera en 1968 avec l'Association française d'informatique et de recherche opérationnelle et l'Association française de l'instrumentation et du contrôle, c'est Naslin qui va proposer pour la nouvelle entité l'appellation « Association française de cybernétique économique et technique » (AFCET)[103]. Ainsi donc, dans les années 1950, les deux stratégies, collaboration et repli, paraissent *a priori* également crédibles et « jouables » ; qu'est-ce qui peut expliquer que la stratégie de repli ait pu l'emporter ?

Gille et Pélegrin ont été impressionnés par leur séjour aux États-Unis[104] ; ils ont été formés avec une vision généreuse de la discipline, qu'ils ont rapportée dans un contexte hexagonal qui ne pouvait pas se permettre de disperser ainsi ses efforts. Les rapports de conjoncture du CNRS du début des années 1960 insistent bien sur les carences qui sont celles de l'automatique[105] : manque de praticiens, absence de centres de recherche. Selon les estimations, il manque alors en France 6000 à 8000 ingénieurs[106]. Dans un contexte de « vaches maigres », naturellement, on se consacre aux priorités, en l'occurrence la construction d'automatismes pour l'industrie et l'armement. Cette conjoncture conforte la norme identitaire traditionnelle du champ, selon laquelle il n'est pas dans la vocation de l'ingénieur de participer à la construction des connaissances scientifiques ; ce n'est ni ce que ses pairs, ni ses formateurs, ni ses employeurs attendent de lui. Dans un cycle de conférences

modèles en automatique », in *Analogies et modèles, outils de progrès des sciences*, Actes du 94e Congrès de l'Association française pour l'avancement des sciences, 1975, G3).

103 « Le nom de la société nouvelle a été l'objet de débats. L'AFCET a failli s'appeler : AFRAIRO [...], AFAIRO [...], IRARO [...]. Devant la lourdeur de ces assemblages de sigles, le terme cybernétique fut admis comme synthèse acceptable par tous sur une proposition de M. Naslin de l'AFRA, autour de la définition du mot dans le Larousse. Il n'y eut pas d'opposition notoire, selon M. Naslin. Ce fut alors : ASTC (Association pour les Sciences et Techniques Cybernétiques), et enfin AFCET qui est manifestement plus élégant » (C. Hoffsaes, A. Brygoo, F. Paoletti, « Histoire de l'AFCET et des sociétés l'ayant constituée », *AFCET-Interfaces* nº 68, 1988, p. 16). Naslin dit toutefois qu'il a « essayé de revaloriser le terme » (entretien avec J. Segal, 19 mars 1997).

104 Voir encore M. Pélegrin, « Les automatismes et l'apport américain, un témoignage », *op. cit.*

105 Voir premier chapitre.

106 Une étude pour le Commissariat au Plan indique une carence de 8000 ingénieurs en 1955 (A. Grelon, « Les écoles d'ingénieur et la recherche industrielle », *op. cit.*, p. 235) ; le Président de l'Association des ingénieurs-docteurs de France indique en 1958 une carence de 6000 ingénieurs (M. Jacobson, Allocution aux Journées du Conseil national des ingénieurs, mars 1958, fonds Pierre Auger).

organisé en 1977 par l'Académie royale des sciences exactes, physiques et naturelles de Madrid, sur le thème « Cibernetica, aspectos y tendencias actuales », Jean Lagasse, qui a continué, après le CSRSPT où on l'a déjà croisé, à jouer un rôle institutionnel très important dans l'histoire de l'automatique française[107], devenu directeur scientifique du CNRS, présente une communication intitulée « Organisation et développement de la recherche en sciences pour l'ingénieur en France : la place de l'automatique et de l'informatique ». Les « sciences pour l'ingénieur » y sont définies comme « sciences de transfert », et elles « jouent un rôle essentiel de transfert entre Sciences d'Analyse [comprendre "fondamentales"] et Sciences d'Action [comprendre "appliquées"][108] ». Il semble qu'on retrouve le système d'Auguste Comte tout juste retouché dans son vocabulaire. Aujourd'hui, pourtant, la présence d'automaticiens ou de modélisateurs compétents en analyse des systèmes dans des laboratoires de physiologie ne semble pas requérir de long discours de justification philosophique. Combien de temps cela aura-t-il pris ? Durant toute la période concernée, les efforts d'ouverture semblent focalisés sur la sensibilisation des ingénieurs aux relations humaines[109]. Il existe bien sûr des exceptions, comme les passerelles traditionnelles importantes entre mécanique et économie chez les ingénieurs des Ponts et chaussées[110]. Mais c'est plutôt avec la théorie « moderne » des asservissements (temporelle,

107 « L'action concertée "Automatisation et Grands Systèmes" de la DGRST [...] a vu le jour en 1964 et pendant 10 années j'ai eu l'honneur d'exercer les fonctions de Président du Comité qui avait la charge de conduire cette action à qui l'on doit – sans aucun doute – l'existence et le développement de la discipline Automatique en France dans les principaux laboratoires qui lui ont consacré leurs activités » (J. Lagasse, « Organisation et développement de la recherche en sciences pour l'ingénieur en France : la place de l'automatique et de l'informatique », in J. G. Santesmases (dir.), *Cibernetica. Aspectos y tendencias actuales*, Madrid : Real Academia de Ciencias Exactas, Físicas y Naturales, 1980, p. 25-26).

108 *ibid.*, p. 19. Lagasse précise qu'il ne faut pas confondre sciences d'analyse et recherche fondamentale, mais ne définit les premières que comme étant « à l'avant-garde dans la progression des connaissances ».

109 Voir par exemple : P. Remoussenard, « La formation au métier d'ingénieur et ses limites à l'École nationale supérieure d'électricité et de mécanique de Nancy entre 1900 et 1960 », in F. Birck, A. Grelon, *Un Siècle de formation des ingénieurs électriciens : Ancrage local et dynamique européenne, l'exemple de Nancy*, Paris : Éditions de la MSH, 2006, p. 237-268.

110 B. Grall, *Économie de forces et production d'utilités. L'émergence du calcul économique chez les ingénieurs des Ponts et Chaussées (1831-1891)*, manuscrit révisé et commenté par F. Vatin, Rennes : Presses universitaires de Rennes, 2004.

par opposition à la théorie « classique », fréquentielle, celle de Wiener et des ingénieurs en communications) que les relations avec d'autres disciplines vont sembler plus naturelles : c'est assez sensible dans le discours de représentants de cette nouvelle vague, comme Austin Blaquière[111], ou encore l'école de mathématiques appliquées de Jacques-Louis Lions (voir p. 249-251). Mais l'on s'éloigne aussi légèrement du champ strictement technologique, auquel il s'agit d'appliquer des méthodes mathématiques encore plus puissantes.

Par ailleurs, F.-H. Raymond lui-même, à qui je fais ici jouer le rôle « disciplinaire », n'est pas toujours méprisant envers la philosophie et les analogies cybernétiques : il participe ainsi, aux côtés de Naslin, Loeb et Zelbstein, au numéro de la revue *Dialectica* de Ferdinand Gonseth sur « L'Analogie en tant que méthode de connaissance », parmi d'autres contributions du cybernéticien britannique Gordon Pask, de la philosophe britannique Mary Hesse, et du « systémicien » yougoslave Mihajlo Mesarović[112].

Si l'on ajoute à ce tableau l'ambiguïté manifestée par Gille et Pélegrin, qui répudient en 1958 la référence à la cybernétique qu'ils prônaient deux ans plus tôt, mais qui en 1964 mettent en place avec la DRME le programme de recherche canonique de la cybernétique sur la commande neuromusculaire, sous l'appellation de bionique, tout se passe comme si les ingénieurs français ne pouvaient faire de la cybernétique qu'à la condition de ne pas le dire.

---

111 Blaquière va notamment collaborer avec le neurophysiologiste Alain Berthoz (voir p. 361-364). En juin 1962, un colloque qu'il co-organise fait de la place à des applications à l'économie. « … de nouvelles exigences se sont imposées au cours des dix ou quinze dernières années, en liaison avec le perfectionnement de nouvelles techniques, […] ainsi que dans le domaine de l'Économie. Il est apparu clairement que tout organisme doit posséder non seulement une, ou des, sources d'énergie, ce qui est sa condition d'existence actuelle, mais aussi un système nerveux perfectionné, caractéristique de sa dynamique, et pour la majeure part de son aptitude à surclasser les organismes rivaux possédant à peu près le même potentiel énergétique. Ce système nerveux doit être le siège des réflexes les plus rapides, il doit être doué d'intelligence c'est-à-dire être capable d'élaborer une stratégie, enfin il doit être d'autant plus complexe que l'organisme est plus important » (A. Blaquière, préface, *Journées d'étude sur le contrôle optimum et les systèmes non linéaires. 13, 14, 15 et 16 juin 1962*, Paris : Presses universitaires de France, 1963, p. 11).

112 F.-H. Raymond, « Analogie et intelligence artificielle », *Dialectica*, vol. 17, nº 2-3, 1963, p. 203-213. Sur F.-H. Raymond, *cf.* P.-E. Mounier-Kuhn, « Du radar naval à l'informatique : François-Henri Raymond (1914-2000) », in M.-S. Corcy, C. Douyère-Demeulenaere, L. Hilaire-Pérez (dir.), *Archives de l'invention : écrits, objets et images de l'activité inventive*, Toulouse : Presses Universitaires de Toulouse-Le Mirail, 2006, p. 269-290.

Des études plus extensives seraient nécessaires pour mieux apprécier la signification des éléments rassemblés dans ce chapitre, et confronter la pertinence des hypothèses proposées. Il paraît au moins possible de remarquer qu'un amenuisement progressif de la référence à la cybernétique dans le champ des ingénieurs risque de saper d'autant la référence que pourraient y faire d'autres champs.

UNE THÉORIE GÉNÉRALE DES MACHINES[1] ?

L'établissement d'analogies peut être une piste pour la recherche de lois ou structures théoriques générales jusqu'alors inaperçues. La cybernétique consistant en analogies entre certaines machines et des systèmes biologiques ou sociaux, on peut se demander dans quelle mesure elle est susceptible d'appeler à la recherche d'une théorie générale des machines : quelle extension faudrait-il donner aux domaines concernés, ainsi qu'aux classes de machines ? Quel doit être le cadre conceptuel et formel de référence ? D'où faut-il partir, que viser à l'arrivée, quelles embûches rencontre-t-on ?

Ce chapitre présente trois projets de théories des machines : la « mécanologie » de l'architecte J. Lafitte (1932), inspirée de l'évolution biologique ; l'« analyse mécanique » de L. Couffignal, spécialiste des machines à calculer (1938), qui préfigure l'analyse fonctionnelle en ingénierie ; et la théorie algébrique des machines du mathématicien J. Riguet (début des années cinquante). Dans les années cinquante, les trois hommes sont membres du Cercle d'études cybernétiques. On s'intéresse au dialogue des projets, aux axes d'unification et de divergence, aux styles, stratégies et postulats de ces trois candidats à la généralisation confrontés à la référence constituée par la cybernétique.

1 Une forme préliminaire de ce chapitre a été publiée (R. Le Roux, « L'impossible constitution d'une théorie générale des machines ? La cybernétique dans la France des années cinquante », *Revue de synthèse*, vol. 130, n° 1, 2009, p. 5-36). Elle est reprise dans cette édition avec l'aimable autorisation de la *Revue de synthèse*.

THÉORISER LES MACHINES : TROIS PROJETS FRANÇAIS (1932-1956)

LA « MÉCANOLOGIE » DE JACQUES LAFITTE

Hormis qu'il était « ajusteur, dessinateur, ingénieur, architecte », on sait peu de choses de Jacques Lafitte (1884-1966). Le petit livre *Réflexions sur la science des machines*[2], publié en 1932, est en revanche devenu culte pour tous ceux qui s'intéressent à la pensée technique. Ces *Réflexions* rassemblent des idées dont il situe la naissance, due à l'insatisfaction procurée par les classifications techniques existantes, en 1905. Il en mentionne une première exposition en 1911 devant des « techniciens », à l'absence de préoccupations théoriques desquels il attribue l'impact médiocre de sa recherche de public et de collaborateurs. Peut-être est-ce la raison pour laquelle, vingt ans plus tard, il publie son essai dans une revue d'intellectuels (démocrates chrétiens), les *Cahiers de la nouvelle journée* – sans y trouver a priori plus d'écho.

Il baptise *mécanologie* la science des machines telle qu'il l'envisage, et en situe la place dans un tableau des connaissances existantes concernées qu'il ordonne de la sorte : 1) l'*art de la construction*, qui précède toute science et se compose de savoir-faire spécialisés ; 2) la *mécanographie*, « science descriptive » qui regroupe en fait toute l'érudition historique, ethnographique constituant le matériau préliminaire, « l'élaboration de techniques descriptives diverses : représentations écrites, représentations graphiques des formes et des fonctionnements, représentations symboliques, etc. », ainsi que des « recherches classificatrices et de nomenclature[3] » ; 3) la *mécanologie*, qui recherche des lois et des causes, « l'explication des différences observées » entre les machines : « Étude des différences observées dans les formes, [...] les structures, [...] les fonctionnements, [...] l'organisation générale, explication de la genèse de chaque type » de machine[4]. Lafitte écrit que, historiquement, ces trois grandes disciplines sont apparues dans cet ordre, et épistémologiquement,

2 J. Lafitte, *Réflexions sur la science des machines*, *op. cit.*
3 *ibid.*, p. 34.
4 *ibid.*, p. 34.

se nourrissent chacune des résultats de la précédente ; une répercussion inverse des résultats est aussi envisagée, puisque l'art de la construction peut bénéficier de la mécanologie, et que les codes catégoriels et symboliques de la mécanographie doivent s'élaborer en rapport avec elle (sur le plan méthodologique uniquement, les conclusions et interprétations des historiens restant indépendantes). En fait, il est curieux qu'il confie intégralement la classification et la symbolisation à la mécanographie : car s'il est normal d'étudier les codes utilisés avant ou ailleurs, on ne comprend pas très bien la nécessité qu'auraient l'historien ou l'ethnographe à en produire de nouveaux, en principe inutiles pour le type de savoir qu'ils produisent. Par ailleurs, un autre plan général de distinction de la mécanologie, très important, ne figure pas dans ce tableau : la mécanologie doit « beaucoup aux démarches nécessaires de la mécanique et de la physico-chimie », mais « n'est cependant pas une partie de ces sciences[5] » :

> Sous l'influence des progrès des sciences mécaniques et physiques, [...] la machine, d'abord considérée comme un transformateur de mouvement, s'est trouvée successivement considérée comme un transformateur de forces, puis d'énergie. Il est aisé de voir que ces définitions différentes reposent toutes sur la considération de certains phénomènes dont la machine est le siège, et non sur la considération de la machine elle-même en tant que phénomène[6].

Comment Lafitte définit-il plus précisément l'objet et la méthode de la mécanologie ? Celle-ci « ne peut avoir d'autres objets que l'explication des machines réellement existantes. Elle doit laisser de côté tous les produits imaginaires dont la construction et l'usage n'ont pas consacré l'existence[7] ». La définition des machines comme « corps organisés construits par l'homme » est en fait très large, et reflète l'indétermination de la notion d'organisation. Elle désigne « le vaste ensemble des engins, instruments, appareils, outils, jouets, constructions architecturales, etc.[8] », que Lafitte répartit en trois classes principales : *machines passives*, *machines actives* et *machines réflexes*, apparues successivement et cohabitant sans se remplacer. Les premières, issues de « l'appropriation première

5 *ibid.*, p. 54.
6 *ibid.*, p. 30.
7 *ibid.*, p. 32.
8 *ibid.*, p. 28.

de dispositifs naturels existants[9] », se contentent de résister aux flux de leur environnement sans les transformer ; elles comprennent surtout des formes architecturales. Les secondes sont transformatrices d'énergie ; les troisièmes sont en plus sensibles aux variations de leur environnement.

Que des objets techniques « simples » apparaissent comme des machines rudimentaires, au lieu que ce soit les machines qui soient définies plus typiquement comme des outils perfectionnés, peut surprendre et n'est pas sans poser problème : si c'est en effet la forme la plus « composée », la plus perfectionnée, qui sert de référence pour l'ensemble des objets par élimination régressive des propriétés, on risque une explication téléologique de l'évolution des lignées. Ce n'est pourtant pas le cas, et Lafitte précise bien la part d'arbitraire de la nomenclature ; il motive son choix contre-intuitif par l'intégration croissante de formes évoluées dans les formes primitives. Il ne tient pas, au fond, aux définitions, dont il estime qu'elles viennent en dernier ; il faut d'abord de nombreuses observations « directement faites sur des réalités », car aucune définition de machine « ne peut se former, dans l'abstrait, sur des concepts *a priori*[10] ».

À vrai dire, Lafitte, quand bien même il le pourrait, ne va pas respecter cet empirisme qu'il revendique. C'est un prisme biologique qu'il emprunte pour structurer ses observations. Cet aspect est en fait moins évident qu'on ne le croirait dans les *Réflexions* elles-mêmes – puisqu'il faut vraiment dénicher dans les dernières pages « la possibilité reconnue d'employer pour les machines, et pour la même façon que pour les êtres vivants, le langage de l'organisation [...] et de l'hérédité[11] » – que dans l'article publié en 1933 dans la *Revue de synthèse* :

> Ensuite, puisque chaque machine s'offre à nous comme un complexe organique, susceptible de fonctionnement et sujet aux astreintes du temps, chacune d'elles et l'ensemble qu'elles forment peuvent susciter, et suscitent en effet, l'application de disciplines de recherche et d'explication qui sont propres à tout ce qui est organisé. Que l'on veuille ou non que la biologie se porte un jour à s'intégrer dans une organologie, science plus vaste et connaissant tout ce qui fonctionne, il reste, cependant, que l'étude des machines relève, encore, de disciplines étroitement comparables aux disciplines biologiques.

9 *ibid.*, p. 70.
10 *ibid.*, p. 30.
11 *ibid.*, p. 107.

> Mais là encore, pour utile et nécessaire que soit l'exercice de telles disciplines, elles n'ont rien de spécifiquement relatif aux machines. Là encore, le savant qui se penche sur l'organisation et les propriétés qu'elle confère poursuit la recherche d'une généralité transcendante à la machine elle-même.
>
> [...] Mais, dans l'instant, les sciences naturelles [i.e. biologiques] apportent à la mécanologie, et tel qu'elles l'ont forgé, l'instrument de mesure qui lui est nécessaire[12].

Cette confirmation claire d'une inspiration biologique laisse facilement croire à un déterminisme intrinsèque que dénotent d'ailleurs certaines formulations de Lafitte : « Maintenant, de nombreuses observations, faites sur les machines, nous donnent des raisons décisives de penser que l'homme, dans leur création, a procédé suivant un ordre constant et qu'il n'a pas voulu[13] ». Pourtant, la démarche de Lafitte peut dérouter le lecteur lorsqu'elle en vient à affirmer que « la mécanologie est une science sociale [...], elle est une partie, extrêmement importante, d'ailleurs, de la sociologie[14] ». Tout à la fois, donc, l'homme est chaînon essentiel des séries techniques, mais son statut d'inventeur ne lui permet pas de diriger l'évolution. L'intelligence joue un rôle explicatif, puisque les techniques animales, « fruit de l'instinct », n'évoluent pas. Le « flux externe » par lequel les machines se reproduisent, « interférence s'opérant par l'homme », ce sont bien entendu les conditions sociales d'exercice de cette intelligence. Il y a un déterminisme intrinsèque (on ne peut concevoir qu'à partir de l'existant) et un déterminisme extrinsèque à cet ordre des machines « qui n'est pas le fait de l'homme, mais qui tient aux conditions de ses actes créateurs [...][15] » et qui impose « la considération du milieu social et de ses variations[16] » : pas d'individualisme méthodologique.

L'œuvre de Lafitte est incontestablement originale, tout en s'inscrivant explicitement dans une tradition de recherche par la capitalisation à partir d'un certain corpus, et une critique des classifications et définitions existantes. Elle présente des caractères assez paradoxaux. C'est notamment le cas des formalismes : il serait étonnant qu'en tant que dessinateur et architecte en particulier, Lafitte n'ait cherché aucun moyen

---

12 J. Lafitte, « Le monde des machines », *op. cit.*, p. 145, 147.

13 J. Lafitte, *Réflexions sur la science des machines*, *op. cit.*, p. 61.

14 *ibid.*, p. 109.

15 *ibid.*, p. 61.

16 *ibid.*, p. 109.

de représentation graphique. Et pourquoi reléguer les symbolismes à la mécanographie, alors que l'étude des fonctionnements relève de la mécanologie ? Ces symbolismes doivent-ils ou non être les mêmes que ceux élaborés et utilisés par les ingénieurs ? Toutes questions restant en suspens ; Lafitte précise juste dans son article de 1933 qu'il n'y a pas de maturité suffisante pour recourir aux mathématiques. L'absence d'études de cas, d'analyses détaillées, la relative rareté des exemples sont également paradoxales pour un homme du métier, qui reconnaît lui-même que les techniciens se détournent de la théorie, et qui se revendique empiriste. Les orientations qu'il donne à la mécanologie oscillent bien souvent entre l'évidence, communément partagée ou aisément vérifiable, et le « pas encore » redoublant de scrupules. Enfin, il est bien contre-intuitif, vu d'aujourd'hui, que l'historien doive former des catégories inspirées de la biologie (plus exactement d'une « organologie » primitive dont la biologie serait le paradigme), dont il n'est d'ailleurs pas supposé faire usage.

L'« ANALYSE MÉCANIQUE » DE LOUIS COUFFIGNAL

Louis Couffignal (1902-1966) devient spécialiste des machines à calculer alors qu'il est en poste à l'École navale de Brest, en tant qu'agrégé de mathématiques. Il dépose plusieurs brevets avant de devenir directeur du Laboratoire de calcul Blaise Pascal en 1945. S'il est crédité pour être l'un des premiers promoteurs de la supériorité du langage binaire pour le calcul mécanique, il a laissé un mauvais souvenir dans l'histoire de l'informatique française, puisqu'on lui a attribué une responsabilité majeure dans le retard de son développement. On n'insistera pas ici sur ce débat, qui, tout en s'étant quelque peu nuancé entre temps, risque de juger les idées d'un homme à travers le prisme exclusif de l'abandon d'un projet technologique peu concluant (la « machine à calculer universelle » de l'Institut Blaise Pascal). Le cas échéant, on perd sa vision d'ensemble, qui articule des réflexions sur la pratique mathématique, le raisonnement et la méthodologie scientifiques, l'interdisciplinarité, et un investissement important dans l'enseignement et la pédagogie[17]. À plusieurs reprises, Couffignal

17 Nommé Inspecteur général de l'enseignement technique en 1945, Couffignal est à l'origine des Brevets de technicien supérieur (BTS). Il fait la promotion des mathématiques pour

va tenter de rassembler ses conceptions sous la forme d'un projet de discipline ou de champ spécifique, intégrant systématiquement des considérations méthodologiques. La notion de machine va y occuper une place plus ou moins importante et explicite. C'est ce que l'on va aborder ici, à défaut d'explorer le système de pensée dans l'intégralité de ses déploiements et de ses relations internes.

En 1938, Couffignal soutient à Paris une thèse de mathématiques, sous la direction de Maurice d'Ocagne, intitulée *Sur l'analyse mécanique. Application aux machines à calculer et à la mécanique céleste*, publiée la même année chez Gauthier-Villars[18]. L'auteur y présente une discipline nouvelle qu'il nomme « analyse mécanique », qui s'annonce comme l'aboutissement de « considérations d'ordre très général sur la réalisation des calculs au moyen de machines à calculer, et même sur la réalisation d'un travail de nature quelconque au moyen de machines appropriées à ce travail[19] ». Le titre de l'étude devrait donc être inversé pour comprendre la démarche : la connaissance des machines à calculer sert de paradigme à la connaissance des machines en général. Couffignal, en effet, se produit en expert ès calcul mécanique devant son jury, avec dix ans d'expérience et de dépôts de brevets – il est à ce titre médaillé d'or de l'Office national des recherches scientifiques et inventions –, mais aussi un fort intérêt pour la logique symbolique. Si c'est d'Ocagne qui va l'inciter à développer la mécanisation du calcul, sitôt sa thèse soutenue, Couffignal publie la même année une série de comptes rendus en logique mathématique[20].

Dans quelle mesure ce qui est valable pour les machines à calculer est-il valable pour toutes les machines ? Couffignal ne donne pas de critère explicite d'extrapolation ; celui-ci repose en fait sur un débat

---

ingénieurs, et s'intéresse à des applications naissantes des technologies d'information dans le domaine de la pédagogie.

18 L. Couffignal, *Sur l'analyse mécanique. Application aux machines à calculer et aux calculs de la mécanique céleste*, thèse, Faculté des sciences de Paris, 1938.

19 *ibid.*, p. 1.

20 L. Couffignal, « Sur un problème d'analyse mécanique abstraite : la théorie de la déduction résulte de fonctions mécaniques », *Comptes rendus de l'Académie des Sciences* n° 206, p. 1336 ; « Solution générale, par des moyens mécaniques, des problèmes fondamentaux de la logique déductive », *C.R.A.S.* n° 206, p. 1529 ; « Les opérations des mathématiques pures sont toutes des fonctions mécaniques », *C.R.A.S.* n° 207, p. 20. Voir aussi ses comptes rendus des ouvrages de J. Cavaillès, A. Lautman, Th. Greenwood, P. Dienes, dans la *Revue Scientifique*, n° 9 (sept. 1938) et n° 12 (déc. 1938). Existe également un manuscrit non daté, *Note sur quelques points de logique*.

épistémologique avec la tradition de la « Théorie des Mécanismes », de Monge à Reuleaux. Cette tradition a recherché une théorie combinatoire des machines, chaque machine se présentant comme une combinaison d'éléments mécaniques fondamentaux. Si le débat interne porte sur la primauté des fonctions ou des organes, l'optique de cette tradition était de constituer un répertoire d'éléments universels.

> Tous [après Monge] ont eu pour but de dresser une liste *complète* des *moyens* et des combinaisons de moyens mis en œuvre dans les machines ; et, l'ingéniosité des hommes ayant accru sans trêve ces moyens et leurs combinaisons, il en est résulté, tantôt que le sens du terme *machine* a été restreint de façon excessive afin de limiter à un nombre raisonnable la liste des éléments étudiés, tantôt que la liste des combinaisons de mécanismes considérées comme élémentaires a été trop considérablement allongée afin d'embrasser un plus grand nombre de machines ; et c'est ainsi que Reuleaux est conduit à représenter une courroie passant sur deux poulies par une formule composée de 37 symboles abstraits élémentaires dont aucun n'évoque ni une courroie, ni une poulie. […]
>
> C'est donc, à notre avis, pour avoir abandonné ce point de vue essentiel qu'une machine ou un organe de machine sont créés par l'homme pour atteindre un but précis et bien déterminé, que l'on a édifié, après Monge, des Théories des mécanismes qui, aussi inféconds que la Logistique [dénoncée par Poincaré], ne peuvent ni expliquer simplement les machines existantes, ni aider à en construire de nouvelles[21].

Couffignal veut rétablir la primauté de la fonction sur la structure, qu'il attribue à Monge, et que ses continuateurs ont contestée. Mais, après ce passage du rasoir d'Occam parmi les mauvais rameaux de la tradition, l'idée demeure bien celle d'un « tableau systématique », susceptible d'être un jour « complet ». À titre programmatique, il n'y a pas de problème pour embrasser l'ensemble des machines, dès lors que différents spécialistes proposeront un catalogue des fonctions de leur domaine, tout comme Couffignal définit dans sa thèse les fonctions basiques des machines à calculer. L'extrapolation est possible à condition de faire crédit de cette possibilité effective de systématisation des fonctions… et à condition que ces dernières prolifèrent bien moins que les organes, ce dont Couffignal ne doute pas : « il suffira de rappeler, par exemple, que plus de deux cent dispositifs ont été

21 L. Couffignal, *Sur l'analyse mécanique*, *op. cit.*, p. 36.

proposés pour réaliser cette fonction de sécurité si élémentaire : éviter le desserrage d'un écrou[22] ».

Dans la troisième partie de sa thèse, Couffignal discute des caractères généraux de sa théorie, et de la façon dont il convient de la situer, en la distinguant, notamment de la mécanique appliquée, mais aussi de la biologie. Il différencie trois formes d'étude au sein de l'analyse mécanique :

> Désignant du nom de *machine* tout ensemble d'êtres inanimés ou même, exceptionnellement animés, capable de remplacer l'homme dans l'exécution d'un ensemble d'opérations – ce dernier terme étant pris dans le sens le plus exhaustif – proposé par l'homme, et du nom de *fonction* l'une quelconque des opérations que peut exécuter une machine ou un organe de machine :
>
> 1° *On considère toutes les machines qui tendent au même but comme formant une même classe, et l'on se propose de chercher quelles fonctions mécaniques elles possèdent, et quels organes ont été imaginés pour remplir ces fonctions.*
>
> 2° *On considère l'un des buts, bien déterminés, de l'activité humaine, et l'on se propose de chercher s'il existe un ensemble de fonctions mécaniques, et lesquelles, dont la réalisation matérielle constituerait une machine capable d'atteindre ce but*[23].

La première forme d'étude s'appelle « analyse mécanique descriptive », la seconde « analyse mécanique préfactive » ; on y reconnaît ce que l'on appellera peu de temps après respectivement *analyse* et *synthèse* des systèmes, ainsi que leur caractère « descendant » : on part des fonctions générales pour descendre, via des fonctions spécialisées, vers les pièces. Dans le cadre de la thèse, la première forme est mise en œuvre pour l'analyse des machines à calculer, la seconde pour proposer d'améliorer mécaniquement « l'exécution des calculs de la mécanique céleste ». Elles sont complétées par une troisième, l'« analyse mécanique abstraite », « dont un objectif important sera sans doute d'établir un critérium des opérations exécutables par la machine, par opposition à celles que l'homme seul pourrait effectuer[24] ».

> Nous pensons que, des études de classes particulières de machines qui en constitueront les premiers matériaux, il se dégagera, par la suite, des

22 *ibid.*, p. 35.
23 *ibid.*, p. 37-38.
24 *ibid.*, p. 39.

> lois générales relatives à l'exécution mécanique des travaux que se propose l'homme [...][25].

Au stade de la thèse, Couffignal reste prudent quant à ces « lois générales » :

> C'est à l'Analyse mécanique abstraite que nous rattacherions la proposition suivante, que nous avons énoncée au sujet de certains types de machines à calculer, et qui nous paraît générale, bien que nous n'ayons pu encore la justifier logiquement ni réunir, en dehors du Calcul mécanique, suffisamment de témoignages de son exactitude pour la considérer comme une loi d'origine expérimentale : *pour atteindre un but déterminé, il correspond à un ensemble de moyens donnés un mode opératoire et une suite d'opérations optima*[26].

L'analyse mécanique descriptive est présentée dans la seconde partie de la thèse. Dans l'optique de généralisation qui est celle de Couffignal, elle doit constituer un référentiel commun à toutes les machines :

> Pour pouvoir comparer de façon objective les moyens que possèdent les machines actuelles et même pour pouvoir définir ceux que devrait posséder une machine propre à l'exécution de ces calculs, il était d'abord nécessaire de ramener, en quelque sorte, à une commune mesure, les propriétés diverses et souvent purement qualitatives des machines à calculer[27].

Cette « commune mesure » va se définir, on l'a déjà dit, par la notion de *fonction mécanique*, dont il est nécessaire à terme de constituer un répertoire universel. La *puissance* d'une machine est l'ensemble de ses fonctions mécaniques[28], représentée par une *formule fonctionnelle*, « assez comparable aux formules développées de la chimie organique[29] » :

---

25 *ibid.*, p. 2.
26 *ibid.*, p. 39.
27 *ibid.*, p. 1-2.
28 De façon relative : les sous-fonctions qui composent une fonction supérieure s'appellent *fonctions composantes*, la fonction supérieure la *fonction résultante* ; de façon absolue, les fonctions basiques, composées par aucune fonction, sont les *composantes premières*, et les fonctions qui n'entrent dans la composition d'aucune fonction supérieure sont les *fonctions principales*.
29 *ibid.*, p. 9.

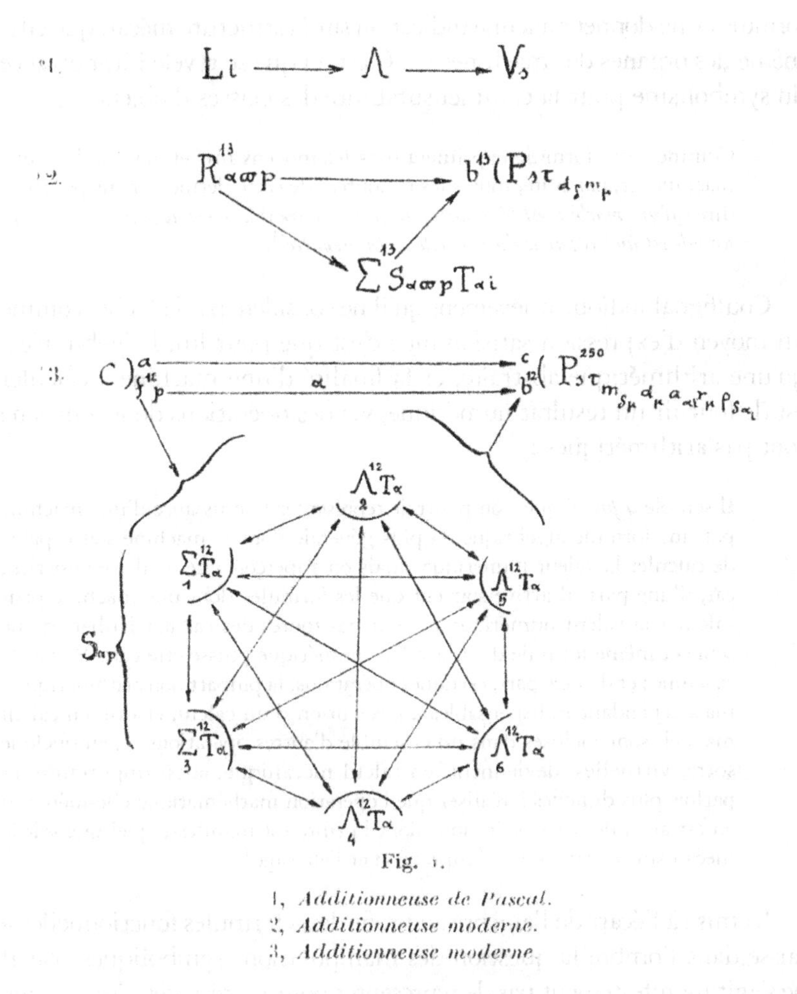

Fig. 1.
1, Additionneuse de Pascal.
2, Additionneuse moderne.
3, Additionneuse moderne.

Fig. XI – L. Couffignal, *Formules fonctionnelles de trois machines à calculer*, Dunod, 1938.

Sans entrer dans le détail de la codification, on peut juste préciser que les conventions alphabétiques correspondent à la hiérarchie des fonctions (majuscule pour une fonction principale, minuscule pour une composante première), les mises en indice successives exprimant l'ordre hiérarchique, les flèches symbolisant les transferts de nombres, et que les formules « ne donnent aucune indication sur la structure mécanique elle-même des organes des machines[30] ». C'est ici que se révèle l'importance du symbolisme pour la commensurabilité des classes d'objets :

> Comme cette formule exprimera tous les moyens mis en œuvre dans une machine, et, par suite, toutes les ressources de cette dernière, nous pourrons dire qu'*une machine est plus puissante qu'une autre si la formule fonctionnelle de la seconde est un cas particulier de celle de la première*[31].

Couffignal indique brièvement qu'il ne considère pas l'algèbre comme un moyen d'expression satisfaisant : c'est que pour lui, l'algèbre n'est qu'une arithmétique abstraite, et la finalité d'une machine à calculer est de fournir un résultat numérique, via des opérations dont toutes ne sont pas arithmétiques :

> Il semble *a priori* que l'on pourrait représenter la puissance d'une machine par une formule algébrique, la plus générale dont la machine soit capable de calculer la valeur numérique; mais on s'aperçoit vite qu'il n'en est rien, car, d'une part, il arrive souvent que les formules dont une machine peut calculer la valeur numérique ne sont pas toutes des cas particuliers d'une seule et même formule dont la valeur numérique puisse être calculée par la machine ; et d'autre part, certaines opérations, la plupart non arithmétiques, mais cependant indispensables à l'exécution d'un calcul, et qui, en calcul manuel, sont incluses dans un ensemble d'autres opérations et, en quelque sorte, virtuelles, deviennent, en calcul mécanique, aussi importantes et parfois plus difficiles à réaliser que l'opération mathématique elle-même. Il en est ainsi de deux opérations dont l'utilité est manifeste quel que soit le mécanisme calculateur : l'impression et l'effaçage[32].

La mise à l'écart de l'algèbre au profit des « formules fonctionnelles » laisse dans l'ombre la question des manipulations symboliques; car il ne s'agit manifestement pas de représenter pour représenter, dès lors que l'on veut comparer la puissance de deux machines. Comment établir avec certitude qu'une formule fonctionnelle est un cas particulier d'une autre, surtout dans des cas complexes ? Couffignal ne le précise pas, bien que l'enjeu dépasse encore ce problème : en effet, une fois différentes classes de machines établies,

30 *ibid.*, p. 31.
31 *ibid.*, p. 9.
32 *ibid.*, p. 8-9.

> Le rapprochement des formules fonctionnelles de machines de classes différentes fera apparaître ensuite des fonctions communes à plusieurs classes, et conduira vraisemblablement à une classification d'ensemble des fonctions mécaniques[33].

Cette classification transversale pourrait alors être un second facteur limitant la prolifération des entités dans la théorie. Mais quelle est au juste la nature de ce « rapprochement », de cette comparaison différente d'un calcul algébrique ? La réponse explicite ne se trouve pas dans la thèse ; elle viendra des années plus tard, au contact de la cybernétique, comme on le verra plus loin.

Comme Lafitte, Couffignal publie un court article peu de temps après sa thèse[34]. Plus qu'un simple résumé vulgarisé de l'analyse mécanique, la deuxième moitié considère la mécanisation de la logique déductive en guise d'étude de cas supplémentaire. Par ailleurs, Coufignal fait cette fois siens les termes biologiques d'« anatomie et de physiologie comparées » pour qualifier l'analyse mécanique descriptive.

La thèse de 1938 est originale et paradoxale par la distance qu'elle essaye de garder par rapport aux mathématiques, et l'on peut s'interroger longtemps sur l'absence de toute référence à la topologie (en dépit de l'intérêt de Couffignal pour Poincaré, et du fait que sa deuxième thèse porte sur le problème du coloriage des cartes). L'ingénieur qui conçoit et commande des pièces métalliques à des sociétés d'outillage s'exprime au moins autant que le mathématicien, dans un mémoire soutenu en mathématiques. Il s'agit clairement de renouveler et dépasser le maître et la tradition de la Théorie des mécanismes, pour un public que l'on devine davantage composé d'ingénieurs que de mathématiciens. Sa théorie sera nécessairement confrontée à d'autres, plus mathématiques, qui auront une conception plus généraliste de l'algèbre et un rapport plus opérationnel à la topologie ; mais aussi à des progrès technologiques fulgurants qui vont remplacer la mécanique par l'électronique. Le répertoire des fonctions, souhaité universel, peut-il survivre à une évolution radicale du répertoire des organes ?

---

33 *ibid.*, p. 38.

34 L. Couffignal, « Un point de vue nouveau dans l'étude de la machine : l'analyse mécanique », *Europe* n° 188, 1938, p. 438-450.

JACQUES RIGUET, UNE ALGÈBRE DES MACHINES

Jacques Riguet (1921-2013) est un mathématicien dont l'intérêt s'est focalisé dès le départ sur les rapports entre les différents domaines des mathématiques. Élève du doyen de la Faculté des sciences Albert Châtelet, il soutient en 1951 sa thèse *Fondements de la théorie des relations binaires*. C'est un travail assez marqué par l'influence croissante de Bourbaki (méthode axiomatique et théorie des ensembles), dont Riguet estime cependant qu'elle a délaissé la notion de relation binaire. Celle-ci, si elle est bien théorisée, doit permettre d'unifier de nombreux domaines des mathématiques, non autour de la notion de structure, mais d'une « certaine partie de ce qui, en mathématiques, présente un caractère combinatoire ». Riguet, au contraire de Bourbaki, accorde à la logique un rôle important pour la pensée mathématique. Il s'agit explicitement, ni plus ni moins et comme le souligne une citation de Leibniz mise en exergue du mémoire, d'élaborer une nouvelle « caractéristique universelle ». L'objectif de la thèse de Riguet, dans cette optique, est de « fonder rigoureusement le calcul des relations binaires [pour] l'axiomatisation des théories, l'explication des analogies et le "nettoyage" des démonstrations[35] ». Si l'on anticipe là l'intérêt de Riguet pour l'algorithmique et le calcul automatique, plusieurs remarques s'imposent :

- la thèse elle-même ne traite pas de problèmes technologiques ou de machines, même s'il est très brièvement indiqué que les applications techniques sont potentiellement riches ;
- durant la préparation de sa thèse, Riguet a fait partie d'un groupe informel avec M.-P. Schützenberger, P. Braffort et B. Mandelbrot, pour discuter d'applications opérationnelles des mathématiques de Bourbaki (voir p. 253-255). Promouvoir l'algèbre la plus abstraite *et* lui chercher de nombreuses applications n'est pas quelque chose qui va de soi. Bien souvent, Riguet va mêler les exigences d'une grande abstraction et d'une grande variété d'utilisations[36] ;

---

35 J. Riguet, *Fondements de la théorie des relations binaires*, thèse, Faculté des sciences de Paris, 1951, p. 10. Archives personnelles de J. Riguet, transmises à E. Barbin et R. Guitart (la thèse de Riguet n'est pas référencée dans la base Sudoc et n'est pas numérisée dans la base Numdam).

36 Par exemple, il conseille d'aborder l'enseignement des probabilités et statistiques avec la théorie des catégories.

l'influence bourbachique, chez lui, ne se traduit ni par le mépris de la logique, des méthodes stochastiques, de la géométrie ou des applications des mathématiques, mais par le souci de lier tout problème, même très concret, aux structures mathématiques les plus générales ;

– en fait, la notion de machine traverse chez Riguet tous les aspects des mathématiques : elle peut être un modèle résultant d'un calcul ; elle peut *être* le calcul proprement dit, on le sait depuis Turing ; ici, l'originalité de Riguet réside peut-être dans sa représentation « machinique » des mathématiques pures elles-mêmes :

> Machinisme et taylorisation, en mathématiques comme ailleurs, supposent la normalisation des pièces détachées et d'abord celle de leur terminologie. Mais ce n'est là qu'une première étape. Pour passer du stade artisanal au stade de la grande industrie, il faut *fonctionnaliser*. Et l'usage de ce terme dans tous les domaines, qu'il s'agisse de la construction d'un barrage, de la décoration d'un appartement ou du régime imposé à un malade, montre assez bien qu'il s'agit d'une notion d'importance vitale : celle de *fonction*[37].

On comprend bien l'intérêt accordé de ce point de vue aux relations binaires, puisque la notion de fonction est un cas particulier de la notion de relation. On aurait ainsi une physiologie avec l'algèbre relationnelle, là où l'on a l'anatomie (ou l'architecture) avec Bourbaki ; « toute méthode mathématique peut être identifiée à la décomposition d'une relation binaire ou d'une classe de problèmes P_{AB}, A et B étant certains ensembles de relations[38] ».

Après sa thèse, Riguet devient ingénieur de recherches au CNRS (jusqu'en 1957). La notion de machine va occuper une place assez importante dans ses recherches. Il ne reste cependant que des traces succinctes du projet théorique explicite : d'un côté, des notes publiées aux *Comptes rendus de l'Académie des Sciences*, donc condensées et formalisées, et de l'autre, dans le meilleur des cas, des résumés de conférences à des colloques pour lesquels Riguet ne rendait jamais de texte. C'est dans le résumé donné pour les actes du Congrès international de mathématiques d'Amsterdam, en 1954, que l'on trouve

37 J. Riguet, « Les mathématiques pures », in J. Bergier (dir.), *Encyclopédie des sciences et des techniques*, tome II, Paris : Rombaldi, 1961, p. 23.

38 J. Riguet, « Le calcul des relations en tant qu'outil méthodologique », in F. Le Lionnais (dir.), *La Méthode dans les sciences modernes*, Paris : Éd. Science et Industrie, 1959, p. 78.

la présentation la plus globale et la plus concise. L'exposé avait pour titre « Applications de la théorie des relations binaires à l'algèbre et à la théorie des machines » :

> La théorie des relations permet d'édifier une vaste mécanique relationnelle [...]. On se borne à des systèmes d'états discrets, ce qui du point de vue pratique est sans inconvénients. Une machine se définit alors comme une application d'un ensemble d'états dans lui-même. Lorsque cet ensemble est muni d'un système de coordonnées relationnelles, on peut définir algébriquement le couplage de deux machines et on peut alors édifier la mécanique à laquelle nous avons fait allusion. [...] Nous avons appliqué cette mécanique relationnelle aux réseaux d'interrupteurs électro-magnétiques, à l'algébraisation [sic] du fonctionnement des grandes machines à calculer, au problème du codage[39].

On retrouve les notes à l'Académie des sciences : la première (« Sur les rapports entre les concepts de machine, de multipôle et de structure algébrique »)[40] établissait une équivalence dans certaines conditions, elle était complétée ultérieurement par la définition de « systèmes de coordonnées relationnelles », et par d'autres équivalences : entre les notions de machine et d'algorithme ; entre le calcul des relations binaires et le calcul des matrices booléennes. Les relations binaires sont centrales : de façon schématique, une machine est donnée par un ensemble d'états et une relation binaire qui définit les transitions entre ces états. On peut parler d'une « théorie bourbachique des automates », sauf que le terme d'« automates » attendra la publication en 1956 des célèbres *Automata Studies* par les Américains (Shannon, von Neumann, Kleene...). Riguet semble davantage intéressé par les travaux russes, qu'il utilise régulièrement et qu'il contribue à faire connaître en France.

Dans son étude sur l'histoire de la théorie des automates[41], J. Mosconi lui consacre quelques pages. S'il fallait parler de « style français » en théorie des automates, Riguet en serait sans doute représentatif ; il faudrait alors analyser plus en détail les relations entre son travail et

39 J. Riguet, « Applications de la théorie des relations binaires à l'algèbre et à la théorie des machines », *Proceedings of the International Congress of Mathematicians, 1954*, vol. II, Groningen : Noordhoff / Amsterdam : North-Holland, 1957, p. 61.

40 J. Riguet, « Sur les rapports entre les concepts de machine de multipôle et de structure algébrique », *Comptes rendus de l'Académie des sciences*, t. 237, 1953, p. 425-427.

41 J. Mosconi, *La constitution de la théorie des automates*, thèse, université Paris 1, 1989.

celui, naturellement, de son ami Schützenberger, mais aussi celui de Claude Berge. Il est un habitué du séminaire Dubreil (algèbre) avec Shützenberger, qui le cite dans sa « théorie du codage ». Et son intérêt pour la représentation graphique n'est certainement pas étranger à la « théorie des graphes » de Berge[42]. Si les graphes et autres « représentations sagittales » ont pu tarder à s'implanter en France, en contexte bourbakiste, la marque du style français résiderait en revanche dans la mobilisation systématique de structures algébriques très abstraites pour l'étude des automates.

Le terme récurrent de « théorie des machines » s'avère à peu près synonyme de « logique générale des circuits » ; on peut noter cependant une évolution du cadre technologique de référence : le paradigme plus ou moins implicite en arrière-plan serait d'abord l'électronique (analyse et synthèse des circuits), puis l'informatique théorique (structure des programmes). On aurait donc chez Riguet un passage du *hardware* au *software* sur la base de la même théorie et des mêmes outils. Les machines de base qu'il s'agit de coupler sont d'abord des « multipôles », terme générique pour les composants des circuits électroniques. Puis ces composants deviennent plus abstraits, plus « intellectuels », sous la forme par exemple de problèmes à résoudre dans un certain ordre. Un article de la fin des années 1950, « Le calcul des relations en tant qu'outil méthodologique », en donne un bon aperçu. Le principe consiste à « rechercher s'il existe des méthodes machinales pour passer de certaines méthodes machinales à d'autres méthodes machinales[43] », où le terme de méthode équivaut à peu près à celui d'algorithme :

> ...factoriser des méthodes en sous-méthodes ou faire la synthèse d'un multipôle de manière à ce qu'il apparaisse comme le résultat de couplages d'un certain nombre de multipôles plus simples, semblent être des problèmes assez analogues. Le calcul des relations binaires, qui permet d'axiomatiser le concept de machine, révèle en fait la quasi-identité de ces problèmes[44].

On penserait naturellement que la théorie des machines de Riguet ne prend pour objets que des machines contemporaines, et, partant,

42 L'appendice V de la thèse de Berge, publiée chez Dunod, est écrit par Riguet : « Notice sur quelques principes fondamentaux d'énumération ».

43 J. Riguet, « Le calcul des relations en tant qu'outil méthodologique », *op. cit.*, p. 71.

44 *ibid.*, p. 81.

qu'elle n'a pas de valeur pour les machines du passé. Du point de vue de ses préoccupations, c'est sans doute vrai ; il ne formule nulle part l'idée d'un englobement universel de toutes les machines, il ne délimite pas d'abord le domaine des objets pour ensuite chercher la méthode adéquate, il part au contraire de la méthode, dans et pour un cadre technologique relativement neuf. Mais – et voilà qui peut surprendre autant les mathématiciens ou les ingénieurs que les historiens des techniques –, il présente en 1959, au séminaire Dubreil, sous le titre de « théorie du tissage », un modèle algébrique du métier Jacquard[45].

Après un an passé au laboratoire de recherche d'IBM à Zürich, Riguet se tourne vers l'enseignement. Il n'a pas laissé d'ouvrage, malgré diverses opportunités : une *Théorie des réseaux d'interrupteurs* chez Gauthier-Villars, une *Encyclopédie des Mathématiques modernes* en 3 volumes chez Mouton puis chez Hermann... À ne considérer que les machines (circuits, automates), il se pourrait déjà qu'il n'ait pu parvenir à une version satisfaisante à cause de l'écart entre son optique systématique et le développement rapide du secteur à l'époque. Quel traité aurait pu axiomatiser tous ces résultats, nombreux à l'échelle internationale et assez nouveaux pour que leur interprétation requière encore du temps ? Est-ce une ironie de l'histoire qu'aucune machine ne puisse assister un tel labeur, on laisse le lecteur en juger.

LA CYBERNÉTIQUE, BANNIÈRE FÉDÉRATRICE

Les théories des machines tendent généralement à se développer selon deux axes, l'un « naturaliste », l'autre « formaliste ». Selon le premier, une théorie va comparer son objet d'une façon ou d'une autre avec un être vivant ; selon le second, elle va avoir plus ou moins recourt à une formalisation. Sur le premier axe, on trouve par exemple Ernst Kapp et Konrad Lorenz. Le second comprendrait entre autres Leibniz, Babbage et la tradition cinématique déjà évoquée. On voit que la mécanologie de

45 J. Riguet, « Décomposition du groupe symétrique suivant un double module cyclique et théorie du tissage », séminaire Dubreil, *Algèbre et théorie des nombres*, 12/1 (1958-1959), exposé n° 11, p. 1-10.

Lafitte s'inscrit essentiellement sur le premier axe, et l'algèbre relationnelle de Riguet sur le second ; Couffignal serait un peu « au milieu ». Cette répartition très schématique vise simplement à contextualiser la convergence des théories des machines autour de la cybernétique dans le cadre de convergences à plus grande échelle, de sorte qu'elle puisse apparaître comme procédant à l'époque d'une dynamique d'unification crédible et naturelle. En effet, vers le début du XXe siècle, on observe des tendances assez générales à la formalisation et à la théorisation, aussi bien dans les sciences de l'ingénieur qu'en biologie.

« DARWINIAN MACHINES » : NORBERT WIENER

Wiener est assez représentatif de la convergence entre les axes naturaliste et formaliste : enseignant-chercheur dans une grande école technique, il est par ailleurs nourri des travaux de d'Arcy Thompson, de Cannon, de son ami Haldane... Mais il n'a pas qualifié explicitement la cybernétique de science des machines – pas, en tout cas, au sens où l'entendent Lafitte ou Couffignal, en rapport avec certaines traditions. La cybernétique étudie des types particuliers (régulés) d'une classe de machine assez générale correspondant à une notion courante chez les ingénieurs, celle de *transducteur*, dont l'électronique fournit vraisemblablement la matrice paradigmatique. Ce terme désigne tout appareil qui transforme un signal, reçu en entrée et restitué en sortie. Ce qui définit le transducteur, c'est ce qu'il *fait*, c'est l'opération qu'il effectue sur le signal qui le traverse. C'est la base que Wiener choisit pour sa notion de machine :

> Toute machine peut être conçue comme possédant un certain nombre d'entrées provenant du monde extérieur, qu'elle combine pour les lui restituer en un certain nombre de sorties. Cette généralisation est valable pour toute machine, qu'elle soit électrique, mécanique ou d'une toute autre sorte[46].

Pour Wiener, du point de vue épistémologique, le fonctionnement prime sur la structure, le dynamique sur le statique. La catégorie de machine n'est pas fondée sur la nature ou la structure de ses individus.

Puisque toute machine se définit par son opération, et que toute opération est en principe représentable par une fonction (au sens mathématique),

46 N. Wiener, « The Mathematics of Self-Organizing Systems », in R. E. Machol, P. Gray (dir.), *Recent Developments in Information and Decision Processes*, New York : Macmillan, 1962, p. 2.

connaître une machine, c'est connaître une formule mathématique, qui sera déterminée par le contexte. Cette démarche tire sa signification de problématiques rencontrées par les ingénieurs, mais aussi, de manière plus générale, par des expérimentateurs désirant explorer un système inconnu. On peut en effet avoir affaire à des machines que l'on ne connaît pas ; soit que l'on ne puisse en analyser la structure interne, soit que cette structure soit trop complexe pour en inférer les propriétés opérationnelles. Il s'agit de l'approche « boîte noire », ce terme étant attribué aux appareils que les ingénieurs militaires récupéraient dans des avions abattus, et dont ils essayaient de déterminer la fonction sans les ouvrir de peur qu'ils n'explosent – de même que les physiologistes ne peuvent se contenter de l'anatomie d'un organisme autopsié, dont la mort annule précisément ce qui en fait un organisme. Wiener élabore un modèle d'analyse des transducteurs dans les années cinquante, qui prend la forme d'un dispositif expérimental permettant d'approximer un transducteur inconnu (boîte noire) à partir d'un transducteur connu (« boîte blanche », dont on connaît la structure interne) auquel on va le coupler. Le principe consiste à injecter un bruit (ou souffle) simultanément dans les deux transducteurs, puis récupérer et comparer leurs réponses (définies par leurs coefficients de Fourier), et constituant en quelque sorte la signature propre à chaque transducteur. Plus l'on détermine de ces coefficients, mieux on approche le système. L'intérêt du bruit, à cet égard, est de constituer un signal qui comporte toutes les fréquences à la même intensité. C'est un peu comme si on envoyait simultanément au système toutes les stimulations possibles[47] ; on récolte alors son répertoire de réponses, et le voici caractérisé complètement du point de vue opérationnel, en un temps beaucoup plus court que si l'on envoyait signal après signal en variant légèrement la fréquence à chaque fois. Les coefficients récoltés vont servir à paramétrer les réglages de la boîte blanche pour l'aligner par *feedback* sur le fonctionnement de la boîte noire ; ainsi, plus l'on détermine de coefficients, plus l'on va pouvoir régler précisément la boîte blanche et obtenir une simulation matérielle du transducteur inconnu. On ignore si les coefficients obtenus ont un référent physique dans la boîte noire, mais on peut faire des hypothèses

47 « … en un sens le souffle est une entrée universelle en ce que ses fluctuations sur un temps suffisamment long s'approcheront tôt ou tard de toute courbe donnée » (N. Wiener, *La Cybernétique*, *op. cit.*, p. 312).

sur le comportement de celle-ci (notamment concernant la présence de mécanismes de rétroaction).

Ce modèle connaît toujours une grande postérité dans l'identification des systèmes non linéaires, tant pour l'analyse des machines que pour l'exploration fonctionnelle de systèmes biologiques. Il a fait l'objet d'améliorations et de variantes[48], car un écart subsiste entre la théorie et la pratique : en pratique, le coût analytique augmente avec le nombre de coefficients cherchés. En outre, l'on reste inévitablement dans l'approximation, car le bruit « parfait » (bruit blanc) n'existe pas dans la nature[49].

Au début des années soixante, Wiener va chercher des interprétations biologiques de son modèle. Les analogies avec la biologie dépassent alors l'aspect physiologique de la régulation : à partir de la capacité de son modèle à répliquer une machine à partir d'une autre machine, et ceci indéfiniment, Wiener n'hésite pas à parler de « phylogenèse » et d'« ontogenèse ». Du point de vue des processus concernés, il ne voit pas de différence fondamentale entre une machine capable d'apprendre, et une machine qui va se former à l'image d'une autre (qu'il qualifie même de *genetic machine*[50]). L'analogie lui paraît intéressante tant du point de vue de l'hérédité que de celui de l'apprentissage. La nature des phénomènes comparés, électriques ou chimiques, lui semble secondaire. La base dynamique qu'il estime commune à son modèle et à la génétique est celle des variations aléatoires : le canal couplant les deux transducteurs est en effet sujet à perturbations, altérant la fidélité de la reproduction. Parmi un grand nombre de répliques, certaines pourront s'avérer fonctionnellement fiables, d'autres non. Les machines les moins adaptées aux stimulations aléatoires de l'environnement ne seront pas reproduites, les autres pourront à leur tour transmettre les variations acquises[51]. Voici donc un cadre mathématique (probabiliste) très général, où convergent une approche formaliste et une approche biologiste.

48 Pour des références détaillées, voir par exemple G. Giannakis, E. Serpedin, « A Bibliography on Nonlinear System Identification », *Signal Processing*, vol. 81, n° 3, 2001, p. 533-580.

49 Wiener travaille sur la base d'un processus aléatoire théorique, issu de ses recherches sur le mouvement brownien. Dans le montage physique proposé par Wiener, la stimulation est fournie par un générateur de bruit de grenaille.

50 N. Wiener, « The Mathematics of Self-Organizing Systems », *op. cit.*, p. 10. « Ce processus est similaire dans sa logique – et non, je le répète, similaire dans le détail – au processus fondamental de la vie » (*ibid.*, p. 8).

51 On ne rentrera pas ici dans une discussion détaillée de l'analogie. Voir N. Wiener, *God & Golem, Inc. A Comment on Certain Points Where Cybernetics Impinges on Religion*, Cambridge

Tous ces raisonnements – la méthodologie d'analyse des transducteurs, et l'analogie avec la sélection naturelle des répliques, restent basés sur la notion de transducteur, dont Wiener précise bien qu'elle n'inclut pas toutes les machines[52]. Ailleurs pourtant, Wiener se réfère à l'histoire des générateurs de centrales électriques, et suggère que « le système en parallèle possède une meilleure homéostasie que le système en série, et a survécu en conséquence, alors que le système en série s'est éliminé par sélection naturelle[53] ». Son « darwinisme » technique ne se limite donc pas à la forme d'un modèle probabiliste dans le cadre d'une théorie mathématique des transducteurs, mais se manifeste occasionnellement dans des réflexions en langue naturelle. Cependant, en dépit de son intérêt très marqué pour l'histoire des techniques, qu'il aborde sous un angle bien moins déterministe et naïf que pourraient le laisser penser ses comparaisons darwinistes[54], Wiener n'a pas cherché à formuler une science de toutes les machines.

« ALL POSSIBLE MACHINES » : W. R. ASHBY, SES ÉCHANGES AVEC RIGUET

William Ross Ashby (1903-1972) est un neuropsychiatre anglais qui développe très tôt des réflexions personnelles sur les comportements adaptatifs. Le problème qui l'occupera le plus sera la question de savoir comment le cerveau peut à la fois être un mécanisme (complexe) et être capable d'adaptation. Tout en restant très marqué par les exigences de l'expérimentation biologique, Ashby bénéficie également d'une formation d'ingénieur qui lui permet de construire des machines (notamment le célèbre Homeostat). Dans les années cinquante, sa principale préoccupation théorique consiste à établir les fondements d'une mécanique abstraite, comprise comme théorie des mécanismes. Sa célèbre *Introduction to Cybernetics* de 1956 définit ainsi l'ambition du projet :

> La cybernétique est aux machines réelles – électroniques, mécaniques, cérébrales ou économiques – ce que la géométrie est aux choses réelles de notre espace terrestre. [...] Elle prend pour objet d'étude le domaine de « toutes les machines

(Ma) : The MIT Press, 1964, p. 27-48.

52 N. Wiener, *La Cybernétique*, *op. cit.*, p. 310.

53 *ibid.*, p. 342. Le chapitre est ajouté dans la deuxième édition de 1961.

54 Voir notamment son ouvrage sur l'invention : N. Wiener, *Invention. The Care and Feeding of Ideas*, Cambridge (Ma) : The MIT Press, 1993.

> possibles », et n'est que secondairement intéressée de savoir que certaines d'entre elles n'ont pas encore été réalisées, que ce soit par l'Homme ou la Nature. Ce qu'apporte la cybernétique, c'est le cadre d'analyse dans lequel toutes les machines individuelles peuvent être ordonnées, mises en rapport et comprises[55].

Que l'objet scientifique soit idéal et n'existe pas nécessairement dans la nature, écrit Ashby, est aussi vrai pour celui qui étudie les machines que pour le physicien qui traite des gaz parfaits ou – plus intéressant – le biologiste qui étudie une espèce disparue. Les organismes vivants étant des « machines » (au sens très abstrait où veut l'entendre Ashby), ceux qui appartiennent à une espèce disparue ne sauraient faire exception à la règle. L'horizon est celui d'une modélisation intégrale des lignées (au moins pour les évolutions morphologiques et fonctionnelles) ; même si Ashby ne le dit pas, sa remarque inscrit bien son travail dans la situation mentionnée. Elle supposerait que la cybernétique – telle qu'il l'entend – fournisse le cadre formel général unifiant la biologie ; si un tel espoir était sans doute au-delà des ambitions explicites d'Ashby, les mots qui dépassent la pensée ne sont jamais insignifiants. Ils impliquent, en tout cas, un idéal de convergence entre histoire naturelle des machines et algèbre des machines. On a donc là, avec la cybernétique telle que la définit Ashby, le dispositif théorique qui permettrait en principe une convergence maximale de différents types de projets de sciences des machines – en principe seulement, comme on le verra plus loin.

Le langage de cette théorie, dans la suite du livre comme dans les recherches ultérieures d'Ashby, est l'algèbre ensembliste. C'est vers des mathématiques « françaises » qu'il se tourne : les traités de Bourbaki, mais aussi les recherches de Riguet. Cette dernière sollicitation fait l'objet d'une correspondance assez abondante dans les années cinquante :

> Je suis désireux au possible d'utiliser vos méthodes dans mon travail. Vous trouverez ci-jointe une formulation de ma méthode, dans votre notation, pour représenter la connexion d'éléments pour construire une « machine ». [...] il est d'une importance fondamentale, pour tout travail sur les mécanismes, que je dispose d'une méthode de représentation complètement rigoureuse. Je suis persuadé que la future physiologie du système nerveux sera basée sur des méthodes telles que celles que vous développez actuellement[56].

---

55 W. R. Ashby, *An Introduction to Cybernetics*, Londres : Chapman & Hall, 1956, p. 2.

56 Lettre d'Ashby à Riguet, 20 avril 1953 (toute la correspondance citée, communiquée par J. Riguet, a été remise au fonds Ashby). Document reproduit en annexe, p. 633.

> Merci beaucoup pour l'exemplaire de votre thèse [...]. J'ai commencé à l'étudier, mais il faudra du temps avant que je me familiarise avec. Je possède à présent la Théorie des ensemble de Bourbaki, ainsi que son Algèbre. Tout ceci est nouveau pour moi, mais je suis sûr que cette branche des mathématiques, bien plus générale que les mathématiques numériques et linéaires, sera de la plus grande importance pour la théorie abstraite des machines et des mécanismes cérébraux. [...]
>
> J'étais très excité de trouver, au chapitre I de l'Algèbre de Bourbaki, une définition de la « loi de composition externe », qui est exactement ce que je considère être l'essence d'une « machine » [...]. Est-il possible qu'une algèbre soit la représentation appropriée d'une machine, ou d'un mécanisme cérébral ? Si c'est le cas, toutes les propriétés générales bien connues des machines devraient être identifiables dans les propriétés correspondantes des algèbres. [...] Je suis certain que les fondements résident dans ces régions générales [...] Votre calcul des relations semble ici fort prometteur, précisément en vertu de son extrême généralité[57].

Ashby prend les choses au sérieux, puisqu'en 1953, il fait parvenir à Riguet des notes dans lesquelles il essaye d'utiliser ces nouveaux outils[58]. Il se base sur la thèse de Riguet pour définir la notion de machine, avec pour problème central le couplage de machines. Fin 1954, engagé dans la rédaction de son *Introduction to Cybernetics*, il écrit à Riguet qu'il a aussi pris le temps de se constituer, à partir des travaux du mathématicien et des ouvrages de Bourbaki, un petit *vademecum* de méthodes algébriques appliquées aux machines, et il lui propose de s'y associer pour en tirer une publication introductive destinée aux biologistes[59]. Quelques mois plus tôt, il lui avait déjà proposé de l'aider à traduire sa thèse sur les relations binaires en anglais[60]. En 1956, toutefois, deux publications importantes accordent une moindre place à ces méthodes : si Bourbaki et Riguet figurent dans la bibliographie d'*Introduction to Cybernetics*, on ne trouve dans l'ouvrage qu'une brève note appelant à davantage de

57 Lettre d'Ashby à Riguet, 19 mai 1953 (archives personnelles J. Riguet / fonds Ashby). Une note manuscrite précise : « L'article sur la stabilité [joint à la lettre], écrit il y a quatre ans, montre exactement ce que je souhaite dorénavant éviter grâce à la théorie des ensembles ! ». Il s'agit peut-être de « The Stability of a Randomly Assembled Nerve Network », *EEG and Clinical Neuro-Physiology* n° 2, 1950, p. 471.

58 W. R. Ashby, « Theory of Machines in Set Concepts (Notation of Bourbaki) » ; « Joining Two Sets of Markov Chains » ; « The Stochastic Machine » ; une note sans titre discutant du couplage de transducteurs dans la théorie de Shannon ; et « Habituation by Funnel-Effect » (archives personnelles J. Riguet / fonds Ashby).

59 Lettre d'Ashby à Riguet, 29 octobre 1954 (archives personnelles J. Riguet / fonds Ashby).

60 Lettre d'Ashby à Riguet, 2 janvier 1954 (archives personnelles J. Riguet / fonds Ashby).

recherches[61] ; et si Ashby, dans son article pour les célèbres *Automata Studies* de la même année, se réclame de Bourbaki[62], on n'y trouve pas le nom de Riguet. Les relations entre les deux hommes ne faiblissent cependant pas, et Ashby revient à la charge dans les années soixante. Il veut amplifier les échanges avec Riguet bien au-delà des citations réciproques, et, fort de ses nouvelles responsabilités[63], il essaye de mettre en place une collaboration financée par l'Office of Naval Research : « il ne fait aucun doute que la recherche en cybernétique réclame absolument un texte que, d'autant que je sache, nous deux seuls pouvons écrire[64] ». Au lieu d'un manuel de référence, c'est un court rapport de dix pages, « The Avoidance of Over-writing in Self-organizing Systems[65] », qui sort fin 1960 ; un plan d'ouvrage, vraisemblablement destiné à constituer le traité tant désiré, est resté à l'état d'esquisse[66]. Si Ashby prend acte dès 1960 de l'intérêt croissant de Riguet pour la théorie des catégories, lui-même ne s'écarte pas en pratique du cadre ensembliste. Un mémoire de 1962, « The Set Theory of Mechanism and Homeostasis[67] », bien représentatif de sa recherche, lui conserve l'exclusivité.

61 W. R. Ashby, *An Introduction to Cybernetics*, *op. cit.*, p. 158, 273.

62 W. R. Ashby, « Design for an Inteligence Amplifier », in C. E. Shannon, J. McCarthy (dir.), *Automata Studies*, Princeton University Press, 1956, p. 223.

63 En 1959, Ashby prend la direction du Burden Neurological Institute de Bristol. En fait, il va n'y passer qu'une année puisqu'il prendra un poste aux États-Unis, au Département de génie électrique de l'Université d'Illinois, de 1960 à 1970.

64 Lettre d'Ashby à Riguet, 5 juin 1959 (archives personnelles J. Riguet / fonds Ashby). Voir annexe III, p. 634.

65 W. R. Ashby, J. Riguet, « The Avoidance of Over-writing in Self-Organizing Systems », Technical Report n° 1, National Bureau of Standards, NBS00654, 1960 (archives du Charles Babbage Institute, boîte 722, liasse 14). Il s'agit d'établir conceptuellement (sans formalisme), les conditions nécessaires et suffisantes pour qu'un système adaptatif puisse continuer à mémoriser son expérience sans « écraser » au fur et à mesure sa mémoire existante. Le rapport est publié dans le *Journal of Theoretical Biology*, vol. I, n° 4, 1961, p. 431-439.

66 Non daté, il est titré *The Complex Machine and the Brain, or Combinatorial Dynamics*, avec pour titre alternatif *Complex Mechanism and the Brain – a Study of Combinatorial Dynamics* (archives personnelles de J. Riguet, deux exemplaires transmis au fonds Ashby et à E. Barbin et R. Guitart). Topologie et catégories sont au programme, notamment pour l'étude des « systèmes excessivement complexes ». Voir annexe III, p. 635-638.

67 W. R. Ashby, « The Set Theory of Mechanism and Homeostasis », Technical Report n° 7, Electrical Engineering Research Laboratory, University of Illinois, Urbana, 1962, National Bureau of Standards NBS#6200038 (archives du Charles Babbage Institute, boîte 176, liasse 13). Le rapport commence par une présentation succincte de la théorie des ensembles, qui reprend peut-être ce *vade-mecum* dont il avait parlé à Riguet. Il définit ensuite la notion de machine et différentes propriétés, et discute cette notion dans le contexte de théories biologiques (notamment la « biologie analytique » de Sommerhoff).

Si la théorie des ensembles et les méthodes algébriques associées ont permis à Ashby – ou du moins ne l'ont pas empêché – de produire des résultats (comme son célèbre « théorème de la variété requise »), la question de leur aptitude à se faire le langage et la théorie universels de « toutes les machines possibles » s'avère problématique, comme on le verra plus loin.

LE CERCLE D'ÉTUDES CYBERNÉTIQUES, POINT DE CONVERGENCE POUR LES PROJETS FRANÇAIS

L'ouvrage de Wiener, *Cybernetics*, contrairement à ceux de Lafitte et de Couffignal, ne se présente pas comme un essai de science des machines ; ce sont les Français qui vont le lier aux traditions mécanologiques. La convergence des projets se double d'une convergence des acteurs. Un lieu d'échange se crée dans l'espoir de favoriser l'échange intellectuel. Le congrès de Paris de 1951 sur « Les machines à calculer et la pensée humaine », rassemblant notamment (pour ce qui nous concerne ici) Ashby, Wiener, Couffignal, Riguet, se termine sur la remarque d'André Lichnerowicz quant à l'inexistence d'une définition claire de la notion de machine, rendue d'autant plus difficile par l'évolution technologique[68]. Peut-être qu'un séminaire régulier offrirait de meilleures conditions qu'un grand congrès international pour la généralisation d'un concept à partir d'approches divergentes ?

L'accueil du Cercle d'études cybernétiques, par Pierre Ducassé, à l'Institut d'Histoire des Sciences de Paris, ainsi que dans les colonnes de la revue de l'Institut, *Thalès*, et de sa propre revue *Structure et évolution des techniques*, constitue l'occasion d'interpréter la cybernétique selon cette thématique de théorie des machines.

La première contribution du Cercle devait être bibliographique : il s'agissait de réunir des références sur la cybernétique pour un numéro de la revue *Thalès*. En fait, c'est un numéro entier qui va être pris en

68 *Les machines à calculer et la pensée humaine. Paris 8-13 janvier 1951*, Colloques internationaux du CNRS n° 37, Paris : Éditions du CNRS, 1953, p. 562. Couffignal répond à Lichnerowicz en récapitulant ses travaux relatifs à l'analyse mécanique.

charge par les membres du CECyb. Parmi les contributions originales figurent l'article « Statistical Machinery » d'Ashby, un article important de Couffignal sur « La mécanique comparée » (qui reprend en partie le projet de l'analyse mécanique, comme on va le voir plus loin), ainsi qu'un court article du R. P. François Russo, intitulé « La cybernétique située dans une phénoménologie générale des machines ». Le propos en est d'emblée suggestif :

> La constitution récente de la cybernétique offre des éléments de réflexion particulièrement propres à nous faire progresser dans l'intelligence de la technique et de son histoire et nous invite à élaborer une *phénoménologie générale des machines* qui fait encore défaut, en dépit de l'ample littérature suscitée par la question. Ni la classique *Cinématique* de Reuleaux, ni les intelligentes *Réflexions sur la sciences des machines* de Jacques Lafitte ne peuvent à cet égard être considérées comme satisfaisantes.
>
> Ce n'est pas seulement d'ailleurs la cybernétique proprement dite qui nous incite à cet ordre de réflexions, mais, plus largement, de multiples aspects de la technique moderne [...]. La notion courante de machine se révèle insuffisante pour comprendre la signification profonde de l'évolution de ces techniques. [...]
>
> Stimulé par ces difficultés, nous voudrions esquisser les grandes lignes d'une théorie des machines qui soit assez générale pour valoir dans les domaines étendus et variés qui viennent d'être mentionnés[69].

Russo conclut par ces mots :

> Ainsi cette science du gouvernement des machines, la cybernétique, apparaît comme la partie la plus délicate, la plus neuve de la phénoménologie des machines dont nous avons essayé de dégager les idées maîtresses. Mais, à vrai dire, la cybernétique, telle qu'on la développe actuellement, déborde assez largement son objet strict et tend à devenir cette phénoménologie même que nous avons esquissée[70].

Si le concours des catégories déclinées dans l'article (que l'on ne commentera pas ici) à une théorie générale semble se borner à une classification – scolastique ? – des machines, on voit du moins que la bénédiction donnée par le jésuite n'est pas complètement gratuite, puisqu'elle tend à tirer la cybernétique vers le champ de discussion mécanologique. Associée, dans le cadre du numéro de *Thalès*, à l'article de Couffignal

69 F. Russo, « La cybernétique située dans une phénoménologie générale des machines », *Thalès* n° 7, 1951, p. 69.

70 *ibid.*, p. 75.

dont il sera question plus loin, elle peut augurer d'une certaine orientation des débats au sein du CECyb. Ici, le manque d'archives limite la discussion. Huit des quatorze séances du CECyb sont prises par des exposés de Lafitte et de Riguet. Lafitte, « découragé par le silence presque total[71] » reçu par ses *Réflexions* de 1932, trouve dans le CECyb l'occasion de reprendre ses idées et de les confronter à une génération nouvelle. Quatre conférences sur « Le monde des machines » sont programmées, auxquelles assistent les membres du CECyb et les étudiants de l'IHST. Entre les titres proposés par Lafitte, et ceux retranscrits par Vallée, quelques petits changements : la première séance est intitulée « Espèce humaine et monde des machines », la seconde « La voie technique ». La quatrième et dernière conférence s'intitulait d'abord « Structures mécanologiques et structures sociales », avant de devenir « Monde des machines et structures sociales ». Il s'agissait peut-être de revenir sur le bref paragraphe « Structures mécaniques et structures sociales » du livre de 1932[72]. La troisième conférence, en revanche, s'appelait au départ « L'outillage réflexe : la cybernétique », titre que Lafitte remplace trois mois plus tard par « Monde des machines : développements et limites » (Vallée retiendra « devenir et limites »). Cette modification, dont les tenants et les aboutissants restent inconnus, atteste au moins que Lafitte essaye de reprendre son élaboration dans les termes de la cybernétique, cherche une continuité, espère amorcer une capitalisation. On reconnaît en effet clairement la catégorie des « machines réflexes », qui sont donc mises en équivalence directe avec la cybernétique. Mais pourquoi le changement de titre ? Pourquoi ce retrait d'une mention explicite de convergence « officielle » entre mécanologie et cybernétique, alors que la correspondance entre machines réflexes et servomécanismes paraît si naturelle, et surtout que c'est bien là le motif qui justifie en principe l'intervention du conférencier ? La raison peut en être bénigne, si Lafitte a simplement estimé, par exemple, qu'un sujet plus général, moins ciblé, serait plus approprié (notamment pour les étudiants). Mais il se peut aussi

71 Lettre de J. Lafitte à R. Vallée, 24 juin 1952. Document reproduit en annexe, p. 616.

72 J. Lafitte, *Réflexions sur la science des machines*, *op. cit.*, p. 113-115. « …peut-être verra-t-on alors, avec moi, qu'aux trois formes passive, active et réflexe qui s'observent dans les machines, correspondent trois formes caractérisées de structures sociales ; les structures familiales, les structures politiques, et celles que j'appelle les structures technomorphiques [qui préfigurent le *management* contemporain]. […] Aucune de ces formes ne remplacera les autres, à la manière d'un successeur chassant un prédécesseur. » (*ibid.*, p. 114).

qu'il ait craint, en entrant dans des détails plus techniques, de paraître désuet devant une assemblée d'éminents spécialistes de la question :

> Au reste, je ne suis pas sans éprouver une certaine appréhension à la pensée qu'il me faut rentrer en lice après près de vingt ans de silence et de retraite intellectuelle, vingt ans durant lesquels j'ai poursuivi des tâches pratiques assez éloignées, en apparence, de mes recherches[73].

On ne sait pas dans quelle mesure cette « appréhension », exprimée dans les lettres à Vallée, a pu se nourrir des discussions faisant suite aux exposés. Quelle que soit la raison du changement de titre, il ne serait pas impossible que, confronté sans doute pour la première fois à un public qu'il attendait depuis vingt ans, Lafitte se sente contraint à remanier ses catégories initiales – ce qui pourrait aussi valoir pour les machines réflexes. Quoiqu'il en soit, il ne semble pas pouvoir se contenter d'exposer au CECyb ce qu'il avait écrit vingt ans plus tôt. Le contact avec la cybernétique ranime le projet mécanologique, et Lafitte parle de se lancer dans une rédaction à partir de ses conférences : « j'ai l'espoir de pouvoir bientôt me remettre au travail », écrit-il finalement à Vallée[74]. Il lui demande aussi de le présenter au mathématicien G. Th. Guilbaud, également membre du CECyb, qui avait publié en 1950 un article d'introduction vulgarisée à la cybernétique dans lequel il mentionnait les *Réflexions* de Lafitte, et qui prépare alors la première édition du « Que-sais-je ? » intitulé *La cybernétique*, qui va également situer la mécanologie dans la généalogie des idées menant à la cybernétique[75]. On ne sait pas si une rencontre a eu lieu ; qu'aurait donné une collaboration entre le théoricien visionnaire et le mathématicien érudit de l'École des hautes études modélisant les « caractères d'organisation » et les « séries rameuses » du monde des machines ?

Comme pour mieux marquer le contraste des projets, la série des conférences de Lafitte est immédiatement relayée par une autre série de quatre exposés de Riguet : « Introduction à la théorie des réseaux d'interrupteurs », « Analyse et synthèse des réseaux combinatoires », « Réseaux séquentiels et applications ». Le contexte de ces exposés, ce sont les applications concrètes

73 Lettre de J. Lafitte à R. Vallée, 23 novembre 1952.

74 Lettre de J. Lafitte à R. Vallée, 20 avril 1954.

75 G. T. Guilbaud, « Divagations cybernétiques », *op. cit.*, p. 284 ; *La Cybernétique*, *op. cit.*, chapitre 2, § 1-2.

auxquelles Riguet s'intéresse dans le prolongement de sa thèse. C'est au même moment qu'il prépare sa première note sur les machines pour les *Comptes rendus de l'Académie des sciences*, et le manuscrit de son manuel sur les réseaux d'interrupteurs. On aura noté que Mandelbrot est aussi membre du CECyb (il y donne d'ailleurs l'une des premières conférences), ce qui permet de penser que le Cercle est pour tous deux un débouché possible pour les préoccupations, qu'ils partageaient quelques années auparavant avec Schützenberger et Braffort, d'application opérationnelle de Bourbaki (voir p. 253-255). C'est néanmoins Mandelbrot qui, parmi les quatre, est le moins « orienté machine », et le moins « Bourbaki-compatible » –, et l'on se demande naturellement pourquoi les deux autres, très intéressés aussi par la formalisation de la notion de machine, ne sont pas également membres du CECyb. Riguet demande toutefois à Vallée d'inviter Braffort pour la circonstance. Au-delà de sa fréquentation du CECyb et de ses échanges avec Ashby, Riguet a-t-il été marqué par la cybernétique ? Il la perçoit comme un domaine d'application fructueux pour sa théorie, qui « permet d'envisager sous un jour nouveau les problèmes cybernétiques[76] ». Il intervient à plusieurs Congrès internationaux de cybernétique de Namur[77]. En 1960, Riguet doit s'occuper de la partie « organisation logique des machines » d'un séminaire sur la cybernétique en Sorbonne (*cf.* annexe p. 639). Riguet va s'intéresser à la modélisation biomathématique. En 1973, il prépare l'organisation d'un séminaire « Théorie des automates et systèmes biologiques et chimiques » à l'Hôpital Necker :

> Parmi les rêveries interdisciplinaires, il n'y en a sans doute pas de plus séduisantes que celles d'un rapprochement de la biologie, de l'informatique et de la théorie des systèmes.

---

76 J. Riguet, « Applications de la théorie des relations binaires à l'algèbre et à la théorie des machines », *op. cit.*, p. 61. « Récemment notre collaboration récente avec le Docteur W. R. Ashby nous a permis d'algébraiser certains problèmes de cybernétique [...] » (*ibid.*, p. 61).

77 Riguet présente deux communications au premier Congrès internationale de cybernétique en 1956, dont il ne reste que de brefs résumés : « Causalité et théorie des machines », qui aborde « Définition algébrique précise de la notion de machine. Emploi de ce modèle algébrique en cybernétique » ; l'autre communication a pour titre « Syntaxe, programmation et synthèse des machines ». En 1973, au VIIe Congrès de Namur, Riguet présente un exposé sur « Doubles catégories en cybernétique », dont l'économiste Louis Leretaille, qui prépare « une thèse de doctorat sur la Cybernétique et la Théorie Générale des Systèmes » lui demande le texte (lettre de L. Leretaille à J. Riguet, 15 juin 1974, archives personnelles de J. Riguet). La thèse de Leretaille n'est pas référencée dans la base Sudoc.

> Les développements récents de ces dernières années débordent en effet largement le domaine cybernétique dont on sait l'échec du mariage avec le domaine biologique classique après l'engouement des années 1950.
>
> Il semble donc qu'il soit temps de se mettre au travail et d'essayer de réaliser en Europe ce qui l'est déjà aux U.S.A. (Logic and Computer Group de Ann Arbour par exemple)[78].

Il organise un colloque international sur le même sujet en mai 1974. Le séminaire va durer plusieurs années (au moins jusqu'à la fin des années 1970) ; y interviendra par exemple Jean-Arcady Meyer (*cf.* p. 708). Riguet évolue dans des réseaux internationaux de biomathématiciens qui participent à la transition entre la cybernétique et le champ plus tardif de la « systémique » (comme George Klir), et plus généralement d'autres mathématiciens ou modélisateurs français[79]. On trouvera ainsi Riguet dans la « réunion de famille » organisée par Pierre Delattre en 1978[80]. Le nom de *cybernétique* ne désigne pas chez Riguet un cadre de référence spécifique pour une théorie des machines, qu'il va trouver dans une abstraction toujours croissante avec la théorie des catégories. Il y a toujours une optique algébriste généralisante, dans la lignée des travaux entrepris par Arbib, Zeiger ou Manes (avec qui il aura d'ailleurs des échanges)[81] dès la fin des années soixante, et dans lesquels la notion de machine demeure un objet d'étude central.

---

78 « Information préliminaire sur : un séminaire sur la théorie des automates et des systèmes chimiques et biologiques ; un symposium sur le même sujet », feuillet tapuscrit, Université Paris V René Descartes, 29 octobre 1973 (archives personnelles de J. Riguet). C'est Howard Zeiger qui est dans ce groupe d'Ann Arbour, appelé « Logic of Computers Group » ; Riguet l'invite au colloque qu'il organise l'année suivante.

79 Par exemple, Riguet invite à son colloque international de 1974 le mathématicien Philippe Courrège pour présenter le modèle de réseau neuromorphe sur lequel il a travaillé avec J.-P. Changeux et A. Danchin. Courrège renonce, pour des raisons à la fois personnelles (apparemment suite à un échange un peu houleux qui aurait eu lieu au séminaire de Riguet), et parce que la modélisation n'a pas avancé suffisamment pour que Courrège se risque à la présenter à un public international (lettre de P. Courrège à J. Riguet, 5 mai 1974, archives personnelles de J. Riguet). Dans la même lettre, on apprend que tous deux connaissent relativement bien Henri Rouanet, dont les activités de modélisation concernent le domaine de la psychologie. On a donc là une information intéressante sur l'interconnexion de trois modélisateurs, chacun rattaché à un petit réseau dans son domaine respectif.

80 J. Riguet, « Critères de choix des formalismes de la théorie des jeux et de la théorie des automates pour l'élaboration d'un modèle », in P. Delattre, M. Thellier (dir.), *Élaboration et justification des modèles*, *op. cit.*, p. 181-189.

81 Par exemple, son séminaire pour l'année 1976 consacre une séance à des « Recherches récentes du point de vue catégorique sur la théorie du contrôle ». Voir par ailleurs :

Couffignal, quant à lui, ne prononce aucune conférence dans le cadre du CECyb, mais il va publier assez régulièrement dans les colonnes de la revue *SET* de Ducassé. Auparavant, il faut revenir sur l'article qu'il confie au nº 7 de *Thalès*, « La Mécanique comparée », qui se présente comme une synthèse critique du Congrès international de janvier 1951 sur « Les machines à calculer et la pensée humaine », qui a eu lieu quelques mois plus tôt. Couffignal rappelle son échange avec Lichnerowicz (mentionné plus haut). Il s'agit, donc, de relancer une théorie des machines dans le nouveau contexte de l'après-guerre. Mais la « mécanique comparée » n'est pas qu'un nouveau nom donné à l'ancien projet de 1938 : il s'agit d'une généralisation, qui contient l'analyse mécanique en lui adjoignant une réflexion méthodologique critique pour l'application de la notion de machine à la biologie. En 1938, Couffignal avait maintenu la biologie à l'écart de son projet ; mais en 1942, il rejoint le physiologiste Louis Lapicque, qui vient de publier un ouvrage *La machine nerveuse*, pour travailler sur des analogies entre cerveau et machine à calculer. La mécanique comparée se veut donc la réplique de Couffignal à la cybernétique américaine, qui, dit-il, pose les bons problèmes mais les aborde avec de mauvaises méthodes. Et cette refonte généralisante de l'analyse mécanique lui ajoute un projet de bonne méthode, en problématisant explicitement une question qui restait indécise en 1938 – celle des « rapprochements » entre classes de fonctions – qui s'identifie au débat relatif au statut épistémologique du raisonnement par analogie. La bonne méthode, selon Couffignal, c'est une méthode d'analogies entre fonctions, non entre structures, et non mathématiques[82]. Par la suite, Couffignal va adopter le label « cybernétique », mais en conservant les caractéristiques générales de son projet de 1951. La notion de machine demeure intacte. Dans la revue *SET*, il publie en 1957 une conférence « La cybernétique des machines », dans laquelle il analyse deux grandes

---

M. A. Arbib, « A Common Framework for Automata Theory and Control Theory », *SIAM Journal on Control and Optimization*, vol. 3, nº 7, 1962, p. 206-222 ; M. A. Arbib, E. G. Manes, « Machines in a Category : An Expository Introduction », *SIAM Review*, vol. 16, nº 2, 1974, p. 163-192.

82 Cette fois, la critique de la mathématisation excessive ne vise pas l'algèbre, mais Wiener et les cybernéticiens américains qui appliquent le calcul des probabilités à la transmission nerveuse avec la « théorie de l'information ». Le critère de valorisation des analogies entre fonctions au détriment des analogies entre structures provient de l'échec des recherches de Couffignal avec Lapicque, reconnu progressivement, et dont il tente de tirer une leçon constructive.

familles de machines-outils (les tours et les perceuses) ; les « formules fonctionnelles » de 1938 ont disparu, mais un certain nombre de propositions apparentées aux « lois » que l'analyse mécanique abstraite voulait dégager : logiques, axes et normes d'évolution[83]. La cybernétique de Couffignal, entendue comme « art de rendre efficace l'action », reste alors en parfaite continuité avec l'analyse mécanique de 1938, sauf du point de vue méthodologique. Il y a un déplacement de la pondération des trois composantes : atrophie de la partie descriptive, et développement de la partie abstraite, avec des « lois » rebaptisées en « principes ».

L'IMPOSSIBLE GÉNÉRALISATION

L'absence de traces relatives aux discussions du Cercle d'études cybernétiques rend à priori malaisée la délimitation entre les facteurs épistémologiques et les facteurs psycho-sociologiques empêchant la constitution d'une théorie générale à partir de recherches hétérogènes. Les controverses scientifiques révèlent souvent les conceptions philosophiques des protagonistes, et les échanges interdisciplinaires sont une occasion d'explicitation des habitus. L'incompatibilité des projets tient-elle à l'incompatibilité des méthodes ou cadres théoriques, ou à l'incompatibilité de choix ou de postulats orientant ces théories, toujours marqués par une philosophie et des jugements de valeur implicites ? L'absence de discussions archivées n'empêche pas de fournir quelques éléments de réponse par comparaison des doctrines.

La généralité de la notion de machine commune aux différents projets n'est pas qu'un mirage sémantique. En particulier, on peut remarquer qu'une certaine continuité de l'axe naturaliste est établie sur le plan de la classification des machines : l'équivalence entre machines réflexes et

83 Notamment : « le progrès de l'automatisme s'identifie au progrès de la mécanisation de l'esprit » ; « Il est techniquement possible de faire exécuter par une machine toute suite d'opérations qui peut être décrite dans la langue appropriée » ; « La complication, la fragilité ou l'encombrement d'une machine augmente très vite avec le degré d'automatisme et la finesse de l'opération à exécuter » ; ou encore « Une machine efficace est une machine spécialisée » (L. Couffignal, « La cybernétique des machines », 1re partie, *Structure et évolution des techniques*, nº 55-56, 1957, p. 5, 10 ; 2e partie, nº 57-58, 1957, p. 11).

servomécanismes était déjà relevée à l'époque (à commencer par Lafitte lui-même) ; la proximité entre les autres catégories de Lafitte et celles de Wiener a aussi été relevée par ailleurs[84], mais elle soulève du coup le problème de savoir s'il faut considérer ces autres catégories comme des transducteurs : y a-t-il un sens à définir une machine passive (par exemple une maison) par une fonction de transfert, une relation entrée-sortie ? Plus la machine est passive, en effet, plus ses caractères structuraux importent ; or, ce sont ceux-là même que l'analyse comportementale (l'approche « boîte noire ») laisse délibérément de côté. Le recouvrement des classes de machines n'est donc pas garanti. Il est à noter que Couffignal reprend lui aussi les « machines réflexes » dans son opuscule *Les Notions de base*[85], bien qu'il n'ait jamais cité Lafitte dans ses travaux (ce qui peut paraître plus surprenant en 1958 qu'en 1938).

Mais il existe une divergence entre les conceptions de Lafitte et celles de Wiener en ce qui concerne l'évolution des machines : pour le premier (comme implicitement, d'ailleurs, pour Couffignal), celle-ci suit une loi d'accroissement de la complexité ; pour le second, au contraire, la « sélection naturelle » éliminera infailliblement les organismes trop complexes (l'influence de d'Arcy Thompson sur Wiener se fait ici sentir). En outre, Lafitte, tout en s'inspirant initialement de la biologie, s'intéresse à ce qu'il y a de spécifique aux machines-objets techniques, par rapport aux organismes vivants et aux organisations sociales, alors que Wiener s'intéresse à ce que ces entités ont de commun. Le premier cherche à fonder une discipline à côté des autres (une science des machines, qui trouverait sa propre place, parce que le règne machinal a son existence propre par rapport aux règnes végétal et animal), le second propose d'exporter un schématisme issu du monde des machines pour éclairer le monde des êtres vivants.

Un autre obstacle essentiel à la constitution d'une théorie générale réside dans l'absence de formalisme unificateur. Dans le cas de la cybernétique, le sujet est complexe et dépend en particulier de la façon dont

84 J. Segal, *Le Zéro et le un*, *op. cit.*, p. 265. La comparaison est faite avec l'article fondateur de la cybernétique publié par Wiener et ses collaborateurs en 1943 (A. Rosenblueth, N. Wiener, J. Bigelow, « Behavior, Purpose and Teleology », *Philosophy of Science* n° 10, 1943, p. 10-18). Remarquons cependant que dans celui-ci, les qualificatifs de *active*, *passive* et *purposeful* se rapportent à des classes de comportements, et non d'individus (machines) comme dans le cas de Lafitte.

85 L. Couffignal, *Les Notions de base*, Paris : Gauthier-Villars, 1958.

on définit ses rapports avec la théorie des systèmes asservis et la théorie des automates : est-ce qu'elle se confond avec l'une ou l'autre, est-ce qu'elle « contient » l'une ou l'autre, ou les deux ? Cette question difficile, relativement arbitraire, est restée éludée par les commentateurs. Selon la réponse qu'on lui donne, on n'écrit pas la même histoire. Internes ou externes, plusieurs lignes de fracture fragilisent la cybernétique : modélisation continue pour Wiener, discrète pour von Neumann, Riguet, et par extension Ashby. L'opposition entre une conception « physicaliste » du premier et une conception « logiciste » des autres, avancée par certains commentateurs, semble secondaire par rapport à l'opposition entre fonctionnalisme et réductionnisme, le premier reconnaissant une importance aux comportements finalisés à l'échelle macro, que le second tente de réduire à une combinatoire d'éléments fondamentaux à une échelle inférieure. Wiener explicite cette distinction au sujet des machines auto-réplicatives :

> Il y existe deux points de vue sur ces machines [...]. Le premier, dû à von Neumann, est essentiellement combinatoire. Il cherche principalement à montrer qu'il n'y a pas d'impossibilité combinatoire à ce qu'une machine en fabrique une autre à son image. Ici, l'image est conçue comme une structure quasi statique qui représente la machine et peut produire d'autres structures identiques. Dans cette approche, le fait que la structure soit opérante, accomplisse certaines fonctions, n'entre pas en ligne de compte.
>
> Ce n'est pas le point de vue que j'adopte ici. On considérera la machine comme une structure opérante fabriquant d'autres structures opérantes à son image par la combinaison appropriée[86].

En regard du profil d'algébriste de Riguet, le choix de Bourbaki par Ashby semble moins naturel et appelle quelques commentaires. Tout d'abord, on peut se demander ce qu'il signifie au regard des relations qu'entretient Ashby, dans le cadre des échanges autour de la cybernétique (par exemple les conférences Macy), avec les mathématiciens exceptionnels que sont Wiener et von Neumann. Ces derniers ont chacun leur style, mais Ashby ne paraît pas manger à leur râtelier. Faut-il y voir une raison stratégique, de la part de ce chercheur qui n'est pas mathématicien de formation, et qui trouverait ainsi un vecteur original d'affirmation, une alliance alternative qui ne le rende pas dépendant des deux « superpuissants » américains ? L'hypothèse d'un facteur national, d'une défiance

86 N. Wiener, « The Mathematics of Self-Organizing Systems », *op. cit.*, p. 1.

à l'égard d'une « marshallisation » des sciences européennes, n'est pas à négliger, mais sa portée exacte et ses conditions de manifestation restent à définir. Ensuite, ce choix pose le problème de la capacité de cette configuration mathématique à remplir le contrat de la très grande généralité qu'ambitionne Ashby. Il y a là bien sûr un pari, lui-même directement tributaire du pari bourbachique de reconstruction intégrale de l'architecture des mathématiques. On peut voir que la confiance d'Ashby est fondée sur une vision un peu simpliste de Bourbaki[87], sans doute courante à l'époque (à fortiori de l'extérieur du champ mathématique). Or, il apparaît que ce choix impliquait potentiellement une incompatibilité sérieuse entre une théorie bourbachique des machines et la méthode d'analyse des transducteurs de Wiener – méthode qui repose sur l'usage d'un modèle de processus aléatoire (processus de Wiener-Lévy), qui est un objet exclu du plan Bourbaki : les critères de Bourbaki ne permettent pas d'en faire un objet mathématique. Il reste peu clair, cependant, si les causes de cette exclusion sont d'ordre épistémologique ou axiologique[88]. Dans tous les cas, l'absence de cadre formel unifié n'est pas qu'une question de préférence stylistique.

On peut constater aussi que l'unité formelle d'une théorie des machines ne peut provenir des diagrammes. La période est prolixe en usage de schémas fonctionnels, diagrammes-blocs et autres organigrammes, et

87 Voir l'introduction de W. R. Ashby, « The Set Theory of Mechanism and Homeostasis », *op. cit.*

88 N. Meusnier, « Sur l'histoire de l'enseignement des probabilités et des statistiques », in E. Barbin, J.-P. Lamarche, *Histoires de probabilités et de statistiques*, Paris : Ellipses, 2004, p. 262-265. En bref : est-ce que les options prises par Bourbaki résultaient « mécaniquement » d'autres choix fondamentaux, ou bien est-ce que ces autres choix étaient faits *en vue* d'exclure des objets considérés comme tératologiques ? La répulsion de la communauté mathématique pour les fonctions continues nulle part dérivables ne date pas de Bourbaki, comme en attestent des commentaires de Poincaré ou encore d'Hermite. Ces fonctions ne sont pas en fait des exceptions par rapport aux fonctions continues dérivables : elles sont prévalentes dans l'ensemble des fonctions continues définies dans [0,1] (J. Thim, *Continuous Nowhere Differentiable Functions*, thèse, université de technologie de Luleå, Suède, 2003, p. 84). Le processus de Wiener-Lévy « occupe aujourd'hui une place centrale en mathématiques et [...] est lié à la plupart de leurs branches » (J.-P. Kahane, « Le mouvement brownien et son histoire, réponses à quelques questions », *Images des mathématiques*, Paris : CNRS Éditions, 2006, en ligne). La légitimation de ces objets mathématiques, par rapport auxquels ce sont désormais plutôt les objets « lisses », courbes dérivables et solides platoniciens, qui apparaissent comme des exceptions, donne un bel exemple de « philosophie du "non-" » dans l'autodidaxie de l'esprit scientifique contemporain, au côté des exemples célébrés par Bachelard.

la question de savoir si ces objets sont intégralement mathématisables ne trouve pas de réponse évidente. Chez Couffignal, la méthode de représentation par « formules fonctionnelles » n'est apparemment plus utilisée après sa thèse de 1938, pour des raisons qu'il n'a pas mentionnées. Sans doute la théorie des automates représente-t-elle un désaveu pour la distance paradoxale qu'il essaye de préserver avec les mathématiques. Mais même de ce côté-là, l'usage de plus en plus codifié de la théorie des graphes pour représenter les automates ne devient pas la norme avant les années 60. Au regard du reste de l'œuvre écrite de Couffignal, on peut s'étonner de l'absence d'allusion au statut des diagrammes. Ce qui, chez lui, constituait l'analyse descriptive, avec les formules fonctionnelles, semble devenu dans sa « cybernétique » purement discursif et réduit à la portion congrue ; effet, peut-être, d'une meilleure implantation de méthodologies concurrentes, puisque se sont développés en parallèle d'autres symbolismes[89] toujours bien établis.

Un problème subsistait dans la thèse de 1938 : les entités étaient réduites par la subsomption des organes aux fonctions ; mais l'étude de cas était menée uniquement sur les machines à calculer, si bien que les relations entre fonctions (représentées par des flèches dans les formules fonctionnelles) étaient toutes homogènes, se réduisant au transport d'un nombre. En extrapolant la théorie à toutes les machines, comment garantir qu'on ne va pas avoir affaire à une prolifération *ad hoc* de relations de toutes natures, et se retrouver dans une situation comparable à celle de Reuleaux avec ses poulies ? Couffignal a peut-être abandonné les formules fonctionnelles pour cette raison, conscient, au vu des progrès de la théorie des automates, des avantages de l'algèbre, qu'il n'envisageait pas à l'époque du fait de la conception qu'il s'en faisait, et à la reconnaissance desquels son hostilité à Bourbaki constitue ensuite certainement un frein. Par sa réhabilitation de Monge contre Reuleaux, il joue la géométrie contre l'algèbre ; son patron de thèse, Maurice d'Ocagne, est quant à lui l'inventeur de moyens de résolution *graphique* d'équations de mathématiques appliquées, sous le nom de « nomographie » ; enfin, son intérêt pour la logique, sa promotion des

89 On trouve quelques éléments de cette histoire dans S. Aït-el-Hadj, *Systèmes technologiques et innovation. Itinéraire théorique*, Paris : L'Harmattan, 2002 ; D. Mindell, *Between Man and Machine*, *op. cit.* ; P. Remaud, *Une histoire de l'Automatique en France*, *op. cit.* L'analyse mécanique n'est pas un ancêtre pur et simple de la méthode d'analyse fonctionnelle SADT (*Structured Analysis and Design Technique*), car il s'agit bien d'un projet de discipline, avec des exigences théoriques et épistémologiques.

« mathématiques utilisables » et des applications intuitives en pédagogie achèvent de rendre sa conception des mathématiques incompatible avec celle de son ancien camarade de promotion de l'agrégation, Jean Dieudonné[90]... Mais il y a, chez Couffignal, des antagonismes avec les autres projets qui tiennent de plus près à la conceptualisation des machines. On a déjà dit que sa critique de la mathématisation du concept de machine visait expressément Wiener ; mais c'est aussi le cas des machines virtuelles : machines de Turing et automates. Selon lui, la théorie doit prendre pour objet « les machines construites jusqu'à présent », et non des « êtres de fiction[91] ». Dans sa définition de la machine, qui ne variera pas, la machine est « un être physique », « construit par l'homme[92] ». Cette définition critique, d'une part, le virtualisme mathématique au nom d'un critère de réalisabilité physique, et à ce titre amène Riguet dans son collimateur :

> Il faut considérer comme expérience imaginée un modèle que l'on n'a pas construit effectivement. En particulier, les êtres conceptuels appelés machines par Turing et M. Riguet et sur lesquels sont établis des raisonnements mathématiques dont on laisse entendre qu'ils sont valables pour les notions que l'on attache de coutume aux machines matériellement réalisées et dont on peut observer (au sens des physiciens et des naturalistes) le fonctionnement, risquent, quand on tente de les construire, de causer des déceptions du genre de celles qu'a produites, après soixante-dix ans d'exercice, le démon de Maxwell[93].

---

90 L. Couffignal, « Bourbaki, structures et réalité », *3e Congrès international de cybernétique. Namur, 11-15 septembre 1961*, Namur : Association internationale de cybernétique, 1965, p. 119-127 ; *Cybernetica*, 1961, n° 3, p. 195-203 ; « L'utilisation des mathématiques », in G. Mialaret (dir.), *L'Enseignement des mathématiques. Études de pédagogie expérimentale*, Paris : Presses universitaires de France, 1964, p. 1-38. Il existe d'autres textes de Couffignal sur l'enseignement des mathématiques pour les ingénieurs et les écoles techniques.

91 L. Couffignal, *Sur l'analyse mécanique*, *op. cit.*, p. 41 ; *La cybernétique*, « Que-Sais-Je ? » n° 638, Paris : Presses universitaires de France, 1963, p. 79. Dans les travaux de jeunesse de Couffignal, l'absence de référence à Turing et Gödel joue certainement un rôle dans sa conception du calcul mécanique. Il est contre l'idée de « machine universelle », comme le dit explicitement son credo qu'« une machine efficace est une machine spécialisée ». On remarque aussi que dans l'analyse mécanique de 1938, il n'y a pas de différence indiquée entre le *software* et le *hardware* (dans les formules fonctionnelles, l'impression et l'effaçage sont mis sur le même plan que le calcul).

92 Voir par exemple : L. Couffignal, « La cybernétique des machines », *op. cit.*, p. 2 ; *La cybernétique*, « Que-Sais-Je ? », *op. cit.*, p. 80 ; etc.

93 L. Couffignal, « Quelques réflexions et suggestions », *Dialectica*, vol. 10, n° 4, 1956, p. 337. La critique des expériences de pensée repose sur l'idée que l'on ne calcule que sur des modèles génériques, et que l'on risque de ne pas prévoir des problèmes singuliers posés par les situations réelles : « L'accident est fréquent, si l'on part des mathématiques » (L. Couffignal, « La Mécanique comparée », *op. cit.*, p. 9). Ce que Couffignal rejette par

D'autre part, le critère de construction par l'homme, dans la définition de Couffignal, exclut les machines auto-réplicatives de von Neumann et Wiener; Lafitte envisage ce cas, qui sort du cadre de la mécanologie, puisque ces machines se rangeraient alors parmi les êtres vivant et « cesseront d'être des machines véritables[94] ». Le facteur humain dans la définition de la machine est plus présent en principe qu'en pratique dans la démarche de Couffignal[95]; si Lafitte y insistait davantage (en voyant la mécanologie comme une science sociale), c'est aussi en s'épargnant l'inconfort d'avoir été jusqu'à détailler une méthodologie qui l'inclurait effectivement; le « darwinisme » de Wiener, on l'a dit, quand il n'est pas qu'une façon de parler, est plus subtil qu'il peut n'y paraître, et s'articule à des considérations sur les conditions sociales, économiques et politiques de l'invention; Ashby et Riguet, enfin, n'en tiennent pas compte dans leur théorie algébrique, mais était-ce dans leur intention? La généralité de leur théorie s'arrête-t-elle où commence l'historicité de son objet?

Le débat sur la simulation des machines anciennes soulève la question de la trans-historicité des formalisations. La critique de Couffignal aux algébristes est tardive, elle ferait oublier que lui-même partageait en 1938 avec la tradition cinématique l'idée d'un répertoire fondamental de composants universels des machines; peu importe qu'il s'agisse d'organes ou de fonctions, le même problème se serait présenté. Les formules fonctionnelles permettaient de comparer directement toute la lignée des machines à calculer depuis Pascal. En plus du problème de l'extrapolation à d'autres lignées s'ajoute donc le problème de l'extrapolation temporelle sur des échelles de temps plus importantes. La remarque est tout aussi valable pour le modèle de métier Jacquard de Riguet, qui met en équation, si l'on peut dire, le « parler du métier ». Quant à Ashby, sa référence déjà mentionnée au biologiste qui étudie des espèces disparues suppose également une commensurabilité d'éléments fondamentaux. Ce postulat de légitimité trans-historique d'une formalisation pose bien sûr problème aux points de vue historien et évolutionnaire : 1) quelle

principe, c'est la valeur épistémologique des simulations virtuelles, sans implémentation physique.

94 J. Lafitte, *Réflexions sur la science des machines*, *op. cit.*, p. 26.

95 « Pour comprendre complètement la machine, il est donc essentiel, [...] de ne point étudier une machine isolément, mais seulement en tenant compte de ses relations avec l'homme [...] » (L. Couffignal, *Sur l'analyse mécanique*, *op. cit.*, § 33, p. 34).

est la valeur de la modélisation et de la simulation pour l'historien[96] ? 2) une théorie axiomatisée implique-t-elle que les différentes formes machiniques apparaissant au cours du temps ne soient que les manifestations d'une combinatoire intemporelle ? En fait, il y a peu de chances qu'une telle théorie résiste à l'épreuve du temps, tant sont nombreux les axes et rapide le rythme de l'innovation, pour ne rien dire de leur imprévisibilité. Le travail remarquable de rétro-ingénierie effectué au CNAM sur le prototype de « machine-pilote » de Couffignal a montré, dans le détail des composants, comment ce dernier persistait à penser comme un mécanicien dans un environnement désormais électronique[97].

Il est cependant tout à fait remarquable, d'une part, que la prolifération des formes techniques et l'accélération de leur évolution n'aient pas découragé l'apparition de projets de théories générales formalisées, et, d'autre part, que chacun de ces projets s'essaye à réinterpréter rétrospectivement des lignées antérieures de machines. S. Aït-el-Hadj observe, au sujet de la cybernétique, qu'elle « produit, par l'universalisation de [la] modélisation des machines à information, *un retour sur la modélisation de toutes les machines* [...][98] » ; il subsiste cependant un écart entre la réinterprétation et la formalisation effective, qui n'a pas lieu dans le cadre d'une théorie unifiée : ce n'est pas la modélisation proprement dite qui est universalisée. La cybernétique de Wiener n'est pas la théorie d'un domaine objectif, mais une théorie à cheval entre des domaines objectifs (les machines artificielles, les êtres vivants, les organisations humaines) ; mais en constituant, à un moment donné, un point de convergence entre les axes naturaliste et formaliste des projets de sciences des machines, elle tient lieu d'attracteur pour les différents projets théoriques. Son mérite minimal paraît être qu'aucun projet ultérieur de théorie des machines ne puisse ignorer le problème de la conjonction de ces deux axes ; en droit, tout du moins, car l'histoire de ces projets montre de sérieuses difficultés de mise en œuvre et d'institutionnalisation, pour lesquelles les lunettes du sociologue sont aussi indispensables que celles de l'épistémologue.

96 C'est une question posée effectivement par le développement de méthodes de simulation. Voir par exemple F. Laroche, A. Bernard, M. Cotte, « Methodology for Simulating Ancient Technical Systems », *Revue internationale d'ingénierie numérique*, vol. 2, nº 1-2, 2006, p. 9-27.

97 F. Anceau, I. Astic, S. Corporon, « La machine de Louis Couffignal : analyse d'un échec », séminaire d'histoire de l'informatique et du numérique, Paris, CNAM, 24 avril 2014.

98 S. Aït-el-Hadj, *Systèmes technologiques et innovation*, *op. cit.*, p. 88 (souligné par l'auteur).

MATHÉMATICIENS BUTINEURS

C'est un mathématicien, et non des moindres, qui a baptisé la cybernétique dans son acception contemporaine. Mais c'est autant de par sa formation et curiosité philosophiques et sa passion de jeunesse pour la biologie que Wiener a suivi cette voie ; de sorte que les raisons pour lesquelles d'autres mathématiciens renommés se sont intéressés, même de façon très temporaire, à la cybernétique, n'apparaissent pas tout de suite clairement : quel est le sens de cette implication ? Est-il un ou aussi multiple, contingent, qu'il y a de mathématiciens concernés ? Pourquoi ceux-ci s'immiscent-ils dans ce qui pourrait rester un dialogue plus ou moins métaphorique entre machines et chercheurs en sciences biologiques, humaines et sociales ? *A fortiori*, pourquoi ces choix dans un contexte bourbakiste peu propice à de telles extravagances ? Sans prétendre apporter de réponse définitive à de telles questions, il importe de commencer par bien les poser – et déjà tout simplement par les poser, là où B. Chamak a pu écrire qu'« En France […] le domaine [de la cybernétique] n'était pas pris en main par les mathématiciens[1] ». Autrement dit, avant que de se préoccuper de la cause, commencer par bien assurer le fait, car c'est un fait que l'on croise dans l'histoire de la cybernétique, y compris en France, d'assez nombreux mathématiciens (toutes proportions gardées) ; que l'on retrouve souvent les mêmes en croisant les sources ; et qu'un certain nombre jouissent (ou jouiront plus tard) d'une certaine réputation. Un recensement prosopographique s'impose donc, en prévision d'une histoire plus complète. Par contrainte d'écriture, certains de ces mathématiciens (Couffignal, Guilbaud, Riguet,

1 B. Chamak, *Le Groupe des Dix*, *op. cit.*, p. 98-99. « Le mépris des mathématiciens français pour la cybernétique nous aide à comprendre pourquoi, si les cybernéticiens américains incluaient certains des plus grands mathématiciens, en France les supporters de la cybernétique étaient principalement des médecins et des journalistes scientifiques » (B. Chamak, « The Emergence of Cognitive Science in France : A Comparison with the USA », *Social Studies of Science*, vol. 29, n° 5, 1999, p. 650).

Vallée) voient leur épopée morcelée au gré des chapitres de ce livre. Une « factorisation » n'eût pas été imméritée, à laquelle s'ajouteraient les quelques notices du présent chapitre, pour enrichir la galerie de grandes figures de la modélisation mathématique telles Jean-Marie Legay[2] ou Jacques-Louis Lions[3].

Andler est donc plus proche de la vérité lorsqu'il écrit que

> L'hostilité notoire des mathématiciens français, non seulement aux mathématiques appliquées, mais aussi à la logique formelle, a ralenti le développement des probabilités, du traitement du signal, du contrôle optimal, de la recherche opérationnelle et de la logique – toutes importantes pour les sciences cognitives. Mais du fait de la qualité générale des mathématiques françaises [...], les quelques mathématiciens à avoir exploré ces domaines y ont rapidement atteint une certaine excellence[4].

Ces « quelques mathématiciens » étaient-ils isolés les uns des autres ? De leurs confrères « puristes » ? Des autres disciplines scientifiques (en particulier la biologie et les sciences humaines et sociales) ? Ils ne font pas exception à l'importance structurante de la vie collective pour la pratique des mathématiques, sur laquelle les historiens des mathématiques ont mis l'accent[5] : de la diversité des profils, des trajectoires, des styles, des prédilections, des domaines de contribution, apparaissent des

2 F. Varenne, *Le Destin des formalismes*, *op. cit.*

3 A. Dahan-Dalmedico, *Jacques-Louis Lions, un mathématicien d'exception : entre recherche, industrie et politique*, Paris : La Découverte, 2005.

4 D. Andler, « Cognitive Science », in L. D. Kritzman, B. J. Reilly, M. B. DeBevoise, *The Columbia History of Twentieth-century French Thought*, New York : Columbia University Press, 2006, p. 177-178.

5 Pour les mathématiques françaises contemporaines : A. Dahan-Dalmedico, « Polytechnique et l'école française de mathématiques appliquées », in A. Picon, B. Belhoste, A. Dahan-Dalmedico, D. Pestre, *La France des X, deux siècles d'histoire*, Paris : Economica, 1995, p. 283-295 ; D. Aubin, *A Cultural History of Catastrophes and Chaos : Around the Institut des Hautes Études Scientifiques, France 1958-1980*, thèse, Princeton University, 1998 ; L. Petitgirard, *Le Chaos : Des questions théoriques aux enjeux sociaux. Philosophie, épistémologie, histoire et impact sur les institutions (1880-2000)*, thèse, Université Lyon II, 2004 ; A. Herreman, « Découvrir et transmettre : la dimension collective des mathématiques dans *Récoltes et semailles* d'Alexandre Grothendieck », *Texto !* vol. 15, n° 4, 2010, et vol. 16, n° 1, 2011 (en ligne); A.-S. Paumier, *Laurent Schwartz (1915-2002) et la vie collective des mathématiques*, thèse, université Pierre et Marie Curie, 2014. Voir la thèse d'A.-S. Paumier pour une bibliographie plus complète ; puisque celle-ci cite Maurice Halbwachs sur la question de la mémoire collective des mathématiciens, il faudrait (surtout pour les maths appliquées) inclure au passage les analyses d'É. Brian sur le conditionnement institutionnel des méthodes de calcul financier (É. Brian, *Comment tremble la main invisible. Incertitude et marchés*, Paris : Springer, 2009) ; cela éloigne

régularités, des connexions, à partir desquelles les vides sont à interpréter. Certains de ces mathématiciens se connaissaient bien. Quels étaient ces réseaux, quelles formes prenaient-ils ?

LA MODÉLISATION MATHÉMATIQUE DES SCIENCES « MOLLES » PENDANT LES TRENTE GLORIEUSES : UN MICROCOSME ÉMERGENT

À la recherche de différentes formes de groupements de chercheurs consacrés à la modélisation mathématique des sciences molles, on se tournera d'abord intuitivement vers le concept d'*école*, et l'on en trouvera au moins deux.

Tout d'abord, la biomathématique à Poitiers[6]. Un certain nombre des mathématiciens de l'université de Poitiers (G. Bouligand, M.-L. Dubreil-Jacotin, A. Revuz…) étaient proches du biologiste Pierre Gavaudan. Il va être plus particulièrement question de l'un d'eux, M.-P. Schützenberger, dans ce chapitre. Gavaudan, Schützenberger, et le mathématicien Jacques Besson, vont collaborer activement dans les années 1950-1960 à l'analyse mathématique du code génétique, dans le cadre de la station de biologie végétale fondée en 1954 par Gavaudan. Gavaudan est un véritable animateur, qui organisera à partir de 1974 des séminaires internationaux d'épistémologie, de philosophie et d'histoire des sciences accueillant de nombreuses personnalités. Parmi elles, en rapport direct avec le développement de la biologie théorique, le cas de René Thom, dont il sera aussi question dans ce chapitre.

Ensuite, à partir de la fin des années 1960, vient « l'école française de mathématiques appliquées » autour de Jacques-Louis Lions (1928-2001)[7], dont la contribution à la théorie du contrôle optimal est importante (y

temporellement de la période d'après-guerre, mais souligne d'autant l'opportunité d'en entreprendre une sociologie historique des pratiques de modélisation.

6 J. Demongeot, H. Hazgui, « The Poitiers School of Mathematical and Theoretical Biology », *op. cit.*

7 A. Dahan-Dalmedico, « Polytechnique et l'école française de mathématiques appliquées », *op. cit.*

compris du point de vue de la reconnaissance institutionnelle : la chaire de Lions au Collège de France s'appelait « Analyse mathématique des systèmes et de leur contrôle »). Ont surtout été mis en avant les aspects mathématiques et les principaux domaines d'application des travaux de Lions (modèles physiques, méthodes de résolution numérique)[8] ; or celui-ci pouvait également s'intéresser aux applications économiques (alors en voie de banalisation avec le contrôle optimal, mais aussi, de façon plus originale, à des applications biologiques de l'analyse des systèmes : ainsi, un chapitre de l'un de ses manuels[9], sous le simple titre « Nonlinear Systems », est intégralement consacré à la discussion d'un modèle de réactions enzymatiques. Lions s'y réfère aux travaux en préparation de l'un de ses élèves, Jean-Pierre Kernévez (1931-2005), alors en train de finir sa thèse *Évolution et contrôle de systèmes bio-mathématiques*[10]. Kernévez collabore étroitement sur ces questions avec un biologiste à l'université de technologie de Compiègne[11], tous deux étant conseillers scientifiques de l'Institut de recherches en informatique et automatique (IRIA), où Lions occupe le poste de directeur scientifique. Parmi les élèves de Lions, il faut évidemment mentionner Yves Cherruault (1937-2010), qui va développer la biomathématique[12], en particulier au Laboratoire de biologie quantitative et mathématiques appliquées à la médecine de Jussieu (qui devient en 1975-1976 le MEDIMAT, Laboratoire de mathématiques appliquées à la biomédecine), où une vingtaine de collaborateurs (en moyenne) abordent une palette variée dont divers modèles régulation[13]. Autre élève de Lions,

8 P. D. Lax, E. Magenes, R. Temam, « Jacques-Louis Lions (1928-2001) », *Notices of the American Mathematical Society*, vol. 48, n° 1, 2001, p. 1315-1321 ; A. Dahan-Dalmedico, *Jacques-Louis Lions, un mathématicien d'exception*, *op. cit.* ; F. Murat, J.-P. Puel, « Jacques-Louis Lions », *Images des mathématiques*, Paris : CNRS Éditions, 2006, p. 103-105.

9 J.-L. Lions, *Some Aspects of the Optimal Control of Distributed Parameter Systems*, Philadelphie : Society for Industrial and Applied Mathematics, 1972. Le manuel est conçu à partir d'une dizaine de conférences que Lions a prononcées à un colloque d'automatique organisé en 1971 aux États-Unis.

10 J.-P. Kernévez, *Évolution et contrôle de systèmes bio-mathématiques*, thèse, université Pierre et Marie Curie, 1972.

11 J.-P. Kernévez, D. Thomas, « Numerical Analysis and Control of Biochemical Systems », *Applied Mathematics & Optimization*, vol. 1, n° 3, 1975, p. 222-285.

12 Y. Cherruault, P. Loridan, *Modélisation et méthodes mathématiques en bio-médecine*, Paris : Masson, 1977 ; Y. Cherruault, *Biomathématiques*, *op. cit.* ; *Mathematical Modelling in Biomedicine: Optimal Control of Biomedical Systems*, Dordrecht : Reidel, 1986.

13 Rapports scientifiques, 1971-1976. On y trouve notamment des travaux sur le contrôle de la respiration chez les insectes, sur les couples ago-antagonistes, sur les hormones, sur divers modèles d'organes…

Jean-Pierre Aubin (né en 1939) va témoigner d'un intérêt au long cours pour les problèmes biologiques et socio-économiques, et promouvoir une implication active des mathématiciens[14] auprès des sciences du vivant, de la société et de la cognition, ainsi que l'innovation conceptuelle pour éviter à celles-ci un simple placage d'équations issues de la physique. À travers les exemples de Kernévez, Cherruault et Aubin, on voit comment l'essaimage de l'analyse des systèmes progresse selon une division du travail, d'abord semi-informelle au sein d'un groupe social constitué d'un mathématicien d'élite et de ses élèves (ce qui n'implique pas qu'ils partagent tous les mêmes options et postulats), puis par la subdivision plus formalisée qui se traduit par l'éclosion institutionnelle de deux écoles, respectivement en biomathématiques et en mathématiques de la décision. En 1974, Lions s'associe à l'organisation du colloque du Collège de France sur « L'Idée de régulation dans les sciences », aux côtés d'André Lichnerowicz, de l'économiste F. Perroux et du philosophe G. Gadoffre[15]. En décembre 1976, Lions co-organise à Versailles, à l'IRIA, un grand symposium international sur les « nouvelles tendances en analyse des systèmes[16] », où l'on compte plusieurs communications de modélisation économique, et deux en écologie.

L'aura des écoles de Poitiers et de Lions[17] ne doit cependant pas amener à négliger d'autres groupes. L'historiographie de la mathématisation des sciences « molles » n'a pas à décalquer l'élitisme disciplinaire de la reine des sciences : elle devrait aussi prendre acte des tentatives modestes, confidentielles, des voies de garage, des formalismes exotiques, provenant de mathématiciens professionnels aussi bien qu'amateurs. Si le front de cette mathématisation des sciences molles concerne des mathématiciens de formation, il est aussi rejoint de part et d'autre par des ingénieurs

14 J.-P. Aubin, I. Ekeland, « Des mathématiciens doivent-ils participer au programme STS ? », *Cahiers S.T.S.* n° 1, 1984, p. 78-81.

15 Le nom de Lions n'apparaît pas dans les actes publiés, mais sur le dépliant du programme, où « Jacques Lions » figure aux côtés des trois autres.

16 A. Bensoussan, J.-L. Lions (dir.), *New Trends in Systems Analysis. International Symposium, Versailles, December 13–17, 1976. Lecture Notes in Control and Information Sciences*, vol. 2, Berlin/Heidelberg : Springer, 1977.

17 « À une époque où l'école mathématique française était presque exclusivement engagée dans le développement du programme de Bourbaki, Lions rêvait, seul ou presque, d'un autre avenir non moins important pour les mathématiques. [...] Que Lions ait pu retourner quasiment à lui tout seul ce climat [bourbakiste] constitue l'une de ses principales réussites » (P. D. Lax, E. Magenes, R. Temam, *op. cit.*, p. 1316, 1320).

ou des biologistes, parfois insatisfaits de l'offre mathématique standard, et déterminés à se forger les bons outils (quitte à devenir à leur tour mathématiciens[18] – les enjeux de défense d'une identité disciplinaire lié à la qualification/disqualification de recherches frontalières ne sont pas loin…). Au début des années 1970, le groupe « Systema », formé autour d'un noyau de polytechniciens[19], développe le concept de « relateur arithmétique » destiné à simuler, notamment, des systèmes dont la croissance interagit avec l'environnement (populations de cellules, réseaux de neurones). Ces travaux sont contemporains de la vague des automates cellulaires, des algorithmes de morphogenèse, etc., dont ils s'inspirent en intégrant certaines hypothèses[20], selon une épistémologie vaguement

18 C'est le cas par exemple du biochimiste René Thomas (1928-2017), qui développe un formalisme pour décrire les interactions booléennes entre gènes (R. Thomas, « Boolean Formalisation of Genetic Control Circuits », *Journal of Theoretical Biology* n° 42, 1973, p. 565-583 ; *cf.* infra et chapitre 7) ; du neuroendocrinologue Élie Bernard-Weil (1925-2013, état civil Bernard Weil), qui a soutenu un doctorat en mathématiques (B. Weil, *Formalisation et contrôle du système endocrinien surréno post-hypophysaire par le modèle mathématique de la régulation des couples ago-antogonistes*, thèse, université Paris VI, 1979). Parmi les pionniers de la cybernétique, Ashby a appris des mathématiques en autodidacte lorsqu'il était étudiant en école de médecine (voir le chapitre précédent pour sa correspondance avec J. Riguet).

19 Le groupe est créé par Thiébaut Moulin (1935-2010, X54-Supaéro) et Claude Vallet (1932-, ENSEM Nancy), ingénieur de recherche chez Bull. Ils sont rejoints par les informaticiens Daniel Verney (X58) et Bruno Camoin (X70). Moulin, qui semble l'éminence grise mathématicienne des relateurs arithmétiques, travaille avec Verney au Centre de prospective et d'évaluations de la DRME de 1966 à 1973 (à la gestion des projets sur les systèmes complexes), puis enseigne à l'ENSTA (source : M. E. Carvallo (dir.), *Nature, Cognition and System I*, Dordrecht : Kluwer, 1988).

20 Un relateur arithmétique est un automate fini couplé à un environnement modélisé contenant de l'énergie et de l'information. Entre autres applications, un algorithme de morphogenèse simule une croissance de type fractal par cycles de quelques itérations à la suite desquelles la règle de pilotage change en fonction de l'énergie et de l'information rencontrées dans l'environnement, le système alternant ainsi entre ouverture et fermeture. Il s'agit notamment de s'approcher de distributions en amas d'amas que l'on rencontre dans de nombreux phénomènes (S. Frontier, « Les outils mathématiques nouveaux du transfert d'échelle », in C. Mullon (dir.), *Le transfert d'échelle*, Paris : ORSTOM, p. 388-390). Systema revendique de s'orienter à partir d'une notion floue d'imbrication de niveaux d'organisation, qu'il s'agit de préciser dans chaque contexte. L'outil vise un rayon d'application extrêmement large, en physique, informatique, biologie, sciences sociales. T. Moulin et al., *Quelques applications des relateurs arithmétiques : de la physique à la socio-économie*, rapport de recherche n° 265, ENSTA, 1992. Outre leurs propres *Cahiers Systema*, les auteurs publient aussi dans la *Revue du CETHEDEC*, participent à des colloques internationaux (biophysique, cybernétique…). Les références à la cybernétique sont importantes dans leurs sources d'inspiration.

sensible à l'air du temps[21]. Systema revendique une quarantaine de membres en 1973, reçoit des financements (subventions et contrats) de la DRME, publie ses *Cahiers Systema*, et travaille notamment avec des biologistes[22]. On les retrouvera, dans l'entourage de Pierre Delattre, aux débuts de la Société de biologie théorique au tournant des années 1980[23].

L'école de Lions et le groupe Systema sont tardifs du point de vue de la période qui nous intéresse, et il importe d'en identifier de plus anciens, pour autant qu'y figurent des mathématiciens, afin donc de mieux appréhender l'implication de ces derniers dans des configurations interdisciplinaires. On peut remonter en-deçà de l'école de Poitiers. Le Cercle d'études cybernétiques inclut divers mathématiciens, mais n'est pas spécifiquement placé sous le signe de la modélisation mathématique. Il faut chercher ailleurs, à la bibliothèque de la Sorbonne, où, peu avant la Libération, des étudiants font connaissance : Paul Braffort (1923-2018) et Jacques Riguet (1921-2013, voir chapitre précédent), qui présente ensuite le premier à son camarade Marcel-Paul Schützenberger (1920-1996). En marge du séminaire d'algèbre d'Albert Châtelet et Paul Dubreil à la faculté des sciences, tous trois deviennent amis et discutent beaucoup, entre autres choses, de mathématiques ; Benoît Mandelbrot (1924-2010) les aurait ensuite rejoints[24]. On ne dispose à ce jour que de bribes de souvenirs de Braffort au sujet de ces discussions :

> … nous étions surtout très impressionnés par le « Bourbakisme » naissant, fascinés, en particulier, par le concept d'« échelle de structures » et cherchions

21 Les auteurs revendiquent une dialectique entre, d'une part, pensée scientifique classique, axiomatique et objective, et, d'autre part, intuition créative, « logique non aristotélicienne » et sagesse orientale, assumant d'afficher ouvertement des parti-pris philosophiques de surcroît pas toujours les plus orthodoxes. Il est tentant d'y voir une combinaison d'« effet 68 », de culture du brainstorming qui se diffuse alors dans les bureaux d'étude, et d'« alterscience » (voir Conclusion).

22 Le physiologiste Bernard Calvino (*cf.* p. 393), et surtout le phylogénéticien Hervé Le Guyader.

23 H. Le Guyader et al., « Fondements épistémologiques de la modélisation par formes quadratiques et relateurs arithmétiques », in P. Delattre, M. Thellier (dir.), *Élaboration et justification des modèles*, *op. cit.*, p. 161-179.

24 Cela pourra-t-il jamais être attesté ? Mandelbrot ne mentionne dans ses mémoires que Schützenberger, avec qui il aurait sympathisé en 1949 (B. Mandelbrot, *The Fractalist*. *op. cit.*, p. 151). À propos du groupe : « J'ai à peine connu Riguet et Braffort. J'ai bien connu Schützenberger – du moins je le crois. Vous évoquez l'un de ses centres d'intérêt que j'ignorais totalement, et qui ne m'a donc guère touché » (B. Mandelbrot, communication personnelle, courrier électronique, 27 février 2008).

> à développer ce que nous appelions une « anatomie » et une « physiologie » des structures mathématiques[25].

> … j'avais été frappé par le caractère « figé » de la présentation axiomatique formelle des structures mathématiques. Avec Jacques Riguet, Marcel-Paul Schützenberger et, plus tard, Benoît Mandelbrot, je ressentais la nécessité d'une approche plus « dynamique[26] ».

> [On] voulait aménager l'approche Bourbakiste, alors en plein essor, en lui donnant une orientation « opérationnelle ». […] La thèse de Riguet sur les « relations binaires » fut conçue dans ce cadre, ainsi que le célèbre « lemme de clivage », de Schützenberger. Mes propres essais ne survécurent pas à la critique amicale, mais ferme de Maurice Fréchet[27].

> Nos intérêts scientifiques : génétique pour Marco, thermodynamique pour Benoît, mécanique quantique pour moi, montrent que nos préoccupations allaient au-delà des techniques purement formelles[28].

Ce petit groupe informel n'a pas créé de programme de recherche, de manifeste ou publication en commun (seuls Mandelbrot et Schützenberger prévoyaient une publication en tandem, qui ne semble pas avoir vu le jour[29]). Tous les quatre s'intéressent beaucoup à des thèmes en rapport avec la cybernétique, sans interpréter ce mot de façon tout à fait homogène, comme on va le voir ici pour Mandelbrot, Braffort et Schützenberger (voir le chapitre précédent pour Riguet). Chacun va suivre sa propre voie, mais le lien un peu lâche qui les unit, au-delà des discussions étudiantes initiales et d'un intérêt à géométrie variable pour la cybernétique, est d'aller porter les mathématiques modernes au contact de domaines porteurs : on retrouve ainsi des combinaisons des quatre compères dans divers rassemblements interdisciplinaires significatifs : au Cercle d'études cybernétiques, dont Riguet et Mandelbrot sont membres et orateurs occasionnels ; au séminaire de Claude Lévi-Strauss sur les mathématiques et les sciences humaines et sociales en 1953-1954 (*cf.* p 584) ; aux « journées cybernétiques » organisées à Marseille par la société

25 P. Braffort, « Le grand docteur Marco », en ligne.

26 P. Braffort, « Le jardin des entiers qui bifurquent », en ligne.

27 P. Braffort, « Les digitales du mont Analogue », en ligne.

28 P. Braffort, communication personnelle, courrier électronique, 6 février 2008.

29 « Décision et information » : la référence est annoncée « en préparation » dans la bibliographie d'un article de Mandelbrot dont il sera question plus loin (B. Mandelbrot, « L'Ingénieur en tant que stratège : Théories du comportement. Une définition de la cybernétique ; Applications linguistiques », *Revue des sciences pures et appliquées*, vol. 62, nº 9-10, 1955, p. 278-294).

d'études philosophiques de Gaston Berger en mars 1956[30] ; au premier Congrès international d'automatique de 1956 à Paris[31] ; au premier Congrès international de cybernétique à Namur, la semaine suivante[32]. On peut donc établir un lien de continuité entre les préoccupations du groupuscule informel « anatomie et physiologie des mathématiques », et ces points de rencontres interdisciplinaires parmi lesquels – mais sans exclusivité – figure la cybernétique[33].

Des regroupements de mathématiciens intéressés par de nouvelles théories et de nouveaux domaines d'application ont également lieu dans divers cadres plus formels : dans des séminaires (celui de Louis de Broglie pour la théorie de l'information et le traitement du signal, en 1950, celui de Georges Théodule Guilbaud pour la recherche opérationnelle[34], ceux de Schützenberger, voir plus loin) ; sous forme de société privée (la Société d'études et de mathématiques appliquées[35]) ; dans des sociétés savantes (telles l'Association française de cybernétique économique et technique[36]) ; et, enfin, dans des centres de recherche.

---

30 *Revue Philosophique de Louvain*, Chronique générale : Congrès et sociétés savantes, p. 557 : Schützenberger (également médecin) parle de « Méthodes séquentielles de diagnostic », Mandelbrot de « Macroscopique linguistique ».

31 *Congrès International de l'Automatique, Paris 18-24 juin 1956*, Paris : Masson, 1959, p. 638. P. Braffort : « La rétroaction généralisée, structure fondamentale de l'automatique » ; J. Riguet : « Synthèse et théorie des machines » ; M.-P. Schützenberger : « La théorie du comportement » (textes non transmis pour publication).

32 *Ier Congrès international de cybernétique. Namur, 26-29 juin 1956*, Paris : Gauthier Villars / Namur : Association internationale de cybernétique, 1958. Riguet et Braffort y présentent deux conférences chacun. J. Riguet : « Causalité et théorie des machines » (p. 100), « Syntaxe, programmation et synthèse des machines » (p. 241) ; P. Braffort : « Cybernétique et physiologie généralisée » (p. 101), « L'information dans les mathématiques pures et dans les machines » (p. 248).

33 L'une des communications de Braffort au congrès de Namur « reprend un thème abordé dix ans plus tôt avec Marco et Jacques » (P. Braffort, communication personnelle, courrier électronique, 19 juin 2008).

34 Bien que Guilbaud publie en 1954 le premier « Que-sais-je ? » sur la cybernétique, le sujet ne semble pas avoir été abordé à son séminaire. C'est du moins l'impression que m'avait laissé le dépouillement préliminaire des archives laissées par Guilbaud au Centre d'analyse et de mathématiques sociales, auxquelles Marc Barbut m'avait permis d'accéder. Je n'ai pas pour autant reconstitué la programmation du séminaire.

35 La SEMA est un bureau d'étude en recherche opérationnelle (*cf.* p. 485).

36 L'AFCET a inclus depuis sa création une section « Mathématiques », renommée plus tard « Mathématiques appliquées » (C. Hoffsaes, A. Brygoo, F. Paoletti, « Histoire de l'AFCET et des sociétés l'ayant constituée », *op. cit.*, p. 18). En dépit de cette stabilité apparente de la section Mathématiques, celle-ci n'était pas épargnée par les tensions internes à l'AFCET, en raison notamment du poids croissant des informaticiens (« Nécessité d'un dialogue

Ces cadres formels présentent parfois l'avantage de laisser des traces permettant de saisir comment diverses conceptions des pratiques de mathématisation s'inscrivent dans un certain écosystème institutionnel, et entrent occasionnellement en conflit. Deux exemples : d'abord, celui de la restructuration du Centre de mathématiques appliquées et de calcul de la Maison des sciences de l'homme en 1972-1973, qui témoigne de la difficulté sensible à organiser des collaborations entre, d'un côté, mathématiciens et informaticiens, et, de l'autre, spécialistes des sciences humaines et sociales, dans un équilibre adéquat entre une activité de recherche et une activité de prestations de calcul[37]. Un second exemple est fourni par le Centre de recherches en mathématiques de la décision (CEREMADE), fondé par Jean-Pierre Aubin en 1970 à l'occasion de l'ouverture de l'université Paris-Dauphine : Aubin quittera le centre en 1996, dénonçant une mainmise progressive des chercheurs issus de la physique qui aurait entraîné une « normalisation » des méthodes et des objets de recherche inadéquate au regard des objectifs initiaux[38].

À côté de la mise en évidence de l'existence de réseaux divers plus ou moins formels et stables, une autre façon de chercher des régularités dans la population des mathématiciens concernés consiste à les classer selon différents critères. On peut ainsi essayer d'identifier des trajectoires-types, des logiques caractéristiques sous-jacentes aux positionnements transdisciplinaires successifs. L'on peut notamment opposer des modes opératoires basés sur une curiosité hétéroclite assumée (s'y rattachent Braffort et ses amis François Le Lionnais et Raymond Queneau, revendiquant le « disparate » et une posture teintée de dadaïsme[39]) à d'autres manifestant l'exploitation méthodique d'un outillage mathématique développé au contact successif de différentes disciplines dans lesquelles

multiforme, rôle des sociétés savantes et de l'AFCET, propositions d'action », Rapport pour le colloque national Recherche et technologie, fascicule non daté, p. 13-15).

37 Archives nationales, 19920571/3. En résumé, le problème est qu'une concentration des mathématiciens et informaticiens au-delà d'un certain seuil les amenait à privilégier leurs recherches au risque de se couper des chercheurs en sciences humaines et sociales, tandis qu'une ventilation de ces chercheurs dans d'autres centres de SHS pour y effectuer des prestations de calcul conduisait inversement à un démantèlement du CMAC, et au risque de sabrer des recherches en cours et de voir partir des talents. Fernand Braudel fera pencher la balance davantage, mais pas complètement, de ce second côté.

38 J.-P. Aubin, « L'adieu au CEREMADE », inédit, 1996, annexe XV.

39 P. Braffort, « Le grand docteur Marco » (*op. cit.*); voir aussi plus loin pour Braffort, et p. 573 pour Le Lionnais.

il s'implante et à l'épreuve desquelles il se raffine et se généralise : ce processus d'enrichissement récursif, auquel on peut associer les travaux de Mandelbrot ou de Jean-Paul Benzécri, correspond assez bien à ce que Terry Shinn appelle un régime « transversal » de production de connaissances (voir introduction) ; la typologie des régimes de Shinn est intéressante pour caractériser des trajectoires de mathématiciens et aborder l'histoire des pratiques de mathématisation. Le cas de René Thomas, biochimiste belge passé aux mathématiques, présente un positionnement interstitiel remarquable. Convaincu de la nécessité de s'équiper d'outils de formalisation pour affronter la complexité des réseaux de régulation génétique (*cf.* p. 434-436), Thomas abandonne la paillasse pour se former auprès de l'automaticien d'origine russe Nicolas Florine (1891-1972) à Bruxelles, puis réalise qu'il doit « bricoler » son propre formalisme :

> J'ai suivi intégralement, y compris les travaux pratiques, un cours d'un logicien automaticien qui s'appelle Florine, à Bruxelles, qui m'a fortement influencé. [...] C'était des automates discrets. Il y avait notamment dans un laboratoire un ensemble de panneaux où on pouvait forger des circuits logiques et voir le résultat. [...] J'ai compris presque tout de suite que ce genre de manière de voir les choses pouvait être utilisé, mais [...] il fallait faire un changement assez radical : en général, quand les automaticiens font une description logique, les variables sont discrètes, logiques, oui ou non, mais le système est traité de manière synchrone ; si vous avez deux actions programmées en même temps, elles s'expriment en même temps, alors que... je me suis dit tout de suite « oui mais en biologie, vous avez deux gènes qui s'allument en même temps, l'un fera son effet plutôt que l'autre parce que les mécanismes sont différents » ; donc, il fallait introduire une asynchronie ; la logique que j'ai développée diffère de la logique classique en ce sens que c'est une logique purement asynchrone[40].

Thomas occupe alors une position où, ne se considérant pas lui-même comme un mathématicien, il doit passer le relais à des mathématiciens pour poursuivre le développement de son outil de formalisation :

> ... il est arrivé à plusieurs reprises que ce que je faisais intéressait des mathématiciens. Mais une fois que ça les avait intéressés, ce qu'ils en faisaient me devenait inintelligible, je n'ai pas la formation mathématique suffisante pour comprendre les gens qui se sont intéressés à mes travaux. Et alors mon attitude

40 Entretien avec René Thomas, 4 octobre 2013.

> a été, plutôt que de faire de la littérature et me casser les dents sur des papiers que je ne comprendrais pas, je fonce en me disant « j'écris des choses qui me paraissent être une évidence et il est bien peu probable qu'il n'y ait pas eu des gens qui aient eu cette idée là avant moi, mais je fonce et on verra bien ». [...] Un système complexe peut avoir, souvent, plusieurs solutions stationnaires, certaines réelles et certaines complexes. On considère généralement comme état stationnaire uniquement une solution réelle. À mon avis il ne faut pas oublier aussi qu'il existe des solutions complexes, et que ça vaut la peine d'essayer de voir à quoi [elles] riment. Et ça c'est quelque chose où même des amis mathématiciens disent que ça ne doit déboucher sur rien dans la mesure où on ne voit vraiment pas quel pourrait être le sens physique des solutions complexes. Et moi ma réaction c'était : il existe des solutions complexes, elles doivent avoir un sens, et si des gens ont écrit avant moi là-dessus, ce qui est fort probable, je ne comprendrai rien à ce qu'ils disent, donc je fonce[41].

Ce type de passage de relais est tout à fait représentatif du régime transversal ; on trouve un témoignage comparable chez Mandelbrot au sujet de la diffusion de ses propres travaux mathématiques auprès de différentes « niches[42] ». De proche en proche, le jeu des relais conduit à la constitution d'un réseau.

> Il y avait [le biomathématicien Jacques] Demongeot et ses collaborateurs, plus d'autres Français du domaine, et il m'avait dit « c'est un symposium sur les itérations ». Alors je lui ai dit « franchement, je dois vous dire, les itérations je ne sais pas ce que c'est ». Il m'a dit « ne vous en faites pas, vous verrez », parce qu'en réalité, il avait perçu que ma méthode logique était une méthode itérative, et il avait parfaitement compris que je faisais des itérations comme Monsieur Jourdain faisait de la prose. À la suite de ça, certains des collaborateurs de Demongeot se sont intéressés à ce que je faisais [...][43].

Thomas, n'étant jamais retourné aux éprouvettes et ayant travaillé à généraliser et diffuser son formalisme, cela le situe assez bien dans le régime transversal de Shinn, même s'il n'en a pas cherché d'essaimages aussi variés que Mandelbrot avec le sien.

En prolongement direct de ce type de modus operandi, on trouve fréquemment, chez ces mathématiciens développeurs de théories pour

41 *ibid.*

42 « Lorsqu'une théorie fractale commence à se développer pour elle-même [dans un domaine spécifique], je tends à me retrouver techniquement sous-équipé, il est alors temps de passer à un autre domaine » (B. Mandelbrot, in D. J. Albers, G. L. Alexanderson, *Mathematical People : Profiles and Interviews*, Boston : Birkhäuser, 1985, p. 230).

43 Entretien avec René Thomas, 4 octobre 2013.

des domaines spécifiques, qu'il ne s'agit justement pas d'« appliquer » des mathématiques, mais d'en inventer. Guilbaud insistait particulièrement sur ce point dans la relation aux sciences humaines et sociales[44].

Un autre principe de classification possible concerne les stratégies de visibilité et de *timing* des incursions transdisciplinaires : certains, comme le groupe « anatomie et physiologie des mathématiques », « commencent jeunes » et affichent d'emblée la couleur, tandis que d'autres semblent attendre d'avoir assuré leur carrière pour se risquer plus tardivement au dialogue : Theodore Vogel, spécialiste des oscillations non linéaires, serait de ceux-là (voir plus loin).

Plus que quelques électrons libres isolés, c'est donc un écosystème qu'il s'agit d'étudier. La métaphore du butinage, dans le titre de ce chapitre, est ainsi inspirée par l'image d'un ballet de mathématiciens qui tentent de féconder des domaines par dissémination, pour récolter en retour un capital symbolique. Au-delà de la métaphore, l'importance d'une telle cartographie apparaît sur au moins deux points importants. Premièrement, il est impossible de comprendre l'histoire de la cybernétique en dehors du développement progressif des pratiques interdisciplinaires de modélisation, dont les acteurs, lorsqu'ils ont touché à la cybernétique (sous ce nom ou un autre : analyse des systèmes, contrôle optimal...), ne s'y sont jamais limités. C'est donc à la lumière d'une activité plus large qu'il faut interpréter les contributions mathématiciennes (ou refus de contribuer) à la cybernétique ; plus généralement, c'est à la lumière de cette activité plus large, mais aussi de la position et de la trajectoire de chaque chercheur qu'il faut interpréter toute utilisation,

44 « ... la mathématique n'est pas une sorte de registre universel – fichier des *cas* où l'on puiserait des formes TOUTES FAITES. [...] Des formes non pas toutes faites, MAIS À FAIRE SUR MESURES. Alors je dirai [...] qu'il s'agit peut-être davantage *d'appliquer* les sciences (humaines, sociales) aux développements des mathématiques. » (G. Th. Guilbaud, « Stratégies et décisions », *La Vie intellectuelle*, août-septembre 1954, p. 37) « Il ne s'agit pas de mettre les structures sociales dans un moule prédéterminé qui a été fabriqué il y a bien longtemps. Il s'agit plutôt de savoir si l'effort mathématique peut prendre des directions particulièrement adaptées. Or cette adaptation des mathématiques est encore très insuffisante. [...] le péché originel du mathématicien, c'est l'application, il "applique". Et ce faisant, je pense qu'il ne remplit pas son rôle. [...] En résumé, donc, la mathématique s'appliquera mal si elle s'applique, si elle ne fait que s'appliquer. Ce qui est nécessaire, c'est qu'elle s'adapte » (G. Th. Guilbaud, « Mathématiques et structures sociales », Compte-rendu tapuscrit du 3e colloque « Mathématiques et sciences sociales », Institut des sciences humaines appliquées, Centre d'étude des relations sociales, Aix, 4 mai 1959, archives de G. Th. Guilbaud au CAMS, p. 5-6).

de sa part, du mot « cybernétique ». Le recul historique confirme que la cybernétique ne représente qu'une famille de modèles intégrée dans une boîte à outils de théories formelles ; pour s'éviter l'illusion de voir cette dernière apparaître soudainement comme un chat du Cheshire autour d'un sourire, il faut donc dès le début de la période définir la focale de manière à appréhender les trajectoires scientifiques dans leur intégralité.

La seconde conséquence concerne un autre aspect de l'interprétation historienne. La reconstitution de ce microcosme des « mathématiques pour sciences molles » amène en effet à nuancer la lecture qui a prévalu des deux côtés de l'Atlantique, relayée par les *studies* anglo-saxonnes[45]. Cette lecture d'esprit marxiste a insisté sur le poids énorme joué notamment par l'armée dans le financement et l'orientation de nombreuses recherches, en particulier technologiques. Les archives de la DRME confirment d'ailleurs le financement non seulement de tels projets (guidage, pilotage automatique, systèmes intelligents…), mais aussi de projets en rapport avec la biologie (dont de modélisation, par exemple ceux de J. Richalet). L'intrication de l'armée et de l'industrie dans la politique de la recherche, et la complémentarité de cette dernière avec la recherche militaire, incitent aussi à voir les choses sous cet angle. Il était donc tentant de conclure qu'il en va de même pour toute initiative liée à de la modélisation mathématique interdisciplinaire pendant les Trente glorieuses. C'est précisément ce qu'une étude plus fine du microcosme suggérée par ce chapitre invite à remettre en question : quand bien même le complexe militaro-industriel n'est jamais loin, il laisse des espaces de liberté dans lesquels les acteurs expriment d'autres influences. Braffort a travaillé au CEA et à EURATOM avant de monter une entreprise ? C'était aussi un militant communiste, artiste et compagnon de route de Boris Vian et de l'Oulipo. Schützenberger critique Darwin et fait le jeu des créationnistes ? Il fut aussi membre des Francs-tireurs partisans. Systema avait des liens intimes avec la

45 De ce côté-ci, pour les mathématiques appliquées françaises donc : R. Godement, « Science, technologie, armement », *op. cit.* ; « Scientifiques, militaires et industriels », 1985, en ligne ; G. Menahem, *La Science et le militaire*, *op. cit.* ; A. Dahan, D. Pestre (dir.), *Les Sciences pour la guerre 1940-1960*, *op. cit.* Dans l'article « Polytechnique et l'école française de mathématiques appliquées » (*op. cit.*, p. 285-286), Amy Dahan présente un tableau où la seule émergence première (entendre pré-lionsienne) des mathématiques appliquées d'après-guerre est une réponse de jeunes polytechniciens, sous la forme de la SEMA, aux besoins croissants des grandes administrations d'État.

DRME ? Leurs *Cahiers* tiennent en plus d'un endroit d'un journal intime métaphysique, et d'une métaphysique plus proche de celle de San Francisco que de celle du Pentagone[46]. Jean-Pierre Aubin a monté le CEREMADE dans l'antre du grand capital, et était invité chaque été par l'armée américaine ? Il ne manque pas de fustiger « l'inutilité nocive et chronophage de la planification de la recherche que princes et bureaucrates imposent aux chercheurs[47] ». L'activisme de Laurent Schwartz ne l'a pas empêché de trouver que les problèmes d'automatisation de la défense contre avions étaient « scientifiquement intéressants[48] ». Grothendieck, qui méprisait initialement les maths appliquées, a commencé subitement à s'intéresser à la biologie pour des raisons qui relèvent de ses préoccupations alors grandissantes d'écologie militante, juste avant de démissionner de l'Institut des hautes études scientifiques[49]. Rappelons enfin que Wiener a exprimé publiquement, quelques mois avant l'écriture de *Cybernetics*, une position comparable à celle de Godement[50]. Il était d'usage d'essayer de profiter aussi longtemps que possible des subsides de l'armée pour les détourner à des fins plus nobles et fondamentales[51]. Bref, ça

46 L'histoire semble avoir partiellement démenti le tableau peint par G. Menahem (*op. cit.*, ch. 4) : le baron Hugues de L'Estoile (1931-1993, X51), charismatique fondateur du Centre de prospective et d'évaluation à la DRME, part naviguer dans les hautes sphères entre Dassault Aviation et le ministère de la Défense, et fait des merveilles pour troquer avec l'Arabie Saoudite des armes contre du pétrole. Rien là qui n'infirme l'analyse de Menahem quant au fond, c'est le moins qu'on puisse dire ; mais au moment où celle-ci paraît, le CPE, qui périclite après le départ de de L'Estoile, a perdu de son influence sur la recherche française et se trouve de plus en plus marginalisé. C'est à la faveur de l'oisiveté qui en résulte que Moulin et Verney organisent les premières réunions de Systema dans les locaux de la DRME. S'ils parviennent à obtenir des financements, le Ministère se méfie cependant du groupe (deux des membres de Systema auraient ainsi été des « espions » chargés d'en surveiller l'activité !). Verney démissionne en 1975 et Moulin, qui ne parviendra pas à obtenir la création d'un laboratoire, sera « placardisé » à Saclay (entretien avec D. Verney, 26 février 2016). Il n'est donc pas évident de voir dans la vogue systémique, comme le fait Menahem (*op. cit.*, p. 207), le dernier-né des concepts impérialistes.

47 J.-P. Aubin, *La Mort du devin, l'émergence du démiurge. Essai sur la contingence, la viabilité et l'inertie des systèmes*, Paris : Beauchesne, 2010, p. 855.

48 L. Schwartz, *Un mathématicien aux prises avec le siècle*, Paris : Odile Jacob, 1997, p. 137.

49 A. Grothendieck, « Allons-nous continuer à faire de la recherche scientifique ? », conférence au CERN, 27 janvier 1972, en ligne ; D. Aubin, *A Cultural History of Catastrophes and Chaos* (*op. cit.*), ch. VI.

50 N. Wiener, « A Scientist Rebels », *The Atlantic Monthly*, janvier 1947, p. 46.

51 « ...l'astuce des Américains, c'était d'utiliser l'argent de l'armée pour faire de la recherche. Comme les *taxpayers*, les contribuables, ne rechignent pas à payer des impôts pour l'armée,

« braconne », aurait pu dire de Certeau. La restitution des logiques scientifiques propres à chaque mathématicien rend difficile de réduire cet écosystème à une pure et simple émanation du complexe militaro-industriel. Ce dernier peut aimanter certaines trajectoires, mais pas toutes les piloter. En matière de mathématiques pour sciences molles, l'offre a donc sa logique propre, qui n'est déterminée ni intégralement, ni par avance, et parfois aucunement, par la demande industrielle et/ou militaire. La rareté de la main d'œuvre mathématicienne dans le domaine (voir les rapports de conjoncture du CNRS au chapitre 1) résulte en partie d'un problème d'information et de coordination du marché de la modélisation plus que d'une carence absolue de l'offre ; autrement dit, la demande n'a pas le pouvoir de générer et façonner l'offre à sa guise. Dans les termes de Terry Shinn, le développement des instruments de modélisation ne relève donc pas seulement du « régime utilitaire », comme l'affirme la lecture marxiste, mais aussi des régimes transitaire et transversal.

Un simple travail de compilation permet donc déjà de nuancer des lectures trop monolithiques, selon lesquelles il n'y aurait pas eu en France de mathématicien intéressé par la cybernétique ; ou selon lesquelles les mathématiques appliquées auraient été dans un nécessaire antagonisme avec Bourbaki, ou encore un simple produit du complexe militaro-industriel. Ces axes de lecture ne sont pas invalidés dans l'absolu, ils peuvent conserver une certaine pertinence, mais les exceptions sont suffisamment importantes pour justifier une lecture plus nuancée, que les briques qui suivent pourront servir à construire.

THÉODORE VOGEL (1903-1978)

Électronicien (Supélec 1923), acousticien, disciple de Poincaré, Vogel est un spécialiste des oscillations non linéaires depuis les années 1940[52]. Il publie en 1953 un article sur la cybernétique dans la revue de la Société

mais rechignent pour la recherche, ils ont très bien su se débrouiller, ce que l'on n'a pas su faire en France » (entretien avec J.-P. Aubin, 15 janvier 2014).

52 L. Petitgirard, *Le Chaos*, *op. cit.*, p. 449.

italienne de physique[53], qui commence par une présentation, « du point de vue du physicien[54] », des notions de base de télécommunications et d'asservissements approximativement linéaires, puis s'achève sur une section d'introduction aux « servomécanismes non linéaires ». Dans les termes mêmes de l'auteur, la cybernétique, théorie mathématique des servomécanismes, ne se limite pas aux systèmes artificiels, mais concerne aussi les systèmes vivants et sociaux ; si elle « trouve, dans la théorie [des systèmes de communication], des résultats qu'elle n'a qu'à transposer », la situation se complique pour des organes perceptifs naturels (ouïe, vue), qui ne sont pas linéaires (*ibid.*, p. 169). En d'autres termes (même si Vogel ne le souligne pas de cette façon), l'expertise mathématique en systèmes non linéaires concerne précisément le point de rencontre entre théorie des servomécanismes et systèmes vivants. Cela signifie-t-il que Vogel, de façon même un peu lointaine ou prospective, envisageait une contribution dans ce sens, ou avait une contribution de ce type en tête, en rédigeant cet article ?

L'été de la même année, Vogel est invité au congrès annuel de la société des psychiatres britanniques, aux côtés d'Ashby – qui a publié l'année précédente son ouvrage *Design for a Brain* – et de Schützenberger. La contribution publiée[55] de Vogel aborde la question des propriétés des fonctions discontinues pour une modélisation du cerveau. Dans un cadre qui est celui de la théorie mathématique des systèmes dynamiques, il s'agit d'interpréter les stimuli extérieurs comme des bifurcations susceptibles de déstabiliser des cycles fonctionnels (homéostasie, fonctions cognitives…). La contribution entrevue pour une théorie mathématique des systèmes biologiques non linéaires est donc ici légèrement différente, plus ambitieuse peut-être, de celle que laissait entrevoir l'article de *Il nuovo cimento*. On ne sait pas si Vogel produit cet exposé en suivant son propre fil de réflexion, ou bien en réponse à celui d'Ashby. Il se trouve qu'en 1950, dans la liste de questions qu'Ashby soumettait au Ratio Club, la question n° 22 (« Dans quelle mesure les principes des servomécanismes discontinus sont-ils applicables à l'étude du cerveau[56] ? »)

---

53 T. Vogel, « Servomécanismes, cybernétique et information », *Il Nuovo Cimento* vol. 10, n° 2 (supplément), 1953, p. 166-196.

54 *ibid.*, p. 166.

55 T. Vogel, « Breaking Oscillations in Servo Systems », *The Journal of Mental Science (The British Journal of Psychiatry)*, vol. 100, n° 418, 1954, p. 103-113.

56 P. Husbands, O. Holland, « The Ratio Club. A Hub of British Cybernetics », *op. cit.*, p. 120.

pointait très directement vers le thème de l'exposé de Vogel. La coexistence de processus continus et de processus discontinus dans le cerveau est l'un des problèmes fétiches des cybernéticiens. Ashby a apparemment trouvé en Vogel un prestataire pour ce problème, mais les circonstances de leur prise de contact restent inconnues[57]. Il s'agit donc dans ce texte d'interpréter le cerveau comme un système chaotique, mais cette terminologie n'existe pas encore.

> Il est peu nécessaire d'insister sur le fait que [les notions d'équilibre, de périodicité, de stabilité d'un système dynamique] sont de première importance dans l'étude des systèmes asservis, que ceux-ci soient mécaniques, maintiennent une homéostasie végétative, ou concernent les nombreuses régulations impliquées par des activités supérieures qui sont bien coordonnées et tendent à se préserver ; ceci, car la stabilité d'un système est un facteur majeur dans sa réaction à un signal transitoire ou à une perturbation[58].

La démarche de Vogel est triplement originale : premièrement, les méthodes mathématiques des systèmes dynamiques ne deviendront dominantes en automatique qu'à partir du milieu des années 1960 ; deuxièmement, leur implantation en neurosciences est plus tardive encore ; et enfin, les outils proposés par Vogel sortent du cadre classique à la Poincaré. Vogel s'intéresse à la façon dont évolue un type de système dans lequel on ignore jusqu'où une une fonction discontinue peut être correctement approximée par une fonction continue. Il définit une catégorie des systèmes « à déferlement » (*breaking systems*), dont il discute ensuite les propriétés (avec des références occasionnelles à l'intérêt d'Ashby pour des fonctions en escalier), et conclut en attirant l'attention sur le fait qu'une modification brusque et inattendue du comportement d'un tel système ne résulte pas nécessairement d'un stimulus extérieur, mais peut résulter du jeu de ses évolutions internes.

---

57 Un lien entre Vogel, d'une part, et Schützenberger et/ou Riguet d'autre part, resterait à attester ; peut-être l'un de ces derniers connaissait-il son article de *Il nuovo cimento*, paru au printemps 1953 – soit à un moment où Ashby devait déjà avoir une idée un peu précise de la programmation qu'il allait proposer au grand rassemblement national de ses confrères, début juillet. Ce qui veut dire que Vogel aurait été invité plus ou moins au dernier moment. Ou bien peut-être Vogel aurait découvert indépendamment le *Design for a Brain* d'Ashby : « [...] en rédigeant cet exposé, j'ai eu l'opportunité de parcourir (bien trop vite) le livre d'Ashby *Design for a Brain*, et j'ai été frappé par ce qui me semble un remarquable parallélisme entre nos axes de réflexion » (T. Vogel, « Breaking Oscillations in Servo Systems », *op. cit.*, p. 103). Cela ne dit pas s'il connaissait le livre avant d'avoir été invité.

58 *ibid.*, p. 104.

Deux ouvrages ultérieurs, *Théorie des systèmes évolutifs* (1965) et *Pour une théorie mécaniste renouvelée* (1973), confirment l'intérêt de Vogel pour ces questions sur le long terme. Le premier est un ouvrage technique qui se présente comme un manuel pour l'étude des systèmes dynamiques dans le prolongement de Poincaré et Birkhoff, étendu aux systèmes héréditaires (toute une taxonomie arborescente de familles de systèmes y est présentée, qu'on ne détaillera pas ici). La démarche rappelle celle de Wiener et ses collègues en 1943, à partir d'une tradition mathématique très différente (quoique, dans le cas de Vogel, sensible comme Wiener à l'importance des courbes « rugueuses[59] »). Dans l'ouvrage de 1965 sur les systèmes évolutifs, le point de vue très général adopté, selon l'auteur, concerne principalement la physique mais aussi diverses sciences (chimie, biologie, économie, démographie), et contient même un paragraphe de discussion du modèle d'oscillation économique d'Yves Rocard[60]. L'ouvrage contient aussi un paragraphe sur les « systèmes à retard et servomécanismes », cas particulier de « systèmes à mémoire discontinue dans le temps », mais Vogel se limite aux « servomécanismes "fabriqués" », remarquant que l'« on n'a peut-être pas l'habitude de rencontrer des systèmes [retardés] dans l'étude des phénomènes naturels[61] ». Cette remarque peut surprendre au regard de l'article de 1953, mais il faut garder en tête que le manuel s'adresse à des physiciens et non à des biologistes (il est publié dans la collection des manuels de physique dirigée par J.-L. Destouches). Nulle part dans l'ouvrage est-il question de cybernétique.

Il en va tout autrement dans l'ouvrage de 1973, qui se présente comme un mixte entre un inventaire d'une « très grande diversité de

59 A. Rosenblueth et al., « Behavior, Purpose, and Teleology », *op. cit.* Dans son exposé de 1953 sur le cerveau, Vogel présentait aussi une classification de comportements dynamiques plus rudimentaire. « Il a été remarqué que la théorie classique [des systèmes dynamiques de Poincaré] est restreinte aux systèmes non-héréditaires. Plus encore : de ces derniers, elle ne s'applique qu'à ceux de ces systèmes qui sont gouvernés par des équations impliquant des fonctions "bien sous tout rapport". J'emploie à dessein ce qualificatif un peu vague pour désigner un ensemble de conditions techniques précises [...] dont l'effet général est d'assurer un certain degré de lissage des courbes représentatives [...]. La question qui se pose alors, clairement, est, que se passe-t-il quand les fonctions sont "malpropres" ? La question est primordiale, dans la mesure où les fonctions courantes du monde physique sont de cette seconde sorte ; la Nature, comme disait Newton, se fiche de nos difficultés mathématiques » (T. Vogel, « Breaking Oscillations in Servo Systems », *op. cit.*, p. 107).

60 T. Vogel, *Théorie des systèmes évolutifs*, Paris : Gauthier-Villars, 1965, p. 2, 127, 146-148.

61 *ibid.*, p. 109.

comportements dont [sont] capables les systèmes mathématiques évolutifs[62] », et une réflexion épistémologique sur la modélisation mathématique qui prend d'emblée le ton d'un plaidoyer adressé aux biologistes et sociologues, et substitue beaucoup les explications verbales au formalisme. Il s'agit, de façon un peu prudente et implicite, d'une variante destinée à ces derniers du livre de 1965. L'on n'est cependant pas dans une simple retranscription vulgarisée, puisque Vogel insiste cette fois sur la pertinence potentielle de certains types de modèles pour les sciences biologiques et sociales, parmi lesquels les modèles cybernétiques[63]. On retrouve des thèmes familiers, tels la « téléonomie » (Vogel reprend le terme introduit depuis peu par Jacques Monod, mais en le définissant comme l'influence sur un système de l'un de ses états futurs[64]), l'irréversibilité du temps[65], et la non-linéarité (au nom de laquelle Vogel réfute lapidairement le célèbre modèle de Meadows, basé sur la « Dynamique des systèmes » de Forrester, et qui linéarise abusivement les sous-systèmes bouclés[66]). À la différence de l'article de 1953, la transposition des modèles de régulation aux systèmes biologiques et sociaux est explicitement mise sur le tapis, mais comme en 1953 la non-linéarité reste le seuil décisif pressenti :

> Pour simples qu'ils soient, les systèmes à retards constants permettent de construire des chaînes d'asservissements très efficaces et jouent un rôle considérable dans la théorie de la commande ; mais ils interviennent aussi,

---

62 T. Vogel, *Pour une théorie mécaniste renouvelée*, Paris : Gauthier-Villars, 1973, p. 143.

63 « Les problèmes de commande, essentiellement téléonomiques, puisque l'évolution est à chaque instant infléchie de manière à réaliser le projet final, peuvent évidemment être formulés dans le cadre de classes de systèmes plus générales que celles des systèmes dynamiques ; ils ont des applications évidentes à la cybernétique des êtres vivants » (*ibid.*, p. 108).

64 *ibid.*, p. 34, 47 ; « Peut-on étudier la balistique, la navigation, les servomécanismes sans faire intervenir le but comme cause contribuant à l'évolution ? Et voilà que la biologie moléculaire reconnaît à son tour l'explication finaliste comme la plus directe et la plus convaincante. Il est donc licite, et même nécessaire, de retenir, a priori, la possibilité de traiter des cas où l'évolution à partir de l'état originel se ferait de manière à atteindre un état final prédéterminé ; en général, plusieurs évolutions satisfaisant à ces conditions sont possibles, de sorte que le choix (si l'on peut employer cette image anthropomorphe) sera finalement imposé par des conditions supplémentaires, tirés d'un principe "de moindre coût". C'est ce qui se produit, notamment, dans la théorie de la commande » (*ibid.*, p. 105-106).

65 « …on peut se demander si des hypothèses [*i.e.* la réversibilité du temps] qui se sont montrées efficaces pour presque tout ce qui avait été mis en théorie et qui concernait exclusivement le monde inanimé ne sont pas responsables du faible degré d'avancement de la théorie relative à un monde animé, visiblement dominé par les catégories de la mémoire, du vieillissement et de la mort » (*ibid.*, p. 97).

66 *ibid.*, p. 77-78. Il s'agit du rapport connu en France sous le nom *Halte à la croissance ?*.

> ou devraient intervenir, dans des domaines très variés. Celui de l'économie politique, où les bilans, les mercuriales, les ordres de Bourse, …, relatifs à des instants passés déterminés réagissent sur les prix ; celui de la physiologie, où les ordres émis par le système nerveux central ou périphérique ne sont exécutés qu'après des délais considérables ; et on pourrait citer bien d'autres exemples. Il ne faut pas se laisser abuser par l'apparente simplicité d'une écriture synthétique : l'étude du comportement des systèmes à retard les plus simples est difficile, et les résultats obtenus jusqu'ici dans le cas général sont très fragmentaires. Cette classe de systèmes n'a guère été envisagée que pour ses applications techniques, où les équations linéaires à retards faibles suffisent pour l'instant aux besoins des ingénieurs ; mais il n'en serait sans doute plus ainsi lorsqu'on voudra les utiliser pour les sciences de la vie et de la société, ce qui paraît cependant tout indiqué[67].

On peut trouver curieux que Vogel ne mentionne pas les applications à la modélisation économique de la théorie moderne de la commande des systèmes dynamiques, alors en plein développement depuis quelques années. Les scrupules frontaliers de Vogel[68] soulèvent la question de savoir s'il a mûri ses réflexions de façon solitaire, sans discussions ou presque avec les biologistes ou économistes auxquels il tient malgré tout à s'adresser. Étant donné l'originalité de ses idées à l'époque, ce ne serait pas surprenant qu'il ait prêché dans le désert (on peut se demander, d'ailleurs, pourquoi Ashby a misé sur Bourbaki plutôt que sur les systèmes dynamiques). Il paraît être resté dans son périmètre disciplinaire tout en en explorant les frontières et en tâchant de les repousser de l'intérieur, mais sans abandonner son identité de physicien ; dans les termes de Terry Shinn, il illustre donc le « régime transitaire » et non le « régime transversal », à la différence que son intérêt pour la cybernétique (non réduite aux servomécanismes artificiels) est resté apparemment intact à l'arrière-plan de toute sa carrière au lieu que d'avoir été ponctuel.

Les archives de Vogel[69] permettraient sans doute d'en savoir plus sur ses lectures et ses fréquentations en la matière. Parmi l'inventaire et les renseignements biographiques fournis par la notice des archives,

---

67 *ibid.*, p. 110-111.

68 « … si nous n'avons pas proposé d'applications explicites à [des problèmes biologiques et sociaux], c'est parce que notre manque de compétence aurait risqué de nous conduire à des axiomatiques naïves, qui auraient pu repousser les spécialistes au lieu de les attirer. Si nous avons été si peu que ce soit convaincants, c'est à eux de prendre l'initiative » (*ibid.*, p. 143).

69 Archives municipales de Marseille, Fonds Cru-Vogel, 46II, http://archivesenligne.marseille.fr/.

il n'est pas inintéressant de remarquer, si l'on veut scruter son rapport à la cybernétique, son implication dans des questions de balistique militaire : d'une part il collabore à la section technique de l'artillerie de 1938 à 1940, alors qu'il est ingénieur depuis 1934 à la Compagnie des compteurs (entre autres choses prestataire de mécanique de précision pour l'aéronautique et l'armement) ; d'autre part le dossier 46II60 contient une correspondance avec la Société pour l'étude et la réalisation d'engins balistiques en 1960-1961, soit au moment de la mise en place des programmes suivant la création de cette société chargée de développer la force de frappe nucléaire.

BENOÎT MANDELBROT (1924-2010)

Le nom de Mandelbrot est essentiellement associé à la géométrie « fractale », dont il est le principal instigateur. Si cette théorie mathématique constitue le cadre général auquel se rattachent les contributions de Mandelbrot, ce cadre n'est apparu dans toute sa généralité qu'au milieu des années 1970, c'est-à-dire à un moment déjà avancé de sa carrière. Dans son autobiographie[70], le mathématicien présente les deux décennies qui précèdent comme dénuées de fil conducteur. Pourtant, dans les années 1950, Mandelbrot avait bien un cadre, qu'il revendiquait alors explicitement sous le nom de « cybernétique », quoi que ce qu'il entendait sous ce nom ne se confondait ni avec la définition de Wiener, ni avec la seule « théorie de l'information ». Il a ensuite passé sous silence, ou largement minimisé, cet horizon théorique[71]. Ceci est peu connu, on en restitue ici les lignes de force et les étapes-clés.

D'une part, Mandelbrot se présente comme un adepte de la thermodynamique, qu'il estime avoir influencé l'ensemble de ses recherches. D'autre part, lors d'un séjour au California Institute of Technology en 1948-1949, Mandelbrot raconte avoir découvert la théorie des jeux

70 B. Mandelbrot, *The Fractalist*, *op. cit.*

71 Pour un récit plus détaillé, *cf.* R. Le Roux, « Zipf-Mandelbrot's Law Recoded With Finite Memory », in J. Léon, S. Loiseau (dir.), *Quantitative Linguistics in France*, Lüdenscheid : Ram-Verlag, 2016, p. 157-172.

de von Neumann et Morgenstern, et les toutes récentes théories de Wiener et Shannon. De retour à Paris, le déclic se produit à la lecture d'un compte-rendu par le mathématicien Joseph Walsh du livre de G. K. Zipf[72] qui présente la célèbre loi empirique éponyme sur la fréquence des mots : non en raison d'un intérêt particulier de Mandelbrot pour la linguistique ou le langage, mais parce que les sciences sociales y sont décrites comme un nouvel eldorado scientifique, notamment pour les théories de von Neumann, Shannon et Wiener. L'ambition affichée par Mandelbrot est de devenir un nouveau Kepler ou un nouveau Delbrück, et son programme scientifique est fourni presque clé en main par l'article de Walsh. C'est ainsi que la « loi de Zipf » lui donne l'occasion de faire ses premières armes, qui débouchent sur sa thèse de doctorat soutenue en 1953[73]. En parallèle, Mandelbrot travaille à Phillips sur les procédés de télévision, et participe au Cercle d'études cybernétiques de Robert Vallée, où il présente, le 5 avril 1952, un exposé de son travail sous le titre « Relation entre la structure statistique de la langue et les propriétés présumées du cerveau ».

La thèse de doctorat de Mandelbrot est essentiellement consacrée à la construction d'un modèle de « jeu de communication » dans lequel l'émetteur et le récepteur sont alliés contre la Nature : tous deux doivent échanger des messages en minimisant les déformations, tandis que la « stratégie » de la Nature est de produire du bruit pour les en empêcher[74]. Mandelbrot soutient que la langue (telle qu'elle apparaît à travers la distribution de Zipf, dont il peaufine au passage la fonction mathématique) présente les caractéristiques d'une résistance au bruit optimale en un certain sens. Il consacre également un chapitre à la thermodynamique, et explique qu'il s'agit, avec la loi de Zipf, de deux exemples destinés à servir de support à l'intuition en vue d'une théorie plus fondamentale, dont il esquisse ainsi l'architecture globale : les jeux de communication sont communs à des phénomènes physiques, biologiques et humains, et la théorie qui les regroupe doit posséder les normes rigoureuses et quantitatives de la physique ; les applications de cette théorie correspondent

72 J. Walsh, « Another Contribution to the Rapidly Growing Literature of Mathematics and Human Behavior », *Scientific American*, n° 181(2), 1949, p. 56-58.

73 B. Mandelbrot, *Contribution à la théorie des jeux de communication*, thèse, Faculté des sciences de Paris, 1953.

74 Wiener discute ce travail de Mandelbrot dans N. Wiener, *Cybernétique et société*, Paris : Seuil, 2014, chapitre 4.

à la cybernétique de Wiener, qu'il s'agit de généraliser selon le tableau suivant : la cybernétique de Wiener a permis, grâce à la théorie de l'information, d'établir une passerelle entre les mathématiques « classiques » de la physique et les sciences sociales (théorie des jeux); alors que la théorie des jeux est plus générale, mathématiquement, que la cybernétique, cette dernière est davantage unificatrice; il s'agit alors de généraliser celle-ci, c'est-à-dire de construire une théorie générale de la communication dont la cybernétique de Wiener ne soit qu'un cas particulier. Mandelbrot remarque que la « théorie mathématique du comportement inductif » d'A. Wald « chevauche sur l'ensemble des problèmes qu'on serait tenté de classer dans la "Cybernétique". »

> Cependant cette dernière n'existe pas encore comme Science indépendante : il y a un nom, une série de présomptions très brillantes, mais de forme souvent non physique, relatives à des caractéristiques fonctionnelles communes à de nombreuses organisations, et enfin des méthodes mathématiques d'analyse, héritées de techniques hétéroclites et par suite souvent mal reliées à ces présomptions.
>
> Dès lors, deux attitudes se présentent à l'esprit, raisonnables l'une et l'autre : la première attitude identifierait la cybernétique à l'ensemble des applications bien étudiées de la théorie du comportement inductif; la deuxième attitude conserverait à la cybernétique son caractère imprécis et provocateur, en lui enlevant tous les problèmes qui ont pris place dans la théorie du comportement, et ne lui laissant que les autres. Nous n'avons pas voulu prendre parti dans cette alternative, et évitons jusqu'à nouvel ordre le terme « cybernétique ». (p. 10)

Mandelbrot remarque également que la théorie des jeux, à terme, pourrait constituer le cadre mathématique d'unification des sciences. Il évolue ainsi à l'intérieur d'un périmètre théorique fluctuant dont il essaye simultanément de percevoir, de parfaire et de pronostiquer l'unité : thermodynamique, théorie des jeux, théorie de l'induction statistique forment-ils un triangle qu'on peut appeler cybernétique, ou bien trois angles d'un quadrilatère dont la cybernétique serait le quatrième ?

En 1953, Mandelbrot est invité au MIT pour un post-doc d'un an. Malheureusement Wiener, avec qui il espérait travailler, est alors en pleine dépression suite à sa rupture diplomatique avec le groupe de McCulloch, et fait parfois mine de désavouer la cybernétique (alors même qu'il projette en réalité un traité destiné à en asseoir les bases théoriques). Mandelbrot rejoint alors à Princeton son autre modèle, von

Neumann. Ces circonstances auraient pu l'inciter à mettre fin à ses hésitations terminologiques en abandonnant définitivement le terme « cybernétique », mais c'est exactement le contraire qui se produit.

De retour en France en 1954-1955, c'est sous la bannière de la cybernétique que Mandelbrot prononce une conférence à l'Institut Poincaré en juin 1955 sous le titre « L'Ingénieur en tant que stratège : Théories du comportement. Une définition de la cybernétique ; applications linguistiques[75] ». Dans ce texte, Mandelbrot explique qu'il souhaite réhabiliter le terme, à condition de lui donner un sens qui ne se limite pas à celui donné par Wiener. Il développe une définition (non technique) par distinctions : la cybernétique est selon lui une théorie du comportement des automates qui est « opérationnelle » (par opposition à la philosophie), « normative » (c'est-à-dire qu'elle ne se limite pas à l'analyse de systèmes, mais inclut la synthèse de systèmes artificiels), « inductive » (c'est-à-dire, en référence à la théorie de Wald, non réductible à une théorie mathématique déductive), et « structurale » (c'est-à-dire transversale ou trans-technologique, non réductible à un type de technologie)[76]. On ne discutera pas ici le texte, mais un détail est à relever : dans la courte bibliographie d'une dizaine de références figure ce qui semble être le projet d'un ouvrage : « Cybernétique (en préparation) ». Ce détail significatif semble avoir échappé aux commentateurs ; peut-être les archives de Mandelbrot, désormais disponibles, permettront d'en apprendre davantage[77]. Jeune mathématicien au début de carrière aussi prometteur qu'incertain, invité pour une conférence à l'Institut Poincaré, il aurait pu assurer ses arrières avec une conférence technique, mais a préféré se risquer à une profession de foi philosophique.

---

75 B. Mandelbrot, « L'Ingénieur en tant que stratège » (*op. cit.*).

76 « Par leur caractère structural, commun à diverses réalisations, les théories de Wiener, de von Neumann et de Wald participent toutes trois à un mouvement d'idées beaucoup plus vaste, auquel paraissent aussi participer, plus ou moins indépendamment les unes des autres, toutes les principales entreprises scientifiques de notre temps » (*ibid.*, p. 287). La remarque n'est pas anodine de la part de Mandelbrot, qui déteste Bourbaki. On est tenté d'y lire entre les lignes le souhait d'atteindre et proclamer une unité théorique qui serait en quelque sorte aux « maths appliquées » ce que Bourbaki est aux mathématiques pures ; en d'autres termes, une stratégie de légitimation. Mandelbrot participe en outre au séminaire interdisciplinaire organisé par Lévi-Strauss en 1953-1954 (*cf.* p. 584), et se trouve très temporairement dans les petits papiers de l'anthropologue.

77 Catalogue en ligne des archives de B. Mandelbrot : http://www.oac.cdlib.org/findaid/ark:/13030/c8sf2zgr/.

En marge du symposium de Londres de septembre 1955 sur la théorie de l'information, où il intervient, Mandelbrot est invité à participer à une réunion spéciale du Ratio Club[78]. De 1955 à 1957, Mandelbrot part à Genève : Jean Piaget est venu le chercher pour l'intégrer dans son équipe du Centre d'épistémologie génétique, alors très actif dans le développement de l'interdisciplinarité, de la modélisation, et de la cybernétique. Mandelbrot y collabore en particulier avec le logicien belge Léo Apostel. Paradoxalement, les textes que Mandelbrot publie à cette occasion, dans les *Études d'épistémologie génétique*, s'inscrivent non sous l'égide de la cybernétique, mais de la thermodynamique – même sa seconde étude, en dépit de son titre (« Sur la définition abstraite de quelques degrés de l'équilibre ») et de l'intérêt de Piaget pour les mécanismes de rétroaction pour l'élaboration de sa théorie de l'équilibrage, discute très majoritairement d'analogies entre équilibre physique et équilibre psychologique, sans jamais de référence à la cybernétique, alors même que Mandelbrot mentionne l'exemple de l'homéostasie biologique en plusieurs endroits, et finit tout de même par une rapide analogie entre, d'une part, un thermostat dont l'intervalle de consigne trop mince entretiendrait une oscillation par allumage et extinction incessantes, et, d'autre part, une communauté linguistique dont les règles grammaticales trop sévères devraient être constamment revues du fait de leur incapacité à tolérer suffisamment d'exceptions[79].

Mais de retour à Paris, Mandelbrot revient à la charge lors des « Semaines de synthèse » de mai 1958 avec un exposé sur la cybernétique, qui présente toutefois quelques évolutions par rapport à celui donné en 1955 à l'Institut Poincaré. Citons intégralement le résumé publié :

> On ne connaît que trop bien la fréquente instabilité des plus belles synthèses. Après dix ans, il faut bien reconnaître que, si les grandes idées de la Cybernétique de N. Wiener sont devenues presque des « évidences », allant de soi, elles n'ont pas réussi à souder en un seul corps les diverses activités, entre lesquelles elles avaient révélé des liens si profonds. On a tant de peine à « définir » une cybernétique, que l'on peut même se demander si elle existe, sans d'ailleurs douter de l'importance de ses parties.

78 P. Husbands, O. Holland, « The Ratio Club : A Hub of British Cybernetics », *op. cit.*, p. 125.

79 B. Mandelbrot, « Sur la définition abstraite de quelques degrés de l'équilibre », in J. Piaget, L. Apostel, B. Mandelbrot (dir.), *Logique et équilibre*, Études d'épistémologie génétique vol. II, Paris : Presses universitaires de France, 1957, p. 17, 20, 23-24.

Que dire donc, aujourd'hui, de la cybernétique en général ? Nous n'en dirons que quelques mots de présentation, choisissant, pour ce faire, le langage d'une autre théorie contemporaine (et ayant avec la cybernétique des affinités évidentes), la théorie de la décision statistique, en tant que jeu de stratégie.

Nous passerons ensuite à la théorie plus spéciale du contrôle par rétroaction. Ses applications industrielles sont aujourd'hui partout évidentes. De même, la possibilité d'identifier, dans les êtres vivants, de nombreux circuits de rétroaction, semble bien admise, en principe (quoiqu'elle ne paraisse pas avoir conduit à la mathématisation espérée d'un large segment de la physiologie). Nous étudierons quelques progrès récents de la théorie des automates et des machines auto-reproductrices.

Nous parlerons plus longuement d'un autre aspect de la cybernétique, qui nous touche de plus près : la théorie de l'information. Ses rapports avec les fondements de la thermodynamique ont été signalés dès le premier jour. Nous dirons comment ce sujet s'est récemment enrichi, en utilisant la théorie de l'estimation statistique : premier exemple d'un rapprochement méthodologique nouveau entre la physique et les sciences sociales. Nous montrerons ensuite comment la théorie de l'information a permis d'aborder la théorie de la structure de certains systèmes naturels de signes, c'est-à-dire de la linguistique. Le segment de cette science, ainsi mathématisable, est, bien entendu, d'une extrême étroitesse, par rapport à l'infinie variété des faits linguistiques recensés. Mais les théories « macroscopiques » en linguistique présentent, avec les théories macroscopiques de la matière, un parallélisme vraiment étonnant, qui amorce peut-être une macroscopique interdisciplinaire. Il ouvre de toute façon de grandes perspectives, dont le germe était peut-être dans Wiener[80].

On retrouve l'équivalence relative entre cybernétique, théorie des jeux et théorie de la décision de Wald, mais c'est cette dernière qui semble finalement avoir gagné le statut de « grammaire » de référence éclairant les deux autres. En outre, c'est apparemment la seule fois où Mandelbrot lie explicitement le thème des servomécanismes à la cybernétique, thème qui semble l'avoir bien peu intéressé au vu de sa trajectoire, publications et témoignages autobiographiques.

C'est la dernière trace connue de contribution de Mandelbrot s'inscrivant sous le chef de la cybernétique (et encore y perçoit-on une distanciation). En 1962, au congrès de Royaumont sur le concept d'information, Mandelbrot exprime son deuil quant aux capacités unificatrices de la « théorie de l'information ». Il s'embarque désormais pour

80 B. Mandelbrot, « La cybernétique. Théorie des automates ; théorie de l'information et ses applications en physique et dans les sciences sociales », *Revue de synthèse*, t. 83, 1962, p. 10.

une nouvelle décennie de modélisations dépourvues d'horizon théorique unificateur jusqu'à ce qu'il définisse la classe des objets fractals au début des années 1970. Il rencontre néanmoins occasionnellement le groupe de travail composé d'Antoine Danchin, Philippe Courrège et Jean-Pierre Changeux, qui travaille à l'Institut de biologie physico-chimique sur la modélisation des grands réseaux de neurones (*cf.* annexe XIV).

Dans une interview en 1985, il revient sur les années d'après-guerre :

> Malheureusement, la cybernétique n'a jamais vraiment décollé, et la théorie des jeux est devenue à son tour un sujet très spécialisé. Des allégations un peu trop aventureuses furent faites, qui ne purent prospérer qu'à la faveur du prestige de leurs auteurs, pourtant dû à des travaux bien différents. Par la suite, il devint de bon ton dans le milieu académique de moquer toute velléité de « recherche interdisciplinaire ». À ma profonde déception, je dus reconnaître que c'était mérité. Je me demande si les choses se seraient mieux passées si von Neumann et Wiener avaient eu le désir et la capacité de s'intéresser de façon plus active à leur progéniture[81].

Il est frappant comme Mandelbrot semble ici faire porter à ses modèles Wiener et von Neumann le chapeau de l'unification ratée, sans mention de son propre engagement qui a pourtant duré une décennie et constitué pas moins que son entrée en recherche : le « fractaliste » aura préféré un lissage rétrospectif des anfractuosités où reposent les rêves de jeunesse.

MARCEL-PAUL SCHÜTZENBERGER
(1920-1996)

Formé simultanément à la médecine (doctorat en 1949) et aux mathématiques (doctorat en 1953) à la Libération, spécialiste de théorie de l'information, du codage et des automates (piliers de ce que l'on appellera plus tard informatique théorique), tout invitait Schützenberger à faire valoir un point de vue privilégié sur la cybernétique. Ce point de vue changera radicalement du début à la fin de son parcours, au gré de ses évolutions épistémologique, institutionnelle et métaphysique.

81 B. Mandelbrot, entretien avec Anthony Barcellos, in D. J. Albers, G. L. Alexanderson, *Mathematical People*, Boston : Birkhäuser, 1985, p. 218.

C'est manifestement en statisticien que Schützenberger découvre et aborde la théorie de l'information[82], ainsi que la théorie des jeux, la théorie de la décision, et la cybernétique. Ceci ne l'empêche pas, bien évidemment, de développer déjà, et plus encore ensuite, son goût pour l'algèbre et les mathématiques pures ; mais il n'est pas inutile de le mentionner, dans la mesure où cela le place au contact de disciplines variées (la médecine, mais aussi la sociométrie et la psychométrie). Schützenberger publie en 1949 un article fleuve dans *L'Évolution psychiatrique*, intitulé « À propos de la "cybernétique" (Mathématiques et psychologie) », qui prend en réalité prétexte de la publication alors encore récente du livre de Wiener pour introduire et passer en revue, de façon presque encyclopédique, un certain nombre de techniques mathématiques novatrices. L'article permet non seulement de mesurer la relation du champ psy aux mathématiques, qu'il veut bousculer de façon un peu provocante, mais ce qu'il dit peut dans une certaine mesure dépasser le périmètre de la revue et concerner d'autres domaines : de fait, Schützenberger joue alors un rôle important en France dans le renouvellement des méthodes statistiques pour expérimentateurs[83]. L'article aborde ensuite les modèles de neurones formels de Rashevsky et Pitts-McCulloch, la théorie des jeux, la cybernétique (avec des paragraphes sur « l'information », « les Gestalt », et « les feed-back »). On voit donc que l'article dépasse largement le champ psy, et de façon précoce puisqu'il est l'un des premiers articles français traitant frontalement du livre de Wiener et essayant de le situer dans ce nouveau paysage de mathématiques appliquées.

82 Cela donne d'ailleurs lieu à un retournement : en 1949, Schützenberger écrit que « sous sa forme mathématique, la notion d'information provient presque exclusivement des recherches techniques dans le domaine des télécommunications et c'est à partir de là qu'elle s'est étendue et a reçu un statut précis avec Shannon » (M.-P. Schützenberger, « À propos de la "cybernétique" (Mathématiques et psychologie) », *L'Évolution psychiatrique* n°IV, 1949, p. 600), et la correspondance avec la théorie de l'information statistique de Fischer n'est relevée qu'« incidemment » (*ibid.*, p. 601). La priorité s'inverse en 1957 : « On pourrait donc considérer si l'on voulait que toute la statistique mathématique n'est autre que la théorie du récepteur dans les communications avec bruit si cette formulation ne subordonnait pas de façon un peu artificielle une discipline ancienne et largement développée à une autre encore dans l'enfance. [...] les ingénieurs des communications ont redécouvert en toute innocence des résultats et des principes bien connus depuis longtemps dans l'autre domaine » (M.-P. Schützenberger, « La Théorie de l'information », *Cahiers d'actualité et de synthèse, Encyclopédie française*, Paris : Société Nouvelle de l'Encyclopédie Française, 1957, p. 13).

83 J. Besson, « La quête de M.-P. Schützenberger en médecine et biologie », 2001, en ligne. Dans cette nécrologie, Besson écrit que Schützenberger fut l'un des principaux, si ce n'est le principal introducteur en France de l'analyse séquentielle de Wald en médecine.

Le second article est plus confidentiel. Le mois suivant sa soutenance de thèse, Schützenberger participe au congrès annuel des psychiatres anglais. Est-ce son article de 1949 qui a attiré l'attention de la Royal Medico-Psychological Association ? Ashby figure dans la douzaine de membres du *board* de la revue, et il est alors depuis peu en contact avec Riguet, soucieux de trouver un interlocuteur mathématicien et intéressé par le bourbakisme (voir chapitre 4) ; est-ce ce dernier qui a soufflé à Ashby le nom de Schützenberger[84] ? L'intervention de Schützenberger est publiée sous le titre « A Tentative Classification of Goal-Seeking Behaviours[85] ». L'article est beaucoup plus court que celui de 1949, mais aussi plus original et intéressant de la part de Schützenberger, puisque c'est apparemment la seule fois qu'il propose des concepts construits de façon explicite dans le prolongement de la cybernétique, et connectés à son travail de doctorat. Il s'agit de donner un cadre mathématique pour aller au-delà du concept de rétroaction négative et décrire des comportements finalisés plus complexes. Si le titre de l'article rappelle la préoccupation de Rosenblueth, Wiener et Bigelow, qui proposaient en 1943 leur typologie des comportements, les différences sont significatives : au lieu de catégories ontologiques distinctes, qualitatives, Schützenberger propose deux échelles – la visibilité (*span of foresight*) dont dispose l'agent sur son environnement, et la flexibilité de sa conduite – et distingue le caractère aléatoire ou connu de l'environnement. Transposé en automatique, on retrouve là respectivement, semble-t-il, l'information reçue par le système et la variabilité de sa consigne, mais Schützenberger ne procède pas à cette comparaison (pourtant impliquée par sa démarche[86]) ; techniquement, le cadre est plutôt celui de la théorie des jeux, dans lequel il s'agit de classer les « tactiques imparfaites », et l'analyse séquentielle de Wald, selon laquelle la meilleure stratégie en contexte aléatoire est de se contenter de tactiques localement optimales (idée qui sera reprise dans la thèse de doctorat). Bien que s'adressant à des non mathématiciens, y

84 Cela n'est pas certain, le nom de Schützenberger n'apparaissant pas dans la correspondance entre Riguet et Ashby.

85 M.-P. Schützenberger, « A Tentative Classification of Goal-Seeking Behaviours », *The Journal of Mental Science (The British Journal of Psychiatry)* vol. 100, n° 418, 1954, p. 97-102.

86 « Mon but sera de montrer comment certains des comportements finalisés les plus complexes observés chez l'homme et dans les machines peuvent être décrits par un cadre mathématique unifié selon des principes clairs » (*ibid.*, p. 97). Schützenberger ne définit pas la notion de complexité, il s'agit juste de considérer des comportements plus complexes qu'un régulateur simple de type thermostat. L'article est peu technique, étant donné l'auditoire.

compris dans la publication, Schützenberger insiste bien sur l'intérêt des mathématiques pour le type de problèmes abordé, et, réciproquement, sur le défi que représente ce dernier pour les mathématiciens :

> Il est clair qu'une étude plus approfondie de ces situations devra être entreprise sur le plan mathématique. Il est tout aussi clair qu'un développement mathématique bien plus conséquent sera nécessaire, dans la mesure où une bonne part des mathématiques requises devra être développée spécialement. Pour le mathématicien, la plupart de ces problèmes sont nouveaux et nécessiteront de nouvelles méthodes[87].

C'est bien un programme de recherche qui est annoncé ici. Schützenberger est alors un porte-parole (modéré) de la vague de modélisation mathématique qui semble devoir déferler inexorablement sur de nouveaux rivages[88]. Il soutient sa thèse de doctorat en mathématiques en juin 1953[89]. De ces travaux en théorie de l'information, on retiendra seulement deux choses pour le présent chapitre[90]. D'abord, la visée généralisatrice, systématisante, qui est celle de Schützenberger. Le parallèle avec Mandelbrot, que côtoie alors beaucoup Schützenberger, montre une même préoccupation de travailler à l'interopérabilité de grands cadres formels (théories de l'information, des jeux, des automates, de la décision – et dans une moindre mesure la théorie des asservissements, qui ne semble pas l'avoir beaucoup plus intéressé que Mandelbrot, et dont il ne parle plus après 1953[91]). Cette préoccupation, mise en perspective avec les articles sur la cybernétique, suggère un au-delà de la théorie de l'information ; la communication au congrès international d'automatique de 1956, dont n'est publié que le titre (« Théorie du comportement[92] »), donnait-elle des précisions dans ce sens ? En 1957, en tout cas, c'est encore du nom de « cybernétique » que Schützenberger désigne un tel

---

87 *ibid.*, p. 102.

88 M.-P. Schützenberger, « La méthode des modèles dans les sciences humaines », in F. Le Lionnais (dir.), *La Méthode dans les sciences modernes*, *op. cit.*, p. 195-197.

89 M.-P. Schützenberger, *Contribution aux applications statistiques de la théorie de l'information*, Paris : Publications de l'Institut de statistique de l'Université de Paris, vol. III, nº 1-2, 1954.

90 Pour une présentation de cet aspect de son travail, on peut se reporter à J. Segal, *Le Zéro et le un*, *op. cit.*, p. 295.

91 Remarquons tout de même qu'il mentionne dans son article de *L'Évolution psychiatrique* le diagramme de Nyquist qui est totalement absent du livre de Wiener (M.-P. Schützenberger, « À propos de la "cybernétique" », *op. cit.*, p. 606). Il s'est donc documenté sur un sujet qui n'entre pas dans le corpus usuel d'un thésard de la faculté des sciences.

92 M.-P. Schützenberger, « Théorie du comportement », *op. cit.*

horizon théorique unifié par anticipation[93]. La même année, il adhère à l'Association internationale de cybernétique.

Le second point, c'est que les applications de la théorie de l'information à des questions biomédicales ne concernent pas leur dimension théorique, mais expérimentale : non l'information dans des processus biologiques, mais l'organisation optimale des protocoles expérimentaux, l'efficacité des observations[94]. À vrai dire, tout se passe comme si Schützenberger, moins confiant qu'en 1949, évitait soigneusement la biomathématique (dès lors qu'elle ne se limite pas à la biométrie)[95]. Ce silence devient criant dans l'article de 1957 pour *L'Encyclopédie française*, lorsque la section finale, consacrée aux applications de la théorie de l'information, passe directement de la physique aux sciences humaines[96] ! Parmi ces dernières, Schützenberger mentionne pourtant les recherches de McCulloch et Pitts, « dans le cadre plus large de la physiologie nerveuse », et d'Henri Quastler, « qui a cherché à mesurer quelle quantité d'information par seconde le cortex humain était capable d'utiliser », travaux qu'il range dans les « applications à la sémantique et à la psychologie »... Insolite, d'autant que Schützenberger considère McCulloch comme l'un de ses « maîtres[97] ». Voilà une classification bien élastique venant de l'un des principaux spécialistes en

93 « À la demande du Professeur G. Darmois et dans le cadre de la chaire de probabilités j'organisais en 1954 avec B. Mandelbrot un séminaire sur la théorie de l'information et en 1955 avec C. Berge un séminaire consacré aux méthodes algébriques de la cybernétique » (M.-P. Schützenberger, « Titres et travaux », 1956, p. 10). « ... la théorie des jeux – autre branche de la cybernétique – ... » (M.-P. Schützenberger, « La Théorie de l'information », *op. cit.*, 1957, p. 13). Cet article est la deuxième partie d'un article plus vaste intitulé « La Cybernétique », dont la première partie est rédigée par Couffignal. « La cybernétique [a] pris conscience de son existence autonome en tant que système cohérent de doctrines. [...] à vouloir séparer on risque de perdre de vue l'unité du mouvement commun qui entraîne ces recherches » (M.-P. Schützenberger, « À propos de la "cybernétique" », *op. cit.*, p. 599, 607).

94 M.-P. Schützenberger, « Applications biométriques de la théorie de l'information », *Semaine des hôpitaux de Paris*, vol. 28, nº 44, 1952, p. 1859-1865.

95 On le trouve pourtant à un colloque organisé en 1961 à la Harvard Medical School (où Rosenblueth et Wiener s'étaient rencontrés vingt ans plus tôt) sur les méthodes mathématiques en biologie et en médecine. Il n'intervient pas, mais co-signe le compte-rendu (très favorable à ces développements), sans que l'on sache quelle partie il a rédigée (D. Rutstein, M. Eden, M.-P. Schützenberger, « Report on Mathematics in the Medical Sciences », *The New England Journal of Medicine* nº 265, 1961, p. 172-176).

96 M.-P. Schützenberger, « La Théorie de l'information », *op. cit.*, 1957, p. 18-21.

97 M.-P. Schützenberger, « Sur l'analyse des systèmes », in F. Gallouedec-Genuys et P. Lemoine, *Les Enjeux culturels de l'informatisation*, Paris : La Documentation française, 1980, p. 206. Ce texte a d'abord été rédigé sous forme d'un « rapport technique » pour le Laboratoire d'informatique théorique de Paris (nº 79-80, 1979, en ligne). Dans la version publiée,

algorithmes de tri… Et comment interpréter ce silence sur l'application de la théorie de l'information aux systèmes biologiques, plus généralement encore sur la modélisation biomathématique ? Parmi les initiateurs du premier type de travaux, l'heure est au bilan et le doute pointe, car on ne sait pas dire ce que signifient ces mesures de quantités d'information[98]. Pour Schützenberger, c'est sur la modélisation en général que le doute jette son ombre, comme on l'apprend de ses textes tardifs :

> Au lendemain de la guerre j'étais persuadé, comme certains de mes contemporains, que les mathématiques pouvaient s'appliquer à tout. Pour des gens plus ambitieux que compétents, il était assez tentant de voir si l'on pouvait refaire avec d'autres sciences ce qui avait si bien réussi avec la physique[99].

> … il faut reconnaître, malgré la mode, que le mathématicien n'a que bien peu à dire sur le monde extérieur hormis le domaine étroitement délimité de la physique. Nos formalismes n'ont pas de prise sur les phénomènes proprement biologiques qui coulent entre leurs mailles comme la mer entre celles des filets. Tout au plus pouvons-nous parfois, non pas mieux mais plus explicitement, discuter certains arguments qui encombrent encore la problématique[100].

Ce bilan pessimiste s'appuie sur le caractère arbitraire de la plupart, sinon tous, des modèles biomathématiques :

> Peut-être pourrait-on soumettre toute mathématisation à l'épreuve suivante inspirée par la méthode de falsification de Popper. Utilise-t-elle un théorème dont les observations permettraient de conjecturer sérieusement la vérité si il se trouvait que la preuve mathématique en fût encore inconnue ? […] Un contre-exemple intéressant est l'équation différentielle de Volterra (sur les oscillations des systèmes de populations) […]. Elle ne paraît pas pouvoir passer avec succès notre épreuve. La question mathématique étant de savoir si les solutions de tel type d'équation différentielle possèdent ou non tel caractère oscillatoire, aucune observation de population ne peut y apporter de réponse. En effet il faut toute la fraîcheur d'âme d'un mathématicien pour croire que le modèle particulier proposé a un rapport plus singulier avec les processus effectifs que mille autres possibles qui en seraient radicalement différents du point de vue mathématique, et, par conséquent, l'observation

Schützenberger accole au nom de Norbert Wiener un « mon bon maître », absent du rapport.

98 L. Kay, *Who Wrote the Book of Life ?*, *op. cit.*, p. 125-126.

99 M.-P. Schützenberger, « Les chantres de l'interdisciplinarité », *Dynasteurs*, avril 1988, p. 101.

100 M.-P. Schützenberger, « Théorie des systèmes auto-adaptatifs. Théorie et pratique », in M. Delsol et al. (dir.), *Hommage au Professeur Pierre-Paul Grassé. Évolution – histoire – philosophie*, Paris : Masson, 1987, p. 145.

> ne dit rien sur l'équation en cause (sinon qu'elle n'est pas trop grossièrement contredite par les faits)[101]

Il n'échappe pas à Schützenberger que ce risque de l'arbitraire de la modélisation mathématique ne se limite pas à la biologie, mais touche également les sciences humaines et sociales[102]. Et c'est le même risque qu'il invoque pour rejeter la « théorie générale des systèmes » de Bertalanffy :

> [La motivation de la systémique] la plus immédiate est la poursuite de l'ambition scientifique de *tout* réduire à la mathématique : les succès admirables de von Neumann et de Shannon dans la formalisation des jeux et des communications faisaient espérer que la même entreprise devrait réussir ailleurs [...]. Bien sûr, cet effort est dans la tradition scientifique la plus classique. Notons cependant qu'elle a pour outil essentiel les modèles dont le succès ou l'échec ne peut être discuté qu'en fonction de leur adéquation empirique et que cet empirisme s'évanouira chez les systémistes les plus récents[103].

Le verdict est sans appel : « ... la partie mathématique de la [*General System Theory*] est une imposture absolue », un « tourbillon de calculs imbéciles » qui trompe son monde depuis vingt ans[104]. Les mathématiques des « systèmes » ne sont pas seulement arbitraires, elles sont fragiles : « ... les erreurs grossières de Rosen, la fausseté du théorème principal d'Ashby, le caractère absurde des simulations de Forrester [...]. La quasi totalité de ce qui n'est pas faux est inexorablement trivial[105] ». Et à quoi servirait de corriger des modèles dont « l'adéquation empirique », *mutatis mutandis*, paraît condamnée d'avance ? En 1949, dans

101 M.-P. Schützenberger, « Mathématiques et linguistique », *Cahiers Fundamenta Scientiae* n° 92, 1979, p. 28.

102 *ibid.*, p. 29, 31-32 : « Je suis sûr que nos collègues qui pratiquent l'économie mathématique pourraient singulièrement enrichir de beaux exemples toute cette discussion [...]. [Et] mises à part les applications du calcul des probabilités et de la statistique, existe-t-il une discipline que l'on puisse sérieusement appeler linguistique mathématique ? [...] Très concrètement je parle de recherches actuelles actives et sérieuses dans lesquelles la solution d'un problème mathématique donnerait la réponse à une question linguistique, ou en poserait une nouvelle, comme cela se passe quotidiennement en physique. La réponse me paraît (aujourd'hui) être non... ». « Avec Claude Lévi-Strauss, nous avons essayé d'appliquer la théorie des groupes aux relations de parenté chez les Indiens Bororos. Mais il faut tortiller les faits de façon extravagante pour que ça tienne debout ! À vrai dire, il faut toute la mauvaise foi des épigones pour croire que ça ne penche pas plutôt du côté trivial » (M.-P. Schützenberger, « Les chantres de l'interdisciplinarité », *op. cit.*, p. 101).

103 M.-P. Schützenberger, « Sur l'analyse des systèmes », *op. cit.*, p. 207.

104 *ibid.*, p. 209, 215.

105 *ibid.*, p. 210.

l'article de *L'Évolution psychiatrique*, la cybernétique représentait à cet égard l'approche la moins arbitraire parmi les différentes présentées[106]. Las ! Elle aussi reçoit au passage sa volée de bois vert :

> En biologie, la cybernétique a fait faillite avant même d'avoir commencé. Les manuels tchèques ou italiens ressassent toujours les mêmes expériences douteuses qui faisaient la joie du MIT dans les années cinquante et que l'on sait depuis avoir été encore plus mal interprétées que faites[107].

Les écrits tardifs de Schützenberger, qui s'est désormais consacré presque exclusivement à la théorie des automates (donc à la consolidation de l'émergence disciplinaire de l'informatique théorique), expriment comme une ambiance de fin de récréation. Démarcation (désolidarisation entre vraies mathématiques et modélisation pseudo mathématique : « … *rien* en mathématiques n'est désigné par des noms ronflants tels que cybernétique ou théorie des hiérarchies[108] ») ; purisme (le but des mathématiciens « est, comme il se doit, de faire progresser la connaissance des objets mathématiques (et non d'enrichir ou raffiner une nouvelle rhétorique)[109] ») ; cloisonnement terminologique et sémantique[110] : oubliées les expériences de jeunesse et les fréquentations douteuses, l'heure semble pour Schützenberger au repli disciplinaire. Riguet, l'ancien camarade des

106 « … avant tout axée sur des problèmes techniques concrets […] cette dépendance étroite des nécessités de la praxis l'empêche de tomber dans cet arbitraire et cette gratuité que l'on peut reprocher à certaines des recherches que nous avons évoquées plus haut. […] Dans ce domaine qui est le sien propre elle a enregistré des succès prodigieux avant même d'avoir pris conscience de son existence en tant que système cohérent de doctrines. […] » (M.-P. Schützenberger, « À propos de la "cybernétique" », *op. cit.*, p. 599). Et quand bien même : « Avant de pouvoir faire des expériences efficaces, […] il faut une théorie bien développée. […] Pour explorer les propriétés des formes de comportements finalisés les plus complexes, il faut d'abord construire des modèles mathématiques appropriés » (M.-P. Schützenberger, « A Tentative Classification of Goal-Seeking Behaviours », *op. cit.*, p. 97).

107 M.-P. Schützenberger, « Sur l'analyse des systèmes », *op. cit.*, p. 214.

108 *ibid.*, p. 213.

109 M.-P. Schützenberger, « Mathématiques et linguistique », *op. cit.*, p. 34.

110 « Si les lois de probabilité ne sont pas connues, il n'y a pas de théorie de Shannon. […] À quoi bon imiter Lévi-Strauss ou McLuhan et faire doctement référence dans un contexte qui lui est étranger à une théorie qui par son essence même ne dit rien hors le cadre conceptuel précis dans lequel elle a été créée ? » (*ibid.*, p. 212). À comparer avec ce qu'il écrit en 1949 : « … il est commode d'utiliser les termes de "mémoire", de "but", de "conduite" pour nommer et décrire certains "fonctionnements" et n'est-ce pas le cas de bien d'autres concepts de la physique dont l'objectivation ne s'est opérée que progressivement ? » (M.-P. Schützenberger, « À propos de la "cybernétique", *op. cit.*, p. 600).

bancs de la Sorbonne, qui collabore avec Ashby[111], discute avec les biomathématiciens et les sciences humaines (et même, horreur, avec Lacan !), ne devient-il pas un contre-modèle à exorciser ? Dans le collimateur de Schützenberger se trouve plus directement l'Action thématique programmée « Analyse des systèmes » menée par Jacques Lesourne. Mais à côté de ses effets de cape isolationnistes vis-à-vis de la modélisation en sciences molles, Schützenberger abaisse régulièrement le pont-levis de la citadelle mathématique pour partir dans une croisade popérienne contre, pêle-mêle, l'intelligence artificielle[112], l'homéopathie, le darwinisme, le marxisme, la psychanalyse... Son acrimonie rétrospective à l'égard de la cybernétique, loin d'être exclusive, est donc à replacer dans un contexte plus général de « vendetta », qui ne se réduit pas aux enjeux, alors toujours d'actualité, de défense de l'identité académique de l'informatique théorique[113].

Il y a donc eu un tournant épistémologique depuis les premiers pas du jeune Schützenberger. Alors qu'en 1953 les mathématiques devaient précéder et organiser l'observation, désormais prime la collection des faits : il a vu son ami Maurice Gross montrer que les grammaires de Chomsky ne rendaient pas compte de la réalité complexe du buissonnement des langues[114] (on peut d'ailleurs remarquer le parallèle avec l'argument néo-lamarckien que Schützenberger reprendra à l'envi : l'« algorithme » mutation-sélection du néo-darwinisme ne rend pas compte de nombreux faits paléontologiques et zoologiques). Mais l'on

111 Ashby dont McCulloch écrit pourtant en 1958 qu'il est un ami de Schützenberger (W. S. McCulloch, « Where is fancy Bred ? », in *Embodiments of Mind*, Cambridge (Ma) : The MIT Press, 1988, p. 219).

112 Ironiquement, en 1961, McCulloch, dans son discours à l'Institut de sémantique générale, déclare qu'« en France, le travail [en IA] est centré autour de Schützenberger » (W. S. McCulloch, « What Is a Number, that a Man May Know It, and a Man, that He May Know a Number ? », in *Embodiments of Mind*, *op. cit.*, p. 13).

113 Cette lutte pour la reconnaissance institutionnelle de l'informatique est alors en passe d'être gagnée, même si l'on entend encore de la bouche d'un Lichnerowicz en 1986 ces mots : « Quand vous parlez d'un informaticien, vous ne savez jamais de qui il s'agit. C'est horrible. L'informatique est un concept flou » (entretien de J.-F. Picard avec A. Lichnerowicz, 14 mai 1986, archives orales du CNRS, http://www.histcnrs.fr/archives-orales/lichnerowicz.html). Dans la mesure où les informaticiens ont construit leur identité disciplinaire autour de la théorie (et non de la machine), la démarcation d'avec la cybernétique nécessitait de se faire avec d'autant plus de force (P.-E. Mounier-Kuhn, *L'informatique en France de la seconde guerre mondiale au plan Calcul. L'émergence d'une science*, Paris : Presses de l'université Paris-Sorbonne, 2010, p. 570, 573) ; et dans la mesure où Schützenberger est alors sans doute la locomotive du domaine, il est le mieux placé pour l'affirmer publiquement.

114 M.-P. Schützenberger, « Mathématiques et linguistique », *op. cit.*, p. 33-34.

peut identifier dans le parcours scientifique de Schützenberger des circonstances plus particulièrement personnelles qui l'auraient amené à douter de la modélisation mathématique :

> Un cas curieux est celui de la rencontre manquée entre la théorie des codes correcteurs et la biologie moléculaire. Avant que les travaux expérimentaux n'aient livré la structure du code génétique, des hypothèses biologiquement raisonnables et des raisonnements mathématiques avaient suggéré à Gamow une liste précise de codons. Hélas, à la confusion des pythagoriciens (j'en suis un), le code universel utilisé par les êtres vivants n'a rien à voir avec celui prévu, et, pire, n'est guère plus inspirant pour un mathématicien que le tarif des P.T.T.[115]

Selon une préface qu'il rédige pour son « Maître et ami » le biologiste Pierre Gavaudan, dont il fut très proche depuis ses années poitevines, cet événement semble bien l'avoir marqué :

> La découverte du code génétique au début des années soixante nous passionna. Nous n'avions hélas ni les compétences ni les moyens de contribuer directement à l'aspect biochimique ou génétique de ces recherches et nous étions réduit à nous pencher sur les résultats publiés. Pourquoi ces vingt acides aminés plutôt que d'autres ? Pourquoi cette répartition bizarre des codons ? Et cette distribution en apparence absurde de la redondance ? Le spécialiste de la théorie de l'information (ou plutôt réputé tel) était répétitivement sommé de répondre. Il avouait son impuissance et il tentait de se disculper par l'exemple du grand Gamow dont la thèse fut si admirable tant que l'expérience n'eut montré qu'elle était irrémédiablement fausse. Avec plus de résignation que de conviction il prêchait la statistique tout en mettant en garde contre ses tentations et ses pièges. Sancho Panza lui aussi conseillait la prudence. Pourtant le mystère est bien là devant nous et toute prudence a partie liée avec le manque de foi ou de courage. Et on retournait vers les champs expérimentaux où P. Gavaudan avait réussi des moissons de plantes insolites[116].

Cet aveu partiellement énigmatique (comment, en effet, décoder les implications, en termes d'orientation scientifique, de cette confession : « toute prudence a partie liée avec le manque de foi et de courage » ?), qui serait à clarifier dans le cadre d'une histoire détaillée de l'école de Poitiers, paraît donner une clé décisive pour comprendre le changement d'attitude de Schützenberger vis-à-vis de la modélisation biomathématique

115 M.-P. Schützenberger, « La Théorie de l'information », in A. Lichnerowicz, F. Perroux, G. Gadoffre, *Information et communication*, Paris : Maloine, 1983, p. 15.

116 M.-P. Schützenberger, préface à P. Gavaudan, *Atomes et molécules biogéniques dans l'univers des nombres*, Sorgues : P. Gavaudan, 1984, p. 8-9.

et de la cybernétique : la méfiance de Sancho Panza pour ce qui n'est peut-être que de gros mirages brassant de l'air. Puisque Schützenberger conserve une vision cybernétique du vivant sur un plan métaphorique[117], c'est bien que le seuil de pertinence de telles analogies s'arrêterait pour lui au seuil de la formalisation.

Cette interprétation est tentante, et pourtant elle ne suffit pas. En d'autres occasions (tardives, celles-là), Schützenberger – à qui il arrive aussi, très humainement, d'être péremptoire[118] – s'avère plus proche peut-être de Don Quichotte, ne craignant ni le géant Aristote pour défendre le pythagorisme biologique de Gavaudan, ni le géant Darwin pour défendre un modèle alternatif de l'évolution biologique. Que signifie la revendication de « pythagorisme », de la part de quelqu'un qui, on l'a vu, souligne par ailleurs que les mathématiques ont « bien peu à dire sur le monde extérieur » ? Plus encore, pourquoi cette douce indulgence envers la numérologie de son ami Gavaudan[119] ? Si les modèles sont

117 « Nous devons donc considérer [le patrimoine génétique des vertébrés et son expression] comme une sorte d'usine automatisée dans laquelle cinquante mille manettes commandent des robinets et l'action de machines outils élémentaires selon des modalités diverses qui rendent leur action plus ou moins globale et plus ou moins impératives et selon un réseau multiple d'asservissements réciproques et de transformations récursives de circuits de commande » (M.-P. Schützenberger, « Et aussi avec Charles Darwin », préface à R. Chandebois, *Pour en finir avec le darwinisme. Une nouvelle logique du vivant*, Les Matelles : Éditions Espaces 34, 1993, p. 9).

118 Certaines de ses prédictions concernant l'avenir de l'informatique semblent bien avoir été démenties : « Ni les langages artificiels, ni l'analyse formelle des langues naturelles ne seront avant longtemps (au moins vingt ans) en mesure de rendre commode, donc courante, l'utilisation des ordinateurs. […] des principaux projets informatiques qui devraient affecter le quotidien[, il] ne subsistera guère de ce raz de marée que les jeux électroniques couplés à des écrans de télévision. […] Les clubs d'amateur auront un effet limité. Les amateurs ne résoudront pas les problèmes de logiciel auxquels se consacrent les grandes équipes de recherche. » (M. Gross et M.-P. Schützenberger, « On prétend que… », in F. Gallouedec-Genuys, P. Lemoine, *op. cit.*, p. 127-128).

119 « Depuis qu'il ne peut plus travailler au laboratoire P. Gavaudan s'est consacré à l'étude quasiment expérimentale des propriétés des nombres qui apparaissent dans la biochimie du code génétique. Il s'agit donc de numérologie et il y a d'illustres prédécesseurs […]. Pour P. Gavaudan tous ces chiffres sont liés par un réseau de relations […] nécessaires. […] Pour P. Gavaudan il existe donc un lien étroit entre la structure de base de la vie et les constantes fondamentales de la cosmologie » (M.-P. Schützenberger, préface à P. Gavaudan, *op. cit.*, p. 9, 10, 11). « Confidentiellement, je suis conduit à envisager que le code génétique est *seulement un cas particulier d'un ordre de la nature plus général*. Il en résulte que toutes les spéculations sur son origine aléatoire ou résultant d'une adaptation sont vaines » (P. Gavaudan à D. Girard, 22 avril 1982, in D. Girard, « La fin de vie de Pierre Gavaudan », *Études sorguaises* n° 23, 2012, en ligne).

arbitraires, pourquoi des arguments mathématiques redeviennent-ils appropriés pour défendre une thèse biologique (celle de Gavaudan) et en contester une autre (le néo-darwinisme) ? Si la théorie de Shannon ne dit vraiment rien hors de son contexte d'origine, pourquoi redevient-elle pertinente pour mesurer l'information génétique lorsqu'il s'agit de critiquer le darwinisme[120] ? Pourquoi les métaphores dépourvues de loi de probabilité sont-elles inadmissibles chez Lévi-Strauss ou McLuhan, mais pas dans l'argumentation anti-darwinienne (la probabilité qu'une tornade assemble un avion en s'abattant sur une décharge) ? Pourquoi la porosité conceptuelle est-elle acceptable dans le cas de l'emprunt par Shannon du terme d'entropie[121] ? Certains raisonnements peu sûrs méritent « quelques réserves respectueusement amicales[122] » lorsqu'ils sont de Gavaudan, mais pas de mots assez durs lorsqu'ils concernent l'intelligence artificielle, la cybernétique, la systémique.

Un autre élément très significatif, qui invite à ne pas considérer la déconvenue de Gamow comme étant l'épisode décisif du revirement de Schützenberger, est que ce dernier aurait soumis à l'Institut Pasteur, vers 1970, un projet de création d'un département de biomathématique (qui restera sans suite)[123]. C'est dire s'il ne s'est pas laissé abattre par l'exemple de Gamow.

S'il devait s'avérer que l'épistémologie officielle de Schützenberger fût à géométrie de plus en plus variable, il deviendrait légitime de s'interroger sur des variables cachées. S'il admet que « trop de rigueur eût été fatale[124] » à tel domaine *X* insuffisamment mûr, mais qu'il assassine un domaine *Y* précisément au nom de la rigueur, c'est que sa mansuétude pour le domaine *X* ne tient peut-être pas à des critères épistémologiques. La logique puriste du régime disciplinaire (que l'on peut attendre de la part d'un

---

120 M.-P. Schützenberger, « Et aussi avec Charles Darwin », *op. cit.*, p. 11.

121 M.-P. Schützenberger, « La Théorie de l'information », *op. cit.*, 1983, p. 15. Ailleurs (M.-P. Schützenberger, « Théorie des systèmes auto-adaptatifs. Théorie et pratique », *op. cit.*, p. 147), Schützenberger attribue par erreur à Shannon le terme « négentropie » inventé par Brillouin, qui en a notoirement discuté la portée biologique (L. Brillouin, *Vie, matière et observation*, *op. cit.*).

122 M.-P. Schützenberger, préface à P. Gavaudan (*op. cit.*), p. 10 : « Pourquoi ici a-t-il choisi d'additionner, pourquoi là de multiplier ? Je l'ai souvent interrogé. En vain. À vous de juger sur pièces. Vous ne saurez jamais quelle était l'huile de la lampe ».

123 Entretien avec C. Galpérin, 15 novembre 2016. Schützenberger n'a pas refait de tentative après l'arrivée à la tête de l'Institut Pasteur de son ancien camarade des FTP Jacques Monod.

124 *ibid.*, p. 10.

contributeur essentiel à l'émergence d'une discipline, ici l'informatique théorique) ne suffit pas à expliquer l'élasticité du surmoi épistémologique de Schützenberger. Une autre interprétation de sa violence tardive envers la cybernétique se dessine : c'est qu'il rattache celle-ci au néo-darwinisme[125], auquel il oppose sa profession de foi préformationniste[126] (dont se gargarisent les tenants contemporains de l'*Intelligent design*). On peut alors se demander dans quelle mesure c'est un parti-pris métaphysique – construit progressivement plus qu'apparu *ex machina* – qui préside à la virulence rétrospective du mathématicien (au moins sur la forme) envers le label cybernétique. Quelques éclaircissements s'obtiendraient sans doute d'un travail biographique, où l'on en saurait davantage sur les séjours américains comme sur les amitiés néo-lamarckiennes de Schützenberger ; ainsi que sur cette période de jeunesse, au début des années cinquante, où « cybernétique » n'était non seulement pas un gros mot pour lui, mais le nom d'un périmètre heuristique accueillant, et même d'un programme de recherche prometteur. Après tout, au Panthéon des maîtres qu'il se reconnaît rétrospectivement, il a tenu à faire figurer Wiener et McCulloch aux côtés de Châtelet, Popper, Haldane et Gavaudan.

---

125 « La réduction du monde à des schémas logiques et le thème de la naissance d'une complexité organisée par approximation successive et sélection à partir d'un chaos ont toujours fasciné les penseurs. Pour éviter toute querelle philosophique je désignerai cette thèse par le nom de *thèse cybernétique* puisque c'est celui de son dernier avatar avant sa forme ultimement démotique qu'est la théorie des systèmes » (M.-P. Schützenberger, « Informatique et mathématiques », *Comptes rendus de l'Académie des sciences, série générale « La Vie des sciences »*, t. 1, n° 3, 1984, p. 176) ; « … les schémas logiques sur lesquels se fonde le darwinisme actuel sont d'une portée si universelle que l'on s'en réclame ailleurs, en cybernétique par exemple… » (M.-P. Schützenberger, « Intelligence artificielle, néo-darwinisme et principe anthropique », in J. Delumeau (dir.), *Le Savant et la Foi*, Paris : Flammarion, 1989, p. 276). Les pasteuriens sont visés, et particulièrement *Le Hasard et la nécessité* de J. Monod, paru en 1970. Cependant l'opposition de Schützenberger est antérieure (M.-P. Schützenberger, « Algorithms and the Neo-Darwinian Theory of Evolution », in P. S. Moorhead, M. M. Kaplan (dir.), *Mathematical Challenges to the Neodarwinian Theory of Evolution*, Philadelphie : Wistar Institute Press, 1967, p. 73-80).

126 « Malgré ces quelques réserves respectueusement amicales sur les techniques (les techniques de preuve, j'entends) je déclare mon parfait accord avec la thèse que P. Gavaudan veut démontrer. Comment en serait-il autrement d'ailleurs puisque c'est à lui que je dois le peu de connaissances que j'ai de ces domaines ? En bref, cette thèse est que la cause primordiale de la vie n'est pas fortuite, mais que la vie, et j'ajouterai à titre personnel, la pensée, sont une part nécessaire et essentielle de la structure de l'Univers » (préface à P. Gavaudan, *op. cit.*, p. 10). Le point de vue de Schützenberger semble avoir évolué depuis 1967, où il affirmait que les compléments aux lacunes du néo-darwinisme devaient être cherchés strictement dans la physique.

PAUL BRAFFORT (1923-2018)

Il est ardu de chercher à résumer la trajectoire de Paul Braffort, qui parcourt de nombreux domaines selon un fil conducteur que le principal intéressé ne semble jamais avoir réduit à un dénominateur commun, oscillant entre le « disparate » (autant dire : absence par définition de fil de conducteur) dont ses amis Raymond Queneau et François Le Lionnais faisaient leur marque de fabrique, et une préoccupation d'unité rationnelle[127], datant de ses études de philosophie en Sorbonne – l'intéressé revendiquant un « esprit systématique et généralisateur[128] ». Entre ces deux extrémums, Braffort rend un hommage appuyé au mathématicien serbe Michel Petrovitch[129], normalien, élève de Hermite, Poincaré, Painlevé, Tannery et Picard, et qui s'intéressait à l'exploration systématique des analogies mathématiques entre phénomènes variés ; mais sa propre carrière ne suit pas vraiment une telle logique de déclinaison méthodique. Est-ce parce que, comme il dit, « dans aucune de mes professions, je n'ai réellement fait ce que j'avais envie de faire[130] » – Braffort est-il un Petrovitch contrarié ? On se limite ici à son rapport à la cybernétique (encore qu'il ne serait sans doute pas d'accord sur cette stratégie de focalisation, dans la mesure où sa définition de la cybernétique revendique un certain arbitraire[131], et qu'il inclurait peut-être sous cette appellation beaucoup plus de chapitres de son parcours, notamment touchant à l'informatique et au

---

127 « Vie scientifique et technique, vie artistique et culturelle, je ne les sépare pas : on n'est qu'une seule personne. [...] J'ai toujours pensé de manière unitaire ; Bachelard était un unitarien, j'ai aussi lu C. P. Snow avec passion. Ma première conférence universitaire officielle en 1944 au séminaire Bachelard, qui se tenait à l'institut Poincaré, avait d'ailleurs pour titre "L'unité des disciplines" » (« Paul Braffort, un pied dans la littérature, un pied dans la science. Entretien avec J.-L. Giavitto et V. Schafer », *Bulletin de la société informatique de France*, n° 3, 2014, p. 56).

128 Lettre de P. Braffort à J. Riguet, 6 août 1953 (archives personnelles de J. Riguet).

129 P. Braffort, « La deuxième vie de Michel Petrovitch », *Épistémocritique* I, 1, 2007 (première partie) ; *Épistémocritique* II, 2008 (deuxième partie) ; en ligne (http://www.epistemocritique.org).

130 P. Braffort, Entretien avec J.-L. Giavitto et V. Schafer, *op. cit.*, p. 57.

131 « La Cybernétique n'est rien que l'ensemble (flou) des activités : expériences, publications, débats, etc. qui déclarent s'inscrire sous ce label, et ceci quelle que soit la pertinence de cette affirmation » (communication personnelle de P. Braffort, courrier électronique, 4 février 2009).

langage), à la lumière d'éléments de contexte issus de son site internet personnel et d'entretiens[132].

Braffort passe une licence de mathématiques et une licence de philosophie. Il rencontre Riguet, Schützenberger et Mandelbrot (voir ci-dessus). N'obtenant pas de financement pour faire une thèse de philosophie sur les fondements des mathématiques sous la direction de Bachelard, il est recruté en 1949 au CEA à Saclay, grâce à ses relations forgées dans les organisations étudiantes communistes. Jusqu'en 1954, il travaille au service Documentation où il est chargé de structurer la classification. Cette activité bibliothécaire est tout sauf alimentaire : Braffort profite de son accès à la documentation qu'il met au service de ses lectures personnelles – il ne se contente pas de classer les livres, il les lit. Mais s'y enracine également son intérêt pour la codification et les diagrammes (à la fois défis et instruments pour l'extraction d'information documentaire)[133], du point de vue de la possibilité de faire correspondre une classification à une prolifération disciplinaire de plus en plus baroque. Enfin, cette expérience de documentaliste nourrit assurément la passion borgésienne pour les labyrinthes du disparate, au sein de l'Oulipo et du collège de 'Pataphysique.

Braffort souhaite néanmoins contribuer plus directement à la recherche en sciences dures, et obtient sa mutation au Département d'électronique du CEA, puis dirige un laboratoire de calcul analogique. Il est alors au carrefour des nouvelles théories physiques, des méthodes de simulation, mais aussi du traitement du signal, ses collègues et lui organisant un « séminaire sur la théorie de l'information, où l'on discutait les publications récentes de Wiener, Shannon, Moyal, Ville, etc.[134] ». Les historiens se sont pour l'instant intéressés à Braffort surtout du point de vue de l'histoire de l'informatique. Mais c'est aussi un Braffort automaticien qui s'emploie à analyser la régulation de l'activité des réacteurs nucléaires. En parallèle des travaux de simulation analogique, il publie ainsi avec ses collègues plusieurs articles sur le contrôle des centrales, en plein essor de l'automatique française (et plus généralement internationale).

---

132 Entretiens de P. Braffort avec : R. Le Roux, 21 mars 2007 ; S. Dugowson, 3 décembre 2013, (http://www.youtube.com/watch?v=Oqvz7uFrX10) ; J.-L. Giavitto et V. Schafer (*op. cit.*).

133 P. Braffort, « Des mots-clés aux phrases clés. Les progrès du codage et l'automatisation des fonctions documentaires », *Bulletin des bibliothèques de France*, n° 9, 1959, p. 383-391.

134 P. Braffort, « Une trace de mes travaux et de mes jours », en ligne.

Extrait des Actes du 1er Congrès International de Cybernétique. — Namur, 1956.

CYBERNÉTIQUE ET PHYSIOLOGIE GÉNÉRALISÉE.

PAUL BRAFFORT (France),
Ingénieur au Commissariat à l'Énergie atomique,
Chef du Laboratoire de Calcul analogique
du Centre d'Études Nucléaires à Saclay.

RÉSUMÉ.

1. La cybernétique, cas particulier de la méthode analogique.

Le sous-titre de l'ouvrage bien connu de N. Wiener (*Control and communication in the animal and the machine*) définit le contenu de la cybernétique. On discute, à la lumière des conceptions modernes sur la classification des sciences (telles qu'elles ont été présentées par R. Queneau), la situation de la cybernétique par rapport aux disciplines nouvelles que sont la sémantique et l'automatique. On aborde ainsi le problème de la situation des physiologies parmi les sciences et l'on met en évidence le rôle des analogies.

2. Caractère « physiologique » des analogies cybernétiques.

L'analogie cybernétique que les ouvrages de vulgarisation exposent le plus souvent est celle qu'on peut — très grossièrement — établir entre les machines mathématiques et le système nerveux cérébro-spinal. Cette analogie présente un caractère physiologique évident. On montre qu'il en est de même des analogies plus élémentaires — mais aussi plus fondamentales — comme celles qui utilisent les notions de contre-réaction, de mémoire, d'opérateur fonctionnel, etc.

3. Problèmes de structure en physiologie.

Les traités classiques de physiologie nous ont accoutumés à l'emploi de schémas fonctionnels. Ces schémas manifestent l'existence de structures topologiques et chronologiques et, d'une façon générale, de relations binaires de types variés. Ces différentes structures sont passées en revue à propos de deux physiologies particulières : celle

— 102 —

du système nerveux végétatif (centres : noyaux, ganglions et plexus végétatifs; voies de conduction : nerfs végétatifs) et celle de la dynamique de la croissance en embryogénèse (des macromolécules organisatrices aux champs de développement et de spécification). On s'appuiera en particulier sur les importants travaux de F. O. Schmitt.

4. Naissance et développement d'une physiologie « artificielle ».

On a distingué, dans la nature, des règnes minéral, végétal, animal et introduit la notion d'un règne « artificiel » qui est celui des civilisations humaines (P. de Latil). A cette occasion on a développé des analogies souvent parlantes entre les sociétés et les organismes vivants (Halbwachs : morphologie sociale, mémoire collective, etc.). On développe ici des considérations physiologiques systématiques basées sur des observations de structure dans la circulation et l'organisation sociale de la matière (Leroi-Gourhan) et ceci dans deux cas particuliers :

— circulation des marchandises en économie politique;
— circulation des idées en théorie de la connaissance.

5. La physiologie « généralisée ».

S'il est donc possible de réunir des considérations de physiologie — au sens ordinaire du terme — et d'anthropologie-sociologie, il n'est pas moins possible et utile de mettre en évidence l'existence de structures de type physiologique dans la nature inanimée. Ceci peut se faire en définissant une physiologie « généralisée » par des considérations de structure (G. Matisse); la physiologie devient alors la science d'une classe particulière de relations bouclées et couplées. On précise quelques propriétés de cette classe de relations et l'on indique les conséquences que son examen permet d'entrevoir, tant sur le plan local des techniques à notre échelle que sur le plan global de l'évolution.

151634. — Imprimerie Gauthier-Villars, 55, quai des Grands-Augustins, Paris.
Imprimé en France.

FIG. XIIa et XIIb – P. Braffort, « Cybernétique et neurophysiologie généralisée », Dunod, 1956.

On ne sait pas dans l'état actuel des choses si Braffort s'est formé à l'étude des servomécanismes de façon autodidacte, ou bien au contact d'automaticiens du CEA. En revanche il est certain que le sujet l'a intéressé à part entière, et qu'il ne s'est pas contenté de le côtoyer. Braffort l'automaticien se trouve ainsi au cœur de l'émergence de la discipline, alors ouverte à la cybernétique (voir le chapitre « Cybernétique et/ou automatique »), et partage largement cette vision ouverte à laquelle il contribue. En juin 1956, coup sur coup, il intervient au premier Congrès international d'automatique de Paris, puis au premier Congrès international de cybernétique de Namur. Les deux conférences, prononcées à une semaine d'intervalle, se font écho de façon significative. À Paris, la communication a pour titre « La rétroaction généralisée, structure fondamentale de l'automatique[135] ». Au congrès de Namur (présidé par Le Lionnais), l'exposé s'intitule « Cybernétique et physiologie généralisée[136] », et représente certainement l'une des synthèses les plus abouties de certains centres d'intérêt de Braffort, dont il ne reste qu'un résumé (reproduit ci-dessous). Par ailleurs, en 1957-1958 il rejoint les membres de la commission « Électronique et cybernétique » du CSRSPT (*cf.* p. 171-177), mais n'assiste pas à beaucoup de réunions[137].

L'intérêt de Braffort pour les généralisations ne se réduit pas à des métaphores, mais s'exprime aussi dans des préoccupations méthodologiques formelles. Un article de 1959, écrit avec son assistant au CEA, présente l'application de la méthode de Mason (introduite pour convertir les schémas-blocs en diagrammes de fluence simplifiant les calculs) à la modélisation de la stabilité des réacteurs[138]. Si l'utilisation de graphes orientés est alors déjà en vigueur (par exemple dans le célèbre article de Shannon de 1948), la connexion avec les méthodes développées par Riguet (calcul des relations binaires) et Berge (théorie des graphes) est ici explicite et témoigne vraisemblablement du souci de Braffort de maintenir un lien avec des mathématiques qui ne se réduisent pas à des recettes, ainsi que de son intérêt jamais démenti pour ce qui serait

---

135 *Congrès International de l'Automatique*, *op. cit.*, p. 638. Braffort n'a pas fourni de texte pour la publication des actes.

136 P. Braffort, « Cybernétique et physiologie généralisée », *Actes du Ier Congrès international de cybernétique*, Namur, 1956, p. 101-102.

137 Liste des membres, juillet 1957, Archives nationales 19770321/293.

138 P. Braffort et C. Caillet, « Schémas analogiques et diagrammes fonctionnels dans l'étude des problèmes de stabilité », *Cours de génie atomique* n°XXIII, Saclay : Commissariat à l'Énergie Atomique, 1959 ; S. Mason, « Feedback Theory – Some Properties of Signal Flow Graphs », *Proceedings of the IRE*, vol. 41, 1953, p. 1144-1156.

une sorte de « grammaire » diagrammatique[139] – la suite de sa carrière l'amenant d'ailleurs à renforcer son intérêt pour l'étude des langages en tous genres. La même année (1959), il quitte Saclay pour Euratom à Bruxelles, où il va travailler sur la classification et la traduction automatiques, et plus généralement l'intelligence artificielle alors naissante.

JEAN-PAUL BENZÉCRI (NÉ EN 1932)

Normalien qui va suivre un parcours peu bourbakiste (en dépit d'une thèse en topologie sous la direction de Cartan, en co-tutelle avec l'université de Princeton), Benzécri se décrit ainsi en 1980 : « S'interposant entre Logique et Biologie, un statisticien qui, d'abord instruit dans les mathématiques, a marché ensuite vers la linguistique et d'autres sciences humaines [...][140] ». À l'Institut de statistique de l'université de Paris, puis à Rennes (au Laboratoire de calcul de la faculté des sciences), il s'attache à développer des outils statistiques, surtout pour la linguistique et la psychologie mathématique, en relation étroite avec des interlocuteurs de ces domaines. On a donc affaire à des recherches très interdisciplinaires, en lien direct avec les configurations de l'époque : Benzécri fréquente les groupes de recherche opérationnelle de l'armée, monte des projets dans le cadre des actions concertées de la DGRST, et intervient même à au moins l'un des congrès internationaux de cybernétique de Namur[141]. Si Benzécri est surtout connu pour l'« analyse des données », technique descriptive empirique pour les gros échantillons à dimensions multiples, qu'il va peaufiner et mettre à disposition de différents domaines, il n'est pas juste un instrumentateur au service

139 P. Braffort, « Le jugement des flèches », *Revue de synthèse*, t. 130, n° 1, 2009, p. 67-101. Braffort ne croit pas en la possibilité d'une caractéristique universelle.

140 J.-P. Benzécri, « L'âme au bout d'un rasoir », *Les Cahiers de l'analyse des données*, vol. 5, n° 2, 1980, p. 229.

141 J.-P. Benzécri, « Le Coût de la perception », in *4e Congrès international de cybernétique, Namur, 19-23 octobre 1964*, Namur : Association internationale de cybernétique, 1967, p. 650-654. Des collègues de son laboratoire ont participé à au moins l'un des congrès (*cf.* le rapport d'activité du laboratoire : *Imago primi anni. La première année du Laboratoire de calcul de la faculté des sciences de Rennes*, 1964).

des modélisations mathématiques d'autrui : il s'est lui-même adonné à cette activité, suivant obstinément, sur le long terme, un fil directeur explicitement inspiré par la cybernétique. Cette activité de modélisation a d'ailleurs précédé l'analyse des données :

> L'analyse des données [...] s'est développée d'abord avec la psychométrie qui débute elle-même par la psychophysique. Ainsi furent conçus pour la mesure des grandeurs des modèles mathématiques, dont l'analyse des données s'est légitimement affranchie ; mais qui outre leur intérêt historique ont le mérite d'appeler notre attention sur le jeu complexe des sens[142].

Il faudra reconstituer ces modèles primordiaux dans le cadre d'une étude historique plus complète. Mais les publications tardives de Benzécri dans les *Cahiers d'analyse des données* permettent de retracer rétrospectivement ce cheminement. Benzécri s'intéresse de très près aux modèles stochastiques d'apprentissage en psychologie, en relation étroite avec son condisciple de l'ENS Jean-François Richard, et Henry Rouanet (1932-2008). Les travaux et réflexions qui en résultent concernent principalement deux aspects. Le premier fait l'objet d'un contrat de recherche avec la DGRST[143] :

> Dans le modèle d'instauration d'un code est simulé le comportement de sujets qui communiquent entre eux pour désigner des objets, points d'un espace A, par des signaux, points d'un espace B. Partant d'un code liant aléatoirement A et B, on aboutit, par renforcement des liens ayant produit des communications réussies, à un code stable, de rendement appréciable [...][144].

Ce phénomène de convergence sera comparé par Benzécri à de multiples reprises à un servomécanisme :

> La conjonction de multiples causes, agissant de façon discontinue sans qu'aucune n'ait d'effet prédominant, a le même effet global que la recherche de l'équilibre dans les mouvements continus d'un système asservi[145].

---

142 J.-P. Benzécri, « La Psychophysique : histoire et critique de la notion de seuil », *Les Cahiers de l'analyse des données*, vol. 4, n° 4, 1979, p. 391.

143 J.-P. Benzécri, « Thème de recherche objet du contrat DGRST 64 FR 162 », *Imago primi anni*, *op. cit.*, p. 18 (il ne s'agit pas de la véritable pagination du rapport).

144 J.-P. Benzécri, « Approximation stochastique, réseaux de neurones et analyse des données », *Les Cahiers de l'analyse des données*, vol. 22, n° 2, 1997, p. 218.

145 J.-P. Benzécri, « Sur l'instauration d'un code : (3) psychophysiologie et structure des automates », *Les Cahiers de l'analyse des données*, vol. 20, n° 3, 1995, p. 364.

Benzécri, notamment, se réfère au modèle présenté au congrès international du CNRS de 1965 sur « Les modèles et la formalisation du comportement » par Jean-Marie Faverge (1912-1988), qui procède à une comparaison semblable pour décrire l'autorégulation du rythme de travail d'un groupe d'ouvriers[146]. On peut spéculer sur une source d'inspiration thématique, pour ce contrat de recherche, qui serait l'expérience de pensée proposée par Wiener au chapitre 8 de *Cybernetics*, où il s'imagine essayer de communiquer avec un allophone complet[147].

Le second aspect qui intéresse Benzécri dans les modèles d'apprentissage est directement lié à la psychophysique : « … dans la détection des signaux [perceptifs], l'intérêt du sujet interfère avec le donné sensoriel plus intimement qu'on ne l'a jusqu'ici supposé[148] ». Cette hypothèse d'un déterminisme psychologique de la sensation fait jouer au psychisme un rôle organisateur des phénomènes physiologiques élémentaires, et amène Benzécri à soutenir une approche holiste contre le béhaviorisme :

> … c'est à tous les niveaux de la psychologie qu'il convient de considérer le primat du tout sur les éléments, ceux-ci n'apparaissant qu'au terme de la recherche ; et n'existant même souvent que dans un équilibre collectif. Nous nous opposerons, de ce point de vue, aux présupposés analytiques de certains psychologues mathématiciens qui prétendent synthétiser le comportement humain à partir des traits élémentaires des stimuli et des réponses[149].

Le psychisme, conscient ou inconscient[150], joue ainsi le rôle de commande d'un servomécanisme. Benzécri cherche alors une alternative

146 *ibid.*, p. 301. J.-M. Faverge, « Les modèles de régulation en psychologie pratique », in *Les Modèles et la formalisation du comportement*, colloque international du CNRS 5-10 juillet 1965, Paris : Ed. Du CNRS, 1967, p. 347-358.

147 « La situation étudiée est, très schématisée (car ce que les sujets ont à se dire et surtout les signaux dont ils disposent ont la sécheresse des mathématiques !), celle d'hommes qui, n'ayant point de langue qui leur soit commune, ou ne sachant même aucunement parler, entreprendraient d'inventer un système pour communiquer entre eux » (*Imago primi anni*, *op. cit.*, p. 18). À comparer avec N. Wiener, *La Cybernétique* (*op. cit.*), p. 282, qui base la convergence sur l'empathie émotionnelle. J'ai interrogé par écrit J.-P. Benzécri sur ce point comme sur d'autres, mais, retiré et paraît-il très fatigué, il n'a pas répondu directement aux questions (E. Feignon, courrier électronique de la part de J.-P. Benzécri, 3 janvier 2016).

148 J.-P. Benzécri, « La psychophysique : histoire et critique de la notion de seuil », *op. cit.*, p. 402.

149 J.-P. Benzécri, « Sur l'instauration d'un code : (1) expérimentation et modèle », *Les Cahiers de l'analyse des données*, vol. 20, n° 3, 1995, p. 305.

150 « Nous croyons être fidèle aux faits en substituant au schéma réflexe un schéma triangulaire : sollicités par des stimuli, orientés par la conscience (chez l'animal par les besoins naturels)

à l'approche façons réseaux de neurones, l'approximation stochastique, qui avait été utilisée pour le modèle d'instauration d'un code : à lui seul, le tâtonnement adaptatif par renforcement des bonnes réponses à des stimuli aléatoires ne mène pas nécessairement à des convergences stables[151]. Benzécri tire argument de la théorie des asservissements :

> L'expérience des systèmes mécaniques asservis, conçus dès avant le milieu du XXe siècle, montre [...] que la convergence vers l'optimum est difficile à assurer, mêmes dans les processus les plus simples. Il n'y a donc pas lieu d'attendre, de l'approximation stochastique sur un réseau, la solution implicite des problèmes les plus complexes. Certes, même imparfaite, toute convergence d'un processus vers une forme nous intéresse. Mais l'optimum ne s'offre qu'à une stratégie globale[152].

C'est aussi l'analyse des données que Benzécri va mobiliser en faveur de sa conception holiste, en essayant de montrer qu'elle fait mieux que l'approximation stochastique pour certaines classes de problèmes.

> Assurément, il y a, dans tout domaine, entre les éléments et les relations, une hiérarchie qui n'est pas immédiatement perceptible [...] Un système économique, ou le génome d'un animal, sont des objets dont il ne suffit pas de considérer les éléments apparents ; car ce n'est pas entre ceux-ci qu'on découvrira les lois qui conduisent le processus global. Mais nous répéterons que de ce qui, complexe par essence, ne peut être disséqué sans perdre sa nature, l'analyse multidimensionnelle, apte à décrire la trajectoire, suggère des lois empiriques ; plus pertinentes que celles, inaccessibles, d'une dynamique conjecturale[153].

L'analyse des données a donc été mise à profit aussi pour les modèles cybernétiques de Benzécri. Celui-ci donne par ailleurs une interprétation économique du caractère sous-optimal du tâtonnement[154]. En revanche il

---

les mécanismes nerveux élaborent leurs réponses. » (J.-P. Benzécri, « Sur l'instauration d'un code : (1) expérimentation et modèle », *op. cit.*, p. 304) ; « Le processus inconscient suivant lequel le sujet oriente volontairement sa stratégie aléatoire de décision est certes du plus haut intérêt psychologique : mais présentement on n'en peut rien dire que de conjectural » (J.-P. Benzécri, « La psychophysique : histoire et critique de la notion de seuil », *op. cit.*, p. 403).

151 L'expérience d'instauration d'un code « nous a fait apprécier la portée et les limites de l'approximation stochastique » (J.-P. Benzécri, « Approximation stochastique, réseaux de neurones et analyse des données », *op. cit.*, p. 218).

152 *ibid.*, p. 219.

153 J.-P. Benzécri, « Convergence des processus et modèles d'économie libérale et de phylogenèse », *Les Cahiers de l'analyse des données*, vol. 20, n° 4, 1995, p. 481-482.

154 « Le modèle d'instauration de code atteste l'imperfection de la convergence ; dans un domaine, où pourtant, les sujets ayant une tache de communication, ne sont pas

n'y en aura pas d'interprétation sociologique : Bourdieu, autre condisciple de l'ENS, dont il était proche, a fait notoirement usage de l'analyse des données, mais était très anti-fonctionnaliste.

Il faudrait plus de sources pour déterminer dans quelle mesure la prédilection de Benzécri pour une approche descendante (*top-down*, holiste, selon laquelle une stratégie globale est plus optimale qu'un tâtonnement empirique) résulte d'une rupture épistémologique à mi-parcours, ou bien au contraire s'est affirmée progressivement en passant d'abord par des modèles ascendants (réseaux de neurones, approximation stochastique) pour en préciser les limites.

Plus ou moins à l'arrière-plan de sa carrière, Benzécri a donc poursuivi des travaux au long cours de modélisation, où l'analyse des données a servi à améliorer une modélisation mathématique qu'il fait circuler entre psychologie, économie, mathématiques pures[155] et technologie. Ces réflexions sont publiées tardivement, mais les références[156] ne font aucun doute sur l'inspiration (partiellement, mais clairement) cybernétique d'une réflexion persistante, dont ces lignes redisent la quête :

> Un avion vole. Dans les réacteurs s'enflamme un flot continu de kérosène ; par les tuyères un jet de gaz brûlant s'échappe. Parfois le long de l'aile ou de la dérive, un volet s'incline, inclinant avec lui la course docile du bolide : ainsi de l'appareil dont la masse est plus de cent fois la sienne, ce volet, qu'une assez faible puissance suffit à mouvoir, est le maître. Tout cependant, débit

---

en concurrence mais coopèrent, le succès ne pouvant être que partagé. *A fortiori*, on peut douter de l'efficacité du jeu des lois d'un marché où les individus, indépendants les uns des autres selon le schéma formel, peuvent, en fait, se coaliser en des groupes qui s'opposent entre eux. De plus, à la différence du code dans le processus de communication, un programme de production des biens ne se modifie pas sans inertie. Ce qui nous renvoie à l'asservissement d'un système mobile. Il y a un quart de siècle, les économistes citaient volontiers en exemple le cycle du porc. En bref, si le prix du porc est haut, les éleveurs sont incités à multiplier cet animal ; mais l'effet de l'élevage intensifié ne se manifeste pas avant un certain nombre de mois. Alors affluent sur le marché des bêtes qui ne trouvent acheteur qu'à un prix relativement bas. D'où une désaffection des éleveurs pour le porc ; et, quelques mois plus tard, une diminution de l'offre ramenant une hausse du prix. Ces oscillations périodiques n'ont pu s'amortir par le jeu spontané de l'offre et de la demande ; mais seulement après une concertation entre les éleveurs. L'analogie avec le pointage de la tourelle est manifeste » (*ibid.*, p. 477-478)

155 J.-P. Benzécri, « Approximation stochastique dans une algèbre normée non commutative », *Bulletin de la Société mathématique de France* n° 97, 1969, p. 225-241.

156 Wiener, Pitts & McCulloch, Rosenblatt, Mary Brazier.

du combustible et jeu coordonné des volets, est régi par de légers leviers qui obéissent aux membres d'un homme : cet homme, vers qui tout dans l'avion converge, anime le vol.

Qui anime l'homme ? Ne peut-on pas au sein du corps humain comme au sein de la machine volante gravir la hiérarchie d'un filtre [mathématique] ? Écartons téguments et carcasse, prise d'air et d'aliments, débit d'oxygène et de sucre, charnières et ressorts ; car nous savons [...] que ce que nous cherchons est au-delà de ces organes et de ces fonctions bornés. Que reste-t-il : quelques relais où se répercutent des informations qui courent, codées en impulsions, en ondes électro-chimiques, en molécules articulées peut-être ; le cerveau ! Sans doute ; mais, du flot végétatif que nous pensions d'abord avoir écarté tout à fait, relais et informations ne sont pas absolument séparés : les neurones sont, au contraire, le siège d'un métabolisme des plus actifs. Il ne suffit pas de découper dans l'espace du corps, un filtre de parties ultimes se resserrant autour de ce que nous cherchons : il faut filtrer sur place ; distinguer, au sein d'un même appareil, des niveaux qui spatialement coexistent ; écarter ce qui paraît inférieur et matériel, pour ne garder que ce qui formellement le contrôle ; disséquer les parties ultimes en les circonscrivant, non par un volume, mais par une définition : F_{n+1}, c'est F_n considéré en ce qu'il est actif et formel ; c'est F_n restreint selon quelque condition, F_n *secundum quid* eût dit un docteur du siècle de Saint Louis.

À la fin, de condition en condition, on aperçoit que tout balance sur un jeu évanescent de matière et d'énergie. L'âme n'est pas au bout d'un scalpel ; elle est au bout du rasoir d'Ockham[157].

RENÉ THOM (1923-2002)

René Thom trouve aussi sa place dans le paysage des mathématiques appliquées, surtout à partir des années 1970 où il devient un interlocuteur de choix pour la biologie théorique émergente[158]. À partir des années 1960, fort de sa médaille Fields et de son nouveau poste à l'Institut des hautes études scientifiques qui lui offre une certaine liberté, il commence à s'intéresser à des applications physiques, et surtout biologiques, de

157 J.-P. Benzécri, « L'âme au bout d'un rasoir », *op. cit.*, p. 242. « Dans la complexité du comportement aux multiples dimensions, nous recherchons la forme ; par l'expérimentation psychologique, la synthèse statistique et les modèles mathématiques, nous cherchons comment elle s'imprime à la matière. » (« Sur l'instauration d'un code », p. 307)

158 P. Delattre, M. Thellier, *Élaboration et justification des modèles. Applications en biologie*, Paris : Maloine, 1979.

la topologie différentielle, tout en continuant en parallèle à publier en mathématiques pures[159] ; on trouve chez lui une perception de Bourbaki similaire à celle du groupe « anatomie et physiologie[160] ». L'apport de Thom à la biologie théorique se définit en négatif par rapport à la cybernétique, puisque celle-ci décrit des équilibres ou des fonctionnements régulés, alors que la théorie des catastrophes a pour objet les ruptures de stabilité structurelle, les points de bascule.

> On l'a souvent remarqué, la biologie théorique ne s'est jamais débarrassée d'un vice majeur, l'anthropomorphisme ; depuis la théorie des animaux-machines de Descartes, on a toujours assimilé les êtres vivants aux machines créées par l'homme ; la version actuelle de ce déplorable penchant compare l'être vivant à un ordinateur électronique, pourvu de dispositifs de contrôle et d'autorégulation. [...]
>
> Ce n'est pas que les assimilations de la mécanique vitale à certains aspects de la technique humaine (automates, ordinateurs électroniques, etc.) soient sans valeur ; mais ces comparaisons ne peuvent jouer que pour des mécanismes partiels, tout montés, et en pleine activité fonctionnelle ; elles ne sauraient en aucun cas s'appliquer à la structure globale des êtres vivants, à leur épigenèse et à leur maturation physiologique[161].

Thom fait siennes, et retranscrit dans une théorie mathématique de la morphogenèse, les préoccupations qui sont celles de son interlocuteur biologiste, l'embryologiste Conrad Waddington. Or il ne s'agit pas pour Thom de se contenter d'une division du travail (le fonctionnement des systèmes pour la cybernétique, leur genèse et leur rupture pour la théorie de la stabilité structurelle), division qui condamnerait la biologie théorique à « l'impasse[162] ». Il s'agit bien de donner quand même

159 D. Aubin, *A Cultural History of Catastrophes and Chaos*, *op. cit.*, p. 136 *sq.* ; Thom s'est aussi beaucoup intéressé à la linguistique, en relation avec Jakobson (J. Petitot, *Les Catastrophes de la parole de Roman Jakobson à René Thom*, Paris : Maloine, 1985).

160 *ibid.*, p. 120.

161 R. Thom, *Stabilité structurelle et morphogenèse. Essai d'une théorie générale des modèles*, Reading : W. A. Benjamin, Inc., 1972, p. 165, 207.

162 « Écartelée entre ces deux modèles, le modèle atomique ou réductionniste d'un côté, le modèle cybernétique de l'autre, tous deux visiblement insuffisants, la biologie théorique pourra-t-elle sortir de l'impasse ? Le seul espoir d'en sortir est de reconnaître qu'il n'y a pas de hiatus entre les deux types de systèmes, et qu'on peut les plonger dans une famille continue qui les relie tous les deux. Cela obligera à renoncer – au moins provisoirement – à ce qui fait l'attrait des deux modèles : l'aspect quantitatif et calculable du premier, l'aspect diagramme-cybernétique du second. Il faut revenir à cela seul qui reste commun aux deux types de systèmes, c'est-à-dire leur extension spatiale, leur morphologie »

une théorie de la régulation (ainsi, *Stabilité structurelle et morphogenèse* présente un modèle géométrique de réponse à des perturbations[163]), et l'on s'aperçoit à cette occasion que ce que Thom entend par cybernétique désigne en fait la théorie des automates :

> Croire que l'on pourra donner une théorie de la régulation tout simplement en manipulant des diagrammes cybernétiques avec des sommets et des flèches est illusoire, selon moi. L'importance de la régulation consistera toujours dans le fait qu'il s'agit d'un phénomène à caractère fondamentalement continu [...].
> À mon avis, les phénomènes de régulation réduisent beaucoup les possibilités de modèles discrets, basés sur une « comptabilité » des cellules et qui sont donc très sensibles aux variations sur le nombre des cellules[164].

Quid, donc, de la théorie des asservissements, désormais dans le cadre de la théorie du contrôle optimal ? Faut-il parler d'une rencontre manquée ? Quoiqu'il en soit, le rapport de Thom à ce qu'il appelait « cybernétique » se voulait un rapport de subversion dialectique, d'intégration dans un cadre plus large qui la reformulerait au passage, plus que de complémentarité. Ce cheminement est alors tout à fait contemporain d'autres propositions similaires (Bertalanffy et consorts), dans un rapport à la fois de convergence et de compétition. Le dialogue a toutefois tourné court entre Thom et la communauté des biologistes, le mathématicien refusant le principe même d'une validation empirique, non seulement des modèles issus de sa théorie[165], mais de toute méthode expérimentale en général[166], et exprimant un point de vue parfois abrupt, tant contre le paradigme moléculaire dominant (et son principal représentant Jacques

---

(R. Thom, *Modèles mathématiques de la morphogenèse*, Paris : UGE 10/18, 1974, p. 136). On peut s'étonner de la formulation qui disjoint la cybernétique du quantitatif, alors que dans le cas le plus favorable les modèles d'asservissements permettent de calculer des conditions de stabilité fonctionnelle. La question des sources de Thom est donc posée.

163 R. Thom, *Stabilité structurelle et morphogenèse*, *op. cit.*, p. 216.

164 R. Thom, *Paraboles et catastrophes. Entretiens sur les mathématiques, la science et la philosophie*, Paris : Flammarion, 1980, p. 66, 85. Le cas n'est pas unique : Schützenberger plaçait en 1956 sa collaboration avec Claude Berge sous le label cybernétique (M.-P. Schützenberger, « Titres et travaux », 1956, p. 13). Dans l'encyclopédie Universalis, la section « Principe de la cybernétique » de l'article « Cybernétique » est en fait une présentation de la théorie des automates (J. Hebenstreit, « Principe de la cybernétique », *Encyclopædia Universalis*, Paris, 1985, p. 909-912). L'*Introduction à la cybernétique* d'Ashby était aussi une théorie des automates (W. R. Ashby, *An Introduction to Cybernetics*, *op. cit.*).

165 D. Aubin, *op. cit.*, p. 425.

166 R. Thom, « La méthode expérimentale : Un mythe des épistémologues (et des savants ?) », *Le Débat* n° 34, 1985, p. 11-20.

Monod)[167] que dans sa vision de la culture mathématique des biologistes[168]. Ce que Thom a proposé aux biologistes, en fin de compte, était d'arrêter de faire de la biologie pour se consacrer à la contemplation de la beauté intrinsèque d'une théorie mathématique. En montrant l'intérêt scientifique des points de rupture (singularités), il a néanmoins laissé son empreinte sur la biomathématique contemporaine, et son point de vue sur l'intérêt des modèles cybernétiques en biologie rejoignait fortement celui, notamment, des neurophysiologistes (voir chapitre suivant).

---

167 Thom a violemment attaqué les approches se réclamant du hasard, dont celle présentée par Monod dans *Le Hasard et la nécessité* (R. Thom, « Halte au hasard, silence au bruit », *Le Débat* n° 3, 1980, p. 119-132 ; K. Pomian (dir.), *La Querelle du déterminisme*, Paris : Gallimard, 1990). S'en prendre à la statue du commandeur avec l'accusation de trahir la science n'est probablement pas une stratégie optimale pour établir une coopération avec des biologistes…

168 « Pour rendre compte des phénomènes de régulation, on a besoin de théories continuistes : le malheur c'est que les biologistes n'en sont pas convaincus ! » (R. Thom, *Paraboles et catastrophes*, *op. cit.*, p. 85). Il est vrai que les modèles de morphogenèse étaient plutôt discrets (et l'essor de la simulation informatique à la même époque pouvait y inciter), mais la culture mathématique traditionnelle des biologistes est généralement continuiste (R. Robeva, T. Hodge, *Mathematical Concepts and Methods in Modern Biology : Using Modern Discrete Models*, Academic Press, 2013, p. XIV ; J. R. Jungck, « Ten Equations That Changed Biology : Mathematics in Problem-Solving Biology Curricula », *op. cit.*). Or Thom semble faire un amalgame entre approches discrètes, réductionnisme, et « paradigmes traditionnels » : « – Mais existe-t-il des modèles continuistes en biologie ? – Je pourrais citer les modèles que j'ai moi-même proposés en embryologie, mais ils ont remporté un succès très limité auprès des embryologistes… C'est une question de paradigmes, comme dirait Kuhn ! Les idées que j'ai avancées se sont heurtées aux paradigmes traditionnels, et ainsi on a préféré ne pas en tenir compte » (R. Thom, *Paraboles et catastrophes*, *op. cit.*, p. 86). La réalité est un peu plus nuancée et les biologistes sont capables d'être sensibilisés à ces questions (voir par exemple E. Geissler, J. H. Scharf, W. Scheler (dir.), *Diskretität und Stetigkeit von der Lebensprozessen*, Berlin : Akademie-Verlag, 1974).

SERVOS ET CERVEAUX

Cybernétique et neurophysiologie

LA NEUROPHYSIOLOGIE, CHAMP INAUGURAL ET CŒUR DE CIBLE DE LA CYBERNÉTIQUE

Il n'y a pas véritablement d'histoire de la cybernétique sans histoire de ses rapports avec la neurophysiologie, tant celle-ci y occupe une place paradigmatique et fondatrice. Les choses ne s'arrêtent pas, bien entendu, au faisceau initial d'analogies entre, d'une part, divers comportements (pilotage d'un avion ou conduite d'une voiture, préhension d'objets, pathologies neurologiques), et, d'autre part, des mécanismes pourvus de boucles d'asservissement bien ou mal réglées. Ces comparaisons, qui ont connu une impulsion féconde lors des travaux de Wiener sur la modélisation mathématique de la conduite de tir, correspondent si l'on veut au moment d'*eurêka* : l'histoire des sciences commence lorsqu'on quitte l'anecdote pour la construction des cadres d'intelligibilité qui permettent de situer ces analogies dans un contexte de production intellectuelle et technique, et d'en évaluer le retentissement sur le long terme.

Le principal fil rouge est ici celui qui mène, d'abord, de Walter Cannon aux expériences menées par son élève Arturo Rosenblueth avec Wiener à Mexico entre 1945 et 1950, en passant par le séminaire dînatoire de méthodologie de l'école de médecine de Harvard, le projet militaire sur l'automatisation de la conduite de tir, et l'article de 1943 « Behavior, Purpose and Teleology ». Celui-ci définit un programme à partir de l'hypothèse qu'un grand nombre de comportements poursuivant un but sont régis par le principe de la rétroaction négative ; la « traduction » de ce postulat en programme de recherche neurophysiologique est le recours à la théorie des asservissements à fins de modélisation, inauguré par les travaux de Wiener et Rosenblueth sur le clonus musculaire[1].

Cette collaboration se déroule à l'été 1946 à l'Institut national de cardiologie de Mexico, et se renouvelle chaque été grâce à des bourses Rockefeller. L'étude, présentée à l'automne à l'Académie des sciences de New York, est demeurée inédite dans l'attente de consolidations expérimentales et théoriques. Elle porte sur le phénomène de contraction cyclique rapide susceptible de s'emparer d'un muscle (réflexe myotatique rythmique). Ce choix repose explicitement sur son caractère paradigmatique présumé[2]. L'apparition du clonus et ses propriétés restent inexpliqués : sont-ils dus à des facteurs électriques, chimiques, mécaniques (élongation du muscle, tension), à quelque combinaison d'entre eux ? Rosenblueth et Wiener mènent ainsi des expériences sur le quadriceps du chat, en induisant artificiellement des clonus dont ils font varier les conditions.

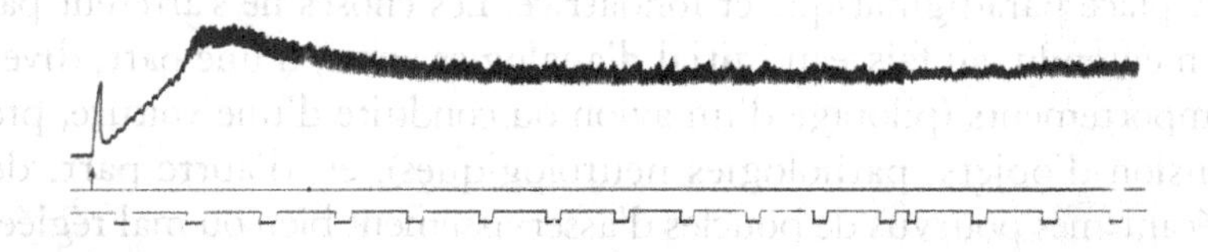

FIG. XIII – A. Rosenblueth *et al.*, Enregistrement d'un clonus musculaire. L'oscillation se développe et se maintient bien après le stimulus ponctuel (flèche). Reproduit de : A. Rosenblueth et al., *op. cit.*, p. 471. © The MIT Press.

Parce que l'oscillation s'interrompt lorsqu'on détend le muscle ou qu'on maintient sa longueur (ce qui met fin aux impulsions afférentes),

1 « Il n'y a pas le moindre doute que la principale voie de communication et de contrôle chez les animaux réside dans le système nerveux. Nous voici conduits à un programme d'étude du système nerveux compris comme un dispositif de communication. Pour cela, notre point de départ a été la notion de boucle de rétroaction, qui s'est avérée fertile dans les phases les plus récentes de l'ingénierie des communications et de la régulation » (A. Rosenblueth, N. Wiener, J. García Ramos, « Muscular Clonus: Cybernetics and Physiology », in P. R. Masani (dir.), *Norbert Wiener : Collected Works*, vol. IV, Cambridge : MIT Press, 1985, p. 489).

2 « Le clonus a été retenu pour cette étude parce qu'il constitue le type de mouvement impliquant le plus simple circuit de rétroaction que l'on puisse trouver chez les mammifères » (*ibid.*, p. 469).

les auteurs posent l'hypothèse que l'arc réflexe repose sur une boucle de rétroaction.

« La rythmicité auto-entretenue du phénomène, *i.e.*, le fait qu'il persiste en dépit de la cessation du stimulus, suggère que l'on a affaire à un circuit fermé impliquant une rétroaction. [...] Le diagramme [ci-contre] illustre la chaîne supposée. [...] Le problème qu'il s'agit de résoudre est celui de la description des conditions auxquelles le circuit neuromusculaire représenté [...] manifeste une activité rythmique de type clonus. »

Schéma du circuit fermé de rétroaction impliqué dans le clonus : *M*, muscle ; *ER*, récepteur excitateur ; *IR*, récepteur inhibiteur ; *EA*, nerf afférent excitateur ; *IA*, nerf afférent inhibiteur ; *MN*, motoneurone ; *EN*, nerf moteur efférent ; *F*, facilitateur du noyau supraspinal.

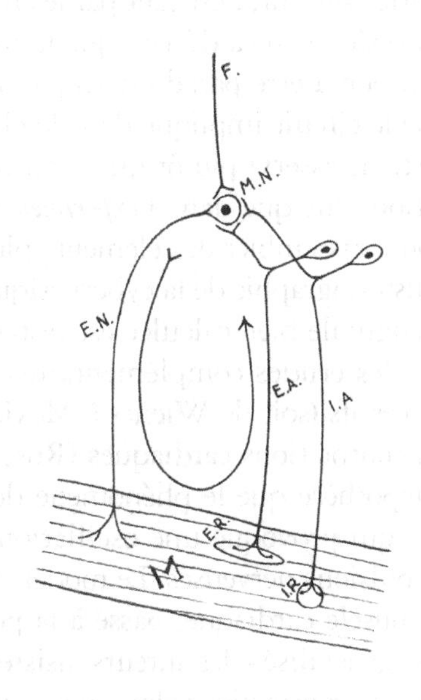

FIG. XIV – A. Rosenblueth et *al.*,
Circuit de rétroaction impliqué dans le clonus (*ibid.*, p. 468).
© The MIT Press.

La seconde partie du texte introduit une modélisation mathématique. La théorie linéaire des servomécanismes montre qu'il existe certaines conditions auxquelles l'oscillation reste stable, ce qui suggère que le clonus est un emballement dû à un *feed-back* excessif. En dépit du caractère non linéaire des oscillations cloniques, Wiener opte pour une modélisation linéaire, plutôt que de s'en remettre à ce qu'on n'appelle pas encore la simulation informatique. Mieux vaut, dit-il, une théorie un peu simplifiée ; pas seulement parce que la précision expérimentale et le calcul numérique ne règlent pas à elles seules la question scientifique : « par réduction à une théorie compréhensible, même au prix d'un sacrifice considérable de la précision, on peut souvent fournir une vue d'ensemble indispensable à une meilleure compréhension du problème *et à une compréhension plus effective de nouveaux cas*[3] » ; c'est une stratégie programmatique qui s'avoue au travers de ce critère de lisibilité. Autrement dit, c'est tant par le choix de l'outillage mental que par celui du phénomène à décrire que le modèle mathématique du clonus avait vocation à être paradigmatique. Le texte se termine sur la suggestion que le circuit impliqué dans le clonus correspond à un certain type de système asservi plutôt qu'un autre. On voit qu'on est dans la corroboration plus que dans l'*experimentum crucis* : les auteurs voulaient sans doute rassembler des éléments plus décisifs, mais dans l'état actuel de l'historiographie de la cybernétique, on ne sait pas pourquoi cette étude inaugurale bien calculée est restée en plan.

Des études complémentaires sont effectuées au cours des séjours successifs (soit de Wiener à Mexico, soit de Rosenblueth au MIT), sur les contractions cardiaques (Rosenblueth et Wiener font par analogie l'hypothèse que le phénomène de flutter est dû à une impulsion piégée qui provoque une oscillation auto-entretenue), et sur l'allure des impulsions nerveuses. Le modèle mathématique de la conduction dans le muscle cardiaque, passé à la postérité, était explicitement destiné à être généralisé – les auteurs insistent en introduction sur la comparaison avec les contractions cloniques –, tout en justifiant l'accueil de l'*Instituto*. Le modèle mathématique d'impulsion nerveuse, en revanche, a été rapidement éclipsé par le modèle Hodgkin-Huxley.

L'un des aspects facilitant la rencontre entre neurophysiologie et théorie des asservissements, au-delà d'une métaphorique ancienne de l'« animal-machine », est la commensurabilité des grandeurs concernées : des courants faibles, qui commandent des forces d'un ordre de grandeur supérieur. Autrement dit, l'électricité est le point commun, la base de comparaison qui permet une transposition plus directe et intuitive d'outillage mental (à la différence d'avec, disons, la biochimie où les signaux se présentent très différemment, ou bien de l'économie, où les grandeurs sont discrètes), même s'il ne s'agit pas d'une simple formalité[4]. Tout conscients que les cybernéticiens soient du rôle des transmetteurs chimiques (hormones, neurotransmetteurs, phéromones, sont mis en

3 *ibid.*, p. 502 (je souligne).

4 « Un problème très important apparaît ici : en comparant les deux systèmes, on ne sait pas à l'avance quelles sont les variables physiologiques qui correspondent aux variables électriques » (*ibid.*, p. 490).

évidence ces années-là), le fait que la neurophysiologie soit encore au début des années 1950 essentiellement une électrophysiologie a pu contribuer à l'acclimatation de l'analyse mathématique des systèmes asservis ; et l'assurance prise avant la guerre par une approche électro-encéphalographique (EEG) – la croyance qu'on expliquerait le cerveau en mesurant de l'extérieur des potentiels électriques – pouvait trouver une certaine familiarité à cette méthodologie des boîtes noires et des fonctions de transfert.

Les contractions cycliques et les décharges nerveuses ne monopolisent pas l'intérêt de Wiener pour la neurophysiologie. Il va ainsi s'acharner pendant des années à démontrer que le rythme alpha (pulsation d'environ un dixième de seconde) joue le rôle d'un top de synchronisation (horloge interne) dans le cerveau[5], qui définirait, notamment, la fréquence de balayage visuel du monde extérieur. Plus généralement, Wiener est probablement le principal spécialiste mondial de l'analyse harmonique à l'époque, et s'intéresse beaucoup à l'analyse mathématique des enregistrements d'ondes cérébrales. Les applications cliniques sont aussi concernées, puisque ses conceptions renouvellent l'approche des prothèses.

La diversité des points de contact entre cybernétique et neurophysiologie, au-delà de la seule théorie des asservissements, correspond aussi à l'importance prise par les neurologues dans le premier groupe des cybernéticiens, avec évidemment Warren McCulloch, mais aussi William Grey Walter, qui jouissait déjà du prestige de ses travaux pionniers en EEG, incluant la découverte de nouveaux rythmes cérébraux. S'y ajoute le poids pris par les discussions et les invités se rattachant au domaine de la neurophysiologie aux conférences de la fondation Macy, de 1946 à 1953. Parmi eux, H.-L. Teuber sera le premier président de l'International Brain Research organization. Parmi les trois fondateurs du *Journal of Neurophysiology* (1938), Ralph Gerard sera un habitué de ces conférences Macy (dont il est d'ailleurs l'un des intervenants à deux

5 « … la *fonction* du rythme alpha, si tant est qu'elle existe, reste une énigme. […] Peut-être […] la quête du but ou de la fonction du rythme alpha n'a-t-elle pas abouti parce que celui-ci n'*a pas* de fonction ; il ne s'agirait que de la manifestation d'agrégats de neurones corticaux à l'état latent. Autant se demander quelle est la fonction du tremblement physiologique, ce léger mouvement parcourant un doigt tendu (et qui, par coïncidence, est d'ailleurs d'une fréquence souvent proche de celle du rythme alpha) ; la réponse est aucune, il ne s'agit que de la manifestation du système neuromusculaire lorsqu'il est activé » (J. S. Barlow, « The Human Alpha Rythm as a Brain Clock », in *Norbert Wiener : Collected Works*, vol. IV, *op. cit.*, p. 353).

reprises au moins), tandis que Joannes Dusser de Barenne était le mentor de McCulloch avant la guerre. Outre-Manche, c'est carrément la nouvelle génération de neurologues qui est le moteur de la cybernétique : le principal groupe anglais de cybernétique, le Ratio Club, est fondé par un jeune neurologue (John Bates), qui, avec ses collègues du *National Hospital* – le fief de la neurologie britannique – Horace Barlow, Patrick Merton, Georges Dawson, y accueille notamment, aux côtés de Grey Walter et Ashby, le neuroanatomiste D. A. Sholl, le neurophysiologiste de la vision William Rushton, John Pringle (neurobiologie des invertébrés), et le collaborateur électronicien de Grey Walter en EEG comme en « zoorobotique », Harold Shipton[6].

Ces connexions entre neurophysiologie et cybernétique sont facilitées sur le plan scientifique par deux étapes importantes : la mise en évidence de la réalité anatomique de circuits bouclés dans le cerveau (par le neurophysiologiste espagnol Rafael Lorente de Nó en 1938), et la confirmation expérimentale du caractère discontinu des circuits neuronaux (avec l'arrivée de la microscopie électronique en 1950). Les analogies entre machines et système nerveux bénéficient donc de plusieurs points d'entrée crédibles au début des années 1950, ce qui contribue à l'aura prometteuse de la cybernétique comme à la diversification de ses thèmes de comparaison (approche en terme de réseaux logiques, reconnaissance de formes). Autre signe plus tardif de reconnaissance, la collection prestigieuse *Progress in Brain Research* fondée en 1963 confie ses numéros 2 et 17 à la co-direction de Wiener et du neurophysiologiste hollandais Johannes Petrus Schadé, sous l'appellation « neurocybernétique[7] ».

Si la synergie entre neurophysiologie et cybernétique a bénéficié de la caution de poids lourds, elle n'a sans doute pas été constante. Des

6 P. Husbands, O. Holland, « The Ratio Club », *op. cit.* « La séance inaugurale du club fut organisée de manière à coïncider avec un séjour de McCulloch à Londres en 1949, faisant de lui le premier conférencier » (P. Husbands, O. Holland, « Warren McCulloch and the British Cyberneticians », *Interdisciplinary Science Reviews*, vol. 37, n° 3, 2012, p. 239). La fin du groupe coïncide avec une reconnaissance officielle : « … la cybernétique était devenue respectable. Lord Adrian l'avait adoubée dans l'un de ses discours présidentiels à la Royal Society, et partout l'on parlait de ses applications à toutes les branches imaginables de la biologie » (P. Husbands, O. Holland, « The Ratio Club : A Hub of British Cybernetics », *op. cit.*, p. 129).

7 N. Wiener, J. P. Schadé, *Nerve, Brain and Memory Models*, Amsterdam / Londres / New York : Elsevier, 1963 ; *Cybernetics of the Nervous System*, Amsterdam / Londres / New York : Elsevier, 1965.

intuitions tolérées ou encouragées dans le cadre d'une culture plus ou moins locale ne bénéficient pas partout de la même mansuétude :

> [Le Prix Nobel de neurophysiologie John Eccles] était très anti McCulloch, à cause de la manière un peu romantique que ce dernier avait de s'arranger avec les faits. Je lui faisais remarquer que la plupart d'entre nous qui travaillions avec McCulloch possédions un sens suffisant pour reconnaître jusqu'à quel point accepter son inspiration, et savions qu'il nous fallait ensuite trouver, parmi ses idées, lesquelles étaient effectivement soutenues dans la littérature. [...] dans les années 1950, porté par le succès de son livre sur la cybernétique, Norbert [Wiener] avait décidé de développer *la* théorie du cerveau. Il est donc allé voir Warren [McCulloch] et lui a demandé : « Warren, dis-moi tout ce qu'il y a à savoir sur le cerveau, et quels sont les problèmes non résolus », et c'est ce qu'a fait Warren. Mais bien entendu, Warren a un peu romancé les choses, et Norbert, peu perspicace lorsqu'il s'agit de relations humaines, en fut dupe et crut à une présentation complètement objective de l'état de l'art. Il a ensuite passé deux années à développer une théorie expliquant tous ces « faits », et lorsqu'il l'a présentée à un congrès de physiologie, il s'est fait huer[8].

Si la cybernétique peut donc initialement jouir auprès de la neurophysiologie d'un statut d'interlocuteur naturel, quelques maladresses auront tôt fait de compromettre celui-ci. Une histoire plus complète des rapports entre neurophysiologie et cybernétique doit donc, pour tout fait et discours qu'il s'agit d'y intégrer, être prudente vis-à-vis des biais (rétrospectifs ou d'époque) que peuvent provoquer ces fluctuations réputationnelles.

Il s'agit donc, du point de vue de l'histoire des sciences, de reprendre le fil rouge au moment où ce concept de rétroaction va sortir du cercle inaugural des cybernéticiens pour s'intégrer dans la littérature neurophysiologique. On constate facilement aujourd'hui la présence méthodologique de l'automatique dans la littérature, jusque dans les conventions diagrammatiques par exemple. Bibliométrie et analyse de contenu s'imposeront tôt ou tard à l'historien, mais dans ce chapitre c'est l'histoire orale qui a été retenue. S'en dégagent les noms de trois grands neurophysiologistes ayant joué un véritable rôle de relais amplificateurs pour ces méthodes : le premier est le neurologue anglais Patrick Merton, membre du Ratio Club, considéré comme l'introducteur du premier

8 M. A. Arbib, in J. A. Anderson, E. Rosenfeld (dir.), *Talking Nets. An Oral History of Neural Networks*, Cambridge : MIT Press, 2000, p. 220. La véracité de l'anecdote, rapportée à Arbib par un neurophysiologiste du MIT, Pat Wall, n'est pas attestée.

modèle d'asservissement dans l'étude des contractions musculaires[9] (l'étude du clonus en 1946, par Rosenblueth et Wiener, n'a donc pas franchi un certain seuil de diffusion), renouvelant un domaine où les théories en lice sont désormais des modèles de servomécanismes, et où les résultats négatifs ont aussi leur importance, en écho à l'hypothèse initiale de Rosenblueth, Wiener et Bigelow de 1943[10]. Les deux autres noms, dont il sera question plus loin, sont Larry Stark[11], à partir de 1956, et, à partir de 1969, Carlo Terzuolo[12]. Pour autant, comme il apparaît clairement dans les entretiens qui suivent, la modélisation mathématique n'est pas devenue la grammaire naturelle de tous les neurophysiologistes, *a fortiori* en France.

---

9 Dans une lettre à *Nature*, en juin 1950, Merton propose l'hypothèse que la période de silence de la contraction musculaire correspond à la réponse transitoire d'un servomécanisme (P. A. Merton, « Significance of the 'Silent Period' of Muscles », *Nature* n° 166, 1950, p. 733-734) ; début 1952, il en présente une théorie plus aboutie (P. A. Merton, « Speculations on the Servo Control of Movement », in J. L. Malcolm et al. (dir.), *The Spinal Cord. CIBA Foundation Symposium*, Boston : Little Brown, 1953, p. 247-260). Prudence tactique pour substituer par petites touches une interprétation explicitement technologique à l'interprétation d'avant-guerre de B. Matthews qui restait implicite ? Les archives du Ratio Club attestent qu'il y a été directement influencé par ses interlocuteurs automaticiens (Merton lui-même était un passionné de mécanique, démontant et remontant des voitures), et qu'il pensait déjà de façon formalisée, et non uniquement métaphorique, dès 1949. Mais en réalité – et ce point est sans doute capital pour toute l'histoire de ce qui va suivre – Merton aurait été lui-même peu convaincu par ce modèle, et ne s'en serait pas caché (P. Husbands, communications personnelles, courriers électroniques, 6 et 15 juin 2016). Ce scepticisme ouvertement affiché pourrait expliquer directement, d'une part, pourquoi Merton n'a pas cru nécessaire de se lancer dans une formalisation mathématique précoce alors qu'il en avait largement les moyens, entouré d'excellents spécialistes en matière de servomécanismes (Uttley et Westcott) ; et, d'autre part, cela pourrait expliquer que son modèle, présenté dans un symposium important (*cf.* infra), serait resté entouré d'une aura de circonspection qui aurait pu imprégner pendant des années la réception de ce type de modélisation.

10 J. McIntyre, E. Bizzi, « Servo Hypotheses for the Biological Control of Movement », *Journal of Motor Behavior*, vol. 25, n° 3, 1993, p. 193-202. Bizzi et ses collaborateurs montrent à la fin des années 1970 que certains mouvements volontaires peuvent s'accomplir sans rétroaction négative.

11 L. D. Stark, P. M. Sherman, « A Servoanalytic Study of Consensual Pupil Reflex to Light », *Journal of Neurophysiology*, vol. 20, n° 1, 1957, 17-26 ; L. D. Stark, *Neurological Control Systems. Studies in Bioengineering*, New York : Plenum Press, 1968 (volume préfacé par McCulloch). Voir aussi le numéro commémoratif de *Computers in Biology and Medicine* vol. 37, n° 7, 2007.

12 Voir les deux numéros commémoratifs des *Archives italiennes de biologie. A Journal of Neuroscience*, vol. 140, n° 3 et n° 4, 2002.

L'ÉCOLE FRANÇAISE DE NEUROPHYSIOLOGIE ET LA CYBERNÉTIQUE

Puisque McCulloch aime raconter des histoires, lisons son récit d'une intervention à la prestigieuse « Semaine neurophysiologique de la Salpêtrière » en 1958 :

> John Lily n'a pas pu venir, et, en tant que compatriote, on m'a demandé de le remplacer pour parler de mathématiques appropriées à la neurologie. C'est ce que j'ai donc fait, et même mieux que jamais, mais pour ne rencontrer que les visages fermés des étudiants de mon bon ami le Professeur Fessard. Pour eux, la cybernétique n'était qu'une grande métaphore étrangère à leur domaine, et McCulloch l'un de ses initiateurs. Une discussion animée a néanmoins démarré, rapidement interrompue, bien avant la fin du temps prévu, par le marteau de l'antique président, qui m'a remercié pour mon obscurité. La prochaine fois qu'ils entendront ces idées, ils diront « Ce n'est pas nouveau », et la fois d'après, « Ce sont des évidences ». [...]
>
> [Quelques jours plus tard], une diatribe a paru dans la presse. Elle s'achève par le paragraphe suivant : « Le grand triomphateur de la soirée a été le professeur Mac Culloch de Chicago, un des fondateurs de la cybernétique, persuadé qu'il en a été à peu près ainsi. Son succès a été d'autant plus complet qu'avec son air goguenard, fait de malice et de geni [sic], et sa belle barbe blanche, il ressemble comme deux gouttes d'eau au Père Noël. Mais ne vous y trompez pas, c'est le diable ». Ce genre de personnalité dégage un parfum psychiatrique trop connu pour passer inaperçu, et qui mène droit à l'auteur... Avant de quitter la ville, me voici assiégé au Grillon par *Radio Paris* et *Le Figaro*, et les sœurs de [Antoine] Rémond ont eu bien des difficultés à les convaincre que, étant donné l'auteur de l'attaque, je prenais celle-ci comme un compliment et ne désirais aucun droit de réponse[13].

Une inattention aux contextes pourrait faire croire à un fossé entre les États-Unis et la France, soudainement révélé par cette anecdote. En réalité, outre que la synergie entre neurophysiologie et cybernétique reste

---

13 W. S. McCulloch, « Where is Fancy Bred? », in W. S. McCulloch, *Embodiments of Mind*, Cambridge : The MIT Press, 1988, p. 219, 227-228. McCulloch ne donne pas de dates, mais il s'agit à coup sûr de l'édition d'octobre 1958 des Semaines neurophysiologiques, où McCulloch dit avoir remplacé J. Lilly (H. Piéron, « Chronique », *L'Année psychologique* vol. 58, n° 2, 1958, p. 574). L'extrait de coupure de presse cité par McCulloch, sans référence, est en français dans le texte. Il n'est pas clair à la lecture de deviner qui est derrière l'attaque dans les journaux.

limitée outre-Atlantique, les historiens des neurosciences françaises ont fait voir une riche tradition d'échanges internationaux[14], tandis que la quantité et la qualité des neurophysiologistes français à exprimer un intérêt pour la cybernétique sont notables. Les deux sont en fait liés, puisque plusieurs patrons d'après-guerre auront effectué à la Libération des séjours chez les Anglo-saxons[15].

À vrai dire, sans attendre les Américains, Louis Lapicque (1866-1952), gloire de la neurophysiologie française d'avant-guerre pour son modèle de la décharge synaptique, avait rencontré Louis Couffignal pour discuter d'analogies entre cerveau et machines à calculer. On sait très peu de choses de ces rencontres : elles auraient eu lieu « une trentaine de fois », à l'Office des inventions[16]. À l'hiver 1941-1942, Lapicque est emprisonné par la Gestapo à Fresnes pour soutien à la Résistance. Durant ces trois mois de captivité, il rédige un manuscrit, qui sera publié en 1943 sous le titre *La Machine nerveuse*[17]. C'est ce livre qui

14 C. Debru, J.-G. Barbara, C. Cherici (dir.), *L'Essor des neurosciences. France, 1945-1975*, Paris : Hermann, 2008.

15 En 1946, dans le cadre d'une mission des Affaires étrangères, Alfred Fessard et Louis Bugnard « parcouraient alors les États-Unis, visitant de nombreux laboratoires de recherche et services hospitaliers afin de recueillir toute information scientifique ou technique susceptible d'être utile à la recherche biomédicale dans notre pays » (Y. Laporte, « Les débuts de la neurophysiologie à Toulouse », in C. Debru, J.-G. Barbara, C. Cherici (dir.), *op. cit.*, p. 287). Henri Gastaut se forme à l'EEG chez Grey Walter à Bristol. « Il fait la connaissance de quelques Français de passage en Angleterre, comme Denise Albe-Fessard et Antoine Rémond, mais surtout [Grey Walter] qui fera tout de suite sur lui une très forte impression et qui restera toute sa vie durant son maître à penser » (R. Naquet, « Hommage à Henri Gastaut », in M. Bureau, P. Kahane, C. Munari (dir.), *Épilepsies partielles graves pharmaco-résistantes de l'enfant : stratégies diagnostiques et traitements chirurgicaux*, Montrouge : John Libbey Eurotext, 1998, p. 3). Jean Scherrer part en 1948-1949 chez McCulloch (E. Fournier, « Histoire de la Physiologie à La Pitié-Salpêtrière, de Duchenne de Boulogne au Pr Jean Scherrer », exposé à La Salpêtrière, Paris, 16 octobre 2012, en ligne), grâce à l'accord passé entre Robert Debré et la Fondation Rockefeller (J.-F. Picard, S. Mouchet, *La métamorphose de la médecine. Histoire de la recherche médicale dans la France du XXe siècle*, Paris : Presses universitaires de France, 2015), dont profitent également Yves Laporte (Y. Laporte, « Les débuts de la neurophysiologie à Toulouse », *op. cit.*, p. 286-288), et Robert Naquet qui fait un séjour chez Horace Magoun (J.-F. Picard, entretien avec R. Naquet, archives orales du CNRS, 21 janvier 1997, http://www.histcnrs.fr/temoignages.html).

16 L. Delpech, *La Cybernétique et ses théoriciens*, Tournai : Casterman, 1972, p. 84 ; J.-G. Barbara, « Alfred Fessard : regard critique sur la cybernétique et la théorie des systèmes », in C. Debru, J.-G. Barbara, C. Cherici (dir.), *L'Essor des neurosciences*, *op. cit.*, p. 138.

17 L. Lapicque, *La Machine nerveuse*, Paris : Flammarion, 1943. La captivité est mentionnée dans la notice des archives de Lapicque à l'université du Texas à San Antonio (http://library.uthscsa.edu/2014/06/the-louis-lapicque-papers/).

aurait attiré l'attention de Couffignal[18]. Particulièrement intéressé par les structures « grillagées » du cervelet, il en extrapole un équivalent des mémoires de machines à calculer électroniques : « Cette analogie de structure conduirait à attribuer la mémoire d'un concept particulier à chaque cellule de Purkinje[19] ».

La communauté neurologique française entretient des liens suffisamment étroits avec ses homologues anglo-saxonnes pour que la parution de *Cybernetics* en octobre 1948 marque une synthèse plus qu'un point de départ absolu. Dans une conférence à Paris en mai 1949, Henri Gastaut, l'un des grands spécialistes de l'épilepsie et de la technique EEG, procède à un long passage en revue des principales idées de Wiener et des autres cybernéticiens à destination d'un public médical élargi[20]. Après avoir affirmé que « La plupart des phénomènes de notre vie végétative, somatique et psychique, sont sous la dépendance de structures nerveuses auto-gouvernées qui en assurent la régulation dans le cadre de ce que nous avons coutume d'appeler "l'homéostase[21]" » et donné quelques exemples pour chaque cas, Gastaut souligne l'importance de l'étude de

18 Malgré ce qu'affirme Delpech (*op. cit.*, p. 84), il est peu probable que ces entretiens aient eu lieu *avant* la rédaction du livre de Lapicque. Il est intéressant de voir comment ce dernier tourne autour de la notion de message nerveux, mais dans des paradigmes technologiques pré-électroniques : après avoir expliqué que les circuits ne sont pas des circuits électriques ordinaires car les courants y circulent moins rapidement, il aborde l'idée de la complexité de ces circuits selon une métaphorique ferroviaire (aiguillages) et finit timidement par considérer que « La comparaison avec la radiotélégraphie ou la radiophonie s'impose à l'esprit ; étant donnée la grande diffusion pratique de ces procédés, une telle comparaison est commode pour faire comprendre le point essentiel de notre théorie physiologique » (L. Lapicque, *op. cit.*, p. 160). Mais l'analogie reste pédagogique, et non heuristique : bien que Lapicque songe à des notions de *transmission*, de *relais*, de *bifurcations*, sa volonté de différenciation d'avec les circuits électriques métalliques l'empêche d'aller plus loin (*ibid.*, p. 31, 153, 92). On devine comment ses analogies sont orientées par ses conceptions d'avant-guerre sur la temporalité et l'intégration des décharges synaptiques. Il n'y a aucune raison de douter que s'il avait discuté auparavant avec Couffignal, il parlerait dans son livre des machines à calculer plutôt que des machines de Vaucanson (*ibid.*, p. 27). « Le système nerveux est lui-même une machine, et il faut l'étudier comme on étudie une machine » (*ibid.*, p. 14) ; « … on peut étudier le fonctionnement d'une machine sans entrer dans les calculs énergétiques, même quand ce point de vue est capital, ce qui n'est pas le cas de la machine nerveuse » (*ibid.*, p. 35).

19 L. Couffignal, *Les Machines à penser*, Paris : Les Éditions de Minuit, 1952, p. 87.

20 H. Gastaut, « Sur l'autorégulation comparée des machines et du cerveau par les circuits réactifs ou réflexions sur la cybernétique », *Semaine des hôpitaux de Paris* n° 65, 1949, p. 2710-2717.

21 *ibid.*, p. 2711-2712.

Rosenblueth et Wiener sur le clonus avant de discuter les hypothèses, comparaisons et machines proposées par les cybernéticiens. Lorsqu'il conclut en prenant la peine d'inviter le lecteur médecin à les considérer de façon dépassionnée, on peut se demander dans quelle mesure il faut y voir une banalité de bon sens, ou l'anticipation d'une réception plus hasardeuse à mesure qu'elle s'éloigne de la spécialité électrophysiologique. On peut en outre remarquer que la discussion est confinée aux idées, et qu'à aucun endroit de cet article plutôt enthousiaste n'est soulevée la question de l'organisation de telles recherches en France : cela reflète-t-il paradoxalement une distance implicite que l'auteur voudrait souligner d'avec la voie à suivre pour la neurophysiologie française ? Ou une prudence relative à un lectorat notoirement conservateur, qu'il s'agit déjà de ne pas trop effaroucher conceptuellement, et donc encore moins d'exhorter à quelque collaboration peu orthodoxe ?

En septembre 1949, le même mois où paraît ce texte de Gastaut, se tient le second congrès international d'EEG à Paris. Parmi les huit rapports rédigés pour les actes, deux sont de Grey Walter (dont un avec sa femme et assistante Vivian), un par McCulloch, un par Mary Brazier, et, pour les français, un par Gastaut, et un par Yves Laporte, Antoine Rémond et Colette Dreyfus-Brisac[22]. Deux conférences sont publiées, dont une de McCulloch, traduite par Jean Scherrer (qui revient alors de son séjour chez McCulloch) : « Comment les structures nerveuses ont des idées[23] ». Ce congrès, et les autres du même genre qui se déroulent à l'époque, montrent que la France et la cybernétique sont présentes au plus haut niveau international de la neurophysiologie.

Le congrès international du CNRS organisé en janvier 1951 à Paris, intitulé « Les Machines à calculer et la pensée humaine », fait office de grande réunion de famille. La troisième partie du congrès, présidée par

---

22 H. Fischgold (dir.), *2e Congrès international d'électroencéphalographie, Paris 1er-5 septembre 1949. Rapports, conférences, symposium*, Marseille : Fédération internationale d'électroencéphalographie et de neurologie clinique, 1951.

23 W. S. McCulloch, « Comment les structures nerveuses ont des idées », tr. fr. J. Scherrer, in H. Fischgold (dir.), *2e Congrès international d'électroencéphalographie* (*op. cit.*), p. 112-122. Il s'agit d'une traduction d'une conférence donnée par McCulloch avec Pitts en juin 1949 à l'American Neurological Association (d'après N. K. Hayles, *How We Became Posthuman: Virtual Bodies in Cybernetics, Literature, and Informatics*, Chicago : University of Chicago Press, 1999, p. 302. Il semble y avoir une erreur dans la référence fournie par Hayles, puisque l'inventaire des archives de McCulloch indique la boîte 61, et non la boîte 1 ; *cf.* http://www.amphilsoc.org/collections/view?docId=ead/Mss.B.M139-ead.xml).

Lapicque, est consacrée aux comparaisons entre machines et système nerveux, et fait intervenir Wiener, McCulloch, Grey Walter, Ashby. Lorente de Nó intervient lui aussi, ainsi que le mathématicien espagnol Pedro Puig Adam[24] avec qui il collabore. Parmi les Français, Paul Chauchard (élève de Lapicque), Alfred Fessard, et son élève Gastaut, présentent chacun une communication. Un exposé de Couffignal clôt la session (et le congrès). Dans l'assemblée, le mathématicien Jean-Marie Souriau de l'ONERA, l'ingénieur Jean-René Duthil du CNET, le neurophysiologiste Alexandre Monnier, donnent la réplique à ces différentes interventions. La comparaison entre calculateur et cerveau est à l'honneur, en vertu du thème du congrès (sans doute choisi en rapport direct avec les intérêts de Couffignal, qui est dans le comité d'organisation, et dont le livre *Les Machines à penser*, qui va paraître en février 1952, entre la tenue du congrès et l'année de la publication des actes[25], développe son exposé en reprenant manifestement ses échanges sous l'Occupation avec Lapicque).

La neurophysiologie française est alors en plein renouveau, sous l'impulsion d'Alfred Fessard, professeur au Collège de France depuis 1949[26]. La ligne de clivage d'avec l'arrière-garde (Lapicque, Chauchard, Monnier) trouve-t-elle une traduction en terme de relation avec la cybernétique ? Peut-être pas du point de vue de l'intérêt ou de l'adhésion exprimés, mais, par le simple jeu de la marginalisation des conceptions de Lapicque, les points de contact entre celles-ci et la cybernétique sont nécessairement déconnectés du progrès des recherches : lorsque Chauchard discourt sur la cybernétique, c'est à des fins de vulgarisation[27] et de philosophie[28].

---

24 Pedro Puig Adam (1900-1960) est ingénieur en aéronautique et vice-président de la Société espagnole de mathématiques. Son discours de réception à l'Académie royale des sciences, en 1952, a pour titre « Matemática y Cibernética ».

25 *Les machines à calculer et la pensée humaine*, *op. cit.*

26 J.-G. Barbara, « Les heures sombres de la neurophysiologie à Paris (1909-1939) », *La Lettre des Neurosciences* n° 29, 2005, p. 3-6 ; « La neurophysiologie à la française. Alfred Fessard et le renouveau d'une discipline », *La revue pour l'histoire du CNRS* n° 19, 2007, en ligne.

27 P. Chauchard, « Psycho-physiologie des cerveaux artificiels », *Esprit* n° 171, 1950, p. 318-332 ; « Neurologie et cybernétique », conférence au Centre Richelieu, date inconnue (S. Pruvot, *Monseigneur Charles, aumônier de la Sorbonne : 1944-1959*, Paris : Éditions du Cerf, 2002, p. 127).

28 P. Chauchard, « Descartes et la cybernétique », *Revue de Synthèse* n° 27, 1950, p. 39-62. Les textes de Chauchard sur la cybernétique ne sont jamais des textes techniques : pas plus l'article qu'il publie dans la revue de l'Association internationale de cybernétique (« Cybernétique et physiologie de la conscience », *Cybernetica* vol. I, n° 2, 1958, p. 108-113) que sa communication au congrès de Paris de 1951. Cette dernière, à tonalité vitaliste,

Chauchard défendra tardivement son maître[29], ce qui ne permet pas de voir dans ses références à la cybernétique une simple stratégie de camouflage d'une théorie périmée au moyen d'un vocabulaire novateur. Couffignal, restant dans ce périmètre avec son livre *Les machines à penser*[30] (qui paraît donc la même année que la mort de Lapicque), manifeste ce faisant sa méconnaissance des enjeux qui agitent alors la neurophysiologie française, et n'offre donc pas le meilleur tremplin à ses réflexions, à une période où lui-même commence à s'enfermer dans une certaine stérilité scientifique (voir annexe V). Il est frappant de voir que Couffignal et Lapicque ont établi une passerelle entre deux paradigmes caducs de leur discipline respective dont ils furent chacun les grands représentants français d'avant-guerre. Selon une mauvaise foi caractéristique de la rancune que Couffignal semble vouer aux cybernéticiens américains, il attribuera systématiquement à Wiener l'analogie trompeuse entre cervelet et mémoire électronique que lui-même défendait en 1952[31]. Couffignal, cherchant à promouvoir une

---

semble servir, par-delà la défense de la théorie de Lapicque, à soutenir qu'il existe un centre régulateur siège de la conscience dans le système nerveux (P. Chauchard, « La commande centrale de la machine nerveuse », in *Les machines à calculer et la pensée humaine*, *op. cit.*, p. 531-538). L'exposé porte paradoxalement sur un point faible de la théorie : « La Sorbonne était sous l'emprise de Louis Lapicque, un homme certainement très intelligent, mais qui ne connaissait pas les techniques modernes. Très autoritaire, Lapicque avait défini la notion de chronaxie [intervalle de temps nécessaire pour exciter un tissu nerveux ou musculaire par un courant électrique dont l'intensité est le double de celle du seuil d'excitation] et en avait fait la base de toutes ses théories. Or, si la chronaxie s'applique aux liens périphériques, elle s'adapte mal aux commandes nerveuses venant du centre » (D. Albe-Fessard, in D. Albe-Fessard, R. Naquet, P. Buser, « L'institut Marey, les dessous de l'histoire », *La Revue pour l'histoire du CNRS* n° 19, 2007, en ligne).

29 P. Chauchard, « À propos du Cinquantenaire de la Chronaxie : l'importance de l'œuvre de Louis Lapicque en Neurophysiologie », *Revue d'histoire des sciences et de leurs applications*, vol. 13, n° 3, 1960, p. 247-258. Chauchard, teilhardien et catholique conservateur (fondateur de la première association anti-IVG en France), obtient en 1963 un prix de l'Académie des sciences pour son œuvre. Il navigue tardivement entre New Age, parapsychologie, sexologie et morale.

30 L. Couffignal, *Les Machines à penser*, *op. cit.*, p. 74 : (parlant de l'influx nerveux), « … des travaux importants, notamment, en France, ceux de M. le Professeur Lapicque, en ont déterminé les lois » ; un schéma histologique est fourni par Monnier (p. 124). L'un des chapitres (« Les machines à calculer et la machine nerveuse ») fait directement écho au livre de Lapicque *La Machine nerveuse*, tout comme la communication de Chauchard au colloque de 1951.

31 Trois ans après son livre *Les Machines à penser*, Couffignal se fait épingler pour cette analogie malheureuse dans le livre du neurochirurgien niçois Paul Cossa, qui le prend nommément comme exemple pour son paragraphe sur « Les homologies abusives » : « Vraiment, les homologies fonctionnelles entre la machine et le cerveau sont assez

« cybernétique sans mathématiques » (bien que lui-même mathématicien), semble ignorer complètement les formalisations quantitatives en physiologie[32].

Dans les centres actifs de la neurophysiologie française en train de se faire, la cybernétique est plutôt bien accueillie. L'Institut Marey,

nombreuses et valables pour qu'il ne soit pas nécessaire d'en imaginer d'aussi fragiles. La Cybernétique et les cybernéticiens n'ont rien à y gagner ! » (P. Cossa, *La Cybernétique : du cerveau humain aux cerveaux artificiels*, *op. cit.*, p. 38). Cet ouvrage bien diffusé inflige ainsi un camouflet à Couffignal au moment précis où celui-ci essaye de s'imposer comme chef de file d'une cybernétique à la française (*cf.* annexe V). Couffignal va alors attribuer à Wiener une version plus générale de cette idée (qui date pourtant d'avant-guerre est n'est pas due à Wiener) : « C'est ainsi que Norbert Wiener, trouvant dans des circuits nerveux des structures géométriques analogues à celles des circuits bouclés constituant la mémoire électronique de certaines machines à calculer, a avancé que le siège de la mémoire était les circuits bouclés de l'encéphale. Lorente de Nó a montré qu'il n'en était rien » (L. Couffignal, « La cybernétique », conférence à l'École de l'Air, 7 mai 1960, archives privées P.-H. Couffignal, p. 16). Or une théorie aussi simpliste n'est celle ni de Wiener, ni des autres cybernéticiens américains, qui considèrent qu'un tel mécanisme ne concerne tout au plus que la mémoire immédiate (*cf.* N. Wiener, *La cybernétique*, *op. cit.*, ch. 5 ; et la discussion suivant l'exposé de McCulloch au symposium Hixon de septembre 1948 sur les mécanismes cérébraux : W. McCulloch, *Embodiments of Mind*, *op. cit.*, p. 88).

32 « Nous avons donc le *feedback* positif, le *feedback* négatif, le *runaway* et l'oscillateur. Voilà les éléments avec lesquels on peut et on doit étudier la question des relations nerveuses dans les différents organes, en biologie. Dans l'impossibilité de faire une théorie mathématique, les biologistes ont utilisé d'autres moyens, et, ce qui est intéressant, c'est qu'ils ont obtenu des résultats » (L. Couffignal, « L'automatisme des systèmes non mécaniques », conférence au séminaire des inspecteurs de l'enseignement technique, 23 mars 1962, archives privées P.-H. Couffignal, p. 49-50). Couffignal cite alors deux exemples : le premier est celui d'Henri Laborit, dont il va se rapprocher (il présente ainsi au Colloque d'agressologie de mai 1959 au Val-de-Grâce une conférence d'introduction à la cybernétique, et publie dans la revue de Laborit : L. Couffignal, « La cybernétique des fonctions mentales », *Agressologie* vol. VII, n° 2, 1966, p. 127-144). Couffignal tire argument de l'usage de diagrammes par lesquels Laborit schématise des systèmes métaboliques sans recours à des mathématiques. Le second exemple auquel se réfère Couffignal est celui de Douglas Stanley-Jones, un chirurgien ophtalmologiste anglais spécialiste du nystagmus, dont il accueille un des livres, préfacé par Wiener, dans sa collection « Information et cybernétique » (D. et K. Stanley-Jones, *La Cybernétique des êtres vivants*, tr. fr. G. Richard, Paris : Gauthier-Villars, 1962). Stanley-Jones présente une approche phénoménologique des rétroactions, dont il a une définition très élargie (dépassant allègrement le cadre de la théorie des servomécanismes et inventoriant des exemples très disparates – le contraste avec les travaux de Larry Clark est saisissant). Dans la préface originale, Wiener estimait que le recours aux mathématiques serait *in fine* nécessaire, même si la théorie des rétroactions non linéaires reste alors balbutiante. C'est ce qu'attaque Couffignal en surajoutant une autre préface où il affirme que l'ouvrage constitue une preuve que les mathématiques ne sont pas indispensables puisque des rétroactions non linéaires sont descriptibles en langage ordinaire (L. Couffignal, préface à D. et K. Stanley-Jones, *op. cit.*).

où Fessard a pris la succession de Lapicque, s'ouvre à l'international, accueillant des jeunes chercheurs étrangers, et recevant la visite de Wiener, McCulloch et Grey Walter[33]. Fessard s'intéresse beaucoup à la cybernétique. Dans le public du colloque de Paris de 1951 se trouve Robert Vallée, qui lui écrit pour lui proposer de participer à son Cercle d'études cybernétiques et de contribuer à la préparation du numéro spécial de la revue *Thalès* sur la cybernétique.

> J'accepte volontiers de faire partie de votre *Centre d'Études de Cybernétique* ; ce sera pour moi une excellente occasion de m'instruire !
>
> Par contre, il est bien tard étant donné les délais prévus et surtout mon lourd arriéré actuel, pour participer au numéro de *Thalès* dont vous me parlez. En fait, je ne tiendrais pas non plus à répéter tout ce qui a déjà été écrit, et parfois fort bien, sur la Cybernétique en Biologie. Or, pour approfondir davantage la question, il me faudrait un temps et une liberté d'esprit dont je ne dispose pas actuellement. J'ai d'ailleurs l'intention de consacrer à cette étude une grande partie de mon année prochaine, et c'est seulement à la fin de ce temps que j'espère me sentir assez mûr pour pouvoir parler *utilement* d'une question qui me passionne, mais que je ne domine pas encore[34].

Cet agenda semble avoir été honoré, si l'on en juge par quelques publications de Fessard, dont un travail important de veille et de comptes rendus : Fessard se documente, et documente ses confrères par la même occasion, en y allant de ses commentaires. Dans l'un de ces articles, il exprime son impatience à l'égard « d'une cybernétique qui pourtant, même vis-à-vis des comportements moteurs, tarde à quitter les hauteurs de la spéculation abstraite pour prêter véritablement ses méthodes de travail à l'analyse expérimentale des phénomènes psycho-physiologiques[35] ». Ces lignes étaient sans doute déjà parties chez l'imprimeur lorsque, au symposium CIBA sur la moelle épinière en février 1952, Fessard assiste en direct à la première présentation « officielle » d'un modèle cybernétique, celui de Pat Merton sur la contraction musculaire, dont l'apport principal était d'apporter une représentation unifiée et de proposer un mécanisme ; mais son auteur, lui-même notoirement critique vis-à-vis des simplifications opérées

33 C. Debru, J.-G. Barbara, C. Cherici (dir.), *L'Essor des neurosciences*, *op. cit.*, p. 371.

34 Lettre d'A. Fessard à R. Vallée, 9 juillet 1951 (*cf.* p. 615).

35 A. Fessard, « Neurophysiologie de la motricité : fonctionnement et rôle des proprioccepteurs », *L'Année psychologique*, vol. 52, n° 1, 1952, p. 101.

et de l'hypothèse proposée (*cf.* note 9 ci-dessus), n'a pas cru devoir introduire de formalisation. On voit qu'entre l'étude sur le clonus de 1946-1947, dont personne n'a vu la couleur au-delà des deux pages de résumé qu'en fait Wiener dans l'introduction de *Cybernetics*, et le modèle de Merton qui reste un compromis ne satisfaisant personne, il y a de quoi tiédir un à priori favorable. Est-ce la raison pour laquelle Fessard occulte Merton dans sa conférence sur la cybernétique de mars 1953 à la Sorbonne ? Cette conférence est prononcée à l'invitation de Vallée, dans le cadre d'un cycle de conférences sur la cybernétique à la Maison des sciences, organisé par le Cercle d'étude cybernétique à l'adresse d'un public élargi. Passant en revue les « points de contact entre neurophysiologie et cybernétique », Fessard estime que la motricité est le domaine à la fois le mieux connu et celui où les modèles de servomécanismes sont les plus naturels, mais ne cite pas Merton[36]. Cette omission peut d'autant surprendre que Fessard s'est lui-même intéressé à ces questions[37]. Elle pourrait s'expliquer par le fait que Fessard ait pris acte du scepticisme de Merton, au point de préserver le nom de son confrère de l'association à une hypothèse que tous savaient insuffisante. Dans son article de 1970 pour *Encyclopædia Universalis*, – qui ne porte pas sur la seule neurophysiologie, mais sur « Cybernétique et biologie » – c'est aux travaux de Stark que Fessard se référera comme exemple de « l'une des meilleures analyses du genre[38] ». Si l'apport méthodologique et conceptuel de la cybernétique à la neurophysiologie constitue pour Fessard l'apport principal de la cybernétique, J.-G. Barbara a proposé que, plus généralement, Fessard ait eu des attentes épistémologiques, voire philosophiques, vis-à-vis de la cybernétique, en ce qui concerne notamment l'espoir qu'elle

36 A. Fessard, « Points de contact entre neurophysiologie et cybernétique », *Structure et évolution des techniques* n° 35-36, 1953-1954, p. 25-33. À moins de ranger Merton dans « Granit et ses collaborateurs » (*ibid.*, p. 29), ce qui n'est pas complètement faux, mais ce n'est pas Granit qui a présenté un modèle cybernétique.

37 A. Fessard, A. Tournay, « Quelques données et réflexions sur le phénomène de la post-contraction involontaire », *L'Année psychologique*, vol. 50, n° 1, 1949, p. 217-235. Dans cet article (important pour la chronologie des rapports de Fessard à la cybernétique, puisqu'elle n'y est pas citée alors que Fessard ne pouvait l'ignorer), on trouve l'hypothèse que les actions volontaires et les actions involontaires (réflexes) sont dues à un mécanisme unique, hypothèse que le modèle de Merton construit avec une boucle d'asservissement empruntant le circuit motoneuronal gamma (« boucle gamma »).

38 A. Fessard, « Cybernétique et biologie », *Encyclopædia Universalis*, Paris, 1985, p. 914.

contribue à maintenir une unité à ce que l'on n'appelait pas encore les neurosciences[39]. Tout du long, Fessard semble avoir insisté pour que sa communauté noue des liens avec la cybernétique[40] – exprimant un soutien qui va cependant rester surtout symbolique (on y revient plus loin).

La Salpêtrière, grand centre historique de neurologie clinique, est aussi depuis Janet un bastion de la méthode expérimentale, dont on pourrait attendre comme tel une résistance acharnée aux théoriciens, qu'ils fussent métaphysiciens ou mathématiciens. En réalité, Jean Scherrer, qui va en structurer les différents laboratoires d'EEG, est, tout comme Fessard dont il est l'un des élèves, membre du Cercle d'études cybernétiques. Il a fait un séjour chez McCulloch, et adhère très manifestement aux idées de la cybernétique, si l'on en juge par l'article assez généraliste qu'il a publié en 1950 dans *Science & Vie*[41]. Scherrer reprend la direction de l'EEG à la Salpêtrière au départ d'Hermann Fischgold (pionnier de la technique en France). À ses côtés depuis 1948, Antoine Rémond, qui participe au deuxième congrès de Namur[42]. Rémond devient par ailleurs, en 1963, président de l'International Federation for Medical Electronics, société savante pour le développement de l'instrumentation, qui fonde un Institut basé à la Salpêtrière et publie la revue *Medical Electronics & Biological Engineering*, qui va accueillir régulièrement, dès son premier numéro, quelques articles et un suivi de l'actualité relatifs à la cybernétique[43]. Il s'agit

39 J.-G. Barbara, « Alfred Fessard : regard critique sur la cybernétique et la théorie des systèmes », *op. cit.*

40 Fessard « donne à lire à Pierre Buser le célèbre article de McCulloch et Pitts sur le calcul logique des neurones [,] invite Michel Meulders à participer [avec lui au IVe Congrès international de médecine cybernétique à Nice, et] recommande à [Alain Berthoz] de lire la nouvelle revue créée en 1961, *Biological Cybernetics* » (*ibid.*, p. 136, 143).

41 J. Scherrer, « La cybernétique compare les hommes et les robots », *Science & Vie* n° 397, 1950, p. 207-213.

42 A. Rémond, « Échantillonnages successifs d'une tension variable et échantillonnages simultanés de collections de tensions en électrophysiologie », in *2e Congrès international de cybernétique. Namur, 3-10 septembre 1958*, Namur : Association internationale de cybernétique, 1960, p. 960-961.

43 Par exemple, et dans des registres variés : J. R. Ullmann, « Cybernetic models which learn sensory-motor connections », *Medical Electronics & Biological Engineering*, vol. 1, n° 1, 1963, p. 91-100 ; J. A. Tanner, « Feedback control in living prototypes : A new vista in control engineering », *Medical Electronics & Biological Engineering*, vol. 1, n° 3, 1963, p. 333-351 ; L. Vodovnik, « The modelling of conditioned reflexes », *Medical Electronics & Biological Engineering*, vol. 3, n° 1, p. 1-10 ; J. Richardson, « What's becoming of

d'une des illustrations les plus remarquables de la communication heuristique entre instrumentation physique et modélisation théorique (*cf.* introduction, p. 77-81).

Scherrer est impliqué dans un autre domaine, la physiologie du travail, en lien avec l'émergence de l'ergonomie. Ce champ, avec l'étude des relations homme-machine, est un terreau caractéristique pour les analogies cybernétiques[44]. En parallèle de ses activités à la Salpêtrière, Scherrer hérite de la chaire d'ergonomie et physiologie du travail du CNAM en 1963, puis prendra la direction du Laboratoire de physiologie du travail du CNRS. Son adjoint est aussi son successeur au CNAM, Alain Wisner, ancien médecin ORL, qui s'inscrit dans le cadre de l'ergonomie cognitive[45]. Scherrer et Wisner vont recruter un jeune ingénieur, Alain Berthoz, qui va utiliser la théorie des asservissements en neurophysiologie (voir entretien ci-dessous). Dans le jury figure également le physiologiste Bernard Metz, spécialiste de la thermorégulation humaine et autre figure de l'ergonomie (il va présider l'Association internationale d'ergonomie de 1970 à 1973), qui accueillera Jean-Arcady Meyer (voir p. 693).

Le premier travail de recherche français faisant intervenir explicitement l'analyse mathématique des systèmes asservis pour un problème de neurophysiologie est sans doute la collaboration entre, d'une part, les neurophysiologistes Yves Laporte, Guy et Catherine Tardieu et Jean-Claude Tabary, et, de l'autre, l'automaticien Jacques Richalet et ses collègues (*cf.* p. 188-200). Cette collaboration a lieu dans le cadre de contrats de la DRME, même si la connexion initiale provient d'une

---

Cybernetics ? Thoughts inspired by the Namur Conference », p. 327-328. La fédération compte 300 membres de 30 pays en 1963, dont certains « travaillent principalement en cybernétique et en informatique théorique [*computer logic*] » (J. F. Davis, « A Profession in Search of a Name », *Medical Electronics & Biological Engineering*, vol. 1, n° 2, 1963, p. 258). Dans le comité de rédaction, aux côtés de Rémond, le spécialiste des réseaux neuromorphes et membre du défunt Ratio Club, Albert Uttley (« Editorial », *Medical Electronics & Biological Engineering*, vol. 1, n° 2, 1963, p. 164). La Fédération s'est formée lors d'un congrès organisé en 1959 à l'Unesco (Paris), suite à un premier congrès organisé à Paris l'année précédente avec le soutien financier de la Fondation Rockefeller.

44 D. Mindell, *Between Man and Machine*, *op. cit.* Une autre figure notable de la naissance de l'ergonomie est celle de Jean-Marie Faverge, qui modélise les rythmes de travail avec la théorie des asservissements.

45 A. Wisner, *L'Homme comme système de traitement de l'information*, Paris : Éditions du CNAM, 1971 (référence donnée dans : A. Wisner, *Quand voyagent les usines*, Paris : Éditions Syros, 1985).

rencontre personnelle entre Richalet et Tabary. La modélisation de la commande neuromusculaire n'est, pour les militaires de la DRME comme pour les automaticiens qu'ils subventionnent, qu'un chapitre d'un projet de bionique où il s'agit de s'inspirer d'une régulation auto-adaptative naturelle pour concevoir et améliorer des systèmes artificiels. Rapidement après la mise en place de son groupe Bionique en 1963, la division 9 « Biologie » de la DRME démarre un projet sur les « Méthodes employées par le cerveau pour stocker l'information » avec Denise Albe-Fessard, qui devient conseiller scientifique de la DRME. Les circonstances exactes dans lesquelles la femme d'Alfred Fessard s'est retrouvée à cette position restent à préciser ; toujours est-il qu'elle y sert d'intermédiaire, voire de « rabatteuse » pour orienter sa communauté vers cette nouvelle source de financements[46]. C'est ainsi qu'Yves Laporte, grand spécialiste des fuseaux neuromusculaires, écrit au directeur de la DRME pour lui proposer deux projets, dont le second, sur la commande neuromusculaire, coïncide avec la volonté de développer la bionique en lien avec les automaticiens (Pélegrin, Gille, Richalet), dont Laporte se voit invité à se rapprocher[47]. Il se trouve que Laporte avait déjà fait la connaissance de Richalet par l'intermédiaire de Tardieu[48]. La collaboration se déroule durant quatre années (de fin

46 Les neurosciences françaises ont beaucoup bénéficié des financements de l'armée. On croise un certain nombre de célébrités dans la liste des contrats de la DRME : Gastaut, Scherrer, Albe-Fessard, Buser, Laporte, Assenmacher, Jouvet… (archives DRME, inventaire 217-1F1). En parallèle de la mise en place de la DRME, les neurophysiologistes bénéficient déjà d'une action concertée importante de la DGRST (dont A. Fessard est vice-président du comité scientifique). Sachant la proximité des deux entités, la DGRST aurait-elle pu servir de porte d'entrée à la DRME pour approcher l'élite de la neurophysiologie civile ?

47 Lettre de L. Malavard à Y. Laporte, 30 juin 1964 ; lettre de Y. Laporte à L. Malavard, 2 juillet 1964 (archives DRME, 217-1F1-5169).

48 Laporte est basé à Toulouse, où Richalet se rend pour donner des cours à Supaéro (entretien avec J. Richalet, 5 mars 2014). Laporte prendra la succession de Fessard au Collège de France en 1972. Sa leçon inaugurale, comme celle de son prédécesseur et de son successeur Alain Berthoz, salue la maturation progressive de la contribution cybernétique : « Le rapprochement entre représentants de ces deux disciplines [trois, en fait, puisque Laporte vient de parler des automaticiens, des informaticiens et des neurophysiologistes] si différentes ne s'est pas faite sans mal, car, aux difficultés résultant du langage utilisé par les uns et les autres, s'ajoutait la méfiance des physiologistes à l'endroit d'hommes quelquefois entraînés vers des spéculations fort éloignées des réalités de l'expérimentation sur le vivant, et la critique des seconds estimant, souvent avec raison, que les données expérimentales qu'on leur fournissait étaient par trop imprécises ou fragmentaires. Cette première phase, sans doute inévitable, paraît

1964 à fin 1968, le rapport final étant rendu fin 1969)[49] sous la forme d'une double série de contrats de recherche poursuivis en parallèle : d'un côté, par Laporte qui approfondit l'étude des fibres neuromusculaires, et transmet des connaissances anatomiques et des données expérimentales aux automaticiens ; de l'autre, les automaticiens, qui mènent leurs propres expériences avec Tabary. En appliquant des charges à l'index des sujets (expérience dite « du panier ») pour enregistrer la réaction corrective en terme d'écart de position, les Tardieu et Tabary observent que cette réaction se caractérise par son imprécision : une correction a bien lieu pour compenser l'effet de la charge, mais si cette correction est basée sur un asservissement de position, on constate son inefficacité. Le but est de confronter cette hypothèse, qui était incluse dans le modèle de Merton (faisant jouer aux fuseaux le rôle de détecteurs des écarts de longueur du muscle causés par les contractions), à l'hypothèse d'une correction basée sur un asservissement de vitesse (ayant pour but de ramener à zéro le mouvement déclenché par la charge). Le rôle des automaticiens consiste à formuler un modèle mathématique dans lequel le changement de contraction est fonction des informations de position, de vitesse et de force. Par simulation et ajustement des paramètres, l'analyse montre qu'un asservissement à la vitesse est bien plus compatible avec les données expérimentales qu'un asservissement de position. Ces éléments sont déjà définis lors d'une réunion en juin 1965, où Laporte, Richalet et Tabary présentent chacun un exposé. Parmi les invités (*cf.* annexe p. 679), hormis Fessard qui préside, on remarque la présence de Jacques Sauvan, et d'Henri Atlan, qui est membre du groupe Bionique de la DRME.

---

toucher à sa fin et l'on peut espérer que les automaticiens, grâce aux possibilités que leur donnent les ordinateurs, pourront, par la méthode des modèles, déceler plus aisément que les neurophysiologistes les propriétés de "système" des ensembles neuroniques » (Y. Laporte, *Leçon inaugurale, faite le jeudi 14 décembre 1972*, Paris : Collège de France, 1973, p. 26).

49 Pour Laporte : contrats 64/256, 455/65, 472/66, 495/67 (archives DRME 217-1F1-5169). Pour les automaticiens : contrats 381/64, 550/65, 531/66, 69/044 (archives DRME 217-1F1-5144, 217-1F1-1755).

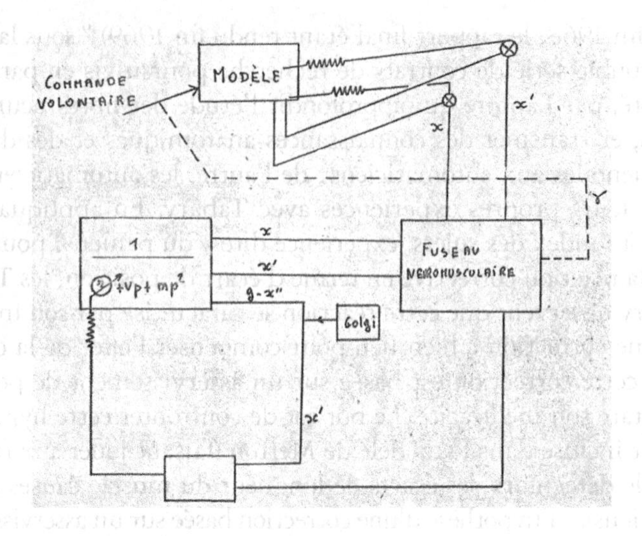

FIG. XV – « Représentation schématique de la commande neuromusculaire », in « Compte-rendu de la réunion Bionique du 24 juin 1965 sur la commande neuromusculaire ». On remarque l'absence presque totale de liaisons orientées (flèches), fait rare et curieux sur un diagramme-bloc. © MINARM, Service historique de la Défense, Châtellerault, AA 217 1F1 5169.

Les résultats sont progressivement diffusés, au Congrès international de médecine cybernétique de Nice en 1966, mais aussi plus spécifiquement en neurophysiologie, avec l'appui actif des intéressés. Tardieu invite Richalet aux réunions de l'Association des physiologistes de langue française, où il va présenter des communications pendant plusieurs années (voir la liste, annexe X). La seconde de ces communications est introduite par Laporte. La septième communication a fait l'objet d'une note à l'Académie des sciences, présentée par Fessard[50]. Alain Berthoz se souvient avoir assisté à l'une des premières de ces communications (*cf.* infra). La collaboration sur la commande motrice fait l'objet d'une série de publications dans le *Journal de physiologie*, en tandem non avec Laporte, mais avec Tardieu et Tabary[51].

---

50 J. Richalet, P. Caspi, « Étude d'un modèle statistique d'activité neuronique destiné à l'interprétation des post-stimulus-histogrammes », *Comptes rendus de l'Académie des sciences*, t. 268, série D, 1969, p. 1545-1548. C'est dans cette note qu'est mentionné le contrat n° 531/66 de la DRME.

51 J.-C. Tabary et al., « Étude cinématographique et électromyographique du maintien postural avec changement de charge », *Journal de physiologie* t. 57, 1965, p. 799-810 ; C. Tardieu et

Dans une dernière expérience[52], deux ans après la fin de la collaboration financée par la DRME, les Tardieu et les Tabary confrontent l'hypothèse d'un asservissement de vitesse à de nouvelles données expérimentales : si la posture de l'index était réglée par un tel servomécanisme, la période de silence devrait succéder à l'inversion de la vitesse ; or ce n'est le cas que pour un petit nombre de sujets, aucune relation temporelle caractéristique ne peut être établie. La conclusion reste ambiguë : les auteurs semblent partagés entre deux interprétations, l'une étant qu'il n'existe pas de servomécanisme (de vitesse ou de position) dans le système fusal, l'autre étant que cette existence reste possible mais insuffisante pour expliquer les observations, pour lesquelles ils ne proposent pas de théorie alternative. Cette conclusion un peu indécise semble clore la collaboration. Richalet va s'investir dans d'autres modélisations, publier un ouvrage méthodologique (qui reprend le cas de la commande musculaire comme exemple de modélisation)[53], et laisser quelques menues traces dans des revues internationales[54]. Il donne également un cours à la Salpêtrière pendant au moins deux ans[55].

al., « Étude mécanique et électromyographique des réponses à différentes perturbations du maintien postural », *Journal de physiologie* t. 60, 1968, p. 243-259 ; J. Richalet, R. Pouliquen, « Étude des réponses à des perturbations du maintien postural : simulation analogique », *Journal de physiologie*, t. 58, 1966, p. 602 ; R. Pouliquen, J. Richalet, « Analyse d'une expérience de maintien postural », *Journal de physiologie*, t. 60, 1968, p. 261-273.

52 C. Tardieu et al., « Période de silence chez l'homme pendant l'allongement musculaire dû à une adjonction de charge », *Journal de physiologie* t. 64, 1972, p. 131-145.

53 J. Richalet, A. Rault, R. Pouliquen, *Identification des processus par la méthode du modèle*, *op. cit.*, p. 312-319.

54 Dans le *Journal of Physiology*, Laporte cite la communication de Richalet qu'il avait introduite en 1967 à Bordeaux (P. Bessou et al., « A Method of Analysing the Responses of Spindle Primary Endings to Fusimotor Stimulation », *The Journal of Physiology* vol. 196, n° 1, 1968, p. 37-45). Le manuel de 1971 est cité dans un article plus récent du *Journal of Neurophysiology* (A. Mallet et al., « Statistical Analysis of Visual Fits : Answer to J. Ninio », *Journal of Neurophysiology* vol. 98, n° 3, 2007, p. 1836-1840), parmi les auteurs duquel figure Henri Korn. Passé par l'Institut Marey et le service de Scherrer, Korn souligne en 2003, dans un rapport pour l'Académie des sciences, « le retard en physiologie fonctionnelle dans les neurosciences cognitives et computationnelles » en matière de recrutements interdisciplinaires « en particulier, dans les domaines de la cybernétique, des mathématiques appliquées, de la modélisation et de la neuro-informatique » (H. Korn, « Recommandations générales », in H. Korn (dir.), *Neurosciences et maladies du système nerveux*, Rapport sur la science et la technologie n° 16, Paris : Académie des sciences, 2003, p. 292, 293).

55 « … il est important de signaler que depuis 1967, nous donnons au C.H.U. Pitié-Salpêtrière des cours sur la théorie des systèmes et des modèles et que nous sommes en contact permanent avec le Professeur Grémy » (J. Richalet, Projet I.R.BIO.S., 1969, p. 6, archives DRME 217-1F1-5166).

Un autre pôle notable de la neurophysiologie française pour l'orientation cybernétique est Marseille : on a déjà évoqué Gastaut, chef du laboratoire de neurologie hospitalière, sympathisant déclaré, mais qui ne semble pas avoir fait appel à la modélisation mathématique. Jacques Paillard, autre élève de Fessard, formé initialement en psychologie, avec un bagage mathématique, prolonge la conception « oecuménique », ou holiste, de son maître, axée sur une articulation entre neurophysiologie et psychophysiologie. Dans sa thèse sur les réflexes proprioceptifs, soutenue en mai 1955, le modèle de Merton était discuté parmi d'autres. Il est à peine question de l'innovation méthodologique que représentent les fonctions de transfert. L'absence totale de référence directe à la cybernétique, dans le cadre de l'exercice disciplinaire canonique qu'est une thèse de doctorat, témoignait peut-être d'une stratégie de prudence institutionnelle, mais l'impression dominante est plutôt d'indifférence à l'égard de la théorie des asservissements (avec laquelle Paillard semble avoir un minimum de familiarité conceptuelle)[56]. Il ne semblait pas envisager que la théorie des asservissements constitue un cadre de discussion et de comparaison des hypothèses. C'est en 1957 que Paillard arrive à la faculté des sciences de Marseille, puis il fonde en 1963 pour le CNRS un Institut de neurophysiologie et de psychophysiologie qui trouvera une renommée mondiale durable. À la même époque, c'est peut-être Paillard qui bénéficie du soutien de la DGRST, dans le cadre de l'action concertée « Fonctions et maladies du cerveau », pour travailler sur la boucle gamma[57]. Dans des articles plus tardifs, Paillard fait le point sur l'apport et les limites de la cybernétique : celle-ci, écrit-il « inspire la plupart de nos interprétations actuelles du fonctionnement nerveux ».

---

56 J. Paillard, *Réflexes et régulations d'origine proprioceptive chez l'Homme. Étude neurophysiologique et psychophysiologique*, Paris : Librairie Arnette, 1955, p. 175, 266-268. Concernant le modèle de Merton, deux erreurs de datation suggèrent que Paillard n'a pas accordé à ce modèle d'attention privilégiée. On peut en outre se demander pourquoi, toujours dans cet ouvrage, deux des indexations du nom de Merton sont fallacieuses : correspondent-elles à des parties de texte supprimées avant publication ? Ailleurs encore, la référence est erronée (J. Paillard, « Rapports entre les durées de la période de silence et du myogramme dans le triceps sural chez l'Homme », *Journal de physiologie*, vol. 47, n° 1, 1955, p. 259-262) ; coïncidences à répétition !

57 *cf.* Délégation générale pour le progrès scientifique et technique, *Les actions concertées. Rapport d'activité*, Paris : La Documentation française, 1961, p. 63 ; 1963, p. 228 ; 1964, p. 300. Nombre de projets, au sein de cette action concertée, concernent des mécanismes de régulation à différents niveaux, et font l'objet d'une volonté d'articuler neurophysiologie et approches chimiques et endocriniennes. Les archives de ces projets restent à identifier et explorer.

> Les modèles cybernétiques semblent bien répondre aux besoins d'une formalisation nouvelle de l'activité des systèmes biologiques finalisés et leur portée explicative paraît réelle. [...] Malgré d'incontestables réussites dans l'étude de certains circuits régulateurs simples (voir par exemple Stark, 1968), les modèles cybernétiques dépassent encore trop rarement le niveau d'une simple schématisation descriptive des circuits possibles. Leur utilité de ce point de vue ne saurait d'ailleurs être contestée. Mais leur axiomatique reste encore rudimentaire et les outils mathématiques adaptés au traitement des systèmes linéaires se heurtent à la non-linéarité fondamentale qui caractérise le plus souvent les systèmes biologiques complexes dotés de mémoire et, par suite, de régulations anticipatrices.
>
> L'étude des performances motrices offrait un terrain privilégié pour la modélisation cybernétique. À s'en tenir au modèle du fonctionnement moteur des vertébrés, les circuits de régulation de la contraction musculaire ont suscité de nombreuses tentatives intéressantes de modélisations mathématiques.
>
> L'intérêt de ces modèles pour notre compréhension générale de l'organisation du mouvement n'est pas encore très évident. Dans les meilleurs cas, leur valeur prédictive n'intéresse généralement que des marges très restreintes de la plage de fonctionnement normal du système et dans des conditions trop restrictives pour constituer une description adéquate de la régulation physiologique naturelle. [...]
>
> On ne peut que constater un certain désenchantement actuel vis-à-vis de ces tentatives de formalisation qui tardent à concrétiser les espoirs que l'introduction de ces voies nouvelles d'analyse avait fait naître[58].

Ainsi, continue Paillard, le modèle de Merton, trop simpliste, a-t-il été remplacé par un modèle de « servo-assistance », dans lequel la boucle gamma n'est plus seule en charge de la commande motrice. Les expériences montrant que la proprioception n'est pas indispensable suggèrent en outre l'existence d'autres rétroactions soupçonnées mais mal caractérisées. Un autre problème que Paillard soulève est l'ignorance quant à la signification des signaux nerveux[59], ce qui maintient dans un statut de métaphore l'un des postulats cybernétiques énoncé trente ans plus tôt, selon lequel le système nerveux est un système de communication. Si

58 J. Paillard, « Tonus, postures et mouvements », in Ch. Kayser (dir.), *Physiologie*, 1976, p. 699-700. Ce long texte de Paillard (200 pages !) constitue le chapitre 6 de ce manuel qui est une référence depuis des décennies.

59 J. Paillard, « Le codage nerveux des commandes motrices », *Revue d'électroencéphalographie et de neurophysiologie clinique* vol. 6, n° 4, 1976, p. 453-472. La question du codage est aujourd'hui dévolue à un champ de recherche spécifique, les neurosciences computationnelles : F. Rieke et al., *Spikes. Exploring the Neural Code*, Cambridge : The MIT Press, 1999 ; B. Richmond, « Neural Coding », in D. Jaeger, R. Jung (dir.), *Encyclopedia of Computational Neuroscience*, New York : Springer, 2015, p. 1869-1872.

la montée en complexité des modèles de régulation nerveuse représente une difficulté intrinsèque, l'approche cybernétique rencontre une autre difficulté : les modèles qu'elle propose jusque là décrivent des systèmes rigides, qui ne rendent pas compte du fait que l'organisme atteint un même but par des voies très différentes.

> La physiologie de la machine organisée avec son répertoire de programmes consolidés et ses régulations cybernétiques peut difficilement rendre compte de cette plasticité adaptative très étonnante dont notre système nerveux paraît capable. Ce qui nous amène à envisager cette incursion, assez prospective, et peu conformiste il faut bien le dire, dans le domaine des fonctions d'organisation et des propriétés de la part « organisante » de notre système nerveux[60].

L'opposition à tonalité spinoziste que propose Paillard entre « machine organisée » et « machine organisante » fait écho à la critique adressée par René Thom à la modélisation cybernétique sur le terrain du développement et de la morphogenèse (*cf.* chapitre précédent, p. 297-299), ce qui correspond à ses lectures d'alors : Thom, Atlan, Prigogine[61]. Paillard cherche à donner un ancrage institutionnel local à ces préoccupations. Lorsqu'il quitte son poste à la faculté des sciences, il s'y fait remplacer par Maurice Hugon, un agrégé de sciences naturelles avec qui il avait collaboré à partir de 1951 sur l'étude du « réflexe H ». Hugon était lui aussi membre du Cercle d'études cybernétiques. En 1960, il écrit à Robert Vallée pour lui demander « quelques références classiques et générales relatives à la théorie des divers types de feed-back, [et] les références des quelques revues spécialisées où pourraient être traités les problèmes d'application biologique de cette théorie, et peut-être même le problème soulevé [*i.e.*, la part qui revient aux circuits myotatiques élémentaires dans la modulation d'activité des motoneurones, et, par suite, dans le guidage de la contraction musculaire][62] ». En d'autres termes, Hugon se dit ignorant en matière de servomécanismes (ce qui serait beaucoup plus compréhensible en 1950 qu'en 1960), mais il ne semble même jamais avoir entendu parler des travaux de Merton et de

60 J. Paillard, « La machine organisée et la machine organisante. Conceptions récentes sur la neurobiologie des fonctions motrices », *Revue de l'éducation physique* n° 17, 1977, p. 29.

61 J. Massion, F. Clarac, « Jacques Paillard, son œuvre et son rayonnement scientifique », in C. Debru, J.-G. Barbara, C. Cherici (dir.), *L'Essor des neurosciences*, *op. cit.*, p. 232.

62 Lettre de M. Hugon à R. Vallée, 8 mai 1960 (archives personnelles de R. Vallée).

Stark, alors que le problème qui l'intéresse est exactement l'objet des travaux du premier (et, rappelons-le, du travail de Rosenblueth et Wiener sur le clonus) ! C'est surtout ce second point qui est particulièrement surprenant et soulève des questions. Hugon continuera jusqu'à la fin de sa carrière à travailler sur le contrôle postural[63]. Le véritable artisan marseillais des modèles d'asservissements sera plutôt Gabriel Gauthier, que Paillard va recruter et envoyer faire un séjour chez Larry Stark aux États-Unis (voir entretien plus loin). Les deux premiers doctorants de Paillard à Marseille, J.-P. Vedel et F. Clarac, consacrent en outre leur thèse à l'hypothèse de la servo-assistance.

En résumé, qu'il s'agisse de la neurophysiologie générale, des aspects médicaux[64] ou de la psychophysiologie[65] (dont les frontières avec la neurophysiologie sont en négociation constante), nombreux sont les ténors français favorables à la cybernétique dès le début des années 1950. L'anecdote de McCulloch mal reçu à Paris, toute véridique qu'elle puisse être, est donc à dédramatiser (il suffit de voir la liste des congressistes : à coté de Rémond qui co-organise, on y trouve Fessard, Paillard, Scherrer, Gastaut, Grey Walter, Paul Dell, formé comme Scherrer chez McCulloch[66], et Abraham Moles). En revanche, si les neurophysiologistes français sont revenus alors à une place mondiale honorable, il semblent assister en spectateurs à des collaborations cybernétiques qui se font à l'étranger

---

63 M. Ouaknine, « Maurice Hugon, hommage personnel », Association pour le développement et l'application de la posturologie, 2011, en ligne.

64 Une Société internationale de médecine cybernétique voit le jour en 1958, présidée par le Pr. Aldo Masturzo, directeur du centre de rhumatologie de l'université de Naples (A. Masturzo, *Cybernetic Medicine*, Springfield : Charles C. Thomas, 1965 ; « La médecine cybernétique », in G. Boulanger (dir.), *Le Dossier de la cybernétique. Utopie ou science de demain dans le monde d'aujourd'hui ?*, Marabout université, Verviers : Éditions Gérard & Co., 1968, p. 219-231). Des congrès internationaux sont organisés : Naples (1960), Amsterdam (1962), Naples encore (1964), Nice (1966).

65 W. R. Ashby et al., *Perspectives cybernétiques en psychophysiologie*, tr. fr. J. Cabaret, Paris : Presses universitaires de France, 1951 ; M. Tixador, *Contribution à l'étude des perspectives cybernétiques en psychophysiologie normale et pathologique*, thèse, Faculté de médecine, 1952.

66 « Dell rentre en France en 1952. Il est intellectuellement transformé et averti que les fondements de la neurobiologie moderne sont en train de se constituer aux États-Unis. Il cherche un laboratoire d'accueil et demande conseil à Fessard qui comprend vite que Dell ne s'intégrera pas dans un laboratoire français traditionnel. Il a oublié les rapports hiérarchiques et les règles de la vieille université française et désire avoir son propre laboratoire » (S. Tyc-Dumont, « Le laboratoire de neurophysiologie de l'hôpital Henri-Rousselle, 1954-1964 », in C. Debru, J.-G. Barbara, C. Cherici (dir.), *L'Essor des neurosciences*, *op. cit.*, p. 59).

et qu'ils ne ramènent pas de leurs séjours américains. La première à publier un modèle ouvertement cybernétique dans le *Journal de physiologie*, Marthe Bonvallet semble bien seule jusqu'en 1965[67]. Exportatrice de neurophysiologie mais longtemps importatrice d'échos résiduels de modélisations mathématiques faites par d'autres, la France voit ses patrons faire face à la carence de profils aussi désirés qu'improbables (comme en témoigne la visite à Robert Naquet du jeune Michael Arbib, qui réalise une cartographie des recherches cybernétiques en Europe après avoir soutenu sa thèse sous la direction de Wiener – *cf.* p. 121). La formation de jeunes ingénieurs ouverts à ces travaux va avoir lieu, mais elle va prendre du temps, et ne porter ses fruits qu'à partir de la fin des années 1960, autrement dit à une époque où la cybernétique a épuisé son effet de nouveauté, mais aussi où la neurophysiologie se voit éclipsée par des approches moléculaires (au détriment de l'approche boîte noire, intégrative, descendant des fonctions supérieures vers les circuits) et chimiques (au détriment de l'électrophysiologie). L'analyse des systèmes asservis est alors repliée autour de son épicentre originel, le contrôle de la motricité. En dépit d'un intérêt sincère, la communauté neurophysiologique française a, dans l'ensemble, maintenu un lien distancié et ambigu avec la modélisation cybernétique : aux côtés de Fessard qui promeut sans investir, Pierre Buser qualifie dans l'entretien ci-dessous sa propre attitude de « schizoïde ». Autre signe, peut-être, de coupure relative : parmi les Français publiant dans *Progress in Brain Research*, à l'exception notable du Lillois Paul Nayrac, qui présidera la Société française de neurologie quelques années plus tard, les contributeurs aux deux numéros neurocybernétiques (Huant, Sauvan) ne sont pas des neurophysiologistes, tandis que les neurophysiologistes investissent d'autres numéros.

Surtout, le peu de cas fait en France du modèle de Merton (omission de Fessard en 1953-1954, indifférence de Paillard envers la modélisation mathématique en 1955, ignorance de Hugon en 1960) soulève des questions importantes quant au contraste entre la bonne disposition des pontes à l'égard de la cybernétique, et leur absence totale d'investissement avant

67 A. Hugelin, M. Bonvallet, « Étude expérimentale des interrelations réticulo-corticales. Proposition d'une théorie de l'asservissement réticulaire à un système diffus cortical », *Journal de physiologie*, vol. 49, p. 1201-1223. Il s'agit d'une série d'articles publiés dans le cadre d'une recherche financée par l'U.S. Air Force. Seule ou avec des collaborateurs, Bonvallet va ensuite étudier divers aspects du rôle régulateur du cortex.

le milieu des années 1960 dans des collaborations avec des modélisateurs. Trois interprétations pourraient être proposées pour expliquer ce contraste qui marque les années 1950-1965. Selon la première, les patrons font preuve de circonspection. Ils attendent des résultats plus solides que le modèle de Merton, et privilégient l'accumulation de connaissances expérimentales – situation peu habituelle dans les rapports intellectuels entre les deux côtés de la Manche. Sauf percée incontournable qui mettrait tout le monde au pied du mur, on reste dans une stratégie de *statu quo* avec minimisation des risques. Selon la seconde interprétation, les patrons seraient ouverts à la prise de risque d'une collaboration biomathématique précoce, mais, attendant assez passivement que leur soient proposés des modèles et des collaborations, ils sont victimes de la rareté systémique des interlocuteurs potentiels et ne trouvent personne avant Richalet en 1964. La troisième interprétation envisage qu'un désir ardent des patrons de développer activement la modélisation mathématique se soit trouvé contrarié par un agenda plus urgent de consolidation disciplinaire, donnant la priorité à l'instrumentation de laboratoire et au développement institutionnel. En d'autres termes, dans le premier cas on serait dans le repli, dans le second on laisserait l'autre faire le premier pas significatif, dans le troisième on voudrait bien mais on a d'autres priorités. On peut remarquer que chaque scénario reflète la prégnance du régime disciplinaire sur un système français d'après-guerre sujet à carences infrastructurelles (*cf.* introduction et premier chapitre). Ces trois stratégies ont en commun de considérer implicitement que la modélisation cybernétique ne fait pas partie de l'arsenal ordinaire du neurophysiologiste. Cette naturalisation relative se produira dans la décennie 1965-1975. Mais jusqu'en 1965, il reste à déterminer lequel des trois scénarios, ou quelle combinaison des trois, a prévalu. Peut-être s'agit-il d'une succession : les premières publications de Stark en 1956-1957 dans le *Journal of Neurophysiology*, que Fessard et Paillard citent tardivement comme exemple, sonneraient la reconnaissance disciplinaire de la méthodologie des fonctions de transfert, faisant passer de la circonspection à l'attentisme passif. Quant à la priorité donnée à la disciplinarisation, compatible avec les deux premières attitudes, elle a pu valoir en parallèle, et rester un dernier obstacle lorsque les autres réticences s'étaient amoindries. Il importe tout de même de remarquer que Richalet, Berthoz et Gauthier n'ont pas été des collaborateurs activement voulus et produits par la communauté neurophysiologique : aucun neurophysiologiste n'est venu les chercher dans l'optique de leur faire faire des modèles de rétroaction.

L'histoire des projets de structuration internationale apporte un éclairage important à ces questions[68]. Dans le cadre de sa politique de soutien au développement d'instituts scientifiques internationaux, l'ONU s'est vue proposer en 1946 un projet d'« institut international du cerveau » par le neurologue américain Roger Pluvinage. L'Unesco a alors demandé à quelques grands spécialistes, dont Fessard, de réagir à cette proposition et d'exposer leur vision d'un tel institut. Ces rapports sont très instructifs, puisqu'ils constituent autant de radiographies condensées de l'état du domaine, mais aussi une projection de ses évolutions probables et souhaitables de la part de chaque rapporteur. Le rapport de Fessard, écrit en mai 1952, élimine sans conteste le scénario d'une circonspection envers la cybernétique :

> Bien que [biophysique mathématique et cybernétique] éveillent parfois quelque méfiance de la part des expérimentateurs, il est certain que l'extrême complication des structures cérébrales exige, pour que leurs propriétés cinétiques soient bien analysées, la collaboration d'esprit capables de s'attaquer aux aspects abstraits des problèmes posés : bref, il y a dès maintenant place pour une *Neurophysiologie théorique*, dont l'objet principal est évidemment le cerveau[69].

Pour rappel, Fessard écrit ces lignes quelques mois après avoir manifesté son impatience dans *L'Année psychologique* et assisté à la présentation du modèle de Merton. Dans un rapport destiné à être lu par les plus hautes autorités, difficile d'imaginer profession de foi plus explicite, à plus forte raison qu'il ne s'agit pas d'une remarque périphérique : au sein de la cartographie qu'esquisse là Fessard des sciences « cérébrologiques », c'est parmi les « sciences de base » de la « neurophysiologie générale » qu'il fait figurer cette « neurophysiologie théorique » à venir, et qui trouve formellement sa place dans la maquette d'institut qu'il propose[70]. Alors

68 « Early History of IBRO : The Birth of Organized Neuroscience », *Neuroscience* vol. 72, nº 1, 1996, p. 283-306.

69 A. Fessard, « Projet portant sur la création d'un Institut international du cerveau », archives de l'Unesco nº 149004 NS/BR/3 WS/062.90, 1952, p. 4-5, en ligne.

70 « La structure des laboratoires, avec les conditions de travail qui doivent en résulter, est à considérer enfin. Il faut la concevoir en fonction d'une certaine doctrine, de celle, par

qu'on peut lire dans *Science & Vie* que « son building géant aux murs de verre va s'élever bientôt à Saint Cloud[71] », L'Unesco ne retiendra aucun projet, peut-être en raison des arguments avancés par Lord Adrian, qui préférerait à la création d'une nouvelle structure un soutien accru des nombreux instituts existants. Lors du colloque historique de Moscou en octobre 1958[72], une nouvelle proposition va être soumise par Herbert Jasper (co-organisateur du colloque) et Fessard, et cette fois aboutir à la création de l'International Brain Research Organization par l'Unesco en 1960, peut-être à la faveur de l'amitié entre Fessard et Pierre Auger. La résolution n'étant pas publiée dans les actes du colloque, une base de comparaison avec le rapport de 1952 manque[73]. Mais quelques mois plus tôt, on entend encore Fessard plaider vigoureusement pour la modélisation mathématique cybernétique lors d'une journée de l'APLF[74]. En 1964, on retrouve Fessard et Scherrer dans une commission d'étude de la DGRST pour la création d'un institut interdisciplinaire pilote (*cf.* p. 119-120), où ils ont vraisemblablement cherché à promouvoir la collaboration entre biologistes et mathématiciens :

> À cette vocation « inter-disciplines » se rattache également la nécessité de faire collaborer des mathématiciens d'un type nouveau, qui apparaît déjà à l'étranger, à la création de schémas et de modèles mathématiques à l'usage des sciences qui seront étudiées dans la Fondation. On peut estimer, en effet, que

---

exemple, dont nous avons préconisé l'adoption dans les pages précédentes. Le DÉPARTEMENT DE PHYSIOLOGIE FONCTIONNELLE ou PHYSIOLOGIE CÉRÉBRALE proprement dite, sera le pivot de l'ensemble opérationnel. Il comprendra : une *section expérimentale*, avec plusieurs salles de physiologie opératoire, le service de conservation des animaux chroniques, et plusieurs postes complets d'électrophysiologie ; une *section humaine*, groupant les recherches et observations psychophysiologiques, neurologiques, psychiatriques, qui pourront être faites sur l'Homme ; une *section théorique* (élaborations statistiques, psychométriques, biomathématiques, cybernétiques) » (*ibid.*, p. 18-19).

71 P. Gendron, « L'Institut du cerveau. Un projet français unique au monde », *Science & Vie* n° 429, juin 1953, p. 58.

72 B. L. Lichterman, « The *Moscow Colloquium on Electroencephalography of Higher Nervous Activity* and Its Impact on International Brain Research », *Journal of the History of the Neurosciences : Basic and Clinical Perspectives* vol. 19, n° 4, 2010, p. 313-332.

73 H. Jasper, G. Smirnov (dir.), *The Moscow Colloquium on Electroencephalography of Higher Nervous Activity, Moscow, October 6-11,1958*, Electroencephalography and clinical neurophysiology vol. 13 (supplément), Montréal, 1960.

74 Association des physiologistes de langue française, Marseille 1er-4 juin 1959, « Discussion des rapports », *Journal de physiologie*, vol. 51, 1959, p. 934. L'argumentation de Fessard, encore au conditionnel, et l'absence de réaction de ses confrères, peut donner l'impression qu'il prêche dans le désert.

> la mathématisation des sciences progressera rapidement dans les prochaines années. La tenue de réunions régulières consacrées aux mathématiques de la biologie, devrait être envisagée à la Fondation[75].

ENTRETIEN AVEC PIERRE BUSER (1921-2013), 18 JANVIER 2007

Dans quelles circonstances avez-vous entendu parler des idées de la cybernétique ?

Je suis toujours assez gêné quand j'entends parler de cybernétique, parce que c'est apparu dans mon cursus – enfin le cursus de mes contemporains – c'est apparu assez brusquement comme quelque chose de tout à fait exceptionnel et de nouveau, alors qu'en réalité, quand on regarde d'un peu près, on s'aperçoit que c'est la théorie des systèmes. C'est simplement la théorie des systèmes, mais qui a été bien traitée par un type génial, Wiener. Norbert Wiener je l'ai connu, je ne l'ai pas fréquenté beaucoup, j'ai entendu des conférences de lui, j'ai discuté pas mal avec lui comme ça, il a su non pas seulement savoir faire, mais faire savoir. Il a eu ce trait de génie de donner un nom à quelque chose qui était vieux comme le monde, c'est-à-dire de gouverner un bateau avec un gouvernail et de changer la position du gouvernail en fonction du cap. D'autre part, il a fait un bouquin qui est lisible. Parce qu'on ne fait pas assez attention à ce côté social de la science en général. L. von Bertalanffy, qui était certainement un type très bien, a écrit un bouquin qui explique d'une façon invraisemblablement compliquée ce que Wiener explique d'une façon simple. Je n'ai pas eu beaucoup

75 « Rapport de la Commission chargée d'étudier le projet de centre de recherches "inter-disciplines" présenté à M. le Ministre d'État chargé de la recherche scientifique et des questions atomiques et spatiales », 26 février 1964, p. 7, fonds Auger 29-92. « Certains mathématiciens sont tout prêts à aider les chercheurs des autres disciplines, mais le cadre institutionnel s'y prête mal. Il est probable que dans le cadre du Centre d'Aix, une telle collaboration sera plus facile, notamment en ce qui concerne les mathématiques appliquées à la biologie » (Commission pour l'étude d'un projet de centre de recherches interdisciplines, « Questions posées au sujet de la Fondation de recherches interdisciplines et réponses données au cours de la réunion de la Commission d'études en date du 10 mars 1964 », 12 mars 1964, p. 4, fonds Auger 29-92).

de contacts, je n'ai pas été beaucoup accroché par la cybernétique – il n'y a pas que moi, je parle au nom presque d'une génération. Il y avait Alfred Fessard qui était évidemment là, et nous n'étions pas tellement accrochés à tout cela, mais ça nous intéressait. On trouvait ça curieux, on trouvait ça marrant, mais on n'a pas fondé notre vision des choses et nos plans expérimentaux sur la cybernétique ; ça n'a pas été notre tasse de thé, si vous voulez. Le contact le plus net que j'ai eu avec la biomathématique, ou plutôt exactement avec les mécaniques neuronales, ce n'est pas tellement Wiener, mais c'est plutôt Pitts et McCulloch. J'allais passer quelques semaines chez William Grey Walter, Fessard m'avait envoyé. On allait en train à Bristol, et dans le train je me suis tapé la lecture de Pitts & McCulloch, avec son système d'algèbre booléenne sur les neurones, l'inclusion, etc. Ça a été un point important dans la mathématisation. Maintenant, il y a un tas d'autres domaines, dans lesquels je n'ai pas des idées tellement claires. Autrement dit, il y a eu ça qui m'a beaucoup frappé, mais là il n'y a avait pas, finalement, la rétroaction. Dans McCulloch, c'était *input-output.* Il y a ensuite eu la théorie des systèmes, qui a été très bien étudiée, mais qui n'a pas été étudiée en parlant de cybernétique, le thème de cybernétique n'a pas vraiment été... vous connaissez ces bouquins sur la théorie des systèmes ? [*cherche les livres*]. J'ai fait un cours sur le traitement du signal une année, et puis une autre année sur la théorie des systèmes. Autrement dit, j'ai appelé ça « cybernétique », mais enfin ce n'était pas les idées de Wiener, c'était celles de vraiment tout un ensemble de gens qui se sont intéressés aux rétroactions, aux problèmes de stabilité, aux problèmes de guidage, etc., des choses de ce genre, que maintenant la science de l'ingénieur considère comme acquises et classiques. L'idée géniale, c'est évidemment de les transposer au système nerveux. Si on se met à l'échelle globale, c'est évident que nous « cybernétifions » tout le temps dans notre vie, puisque nous avons tout le temps des *feedbacks*, que ce soit manuel, que ce soit visuel, etc. Mais bon, c'est la théorie des systèmes.

Ce que vous appelez « théorie des systèmes », c'est arrivé à quel moment ?

Je situerais ça aux années soixante, à peu près. Il y a deux ou trois bouquins qui sont parus aux États-Unis – j'en ai deux au labo – qui sont des bouquins classiques sur lesquels je me suis appuyé complètement pour faire mon cours sur les systèmes de rétroaction. J'ai fait un cours complet, de douze heures je crois, sur les systèmes de rétroaction, avec les boucles, le système qui fait la différence, etc., enfin les choses classiques. Ça je l'ai fait en prenant des exemples de systèmes régulateurs comme le thermorégulateur, ou bien le système de guidage quand il y a un programme de guidage, puisqu'il y a les deux possibilités : soit le système est homéostatique en quelque sorte, puisqu'il impose de rester sur un niveau, type thermostat, ou bien il impose d'aller du point A au point B, c'est-à-dire un navigateur quel qu'il soit, avec un programme. Autrement dit, avec toujours une boucle de rétroaction. Cette boucle peut être linéaire, ça peut être non linéaire, ça peut être tout ce qu'on veut. L'idée fondamentale, c'est l'idée de rétroaction, c'est clair. Avec tout ce que peuvent inventer les ingénieurs comme bidouilleries compliquées. Alors, pour revenir à l'idée de cybernétique appliquée en quelque sorte au système nerveux, au point de vue global, je l'ai dit tout à l'heure, il n'y a aucun problème. Mais quand on va dans le mécanisme, c'est pas du tout la même chose. J'ai connu une période assez difficile, lorsqu'on s'est dit « puisqu'il y a des boucles, on va les chercher ». Or des boucles, dans le système nerveux global, on en trouve, des boucles de vision, de mouvement oculaire, tout ça marche très bien. Mais quand on est allés plus loin dans le détail, on a cherché en particulier des boucles entre le thalamus et le cortex. On s'est dit – c'est là que j'ai connu cette période, et William Grey Walter faisait partie de ces gens qui y croyaient – il y a le cortex cérébral, et il y a des structures plus profondes qui sont les structures thalamiques. Vous avez des voies montantes, par exemple la voie visuelle. Bon, premier temps, tout le monde est d'accord, il n'y a aucun problème. Simplement il y a des anatomistes vicieux qui ont trouvé des trucs descendants. Alors ils se sont dits « voilà, nous avons des circuits ». Or, quand on met des électrodes, soit sur le chapeau, soit sur le cortex (suivant qu'on travaille sur un homme ou un animal), on a des rythmes. On dit « très chouette, voilà, c'est ça ». Or c'est absolument pas ça. Les gens, y compris moi, y compris ma femme et d'autres, on s'est cassé la tête à essayer de montrer le rôle éventuel de cette circuiterie, qui était un type même de *feedback*. Cortex-thalamus-cortex-thalamus, ça tourne... rien du tout. On n'a jamais, jusqu'ici en 2007, on n'a jamais prouvé que les circuits thalamo-corticaux... Si vous prenez un bouquin banal, on va vous raconter des histoires sur les circuits thalamo-corticaux : c'est complètement idiot, ça ne marche pas, ça n'a pas été prouvé. Alors là, il y a comme un problème. En revanche, là où ça marche beaucoup mieux – ça, ça date des années soixante, en gros – il y a eu des choses bien meilleures qui ont été faites dans le tronc cérébral par un anatomiste, Cajal, puis ensuite par son élève Lorente de Nò, qui a montré qu'il y avait dans les noyaux oculo-moteurs des choses de ce genre, des micro-circuits, des choses qui montent et qui descendent comme ça [*dessin*]. Autrement dit, il y a des micro-*feedbacks*. Probablement, ils sont vrais. On n'arrive pas à en démontrer vraiment… on sent qu'ils existent, on pense les avoir, mais ce n'est pas toujours facile. Mais ça c'est beaucoup mieux que ces trucs-là [*l'exemple précédent*]. L'auteur principal est un homme que j'aimais beaucoup, qui était aux États-Unis, qui s'appelait Hsiang-Tung Chang et est devenu ensuite professeur à Pékin, et qui est mort maintenant, très vieux. Mais ça ce sont les micro-circuits de Cajal – enfin, Cajal a vu ça anatomiquement, et puis c'est Lorente de Nò qui a montré ces micro-circuits un peu partout, en particulier dans les circuits oculo-moteurs – ça, c'est classique et probablement vrai, [les circuits de Chang] c'est encore classique mais faux. Donc il faut vraiment se méfier de ne pas trop généraliser. Voilà un premier *overlook* de toute cette affaire.

J.-G. Barbara parle d'une tendance à la disjonction dans la discipline, entre une approche atomiste au niveau du neurone, et une approche globaliste, au niveau des fonctions. Et donc Fessard aurait été intéressé par la cybernétique parce qu'il en attendait une façon de maintenir les deux liés[76].

C'est un point important. Ça va bien au-delà de la cybernétique. C'est la tendance, c'est l'histoire des neurosciences. Les neurosciences ont toujours oscillé et continuent d'osciller entre l'intégré et l'élémentaire. Vous ne pouvez pas espérer marier les deux. J'ai connu la période – je suis un intégratif pour ma part, je ne suis pas un biologiste cellulaire ni moléculaire surtout, mais enfin j'étais obligé pour l'enseignement d'en faire – donc je me suis occupé du global. Maintenant, j'ai quitté pratiquement la neurophysiologie, et je m'intéresse surtout à la cognition (qui n'est pas mon métier de départ, puisque j'étais un agrégé de sciences

76 J.-G. Barbara, « Alfred Fessard : regard critique sur la cybernétique et la théorie des systèmes », *op. cit.*

naturelles). J'ai eu des élèves, comme par exemple Philippe Ascher, qui a fait une thèse chez moi, et qui un jour m'a dit « Ce que vous faites ne m'intéresse plus ». C'est comme ça qu'il est allé à l'école et qu'il a fondé un laboratoire de grande valeur, où il a travaillé sur l'élémentaire. Il n'a pas fait du moléculaire, il a fait du cellulaire, disons du cellulo-moléculaire. Il a fait des canaux, il a fait du NMDA, c'est très bien, il a bien bossé pendant sa vie, maintenant il prend sa retraite aussi. Donc ça, ça a été le côté neurobiologie. Moi, j'étais neurophysiologiste, et il y a eu un changement, c'est devenu neurobiologie. Philippe Ascher et d'autres ont été responsables de transformer ça en neurobiologie. Pour eux, la neurophysiologie c'était un truc, mort, fini, et c'était la neurobiologie, c'est-à-dire l'étude de la membrane. Là nous avons des écoles de neurobiologie cellulaire, qui ensuite est descendue sur la molécule. Les anciens, c'est Philippe Ascher, c'est Jacques Glowinski, des gens comme ça, et vous avez des gens plus récents qui sont des moléculaires, en particulier à l'Institut Pasteur, toute une série de gens qui font de la biologie moléculaire. Et puis de l'autre côté, vous avez des intégratifs. Les intégratifs se sont sentis, il y a quinze ans, complètement paumés. Je faisais partie des paumés. Je m'en sortais, on faisait des trucs sur le conditionnement, avec ma femme, on faisait des choses comme ça, mais je dois dire que le cœur n'y était pas vraiment. Et ça a bien changé depuis, nous avons bien évolué, et dans le bon sens, et maintenant nous constituons, grâce aux sciences cognitives, nous nous sommes retrouvés en famille en quelque sorte. La famille est un peu large, tout le monde n'est pas tout à fait d'accord, mais enfin il y a tout de même la neurophysiologie, les neurosciences intégrées ou intégratives – neurophysiologie, on n'utilise plus beaucoup le terme –, et les sciences cognitives. Tout ce joli monde constitue maintenant une entité qui a repris de la force devant la neurobiologie, si bien que c'est très bipolarisé. Ça c'est le premier point : il y a une bipolarisation, et cette bipolarisation subsiste : l'intégratif et l'élémentaire.

Cette bipartition date de quand ?

Autour de 1965 [*en rapport avec la thèse de Phillipe Ascher*]. Et c'est resté à l'Académie, qui est un reflet de beaucoup de choses : nous avons maintenant une section de biologie moléculaire et cellulaire, une section de biologie intégrative, et une section de médecine. Dans la section de médecine, il y a des neurosciences… il y a des neurosciences partout. Dans la section de médecine, il y a Marc Jeannerod ou Michel Jouvet, dans la section de biologie moléculaire, il y a Jacques Glowinski, il y a Jean-Pierre Changeux, il y a Stanislas Dehaene maintenant. Dans la nôtre, on n'est pas très nombreux : il y a moi, il y a Henri Korn… Ivan Assenmacher, qui était un neuroendocrinologiste, qui l'est toujours, mais enfin maintenant il est malheureusement très malade. Voilà à peu près le tableau. Donc nous sommes tous répartis mais il y a vraiment une coupure. Maintenant, je reviens sur ce que disait Jean-Gaël Barbara. Quelle a été l'attitude d'Alfred Fessard ? Du temps de Fessard, la coupure… il n'a pas ressenti la coupure comme moi je l'ai ressentie. Il l'a ressentie beaucoup moins. Il n'était déjà pas jeune quand les choses sont arrivées, j'ai eu l'occasion bien sûr d'en discuter avec lui, mais lui il avait une vue assez syncrétique, une vue assez globale des choses. C'est moi qui ai vécu la grosse tempête, avec mes élèves. Lui aussi a eu des élèves qui sont partis dans l'élémentaire, Tauc essentiellement. Ladislav Tauc a toujours fait de l'élémentaire. Il est venu chez nous en 1947-1948, moi j'étais entré chez Alfred Fessard en 1946, j'y suis resté jusqu'en 61. J'ai fait mes bagages, on m'a donné de l'espace à Jussieu. Fessard n'a pas vécu cette coupure comme moi je l'ai vécue. Alors, sa position… Fessard a écrit un ou deux papiers, il a du me les faire lire autrefois, je ne me souviens plus bien, mais enfin ça ne m'a jamais paru un drame pour lui, comme ça a été un drame pour moi, pour ma femme et surtout pour moi. J'ai senti dramatiquement, j'ai perçu dramatiquement, j'ai vécu dramatiquement cette coupure. Alors, je ne me suis pas du tout raccroché à la cybernétique, pas du tout. Je dois vous faire un aveu : je n'ai jamais beaucoup cru à la modélisation du système nerveux. On peut construire des modèles globaux sur des systèmes à rétroaction, des systèmes en *feedback*, d'accord, mais je n'ai jamais cru à la possibilité d'aller beaucoup plus loin dans la modélisation. Mais je suis tout prêt de changer d'avis. Autrement dit, je sais qu'il y a à côté, pas tellement loin, des cognitivistes pour lesquels la modélisation du système nerveux est un point fondamental. Alors que pour moi, c'est ça pour l'instant. Pourquoi ? Parce que leur démarche de simplification… je ne marche pas avec leur démarche de simplification. Mais ça c'est une attitude… je dirais, un peu personnelle, je ne crois pas à cette simplification. Cela dit, je suis bien obligé de changer d'avis, et je serai sans doute obligé de changer d'avis, quand on voit naître les interactions système nerveux / système physique, avec des micro-électrodes, avec des asservissements à l'extérieur, autrement dit des systèmes mixtes. Là, on en arrive finalement, quand on imagine – c'est presque de la science-fiction – qu'un singe pourrait manipuler, faire marcher un truc rien qu'avec ses décharges de cellules. Ça n'est plus impensable. Donc c'est intéressant. Mais, modéliser complètement le système nerveux, c'est-à-dire théoriser entièrement sans être près de l'expérience – parce que ça c'est être près de l'expérience : fourrer des micro-électrodes dans le cerveau du singe, les brancher sur des amplis, les brancher sur l'ordinateur, faire marcher la machine, etc., c'est pas du tout la même chose. Faire un système nerveux théorique, totalement théorique, moi pour l'instant ça n'évoque chez moi qu'une certaine méfiance, à vrai dire.

Vous n'avez jamais considéré que ça pouvait proposer des hypothèses intéressantes ?

Je dois dire que je n'en ai pas vu beaucoup. Maintenant, là, vous me prenez évidemment en défaut, en ce sens que je n'ai pas lu beaucoup. J'ai préféré lire des choses sur le système nerveux lui-même plutôt que de lire des choses sur les modèles.

Il y avait quand même des gens autour de vous… Qui le faisait ?

Chez nous il n'y avait pas de… Autour de Fessard… [*réfléchit*] je ne voudrais pas dire de bêtise… nous étions tous des expérimentateurs, nous avions tous des animaux, des chats, des singes, des petites bêtes, des grosses bêtes, tout ce qu'on veut, des lapins… On n'était vraiment pas des théoriciens. Fessard avait bien de temps en temps des relations avec d'autres gens à l'extérieur, mais dans notre Institut Marey, qui était notre labo. Je crois que Jean-Gaël Barbara est allé au-delà, il a surinterprété. Fessard a souvent eu des réflexions – je lisais un de ses papiers très récemment – où il parle du conditionnement à l'échelle cellulaire, etc., ce sont de très belles choses, ce sont des points de vue théoriques, mais qui sont toujours restés très proches de l'expérimentation. Il n'est pas parti dans des considérations, même à la McCulloch. Ni bien sûr à la Wiener. Il a du citer Wiener, bien sûr, mais enfin… Il y a un papier, que je n'ai pas vraiment lu, et pourtant Dieu sait s'il me l'a fait lire, mais pour la forme surtout, c'était un papier qu'il avait fait pourune très belle conférence à Sainte Marguerite en 1953 [*Brain mechanisms and Consciousness*]. Il y avait là tout ce qu'on pouvait imaginer comme gens importants de cette période-là – je ne parle pas de moi, je n'étais pas important à cette période-là – mais il y avait Fessard, Bremer, Jasper, McCulloch, Grey Walter, Lashley, et puis des quantités d'autres gens, Hebb aussi bien sûr. Moi, on m'avait collé l'enregistrement des trucs sur magnétophone, c'était une conférence extrêmement intéressante. Fessard avait fait un truc sur la conscience, c'était un des rares papiers théoriques de lui. Il a théorisé de temps en temps, mais à titre uniquement personnel, il n'a pas enseigné vraiment les choses. [...]

Notre neuroscience en France a été gâchée par Louis Lapicque. Il ne faut pas tout de même oublier que lorsque j'ai terminé l'agrégation, à ce moment-là la vie était plus facile que maintenant pour les postes, j'étais agrégé, je sortais de l'école de la rue d'Ulm, il n'y avait pas de problème, on m'a tout de suite collé assistant, sans me demander où j'allais, je me suis retrouvé assistant et je me suis mis du jour au lendemain à enseigner au PCB. Mais il s'agissait de trouver un labo pour travailler ; c'était un peu le chemin inverse de maintenant. Moi je voulais faire du système nerveux – ça m'avait pris pendant la guerre – le système nerveux ça m'intéressait. Alors je suis allé voir les grands pontes du coin. Fessard n'était pas un grand ponte du tout, c'était un petit chargé de recherches au CNRS, seulement c'était le type bien, dans cette affaire. Tout le monde voulait le mettre de côté, en particulier l'école de Lapicque. Il gênait les gens, il gênait Lapicque, et il gênait Monnier. Et c'est comme ça que progressivement, Lapicque et surtout Monnier ont essayé de me mettre la main dessus. Ils n'y sont pas arrivés parce que j'avais déjà mon idée, je savais que je voulais aller chez Fessard, mais on m'empêchait d'aller chez lui. Et finalement, grâce à des intermédiaires et des trucs et des machins, j'ai réussi à m'infiltrer chez Fessard, et on connaît la suite. Mais il y a toujours eu chez Fessard ce côté négatif, que je lui ai beaucoup reproché d'ailleurs, jusqu'à la fin, c'est qu'il s'intéressait beaucoup trop à lutter contre Lapicque. Je lui disais toujours « Laissez-les tranquilles, ce sont des crétins, ce sont des salauds, ne perdez pas votre temps – j'étais assez intime avec Fessard – avec des conneries comme ça, à démontrer qu'ils ont eu tort de dire ci, de dire ça, qu'est-ce que ça peut faire », je disais. Alors il y avait Chauchard, aussi, qui était dans le coup, il y avait des gens comme ça. Mon Dieu, c'était une véritable mafia à la Sorbonne. Chauchard était un élève de Lapicque, un élève admiratif, qui ne faisait plus rien, qui avait fait un peu de chronaxie comme tout le monde, et puis il a surtout écrit des bouquins. Alors, c'est des bouquins qui bien entendu n'ont plus de valeur maintenant, sinon éventuellement pour un historien des sciences, pour démontrer comment on peut dire des conneries. Il y a encore maintenant des queues de comète que l'on rencontre de temps en temps, mais c'est terminé. Mais de temps en temps il y a des gens qui disent « Ah, moi je lisais Chauchard »... Lapicque avait lancé une théorie, la chronaxie, une théorie fausse, qui reposait sur des faits inexacts, et sur une mauvaise connaissance des mécanismes spinaux. Pendant ce temps, Sherrington faisait du bon boulot. Et c'est comme ça qu'on s'est retrouvé avec Sherrington, avec ses théories, toute l'histoire de la statistique – ça c'était pas du McCulloch, c'était vraiment de la physiologie – avec des convergences, des sommations, des inhibitions, des choses comme ça, qui étaient vraiment de la physiologie spinale, bien faite. D'autre part il y avait un Lapicque qui se baladait avec son neurone à chronaxie élevée... des conneries, enfin, n'importe quoi, c'étaient des manips mal faites, mal montées, etc. Nous avons vécu avec Fessard dans un monde de lutte contre... Il y avait Denise Fessard aussi, qui était de mon côté complètement, elle disait toujours à son mari « Mais Fred, qu'est-ce que tu fais avec ces conneries », etc., enfin c'était exactement le même langage que moi. Et puis Fessard : « Oui, mais je veux démontrer qu'ils ont tort », parce que Fessard était un peu un obsessionnel, très comme ça. Alors il a perdu beaucoup de temps à essayer de lutter contre... à la fin il a gagné, parce qu'il est entré au Collège de France alors que Monnier n'y est pas entré, il est entré à l'Institut alors que Monnier n'y est pas entré, etc. Il n'y avait pas photo à la fin, entre Monnier et Fessard, c'est clair. Monnier a été bon joueur, je dois dire, à la fin, il a été très sympa avec moi, j'étais à ce moment-là jeune prof et Monnier était tout de même un vieux prof, et à ce moment-là les histoires Fessard étaient un peu oubliées. On a finalement été copains, on a fait copain-copain, mais ça a été dur après vingt-cinq ans. Alors, si vous voulez, je ne voudrais pas déformer la pensée d'Alfred Fessard, mais je ne pense pas que la cybernétique ait été pour lui un souci fondamental, disons, je ne voudrais pas que ça se dise trop, mais enfin, il a raisonné, il a dépassé l'idée de cybernétique.

Il a raisonné en termes de circuit, c'est vrai, mais pour lui ça n'était pas simplement un petit circuit comme ça, mais vraiment un ensemble. Si vous avez la possibilité de regarder son travail, le truc de Sainte Marguerite, c'est un bon résumé de ce qu'il a vu.

Dans l'ensemble, on aurait l'impression que les Français étaient réticents à la modélisation…

Attention ! Les Français, les Français… Vous avez tout de même… Moi je suis réticent, mais attention, je ne représente pas l'ensemble de la communauté. Mettons que je représente un certain niveau d'âge, tout de même, j'ai 85 ans, bon. Mais cela dit, ce que je ne représente surtout pas, c'est… Parce que les sciences cognitives sont coupées en deux. Il y a d'une part des gens qui pensent que les sciences cognitives c'est tout simplement les sciences de l'esprit, et j'en fais partie. Et puis il y en a d'autres qui considèrent que les sciences cognitives, c'est de la modélisation. Et là, je crois que c'est une cassure, une césure, qui n'est peut-être pas encore officialisée, mais qui se sent, dans les publications, ça se sent dans l'hostilité des gens, enfin on voit les choses comme ça.

Je parlais des années cinquante, soixante…

Oh, eh bien… en physiologie, on ne s'intéresse pas beaucoup à la modélisation.

Quand même, du côté de la cybernétique, les collègues anglo-saxons, il y avait Grey Walter, Mary Brazier, qui étaient très intéressés par la cybernétique…

Oui, bon, Mollie Brazier, ma vieille copine… bon, Mollie était essentiellement une… une bibliographe, disons. Elle ne faisait rien, elle ne faisait pas de manips, elle a fait quelques petits bidouillages[77]… De ce côté-là, nous abordons un autre aspect, c'est le traitement du signal. Le traitement du signal c'est quelque chose auquel je m'intéresse beaucoup, encore maintenant, et nous sommes encore ma femme et moi en train

77 Mary Brazier a aussi joué un rôle clé dans la création de l'International Brain Research Organization dont elle fut plus tard la secrétaire éxécutive (« Early History of IBRO », *op. cit.*). « … pionnière parmi les femmes scientifiques d'avant-guerre et d'après-guerre […] et dans l'analyse informatique des signaux EEG » (*ibid.*, p. 292).

d'écrire un article avec le traitement du signal EEG du singe, du chat et de l'homme, nous faisons des choses de ce genre. C'est pas de la cybernétique, ça c'est autre chose. Ça a commencé très tôt, avec les analyses de fréquence, les analyses spectrales. On voit des rythmes. Quand je suis arrivé, c'était les premières plumes en quelque sorte. On avait des EEG, on travaillait avec des tracés d'EEG. J'ai fait des tracés sur l'homme, aussi, bien que non médecin. Et alors, on avait des rythmes, il y en a partout. L'idée, c'était de faire des analyses de fréquence. On l'a fait au départ parce qu'on était tributaires des bidouillages de la guerre. Avant guerre, on ne savait pas faire ce genre de choses. Après-guerre, c'est grâce au radar qu'on a réussi à avoir des capacités, des condensateurs, qui permettaient de fabriquer des circuits oscillants, parce que l'idée, c'était qu'on envoie les rythmes sur des circuits oscillants qui étaient presque accordés. À ce moment-là, ça se mettait à vibrer, à décharger, et on emmagasinait la puissance. C'est à l'origine de la gazinière de Grey Walter, que je suis allé étudier à Bristol. Il avait construit un bidule qui était à peu près grand comme ça. C'était vraiment une grosse armoire. Pas un frigidaire, plutôt comme une grosse gazinière, enfin, il y avait plein de circuits là-dedans, c'étaient encore des circuits à lampe, des machins comme ça, il n'y avait pas de transistors encore. Je suis allé là-bas pour me mettre au courant, parce que j'étais chargé d'un appareil qui était à 300 mètres d'ici, disparu maintenant, qui était à l'Hôpital Sainte Anne. Les électroencéphalographistes de Sainte Anne m'avaient chargé d'être responsable de l'appareil. J'ai travaillé pendant trois ans, en plus évidemment de mon travail chez Fessard, j'allais à Sainte Anne pour m'occuper de l'appareil et faire des enregistrements humains et des analyses de fréquence. Il n'en est pratiquement jamais rien sorti, sinon que quand on stimulait avec un flash à 30 Hz, comme par hasard le rythme était à 30 Hz, enfin ça c'était des plaisanteries. Ça n'a pas duré très longtemps, l'appareil était tombé en panne, et puis ça a été terminé. On a oublié ça. Entre temps, Grey Walter avait construit autre chose qui s'appelait le toposcope [1957]. C'était un bidouillage invraisemblable qui permettait de suivre sur le cortex… Grey Walter était un génie, il était sympathique, mais fou. Il avait l'idée de chercher véritablement le déplacement des foyers sur le cortex cérébral, avec un toposcope qui était un bidule, un bidouillage sur un oscillo, c'était du genre télévision avant l'heure. Ensuite Grey Walter ça a été fini, il a[78]... bon, c'est fini. L'analyse fréquentielle a été reprise en main par des appareils modernes, que tout le monde a maintenant. Ce sont des appareils qui font des analyses de fréquence. Ce qu'il y a maintenant, ce que nous avons nous au labo, c'est un système d'analyse par ondelettes. C'est-à-dire qu'on a en abscisse le temps, en ordonnée la fréquence instantanée, et puis en troisième dimension, en tridimensionnel couleur, on a la puissance, c'est-à-dire il y en a plus ou moins. Et ça ça nous permet de suivre les EEG d'une façon extraordinaire. Il y a assez peu de gens en France qui font des ondelettes, nous avons la chance d'avoir un dispositif... ça c'est le traitement du signal, ça va son petit chemin. Il y a les cliniciens qui ont des dispositifs, des bidouilleries très bien. Nous, expérimentateurs, nous avons... tenez [*présente un enregistement ondelettes*]. Antoine Rémond, dans les années soixante, avait construit un ordinateur, c'était le début des ordinateurs. Les ordinateurs sont arrivés comme ça dans notre métier. Rémond a fait construire un dispositif pour faire ce qu'il appelait des nappes spatio-temporelles. C'était pas avec hertz contre temps, mais c'était hertz contre espace, c'est-à-dire parties de la tête et fréquences. Il arrivait à montrer où étaient les fréquences sur la tête. Bernard Renaud a pris sa suite, Tony est mort, et Mollie Brazier avait pas mal travaillé à la Salpêtrière avec... mais elle n'a jamais vraiment beaucoup travaillé, elle a surtout beaucoup voyagé, beaucoup écrit. Une gentille femme, adorable, que nous aimions beaucoup. Voilà un peu le circuit, vous voyez, ça s'intrique, c'est assez compliqué. Et la cybernétique là-dedans, je dirais volontiers qu'elle plane un peu, elle est présente mais absente, on ne la cite pas beaucoup. Si vous interrogez quelqu'un d'autre – et vous l'avez certainement fait, et si vous ne l'avez pas fait il faut le faire –, ils vont probablement prendre un air plus pontifiant pour dire « Ah, la cybernétique, formidable ». Moi je suis très, très réservé. Ça n'a pas été un point fondamental, vu par un neuroscientiste. Si vous allez voir un modélisateur, il vous dira sans doute autre chose. Il n'est pas impossible qu'il vous dise que son discours soit complètement l'opposé du mien. Mais vu par un expérimentateur, car tout de même je suis essentiellement un expérimentateur, accessoirement maintenant je suis un lecteur, l'expérimentateur, les expérimentateurs que nous sommes

78 Grey Walter a été victime d'un accident de moto qui l'a laissé gravement handicapé les dernières années de sa vie.

n'ont pas vu la cybernétique comme un concept fondamental. Quand j'ai entendu Wiener pour la première fois, je me suis dit, mais enfin ça existe depuis que les hommes conduisent des bateaux, comment se fait-il qu'il n'y ait pas eu quelqu'un avant lui pour extraire l'idée ? C'était le génie du bonhomme, et effectivement je ne pense pas que conceptuellement ça ait tellement eu d'influence sur la suite.

Peut-être pas au niveau des concepts fondamentaux, mais dans une certaine façon de représenter les phénomènes ou les circuits…

C'est certainement cela, c'est pourquoi il serait utile que vous regardiez un bouquin de traitement du signal. Ce sont des bouquins d'ingénieur : « Ana système », ça c'est mon cours… [*feuillette*[79]] « Analyse des systèmes » « Opérations booléennes sur l'ensemble des parties d'un ensemble »… C'est copié d'un bouquin sur « Équations générales des systèmes physiques linéaires »…

C'est quand même assez mathématisé pour un expérimentateur !

Oh oui, c'est complètement mathématisé. Ce n'est pas de la haute mathématique. [*continue à feuilleter*] « Systèmes d'ordre 1 », « Systèmes d'ordre 2 »… C'est pas bien compliqué. « Opérations booléennes sur l'ensemble des parties d'un ensemble »… « Quelques opérations booléennes de simplification »… « Circuits additionneurs de Boole »… « Introduction aux ordinateurs »… Je m'étais donné énormément de mal pour… « Introduction aux mathématiques modernes, Pisot »… [*mentionne Marc Pélegrin et Henri Atlan*] Tout ça c'est des vieilleries, maintenant ça n'est plus d'actualité. […] Tout ça c'est du Pitts & McCulloch. J'ai trouvé ça formidablement intéressant. Malheureusement, mes étudiants étaient des étudiants de biologie, et ils râlaient un peu parce que je leur faisais un cours de physique, de maths. Mais ils ont accepté, on a fait un deal : je faisais le cours, ils assistaient aux cours, mais ils m'avaient demandé de ne pas poser de questions à l'examen. […] C'est moi qui ai pris l'initiative, quand j'étais au DEA, quand j'avais par conséquent un choix absolu des *topics*, ça m'a intéressé, à ce moment-là j'avais fait pas mal d'analyse des systèmes etc., J'ai dit pourquoi ne pas faire un

79 Ce carton d'archives a maintenant rejoint le fonds des archives de Pierre Buser, en cours de constitution au CAPHES, École normale supérieure.

cours cette année là-dessus ? Vous connaissez ça, on est pris par le moulinet de la préparation du cours, et résultat des courses, voilà... J'ai fait trois ans, je crois, après j'ai arrêté, parce que j'en avais un peu assez. Et le traitement du signal, ça c'était autre chose, j'avais plus de difficultés, c'était moins facile que les systèmes asservis. Les systèmes asservis c'est pas compliqué. C'est ça qui est énorme avec... avec le grand bonhomme [Wiener], c'est finalement que l'idée est simple, et comment ça se fait qu'on n'y ait pas pensé plus tôt. Mais, si on faisait de l'histoire des sciences, quels sont les gens qui autrefois... est-ce qu'il y a eu des précurseurs, dans la cybernétique, est-ce qu'il y a eu des gens qui ont dit la même chose avant, mais sans inventer un nouveau mot ?

Vous disiez qu'il y avait dans la discipline des instrumentateurs, des gens qui s'occupaient des machines ?

Oui, ça c'était le traitement du signal. Il faut séparer le traitement du signal et l'ingénierie des systèmes. C'est pas la même chose. Le traitement du signal, dont je vous ai parlé, ça n'a rien à faire avec la cybernétique, c'est vraiment le traitement de l'EEG, des signaux donnés par le système nerveux central, comme maintenant on fait de l'imagerie cérébrale. Maintenant, on ne s'intéresse plus beaucoup à ces signaux-là, électriques, on préfère prendre les signaux optiques de l'imagerie. Ça, c'est vraiment l'avenir du système nerveux, l'avenir de notre connaissance du système nerveux, l'IRM, le positon, enfin surtout l'IRM. Dans votre cas, le traitement du signal, c'est pas vraiment le truc. C'est vraiment l'ingénierie des systèmes.

Dans ce versant ingénierie des systèmes, vous m'avez parlé de ces livres sortis dans années soixante. Vous-même, où avez-vous appris à faire ce type de schéma [d'une boucle de rétroaction] ?

C'est dans ces bouquins. Ce sont des bouquins de technologie des systèmes[80]. C'est pas de la haute mathématique, attention. Ça a l'air comme ça, un peu effrayant parce qu'il y a des tas de schémas. Et puis il y a beaucoup d'équations différentielles. Les équations différentielles,

80 « Je me suis jadis beaucoup servi d'un bouquin de la collection Dunod, par Gille, Decaulne et Pélegrin » (P. Buser, communication personnelle, courrier électronique, 2 février 2007) ; à propos de ce manuel, voir p. 168-171.

c'est pas dramatique. Si c'est des équations différentielles simples, des équations linéaires… à partir de l'instant où c'est pas linéaire, c'est le bordel, ça devient autre chose.

Compléments par courrier électronique, 27 février 2007 :

Voici quelques questions que je souhaite vous poser en complément de notre entretien du mois de janvier sur la cybernétique et les neurosciences :

- *où et quand avez-vous bénéficié d'une formation en mathématiques ?*
- *qu'est-ce qui vous a amené à vous intéresser à la théorie des systèmes ? dans quelles circonstances en avez-vous entendu parler ?*
- *vous m'avez présenté votre activité et et votre environnement de recherche de l'époque (années 50-60) comme relevant de l'expérimentation, avec une certaine distance critique à l'égard de la modélisation. Ne considérez-vous pas le recours à la théorie des systèmes, au traitement du signal et aux réseaux de neurones à la McCulloch comme de la modélisation, et pour quelle raison ?*
- *vous m'avez dit que la plupart des gens autour de vous étaient des expérimentateurs, mais vous m'avez aussi parlé d'autres personnes qui faisaient de la modélisation, avec apparemment peu d'échanges entre les deux groupes. Qui étaient ces modélisateurs, à quelle institution étaient-ils rattachés ? Dans quelles circonstances avez-vous fait connaissance avec eux ?*
- *vous avez insisté sur le fait qu'il était très difficile, et toujours incertain aujourd'hui, d'identifier des circuits de* feedback *dans le cerveau. Pourquoi avez-vous cependant estimé important de donner un cours de théorie des systèmes à vos étudiants, et de vous former vous-même en la matière ?*

J'ai fait des maths en prépa, en classe dite NSE, dont le programme combinait celui de taupe pour les maths (sauf les matrices et le quadriques, allez donc savoir pourquoi) et un solide programme de physique et de biologie. Je parle au passé car je ne suis pas sûr que l'NSE existe toujours telle. Du coup, j'ai tout naturellement saisi la première occasion de suivre les premiers pas des modèles théoriques, en particulier les papiers de Lettvin et MacCulloch. Mais cela fut une activité tout à fait latérale. J'ai toujours été, et suis encore à cet égard très schizoïde, ne mélangeant en aucun cas mon travail expérimental et ce que je considérais un peu comme mon jardin secret. Je ne me suis jamais trop demandé où commençait la modélisation. Je me méfiais trop du danger de bricolage.

Mes échanges avec les modélisateurs (si l'on peut ainsi les appeler) furent essentiellement avec McCulloch, que j'ai assez bien connu, mais qui était un pur théoricien (avait-il jamais vu un neurone ?), avec Grey Walter, le génial British bricoleur de Bristol qui, lui, a introduit le premier des dispositifs d'analyse du signal EEG (analyse spectrale en particulier) dont je fus responsable à Sainte Anne pendant un moment (cela se passait autour des années cinquante). J'eus aussi connaissance d'un autre Anglais assez génial dont on a bien perdu le souvenir, c'est-à-dire Ashby. En France, je ne vis personne, ou presque.

Quand à mon goût pour la théorie des systèmes, il m'est venu tout naturellement car, ce que je n'ai pas dit, est que par nécessité d'alors, je dus me coller à la construction de dispositifs électroniques, amplis et stimulateurs, non achetables encore dans le commerce. J'avais acquis une bonne connaissance de l'électronique dans l'armée d'Afrique en 1945 (oui, l'armée sert quelquefois…) et, installé à Marey, je me mis à la construction, en collaboration avec Denise Albe-Fessard, ingénieur de talent.

Tout naturellement, cet esprit ingénieur m'orienta vers les systèmes. Les idées théoriques qui traînaient alors et traînent toujours sur le *feedback* dans le cerveau m'ont poussé à essayer d'en savoir plus. Mais tout cela, encore une fois, sans pour autant m'associer à des élucubrations que je considérais comme trop simplistes. C'était un peu l'art pour l'art, très schizoïde aussi.

Un lien entre mon travail expérimental et la théorie des systèmes serait, à bien chercher, négatif. J'ai passé énormément de temps à tenter de trouver un *feedback* écorce cérébrale thalamus, et ne l'ai jamais trouvé. J'y ai renoncé et n'y crois toujours pas, alors qu'il traîne un peu partout des considérations qui introduisent cette circuiterie.

Un autre lien, beaucoup plus solide et qui m'a conduit à réfléchir aux systèmes, est basé sur les opérations de guidage visuo-moteur chez le chat et le macaque. Ce niveau beaucoup plus global et molaire d'opérations sensorimotrices, où le *feedback* est évident, m'a manifestement encouragé (et m'encourage encore) à penser « circuits ».

Et je pourrais continuer. Mais les souvenirs se chevauchent beaucoup dans ma tête. En tout cas, y réfléchir me force à constater cette curieuse coupure entre mon travail expérimental et mon souci permanent d'en apprendre plus sur la théorie. Quant à l'enseignement, c'était tout à fait naturel, car c'était hélas mon métier. Mais là aussi, coupure totale. En cinquante ans d'enseignement, je n'ai *jamais parlé* de ce que je faisais dans mon laboratoire. Alors que tant d'autres petits collègues se régalent à « causer d'eux-mêmes » ! ! !

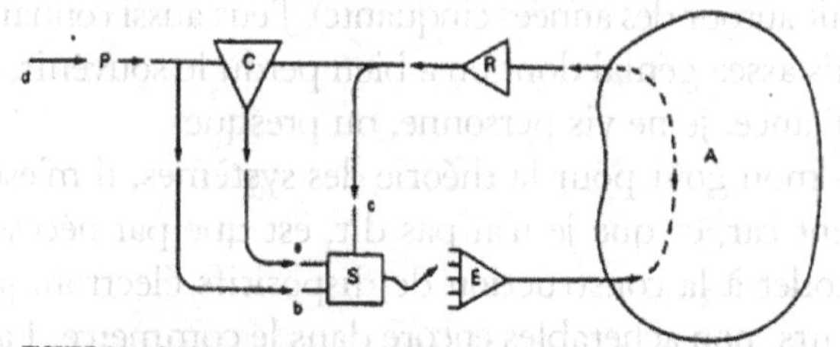

FIGURE 2.1 - Schéma opérationnel résumant l'exécution d'un mouvement et son contrôle : « boucle ouverte » et « boucle fermée ».

Un mouvement est programmé en P; le comparateur C évalue la différence entre le mouvement à exécuter et la situation existant dans le milieu où s'opère l'action (A), ceci à travers le système récepteur (R). L'exécution (selon a) par le système effecteur (E) est commandée par le dispositif distributeur d'excitations S. On envisage également selon (b) la possibilité d'une action en « boucle ouverte » à partir du programme P et en (c), celle d'une action directe sans intervention du programme et du comparateur (réflexe simple). Selon (d), action déclenchante, identifiée ou non, du programme P.

Tout mouvement élaboré (c'est-à-dire doué d'une finalité précise pour l'organisme) comme aussi tout maintien d'une posture devront nécessairement être contrôlés « en retour » par l'organisme lui-même, en sorte que les ajustements ou corrections indispensables soient effectués à tout instant. Cette rétroaction (*feed-back*) sera fondée, selon les cas, sur des informations somatiques, extéroceptives ou proprioceptives, ou sur des informations visuelles (ou autres). Traduit en schémas opératoires cybernétiques, ce système suppose (fig. 2.1) un programme (P), un système d'exécution (S) dans le champ d'action (A), une boucle de contrôle en *feed-back* qui, par un récepteur (R) informe le système en retour, et enfin un dispositif comparateur ou « détecteur d'erreur » (C) qui évalue à chaque instant l'écart entre la contraction réalisée et le but à atteindre (le programme). Sans développer ce point de vue dans ses détails, retenons cependant qu'en analyse des systèmes en feed-back, on établit une distinction classique entre : *a*) des dispositifs qualifiés de *régulateurs*, dont le but est de maintenir la variable d'état du système constante en dépit des perturbations externes; le programme définit dans ce cas un *point de consigne*; *b*) des dispositifs dits *servomécanismes* dans lesquels l'état du système doit évoluer dans le temps selon le programme P prévu. On saisira sans peine que le maintien d'une posture exige un dispositif de type régulateur tandis que l'exécution d'un mouvement relève d'un système de servo-mécanisme. Ajoutons qu'il existe vraisemblablement (fig. 2.1 b, c) des actes non contrôlés par feed-back : on parle dans ce cas d'une action programmée en « boucle ouverte » (ou *feed-forward*). Il peut s'agir de « routines » (ou « sub-routines ») à partir de P pour lesquelles la probabilité de non-erreur est très élevée ou bien d'une commande directe à partir des récepteurs. On imagine aisément que l'exécution de tout acte moteur intégré puisse pratiquement relever tantôt de l'une tantôt de l'autre modalité opératoire selon les besoins, les difficultés présentes, etc.

FIG. XVI – P. Buser, M. Imbert, *Neurophysiologie fonctionnelle*, Paris, Hermann, 1975, p. 84.

ENTRETIEN AVEC ALAIN BERTHOZ (NÉ EN 1939), 5 NOVEMBRE 2013 ; 5 FÉVRIER 2014

Après un bac sciences et un bac philo, j'ai obtenu un diplôme d'Ingénieur civil des Mines, plus une licence de psychologie. Bertrand Schwartz, directeur de l'école des Mines, m'avait laissé faire la licence de psycho, et être dispensé de certains cours. C'était l'ouverture de l'école des Mines à Nancy. Bertrand Schwartz était un homme qui avait une formidable ouverture d'esprit. Il a permis à plusieurs d'entre nous, qui étions un peu des gens « aux frontières », de réaliser leur vie comme ils le souhaitaient. Par exemple il a laissé mon « filleul » de l'époque, Jean-Claude Trichet, devenu directeur de la Banque de France, faire des études d'économie. Je voulais améliorer les conditions de travail et j'ai choisi l'ergonomie et la physiologie du travail. J'ai été recruté au CNRS par Alain Wisner et Jean Scherrer, dirigeants du laboratoire de Physiologie du Travail du CNRS, dont la localisation était à l'INOP, 41 rue Gay Lussac, dans un bâtiment qui appartenait au CNAM (puisque Wisner était professeur au CNAM).

Qu'est-ce qui vous avait porté vers le travail, vers l'ergonomie ? Pourquoi est-ce que cela vous intéressait ?

Parce qu'en fait j'avais hésité entre la médecine et l'ingénierie. Je m'intéressais à la fois au sort des hommes et aux machines. J'ai fait une école d'ingénieur, parce qu'Alexandre Minkowski, mon parrain, m'avait dit qu'en France, après une grande école, on pouvait faire ce qu'on voulait. Mon grand-père était ingénieur polytechnicien, il fabriquait des avions et des locomotives, ses deux frères étaient polytechniciens. Il y avait une culture de l'ingénieur dans la famille. J'avais aussi des projets humanistes. J'étais parti à 17 ans supprimer l'Apartheid en Afrique du Sud avec une « Bourse Zellidja ». En fait je n'étais pas arrivé en Afrique du Sud mais en Côte d'Ivoire, où il n'y avait pas d'apartheid ! Rappelez-vous que Paul Nizan a dit que si on n'est pas socialiste ou si on n'a pas envie d'aider l'humanité à vingt ans, on ne le fera jamais. Je voulais – et d'ailleurs je souhaite toujours, puisque j'ai fait un grand colloque sur le Travail au Collège de France ici il y a cinq ans – améliorer les conditions de travail. Je suis donc entré dans ce laboratoire avec cet objectif et j'ai fait une première thèse sur les effets des vibrations sur l'homme. J'ai secoué des gens dans les caves de la rue Gay-Lussac pour étudier les effets biomécaniques des vibrations sur le thorax des conducteurs de tracteur. C'était une application des sciences de l'ingénieur à un problème de biomécanique et de physiologie humaine.

Le fait que vous soyez ingénieur de formation, c'est ce qui intéressait Scherrer et Wisner ?

Je crois effectivement que le fait que j'ai une formation d'ingénieur, avec une licence de psycho n'était pas fréquent ! Oui, cela intéressait le laboratoire et a contribué peut être au fait que j'ai été pris au CNRS, en physiologie. Mais je crois que c'est surtout leur sens de ce qui était nécessaire pour faire de la recherche de qualité, avec une approche moderne, de problèmes de physiologie.

Est-ce que le poste était fléché, ils avaient prédéfini un profil d'ingénieur ?

Non, je ne crois pas. Je crois qu'il y avait, dans cette commission du CNRS, Bernard Metz, le directeur du Centre bioclimatique de Strasbourg, il y avait des gens très ouverts qui étaient des physiologistes. On estimait que le travail était un domaine dans lequel il pouvait y avoir une approche scientifique. Avoir un « hybride » comme moi, avec une formation d'ingénieur, une licence de psychologie et un intérêt pour la physiologie – en plus, j'avais fait un stage chez Jacques Leplat en psycho du travail, avant de décider de faire de la physio –, c'était visiblement une possibilité de développer cette approche, mise en œuvre dans les grands instituts de l'époque, comme l'Institut de biologie climatique du CNRS à Strasbourg, qui a été un énorme institut du CNRS. De plus la recherche sur le travail existait au CNRS, il y avait la physiologie du travail, la psychologie du travail, la sociologie du travail dans diverses commissions du CNRS, ce qui n'est plus le cas maintenant. Je le regrette.

Quand vous avez commencé vos recherches à l'INOP, c'était avec Alain Wisner et Jean Scherrer ?

Jean Scherrer était professeur à la faculté de médecine de la Salpêtrière. C'était un neurologue, un homme dans la tradition des grands médecins venant de Toulouse, Camille Soula, etc., d'une grande filière venue d'esprits éclairés. Comme d'ailleurs Yves Laporte, mon prédécesseur au Collège de France, qui était de Toulouse. Il y avait une école de pensée, je n'ose pas dire de gauche, mais une école d'hommes qui cherchaient à lier médecine, science, au service de causes humanistes. Scherrer était le directeur, et Wisner sous-directeur de ce laboratoire. Le Pr Hugues Monod, médecin, fut ensuite Directeur du Laboratoire. En même temps, à l'INOP, il y avait un laboratoire de psychologie du travail (Jacques Leplat), de sociologie du Travail (Suzanne Pacaud), et n'oubliez pas que c'est dans ce bâtiment que Jacques Paillard a fait sa thèse. Donc ce lieu fut un centre intéressant. Il abritait quatre ou cinq domaines majeurs.

Vous aviez une certaine liberté dans vos recherches ?

J'ai bénéficié de l'extraordinaire ouverture de Wisner. J'ai trouvé installée la table vibrante, qui est toujours là, sur laquelle je secouais des gens. J'allais clandestinement la nuit en train de Paris à Orléans pour étudier les conducteurs de rapides motrices électriques nouvelles qui se plaignaient de troubles divers. On ne savait pas si c'étaient les vibrations ou le stress. Nous sommes allés étudier les ouvriers opérateurs de marteaux-piqueurs avec les syndicats à Usinor-Dunkerque. Ils avaient des maladies professionnelles que les médecins « maison » refusaient de reconnaître. J'allais aussi mesurer les vibrations que subissaient des conducteurs de pelleteuses. J'ai fait une première thèse de biomécanique sur ces pelleteuses. Donc j'avais une vie d'ergonome, on peut dire. Mon directeur de thèse de biomécanique était le professeur Vichnievsky, professeur de mécanique à Paris. J'étais allé aussi voir du côté du monde de l'aéronautique, et j'avais utilisé des capteurs d'accélération utilisés à l'époque en aviation. De plus j'avais fait mon service militaire au Centre d'essais en vol de Brétigny, dans les centrifugeuses, donc j'avais une culture d'ingénieur et un grand intérêt pour la technologie. Mais, en parallèle, j'ai pu développer des expériences de neurobiologie fondamentale. Je suis parti aux États-Unis, un an, je suis revenu, et Wisner m'a laissé dans ce laboratoire développer des recherches de neurobiologie, et faire les parmi les premiers enregistrements intracellulaires chez l'animal réalisés en France sur les mécanismes des mouvements des yeux. J'ai été maître de recherche très jeune, parce que mes directeurs ont accepté l'idée qu'on pouvait à la fois faire des études sur les vibrations très appliquées, et de la neurophysiologie fondamentale. Donc j'ai été complètement libre. J'ai fait des études sur la perception du mouvement chez l'homme et des projets très originaux et audacieux. Cet éclectisme fut toléré et, mieux encore, aidé avec générosité. J'avais visiblement une pensée de physiologiste avec une approche fonctionnelle « systèmes ». Par exemple, pour la question des vibrations, je m'étais dit « Ces résonances, doivent être dues à des oscillation neurales et pas seulement biomécaniques ». J'avais été contacté par un urologue, qui était venu me voir en disant « Vous secouez des gens, mais vous savez, les gens qui ont des calculs rénaux, à Montréal, on les fait descendre sur une rue recouverte de pavés ». Donc, j'avais tiré, dans les caves de la rue Gay Lussac, avec Jarriault, sur les uretères de lapins. Nous avons vérifié que les oscillations mécaniques modifiaient le rythme du péristaltisme urétéral. J'avais aussi formulé l'hypothèse qu'il y avait quelque part des mécanismes d'oscillation résonants, mais dans lesquels le système nerveux jouait un rôle important. Je m'étais rapproché de Claude Perret, un neurophysiologiste qui travaillait à Paris VI chez Pierre Buser. Des physiologistes russes, Shik et Orlovsky, avaient découvert qu'il y avait quelque part dans la réticulée mésencéphalique – c'est une très grande découverte – un centre de déclenchement de la marche. Claude Perret avait été travailler avec eux. Il étudiait la physiologie de la marche, sur le chat, qui marchait spontanément. Cela s'appelait la « marche fictive ». Il enregistrait la contribution des fuseaux neuromusculaires à la régulation des oscillations rythmiques de la marche. J'étais allé le voir en lui disant « Mais moi, j'ai construit une machine à appliquer de petites forces oscillantes, et on devrait faire la fonction de transfert des fuseaux pendant le cycle de marche ». Nous avons appliqué les concepts de l'analyse des systèmes asservis pour tester les propriétés dynamiques de ces capteurs.

La décision de partir aux États-Unis ?

J'avais trouvé des articles et des livres sur le système vestibulaire. Comme j'enregistrais les mouvements de la tête sur ma table vibrante et sur les engins de chantiers, j'avais remarqué des oscillations. J'avais eu l'attention attirée là-dessus, et j'avais dit à mon patron, qui était ORL, « On a dans l'oreille un capteur inertiel ». Comme j'étais ingénieur, j'ai été captivé par l'idée que nous avons un capteur inertiel contrôlant peut-être les mouvements de la tête et l'équilibre. J'avais découvert des documents de la NASA sur le rôle du système vestibulaire dans les vols spatiaux. J'ai voulu partir aux États-Unis. Je suis allé au congrès de physiologie à Atlantic City. J'ai visité le centre de la NASA, où j'ai rencontré les chercheurs. J'ai été visiter Portland, Chicago, MIT. J'ai découvert l'existence d'une physiologie et d'une psychophysiologie du rôle du système vestibulaire chez l'homme. J'ai hésité un temps à faire un long séjour à MIT avec des ingénieurs, ou à Minneapolis et Chicago pour la neurophysiologie. À Minneapolis, il y avait Carlo Terzuolo, un pionnier de la neurophysiologie moderne qui travaillait sur le système vestibulaire, et qui appliquait les principes de l'analyse des systèmes asservis à cette étude. J'ai décidé de faire le détour par cette neurophysiologie fonctionnelle, inspirée de concepts modernes liés aux sciences de l'ingénieur, plutôt que d'aller à MIT. J'ai passé un an là-bas. Je suis revenu et j'ai fait ma deuxième thèse, de neurophysiologie, sur le système vestibulaire et le mouvement des yeux[81].

Revenons à vos travaux de biomécanique. Vous aviez étudié les asservissements à Nancy ?

On n'avait pas de cours d'automatique. À Paris, quand j'ai fait ma première thèse de biomécanique[82], j'ai découvert le livre de Gille, Decaulne et Pélegrin [*cf.* p. 168-171]. J'avais essayé de décrire les fonctions de transfert, puisque j'utilisais des oscillations pour tester divers systèmes. Je testais les propriétés biomécaniques du système tête-tronc-corps comme un système masse-ressort, je faisais varier la fréquence et je faisais une fonction de transfert. Je mesurais des phases et des gains, j'ai appliqué mes connaissances d'ingénieur pour utiliser l'analyse des systèmes linéaires à divers sujets.

81 A. Berthoz, *Contrôle vestibulaire des mouvements oculaires et des réactions d'équilibration chez le chat*, thèse, université Paris VI, 1973.

82 A. Berthoz, *Étude biomécanique des vibrations de basses fréquences subies par l'homme*, thèse, faculté des sciences de Paris, 1966.

Comment avez-vous entendu parler de ce livre ?

En allant visiter les rayons des Presses universitaires de France. J'avais été impressionné à l'époque par Richalet [*cf.* supra, et p. 188-200]. J'avais été à des séances de la Société française de physiologie ou Richalet, ingénieur, avait fait des communications en disant qu'il fallait étudier les propriétés dynamiques des muscles et des récepteurs musculaires par des méthodes de systèmes asservis. Cela m'avait plu.

Cette intervention de Richalet à la société de physiologie, c'était quelque chose d'exceptionnel ?

Oui, et je me souviens d'une intervention critique de Mme Albe-Fessard, grande neurophysiologiste, qui ne croyait pas beaucoup à cette approche[83]. C'est l'ouverture interdisciplinaire du neurologue Tardieu, qui avait travaillé avec Richalet et l'avait interrogé, un peu comme le neurologue Scherrer qui s'est intéressé à l'ingénieur Berthoz. Il y a eu des patrons de médecine, qui avaient des laboratoires de recherche et le désir de mettre en œuvre des méthodes quantitatives alors que, jusque là, la neurologie était une discipline reposant sur la sémiologie, le signe.

Votre réseau américain ?

Mes maîtres et collègues américains sont nombreux. Un des plus importants, Carlo Terzuolo, était un neurophysiologiste italien, élève de la grande école de neurosciences italienne. Il est parti à Minneapolis, et a été l'un des premiers au monde à faire des enregistrements intracellulaires, dans la moelle, etc.[84] À peu près au moment où je suis arrivé chez lui, c'est-à-dire en 1968-1969, il a dit à ses élèves : « J'arrête de faire de l'enregistrement de neurones uniques, car nous ne comprendrons jamais le fonctionnement du cerveau si nous ne reprenons pas une approche globale comportementale pour comprendre les algorithmes avant de plonger nos électrodes. ». Il n'y avait dans son laboratoire que des ingénieurs ! Il a acheté un ordinateur IBM à cartes, et il a fait des fonctions de transfert en s'inspirant des théories des systèmes asservis. Le

83 Comparer avec annexe p. 680.

84 Voir les deux numéros en hommage des *Archives italiennes de biologie. A Journal of Neuroscience*, vol. 140, n° 3, n° 4, 2002.

jour où je suis arrivé à Minneapolis, il nous a amenés dans un « *resort* » au fin fond du Minnesota à Brainerd, où il avait organisé un séminaire qui s'appelait « Systems analysis in neurophysiology ». Il y avait là Peter Matthews, Michael Arbib, Hartline, qui travaillait sur l'œil de la limule ; il y avait Gerstein, ou Perkel, l'un des deux, qui faisait des modèles de codage neuronal. Nous avons eu une semaine de cours de cybernétique et d'analyse des systèmes. J'étais venu à Minneapolis avec une machine à produire des forces. J'avais inventé un « moteur couple à poudre », avec lequel j'avais fait des études à la Salpêtrière sur le bras. Terzuolo m'avait donné comme sujet de faire une étude en tirant sur le muscle des chats décérébrés pour étudier les fonctions de transfert des systèmes alpha-gamma, etc. Il y avait dans le laboratoire, à l'époque, Paolo Viviani, ingénieur polytechnique de Milan, qui ensuite a travaillé dans mon laboratoire, et qui est devenu chercheur en Europe[85]. Terzuolo a été à l'origine d'une école de jeunes ingénieurs faisant de la neurophysiologie en utilisant les concepts de l'analyse des systèmes. Même Dick Poppele continue à travailler avec Francesco Lacquaniti, neurologue, auquel Terzulolo avait fait suivre des cours de maths. Il a donné à chacun des bases pour appliquer les asservissements à l'étude de bases neurales du mouvement. Minneapolis ne fut pas le seul endroit ou les asservissements ont été utilisés. Emilio Bizzi à MIT, grand neurophysiologiste, est allé plus tard suivre des cours de robotique, et a fait des recherches magnifiques sur le codage du mouvement dans la moelle. Son travail chez la grenouille à inspiré des appareils de réhabilitation chez l'homme, dont le nouvel appareil qui s'appelle « MIT-Manus ». De retour en France, j'ai aussi coopéré avec Larry Young, ingénieur, professeur au département d'astronautique de MIT. Il était lui-même élève de Larry Stark, un ingénieur qui avait appliqué des méthodes de la cybernétique à l'étude des mouvement des yeux en Californie[86]. J'avais d'ailleurs rencontré Larry Stark. J'avais pris ma voiture et traversé les États-Unis pour aller le voir, de Minneapolis à San Francisco, parce qu'il organisait un symposium sur les mouvements des yeux. Il y a donc eu aux États-Unis une école, soit de neurobiologistes, comme

85 P. Viviani, C. A. Terzuolo, « Modeling of a Simple Motor Task in Man: Intentional Arrest of an Ongoing Movement », *Kybernetik* n° 14, 1973, p. 35-62.

86 S. Usui, « On Lawrence Stark and Biomedical Engineering », *Scientiae Mathematicae Japonicae Online*, 2006, p. 861-863. L. D. Stark, *Neurological Control Systems. op. cit.* (volume préfacé par W. McCulloch).

Terzuolo, qui ont formé à la neurophysiologie des ingénieurs, soit ingénieurs, comme Stark, qui ont formé des physiologistes à ces théories et méthodes quantitatives.

Le retour en France, le contexte français ?

Je suis revenu des États-Unis avec un double bagage : premièrement, un bagage d'utilisation des méthodes (si l'on peut dire) d'étude des systèmes asservis, pour l'étude des réflexes – donc ça c'était chez Terzuolo à Minneapolis – et deuxièmement, l'apprentissage que j'avais fait à Chicago, chez Rodolfo Llinas, des techniques d'enregistrement intracellulaire pour l'étude des bases neurales de l'oculomotricité, des mouvements des yeux. Revenant des États-Unis avec ce double bagage, j'ai créé rue Gay-Lussac, à l'INOP, avec l'accord d'Alain Wisner, une petite équipe de recherche, avec des thèmes nouveaux. J'ai abandonné la biomécanique des vibrations. J'ai monté un poste d'électrophysiologie pour l'étude chez le chat des bases neurales des mouvements des yeux, avec des méthodes intracellulaires. Les chercheurs américains qui travaillaient sur l'étude des bases neurales du contrôle des mouvements des yeux chez le chat ou chez le singe furent en grande majorité des ingénieurs formés justement à la discipline des systèmes asservis dans des départements d'*Electrical Engineering.* Par exemple, David Robinson, Albert Fuchss, Steve Lisberger, etc., faisaient à la fois des expériences d'enregistrement de neurones et des modèles. Ils proposent notamment la théorie dite « de l'intégrateur » pour le réflexe vestibulo-oculaire : à partir de la détection, par les canaux semi-circulaires, de l'accélération angulaire de la tête, ce qui est contrôlé c'est la position de l'œil, il y a donc passage d'une accélération à une position, qui serait fait grâce à un « intégrateur » neuronal, au sens justement des concepts des systèmes asservis, situé dans le tronc cérébral comme l'avait pressenti le grand physiologiste Lorente de Nó. Ces modèles ont inspiré mes premiers travaux et enseignements lorsque je suis revenu en France.

Ce sont des modèles qui servent à construire des hypothèses ?

Ils servent de guide à l'enregistrement. C'est-à-dire qu'on va aller enregistrer des neurones dans les noyaux vestibulaires, dans les structures qui sont dans le tronc cérébral, en disant : « Où est l'intégrateur ? ». C'est un modèle intéressant, qui guide et en même temps fournit les variables de mesure : on applique à l'étude de la relation entre entrée et sortie de systèmes sensori-moteurs l'analyse fréquentielle classique des systèmes asservis. On traite les données par l'analyse de Fourier, etc. C'est vraiment l'application directe des concept de base de l'analyse de Fourier des systèmes asservis linéaires. Les mêmes méthodes furent appliquées chez l'homme. Par exemple, en plaçant les sujets sur des plateaux qui tournent et en mesurant l'entrée (la rotation de la table) et la sortie (le mouvement de l'œil, ou le mouvement de la tête, ou la perception de la rotation). Les journaux *Journal of Neurophysiology*, *Experimental Brain Research*, *Biological Cybernetics*, témoignent de cette production. Je me souviens d'une entrevue avec Alfred Fessard. Il m'avait conseillé de publier dans le journal nouvellement créé à l'époque, *Biological Cybernetics*, car il croyait beaucoup à l'utilisation de modèles inspirées de ce domaine. Ce journal encore aujourd'hui est une référence pour de nombreux travaux de modélisation.

Vous arrivez à monter des dispositifs expérimentaux chez l'animal et chez l'homme ?

Je suis un ingénieur. Toute ma vie, j'ai toujours fabriqué des machines nouvelles, ça continue d'ailleurs. Donc j'ai récupéré une table tournante utilisée en aéronautique, que nous avons utilisée pour monter un poste pour tenir des animaux, et nous avons fait des mesures des mouvements des yeux. En parallèle, dans les caves de la rue Gay-Lussac, j'ai commencé à travailler sur la posture et l'équilibre. Le sujet est sur un chariot que l'on déplace vers l'avant ou vers l'arrière pour lui faire perdre l'équilibre. C'est une méthode très inspirée des techniques de stimulation impulsionnelle utilisées pour tester des systèmes asservis. J'ai étudié la biomécanique de l'équilibre et l'activité musculaire en même temps, puisque je suis devenu un physiologiste. Nous avons fait une expérience, célèbre à l'époque, sur le rôle de la vision dans le rattrapage de l'équilibre. Je me trouve un jour dans un congrès international de physiologie à Paris, avec un poster dans lequel je dis que la vision joue un rôle dans le maintien de l'équilibre. En face de moi, un chercheur américain, Lewis Nashner, qui venait de MIT, ingénieur, formé chez Larry Young, donc dans une école qui applique toutes les techniques de systèmes asservis. Il prétendait le contraire. Il avait, lui, développé une plate-forme qui inclinait en rotation. Comme personne n'est jamais venu voir nos posters, on en a discuté, et je l'ai défié : je lui ai dit « *Come to Paris and we show together that vision is important* ». Il est venu, et on a mis au point une expérience utilisant ses connaissances d'ingénierie, de stabilisation de la tête, qui a montré que la vision contribue. Nous sommes allés au BHV acheter une espèce de cage en polystyrène qu'on avait fabriquée, qu'on mettait autour de la tête du sujet pour faire un petit monde visuel, et on asservissait ce monde visuel aux mouvements de la tête. Lorsque le sujet tombait la vision disait au cerveau « Tu ne tombes pas ». Dans ce cas il n'y avait pas de réponse. Donc la vision contribuait au rattrapage rapide[87]. Dans ce cas, ce fut l'utilisation d'une technologie d'asservissement, par un ingénieur brillant venu de MIT, mise au service d'une problématique sur la coopération multisensorielle ou la régulation de la posture. J'ai exploré une autre problématique, qui elle aussi venait de mes visites à MIT. J'avais décidé d'étudier ce qu'on appelle la vection linéaire, c'est-à-dire la perception, par la vision, du mouvement propre du corps, et sa coopération avec le système vestibulaire. L'arrière-plan était d'essayer de comprendre comment deux capteurs ayant des fonctions de transfert différentes (le système vestibulaire étant un accéléromètre, mais déphasant, avec des changements de phase, mesurant finalement la vitesse alors qu'il mesure l'accélération ; et la vision, ayant des fonctions de transfert beaucoup plus lentes), comment ces deux systèmes contribuent. Nous avons fabriqué une autre machine, par laquelle on asseyait le sujet sur un siège avec des roulettes, et on le mettait dans un système de miroirs qui lui donnaient l'illusion visuelle de déplacement (je l'ai publiée dans mon livre *Le sens du mouvement*[88]). Cela devint la thèse de Bernard Pavard, qui était lui aussi un ingénieur.

En France, il commence alors à y avoir des ingénieurs qui arrivent en neurophysiologie ?

Oui, Bernard Pavard, mon premier étudiant. C'est venu plus tard, le recrutement, quand j'ai commencé à monter le labo. C'est là qu'ont commencé à venir les ingénieurs. La posture, je l'ai faite avec un physiologiste qui s'appelait Francis Lestienne, qui n'était pas un ingénieur. Pavard

87 L. Nashner, A. Berthoz, « Visual Contribution to Rapid Motor Responses During Postural Control », *Brain Research* n° 150, 1978, p. 403-407.

88 A. Berthoz, *Le Sens du mouvement*, Paris : Éditions Odile Jacob, 1997.

était ingénieur, Jean Foret était ingénieur des Mines, mais il travaillait sur autre chose, sur le sommeil ; il y avait Dominique Rostolland, qui travaillait sur l'acoustique. Donc on était une équipe d'ingénieurs, rue Gay-Lussac, dans cette période-là. Et puis, est venu travailler avec moi, sur le quatrième poste que j'ai monté, Paolo Viviani. Un poste d'étude des mouvements des yeux chez l'homme, qui était le premier poste en France où l'on pouvait enregistrer les mouvements des yeux par une méthode des solénoïdes inventée par David Robinson aux États-Unis. On noyait, dans une petite lentille de contact, un petit solénoïde qu'on plaçait sur l'œil du sujet, avec un petit fil qui dépassait, et le sujet était placé dans un cadre avec quatre bobines qui généraient des champs magnétiques oscillants. Chaque fois que l'œil se déplaçait, ce solénoïde, qui était donc placé dans un champ, était parcouru par un petit courant, et donc on pouvait corréler la position angulaire de l'œil au courant. On mesurait le mouvement de l'œil dans deux dimensions, horizontale et verticale. C'était la méthode la plus précise au monde pour faire ça, quelques fractions de degrés, vraiment très précise. Avec Viviani, nous avons fait des études sur les mouvements des yeux. C'est un ingénieur, lui aussi, devenu physiologiste. On n'a pas fait d'utilisation, ensemble, des systèmes asservis, et de cette méthodologie, parce que nous étions tous les deux, dans ces expériences, sur des pistes plus orientées vers des aspects très cognitifs. J'avais été influencé, à l'époque par l'école de psychologie et de physiologie russe. J'étais parti à Moscou, où j'avais rencontré des chercheurs remarquables qui travaillaient sur les mouvements des yeux et sur la marche. Ils avaient une conception extrêmement avancée, très cognitive, liant perception et action. Élèves des grand physiologistes russes, Nicolas Bernstein en particulier, ils avaient des idées théoriques très originales et travaillaient avec le mathématicien Gelfand. Leur maître Victor Gurfinkel travaillait avec des roboticiens. Avec Viviani, en parallèle des mouvements des yeux, nous avons fait les premières études sur la dynamique de la tête, avec la machine à coupleur magnétique que j'avais utilisée pour l'étude des fuseaux chez l'animal. Nous avons appliqué des forces sinusoïdales à la tête des sujets pour établir les fonctions de transfert de la tête, avec les pompiers du sixième arrondissement qui se sont prêtés généreusement à ces expériences ! Ces expériences ont été à l'origine de tout ce qui a été fait dans mon labo sur le système tête-cou, qui continue en robotique aujourd'hui. Je retrouve cette approche aujourd'hui, par exemple avec Jean-Paul Laumond, roboticien, et Mehdi Benallegue, ingénieur roboticien, sur le rôle du système tête-cou dans le contrôle de la chute. C'est une filière de réflexion qui aujourd'hui utilise, non pas la cybernétique, mais les modèles modernes de robotique. Je travaille aussi avec Vincent Hayward, à l'Institut des systèmes intelligents et de robotique, on a fait des modèles récemment sur « Why is it interesting to have the control from the head ? ». Voilà la filiation de cette approche cybernétique de la dynamique sensori-motrice. Avec la société Aldebaran Robotics, j'ai poursuivi ce sujet pour doter les robots humanoïdes de systèmes inertiels de guidage de la marche.

L'équipe de Gay-Lussac comptait quatre ou cinq ingénieurs et quelques biologistes. La collaboration entre les deux cultures se passait comment ?

Il n'y avait pas de problèmes à l'époque, on était tout petit, on était quatre ou cinq, on était jeunes. Oui, c'était une culture commune, même si on travaillait sur des sujets divers. Il y avait Jean Foret qui travaillait sur le sommeil, nous étions ensemble à l'École des Mines. C'était un tout petit groupe, rue Gay-Lussac, ce n'était pas un gros labo, comme ceux que j'ai créé après aux Cordeliers, et puis ici au Collège de France. J'ai monté tout ça, c'était complètement international, surtout.

Les échanges internationaux.

J'ai déjà mentionné les coopérations avec les USA. Il serait aussi intéressant de regarder l'influence sur tout cela des écoles allemandes. Il y avait aussi, en Allemagne, des ingénieurs qui s'étaient rapprochés des physiologistes, et qui faisaient des modèles très inspirés de l'automatique sur la perception visuelle chez la mouche, chez les insectes, etc. Il y avait aussi des chercheurs qui travaillaient chez l'homme. Il y a eu une école allemande, qui a émigré en partie en Suisse d'ailleurs, très inspirée par ces théories et méthodes. En Angleterre, aussi, sur les mouvements des yeux, Graham Barnes, un jeune ingénieur formé aux États-Unis s'en inspirait. Il y avait Alan Benson, qui travaillait sur le système vestibulaire. Au Canada, évidemment, il y a eu celui avec qui j'ai travaillé à Paris, mais plus tard, Jeoffrey Melvill-Jones, qui était aussi un ingénieur, et physiologiste, venu d'Angleterre, avec une expérience dans l'aviation. Il employait les notions de systèmes asservis, phase, gain, etc., pour des études sur l'adaptation aux prismes. Il était à McGill. En Italie, Roberto

Schmid, ingénieur, vint travailler avec moi à Paris sur la perception vestibulaire des déplacements sur le grand stimulateur linéaire que j'ai construit à l'ENSAM. Il fut le grand recteur de l'université de Pavie. Et puis les élèves de Terzuolo, c'est-à-dire Francesco Lacquaniti, qui a fondé un laboratoire à Milan, puis à Rome. En Suisse il y a eu l'école de Zürich, mais ça c'était plus tard, avec plusieurs ingénieurs. En Allemagne, c'est dans le Max Planck de Tübingen que l'on trouve des utilisateurs de l'automatique appliquée aux fonctions perceptives et motrices.

Vous racontez avoir eu des échanges avec Austin Blaquière[89] *pendant quelque temps, et puis qu'au bout de deux-trois ans il vous dit « On va arrêter, parce que votre communauté utilise des choses faites il y a vingt ans*[90] *».*

J'ai toujours été convaincu que nous ne pourrons comprendre le cerveau avec des modèles qu'en étant aux frontières des maths et de la physique. Mais surtout, l'analyse des systèmes était une théorie très « stimulus-réponse », alors qu'on découvrait à l'époque ce que j'ai ensuite écrit dans mes livres : le *caractère projectif du cerveau.* Je me suis rapproché de Blaquière, parce que c'était un mathématicien dont on m'a dit qu'il travaillait sur ces problèmes-là, mais avec des maths avancées, beaucoup en relation avec les Russes, aussi, la *théorie des jeux...* J'avais eu déjà l'intuition, que j'ai développée après, du fait que le cerveau est un parieur. Ce n'est pas un système asservi. Il était déjà clair que le cerveau travaille dans l'incertitude. Aujourd'hui c'est la raison du succès des modèles bayésiens et de l'application des probabilités. Il m'a demandé d'enseigner ce que je savais. J'allais enseigner des fonctions de transfert des muscles. En même temps, je ne pouvais pas comprendre ses maths. Et je n'avais pas avec moi une équipe assez nombreuse, assez forte, pour

89 Austin Blaquière (1923-1993), spécialiste du bruit de fond (doctorat de physique, 1953) et des oscillations non linéaires (doctorat de mathématiques, 1957), a contribué à la théorie du contrôle des systèmes dynamiques, en ouvrant ultérieurement sur des applications à l'économie puis à la biologie. A. Blaquière (dir.), *Modeling and Control of Systems in Engineering, Quantum Mechanics, Economics and Biosciences. Proceedings of the Bellman Continuum Workshop 1988, June 13–14, Sophia Antipolis, France, Lecture Notes in Control and Information Sciences* n° 121, Springer, 1989. Ce volume contient notamment un article de Jean-Pierre Aubin (*cf.* chapitre 5) sur les jeux différentiels, et un article de Daniel Claude, spécialiste des régulations biologiques.

90 A. Berthoz, « Les relations entre psychologie et neurosciences cognitives », in C. Debru, J.-G. Barbara, C. Chérici, *L'Essor des neurosciences*, *op. cit.*, p. 126.

avoir des jeunes matheux. Nous avons été très amis, mais à un moment donné on s'est séparés. C'était un homme un peu particulier. Il m'avait montré son bureau à Paris VI, c'était un bureau vide : il y avait une table au milieu, avec une pile d'un mètre de papiers. Il m'a dit : « Voilà où je mets tous les papiers que je reçois de la fac ». De plus il m'avait dit que les concepts que je pouvais utiliser étaient trop simples et anciens pour lui. Cela est dû à mon ignorance et mon incapacité de me mettre à son niveau, car je suis aujourd'hui convaincu que nous aurions fait des choses très nouvelles si je n'avais pas eu ces limites.

Comment l'avez-vous contacté, pourquoi lui, comment ça s'est fait, par quel intermédiaire ?

Je ne sais pas. Comment est-ce que j'ai connu Blaquière ? On s'était rencontrés et on s'était bien entendus, on s'était bien aimés. Vous savez, ces choses-là arrivent. Vous rencontrez quelqu'un, cela peut être dans un cocktail, ou je ne sais pas où, on commence à discuter, on dit « Il faut absolument qu'on se revoie ». C'est un peu *Le Cygne noir*, et pour moi ça continue, avec les gens des sciences humaines et sociales.

Sa décision d'arrêter la collaboration n'était-elle pas surprenante ?

Non, c'était normal. Lui c'était un chercheur théoricien, qui était absolument aux frontières. Il travaillait avec les mathématiciens russes. J'ai essayé, comme directeur de programmes au Ministère, de rapprocher les mathématiciens des neurosciences. Mais en France, les mathématiciens « purs » ne fréquentaient pas volontiers les domaines d'application. Il y avait un fossé avec les « maths appli ».

Pourquoi Blaquière vous avait-il demandé d'aller donner des enseignements dans son master ?

C'était un homme ouvert. Tout d'un coup il s'est dit « Tiens, peut-être on a des idées à avoir... ». Enfin, j'interprète bien des années après. C'est pareil, aujourd'hui, si vous voulez. J'ai rencontré récemment un de mes confrères de l'Académie des sciences, un mathématicien, qui m'a dit « Vous savez, Berthoz, ça leur ferait du bien, à mes amis mathématiciens, de discuter avec vous, parce que ça leur donnerait des idées ». Les chercheurs en maths sont à la recherche de points de vue complètement différents. Et donc Blaquière s'était dit « ça ferait du bien à mes jeunes », et en même temps, il avait peut-être vu aussi un débouché, pour les jeunes étudiants, justement, à cette interface. Il avait sans doute vu une stimulation intellectuelle réciproque possible (je l'appelle « fertilisation croisée »), et peut-être des débouchés. C'était une attitude pédagogique, pour donner aux jeunes, chez lui, qui ne deviendraient pas tous des matheux, la possibilité de s'engager dans la modélisation des systèmes biologiques.

Qu'il vous dise « vos outils sont dépassés » aurait pourtant été une raison de plus d'approfondir la collaboration, mais il a préféré couper court…

En même temps, il avait bien compris que l'approfondir passait par l'expérience. Nous étions des expérimentateurs. De plus j'étais assez nul en maths, donc je ne pouvais pas non plus établir avec eux un dialogue à un bon niveau de maths. Avec Daniel Bennequin, un des meilleurs géomètres Français, aujourd'hui nous travaillons ensemble, parce qu'il a une capacité extraordinaire de traduire des concepts mathématiques de façon intuitive, et, en même temps, il estime qu'en ce qui concerne la géométrie, je comprends ce qu'il dit. Mais chez Blaquière, c'était plutôt de l'analyse et des théories des jeux. Vous pouvez me montrer un paraboloïde, et un hyperboloïde. J'en ai une compréhension intuitive. Aujourd'hui, de nombreuses équipes utilisent des probabilités bayésiennes. Je travaille avec une équipe de mon labo, depuis maintenant huit ans, sur les théories bayésiennes. Ces théories et techniques ont de grands avantages. Elles tiennent compte de l'incertitude et de la relation entre l'expérience passée et l'anticipation du futur. Or cette relation est précisément une grande propriété du cerveau que l'automatique et la cybernétique avaient essayé de modéliser avec les concepts de « modèles internes », de « feed back » et de « feed forward » par exemple. Pourquoi est-ce qu'un chercheur à un moment donné, ou une communauté, adopte un modèle ? Depuis leur utilisation par les pionniers comme Wiener à MIT, les modèles issus de l'automatique et de la cybernétique ont proposé une théorie unificatrice permettant de regarder les transformations de signaux, dans une perspective de contrôle du mouvement et de relation entre perception et action. Aujourd'hui, malgré le fait que nombre de ces concepts sont en fait intégrés dans la description des processus neuronaux, on voit fleurir de nombreuses autres approches. Par exemple, le fait que le cerveau soit constitué d'oscillateurs couplés exige des modèles *ad hoc*, la question de la mise en correspondance de signaux dans des modules spécialisés pour produire une perception unique pose le problème de la synchronisation temporelle, des problèmes difficiles sont suggérés par l'organisation géométrique des arborisations dendritiques et leur signification pour l'intégration neurale, la forme même du corps, du squelette, des capteurs sensoriels, révèle les principes découverts par l'évolution pour simplifier la résolution de problèmes complexes (que j'ai appelée « simplexité »), etc. L'automatique et la cybernétique ont été une étape dans l'immense défi que représente la compréhension du fonctionnement cérébral. Aujourd'hui, ma collaboration avec les roboticiens autour de la réalisation d'humanoïdes donne l'occasion de nouvelles pistes d'applications des sciences de l'ingénieur à l'étude du cerveau de l'homme.

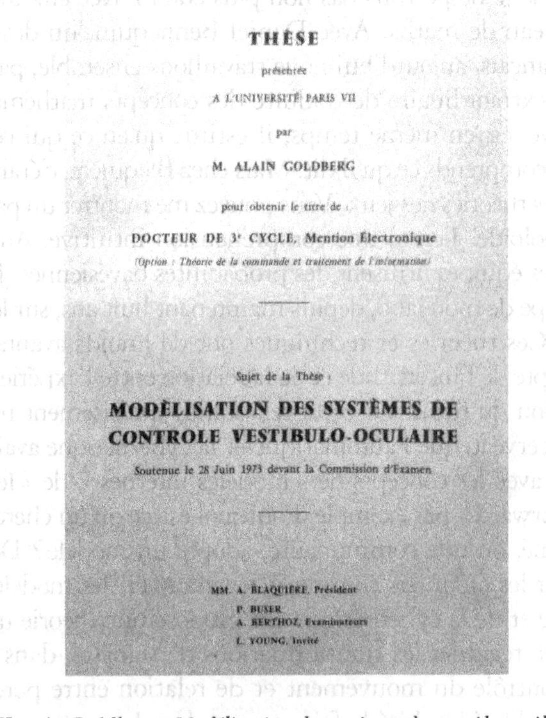

THÈSE

présentée

A L'UNIVERSITÉ PARIS VII

par

M. ALAIN GOLDBERG

pour obtenir le titre de :

DOCTEUR DE 3e CYCLE, Mention Électronique

(Option : Théorie de la commande et traitement de l'information)

Sujet de la Thèse :

MODÈLISATION DES SYSTÈMES DE CONTROLE VESTIBULO-OCULAIRE

Soutenue le 28 Juin 1973 devant la Commission d'Examen

MM. A. BLAQUIÈRE, Président

P. BUSER

A. BERTHOZ, Examinateurs

L. YOUNG, Invité

FIG. XVII – A. Goldberg, *Modélisation des systèmes de contrôle vestibulo-oculaire*, thèse, Paris 7, 1973. Jury : Austin Blaquière, Pierre Buser, Alain Berthoz, Lawrence Young.

ENTRETIEN AVEC GABRIEL GAUTHIER (NÉ EN 1940), 7 NOVEMBRE 2014

J'ai commencé par faire l'école d'ingénieurs à Grenoble, en électronique, de 1960 à 1964, et c'est en troisième ou quatrième année que j'ai dû plancher sur un projet qui s'appelait « La bionique », qui venait juste de faire surface, la bionique étant donc l'électronique appliquée à la biologie. En dernière année, j'avais également étudié les servomécanismes. Donc bionique, servomécanismes, j'ai combiné un peu tout ça, et j'ai fait une année supplémentaire à l'université de Grenoble en biologie, pendant laquelle j'ai fait une licence de Physiologie. Là, j'ai découvert des domaines dans lesquels les servomécanismes pouvaient probablement s'appliquer. Et c'était en même temps le début de la cybernétique, mais je ne le savais pas encore. À la fin de mes études à Grenoble, j'ai cherché un travail. Je suis allé voir un de mes amis, Georges Romey, qui était à Marseille à ce moment-là, et qui avait suivi l'année précédente, à peu près le même parcours que moi, en étudiant la biologie après un cursus à l'INPG à Grenoble. Georges était alors en poste à Marseille, à l'Institut de neuropsychologie du CNRS, dans un laboratoire de neurobiologie cellulaire. C'était une époque où l'on rentrait assez facilement au CNRS – j'ai un peu honte de dire ça. Je suis allé le voir, et j'ai demandé ce qu'il pensait d'une possibilité pour moi d'entrer au CNRS. Il m'a conduit à son patron, Jacques Paillard, qui venait juste de rentrer des États-Unis. Plutôt que de me proposer un poste, Jacques Paillard m'a fait, en ces termes, une proposition qui allait être déterminante pour ma carrière : « Je rentre des États-Unis où j'ai rencontré un expert en cybernétique. Puisque c'est ça que vous voulez faire, cet expert, le Professeur Lawrence Stark, est prêt, à Chicago, à vous offrir un poste d'un an de stage ». J'ai répondu : « Je vais réfléchir », ce à quoi il a répondu « Revenez dans une heure et donnez-moi votre réponse ». Je suis retourné voir mon copain qui était deux étages en-dessous. Nous avons discuté deux minutes, et je suis retourné voir Paillard pour lui dire que je partais aux États-Unis. En fait, j'ai séjourné non pas un an mais cinq ans dans le laboratoire de *biomedical engineering* du Pr. Stark. Pendant ces cinq années, j'ai préparé tout d'abord un PhD en *biomedical engineering*, puis j'ai travaillé pratiquement deux ans en Californie, dans le laboratoire que Stark avait créé après avoir quitté Chicago. Ce laboratoire étudiait les mouvements des yeux, de la tête, de la pupille et du cristallin par la méthode cybernétique.

Je reviens quelques instants sur mes motivations premières d'étudier le fonctionnement des systèmes biologiques par la méthode cybernétique, suite à une combinaison de deux facteurs : le premier, c'est que, à l'école d'ingénieur de Grenoble, nous avions un cours de servomécanismes – à l'époque, c'est comme ça que ça s'appelait – qui était donc des mathématiques qui permettaient d'étudier les systèmes. Ayant cette idée, ces notions de servomécanismes, j'ai entrevu la possibilité d'appliquer cette méthodologie et ces mathématiques à l'étude des systèmes bouclés comme ceux qu'on rencontre en physiologie. Ça c'était le premier aspect. Le deuxième, c'est le rapport dont j'ai parlé précédemment sur le thème de la bionique, dont j'ai hérité, en quelque sorte parce que j'étais le dernier à choisir un sujet d'exposé parmi des propositions faites à chacun des élèves de la promotion. La combinaison des deux facteurs que je viens d'énoncer m'a vraiment incité à poursuivre plus avant vers la biologie, la physiologie. Je ne savais pas trop encore à l'époque ce à quoi ça allait me mener : quarante ans de carrière à faire de la biocybernétique. Jusqu'au jour où j'ai tiré du chapeau le sujet : « Bionique et vie moderne », je n'avais jamais entendu parler de bionique, je ne savais pas ce qu'en était le contenu, mais je me suis alors penché sur ces problèmes, pour les présenter à mes collègues. La vie est faite d'une série de hasards, ou d'opportunités qu'il faut savoir saisir.

Pour les étudiants qui ont choisi d'autres projets, il n'y avait pas du tout de biologie ?

Non, pas de biologie.

C'était donc quand même un peu particulier.

Oui, tout à fait. J'étais complètement en marge des autres. Mais il n'y avait pas à ce moment-là d'interconnexions entre les sciences dures et la médecine ou la biologie. Georges Romey et moi étions des accidents, en quelque sorte.

Lui aussi avait travaillé sur un tel projet ?

Non, mais il était passionné de servomécanismes et surtout de biologie.

Comment se présentait le fait qu'on vous propose ce projet-là ?

C'était une étude, une revue de questions à présenter à ses collègues, ce qui se fait encore, je pense, dans les écoles d'ingénieur.

C'est un professeur en particulier qui vous le proposait ?

Oui, c'était un couple de deux personnes, dont un dénommé Lancia, qui était le professeur de servomécanismes, et le deuxième, Buyle-Bodin, le sous-directeur de l'école, professeur d'électronique.

À l'INPG, ces enseignements s'appelaient déjà « Automatique » à l'époque ?

Non, « Servomécanismes ». Il n'y avait pas encore d'automatique. Il y avait peut-être des cours d'automatique à l'INPG, mais chez nous il n'y avait pas ça.

Ils étaient eux-mêmes potentiellement intéressés par l'idée d'applications biologiques ?

Pas vraiment, c'était des purs et durs, des mécaniciens, du moins à cette époque, c'est-à-dire au début des années 60. Peut-être que ces idées d'applications germaient déjà dans la tête de Buyle-Bodin, parce que, lorsque je suis rentré des États-Unis en 1971, une étude était en cours, conduite par des chercheurs de l'école d'ingénieurs en électronique et des chercheurs d'un laboratoire de la faculté de médecine de La Tronche.

Comment expliquer qu'ils proposent ce sujet sur la bionique ?

Parce que, à Grenoble, l'ensemble des facultés était en avance, probablement, sur d'autres universités françaises, et dans les facultés il y avait déjà quelques connexions entre la médecine et l'électronique. Notamment, les gens qui travaillaient sur les enregistrements unicellulaires. Ces chercheurs avaient besoin d'électronique sophistiquée, et ils établissaient des liens, les liens qu'ils pouvaient obtenir, entre les électroniciens et leur laboratoire spécialisé dans l'étude des cellules par voie électrophysiologique. Je pense qu'il devait y avoir déjà, à cette époque-là, des gens qui s'intéressaient à l'analyse des signaux, en collaboration avec des neurophysiologistes. Il y avait une personne, notamment, dont j'ai oublié le nom, issue de la fac de médecine, qui venait de temps en temps à l'école d'électronique pour s'inspirer des méthodes d'analyse des signaux.

Vous aviez donc fait ce petit travail, vous l'aviez présenté…

Oui. Ça m'avait passionné, parce que, comme tout domaine qu'on ne connaît pas, quand on est un petit peu épris de connaissance, on fouille. Et j'avais trouvé quelques éléments relativement intéressants sur ce qui se faisait déjà un peu, non pas dans le domaine des servomécanismes très sophistiqués, mais dans celui de la régulation des températures et notamment l'utilisation des systèmes physiques dans la vie courante. Je me souviens d'un système basé sur « l'effet Peltier ». C'est l'effet produit dans un semi-conducteur qui, traversé par un courant continu, se refroidit sur une de ses faces et se réchauffe sur la face opposée. C'était utilisé pour réguler les températures dans des expériences animales, et pour chauffer les biberons des enfants à une température contrôlée. Ces exemples me passionnaient.

Hormis ce petit projet sur la bionique, Lancia avait l'occasion de se prononcer sur ces questions d'applications à la biologie ?

Pas que je m'en souvienne, pas du tout. J'ai questionné deux de mes copains, hier, pour savoir ce qui était les éléments essentiels du cours de servomécanismes. Il n'y avait pas d'allusions à la biologie dans les illustrations de ce cours. Par contre moi j'y ai pensé, parce que dans l'examen du cours de physiologie, j'ai eu une question assez sauvage qui était « le rôle des hormones dans le cycle de Krebs », en quelque sorte tout le processus énergétique de l'homme et de l'animal. Je me souviens avoir représenté l'ensemble du système sous la forme cybernétique, le servomécanisme, avec les régulations, et les différentes entrées. Ça m'avait valu l'interview du professeur à l'oral. Il me dit « D'où vous sortez, vous avez inventé ça ? », et je lui ai expliqué que j'avais plus ou moins mélangé ça pendant mes révisions, j'avais réussi à faire un petit schéma, ça ne devait pas être très sophistiqué, mais disons que j'avais inclus sous la forme d'un modèle tout ce qui était à inclure dans l'analyse du cycle de Krebs. Ça m'avait valu une grosse note.

Il avait apprécié ?

Oui, beaucoup. J'ai oublié aussi le nom de cette personne, c'était un professeur de Lyon qui donnait des cours de physiologie à Grenoble. Ça c'était en 1965. Pour la plupart des physiologistes de l'époque, je pense que ça devait vraiment sortir de l'ordinaire, la cybernétique, en fait, ça ne s'appelait pas cybernétique, mais servomécanismes et régulations.

L'étudiant lambda qui répond à cet exercice fait quand même des schémas, non ?

Il fait des schémas, avec des noms et des flèches, et surtout beaucoup de laïus. C'était de la prose plus que du dessin. Moi j'avais synthétisé ça, je pense, en une page, au lieu de six ou huit pages de baratin.

C'est-à-dire que même à l'époque, on n'enseignait pas sous forme de... Parce qu'en biochimie, ça a quand même été...

Non, pas du tout. Il y avait des schémas, mais rien à voir avec ça. J'ai découvert les schémas cybernétiques appliqués à la biologie en première année de doctorat, pendant laquelle j'ai suivi des cours – ce qui serait l'équivalent du master 2 chez nous – donnés par Lina Schwartz, qui était une prof d'endocrinologie. Schwartz présentait l'ensemble du cours à des étudiants en médecine – qui comprenaient ou ne comprenaient pas, ce n'était pas son problème – elle le présentait sous forme cybernétique. Ça, c'était en 1966, aux États-Unis. Alors qu'en France, je ne pense pas que ça ait été présenté dans aucun bouquin sous cette forme-là. Notamment l'endocrinologie, qui étudie essentiellement des systèmes régulés.

Quand vous avez rencontré Paillard, c'est quelque chose qui l'intéressait ?

Oui, j'allais de temps en temps le soir lui parler de cybernétique. Paillard ne savait pas trop ce que c'était, ce n'était pas sa formation, c'était un littéraire pur ou presque, en fait il avait une formation de psychologue mais avait travaillé avec des neurophysiologistes à Paris, avant de s'installer à Marseille.

Est-ce que d'une certaine façon il vous a envoyé aux États-Unis comme…

Oui, il avait rencontré Lawrence Stark, un adepte de la modélisation. Stark ne réfléchissait qu'en termes de modèle. C'était le patron du département de *biomedical engineering*, au Presbyterian Saint Luke's Hospital, qui est un département de l'université de l'Illinois, à Chicago. Il y avait à l'Université de l'Illinois un département d'ingénierie, et une annexe de ce département, qui était le département de *biomedical engineering*, situé dans le Presbyterian Saint Luke's Hospital.

Ce dont Paillard vous a parlé, c'était de la possibilité de faire un séjour…

D'un an de stage de formation chez Stark. Stark était issu du MIT, et était à Chicago depuis deux ou trois ans lorsque j'y suis arrivé. C'était un médecin, qui n'a jamais pratiqué, mais qui était passionné de modélisation et de neurophysiologie.

Ils étaient éventuellement intéressés d'avoir des étrangers…

Tout à fait. Il avait démarré au MIT certaines études sur le contrôle du mouvement de la pupille de l'œil, avec Lawrence Young (devenu depuis un grand patron de la NASA à Houston). Au début des années 60, Young et Stark avaient également développé des modèles du système oculomoteur de poursuite lente. En 1966, il y avait déjà un modèle qui circulait dans les journaux spécialisés. Le MIT a été le berceau des démonstrateurs, des inventeurs de la cybernétique, à la suite de Norbert Wiener.

Vous avez fait ce séjour d'un an, suivi par le PhD ?

Non, quand je suis arrivé à Chicago, j'étais complètement noyé. D'abord parce que ma seconde langue c'était l'allemand, et non pas l'anglais, donc j'ai été obligé de travailler l'anglais en arrivant sur place. Après les deux premiers mois passés au laboratoire à fatiguer mes collègues étudiants avec des « How do you say this or that » – je suis arrivé avant Thanksgiving, fin novembre – je me suis rendu compte qu'un an allait être totalement insuffisant pour comprendre ce qui se passait, parce que beaucoup de notions m'étaient inconnues dans le domaine de la neurophysiologie et des *behavioral sciences*. J'étais à l'aise en maths, en physique, en biologie, en biochimie, mais je ne comprenais pas bien ce qui se passait en neurophysiologie et sciences du comportement. J'ai fait le tour du laboratoire et j'ai découvert des expériences qui allaient me tenter, notamment des expériences de neurophysiologie sur l'animal. Un an allait être insuffisant, donc je me suis dit « Je vais tenter de rester plus longtemps », j'en ai discuté avec Stark, je lui ai dit « Entre temps, est-ce que je ne peux pas faire un doctorat ? » et il m'a dit « D'accord, inscrivez-vous ». Je me suis inscrit en catastrophe, dès la fin de l'année 1966, et j'ai suivi le cursus normal, sans comprendre ce qui se passait les deux premiers mois. J'avais heureusement décroché dans l'urgence une bourse de la National Science Foundation, ce qui m'évitait de payer les droits d'inscription aux examens.

Cette bourse, vous l'avez obtenue facilement ?

Oui, très rapidement, je l'ai eue même avant de partir de France. Je savais que j'allais avoir une indemnité en arrivant là-bas, pour une première année. Et cette bourse s'est transformée en *fellowship* pour les trois années du doctorat.

Vous avez croisé d'autres Français ?

Non. Les seules personnes que j'ai rencontrées, c'était un dénommé Piergeorgio Strata, qui travaillait à Turin, et qui était à ce moment-là avec Sir John Eccles. Il était dans un labo juste à côté, donc je le voyais assez fréquemment. Sinon, tant que j'étais à Chicago, je n'ai pas rencontré un seul Français pendant deux ans. Ni étudiant, ni visiteur. D'ailleurs, je n'avais pas l'intention d'en rencontrer, parce que mon intérêt était de comprendre ce qui se faisait dans le labo, et il fallait surtout apprendre l'anglais. Les deux-trois premiers mois, j'étais la tête dans le sac pour apprendre l'anglais.

Avec le recul, diriez-vous maintenant que ça intéressait ce département de former des étrangers qui allaient retourner ensuite chez eux et développer, diffuser un peu leur approche ?

Non, je ne pense pas que ça ait été l'objectif de Stark. Il voulait s'entourer de différentes disciplines, peu importe d'où venaient les gens. Il y avait des médecins, des biologistes, des biochimistes, des mécaniciens, des électroniciens et même des informaticiens, tout ce petit monde-là dans le *biomedical engineering* – il tenait à ce mot *engineering.* Il apprenait beaucoup des ingénieurs, parce qu'il était de formation médicale, donc dès qu'il avait l'occasion, il écoutait les mathématiciens, les ingénieurs etc. Il essayait de s'en imprégner. C'était le début aussi de l'informatique un peu sophistiquée, de l'informatique lourde, et il avait autour de lui des informaticiens, les premiers formés d'une manière académique, d'ailleurs, et il s'imprégnait énormément de ces gens-là. Moi, la seule chose que je pouvais lui apporter, c'était les servomécanismes, effectivement. Un peu « à la française », ce n'était pas la méthode américaine de l'époque, qui était plus appliquée.

Quelle est cette différence ?

Ce que je ressentais, à cette époque-là, c'est que les Américains étaient beaucoup plus tournés vers les applications, alors que nous, en France, encore maintenant, on fait plutôt de la théorie que de la pratique.

Il y avait quand même une différence en termes de façon de formuler les choses au niveau des mathématiques ?

Non, parce que la méthodologie est la même. Une fonction de transfert, c'est une fonction de transfert ; un opérateur de Fourier ou de Laplace, c'est un opérateur mathématique, tout le monde sait ce que c'est, dès l'instant où il l'a étudié.

C'est en approche fréquentielle que vous avez été formé à Grenoble ?

Oui, plutôt fréquentielle. On connaissait vaguement la théorie. Plutôt fréquentielle, oui, alors qu'aux États-Unis j'ai appris les compléments en indicielle, par exemple, et des analyses un peu plus fouillées, parce que le niveau des cours de cybernétique à Chicago est un peu plus élevé. Surtout dans les applications. Et les applications, je pouvais les vivre directement dans le labo, puisque je faisais des manips, et j'analysais des signaux, avec une méthode cybernétique, ce que je n'avait pas fait jusque là. Sinon, j'avais étudié des filtres, des choses comme ça, en école d'ingénieur, mais pas dans des applications. L'utilisation de cette méthodologie pour la recherche, ça je n'avais pas fait.

Vous aviez le sentiment d'apporter une originalité par rapport à ce qui se faisait chez eux ?

Non, je ne veux pas être vaniteux à ce point-là, je ne pense pas, mais j'étais un complément avec les connaissances que j'avais, qui étaient en électronique, en servomécanismes, et aussi peut-être en physiologie, je connaissais bien la physiologie alors que certains là-bas étaient très pointus dans leur domaine mais n'avaient pas le spectre que j'avais, grâce à cette année que j'avais faite en physiologie. Je pouvais directement attaquer une expérience, par exemple, sur l'animal. J'avais fait neuro-anatomie en auditeur libre à la faculté de médecine de Grenoble, donc j'avais cette connaissance-là. J'avais fait de la physiologie, de la neuro-physiologie, les bases de la biochimie, ce qui n'était pas le cas pour mes collègues qui étaient plutôt « mono-background ».

Ça fait pas mal pour une seule année de licence…

Oui, c'était un peu lourd. Vous trouvez que c'est lourd, mais c'est très facile pour un ingénieur de comprendre tout ça. Il vaut mieux le faire dans ce sens-là que dans l'autre. Passer de la physiologie à l'ingénierie ce n'est pas facile, mais résumer en une page le fonctionnement des hormones dans le cycle de Krebs, ce n'est pas très compliqué si on le fait sous cette forme.

Et chez ces Américains, ceux qui ne connaissaient pas trop la physiologie étaient sur quels autres domaines biologiques ?

Il y en a beaucoup qui faisaient de l'informatique, de l'analyse d'images, ça commençait déjà à cette époque là aux États-Unis. Par exemple, un groupe travaillait sur l'analyse automatique d'images radio de cancer du sein. D'autres qui faisaient ce qu'on appellerait maintenant du comportement, *behavioral science*, c'est ceux qui venaient de l'ingénierie pure, électroniciens ou électromécaniciens. Ceux-là ne faisaient pas ce qu'on appelait alors la *wet physiology*.

Vous apportiez le côté servomécanismes ; il y avait d'autres personnes là-dessus ?

Oui, bien sûr, il y en avait d'autres, notamment ceux qui venaient du MIT, qui étaient venus avec Stark de Boston à Chicago. Un dénommé

Jerry Gottlieb, qui a travaillé ensuite sur les réflexes posturaux, les boucles myotatiques. C'était un mécanicien, et qui connaissait très bien les servomécanismes. Une deuxième personne est John Semmlow, qui sortait de Motorola, il avait déjà fait deux ans de travail et retournait en doctorat, un électronicien pur qui connaissait bien aussi les servomécanismes. Il n'avait, comme Gottlieb, aucune connaissance en physiologie. Donc souvent, on passait beaucoup de temps à discuter physiologie et neurophysiologie, en essayant de transvaser nos connaissances.

Parce qu'eux réfléchissaient en termes de servomécanismes, mais pour d'autres… ?

Par exemple, une boucle myotatique : il n'y a pas plus servomécanisme que ça. Ils savaient très bien ce qu'était un servomécanisme, mais pas forcément ce qu'était la boucle myotatique, quelles étaient ses performances dynamiques, et la construction même.

Quelle différence du fait de leur moindre culture physiologique ?

Ils comprenaient moins bien les mécanismes dans le détail. Mais ils se cultivaient, comme moi je me cultivais dans d'autres domaines. C'était un échange. Les deux années que j'ai passées à Chicago ont été très riches dans ce domaine. Des séminaires étaient organisés toutes les semaines, qui couvraient toutes les plages du *biomedical engineering.* C'était vraiment très enrichissant. Ce n'est qu'après que je m'en suis rendu compte.

Votre thèse de doctorat ?

Le rôle du cervelet dans le contrôle des mouvements oculaires : *Cerebellar Control of Eyes Movements.*

Et une fois ce doctorat terminé ?

J'ai fait un an d'équivalent d'un post-doc, comme *research associate.* J'ai enseigné un peu la cybernétique, notamment, aux étudiants de l'école d'optométrie à Berkeley. C'est là qu'était installé le département de Stark, parce qu'il s'était spécialisé dans l'étude des mouvements oculaires, à la fois les mouvements intrinsèques et extrinsèques, autrement dit ceux de la pupille et de l'iris, et ceux des globes oculaires, étendus au cou, à la posture, à tout ce qui était visuo-moteur.

Quand vous dites que vous enseigniez la cybernétique là-bas, vous enseigniez les servomécanismes ? Pour vous c'est synonyme ?

Non… Il ne faut pas oublier que la cybernétique a été inventée pour permettre l'étude des systèmes bouclés… À Chicago j'avais fait la première année de doctorat, qu'ils appelaient le master, pendant laquelle j'avais fait de la cybernétique de manière un peu plus formelle. J'avais les connaissances, mais je l'ai refaite parce que ça faisait partie du cours, à l'aide du bouquin de Di Stefano et al[91]., qui était un bouquin de cybernétique pure. C'était une des bases, base de la cybernétique à la fois appliquée aux systèmes linéaires et non linéaires, avec des applications physiologiques et biochimiques.

Dans le groupe, à Chicago, puis à Berkeley, c'était uniquement de la neurophysiologie, ou bien vous avez fait aussi, à l'échelle moléculaire, de la biochimie ?

Pas du tout, que de la neurophysiologie, et comportement.

Et il n'y avait pas de gens du tout, dans ces cercles-là, qui…

À Berkeley, non. À Chicago, il y avait des biochimistes. Mais je ne sais pas du tout s'ils travaillaient avec la méthodologie des servomécanismes. en tout cas, l'enseignement que j'avais reçu suggérait peut-être que certains biologistes déjà, et pharmacologistes au moins, travaillaient avec ces concepts et ces méthodes.

Le retour en France ?

Ah, ça a été laborieux. J'ai hésité à rester là-bas. J'avais plusieurs offres, dont une dans l'Iowa, une autre à Berkeley, une autre à Boston, mais… J'en ai discuté avec Stark, que j'avais suivi en Californie, il m'a dit qu'il m'avait étudié, et avait vu évoluer mes comportements, au cours des quatre années, et il m'a dit « If you stay longer, you're gonna

91 J. Di Stefano III, A. J. Stubberud, I. J. Williams, *Feedback and Control Systems*, McGraw-Hill, 1967.

become a citizen of the world » ; autrement dit, « tu ne retourneras plus jamais en France ». Alors je me suis dit que, peut-être, j'avais envie de vivre en France, et il ne fallait pas que j'attende cinq ou dix ans, autant que je retourne tout de suite. J'ai fait une demande au CNRS, et je suis rentré au CNRS cette année-là, sous la tutelle de Jacques Paillard, à Marseille.

Paillard vous retrouve, pour lui c'était…

C'était tâche accomplie, en quelque sorte, parce qu'il voulait développer la cybernétique, à Marseille et surtout élargir le domaine de recherche dans l'oculomotricité. Au début des années 70, peu de chercheurs s'intéressaient à l'oculomotricité en France. Par contre la vision et le système visuel était très étudié. Il y avait à Lyon Marc Jeannerod qui commençait à s'y intéresser, il y avait aussi Berthoz à Paris qui s'intéressait à ça, et Paillard voulait à tout prix développer quelque chose à Marseille.

Vous aviez gardé contact, pendant que vous étiez aux États-Unis, avec Paillard ?

Avec Paillard, pendant ce temps-là, oui. J'étais venu, au bout de deux ans ou trois ans, donner un séminaire qui avait laissé cois mes futurs collègues, parce qu'ils ne comprenaient pas trop cette approche et la façon dont on pouvait comprendre le fonctionnement d'un système simplement en l'observant à l'entrée et à la sortie. Pour eux, c'était un petit peu mystérieux mais Paillard comprenait déjà très bien ce qu'était l'approche cybernétique et le *blackbox analysis*. C'était quelque chose de nécessaire en biologie, en neurophysiologie, en comportement. Et de temps en temps, le soir, on discutait, il me questionnait sur le fonctionnement des systèmes, la façon de décrire leur fonctionnement par la modélisation. Parce que lui, c'était un littéraire, en quelque sorte, même s'il avait fait psychologie. Là aussi, c'est une différence que j'ai rencontrée entre la France et les États-Unis, c'est qu'aux États-Unis la psychophysiologie est considérée comme une science dure, alors qu'en France c'est une matière littéraire. C'est un handicap énorme qui n'est toujours pas franchi en France, c'est un drame. La plupart des psychologues considèrent que le cerveau est une boîte de yaourt.

Paillard vous suivait à distance ; c'est lui qui vous a aidé à entrer au CNRS ?

Oui, c'est lui qui a proposé mon dossier au CNRS. Je ne savais pas trop comment y entrer, lui a fait tout ce qui était nécessaire pour que je rentre, et dans de bonnes conditions.

La question de choisir d'aller chez Paillard, chez Jeannerod ou chez Berthoz… ?

Ça ne s'est pas posé du tout. J'avais rencontré Berthoz aux États-Unis, il était venu me rendre visite. Il a la même formation que moi, c'est un ingénieur aussi, donc on avait discuté, et il m'a dit que je trouverais certainement mon bonheur à Marseille. Donc je n'ai pas hésité quand j'ai décidé de rentrer en France.

L'arrivée chez Paillard ?

Il n'y avait pas de place dans son labo, il m'a mis dans un autre labo dirigé par un dénommé Maurice Hugon, qui ne connaissait rien à tout ça, qui était aussi un littéraire, qui faisait de la neuro-physiologie, de l'électro-physiologie, et qui ne comprenait pas du tout ce que je faisais, surtout la façon dont je le faisais. Ça a été un peu laborieux au début pour expliquer tout ça.

Le retour en France, c'est immédiatement au CNRS, vous commencez tout de suite ?

Oui, et j'ai proposé cette même année [1971] d'enseigner la cybernétique aux étudiants de DEA, parce que je me rendais compte que j'allais être seul dans mon coin pendant une éternité. Contrairement à ce que je craignais, ça a été accepté immédiatement. Il y avait quand même des gens qui étaient soucieux de comprendre ce que c'était que la cybernétique. Je l'ai donc enseignée pendant plusieurs années en DEA, et ça a bien fonctionné, ça a fini par prendre un petit peu. Des gens parlaient modèles, essayaient de comprendre, ou tout au moins ne jetaient pas les articles qui contenaient des modèles, qui étaient considérés à cette époque-là comme de la mathématique ; alors que ça n'en est pas, ce n'est jamais que de l'illustration de fonctionnements.

Paillard vous a fait entrer un peu comme son cybernéticien de service, si on veut. Pour les autres, il y avait une différence de culture ; il y avait des gens intéressés, il y avait des gens aussi… ?

Oui, mais la différence de culture était plus due au fait que j'étais un ingénieur de formation que parce que j'étais cybernéticien. Pas seulement dans le labo : j'ai été confronté à des problèmes de publication très rapidement, parce que les journaux de neurophysiologie ne voulaient pas de modélisation, et les journaux de modélisation ne voulaient pas de neurophysiologie, donc c'était toujours très tendu pour publier. Et maintenant encore c'est un peu compliqué. Les changements ont commencé vers les années 75-80, où par exemple *Experimental Brain Research* a commencé à accepter des papiers à tendance modélisation cybernétique. Il a fallu attendre ce temps-là. Donc, j'ai été obligé de composer, d'oublier un peu la cybernétique, notamment dans le vocabulaire, pour me consacrer à la neurophysiologie et au comportement, même si je faisais l'analyse avec les outils que je connaissais.

C'était une façon de camoufler, d'une certaine manière, ou de reformuler…. ?

Eh bien oui, ça c'était le premier aspect. Le deuxième, c'est que quand j'étais « chien fou », disons, au début de mon doctorat et après, je pensais qu'avec cette méthodologie-là et les bagages que j'avais, en collaboration avec quelques personnes, on devait pouvoir résoudre un certain nombre de problèmes posés en sciences du comportement. En appliquant la cybernétique à l'étude des systèmes moteurs dans leurs relations stimulations-sorties motrices, on pourrait décrire directement le fonctionnement du cerveau plutôt que d'effectuer des études avec des électrodes. Ça c'est quand on est jeune, on a des ambitions, on pense pouvoir décrire le fonctionnement du cerveau avec une seule équation… Puis on se rend compte que c'est infiniment plus compliqué que ça, qu'on va devoir passer par l'infiniment petit, peut-être. C'est ce que j'ai fait, puisque j'ai fait de l'électrophysiologie tout en faisant du comportement. Il y avait en général trois sujets en même temps qui fonctionnaient avec des étudiants et des collègues, un de neurophysiologie, un de comportement, et un de pure cybernétique.

Vous vous sentiez isolé ?

Tout à fait. Ça se traduisait par mon souci d'aller chercher de l'aide et des échanges ailleurs, avec des collègues de l'université de Pavie, avec des collègues de Stark, en Californie où j'ai effectué des séjours de 1 à 3 mois presque tous les ans. Ensuite je suis allé travailler à Baltimore, dans le laboratoire de David Robinson, pour exploiter mes connaissances d'une part, et modéliser, avec l'aide de Robinson, les systèmes que j'étudiais avec beaucoup plus de difficultés à Marseille. Et surtout, je n'avais aucune possibilité de trouver des patients neurologiques, parce qu'une de mes approches concernait des patients atteints de divers troubles du système oculomoteur : comprendre ce que faisait un système à travers ce qu'il ne faisait pas lorsqu'il était handicapé, lésé, lorsqu'une structure du système nerveux central était absente ou non fonctionnelle. À Marseille c'était très difficile d'avoir accès à des patients, alors qu'aux États-Unis on peut avoir accès à tous les patients nécessaires. Les choses ont changé maintenant, c'est un peu plus facile en France et un peu plus difficile aux États-Unis, pour des raisons éthiques. Donc j'ai continué à avoir des collaborations avec les États-Unis.

Ces contacts que vous cherchiez, pour sortir un peu de l'isolement, c'était seulement à l'étranger, ou en France aussi ?

En France aussi j'avais des contacts, avec les gens de chez Jeannerod à Lyon et notamment avec le groupe de Claude Prablanc. Là aussi c'était un peu compliqué, parce qu'il y avait des rivalités, notamment entre Jeannerod, Berthoz, Imbert… Ils ne voyaient pas d'un très bon œil les collaborations, mais on collaborait quand même directement, notamment sur des questions de contrôle adaptatif, questions qui ont émergé au début des années 80. Je n'ai pas tellement souffert de ces handicaps, parce que je n'ai jamais voulu conquérir le pouvoir, donc je n'ai pas eu besoin de me battre dans ce domaine-là. Je pense qu'il aurait été très difficile pour moi d'accéder à une haute fonction en affichant mon placard de biocybernéticien. Mais ce n'était pas mon ambition du tout, moi je voulais comprendre le fonctionnement du cerveau, c'est tout.

La difficulté de publier, vous l'avez rencontrée en proposant des articles qui étaient refusés ?

Ah oui, souvent. Il fallait modifier des articles, les rendre plus physiologiques ; d'autres plus mathématiques, plus orientés « modélisation ».

Vous avez gardé ces courriers ?

Non, pas du tout. On n'en est pas très fiers, de toute façon. On ne les garde pas forcément [*rire*] ; et après, on s'autocensure, c'est très simple. Une première fois, ça suffit pour comprendre. D'ailleurs, c'était évident, déjà aux États-Unis j'avais eu cette sensation, ce n'était pas nouveau pour moi, et des gens l'ont expérimenté aussi aux États-Unis. Il y avait un journal qui a été créé spécialement dans ce domaine-là, *IEEE Transactions*. C'était uniquement pour permettre aux gens de tous les domaines de publier en ingénierie et dans les domaines proches de l'ingénierie.

Vous n'essayiez pas du tout de publier dans les revues françaises, à l'époque ?

Non, je dois avoir quatre ou cinq papiers dans les journaux français, pas plus. Très peu de gens publiaient dans les journaux français. Parce qu'ils n'étaient pas lus. Il y avait un journal qui s'appelait, je crois, *Journal de physiologie*, je crois qu'il a disparu d'ailleurs depuis. J'ai des collègues qui y publiaient, de la physiologie, mais je pense que je n'aurais jamais pu faire rentrer un article dans cette revue. La vie était difficile, à cette époque-là, dans les laboratoires français. Je fais référence ici aux années 70 et 80. Parlons de mon installation à Marseille : quand je suis arrivé à Marseille, au début des années 70, celui qui allait être mon patron, Maurice Hugon, ancien collaborateur de Paillard à Paris, m'a emmené dans le labo, m'a montré deux pièces côte-à-côte dans lesquelles il n'y avait rien sinon une paillasse par salle. J'ai dit « Mais avec quoi je vais travailler ? », quant à la réponse d'Hugon : « Vous allez essayer de trouver des contrats pour acheter de l'équipement, etc. » Alors je suis allé voler à droite à gauche des appareillages que des collègues n'utilisaient pas. Ça a duré quand même pas mal d'années, la vie était très difficile, les journées très longues à faire de la mécanique et de l'électronique avant de faire les expériences. J'ai l'air d'un vieux soldat. Mais maintenant les étudiants qui rentrent, les doctorants ou les post-doc, sont au Club

Med ; ça n'a plus rien à voir avec ce que j'ai connu, ce que nous avons connu dans les années 70-80. Et je n'étais pas le plus mal loti puisque grâce à ma formation d'ingénieur en électronique, j'avais la possibilité de construire tous les appareillages dont j'avais besoin… C'était une autre façon de faire de la recherche.

Paillard vous prend dans son équipe…

Pas directement.

… pas directement, mais c'est lui qui vous fait rentrer quand même ; il voulait promouvoir l'approche cybernétique ?

Oui, tout à fait. Il était vraiment ravi de pouvoir en discuter. J'ai même observé son vocabulaire qui changeait au cours du temps, dans les séminaires ou dans les conférences. Il utilisait les termes qui étaient ceux du *biomedical engineer.*

Il n'arrivait pas à trouver d'autres que vous ?

Non, mais les formations, à cette époque-là, étaient coupées au couteau. Il y avait d'un côté les physiologistes et les médecins, en ce qui concerne la biologie et physiologie, et puis il y avait les ingénieurs. Les ingénieurs, c'était un domaine complètement imperméable. Il faut dire que c'est une époque où les ingénieurs trouvaient du boulot. Entrer au CNRS comme ingénieur était considéré comme un faux pas. En effet, en 1971, mon premier salaire était de 2400 francs, ça devait être la moitié du SMIC de cette époque-là, alors qu'on m'offrait 10000 francs le premier mois si j'étais entré à Télémécanique en tant que vendeur d'ordinateurs. L'ingénieur n'allait pas aller en neurophysiologie, il fallait vraiment qu'il en fasse un sacerdoce.

Parce que vous avez exprimé votre intérêt pour la biologie, vous étiez isolé à Grenoble, parmi les autres étudiants ?

Non, parce que Grenoble c'est un milieu très ouvert. Rien à voir avec d'autres domaines que j'ai rencontrés après. Grenoble c'était un creuset, où les gens pouvaient venir, on discutait avec des médecins, des physiologistes… Même quand on était en dernière année d'école d'ingénieur, ce qui n'était pas le cas certainement dans d'autres écoles au même moment. Peut-être qu'à Normale Sup ici c'était déjà le cas, mais pas forcément disons à Marseille.

L'école d'ingénieurs ne cherchait pas spécialement à vous dissuader non plus ?

Pas du tout. À cette époque, les ingénieurs sortaient, ils ne se posaient pas de questions, ils trouvaient du travail. Certains restaient dans la compagnie où ils avaient effectué leur stage de troisième année. Personne ne se posait la question de savoir s'il allait trouver un travail, parce qu'il y avait du travail. Surtout en électronique, les années soixante, c'était le début de l'électronique à semi-conducteurs en France. Quelqu'un qui sortait en électronique avec quelques connaissances informatiques, il faisait sa vie dans l'industrie, sans difficultés.

Hugon, vous m'avez dit, ne soutenait pas spécialement…

Non, pas forcément, parce qu'il ne comprenait pas trop, c'était aussi un littéraire, donc lui les mathématiques il ne savait pas trop ce que c'était, et il ne voyait pas la nécessité de modéliser. En sciences, il y a deux types de personnes : les intuitifs et les déductifs. Lui, c'était un déductif, en fait. Il fallait piquer les électrodes dans les cellules pour essayer de comprendre comment ça marchait. Alors que Paillard, c'était plutôt un intuitif : même s'il ne connaissait pas bien l'approche cybernétique, il comprenait bien ce qu'on pouvait faire de cette méthodologie et éventuellement en tirer profit. J'ai rencontré ce type de comportement aussi chez d'autres chercheurs qui admettaient ce que je faisais, mais qui n'étaient pas intéressés.

Vous m'avez parlé d'un enseignement que vous avez proposé, qui a réussi à se mettre en place, à quel niveau ?

À cette époque-là c'était le DEA de psychophysiologie, qui était délivré à Aix-Marseille.

Un enseignement de cybernétique… ?

Oui, avec les applications en biologie, physiologie. C'était vraiment les bases. La plupart des étudiants n'avaient pas les bases mathématiques, donc pour eux, par exemple, il n'était pas question de leur parler de la transformée de Laplace, et de leur écrire l'équation au tableau, il n'était pas question de faire des calculs sophistiqués pour passer notamment de l'espace temps à l'espace des fréquences, ça c'était exclu. Mon but était surtout de sélectionner des étudiants pour les mettre ensuite dans le programme de doctorat, et surtout leur éviter à tout prix de jeter un article qui contiendrait des concepts de modélisation. C'était surtout ça mon but, et ça ne marchait pas trop mal.

Vous avez dû vraiment concevoir ce cours de A à Z ?

Comme je l'avais déjà fait aux États-Unis, ce n'était pas un problème.

Vous avez donné le même cours aux États-Unis et en France ?

Pas tout à fait, il était plus sophistiqué aux États-Unis. Non parce qu'ils étaient meilleurs étudiants, mais parce qu'à Berkeley les classes étaient plus homogènes que celles que j'ai eues plus tard à Marseille.

Et alors, la mise en place de cet enseignement, qui devait valider ? Qui avez-vous dû convaincre, comment ça s'est passé ?

Le directeur du DEA. Il l'avait très bien accueilli d'emblée. C'était une époque où il y avait un tronc commun plus des unités de valeur. Le tronc commun, évidemment, n'était pas discuté par les étudiants, alors que les unités de valeur étaient fonction de ce qu'allait faire éventuellement l'étudiant avec son projet de recherche. En fonction des profs, des directeurs de thèse, les doctorants choisissaient telle ou telle unité de valeur. Beaucoup prenaient mon cours parce que c'était nouveau. Même si les étudiants n'avaient pas trop envie, en général, mes collègues forçaient les étudiants à venir le prendre.

Les collègues… ?

Oui, mon cours de cybernétique n'enchantait pas vraiment, mais il suscitait une curiosité au moins pour aller voir ce qui se passait. J'ai même soupçonné certains de mes collègues d'envoyer leurs étudiants chercher les infos pour les leur ramener un peu moulues.

Les étudiants, ça les intéressait ?

Oui, bon, il y en a, évidemment, qui ne passaient pas le cap, probablement parce qu'ils ne travaillaient pas, mais comme dans tous les cours, c'est classique.

Cet enseignement a duré combien de temps ?

J'ai dû le faire dix ans, je pense ; de 1971 à 1980, à peu près.

Ce qui vous intéressait, c'était de pouvoir orienter des étudiants vers des doctorats à sensibilité modélisation ?

Oui, avec une approche qui ne serait pas uniquement comportementaliste comme celle qui est développée couramment. Ça a marché avec tous les étudiants que j'ai eus après, en tant que patron de thèse. J'en ai formé quand même beaucoup, une bonne vingtaine, peut-être plus, entre les DEA, masters, doctorats, ça doit faire vingt-cinq personnes au moins, tous avec à peu près le même bagage. Tous n'ont pas manié la cybernétique, mais j'ai deux ou trois collègues, avec qui j'ai terminé ma carrière, qui pensent modélisation, alors que ce n'était pas leur formation de base.

Ça a contribué à implanter ce type d'approche ?

Tout à fait. Maintenant, par exemple, quand on discute un projet avec des collègues de laboratoire, ou quand eux discutent un projet, ils « pensent modélisation ». J'ai eu entre les mains un projet, il n'y a pas très longtemps, d'un de mes collègues, qui m'est revenu par une commission : je suis tombé des nues, parce que ce projet, j'aurais pu l'avoir écrit, alors que son auteur n'est pas ingénieur et qu'il n'a jamais été formé à ces méthodologies. Et même, il y a un cours sur le contrôle moteur qui est donné maintenant à Marseille dans le cadre du doctorat, ce n'est pas de la cybernétique pure, mais la présentation est sous la forme cybernétique, en grande partie. Tous les jeunes, maintenant, qui viennent à la recherche, et ce quand même depuis quelques années, comprennent ce qu'est un servomécanisme, et qu'il y a une façon de décrire son fonctionnement autrement que par des mots.

Le processus de mise en place de cet enseignement, son évaluation…

Ça n'a pas posé de difficultés particulières. Le fait que ça ait duré dix ans suppose que les responsables du doctorat ont dû juger que c'était utile et nécessaire. Ça n'a jamais été inclus dans le tronc commun, ce que je regrette, parce qu'aux États-Unis, les cours que je donnais, par exemple étaient inclus, non dans un tronc commun, mais c'était des cours obligatoires.

Vous étiez CNRS, vous pouviez tout de suite diriger des thèses des étudiants, ou vous avez dû passer une habilitation à diriger de recherches ?

Ça a été compliqué. C'était un peu élastique à cette époque-là, en France, j'ai eu tout de suite des doctorants, mais il me semble que j'avais quelqu'un pour me chapeauter, au moins au niveau des signatures. Parce qu'entre temps j'avais l'intention de préparer un doctorat ès-sciences, à l'époque il n'y avait pas le choix, il n'y avait que ça, que j'ai présenté je ne me souviens plus très bien quand. Sous la pression de Berthoz, d'ailleurs, parce que ça ne m'intéressait pas. Mon problème a été de faire admettre mon PhD. À cette époque, peu de personnes avaient un PhD au CNRS. Du moins, en psychophysiologie, personne ne savait ce que c'était. Il y avait des gens qui avaient fait des stages à l'étranger, mais personne n'avait terminé avec un PhD en neurophysiologie, comportement, psychophysiologie. Dans les commissions, si je n'avais pas eu pour me protéger et m'aider des gens comme Berthoz et Lévy-Schoen – c'étaient mes parrain et marraine au CNRS – j'aurais certainement stagné. Parce que j'étais un électro, cyber… ou bien…. quelqu'un d'insoluble dans le système. Heureusement, ils m'ont beaucoup aidé, et ça m'a permis aussi de m'affirmer, et de faire voir que ce que j'apportais comme connaissances allait être utile, que ça n'allait pas être un barrage pour ces gens-là, s'ils suivaient la même voie.

Ariane Lévy-Schoen, elle était… ?

En psychologie à la Salpêtrière, rue Serpente.

Elle s'intéressait à la cybernétique ?

Oui, parce qu'elle avait un esprit mathématique, tout en faisant de la psycho. C'était une psychologue pure et dure, mais elle avait une formation mathématique, elle a tout de suite compris comment ça fonctionnait, comment la cybernétique pouvait être utilisée pour étudier des systèmes bouclés.

Qu'est-ce qu'elle étudiait, précisément ?

Le langage, si je me souviens bien. [...] Psycho et psychophysio étaient dans la même commission, au CNRS. C'est important, alors que maintenant, c'est comportement et psycho, d'un côté.

Quand vous êtes entré au CNRS, c'était par la commission psychophysio ? Pas par la physiologie ?

Psychophysio, oui, heureusement. En physio ça aurait été un drame.

Ça ne serait pas passé ? Malgré Paillard ?

Non, Paillard était en psychophysio, il était président de la commission. Ah non, aucune chance en physio. Les physiologistes étaient à cette époque-là hermétiques à l'ingénierie, sous quelque forme que ce soit. Alors qu'ils faisaient appel à l'instrumentation électronique et électromécanique. Mais pour eux c'était complètement hermétique. C'était une époque où il y avait beaucoup de guéguerres entre les commissions. Maintenant il y a – où il y a eu – des « passerelles » entre commissions.

Quel genre d'éléments vous donnait l'impression que les gens de la physio n'étaient pas ouverts ?

Ce qu'on nous rapportait de gens qui étaient dans des laboratoires de physiologie – je n'ai pas été le seul ingénieur à entrer au CNRS dans des domaines qui n'étaient pas ceux de l'ingénierie – c'est que ces gens avaient énormément de difficultés pour s'affirmer. Par exemple, je connaissais un chercheur en physiologie, Michel Dufossé [né en 1949], qui était mathématicien, ça a été une catastrophe pour lui, parce qu'il était hors normes. Il a fini sa carrière à Paris. Il était ingénieur de formation ; il est venu au CNRS dans les années 80-85, c'était beaucoup plus tardif.

Il y avait quand même d'autres… Berthoz, son équipe… ?

Oui, il y avait Berthoz. Il les a formés à sa manière, il a su aussi s'entourer de gens qui venaient de différentes disciplines, sans être de disciplines forcément très lointaines, mais lui connaissait tout ce domaine-là, et il avait été formé à l'École des Mines, avec Alain Wisner, qui était très ouvert.

Vous m'avez parlé de votre isolement ; vous n'avez pas cherché à faire un réseau ?

Mes relations, c'était les États-Unis, notamment les gens avec qui j'avais travaillé auparavant. J'accueillais aussi des gens de passage, qui venaient des États-Unis, d'Italie, d'Allemagne, du Japon pour des stages en laboratoire. J'ai travaillé un petit peu à Pavie, avec des collègues ingénieurs qui faisaient aussi du comportement. Je n'ai pas souffert d'isolement, parce que… c'est un petit peu comme quelqu'un qui a l'habitude de voyager, en tant que touriste il n'a pas peur de prendre le bus, l'avion, et de s'en aller, il connaît les façons de jouer… Je savais faire de la recherche, ce n'est pas extraordinaire, simplement j'avais un bagage qui me permettait de faire de la recherche ici et là. Et surtout, mon visa, mon passeport, c'était l'anglais. Tous les gens maintenant parlent anglais, tous les jeunes. À cette époque-là, il y en avait très peu qui parlaient anglais au point de pouvoir se balader dans un autre labo et d'être opérationnel le lendemain.

Ça ne vous aurait pas forcément apporté quelque chose en plus, d'être dans des réseaux avec d'autres gens qui font de la cybernétique en France ?

Si : par exemple, si j'avais été chez Berthoz, je pense que j'aurais été beaucoup plus proche de la cybernétique dans mes analyses, dans la façon de conduire ma recherche. À Marseille, j'ai été obligé quand même de la mettre, non pas de côté, mais la cacher un peu.

Vous vous êtes posé la question de partir chez Berthoz ?

Non, jamais. J'étais bien à Marseille, j'avais une certaine liberté dans ce sens-là. Quand on vous ignore ça a deux effets. C'est gênant, mais ça peut avoir des à-côtés très positifs : j'avais mes propres contrats, j'avais mon labo, j'avais mes étudiants, donc tout allait très bien. D'ailleurs j'ai créé un laboratoire (Laboratoire de contrôles sensorimoteurs) qui a très bien fonctionné, qui s'est bien développé, et qui avait une certaine aura en France. Au fil des années, plusieurs chercheurs – étudiants, post-docs, stagiaires en année sabbatique – sont venus uniquement pour travailler dans mon labo, ce qui prouve que ça fonctionnait plutôt bien.

Vous recrutiez parmi les étudiants en psychophysio, avez-vous cherché à recruter des ingénieurs ?

Oui, mais les ingénieurs ne restaient pas, parce qu'encore une fois ils étaient attirés par l'industrie. Les problèmes financiers que posait le CNRS à cette époque-là ne les incitaient pas à venir chez nous. Mais j'ai eu souvent des ingénieurs en stage, qui faisaient leur troisième année, et qui nous apportaient leur façon de voir les choses.

Est-ce qu'il y avait un renouvellement au niveau de l'approche de l'analyse des systèmes ?

Oui, ce qui a évolué au cours disons des années 1980-2000, c'est les méthodes d'analyse des systèmes non linéaires. La cybernétique, d'une manière globale, est essentiellement construite pour s'intéresser aux systèmes linéaires. Or aucun système biologique n'est linéaire, donc il fallait biaiser. Des outils ont été développés notamment à travers l'analyse des systèmes dynamiques – je ne sais pas comment ça s'appelle en français – *dynamic systems analysis*, qui peut être combinée à la cybernétique. Même les outils...la mathématique de base est à peu près la même, mais l'approche est un petit peu différente. Et les écoles étaient un petit peu différentes. Ça a permis à des gens de mieux accepter cette méthode d'analyse des systèmes vivants.

Vous dites que vous avez un peu « caché » la modélisation cybernétique ?

Je l'ai mise souvent au ralenti, oui, je l'ai utilisée...

Mais dans votre parcours, modéliser les servomécanismes est resté un fil directeur ?

Oui, ça a été un noyau dur de mes outils, tout le temps. Et c'est ce que je pense avoir le mieux transmis à tous les étudiants que j'ai eus et qui sont maintenant disséminés ici et là, et qui font de la recherche dans les sciences du comportement ; et c'est comme ça qu'ils se différencient de leurs collègues, d'ailleurs, à travers cette approche.

L'idée était modéliser les servomécanismes, et au fil du temps passer d'un système à un autre ?

Oui. L'analyse elle-même, vous la connaissez : connaissant l'entrée et la sortie, on étudie ce qui est dans la boîte. Mais l'idée, surtout, c'est de mettre sous la forme d'une fonction de transfert le fonctionnement d'un système biologique, dans le but de l'implanter dans une machine, dans un robot, ou dans n'importe quelle machine qu'on n'appellera pas forcément un robot. Ça peut être un système de poursuite, un système de régulation, un système moteur, un système endocrinien, un outil de travail. C'est cette idée qui m'a gouverné. Au départ, comme je vous disais, d'une manière très enfantine, très naïve, je pensais qu'on allait pouvoir écrire une équation qui allait résumer le fonctionnement du système dans tel ou tel domaine. Ce n'est pas le cas, on n'est pas dans l'espace où on peut avec une seule équation résoudre un problème universel. Mais ça m'a beaucoup aidé quand même à mieux comprendre, et surtout intégrer, le fonctionnement de deux systèmes qui éventuellement échangent des propriétés. J'ai notamment eu l'occasion de travailler sur le système oculomoteur, sur le système moteur de la main, et un système dit visuo-oculo-manuel, dans lequel l'œil, en tant qu'organe visuel et moteur, est impliqué dans des tâches manuelles. Et ça, ce n'est pas facile à faire par des mots, alors qu'avec la représentation cybernétique c'est beaucoup plus facile à modéliser d'une part, à comprendre et à faire comprendre.

Vous n'avez pas du tout cherché des groupes de cybernétique ?

En France, je pense que je connaissais ceux qui m'intéressaient, notamment le groupe de Jeannerod. Il y avait chez lui Claude Prablanc, qui était issu de l'ingénierie, qui utilisait la modélisation aussi, je pouvais contribuer, on pouvait discuter assez largement de nos connaissances respectives, des problèmes que l'on pouvait avoir, au même niveau d'une part, et avec les mêmes termes. Je savais que Jeannerod, en tant que patron, était très favorable à ce type d'approche, même si Jeannerod était de formation médicale. Ensuite, il y avait Berthoz et ses collègues, avec qui je discutais assez facilement. C'est les trois pôles du comportement en France : l'axe Paris-Lyon-Marseille, le « PLM des neurosciences ». C'était un petit peu le cas, à l'époque encore une fois, dans les années 80. Maintenant ça a bien changé, parce que les neurosciences sont un peu partout en France, heureusement.

Et au-delà de ce cercle plus évident, un groupe où il y aurait éventuellement d'autres applications, d'autres théories, avec des mathématiciens ou autres, ça ne vous a pas…. ?

Si, mais pas forcément en France. J'ai eu besoin, pour un gros projet européen, *Human Frontier* [1986], de faire appel à des mathématiciens et à des gens qui étaient restés beaucoup plus modélistes que moi. Je les ai trouvés à Pavie, mais je ne les ai pas cherchés en France, et je ne suis pas sûr que je les aurais trouvés. Il fallait aussi que ce projet soit monté avec des équipes de différents pays.

Vous avez discuté de cybernétique avec Buser ?

Oui, il n'était pas obtus. C'était un physio pur et dur lui aussi, mais on pouvait discuter. Pas forcément en termes cybernétiques. Il fallait certainement éviter le terme « servomécanisme », mais quand on lui parlait de modélisation, il n'était pas trop allergique, même si… On peut comprendre ces gens-là : ils avaient fait toute leur carrière, acquis leurs galons avec la physiologie, ils n'allaient pas se mettre en défaut, ou à contre-pied, par faute de connaissances de mathématiques ou de physique. J'ai toujours pensé que si les gens évitaient de discuter en ces termes, c'est parce qu'ils n'étaient pas à l'aise. Ils n'étaient pas forcément « allergiques à ». On fait ça tous les jours : on évite les domaines dans lesquels on n'est pas à l'aise. Surtout en sciences, on sait qu'on est visé, on est évalué par les collègues, par les voisins, par les supérieurs.

Quand en avez-vous discuté avec lui ?

Je ne m'en souviens pas. Je n'ai jamais discuté de ces termes-là, de servomécanismes, avec Pierre Buser. Mais au cours de réunions, je ne l'ai jamais vu excité ou énervé parce que quelqu'un présentait un modèle ou quoi que ce soit. D'ailleurs, à partir des années 80, dans toutes les conférences il y avait un cybernéticien qui proposait un modèle pour conclure, pour synthétiser ses résultats ; et personne n'a jamais crié au scandale, c'était tout à fait admis.

Donc vous n'en avez pas discuté vraiment avec lui… ?

Non. Pas directement en ces termes. J'en ai discuté une ou deux fois avec Michel Imbert, lui aussi un physiologiste et un comportementaliste qui a essayé de se mettre à la modélisation. Vous pensez qu'il y a des gens allergiques au point de revendiquer une exclusion de ce domaine-là ? Vous l'avez ressenti comme tel ? Chez nous ça n'a jamais été une science, ça n'a jamais été utilisé comme tel. Il n'y a pas eu trop de guéguerres à cause de ça, je pense. C'était quand même marginal les gens qui faisaient de la modélisation dans les premières années, entre 60 et 80 disons. Je pense que je n'ai jamais été éloigné d'une discussion parce que les gens savaient que j'avais la double formation. S'ils avaient à parler de physiologie, ils parlaient en termes physiologiques, et moi je pouvais discuter en termes d'ingénierie avec un ingénieur, et en termes physiologiques et biologiques avec un autre. Et si je sentais qu'il n'y avait pas de combinaison *bioengineering* alors je laissais tomber. Je n'ai jamais voulu en faire une église, encore une fois faire carrière là-dedans, et instituer une science. C'était un outil, il ne faut pas oublier ça. Beaucoup de gens ont eu peur que ça devienne une science. La cybernétique c'était un outil, pas une science en soi.

Vous aviez des contacts avec des ingénieurs, des automaticiens ou autres. En général ça les intéressait, ou pas du tout, la physiologie ?

Pas forcément, mais ils comprenaient que la cybernétique puisse être appliquée à des systèmes régulés. Tout ingénieur qui réfléchit un peu aux systèmes biologiques sait très bien, et il le sait spontanément, que ce sont des systèmes régulés, et qu'il pourra apporter sa contribution à l'étude et à la compréhension de ces systèmes. Je n'ai jamais eu de problèmes de ce côté-là, au contraire, j'ai incité des gens à réfléchir, ça m'est arrivé aussi de réfléchir en ces termes avec eux, et poser des questions. La cybernétique a beaucoup évolué, entre temps, et notamment les logiciels qui permettaient de faire des analyses de Fourier, passer directement de l'analyse harmonique au modèle. Ce n'était pas le cas au début de la cybernétique, il fallait tout faire à la main.

Vous avez donc eu des discussions de travail avec des ingénieurs sur des problèmes de physiologie ?

Oui, tout à fait.

Mais ce n'était pas des collaborations durables ?

Non, non, pas institutionnalisées du tout.

Ça se passait comment ? Sur un coin de table ?

Oui, sur un coin de table. On disait « J'ai un problème, comment est-ce que tu vois ça ? ». Notamment avec mon collègue Georges Romey, qui après quelques années à Marseille a continué et fini sa carrière à Nice. J'ai continué à voir Georges plusieurs fois par an. Nous avons discuté beaucoup de servomécanismes – pas de servomécanismes, encore une fois c'était l'outil – on traitait nos problèmes en termes cybernétiques, de biologie de son côté, de comportement de mon côté.

Il ne vous a jamais semblé utile de chercher à fédérer les gens ?

Non, ce n'était pas mon approche de la science. Mon patron aux États-Unis me l'avait reproché, il me disait toujours « Dans la vie, il faut être un *empire builder* ». Ce n'est pas mon truc du tout. Moi, je voulais connaître un certain nombre de choses, découvrir, décrire des fonctionnements. Évidemment, le faire seul ce n'était pas possible. C'est utopique de tenter sa chance de ce côté-là, donc je voulais m'entourer d'un certain nombre de gens qui m'aideraient à comprendre et décrypter le fonctionnement des systèmes moteurs. Mais je n'ai jamais voulu construire une science, ou en faire une chapelle, ce n'était pas du tout mon approche. Peut-être que c'est une erreur que j'ai faite, mais ce n'était pas mes ambitions. Certainement que j'y serais parvenu, parce que les gens étaient mûrs pour ça. Je me disais que ça viendrait tôt ou tard, il ne faut pas forcer les gens. Les servomécanismes tout le monde y touche, mais pas forcément avec la terminologie, avec les techniques appropriées.

Un contraste entre les États-Unis, et le retour en France où il n'y avait pas de matériel ?

Oui, ça a été extrêmement compliqué, plus compliqué pour moi. Un moment, je me demandais si j'allais pouvoir avancer, et puis les choses se sont mises à bouger après trois-quatre ans. Maintenant les choses vont très bien. Peut-être que quelqu'un qui entre en ce moment en recherche pense que ça n'avance pas. Par comparaison, tous les gens de mon époque se rendent compte à quel point maintenant la science, la recherche, est facile, et presque confortable, pour un chercheur. [...]

Vous n'avez pas eu un moment de découragement où vous vous disiez « En fait, peut-être que j'aurais dû retourner aux États-Unis » ?

Si, quelques fois. Je n'ose pas trop y penser maintenant. J'ai eu des moments de découragement. Mais j'avais la parade, parce que je téléphonais ou j'écrivais à mes collègues, je disais « Bon, je veux aller passer trois semaines chez toi, je fais telle ou telle manip avec toi ». C'était une issue. Il faut dire que je n'étais pas marié à l'époque, ça allait bien. Comme disaient les Américains « Are you movable ? », j'étais mobile, je pouvais partir. Si j'avais eu une famille ça aurait été beaucoup plus compliqué pour moi.

ENTRETIEN AVEC BERNARD CALVINO (NÉ EN 1950), 25 FÉVRIER 2014

J'ai fait des études scientifiques en passant par la filière classe préparatoire aux grandes écoles. J'ai intégré l'École Normale Supérieure de Cachan à la rentrée 1970, et en fin de première année on nous demandait de faire un stage en laboratoire. Je suis tombé par hasard sur un livre de Laborit qui m'avait beaucoup intéressé, *L'Agressivité détournée*, donc je lui ai écrit en lui demandant s'il prenait des stagiaires. Il m'a répondu qu'il était d'accord pour me prendre, c'est ainsi que j'ai démarré chez lui, puis de fil en aiguille je suis resté dans son laboratoire pendant toute ma durée d'études de normalien, de juillet 1971 à juillet 1976.

En arrivant à l'ENS de Cachan, vous aviez déjà une spécialité ?

J'étais déterminé à faire des études de physiologie, j'ai fait une licence (à Orsay), une maîtrise de biochimie-physiologie (à Jussieu), et si j'avais choisi le labo de Laborit, c'est parce que c'était un laboratoire de neurophysiologie.

D'autres enseignants ou chercheurs qui vous ont marqué à l'époque ?

Non, je ne peux pas vraiment dire qu'il y ait eu des enseignants qui m'ont marqué. Si, il y a eu un prof de neurophysiologie à Paris 6, Pierre Buser, avec qui j'avais bien sympathisé, et gardé contact pendant toute ma carrière, qui faisait d'ailleurs un cours de neurocybernétique en maîtrise, l'année de ma maîtrise. Je me souviens qu'il avait adopté la démarche pédagogique de la cybernétique pour nous enseigner la physiologie des régulations dans le domaine qui le concernait lui, c'est-à-dire la neurophysiologie.

C'est quelque chose que vous aviez capitalisé directement avec Laborit ?

Oui, c'est par Laborit que j'ai découvert la cybernétique, que j'ignorais totalement – je ne connaissais même pas le mot – et puis, quand j'ai compris l'intérêt que représentait cette démarche, tout ce qui touchait à la cybernétique m'a intéressé et j'ai essayé de me rapprocher.

Comment ça se passait, chez Laborit ?

Ce n'était pas un laboratoire de recherche très classique dans le sens où je l'ai connu après. C'était un labo où en fait il n'y avait pas de chercheurs, mais seulement des techniciens qui travaillaient sur les idées de Laborit. L'intérêt, c'était les discussions qu'on avait avec Laborit, il aimait bien discuter, il aimait partager ses idées, du coup ça nous permettait d'avoir très fréquemment de vastes discussions, c'était très riche.

Après votre sortie de l'ENS, vous avez continué à travailler avec lui ?

Non, il n'était pas universitaire et pas habilité à diriger des travaux de recherche, et je ne pouvais pas rester si je voulais continuer dans la recherche. Donc j'ai quitté son labo, j'ai eu un poste d'assistant à la fac de médecine, et je suis rentré dans un labo du CNRS à Gif-sur-Yvette, dans un labo de physiologie nerveuse, le LPN. J'ai travaillé dans une équipe qui s'intéressait à une structure du cerveau qui s'appelle le complexe amygdalien. J'ai fait ma thèse de troisième cycle sur les relations entre la dépendance à la morphine et le complexe amygdalien. Je suis resté trois ans dans ce labo, et puis, comme le directeur du labo, Robert Naquet [1921-2005], que j'aimais beaucoup et qui m'aimait beaucoup, ne pouvait pas me garder parce qu'il n'y avait pas de poste pour être recruté au CNRS dans ce labo, il m'a demandé de partir. À ce moment-là, j'ai rencontré Jean-Marie Besson [1938-2014], qui était directeur de l'unité INSERM sur la douleur, et qui avait été intéressé par ma thèse de troisième cycle, dans la mesure où elle traite de la morphine. Besson ma proposé d'entrer dans son labo. Il m'a dit « écoute, je n'ai pas de poste, on va se battre pour que tu aies un poste à l'INSERM ou au CNRS, mais commence à bosser dès maintenant ». J'avais toujours mon poste d'assistant à la fac de médecine à ce moment-là, donc je n'étais pas vraiment dans la panique. J'ai gardé ce poste encore un an, mais au bout d'un an je n'avais plus rien. À ce moment-là j'ai eu beaucoup de chance, parce que la politique de l'enseignement supérieur a changé. La ministre de l'époque à mis en place des recrutements par concours. Un poste de maître-assistant s'est ouvert à la faculté de médecine de Bobigny, en Sciences. Je me suis présenté sur ce poste et j'ai été reçu, mais je suis resté comme chercheur au labo de Jean-Marie Besson à l'INSERM à l'hôpital Sainte-Anne. J'y ai commencé à travailler sur la douleur, puis j'ai fait toute ma carrière de chercheur dans le domaine de la douleur. Je suis resté 15 ans chez Besson, de 1979 à 1994. En 1993, un poste de professeur s'est ouvert à la faculté des sciences de Créteil, des copains sont venus me chercher en me disant « écoute, ça serait bien que tu te présentes, on a besoin d'un neurophysiologiste ». J'ai été nommé professeur là-bas, et je suis resté jusqu'en 2002. Je suis rentré à l'ESPCI en 2002.

Neurophysiologiste, c'était votre étiquette tout ce temps ?

Toute ma carrière, je l'ai faite comme universitaire dans le champ de la neurophysiologie, je dépendais de la section du CNU de neurophysiologie.

Cette appellation n'avait-elle pas temporairement disparu ?

Elle a disparu, puis a été remplacée par le terme « neurosciences » dans la mesure où ça s'est plus globalisé et qu'il y a eu énormément d'ouvertures scientifiques qui se sont faites vers le domaine cellulaire et moléculaire. Donc pour regrouper le tout, neurophysiologie, sciences du comportement, neurobiologie cellulaire et moléculaire, on a appelé la discipline « neurosciences », qui a été le nom de la section du CNU.

En quittant le labo de Laborit pour travailler sur le complexe amygdalien, vous laissez tomber la cybernétique, ou vous recyclez ?

Ce qui est certain, c'est que pour moi la cybernétique a été essentiellement une trame dans mon enseignement, c'est-à-dire que quand j'ai été nommé maître assistant à Bobigny, je faisais les cours de physiologie (deuxième année de DEUG) et j'avais d'emblée choisi de faire le cours d'introduction de physiologie avec la trame cybernétique, et ce qui a été à l'origine du bouquin que j'ai écrit 20 ans après et que vous avez entre les mains[92].

À l'époque, c'était original ?

Complètement, je crois pouvoir dire que j'étais le seul au niveau du DEUG à faire un enseignement à l'introduction à la physiologie par le

92 B. Calvino, *Introduction à la physiologie. Cybernétique et régulations*, Paris : Belin, 2003.

biais de la cybernétique. Je n'ai connu personne, dans toute ma carrière universitaire qui ait adopté le choix que j'avais fait. Le seul enseignant que j'ai rencontré en fac de sciences qui ait utilisé la cybernétique dans son enseignement, c'était Pierre Buser. Mais à ma connaissance – je ne prétends pas avoir une connaissance exhaustive de tout l'enseignement supérieur en physiologie – je pense être le seul à avoir adopté cette démarche pédagogique, et ça c'était vraiment directement l'héritage de mon passage chez Laborit. Toutefois, à la fac de médecine Broussais-Hôtel Dieu où j'ai été assistant, les deux professeurs de physiologie, Jack Baillet[93] et Charles Jacquemin, faisaient aussi un enseignement de la physiologie avec le modèle cybernétique. D'ailleurs Jack Baillet a écrit un bouquin d'enseignement de la physiologie avec la cybernétique comme trame pédagogique[94].

Dans certains domaines de la neurophysiologie, le formalisme des automaticiens s'est implanté dès les années 60. Appeler ça « cybernétique » ou non, était-ce simplement une question d'appellation, ou y avait-il autre chose en plus derrière ?

Pour moi, il y avait autre chose. Mon souhait était d'arriver à étendre la pédagogie cybernétique le plus possible, et de faire comprendre aux étudiants que c'était quelque chose d'extraordinairement prolixe, et facilitant leur compréhension de la physiologie. La démarche cybernétique est pour moi essentielle pour arriver à comprendre la notion de régulation, qui est la clef de voûte de toute la physiologie. S'ils avaient compris ce qu'est un régulateur en cybernétique, ils étaient capable de comprendre toute la physiologie. J'ai essayé d'ailleurs d'introduire ces notions dans l'enseignement des SVT au Lycée, avec un succès limité, mais c'est quand même en partie passé. Au cours de ma carrière j'ai exercé certaines responsabilités pédagogiques, en particulier entre 1999 et 2004, où j'ai été pendant 5 ans président du groupe d'experts qui a rédigé les programmes de SVT pour les lycées. Dans le programme de seconde, une classe où les élèves n'ont pas encore choisi entre sciences, lettres et sciences éco, donc une année de sensibilisation et de détermination, le groupe avait décidé que ce serait intéressant de leur permettre

93 Cardiologue, spécialiste de l'homéostasie (J. Baillet, article « Homéostasie », *Encyclopaedia Universalis*), Baillet (1921-2007) était aussi membre du Groupe des Dix.

94 J. Baillet, E. Nortier, *Précis de physiologie humaine*, Paris : Marketing Ellipses, 1992.

de comprendre la notion de régulation cybernétique en physiologie. On a choisi l'exemple de la régulation de la fréquence cardiaque au cours de l'effort physique, et j'ai plaidé pour que les profs acceptent l'idée qu'on puisse introduire pour les élèves de seconde la notion de régulation cybernétique. Cette notion a été officiellement mise dans les programmes. Le problème venait du fait que cette notion était ignorée du milieu enseignant, ou que très peu d'enseignants y étaient sensibilisés. Ce qui fait qu'il y a eu beaucoup de réticences et de résistances pour arriver à l'introduire. Il y a un ou deux éditeurs scolaires qui avaient repris cette notion de régulation cybernétique dans les bouquins. Ça a facilité le passage de la notion dans l'enseignement secondaire ; maintenant, ce qu'en ont fait les profs, j'en sais rien, le groupe d'experts a fait ce qu'il a pu ! J'ai été très aidé par un inspecteur pédagogique de biologie, qui faisait partie du groupe d'experts et qui était très sensible à la pédagogie cybernétique, il m'a beaucoup appuyé dans cette démarche. On a essayé de plaider cette cause-là, je ne suis pas persuadé que ça ait été un grand succès a posteriori. […]

Même récemment, chez les enseignants, ce sont des notions qui ne sont pas très répandues ?

J'ai du mal à pouvoir saisir cette sensibilité-là. Est-ce que mon livre a fait des émules, ça je n'en sais rien. Quelle a été la force de pénétration de la démarche cybernétique auprès de ceux qui ont utilisé mon bouquin pour leurs études, ça je ne sais pas du tout. J'ai d'abord été surpris qu'il intéresse Belin, qui est un éditeur bien introduit dans le milieu universitaire. J'ai été très content quand ils ont accepté mon synopsis et qu'ils m'ont demandé de le rédiger. C'est un bouquin qui a eu, de ce que j'en sais, un succès honorable, un succès d'estime. Il s'est vendu à plus de mille exemplaires, mais n'a pas été un best-seller !

Vous parlez plusieurs fois de pédagogie cybernétique : c'est quelque chose de différent de l'apprentissage des mathématiques, du formalisme des automaticiens ?

N'étant pas mathématicien, et ayant toujours eu des difficultés avec le côté très abstrait de la démarche mathématique, j'ai eu du mal a pénétrer cet univers. J'ai beaucoup lu, j'ai suivi des conférences, j'ai participé à des colloques sur la cybernétique, sur le formalisme mathématique de la cybernétique, mais je n'ai jamais réussi à m'y accrocher, c'était beaucoup trop compliqué pour moi et je n'avais vraiment pas la culture de base pour pouvoir l'intégrer. Donc c'est vrai, de ce point de vue, je ne suis jamais rentré dans cette démarche du formalisme. J'ai beaucoup compris intuitivement ce que représentait l'intérêt de ce formalisme, en particulier lorsque s'est développé le concept de « neurone formel », qui a été à la base de toute une construction théorique sur la modélisation des neurones et du fonctionnement des synapses. Ça s'est parallèlement élargi avec tous les automates, depuis la machine de Turing jusqu'au plus sophistiqué. Je m'y suis intéressé et j'ai essayé de garder un fonds de culture dans ce domaine que j'ai essayé de comprendre, mais c'était vraiment trop loin de ma discipline et de mon mode de compréhension, ce qui fait que je n'ai jamais pu l'enseigner parce que je n'étais pas capable de le faire. Ce qui a été vraiment ma démarche est de faire comprendre la notion de stabilité, la notion de rétroaction, la notion de régulation, comme étant un des fondements essentiels de la vie au sens biologique du terme, et que la vie biologique n'est qu'une succession de régulations. Si on a bien compris ce qu'est un niveau d'organisation, si on a bien compris l'emboîtement des différents niveaux d'organisation entre eux, si on a bien compris que les niveaux d'organisation sont reliés entre eux par des régulations, on peut arriver à déboucher sur une modélisation. Et c'est ce qui a été le sens de ma démarche, c'est-à-dire d'arriver à faire comprendre aux étudiants que pour comprendre des choses aussi complexes que les régulations physiologiques, on ne peut s'en sortir que par une modélisation, et que par choix ma modélisation c'était la modélisation cybernétique.

Est-ce alors au niveau des concepts ? De la façon dont chaque système étudié devrait être à chaque fois considéré dans son environnement et à différentes échelles ?

C'est exactement ça. Les systèmes ne sont pas isolés, ils ont tous un environnement. Ils sont tous reliés entre eux, et si l'on veut décrire et comprendre le fonctionnement d'un système, il faut prendre en compte les interactions qu'il a avec son environnement, et les interactions qu'il a avec les autres systèmes avec qui il partage des informations, des régulations. C'est pour moi la représentation scientifique la plus simple des systèmes complexes. Donc pourquoi se priver de cette modélisation quand elle peut permettre d'aborder les systèmes complexes, c'était ça le sens de ma démarche.

C'est une démarche que vous avez hérité telle quelle de Laborit, où bien est-ce que vous l'avez retravaillée un petit peu ?

Laborit m'a donné le goût et l'idée au départ, mais j'ai beaucoup travaillé, j'ai beaucoup lu, j'ai beaucoup approfondi ces notions-là, justement pour en voir tous les aspects. La cybernétique en elle-même ne représente qu'un intérêt limité. Elle a sa richesse parce qu'il y a autour d'elle la théorie des systèmes, la théorie de l'information, toutes ces disciplines connexes qui ont permis de générer ce qui est devenu maintenant l'informatique, la robotique et toutes ces disciplines qui sont à la pointe de l'automatisation et de la progression dans le domaine de la technologie. Mais la cybernétique n'est qu'un élément parmi d'autres. J'ai été très attentif à me former dans les domaines connexes pour bien comprendre tout ce qu'elles représente. La cybernétique est vraiment pour moi quelque chose d'historique, elle n'est plus une science qui est à la pointe… Elle a été, je dirais, assimilée par d'autres disciplines qui se sont construites sur la cybernétique mais qui l'ont complètement dépassée. Je ne sais pas si c'est correct, mais c'est un peu comme ça que je vois les choses.

Des lectures que vous avez retenues en particulier ?

Il y a un livre qui m'a beaucoup marqué, c'est celui d'Henri Atlan *L'Organisation biologique et la théorie de l'information*, qui m'a beaucoup apporté. J'ai lu aussi des grands classiques, bien sûr : Wiener, von Neumann, Turing… Tous ceux qui ont été les pères de tout cet ensemble de disciplines scientifiques qui ont peu à peu élaboré le socle de ce qui est devenu aujourd'hui toute cette science de la communication et de l'information, et de la robotisation.

Vous avez évoqué des colloques, des congrès, des séminaires…

Par le biais de Laborit, j'avais adhéré à la Société internationale de cybernétique, dont les congrès se tenaient à Namur parce que son président, Boulanger, la cheville ouvrière de cette société, était un Belge de Namur. J'ai participé à quelques congrès à Namur, et c'est là que j'ai vraiment découvert la cybernétique. C'est donc dans les années 70-75, et déjà à cette époque elle était très mathématisée et reposait beaucoup sur un formalisme mathématique qui me dépassait complètement. Voilà, sinon j'ai participé aussi à un groupe de travail, que j'avais rencontré par le biais de Laborit d'ailleurs, qui s'appelait Systema[95], et on a travaillé pendant 5 ans ensemble. C'était un groupe tout à fait informel et sans aucune structure, n'appartenant à aucun organisme de recherche. C'était trois polytechniciens qui s'étaient passionnés pour toutes ces théories, et qui avaient lu Laborit, donc qui étaient venus le rencontrer. Et comme Laborit ne comprenait rien à ce qu'ils disaient, il me les avait fait rencontrer. J'avais sympathisé avec eux, et leur démarche m'intéressait beaucoup. Et donc j'ai travaillé pendant cinq ans avec eux. C'était vraiment une approche très pluridisciplinaire : eux étaient tous des matheux, des physiciens, pour la plupart. Moi je leur apportait une ouverture sur le monde biologique, ce qui fait que ça a permis d'arriver, d'une manière assez féconde d'ailleurs, à travailler sur des sujets biologiques. Ils avaient créé un outil mathématique qu'ils avaient appelé le « relateur arithmétique », qui fonctionnait à partir d'algorithmes qui étaient essentiellement des systèmes bouclés, donc des systèmes qui fonctionnaient sur le concept de régulateur. Et à partir de là on a essayé – c'est eux qui faisaient évidemment tout les développements mathématiques – de construire une démarche qui soit cohérente avec leur état d'esprit appliqué à des modèles biologiques. On a travaillé sur un certain nombre d'exemples. Personnellement, j'ai assez vite lâché prise, parce que, à ma grande déception, ils se sont passionnés pour la biologie végétale qu'ils trouvaient être un exemple merveilleux de systèmes prédictifs, en particulier dans la morphogénèse végétale, et j'avais passé le relais à un de mes copains qui était physiologiste végétal, Hervé Le Guyader, chercheur au CNRS, qui a travaillé avec eux, et après on s'est perdu de vue. C'était dans les années 75-80. Ils ont été à l'origine de la création d'une société scientifique, qui je crois a disparu, qui s'appelait la Société française de biologie théorique[96], dont le père fondateur était un prof qui avait un labo de recherches au CEA à Saclay, mais c'est pareil, j'ai oublié son nom[97]. Quand ils ont créé la SFBT, ils m'ont recontacté, ils m'ont dit « ça serait bien que tu participes à l'activité de cette société ». Et j'ai travaillé pendant deux ans avec eux, parce que la SFBT avait mis

95 Voir p. 252.

96 La Société francophone de biologie théorique est bien vivante… Son histoire reste à écrire. Sur son site Internet, un bref historique qui ne mentionne pas Systema : http://physiome.ibisc.fr/~sfbt/site/fr/sfbt/org/origin.html.

97 Il s'agit de Pierre Delattre.

en place une école de biologie théorique[98], qui se voulait être justement – ce qui était une intuition qui s'est avérée parfaitement juste d'ailleurs, parce que maintenant ça a pris une importance très grande – pionnière de l'interdisciplinarité dans les différents champs scientifiques, entre les matheux, physiciens et biologistes. Et la principale richesse de cette école de biologie théorique c'était justement de permettre à des jeunes chercheurs où à des étudiants en thèse de se rencontrer pendant trois semaines. L'école était en internat dans une abbaye à coté de Limoges, et pendant trois semaines on vivait en cercle fermé, si je puis dire, et il y avait vraiment deux groupes, le groupe des biologistes, et le groupe des matheux et des physiciens. Ça se voulait être sur le modèle de l'école de physique des Ouches du CNRS. C'était d'ailleurs une école labellisée CNRS, soutenue par le CNRS. C'était dans les années 82-85. [...]

Quand et comment vous réunissiez-vous ?

C'était chez l'un ou chez l'autre, de manière très informelle. On travaillait par notes de synthèse, chacun faisait sa petite note qu'il envoyait aux autres. Et on se réunissait une fois par mois pour mettre en commun et partager tout ce qu'on avait fait. Il y a tout un savoir extraordinairement riche que l'on publiait à compte d'auteur dans une revue qui s'appelait les *Cahiers Systema*, qui était un peu le recensement de tout le travail qui était fait dans le groupe. [...]

C'était tiré à combien d'exemplaires ?

Une centaine à peine, c'était vraiment très modeste. On distribuait ça aux gens qu'on arrivait à intéresser à notre démarche et ça n'allait pas plus loin. C'était vraiment un cercle très restreint. La seule véritable audience qu'a eue Systema, c'était avec la SFBT, où effectivement il y a eu un élargissement assez important.

Dans ce groupe, la cybernétique était une référence parmi d'autres ?

Non, dans le travail que j'ai fait avec Systema, c'est plus le concept de modélisation, et l'utilisation de leur outil de base – le relateur

98 H. Le Guyader, T. Moulin (dir.), *Actes du premier Séminaire de l'École de biologie théorique du Centre national de la recherche scientifique, 1-4 juin 1981*, Paris : ENSTA, 1981.

arithmétique – qu'on a développé et qu'on a essayé d'appliquer à un certain nombre de schémas, qui pouvaient être effectivement tirés de modèles de la biologie.

Quand même une problématique de régulation ?

Pas seulement. Oui, bien sûr, c'est toujours resté le mot-clé, mais aussi les problèmes de développement. Il y a eu du travail qui a été fait dans le domaine du développement. Je vous parlais tout à l'heure de morphogénèse végétale, c'est un exemple. On est sortis du champ de la physiologie, c'est allé un peu plus loin, oui. […]

D'autres volets, d'autres versants de vos recherches, sur ce thème ?

Non, parce que, quand j'ai commencé à vraiment m'intégrer dans le milieu de la recherche, très rapidement, je me suis rendu compte que j'avais des choix à faire et je ne pouvais plus continuer comme ça, à me disperser au travers d'activités qui étaient complètement étanches, séparées les unes des autres. Et en particulier chez Besson, quand j'ai pris ma propre équipe de recherche, je n'ai plus eu le temps de m'occuper de ces activités un peu annexes, et là je me suis complètement investi dans le domaine de la recherche sur la douleur. Vous savez comme moi que la recherche est un milieu extrêmement compétitif. Si on veut exister, il faut publier au niveau international, il faut exister au niveau international. Et là, à partir des années 85, époque où j'ai quitté Systema, je me suis complètement investi dans le domaine de la douleur, et j'ai complètement abandonné. J'y suis revenu quand j'ai rédigé mon bouquin au début des années 2000, où il a fallu que je replonge un peu quand même dans toutes mes notes pour pouvoir écrire quelque chose pas trop stupide et qui tienne la route. Mais bon, c'est le seul accroc que j'aie fait à mon activité de chercheur. C'est parce que Belin s'était intéressé à cette idée-là, ils étaient en train de monter cette collection universitaire et il voulaient à tout prix un physiologiste, donc j'ai accepté de prendre en charge la rédaction de ce bouquin, mais ça a été vraiment une période de surcharge de travail assez intense parce que je faisais en plus de mon boulot de chercheur, j'étais prof à la fac, enfin c'était quand même assez compliqué.

L'abandon de l'interdisciplinarité, c'était uniquement dû à cette saturation du travail, il n'y avait pas d'oppositions ou de timidité particulière ?

Pas du tout, j'aurais aimé pouvoir continuer de mener de front les deux aspects de mon travail de recherche, mais malheureusement je n'avais plus le temps. Surtout après quand j'ai été nommé prof, j'ai été assommé de responsabilités, parce que c'est comme toujours comme ça quand on est prof à la fac : on est directeur d'un département, on est directeur d'un labo, on a des activités administratives, il faut être membre d'un conseil si on veut avoir un minimum de moyens… Donc tout ça fait que, à partir de 85, j'ai été obligé, malgré moi et à regret, parce que j'aimais bien ça, d'abandonner tout ce versant de la recherche pluridisciplinaire que j'avais. Mais bon, ce n'est pas reconnu au niveau universitaire, et si on veut avoir un minimum de sérieux dans ce que l'on fait, il faut du temps, il faut travailler, il faut s'investir, et je n'avais plus le temps de mener les deux fronts.

À partir d'une certaine époque, parfois le nom de cybernétique était mal vu, il y a également des gens pour qui Laborit était mal vu, est ce que ce sont des choses qui ont joué ?

En ce qui me concerne, je ne sais pas si ça m'a desservi mais je ne le pense pas. En tout cas je n'ai jamais remis en cause l'intérêt de la cybernétique. J'ai souvent appris aux gens ce qu'était la cybernétique. Je me suis toujours fait un malin plaisir d'expliquer que si l'informatique avait démarré c'était en grande partie grâce à la théorie de la communication et grâce à la cybernétique ; que le fameux *bit*, que tout le monde manipule, les neuf dixièmes des gens n'en connaissent pas l'origine, le fait que ce soit *binary digit* et que ce soit basé sur un système de théorie de la communication « tout ou rien ». Eh bien ça m'amusait de montrer aux gens leur ignorance, surtout quand ils étaient critiques par rapport à cet aspect-là des choses. Quant à Laborit, non seulement je ne l'ai jamais renié, mais je l'ai toujours défendu. Et encore maintenant, je suis amené à le défendre, même avec Pierre Buser avec qui j'étais assez ami, qui était un détracteur de Laborit – ça n'a jamais été jusqu'à une rupture entre lui et moi.

L'année où vous suiviez le cours de Buser…

J'étais chez Laborit à ce moment-là.

Voila, la défiance de Buser, c'était déjà à cette époque-là ?

Oui, d'emblée. J'ai voulu faire le malin : un jour je suis allé discuter avec lui à la sortie d'un cours, en lui disant que j'étais passionné de cybernétique et que j'étais très intéressé par son cours. Il était très surpris, il m'a dit « C'est rare qu'un étudiant connaisse la cybernétique, d'où vous connaissez ça ? ». J'ai dit « voilà, je suis en stage chez Laborit ». Alors là, j'ai tout de suite vu qu'il se raidissait, et qu'il se bloquait. Pour moi ça n'a jamais été un problème. Je ne comprends pas que la communauté scientifique soit aussi peu connectée avec ce monde de la cybernétique. Quand on prétend faire de l'interdisciplinarité ! Maintenant c'est le grand truc à la mode dans les disciplines de pointe, il faut que les biologistes deviennent physiciens et que les physiciens deviennent biologistes… Tant mieux enfin si on arrive à cette démarche, mais cela me fait sourire quand je pense à tout ce qu'ont été les querelles et les obstacles que l'on a rencontrés en particulier. Et je crois que c'est de ça dont est morte la SFBT. Mais malgré tout, je reste toujours interrogé par le fait que ça ne suscite pas autant d'intérêt de la part de tous ces collègues, de se plonger un peu dans l'histoire des sciences et d'aller voir d'où vient ce besoin d'interdisciplinarité, ce besoin de modélisation, de formalisation. On en est maintenant effectivement arrivé à un réductionnisme qui est à mon sens à l'opposé de ce qui est l'ouverture d'esprit et la pluridisciplinarité de la cybernétique. L'exemple le plus concret que j'ai connu, c'était à l'ESPCI, où les physiciens se passionnent pour la modélisation de la biologie, mais je suis effaré de voir ce qu'ils appellent biologie. Pour moi c'est de la physique, pas de la biologie. C'est ça maintenant l'actualité du top niveau en science.

Chez Laborit, quand vous étiez dans son labo, la cybernétique, c'était quoi ? C'était de la méthodologie ? Des discussions philosophiques ?

Oui, c'était tout ça, ce qui se retrouve quand on regarde tous ses bouquins, à part les derniers. Tous les bouquins qui ont eu de l'audience et qui se sont beaucoup vendus, ont tous une première partie d'introduction à la théorie des systèmes et à la cybernétique. Et ça, Laborit y tenait beaucoup, parce que sa démarche c'était justement de pouvoir ensuite faire passer ces idées dans cette philosophie-là. En disant « la démarche ne peut être que systémique », on ne peut pas se contenter de rester dans notre petite discipline, dans notre petit domaine, si on veut comprendre le monde dans lequel on vit, y compris au niveau sociologique… Il avait écrit *L'Homme et la ville*, bouquin qui avait eu un énorme succès, c'était parti de cette démarche-là. Donc pour lui, la cybernétique c'était ça, c'était comme vous dites une certaine philosophie, une démarche pédagogique, et puis lui s'est fait promoteur, en physiologie, de la notion de niveau d'organisation, c'était vraiment la clé de voûte de sa démarche scientifique qui trouve sa racine dans la cybernétique. Voilà, en gros, ce qui a été ma culture cybernétique et mon implication.

Vous êtes resté longtemps en contact avec Pierre Buser…

Jusqu'à la fin de sa vie, on se voyait régulièrement. Quand j'ai sorti mon bouquin, d'ailleurs, vous verrez que je le cite, que je dédie ce bouquin à Henri Laborit et Pierre Buser. Quand le bouquin est sorti, je suis allé lui offrir, et il a beaucoup souri. Parce qu'il m'a dit « Vous êtes toujours aussi provocateur ». Et je lui ai répondu « Ben oui, je n'ai pas de raison de changer ».

Cette dédicace était en référence…

À son cours, tout ce qu'il m'avait apporté, justement, dans cet esprit-là. Et puis, Pierre Buser, c'était un homme très attachant, c'était quelqu'un qui gagnait beaucoup à être connu, parce que, malheureusement pour lui, il avait des difficultés à rencontrer les étudiants. Il avait l'image, auprès des étudiants, de quelqu'un de très distant, et de très sévère. Ce qui n'était pas du tout le cas. Dès que la glace était brisée, c'était quelqu'un d'absolument charmant. Il m'a suivi pendant toute ma carrière, il m'a beaucoup aidé. C'est lui qui m'a mis en relation avec Jean-Marie Besson [1938-2014], quand je suis rentré chez Besson [à Sainte-Anne]. Purement anecdotique et administratif : quand la thèse d'État a été supprimée, que le système « thèse de troisième cycle – thèse d'État » a été remplacé par la thèse d'université actuelle puis l'HDR, j'étais dans l'ancien système. Mais j'avais fait la bêtise de ne pas m'inscrire en thèse d'État (parce qu'on ne s'inscrivait pour soutenir sa thèse d'État que l'année où on allait la soutenir) et j'étais à la fin de ma thèse d'État. J'allais la soutenir l'année suivante, donc je ne m'étais pas encore inscrit quand le décret est sorti, et il était alors impossible à ceux qui n'étaient pas inscrit de le faire, pour imposer le nouveau régime. Donc j'ai été obligé de soutenir une thèse d'Université, alors que j'avais déjà une thèse de troisième cycle, puis ensuite une HDR. J'ai fait ça dans la foulée. Et Buser, très gentiment, a accepté de m'aider pour franchir les obstacles administratifs, c'est grâce à lui que j'ai pu soutenir mon HDR six mois après ma thèse d'université. Normalement, c'était aberrant de soutenir une HDR six mois après. Donc c'est vous dire qu'il m'a vraiment aidé, et puis on se voyait régulièrement dans les congrès. J'ai été invité plusieurs fois à faire des conférences, y compris à la fac des sciences. Et même, la dernière fois que j'ai vu Buser, c'était au cours d'un colloque qui avait était organisé conjointement par l'Académie des sciences et l'Académie de médecine, sur la douleur. Et je ne sais pas pourquoi, mais toujours est-il que les organisateurs de cette journée m'ont demandé de faire la conférence introductive sur le thème « Qu'est ce que la douleur ? ». Cette journée s'est passée à l'Académie des sciences, quai de Conti, et Buser était là. On a déjeuné ensemble, on a passé un très bon moment ensemble, et j'étais ravi de le revoir. Hélas c'est la dernière fois que je l'ai vu, il est mort deux ans après.

À part Systema, est ce que vous avez eu d'autres contacts avec des biologistes intéressés par la cybernétique, la modélisation ?

Le Guyader, oui, qui après a viré à la systématique et à la biologie animale.

Vous avez cherché d'autres contacts ?

Ah, j'aurais aimé en rencontrer, oui... J'ai cherché, même quand j'étais à la SFBT. J'y avais rencontré un prof de médecine d'Angers, qui était passionné de cybernétique, et avec qui on avait un petit peu partagé, Gilbert Chauvet [1942-2007][99]. Il avait écrit un bouquin dans une collection très confidentielle, sur la modélisation, justement, la physiologie et la cybernétique. On s'était retrouvés ensemble aux différentes sessions de biologie théorique. Mais c'est le seul physiologiste, médecin qui plus est.

Vous m'avez dit que Laborit vous avait envoyé aux congrès de Namur ?

Oui, absolument, et je suis retourné après avec Systema, parce qu'on y a fait des communications de cybernétique.

---

99 http://www.admiroutes.asso.fr/gilbertchauvet/index.htm.

Il vous avait envoyé vers d'autres personnes ou organisations encore ?

Non, lui sa famille, c'était Boulanger, la Société internationale de cybernétique, oui, c'était vraiment sa famille. J'ai fait un article avec Systema, sur les niveaux d'organisation et les systèmes complexes, dans *Agressologie*, c'était la revue de Laborit… C'est la seule que j'ai faite avec eux[100]. Ils ont voulu que je signe en premier, par pudeur, ils m'ont dit « Non non, c'est toi qui as fait le boulot, c'est toi qui a rédigé, tu signes en premier ». Et ils ont cosigné. Le nom « groupe Systema » est marqué et référencé en sous-titre de la publication. *Agressologie*, c'est quand même assez confidentiel comme revue.

100 B. Calvino et al., « Vers l'utilisation d'un langage arithmétique pour représenter le réel sous forme de systèmes ouverts », *Agressologie*, vol. 13, n° 4, 1972, p. 217–232. Voir aussi : B. Calvino, « Level of Organization and Complex Formation in Living Systems », *Agressologie*, vol. 15, n° 4, 1974, p. 231-238.

L'USINE CELLULAIRE

Biochimie et biologie moléculaire

L'histoire, tant intellectuelle qu'institutionnelle, de la biologie moléculaire – dans laquelle l'« école française » joue un rôle pivot – est un champ d'étude amplement labouré. En ce qui concerne plus spécialement la question de l'influence de la cybernétique dans cette histoire, l'ouvrage de l'historienne américaine Lily Kay représente la référence principale, que l'on peut compléter avec les travaux d'Evelyn Fox Keller, ainsi que le chapitre qu'y consacre Jérôme Segal[1]. En revanche, du côté de l'histoire de la cybernétique, J.-P. Dupuy et M. Triclot ont généralisé leur conclusion d'échec (« rendez-vous manqué ») à partir d'un ou deux épisodes seulement[2], sans tenir grand compte de la littérature existante en histoire de la biologie moléculaire. Qu'en est-il dans le cas de la France ? Les travaux de Jean-Paul Gaudillière ont consacré une attention particulière à la question de la spécificité de la biologie moléculaire française. Tout en étant progressivement amené à relativiser l'importance de l'échelle nationale[3], Gaudillière ne la conserve pas moins comme cadre pertinent pour réfléchir au paradoxe du succès international (prix Nobel 1965) des recherches menées à l'Institut Pasteur[4]. Trois différences majeures ont en effet été relevées au sujet de la France : l'existence ténue de la recherche en génétique avant la Guerre, de travaux consacrés « aux sujets

---

1 L. Kay, *Who Wrote the Book of Life ?*, *op. cit.* ; E. F. Keller, *Making Sense of Life. Explaining Biological Development With Models, Metaphors and Machines*, Cambridge (Ma) / Londres : Harvard University Press, 2002 ; J. Segal, *Le Zéro et le un*, *op. cit.*, ch. 7.

2 Dupuy ne mentionne que la lettre dans laquelle Delbrück exprime à S. J. Heims son désintérêt pour les conférences Macy (J.-P. Dupuy, *Aux Origines des sciences cognitives*, *op. cit.*, p. 76). Triclot ne s'intéresse qu'à von Neumann (M. Triclot, *Le Moment cybernétique*, *op. cit.*, p. 295-297).

3 J.-P. Gaudillière, « Molecular Biology in the French Tradition ? Redefining Local Traditions and Disciplinary Patterns », *Journal of the History of Biology*, vol. 26, n° 3, 1993, p. 473-498.

4 J.-P. Gaudillière, « Paris-New York Roundtrip : Transatlantic Crossings and the Reconstruction of the Biological Sciences in Post-war France », *Studies in History and Philosophy of the Biological and Biomedical Sciences* n° 33, 2002, p. 389–417.

qui devinrent des icônes de la nouvelle discipline » (l'ADN et le code génétique), et enfin de liens avec la médecine[5].

> Une explication séduisante de ce succès inattendu est que les biologistes moléculaires pasteuriens se sont appuyés sur des traditions nationales en physiologie et en bactériologie pour développer une forme de biologie moléculaire centrée sur des problèmes de régulation et de métabolisme cellulaire [...]. Une limite de cette interprétation élégante est qu'elle ne dit rien des raisons pour lesquelles la génétique physiologique française a attiré autant de chercheurs qui ne partageaient pas le même arrière-plan intellectuel, aux États-Unis comme en France[6].

D'après Gaudillière, la monnaie commune qui a permis (ou du moins facilité) le développement des échanges, collaboratifs autant que compétitifs, entre la France et les États-Unis, réside dans l'utilisation d'un même matériau d'étude, en particulier le bacille *Escherichia Coli* (hôte privilégié de la flore intestinale des mammifères, commode à cultiver en laboratoire et présentant l'avantage d'être monocellulaire, donc de constituer en principe une unité d'analyse effective). Un réseau préexistant autour de cette culture matérielle aurait favorisé « l'homogénéisation des problèmes de recherche[7] », dont l'intérêt des Américains pour les aspects physiologiques et bactériologiques caractérisant les recherches françaises. Ce processus d'homogénéisation a occupé les années 1950. Une telle lecture permet notamment d'éviter la tentation d'un schéma dialectique, dans lequel les approches structurelles (américaines, autour du code et de la configuration de l'ADN) passeraient naturellement le relais à des approches fonctionnelles (françaises, physiologiques, autour des mécanismes d'expression génétique).

Quelle place, ou quel rôle, revient à la cybernétique dans le processus d'homogénéisation ? Les travaux de Lily Kay entrent ici en jeu, en cherchant explicitement à s'articuler avec les travaux précédemment cités. Kay se réfère à la notion foucaldienne d'« épistémè » (*cf.* Introduction) pour soutenir la thèse selon laquelle la cybernétique aurait redéfini le « système des représentations » de la biologie moléculaire.

5 R. Burian, J. Gayon, D. Zallen, « The Singular Fate of Genetics in the History of French Biology, 1900–1940 », *Journal for the History Biology* n° 21, 1988, p. 357-402 ; R. Burian, J. Gayon, « The French School of Genetics : From Physiological and Population Genetics to Regulatory Molecular Genetics », *Annual Review of Genetics* n° 33, 1999, p. 313-349.

6 J.-P. Gaudillière, « Paris-New York Roundtrip », *op. cit.*, p. 404.

7 *ibid.*, p. 404.

> Les représentations des objets et des mécanismes de la génétique moléculaire étaient de plus en plus constituées depuis le discours de l'information [*information discourse*], tel qu'il a été configuré depuis le début des années 1950 au travers de tropes et d'images provenant de la cybernétique, des télécommunications, et de la théorie de l'information[8].

De là, on peut considérer que la cybernétique constitue un « arrière-plan intellectuel » commun (pour reprendre les termes de Gaudillière), une « monnaie commune linguistique » (selon les termes de Kay). Cet arrière-plan est-il une condition ou un résultat des échanges mentionnés par Gaudillière ? Puisque les Américains avaient déjà adopté des termes ou des idées cybernétiques au début des années 1950, et que les locataires de l'Institut Pasteur ne l'ont fait qu'à la fin de la même décennie, il faudrait plutôt considérer le partage de cette référence comme un résultat, vraisemblablement une importation. Le tableau qui se dégage de la réflexion de Kay, bien qu'il semble s'intégrer à l'interprétation de Gaudillière, n'est pas pour autant exempt de difficultés.

Un premier problème est celui de la pertinence d'une lecture discontinuiste que Kay invoque périodiquement pour caractériser le changement d'épistémè (ou, comme elle dit, dans un registre kuhnien cette fois, le *Gestalt switch*) que constituerait une invasion brutale de la biologie moléculaire par la terminologie cybernétique. En admettant que le processus soit si marqué, une histoire multi-sérielle (considérant des évolutions et des influences variées) sur un plus long terme[9] en relativise la portée. Dans les faits, Kay écrit une histoire avec des changements plus progressifs qu'un *Gestalt switch* généralisé, aussi l'usage de ce terme est en bonne partie rhétorique. Cet aspect plus progressif, d'ailleurs, s'accorde également mieux avec la lecture de Gaudillière en terme d'homogénéisation durant la décennie 1950. Cette question est somme toute de convention, selon qu'on estime que des changements sur une telle durée représentent un phénomène plus ou moins brusque en fonction de l'échelle de temps à laquelle on la compare.

Le second problème est celui de la question de la valeur épistémologique de la cybernétique pour la biologie moléculaire. Dans un article de 1995, Kay niait très clairement une telle valeur[10] ; dans son ouvrage

---

8 L. Kay, *Who Wrote the Book of Life ?*, *op. cit.*, p. 194.

9 Par exemple : M. Morange, *Histoire de la biologie moléculaire*, Paris : La Découverte, 2003.

10 « Les représentations informationnelles de l'hérédité et de la vie ne furent pas le produit d'une dynamique cognitive interne à la biologie moléculaire ; elles ne furent pas une

de 2000, elle change son fusil d'épaule et estime que « l'imagerie de l'information » s'est avérée « scientifiquement productive[11] ». Les travaux de Lily Kay laissent un sentiment d'imprécision quant à la qualification des faits : que s'est-il exactement passé ? Kay semble soutenir la thèse d'une appropriation terminologique : « *Comment et pourquoi* les scientifiques en sont-ils venus à employer la sémiotique de l'information pour représenter les organismes et écrire la biologie dans le langage de la communication entre machines[12] ? » Ainsi Monod et Jacob adoptent-ils l'« idiome » du transfert d'information et ont-ils recours « aux tropes et à la sémiotique du discours multivalent de l'information[13] ». Comment interpréter cette thèse ?

– Le changement de vocabulaire *peut* être lié à un progrès épistémologique (par exemple pour reformuler des problèmes) ; moins il reflète ou engendre un tel progrès, plus il est lié à des manœuvres de nature sociologique. La terminologie cybernétique aurait ainsi permis une démarcation d'avec la biochimie, et participé à la constitution de l'identité des biologistes moléculaires, dans un contexte de prise de pouvoir dans le champ biologique. De plus, en guise d'explication du paradoxe du succès international des travaux français, l'adoption d'une terminologie cybernétique pourrait être interprétée comme un choix stratégique.

– L'inscription explicitement post-moderne des travaux de Kay peut engager une conception plus radicale, selon laquelle la science est une activité de production de discours, sans différence essentielle entre les discours qu'elle produit et d'autres types de discours ; un système de représentation en remplace un autre, et la question du progrès ne se pose pas. Le « discours de l'information » n'est qu'un moyen de faire sens, d'interpréter les expériences, de construire des représentations sur une base essentiellement métaphorique.

On peut douter, pourtant, que les biologistes se payent de mots.

conséquence logique de la structure en double-hélice de l'ADN. […] Le discours de l'information s'est ainsi fixé dans la biologie moléculaire non parce qu'il a fonctionné au sens épistémique étroit du terme (il n'a pas fonctionné), mais parce qu'il a positionné la biologie moléculaire au sein du discours et de la culture d'après-guerre, voire au sein de la transition vers une société de l'information post-moderne » (L. Kay, « Who Wrote the Book of Life ? Information and the Transformation of Molecular Biology, 1945-1955 », *Science in Context* vol. 8, n° 4, 1955, p. 609-634).

11 L. Kay, *Who Wrote the Book of Life ?*, *op. cit.*, p. 326.

12 *ibid.*, p. 101.

13 *ibid.*, p. 214, 220.

> Un fossé demeure [entre les connaissances biologiques et celles relatives aux théories mathématiques des systèmes], et ce n'est pas par de simples innovations, comme qualifier l'axe hypothlamo-pituitaire de boucle de rétroaction, ni en ressortant le bon vieux thermostat, qu'on le comblera. [...] Articuler le travail de laboratoire et la théorie nécessite davantage que l'adoption d'un jargon ; il y faudra un sérieux travail quantitatif[14].

L'imprécision quant à la nature de la contribution de la cybernétique à l'histoire de la biologie moléculaire pose d'autant problème qu'elle s'inscrit dans le contexte plus général d'un paradoxe non résolu dans la littérature : la biologie moléculaire est supposée être historiquement très interdisciplinaire[15], et l'influence de la cybernétique participerait à la consécration de cette interdisciplinarité ; pourtant, pendant la même période correspondant aux Trente glorieuses, la bibliométrie indique une tendance globale à une fermeture disciplinaire[16]. Les *cultural studies* ne mettent-elles pas en évidence un type d'interdisciplinarité qui échappe à la bibliométrie ? Faut-il en conclure qu'il ne s'agit que d'une « fausse » interdisciplinarité, purement rhétorique ?

RÉGULATION ET RÉTROACTION EN BIOLOGIE MOLÉCULAIRE

Parmi les phénomènes de régulation étudiés en biologie moléculaire, il semble que les premiers modèles de rétroaction concernent le phénomène de rétro-inhibition dans les voies métaboliques. Le principe en était déjà présenté par le biophysicien Henry Quastler à la neuvième conférence Macy en 1952, en liaison avec des travaux de biologistes

14 H. J. Curtis et al., *Homeostatic Mechanisms. Report of Symposium Held June 12 to 14, 1957*, Upton : Brookhaven National Laboratory, 1958, p. v.

15 P. Abir-Am, « From Multidisciplinary Collaboration to Transnational Objectivity : International Space as Constitutive of Molecular Biology, 1930-1970 », in E. Crawford, T. Shinn, S. Sörlin (dir.), *Denationalizing Science. The Contexts of International Scientific Practice*, Dordrecht : Kluwer Academic Publishers, 1993, p. 153-186 ; B. Strasser, « Institutionalizing Molecular Biology in Post-war Europe : a Comparative Study », *Studies in History and Philosophy of Biological & Biomedical Sciences* n° 33, 2002, p. 539.

16 S. Chen et al., « Exploring the Interdisciplinary Evolution of a Discipline : the Case of Biochemistry and Molecular Biology », *Scientometrics* n° 102, 2015, p. 1307-1323.

(Tracy Sonneborn et David Nanney), dans une communication intitulée « Feedback Mechanisms in Cellular Biology[17] ».

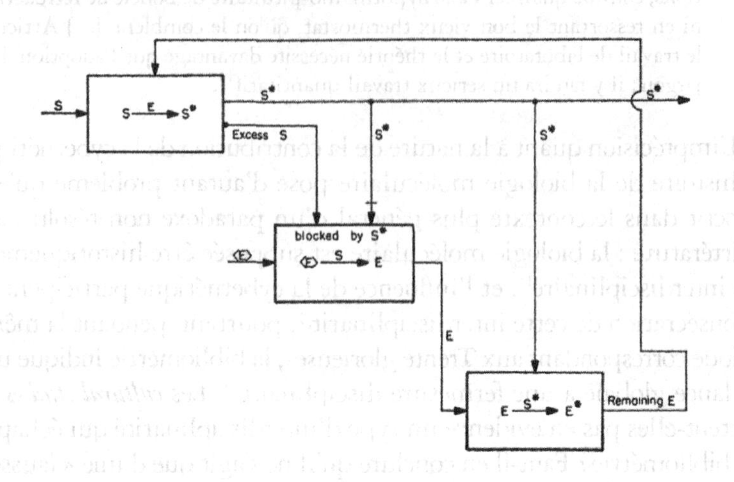

FIG. XVIII – Un mécanisme contrôlant la concentration d'enzymes E, de substrat S et de produit S* (H. Quastler, *op. cit.*, p. 168). © The Josiah Macy Foundation.

En 1953, Aaron Novick, qui a déjà pris connaissance des recherches de Quastler[18], établit avec le physicien Leo Szilard qu'un mécanisme similaire contrôle la synthèse du tryptophane. Mais ce sont surtout les contributions d'Umbarger[19], d'une part, et de Pardee et Yates[20], d'autre part, qui vont faire connaître le phénomène. En 2002, invité à s'exprimer sur son parcours à l'occasion du centenaire du *Journal of Biological Chemistry*, dans lequel il avait publié son article, Pardee revient sur la rétro-inhibition :

17 H. Quastler, « Feedback Mechanisms in Cellular Biology », in von Foerster (dir), *Cybernetics. Circular Causal and Feedback Mechanisms in Biological and Social Systems, Transactions of the Ninth Conference* (1952), New York : Josiah Macy Jr. Foundation, 1953, p. 167-181.

18 Au moins pour son son modèle (non retenu) de contrôle des erreurs de réplication chromosomale (voir L. Kay, *Who Wrote the Book of Life ?*, *op. cit.*, p. 118), mais donc probablement aussi pour d'autres modèles destinés à la biologie moléculaire.

19 H. E. Umbarger, « Evidence for a Negative-Feedback Mechanism in the Biosynthesis of Isoleucine », *Science*, vol. 123, n° 3202, 1956, p. 848.

20 R. Yates, A. Pardee, « Control of Pyrimidine Biosynthesis in *E. coli* by a Feedback Mechanism », *Journal of Biological Chemistry* n° 221, 1956, p. 743-756.

> Les organismes vivants produisent normalement les molécules dont ils ont besoin en quantités correspondant exactement à leurs besoins. Y a-t-il un mécanisme général qui explique cette régulation métabolique économique ? En 1950, les biochimistes ne se posaient pas cette question ; ils étaient occupés à élaborer une carte du métabolisme dans laquelle toutes les voies étaient d'intensité égale, quoique bien plus rapide dans certaines. Richard Yates et moi-même (et, indépendamment, Ed Umbarger) avons mis en évidence mécanisme de contrôle général : nous pour la pyrimidine, et lui pour la biosynthèse de l'isoleucine-valine. Son principe est le même que celui d'un thermostat régulant la chaleur d'un four. Le produit fini d'une voie métabolique peut fonctionner comme inhibiteur de sa propre réaction enzymatique initiale. Ainsi, dans la cellule vivante l'excès de produit fini désactive sa propre synthèse. Aujourd'hui, la présence d'un mécanisme de rétroaction a été confirmé pour de nombreuses voies métaboliques, et reste un sujet de recherche très actif[21].

Quant à Umbarger, c'est dans son article de 1956 qu'il évoquait l'inspiration technologique :

> Dans une machine pourvue d'un régulateur interne, comme dans l'organisme vivant, les processus sont contrôlés par une ou plusieurs boucles de rétroaction qui préviennent que toute phase puisse se dérouler jusqu'à un extrême désastreux. La conséquence d'un tel contrôle par rétroaction s'observe à tous les niveaux d'organisation de l'animal vivant [...]. En raison de la complexité de nombreux systèmes biologiques, il est souvent difficile de postuler quel mécanisme moléculaire interviendrait dans une fonction régulatoire. On trouve des systèmes moins complexes pour l'étude de la régulation interne dans la synthèse ordonnée de composants protoplasmiques qui se déroule pendant la croissance bactérienne[22].

En France, dans le laboratoire de Monod, Jean-Pierre Changeux étudiait le même mécanisme qu'Umbarger[23], à une époque où la biochimie française s'intéressait encore majoritairement aux structures moléculaires aux dépens des voies métaboliques[24].

L'influence de la cybernétique se fait-elle sur un plan purement terminologique ? On dispose d'abord d'un lien direct attesté

21 A. Pardee, « Regulation, Restriction, and Reminiscences », *Journal of Biological Chemistry*, vol. 277, n° 30, 2002, p. 26710.

22 H. E. Umbarger, *op. cit.*, p. 848.

23 J.-P. Changeux, « The Feedback Control Mechanism of Biosynthetic L-threonine Deaminase by L-isoleucine », *Cold Spring Harbor Symposium on Quantitative Biology* n° 26, 1961, p. 313-318.

24 J.-P. Gaudillière, « Chimie biologique ou biologie moléculaire ? La biochimie au CNRS dans les années soixante », *Cahiers pour l'histoire du CNRS* n° 7, 1990, p. 91-147.

(Quastler-Novick), qui n'avait pas été relevé par les commentateurs à propos de la rétro-inhibition. Reste à établir comment et pourquoi Quastler était en relation avec Sonneborn et Nanney, autrement dit s'il s'agissait primitivement d'une *demande* de la part des biologistes, ou d'une *offre* de la part du modélisateur[25]. On dispose ensuite d'un témoignage rétrospectif de Pardee qui affirme que le phénomène n'a commencé à intéresser les biologistes qu'à partir du début des années 1950, ce qui correspond bien au début de la diffusion des idées cybernétiques. Un relevé bibliométrique sur le *Journal of Biological Chemistry* (*JBC*)[26] suggère toutefois qu'il faut attendre le milieu des années 1960 pour que la rétro-inhibition devienne un sujet d'étude bien implanté et normalisé : la tendance étant simultanée pour les termes de *regulation* (présent depuis 1916) et de *feedback* (présent seulement depuis 1956), il est crédible que ce soit la cybernétique qui ait suscité ce développement (voir ci-contre).

En 1960 se tient un symposium sur le thème « Control Mechanisms in Cellular Processes ». Dans les actes publiés, Umbarger écrit dans une note de bas de page :

> Le terme « rétro-inhibition » [*feedback inhibition*] a une valeur qui n'est pas opérationnelle [*operational*], mais qui implique plutôt une signification fonctionnelle [*functional significance*]. Il serait donc utile d'employer un terme qui, tout en étant explicite sur le plan opérationnel, souligne l'importance potentielle que l'interaction étudiée soit un mécanisme de rétroaction. On propose ici que l'expression « inhibition par le produit fini », bien qu'imparfaitement satisfaisante, soit employée pour décrire l'inhibition de l'activité de l'enzyme initiale dans la séquence d'une biosynthèse par le produit terminal de cette séquence. L'emploi de cette expression requiert simplement que l'importance de l'interaction soit potentielle, et non physiologiquement prouvée[27].

---

25 Quastler fut initialement radiologue avant d'émigrer aux États-Unis (voir L. Kay, *Who Wrote the Book of Life ?*, *op. cit.*, p. 116).

26 Le *JBC* est une revue de référence en biochimie et en biologie moléculaire. Il présente l'avantage d'être centenaire (1905), donc de permettre des recherches bibliométriques sur une bonne échelle de temps. Sont ici comptés les articles contenant les mots *regulation* et *feedback* (ou *feed-back*) dans le titre ou le résumé, publiés entre 1905 et 2005. Certains articles sont bien sûr susceptibles d'apparaître pour ces deux recherches.

27 H. E. Umbarger, « End-Product Inhibition of the Initial Enzyme in a Biosynthetic Sequence as a Mechanism of Feedback Control », in D. Bonner (dir.), *Control Mechanisms in Cellular Processes*, New York : Ronald Press, 1961, p. 73.

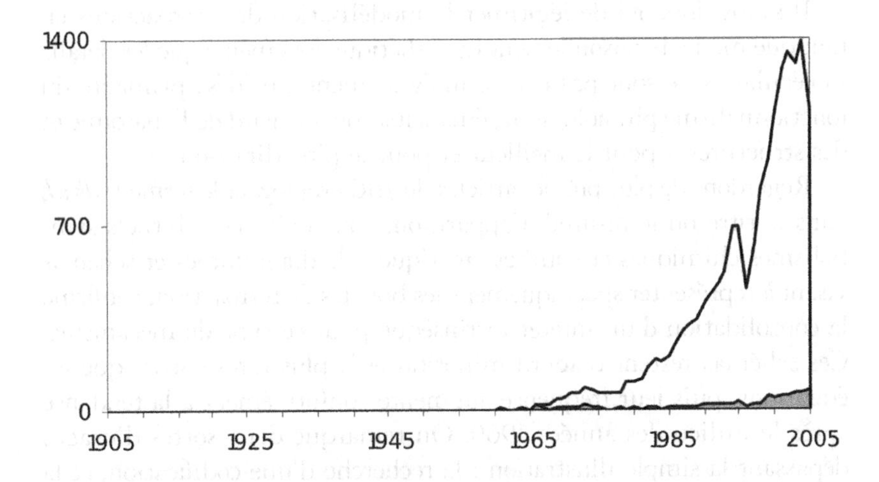

FIG. XIX – Ci-dessus : Le thème de la régulation cesse d'être une classe de phénomènes anecdotique dans le JBC et devient un objet d'étude spécifique. Le terme « feedback » (en gris) reste minoritaire. Mais, si l'on s'intéresse de plus près à la période 1955-1975 (ci-dessous), on voit que l'apparition de ce terme précède le développement des études de régulation et présente le même effet de seuil.

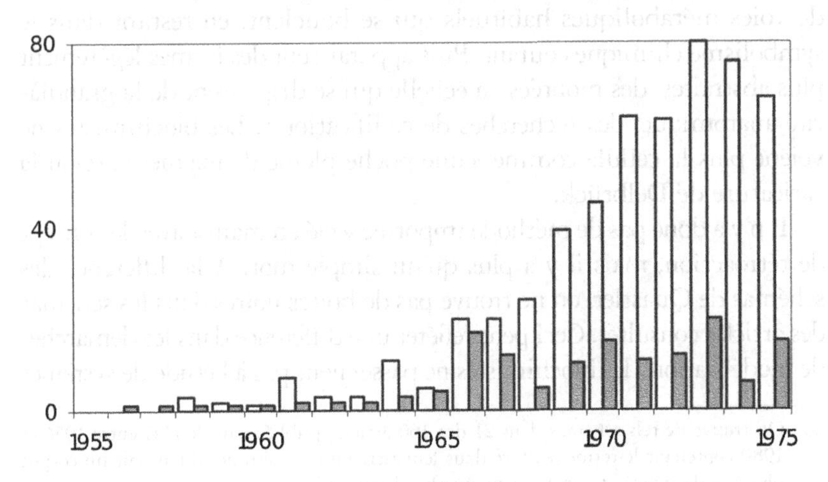

FIG. XX.

Il s'agit donc ici de légitimer la modélisation des rétroactions en tant que mode de raisonnement hypothétique lors même que les détails moléculaires ne sont pas encore intégralement élucidés ; primauté du fonctionnalisme physiologique, émancipation à l'égard de l'anatomie et des structures – pour le meilleur et pour le pire, dira-t-on.

Regardons de plus près les articles du *JBC* employant le terme *feedback* dans le titre ou le résumé. L'apparition, aux côtés des habituels symbolismes chimiques et courbes cinétiques, de diagrammes et schémas visant à représenter spécifiquement les boucles de rétroaction, confirme la consolidation d'un intérêt intrinsèque pour ce type de mécanisme. Ces schémas restent d'abord minoritaires[28], plus rares encore que les équations, puis leur fréquence augmente conformément à la tendance après le milieu des années 1960. On remarque deux sortes d'usages dépassant la simple illustration : la recherche d'une codification, et la comparaison de systèmes. La variété des codifications et la rareté des comparaisons témoigne du caractère tâtonnant typique d'usages qui ne sont pas (ou pas encore) intégrés dans une méthodologie stabilisée. En sus de la montée en fréquence, une évolution qualitative se dessine : alors que le schéma de boucle élémentaire de Pardee et Gerhart[29] restait dans une fonction illustrative, peu à peu ce sont d'abord les schémas de voies métaboliques habituels qui se bouclent, en restant dans le symbolisme chimique courant. Puis apparaissent des formes légèrement plus abstraites, des montées en échelle qui se dispensent de la granularité anatomique, des recherches de codification[30]. Les biochimistes ne voient plus la cellule comme « une poche pleine d'enzymes », selon la caricature de Delbrück.

Il n'y a donc pas de méthode importée « clé en main » avec le concept de rétroaction, mais il y a plus qu'un simple mot. À la différence des schémas de Quastler, on ne trouve pas de boîtes noires dans les schémas des articles consultés. Ceci peut refléter une différence dans les démarches de modélisation : les biochimistes ne passeraient pas à l'étude de systèmes

28 On trouve de tels schémas dans 21 des 160 articles publiés dans le *JBC* entre 1956 et 1980 contenant le terme *feedback* dans leur titre ou leur résumé. Il faudrait un corpus plus étendu pour obtenir des données plus décisives.

29 J. Gerhart, A. Pardee, « The Enzymology of Control by Feedback Inhibition », *Journal of Biological Chemistry*, vol. 237, n° 3, 1962, p. 892.

30 En raison de la politique tarifaire pratiquée par les éditeurs, les schémas représentatifs ne sont pas reproduits ici.

plus grands ou d'échelle supérieure avant d'avoir élucidé l'essentiel des caractéristiques structurales de leurs systèmes. Mais dans un certain nombre de cas, les schémas sont utilisés pour représenter des mécanismes *possibles*, comme Umbarger y invite. On remarque qu'il ne s'agit pas de rétroactions informationnelles, puisque les enzymes sont inhibées directement par les métabolites terminaux, et non par un intermédiaire qui les représente. Le métabolite se fixe directement sur l'enzyme, modifiant sa forme pour lui faire perdre son affinité avec le substrat. Il s'agirait donc plutôt de ce que les automaticiens appellent « commande directe ».

Du côté de la génétique moléculaire, le modèle de l'« opéron lactose » a été proposé au début des années 1960 par Jacques Monod et François Jacob. Il décrit la composante génétique du contrôle du métabolisme du lactose chez *E. Coli*. Les circonstances menant à son élaboration ayant été amplement relatées, on n'en rappellera ici que quelques caractéristiques principales. Il s'agit d'un modèle phénoménologique (ou « conceptuel »), laissant ouvertes différentes options de formalisation. Il introduit l'existence de gènes régulateurs, autrement dit de gènes dont la fonction est de contrôler l'expression des autres gènes. Le modèle a été précisé et complété progressivement, mais il suffira de le présenter sous la forme qui est la sienne au début des années 1960 :

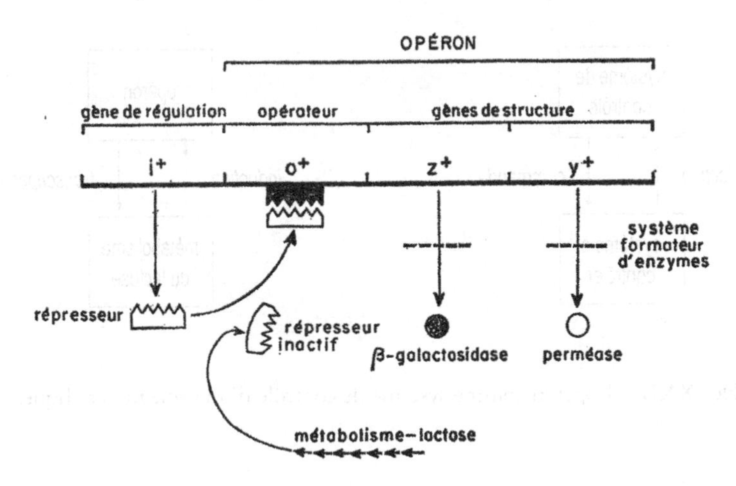

FIG. XXI – L'opéron lactose en 1960[31].

31 A. Lwoff, *L'Ordre biologique*, Paris : Robert Laffont, p. 88.

Une protéine se déplace le long de l'ADN, un peu à la manière d'une tête de lecture recevant différentes sortes d'instructions selon le type de gènes qu'elle rencontre. En particulier, elle fabrique l'ARN messager (ARNm) sur le modèle de l'ADN, cet ARNm sort du noyau et sert à construire des protéines. En l'absence de lactose, une autre protéine (le répresseur) vient bloquer l'avancée de la « tête de lecture » en se fixant sur un site spécifique de l'ADN (l'opérateur), empêchant ainsi la synthèse des enzymes servant à métaboliser le lactose : la β-galactosidase, qui effectue l'hydrolyse proprement dite, et la galactoside-perméase, qui accélère l'entrée du lactose dans la cellule. En présence de lactose, un isomère du lactose (l'allolactose) intercepte le répresseur et l'empêche de bloquer la synthèse des enzymes.

Les commentateurs parlent souvent de « régulation négative » au sujet de ce modèle. On ne rappelle jamais assez que cette régulation négative n'est pas une rétroaction négative[32]. En effet, l'opéron, considéré isolément de la voie métabolique, n'est qu'un système de commande : il est déclenché par un « stimulus chimique[33] », auquel il répond en produisant l'ARNm, les « instructions » nécessaires à la synthèse des enzymes. Pour avoir une boucle proprement dite, il faut replacer l'opéron dans le contexte de la voie métabolique dans laquelle il intervient :

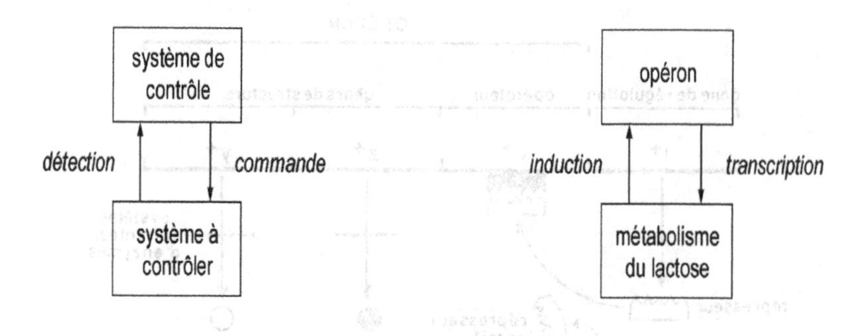

FIG. XXII – L'opéron comme système de contrôle d'une voie métabolique.

---

32 C'est aussi ce que rappellent R. Thomas et R. d'Ari (*Biological feedback*, Boca Raton : CRC Press, 1993, p. 130).

33 J. Monod, *Cybernétique enzymatique*, fonds Monod, Institut Pasteur, MON.MSS.08, 1959, p. 15.

Dans les travaux sur la rétro-inhibition, la forme la plus basique d'opérativité de la notion de rétroaction réside dans la délimitation du système : c'est la boucle de rétroaction qui est étudiée et qui définit donc les limites de l'objet selon des critères de pertinence fonctionnelle. Avec l'opéron, on est dans un sous-système isolé de la voie métabolique ; on n'étudie donc qu'une portion de boucle de rétroaction. Le phénomène de rétro-inhibition était pourtant bien connu et étudié de près dans le laboratoire de Monod. Mais pour les pasteuriens, la priorité était d'insister sur la distinction entre le contrôle de la *synthèse* enzymatique (opéron) et le contrôle de l'*activité* enzymatique (rétro-inhibition), en partie pour mieux souligner l'importance de leur découverte (la part génétique). D'où une tension entre deux exigences antagonistes : isoler le système, et le caractériser comme système de régulation (au sens où la synthèse enzymatique est finalement régulée par le résultat de son activité). Le concept de rétroaction n'a donc pas joué de rôle dans l'élaboration du modèle de l'opéron.

En revanche, ultérieurement, des boucles de rétroaction positives et négatives ont été mises en évidence dans le système, qui s'avère plus complexe que la vision intuitive de l'opéron pourrait le faire croire : on savait déjà que la perméase joue un rôle auto-catalytique (boucle d'amplification ou rétroaction positive), puisqu'en accélérant l'admission de lactose dans la cellule, elle accélère d'autant le processus de sa propre synthèse. Mais une autre voie d'amplification existe avec l'effet accélérateur de l'AMP cyclique, un messager qui contribue à accroître l'affinité de l'ARN polymérase (la « tête de lecture ») pour le site promoteur. Cet effet est désactivé par la présence de glucose (répression catabolique), ce qui constitue une boucle de rétroaction négative supplémentaire, et même, plus exactement, une rétro-inhibition, puisque le glucose est aussi un produit de l'hydrolyse du lactose.

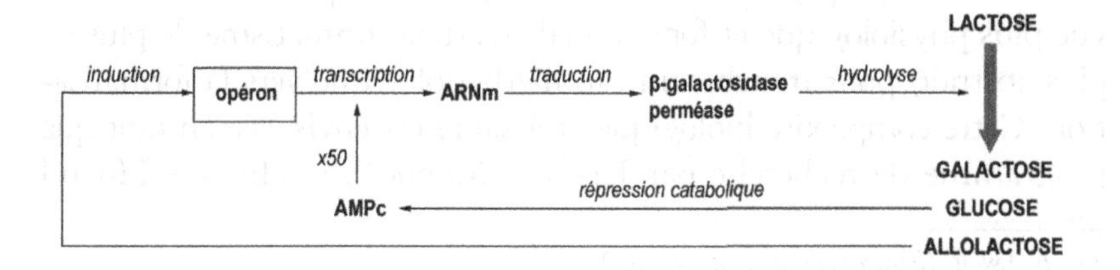

FIG. XXIII –Complexification du schéma de l'opéron lactose.

Différentes options de formalisation sont aujourd'hui explorées ; on débouche rapidement dans des recherches actives dès qu'on essaye d'affiner les détails du modèle canonique de l'opéron.

Avec la rétro-inhibition, on a des boucles de contrôle sans information ; avec l'opéron, on a des messages (instructions) isolés de leur boucle de contrôle. Le retour sur la synthèse du tryptophane (déjà caractérisée comme rétro-inhibition par Novick et Szilard) avec l'éclairage supplémentaire apporté par l'opéron conduit à un modèle plus élaboré, intégrant une voie métabolique et son contrôle génétique.

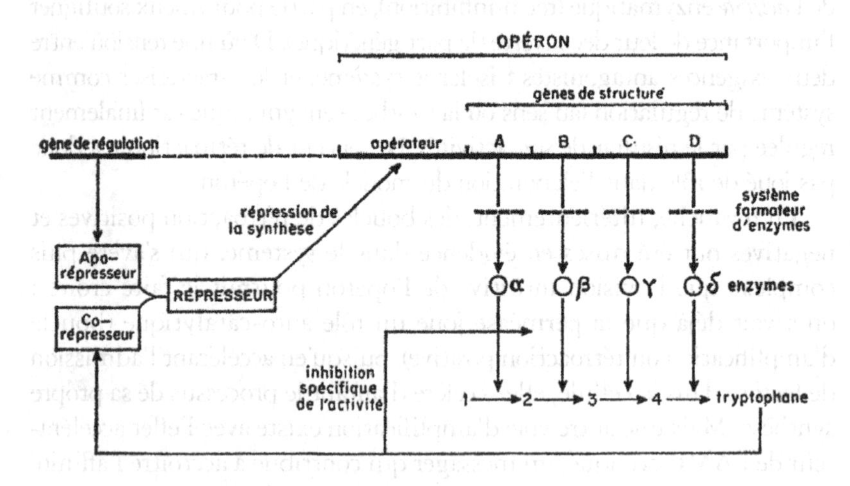

FIG. XXIV –L'opéron tryptophane en 1960[34].

On devine qu'avec la complexité croissante des systèmes étudiés, la contribution de la cybernétique pourrait dépasser les aspects déjà entrevus (redécoupage des objets d'étude qui fait place à un point de vue plus physiologique et fonctionnaliste, diagrammatisme de plus en plus abstrait) pour franchir un cap méthodologique vers la formalisation. Cette complexité biologique croissante est envisagée en tant que programme de recherche par Jacob et Monod[35], tandis que Monod

34 A. Lwoff, *L'Ordre biologique*, *op. cit.*, p. 97.

35 F. Jacob, J. Monod, « Genetic Repression, Allosteric Inhibition and Cellular Differenciation » in J. M. Allen, *Cytodifferential and Macro-molecular Synthesis*, New York : Academic Press, 1963, p. 30-64.

consacre clairement la centralité des phénomènes de régulation dans l'agenda de la biologie moléculaire, non par préférence personnelle, mais par nécessité intrinsèque :

> [Les] régulations sont beaucoup plus complexes chez les organismes supérieurs. Comme vous le savez, il y a chez l'Homme, je crois, 2000 fois plus [...] de gènes que chez une bactérie. Il est très peu vraisemblable que cela soit dû au fait qu'il y a 2000 fois plus d'espèces protéiniques chez les organismes supérieurs que chez les bactéries. [...] Il est donc assez vraisemblable qu'une très grande partie du génome est employée à des interactions régulatrices que nous ne connaissons pas encore[36].

La situation semble donc propice pour la cybernétique, qui paraît promise à un bel avenir avec les modèles de régulation en biologie moléculaire. Cela, cependant, nécessite des collaborations interdisciplinaires. Or les « mousquetaires », comme on a appelé le trio du prix Nobel 1965, si ouverts et intéressés par la cybernétique qu'ils semblent être en parole, furent en fait bien peu pressés de collaborer avec des modélisateurs pour concrétiser cet intérêt.

LA BIOCYBERNÉTIQUE PEU INTERDISCIPLINAIRE DE L'INSTITUT PASTEUR

C'est autour de 1958 que les pasteuriens ont, presque simultanément, adopté les termes de « cybernétique » ou d'« information » d'une part, et baptisé leur domaine de recherche du nom de « biologie moléculaire » d'autre part[37]. Faut-il alors inclure l'adoption de la référence cybernétique parmi les manœuvres institutionnelles visant à démarquer la biologie moléculaire de la biochimie ? C'est sans doute en partie le cas : on vient de voir, en effet, que le concept de rétroaction avait exercé

36 J. Monod, « Cybernétique chimique de la cellule », conférence donnée à L'Association française pour l'étude du cancer (12 mai 1969), fonds Monod MON.MSS.04, 1969, p. 35-36.

37 L. Kay, *Who Wrote the Book of Life ?*, *op. cit.*, p. 214 ; J.-P. Gaudillière, « Molecular Biologists, Biochemists, and Messenger RNA : The Birth of a Scientific Network », *Journal of the History of Biology* vol. 29, n° 3, 1996, p. 420.

son influence première dans l'étude des voies métaboliques, qui est un domaine à cheval entre les deux disciplines. Ce serait donc par le concept d'information seul que la biologie moléculaire se distinguerait de la biochimie[38].

Quand bien même cette adoption terminologique aurait reposé sur un calcul stratégique, elle ne peut s'y réduire. Les best-sellers respectifs de Monod et Jacob parus en 1970 (*Le Hasard et la nécessité* et *La Logique du vivant*) se réclament très explicitement de la cybernétique à laquelle ils font une place privilégiée. Monod intitule l'un de ses chapitres « Cybernétique microscopique ». Il s'inscrit dans la continuité de la proposition de Wiener, qui voyait dans les enzymes des « démons de Maxwell métastables[39] », et insiste sur « la cohérence fonctionnelle de la machinerie chimique intracellulaire » : « les opérations cybernétiques élémentaires sont assurées par des protéines spécialisées jouant le rôle de détecteurs et intégrateurs d'information chimique[40] ». On peut remarquer, dans ce chapitre, l'utilisation récurrente du terme d'« asservissement », peu connu hors du champ des automaticiens, ce qui témoigne donc d'un rudiment de documentation de Monod en matière de servomécanismes. On peut également remarquer un classement des différents « modes régulatoires », qui semble indiquer un au-delà des simples emprunts lexicaux, en confirmant, à la suite des premiers travaux déjà mentionnés sur la rétro-inhibition, l'intérêt intrinsèque de l'étude des mécanismes de régulation. Ces schémas de Monod, bien qu'ils puissent évoquer spontanément des graphes de théorie des automates, avec des cycles et des lettres majuscules pour désigner les états, correspondent en fait à un symbolisme standard de représentation des voies métaboliques. Il n'y a pas d'appropriation méthodologique avérée au-delà de ces ressemblances superficielles.

38 Distinction qui s'appliquerait donc, non à des caractéristiques méthodologiques des deux disciplines, mais à la catégorisation des protéines dont elles se répartissent l'étude : la biologie moléculaire n'est-elle alors, comme le pensent certains, que la biochimie de l'information cellulaire ?

39 N. Wiener, *La Cybernétique*, *op. cit.*, p. 139.

40 J. Monod, *Le Hasard et la nécessité. Essai sur la philosophie naturelle de la biologie moderne*, Paris : Seuil, 1970, p. 88.

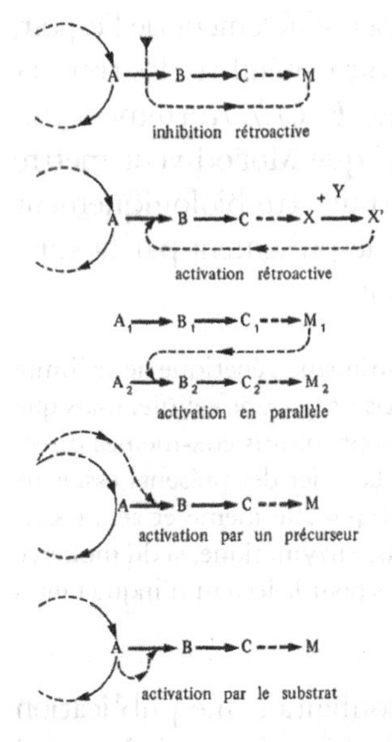

1. Inhibition rétroactive : l'enzyme qui catalyse la première réaction d'une séquence aboutissant à un métabolite essentiel est inhibé par le produit ultime de la séquence. [...]

2. Activation rétroactive : l'enzyme est activé par un produit de dégradation du métabolite ultime. [...]

3. Activation en parallèle : le premier enzyme d'une séquence métabolique conduisant à un métabolite essentiel est activé par un métabolite synthétisé par une séquence indépendante et parallèle. [...]

4. Activation par un précurseur : l'enzyme est activé par un corps qui est un précurseur plus ou moins lointain de son substrat immédiat. Ce mode de régulation asservit en somme la « demande » à « l'offre ». Un cas particulier [...] est l'activation de l'enzyme par le substrat lui-même [...]

FIG. XXV –Les principaux modes de régulation d'après J. Monod[41].

Dans *La Logique du vivant*, Jacob consacre quelques pages à exposer les idées générales de Wiener, qu'il cite à cette occasion. On n'y trouve pas cependant de précision quant à la mise en œuvre effective de ces concepts dans la construction des connaissances biologiques.

La référence de Monod et Jacob à la cybernétique n'est nullement réservée à ces exercices – remarquables – de vulgarisation de la pensée biologique moderne (rappelons que la vulgarisation est un locus privilégié de recours à des métaphores). On la trouve en effet mobilisée à l'usage des biologistes.

En octobre 1958, Monod est invité à Harvard pour prononcer trois conférences dans le cadre des *Dunham lectures*. Elles portent sur les recherches alors en cours à l'Institut Pasteur, concernant ce qui ne s'appelle pas encore « l'opéron lactose ». Monod est favorable à une publication tirée des conférences, mais écrite en commun avec Melvin Cohn. Il dicte durant l'été 1959 à sa secrétaire un tapuscrit de 175 pages qu'il intitule « Cybernétique enzymatique ». Ce choix appelle quelques commentaires. Tout d'abord, il s'agit d'un titre bien plus général que celui choisi pour

41 *ibid.*, p. 89-91.

le cycle de conférences[42]. Il témoigne donc vraisemblablement de l'espoir, sinon l'intention que cultive Monod de pouvoir généraliser les travaux sur le contrôle du métabolisme du lactose chez *E. Coli*. Autrement dit, c'est bien sur le mécanisme régulateur étudié que Monod veut mettre l'accent, avec l'idée que ce mécanisme pourrait être biologiquement universel (et c'est bien ainsi, d'ailleurs, qu'il le présentera par la suite lorsque le modèle de l'opéron sera mis au point) :

> Nous espérons montrer d'ailleurs que le déterminisme génétique ne se limite pas à la structure des macromolécules synthétisées par une cellule, mais que les mécanismes d'induction et de répression sont soumis eux-mêmes directement à un déterminisme génétique précis. Le sujet des présents essais ne peut donc être limité à l'adaptation enzymatique elle-même et serait sans doute mieux décrit sous le nom de cybernétique enzymatique, si du moins ce terme dont la mode s'est emparée n'évoquait pas pour le lecteur d'inquiétantes résonances journalistiques[43].

L'ouvrage ne sera jamais publié. Monod souhaitait une publication simultanée en anglais et en français. Les presses universitaires de Harvard détiennent un droit de principe sur la publication des *Dunham lectures*, tandis que la maison Hermann à Paris est l'éditeur officiel de Monod. Un accord tarde à être trouvé, durant toute l'année 1959, alors même que les découvertes s'enchaînent et que le modèle de l'opéron se précise. Bien que les hypothèses principales de *Cybernétique enzymatique* demeurent pertinentes (sur la relation entre induction et répression, et sur l'existence d'un gène régulateur), l'obtention de nouvelles données expérimentales et la clarification de leur interprétation rend difficile la rédaction d'une synthèse de 200 pages – à plus forte raison que l'enchaînement des publications d'articles suffit finalement à marquer la progression des connaissances. Le 20 avril 1961, l'éditeur américain écrit :

42 Aucune référence à la cybernétique durant la préparation de ce cycle. Monod suggérait initialement « Specific Control of Enzyme Biosynthesis » (lettre de J. Monod à O. Krayer, 18 juillet 1957, fonds Monod MON.COR.09), puis « The Natural History of the Bacterial Enzyme Systems » (lettre de J. Monod à O. Krayer, 11 juillet 1958, fonds Monod MON.COR.09), titre finalement retenu.

43 J. Monod, *Cybernétique enzymatique*, *op. cit.*, p. 6. Je n'ai pas trouvé d'indications sur ce choix du terme « cybernétique » dans la correspondance Monod-Cohn (fonds Monod MON.COR.3). Pour une analyse plus détaillée de ce que représente ce manuscrit dans les travaux de Monod, voir : J. Gayon, « *Cybernétique enzymatique* : un inédit de Jacques Monod », in C. Debru, M. Morange, F. Worms, *Une Nouvelle connaissance du vivant. François Jacob, André Lwoff et Jacques Monod*, Paris : Éditions de la rue d'Ulm, 2012, p. 27-44.

> Je suis, tout comme vous, inquiet que le travail sur le manuscrit dans lequel le Dr. Cohn et vous-même êtes engagé n'ait pas progressé dernièrement. Je me rends compte, également, que le sujet a connu des avancées importantes durant l'année dernière, et qu'une part importante de réécriture du manuscrit sera nécessaire. [...] l'ouvrage représentera de toute évidence une contribution extraordinairement importante à la science si le Dr. Cohn et vous parvenez à trouver le temps de l'achever[44].

Mais il n'est alors plus intéressant pour Monod de poursuivre la rédaction d'un tel ouvrage, qui n'apporterait pas grand chose de plus que ses articles et conférences, et qui le détournerait de ses priorités. Rétrospectivement, une telle publication n'aurait pas trouvé de statut clair, son format aurait été inadéquat, bref, elle aurait été prématurée sous cette forme. Quant au terme de « cybernétique », son apparition dans le titre d'un ouvrage de cette importance (s'il avait été écrit, disons, en 1962) aurait probablement redoré le blason de la cybernétique, dont les promesses tardent à se réaliser, par l'aura rétrospective d'un prix Nobel. Mais son emploi par Monod, dans ce manuscrit, reste peu clair. Il ne désigne rien de précis sur un plan méthodologique. S'agit-il d'une commodité pour résumer « contrôle de la synthèse enzymatique par l'information génétique » ? Ou s'agit-il d'une vue plus profonde d'une certaine biologie ? Monod aurait pu vouloir souligner ainsi les apports, mentionnés plus haut, de la cybernétique (affirmation d'un point de vue plus physiologique en biochimie, avec usage de diagrammes pour représenter des mécanismes hypothétiques) ; mais on ne lit dans son texte qu'un plaidoyer très général pour le recours à des modèles théoriques en biologie moléculaire, sans qu'il soit spécifiquement question de la cybernétique. Une telle discrétion peut surprendre de la part d'un chercheur connu pour la rigueur de ses explicitations épistémologiques. Ce silence de Monod n'a pas échappé à Gayon, qui n'y voit cependant aucune ambiguïté particulière, car le mot cybernétique renverrait à un lexique qui, selon lui, « parle de lui-même[45] ». Pourtant, quand on replace ce manuscrit dans le contexte de l'histoire du rapport des pasteuriens à la cybernétique, l'intention de Monod n'est pas si transparente, sans parler des antécédents de la cybernétique en matière de polysémie. Il est

---

44 Lettre de T. J. Wilson (directeur des *Harvard University Press*) à J. Monod, 20 avril 1961, fonds Monod MON.COR.18.

45 J. Gayon, « *Cybernétique ensymatique* : un inédit de Jacques Monod », *op. cit.*, p. 44.

difficile de ne pas remarquer que ce texte est écrit juste au moment où commence à se mettre en place un dispositif institutionnel qui va jouer le rôle décisif dans la disciplinarisation de la biologie moléculaire en France, la DGRST, où Monod est aux premières loges[46]. Le terme de *cybernétique* pourrait alors aussi viser à souligner la spécificité de l'approche française, autour du contrôle génétique (au prix, on l'a vu, d'un certain isolement des régulations génétiques par rapport aux régulations métaboliques : une dimension informationnelle au détriment d'une dimension homéostatique) ; cette visée serait stratégique au moins autant qu'épistémologique.

Malgré l'abandon du manuscrit *Cybernétique enzymatique*, Monod va rester fidèle à cette référence à la cybernétique, avec une préoccupation épistémologique bien présente, comme on peut en juger par une conférence qu'il donne dix ans plus tard à l'Association française pour l'étude du cancer, intitulée « La Cybernétique chimique de la cellule » (autrement dit, à un moment où les enjeux institutionnels sont derrière et où Monod n'a plus rien à prouver). À plusieurs reprises, Monod emploie dans cette conférence des arguments qu'il qualifie lui-même de « finalistes » ou « téléologiques ». Cette référence à la cybernétique confirme l'interprétation de Lily Kay, selon laquelle Monod y trouve une caution pour renouer avec des explications fonctionnalistes (qu'il avait pourtant d'abord combattues, avant d'y revenir[47]). Pour la rédaction de *Le Hasard et la nécessité*, dans les mois qui vont suivre, il va adopter le terme de « téléonomie », sans doute pour désamorcer des réactions négatives, mais cette conférence de 1969 (dans laquelle le terme n'apparaît pas) semble indiquer qu'au fond la différence est bien mince[48]. La première question de la discussion aborde d'ailleurs frontalement le sujet :

> Question : [...] Dans son titre, [Jacques Monod] a parlé de cybernétique, et au cours de son exposé, à plusieurs reprises, il a parlé de finalité. Je voudrais

46 X. Polanco, « La mise en place d'un réseau scientifique. Les rôles du CNRS et de la DGRST dans l'institutionnalisation de la biologie moléculaire en France (1960-1970) », *Cahiers pour l'histoire du CNRS* n° 7, 1990, p. 55-90.

47 L. Kay, *Who Wrote the Book of Life ?*, *op. cit.*, p. 221.

48 Monod n'y va d'ailleurs pas sans humour auprès de son auditoire : « Alors, comme vous le voyez, je viens de vous faire une description qui est enchanteresse du point de vue de Bernardin de Saint Pierre, tout est pour le mieux dans le meilleur des mondes, l'ATC-ase a exactement les propriétés qu'il faudrait pour bien faire son métier. Si elle ne les avait pas, nous ne serions pas là pour en parler [...] » (J. Monod, « La Cybernétique chimique de la cellule », *op. cit.*, p. 21).

> savoir si, pour lui, c'est synonyme ou s'il y a une nuance qui différencie ces deux expressions.
>
> Monod : C'est de la sémantique philosophique, mon cher ami ! Je pense que oui, il y a bien entendu un contenu commun, une machine cybernétique est une machine dont la structure est faite pour, or la structure d'un être vivant est évidemment faite pour. Je trouve qu'il est inepte de dire que l'œil n'est pas fait pour voir, mais qu'il se trouve qu'il voit. Cela ne vous mène nulle part. Il faut considérer [que] l'œil est fait pour voir, la question est de savoir comment il a été fait pour voir. Donc, je ne vois pas qu'il y ait de difficultés fondamentales[49].

Monod n'est sans doute pas d'humeur philosophe ce soir-là, si l'on en juge par sa réponse expéditive. Dans sa conférence, il plaide en fait pour une complémentarité de stratégies explicatives :

> Donc, tout va très bien, du point de vue finaliste, mais rien ne va du point de vue chimique, car il est tout à fait impossible de voir, d'après les théories enzymatiques classiques, comment l'activité d'un enzyme dont le substrat spécifique est l'aspartase, pourrait être spécifiquement modifiée par des composés qui n'ont aucune analogie structurale avec l'aspartase, pas d'affinités particulières pour l'aspartase, et qui ne peuvent pas s'associer avec l'enzyme au site même où s'associe l'aspartase.
>
> Ceci crée un problème. [...] des centaines d'autres [enzymes] montrent des propriétés du même genre, c'est-à-dire des propriétés de régulation qui sont physiologiquement parfaitement raisonnables, exactement ce que l'on espère et ce que l'on veut, mais chimiquement absurdes, si on essaye d'interpréter ces résultats en termes de ce que j'appelle la chimie non-gratuite, c'est-à-dire en termes de structure des composés inter-agissants eux-mêmes[50].

Ainsi donc, la cybernétique, à une époque où sa popularité n'est plus tout à fait ce que prétend Lily Kay[51], trouve à s'intégrer dans la pensée – et non juste le lexique – biologique moderne (puisque c'est toute la biologie qui est censée devenir moléculaire). Jacob va jusqu'à écrire qu'« en fin de compte, tout système organisé peut s'analyser par référence à deux concepts : celui de message et celui de régulation par rétroaction[52] ». Cette appropriation de concepts cybernétiques par les pasteuriens se traduit-elle dans l'interdisciplinarité réputée emblématique de la biologie moléculaire ?

---

49 *ibid.*, p. 37.
50 *ibid.*, p. 21-22.
51 L. Kay, *Who Wrote the Book of Life ?*, *op. cit.*, p. 217.
52 F. Jacob, *La Logique du vivant*, Paris : Gallimard, 1970, p. 271.

La valeur heuristique des machines semble jouer un rôle déterminant dans les études de rétro-inhibition de Pardee et Umbarger, ainsi que dans l'élaboration du modèle de l'opéron. Des systèmes techniques ont en effet inspiré Jacob pour penser deux propriétés du phénomène d'induction enzymatique : tout d'abord, une expérience de pensée avec un relais de commande fictif déclenchant une action donnée par interruption d'un signal, pour imaginer que l'induction puisse être une « dé-répression » (un déblocage)[53] ; ensuite, l'observation de son fils jouant avec un train électrique :

> Ce train n'avait pas de rhéostat. Pourtant, Pierre faisait varier la vitesse du train en manipulant l'interrupteur, en le faisant osciller plus ou moins vite entre marche ou arrêt. Alors pourquoi pas un mécanisme semblable dans la synthèse des protéines ? Jacques [Monod] ne voulut même pas discuter un tel argument. Pour lui, c'était une plaisanterie. Et même une mauvaise plaisanterie. Pourtant, j'avais l'impression que « ça mordait[54] ».

L'enjeu est d'admettre la possibilité qu'un mécanisme tout-ou-rien entraîne des variations cinétiques continues. Monod n'est pas fermé à priori aux expériences de pensée par analogie. En 1964, il écrit ainsi à son collaborateur Jeffries Wyman :

> J'ai beaucoup réfléchi à la possibilité d'une démonstration générale de la proposition selon laquelle, si les structures symétriques et les structures dissymétriques sont accessibles à un oligomère, les premières devraient, en général, être plus stables. Je suis bien incapable de résoudre ce problème […]. Indépendamment d'une démonstration thermo-dynamique, il serait presque certainement possible, je crois, d'énoncer cette proposition sous la forme d'un théorème de mécanique et [sic] admettant qu'une molécule de protéine est un objet dans lequel certaines distances et certains angles sont astreints à demeurer constants, tandis que d'autres sont modifiables. J'en ai

53 « Un peu à la manière d'un émetteur au sol envoyant à un bombardier le signal : Ne pas lâcher les bombes. Ne pas lâcher les bombes… Si l'émetteur ou le récepteur était cassé, l'avion lâchait ses bombes. Mais qu'il y eut deux émetteurs avec deux bombardiers et la situation changeait. La destruction d'un seul émetteur devenait sans effet, l'autre continuait à émettre. La destruction d'un récepteur, au contraire, entraînait un lâcher de bombes mais seulement par le bombardier dont le récepteur était cassé. Toutes situations qui donnaient aux mutations des propriétés bien précises et bien définies en termes de génétique : la mutation de l'émetteur était dite "récessive". Celle du récepteur, "dominante en cis ", c'est-à-dire sur le même chromosome » (F. Jacob, *La Statue intérieure*, Paris : Odile Jacob, 1987, p. 339).

54 *ibid.*, p. 337.

> parlé à des mathématiciens qui jugent cela parfaitement faisable. Ce serait beaucoup moins bien qu'une démonstration thermo-dynamique, mais il ne me paraît cependant pas absurde d'utiliser certaines analogies mécaniques pour décrire les propriétés d'une protéine [...]. Je serais heureux de savoir si vous pensez qu'il sera utile de poursuivre dans cette voie, ce que je ne saurais pas faire personnellement, mais je suis persuadé qu'un mécanicien théoricien saurait, au besoin, poser un tel théorème sous une forme assez générale[55].

Si les biologistes n'ont pas eu besoin de mathématiciens ou d'ingénieurs pour s'inspirer de machines, solliciter des mathématiciens ne semble ni incongru, ni hors de portée à Monod.

Or, aucune collaboration tangible ou durable ne paraît s'instaurer à cette époque entre les pasteuriens et des modélisateurs. Les biologistes assurent eux-mêmes leurs besoins de base en mathématiques, et le recours à des modélisateurs ne fait pas partie des pratiques courantes. Certes, les mathématiciens et ingénieurs alors ouverts au dialogue ne courent pas les rues, mais ils existent. Monod est proche d'André Lichnerowicz, avec qui il participe au Mouvement pour l'émergence de la recherche scientifique (dont le « décloisonnement » est l'un des chevaux de bataille, *cf.* premier chapitre), puis des années plus tard au séminaire d'épistémologie de Gilbert Gadoffre[56]. C'est d'ailleurs à cette occasion qu'il retrouve son camarade des FTP, Schützenberger (*cf.* p. 274-286), avec qui il aura très occasionnellement de « longues discussions[57] » et des échanges « mathématico-biologiques[58] » : « Tu penses bien que je serais moi aussi très heureux si par hasard nous pouvions arriver à quelque résultat signifiant [...][59]. » En résumé, ce n'est pas l'inaccessibilité d'interlocuteurs mathématiciens qui détourne Monod de la modélisation mathématique. Le rapport de Monod aux modélisateurs est, pour le moins, sélectif et parcimonieux. En 1974, à une époque où la modélisation biomathématique gagne en visibilité, Monod reçoit une lettre de

55 Lettre de J. Monod à J. Wyman, 29 mai 1964, fonds Monod MON.COR.18.

56 Entretien avec C. Galpérin, 15 novembre 2016.

57 A. Lichnerowicz, « Marcel-Paul Schützenberger. Informaticien de génie, esprit paradoxal et gentilhomme de la science », *op. cit.*

58 « Je te remercie de tout le temps que tu as si généreusement passé à écouter mes bavardages mathématico-biologiques et je me fais une grande joie de pouvoir peut-être contribuer tant soit peu au progrès de la biologie avec ton aide. » (lettre de M.-P. Schützenberger à J. Monod, 17 novembre 1970, fonds Monod MON.COR.15).

59 Lettre de J. Monod à M.-P. Schützenberger, 20 novembre 1970, fonds Monod MON. COR.15.

Jacques Lesourne (qui a alors quitté la recherche opérationnelle pour la systémique), président de l'Association française pour le développement et l'analyse des systèmes, représentant l'*International Institute for Applied Systems Analysis*[60]. L'IIASA, qui regroupe des modélisateurs (dont par exemple Anatol Rapoport), souhaite « développer un thème consacré aux "systèmes biomédicaux" » :

> « Trois axes sont envisagés en ce sens : la planification des systèmes de santé publique, l'élaboration de modèles dans le domaine de la physiologie et le développement d'indicateurs de risques liés à la pollution ». Pour préparer cette recherche, l'IASA organise cet été un séminaire de trois jours dont le thème est : « systems aspects of health planning » et se propose d'en organiser un autre en mai 1975 dont le titre (provisoire) est : « Mathematical models of biological control mechanisms ».
>
> [...] le directeur de l'IASA [...] nous demande notamment les noms de scientifiques français qui pourraient participer activement à ce séminaire. C'est pour cette raison, et connaissant bien l'intérêt que vous portez à l'ensemble des question évoquées, que je me permets de vous demander vos conseils[61].

La réponse de Monod est sans appel :

> Je suis désolé de ne pouvoir vous apporter aucune aide à ce sujet, car aucun des 380 chercheurs de notre Institut [Pasteur] n'est concerné par ces problèmes qui relèvent davantage des mathématiques que de la biologie pure[62].

Peut-être la lettre de Lesourne était-elle maladroite : la référence aux « systèmes » n'est sans doute pas du goût de Monod, qui avait stigmatisé Bertalanffy quatre ans plus tôt dans *Le Hasard et la nécessité*[63]. S'il ne s'agissait que d'une question de dédain pour tel chercheur ou tel courant, la généralité de la réponse de Monod pourrait être attribuée

60 Il s'agit d'une organisation internationale employant plusieurs dizaines de scientifiques pour modéliser des problèmes de prospective : énergie, urbanisme, écologie... Lors des premières réunions visant à définir l'orientation des travaux, les représentants des pays de l'Est étaient favorables à l'emploi du terme « cybernétique » (H. Raiffa, « History of IIASA », 1992, en ligne). La France n'y est plus représentée aujourd'hui, puisqu'aucune structure ne semble avoir pris le relais de l'AFDAS, disparue en 1988. Il existe un rapport d'activité de l'AFDAS aux Archives nationales, que je n'ai pas consulté.

61 Lettre de J. Lesourne à J. Monod, 14 juin 1974, fonds Monod MON.COR.09.

62 Lettre de J. Monod à J. Lesourne, 3 juillet 1974, fonds Monod MON.COR.09.

63 J. Monod, *Le Hasard et la nécessité*, *op. cit.*, p. 106. La toute alors récente « systémique » fait bien partie des références de Lesourne ; et, au niveau de l'IIASA, rappelons qu'Anatol Rapoport est aussi l'un des fondateurs de la *Society for General Systems Research*.

à de la simple diplomatie. Mais cette réponse, qui est celle d'un directeur d'institut, dépasse le plan des affinités personnelles. Monod n'est pas intéressé d'investir dans la biomathématique. Dans le projet d'un institut européen de biologie moléculaire qui serait financé par la fondation Rockefeller, la proposition d'organisation soumise par Monod ne réserve pas de place à la modélisation[64] (par contraste, notamment, avec le projet d'Institut du cerveau de Fessard, *cf.* chapitre précédent). L'intérêt de l'Institut Pasteur pour la modélisation mathématique sera très tardif, et limité aux structures moléculaires et à l'épidémiologie[65]. Schützenberger aurait proposé à la direction de l'Institut d'ouvrir un département de biomathématique à la fin des années 1960, sans succès[66]. Lorsque Monod accède à la direction en 1971, il ne change pas de politique, quel qu'ait pu être par ailleurs son intérêt pour les « bavardages mathématico-biologiques » de son ancien camarade. Dix ans plus tôt, il avait commencé à recruter des polytechniciens (Maxime Schwartz, Michel Goldberg, Maurice Hofnung), mais pas pour faire de la modélisation mathématique :

> Quand je suis arrivé dans le laboratoire de Monod [vers 1962], je sortais de l'École Polytechnique. Monod voulait attirer vers la biologie moléculaire naissante des gens venant des sciences exactes. [...] Mais l'idée, ce n'était pas que l'on puisse apporter des connaissances [...]. Il m'a dit très clairement d'emblée « Si vous venez travailler ici, il faut oublier tout ce que vous avez appris, vous devenez biologiste ; ce qui m'intéresse chez des gens comme chez vous, c'est que vous savez travailler, vous savez raisonner, etc., mais ce ne sont pas les connaissances ». [...]
>
> Donc je crois qu'il n'y a pas eu beaucoup d'interactions entre Monod et Jacob d'une part, et les scientifiques des sciences exactes d'autre part. Il y a eu certainement des entretiens avec des gens comme Szilard et d'autres, mais je n'ai pas perçu d'interactions au niveau de l'évolution des idées. [...] je suis arrivé tard, mais je n'ai pas souvenir de ça du tout[67].

Sans regrets, Schwartz troque les équations pour les éprouvettes, pour l'étude des régulations :

64 J.-P. Gaudillière, « Molecular Biologists, Biochemists, and Messenger RNA », *op. cit.*, p. 420.

65 Entretien avec Maxime Schwartz (directeur de l'Institut Pasteur de 1988 à 1999), 16 janvier 2014.

66 Entretien avec C. Galpérin, 15 novembre 2016. Les archives de l'Institut Pasteur ne contiennent pas de courrier de Schützenberger relatif à cette proposition.

67 Entretien avec Maxime Schwartz, 16 janvier 2014.

> Et je crois [que Monod] a eu tout à fait raison. Il se trouve que j'ai un camarade de promotion qui était un type remarquable, qui a précisément voulu appliquer à la biologie ce qu'il savait, en physique et en mathématiques, et il est passé à côté des progrès dans le domaine. Par exemple, il a voulu étudier l'effet-tunnel dans l'ADN. [...] Effectivement, du fait de sa structure en double hélice l'ADN possède cette propriété. Même si cette observation présente un certain intérêt, cela n'avait absolument rien à voir avec le rôle de la molécule d'ADN comme support de l'information génétique. Je me suis toujours dit en pensant à cet exemple que Monod avait eu raison. [...] Il faut dire qu'il n'y a pas besoin de grandes théories pour comprendre la répression, l'activation ou l'inactivation d'un répresseur, il n'y a pas besoin de faire appel à des choses très compliquées[68].

Mais l'habitus a la vie dure :

> Il y a une chose qui m'a beaucoup frappé quand je suis passé de la vision de l'X, ou des sciences exactes, à la biologie, c'est que [...] en tout cas à l'époque, on ne démontrait pas les choses en biologie. On arrivait à une hypothèse, on prenait l'hypothèse la plus simple, et puis tant qu'on n'avait pas montré qu'elle était fausse, c'était celle-là qui était bonne. J'ai un souvenir de discussion épique avec un assistant chef de travaux au certificat de génétique, où on avait compté, je ne sais plus si c'était des drosophiles, ou des champignons, ou je ne sais quoi qui avaient tel ou tel caractère, et alors il fallait dire combien il y avait de gènes impliqués. Et les résultats expérimentaux, évidemment ne correspondaient pas exactement, à trois quarts / un quart ou je ne sais quoi. Je lui disais, moi j'ai une solution qui était peut-être à trois ou quatre gènes (je savais faire les calculs encore à l'époque), et qui arrivait beaucoup plus près des résultats expérimentaux que l'hypothèse la plus simple. Et j'avais beaucoup de mal à admettre qu'on retienne l'hypothèse la plus simple, qui était plus loin des résultats, que l'hypothèse plus compliquée, qui avait l'air d'être exactement les résultats. Ce n'est pas la même démarche[69].

De fait, si l'étude d'un mécanisme élémentaire de régulation génétique ne requiert pas nécessairement d'arsenal mathématique, l'interconnexion de mécanismes élémentaires change vite la donne. C'est exactement la raison pour laquelle le biochimiste belge René Thomas, qui était déjà venu en 1964 présenter ses travaux sur « le contrôle de la réplication génétique chez les phages tempérés » au séminaire de l'Institut Pasteur, décide de devenir biomathématicien pour formaliser la combinatoire des activations de gènes, après avoir suivi des cours d'automatique (*cf.* p. 257-258).

68 *ibid.*
69 *ibid.*

> C'est en voyant la complexité croissante de l'évaluation de la situation que je me suis dit qu'il était impensable de continuer à travailler sans un certain degré de formalisation. [...] J'avais fait énormément de travail expérimental sur le bactériophage lambda, et j'ai continué à m'intéresser au bactériophage lambda, mais de plus en plus en combinant la modélisation et l'expérimentation, et petit à petit j'ai de moins en moins travaillé sur des modèles strictement biologiques [...]. Le type de formalisation qui était tout à fait classique à l'époque c'était sous forme d'équations différentielles, qui ont comme grand avantage le fait de donner des réponses exactes, mais moyennant l'invention des valeurs de tous les paramètres. [...] C'était déjà classique pour les biologistes qui travaillaient sur les rétro-inhibitions métaboliques, par exemple, mais il n'y avait pas encore grand-chose sur les rétroactions entre gènes. [...] On commençait depuis un certain temps à s'intéresser aux systèmes non linéaires, parce que des systèmes traités de manière linéaire ne permettent de comprendre ni les oscillations, ni la multistationarité, ni rien. On se disait que l'outil assez évident c'étaient les équations différentielles non linéaires, qui n'ont pas en général de solutions analytiques ; en général elles ne peuvent être résolues que de manière numérique, ce qui du point de vue mathématique est beaucoup moins satisfaisant. J'ai réalisé presque tout de suite que si je m'orientais de cette manière-là, j'allais devoir inventer les valeurs de presque tous les paramètres, et que j'aurais des résultats extrêmement précis, mais basés sur des hypothèses peu fiables. J'ai beaucoup pensé à ce moment-là à la situation des économistes et des financiers. Quand on fournissait un modèle, on pouvait déjà être enchanté si le modèle permettait de dire que telle variable allait augmenter ou qu'elle allait diminuer, on n'en était pas à donner les valeurs numériques. Par conséquent – je me disais que aussi bien en biologie que dans les autres systèmes complexes comme l'économie, etc., ce qui comptait surtout c'était la tendance, la dérivée, en ce sens que ce qu'on voulait savoir c'est si tel gène fonctionnait, si le produit de tel gène augmentait ou diminuait, et que ça nous intéressait momentanément plus que de savoir de combien précisément. [...] C'est ça qui m'a permis de comprendre les circuits de rétroaction ; les systèmes comportant de la rétroaction ont souvent un comportement qui paraît, je ne dirai pas aberrant, mais anti-intuitif[70].

En janvier 1973, Thomas envoie un échantillon de ce travail d'un nouveau genre à Monod[71]. « Je serais, du reste, d'autant plus intéressé

70 Entretien avec René Thomas, 4 octobre 2013.

71 R. Thomas, « Boolean Formalization of Genetic Control Circuits », *op. cit.* Thomas découvre alors que Stuart Kaufman a travaillé sur une idée très voisine : « au moment où j'ai envoyé ma publication, ma première réaction c'était que ce que je faisais était semblable à ce que faisait Kaufman. Et puis en lisant je me suis rendu compte que l'on avait une optique franchement différente, en ce sens que Kaufman, c'est l'attitude synchrone et moi c'est l'attitude asynchrone. Et en fait un des problèmes c'est que quand on emploie une formalisation synchrone, on voit apparaître par exemple des cycles qui n'existent pas en réalité. Alors ceci dit j'ai fait mon papier, j'avais fait lire mon papier,

à avoir votre avis [...] que j'y donne une description formalisée d'un de vos modèles[72] ». La réponse de Monod, quatre semaines plus tard, semble assez encourageante. Mais Monod a-t-il jamais lu l'article ? Chacune des phrases de sa lettre est directement recopiée d'un court rapport d'évaluation rédigé par Maurice Hofnung, l'un des polytechniciens qu'il avait recruté. Les deux documents sont reproduits en annexe (annexe XII). Le rapport, assez positif, contient une phrase qui, significativement, n'a pas été retenue pour la lettre de Monod :

> L'essentiel est que l'auteur [René Thomas], qui connaît parfaitement les circuits de régulation génétique, a fait le premier pas en entamant de lui-même leur formalisation. Que celle-ci soit mieux utilisée maintenant dépend des mathématiciens (à qui il a tendu la main) ou de lui-même s'il persévère[73].

C'est bien le chemin de pèlerin que suivra Thomas, troquant, à l'inverse de Schwartz, l'humidité de la paillasse pour l'aridité des matrices[74] ; et, on l'a compris, cet agenda n'était pas celui de Jacques Monod, ni de la majorité de la profession[75].

Un autre épisode symptomatique du désintérêt des pasteuriens pour les collaborations avec des modélisateurs se déroule en juillet 1962, au colloque de Royaumont sur « le concept d'information dans la science contemporaine ». André Lwoff – qui n'était pas prévu dans le programme initial – présente une communication intitulée « Le concept d'information dans la biologie moléculaire ». Il y explique de façon vulgarisée la

j'ai appris plus tard que c'était Kaufman, et qu'il l'a pris tout à fait bien. Et on est resté amis. » (entretien avec R. Thomas, 4 octobre 2013).

72 Lettre de R. Thomas à J. Monod, 17 janvier 1973, fond Monod MON.COR.17.

73 M. Hofnung, rapport d'évaluation de l'article de R. Thomas « Boolean Formalization of Genetic Control Circuits » (*op. cit.*), p. 2, fonds Monod MON.COR.17.

74 R. Thomas, R. d'Ari, *Biological Feedback*, *op. cit.* Voir p. 257-258 pour le positionnement de modélisateur « interstitiel » qui est celui de R. Thomas.

75 « ... je n'ai pas de mauvais souvenirs, je n'ai pas eu l'impression d'une lutte continuelle. En fait ça c'est développé petit à petit. [...] Pendant toute cette période au fond, malgré le caractère un peu inhabituel de ma trajectoire, ça ne m'a pas empêché d'avoir énormément de contacts [...], et d'être beaucoup invité en fait. Simplement j'ai l'impression que les gens ne faisaient pas le pas. [...] C'est-à-dire qu'en fait beaucoup de biologistes au début considéraient ça comme un jeu amusant mais probablement sans conséquences. [...] D'une manière générale je n'ai pas senti d'hostilité, j'ai senti simplement que beaucoup de biologistes ne pensaient pas que ça puisse avoir de l'importance. Mais sans agressivité. [...] Disons qu'au début ce que je faisais intéressait pas mal de gens, mais comme divertissement. » (entretien avec R. Thomas, 4 octobre 2013).

structure et le rôle de l'ADN dans la reproduction, et insiste sur la dualité (structurale et fonctionnelle) de « l'ordre biologique ».

> La machine vivante fonctionne grâce à un système très précis et très bien réglé de rétroactions (feed-back), et cet ensemble de mécanismes de rétroaction assure l'économie du métabolisme[76].

Le canal interdisciplinaire semble donc établi dans des conditions optimales : car au mois de janvier 1962 vient de paraître, sous le titre *Biological order*[77], la retranscription des « conférences Compton » que Lwoff avait données au MIT en 1960 ; dès la deuxième page, on peut y lire que « La formule qui suit est un essai de résumé des vues exposées par Norbert Wiener dans son livre fascinant *La Cybernétique* : "Les organismes vivants sont des démons de Maxwell métastables dont l'état de stabilité est la mort[78]" ». Il se trouve qu'au même moment, Wiener s'intéresse à une interprétation biologique de son modèle d'analyse et de synthèse des transducteurs – modèle mathématique, mais constructible en montage électronique (*cf.* p. 225-228), dont il se sert pour montrer que les définitions classiques du vivant ne permettent plus d'en distinguer les machines. Or c'est exactement une telle définition que donne Lwoff au début de sa conférence à Royaumont : « système indépendant de structures et de fonctions interdépendantes capables de se reproduire[79] ». Au moment de la discussion, Wiener soumet alors, en français, la question de la pertinence de son modèle pour les phénomènes présentés par Lwoff.

> Wiener : J'ai été très intéressé par les détails de la conversion des fonctionnements en structures et des structures en fonctionnements. J'ai discuté une méthode mathématique dans les machines pour cette conversion réciproque ; les détails sont très différents, mais je crois que la différence n'est pas aussi absolue qu'on pourrait le croire[80].

L'enjeu consiste donc à donner à la notion de machine un contenu formel et opératoire pour la biologie. Lwoff va rapidement essayer de rompre les

---

76 A. Lwoff, « Le concept d'information en biologie moléculaire », in *Le Concept d'information dans la science contemporaine*, Paris : Éditions de Minuit / Gauthier-Villars, 1965, p. 181.

77 A. Lwoff, *Biological Order*, Cambridge : The MIT Press, 1962. La version française, remaniée, attendra 1969 : A. Lwoff, *L'Ordre biologique*, *op. cit.*

78 *Ibid.*, p. 13. Cette référence à Wiener est donc conservée dans la version française de 1969.

79 A. Lwoff, « Le concept d'information en biologie moléculaire », *op. cit.*, p. 174. Il ajoute plus loin : « [l'organisme vivant] est aussi capable de variation » (*ibid.*, p. 179).

80 *ibid.*, p. 183.

amarres lancées par Wiener, autrement dit de défaire la commensurabilité, que le mathématicien essaye d'instaurer sur une base mathématique, entre l'objet biologique et l'objet technologique.

> Wiener : Ce doit être une dynamique des perturbations. La théorie purement mathématique des données de la reproduction des machines contient très fortement cet élément aléatoire et je suis convaincu qu'il n'est pas exclu non plus dans la théorie que vous avez formulée.
>
> Lwoff : Je ne suis pas mathématicien, je ne suis pas capable de comprendre les théories mathématiques. Je crois en effet qu'il y a quelque chose d'assez aléatoire dans la reproduction d'une machine, étant donné que l'on n'a jamais vu une machine se reproduire alors qu'au contraire un organisme vivant se reproduit identiquement à lui-même avec une probabilité de 1.
>
> […]
>
> Wiener : L'existence de variations démontre que la probabilité n'est pas 1.
>
> Lwoff : Elle est très voisine de 1.
>
> Wiener : Oui ; dans la machine aussi.
>
> Lwoff : Elle est infinie par rapport à la reproduction d'une machine.
>
> Wiener : Mais la probabilité pour une grande variation est à peu près de zéro. Il y a une similitude ; je n'admets pas que l'opposition soit aussi absolue qu'on pourrait le croire.
>
> Lwoff : Il est difficile de concevoir comment une machine peut se reproduire au niveau moléculaire : le problème de la reproduction est le suivant : si l'on considère la machine dans ses éléments structuraux essentiels, fondamentaux, c'est une question de reproduction de molécules. Or vous ne pouvez pas reproduire une molécule de fer ; dans l'organisme vous pouvez reproduire des molécules, séparer deux molécules complémentaires et vous aurez la spécificité à condition qu'elle réside dans une séquence.
>
> Wiener : Je suis d'accord, mais une machine de dimension moléculaire est quand même une machine.
>
> Lwoff : Oui, comme l'être vivant.
>
> Wiener : J'ai bien conscience que les détails de la reproduction sont très différents, mais on a quand même une machine et le même ordre d'idées peut s'appliquer aux machines de dimensions moléculaires ; je crois quand même qu'on doit considérer les deux théories ensemble en retenant toujours cette distinction d'échelles[81].

81 *ibid.*, p. 184-186.

Le mathématicien polonais Henryk Greniewski enfonce le clou :

> Greniewski : [...] l'exposé de M. Lwoff était très clair. On peut en considérer le texte écrit ; on peut le donner à un homme qui ne comprend rien à la biologie, mais qui est bon mathématicien ; il va faire l'analyse formelle de ce texte ; puis il nous dira : M. Lwoff a fait un bon exposé d'un groupe de transformations[82].

Lwoff, acculé par le feu croisé de ses interlocuteurs, se prête un instant au recadrage sémantique :

> Lwoff : Les machines se rapprocheraient donc de plus en plus des êtres vivants[83] ?

On mesure l'écart sémantique considérable entre le biologiste et les modélisateurs : lorsque ces derniers parlent de machines, ils parlent d'un objet abstrait, réalisable dans plusieurs contextes matériels (donc vivant aussi bien que technologique) ; or Lwoff croit (ou feint de croire) qu'ils parlent de machines… en fer ! René de Possel, qui s'était joint à ses collègues mathématiciens – et dont on connaît par ailleurs l'intérêt pour la notion de machine[84] –, va en fait alimenter la confusion, puisqu'il va parler de machines matériellement construites[85], donnant ainsi à Lwoff un prétexte pour camper sur sa position. Il apparaît que les modélisateurs font preuve de maladresse pour faire comprendre à leur interlocuteur biologiste leur conception protéiforme de la machine. Une note de bas de page précise que, dans le cadre du colloque, un atelier a eu lieu dans lequel Wiener a présenté son modèle[86], mais apparemment ni Lwoff ni de Possel n'y ont assisté.

Un philosophe belge, Étienne Vermeersch, tente une autre approche :

> Vermeersch : Vous ne parlez que de reproduction au niveau moléculaire, mais ne peut-on pas parler d'un organisme se reproduisant beaucoup plus haut qu'au niveau moléculaire ?

---

82 *ibid.*, p. 189.

83 *ibid.*, p. 190.

84 *cf.* chapitre 4.

85 Il ne parle en fait que du modèle de von Neumann, et non du modèle de Wiener, qu'il ne semble pas connaître : « considérant des machines qui seraient capables de se reproduire, dont on fait une étude théorique depuis von Neumann, cette étude ne pourra avoir d'applications pratiques que lorsque les dimensions des organes des machines seront beaucoup plus petites » (*ibid.*, p. 191).

86 *ibid.*, p. 194.

> Lwoff : [...] le problème pour nous, c'est de savoir ce que représente la reproduction au niveau moléculaire. Un organisme ne peut se diviser que s'il y a en lui deux systèmes génétiques identiques ; le problème de la reproduction c'est le problème de la *duplication* du matériel génétique, de la duplication de l'information.
>
> Vermeersch : Il n'est pas nécessaire que le matériel soit seulement des molécules.
>
> Lwoff : Si, tout organisme est nécessairement composé de molécules.
>
> Vermeersch : Oui, mais une machine peut être composée, disons, de blocs de 5 cm sur 5 cm et on peut se poser la question parce que, quand on parle d'organisme, il s'agit de structure et on peut se demander si la même structure peut se reproduire à chaque échelon, sans se demander si ce sont des molécules ou des atomes.
>
> Lwoff : Naturellement, c'est la structure qui se reproduit.
>
> Vermeersch : La structure, ce sont les relations entre les éléments.
>
> Lwoff : La structure est un ordre donné, oui, c'est une séquence donnée, mais cela n'empêche pas qu'un ordre donné de molécules, c'est une molécule.
>
> M. le Président [Maurice de Gandillac, philosophe] : Je ne vois pas où est le problème.
>
> Lwoff : Moi non plus.
>
> Vermeersch : Quand on parle de reproduction il s'agit de reproduction d'une structure ; structure cela ne veut rien dire que relation entre éléments, et vous dites que ces éléments sont des molécules ; ce n'est pas nécessaire. On peut avoir de plus grands éléments, et, si on a les mêmes relations entre les éléments, il y a reproduction.
>
> Lwoff : Une base purique, c'est une molécule, deux bases puriques liées, c'est une autre molécule, et un million de bases puriques c'est une macromolécule. Au mot molécule, vous pouvez donner le sens que vous voulez ; à partir du moment où vous avez une structure unique, telle que si vous la coupez en deux vous avez deux molécules différentes, le tout est une molécule. Une séquence linéaire ne peut pas être coupée en deux, mais vous pouvez la reproduire en produisant une structure complémentaire, une séquence complémentaire[87].

L'écart s'est creusé – il est en fait double : d'une part, Vermeersch semble avoir une conception naïve des molécules et ne pas comprendre que pour les biologistes moléculaires, les molécules sont le support intrinsèque de l'information génétique, qui ne peut être abstraite de ce

87 *ibid.*, p. 192-194.

support (contrairement au modèle de Wiener, dans lequel l'information est collectée par un signal qui traverse la machine et s'en trouve modulé, fournissant ainsi l'emprunte à partir de laquelle on peut dupliquer la machine ; le signal y est indépendant des propriétés matérielles de la machine). Le second écart concerne les modèles, puisque Vermeersch, tout comme de Possel, a en vue les caractéristiques *structurelles* de la machine (les « éléments »), et non, comme dans le modèle de Wiener, les caractéristiques fonctionnelles. Ainsi, la discussion en arrive à un stade d'incompréhension réciproque fondée sur une vision naïve que chaque interlocuteur se fait de la discipline de l'autre : aux machines-en-fer de Lwoff répondent les molécules-éléments de Vermeersch, toutes entités simplistes dont Bachelard pointerait le caractère substantialiste. Des deux côtés, on ignore les progrès épistémologiques accompli par l'autre, les notions restent prises dans la langue naturelle. Alors que le dialogue interdisciplinaire pourrait ou devrait être l'occasion de dissiper les malentendus, chacun accuse l'autre et se replie sur son habitus disciplinaire.

> Lwoff : Vous pouvez tout concevoir, mais ce qui est remarquable c'est que beaucoup de théoriciens ont spéculé sur la vie et sur la reproduction et que finalement toutes les constructions théoriques n'ont abouti à rien ; c'est seulement l'analyse des phénomènes au niveau moléculaire qui a conduit à cette constatation, à cette solution très simple mais que personne n'avait prévue [la duplication de la double hélice][88].

Quand Lwoff donne une interprétation *épistémologique* du différend qui l'oppose aux modélisateurs, Wiener, d'une façon tout à fait conforme à sa vision de l'interdisciplinarité, en donne une interprétation *sociologique* :

> Wiener : Il n'y a pas une opposition entre les deux points de vue, mais je suis convaincu qu'en quelques années on trouvera le moyen de combiner les deux points de vue et l'on trouvera là-dedans quelque chose d'identique. À mon avis la différence n'est pas une différence vraiment scientifique ; c'est que Monsieur est chimiste et que moi je suis mathématicien[89].

Dans le cas présent, le biologiste est d'une certaine mauvaise foi en n'assumant pas son usage du mot « machine », et les modélisateurs sont

88 *ibid.*, p. 192.
89 *ibid.*, p. 190.

arrogants en croyant pouvoir prescrire spontanément une formalisation adéquate aux processus biologiques. Tous sont inconséquents : Lwoff, parce qu'il esquive toute tentative de donner un contenu plus technique à la notion de machine dont il semble pourtant incapable de se passer ; et les modélisateurs, qui se révèlent particulièrement maladroits à faire valoir l'intérêt de leur démarche, et qui ne sont même pas capables de s'entendre entre eux sur le type de modèle discuté (plus grave : qui glissent de l'un à l'autre sans apparemment s'en rendre compte).

Que les pasteuriens n'aient pas été intéressés d'*investir* dans la modélisation mathématique ne signifie pas qu'ils y aient été inattentifs. La relation entre Monod et Schützenberger, dont on connaît encore si peu de détails, joue certainement un rôle déterminant : leurs « longues conversations » mentionnées par Lichnerowicz ont du servir, pour Schützenberger, à tester quelques intuitions et parler de ses travaux poitevins (*cf.* p. 283) ; tandis qu'elles devaient permettre à Monod de garder une veille de premier choix sur le front de la mathématisation, synthétisé par l'un de ses représentants les plus crédibles (« l'un des rares hommes de science que Monod admirait et dont il craignait l'esprit critique », écrit Lichnerowicz[90]). Rappelons que Schützenberger lui-même a été en proie au doute après l'échec de Gamow, qui n'a pu que conforter les pasteuriens dans leur habitus biologiste. Leur relation n'est sans doute plus la même, après la fin de non-recevoir rencontrée par la proposition de Schützenberger d'ouvrir un département de biomathématique à Pasteur, et plus encore à partir du moment où le mathématicien-médecin, plus tardivement, choisit le préformationnisme de Gavaudan contre *Le hasard et la nécessité* (*cf.* p. 286).

ÉCLAIRAGE RÉTROSPECTIF DEPUIS LA « BIOLOGIE DES SYSTÈMES »

L'évolution de la biologie moléculaire depuis les années 1970 a débouché sur l'émergence d'une « biologie des systèmes » qui revendique la centralité des pratiques de modélisation. Qu'est-ce que la situation

90 A. Lichnerowicz, « Marcel-Paul Schützenberger », *op. cit.*

actuelle nous apprend sur la situation des années 1960 ? La biologie des systèmes ne constitue pas une rupture révolutionnaire d'avec la biologie moléculaire[91] (au titre que la première reconnaîtrait que toutes les échelles de l'organisme doivent être prises en compte dans les explications, au contraire de la seconde qui ne s'intéresserait qu'au niveau des constituants moléculaires de la cellule). Il existe une continuité entre les deux, qui permet en un sens de qualifier la biologie des systèmes d'aboutissement de la biologie moléculaire (moyennant une redéfinition des stratégies de recherche[92]). En effet, la biologie des systèmes peut être caractérisée par trois aspects : une évolution technologique qui a permis des progrès fulgurants dans la récolte et le traitement des données biologiques, ouvrant la voie à une connaissance quasi exhaustive des propriétés physico-chimiques de la cellule ; l'étude de réseaux (voies métaboliques, signalisation, expression génétique) et de leur enchevêtrement dynamique ; et enfin un recours massif à la formalisation et la simulation informatique. Les deux premiers aspects sont clairement une poursuite d'étapes logiques du point de vue des démarches de la biologie moléculaire (aspects liés, d'ailleurs, puisqu'une connaissance plus complète des sous-systèmes permet de commencer à réfléchir à leur articulation – synthèse promettant l'élaboration d'une « cellule virtuelle », simulation d'un modèle contenant toutes les données connues). La nouveauté résiderait dans le troisième aspect, la formalisation. La contribution de la théorie des asservissements y est très officiellement établie. Sur le plan méthodologique, les unités de référence consistent en des « modules », entités définies par leurs propriétés fonctionnelles, relativement isolables mais que l'on cherche à articuler les unes aux autres dans des modules supérieurs. Les modèles mathématiques, désormais, ne sont pas des curiosités superflues, mais des instruments incontournables (sauf pour les tenants de la recherche *data-driven*). Sur le plan sociologique, la

---

91 P.-A. Braillard, *Enjeux philosophiques de la biologie des systèmes*, thèse, université Paris 1, 2004. Ce contraste n'est pas dépourvu de vérité, mais il tend à être exagéré par les représentants de la biologie des systèmes.

92 Ce qui ne va pas sans remous (voir par exemple l'interview du prix Nobel Sydney Brenner, qui dénigre cette évolution : *Studies in History and Philosophy of Biological and Biomedical Sciences* n° 40, 2009, p. 65-71), et mériterait une analyse socio-historique passionante – rappelons que les biochimistes, quarante ans plus tôt, soupçonnaient que « biologie moléculaire » était « un mot inventé pour récupérer de l'argent » (voir J.-P. Gaudillière, « Chimie biologique ou biologie moléculaire ? », *op. cit.*, p. 15).

composition des équipes reflète un changement évident par rapport aux décennies précédentes. La collaboration entre biologiste et modélisateur se normalise, même si de vieux réflexes soupçonneux demeurent. Cette mutation serait peut-être liée à l'informatisation massive des années 1980-1990 (on pense, par comparaison avec l'étude de P. Galison[93], à la façon dont l'ordinateur a redéfini le métier d'expérimentateur en microphysique, et certains habitus disciplinaires). Il est largement reconnu que la production massive de données modifie complètement le rôle de la modélisation, laquelle ne consiste plus en une construction spéculative de formes vides et plus ou moins déconnectées des observations empiriques et détails anatomiques, mais intervient *a posteriori* pour structurer une grande quantité de données et explorer des hypothèses. Parmi les unités fonctionnelles de référence, la rétroaction est un objet standard, sinon central, qui trouve en biologie des systèmes une portée opératoire absolument pas réductible à un rôle purement lexical.

Par exemple, il est aujourd'hui reconnu que la chémotaxie bactérienne suit une stratégie de robustesse, qui peut être modélisée par un régulateur intégral. Cette stratégie permettrait une adaptation optimale, et serait donc probablement utilisée dans de nombreuses régulations biologiques[94]. Il existe des équipes interdisciplinaires spécialisées dans la modélisation des rétroactions. Un courant de modélisation cybernétique existe d'ailleurs comme tel depuis les années 1980 en microbiologie. Parmi les idées directrices figurent l'« intelligence » microbienne (les microbes feraient des « choix » optimaux pour maximiser certains

93 P. Galison, *Image and Logic*, *op. cit.*

94 Il s'agit de la façon dont une bactérie détecte de la nourriture dans son environnement et « décide » de la direction à prendre pour tenter de la rejoindre. Comme dans tout système de détection, un choix doit être fait entre robustesse et sensibilité. En guise d'illustration, imaginons que l'on déambule dans l'obscurité à la recherche de sources lumineuses ; la sensibilité permet de détecter des sources plus faibles ou plus lointaines (donc plus nombreuses), mais face à une source dépassant une certaine intensité, on risque d'être aveuglé temporairement, voire définitivement. La robustesse désigne au contraire la capacité du système à rester fonctionnel en cas de perturbations importantes. Les bactéries ont des flagelles pour détecter des gradients de concentration chimique ; elles réduisent la sensibilité lorsque la concentration augmente, afin de ne pas être « aveuglées » par la source de nourriture (N. Barkai, S. Leibler, « Robustness in Simple Biochemical Networks », *Nature* n° 387, 1997, p. 913-917). Cette stratégie peut être modélisée par un régulateur dit « à action intégrale » (en référence au type d'opération effectuée sur la mesure de l'écart) (T.-M. Yi et al., « Robust Perfect Adaptation in Bacterial Chemotaxis Through Integral Feedback Control », *Proceedings of the National Academy of Sciences*, vol. 97, n° 9, 2000, p. 4649-4653).

taux métaboliques) ou encore la « mémoire » cellulaire (le cellule serait capable d'adapter ses réponses en fonction de son expérience)[95]. Sur le plan méthodologique, il s'agit notamment d'adapter des approches telles l'« analyse de contrôle métabolique » (développée dans les années 1970) en intégrant des variations environnementales, pour analyser l'impact de perturbations sur la cellule et la façon dont celle-ci s'y adapte, en postulant qu'elle poursuit certains « objectifs » définis.

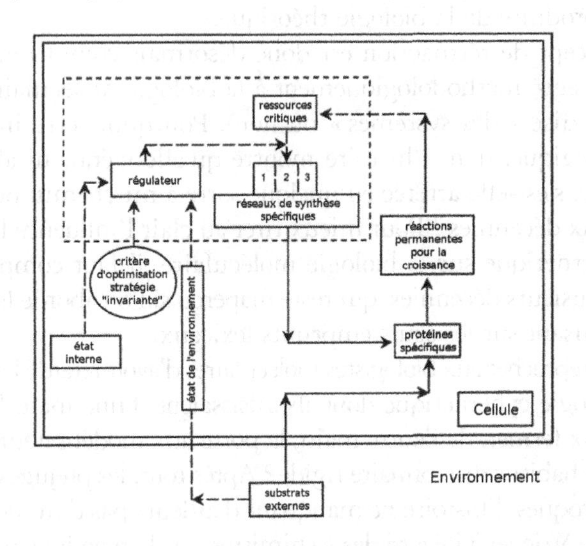

FIG. XXVI – Schéma cybernétique d'une cellule[96].

On voit le principe de la démarche intégrative, qui connecte des sous-systèmes étudiés séparément, en abandonnant le détail moléculaire des mécanismes. Un indicateur de cette abstraction est la représentation d'entités fonctionnelles (ex : « régulateur ») ou de flux d'information (ex : « état interne ») aux côtés d'éléments matériellement définis (protéines, substrats).

95 D'après P. R. Patnaik, « Are Microbes Intelligent Beings ? An Assessment of Cybernetic Modeling », *Biotechnology Advances* 18, 2000, p. 267-288 ; « Toward a Comprehensive Description of Microbial Processes Through Mechanistic and Intelligent Approaches », *Biotechnology and Molecular Biology Reviews*, vol. 4, n° 2, 2009, p. 29-41 ; voir aussi les travaux du groupe de recherche de D. Ramkrishna à l'université de Purdue aux États-Unis.

96 D'après P. Dhurjati et al. « A Cybernetic View of Microbial Growth : Modeling of Cells as Optimal Strategists », *Biotechnology and Bioengineering*, vol. 27, n° 1, 1985, p. 2.

Les biologistes des systèmes se réclament ouvertement de Norbert Wiener[97]. L'intérêt témoigné aujourd'hui à cette approche est confirmé au fur et à mesure du transfert de concepts et de méthodes issus de l'automatique[98]. Les publications suggèrent l'importance du champ biotechnologique comme espace-carrefour, ce qui semble bien confirmer que la fréquentation mutuelle des biologistes et des ingénieurs à des fins initialement autres (instrumentation de laboratoire, biotechnologies) finit par produire de la biologie théorique.

Le concept de rétroaction est donc désormais complètement opératoire, intégré méthodologiquement à la biologie moléculaire (qu'elle soit ou se dise « des systèmes » ou non). Pourquoi cette intégration méthodologique, dont l'histoire montre qu'elle n'était ni absurde ni impossible, s'est-elle arrêtée en quelque sorte à mi-chemin pendant au moins deux décennies ? Pour mieux tirer au clair l'influence historique de la cybernétique sur la biologie moléculaire, il faut comprendre ce délai de plusieurs décennies, qui reste inaperçu si l'on aborde la question en se focalisant sur les seuls emprunts lexicaux.

Faut-il reprocher aux biologistes moléculaires d'avoir retardé l'avènement d'une biologie cybernétique dont ils saisissaient d'une main l'étendard pour mieux fermer, de l'autre main, la porte aux modélisateurs ? Faut-il accuser un habitus disciplinaire rigide ? Après tout, les préjugés sont souvent réciproques, l'histoire ne manquant d'ailleurs pas d'ironie envers la défiance de Wiener à l'égard des « chimistes », si l'on en juge par la santé actuelle de la modélisation cybernétique des voies métaboliques. Mais on a constaté le désintérêt des pasteuriens pour la formalisation. Ce constat résout le problème de la compatibilité des interprétations historiennes. La biologie moléculaire française s'est pleinement inscrite dans le « régime disciplinaire ». L'interdisciplinarité qu'on lui a attribuée n'a pas été constante.

---

97 O. Wolkenhauer, « Systems Biology : The Reincarnation of Systems Theory Applied in Biology ? », *Briefings in Bioinformatics*, vol. 2, n° 3, p. 258-270 ; H. Kitano, « Systems Biology : A Brief Overview », *Science* n° 295, 2002, p. 1662-1664.

98 A. Gombert, J. Nielsen, « Mathematical Modelling of Metabolism », *Current Opinion in Bio-technology* n° 11, 2000, p. 180-186 ; J. A. Morgan, D. Rhodes, « Mathematical Modeling of Plant Metabolic Pathways », *Metabolic Engineering* n° 4, 2002, p. 86 ; J. Stelling, « Mathematical Models in Microbial Systems Biology », *Current Opinion in Microbiology* n° 7, 2004, p. 517 ; J. E. Bailey, « Lessons From Metabolic Engineering for Functional Genomics and Drug Discovery », *Nature Biotechnology* n° 17, 1999, p. 616-618 ; D. Lauffenburger, « Cell Signaling Pathways as Control Modules : Complexity for Simplicity ? », *Proceedings of the National Academy of Sciences* vol. 97, n° 10, 2000, p. 5031-5033.

Pendant les Trente glorieuses, elle a joué la consolidation disciplinaire, en considérant que les outils de modélisation n'étaient pas concernés. Dans cette période de consolidation, la modélisation cybernétique est demeurée à un stade élémentaire, « qualitatif », contribution conceptuelle et méthodologique qui s'est arrêtée aux frontières habituelles du champ biologique, d'où son invisibilité bibliométrique. Cela correspond à la tendance globale observée d'une interdisciplinarité « de contiguïté », qui s'élargit ultérieurement à une interdisciplinarité plus « lointaine », celle où mathématiciens et informaticiens entrent en jeu de façon bibliométriquement visible[99]. Les biologistes moléculaires ont donc bel et bien soutenu leur frontière, plus préoccupés d'étendre celle-ci à tous les domaines des sciences du vivant que de l'ouvrir à des mathématiciens. Ou bien ces derniers n'avaient rien d'intéressant à leur apporter, et dans ce cas inutile de perdre du temps à parler avec eux, ou bien ils avaient quelque chose à apporter, et dans ce cas, n'est-ce pas risquer de se faire aussitôt coloniser à son tour alors qu'on est occupé à conquérir les fiefs des confrères ?

Keller reconnaît une part de responsabilité des biologistes dans des relations interdisciplinaires traditionnellement difficiles ; mais les raisons qu'elle invoque pour dédouaner les pasteuriens de n'avoir pas investi dans la formalisation des modèles sont contestables :

> [...] c'était les débuts de l'étude des mécanismes régulateurs, on ne pouvait attendre de Monod et Jacob qu'ils anticipassent la variété des mécanismes qui ont été découverts par la suite [...]. En particulier, ils ne pouvaient anticiper les complexités des mécanismes régulateurs qui allaient être découverts dans les organismes supérieurs (eucaryotes)[100].

Monod et Jacob, on l'a vu plus haut, avaient parfaitement anticipé tant la complexité croissante que le rôle central des régulations. Quant à la variété des mécanismes, Monod, et longtemps après lui Jacob, ont délibérément refusé d'admettre l'existence de régulations positives (auto-amplifiantes)[101]. Pour Monod, la priorité allait aux progrès des techniques expérimentales[102], et non des techniques de modélisation.

99 S. Chen et al., « Exploring the Interdisciplinary Evolution of a Discipline », *op. cit.*
100 E. F. Keller, *Making Sense of Life*, *op. cit.*, p. 170.
101 Les témoignages de Maxime Schwartz et René Thomas sont concordants.
102 « Je crois [...] que le "mur du son" en ce qui concerne l'étude des régulations chez les organismes supérieurs est la découverte des moyens de faire de la génétique de cellules, moyens qui n'existent pas encore. Bien sûr, on sait faire des hybridations, mais ce n'est pas

L'habitus du biologiste a bien joué contre ce type de collaboration interdisciplinaire, mais il avait une bonne raison pour cela (c'est-à-dire une raison épistémologique, et non un simple réflexe conditionné sociologique). À l'époque, investir dans une massification et une sophistication des travaux de paillasse plutôt que dans la formalisation (et les collaborations interdisciplinaires qui vont avec) était une option tout à fait cohérente d'un point de vue épistémologique. La cartographie de l'échelle moléculaire restait parcellaire, alors qu'aujourd'hui on croule sous les données ; cette différence entraîne que la modélisation n'aurait pas eu le même rôle dans chaque cas : elle se présente beaucoup plus aujourd'hui comme un besoin (pour ordonner le déluge de données biologiques), ce qui n'était pas le cas dans les années 1950-1960 (où elle aurait joué un rôle davantage heuristique, avec un risque plus grand d'égarement spéculatif). Les biologistes ont donc opté pour une instrumentation (matérielle, de laboratoire) au détriment d'une autre (celle des techniques de modélisation) : aucune option n'étant épistémologiquement absurde, c'est celle qui détourne le moins de l'habitus qui l'emporte. Du point de vue de la sociologie transversaliste, cela représente un cas de mise en compétition de deux offres relevant du régime technico-instrumental (qui propose) par rapport à une demande relevant du régime disciplinaire (qui dispose). Dès lors que les biologistes ont fait leur choix et qu'ils perçoivent leurs besoins comme saturés, ils tendent à se fermer à l'offre non privilégiée. L'habitus du biologiste joue donc bien un rôle, mais chevillé à une décision épistémologiquement rationnelle. Cela n'empêche pas qu'une autre facette de cet habitus ait pu ralentir l'avènement d'une interdisciplinarité digne de ce nom. Cette facette est celle d'un certain réductionnisme assumé, qui préfère les mécanismes moléculaires simplifiés ; un rasoir d'Ockham qui prend la forme d'une hache plutôt que d'un bistouri. Faire passer la cartographie des dynamiques moléculaires avant leur mise en équations est une chose, refuser de commencer la deuxième étape avant d'avoir

---

assez, elles ne peuvent pas définir un gène. Il faut arriver à avoir des cultures de cellules dans lesquelles il y aurait non seulement fusion nucléaire, mais en fait, recombinaison, plus, bien entendu, les mutations à avoir. Je sais que plusieurs laboratoires ont fait des efforts sur ce problème. Je ne peux pas croire qu'il soit insoluble. Et de ce problème dépendent des progrès tellement considérables, qu'il est à souhaiter que d'autres équipes cherchent les moyen de résoudre ce problème » (J. Monod, « Cybernétique chimique de la cellule », *op. cit.*, p. 36).

intégralement achevé la première en est une autre ; la seconde décision a quelque chose d'irréaliste. Vient un moment où, pour paraphraser Descartes, il faut bien modéliser « par provision ». Il a vraisemblablement fallu attendre la génération suivante de chercheurs pour que les collaborations interdisciplinaires deviennent le corrélat naturel d'une complexité biologique qui n'était plus un simple mot, mais un obstacle pratique. En fait, la biologie d'aujourd'hui, loin d'avoir chassé la théorie au profit des données, serait au contraire une biologie dans laquelle la modélisation peut enfin trouver pleinement sa raison d'être.

LA CYBERNÉTIQUE ÉCONOMIQUE

La localisation et la caractérisation précises de la modélisation cybernétique en économie rencontrent deux catégories d'obstacles spécifiques. Le premier est celui de la profusion des méthodes et formalismes. Le second est celui du lien entre les instruments et les idéologies. L'économie est la discipline dans laquelle les formalisations se sont développées assez tôt, mais c'est aussi l'une des disciplines où les luttes idéologiques atteignent un certain paroxysme. Toute enquête épistémologique et/ou historique sur les instruments de modélisation économique devrait expliciter la question de leur neutralité idéologique. On commencera par préciser tout de suite ce point, afin de clarifier l'approche pour le reste du chapitre. En effet, la période des Trente glorieuses est à la fois celle qui instaure les outils au centre de la science économique (par rapport aux périodes précédentes), mais aussi celle qui exacerbe la rivalité idéologique entre les blocs occidental et collectiviste, et qui place l'économie au cœur de cette lutte idéologique. Le fait que différents types de modèles (liés à la recherche opérationnelle, à la théorie des jeux ou à la cybernétique) aient été en bonne part développés – ce qui ne veut pas nécessairement dire *inventés* – dans le même contexte militaro-industriel américaine peut mener à des amalgames.

Les historiens de la cybernétique, souvent focalisés sur les premiers groupes de cybernétique, dont les sciences économiques sont restées assez absentes, ont beaucoup négligé ces dernières (à l'exception notable de l'étude de Medina sur le projet Cybersin au Chili[1]). Pourtant, la modélisation cybernétique en économie a bien essaimé, en grande partie sans les cybernéticiens. L'intérêt des historiens de l'économie pour l'introduction de ces méthodes d'analyse des systèmes reste à intégrer dans un tableau d'ensemble à la fois cohérent et ciblé. La vaste fresque

1 E. Medina, *Cybernetic Revolutionaries. Technology and Politics in Allende's Chile.* Cambridge : The MIT Press, 2011.

de Philip Mirowski, *Machine Dreams*, en soutenant la thèse que « les *cyborg sciences* ont sculpté la plupart des développements majeurs de l'économie d'après-guerre[2] », présente l'inconvénient d'englober sous ce nom de *cyborg sciences* beaucoup de choses, mais finalement assez peu sur ce qui fait la spécificité de la cybernétique, et partant l'objet de ce chapitre, les modèles de rétroactions négatives. La mathématisation assez brutale de l'économie après la guerre a accompagné sa clôture disciplinaire et la prise de pouvoir des néo-classiques aux États-Unis. Ce courant progressivement hégémonique s'est démarqué très tôt du style interdisciplinaire alors courant dans les sciences sociales américaines, tel qu'il se manifestait par exemple dans l'appellation « *behavioral sciences*[3] ». Parmi les différents protagonistes en lice pour la mathématisation, c'est une redéfinition de l'équilibre walrasien (d'inspiration physique) par la méthode axiomatique qui a prévalu. Ce style Bourbaki aurait servi de « talisman pour éloigner les *cyborg sciences*[4] », admises à ne revenir par la fenêtre qu'au compte-goutte et tardivement[5]. Dans ces analyses, c'est surtout la théorie des jeux, qui se voulait innovante en rompant avec la physique, qui est concernée. Or, si les néo-classiques ne l'ont admise qu'en catimini, quel pouvait bien être le sort des idées de Wiener, qui a durement critiqué l'irréalisme de ses hypothèses de base, et plus généralement l'économie mathématique qu'il considérait comme une imposture ? De fait, c'est dans d'autres niches (correspondant aussi, dans l'ensemble, à d'autres terreaux nationaux) que l'on va rencontrer des modèles cybernétiques (*ie*, des modèles de rétroaction), mais sous différentes formes qui n'aident pas à l'identification d'un courant

2 P. Mirowski, *Machine Dreams: Economics Becomes a Cyborg Science*, Cambridge University Press, 2002, p. 503.

3 « [...] les économistes sont ressortis de la guerre avec une confiance nouvelle devant peu à la collaboration interdisciplinaire. [...] Le projet naissant des *behavioral sciences* représentait donc un contrepoids potentiel à leurs ambitions. [...] au sortir de la guerre, ils avaient déjà leurs propres réseaux, leurs propres coordonnées intellectuelles, leurs propres sources de financement. [...] une épistémologie à eux, un argot mathématique privé, une ségrégation *de facto* des autres sciences sociales, et un esprit de supériorité et d'indépendance [constituaient] les aspects solidaires de l'hégémonie néoclassique d'après-guerre » (J. Pooley, M. Solovey, « Marginal to the Revolution: The Curious Relationship Between Economics and the Behavioral Sciences Movement in Mid-Twentieth-Century America », *History of Political Economy*, vol. 42, supplément n° 1, 2010, p. 201, 230).

4 P. Mirowski, *Machine Dreams*, *op. cit.*, p. 394.

5 J. Isaac, « Tool Shock: Technique and Epistemology in the Postwar Social Sciences », *History of Political Economy*, vol. 42, supplément n° 1, 2010, p. 140.

spécifiquement cybernétique : Armatte évoque la « Dynamique des systèmes » et la macroéconomie keynésienne[6], mais il y en a d'autres. Une cartographie reste à établir. Concernant le cas français, le travail de Philippe Le Gall sur l'histoire de l'économétrie française s'arrête au début du XXe siècle[7]. On trouvera un paragraphe à discuter dans l'ouvrage de Weiller et Carrier sur l'histoire du « courant » hétérodoxe français[8]. L'on en est donc à un stade encore assez exploratoire de la question.

Pour ce qui est de la valeur idéologique des outils, dans quelle mesure est-elle relative à la perception qu'ont les protagonistes de leur positionnement réciproque ? Si la théorie des jeux est initialement une arme contre les néo-classiques, elle est trop capitaliste pour Wiener, tandis qu'une approche cybernétique « homéostatique » de l'économie – que Wiener ne souhaitait *pas*, comme on le rappellera plus loin – est elle-même trop « idéologique » pour certains « régulationnistes » français[9]. À moins que l'utilisation d'outils de modélisation soit en elle-même idéologique ? Mary Morgan s'interroge sur la signification de l'évolution de la science économique vers une « *tool-based science* » : « le mode d'analyse [néo-classique] en est venu à reposer le plus fortement sur l'adoption des statistiques, des mathématiques et des technologies de modélisation, ces mêmes techniques qui s'étaient avérées si efficaces durant la Guerre[10] ». Que l'économie néo-classique devienne la doctrine naturelle aux États-Unis (non sans une vague d'épuration maccarthyste), et que cette doctrine vienne à dominer plus ou moins le monde occidental après la Guerre (et le monde tout court suite à l'effondrement du communisme), en quoi cela entretiendrait-il un lien privilégié avec l'évolution vers une *tool-based discipline* ? Est-il vraiment possible, et à quelles conditions, d'attribuer une valeur idéologique intrinsèque aux outils de modélisation ? Il semble qu'il faille tenir compte d'au moins

6 M. Armatte, *La Science économique comme ingénierie. Quantification et modélisation*, Paris : Presses des Mines, 2010, p. 239-242.

7 P. Le Gall, *A History of Econometrics in France. From Nature to Models*, Abingdon/New York, Routledge, 2007.

8 J. Weiller, B. Carrier, *L'Économie non conformiste en France au XXe siècle*, Paris, Presses universitaires de France, 1994.

9 M. Troisvallets, « Canguilhem et les économistes : aux sources des visions régulationnistes », *Ergologia* n° 0, 2008, p. 77-117.

10 M. Morgan, « The Formation of "Modern" Economics : Engineering and Ideology », Working Paper n° 62/01, London School of Economics, Department of Economic History, 2001, p. 28. L'expression anglaise *tool-based* est incommode (en tout cas inélégante) à traduire.

deux états de fait avant d'en décider. Tout d'abord, puisqu'on se situe dans le contexte de la Guerre froide, c'est-à-dire le contexte dans lequel des positions idéologiques antagonistes ont été incarnées et défendues de la façon la plus explicite et la plus prononcée, il n'est pas anodin de remarquer qu'aucun des deux blocs n'a eu le monopole sur un quelconque de ces outils ; autrement dit, les mêmes outils *ont été* utilisés des deux côtés : recherche opérationnelle[11], théorie des jeux[12], et cybernétique[13]. En écho à ces effets de symétrie, Arbib rapportait un bon mot de son voyage d'observation de la cybernétique soviétique :

> J'ai posé la question suivante à un économiste mathématique de Kiev : « À l'Ouest, c'est simple de faire de la recherche opérationnelle – on maximise les profits. Que faites-vous dans une économie socialiste ? » À quoi l'on m'a répondu : « On minimise les pertes[14] ! »

La modélisation économique a certes connu un passage difficile en URSS sous Staline : il était somme toute préférable de ne pas disposer de statistiques trop réalistes, surtout dans la mesure où l'on peut en inventer ; mais, avant Staline, l'économétrie soviétique prenait la direction de la formalisation et de la modélisation, direction qu'elle a reprise activement après la mort du Petit père des peuples[15]. Il ne semble pas que les Soviétiques aient été à la traîne des Américains ; à l'exception

11 Voir les travaux de Leonid Kantorovitch (Prix Nobel 1965). Voir aussi I. Siroyezhin, « Operations Research in the USSR as Education and Research Work », *Management Science*, vol. 11, n° 5, 1965, p. 593-601.

12 Particulièrement Nikolai Vorob'ev et Olga Bondareva.

13 M. Arbib, *Notes on a Partial Survey of Cybernetics in Europe and the U.S.S.R.*, *op. cit.* ; R. Swanson, *Cybernetics in Europe and the U.S.S.R.*, *op. cit.* ; D. Holloway « Innovation in Science – The Case of Cybernetics in the Soviet Union », *Science Studies*, vol. 4, n° 4, 1974, p. 299-337 ; A. Kolman, « A Life-Time in Soviet Science Reconsidered: The Adventure of Cybernetics in the Soviet Union », *op. cit.* ; S. Gerovitch, *From Newspeak to Cyberspeak*, *op. cit.* ; D. Mindell, J. Segal, S. Gerovitch, « Cybernetics and Information Theory in the United States, France and the Soviet Union », in M. H. Walker (dir.), *Science and Ideology: A Comparative History*, Londres : Routledge, 2003, p. 66-95.

14 M. Arbib, *Notes on a Partial Survey of Cybernetics in Europe and the U.S.S.R.*, *op. cit.*, p. 1.

15 « À la mort de Staline (1953) et avec la progressive détente intérieure, sont de nouveau publiés les économistes (pour la plupart victimes des purges de Staline) de l'ère pré-stalinienne en URSS, les économistes des années vingt. En effet, Staline avait découragé non seulement toute recherche formelle et mathématique en économie, mais aussi toute organisation rationnelle et transparente des données, y compris lorsqu'il s'agissait de planification. Les retrouvailles tardives entre les Soviétiques et leurs économistes des années vingt, s'accompagnent de la stimulation de recherches statistiques et mathématiques

sans doute de la décennie 1950 pour la théorie des jeux[16], mais c'est un retard qui a été vite rattrapé. Par ailleurs, la doctrine officielle a composé avec les traditions nationales des pays satellites[17]. Il existe donc une certaine autonomie des instruments, quitte à ce que ceux-ci soient « recodés » en traversant le rideau de fer[18].

Le deuxième point historique dont il faut tenir compte, après celui des pratiques, est celui des discours. Des deux côtés du Rideau de fer, on trouve les opinions antagonistes, d'une part, qui estiment que les outils ne sont pas neutres et qu'il faut donc condamner les outils de l'autre (du moins ceux qui sont perçus tels), et, d'autre part, qui défendent au contraire la neutralité des outils et l'opportunité de leur appropriation. Par exemple, à l'Est, les premières mentions de la théorie des jeux en sciences politiques sont hostiles à celle-ci, bien que le philosophe est-allemand Georg Klaus argumente en sa faveur[19] ; une certaine plasticité des débats provient naturellement de la diversité des variations doctrinales (ici, en l'occurrence, du marxisme-léninisme) avec lesquelles l'instrument de modélisation peut se trouver compatible ou incompatible. En ce qui concerne la cybernétique, le revirement spectaculaire de l'attitude soviétique à son égard après le dégel du milieu des années cinquante est notoire[20], tandis qu'elle va commencer à devenir suspecte aux États-Unis. Wiener est surveillé par le FBI pour son attitude critique à l'égard de l'*establishment* académico-militaro-industriel, lequel, après le milieu des années 1960, deviendrait « ouvertement hostile[21] » à la

en économie » (A. Akhabbar, « La matrice russe. Les origines soviétiques de l'analyse input-output. 1920-1925 », *Courrier des statistiques* n° 123, 2008, p. 23).

16 G. Morton, A. Zauberman, « Von Neumann's Model And Soviet Long-Term (Perspective) Planning », *Kyklos*, vol. 22, n° 1, 1969, p. 45-61.

17 V. Barnett, *A History of Russian Economic Thought*, New York : Routledge, 2005, p. 139.

18 Ce fut le cas, par exemple, pour la théorie de l'information : la traduction de la « théorie mathématique de la communication » de Shannon est publiée en 1953 sous le titre « Théorie statistique de la transmission du signal électrique » en guise d'auto-censure préventive (D. Mindell, J. Segal, S. Gerovitch, « Cybernetics and Information Theory in the United States, France and the Soviet Union », *op. cit.*).

19 T. Robinson, « Game Theory and Politics: Recent Soviet Views », *Studies in Soviet Thought* n° 10, 1970, p. 291-315.

20 J. Segal, « L'Introduction de la cybernétique en RDA : rencontres avec l'idéologie marxiste », in R. G. Stokes, D. Hoffmann, B. Severyns (dir.), *Science, Technology and Political Change. Proceedings of the XXth International Congress of History of Science (Liège, 20-26 July 1997)*, vol. I, Turnhout : Brepols, 1999, p. 67-80.

21 F. Conway & J. Siegelman, *Dark Hero of the Information Age*, *op. cit.*, p. 330.

cybernétique. La symétrie des positions antagonistes dans chaque bloc ne suffit peut-être pas à interdire au commentateur de se fier aux discours et aux décisions des acteurs pour attribuer une valeur idéologique aux instruments de modélisation, mais il est clair qu'elle oblige à nuancer les positions. Sans aucun doute, un état des lieux précis des usages des outils de modélisation et de leur appropriation idéologique à l'Ouest et à l'Est reste à établir. En son absence, toute attribution univoque et non nuancée d'une valeur idéologique à l'un ou l'autre des types de modèle a des chances de relever elle-même d'un geste idéologique.

L'évolution vers une *tool-based discipline* peut trouver elle-même des motivations d'ordre idéologique ou politique. Elle peut jouer un rôle de camouflage des postulats idéologiques sous-tendant des analyses. Mary Morgan donne deux exemples : « un économiste, écrivant au sujet de l'époque (du maccarthysme), a suggéré que cette évolution vers une économie *tool-based* constituait une option défensive contre la persécution idéologique[22] ». D'autre part, selon une suspicion notoire, « durant l'après-Guerre, les économistes néo-classiques américains ont revendiqué que la méthode des modèles (*tool-based analysis*) offrait une neutralité scientifique à l'égard de toutes les positions idéologiques[23] ». Ces deux exemples suggèrent là encore que toutes les parties (les « rouges », les « faucons », et les « modérés » de chaque camp) peuvent adopter une stratégie de camouflage.

Plus que les outils eux-mêmes, c'est une certaine façon d'en faire un usage exclusif au détriment de toute discussion des postulats adoptés, c'est le choix de certains axiomes ou spécifications, qui apparaissent véritablement idéologiques. L'analyse des contextes d'usage devrait donc primer sur les déclarations *a priori*.

22 M. Morgan, « The Formation of "Modern" Economics: Engineering and Ideology », *op. cit.*, p. 27.
23 *ibid.*, p. 28.

WIENER ET L'ÉCONOMIE : OPPORTUNITÉS ET RÉTICENCES

Au lendemain de la Guerre, la trajectoire et les idées de Wiener ne sont pas dénuées d'arguments au regard de l'état et des axes de développement de la modélisation économique :

1) Les économistes pourraient attendre de la cybernétique qu'elle fournisse un contenu technique pour comprendre, conceptualiser et modéliser le rôle fonctionnel de l'information et son traitement par les agents économiques. Concrètement, cela signifierait par exemple un espoir de pouvoir trancher la controverse opposant Oskar Lange à ses adversaires libéraux, von Mises et von Hayek : il s'agit de savoir si l'on peut déterminer théoriquement la possibilité de mise en œuvre effective d'une planification économique collectiviste. Il importe de remarquer que ce débat se focalise progressivement sur une notion explicite d'information indépendamment de toute référence au champ technologique, et avant les publications de Wiener et Shannon en 1948-1949, comme en témoigne l'article de von Hayek « The Use of Knowledge in Society[24] ». On peut résumer ainsi le débat du « calcul socialiste » en 1945[25] : l'information nécessaire à une fixation optimale des prix est-elle traitable et mieux traitée dans une économie centralisée (Lange) ou décentralisée (Hayek) ? Ce débat n'engage ni plus ni moins que la possibilité effective de l'usage du « calcul économique » en économie socialiste ; on conçoit donc facilement son importance (et ce qui le sous-tend) du point de vue idéologique, depuis sa formulation initiale. Ultérieurement, Lange tirera argument du développement de l'informatique pour considérer résolu (à tort) le problème de la centralisation du calcul ; mais en ce qui concerne les conditions de possibilité *théoriques*, on voit que la modélisation cybernétique paraît indiquée pour

24 F. von Hayek, « The Use of Knowledge in Society », *op. cit.* C'est bien le terme *information* qui est employé. L'expression « information économique » remonte dans la littérature économique au moins au début du XXe siècle, ce qui suggère que son utilisation par Hayek ne provient pas nécessairement du livre de von Neumann et Morgenstern sur la théorie des jeux, paru en 1943.

25 J. Arrous, « Socialisme et planification : O. Lange et F. A. von Hayek », *Revue française d'économie*, vol. 5, n° 2, 1990, p. 61-84.

constituer un cadre de référence pour ce débat, et au-delà : la dispersion de l'information permet-elle toujours l'équilibre économique ?

2) La cybernétique peut apparaître comme une synthèse d'approches nouvelles : séparément, les séries temporelles, les oscillations, les méthodes stochastiques, font progressivement leur entrée dans l'économie mathématique, notamment en macroéconomie pour l'étude des phénomènes cycliques. Le concept de rétroaction, qui définit la cybernétique, n'est pas nécessairement tributaire de ces formalismes mathématiques, bien que Wiener semble les associer dans *Cybernetics*. Cet environnement technique (mathématique) constitue un dénominateur commun entre la théorie des asservissements et certains courants de l'économie mathématique, ce qui peut faciliter le transfert du concept moderne de rétroaction, d'autant plus que les économistes connaissent la stature de Wiener à l'égard de ces techniques : « Wiener étant responsable d'un bon nombre des travaux mathématiques les plus fondamentaux dans ces domaines [séries temporelles, information et communication] depuis des années, il a beaucoup à apprendre aux économistes en la matière[26] », lit-on dans un compte-rendu de *Cybernetics* dans la revue de référence *Econometrica*.

3) Non sans rapport avec les points précédents, un lecteur de 1950 pourrait espérer trouver avec la cybernétique un cadre alternatif aux hypothèses simplistes de la théorie des jeux (telle que formulée initialement par von Neumann et Morgenstern en 1943). La critique porte notamment sur le manque de réalisme des jeux à information complète pour représenter l'activité économique (et toute activité en général). Il faut tenir compte des jeux pour lesquels on n'a pas de théorie complète, donc pour lesquels l'acquisition progressive d'information est nécessaire à la poursuite de résultats. De plus, l'interprétation en contexte humain et économique de ce que von Neumann et Morgenstern appellent « solution » est discutable. Wiener conteste le caractère raisonnable et « homéostatique » de certaines solutions[27]. Cette critique est reprise notamment par le statisticien Bruno de Finetti, au Congrès international d'économétrie de Paris en 1952[28] (les travaux de John Nash ne sont pas encore connus). De Finetti cite ce texte de Wiener, mais, alors que

26 M. M. Flood, recension de N. Wiener : *Cybernetics*, *Econometrica*, vol. 19, n° 4, 1951, p. 478.

27 N. Wiener, *La Cybernétique*, *op. cit.*, ch. 8.

28 B. de Finetti, « Rôle de la théorie des jeux dans l'économie, et rôle des probabilités personnelles dans la théorie des jeux », in *Économétrie*, Collection des colloques internationaux du CNRS, 1953, p. 55-56.

Wiener en reste à une critique philosophique, de Finetti essaye d'inclure dans la théorie, sous le nom de « points d'attraction », une formalisation de ces solutions désastreuses pour tous les joueurs.

4) Wiener est en relation avec des économistes, ou des mathématiciens participant au développement de la modélisation économique. En particulier, il sympathise avec Paul Samuelson (tous deux sujets à l'antisémitisme ambiant de Harvard et trouvant « refuge » au MIT) ou encore John Nash. Samuelson arrive au MIT en 1940 pour enseigner. Durant la Guerre, il va participer aux travaux sur la conduite de tir, en particulier aux côtés du mathématicien Walter Pitts, pilier du groupe des cybernéticiens américains[29]. D'autre part, Samuelson cherche alors à utiliser en économie mathématique les méthodes de mécanique statistique (thermodynamique) inspirées de Gibbs, référence cardinale dans la philosophie scientifique de Wiener. Cela fait deux terrains très favorables pour un échange intellectuel avec Wiener. Nash, lui, arrive au MIT en 1951 en tant que chargé de TD. Sa relation avec Wiener paraît cependant personnelle plus qu'intellectuelle[30].

Wiener va faire faux bond. Tout d'abord, dans *Cybernetics*, il énonce des arguments en défaveur de l'utilisation des mathématiques en sciences sociales. L'économie se retrouve dans le lot. La critique porte sur l'usage des méthodes statistiques : les faits humains ne sauraient être constitués en séries temporelles fiables : ces séries doivent être longues *et* homogènes, conditions qu'il n'est pas possible de remplir simultanément[31]. Dans son opuscule testamentaire *God & Golem, Inc.*, Wiener se montre acerbe à l'égard de l'économie mathématique : il reproche aux économistes d'essayer de faire illusion avec des outils de la physique mathématique de 1850, qu'ils transposent sans démarche critique des procédures d'observation et de construction des mesures[32]. Or Wiener ne donne aucune référence et ne détaille pas ses arguments, si bien qu'on ne peut vraiment présumer de l'état de ses connaissances en économie. Les seuls travaux qu'il nomme et approuve sont ceux de Mandelbrot sur les

---

29 D. Mindell, *Between Human and Machine*, *op. cit.*, p. 265.

30 Lorsque Nash sombre dans la folie, Wiener, très affecté par la maladie mentale de son propre frère, serait l'un des seuls à être resté en contact avec lui. Mais il est douteux que la cybernétique ait inspiré le concept d'« équilibre de Nash », contrairement à ce que suggère la biographe de Nash.

31 N. Wiener, *La Cybernétique*, *op. cit.*, p. 24-25.

32 N. Wiener, *God & Golem, Inc.*, *op. cit.*, p. 89-91.

fluctuations boursières ; pour le reste, il est aussi sévère[33] qu'imprécis. Dans son hommage posthume à l'occasion du centenaire de la naissance de Wiener, Samuelson écrit qu'« il est probable que ni Wiener, ni Kolmogorov ne connaissaient quoi que ce soit à la première tradition d'analyse des séries temporelles à la Yule, Walker, Ford ou Frisch en statistique économique[34] », ce qui semble en dire long sur l'absence d'échanges que tous deux ont du avoir au MIT. Mais l'on sait aussi que Wiener, lors de son voyage en Inde en 1955-1956, a eu des échanges avec Jan Tinbergen à l'Indian Statistical Institute de Calcutta[35]. Tinbergen est un éminent spécialiste de la planification économique ; c'est aussi la spécialité de l'Institut de Calcutta, de même qu'un thème cher à Wiener[36]. Wiener aurait donc pu obtenir des informations de qualité pour certaines questions, même si cela n'a pas modifié ses préjugés ni engendré de collaboration. Son attitude générale reste très ambiguë[37]. Au lieu d'adapter ses instruments pour les rendre utilisables, il dénigre l'existant et propose des réflexions philosophiques qui sont loin de satisfaire les économistes. Kenneth Boulding, pourtant séduit par les concepts cybernétiques, ne manque pas de le déplorer dans son compte-rendu de *Cybernétique et société*[38] : avec Wiener, les économistes

33 « Tout comme certains peuples primitifs adoptent des styles occidentaux en matière vestimentaire ou parlementaire, à partir d'un vague sentiment que ces rites ou ces vêtements magiques vont les mettre au niveau de la technique et de la culture moderne, les économistes ont pris l'habitude d'habiller leurs idées souvent imprécises avec le langage du calcul infinitésimal » (*ibid.*, p. 90).

34 P. Samuelson, « Some Memories of Norbert Wiener », in D. Jerison, I. M. Singer, D. W. Strook (dir.), *The Legacy of Norbert Wiener: a Centennial Symposium in Honor of the 100th anniversary of Norbert Wiener's birth*, Proceedings in Symposia of Pure Mathematics vol. 60, American Mathematical Society, 1997, p. 40.

35 P. Masani, *Norbert Wiener 1894-1964*, Vita Mathematica nº 5, Bâle/Boston/Berlin : Birkhaüser, 1990, p. 285-286. L'Institut de Calcutta n'a malheureusement pas répondu à ma demande concernant l'existence de traces archivées de ce séjour.

36 N. Wiener, *Invention. The Care and Feeding of Ideas*, *op. cit.*

37 R. Le Roux, « Cybernétique et société au XXIe siècle », in N. Wiener, *Cybernétique et société*, Paris : Seuil, 2014, p. 13-21. Attention à la coquille de l'éditeur p. 14 : « il propose de saisir les "réponses organiques" », seule l'expression « réponses organiques » est de Wiener, les autres guillemets ont été ajoutés par erreur.

38 « Le Pr. Wiener est un mathématicien, spécialiste des servomécanismes et des machines à calculer, et inventeur d'un "nouvelle science", la Cybernétique. Il est aussi un passeur intellectuel, ou peut-être devrait-on dire un distributeur, soucieux de diffuser son produit intellectuel dans le plus grand marché possible. Son livre *Cybernetics* était principalement adressé à la vente en gros pour ses confrères scientifiques et intellectuels, et le rédacteur de ce compte rendu confesse en avoir retiré profit et inspiration. Le présent livre

n'ont le choix qu'entre mathématiques trop compliquées[39] et *dinner-table philosophising*. Le contraste avec von Neumann est significatif, puisque ce dernier, après avoir initialement présenté la théorie des jeux comme l'appareillage mathématique qui allait enfin offrir à la science sociale *sa* mathématique et remplacer les outils inadéquats issus de la physique, dans une optique antagoniste à la théorie néo-classique.

L'idée d'utiliser des modèles d'asservissements en économie a germé chez d'autres, des ingénieurs intéressés par l'économie, qui vont s'attacher à développer des instruments opératoires sans s'embarrasser des scrupules de Wiener. Leurs initiatives semblent *a priori* indépendantes, bien que postérieures à la publication de *Cybernetics*, qu'ils n'ont évidemment pu ignorer. En Grande-Bretagne, Arnold Tustin (1899-1994), spécialiste de la conception des moteurs électriques et de la stabilisation gyroscopique, est l'une des figures dominantes outre-Manche en matière de servomécanismes, suite à ses travaux pendant la Guerre sur les canons de navires et de chars. Tustin se consacre à l'enseignement après la Guerre. Il doit figurer en bonne place dans l'histoire de la cybernétique britannique (même s'il n'a pas fait partie du Ratio Club), puisqu'il a consacré jusqu'à la fin de sa vie des travaux à la biologie, à la psychologie évolutionnaire, mais aussi à l'économie[40].

[*Cybernétique et société*] présente beaucoup de la même matière pour la vente au détail, dépourvue de mathématiques, mais non de toutes ses difficultés. Il contient aussi une bonne part de philosophie de salon, souvent divertissante et stimulante, mais pas toujours particulièrement solide. [...] Il est curieux, quoique caractéristique des scientifiques, que Wiener fasse peu d'effort pour appliquer ses propres idées scientifiques à sa discussion des problèmes de sciences sociales. Peut-être est-ce trop demander que les sciences sociales soient prises au sérieux autrement que par ceux qui les font. » (K. Boulding, recension de N. Wiener *Cybernétique et société*, *Econometrica*, vol. 20, n° 4, 1952, p. 702-703).

39 M. M. Flood, recension de N. Wiener : *Cybernetics*, *op. cit.*, p. 478. Par ailleurs, on lit dans le compte-rendu d'un symposium sur la formation mathématique des chercheurs américains en sciences sociales : « En ce qui concerne la formation de nombreux chercheurs en sciences sociales, particulièrement dans certains domaines de l'économie, le comité a reconnu qu'un important bagage mathématique était indispensable au-delà du cours introductif général recommandé et des cours de statistiques. Le comité a mentionné explicitement les techniques de calcul et la théorie des probabilités, mais n'a pas relevé l'importance du calcul vectoriel et matriciel et d'autres notions plus avancées de ce genre incluses dans des travaux récents de cybernétique et de théorie des jeux » (« The Mathematical Training of Social Scientists, Report of the Boulder Symposium », *Econometrica*, vol. 18, n° 2, 1950, p. 195).

40 P. Wellstead, « Systems Biology and the Spirit of Tustin », *IEEE Control Systems*, vol. 30, n° 1, 2010, p. 57-72 ; C. Bissell, « Arnold Tustin 1899-1994 », *International Journal of Control*, vol. 60, n° 5, 1994, p. 649-652 ; L. B. Curzon, « Obituary: Professor Arnold Tustin », *The Independent*, 18 février 1994.

Toujours en Grande-Bretagne, bien que d'origine néo-zélandaise, il faut mentionner A. W. H. Phillips (1914-1975), passé à la postérité pour la célèbre « courbe de Phillips » (le modèle initial de la relation entre le taux de chômage et le taux d'inflation), ainsi que pour avoir conçu un simulateur hydro-électrique de l'économie britannique, le MONIAC. Il est généralement moins connu que la majeure partie de son œuvre a consisté à élaborer des modèles de rétroaction en macroéconomie. La vie rocambolesque de Phillips inclut une formation d'ingénieur[41], mais c'est surtout l'économie keynésienne qui va intéresser ce dernier de l'immédiat après-Guerre presque jusqu'à sa mort. Les circonstances dans lesquelles Phillips s'est formé (probablement en autodidacte) à l'étude des asservissements restent inconnues.

John Westcott (1920-2014)[42] est un automaticien britannique qui a effectué ses premiers travaux dans le domaine du radar pendant la guerre. Il passe ensuite un an au MIT, en 1948-1949, où Wiener lui fait lire les épreuves de son *Cybernetics*. De retour en Angleterre, il est invité à rejoindre le Ratio Club des cybernéticiens anglais. Après vingt années passées à enseigner à l'Imperial College de Londres, pendant lesquelles il va aussi s'aventurer un peu dans le champ de l'ergonomie cognitive naissante, ses recherches en automatismes industriels l'amènent à rejoindre un grand projet gouvernemental de modélisation et simulation de l'économie britannique, de 1971 à 1991.

Enfin, c'est sans doute Jay Forrester (1918-2016) qui incarne le mieux la variante opérationnelle de la modélisation des rétroactions économiques, et qui a le plus rentabilisé son investissement. Entré au MIT après des études de génie électrique, il travaille sous la direction de Gordon Brown, chef de file des servomécanismes au MIT. Pendant la Guerre, il participe aux recherches sur l'automatisation de la DCA.

41 À l'âge de 15 ans, il récupère et répare un camion qu'il conduit pour effectuer la longue distance qui le sépare de l'école. Il devient ensuite chasseur de crocodiles et directeur de cinéma en Australie, il voyage en Chine et prend le transsibérien pour faire des études de génie électrique à Londres. Enrôlé dans la RAF pendant la Guerre, il reste trois ans prisonnier dans un camp Japonais, où il construit clandestinement une radio miniature. Libéré, décoré par les Britanniques, il s'inscrit en sociologie à la *London School of Economics*, et s'en détourne rapidement pour l'économie. Intéressé par la théorie keynésienne, il obtient une chaire de professeur onze ans plus tard à la *LSE*. (R. Leeson, « A. W. H. Phillips : An Extraordinary Life », in R. Leeson (dir.), *A. W. H. Phillips Collected Works in Contemporary Perspective*, Cambridge : Cambridge University Press, 2000, p. 3-17).

42 D. Q. Mayne, « John Hugh Westcott. 3 November 1920 – 10 October 2014 », *Biographical Memoirs of Fellows of the Royal Society* n° 61, 2015, p. 541-554.

> Gordon Brown fut mon mentor, à qui je dois plusieurs tournants de ma carrière. Nous avions en effet de nombreuses discussions concernant la modélisation des rétroactions non technologiques. [...] Je n'ai pas discuté avec Bigelow ou Wiener. Je connaissais le travail et le livre de Wiener, *Cybernetics*. Mais il leur manquait un ensemble complet de principes à partir desquels faire de la modélisation[43].

« Dynamique industrielle » est le nom que Forrester donne à « l'exploration des rétroactions informationnelles dans les systèmes industriels[44] ». De ce point de vue, Forrester est en quelque sorte un avatar pragmatique de Wiener : il revendique l'opérationnalisme sans philosophie, il a commerce avec l'armée et le grand capital[45]. Le discours de Forrester insiste beaucoup sur sa vocation utilitariste et pragmatique[46]. Il adapte les modèles aux domaines économique et ultérieurement éducatif, développe un environnement de simulation informatique (DYNAMO) qui rend ces modèles directement exploitables (ils seront souvent critiqués par la suite pour leurs hypothèses ultra simplificatrices, mais seront utilisés par exemple par le Club de Rome, et, grâce aux progrès des moyens de simulation, restent utilisés aujourd'hui).

Westcott, Tustin, Phillips et Forrester font tout ce que Wiener ne fait pas, différence déterminante pour la diffusion des outils : écrire un manuel à destination des économistes, utiliser les modèles pour résoudre des problèmes empiriques, mais aussi pour reformuler une théorie économique de référence (celle de Keynes pour les trois premiers). Il est

43 Communication personnelle de J. W. Forrester (courrier électronique, 7 juillet 2008).

44 J. W. Forrester, *Industrial Dynamics*, Waltham : Pegasus Communications, 1961, p. 13.

45 Il a co-conçu l'ordinateur Whirlwind à l'origine du système de défense aérienne américain SAGE. Il rejoint ensuite la *Sloan School of Management* du MIT en 1956.

46 Lors de ses études, il construit un générateur électrique qui fournira sa première électricité au ranch de ses parents dans le Nebraska. « [...] l'environnement impose à la vie agricole un caractère pratique. On n'y fait pas de théorisation ou de conceptualisation pour le plaisir. On travaille pour obtenir des résultats. C'est une immersion permanente dans le monde réel » (J. W. Forrester, « The Beginning of System Dynamics », International Meeting of the System Dynamics Society, Stuttgart, 13 juillet 1989, en ligne). Alors qu'il construit un prototype de radar pendant la guerre avec Gordon Brown, le capitaine du porte-avions USS Lexington demande à ce qu'il soit directement installé sur le navire. Neuf mois plus tard, suite à une panne du prototype, l'équipage propose à Forrester d'embarquer pour faire les réparations sur le tas. Le Lexington se retrouve attaqué par les Japonais aux Îles Marshall ; l'un de ses propulseurs est touché, ce qui entraîne des problèmes du stabilisation du gouvernail. Pour Forrester qui est alors à bord, difficile de trouver une illustration plus concrète d'un problème de rétroaction !

tout à fait vraisemblable qu'ils aient eu séparément et indépendamment de Wiener la même idée d'employer des modèles de rétroaction en économie, mais la priorité intellectuelle revient tout de même à Wiener qui a publié et largement fait connaître ses idées avant eux, de sorte que s'ils suivent leur voie propre après lui et sans lui, ils le font tout de même en connaissance de cause. Rappelons encore, cependant, qu'ils franchissent un pas que Wiener ne franchit pas, et ce franchissement est tout aussi important que l'intuition théorique.

AXES DE DÉVELOPPEMENT DE LA MODÉLISATION CYBERNÉTIQUE EN ÉCONOMIE

Pour des raisons évidentes, on se contentera de donner ici quelques grandes lignes et repères significatifs. Les deux grands domaines dans lesquels s'est implantée précocement une modélisation des rétroactions sont la théorie de la firme et la macroéconomie.

En théorie de la firme, les outils liés à la recherche opérationnelle investissent massivement les théories et les méthodes d'organisation à différents niveaux. Il s'agit parfois de renouveler des approches classiques d'organisation du travail à l'aide d'instruments mathématiques. Un intérêt particulier est bien sûr accordé à la recherche de formalisations des processus de décision : circuits d'information entre niveaux hiérarchiques, délais de réaction, etc. La cybernétique intéresse Herbert Simon (1916-2001) dans ce contexte de modélisation des fonctions de contrôle. Dans un rapport écrit en 1950 dans le cadre de la commission Cowles, Simon propose d'introduire la théorie des asservissements pour l'analyse du contrôle de la production. « De tels systèmes, écrit-il en introduction, trouvent leur place dans le programme général de Wiener pour la cybernétique[47] ». C'est un article vitrine dans lequel il donne un rôle important à la transformation de Laplace. Il définit un opérateur de décision qui tient compte de l'information relative à l'état des stocks et

47 H. Simon, « An Exploration into the Use of Servomechanism Theory in the Study of Production Control », *Cowles Commission Discussion Paper: Economics* n° 388, 1950, p. 1.

à la variation de la demande. L'article est publié en 1952, avec très peu de modifications, dans la revue *Econometrica*[48].

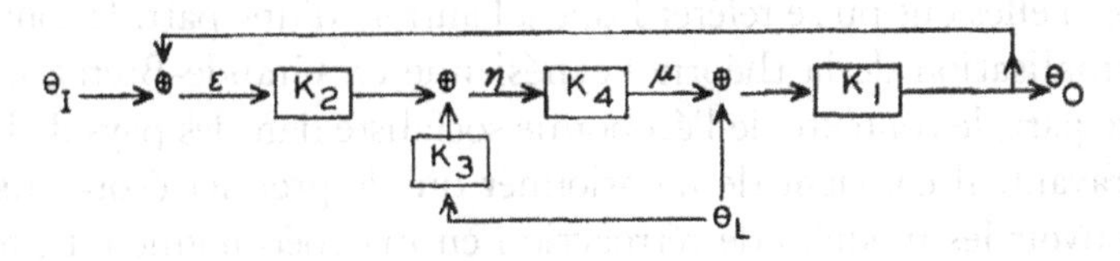

FIG. XXVII – Système de production avec stock et retard (*ibid.*, p. 258).
L'opérateur K_4 introduit un retard dans la production de μ.
La production requise η est calculée à partir de la demande θ_L
et de la différence ε entre le stock réel θ_O et le stock idéal $\theta_I = 0$.
K_2 et K_3 sont des opérateurs de décision.
© The Econometric Society.

C'est ultérieurement que Simon va définir la notion de « rationalité limitée », et migrer vers l'intelligence artificielle. Ce dernier choix, pour des raisons historiquement compréhensibles, détourne vraisemblablement Simon de la référence à la cybernétique. Mais Simon avait entamé une réflexion critique à l'égard de la théorie des jeux dès 1945[49], similaire à celles que l'on retrouve ensuite chez Wiener ou de Finetti. En 1963, deux de ses élèves publient l'ouvrage classique *Behavioral Theory of the Firm*[50], où l'on ne trouve pas de référence à la cybernétique. Aujourd'hui, cependant, cette dernière a sa place dans la mémoire disciplinaire des sciences de gestion, de même qu'est aussi toujours utilisée la théorie des asservissements[51]. Dans le domaine du management des organisations, on associe le nom de l'Anglais Stafford Beer (1926-2002) à l'approche cybernétique[52]. On rejoint ici la question de ce qui caractérise la cybernétique par différence avec la recherche opérationnelle.

48 H. Simon, « On the Application of Servomechanism Theory in the Study of Production Control », *Econometrica*, vol. 20, n° 2, 1952, p. 247-268.

49 P. Mirowski, *Machine Dreams*, *op. cit.*, p. 456 *sqq.*

50 R. M. Cyert, J. G. March, *Behavioral Theory of the Firm*, New Jersey : Prentice-Hall, 1963.

51 Par exemple : M. Ortega, L. Lin, « Control Theory Applications to the Production–inventory Problem: a Review », *International Journal of Production Research* n° 42, 2004, p. 2303-2322. ; D. Doyo et al., « A Study of Production/Transaction-Related Model Using Control Theory », *Human Interface and the Management of Information. Interacting in Information Environments, Lecture Notes in Computer Science* n° 4558, 2007, p. 855-862.

52 E. Medina, *Cybernetic Revolutionaries*, *op. cit.* ; A. Pickering, *The Cybernetic Brain. Sketches of Another Future*, Chicago : University of Chicago Press, 2010.

Le deuxième grand domaine qu'il faut mentionner est celui de la macroéconomie, que l'on peut subdiviser en deux niches distinctes (même si elles ont pu se référer l'une à l'autre) : d'une part, le contexte de formalisation de la théorie keynésienne en Grande-Bretagne, et, d'autre part, le contexte de l'économie socialiste dans les pays de l'Est. Auparavant, il convient de mentionner que le premier économiste à promouvoir les modèles de rétroaction en macroéconomie est probablement Richard Goodwin (1913-1996), spécialiste des modèles de croissance à oscillations endogènes. Impossible de ne pas signaler que Goodwin assistait dans les années 1930 au séminaire de méthodologie scientifique du physiologiste Walter Cannon aux côtés de Wiener[53]. En fait, Goodwin va s'intéresser aux phénomènes macroéconomiques non linéaires en général, et la théorie des asservissements sera pour lui un outil parmi d'autres. Il cherche surtout à attirer l'attention sur la prise en compte de ces phénomènes, et, pour des raisons restant à déterminer, il n'a pas insisté particulièrement sur les asservissements. Un ouvrage inachevé, *Théorie de la dynamique économique*, écrit aux alentours de 1950, devait contenir un paragraphe sur le critère de Nyquist[54]. Par la suite, Goodwin va se focaliser sur des modèles à la Volterra (prédateur-proie), et sera finalement l'un des avocats de l'introduction des modèles « chaotiques » en économie.

La première tentative méthodique de modélisation des rétroactions en macroéconomie semble due à Arnold Tustin, grand nom britannique des asservissements, présenté plus haut. En juillet 1951, au premier grand congrès international d'automatique, à Cranfield, Tustin préside une session sur l'application de modèles en économie[55]. Dans son article

53 M. Caminati, « Function, Mind and Novelty: Organismic Concepts and Richard M. Goodwin Formation at Harvard, 1932-1934. Insights From His Papers at Siena University », *The European Journal of the History of Economic Thought*, vol. 17, n° 2, 2010, p. 255-277. On y apprend également que Goodwin, qui assistait au cours du philosophe Alfred N. Whitehead à Harvard, lisait les ouvrages de physiologie recommandés par ce dernier pour son cours (notamment un ouvrage de L. J. Henderson, qui, au même moment, a lui-même commencé à s'intéresser aux théories de Pareto à partir de la notion de *fitness*).

54 « Ce traité sur les cycles économiques non linéaires était attendu avec impatience vers 1950 par les chercheurs se situant aux frontières de l'économie politique », écrit Samuelson en 1987 (M. di Matteo et al., « 'The Confessions of an Unrepentant Model Builder': Rummaging in Goodwin's Archive », *Structural Change and Economic Dynamics* n° 17, 2006, p. 405).

55 S. Bennett, *A History of Control Engineering, 1930-1955*, *op. cit.*, p. 200.

« Feedback » pour le *Scientific American* (1952)[56], il présente en dernière page une interprétation de la théorie keynésienne. Loin d'en rester à ce qui peut apparaître comme une curiosité anecdotique, il publie l'année d'après un ouvrage au titre explicite : *The Mechanism of Economic Systems: An Approach to the Problem of Economic Stabilization From the Point of View of Control-System Engineering*[57]. L'ouvrage, qui paraît simultanément à Londres et à Harvard, est loin de passer inaperçu[58]. L'accueil qu'il reçoit est globalement encourageant. Surtout, les critiques, techniques ou de principe, portent essentiellement sur les limites de la démarche de modélisation en général ; le concept de rétroaction, en lui-même, semble plutôt bien accueilli. La prétention de l'ouvrage se limite à présenter les méthodes de base de l'analyse des systèmes aux économistes, et mise surtout sur le fait de rendre ces méthodes accessibles. Tustin réinterprète quelques modèles économiques existants, et ne prétend pas apporter de proposition nouvelle aux problèmes du moment. Cette stratégie d'initiation (voir en introduction) est appréciée. Dans la logique de cette démarche, Tustin suggère des collaborations interdisciplinaires sous la forme d'équipes apparentées à celles des équipes de Recherche opérationnelle pendant le Guerre. Cet appel est intéressant, il laisse supposer, ou bien que ces équipes se sont dispersées après la guerre et n'ont pas intégré les institutions scientifiques, ou bien que les économistes étaient absents de ces réseaux interdisciplinaires.

L'utilisation du concept de rétroaction dans le cadre d'une stratégie de recherche, et non plus d'initiation (voir toujours en introduction), serait davantage le fait d'A. W. H. Phillips, également présenté plus haut. Dans le contexte de formalisation de la théorie keynésienne, Phillips va surtout s'intéresser à la détermination des conditions de mise en œuvre de politiques de stabilisation. Il recourt à la théorie des asservissements pour essayer de modéliser les possibilités de contrôle des fluctuations économiques : par exemple, peut-on définir une politique de réduction

56 A. Tustin, « Feedback », *Scientific American* n° 186, 1952, p. 48-55.

57 A. Tustin, *The Mechanism of Economic Systems: An Approach to the Problem of Economic Stabilization From the Point of View of Control-System Engineering*, Londres : Heinemann, 1953.

58 Sept comptes rendus (notamment par Phillips et par Goodwin, et en France par Verhulst) en 1954-1955 dans des revues d'économie, et trois comptes rendus dans une revue de sociologie, une revue de philosophie des sciences, et une revue de mathématiques appliquées (par Simon).

de l'inflation à un taux nul ? Dans son article de 1954 « Stabilisation Policy in a Closed Economy[59] », qui reprend sa thèse de doctorat à la *London School of Economics*, Phillips compare les mérites respectifs et combinés des procédés de régulation proportionnelle, intégrale et dérivée pour le maintien d'un taux de production donné en dépit d'une brusque chute de la demande. Par la suite, Phillips va attirer l'attention sur l'importance de la prise en compte des retards inhérents aux circuits, et sur le caractère préférablement graduel de l'application des ajustements pour qu'une politique économique atténue les fluctuations au lieu de les amplifier[60].

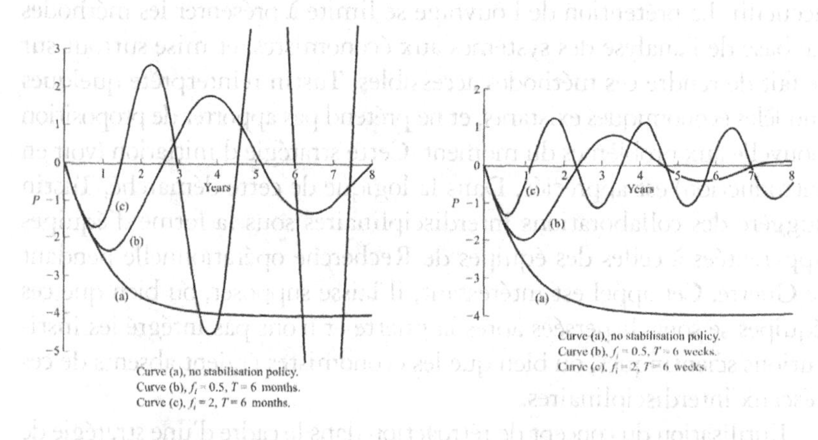

FIG. XXVIII – Comportement de la production en réponse à une chute unitaire de la demande, et comparaison des effets de sa régulation intégrale en fonction du retard[61].
Courbe (a) : comportement spontané sans politique de régulation.
Courbe (c) : régulation « brutale ». Courbe (b) : régulation « douce ».
À gauche : retard de 6 mois. À droite : retard de 6 semaines.
Ici le planificateur (l'État) a donc intérêt à réagir rapidement et en douceur pour mieux amortir les fluctuations.

59 A. Phillips, « Stabilisation Policy in a Closed Economy », *The Economic Journal*, vol. 64, nº 254, 1954, p. 290-323.

60 A. Phillips, « Stabilisation Policy and the Time-form of Lagged Responses », *The Economic Journal*, vol. 67, nº 266, 1957, p. 265-277.

61 A. Phillips, « Stabilisation Policy in a Closed Economy », *op. cit.*

Le perfectionnement de modèles de régulation, et une meilleure compréhension des conditions de leur pertinence, occuperont Phillips jusqu'à la fin (prématurée pour des raisons de santé) de sa carrière. Il a introduit l'enseignement de la théorie des asservissements à la *LSE*, dont il fut une figure majeure.

En 1955, un autre économiste de la *LSE*, promoteur de l'économie mathématique outre-Manche, Roy Allen (1906-1983), publie un court article de synthèse pour commenter « l'approche de l'ingénieur du point de vue de l'approche de l'économiste[62] » (en écho à l'ouvrage de Tustin). La démarche est à la fois pédagogique et critique : il s'agit surtout de discuter de techniques mathématiques particulières (le calcul opérationnel) et de leurs limites. Il souligne que malgré ses efforts, Tustin a utilisé beaucoup de « trucs » propres aux mathématiques appliquées des ingénieurs et inconnus des économistes. Il insiste sur l'utilité des diagrammes blocs, notamment leur valeur comparative, et présente en guise d'illustration différents modèles reformatés à des fins de comparaison. Allen reprend une présentation des modèles de Tustin et de Phillips dans ses deux manuels classiques d'économie mathématique[63] et de macroéconomie[64].

Phillips, lui aussi, a reproché à Tustin d'avoir fait usage, dans son manuel, de conventions diagrammatiques qui lui étaient propres et qui n'étaient pas partagées par tous les ingénieurs. Ce point n'est pas anecdotique, il rappelle que le champ des ingénieurs n'est pas lui-même homogène du point de vue des théories et des méthodes (voir chapitre 3), et que cette hétérogénéité peut avoir des conséquences concrètes sur les transferts de modèles, selon les contingences de l'établissement des passerelles. Rappelons que l'époque est à la transition dans le domaine des techniques de régulation, et que les codifications n'y sont pas stabilisées ; rien d'étonnant à ce qu'un innovateur de la stature de Tustin propose ses propres conventions en la matière.

John Westcott s'implique plus tardivement dans la modélisation et la simulation économiques, où, en charge du projet PROPE (*Programme of Research into Policy Optimization*), il applique les méthodes du contrôle

62 R. Allen, « The Engineer's Approach to Economic Models », *Economica*, vol. 22, n° 86, 1955, p. 158.

63 R. Allen, *Mathematical Economics*, New York : St Martin's Press, 1956.

64 R. Allen, *Macro-Economic Theory*, New York : St Martin's Press, 1967.

optimal non linéaire[65]. Le contexte est ici celui des grands projets de planification macroéconomique, au tournant des années 1970.

Enfin, l'autre grande niche de modélisation cybernétique en macroéconomie consiste dans les travaux d'économistes du bloc de l'Est. On citera notamment le grand économiste polonais Oskar Lange (1904-1965). Lange a œuvré à la réorientation de l'économie socialiste vers des études mathématiques (avec l'analyse *input-output*). Son dernier ouvrage, *Introduction à la cybernétique économique*[66], paraît en Pologne l'année de sa mort en 1965. Ce livre fait office de synthèse. On y retrouve la volonté de donner une base mathématique aux théories de Marx. Lange n'hésite pas à employer pour cela des références occidentales. Dans la lignée des travaux anglais (qu'il connaît et cite), il cherche à constituer une base commune pour reformuler les modèles de référence (Keynes, Kalecki, etc., auxquels s'ajoute donc la théorie marxienne de la reproduction). Il cherche cette base dans la théorie des asservissements qui doit constituer selon lui une théorie générale de la régulation économique. L'ouvrage se clôt par la recherche d'un critère d'efficacité des « chaînes de régulation ». Lange rappelle que la fiabilité d'une boucle de contrôle est tributaire de la fiabilité de chaque opérateur. Il propose d'introduire une stratégie de redondance à la von Neumann (couplage en parallèle)[67] pour concevoir une régulation optimale. Cela consiste en une mise en réserve d'unités de secours, mais Lange n'est pas très explicite quant à l'interprétation économique concrète de cette stratégie[68].

65 D. Q. Mayne, « John Hugh Westcott », *op. cit.* ; K. D. Wall, J. H. Westcott. « Macroeconomic Modeling for Control », *IEEE Transactions on Automatic Control*, vol. 19, n° 6, 1974, p. 862-873.

66 O. Lange, *Wstęp do cybernetyki ekonomicznej*, Varsovie : PWN Polish Scientific Publishers, 1965 ; tr. ang. J. Stadler : *Introduction to Economic Cybernetics*, Oxford/London : Pergamon Press / Varsovie : PWN, 1970 ; tr. fr. C. Berlet-Langlois : *Introduction à l'économie cybernétique*, Paris : Sirey, 1976.

67 On obtient une performance fiable d'un système composé d'éléments peu fiables en ajoutant des éléments que l'on couple en parallèle pour assurer une prise de relais en cas de panne.

68 Intéressant lorsqu'on sait que les problèmes récurrents de pénurie furent une cause importante de grippage des systèmes économiques socialistes. Incidemment, en poursuivant sa réflexion, Lange remarque que la centralisation totale des décisions, quand bien même elle serait possible, ne résulterait pas en un meilleur contrôle du système, bien au contraire : abandon de sa position dans le débat sur la possibilité du « calcul socialiste ».

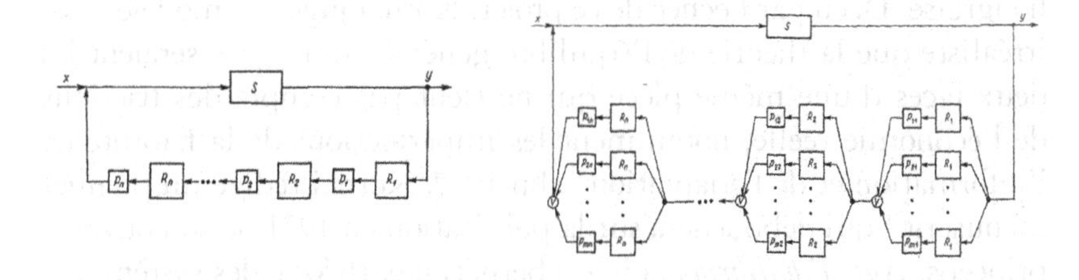

FIG. XXIX – O. Lange, fiabilité de la régulation d'un système de production, 1965. À gauche : la fiabilité de la boucle de contrôle du système S décroît avec le nombre d'opérateurs (R_i) qu'on lui ajoute (p_i représente la fiabilité d'un opérateur sous la forme d'une probabilité ; par commutativité, la chaîne est équivalente à un opérateur unique dont la fiabilité totale est donc égale au produit des probabilités, lequel décroît à chaque multiplication puisque les probabilités sont inférieures à 1). À droite : on réduit la dépendance de la chaîne à chaque opérateur.

Lange revendique explicitement que la cybernétique est plus adaptée à l'étude des économies collectivistes que des économies de marché (ces dernières étant considérées par lui comme intrinsèquement instables). Lange ignore donc apparemment la modélisation des rétroactions en théorie de la firme. Cela pourrait en outre suggérer que c'est l'échelle à laquelle on construit un modèle de rétroaction qui en détermine un caractère idéologique. en tout cas, une revendication comme celle de Lange en contexte de Guerre froide risque d'attirer les soupçons sur l'appellation « cybernétique » à l'Ouest.

Un autre nom important est celui de l'économiste hongrois János Kornai (né en 1928). S'écartant de l'approche marxiste dès avant l'insurrection de 1956, Kornai décide de s'investir dans la modélisation mathématique. Il collabore à partir de 1957 avec le mathématicien Tamás Lipták (1930-1998). Tous deux étudient la planification en économie centralisée avec délégation par le coordinateur des décisions à un niveau hiérarchique inférieur[69]. Peu après, Kornai va renier ce modèle, alors même que 200 personnes travaillent sous sa direction à l'implémenter dans une simulation informatique de l'économie

69 J. Kornai, T. Lipták, « Two-Level Planning », *Econometrica*, vol. 33, n° 1, 1965, p. 141-169.

hongroise. Déçu par l'échec de ce projet, Kornai juge son modèle aussi irréaliste que la théorie de l'équilibre général : tous deux seraient les deux faces d'une même pièce qui ne tient pas compte des frictions de l'économie réelle, notamment les imperfections de la fiabilité de l'information et de l'adaptation[70]. En 1967, Kornai rédige un premier manuscrit[71] qui débouchera sur la publication en 1971 de son ouvrage princeps, *Anti-Equilibrium*, où « cybernétique, théorie des systèmes et théorie des automates[72] » sont pris comme cadre de formalisation (Kornai se réfère notamment à Stafford Beer, Greniewski, Mesarovic, et à un vademecum hongrois[73] ; il déclare également s'être inspiré de Leonid Hurwicz). Le livre conteste que les prix constituent une information fiable (car pour chaque bien coexistent en réalité plusieurs prix) ni la seule information dont disposent les agents. Kornai recense 24 groupes, écoles ou courants partageant une orientation comparable. L'ouvrage se présente donc comme un programme de recherche, voire un manifeste, plutôt qu'un traité achevé. Si cette orientation est confirmée par la suite[74], sur le tard, Kornai a nuancé sa critique de la TEG en disant que celle-ci était correcte si on la prenait comme une norme idéale, et non une description de l'économie réelle[75].

Dans la préface de la traduction anglaise de l'*Introduction to Economic Cybernetics* de Lange (1970), Alfred Zaubermann (économiste polonais exilé à la *LSE*) remarque que les mêmes outils sont utilisés dans les deux blocs, mais que l'appellation « cybernétique » n'est pas familière à l'Ouest. Parmi les différents auteurs survolés plus haut, il semble que la référence à la cybernétique soit restée à la discrétion de chacun. On peut donc croire qu'elle n'a finalement pas incarné un pôle très significatif dans les pratiques de modélisation économique à l'Ouest. Cela pose naturellement la question de l'évolution de la lignée de modèles de

70 J. Kornai, *By Force of Thought: Irregular Memoirs of an Intellectual Journey*, Cambridge (Ma) : The MIT Press, 2007, p. 181-184.

71 *Ibid.*, p. 177. Voir aussi la liste complète des publications de Kornai : http://www.kornai-janos.hu.

72 J. Kornai, *Anti-Equilibrium. On Economic Systems Theory and the Tasks of Research*, Amsterdam/Oxford : North-Holland Publishing Company, 1975, p. 51-53.

73 S. Szalai (dir.), *A Kibernetika klasszikusai*, Budapest : Gondolat, 1965.

74 J. Kornai, B. Martos, « Autonomous Control of the Economic System », *Econometrica*, vol. 41, n° 3, 1973, p. 509-528 ; J. Kornai, A. Simonovits, « Decentralized Control Problems in Neumann-Economies », *Journal of Economic Theory* n° 14, 1977, p. 44-67.

75 J. Kornai, *By Force of Thought*, *op. cit.*, p. 183-184.

rétroaction en rapport avec le nom « cybernétique ». Il faut se contenter ici de donner quelques repères et de formuler des hypothèses.

Tout d'abord, le destin de cette lignée de modèles est probablement lié à l'évolution des outils : au cours des années 1960, on passe de la théorie « classique » à la théorie « moderne » du contrôle, dite théorie du « contrôle optimal », qui marque l'abandon de l'approche fréquentielle pour un retour au domaine temporel. Les économistes commencent à l'exploiter à partir de la fin des années 1960 (par exemple Kenneth Arrow)[76]. L'approche a gagné en abstraction, et l'on perd parfois de vue ce qui faisait la maniabilité et l'aspect intuitif des boîtes noires à une entrée et une sortie : il s'agit en effet de répondre par des techniques mathématiques plus puissantes à des problèmes plus complexes (nombreuses variables, systèmes à nombreuses équations). On peut indexer cette transition comme une piste possible pour comprendre l'évolution des usages en matière de modélisation : on ne peut exclure un scénario selon lequel des outils de première génération (ceux introduits par les Anglais) auraient été plus ou moins brusquement supplantés par des outils de deuxième génération (la théorie du contrôle optimal), ce qui semble impliquer le développement d'une nouvelle branche complètement indépendante par de nouveaux acteurs qui ne font aucune référence à la première génération[77]. Le contrôle optimal semble devenu une nouvelle langue commune pour différentes écoles de pensée économique[78].

Non sans rapport avec cette évolution, un facteur supplémentaire susceptible de brouiller les pistes réside dans les relations ambiguës entre cybernétique et théorie des jeux. Dans l'introduction de *Cybernetics*, Wiener écrit que le livre de Morgenstern et von Neumann emploie

---

76 K. Arrow, « Applications of Control Theory to Economic Growth », *Lectures on Applied Mathematics* vol. 12 : Mathematics of the Decision Sciences pt. 2, Providence : American Mathematical Society, 1968, p. 85-119.

77 Par exemple : G. Chow, « Analysis and Control of Dynamic Economic Processes », Research Memorandum nº 126, Economic Research Program, Princeton University, 1971 ; M. Intriligator, « Applications of Optimal control in Economics », *Synthese* nº 31, 1975, p. 271-288 ; M. Caputo, *Foundations of Dynamic Economic Analysis : Optimal Control Theory and Applications*, Cambridge University Press, 2005.

78 H. W. Kuhn, G. P. Szegő (dir.), *Mathematical Systems Theory and Economics I / II. Proceeding of an International Summer School held in Varenna, Italy, June 1–12, 1967*, Lecture Notes in Operations Research and Mathematical Economics vol. 11-12, Berlin/Heidelberg : Springer, 1969 ; R. Neck, « Control Theory and Economic Policy: Balance and Perspectives », *Annual Reviews in Control* nº 33, 2009, p. 79-88.

« des méthodes en rapport étroit, quoique distinct, avec l'objet de la cybernétique[79] ». Wiener va en fait surtout distinguer ses *hypothèses* de celles de von Neumann et Morgenstern, mais, en ce qui concerne la forme des *processus* constituant un jeu, il écrit en 1950 que « la théorie des jeux est un chapitre de l'étude d'activités finalisées à plusieurs[80] ». En 1951, Dominique Dubarle signale également de façon informelle « quelques points de contact entre cybernétique et théorie des jeux » :

> La suite de coups à exécuter par un joueur au cours d'une partie n'est pas sans avoir bien des analogies avec les suites aléatoires d'événements qu'on rencontre comme la donnée déterminante du problème des régulations réflexes. Et de même la régulation qui, face à chacun de ces événements, élabore la réponse adaptée de la machine n'est pas loin, par certaines de ses propriétés, de ressembler à une stratégie[81].

À la même époque travaille à la RAND Corporation Rufus Isaacs (1914-1981), qui va mettre au point ce qu'il appelle les « jeux dynamiques », parmi lesquels il classe en fait des modèles mathématiques typiquement « cybernétiques » (problèmes de poursuite-évasion en particulier)[82]. Ses travaux vont rester classés confidentiels jusqu'à leur publication en 1965 dans l'ouvrage *Differential Games*[83]. Les travaux d'Isaacs rejoignent l'évolution vers la théorie du contrôle optimal. On n'est plus dans le même cadre mathématique que celui de Wiener. La distinction de la cybernétique en tant que famille de modèles spécifique n'en sort pas facilitée.

Mais il n'est sans doute pas suffisant de considérer l'évolution des outils « en amont » ; il faut aussi regarder les résultats et les problèmes

79 N. Wiener, *La Cybernétique*, *op. cit.*, p. 80-81.

80 A. Rosenblueth, N. Wiener, « Purposeful and Non-purposeful Behavior », *Philosophy of Science* nº 17, 1950, p. 325 (« … the theory of games is a chapter in the study of two- or more-way purposeful activity »).

81 D. Dubarle, « Idées scientifiques actuelles et domination des faits humains », *Esprit*, vol. 18, nº 9, 1951, p. 310.

82 « Certains types de batailles, les duels aériens, le football, la poursuite d'un navire par une torpille, l'interception d'un avion par un missile, la protection d'une cible face à un attaquant, sont des modèles de jeux différentiels typiques. Si l'on supprime l'un des deux joueurs, la théorie devient un problème de maximisation. Elle est liée au calcul des variations, et subsume l'essentiel de la théorie des asservissements. » (R. Isaacs, *Differential Games: A Mathematical Theory with Applications to Warfare and Pursuit, Control and Optimization*, New York : Wiley & Sons, 1965, p. 3).

83 *ibid.* ; M. Breitner, « The Genesis of Differential Games in Light of Isaacs' Contributions », *Journal of Optimization Theory and Applications*, vol. 124, nº 3, 2005, p. 523-559.

de l'adaptation de ces outils « en aval », au contact des problèmes économiques. Les Anglais ont développé leurs modèles de rétroaction dans le cadre d'une reformulation de la théorie keynésienne. Or, à peu près au moment où s'effectuait la transition vers la théorie du contrôle optimal, au début des années 1970, la théorie keynésienne s'est trouvée en crise ouverte. En sus du phénomène de « stagflation » (chômage haut *et* inflation haute) dont le modèle standard IS-LM ne rendait pas compte, les critiques de fond menées par M. Friedman et R. Lucas ont gravement ébranlé la macroéconomie, théorique comme appliquée. La « critique de Lucas » a porté sur le fait que les modèles de régulation dont s'inspiraient les politiques économiques supposaient que les agents ne réagiraient pas à ces politiques elles-mêmes ; or leur réaction rendrait toute politique économique aussi inefficace en moyenne qu'une politique aléatoire. S'y ajoute un parti pris radical de présupposition d'un fonctionnement intrinsèquement optimal des marchés (parti pris hayekien explicitement idéologique chez Lucas), qui exclut donc toute question relative au contrôle ou à la réduction des fluctuations. Cela devait nécessairement porter un coup dur à des travaux comme ceux de Phillips, surtout dans un contexte où la macroéconomie devenait de plus en plus sujette à une dérive scolastique de querelles d'interprétation de la doctrine. Le tournant des années 1970 est parfois interprété comme un changement de paradigme[84], le changement théorique étant accompagné d'un changement des outils mathématiques : la voie aurait été « enfin » ouverte à des modèles dynamiques avec la fin du keynésianisme dogmatique. En fait, la macroéconomie britannique explorait déjà une voie partiellement dynamique[85]. La rupture serait donc à nuancer ; rupture théorique et rupture technique doivent être examinées chacune dans sa spécificité, dans une histoire encore fragmentaire.

Dans la mesure où la première génération de modèles cybernétiques en macroéconomie représentait une voie d'exploitation et d'interprétation originale du keynésianisme, devait-elle légitimement disparaître avec la critique de Lucas (et plus généralement le retour en force des

84 Par exemple : M. de Vroey, P. Malgrange, « La théorie et la modélisation macroéconomiques, d'hier à aujourd'hui », Working Paper 2006-33, Paris School of Economics, 2006.

85 Il semble d'ailleurs que Phillips avait plus ou moins anticipé la critique de Lucas (R. Court, « The Lucas Critique: Did Phillips Make a Comparable Contribution ? », in R. Leeson (dir.), *A. W. H. Phillips, Collected Works*, *op. cit.*, p. 460-467).

néo-classiques) ? A-t-elle d'ailleurs réellement disparu, ou bien quelque chose a-t-il survécu après l'adoption des méthodes de contrôle optimal ? Si quelque chose a été transmis, de quoi s'agit-il exactement, et à quel niveau cela se situe-t-il ?

Axel Leijonhufvud (né en 1933) a publié en 1968 une critique sévère de l'interprétation keynésienne dominante, et a plaidé pour remplacer le modèle IS-LM par un modèle de recherche d'équilibre à partir d'une situation initiale de déséquilibre (modèle qu'il appelle « cybernétique »). Il considère que la meilleure interprétation de la théorie de Keynes doit être dynamique, et se réfère explicitement à la modélisation cybernétique comme représentant « la révolution keynésienne qui n'a pas eu lieu[86] ». J. Cochrane et J. Graham ont proposé six hypothèses pour expliquer cette non-révolution, parmi lesquelles on en retient ici trois : la compétition avec les autres outils de modélisation (théorie des jeux, programmation linéaire), la compétition théorique avec les nouvelles variantes de l'équilibre général, et la compétition sociologique avec des champs plus intéressants symboliquement et pécuniairement pour les ingénieurs en asservissements que la modélisation économique (notamment l'aéronautique et l'aérospatiale), au moins jusqu'aux années 1970. Leijonhufvud a lui-même répondu directement à cet article (avec l'automaticien japonais Masanao Aoki, qui s'est consacré à l'économie à partir des années 1970), en attirant plutôt l'attention sur deux limitations intrinsèques de la première génération de modèles : d'abord, il y aurait eu une inadéquation quant au type de système à modéliser. La théorie des systèmes ne serait utile que pour les « *error-activated feedback systems* », et non pour les systèmes multiplicateur-accélérateur à la Keynes (qui sont des amplificateurs, des rétroactions positives), ce qui écarte effectivement une partie des modèles

86 « Avec le recul, je crois que la cybernétique était la direction vers laquelle pointait la théorie de Keynes. [...] c'est seulement avec la sortie du livre de Wiener en 1948 que les premiers résultats d'un travail sérieux sur une théorie générale des systèmes dynamiques [...] a atteint un public plus important. Même alors, la recherche dans ce domaine est restée éloignée des problèmes économiques, et il n'est donc guère surprenant que le débat keynésien ne soit pas allé dans cette direction pendant au moins sa première décennie. Mais il est surprenant que, dans les dix ou douze dernières années, si peu d'économistes monétaristes se soient raccrochés à ces développements, et que ceux qui l'ont entrepris n'aient pas déclenché de réaction en chaîne décisive. On peut dire, je crois, qu'il s'agit de la révolution keynésienne qui n'a pas eu lieu. » (A. Leijonhufvud, *On Keynesian Economics and the Economics of Keynes: A Study in Monetary Theory*, New York : Oxford University Press, 1968, p. 396-397).

présentés plus haut[87]. La deuxième limitation, qui en découle partiellement, réside dans le fait que la formalisation des modèles keynésiens s'est limitée à une reformulation, et qu'elle n'a donc pas apporté grand-chose aux économistes. « De la seule traduction du modèle algébrique existant en un algorithme itératif saupoudré de jargon de théorie des systèmes, [...] on n'apprend rien ». C'est là en effet une limitation intrinsèque à la stratégie d'initiation (*cf.* introduction) suivie par Tustin et Allen. Bien qu'identifiée par Cochrane et Graham, ces derniers ne l'ont pas incluse dans leurs six hypothèses : la démarche de Tustin, mais aussi celle de Phillips, écrivent-ils, « est limitée par la puissance explicative des modèles économiques utilisés dans la formulation schématique du système. Autrement dit, il n'y a aucune analyse directe des systèmes économiques. Tustin et Phillips se sont contentés d'accepter les spécifications existantes des modèles économiques, sur lesquelles s'est appuyée leur modélisation[88] ». Ainsi, « le meilleur de ce que les économistes ont appris sur le fonctionnement du système est purement et simplement laissé de côté. On ne devrait pas s'attendre à ce que les théoriciens des systèmes soient à même de "faire" quoi que ce soit d'intéressant pour nous [économistes] si les modèles que nous leur donnons sont dépourvus de tous ces aspects que nous pensons connaître au sujet des systèmes économiques réels[89] ». Cela suppose donc que les stratégies de collaboration interdisciplinaire ne soient pas auto-limitées d'avance par le refus de remettre en cause certains axiomes ou certaines spécifications économiques. Cela signifie aussi que le sort des modèles cybernétiques n'est pas fatalement scellé par celui de la première génération :

87 Les auteurs ne développent pas l'argument : « La théorie moderne des systèmes s'occupe exclusivement de modèles appartenant à cette sous-catégorie [de rétroactions correctrices]. En fait, c'est tellement implicite pour les automaticiens que le domaine n'a pas de terme pour distinguer cette sous-catégorie d'autres types de "systèmes" représentables par des algorithmes itératifs. Le modèle keynésien de base *n'appartient pas* à cette sous-catégorie. Pas plus que les modèles que Tustin a revêtus du formalisme et de la terminologie empruntés à l'automatique [...] » (M. Aoki, A. Leijonhufvud, « Cybernetics and Macroeconomics: A Comment », *Economic Inquiry*, vol. 14, nº 2, 1976, p. 252). On pourrait s'étonner que ce détail soit passé inaperçu d'un automaticien de la carrure de Tustin. Quoi qu'il en soit, cela n'élimine qu'une seule série de modèles parmi ceux passés en revue plus haut.

88 J. Cochrane, J. Graham, « Cybernetics and Macroeconomics », *Economic Inquiry*, vol. 14, nº 2, 1976, p. 243.

89 M. Aoki, A. Leijonhufvud, « Cybernetics and Macroeconomics: A Comment », *op. cit.*, p. 256.

> Dans la théorie des systèmes [...] le concept de rétroaction est toujours interprété comme un retour d'information au comparateur qui mesure l'erreur et active la correction. Cette approche, par conséquent, découragera de se reposer sans réfléchir sur des hypothèses arbitraires au sujet de qui sait quoi à quel moment – dans le contexte de modèles dont le silence quant au pourquoi et au comment de ces hypothèses en révèle le caractère *ad hoc*. Cette approche force l'analyste à être attentif à spécifier l'« erreur » ou écart d'une façon qui soit pertinente sur le plan comportemental et réaliste sur le plan de l'information. Ça lui évitera, par exemple, de supposer bêtement que les ajustements sont actionnés par l'écart entre les valeurs courantes et les valeurs d'équilibre des variables, lorsqu'il traite (comme d'ordinaire tout économiste) de modèles qui ne donnent aucune raison d'imaginer qu'un quelconque agent saurait deviner ces valeurs d'équilibre. Et il ne voudra rien avoir à faire avec des « anticipations rationnelles » avant qu'il soit certain de pouvoir spécifier un mécanisme d'apprentissage sous-jacent [...]. Si l'on insiste sur l'application des concepts, et non de simples « bidouilles » mathématiques et diagrammatiques, de théorie des systèmes, on trouvera que cette théorie nous apporte un équipement sérieux pour l'examen critique des modèles économiques. [...] La statique économique est une structure théorique imposante. Mais, telle qu'elle est, toute inspection de ses fondements trouve des conditions stationnaires et des hypothèses d'information parfaite. Ce sont ces postulats dont le macroéconomiste aimerait se passer. Lorsqu'on les fait sauter, la séquentialité des événements devient cruciale, et les questions de « qui fait quoi dans quel ordre » ne peuvent rester sans réponse. Habitué qu'il est à son environnement intellectuel, l'économiste trouvera fastidieux d'identifier tous les recoins de l'édifice où ces hypothèses ont été construites dans la structure de la théorie même ; et comme tout propriétaire, il se croira peut-être dans l'incapacité de les retirer sans que l'ensemble ne s'écroule sur sa tête. L'automaticien, croyons-nous, est équipé pour ce travail[90].

Outre la théorie des asservissements, on peut suspecter une influence conceptuelle plus diffuse de la cybernétique, en particulier en ce qui concerne la notion d'information (plus exactement son rôle opérationnel dans les systèmes économiques, plus que sa définition quantitative). Sur ce point comme sur d'autres, en fait, la théorie néo-classique a su s'approprier un certain nombre des critiques qui lui étaient adressées. La façon dont ces préoccupations cybernétiques pour l'information ont rencontré la notion préexistante d'information économique reste à élucider.

Une cartographie précise des influences conceptuelles et/ou instrumentales reste à établir ; il est somme toute peu question de cybernétique

---

90 *ibid.*, p. 253-254, 258.

dans les *cyborg sciences* de Mirowski. Ce bref tour d'horizon avait pour seul but d'établir l'existence d'une certaine activité de recherche et d'échanges sur la période considérée ; on sait de plus que, au moins à l'Ouest, la plupart de ces chercheurs étaient en contact[91] et se lisaient les uns les autres, donc que les travaux et modèles circulaient relativement bien, et que les passerelles entre ingénieurs et économistes étaient relativement établies et fonctionnelles[92]. Au vu du défrichage historiographique qui reste à faire, il ne s'agit pas de se prononcer ici sur le devenir de ces réseaux. Le but de la démarche était d'obtenir une base minimale de comparaison pour une première exploration des pratiques de recherche en France à la même époque.

LA « CYBERNÉTIQUE ÉCONOMIQUE » EN FRANCE

Au début des années 1950, la cybernétique bénéficie en France de fenêtres de tir intéressantes en modélisation économique ; mais celles-ci resteront largement inexploitées. Du côté des « cybernéticiens » français, l'économie est autant absente des réunions du Cercle d'études cybernétiques qu'elle l'était des conférences Macy. On peut mentionner que l'ingénieur Albert Ducrocq a mis au point un simulateur analogique de l'économie nationale baptisé *Ana-France*[93] ; de la part de Ducrocq, on peut douter que cette machine ait vraiment servi à des fins de recherche (au sens où elle aurait incarné ou servi un programme de recherche). Le protagoniste alors probablement le mieux placé pour connecter les idées de la cybernétique au champ économique est à la fois membre du CECyb et acteur de premier plan dans le développement de la modélisation

91 Voir par exemple : C. Holt, « Interactions With a Fellow Research Engineer-economist », in R. Leeson (dir.), *A. W. H. Phillips, Collected works*, *op. cit.*, p. 308-314.

92 Avec certaines limites. Par exemple, les modèles de stabilisation macroéconomique de Phillips ne semblent pas avoir franchi l'Atlantique. Un travail approfondi est nécessaire pour établir ces flux et leur réciprocité ou absence de réciprocité, de même que les passerelles entre niches techniques, niches théoriques et niches idéologiques.

93 B. Rasle, « Notice biographique d'Albert Ducrocq », *op. cit.*, p. 310 ; C. Lardier, « Contribution of Albert Ducrocq (1921-2001) to Astronautics », *op. cit.*, p. 10.

économique en France : il s'agit du mathématicien Georges Théodule Guilbaud. Lorsqu'il s'est donné l'occasion d'écrire au sujet de la cybernétique, Guilbaud incluait quelques exemples économiques parmi les domaines concernés par les idées cybernétiques. Encore faut-il voir quelle signification il attribue à ce terme : il ne lui donne pas de définition précise, et ne cherche pas à le positionner par rapport à la théorie des jeux ou la recherche opérationnelle. L'investissement de Guilbaud se fait en théorie des jeux (qu'il contribue largement à diffuser en France) et en Recherche opérationnelle (il est sans doute le principal « formateur » en la matière à son séminaire de l'Institut de Statistique). Ce qui intéresse Guilbaud, de façon générale, c'est la « mathématique sociale » (au sens de Condorcet), et particulièrement la rationalisation de l'action et de la décision humaines. Il voit dans la cybernétique une référence fédératrice possible pour des travaux de ce genre (« une étiquette possible (c'était la meilleure) [...] dérobée par les ingénieurs[94] » ; voir aussi p. 591), tout en restant dans une certaine extériorité par rapport à elle[95]. Bien qu'il redoute la même dispersion sémantique pour la recherche opérationnelle que pour la cybernétique[96], il s'investit fortement dans le développement de la première en France, dont, remarque-t-il, « l'un des aspects [...] en France est l'importance qu'ont dès le début les points de vue et les méthodes de l'économétrie[97] ». Parmi les sciences sociales susceptibles de recevoir un concours mathématique, Guilbaud privilégie nettement l'économie. Alors qu'il s'intéressait à la mécanique, c'est Yves Rocard qui a attiré son attention vers les oscillations économiques. Les contributions de Guilbaud en économie ne font pas appel à la cybernétique. La seule

94 G. Th. Guilbaud, « Stratégies et décisions », *op. cit.*, p. 39.

95 L'attitude psychologique de Guilbaud à l'égard des étiquetages semblait complexe. Rétrospectivement, d'un entretien à un autre, la cybernétique est pour lui « erreur de jeunesse » (G. T. Guilbaud, « Mathématique sociale », entretien avec E. Coumet, P. de Mendez et P. Rosenstiehl, Paris : AREHESS, 1993, p. 18), puis elle « ne devrait jamais cesser d'être bien en cour » (G. T. Guilbaud, « La mathématique et le social », entretien avec B. Colasse et F. Pave, *Les Annales des Mines*, série Gérer et comprendre, n° 67, 2002, p. 73). Son ouvrage *La cybernétique* de 1954 fut une commande des PUF pour la collection *Que-sais-je ?* « Écrire un *Que sais-je ?* On me l'a demandé. Pourquoi moi ? Aujourd'hui encore, je me le demande ! » (lettre de G. Th. Guilbaud, 18 avril 2006).

96 G. T. Guilbaud, « Pour une étude de la Recherche Opérationnelle », *Revue de recherche opérationnelle* vol. 1, n° 1, 1956, p. 4.

97 G. T. Guilbaud, « La recherche opérationnelle en France », Actes du Congrès de l'Institut international de statistiques, 29e session, Rio de Janeiro, 1955, p. 395.

trace apparentée est un renvoi à un article d'Ashby dans un chapitre de ses *Leçons sur les éléments principaux de la théorie mathématique des jeux*, parmi plusieurs propositions de généralisation d'une variante d'un jeu de Cournot. Encore le modèle d'Ashby en question[98] n'est-il pas vraiment représentatif de la théorie des asservissements, qui ne semble pas avoir intéressé Guilbaud outre mesure – pas, en tout cas, au point d'en avoir cherché des usages possibles pour la modélisation économique[99]. Ironiquement, ce type d'approche deviendra assez à propos dix à quinze ans plus tard, mais il est beaucoup trop tôt, et les automaticiens français ont assez à faire d'assimiler l'approche fréquentielle (voir p. 160-163)...

Un autre profil potentiellement intéressant est celui de Benoît Mandelbrot (voir p. 268-274). Comme Guilbaud, il voit initialement dans le terme « cybernétique » une bannière susceptible de rassembler une diversité de théories émergentes (jeux, décision...), mais ne s'intéresse pas beaucoup aux asservissements. Son intérêt pour les processus stochastiques l'amènera davantage vers la finance que vers l'économie (discipline assez fermée aux distributions non gaussiennes, *a fortiori* en France de par un certain rejet des probabilités, et *a fortiori* à la suite de

---

98 « D'une façon plus générale encore [parmi les problèmes continus] on peut considérer un seul point mobile [...] dont la loi de mouvement change brusquement au passage d'une frontière ; ce sont des problèmes de ce type qu'on rencontre dans la théorie des machines homéostatiques » (G. T. Guilbaud, « Leçons sur les éléments principaux de la théorie mathématique des jeux », in *Stratégies et décisions économiques. Études théoriques et applications aux entreprises*, Cours et conférences de recherche, Paris : Éditions du CNRS, 1955, p. IV-11). Il renvoie alors à : W. R. Ashby, « The Nervous System as Physical Machine: With Special Reference to the Origin of Adaptive Behavior », *Mind*, vol. 56, n° 221, 1947, p. 44-59 (repris dans la première édition de *Design for a Brain* en 1952). La question posée par Ashby dans cet article est : « à quelles conditions peut-on séparer l'activité d'une machine en deux séquences temporelles telles que l'on puisse dire que la rupture d'une machine a donné naissance à une seconde ? » (*ibid.*, p. 52 ; il tourne visiblement autour de la notion de bifurcation). Mais Ashby est alors toujours dans sa période pré-cybernétique (il ne considère que l'adaptation d'un système physique, sans flux d'information, et il emploie le terme « machine » pour désigner en fait tout système dynamique en général). Quoiqu'il en soit, la référence de Guilbaud au modèle d'Ashby paraît plutôt anecdotique, et, même si elle confirme une curiosité certaine de sa part à l'égard de la cybernétique, elle est basée sur une généralisation de problèmes mathématiques à partir du chapitre de son cours, sans qu'il ne soit plus question d'en donner une interprétation économique.

99 Au cours d'un dépouillement exploratoire des archives de Guilbaud au Centre d'Analyse et de Mathématique Sociale, je n'ai pas trouvé de trace de telles recherches parmi la profusion de pistes suivies (mais ces archives n'étaient pas complètes, puisque Guilbaud était encore vivant à ce moment-là). Dans la bibliographie de son *Que-sais-je ?*, Guilbaud se réfère au manuel de Gille, Pélegrin et Decaulne (*cf.* chapitre 3).

la « bourbakisation » de l'équilibre général par Debreu – pour rappel, Mandelbrot exècre Bourbaki, et Bourbaki bannit de sa grande citadelle l'un des instruments de prédilection de Mandelbrot, les processus de Wiener-Lévy). Cela n'empêche pas Mandelbrot, qui s'intéresse surtout à la théorie des jeux, de s'essayer à une « théorie générale des coalitions », dont on ignore la teneur, lors d'un exposé au séminaire de Lévi-Strauss sur les mathématiques et les sciences sociales (voir p. 584).

Du côté des économistes universitaires, la cybernétique est à peu près absente des revues et des congrès. Un relevé d'articles et comptes-rendus des années 1950[100] montre une information assez superficielle de la part du champ économique. Dans un paysage institutionnel où l'économie est très clivée entre une forme « littéraire » en faculté de Droit, et une tradition des ingénieurs-économistes, acquise depuis l'entre-deux-guerres à la légitimité d'une théorie économique générale mathématisée, la formalisation reste minoritaire chez les premiers jusqu'à la fin des années 1960[101]. L'un des fondateurs de la *Revue économique*, Jean Meynaud, signe un compte rendu du premier Congrès international de cybernétique d'où est absente toute référence à la modélisation en économie[102]. Si l'on excepte un compte-rendu, favorable mais bref, du livre de Tustin par Michel Verhulst[103], on trouve peu d'initiatives remarquables. Dans un article de 1956, Henri Mercillon analyse les modèles non linéaires de Goodwin (il a, précise-t-il, fait appel pour cela à un mathématicien, G. Michelot). Il estime le modèle de « servo-système [...] moins irréel que les autres » pour l'explication des fluctuations[104]. Henri Guitton, favorable à l'utilisation

100 P. Naville, « Les schémas du comportement : utilisés par les psychologues et les économistes », *Revue économique* vol. 4, n° 3, 1953, p. 394-415 ; P. Tabatoni, « Le néo-classicisme monétaire aux États-Unis depuis 1950 », *Revue économique*, vol. 8, n° 4, 1957, p. 696-744 ; P. Dieterlen, « La monnaie, auxiliaire du développement. Contribution à l'étude de l'inflation séculaire », *Revue économique*, vol. 9, n° 4, 1958, p. 513-546. ; J. Meynaud, « Les mathématiciens et le pouvoir », *Revue française de science politique*, vol. 9, n° 2, 1959, p. 340-367 ; J. Austruy, « Méthodes mathématiques et sciences de l'homme », *Revue économique*, vol. 12, n° 3, 1961, p. 414-439.

101 J. Devillard, P. Jeannin, « La place des mathématiques dans la *Revue économique* (1950-1995). Ébauche d'une analyse comparative », 1998.

102 J. Meynaud, « Premier congrès international de cybernétique. Namur, 26-29 juin 1956. Actes », *Revue économique*, vol. 11, n° 3, 1960, p. 489-491.

103 M. Verhulst, recension de A. Tustin, *The Mechanism of Economic Systems*, *op. cit.*, *Revue économique*, vol. 6, n° 2, 1955, p. 332.

104 H. Mercillon, « Fluctuations économiques et variations du revenu. Quelques modèles de R. M. Goodwin », *Revue économique*, vol. 7, n° 5, 1956, p. 802-832.

des mathématiques en économie (il obtient que Guilbaud enseigne en faculté de Droit), ne consent que les quelques pages rhétoriques qui sont alors souvent le lot de la cybernétique[105]. Cependant, dans la réédition de son précis sur les fluctuations économiques, en 1958[106], Guitton fait la part belle aux servomécanismes, mentionnant l'article de Mercillon, le livre de Tustin, ainsi qu'un article que ce dernier a publié dans une revue de l'Unesco, traduit pour la version française[107] ; Guitton les situe dans la continuité d'Aftalion, qui, quarante ans plus tôt, comparait les cycles économiques à un thermostat de chaudière[108]. Il est remarquable de trouver une telle intégration sous forme d'un précis universitaire. Il n'en reste pas moins qu'on n'est pas là dans le registre de la recherche : il s'agit avant tout de présentation et de diffusion des travaux anglo-saxons. D'autre part, bien que Guitton mentionne pour illustration l'exemple du pilotage automatique, cette modernisation du paradigme technologique de référence par rapport à la chaudière d'Aftalion ne se traduit pas par une problématisation des circuits d'information dans l'activité économique.

Qu'en est-il de la modélisation cybernétique du côté des ingénieurs-économistes, dépositaires par excellence du « calcul économique » ? Le statisticien Jacques Dumontier (1914-1975), dans un livre publié en 1949, invite la science économique à se forger son propre concept d'équilibre, plutôt que d'emprunter les concepts physiques ou biologiques.

> En physique le mouvement est le cas général. L'équilibre est un cas particulier [...].
>
> En biologie, la constance des détails de l'organisation est la condition *sine qua non* de la vie. L'équilibre est donc le cas absolument général. [...]
>
> Le degré de généralité qu'acquiert ainsi le concept de l'équilibre dans chacune de ces deux disciplines est opposé ; exception dans l'une, c'est la règle dans l'autre. L'étude des sociétés qui ne sont pas régies par le hasard [...]

105 H. Guitton, recension de A. T. Peacock & R. Turvey : International Economic Papers n° 3, *Revue Économique*, vol. 5, n° 4, 1954, p. 656-658 ; « Le problème économique de l'indexation », *Revue Économique*, vol. 6, n° 2, 1955, p. 187-217 ; « Les rencontres économiques », *Revue Économique*, vol. 6, n° 6, 1955, p. 857-880.

106 H. Guitton, *Fluctuations économiques*, Paris : Dalloz, 1958.

107 A. Tustin, « L'économie dirigée à l'aide de systèmes de contrôle automatique », *Science et société*, vol. IV, n° 2, 1953, p. 87-116.

108 A. Aftalion, *Les Crises périodiques de surproduction, t. II : Les mouvements périodiques de la production*, Paris : Rivière, 1913, p. 179.

> doit probablement s'accommoder d'un concept d'équilibre d'une généralité intermédiaire[109].

Le livre reprend une thèse soutenue en 1947, augmentée d'une partie écrite en décembre 1948, dans laquelle l'auteur suggère d'adosser le concept économique d'équilibre à une mémoire sociale : « à l'inverse du hasard inorganisé, écrit Dumontier, les structures économiques ont une mémoire [qui] constitue l'élément central de l'équilibre économique [...] certainement caractérisé par une irréversibilité de principe, plus proche de celle de la croissance organique que de l'entropie physique[110] ». À cet endroit précis, Dumontier inclut une référence à *Cybernetics* (qui, rappelons-le, a paru moins de deux mois auparavant), et précise en note que, parmi les auteurs à avoir tenté une synthèse entre irréversibilité biologique et entropie physique, « Wiener assimile la connaissance à une entropie négative ». Autrement dit, cette référence à Wiener, l'une des plus précoces en France, est inscrite aux coordonnées de ce qui présente la manière d'un programme de recherche théorique, de la part d'un ingénieur-économiste qui va bénéficier dans les années suivantes d'une stature institutionnelle de premier plan (Dumontier remplace Divisia pour l'enseignement de l'économie à Polytechnique, et travaille pour l'INSEE). Pourtant, il ne semble pas y revenir dans ses ouvrages ultérieurs.

Une démarche comme celle de Goodwin aurait pu trouver matière à discussion explicite auprès d'un autre économiste d'envergure ayant fait le lien entre servomécanisme et cycle économique, Maurice Allais (1911-2010) qui revendique son opposition à la théorie keynésienne des cycles. Les variations de la demande, de l'épargne et de l'investissement ne sont pas, selon Allais, le facteur explicatif ultime, elles dépendent elles-mêmes de « l'écart existant entre l'encaisse désirée et l'encaisse existante, écart qui commande les variations de la dépense globale[111] ». Ralentissement et accélération sont eux-mêmes des conséquences de ce « phénomène moteur ». Au colloque international du CNRS de 1955 consacré aux « Modèles dynamiques en économétrie », Allais présente

109 J. Dumontier, *Équilibre physique, équilibre biologique, équilibre économique*, Paris : Presses universitaires de France, 1949, p. 94.

110 *ibid.*, p. 231-232.

111 M. Allais, « Explication des cycles économiques par un modèle non linéaire à régulation retardée, mémoire complémentaire », in *Les Modèles dynamiques en économétrie*, Collection des colloques internationaux du CNRS, Vol. LXII, 1956, p. 234.

une communication « Explication des cycles économiques par un modèle non linéaire à régulation retardée ». Il reprend la comparaison dressée en 1947, dans son ouvrage *Économie et intérêt*, entre ce modèle de cycle et un dispositif de régulation de vitesse :

> Les circonstances qui jouent sont absolument analogues à celles qui seraient observées dans la marche d'une machine à vapeur, si elle était munie de deux régulateurs à boule, l'un puissant, mais ne jouant qu'à partir de deux limites déterminées (mécanisme régulateur), l'autre faible mais jouant en sens inverse et dans toute position (mécanisme accélérateur). Dans de telles conditions, il est facile de montrer que la marche de la machine au lieu d'être régulière serait cyclique[112].

Le modèle de 1955 présente cette alternance d'accélération et de freinage : « Il y a bien régulation, mais régulation retardée, qui ne joue que lorsque le système est suffisamment loin de l'équilibre, mais qui joue d'autant plus fortement qu'il en est éloigné[113] ». Il semble qu'Allais se base sur la régulation (régulation de vitesse) telle qu'elle était enseignée aux ingénieurs mécaniciens jusqu'alors, avant d'être supplantée – non sans difficultés – par la régulation en domaine fréquentiel (*cf.* p. 160-163).

C'est peut-être par l'intermédiaire d'un des meilleurs élèves d'Allais que la jonction entre les ingénieurs-économistes et la cybernétique va se faire. Il s'agit de Jacques Lesourne (né en 1928). « Allais, Wiener, ces deux noms devaient symboliser les deux pôles de mon aventure intellectuelle[114] », relate-t-il à propos de sa seconde année à Polytechnique, cherchant sa vocation à la bibliothèque. Dans un premier temps, l'heure est à la Recherche opérationnelle : en 1958, Lesourne crée un bureau d'études, la Société d'économie et de mathématiques appliquées (SEMA). La même année, il publie un épais manuel chez Dunod, synthèse de calcul économique et de recherche opérationnelle. Un chapitre y aborde le contrôle de la production au moyen de modèles d'asservissements[115],

---

112 M. Allais, *Économie et intérêt*, Paris : Imprimerie nationale et librairie des publications officielles, 1947, p. 367.

113 M. Allais, « Explication des cycles économiques par un modèle non linéaire à régulation retardée », *op. cit.*, p. 234.

114 J. Lesourne, *Un Homme de notre siècle*, *op. cit.*, p. 190. Lesourne découvre deux livres : *À la recherche d'une science économique* d'Allais, et *Cybernetics*. « Dès lors, le concept de régulation – dont j'étais loin de percevoir toutes les implications – s'enkysta dans mon cerveau, en attendant d'y germer vingt ans plus tard » (*ibid.*, p. 190).

115 J. Lesourne, *Technique économique et gestion industrielle*, Paris : Dunod, 1958, p. 374.

dans l'esprit de ce qu'avait proposé Herbert Simon (*cf.* p. 464-465), autre inspirateur de Lesourne qu'il a rencontré lors d'un séjour aux États-Unis. L'ouvrage est préfacé par Allais, qui souligne l'importance de ne pas réduire la science économique à des techniques formelles. Allais mentionne spécifiquement la RO, la théorie de l'information, mais reste silencieux concernant la théorie des asservissements ; dans cette préface, il ne dresse de comparaison qu'avec les méthodes de la géophysique, et non celles des ingénieurs en régulation[116]. En 1963, Lesourne amorce un tournant cybernétique, occasionné par un problème pratique : la SEMA devant délocaliser les Halles de la région parisienne, faut-il choisir un ou plusieurs sites périphériques ? Dans le second cas, le problème est que les prix sur un marché vont dépendre des prix sur les autres marchés, interdépendance dont les conditions de stabilité sont mal connues. Lesourne publie en 1963 un article qui appelle à une synthèse entre « une voie économique essentiellement orientée vers une comparaison de solutions et une voie cybernétique qui se concentre sur la compréhension de la structure du système et de ses réactions face à des perturbations[117] ». La première caractériserait « l'école française de recherche opérationnelle », rattachant bien l'analyse des cas à la théorie économique, mais ayant tendance à laisser implicites certaines interdépendances.

> L'étude des conséquences de plusieurs décisions possibles, si elle est faite prématurément, laisse dans l'ombre toutes les interactions des diverses variables en éclairant les conséquences et non pas les liaisons. Il en résulte souvent une incompréhension du système en tant que tel. [...]
>
> En évoluant avec le temps, tout système subit des perturbations extérieures. Il retrouve ou non une situation d'équilibre, sans oscillations ou après des oscillations plus ou moins amorties. L'étude des conséquences de plusieurs décisions possibles escamote ces problèmes de stabilité[118].

Dans l'approche cybernétique de la RO, plutôt anglo-saxonne (Lesourne se réfère à Beer), il s'agit *a contrario* d'expliciter les interdépendances, ce qui permet de mieux connaître la situation à la fois dans ses spécificités et dans sa globalité, et d'anticiper les instabilités, mais avec le risque de perdre les avantages de l'approche économique

116 *ibid.*, p. XIV-XVII.

117 J. Lesourne, « La recherche opérationnelle entre l'économique et la cybernétique », *Gestion*, avril 1963, p. 204.

118 *ibid.*, p. 206.

(comparabilité de politiques, quantification). Lesourne plaide donc pour une complémentarité dans la pratique de la RO. « Ce texte, embryonnaire et imparfait, fut le noyau autour duquel ma pensée se réorganisa. Lentement, par une succession de petites ruptures, l'élève se libéra de l'enseignement des maîtres[119] ». Il semble toutefois que ces idées faisaient leur chemin, puisque le numéro d'août 1963 de la *Revue française de recherche opérationnelle* contient des articles de Marcel Boiteux et de R. Descamps qui intègrent une approche cybernétique[120]. Depuis déjà quelques années, on peut aussi mentionner Lucien Mehl, au Conseil d'État et à l'ENA, qui publie des articles sur une théorie cybernétique de l'administration et participe aux congrès de cybernétique de Namur[121]. Lesourne, quant à lui, parle d'une « seconde vie intellectuelle[122] », qui s'épanouira dans la systémique[123], notamment au travers de l'Action thématique programmée « Analyse des systèmes » du CNRS[124].

Le petit vent cybernétique, qui, au début des années 1960, semble se lever parmi les ingénieurs-économistes, ténors de la RO et élèves d'Allais, a-t-il un effet sur la politique économique ? Dans le cadre de la préparation du Ve Plan, la DGRST lance l'Action concertée « Science économique et problèmes de développement », qui met très explicitement l'accent sur la modélisation mathématique[125]. Au Centre de de recherches mathématiques pour la planification (CERMAP, qui deviendra l'actuel CEPREMAP) créé exprès, le mathématicien André Nataf, lié au CAMS de la VIe section de l'École des hautes études, travaille à la modélisation mathématique d'une planification économique, où il s'agit de simuler une économie à douze secteurs de production. Dans un rapport présenté

---

119 J. Lesourne, *Un Homme de notre siècle*, *op. cit.*, p. 318.

120 *Revue française de recherche opérationnelle*, vol. 7, n° 26, 1963 : M. Boiteux, « Perspectives nouvelles de la recherche opérationnelle », p. 201-213 ; R. Descamps, « Pour une dynamique de la gestion », p. 215-236.

121 Au carrefour de la fiscalité, de la bureautique, de l'aide à la décision juridique, Lucien Mehl a laissé son empreinte sur un certain nombre de champs administratifs. Dans la lignée des travaux de Mehl, on peut citer G. Langrod.

122 J. Lesourne, *Un Homme de notre siècle*, *op. cit.*, p. 322.

123 J. Lesourne, « Un programme pour la science économique », *Revue économique*, vol. 26, n° 6, 1975, p. 931-945 ; *Les Systèmes du destin*, Paris : Dalloz, 1976.

124 J. Lesourne, *La Notion de système dans les diverses disciplines : introduction*, Paris : CNAM, 1979 ; J. Lesourne (dir.), *La Notion de Système dans les sciences contemporaines* (2 vol.), Aix-en-Provence : Librairie de l'université, 1982.

125 *Les Actions concertées*, Rapport d'activité 1964, *op. cit.*, p. 414-416.

fin 1961 à un colloque québécois[126], Nataf se réfère entre autres à l'école hongroise de planification, ce qui est triplement intéressant : premièrement, le travail de Kornai est encore peu connu, ce qui suppose un intérêt bien spécifique de la part de Nataf[127]. Deuxièmement, Kornai va occuper en Hongrie une situation homologue à celle de Nataf, pour simuler l'économie hongroise (le projet est plus ambitieux que le Plan français – dix-huit secteurs sont impliqués, contre les douze français – mais n'aboutira pas au résultat escompté par Kornai). Et troisièmement, Kornai va adopter à partir de 1968 une approche ouvertement cybernétique. Il serait donc fort intéressant de comparer à cette trajectoire l'évolution de la modélisation de Nataf à l'issue de l'Action concertée, sachant qu'à sa mise en route il juge « optimistes » les méthodes de Malinvaud et des Hongrois, ainsi que toute étude d'une déstabilisation du système par la variation des prix ; il semble préférer commencer par l'exploration d'un modèle plus simple, qui permet déjà d'écarter des hypothèses aberrantes et de garantir plus de rigueur[128].

Est également associée à l'Action concertée la SEMA de Lesourne. Elle a proposé trois projets de recherche, dont le premier s'intitule « Les systèmes à auto-organisation[129] » ; difficile de ne pas y deviner le tournant cybernétique récent de Lesourne, et de ne pas souligner l'originalité d'une thématique aussi précocement traduite en projet de recherche[130], *a fortiori* de la part d'un partenaire privé. Mais c'est le troisième projet, une typologie de la consommation, qui est retenu. Dans cette phase

126 A. Nataf, « Essais de formalisation de la planification », *L'Actualité économique*, vol. 9, n° 3-4, 1963-1964, p. 581-614.

127 Fin 1961, il ne peut s'agir que du pré-print de l'article que Kornai avait expédié clandestinement à *Econometrica*, revue que co-dirige Edmond Malinvaud (J. Kornai, T. Lipták, « A Mathematical Investigation of Some Economic Effects of Profit Sharing in Socialist Firms », *Econometrica*, vol. 30, n° 1, 1962, p. 140-161 ; J. Kornai, *By Force of Thought*, *op. cit.*, p. 139). Malinvaud, auteur d'un modèle de planification éponyme, est aussi membre de l'Action concertée.

128 A. Nataf, « Essais de formalisation de la planification », *op. cit.*, p. 604-605.

129 Comité « Science économique et problèmes de développement » : Projets de recherche : SEMA 1964, Archives nationales, 19820623/3.

130 En 1964, le thème de l'auto-organisation est encore relativement frais chez les cybernéticiens : Ashby l'avait introduit dès 1947, mais c'est surtout à partir de 1960 que le thème gagne en visibilité : N. Wiener, *La Cybernétique*, chapitres 9 et 10 de la seconde édition (1961) ; H. von Foerster, G. W. Zopf Jr (dir.), *Principles of Self-Organization : Transactions of the University of Illinois Symposium, 8 and 9 June, 1961*, International Tracts in Computer Science and Technology and their Application, vol. 9, Londres : Pergamon Press, 1962.

d'expérimentation, où le Plan cherche à moderniser sa méthode entre l'observation du déroulement du IVe et la préparation du Ve, l'outillage mental des experts est au voisinage d'une orientation cybernétique, mais sans s'y inscrire. La France ne s'engagera pas dans une aventure à la chilienne[131]. Le Ve Plan reste un paquebot navigant à l'estime, dont les prises d'information, qui relèvent de cuisines artisanales propres à différentes administrations peu portées sur la recherche théorique[132], n'interviennent qu'en début et en fin de voyage, et dont le capitaine avoue être bien en peine d'évaluer la trajectoire[133]. Il faut l'iceberg Mai 68 pour secouer certaines routines et revoir l'outillage mental. Pour la préparation du VIe Plan, les spécialistes du CERMAP (désormais CEPREMAP) ne veulent plus raisonner en écartant les hypothèses d'aléas.

> Les choix macroéconomiques [que le Plan] fixe sont principalement discutés à partir de projections relatives à l'année terminale et déterminées en fonction de l'information disponible au début du Plan. Ces projections n'appréhendent donc pas explicitement ni le problème du « cheminement » de l'économie entre année de départ et année terminale, ni celui des « accidents de parcours » susceptibles de contredire les hypothèses retenues. Il s'ensuit que le plan est largement silencieux sur les modalités ponctuelles, année par année, de la réalisation de ses options. D'où la signification ambiguë du Plan pour la définition de la politique économique annuelle telle qu'elle s'inscrit dans le Budget de l'État. Deux difficultés peuvent se cumuler en effet. D'une part, si les conditions de départ sont excessivement « heurtées » (exemple : VIIe Plan), la référence au cheminement moyen « régulier » associable au Plan (exemple :

131 *cf.* l'éphémère projet « Cybersin », organisé au Chili en 1971 avec la collaboration de Stafford Beer, puis abandonné deux ans plus tard suite au coup d'État de Pinochet (E. Medina, *Cybernetic Revolutionaries*, *op. cit.*).

132 A. Desrosières, « La commission et l'équation : une comparaison des Plans français et néerlandais entre 1945 et 1980 », *Genèses* n° 34, 1999, p. 28-52. « … à partir de la seconde moitié des années cinquante, et pendant près de dix ans, on n'enregistre la confection d'*aucun* modèle ayant marqué durablement la *pratique* des administrations économiques. Du côté du Ministère des Finances, l'élaboration des comptes provisoires et budgets économiques progresse plus du fait de l'*amélioration de la couverture statistique* et de la disponibilité de comptes rétrospectifs que sous l'impulsion d'une démarche modélisatrice » (R. Boyer, « Les modèles macroéconomiques globaux et la comptabilité nationale : un bref historique », rapport CEPREMAP n° 8108, 1981, p. 4-5).

133 « … la question "Dans quelle mesure les Plans français sont-ils implémentés ?" est ambiguë. Cette ambiguïté ne peut être levée simplement en comparant les projections et la réalité. La notion d'échec n'a pas en soi de signification. Pour mesurer le succès ou l'échec du Plan, il faut évaluer, dans une certaine mesure subjectivement, la signification sous-jacente de toute idée d'échec » (P. Massé, « The French Plan and Economic Theory », *Econometrica*, vol. 33, n° 2, 1965, p. 267).

> croissance ~ x % sur les cinq années du Plan), est tout à fait illusoire. D'autre part, la survenance d'aléas majeurs en cours de Plan, internes (Mai 68 pour le Ve Plan) ou externes (crise du pétrole pour le VIe Plan), peut rendre totalement caduques les hypothèses initiales et donc, dans une large mesure, les choix qui leur sont associés. La conception traditionnelle d'un « Plan cible », spécifié en termes atemporels et rigides, paraît ainsi inadéquate aux conditions économiques actuelles et laisse irrésolu le problème des implications du Plan pour la politique économique annuelle[134].

« L'opération Optimix », au tournant des années 1970, est le nom donné à un projet qui vise à proposer la meilleure réponse à des aléas-types rencontrés en chemin[135]. Le cadre est surtout celui de la théorie de la décision, mais mis au service d'une préoccupation qui ne sera pas inconnue du lecteur de ce livre :

> La reconnaissance explicite [des] aléas conduit évidemment à substituer à l'énoncé d'une action fixée une fois pour toutes, la recherche d'une règle d'action qui précise des valeurs alternatives pour les instruments retenus en fonction de l'information (progressivement) acquise sur les aléas[136].

Des équipes d'automaticiens rejoignent ensuite la partie, mais l'on ne croise plus beaucoup le mot « cybernétique », qu'il faut chercher au fin fond des bibliographies : là comme ailleurs, on en fait sans le dire. Non sans ironie, il faut un *lag* de presque trente ans pour en trouver une application dans les 120 équations du modèle STAR, qui, entre autres, « décrit comment un déplacement du partage des revenus, initialement favorable aux salariés, suscite un mouvement correcteur à travers un ralentissement de l'accumulation du capital, engendrant un processus cyclique qui n'est pas sans rappeler les propriétés de certains modèles théoriques de type Goodwin[137] ».

Dans ce contexte très technocratique où la figure de l'ingénieur-économiste trouve son lieu naturel, et largement irrigué

134 M. Deleau, P. Malgrange, B. A. Oudet, « L'application du contrôle aux modèles macroéconomiques français : expériences et perspectives d'avenir », in A. Bensoussan, J.-L. Lions (dir.), *New Trends in Systems Analysis*, *op. cit.*, p. 579.

135 M. Deleau, R. Guesnerie, P. Malgrange, « Planification, incertitude et politique économique. I. L'opération Optimix : une procédure formalisée d'adaptation du Plan à l'aléa », *Revue économique*, vol. 24, n° 5, 1973, p. 801-836.

136 M. Deleau, P. Malgrange, B. A. Oudet, « L'application du contrôle aux modèles macroéconomiques français », *op. cit.*, p. 581.

137 R. Boyer, « Les modèles macroéconomiques globaux et la comptabilité nationale », *op. cit.*, p. 15.

par la pensée d'Allais – Pierre Massé, le Commissaire au Plan et directeur du CERMAP, est l'un de ses élèves – un rôle important au sein de l'Action concertée de la DGRST n'en revient pas moins à un monument de la science économique française, défenseur inlassable d'une approche humaniste, interdisant à ses collaborateurs de l'Institut des sciences économiques appliquées de travailler pour des contrats privés : il s'agit de François Perroux (1903-1987). Perroux est un promoteur de l'économie mathématique : dès la Libération, il a joué un rôle important pour faire entrer les mathématiques à l'université (ainsi le cours de Guilbaud), et a créé un groupe d'étude sur les mathématiques appliquées à l'économie, auquel participent entre autres Allais, Divisia et Dumontier[138]. Et surtout, Perroux va trouver dans la cybernétique le cadre adéquat à une alternative à la théorie de l'équilibre général. Cela ne va se concrétiser véritablement qu'au début des années 1970. Dans un premier temps, une initiative notable est la rencontre entre François Perroux et Louis Couffignal, qui va déboucher sur la création de la « Série N » des *Cahiers de l'ISEA*, série intitulée « Études sur la cybernétique et l'économie », dont Couffignal va assumer la direction éditoriale. Les circonstances précises dans lesquelles la jonction s'est faite entre Perroux et Couffignal restent inconnues, en particulier quant à l'origine de l'initiative – demande de Perroux ou offre de Couffignal – et quant aux modalités de mise en contact[139]. Mais cela n'interdit pas de formuler quelques remarques et questions sur le sens à donner à cet épisode. Perroux cherchait-il un « cybernéticien » ? Guilbaud, qui est à l'ISEA, et dont le « Que-sais-je ? » est connu des économistes, se serait-il déchargé de ce rôle, et pourquoi ? Guilbaud a une réinterprétation assez personnelle du mot « cybernétique », plus proche d'Ampère et de Pascal que de Wiener. Pour autant que cybernétique doive être synonyme de servomécanismes, cela n'intéresse plus beaucoup Guilbaud. Il est donc possible que Perroux ait d'abord pensé à Guilbaud pour sa « série N », mais que tous deux n'aient pas exactement la même chose en tête.

138 G. de Bernis, « La dynamique de François Perroux, l'homme, la création collective, le projet humain », in F. Denoël (dir.), *François Perroux*, Lausanne : L'Âge d'homme, 1990, p. 122, 123.

139 Leur première collaboration s'est faite, semble-t-il, à l'occasion d'une étude d'impact d'une campagne publicitaire au magasin BHV à Paris (L. Couffignal, « Étude sur la prévision de la vente dans un grand magasin après une campagne publicitaire », Congrès international de la C.E.G.O.S., Bruxelles, 25-28 juin 1958, archives L. Couffignal).

Du point de vue qui peut être celui de Perroux dans les années 1950, le choix de Couffignal n'est pas incongru. Ce dernier, en effet, fut chargé à la veille de la guerre de la mise en place des moyens pour le projet de centre d'économétrie de Divisia[140]. Or Couffignal, qui se trouve ainsi au point de rencontre entre le CNRSA et les premières initiatives économétriques françaises, est loin d'être juste un prestataire de service en calcul mécanique : il entretient aussi une réflexion méthodologique sur les transferts de modèles et les « mathématiques utilisables ». Celui qui se trouve alors à ces coordonnées stratégiques pour le développement de l'économétrie est donc peut-être en mesure de mettre en valeur un point de vue épistémologique global, ou, à défaut, d'avoir une bonne vue d'ensemble du dossier, et un carnet d'adresses. Avant de voir où en est Couffignal de son itinéraire scientifique lors de sa rencontre avec Perroux, on peut s'interroger sur les motivations possibles de ce dernier. La raison d'être de la série N n'est-elle pas d'être un laboratoire, vitrine ou terrain d'essai d'outils hétérodoxes pour une théorie hétérodoxe ? Ceci dit, l'éclectisme de Perroux paraît tel qu'il ne faut peut-être pas surestimer l'importance, à ce stade, d'un investissement dans la cybernétique : un choix individuel perd en spécificité s'il n'est qu'un parmi d'autres nombreux et variés, ce qui n'est pas exagéré pour désigner les collections des *Cahiers de l'ISEA*. À la fin des années 1950, en tout cas, Perroux commence à s'intéresser à la cybernétique, d'abord, semble-t-il, par le biais des notions d'information et de communication[141].

140 M. Bungener, M.-E. Joël, « L'Essor de l'économétrie au CNRS », *Cahiers pour l'histoire du CNRS*, 1989, n° 4, p. 45-78.

141 F. Perroux, « Propos sur les techniques quantitatives de l'information et politique économique », *Revue de l'Institut de sociologie*, 1957, n° 3, p. 329-344. En 1960, invité par le Conseil économique des sciences sociales de l'Unesco à suggérer un projet sur le développement économique du Tiers-monde, Perroux écrit que « La recherche sociologique et les études cybernétiques ont souligné l'importance de l'information et de la communication », juste pour dire qu'il faut caresser les cultures locales dans le sens du poil pour leur faire accepter l'industrie (F. Perroux, « Suggestions for the Organization of a Round Table of the International Social Science Council on the Social Premises of Economic Development », archives CISS : Chronological Files 1959-1960, ISSC/5/1.3, p. 2). Cette référence un peu superficielle suggère que Perroux reste alors encore dans une certaine extériorité avec la cybernétique, donc qu'il n'aurait pas eu d'attente bien précise concernant Couffignal et la série N. La proximité entre les deux hommes semble avoir été assez limitée si l'on en juge par la communication de Perroux au colloque de 1974 sur la régulation, où il fait une référence à « Léon Couffignal » (F. Perroux, « La rénovation de la théorie de l'équilibre économique général », in A. Lichnerowicz, F. Perroux, G. Gadoffre, *L'Idée de régulation dans les sciences*, Paris : Maloine, 1977, p. 233).

Seuls quatre numéros paraissent dans la série N, entre 1957 et 1962. Encore la moitié des articles provient-elle de chercheurs étrangers, surtout des Anglais, parmi lesquels Ashby et Grey Walter, ou encore le physicien Denis Gabor, qui s'intéresse à la théorie de l'information ; mais l'on y trouve aussi un article de Phillips[142].

N° 1 (Juillet 1957) :
Études sur la cybernétique et l'économie – Introduction
L. Couffignal, La pensée cybernétique.
W. Ross Ashby, Quelques stratégies pour les systèmes complexes.
W. Grey Walter, Mentalité et société vues sous l'angle de la cybernétique.
R. Vallée, Modèles mathématiques en théorie de l'observation.

N° 2 (Novembre 1958) :
L. Couffignal, Le symposium de Zurich et les concepts de base de la cybernétique.
D. et A. Gabor, L'entropie comme mesure de la liberté sociale et économique.
C. B. Gibbs, Contre-réaction dans l'organisation sensorielle et transfert d'habiletés.
A. W. Phillips, La cybernétique et le contrôle des systèmes économiques.

N° 3 (Février 1960) :
L. Couffignal, Sciences économiques et cybernétique de l'économie.
F. H. George, Modèles de la pensée.
A. Cuzzer, La communication d'information.
G. Tintner, Jeux stratégiques, programmes linéaires et analyse des *input-output*.

N° 4 (Avril 1962) :
L. Couffignal, Quelques notions de base pour l'économie – Avant-propos.
V. Rouquet La Garrigue (en collaboration avec H. Abadie), La connaissance cybernétique de l'économie et l'information statistique.
G. Coulmy, Méthodes nouvelles d'exploitation des courbes-réponses à un appel publicitaire.

Le bilan de la série N est sans doute maigre ; il faudrait regarder du côté de sa diffusion, à la fois matérielle et intellectuelle, à comparer

142 A. Phillips, « La Cybernétique et le contrôle des systèmes économiques », *Cahiers de l'ISEA*, série N, n° 2, 1958, p. 41-50 ; version anglaise : « Cybernetics and the Regulation of Economic Systems », in R. Leeson (dir.), *A. W. H. Phillips, Collected Works, op. cit.*, p. 3-17. Il s'agit d'un modèle de régulation intégrale d'un système soumis à une perturbation aléatoire stationnaire. C'est vraisemblablement un article vitrine, puisqu'il ne semble rien apporter de nouveau par rapport aux articles cités précédemment. Phillips explique qu'il veut surtout attirer l'attention sur l'utilité de la théorie des asservissements (ici, il emploie pour la première fois, et peut-être la seule, le mot « cybernétique ») pour mettre en évidence « des causes possibles d'instabilité auxquelles les économistes n'ont pas suffisamment prêté attention ».

avec les attentes respectives supposées de Perroux et de Couffignal. Il est peu probable que Couffignal ait eu un cahier des charges contraignant ou précis à honorer. Quel dispositif la série N constitue-t-elle ? Est-elle un catalogue de modèles ? Ceux-ci sont-ils techniquement bien définis et distincts d'autres ? Quel est le degré de cohérence ou de dispersion doctrinale, technique, etc. ? Il faut préciser à cet égard le positionnement qui est alors celui de Couffignal vis-à-vis de la cybernétique, et ce qu'il essaye de faire. Depuis le premier Congrès de Namur en 1956, il se présente avec les manières d'un rassembleur autour de la définition de la cybernétique comme « art de rendre efficace l'action ». Il n'est guère aisé de comprendre ce que vise exactement Couffignal (*cf.* annexe V), mais cela s'avère finalement peu contraignant pour le contenu de la série N. Il reste méfiant envers la mathématisation, qu'il trouve souvent irréfléchie, et semble opter pour une politique de mathématisation minimale. Il insiste particulièrement sur l'importance de l'interprétation des analogies au cours de la construction des modèles, et c'est à ce niveau d'une méthodologie du raisonnement analogique qu'il essaye de définir la cybernétique. L'absence de définition technique rend ainsi difficile l'identification des particularités de la cybernétique telle que Couffignal l'envisage. En 1964, il accueille dans la collection « Information & cybernétique » qu'il dirige aux éditions Gauthier Villars une traduction française de l'ouvrage *Cybernétique sans mathématiques* du mathématicien polonais Henryk Greniewski[143], spécialiste des problèmes de planification. Couffignal revendique cet ouvrage comme représentatif de sa conception de la cybernétique (à quelques détails près qu'il ne manque jamais de préciser dans la préface). Il se trouve qu'à la 21e rencontre européenne de la Société d'économétrie (1959), Greniewski présentait une communication « Logique et cybernétique de la planification » ; au moment de la discussion, il lui fut demandé en quoi ses notions différaient de la façon habituelle de penser en économétrie[144]. Cette anecdote est représentative de la difficulté d'assigner une spécificité opérationnelle

143 H. Greniewski, *Cybernétique sans mathématiques*, Paris : Gauthier Villars, 1964. Couffignal précise dans la préface que c'est Perroux qui a porté à sa connaissance l'existence de l'ouvrage (dans sa version anglaise qui a servi de modèle pour la traduction française). Mais Greniewski a aussi participé au colloque de Royaumont de 1962 sur le concept d'information, co-publié par la collection de Couffignal.

144 « Report of the Amsterdam Meeting, September 10-12, 1959 », *Econometrica*, vol. 28, n° 3, 1960, p. 661, 663.

à la cybernétique pour la modélisation économique (rappelons de plus qu'à cette époque la cybernétique commence à être officialisée à l'Est, et qu'elle peut ainsi se trouver prendre des significations très générales). L'intérêt de Couffignal pour l'économie ne se limite pas à la série N, puisqu'il publie ailleurs des articles sur la modélisation économique, pas tous liés à la cybernétique, d'ailleurs[145].

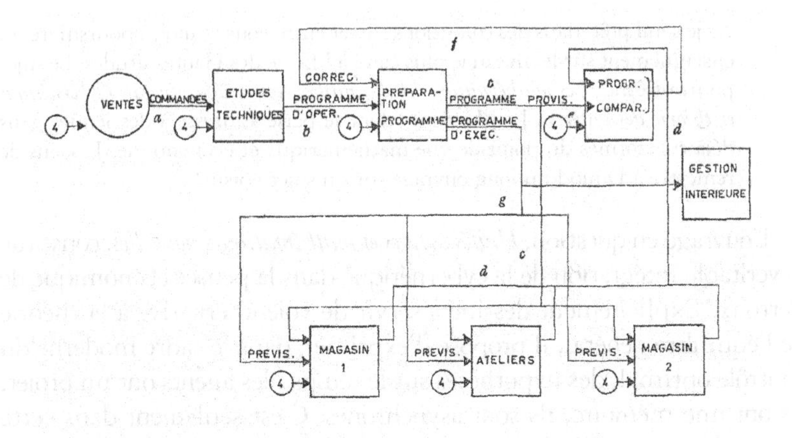

FIG. XXX – Circuit d'information pour l'élaboration du planning d'une entreprise[146].

Au-delà de la série N, on peut remarquer d'autres points d'amarrage entre Perroux et des anciens du CECyb : Pierre Ducassé se voit lui aussi attribuer la direction d'une collection des *Cahiers de l'ISEA*[147]. En

145 Par exemple, il intervient dans le débat entre Josef Solterer et Johan Åkerman dans la revue *Économie appliquée*, au sujet de la modélisation de la croissance économique. Par ailleurs, son intérêt pour la cybernétique dans une optique d'organisation des entreprises est lié à une préoccupation pour la qualification et la formation professionnelles (rappelons qu'il est inspecteur général de l'instruction publique, créateur des Brevets de technicien supérieur et impliqué dans le développement de l'enseignement technique) ; c'est dans cette perspective qu'il faut comprendre son engagement, à la même époque, dans l'application de la cybernétique à la pédagogie.

146 L. Couffignal, « La gestion cybernétique d'une entreprise », *Cybernetica*, vol. 5, n° 2, 1962, p. 81.

147 Il s'agit de la série AD, intitulée, sans grande surprise, « Evolution des techniques et progrès de l'économie » (sur Ducassé et son rôle vis-à-vis du CECyb, voir le second et le dernier chapitres). En fait seulement deux numéros seront publiés, en mars 1961 et février 1963.

1960 paraît en outre le tome IX de *L'Encyclopédie française*, « L'univers économique et social », coordonné par Perroux, qui y fait contribuer Couffignal et Ducassé. Par ailleurs, on retrouvera Robert Vallée dans les années 1970, lorsque l'ISEA deviendra l'ISMEA (avec M pour « mathématiques », sous l'impulsion d'André Lichnerowicz). Perroux, entre temps, a cherché à s'approprier une approche cybernétique :

> ... je serai prêt, dans des conditions à fixer entre vous et moi, à poursuivre un enseignement sur le niveau le plus élevé à l'École des Hautes Études. Le sujet pourrait être : *Les mathématiques de l'équilibre économique général. Cybernétique et théorie des systèmes.* [...] Le cours dont je parle s'adresse à des jeunes gens déjà très formés du point de vue mathématique et économique. Je viens de remettre à Dunod un long ouvrage sur un sujet voisin[148].

L'ouvrage en question, *Unités actives et mathématiques nouvelles*, constitue la véritable intégration de la cybernétique dans la pensée économique de Perroux. Explicitement destiné à servir de voie alternative à la théorie de l'équilibre général, il propose d'exprimer, dans le cadre moderne du contrôle optimal, des hypothèses sur le temps : les agents ont un projet, ils ont une mémoire, ils sont asynchrones. C'est seulement dans cette épaisseur temporelle que l'*homo œconomicus* ne fait pas que réagir à son environnement mais prend véritablement des décisions, ce qu'exprime aussi la notion d'« unité active » désignant les regroupement d'agents. « La commande optimale est une expression fine de l'activité de l'unité, des difficultés qu'elle rencontre et des limites où elle est tenue[149] ». Si Perroux et les néo-classiques semblent alors adopter le même idiome, c'est pour mieux faire ressortir leurs divergences, si tant est que pour le premier « Les hypothèses de l'équilibre général *détruisent* l'objet à étudier[150] ».

> À considérer la tendance générale, la spontanéité de la réalisation de l'équilibre s'estompe au bénéfice de la commande optimale, liée au théorème de Pontryagine, et l'attention est attirée sur les combinaisons d'optimalités partielles, cherchées par la théorie des systèmes généraux et par celle des plans à plusieurs niveaux (*multilevel planning*). Considéré dans son ensemble

148 Lettre de F. Perroux à J. Le Goff, 12 juin 1975, Archives nationales 19920571/3.

149 F. Perroux, *Unités actives et mathématiques nouvelles : révision de la théorie de l'équilibre économique général*, Paris : Dunod, 1975, p. 112. Perroux se réfère au premier manuel français du genre : J.-Y. Helmer, *La Commande optimale en économie*, Paris : Dunod, 1972.

150 G. de Bernis, « La dynamique de François Perroux », *op. cit.*, p. 109.

> et quant à sa direction, cet ample mouvement de notre discipline, restreint le domaine des équilibres *spontanés* et accroît celui de la *régulation* et du *contrôle*[151].

L'ouvrage est préfacé par Lichnerowicz, qui appuie – plus sobrement – les options de Perroux[152].

La transition de l'ISEA à l'ISMEA souligne évidemment l'accent mis sur la formalisation, et c'est dans ce contexte de modélisation des systèmes dynamiques que Robert Vallée est appelé à travailler sur des techniques de calcul reprenant ses travaux précédents en théorie de l'observation[153]. Vallée dirigera d'ailleurs l'ISMEA de 1980 à 1982. Dans le numéro d'*Économie mathématique* coordonné par Vallée en 1990, on trouve un modèle de J. et P. Fuerxer[154] présenté l'année d'avant au XIIe Congrès international de cybernétique de Namur.

Dans leur ouvrage sur *L'Économie non conformiste en France au* XX*e siècle*, J. Weiller et B. Carrier affirment une continuité : « …il existe un lien direct entre le développement modélisé de l'économie non conformiste et les travaux du CECyb puis de l'AFCET par exemple. En effet, l'un des fondateurs du CECyb, Robert Vallée, et l'un des conférenciers, G. Th. Guilbaud, participèrent ultérieurement aux recherches en économie mathématique à l'ISEA puis à l'ISMEA[155] ». Le présent chapitre invite plutôt à nuancer cette continuité. On a une continuité des personnes, et une certaine continuité thématique, mais des doutes sont permis quant à l'existence d'une continuité méthodologique. Les références de Weiller et Carrier sur l'histoire de la cybernétique en France restent générales et imprécises : d'après les éléments exposés dans ce chapitre, il n'y a tout simplement pas de travaux de modélisation cybernétique en économie issus du CECyb, et il n'en existe quasiment aucun en France à la même époque. On peut donc se demander dans quelle mesure il existe une

151 F. Perroux, *Unités actives et mathématiques nouvelles*, *op. cit.*, p. 197.

152 « L'exploitation systématique des processus de contrôle, avec leur double aspect aléatoire et finitiste, leur extension à des systèmes héréditaires étalés dans le temps et porteurs de projets, peut fournir – parmi d'autres – l'un des instruments mathématiques d'approche pour des champs importants de phénomènes économiques » (*ibid.*, p. XIII).

153 J. Weiller, B. Carrier, *op. cit.*, p. 112-114.

154 J. Fuerxer, P. Fuerxer, « Les fluctuations cycliques fondamentales des économies capitalistes », *Économies et sociétés*, série EM, n° 11, 1990, p. 95-113.

155 J. Weiller, B. Carrier, *L'Économie non conformiste en France au* XX*e siècle*, *op. cit.*, p. 163. Weiller travaillait aux côtés de Perroux au Centre de recherches quantitatives et d'économie appliquée de la VIe section de l'École des hautes études (G. Gemelli, *Fernand Braudel*, Paris : Odile Jacob, 1995, p. 309).

filiation, et l'examen d'une série de travaux s'étalant entre 1966 et 1975 peut être intéressante pour cela. Il faut attendre en effet l'arrivée d'une nouvelle génération pour que la modélisation cybernétique émerge véritablement en France ; on peut notamment mentionner quatre thèses qui s'en revendiquent explicitement.

En février 1966, Jean-Paul Vigié soutient sous la direction de Guitton une thèse intitulée *Essai de cybernétique économique. Contribution au renouvellement des méthodes et techniques de l'économétrie*[156]. Une première partie passe en revue deux séries de modèles (agrégatifs et multisectoriels, ou « différenciés », dans la terminologie adoptée par l'auteur). Vigié attend de la cybernétique un gain de réalisme (notamment par l'introduction de non linéarités), par rapport à ces modèles qui « ne nous renseignent pas sur une question primordiale : les interactions entre les différents secteurs déjà "optimisés" d'une économie, ne risquent-elles pas de faire apparaître un comportement global du système imprévu et éloigné d'une "solution" optimale[157] ? ». Sa démarche de modélisation est accompagnée d'une simulation informatique. Il étudie une branche industrielle fictive comprenant un marché, un secteur de production, des grossistes et des détaillants, un marché du travail, interconnectés de façon telle que chaque maillon procède à des ajustements. Vigié semble surtout s'intéresser à l'effet des délais sur l'ensemble du système. Dans la troisième partie de la thèse, une dizaine de simulations montre des évolutions instables pour différents paramétrages. Sur le plan des outils de formalisation, la thèse se place dans le cadre de la « Dynamique industrielle » de Forrester (on apprend dans un appendice bibliographique que l'auteur a commencé son travail sous la direction de Forrester, probablement lors d'un séjour aux États-Unis) : codification des

156 J.-P. Vigié, *Essai de cybernétique économique. Contribution au renouvellement des méthodes et techniques de l'économétrie*, thèse de Sciences économiques, Paris, 1966. Les deux autres membres du jury sont Pierre Tabatoni, fondateur de l'université Paris Dauphine, et Jean-Marcel Jeanneney, ancien ministre et président de la BNF. Dans un article de 1957 sur le « néo-classicisme monétaire » américain, Tabatoni écrivait : « Si l'arme tactique du contrôle demeure la très classique "offre élastique de monnaie" que les Statuts de 1913 imposèrent comme objectif au système, sa formule actuelle du contrôle des réserves des banques commerciales, par les techniques d'open-market, correspond plutôt à la très moderne conception de la décentralisation "administrative" selon un schéma – risquons le mot à la mode – cybernétique » (P. Tabatoni, « Le néo-classicisme monétaire aux États-Unis depuis 1950 », *op. cit.*, p. 698). Sous Tabatoni, Dauphine accueille au tournant de 1970 de jeunes mathématiciens (J.-P. Aubin, I. Ekeland, …) qui mettent en place un Centre de recherches en mathématiques de la décision (*cf.* chapitre 5 et annexe ###).

157 J.-P. Vigié, *Essai de cybernétique économique*, *op. cit.*, p. 116.

schémas, et surtout usage intégré d'une modélisation et d'une simulation au moyen du langage DYNAMO. L'auteur utilise peu de mathématiques, et mise explicitement sur l'apport de la simulation (corollaire naturel et indispensable, selon lui, de la modélisation cybernétique). Il semblerait donc qu'il s'agisse de transférer la complexité du modèle à l'ordinateur, au lieu d'investir dans des techniques mathématiques trop sophistiquées, qui font perdre de vue le sens des problèmes économiques. On est aussi, précisons-le, dans une optique « appliquée », en quête de modèles pratiques à utiliser, et sans ambition théorique positive de fond[158] : c'est finalement la « méthode expérimentale » (Vigié qualifie ainsi la simulation) qui tranchera en faveur du réalisme des modèles. On peut se demander à quoi rime pour Vigié le « recodage » de son travail sous la bannière cybernétique. La façon dont il présente celle-ci est assez superficielle, donc cet étiquetage, sans être inapproprié, n'apporte pas grand-chose ; puisqu'il n'a vraisemblablement pas été suggéré par Forrester lui-même, peut-être Vigié y voyait-il un label plus « vendeur » en France que la dynamique industrielle, doté d'un « supplément d'âme » épistémologique ? Quoi qu'il en soit, on trouve dans l'appendice bibliographique commenté une référence aux ouvrages d'Allen et de Tustin (voir ci-dessus), « la première utilisation des notions de cybernétique[159] » (Vigié ne connaît donc pas les travaux de Simon, ni ceux de Phillips). Par ailleurs, « l'ouvrage fondamental est toujours celui de Norbert Wiener » (*Cybernetics*), tandis que « la bibliographie [...] est relativement réduite et pratiquement inexistante dans le domaine de la cybernétique appliquée à l'économie[160] », et se réduit aux ouvrages déjà mentionnés de Beer et Forrester. Ces indications nous donnent une certaine idées de l'état de (non-) développement de la modélisation cybernétique en économie, et de ce que l'auteur en a retenu.

158 « Nous avons essayé de présenter une critique des méthodes employées par des économistes qui semble-t-il, visent à anéantir la science économique en tant que discipline cognitive, en la réduisant à une mathématisation et axiomatisation d'hypothèses invérifiables et irréalistes. L'économie politique a surtout pris au courant de la science moderne l'apport mathématique qui devait lui donner les lettres de noblesse lui permettant de prétendre au titre de science économique. Or, les mathématiques et les techniques mathématiques utilisées ont conduit à une prolifération d'études et d'ouvrages économétriques qui, lorsqu'ils ne consistent pas en une présentation quantitative des raisonnements élémentaires de l'économie politique, aboutissent à une stérilisation de la connaissance et de l'action » (*ibid.*, p. 212).

159 *ibid.*, p. 219.

160 *ibid.*, p. 217.

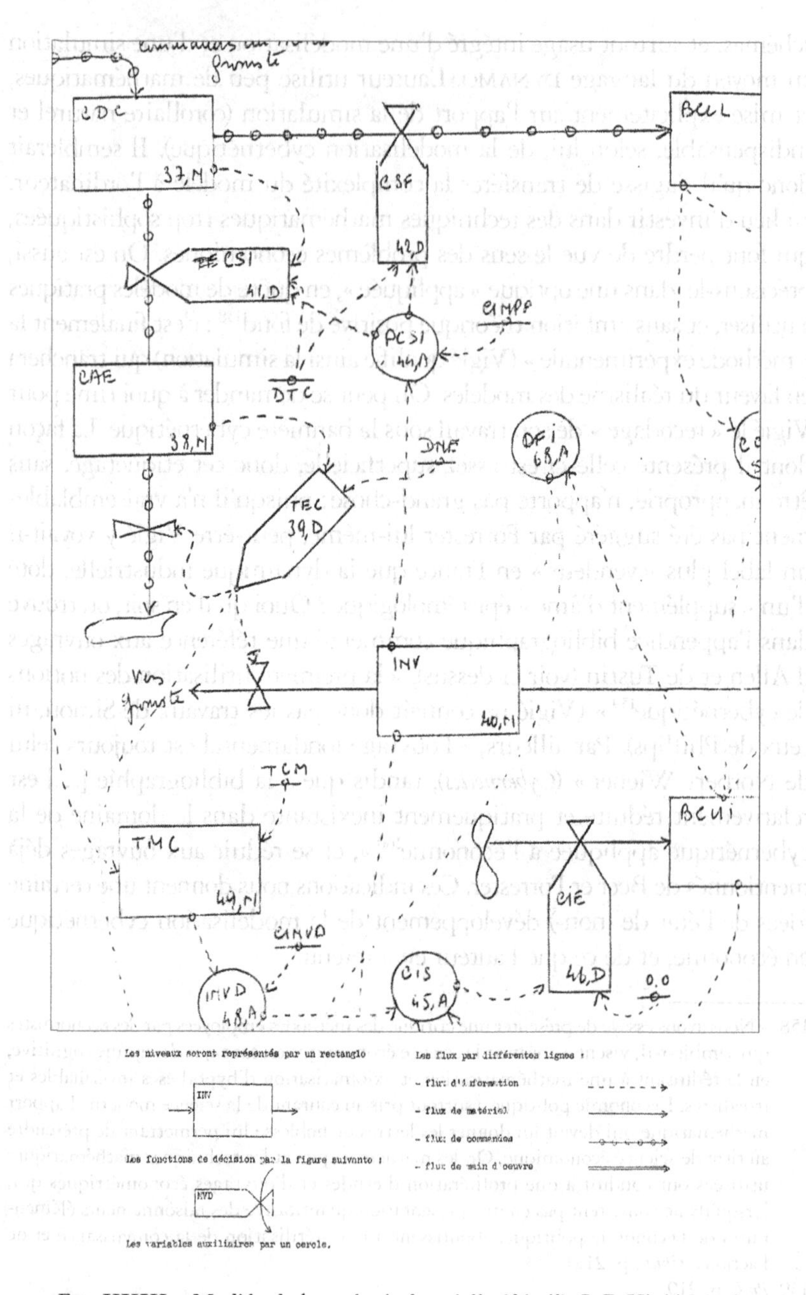

FIG. XXXI – Modèle de branche industrielle (détail). J.-P. Vigié, *op. cit.*

La thèse de Gérard Métayer, *Modèles cybernétiques d'entreprise*, est soutenue en 1967 et publiée en 1970 sous le titre *Cybernétique et organisations*. Métayer passe en revue différentes fonctions de l'entreprise pour préconiser des aménagements en matière de systèmes d'information. Au début de l'ouvrage, un petit chapitre de synthèse précise les références dont s'inspire l'auteur : celui-ci présente sa démarche comme une généralisation de l'application de la cybernétique à la théorie administrative dans les années 1950 (l'ouvrage *Cybernetics and Management* de Stafford Beer, ainsi que les travaux de Lucien Mehl présentés au deuxième Congrès de Namur[161]). Métayer renvoie à Ashby et Couffignal pour la définition générale de la notion de système (ce qui ne l'engage pas à grand chose), qu'il propose de formaliser au moyen de la notion de relation binaire (en renvoyant à Eckman & Mesarovic, et non, en l'occurrence, à Riguet[162]) : tout système est ainsi composé basiquement de ce qu'il appelle une « unité finaliste » et une « unité causale », équivalents du système de contrôle et du système à contrôler. Métayer réinterprète alors le modèle pyramidal de Fayol et le modèle *staff & line*, avant d'aborder ses propositions. Un élément qui apparaîtra plus loin est la codification schématique employée dans la « dynamique industrielle » de Forrester. Dans le fil du texte, Métayer préfère l'appellation « théorie (générale) des systèmes » à « cybernétique ». Son chapitre de présentation fait clairement voir une capitalisation (et même, en fait, peu d'innovation en matière de formalisation), et une synthèse qui reste cohérente en dépit de la variété des éléments invoqués.

Didier Leclère soutient en 1974 une thèse consacrée aux processus d'adaptation de la firme. Son ambition est d'utiliser un modèle cybernétique pour accorder la théorie micro-économique de la firme aux techniques de contrôle de gestion (deux approches généralement antagonistes de l'entreprise et de la décision économique, car « on ne peut pas trouver une solution analytique à l'ensemble des problèmes de gestion[163] »).

161 S. Beer, *Cybernetics and Management*, Londres : English Universities Press, 1959 ; L. Mehl, « Cybernétique et administration », Actes du 1er Congrès international de cybernétique, *op. cit.*, p. 429-469.

162 D. Eckman, M. Mesarovic, « On the Basic Concepts of the General Systems Theory », Actes du 3e Congrès international de cybernétique, *op. cit.* p. 104-118. En ce qui concerne Riguet, voir chapitre 4.

163 D. Leclère, *Analyse microéconomique et cybernétique : vers une approche systémique des processus d'adaptation de la firme*, thèse, université Paris II, 1974, p. 10 : « Le théoricien recherche donc la solution analytique d'un problème dont il a lui-même défini la structure et fixé le nombre des variables, alors que le praticien doit organiser, coordonner différents processus

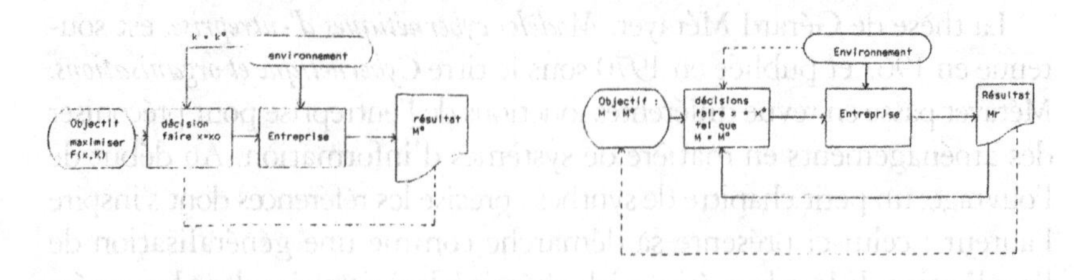

FIG. XXXII – Structure simplifiée des modèles théoriques de la firme (à gauche) et d'un modèle de processus de gestion (à droite).
« La boucle (possible) de rétroaction du résultat est indiquée en pointillés pour mémoire : en fait, elle n'est pratiquement jamais explicitée dans les modèles théoriques, car le résultat ne peut qu'être l'optimum si l'on "sait" résoudre analytiquement le problème »
(D. Leclère, *Analyse microéconomique et cybernétique*, *op. cit.*, p. 17, 19).

Pour introduire sa modélisation cybernétique en microéconomie, l'auteur attaque un postulat néo-classique, selon l'argument simonien de la rationalité limitée d'une part, mais aussi, d'autre part, par l'introduction de la notion d'« entropie » (à la suite de l'ouvrage *The Entropy Law and Economic Process* de N. Georgescu-Roeden, relayé en France par Guitton[164]) : « face à la volonté consciente de l'agent microéconomique, il n'y a aucune raison pour que les événements s'ordonnent spontanément d'une manière satisfaisante, *a fortiori* optimale. La thermodynamique enseigne au contraire que l'univers est soumis à la règle de l'entropie croissante [...][165] ». Le chapitre qui précise ce point de vue fait largement appel à des ouvrages de Wiener, mais aussi par exemple du philosophe Raymond Ruyer, ou encore à un article de la série N des *Cahiers de l'ISEA* (voir ci-dessus); l'auteur s'appuie également sur les ouvrages doctrinaux de Couffignal pour définir la cybernétique. Il y a donc bien une continuité entre la thèse de Leclère et les idées des années 1950-1960, mais il s'agit surtout d'une continuité « philosophique », intervenant au niveau de certaines hypothèses, et non au niveau méthodologique de la formalisation.

---

simultanés de décision au sein d'une structure héritée du passé dont il ne peut connaître toutes les variables ».

164 N. Georgescu-Roeden, *The Entropy Law and Economic Process*, Harvard : Harvard University Press, 1971 (Wiener fait partie des sources discutées par l'auteur); H. Guitton, *Entropie et gaspillage*, Paris : Éd. Cujas, 1972.

165 D. Leclère, *Analyse microéconomique et cybernétique*, *op. cit.*, p. 36.

En macroéconomie, la thèse d'Anton Brender (1975) explore l'idée que « … les intentions d'épargne de la collectivité […] pour l'essentiel insensibles aux taux d'intérêt […] vont représenter pour le système économique une information dont il devra tenir compte pour régler le processus réel d'investissement[166] ». Il s'agit de chercher à estimer l'efficacité des intermédiaires financiers dans le rôle de régulateurs macroéconomiques[167]. Pour développer son analyse, Brender cherche à définir et localiser précisément un concept de mécanisme cybernétique : ceux-ci, écrit-il, ne constituent qu'une catégorie des mécanismes de régulation économique. Dans sa typologie, l'auteur écarte les mécanismes à rétroaction positive (les accélérateurs-multiplicateurs), de même que les décisions de politique économique (parmi lesquelles il range les modèles de Phillips, en se référant à l'article paru dans la série N). D'autre part, Brender critique la théorie de l'équilibre général (dans la version de Debreu) sur sa conception du temps qui amène à laisser dans l'implicite certains mécanismes réels de régulation : « … *l'écoulement du temps n'apportera aucune information*, cet écoulement ne correspond qu'à la durée nécessaire au déroulement des actions économiques[168] ». La bibliographie comprend des manuels d'asservissements russes, américains (le manuel de Di Stefano III, aussi utilisé par le neurophysiologiste G. Gauthier, *cf.* p. 375) et même français (le manuel de Helmer). On se trouve donc en présence d'un travail qui conjugue les outils modernes du contrôle optimal aux concepts originaux de la cybernétique. Les références sont à la fois aux écrits théoriques (Wiener, mais aussi par extension Ashby ou Bertalanffy), mais aussi aux recherches précédentes en la matière (la

166 A. Brender, *Les intermédiaires financiers et la régulation de l'équilibre macroéconomique : une analyse cybernétique*, thèse, université Paris I, 1975, p. 2.

167 « C'est cet asservissement d'une activité (le processus d'investissement) par des informations (les intentions d'épargne) qui suppose le fonctionnement d'un mécanisme cybernétique : on essaiera de montrer que les intermédiaires financiers sont la pièce essentielle de ce mécanisme. Ils ont en effet la possibilité de connaître, avec une plus ou moins grande précision bien sûr, une partie des intentions d'épargne de la collectivité tout en ayant par ailleurs la possibilité de contrôler une partie au moins, du volume et de la distribution sectorielle de l'investissement » (*ibid.*, p. 2).

168 *ibid.*, p. 3 (souligné par l'auteur). « Dans un univers certain l'écoulement du temps ne saurait altérer en rien les plans décidés en l'instant initial : si du point de vue des actions économiques le temps a cessé de n'être qu'une dimension supplémentaire de l'espace des échanges, il l'est resté pour ce qui concerne les décisions économiques » (p. 9). Même dans le cas incertain traité par Debreu, « l'écoulement du temps n'a aucune influence sur les décisions, conditionnelles, des agents » (p. 10).

modélisation macroéconomique anglaise, de même que Lange – dont l'*Introduction à la cybernétique économique* vient alors d'être traduite en français chez Sirey – et Kornai) ; il y a donc une capitalisation à la fois méthodologique et conceptuelle permettant à l'auteur de définir une position critique vis-à-vis de ses prédécesseurs en matière de modélisation cybernétique, mais aussi vis-à-vis de la théorie néo-classique. Brender va se rapprocher de l'ISMEA ; Perroux et Vallée, intéressés, publient sa thèse[169]. Avant de se tourner vers les sciences économiques, Brender a suivi deux années de classe préparatoire pour entrer à l'Institut national d'agronomie ; il y a étudié à la fois les mathématiques et les sciences naturelles[170]. Il lit le *Cybernetics* de Wiener lors d'un séjour aux États-Unis. De là une idée directrice de ses premières années de recherche en économie, qu'il va préciser aussitôt après sa thèse, dans un ouvrage *Socialisme et cybernétique*[171] : les mécanismes de régulation élémentaires d'un système échappent à la conscience lorsqu'ils fonctionnent bien, c'est dans les crises qu'ils révèlent leur importance. Comparant les économies du Japon et de l'URSS, Brender souligne l'inefficacité de la seconde, qu'il attribue à la suppression des intermédiaires commerciaux et financiers. C'est cette suppression qui révèle leur importance en tant que relais informationnels régulateurs. Ce rôle est assuré dans une économie de marché, ce qui contribue précisément, et paradoxalement, à le rendre invisible de la théorie économique. Brender, déjà dans sa thèse, réserve le qualificatif de « cybernétique » à ces régulations souterraines, végétatives, et le refuse aux décisions de politique économique. Il semble donc parvenu à la même intuition que Kornai, de façon apparemment indépendante puisqu'il ne cite jamais l'article de Kornai et Martos de 1973 traitant des régulations végétatives[172], alors même qu'il s'appuie occasionnellement sur l'*Anti-equilibrium* de Kornai. À la différence d'autres théories hétérodoxes – comme la théorie du déséquilibre, qui considère que les problèmes proviennent de ce que les prix ne représentent pas une information fiable – il s'agit ici de considérer que les prix ne constituent pas la seule information. Pour Brender, l'informatisation des activités d'intermédiation financière a rendu tangible leur caractère

169 A. Brender, *Analyse cybernétique de l'intermédiation financière*, Cahiers de l'ISMEA, série EM n° 7, 1980, p. 1600-1813.

170 Entretien avec A. Brender, 30 octobre 2014.

171 A. Brender, *Socialisme et cybernétique*, Paris : Calmann-Lévy, 1977.

172 J. Kornai, B. Martos, « Autonomous Control of the Economic System », *op. cit.*

cybernétique, et montré le retard de la théorie économique sur les réalités pratiques[173]. L'approche cybernétique de Brender, parfaitement explicite chez ce représentant de l'une des écoles de la régulation, n'est pas partagée par toutes les écoles de ce courant : Boyer critique ainsi la notion de régulation qu'il estime être celle portée par « l'idéologie cybernétique[174] ».

Pour cette génération nouvelle au tournant des années 1970, la cybernétique a pu représenter une source d'inspiration théorique et conceptuelle, plus que véritablement méthodologique. C'est sans doute la conclusion qui se dégage de ce chapitre (sous forme d'hypothèse qu'un affinement cartographique devrait vérifier) : alors que, dans une première phase, les différentes niches d'application de la théorie des asservissements à diverses problématiques économiques ou entrepreneuriales, pouvaient suffire à définir la cybernétique économique, après les années 1970 cela ne semble plus possible. D'abord, la boîte à outils des

173 « Si vous regardez, par secteurs, dans nos économies, qui a le plus d'équipements informatiques, vous vous apercevez que ce sont les intermédiaires : le commerce de gros, le commerce de détail, les intermédiaires financiers. Pourquoi ? Parce que leur seule activité est de traiter l'information [...]. C'est devenu des systèmes informatiques qui sont simplement le reflet de leur activité cybernétique ; ça montre bien la réalité de l'activité cybernétique de ces gens-là. [...] Schumpeter a dit : "S'il avait fallu attendre que les banquiers comprennent à quoi ils servent pour qu'il y ait des banques, on n'en aurait toujours pas". Les intermédiaires, on ne sait pas comment ils fonctionnent, ou plutôt ils fonctionnent, et ils savent qu'en utilisant des ordinateurs ils fonctionneront mieux, pourquoi, simplement parce que la seule activité qu'ils ont, à côté de la manipulation de marchandises, c'est traiter les informations ; et ils le font d'une façon qui est tellement inconsciente qu'on n'a pas eu besoin d'en faire la théorie. [...] L'économie, si elle ne s'écroule pas, c'est parce qu'il y a une myriade de mécanismes qui fonctionnent de façon inconsciente, mais le jour où ils dysfonctionnent l'économie en subit gravement les conséquences ; et malheureusement, on commence à peine à prendre conscience de l'importance de tous ces mécanismes » (entretien avec A. Brender, 30 octobre 2014).

174 M. Troisvallets, « Canguilhem et les économistes : aux sources des visions régulationnistes », *op. cit.*, p. 90). Étant donnée l'influence marxiste inhérente aux courants régulationnistes, on peut se demander dans quelle mesure les économistes français marxistes n'ont pas suivi l'adoption de la cybernétique par les pays de l'Est après les années soixante. On trouve une tentative de synthèse par le marxiste Jacques Peyrega (1917-1988), doyen de la faculté de Droit d'Alger (J. Peyrega, *Approche cybernétique et interprétation marxiste de la structure et du développement de la « formation économique de la société »*, Pessac : ACEDES, 1976 ; *Dialectique et cybernétique : la conception dialectique de l'analyse cybernétique d'un système socio-économique*, Pessac : ACEDES, 1976), et qui donne même à l'université de Bordeaux un cours de Licence et de Maîtrise sur le sujet (J. Peyrega, *Introduction à l'analyse cybernétique des systèmes socio-économiques*, cours de licence et de maîtrise en sciences économiques, faculté des sciences économiques de Bordeaux I, Pessac : ACEDES), non consulté.

modélisateurs évolue : à l'heure du contrôle optimal, l'interopérabilité avec systèmes dynamiques, jeux dynamiques, théorie de la décision, théorie des automates, complique la distinction d'une approche proprement cybernétique – cette bannière est d'ailleurs alors souvent troquée pour celle, plus floue, de la « systémique ». Ensuite, cette boîte à outils se généralise : le contrôle optimal est utilisé dans le cadre de l'équilibre général. La patte de la cybernétique n'est plus au niveau des outils, mais des hypothèses retenues pour la description et l'analyse des processus d'itérations correctives vers un optimum. Or, ces hypothèses percolent doucement dans le *mainstream*, comme en témoigne par exemple la façon dont Kornai a mis de l'eau dans son vin.

Double mouvement, donc, qui tend à effriter ou dissoudre chacun des deux socles de la cybernétique (celui, méthodologique, de la théorie des asservissements, et celui, plus philosophique, des hypothèses de modélisation). Or il semble y avoir un découplage entre ces deux mouvements, qui complique sérieusement l'identification d'une pratique de modélisation spécifiquement cybernétique. Il demeure un certain éclatement des directions de recherche, des hypothèses, tel qu'on ne peut parler d'école de modélisation cybernétique ; mais il paraît exagéré d'affirmer que la cybernétique n'est qu'un mot. Il semble bien exister un « fonds commun », dont la nature et le rôle exacts ne sont pas faciles à caractériser : dans une certaine mesure, son interprétation et sa mobilisation dans une synthèse cohérente et opératoire paraissent laissées à la discrétion de chaque chercheur. On peut parler d'un fonds commun thématique (au sens des « thémata » de Holton), mais celui-ci ne forme pas un ensemble organique : par exemple, on peut créer des modèles cybernétiques sur l'hypothèse de la rationalité limitée sans que cela implique d'avoir recours à une loi de croissance de l'entropie ; ou encore, en faisant certaines hypothèses sur le temps ou la nature des relais informationnels.

En France, jusqu'à la fin des années 1960, il y a un certain vide : toute la première phase de la cybernétique économique se déroule à l'étranger[175]. Mercillon et Guitton répercutent le modèle de Goodwin, Guilbaud et Mandelbrot ont d'autres priorités, la série N de Couffignal ne comble

175 Chez les Anglo-saxons et à l'Est, comme on l'a vu, mais aussi par exemple en Allemagne : H. Geyer, W. Oppelt (dir.), *Volkswirtschaftliche Regelungsvorgänge im Vergleich zu Regelungsvorgängen der Technik*, Münich : R. Oldenbourg, 1957.

vraisemblablement pas Perroux. Tandis que dans les pays anglo-saxons, les ingénieurs étaient alors, d'après Cochrane et Graham, peu incités à la recherche économique, la France bénéficiait d'un contingent important d'ingénieurs-économistes ; et pourtant, il n'y a pas eu de Tustin, de Westcott ou de Phillips français. Si tournant cybernétique il y a chez quelques ténors de la recherche opérationnelle en 1963, cela n'impacte guère le Plan, dont le tournant cybernétique (*i.e.*, keynésien-dynamique) ne se produit que vers 1970 et ne leur doit sans doute rien. Le Plan apparaît comme une *trading zone* où se rencontrent, à travers des acteurs privés, académiques et étatiques, diverses traditions pas toujours directement compatibles en dépit de leurs oppositions respectives à la théorie de l'équilibre général (les ingénieurs-économistes élèves d'Allais, une niche keynésienne dans les administrations économiques, le syncrétisme de Perroux), autour de méthodes de modélisation mathématique, de pratiques de simulation informatique, de confrontation entre théorie et politique. Il reste à comprendre, dans le cadre d'une étude plus poussée, à la faveur de quelles circonstances des considérations cybernétiques se sont finalement faites entendre dans le cadre du Plan – mais seulement au tournant, là encore, des années 1970.

Ce vide relatif initial se manifeste dans la mémoire de la génération suivante. D'un côté, la série des thèses de cybernétique économique passées en revue n'a pas vraiment pu compter sur un patrimoine doctrinal cohérent, organique, de travaux cybernétiques à approfondir, généraliser ou transposer. Il s'agit plutôt d'un bricolage, au sens quasiment lévi-straussien, d'une filiation théorique, dans laquelle ne figure, en tout état de cause, presque aucune référence française, et qui va donc chercher ailleurs ses ingrédients. Et de l'autre côté, parallèlement à ces thèses qui revendiquent une filiation cybernétique, l'heure est aux manuels, avec des effets significatifs d'amnésie et de disjonctions : du côté de la théorie classique des asservissements, P.-M. Larnac en donne une présentation[176] en semblant s'étonner que ces outils ne soient pas davantage utilisés, alors même que sa propre thèse de doctorat n'en faisait pas mention[177]. Il se réfère à un numéro spécial de la *Revue d'économie poli-*

176 P.-M. Larnac, « Retards moyens et multiplicateurs dynamiques », *Revue économique*, vol. 24, n° 4, 1973, p. 646-664.

177 P.-M. Larnac, *Essai sur la logique et les limites du calcul économique moderne*, thèse, faculté de Droit et de sciences économiques, Paris, 1966.

tique contenant deux articles à visée comparable[178], qui se basent sur le manuel de Gille-Decaulne-Pélegrin et un autre de Maurice Bonamy[179], récapitulent les travaux anglais (Tustin, Phillips, Allen), et se placent même explicitement dans la continuité d'Aftalion et de sa chaudière. Cela n'empêche pas le coordinateur du numéro d'écrire que ces deux articles abordent un thème « très neuf »... En comparaison, le manuel de commande optimale appliquée à l'économie de J.-Y. Helmer (*op. cit.*) semble un monde complètement séparé, à la fois sur le plan technique et dans les références théoriques. Dans ces différentes publications de 1972-1973, on voit que chez les économistes la modélisation des *feedbacks* occupe une place à géométrie variable, elle ne va pas de soi pour tout le monde et semble rester optionnelle dans leur boîte à outils. La question de la nature des signaux d'écart reste rarement abordée. La référence à la cybernétique y est généralement inexistante, au mieux discrète et non transitive[180]. C'est sans doute Bernard Walliser, peu après, qui réconcilie, plus encore que Brender, les différentes branches de l'arbre généalogique[181].

Ce chapitre, très exploratoire en raison d'une littérature encore approximative, visait à cartographier les niches et à identifier quelques points d'inflexion. L'approfondissement de cette cartographie ne gagnera qu'à en tenir compte. L'histoire de la « cybernétique économique » recèle des discontinuités (entre Wiener et les premières velléités d'application ; entre ces niches et la période d'assimilation généralisée du contrôle optimal ; entre outils de modélisation et paradigmes théoriques, relativement autonomes les uns par rapport aux autres). Tant qu'elle était reconnaissable, dans sa première phase d'existence, la cybernétique économique siégeait

178 L. Mougeot, « L'application de la théorie des asservissements à la régulation des systèmes interrégionaux », *Revue d'économie politique*, vol. 82, n° 2, 1972, p. 355-382 ; A.-L. Dumay, « Contribution de la théorie des asservissements a l'étude des modèles macro-économiques », *Revue d'économie politique*, vol. 82, n° 2, 1972, p. 383-416.

179 M. Bonamy, *Servomécanismes, théorie et technologie*, Paris : Masson, 1957.

180 Par exemple, lorsque Richard Bellman cite Wiener (R. Bellman, *Adaptive Control Processes: A Guided Tour*, Princeton : Princeton University Press, 1961), et que des auteurs citant ensuite Bellmann déplacent l'horizon de rétrospection en faisant sortir Wiener de leur fenêtre temporelle (*cf.* S. Auroux, « Histoire des sciences et entropie des systèmes scientifiques. Les horizons de rétrospection », *Archives et documents de la Société d'histoire et d'épistémologie des sciences du langage*, vol. 7, n° 1, 1986, p. 1-26).

181 B. Walliser, *Systèmes et modèles. Introduction critique à l'analyse des systèmes*, Paris : Seuil, 1977 ; « Théorie des systèmes et régulation économique », *Économie appliquée*, vol. 31, n° 3-4, 1978, p. 337-351.

dans l'opposition ; affirmer que la science économique est devenue une *cyborg science* monolithique après la Seconde Guerre mondiale, c'est parler d'une *cyborg science* sans cybernétique. La réception de la cybernétique en économie n'a pas participé d'une grande vague de fond unitaire et cohérente, *a fortiori* en France.

STRUCTURALISME(S) ET CYBERNÉTIQUE(S)[1]

Nous voici en juillet 1962, au sixième Colloque international de Royaumont, consacré au « concept d'information dans la science contemporaine ». Attrapons au vol la discussion entre Norbert Wiener, qui vient de terminer son exposé en français, et François Le Lionnais, qui inaugure le jeu des questions :

> LE LIONNAIS : … j'ai une bibliothèque de deux mille livres sur le jeu d'échecs ; je les ai lus ; je croyais donc bien connaître ce jeu. Mais il y a une chose que tous les joueurs d'échecs du monde, les plus grands, ignoraient dans leur jeu, et qui n'est pas écrite dans le code international du jeu d'échecs…
>
> WIENER : C'est qu'ils se comprennent entre eux.
>
> LE LIONNAIS : … Ce que nous avons dû apprendre à la machine, c'est qu'on ne doit pas mettre deux pièces sur la même case et qu'on ne doit pas mettre une pièce sur plusieurs cases en même temps. C'était tellement évident pour nous que jamais on ne l'avait dit, mais il a fallu apprendre à le dire à la machine et je crois que ce fut pour nous tous une révélation sur l'explication nécessaire de tout, *sans exception*[2].

1 Une version initiale de ce chapitre a été publiée : « Structuralisme(s) et cybernétique(s). Lévi-Strauss, Lacan et les mathématiciens », *Les Dossiers d'HEL* n° 3, en ligne ; il est lui-même composé de deux articles parus séparément : R. Le Roux, « Lévi-Strauss, une réception paradoxale de la cybernétique » (avec une réponse de Cl. Lévi-Strauss), *L'Homme* n° 189, 2009, p. 165-190 ; « Psychanalyse et cybernétique. Les machines de Lacan », *L'Évolution psychiatrique*, vol. 72, n° 2, 2007, p. 346-369. Depuis, d'autres auteurs ont apporté des éclairages complémentaires, notamment : B. D. Geoghegan, « From Information Theory to French Theory », *op. cit.* ; « La cybernétique "américaine" au sein du structuralisme "français" », *op. cit.* ; L. H. Liu, « The Cybernetic Unconscious: Rethinking Lacan, Poe, and French Theory », *Critical Inquiry*, vol. 36, n° 2, 2010, p. 288-320 ; *The Freudian Robot. Digital Media and the Future of the Unconscious*, Chicago : University of Chicago Press, 2010. Le présent chapitre corrige au passage quelques menues maladresses des articles initiaux, et devrait donc être pris comme base de référence.

2 N. Wiener, « L'Homme et la machine », in *Le Concept d'information dans la science contemporaine*, *op. cit.*, p. 107-108. Sur François Le Lionnais, voir p. 580-583.

S'il fallait introduire au « structuralisme », on pourrait citer cet échange. Le Lionnais et Wiener, peut-être eux-mêmes à leur insu, sont en train d'énoncer une excellente définition d'une notion désignant une réalité à proprement parler vieille comme le monde, mais dont la conceptualisation amorcée depuis alors environ une décennie renouvelle en profondeur l'idée de l'homme : il s'agit de la notion d'« ordre symbolique ». Un lien entre les transformations théoriques fondamentales en anthropologie et en psychanalyse, d'une part, et les progrès technologiques de l'après-Guerre, d'autre part, est explicitement revendiqué par les deux artisans respectifs de ces transformations, Claude Lévi-Strauss et Jacques Lacan. Ce dernier énonce que « le symbolique, c'est le monde de la machine » ; et le premier, s'il se réfère davantage à la « théorie de l'information », a engagé une formalisation des « structures élémentaires » parentales et matrimoniales donnant de la coutume l'image d'un algorithme.

Le caractère explicite de cette revendication ne doit pas mettre le commentateur au chômage. Si celui-ci considère tout d'un bloc l'avancée technologique d'après-Guerre, son analyse de l'« influence » fera mouche à tous les coups. S'il se donne la peine d'une étude différenciée, en se demandant *quels* schèmes technologiques induisent *quels* effets et à *quels* niveaux de la production des connaissances scientifiques, il se pourrait bien qu'il doive renoncer à un récit homogène. En fonction de la définition qu'il se donne de la cybernétique, il n'obtiendra pas les mêmes conclusions : si, par cybernétique, il entend pêle-mêle l'électronique, l'informatique naissante, les télécommunications, « un peu tout ça », et sans souci de problématisation des relations internes aux domaines techniques, alors oui, la cybernétique a influencé le structuralisme (et il ne sera ni nécessaire, ni vraiment possible d'analyser plus loin) ; si, au contraire, il se donne une définition plus restreinte, et une grille d'analyse plus fine, alors l'histoire devient pleine de problèmes et de paradoxes. C'est la voie suivie ici, en resserrant la définition de la cybernétique autour du schématisme de la régulation, ce qui conduit à affirmer que Lévi-Strauss et Lacan sont passés à côté de la cybernétique alors même que leurs théories contiennent des problématiques appropriées. Ce qui conduit pareillement à dire que l'échange entre Wiener et Le Lionnais ne concerne pas la cybernétique : il s'agit là pour eux de comprendre la façon dont il faut codifier le monde pour la machine, et non la façon dont celle-ci doit être configurée pour atteindre un but ; le premier aspect est indépendant du second, et le second lui-même n'a pas toujours besoin du premier (les fabricants de thermostats, par exemple, ne connaissent pas les affres du groupe de Le Lionnais).

Jusqu'à présent, c'est surtout le premier genre de démarche qui a eu pignon sur rue. Il s'est dit que la cybernétique était un ingrédient épistémologique du structuralisme, sans se donner beaucoup plus de peine à chercher davantage de précision. L'influence prétendue de la cybernétique sur le structuralisme faisait bien figure d'idée reçue, d'autant mieux admise qu'elle restait allusive et indéfinie : alors que Barthes, à l'époque, évoquait l'« activité structuraliste » comme manifestant « une catégorie nouvelle de l'objet, qui n'est ni le réel, ni le rationnel, mais le *fonctionnel*, rejoignant ainsi tout un complexe scientifique qui est en train de se créer autour des recherches sur l'information[3] », plus près de nous, les tableaux synthétiques d'un Descombes ou d'un Dosse reconduisaient l'opinion : le premier sauvait à peu de frais la « philosophie du *cogito* » en invoquant « le paradoxe du structuralisme », lequel « veut montrer la soumission de l'homme aux systèmes signifiants » mais « fait cette démonstration en puisant ses concepts dans la théorie de l'information, c'est-à-dire dans une pensée d'ingénieurs dont le vœu est, comme l'indique le mot "cybernétique" dont ils ont fait leur titre scientifique, de donner à l'être humain le contrôle de toute chose grâce à une meilleure maîtrise de la communication[4] ». Dosse, quant à lui, écrit qu'après-Guerre « les sciences humaines vont se nourrir d'un discours logico-mathématique permettant d'opérer des généralisations, d'expliquer des processus d'auto-régulation par-delà les cas concrets étudiés. D'autres impulsions [que Bourbaki] ont compté, comme celle de la biologie et de la psychologie expérimentale avec la *Gestalt-theorie*, de la cybernétique qui permet la régulation parfaite et donc l'auto-conservation de la structure[5] ». Dès lors qu'aucune de ces caractérisations ne prend la peine de définir ou d'expliciter un tant soit peu le contenu de la cybernétique, toutes sont parfaitement libres, et donc arbitraires, dans leurs interprétations et leurs conclusions.

Piaget, dans son « Que sais-je ? » de 1968 sur *Le Structuralisme*, procède à une reconstruction systématique en tentant de définir une

3 R. Barthes, « L'activité structuraliste », in *Essais critiques*, Paris : Seuil, 1964, p. 211-219.

4 V. Descombes, *Le Même et l'Autre. Quarante-cinq ans de philosophie française (1933-1978)*, Paris : Minuit, 1979, p. 123.

5 F. Dosse, *Histoire du structuralisme. t. 1 : Le champ du signe, 1945-1966*, Paris : La Découverte, 1992, p. 107.

épistémologie structuraliste, dont il fait des « mécanismes d'autoréglage » un composant essentiel[6]. Il s'agit bien sûr pour Piaget de tout réinterpréter dans le cadre de son « structuralisme génétique ». Le contexte historique d'élaboration des idées est coutumier de la violence que peut lui faire toute démarche systématique, axiomatique ou doctrinale. Le problème, ici, est de savoir dans quelle mesure Lévi-Strauss et Lacan *ont effectivement* pris pour objet d'étude de tels mécanismes, et, le cas échéant, quelles méthodes ils ont mis en œuvre. À y regarder de plus près, il apparaît en fait que cette mise en œuvre n'a pas lieu, de sorte que la reconstruction de Piaget s'avère trop puissante et ne permet pas de rendre compte rétrospectivement de la façon dont Lévi-Strauss et Lacan sont globalement passés à côté de la cybernétique.

Un reproche analogue est à adresser à la thèse de Maxime Parodi[7], qui relit Lévi-Strauss, Lacan et Foucault à la lumière des théories ultérieures de l'« auto organisation ». En leur attribuant à tort le projet d'élaborer une méthode commune, laquelle aurait eu pour vocation de rendre compte de la notion d'« ordre social », Parodi homogénéise artificiellement trois doctrines en une unité fictive dont il n'a bien sûr aucune peine à montrer ensuite « l'échec », au titre qu'elles en seraient restées à une « méthode indéterminée » – d'autant plus indéterminée qu'elle n'a en fait évidemment jamais existé comme *une* méthode. Cette indétermination est articulée par Parodi à une conception confuse et protéiforme que lui-même se fait de la cybernétique, malléable selon les besoins de sa démonstration, incluant aussi bien la théorie des jeux que la physique des attracteurs ou la « métaphore » du programme génétique.

En 2004 paraît le livre *L'Empire cybernétique*[8] de la sociologue québécoise Céline Lafontaine, qui propose de rendre compte de l'influence de la cybernétique sur un vaste ensemble de courants théoriques contemporains, dont le structuralisme. Une pratique débridée de l'amalgame amène Lafontaine à étendre à une échelle généralisée l'influence dite « souterraine » de la cybernétique. Cette dernière est particulièrement mal définie, ce qui permet à l'auteur de la retrouver où bon lui semble en invoquant « l'élasticité de ses concepts ».

6 J. Piaget, *Le Structuralisme*, Paris : Presses universitaires de France, 1968.
7 M. Parodi, *La Modernité manquée du structuralisme*, Paris : Presses universitaires de France, 2004.
8 C. Lafontaine, *L'Empire cybernétique*, Paris : Seuil, 2004.

La prise en compte des circuits historiques réels d'échanges d'idées est donc indispensable sous peine de mythes et d'anachronismes. Dans le cas présent, il convient de s'intéresser de plus près à une situation remarquable pour ce qui nous intéresse : à l'École des Hautes Études, Lévi-Strauss a travaillé avec le mathématicien Georges Théodule Guilbaud ; il y organise un séminaire interdisciplinaire où se rencontrent des spécialistes des sciences humaines et sociales (dont Benveniste et Lacan, *cf.* p. 584) et des mathématiciens : Guilbaud, Mandelbrot, Riguet, Schützenberger, dont les trois premiers ont en commun d'être membres du Cercle d'études cybernétiques. Lacan, de son côté, se lie d'amitié avec Guilbaud et Riguet, qui jouent par la même occasion ce rôle de « conseillers mathématiques ». Ceci suffit-il à donner raison, comme on serait tenté de le croire, aux interprétations ayant affirmé l'existence d'un lien essentiel entre cybernétique et structuralisme ?

Mai Wegener a écrit un court article consacré à l'influence de Guilbaud et de la cybernétique sur le structuralisme[9], en insistant sur l'importance accordée par Guilbaud à l'étude des réseaux, qualifiée de « pièce maîtresse » de la cybernétique. Wegener remarque que Guilbaud se distingue de Wiener lorsqu'il met en doute le choix de Leibniz comme « saint patron » de la cybernétique, au profit de Pascal et Cournot. Il faut insister sur ce qu'implique ce recadrage de Guilbaud, qui, au début des années 1950, espère trouver dans la cybernétique la science des affaires humaines qu'il appelle de ses vœux, qui donnerait une large place aux jeux et aux probabilités, alors même que Wiener (*cf.* chapitre précédent) avait explicitement distingué (et séparé) cybernétique et théorie des jeux. Guilbaud reprend sa conférence de 1953 « Pilotes, stratèges et joueurs » pour constituer la troisième partie de son « Que sais-je ? » de 1954[10]. Guilbaud met aussi l'accent sur l'analyse de la structure des réseaux, alors que cet aspect est absent chez Wiener. Ces réinterprétations de la cybernétique par Guilbaud appellent donc à examiner plus attentivement sa position de passeur. Ce chapitre aborde successivement la réception et l'usage de la cybernétique chez Lévi-Strauss puis chez Lacan.

9 M. Wegener, « An den Straßenkreuzung : der Mathematiker Georges Théodule Guilbaud. Kybernetik und Strukturalismus », in L. Engell (dir.), *Archiv für Mediengeschichte. 1950*, Weimar : Universitätsverlag, 2004, p. 167-174.

10 G. Th. Guilbaud, « Pilotes, stratèges et joueurs. Vers une théorie de la conduite humaine », *Structure et évolution des techniques* n° 35-36, 1953-1954, p. 34-46 ; *La Cybernétique*, *op. cit.*

LÉVI-STRAUSS, UNE RÉCEPTION PARADOXALE DE LA CYBERNÉTIQUE

La littérature abordant le thème des fondements épistémologiques des courants structuralistes en sciences sociales a porté peu d'attention à une différence : celle entre, d'une part, les premiers travaux de F. de Saussure, V. Propp et G. Dumézil, et, d'autre part, ceux de Lévi-Strauss postérieurs à 1949 (que l'on peut qualifier de structuralistes à partir des *Structures élémentaires de la parenté*). À son retour d'exil, l'anthropologue se référera en effet périodiquement à la cybernétique. Bien qu'explicite, cette référence ne sera jamais réellement prise en compte par les commentateurs : soit ignorée en comparaison (et peut-être à cause) de la fascination pour l'influence spectaculaire de la linguistique structurale ou de l'algèbre des permutations, soit non ou mal analysée. L'analyse proposée ici met en évidence une structure paradoxale de leur réception par Lévi-Strauss : la rencontre est d'autant plus « manquée » qu'elle semblait prédestinée.

À qui répondrait d'avance que les commentateurs n'avaient pas besoin de parler d'une rencontre si elle n'a pas eu lieu, il faut d'abord rappeler ce que Lévi-Strauss en dit pour prendre la mesure du hiatus qui nous intéresse. C'est dans l'« Introduction à l'œuvre de Marcel Mauss » de 1950 que les références concernées apparaissent pour la première fois :

> [...] en s'associant de plus en plus étroitement avec la linguistique, pour constituer un jour avec elle une vaste science de la communication, l'anthropologie sociale peut espérer bénéficier des immenses perspectives ouvertes à la linguistique elle-même, par l'application du raisonnement mathématique à l'étude des phénomènes de communication[11].

Une note de bas de page renvoie alors au *Cybernetics* de Wiener, et à *The Mathematical Theory of Communication* de Shannon et Weaver. Cette note de bas de page paraît plutôt sobre au regard du ton que Lévi-Strauss utilise dans ses articles suivants : en 1951, dans « Langage et société », le *Cybernetics* de Wiener devient « un livre dont l'importance ne saurait

11 C. Lévi-Strauss, « Introduction à l'œuvre de Marcel Mauss », in M. Mauss, *Sociologie et anthropologie*, Presses universitaires de France, 1999, p. XXXVI-XXXVII.

être sous-estimée du point de vue de l'avenir des sciences sociales[12] ». En 1952, dans « La notion de structure en ethnologie », les ouvrages de Wiener et de Shannon & Weaver sont à nouveau mentionnés, précédés par le *Theory of Games and Economic Behaviour* de von Neumann et Morgenstern. Tous trois représentent, d'après Lévi-Strauss, parmi les développements non quantitatifs des mathématiques modernes ayant alimenté les recherches structurales dans les sciences sociales, « les ouvrages les plus importants pour les sciences sociales[13] ». L'intérêt de l'anthropologue ne fait que croître, puisqu'en 1954, en évoquant de nouveau le livre de Wiener, il estime que les pages consacrées par ce dernier à la société « mériteraient d'être transcrites tout entières dans la charte de l'Unesco[14] » (cette déclaration n'est pas une façon de parler, puisque Lévi-Strauss, alors secrétaire du Conseil international des sciences sociales de l'Unesco, travaille justement à faire du « lobbying » dans ce sens – *cf.* p. 583). Au moment où il écrit ces lignes, Lévi-Strauss jouit d'un prestige et d'un poids symbolique considérables, non seulement dans le domaine dont il a remanié l'épistémologie en profondeur, mais aussi par extension dans le champ des sciences sociales, et même, dans une certaine mesure, dans le champ scientifique en général, puisqu'il peut apparaître alors comme la figure révolutionnaire pourvoyeuse d'une scientificité tant désirée ; en 1954, donc, Lévi-Strauss est quelqu'un dont on peut croire qu'il ne parle pas à la légère, surtout lorsqu'il écrit pour une publication de l'Unesco – acte qui symbolise sans doute on ne peut mieux le fait de soumettre son propos au jugement de l'humanité universelle.

À l'emphase mise par l'anthropologue sur les idées de Wiener répond un vide interprétatif palpable. Des ouvrages classiques passent sous silence cette série de références. D'autres évoquent allusivement l'influence de la cybernétique sur Lévi-Strauss (par exemple Marcel Hénaff[15]). On est alors laissé avec un simple mot, sans véritable précision sur les relations réelles – ou imaginaires – qu'il peut recouvrir ; on est

12 C. Lévi-Strauss, « Langage et société », in *Anthropologie structurale*, Paris : Plon, 1958, p. 63.

13 C. Lévi-Strauss, « La notion de structure en ethnologie », in *Anthropologie structurale*, *op. cit.*, p. 310.

14 C. Lévi-Strauss, « Place de l'anthropologie dans les sciences sociales et problèmes posés par son enseignement », in *Anthropologie structurale*, *op. cit.*, p. 401.

15 M. Hénaff, *L'Anthropologie structurale de Claude Lévi-Strauss*, Paris : Belfond, 1991, p. 56.

ainsi renvoyé, soit à la fausse évidence de « l'air du temps », soit à ce qu'en dit Lévi-Strauss lui-même. Si les douanes françaises ont la réputation d'être les plus sévères au monde, leurs homologues intellectuelles, pourtant soucieuses d'éviter une trop grande « marshallisation » des traditions françaises, auraient-elles oublié d'ouvrir les valises de Claude Lévi-Strauss, soupçonné après-coup de ramener de son exil les nouvelles idées américaines sur la « communication[16] » ? L'absence d'analyse approfondie de l'influence réelle de la cybernétique contraste d'autant plus avec l'importance symbolique acquise par l'œuvre de Lévi-Strauss à l'égard des différents champs, anthropologique, scientifique et philosophique, particulièrement du point de vue de l'accent qui a été mis sur ses innovations épistémologiques.

Mauro de Almeida a insisté sur la centralité de l'influence de modèles mathématiques (ou assimilés) dans l'organisation de la pensée lévi-straussienne : outre les groupes de permutation, on y retrouve la « théorie mathématique de la communication » de Shannon, la « théorie des jeux » de von Neumann et Morgenstern, et au premier chef « le travail révolutionnaire du mathématicien Norbert Wiener » :

> [En plus des influences botanique, zoologique et géologique sur le structuralisme de Lévi-Strauss, qui ont été négligées par rapport à la linguistique,] D'autres aspects du climat intellectuel de l'époque sont pertinents. Les distinctions entre modèles statistique et mécanique et entre l'histoire stationnaire et l'histoire cumulative, qui sont si importantes dans l'œuvre de Lévi-Strauss, dérivent directement du travail révolutionnaire du mathématicien Norbert Wiener, fondateur de cette science qu'est la cybernétique[17].

Cette distinction est ensuite développée en détail, et caractérisée comme un pivot essentiel de l'économie de la pensée de Lévi-Strauss. En somme, selon Almeida, l'algèbre des permutations confère aux

16 O. Martin, F. Keck, J.-C. Marcel, « Introduction » ; J.-C. Marcel, *Revue d'histoire des sciences humaines* n° 11, 2004. Ce dernier article montre comment les sociologies américaines ont été réinterprétées en France dans un cadre holiste. Il se pourrait alors que la cybernétique, qui s'insère dans un tel cadre (au moins chez Wiener), ne soit pas passée comme une « lettre volée » au nez et à la barbe des « autorités », puisqu'elle aurait au contraire renforcé un tel point de vue holiste, assez sensible chez Lévi-Strauss. Ceci appellerait des analyses détaillées (surtout pour la comparaison avec les États-Unis, où Parsons et Bateson se présentent comme les principaux « cybernéticiens » des sciences sociales).

17 M. W. B. de Almeida, « Symmetry and Entropy. Mathematical Metaphors in the Work of Lévi-Strauss », *Current Anthropology*, vol. 31, n° 4, 1990, p. 367.

structures élémentaires un caractère d'immuabilité temporelle analogue à la révolution idéale des planètes décrite par la mécanique newtonienne, tandis que le point de vue statistique essentiel à la thermodynamique inspire à Lévi-Strauss une thématique de l'entropie et de l'irréversibilité qui va prendre de plus en plus d'importance dans sa vision du monde. Cette conversion du regard fait précisément l'objet du premier chapitre de *Cybernetics*, intitulé « Temps newtonien et temps bergsonien », dans lequel Wiener présente un tableau de l'histoire des sciences comme étant celui d'une invasion progressive – et opportune – de la pensée scientifique par des méthodes stochastiques. La lecture d'Almeida est donc fortement justifiée, du moins à ce stade[18].

Cela permet-il d'affirmer que l'influence de la cybernétique est primordiale chez Lévi-Strauss, et que cette influence est enfin tirée au clair ? Nous croyons qu'il n'en est rien, et que des ambiguïtés essentielles demeurent. Ainsi, nous lisons en note :

> Wiener était entièrement sceptique quant à de tels espoirs [que les théories de la communication parviennent à donner aux sciences sociales une précision et une rigueur équivalentes aux sciences de la nature], et Lévi-Strauss partageait entièrement ce point de vue. En contraste avec l'importance qu'elles acquièrent dans le travail de Bateson, les idées de *feedback*, de contrôle et d'équilibre ne jouent aucun rôle dans son livre[19].

Il y a là deux points importants : le premier, c'est un contresens à propos de l'espoir de gain de scientificité des sciences sociales, puisque Lévi-Strauss, au début de l'article « Langage et société », conteste les arguments de Wiener à ce sujet. Le second, c'est que si les idées de *feedback* et de contrôle ne jouent effectivement aucun rôle tangible dans les références que Lévi-Strauss fait à Wiener, alors il ressort que ce n'est jamais vraiment la cybernétique que Lévi-Strauss semble avoir en tête. La situation, que l'on pourrait qualifier de « non transitive », est donc la suivante : la théorie du contrôle (ou du *feedback*) est centrale dans la cybernétique, qui est elle-même centrale dans les considérations de Wiener sur la société ; la référence à Wiener est centrale chez Lévi-Strauss, mais la référence à la théorie du contrôle devient négligeable dans ses propos. Almeida a repéré ces différents points, sans en relever

18 On peut néanmoins remarquer qu'il existe des transformations non réversibles.

19 *ibid.*, p. 368, note 5.

le paradoxe : ce que Lévi-Strauss considère de plus important chez Wiener, comme on peut en juger d'après les citations présentées au début de l'article, c'est ce qui lui est en fait le moins spécifique. Telle est la structure de la réception de la cybernétique par l'anthropologue, que l'on va maintenant expliciter.

Wiener, dont la formation initiale est philosophique, a l'habitude de réfléchir assez systématiquement sur la façon dont ses résultats scientifiques s'intègrent dans une vision générale du monde ; il s'interroge ainsi aussitôt sur la pertinence que peut receler l'analyse cybernétique pour l'étude des organisations sociales. Il reformule alors en termes de « contrôle » et de « communication » des problématiques plus anciennes sur les phénomènes de régulation et d'équilibre social, et consacre le dernier chapitre de son livre *Cybernetics*, intitulé « Information, langage et société », à aborder ces questions avec la notion d'homéostasie[20] :

> Il est certain que [le système social], comme l'individu, repose sur une organisation délimitée et maintenue par un système de communication, et qu'il possède une dynamique dans laquelle les processus circulaires comme la rétroaction jouent un rôle important. [...]
>
> À proprement parler, la communauté ne s'étend qu'aussi loin que s'étend une transmission valable de l'information. [...]
>
> L'une des leçons de ce livre est que tout organisme maintient sa cohésion par la possession des moyens d'acquisition, d'usage, de rétention et de transmission de l'information[21].
>
> Je ne veux pas dire que le sociologue ignore l'existence et la nature complexe des communications dans la société, mais jusqu'à une date récente, il a eu tendance à oublier à quel point elles sont le ciment qui donne sa cohésion à l'édifice social[22].

En 1946, la première des conférences tenues sous le label de la cybernétique fait appel à un certain nombre de représentants des sciences sociales, parmi lesquels comptent notamment Gregory Bateson, Margaret Mead, Paul Lazarsfeld, Alex Bavelas, Kurt Lewin[23]. La dixième et dernière conférence, en 1953, est consacrée au langage, et fait intervenir

20 R. Le Roux, « L'homéostasie sociale selon Norbert Wiener », *Revue d'histoire des sciences humaines* n° 16, 2007, p. 113-135.

21 N. Wiener, *La Cybernétique*, *op. cit.*, p. 88, 283, 287.

22 N. Wiener, *Cybernétique et société*, *op. cit.*, p. 59.

23 S. J. Heims, *The Cybernetics Group*, *op. cit.*

entre autres Yeoshua Bar-Hillel et Roman Jakobson, dont on va parler plus loin. Entre la première réunion et la parution de son livre, Wiener a engagé avec Bateson une correspondance consacrée particulièrement à l'opportunité d'utiliser les idées de la cybernétique en anthropologie. Alors que Bateson et Mead sont enthousiastes à cette perspective, Wiener estime que les choses sont au mieux prématurées, non sans ambiguïté[24]. Bateson, de son côté, cherche à reformuler ses travaux antérieurs dans la nouvelle terminologie cybernétique[25], tandis que Wiener donne un aperçu de ce que lui inspire leur discussion dans le chapitre « Information, langage et société » :

> Aussi étranges et même barbares que puissent paraître certaines coutumes, elles ont généralement une valeur homéostatique très définie, qu'il revient à l'anthropologue de déchiffrer[26].

Bateson, quant à lui, va se consacrer à des questions de communication en anthropologie (et de plus en plus en psychopathologie), mais à des échelles inférieures à celle de la cérémonie du *Naven*, puisque les modèles qu'il élabore (injonction paradoxale, « oscillation » du comportement de l'alcoolique) concernent des relations interpersonnelles dans de très petits groupes[27]. Lévi-Strauss, au contraire, qui cite l'étude de Bateson sur *Naven* dans *Les structures élémentaires de la parenté*, se place d'emblée à l'échelle des communautés prises dans leur ensemble. Il faut bien remarquer qu'en 1949, ses travaux sont encore indépendants des discussions entre cybernétique et sciences sociales. Difficile de dire, à cet égard, si les paroles de Wiener que nous venons de citer prennent une valeur prophétique ; d'un côté, ce serait une illusion *a posteriori*, car

---

24 R. Le Roux, « Cybernétique et société au XXIe siècle », *op. cit.*, p. 13-21.

25 G. Bateson, *La Cérémonie du Naven*, Paris : Minuit, 1977, p. 143-165. « […] en écrivant *La cérémonie du Naven*, j'étais arrivé au seuil de ce qui allait devenir plus tard la cybernétique : ce qui me manquait pour le franchir était le concept de *feedback* négatif » (*ibid.*, p. 7-8) ; voir aussi Y. Winkin, *La Nouvelle communication*, Paris : Seuil, 1981, p. 27-47. En fait, la période d'assimilation de la cybernétique va correspondre pour Bateson avec l'inflexion de ses recherches vers des questions de psychopathologie.

26 N. Wiener, *La Cybernétique*, *op. cit.*, p. 287. Pour une analyse des discussions entre Wiener et Bateson, *cf.* S. J. Heims, « Gregory Bateson and the Mathematicians: From Interdisciplinary Interaction to Societal Functions », *Journal of the History of the Behavioral Sciences*, vol. XIII, n° 2, 1977, p. 141-159.

27 Si l'on excepte la somme qu'il publie en 1951 avec le psychiatre Jürgen Ruesch : *Communication, the Social Matrix of Psychiatry* (tr. fr. *Communication et société*, Paris, Seuil, 1988).

ce dernier ne ferait que reformuler dans son vocabulaire ce qui a été mis en évidence par une certaine littérature traitant explicitement de processus de régulation en anthropologie[28]. Une telle littérature est présente dans les premiers chapitres des *Structures élémentaires de la parenté*[29] ; Bateson cherchait peut-être dans la cybernétique un cadre épistémologique pour refondre ces études de régulation. D'un autre côté, c'est contre la tradition américaine que Lévi-Strauss cherche à faire valoir l'inertie intrinsèquement homéostatique (bien qu'il n'utilise pas le mot) de la « réciprocité », que sa profondeur invisible soustrait aux enquêtes empiriques :

> Les ethnologues américains se sont complus à montrer comment des interprétations trop théoriques échouent devant la constatation que certains systèmes ont varié dans un temps relativement court, quant au nombre et à la distribution de leurs unités exogames ; ils en ont conclu que des structures aussi instables échappaient à toute analyse systématique. Mais c'est confondre le principe de réciprocité, toujours à l'œuvre et toujours orienté dans la même direction, avec les édifices institutionnels souvent fragiles et presque toujours incomplets qui lui servent, à chaque instant donné, à réaliser les mêmes fins. Le contraste, nous dirions presque, la contradiction apparente, entre la permanence fonctionnelle des systèmes de réciprocité, et le caractère contingent du matériel institutionnel que l'histoire place à leur disposition, et qu'elle remanie d'ailleurs sans cesse, est une preuve supplémentaire du caractère instrumental des premiers. Quels que soient les changements, la même force reste toujours à l'œuvre, et c'est toujours dans le même sens qu'elle réorganise les éléments qui lui sont offerts ou abandonnés[30].

La question peut donc se poser des positions respectives de Wiener et de Bateson à cet égard. Il semblerait que Wiener adopte un point de vue davantage holiste et globalisant que Bateson, et du coup « anticipe » l'anthropologie structurale. Sans qu'aucun ne s'en doute, le français, qui se plaît d'ailleurs à déceler la présence de la structure dans *La cérémonie*

---

28 Qu'il tient certainement de ses discussions avec Bateson, mais pas seulement : il mentionne en effet, dans *Cybernetics*, l'ouvrage de son ami le physiologiste Walter Cannon (qui a introduit le terme d'homéostasie), *The Wisdom of the Body* (1932), qui contient un chapitre d'extrapolation aux régulations sociales. Il se trouve que Cannon a publié aussi en anthropologie, et que Lévi-Strauss le cite en 1949, mais sans rapport avec la question de l'homéostasie sociale (C. Lévi-Strauss, « Le sorcier et sa magie », in *Anthropologie structurale*, *op. cit.*, p. 183-185).

29 C. Lévi-Strauss, *Les Structures élémentaires de la parenté*, *op. cit.*, p. 28, 133, 147.

30 *ibid.*, p. 88.

du Naven[31], peut alors apparaître potentiellement comme le légataire le plus authentique des idées de Wiener, mais tout en ayant développé simultanément et isolément son analyse. Une lecture des *Structures élémentaires* à la lumière de cette question amène en effet à croire que la méthode de Lévi-Strauss était prédisposée à faire usage des notions cybernétiques : des « forces d'intégration » inconscientes organisent les « mécanismes de réciprocité », avec pour finalité d'éviter la désagrégation et le déchirement généralisés des communautés. Les exemples que donne Lévi-Strauss sont nombreux : ainsi chez les Mekeo de Nouvelle-Guinée,

> Les *ufuapie* [ou « Maisons des hommes de l'autre côté du village »] échangent entre eux des prestations qui peuvent être, selon les cas, économiques, juridiques, matrimoniales, religieuses et cérémonielles, et on peut dire sans exagération que toute la vie sociale des Mekeo a la relation d'*ufuapie* comme principe régulateur. En un sens, donc la structure des *ufuapie* agit comme la cause finale du système [des sous-groupes][32].
>
> [Les institutions humaines] sont des structures dont le tout, c'est-à-dire le principe régulateur, peut être donné avant les parties, c'est-à-dire cet ensemble complexe constitué par la terminologie de l'institution, ses conséquences et ses implications, les coutumes par lesquelles elle s'exprime, et les croyances auxquelles elle donne lieu. Ce principe régulateur peut posséder une valeur rationnelle, sans être conçu rationnellement ; il peut s'exprimer dans des formules arbitraires, sans être lui-même privé de signification[33].
>
> Les systèmes auxquels nous donnons le nom de structures élémentaires de parenté [...] définissent, perpétuent, et transforment le mode de cohésion sociale [par rapport] à une règle stable de filiation[34].

Il n'est pas jusqu'à l'usage du mot « pilote » lui-même – inutile de rappeler l'étymologie consacrée par Wiener – qui n'aille suggérer que la thèse de Lévi-Strauss emploie un modèle cybernétique :

> La question de savoir jusqu'à quel point et dans quelle proportion les membres d'une société donnée respectent la norme est fort intéressante, mais différente

---

31 « Déjà pourtant, [...] Bateson dépassait le niveau des relations dyadiques pures, puisqu'il s'attachait à les classer en catégories, admettant ainsi qu'il y a autre chose et plus, dans la structure sociale, que les relations elles-mêmes : quoi donc, sinon la structure, posée préalablement aux relations ? » (C. Lévi-Strauss, « La notion de structure en ethnologie », *op. cit.*, p. 335).

32 C. Lévi-Strauss, *Les Structures élémentaires de la parenté*, *op. cit.*, p. 90.

33 *ibid.*, p. 117.

34 *ibid.*, p. 122.

> de celle de la place qu'il convient de faire à cette société dans une typologie. Car il suffit d'admettre, conformément à la vraisemblance, que la conscience de la règle infléchit tant soit peu les choix dans le sens prescrit, et que le pourcentage des mariages orthodoxes est supérieur à celui qu'on relèverait si les unions se faisaient au hasard, pour reconnaître, à l'œuvre dans cette société, ce qu'on pourrait appeler un « opérateur » matrilatéral, jouant le rôle de pilote [...][35].

Le sentiment d'harmonie préétablie autour de l'idée de théorie générale de la régulation sociale se renforce lorsqu'on évoque les liens de Lévi-Strauss à Guilbaud et Riguet ; il faut pourtant le dissiper.

Dans les écrits postérieurs à 1950, on observe ainsi une autre modalité du hiatus, dans le ton que l'anthropologue emploie pour se référer, d'une part, aux progrès de la linguistique, et d'autre part aux avancées des théories mathématiques de Wiener, Shannon et von Neumann. Dans leur valeur méthodologique générale, sous-entendue potentiellement transférable aux sciences sociales, les premiers semblent acquis, tandis que les secondes sont annoncées de façon surtout programmatique. Autre face du paradoxe, puisque dans *Les structures élémentaires*, s'il y a bien un matériau susceptible d'être reformulé, c'est celui de la régulation des échanges. Pour Lévi-Strauss, il semble que c'est ce qu'il y a de plus audacieux (l'assimilation des objets d'échange à des signes) qui lui paraît le plus évident, tandis que l'équivalence qui semblait garantie en théorie (la réciprocité comprise comme réglage homéostatique de la structure) passe apparemment inaperçue. Ce qui va se passer, en effet, à partir de 1950 et des premières références à Wiener, c'est que Lévi-Strauss ne va absolument pas effectuer le rapprochement, qui semblait programmé, entre les mécanismes fonctionnels de réciprocité et les mécanismes cybernétiques de *feedback*. Comment interpréter ce paradoxe ?

Première hypothèse : le lien est tellement évident qu'il n'est pas nécessaire de le mentionner. Cette hypothèse nous paraît irrecevable pour la raison suivante : la réciprocité correspond au régime homéostatique normal de la communauté. L'existence de mécanismes homéostatiques effectifs est observée lorsque le système est capable de rétablir un régime stable à la suite d'une perturbation *imprévue*. Lévi-Strauss décrit en effet, au-delà des règles de base, des réponses à des situations prévues par le

35 *ibid.*, p. XX-XI.

système des alliances matrimoniales dans les structures élémentaires. Lorsque les conditions idéales du régime normal ne sont pas remplies, alors il est prévu une procédure de suppléance : un choix secondaire, voire tertiaire, etc. Cette hiérarchie préférentielle prévoit des perturbations possibles (par exemple le manque de conjoint, avec les conséquences terribles que cela entraîne), et définit donc une sorte d'« algorithme » qui rend la structure élémentaire (la règle) analogue à l'exécution d'un programme informatique. Seul le fonctionnement normal du système est formalisé par l'algèbre des permutations. Les procédures d'alliance alternatives ne sont pas formalisées par Lévi-Strauss, et les modalités de réaction aux écarts imprévus le sont encore moins. Ces deux cas de figure font l'objet de descriptions phénoménologiques. Par exemple, le système prescriptif de mariage entre cousins croisés pallie sa propre rigidité en prévoyant un ordre de substitution :

> Même chez les Toda et les Vedda, qui attachent une extrême importance à la relation de parenté, un individu privé de cousin croisé pourra contracter un autre mariage ; étant entendu que les mariages possibles seront ordonnés dans un ordre préférentiel, selon leur plus ou moins grande conformité au modèle idéal[36].

Bien que les critères de hiérarchisation ne soient pas explicités, on a ici un exemple de gestion algorithmique des écarts prévus ; en ce qui concerne les écarts imprévus, Lévi-Strauss cite aussi des exemples de perturbations qui obligent le système à choisir entre la rupture et la réorganisation selon des modalités qui ne sont pas définies à l'avance. Ces cas, plus rares, l'ethnologue les mentionne de façon plutôt allusive. Plus on s'éloigne du processus idéal, plus on s'éloigne de l'algébrisation proposée. Or, l'intérêt de Lévi-Strauss pour la formalisation était bien réel[37], et l'on peut gager que s'il avait eu la possibilité de modéliser les capacités de réponse des systèmes aux perturbations aléatoires de leur environnement, il l'aurait fait. C'est précisément la cybernétique qui aurait pu lui suggérer une telle possibilité, et si le lien entre réciprocité et homéostasie lui était apparu comme évident, il aurait certainement soulevé explicitement cette question.

---

36 *ibid.*, p. 118.

37 C'est-à-dire non métaphorique, comme en témoigne son introduction (« Les mathématiques de l'homme ») au numéro du *Bulletin international des sciences sociales* de 1954 consacré aux rapports entre mathématiques et sciences sociales. Ses références aux mathématiques sont donc métaphoriques faute de mieux.

Deuxième hypothèse : après la publication des *Structures élémentaires*, Lévi-Strauss ne s'intéresse absolument plus aux mécanismes de régulation. Cette hypothèse semble tout aussi fausse, en raison de l'intérêt qu'il manifeste de façon croissante pour le thème de l'« entropie ». Il nous paraît suffisant ici de renvoyer à l'article d'Almeida, qui expose cette question de façon très claire. Cela ne signifie pas que cette préoccupation de Lévi-Strauss soit évidente, et Almeida signale justement que, à la différence des modèles « mécaniques » (les permutations), les modèles « statistiques » n'ont pas fait l'objet de présentations magistrales quant à leur principe de la part de Lévi-Strauss. La notion d'entropie est issue de la thermodynamique. Elle désigne un processus naturel de désagrégation irréversible des molécules, réinterprété en termes de « désorganisation », de tendance au désordre, tendance à laquelle la vie s'opposerait donc temporairement. L'homogénéisation, l'indifférenciation du système est inévitable au fil du temps, ce qui peut inspirer Lévi-Strauss, à la fois pour considérer la culture comme une instance organisatrice de la vie sociale humaine, et pour thématiser la disparition de la variété culturelle au profit d'un processus de nivellement global (que l'on n'appelle pas encore « mondialisation »). Tout ceci est bien expliqué par Almeida. Ce processus correspond bien entendu, au moins à certains égards, à l'insuffisance des réponses homéostatiques d'une culture donnée face aux contacts prolongés avec l'extérieur. En filigrane, le thème de la régulation reste donc bien présent chez Lévi-Strauss, et l'hypothèse du désintérêt ne nous paraît pas crédible pour cette raison.

La troisième hypothèse que l'on peut considérer paraît tout aussi simple : c'est que l'anthropologue, comme une bonne partie de ses contemporains, a interprété la cybernétique dans un sens vague – ce qui n'est pas un crime au regard des ambiguïtés de formulation que l'on rencontre chez Wiener lui-même. Encore faut-il essayer de préciser cette variabilité sémantique, et de décrire, voire expliquer les formes qu'elle prend chez Lévi-Strauss. Le noyau notionnel basique de la cybernétique consiste en l'articulation des théories de la régulation (ou du contrôle, correspondant au *feedback*) et de l'information (ou de la communication, correspondant au « message »). L'absence de définition précise a souvent conduit à considérer la cybernétique comme une science ou un domaine à part entière, dans lequel on a fait rentrer, qui la « théorie des jeux », qui la « recherche opérationnelle », de même que les théories des machines en général. Si l'on s'en tient, comme cela nous paraît justifié, à la fonction des « messages » dans les systèmes régulés, il semble que l'on assiste à une disjonction, chez Lévi-Strauss, entre ces deux aspects. Roman Jakobson joue-t-il ici un rôle déterminant ? L'accent mis sur la linguistique par Lévi-Strauss l'amène certainement à négliger l'aspect « contrôle » au profit de l'aspect « communication » ; c'est, en tout cas, exactement ce que fait Jakobson dans son texte classique « Linguistique et théorie de la communication[38] ». De même chez Lévi-Strauss, on a parfois l'impression que la cybernétique se réduit à la théorie de l'information : ainsi, il répète à Didier Eribon ceci, qu'il a écrit dans *Le regard éloigné*, et qui peut apparaître comme un lapsus révélateur : « J'ai appris beaucoup plus tard que Claude Shannon, le fondateur de la cybernétique, habitait alors la même maison [que moi à New York][39] ». Le geste théorique qui consacre implicitement cette disjonction de la régulation et de la communication réside dans l'assimilation de la réciprocité à de la communication : une première étape avait consisté à assimiler les femmes à des objets d'échange ; la deuxième étape interprète cette fois cet échange des objets en terme d'échange de messages, mais dorénavant sans rappeler l'hypothèse homéostatique affirmée dans *Les structures élémentaires*. Jakobson, cependant, ne joue pas le rôle d'intermédiaire que l'on aurait pu préjuger dans la réception de la cybernétique par Lévi-Strauss : tous deux ont eu au plus quelques conversations sur le sujet. L'ethnologue a eu en fait l'occasion d'accéder directement à l'« émetteur », mais il ne semble pas y avoir accordé un intérêt impérissable :

> Comment, en 1948, ai-je connu l'ouvrage de Wiener ? Je ne sais plus. Probablement par son éditeur parisien Hermann : nous avions alors des projets communs (ils se sont matérialisés en 1950 par la publication d'un premier *Cahier de l'Homme*).
>
> J'ai rencontré une fois Wiener à Paris chez le philosophe Jean Wahl. Je ne me rappelle pas si ce fut la même année ou après.

---

38 R. Jakobson, « Linguistique et théorie de la communication », in *Essais de linguistique générale*, t. 1., Paris : Minuit, 1963, p. 87-99. Notamment, lorsque Jakobson y parle de la notion de *feedback* (*ibid.*, p. 91), ce n'est que pour la considérer sous sa dimension de simple retour, et non de retour intégré à une boucle de régulation. Il cite un autre participant des conférences Macy, Donald MacKay, qui présente des communications sur la théorie de l'information à la neuvième conférence.

39 D. Eribon, *De Près et de loin. Entretiens avec Claude Lévi-Strauss*, Paris : Odile Jacob, 1988, p. 46. Voir de même C. Lévi-Strauss, *Le regard éloigné*, Paris : Plon, 1983, p. 347.

> À l'époque, Jakobson voyageait beaucoup. Quand il était en visite ou de passage à Paris, nous avons sans doute échangé quelques propos sur la cybernétique, mais je n'en garde pas de souvenir[40].

Ce n'est d'ailleurs qu'en 1952 que Jakobson participe à la dernière des conférences Macy, alors que Lévi-Strauss a déjà mentionné le livre de Wiener dès 1950 dans l'« Introduction à l'œuvre de Marcel Mauss ». Pour Lévi-Strauss, donc, la cybernétique a pu apparaître comme un label un peu général pour désigner un ensemble de travaux qui n'ont pas été coordonnés dans une structure théorique bien définie, mais dont il lui suffisait qu'ils puissent aller dans le sens d'une promotion tant de la mathématisation des sciences sociales que de la notion de « communication », susceptible de faire le pont entre sciences « dures » et sciences sociales, entre nature et culture.

Cette interprétation, bien qu'elle soit la plus probable, reste insuffisante en elle-même. Lévi-Strauss savait tout de même que le thème du contrôle est intrinsèque à la cybernétique, comme en témoigne son texte « Les mathématiques de l'homme » de 1954[41], figurant dans le Bulletin de l'Unesco qu'il a coordonné, et qui contient un article de l'anglais Colin Cherry, lequel présente la cybernétique en mentionnant très explicitement cet aspect[42]. Mais, chez Lévi-Strauss, la disjonction entre les deux dimensions de la cybernétique (celle du contrôle et celle de la communication) est réelle, et c'est encore le thème de l'entropie qui en rend compte. La régulation, en effet, est le moyen pour une machine (ou plus généralement un système organisé) de renverser la tendance à l'entropie. Ce en quoi la cybernétique se présente comme spécifique

40 Communication personnelle de Claude Lévi-Strauss (lettre du 3 décembre 2006).

41 « Enfin, l'état du discours étant, à chaque instant, commandé par les états immédiatement antérieurs, le langage se trouve aussi relever de cette théorie des servo-mécanismes, toute pénétrée de considérations biologiques, devenue célèbre sous le nom de cybernétique » (C. Lévi-Strauss, « Les Mathématiques de l'homme », *Bulletin international des sciences sociales*, vol. VI, nº 4, 1954, p. 645). La référence à une théorie déterministe de la discursivité, faisant sans doute allusion à des réflexions linguistiques inspirées des travaux de Markov, ne relève pas en tant que telle du registre cybernétique ; dans le premier cas, en effet, les processus dépendent du passé, tandis que dans le second ils dépendent aussi du futur (mécanisme finalisé).

42 C. Cherry, « La Mathématique des communications sociales », *Bulletin international des sciences sociales*, vol. VI, nº 4, 1954, p. 682-685. Cherry s'est intéressé notamment au problème de la séparation des sources dans l'audition humaine : comment reste-t-on concentré sur une conversation au milieu d'un brouhaha ?

ou originale, c'est que les machines dont elle parle ont pour principe d'utiliser de l'information dans ce processus de résistance à l'entropie. Elles se distinguent ainsi des machines purement énergétiques ; or, précisément, c'est dans ce registre thermodynamique de l'énergie que Lévi-Strauss présente sa réflexion (pour le coup métaphorique), comme il apparaît dans son entretien avec Charbonnier :

> Je dirais que les sociétés qu'étudie l'ethnologue, comparées à notre grande, à nos grandes sociétés modernes, sont un peu comme des sociétés « froides » par rapport à des sociétés « chaudes », comme des horloges par rapport à des machines à vapeur. Ce sont des sociétés qui produisent extrêmement peu de désordre, ce que les physiciens appellent « entropie », et qui ont une tendance à se maintenir dans leur état initial, ce qui explique d'ailleurs qu'elles nous apparaissent comme des sociétés sans histoire et sans progrès[43].

Pourtant Wiener, de son côté, distinguait les machines cybernétiques des automates d'une boîte à musique, mais aussi des machines à vapeur. Le maintien en l'état initial en dépit de l'entropie est bien ce dont il s'agit, mais Lévi-Strauss l'assimile à tort à la mécanique des horloges, ratant ainsi l'aspect proprement cybernétique (l'équilibre du système n'est pas un état figé, mais le résultat de deux tendances dynamiques opposées). Malgré certaines formulations un peu vagues[44], il est néanmoins difficile d'en conclure que Lévi-Strauss n'a pas compris ce principe essentiel de la cybernétique, même si cela présente une valeur explicative intéressante pour le paradoxe que nous avons décrit. Il nous semble qu'il demeure donc un élément d'énigme dans le processus de réception intellectuelle. À la suite de sa thèse, Lévi-Strauss fait l'éloge et vante les promesses de la cybernétique, mais il ne s'implique pas dans son développement et son adaptation aux sciences sociales ; alors, si les progrès de la modélisation étaient revenus, comme l'on peut s'y attendre, à des mathématiciens, qui donc se serait chargé de mettre en place un programme d'adaptation spécifique de ce type de modélisation

43 C. Lévi-Strauss, in G. Charbonnier, *Entretiens avec Claude Lévi-Strauss*, Paris : Julliard / Plon, 1961, p. 35-48.

44 Par exemple, à la toute fin du même recueil d'entretien avec Charbonnier, il considère que la cybernétique est un domaine scientifique à part entière, qui pourra apporter des éclaircissements sur l'origine du langage. Ailleurs, il écrit que la cybernétique correspond aux « méthodes mathématiques de prédiction qui ont rendu possible la construction des grandes machines électroniques à calculer » (C. Lévi-Strauss, « Langage et société », *op. cit.*, p. 63), ce qui n'est pas tout à fait exact et mélange deux registres de problèmes.

à l'anthropologie et éventuellement à la sociologie ? Étant donnée la tonalité scientiste que Lévi-Strauss donne à son œuvre (du moins au début), il est difficile de croire qu'il aurait trouvé un tel programme prématuré. Peut-être a-t-il estimé que ce travail serait fait par quelqu'un d'autre que lui, quelqu'un qui tient davantage compte des régulations et de cette question « fort intéressante », « la question de savoir jusqu'à quel point et dans quelle proportion les membres d'une société donnée respectent la norme », et comment la société s'assure d'un respect minimum des règles. Il se trouve précisément que l'anthropologue assigne à la sociologie la prise en charge des « modèles statistiques », tandis que les modèles mécaniques restent à l'ethnologie[45] ; il n'y aura donc personne pour s'occuper d'une troisième génération de modèles basée sur la cybernétique.

Un aspect important réside certainement dans la rareté des modélisateurs disponibles en sciences sociales, surtout à l'époque. Certes, Lévi-Strauss fréquentait les mathématiciens Guilbaud et Riguet, mais ceux-ci sont intervenus sur des aspects de permutations et de combinatoire, non de régulation. Un pas important avait déjà été franchi par le mathématicien André Weil dans *Les structures élémentaires*, qu'il suffisait d'approfondir. La modélisation des aspects structurels était aussi rentable et moins risquée ou hasardeuse que le développement d'une formalisation inédite d'aspects fonctionnels qui, rappelons-le, n'étaient d'ailleurs que postulés en 1947. Lévi-Strauss a sans doute simplement choisi des pistes dont il apercevait plus concrètement des débouchés.

Un autre obstacle, déterminant, est celui de la forte complexité qu'impliqueraient des modèles cybernétiques. On a déjà dit que les modèles algébriques des structures matrimoniales et généalogiques décrivent le fonctionnement idéal du système, la règle ; en plaçant ces « modèles mécaniques » dans leur contexte socio-historique réel, on confronte la structure aux perturbations aléatoires de l'environnement, lesquelles peuvent être de natures fort différentes. Pour en tenir compte, il faut connecter de nombreux paramètres et rassembler énormément d'information. Prenons le cas du système matrimonial Ambrym. Au tournant des années 1960, Guilbaud le formalise à partir des données abondantes rapportées par l'ethnologue Jean Guiart, de l'École des hautes études :

45 C. Lévi-Strauss, « La notion de structure en ethnologie », *op. cit.*, I, d.

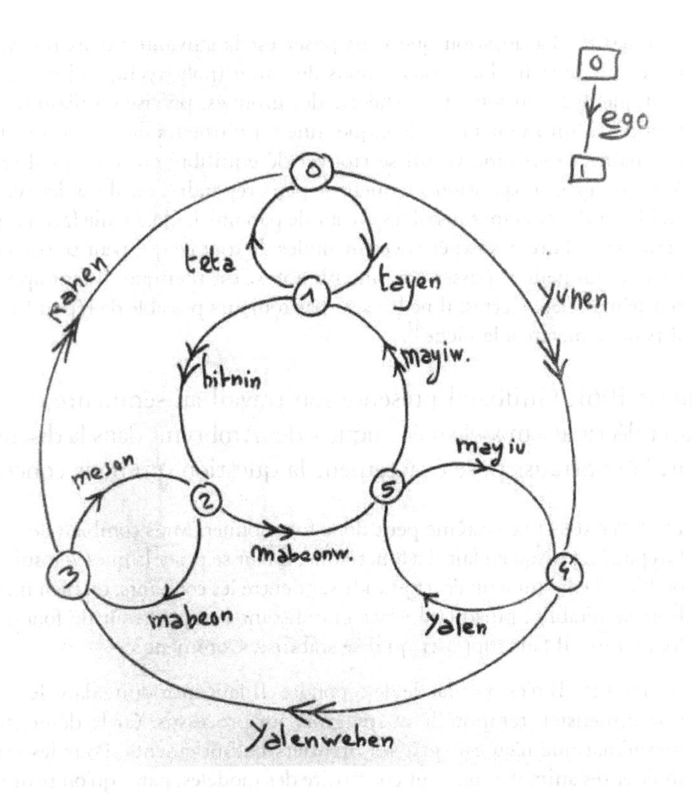

FIG. XXXIII – Diagramme du système matrimonial Ambrym par Guilbaud[46].

La question de la stabilité du système intéresse Guilbaud :

> LAPIERRE [sociologue] : Il reste quand même que je me demande si l'improbable, ou bien ces petites choses que l'on écarte justement parce qu'elles ne rentrent pas dans le schéma, ne sont pas très importantes pour le changement social. Par exemple, sur les deux cas aberrants [parmi les trois ou quatre cent ramenés par Guiart], il y a l'hypothèse de l'erreur de l'ethnologue, et celle de la faute – non pas l'erreur, mais la faute – des indigènes. Une telle faute peut avoir de grandes conséquences en introduisant dans le système ce grain qui le déséquilibrera.

46 G. Th. Guilbaud, « Système parental et matrimonial au Nord Ambrym », *Journal de la société des océanistes* n° 26, 1970, p. 21. Les flèches simples représentent la circulation des hommes, les flèches doubles la circulation des femmes. Les termes appartiennent au lexique de parenté Ambrym.

> GUILBAUD : La question que vous posez est la suivante : dans un système du genre de celui dont nous venons de parler (poly-cyclique) [un « groupe cyclique 3-2 » au sens de la théorie des groupes, précise Guilbaud], s'il se produit, à un moment quelconque, une ou plusieurs fautes, ou des fautes en chaîne, le système va-t-il se trouver déséquilibré ou restera-t-il stable ? Voilà un type de question à laquelle je peux répondre, car il y a des systèmes stables et des systèmes instables en fait de parenté. [...] La seule façon d'y voir clair est de faire des expériences mentales de tout ce qui peut se passer. Or, tout ce qui peut se passer est innombrable, c'est pourquoi il faut appeler le mathématicien. Certes, il ne lui sera pas toujours possible de répondre, mais il peut se mettre à la tâche[47].

En janvier 1961, Guilbaud présente son travail au séminaire de Lévi-Strauss, et décrit le « modèle mécanique » des Ambrym ; dans la discussion qui suit, Lévi-Strauss pose exactement la question qui nous concerne :

> LÉVI-STRAUSS : Le système peut donc fonctionner. Mais combien de temps ? Ou plutôt, puisqu'en fait il a fonctionné, il faut se poser la question suivante : ou bien il conduit à un écart grandissant entre les conjoints, ou bien un équilibre se rétablit ; puisqu'un écart grandissant l'empêcherait de fonctionner longtemps, il faut supposer qu'il se stabilise. Comment ?
>
> GUILBAUD : Il n'est pas facile de répondre. Il faut introduire dans le schéma une dimension temporelle et imaginer un processus. Or la démographie mathématique n'en est qu'à ses premiers balbutiements. Pour les espèces inférieures animales, on peut construire des modèles, parce qu'on peut tabler sur de fortes régularités. Ce n'est pas le cas ici. Bien sûr, on peut malgré tout en supposer et tenter de faire des calculs pour des cas simples hypothétiques.
>
> LÉVI-STRAUSS : Les Lane ont prétendu apporter la démonstration que les deux tiers des mariages se faisaient entre gens du même âge et un tiers entre gens d'âges différents.
>
> GUILBAUD : Je ne crois pas qu'il s'agisse d'une démonstration. Ils ont fait une hypothèse et ont trouvé une certaine proportion. Ils auraient pu faire une autre hypothèse et trouvé aussi facilement une autre proportion. La question intéressante n'est pas là, elle est de savoir si et comment le système est autorégulateur. Les Lane ont proposé une solution particulière et schématique, ils n'ont pas démontré sa stabilité. Ce dont nous avons besoin maintenant et dont nous manquons, ce sont des données démographiques. Il ne faut pas confondre l'étude des structures intemporelles sur les diagrammes et celle d'un réel historique. Pour aller de l'une à l'autre, il faut introduire le temps dans le système. Il faudrait avoir la pyramide des âges et voir comment elle se

47 G. Th. Guilbaud, « Mathématiques et structures sociales », *op. cit.*, p. 16.

déforme. Ce serait très compliqué. Pour le moment, je ne vois pas comment mettre un peu de réalisme dans notre modèle. Peut-être, mais cela m'étonnerait, pourrait-on déterminer une unité de temps en disant que la durée entre le mariage d'un homme et celui de sa fille aînée est fixe…

LÉVI-STRAUSS : C'est là une hypothèse dont on peut partir.

GUILBAUD : … et d'autre part que l'intervalle entre l'aîné et le cadet est également fixe. Je ne vois pas ce que cela donnerait.

LÉVI-STRAUSS : La section des conjoints possibles comprend toujours des gens de générations différentes. Il existe donc toujours des possibilités de réajustement.

GUILBAUD : Oui, mais je ne sais pas comment leur donner une expression mathématique, ni dire comment en fait elles sont utilisées[48].

Un an et demi après s'être « mis à la tâche », Guilbaud sait donc qu'il ne lui sera finalement pas possible de répondre à la question de la stabilité, car cela nécessiterait des données bien plus abondantes que celles de Guiart. Dans le cas présent, les paramètres réels envisagés sont démographiques ; si l'on y ajoute des paramètres environnementaux (économiques, géographiques, etc.), on aperçoit que la complexité est rapidement insurmontable, *a fortiori* pour les moyens de l'époque (simulation informatique en particulier). Ce dialogue montre que, référence à la cybernétique ou pas, la question de la régulation effective du système dans le temps continue de travailler Lévi-Strauss quinze ans après l'hypothèse homéostatique postulée dans *Les structures élémentaires*. Quant à Guilbaud, dans le nouvel exposé qu'il présente sur le même système en 1970, la question de la stabilité n'est plus abordée[49].

Pas de modélisation cybernétique formalisée, donc, chez Lévi-Strauss ; mais ce n'est pas faute d'avoir essayé (voir aussi le chapitre suivant). La cybernétique lévi-straussienne reste donc assez allusive, sans traduction méthodologique, qu'il s'agisse du rôle régulateur des dispositifs sociaux

48 G. Th. Guilbaud, « Système parental et matrimonial au Nord Ambrym », *op. cit.*, p. 29-30. À propos de la différence entre modèles « mécaniques » et modèles cybernétiques (autrement dit la confrontation de la structure aux conditions de vie réelles), on peut s'étonner que Charles Ackermann, qui s'est pourtant intéressé aux facteurs démographiques, considère la structure comme un « système cybernétique » (voir son compte-rendu de *Structural Anthropology* : Ch. Ackermann, *The American Journal of Sociology*, vol. 71, n° 2, 1965, p. 215).

49 *ibid.* Cette publication de 1970 contient l'exposé de 1961 à la suite de celui de 1970.

de communication (entendus comme appareils culturels dans la mesure où « le rôle primordial de la culture est d'assurer l'existence du groupe comme groupe ; et donc de substituer, dans ce domaine comme dans tous les autres, l'organisation au hasard[50] »), donnant à l'anthropologue l'occasion d'un jugement de valeur lorsqu'il distingue, à partir d'une référence explicite à Wiener, sociétés « authentiques » (dans lesquelles tous les membres sont en contact direct) et sociétés « inauthentiques » (basées sur des supports techniques de communication omniprésents)[51] ; ou qu'il s'agisse, dans la période de la mythologie structurale, de la propriété d'auto-régulation que Lévi-Strauss confère aux systèmes de classification[52].

En sciences sociales, la place de principe de la modélisation cybernétique touche la bordure entre anthropologie et sociologie ; si les anthropologues délaissent les faits pour les règles, et les sociologues les règles pour les faits, qui va s'occuper de la cybernétique ? Apparemment pas les sociologues français, qui semblent l'avoir globalement ignorée ou filtrée, pour des raisons diverses restant à caractériser. Dans le dialogue ci-dessus, la remarque de Guilbaud (« Il ne faut pas confondre l'étude des structures intemporelles sur les diagrammes et celle d'un réel historique ») est lourde de sens si l'on considère le schisme entre marxisme et structuralisme qui avait déjà vingt ans à l'époque… La fracture passe exactement à la jonction entre la structure et sa mise à l'épreuve historique. La modélisation cybernétique pourrait alors être un point de réconciliation entre le système et l'histoire. L'hostilité déclarée ou résiduelle des marxistes d'alors pour la cybernétique et la modélisation en général n'a certes pas aidé les choses à aller dans ce sens. Par ailleurs, la critique sociologique du structuralisme a porté précisément sur la nature des règles et le statut des modèles, et le risque de leur confusion. Or, le problème de l'origine des règles et de leur identification dans des systèmes naturels ou sociaux est moins relié à l'intellectualisme du structuralisme qu'à la modélisation cybernétique, puisque des questions analogues se posent en biologie ; des questions analogues se posent d'ailleurs dans toute pratique de modélisation, dès qu'il s'agit d'inférer une loi à partir de l'observation de régularités statistiques. Ce type

50 C. Lévi-Strauss, *Les Structures élémentaires de la parenté*, *op. cit.*, p. 37.

51 C. Lévi-Strauss, « Place de l'anthropologie dans les sciences sociales », *op. cit.* p. 400-403.

52 C. Lévi-Strauss, La Pensée sauvage, Paris : Plon, coll. « Pocket », 1962, p. 85-94.

de problème a été bien développé et discuté depuis, et il n'est pas à mettre spécifiquement sur le compte du structuralisme en tant que tel. L'ampleur des discussions portant sur l'émergence des organisations révèle la difficulté des antinomies métaphysiques impliquées, et dédouane un peu le structuralisme de la critique qu'on lui fait si l'on croit qu'il prétendait résoudre ce problème, ce qui à mon avis n'est pas le cas. Le structuralisme apparaît bien comme une étape de l'objectivation des systèmes sociaux, au même titre que la cybernétique est une étape de la connaissance des systèmes en général. Il est précipité de reprocher à la cybernétique de ne pas penser la genèse des systèmes, puisque ce n'est pas son problème de départ ; de façon parfaitement analogue, il n'y a pas à reprocher au structuralisme de ne pas penser l'origine des règles, même s'il y a à discuter la validité épistémologique de la façon dont le chercheur se donne les règles qu'il entend caractériser et formaliser ; ce n'est pas exactement le même problème. La critique sociologique de l'abstraction structuraliste et des hypothèses de mécanismes finalisés, pour justifiée qu'elle soit, ne paraît donc pas avoir valeur de réfutation, puisque les problèmes concernés dépassent largement les querelles entre anthropologie et sociologie.

Le problème de la délimitation du champ anthropologique, étant donnée l'importance de Lévi-Strauss (surtout à cette époque), se propage dans le reste des sciences sociales ; ce geste de délimitation qu'accomplit Lévi-Strauss, opération symbolique qui a toujours quelque chose d'un peu arbitraire, focalise nécessairement les critiques ultérieures, internes ou externes au champ, et leur donne ainsi une prise pour se développer ; la problématique de la régulation sociale se situe précisément dans cette zone de contestation, et l'étude historique de la réception de la cybernétique peut donc fournir des éléments logiques significatifs sur les interactions critiques et heuristiques entre différentes disciplines ; cette zone interdisciplinaire, pour des raisons restant à déterminer avec plus de précision, s'est avérée un « non lieu » ne permettant pas de développement méthodologique et théorique de la cybernétique dans les sciences sociales françaises. Que signifie, à cet égard, qu'un anthropologue qui réfléchissait sur la situation épistémologique de sa discipline en 1995, proposait « la collaboration, ou une *confrontation* sérieuse insensible aux modes, d'ethnologues et de psychologues, d'économistes, de biologistes, de naturalistes, de neurologues, de physiciens des systèmes désordonnés, de spécialistes de l'auto-organisation du vivant, et j'en passe, pourraient aller beaucoup plus loin qu'elle n'est arrivée jusqu'ici dans la construction [d'objets communs][53] » ? Coïncidence superficielle, ou retour de ce qui aurait été refoulé par les sciences sociales françaises dans les années 1950-1960 ? Tout comme l'a fait Lévi-Strauss en 1950, une place pour la cybernétique (ou quelque chose d'équivalent) continue là d'être proposée en théorie ; pour ce qui est de l'occuper en pratique, si le problème résidait dans la collecte d'un grand nombre de données homogènes, l'avènement des *big data* et des humanités numériques permettra peut-être de reposer la question à nouveaux frais.

Claude Lévi-Strauss a répondu à la présente analyse (voir annexe p. 631). Le quatrième point de sa réponse suggère bien qu'il a pu voir un intérêt de principe dans la cybernétique, mais sans s'y impliquer lui-même à cause de la prédilection qu'il donne aux règles par rapport aux faits. On a expliqué, en discutant la première des trois hypothèses proposées, que la cybernétique s'attachait à décrire les dispositifs par lesquels un système tente d'accorder, d'ajuster ces deux registres du « Droit » et des faits, en quoi consiste par définition la régulation, la correction des écarts par rapport au réglage. Il n'est donc guère surprenant que, malgré son intérêt pour la question de la stabilité effective de la structure, Lévi-Strauss n'ait pas estimé indispensable de s'investir dans une appropriation opératoire des notions cybernétiques, et qu'il soit resté en bordure.

Par contre – et l'on rejoint là le deuxième point, qui ouvre à une réflexion beaucoup plus générale – il apparaît que ce domaine des faits, du moins lorsqu'il est abordé au niveau des « détails », présente pour Lévi-Strauss un caractère de contingence qui rend inapproprié l'usage de modèles, ce qui l'opposerait donc à Bateson. Les deux chercheurs, en effet, travaillent dans l'ensemble à des échelles différentes, et l'attitude de Lévi-Strauss semble consister en cette réserve que la cybernétique, conformément à un point de vue holiste (qui s'exprimait déjà chez lui avec l'arrière-plan gestaltiste des *Structures élémentaires*), ne serait pertinente qu'aux échelles supérieures ; cette réserve serait renforcée par la modestie indispensable aux sciences sociales, et dont le principe épistémologique contenu implicitement dans la réponse de Lévi-Strauss

53 J.-L. Jamard, « Ce que pensent les anthropologies françaises… ou prudence : de quoi parlent-elles, et comment ? », *Anthropologie et sociétés*, vol. 19, n° 3, 1995, p. 211.

résiderait en ce qu'un modèle, quel qu'il soit, n'y trouverait de valeur qu'à titre d'approximation globale, et perdrait progressivement de sa pertinence lorsqu'augmente le degré de « zoom » opéré sur le système social observé. Cette tempérance, et la confrontation qu'elle appelle avec Bateson – qui trouve des *patterns* cybernétiques dans les petits groupes – serait intéressante à examiner dans la perspective des questions épistémologiques contemporaines soulevées par les sciences de la nature.

LES MACHINES DE LACAN

Au moment où la cybernétique apparaît en France, un dialogue avec la psychanalyse s'est déjà établi outre-Atlantique. Il est à noter que les modalités de ce dialogue n'affectent pourtant en rien la réception française : ce passif américain ne semble pas servir de référence, dans quelque sens que ce soit (exemple à suivre, ou contre-exemple à éviter), pour la mise en place des échanges en France. Cela met en évidence des divergences et des particularités, tant à l'égard de la psychanalyse que de la cybernétique. C'est en effet en France que le dialogue va être le plus fructueux – bien que moyennant une sorte de malentendu –, de sorte que Lacan sera plus en affinité avec la cybernétique (ou ce qu'il nomme ainsi) qu'avec certaines évolutions de la psychanalyse post-freudienne, telles qu'elles sont particulièrement représentées par la psychanalyse « américaine », au point de faire appel à la cybernétique contre ce qu'il estime être une dérive psychologisante et normalisante par rapport à l'esprit (sinon à la lettre) de la démarche freudienne. Aux États-Unis, la cybernétique et la psychanalyse se rencontrent essentiellement à l'occasion des conférences Macy. On peut y distinguer quatre modalités de dialogue.

La première est l'hostilité. Le neuropsychiatre Warren McCulloch en est le principal représentant du côté des cybernéticiens. S'il est l'organisateur des conférences Macy, il a néanmoins deux raisons d'y inviter le psychanalyste Lawrence Kubie, qui fut d'abord neurologue. Premièrement, les deux hommes se connaissent : McCulloch a une grande estime pour les travaux de Kubie sur les circuits neuronaux réverbérants[54] ; c'est à ce titre qu'il tolérerait d'entendre ses travaux psychanalytiques. Deuxièmement, les représentants des sciences humaines (Lawrence Frank, Gregory Bateson, Frank Fremont-Smith et Margaret Mead) insistent fortement pour qu'un psychanalyste soit présent. Les griefs de McCulloch à l'endroit de la psychanalyse sont assez classiques, axés sur une critique des institutions analytiques (sectarisme, lobbying, etc.), et un reproche de manque de scientificité. Nous n'insisterons pas sur cette modalité d'échange, dont l'historien américain Steve Heims a déjà présenté un certain nombre d'aspects[55]. C'est elle également que Jean-Pierre Dupuy met en avant, avec cette limitation qu'il ne tient pas compte des autres modalités, qui ne sont pourtant pas moins importantes[56].

Par la seconde de ces modalités, la cybernétique apparaît, à travers Kubie, comme un vecteur de fondation scientifique et rigoureuse de la psychanalyse sur une base neurophysiologique. Avant de dire un mot sur la pensée de Kubie, il est très important de situer cette posture dans son contexte pour en saisir les différences d'avec la France. On tiendra compte en particulier de deux choses : la première, c'est que l'idée de fondation neurophysiologique ne correspond pas forcément à ce que par réflexe on pourrait appeler une « réduction » ; le fait que Kubie soit devenu psychanalyste *après* être déjà neurologue semble clairement témoigner, même s'il n'est pas à lui seul suffisant, que l'état des connaissances en anatomie et en physiologie du système nerveux ne lui semblaient pas pouvoir rendre compte de la vie psychique de façon suffisante. Au-delà, il faut également mentionner que la cybernétique ne porte pas une pensée claire et dépourvue d'ambiguïté à cet égard : à la question « la cybernétique est-elle réductionniste ? », on ne peut que répondre : oui *et* non. Autant l'argumentaire déployé par Dupuy, pour soutenir que la cybernétique fut un projet de « science réductionniste de l'esprit » à l'origine du paradigme connexionniste dans les actuelles sciences cognitives, est

54 Ce sont des circuits dans lesquels les impulsions sont « piégées » et tournent en rond indéfiniment. Kubie cherche à y voir un facteur explicatif des névroses (L. Kubie, « Repetitive Core of Neuroses », *Psychoanalytic Quarterly* n° 10, 1941, p. 23-43).

55 S. J. Heims, *The Cybernetics Group*, *op. cit.*, ch. 6. Heims relate aussi l'invitation d'un autre psychanalyste, Erikson, à la seconde conférence Macy, mais qui n'a été convaincante ni d'un côté, ni de l'autre. Par ailleurs, Lacan critique Erikson dans son séminaire de 1954-1955.

56 J.-P. Dupuy, *Aux Origines des sciences cognitives*, *op. cit.*

difficilement contestable, autant Dupuy triche en... réduisant lui-même la cybernétique à n'être *que* cela. Dupuy occulte ainsi, pour les besoins de son argumentation, un certain nombre de sources laissant tout aussi clairement entendre une conception cybernétique non réductionniste de la vie mentale. On voit très nettement à cette occasion comment il est impossible de caractériser sur ce point un noyau discursif univoque qui serait « la » cybernétique, et dont les représentants partageraient les présupposés de façon uniforme et homogène. Le chapitre 7 de *Cybernetics*, intitulé « Cybernétique et psychopathologie », est bien représentatif de cette ambiguïté : Wiener y agrège une posture fonctionnaliste kraepelinienne, une problématisation « orientée neurones », et une reconnaissance explicite de la psychanalyse. Il ne semble pas pour lui y avoir d'opposition entre ces trois perspectives, au titre que « l'information n'est ni matière, ni énergie, elle est information », comme il l'a annoncé deux chapitres auparavant. D'autres de ses textes affirment nommément que le langage et la communication symbolique ont un statut à part entière, tout aussi réel que les séquences d'impulsions électriques courant dans les neurones ou les commutateurs téléphoniques. Il est possible que Wiener, croyant dépasser l'opposition de l'esprit et du corps, se soit payé du mot « information » ; on constate du moins qu'en affirmant que la psychanalyse doit être conçue non sur la base d'échanges d'énergie mais sur la base d'échanges d'information, il paraît mieux que Freud inspirer l'insistance dont Lacan va faire preuve quant à la place centrale du langage. Ce dernier ne fait certes jamais référence à cette suggestion de Wiener, bien qu'il ait sans doute au moins parcouru *Cybernetics*. Par contre, Lacan a, dans le cadre de son « retour à Freud », quelques raisons de minimiser le biologisme freudien (que l'actuelle neuropsychanalyse ranime et rappelle volontiers).

La deuxième mise en contexte dont il faut tenir compte à propos de Kubie, est que si la psychanalyse américaine nourrie de cybernétique survit à la réduction neurophysiologique, on constate assez clairement qu'il s'agit d'une psychanalyse bien particulière, plutôt d'une psychothérapeutique axée sur le renforcement de l'*ego*, cette idéologie du « moi fort » seyant largement aux valeurs américaines privilégiant le succès et la popularité individuelles. Kubie s'essaye à une synthèse de différentes spécialités : psychanalyse, psychologie expérimentale, neuropsychiatrie. Dans cette synthèse, guère aisée à formuler succinctement, il fait intervenir la notion de *feedback* à différents niveaux, différents plans de réalité : à un niveau biologique, à la suite de ses travaux de neurologue ; mais aussi au niveau du comportement social de l'individu, et aux niveaux de régulations entre des « processus émotifs », ou encore entre conscient et inconscient[57]. Kubie semble échapper à un paradigme naïf de l'adaptation à l'environnement, lorsqu'il distingue normalité psychique et normalité sociale en remarquant que des névrosés s'insèrent parfaitement dans la société en « rentabilisant » leur symptôme. Mais au final, tout l'horizon de son élaboration est imprégné de valeurs typiques de l'imaginaire comportementaliste : « *shaping human progress towards flexible and truly adapted living*[58] », « *live more comfortably*[59] ». Même si Lacan s'est inspiré directement des circuits réverbérants de Kubie, la mise en œuvre de modèles analogues se fait avec un arrière-plan axiologique complètement différent, tout de scepticisme à l'égard des idéaux de l'homme moderne, au contraire des États-Unis où les sciences sociales nourrissent l'espoir de changer le monde selon de tels idéaux[60].

Le cas de Bateson n'est guère plus facile à résumer[61]. C'est encore en anthropologue qu'il étudie les interactions et le langage des schizophrènes. Il publie en 1951 *Communication. The Social Matrix of Psychiatry* avec le psychiatre Jurgen Ruesch[62], mais paraît éloigné des applications cliniques (dont l'école de Palo Alto proposera le plus célèbre développement). Son élaboration théorique ne semble pas avoir de conséquences particulières vis-à-vis de la psychanalyse ; quelques propos dispersés indiquent une perspective orientée vers des contributions réciproques entre l'anthropologie de la communication et la psychanalyse.

---

57 L. Kubie, « Neurotic Potential and Human Adaptation », in H. von Foerster (dir.), *Cybernetics. Circular Causal, and Feedback Mechanisms in Biological and Social Systems. Transactions of the Sixth Conference, March 24-25, 1949*, New York : Macy Foundation, 1950, p. 74.

58 « [...] nous devons, par tous les moyens, étendre dans la vie humaine le domaine de la motivation consciente, des buts et du contrôle ; et réduire et circonscrire les territoires de cet empire obscur régi par des forces inconscientes » (*ibid.*, p. 74).

59 L. Kubie, « The Place of Emotions in the Feedback Concept », in H. von Foerster (dir.), *Cybernetics. Circular Causal, and Feedback Mechanisms in Biological and Social Systems. Transactions of the Ninth Conference, March 20-21, 1952*, New York : Macy Foundation, 1953, p. 52.

60 S. J. Heims, *The Cybernetics Group, op. cit.*

61 Y. Winkin (dir.), *Bateson : Premier état d'un héritage*, Paris : Seuil, 1988.

62 G. Bateson, J. Ruesch, *Communication. The Social Matrix of Psychiatry*, New York : Norton & Co., 1951 ; tr. fr. *Communication et société*, Paris : Seuil, 1988.

Ces quatre modalités de dialogue entre cybernétique et psychanalyse, outre-Atlantique, ne vont pas influer sur leur homologue française. La continuité suggestive entre l'emphase mise par Wiener sur les « messages », et l'emphase structuraliste sur l'ordre symbolique, ne semble jamais avoir été commentée publiquement par Lacan ; elle transite par certains passeurs, particulièrement Riguet et Guilbaud. Les préoccupations de Kubie, elles, inspirent directement des tentatives de convergence actuelles regroupées sous le nom de « neuropsychanalyse » ; mais ce courant est bien moins représenté en France que, notamment, dans les pays anglo-saxons. Sur le fond, les différences philosophiques vont s'accentuer entre le champ américain et le champ français, le paradigme de l'adaptation efficace devenant un postulat de la cure « à l'américaine ». Enfin, en ce qui concerne Bateson, si l'influence de son enseignement parvient en France et y fait école, c'est par la version qu'en offre l'école de Palo Alto, plus qu'auprès des psychanalystes : certains quittent le navire pour gagner le courant systémique et les thérapies familiales. Par ailleurs, on peut remarquer que l'instabilité du paradigme cybernétique quant à sa vocation ontologique (réductionniste avec McCulloch et non réductionniste avec Wiener) ne semble pas provoquer d'effet dans les discussions françaises, contrairement aux remous perceptibles dans les conférences Macy.

Les sources d'information de Lacan sur la cybernétique sont ses propres lectures (de *Cybernetics*, ou encore par exemple de Raymond Ruyer[63]) ; il a peut-être eu aussi des échanges à ce sujet avec Jakobson et Lévi-Strauss ; mais il faut surtout souligner l'influence de Riguet et de Guilbaud. Quant à Bateson, il n'est quasiment jamais évoqué par Lacan[64].

L'essentiel des mentions explicites que Lacan fait de la cybernétique concerne ce qu'il appelle la « machine cybernétique », qui désigne en fait un calculateur électronique, et, de façon générale, le thème du traitement automatique des symboles et des messages. Pour son argumentation (affirmer l'autonomie de la « chaîne signifiante », et, à titre plus général,

---

63 L'ouvrage de Ruyer, *La cybernétique et l'origine de l'information*, est critiqué lors du séminaire II (leçon du 9 février 1955).

64 Dans le séminaire V, Lacan commente et intègre le *double bind* dans sa construction théorique. Dans le séminaire XX, il est question du problème que Bateson avait posé aux conférences Macy : une machine peut apprendre, mais peut-elle apprendre à apprendre ?

de l'ordre symbolique), Lacan a besoin d'une notion de machine réelle (incarnée dans la matière) qui peut faire des opérations sur des chaînes de symboles, automatiquement et conformément à des règles. Pour lui, c'est ce que recouvre la notion de machine cybernétique :

> Je veux aujourd'hui vous parler de la psychanalyse et de la cybernétique. [...] En quoi tout cela nous intéresserait-il ? Mais quelque chose m'a paru pouvoir être dégagé de la relative contemporanéité de ces deux techniques, de ces deux ordres de pensée et de science que sont la psychanalyse et la cybernétique. N'attendez rien qui ait la prétention d'être exhaustif. Il s'agit de situer un axe par quoi quelque chose soit éclairé par la signification de l'une et de l'autre. Cet axe n'est rien d'autre que le langage. [...]
>
> On sait bien qu'elle ne pense pas, cette machine. C'est nous qui l'avons faite, et elle pense ce qu'on lui a dit de penser. Mais si la machine ne pense pas, il est clair que nous-mêmes ne pensons pas non plus au moment où nous faisons une opération. Nous suivons exactement les mêmes mécanismes que la machine. L'important est ici de s'apercevoir que la chaîne des combinaisons possibles de la rencontre peut être étudiée comme telle, comme un ordre qui subsiste dans sa rigueur, indépendamment de toute subjectivité. Par la cybernétique, le symbole s'incarne dans un appareil – avec lequel il ne se confond pas, l'appareil n'étant que son support[65].

Cette importance accordée à la notion de machine tient certainement aux échanges de Lacan avec Riguet. On retrouve chez Lacan trois thèmes ou aspects chers à Riguet : la notion de machine, la notion de circuit, et la codification diagrammatique des automates par des graphes (*cf.* p. 220-224).

Pour illustrer de façon saillante l'ordre symbolique et l'autonomie du langage, Lacan se réfère à une machine « qui joue le jeu de pair ou impair » – il s'agirait de la *Sequence Extracting Machine* construite par Shannon et D. Hagelbarger[66]. Lacan explique que Riguet lui a promis de lui faire affronter une telle machine. En fait, on peut ramener cette référence du jeu de pair ou impair à Guilbaud autant qu'à Riguet. « Un petit texte vient à notre secours, d'Edgar Poe, dont je me suis aperçu que les cybernéticiens faisaient quelque cas[67] », affirme Lacan durant son séminaire. Il y a peu de doute que c'est à Guilbaud qu'il fait allusion.

65 J. Lacan, *Le Moi dans la théorie de Freud et dans la technique de la psychanalyse. 1954-1955. Le séminaire, livre II*, Paris : Seuil, 1978, séance du 22 juin 1955.

66 B. D. Geogheghan, « From Information Theory to French Theory », *op. cit.*, p. 120-121.

67 J. Lacan, *Le Moi dans la théorie de Freud et dans la technique de la psychanalyse*, *op. cit.*, séance du 30 mars 1955.

Dans la conférence de 1953 « Pilotes, stratèges et joueurs[68] », Guilbaud consacre la moitié de son propos au traitement mathématique des jeux. Selon une démarche assez caractéristique de son enseignement, consistant à retracer le parcours historique de cette question plutôt que d'en formuler une version axiomatique *ex cathedra*, il fait référence à « La lettre volée » de Poe. Cette nouvelle, selon lui, soulève la question de l'existence d'une situation de « jeu pur », et exprime dans un registre littéraire une vieille controverse de mathématiciens. C'est pourquoi Guilbaud « fait quelque cas » de ce jeu, de par la place centrale qu'il lui accorde en tant que catalyseur historique de la formulation adéquate de ce qu'est un jeu :

> Soient un comte et un vicomte ; le comte a envie de donner des étrennes à son fils et lui tient ce discours : « Je vais mettre en ma main un certain nombre de pièces de monnaie et je vous les cacherai. Vous allez me dire si le nombre que j'ai mis est pair ou impair. Si vous dites pair, et qu'il est réellement pair, alors je vous donnerai dix écus – s'il est impair et que vous disiez impair, je ne vous donnerai que six écus – si vous vous trompez de parité, je ne vous donnerai rien ». Que doit faire le comte pour donner le minimum d'étrennes à son fils, que doit faire le fils pour en obtenir le maximum[69] ?

Autour de ce problème, posé vers 1730 par Montmort, Guilbaud explique que deux points de vue se polarisent : l'un, représenté par Montmort lui-même, considère que la mathématique ne peut rien en dire, que « c'est l'art du jouer qui intervient » ; l'autre, avec par exemple Bernoulli, persiste à chercher une formulation mathématique. C'est finalement Borel qui donne deux cent ans plus tard une telle solution, impliquant d'éliminer tous les facteurs personnels et contingents relatifs aux joueurs. La mise en évidence d'une structure formelle régissant le jeu, prioritairement à et indépendamment de toute considération psychologique, fait voir un parallèle entre le triomphe du mathématicien et l'intérêt qu'y trouve Lacan pour fonder une transcendance de l'« ordre symbolique » par rapport au registre dit « imaginaire » de la relation interpersonnelle. Le mathématicien et le psychanalyste resteront amis fidèles. Lacan prend des cours de mathématiques avec Guilbaud, tandis

68 G. Th. Guilbaud, « Pilotes, stratèges et joueurs », *op. cit.*

69 G. Th. Guilbaud, « Mathématiques et structures sociales », *op. cit.* p. 19 ; « Faut-il jouer au plus fin ? (Notes sur l'histoire de la théorie des jeux) », in *La Décision*, colloques internationaux du CNRS, Paris 25-30 mai 1959, Paris, Éd. du CNRS, 1961.

que Guilbaud, en note de la publication de sa conférence de 1953, fait référence à Lacan et son article de 1945 « Le temps logique et l'assertion de certitude anticipée », pour contester la lecture psychologiste de Poe par le doyen des lettres belges, Denis Marion (Marcel Defosse de son vrai nom) :

> [D. Marion] paraît négliger le problème fondamental […] il ne s'agit pas seulement de « lire dans la pensée » d'autrui. C'est de logique et non de « psychologie » qu'il s'agit. Une analyse en profondeur en a été tentée par le Dr. J. LACAN dans « Le temps logique[70] ».

L'influence de Guilbaud sur la référence de Lacan à la cybernétique semble suffisamment claire : au cœur de la cybernétique des rapports humains, il y a des jeux, dont l'un des figures historiques est le jeu de pair ou impair de Montmort. Cette réinterprétation de la cybernétique par Guilbaud se retrouve transposée telle quelle chez Lacan, si l'on en juge par la conférence « Psychanalyse et cybernétique, ou de la nature du langage » qu'il donne le 22 juin 1955 sous la présidence de Jean Delay :

> La cybernétique est un domaine aux frontières extrêmement indéterminées. Trouver son unité nous force à parcourir du regard des sphères de rationalisation dispersées, qui vont de la politique, de la théorie des jeux, aux théories de la communication, voire à certaines définitions de l'information[71].

La suite porte indéniablement la marque de Guilbaud, pour qui Pascal et Condorcet représentent des références cardinales :

> Pour comprendre ce dont il est question dans la cybernétique, il faut en chercher l'origine autour du thème, si brûlant pour nous, de la signification du hasard. Le passé de la cybernétique ne consiste en rien d'autre que dans la formation rationalisée de ce que nous appelons, pour les opposer aux sciences exactes, les sciences conjecturales. […] Si c'est ainsi que nous situons la cybernétique, nous lui trouverons volontiers des ancêtres, Condorcet par exemple, avec sa théorie des votes et des coalitions, des parties, comme il dit, et plus haut Pascal, qui en serait le père, et véritablement le point d'origine[72].

---

70 G. Th. Guilbaud, « Pilotes, stratèges et joueurs », *op. cit.*, p. 46.

71 J. Lacan, *Le Moi dans la théorie de Freud*, *op. cit.*, p. 405. La conférence est retranscrite dans l'édition du séminaire.

72 *ibid.*, p. 405-406.

La cybernétique lacanienne est-elle toute dans ces machines à calculer, jouer ou communiquer ? Durant son séminaire sur le Moi, Lacan propose plusieurs images pour illustrer sa « dialectique » du stade du miroir.

> Troisième image. Si des machines pouvaient incarner ce dont il s'agit dans cette dialectique, je vous proposerais le modèle suivant. Prenons une de ces petites tortues ou renards, comme nous savons en fabriquer depuis quelques temps, et qui sont l'amusette des savants de notre époque – les automates ont toujours joué un très grand rôle, et ils jouent un rôle renouvelé à notre époque –, une de ces petites machines auxquelles nous savons maintenant, grâce à toutes sortes d'organes intermédiaires, donner une homéostase et quelque chose qui ressemble à des désirs. Supposons que cette machine est constituée de telle sorte qu'elle est inachevée, et se bloquera, ne se structurera définitivement dans un mécanisme qu'à percevoir – par quelque moyen que ce soit, une cellule photoélectrique par exemple, avec relais – une autre machine toute semblable à elle-même, à cette seule différence qu'elle aurait déjà parfait son unité au cours de ce qu'on peut appeler une expérience antérieure – une machine peut faire des expériences. Le mouvement de chaque machine est ainsi conditionné par la perception d'un stade atteint par une autre. C'est ce qui correspond à l'élément de fascination [la fascination pour l'image de l'autre est essentielle au phénomène de constitution du moi].
>
> Vous voyez quel cercle, du même coup, peut s'établir. Pour autant que l'unité de la première machine est suspendue à celle de l'autre, que l'autre lui donne le modèle et la forme même de son unité, ce vers quoi se dirigera la première dépendra toujours de ce vers quoi se dirigera l'autre[73].

Ici, le rôle stabilisant de l'autre est souligné : la perception de son image en tant qu'unifiée, que *Gestalt*, est indispensable à la possibilité du fonctionnement de la première machine. Remarquons la référence au « renard » construit par Albert Ducrocq. Cependant, le dispositif imaginé par Lacan, l'arène contenant plusieurs robots, fait plutôt allusion aux « tortues » de Grey Walter (nommées Elsie et Elmer), présentées au Congrès de Paris de 1951 sur les machines à calculer et la pensée humaine, où elles font sensation. Grey Walter estime que les interactions observées entre les deux tortues lâchées dans l'arène peuvent être qualifiées de comportements sociaux. Ce sont ces expériences qui inspirent Lacan pour étayer sa construction théorique en y apportant des petites modifications spécifiques.

73 *ibid.*, p. 75-76.

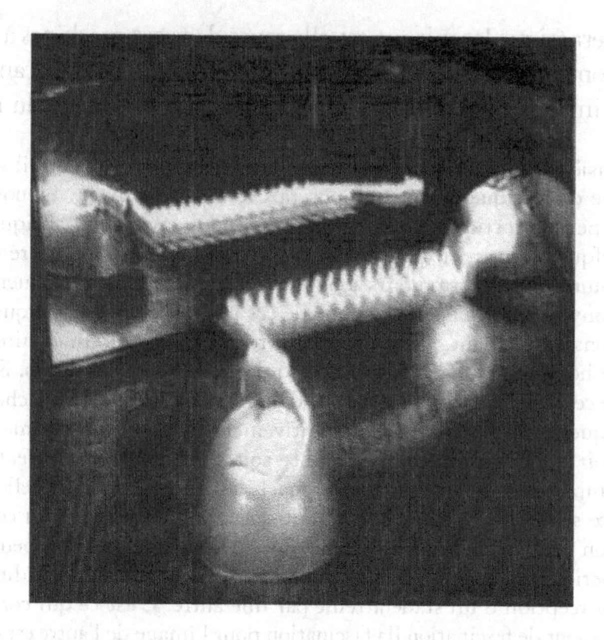

FIG. XXXIV – « Reconnaissance de soi » W. Grey Walter
© Burden Neurological Institute.

> « Les machines sont équipées d'une petite ampoule clignotante sur la tête, qui s'éteint automatiquement lorsque la photocellule reçoit un certain signal lumineux. Lorsqu'un miroir ou une surface blanche est rencontrée, le reflet de la lampe est suffisant pour opérer sur le circuit commandant la réponse du robot à la lumière, de sorte que la machine se dirige vers son propre reflet ; mais ce faisant, la lumière s'éteint, ce qui signifie que le stimulus est coupé – or cette coupure restaure la lumière, vue de nouveau comme un stimulus, et ainsi de suite. La créature s'attarde ainsi devant le miroir, clignotant, gazouillant et se trémoussant tel un Narcisse maladroit[74]. »

74 W. Grey Walter, *The Living Brain*, Harmondsworth : Penguin Books, 1961, p. 84.

FIG. XXXV – « Compétition ». W. Grey Walter
© Burden Neurological Institute.

Elmer et Elsie en interaction. Les tortues se dirigent d'abord l'une vers l'autre, et « dansent » l'une avec l'autre. Mais lorsqu'une autre lumière s'allume, toutes deux s'ignorent et se précipitent vers cette nouvelle source lumineuse. Elsie, de meilleure facture, l'atteint toujours la première. « La façon dont le comportement social des modèles subit une rupture sous l'influence d'une lutte compétitive pour un but commun imite de façon presque embarrassante certains des aspects les moins attrayants des sociétés animales et humaines. C'est là la faute du concepteur, lequel pourrait néanmoins facilement équiper ses créatures tout comme l'homme est équipé, d'un circuit de reconnaissance discriminatoire d'urgence, un réflexe du type "les femmes et les enfants d'abord[75]" ».

75 *Ibid.*, p. 86

Il se peut que Lacan ait entendu parler de ces expériences par Riguet, ou bien par le *best-seller* de Pierre de Latil, qui relate ainsi sa visite à Bristol chez les Grey Walter :

> … un miroir est placé devant Elsie. Que va-t-elle faire ? […] Elle se livre à une danse devant le miroir, décrivant des dents de scie, avançant, reculant comme pour mieux jouir de son image. […]
>
> – Regardez, dit Grey Walter avec l'orgueil d'un père devant son rejeton. Ne croirait-on pas Narcisse en personne !… Si un animal était capable de se reconnaître dans un miroir, de ne pas traiter son image comme un individu étranger, on s'écrierait : « Qu'il est intelligent ! »
>
> Mais, moi de répliquer :
>
> – Pourquoi ? Elle ne réagirait pas de la même façon devant son frère ?
>
> – Bien sûr que non ! Lorsque les deux tortues sont à la recherche de la lumière et qu'elles se trouvent face à face, elles se livrent à un surprenant ballet, dessinant chacune de larges mouvements, allant l'une vers l'autre, puis semblant s'éviter, même se fuir, s'attirant de nouveau, se séparant encore. […] Une population de [telles machines], dit Grey Walter, serait vouée à une vie grégaire. Chacun des individus chercherait la compagnie de l'autre, ne pouvant cependant trouver près de lui les conditions qu'il recherche[76].

La machine se reconnaît-elle vraiment elle-même[77] ? Lacan n'est pas seul à faire cas d'implications potentielles de ces expériences pour la question du développement de l'enfant. À Londres, en 1954, Grey Walter présente ses machines, travaux et réflexions à la seconde réunion du Groupe d'étude de l'Organisation mondiale de la santé sur le développement psychobiologique de l'enfant[78]. Dans ce groupe, très « cybernétique », aux côtés de Grey Walter, on retrouve Frank Fremont-Smith de la fondation Macy, et Margaret Mead, Konrad Lorenz, Piaget et sa collaboratrice B. Inhelder, John Bowlby, et les Français Antoine Rémond (*cf.* chapitre « Servos et cerveaux ») et René Zazzo (qui, comme Lacan, prolonge les recherches de Wallon sur le stade du miroir).

76 P. de Latil, *Introduction à la cybernétique*, *op. cit.*, p. 194-195.

77 Grey Walter semble en être persuadé, à partir du moment où la machine montre des comportements différents face à son reflet et face à sa « congénère ». Pour une analyse sceptique, voir « W. Grey Walter's Tortoises – Self-recognition and Narcissism » sur le site cyberneticzoo.com (en ligne).

78 J. M. Tanner, B. Inhelder (dir.), *Discussions on child development. A Consideration of the Biological, Psychological, and Cultural Approaches to the Understanding of Human Development and Behaviour*, vol. 2, New York : International Universities Press, 1954, p. 21-74.

Lacan reprend sa mise en scène au séminaire de l'année suivante consacré aux psychoses. Pour éviter que les machines ne se fracassent les unes contre les autres, il faut un « programme » : l'ordre symbolique, le « grand Autre » étant le nom que Lacan donne à la fonction chargée de l'instituer.

> Que se passerait-il si un certain nombre de petites machines comme celles que je vous ai décrites, étaient lancées dans le circuit ? Chacune étant unifiée, réglée par la vision d'une autre, il n'est pas mathématiquement impossible de concevoir que cela aboutirait à la concentration, au centre du manège, de toutes les petites machines, respectivement bloquées dans un conglomérat qui n'a d'autre limite à sa réduction que la résistance extérieure des carrosseries. Une collision, un écrabouillement général[79].

Pour Lacan, à la différence de Zazzo, l'enfant ne peut pas se reconnaître tout seul dans le miroir, ni se différencier de son semblable, sans cette intervention de l'Autre en surplomb de l'arène imaginaire où règnent transitivisme et agressivité :

> [...] un moi suspendu à un autre moi est strictement incompatible avec lui sur le plan du désir. Un objet appréhendé, désiré, c'est lui ou c'est moi qui l'aura, il faut bien que ce soit l'un ou l'autre. [...]
>
> La reconnaissance suppose très évidemment un troisième. Pour que la première machine bloquée sur l'image de la seconde puisse arriver à un accord, pour qu'elles ne soient pas forcées de se détruire sur le point de convergence de leur désir – qui est en somme le même désir, puisqu'elles ne sont à ce niveau qu'un seul et même être –, il faudrait que la petite machine puisse informer l'autre, lui dire – *Je désire cela.* Ce n'est pas possible. En admettant qu'il y ait un *je*, cela se transforme tout de suite en un *tu désires cela. Je désire cela* veut dire – *Toi, autre, qui es mon unité, tu désires cela.*
>
> [...] Il n'y a aucun moyen que la première machine dise quoi que ce soit, car elle est d'avant l'unité, elle est désir immédiat, elle n'a pas la parole, elle n'est personne.

C'est l'Autre, défini comme lieu du symbolique, qui peut mettre fin à cette indistinction due à la captation totale par l'image du semblable :

> Le sujet se pose comme opérant, comme humain, comme *je*, à partir du moment où apparaît le système symbolique. Et ce moment n'est déductible d'aucun modèle qui soit de l'ordre d'une structuration individuelle. Pour le dire autrement, il faudrait, pour que le sujet humain apparaisse, que la

79 J. Lacan, *Les psychoses. 1955-1956. Le séminaire, livre III*, Paris : Seuil, 1981, p. 110-111.

> machine, dans les informations qu'elle donne, se compte elle-même, comme une unité parmi les autres. Et c'est précisément la seule chose qu'elle ne peut pas faire. Pour pouvoir se compter elle-même, il faudrait qu'elle ne soit plus la machine qu'elle est, car on peut tout faire, sauf qu'une machine s'additionne elle-même en tant qu'élément à un calcul[80].

Le modèle dépasse ici la simple illustration pour poser une « brique » théorique ; ce passage de l'imaginaire au symbolique repose sur ce « principe » que, selon Lacan, une machine ne peut se compter elle-même. S'il ne donne aucune référence quant à ce « théorème », on peut supposer qu'il s'agit d'une séquelle mécanique du réquisit logico-mathématique selon lequel un ensemble ne peut se contenir lui-même (sous peine de donner lieu au paradoxe de Russell[81]). Wiener aime à remarquer qu'une machine soumise à un paradoxe de Russell répond alternativement et indéfiniment par oui et non ; Bateson s'est directement inspiré de ce point pour sa théorie des injonctions paradoxales, que Lacan articule à sa propre théorie des psychoses.

Enfin, on trouve une troisième occurrence d'un schème impliquant le rôle d'un message dans les problèmes de stabilité d'une structure intersubjective (dont la reproduction des « malédictions familiales » est la meilleure illustration) :

> Qu'est-ce qu'un message à l'intérieur d'une machine ? C'est quelque chose qui procède par ouverture ou non-ouverture, comme une lampe électronique par oui ou non. [...] À un moment donné, ce quelque chose qui tourne doit, ou non, rentrer dans le jeu. C'est toujours prêt à apporter une réponse, et à se compléter dans cet acte même pour répondre, c'est-à-dire à cesser de fonctionner comme circuit isolé et tournant, à rentrer dans un jeu général. Voilà qui se rapproche tout à fait de ce que nous pouvons concevoir comme la *Zwang*, la compulsion de répétition. Dès qu'on a ce petit modèle, on s'aperçoit qu'il y a dans l'anatomie même de l'appareil cérébral des choses qui reviennent sur elles-mêmes[82].

Le modèle est celui du circuit réverbérant. Ce type de circuit sert à la construction des mémoires de machines à calculer, et leur existence dans le cerveau servait à Kubie d'hypothèse organique explicative pour

80 J. Lacan, *Le Moi dans la théorie de Freud*, *op. cit.*, p. 76-77.

81 La classe de toutes les classes qui ne se contiennent pas elles-mêmes est-elle membre d'elle-même ? Quelle que soit la réponse, on obtient une contradiction. Russell illustre ce paradoxe avec l'histoire du barbier : un barbier se porte volontaire pour raser tous les hommes qui ne se rasent pas eux-mêmes ; doit-il alors se raser lui-même ?

82 J. Lacan, *Le Moi dans la théorie de Freud*, *op. cit.*, p. 126.

les névroses. Lacan, qui a certainement eu connaissance de l'article de Kubie (paru dans la revue *Psychoanalytic Quarterly*), abandonne le substrat organique pour porter au niveau du la reproduction du symptôme inconscient au niveau du circuit de communication : la parole essentielle, refoulée, tourne en rond dans les générations familiales, et ne s'exprime qu'indirectement sous forme de symptôme :

> Nous retrouvons là ce que je vous ai déjà indiqué, à savoir que l'inconscient est le discours de l'Autre. Ce discours de l'Autre [...], c'est le discours du circuit dans lequel je suis intégré. J'en suis un des chaînons. C'est le discours de mon père par exemple, en tant que mon père a fait des fautes que je suis absolument condamné à reproduire [...]. Je suis condamné à les reproduire parce qu'il faut que je reprenne le discours qu'il m'a légué, non pas simplement parce que je suis son fils, mais parce qu'on n'arrête pas la chaîne du discours, et que je suis justement chargé de le transmettre dans sa forme aberrante à quelqu'un d'autre. J'ai à poser à quelqu'un d'autre le problème d'une situation vitale où il y a toutes les chances qu'il achoppe également, de telle sorte que ce discours fait un petit circuit où se trouvent pris toute une famille, toute une coterie, tout un camp, toute une nation ou la moitié du globe[83].

Le message ne se contente pas de circuler, il produit des effets dans le réseau qui le propage et qu'il organise, répétant un fonctionnement vital qui « achoppe ». Le discours de l'Autre est ce qui permet, lorsqu'il s'implante avec succès dans l'*infans*, de comptabiliser ce dernier à son registre (c'est-à-dire le faire exister dans l'ordre symbolique, lui donner une place dans le monde), et de limiter et stabiliser sa captation par l'image de son semblable ; le prix à payer est celui du symptôme névrotique, effet sur le vivant de ce qui échappe à une symbolisation par ce discours de l'Autre.

Venons-en maintenant aux schémas. Ceux-ci ne représentent pas des réseaux physiques. Ce sont des circuits qui spécifient des relations de communication, imaginaire ou symbolique, entre des *fonctions* (l'Autre, le code, etc.). Il s'agit de rendre compte des effets produits par le fait que tel message (demande, reconnaissance) emprunte tel canal. On a donc la dimension « communication » (mais sans quantité d'information, bruit, etc.) qui est formellement présente avec l'emploi par Lacan du signifiant « message », mais rappelons-nous que cette dimension ne relève de la cybernétique que si la dimension « contrôle » est aussi présente.

83 J. Lacan, *Le Moi dans la théorie de Freud*, *op. cit.*, p. 127.

Or, si celle-ci n'apparaît pas explicitement, elle est supposée par toutes les élaborations de Lacan pour expliquer ce qui se passe selon les différentes possibilités de circulation : effets de déclenchement, inertie homéostatique de la relation narcissique-imaginaire par divers procédés (méconnaissance du poids symbolique des messages – neutralisation de la « parole pleine » et remplacement par la « parole vide » –; résistance entendue comme coupure du flux de paroles s'il s'approche trop des représentations refoulées, autrement dit *feedback* positif[84]).

> Je prends quelque chose qui a à faire avec nos modes récents de transmission dans les machines, un tube électronique. Tous ceux qui ont manipulé la radio connaissent ça – une ampoule triode – quand ça chauffe à la cathode, les petits électrons viennent bombarder l'anode. S'il y a quelque chose dans l'intervalle, le courant électrique passe ou non selon que ça se positive ou se négative. On peut réaliser à volonté une modulation du passage du courant, ou plus simplement un système de tout ou rien.
>
> Eh bien, la résistance, la fonction imaginaire du moi, comme telle, c'est ça – c'est à elle qu'est soumis le passage ou le non-passage de ce qui est à transmettre comme tel dans l'action analytique. Ce schéma exprime d'abord que s'il n'y avait pas interposition, résistance du moi, effet de frottement, d'illumination, de chauffage – tout ce que vous voudrez –, les effets de la communication au niveau de l'inconscient ne seraient pas saisissables. Mais il vous montre surtout qu'il n'y a aucune espèce de rapport de négatif à positif entre le moi et le discours de l'inconscient, ce discours concret dans lequel le moi baigne et joue sa fonction d'obstacle, d'interposition, de filtre. L'inconscient a son dynamisme, ses afflux, ses voies propres. Il peut être exploré selon son rythme, sa modulation, son message propre, tout à fait indépendamment de ce qui l'interrompt[85].

Dans la mesure où ces interruptions, ce filtrage, représentent des phénomènes qui ne sont pas accidentels, mais d'une certaine façon coordonnés en vue de maintenir tant bien que mal un régime de fonctionnement narcissique (celui de la relation imaginaire, par laquelle le sujet communique en miroir avec l'autre pour se préserver de l'angoisse du morcellement et de la déchéance), le schéma L, lorsqu'on le regarde non plus sous le seul angle structural, statique, mais sous l'angle dynamique, implique des phénomènes « cybernétiques » : l'homéostasie narcissique du Moi doit faire face à des perturbations inertielles (frayages

84 J. Lacan, *Les Écrits techniques de Freud*, Paris : Seuil, 1975.
85 J. Lacan, *Le Moi dans la théorie de Freud*, *op. cit.*, p. 167.

de la décharge pulsionnelle et des contenus refoulés) comme à des fluctuations hasardeuses (dépendance orthopédique à l'image de l'autre, mauvaises surprises surgissant au détour de la chaîne signifiante dans le discours de l'Autre).

L'autre schéma qui entre dans ce cadre, désigné comme « graphe », est celui que Lacan introduit durant son séminaire sur « Les formations de l'inconscient[86] ». Lacan parle de *sender* et de *receiver*, de message et de code, sans doute familiarisé avec ces notions par Jakobson (qui a adapté le schéma « émetteur-récepteur » de Shannon à la linguistique), peut-être par l'entremise de Lévi-Strauss.

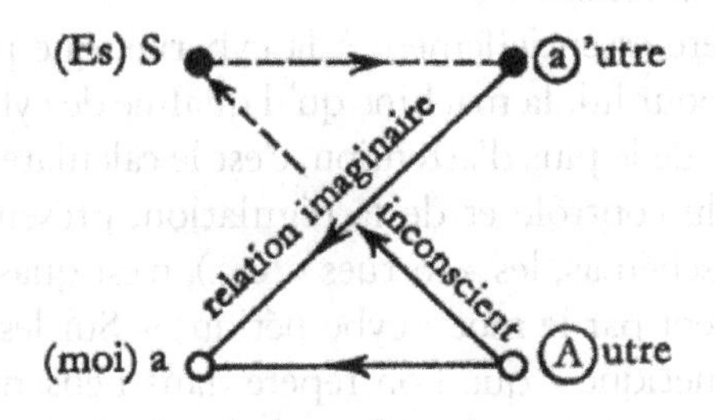

FIG. XXXVI – Le « schéma L ».

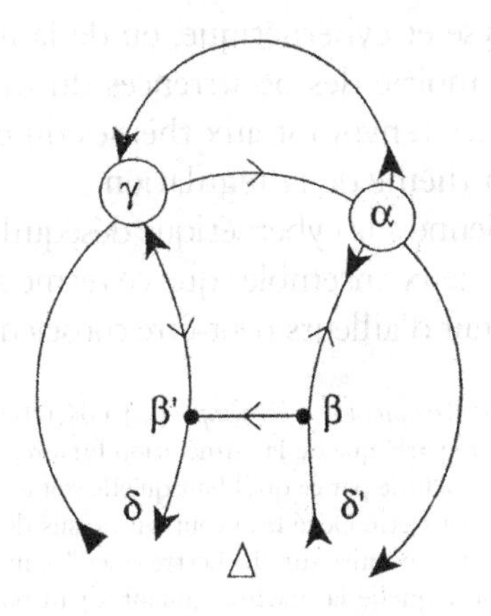

FIG. XXXVII – La première forme du « graphe ».

86 J. Lacan, *Les formations de l'inconscient. 1957-1958. Le séminaire, livre V*, Paris : Seuil, 1998.

Le circuit ne se réfère pas qu'à des questions de transmission : l'Autre est une fonction qui sanctionne les créations de sens des formations de l'inconscient (mot d'esprit, lapsus, acte manqué). Celles-ci refoulent un signifiant, autrement dit l'envoient circuler entre l'Autre et le code, jusqu'à ce que l'Autre lui fasse un sort. On retrouve l'inconscient névrotique sous sa forme de circuit réverbérant. Les façons dont le sujet essaye en conséquence de ruser avec l'Autre pour faire admettre l'inadmissible dans le circuit de la parole, laisse voir un jeu du chat et de la souris où se retrouvent, présentés sous un autre angle, les processus du schéma L, les mécanismes de défense dont le but est de voiler ce que les créations de l'inconscient dévoilent.

Lacan se réfère essentiellement à la cybernétique par la notion de « machine », et pour lui, la machine qu'il qualifie de cybernétique, celle à laquelle il accorde le plus d'attention, c'est le calculateur électronique. La dimension du contrôle et de la régulation, présente à des points importants (les schémas, les « tortues », etc.), n'est quasiment pas désignée explicitement par le mot « cybernétique ». Sur les 55 occurrences du mot « cybernétique » que l'on repère dans l'ensemble de l'œuvre de Lacan, seules 3 relèvent du thème de la régulation, tandis que 49 se rattachent au thème du traitement automatique des messages (avec une large proportion consacrée à la machine à calculer). La conférence de 1955 « Psychanalyse et cybernétique, ou de la nature du langage », regroupe presque la moitié des occurrences du mot « cybernétique » (25 occurrences), toutes renvoyant aux thèmes du calcul ou du codage binaire, et aucune au thème de la régulation.

La référence lacanienne à la cybernétique déséquilibre donc largement la part respective des deux ensembles que ce terme articule en principe. Le psychanalyste en était d'ailleurs peut-être conscient[87]. en tout cas, cette

---

87 « … la conférence sur *Psychanalyse et cybernétique* […] a déçu beaucoup de monde, du fait que nous n'y ayons guère parlé que de la numération binaire, du triangle arithmétique, voire de la simple porte, définie par ce qu'il faut qu'elle soit ouverte ou fermée, bref, que nous n'ayons pas paru nous être élevé beaucoup au-dessus de l'étape pascalienne de la question » (J. Lacan, « Le séminaire sur "La Lettre volée" », in *Écrits*, Paris : Seuil, 1966, p. 60). L'objection selon laquelle la machine jouant à pair ou impair est une machine cybernétique parce que, dans la description qu'en donne Lacan, la machine progresse (elle réinjecte par *feedback* l'apprentissage qu'elle fait des tours passés), oublierait juste qu'il n'y a pas d'apprentissage possible à ce jeu *tel que Lacan le présente*. Quoi qu'il en soit, et c'est là l'essentiel, ce n'est pas en tant qu'elle apprend que la machine est qualifiée de « cybernétique » par Lacan.

disproportion sémantique porte manifestement les marques de Guilbaud et de Riguet. Le premier, s'il ne dit rien ou presque des machines à calculer (peut-être parce qu'il se méfie de la fascination populaire pour les « gadgets ») consacre beaucoup plus de son « Que sais-je ? » à parler des messages que des servomécanismes. C'est bien sûr Riguet qui amène au premier plan le thème du calcul automatique (*cf.* p. 220-224). Lacan tient d'eux des définitions de la cybernétique qui sont élargies et tendent à perdre de vue (sans pour autant les exclure) les mécanismes de rétroaction. Où Lacan mentionne la cybernétique, il n'en est donc pas vraiment question, et là où il en est question, il ne le dit pas vraiment. La dimension rétroactionnelle est restée assez implicite dans ses modèles théoriques, alors même que la clinique lacanienne post-structuraliste en est venue à s'intéresser de façon centrale à des questions posées en terme de stabilisation et de suppléances, et, pour certains psychanalystes (dont certains sont mathématiciens), à s'investir dans une formalisation faisant appel à la topologie et aux nœuds.

L'ENCYCLOPÉDIE SOUS LE CAPOT

L'ouvrage de Wiener est notoirement associé à l'accent qu'il met dès ses premières lignes sur le problème des conditions de possibilité d'une Méthode scientifique efficace en contexte de cloisonnement disciplinaire et d'hyper spécialisation croissante. La patrie de René Descartes et Claude Bernard, peu tentée par le logicisme des philosophes de Vienne venus exposer leur doctrine au Congrès international de philosophie des sciences de Paris en 1937[1], pouvait difficilement rester insensible à une telle interpellation (à plus forte raison, sans doute, que *Cybernetics* paraît chez Hermann & Cie, rue de la Sorbonne). Dans l'activité de réflexion encyclopédique de l'immédiat après-Guerre, telle qu'elle se présente dans diverses initiatives, la cybernétique va constituer une source d'inspiration pour certaines réflexions sur la classification des sciences. Ces réflexions, qui peuvent avoir diverses motivations et arrière-plans, peuvent bien sûr être tout à fait indépendantes des idées de Wiener : c'est le cas, par exemple, de l'idée de « sciences diagonales » avancée par Roger Caillois, réfléchie depuis les années 1930 et mise en œuvre à la Libération sous les auspices de l'Unesco autour de la revue *Diogène*, consacrée aux points de contacts interdisciplinaires[2]. Derrière le terme fourre-tout d'interdisciplinarité, il faut donc distinguer des démarches et des conceptions variées. Bien entendu, le terme de cybernétique ayant lui-même la propension à être fourre-tout, il est loin d'être évident qu'avec lui soit toujours véhiculée une conception définie des rapports entre les sciences. La « méthode des modèles » ne constitue pas alors encore un régime de production de connaissances suffisamment routinier, et la cybernétique, qui en est seulement un cas, en est parfois

1 A. Soulez, « La réception du Cercle de Vienne aux congrès de 1935 et 1937 à Paris, ou le "style-Neurath" », in M. Bitbol, J. Gayon (dir.), *L'épistémologie française*, Paris : Presses universitaires de France, 2006, p. 27-66.

2 L. Moutot, *Biographie de la revue Diogène : les « sciences diagonales » selon Roger Caillois*, Paris : L'Harmattan, 2006.

prise pour synonyme. Bien que, là encore, la cybernétique ne soit qu'un cas particulier d'influence d'une catégorie d'objets techniques sur les catégories de la pensée scientifique, Wiener avait suffisamment insisté sur ce point pour que sa démarche puisse jouer un rôle dans la mise en valeur, ou tout simplement la prise de conscience, de ce phénomène[3]. Il s'agit donc d'un vecteur intellectuel relativement spécifique par lequel aborder la problématique encyclopédique. Dans la *Revue de synthèse*, sorte d'encyclopédie permanente, Jacques Lafitte (*cf.* p. 208-212) écrivait ainsi en 1933 :

> Il est peu d'objets dont l'entière connaissance suppose, à un tel point, l'application simultanée de toutes les disciplines scientifiques. [...] la connaissance des techniques, et partant des machines, suppose une synthèse intégrale du savoir et des facultés humaines. [...] son retard à se former tient à une déficience primitive de l'esprit de synthèse[4].

L'histoire de la cybernétique, c'est une nouvelle génération de machines qui inspire mathématiciens, biologistes, économistes, etc., et les amène même parfois à se parler... Une fois n'est pas coutume, l'ingénieur pourrait avoir quelque chose à leur apprendre ! Le renouvellement de la notion de machine bouscule classifications et cloisonnements, appelle de nouvelles synthèses. Ce lien entre synthèse des connaissances et évolution des techniques impose notamment une confrontation avec un monstre sacré : entre l'*Introduction à la médecine expérimentale* de Bernard et l'essai de Max Weber qui prend acte de la spécialisation irréversible de la pratique scientifique professionnalisée, un théoricien de l'organisation des savoirs a laissé son empreinte sur les institutions académiques françaises. Il s'agit bien sûr d'Auguste Comte et de sa doctrine positiviste.

Trois philosophes français de l'époque ont été plus particulièrement attentifs à ces questions : Pierre Ducassé, Gilbert Simondon, et le R. P. François Russo. Ce dernier, qui a contribué au développement en

3 « La pensée de chaque âge se reflète dans sa technique. Les ingénieurs civils furent jadis des arpenteurs, des astronomes et des navigateurs ; ceux du dix-septième et du début du dix-huitième siècle des horlogers et des polisseurs de lentilles. [...] Au marchand a succédé le manufacturier, et au chronomètre la machine à vapeur. [...] Si le dix-septième et le début du dix-huitième siècle sont l'âge des horloges, et la fin du dix-huitième et le dix-neuvième siècle l'âge de la machine à vapeur, le temps présent est celui de la communication et de la commande » (N. Wiener, *La Cybernétique*, *op. cit.*, p. 109-110).

4 J. Lafitte, « Sur la science des machines », *op. cit.*, p. 145.

France de l'histoire des sciences et de l'histoire des techniques, écrivait en 1951 que

> … se dessine aujourd'hui un nouveau *groupement des problèmes* posés par la technique, beaucoup plus conforme aux objectifs propres de la technique. Les distinctions classiques entre optique, électricité, mécanique, apparaissent, dans cette perspective, secondaires et, ce qui est plus grave, susceptibles de masquer les problèmes profonds… Des thèmes plus abstraits, essentiellement celui de l'information, tendent à s'imposer[5].

Le jésuite étend son *leitmotiv* aux disciplines scientifiques, non seulement techniques :

> Le profond renouvellement que connaît aujourd'hui l'intelligence de la technique nous invite de façon pressante à nous dégager de classifications et de distinctions périmées. Il faut faire tomber des cloisons, et, par delà d'apparentes différences, dégager des analogies et des thèmes communs. […]
>
> Ainsi peu à peu s'élabore une doctrine très générale, fondée sur des notions assez nouvelles et qui regroupe des sciences et des techniques assez éloignées les unes des autres. Il vaut peut-être la peine de noter que l'avènement de ce type nouveau de recherche ne semble pas avoir été prévu par la philosophie des sciences, en dépit des efforts de classification des sciences et des techniques qu'ont déployés tant d'auteurs illustres. Ce qui tendrait peut-être à prouver que ces classifications étaient assez superficielles[6].

> De création toute récente et base de la cybernétique, cette notion [d'information] se révèle douée d'un très large pouvoir unificateur et susceptible de rapprocher des disciplines souvent demeurées jusqu'ici très éloignées les unes des autres tant dans leur apparence naturelle que dans leur structure intelligible. [Elle] oriente vers des redistributions et des regroupements susceptibles de modifier de manière sensible la conception classique du système des sciences[7].

Cependant, dans un article qui marque l'aboutissement de cette réflexion, Russo souligne la résilience des représentations traditionnelles :

> On sait que la spectroscopie s'est introduite tardivement en chimie parce qu'elle avait été développée dans un domaine séparé, celui de l'optique. Et

5 F. Russo, « La cybernétique située dans une phénoménologie générale des machines », *op. cit.*, p. 75.

6 F. Russo, « Fondements de la théorie des machines », *Revue des questions scientifiques*, janvier 1955, p. 44, 45.

7 F. Russo, « Le système des sciences et des techniques et l'évolution de la classification des sciences », in F. Le Lionnais (dir.), *La Méthode dans les sciences modernes*, *op. cit.*, p. 21-22.

> de nos jours, il est remarquable de voir que la perspective de l'information tarde à s'introduire dans le monde technique en raison de la prévalence d'une classification chosiste des techniques[8].

Les représentations traditionnelles inadéquates, cloisonnées, empêchent ainsi la perception des passerelles entre disciplines : l'exemple de la spectroscopie, cas paradigmatique de « recherche technico-instrumentale » et de transversalité, au sens que Terry Shinn donne à ces termes (*cf.* introduction), illustre de façon significative le type de statut épistémologique que Russo donne à la cybernétique. Cet article de Russo préfigure un discours aujourd'hui familier : l'évolution des sciences et des techniques tendrait vers une interpénétration croissante dont le progrès serait ralenti par des frontières disciplinaires simplistes. Ici, il est intéressant de voir comment l'argument porte sur la performativité des conditions matérielles de représentation :

> Peu à peu, de divers côtés, l'on se rend compte qu'il se pourrait que les questions de classification des sciences ne soient pas aussi secondaires qu'on l'avait cru. Elles apparaissent concerner assez profondément l'intelligence des choses. En même temps, le développement de la documentation et l'interpénétration croissante des diverses disciplines manifestent, même pour les besoins pratiques, les graves insuffisances des classifications de type « classique ». Nous ne saurions plus prétendre atteindre une vue satisfaisante de l'organisation du savoir scientifique en continuant à nous reposer sur les classifications courantes à une seule dimension ou arborescentes, et sur les découpages assez grossiers qu'elles ont opérés dans le tissu des connaissances. Nous commençons d'ailleurs à mieux comprendre que les classifications imposent à notre esprit des schèmes qui conditionnent souvent assez directement nos façons de penser. Aussi peut-il être gravement dommageable de laisser se perpétuer des classifications qui sont très éloignées de traduire la structure réelle des sciences. Ainsi certaines perspectives, certains rapports, se trouvent méconnus, alors qu'ils ont une grande importance[9].

8 F. Russo, « Le système des sciences et sa structure », *Revue des questions scientifiques*, avril 1961, p. 235.

9 *ibid.*, p. 234-235. « En particulier le schéma classique qui distribue les sciences selon les ramifications de l'arbre de Porphyre se révèle nettement insuffisant. Une rénovation s'impose avec urgence. Nous étouffons dans des cloisonnements qui nous empêchent d'apercevoir des liens d'une grande portée entre disciplines jusqu'ici séparées. Cette ouverture à des vues plus larges et plus fécondes se heurte à la double routine des esprits et des institutions. Il est remarquable que le progrès des sciences est plus facilement accepté que la transformation du cadre dans lequel elles se présentent » (F. Russo, « Le système des sciences et des techniques et l'évolution de la classification des sciences », *op. cit.*, p. 18).

Russo tente ainsi d'alerter ses contemporains sur le continuum entre classifications philosophiques des sciences, organigrammes institutionnels, division du travail scientifique, ordonnancements documentaires, continuum de conditionnement réciproque que l'éducation se charge de reproduire dans les esprits. On voit ici une réflexion sur l'encyclopédisme partir des machines, repenser la cartographie des disciplines, et s'intéresser aux aspects pratiques de la documentation.

Gilbert Simondon a perçu ces enjeux des relations entre technique et ordre des savoirs avec une acuité tout aussi fondamentale. Deux de ses textes restés longtemps inédits sont particulièrement suggestifs. Le premier s'appelle « Cybernétique et philosophie ».

> On peut considérer comme un nouveau *Discours de la Méthode* l'ouvrage de Norbert Wiener [...] une science peut rencontrer une autre science par empiétement progressif sur son objet. C'est l'image de la colonisation de l'Oregon [*cf.* N. Wiener, *La Cybernétique*, *op. cit.*, p. 54] [...]; mais une science peut rencontrer une autre science parce qu'elle a besoin d'elle *comme technique* à l'intérieur d'un domaine dont elle ne cherche pas à sortir. [...] Dans la compatibilité opératoire interscientifique, sinon suprascientifique, se découvre un mode de relation à l'objet qui n'est plus seulement scientifique mais technique. Car la relation technique sujet-objet est plus riche que la relation scientifique. [...] Le *no man's land* entre les sciences particulières n'est pas une science particulière, mais un savoir technologique universel, une technologie interscientifique qui vise non un *objet* théorique découpé dans le monde mais une *situation*. Cette technologie des situations peut penser et traiter de la même manière un cas de vertige mental chez un aliéné et un tropisme chez un insecte, une crise d'épilepsie et un régime d'oscillations de relaxation dans un amplificateur à impédance commune d'alimentation, un phénomène social et un phénomène mécanique[10].

Simondon est sans doute le premier à concevoir l'espace interdisciplinaire, interstitiel (*cf.* introduction), sous cet angle d'un champ de relations techniques. La cybernétique y trouve une définition très générale, celle de la forme contemporaine que prend un savoir pratique qui compare des comportements de ses instrumentations électroniques à des comportements biologiques ou psychiques, et qui se fonde sur le raisonnement par analogie :

> Il suffit pour définir l'intérêt et la nature de la Cybernétique, cette technologie interscientifique, de faire comprendre qu'elle ne cherche pas à identifier

10 G. Simondon, « Cybernétique et philosophie », in *Sur la philosophie 1950-1980*, Paris : Presses universitaires de France, 2016, p. 38-41.

> un processus compliqué à un processus plus simple – comme on le croit très vulgairement – (par exemple la pensée humaine au fonctionnement d'un système mécanique), mais à établir des équivalences entre différentes situations dans lesquelles le savant peut se trouver en présence de tel ou tel objet. [...] L'équivalence n'est pas une *identité* dans la nature des objets, mais dans l'*activité opératoire* que l'on doit exercer sur eux pour les modifier de la même manière. C'est une analogie si l'on entend par analogie non rapport d'identité (ressemblance ou similitude) mais identité de rapports, en précisant qu'il s'agit de *rapport opératoires.* Mais pourquoi cet aspect du rapport technologique entre les sciences se nomme-t-il Cybernétique ? Auguste Comte l'eût nommé philosophie[11].

Dans le second texte, intitulé « Épistémologie de la cybernétique », Simondon reprend et approfondit l'interprétation de la cybernétique par rapport à Auguste Comte et à Descartes, cette fois pour les distinguer. Parce que « l'épistémologie doit à Auguste Comte une classification des sciences fondée sur le primat de l'objet[12] », on risquerait de confondre la cybernétique avec une tentative de théorie généralisant ou unifiant différentes sciences, ou bien une science leur faisant concurrence sur leur domaine, ou cherchant de nouveaux domaines ; alors qu'elle ne s'occupe pas de domaines d'objets, mais de domaines d'opérations : la description que fait Wiener du *no man's land* interdisciplinaire « est un *terrain méthodologique* et non un *terrain objectif*[13] ».

> Si la machine à calculer peut être comparée à un calculateur humain, ce n'est pas parce qu'un domaine objectif, naturel ou artificiel, renferme simultanément ces deux êtres, mais parce que la *méthode* par laquelle on établit les règles d'une opération mentale juste et celle par laquelle on prédétermine le fonctionnement valide d'une machine à calculer entretiennent entre elles des rapports de *corrélation technique*, qui sont de nature opératoire. Comme le montre M. Couffignal, la machine à calculer n'est pas une imitation de l'homme ; elle ne fait pas les mêmes opérations que lui par des voies identiques ou analogues, mais par des voies équivalentes et différentes : la machine n'est pas un être artificiel imitant structurellement l'homme, mais bien un *dispositif capable de remplacer l'homme en remplissant une fonction déterminée : équivalence des fonctions constituées par des opérations différentes* [...][14].

11 *ibid.*, p. 41-42.
12 G. Simondon, « Épistémologie de la cybernétique », in *Sur la philosophie 1950-1980*, *op. cit.*, p. 177.
13 *ibid.*, p. 186.
14 *ibid.*, p. 186.

Simondon retouche également la comparaison entre *Cybernetics* et le *Discours de la méthode* :

> Or, si l'ouvrage de Norbert Wiener [...] a bien, historiquement, la valeur d'un nouveau *Discours de la Méthode*, il n'en a pas, doctrinalement, l'unité interne ; on saisit, sur de brillants exemples, à quelle préoccupation répond la cybernétique, mais la méthode cybernétique n'y est point définie. Dans le *Discours de la Méthode*, au contraire, ou plutôt dans les fragments qui le suivent, il y a des exemples de l'application de la méthode cartésienne, sur la *Dioptrique* et les *Météores* ; mais avant cette démonstration par l'exemple, il y a une définition des règles de la méthode et une affirmation de leur universelle valabilité. Nous croyons donc que l'œuvre la plus urgente que réclame la nouvelle théorie cybernétique est l'édification d'une logique cybernétique [...][15].

Bien que cette dernière remarque permette de se demander si un peu de cartésianisme et de positivisme ne reviennent pas par la fenêtre là où Simondon insistait d'abord sur la transversalité de la cybernétique, ces textes sont emblématiques de la façon dont la cybernétique a suscité une remise en question des postulats positivistes concernant les relations entre sciences et techniques[16]. Par contraste avec Simondon, Russo et Ducassé (dont il est question ci-dessous), cette connexion explicite de la problématique encyclopédique avec les idées de science des machines, de valeur heuristique des machines, de relations interdisciplinaires de nature technique, reste plutôt absente de la courageuse tentative d'un esprit encyclopédique par excellence de reprendre la question de la classification des sciences, Jean Piaget[17], alors même que ce dernier ne fait pas mystère de son intérêt pour la cybernétique, dans laquelle il investit.

15 *ibid.*, p. 197.

16 Voir aussi : R. Le Roux, « Rise of the Machines. Challenging Comte's Legacy with Mechanology, Cybernetics, and the Heuristic Values of Machines », in S. Loève, X. Guchet, B. Bensaude-Vincent (dir.), *French Philosophy of Technology. Classical Readings and Contemporary Approaches*, Springer, 2018, p. 65-80.

17 J. Piaget, « Le système et la classification des sciences », in J. Piaget (dir.), *Logique et connaissance scientifique*, Paris : Gallimard, Encyclopédie de la Pléiade n° 22, 1967, p. 1151-1224. Dans cet article, Piaget propose de repenser la question de la classification à travers différents modes de dépendances dynamiques récursives entre sciences (par opposition notamment aux dépendances statiques chez Comte). Il identifie deux points nouveaux de dépendance de l'épistémologie interne de la biologie : l'un aux mathématiques (biomathématique où Piaget ne situe *pas* la cybernétique aux côtés de Bertalanffy, Rashevsky et Volterra) ; l'autre à la psychologie, où Piaget prend le cas de la notion de finalité biologique pour remarquer que les cybernéticiens s'inspirent des comportements supérieurs pour construire leurs machines (*ibid.*, p. 1211-1212). Or Piaget ne dit rien de la réciproque,

Les démarches encyclopédiques, lors même qu'elles demeurent chasse gardée des philosophes, se heurtent à des contraintes de fonctionnement, et doivent sans cesse réinventer leur forme en fonction de leurs objectifs cognitifs et socio-culturels, qu'il s'agisse d'une puissante organisation comme l'Unesco cherchant à coordonner et développer les recherches du monde entier, ou de réflexions individuelles ou en petit groupe sur la mise en acte de procédures de décloisonnement, qu'elles soient intellectuelles (raisonnement par analogie) ou matérielles (problèmes de représentation, de classification et de recherche automatique des connaissances). D'où le titre à double sens de ce chapitre final : encyclopédismes qui soulèvent le capot du monde des machines ; encyclopédismes dont il s'agit de soulever le capot.

c'est-à-dire s'inspirer des machines pour analyser les comportements biologiques. Cet angle mort dans la façon dont Piaget localise la cybernétique dans sa classification frappe d'autant plus par son contraste, dans le même volume de la Pléiade, d'avec les deux articles de Seymour Papert (son collaborateur au Centre d'épistémologie génétique de Genève), qui exposent la conjonction de la valeur heuristique des machines autorégulées et de la modélisation mathématique des régulations biologiques (S. Papert, « Épistémologie de la cybernétique » et « Remarques sur la finalité », in J. Piaget (dir.), *Logique et connaissance scientifique*, *op. cit.*, p. 822-840, 841-861). Si, dans son propre article, le maître de Genève ne remarque aucune subversion de l'ordre des savoirs par les machines, ce serait alors parce que, pour lui, la finalité serait psychologique et non mécanique ; contrairement à la thèse de Wiener, Rosenblueth et Bigelow, pour Piaget la notion de finalité n'aurait pas d'existence objective indépendante dans les machines ou les organismes, elle ne serait qu'une projection anthropomorphique, sans valeur épistémologique du point de vue d'une classification des sciences. Or cette prise de position, si tant est qu'elle soit vraiment celle de Piaget, semble difficile à concilier avec ce qu'il écrit quelques pages plus loin, à propos cette fois des interdépendances entre psychologie et physiologie : « Il va donc de soi que, dans la mesure où la neurologie deviendra exacte, elle se structurera de façon toujours plus logico-mathématique » (*op. cit.*, p. 1216). Elle semble également peu compatible avec ce que dit Piaget ailleurs de la cybernétique, avant ou après (voir les références p. 17, note 5). L'engagement encyclopédique effectif de Piaget ne serait donc pas parfaitement reflété par son article de la Pléiade, en dépit de la solidarité organique qu'il y revendique entre recherche scientifique, épistémologie et classification générale des sciences (*ibid.*, p. 1175-1178 : chaque science procède à sa propre critique conceptuelle interne, ce qui génère à la fois son épistémologie interne et une épistémologie « externe » prenant position par rapport aux autres sciences).

PIERRE DUCASSÉ ET LA REVUE *STRUCTURE ET ÉVOLUTION DES TECHNIQUES*[18]

Pierre Ducassé (1905-1983), philosophe et historien des sciences et des techniques, fut d'abord secrétaire des travaux scientifiques de l'Institut d'histoire des sciences, professeur de philosophie à la faculté des lettres de Besançon, puis professeur au Conservatoire national des arts et métiers. Le thème des techniques devient progressivement, pour ce spécialiste d'Auguste Comte, l'occasion de développer une interrogation critique à l'égard de l'héritage positiviste. Créer une revue permet alors de se donner un lieu pour accueillir des points de vue novateurs de réflexion sur les techniques contemporaines. Ducassé écrit, sous la direction d'Abel Rey, une thèse portant sur la méthode philosophique d'Auguste Comte. Rey fonde l'Institut d'Histoire des Sciences de Paris en 1932, et place Ducassé au poste de secrétaire des travaux scientifiques (qu'il occupera jusqu'à l'arrivée de Canguilhem en 1955). Si Ducassé entretient également une certaine proximité avec le milieu positiviste, la continuité n'est pas totale, ni socialement, ni intellectuellement.

C'est sur le thème des techniques que Ducassé va creuser philosophiquement un écart avec l'héritage positiviste. Dès les années trente, peut-être par l'intermédiaire des débats sur le machinisme, Ducassé est sensible à une certaine réalité contemporaine des manifestations techniques qui met en défaut le système de philosophie positive, une réalité pour laquelle le système n'a pas de réponse, théorique ou pratique. Si l'on ne peut plus comprendre les techniques, c'est que celles-ci ne découlent pas de la théorie. Comment interpréter autrement un intérêt progressif pour l'étude historique des techniques, qui donne lieu, en 1945, à la publication du « Que sais-je ? » intitulé *Histoire des techniques* ? Cette vocation à connaître par-delà les catégories comtiennes (ou, mieux, en-deçà d'elles), coïncide avec les dix années comprises entre sa thèse et le lancement de la revue *S.É.T.* en 1948. Durant ces dix

18 Ce paragraphe est issu d'un article écrit en 2006 : R. Le Roux, « Pierre Ducassé et la revue *Structure et évolution des techniques* (1948-1964) », *Documents pour l'histoire des techniques* n° 20, 2011, p. 119-134.

ans, il écrit deux petits ouvrages de synthèse dans la collection « Que sais-je ? » : l'*Histoire des techniques*, et *Les grandes philosophies*, comme s'il s'agissait de faire un point de part et d'autre avant de déployer une pensée véritablement critique.

La dichotomie entre « abstrait » et « concret », qui parcourt l'ensemble du système positiviste (et que Ducassé avait analysée dans sa thèse), se répercute à ses différents niveaux et structure donc aussi le statut de la technicité chez Comte. C'est là l'argument que Ducassé va articuler de façon explicite à partir du milieu des années cinquante pour son élaboration critique :

> On sait que la « clef de voûte » philosophique du positivisme, conçu comme harmonie nécessaire des méthodes de la science et comme intégration de la pensée scientifique dans l'histoire de la civilisation, réside dans la séparation générale entre *théorie* et *pratique* : distinction poussée, depuis le contraste de la pensée et de l'action, jusqu'à la distinction des sciences abstraites et des sciences concrètes – au-delà – jusqu'à la division politique du pouvoir en spirituel et temporel.
>
> Or cette distinction transpose une notion propre aux économistes : *la division du travail* que Comte généralise (alors que Marx l'élabore dialectiquement). Dans cette généralisation, Comte est porté (et emporté) par l'éducation mathématique, polytechnicienne, dont sa jeunesse subit fortement l'empreinte, par son goût de l'enseignement mathématique, par l'esprit « pédagogique » des mathématiques appliquées à l'art de l'ingénieur[19].

L'application de la théorie à la pratique fait l'objet des « sciences concrètes », qui constituent l'activité d'une catégorie socioculturelle dont Ducassé estime que c'est l'œuvre de Comte qui en annonce l'apparition historique et en reconnaît l'importance : les ingénieurs. Cependant, la place accordée à la technicité dans le système positiviste reste insuffisante, et se dégrade même avec l'évolution de la pensée comtienne. Dans un premier temps, si les « sciences concrètes » jouent bien leur rôle, c'est le statut de l'ingénieur qui révèle cette insuffisance :

> « Classe intermédiaire », doctrine « intermédiaire », statut « moyen », le niveau de l'ingénieur se définit à partir de réalités qui le dépassent. L'homme qu'appelaient à la fois les progrès de la science et les besoins de l'industrie

19 P. Ducassé, « Auguste Comte et la philosophie des techniques », *Structure et évolution des techniques* n° 55-56, 1957, p. 11.

> est conçu, par la philosophie scientifique du positivisme *naissant*, comme un *compromis* [...][20].

Par la suite, ce sont les « sciences concrètes » elles-mêmes qui disparaissent du système, et avec elles la dignité philosophique de la technique :

> En principe, la « catégorie technique » est donc présente à l'arrière-plan de toutes les constructions abstraites du positivisme, mais elle n'y figure jamais en titre propre, et, pour ainsi dire, comme pouvoir autonome. [...]
>
> Au niveau de la technicité, [...] le contenu effectif des références concrètes subit une modification entre le début et la fin de l'entreprise comtienne : modification reconnue et voulue par Comte, profondément conforme d'ailleurs à la logique de son œuvre [...].
>
> En effet, au moment où Comte passe à l'effectuation sociologique, morale et religieuse des grandeurs concrètes impliquées par sa philosophie théorique, rien ne change en apparence de l'ordre de la connaissance et de ses rapports à l'action ; tout change, en fait, parce que les méthodes d'action ne se rattachent plus exactement comme avant aux voies de la pensée abstraite. Sans être altéré dans sa fonction systématique générale, le rapport de la science à la technique est « réduit » par suppression d'une intermédiaire, antérieurement admis comme nécessaire, la science « concrète ».
>
> Renoncer aux sciences concrètes, c'est, pour Comte, [...] renoncer à toute diversité foncière, à toute originalité *spéciale* des disciplines d'action, conçues comme systèmes relativement autonomes de complexes technico-scientifiques.
>
> Conception profonde, propre à freiner la croissance abusive des « préjugés utilitaires », mais capable aussi de stériliser le développement des techniques et – par voie de récurrence – le progrès des moyens de la science et peut-être même toute l'exubérance créatrice des initiatives scientifiques[21].

En sacrifiant la considération de « l'élément essentiel de l'action technique », le positivisme brise le socle sur lequel il s'est construit, d'après Ducassé qui souligne « la relative fermeture de cette doctrine aux chances de rajeunissement intellectuel liées aux prodigieux développements des techniques issues de la science[22] ».

Si l'évacuation de la consistance propre à la technicité reste sans aucun doute le principal point d'achoppement du positivisme aux yeux de Ducassé, ce dernier n'en fait pas pour autant une particularité de la pensée comtienne : son ouvrage majeur de 1958, *Les techniques*

20 P. Ducassé, *Les Techniques et le philosophe*, Paris : Presses universitaires de France, 1958, p. 61.

21 P. Ducassé, « Auguste Comte et la philosophie des techniques », *op. cit.*, p. 13-14.

22 *ibid.*, p. 15.

et le philosophe, dresse un constat d'échec de la philosophie en général face aux techniques. Ducassé en appelle donc à « un type nouveau de recherches ». Si l'ouvrage de 1958 a pour vocation d'en estimer les conditions de possibilité philosophiques, on peut supposer que, dès 1948, la revue *Structure et évolution des techniques* accueille (et incarne) ce « type nouveau de recherches ». La revue va devenir le bulletin officiel du Cercle d'études cybernétiques. Couffignal, qui s'est aussi intéressé rapidement à la cybernétique, projetait néanmoins de faire valoir en priorité des idées personnelles qu'il développait dès les années trente. Il propose de remplacer le terme « cybernétique » par celui de « sciences comparées » (*cf.* annexe VI).

On aperçoit, entre les aspirations de Ducassé et les savoirs qu'il accueille dans sa revue, des points de convergence essentiels qui dépassent une simple compatibilité fortuite. La vocation interdisciplinaire de la cybernétique s'inscrit à rebours de la division du travail chère aux positivistes. Là où Comte considère que l'organisation de cette division ne ferait que rationaliser une coupure naturelle (*cf.* premier chapitre), Wiener, par ses contributions fondamentales aussi bien à l'étude du mouvement brownien qu'à la conception de prothèses, à l'analyse harmonique qu'au guidage des fusées, s'élève contre la parcellisation bureaucratique de la recherche scientifique et technique dans les lignes qui ouvrent son livre *Cybernetics*. C'est ce que Ducassé met au crédit de la cybernétique, dans un petit article écrit avec Robert Vallée en 1958 :

> Le don de « joyeux avènement » de la cybernétique, c'était d'apporter, avec des exemples précis de raccordement entre domaines scientifiques autrefois isolés, l'idée directrice de tous les problèmes analogues et l'ébauche des méthodes propres à les résoudre[23].

Triple intérêt, donc, de la cybernétique aux yeux de Ducassé : réaction à la fragmentation toujours plus accentuée des disciplines scientifiques, collaboration étroite et fructueuse entre théorie et application selon des modalités non positivistes, et opportunité que, vue comme science de l'action de par sa réception française, la cybernétique s'inscrive à la place de la « science concrète » abandonnée par Comte. Ce dernier méprisait l'enseignement de « science des machines » professé à l'école

23 P. Ducassé, R. Vallée, « Grandeur, décadence et ténacité des thèmes cybernétiques », *Structure et évolution des techniques* n° 59-60, 1958, p. 1-12.

Polytechnique[24], soit exactement l'héritage que Couffignal essaye alors de réactiver. Ce point n'échappe pas à Ducassé qui fait le rapprochement entre les « sciences comparées » de Couffignal et la « science concrète » de Comte. On trouvera une affinité supplémentaire entre Ducassé et Wiener dans le plaidoyer pour une éducation morale et « philosophique » du technicien (au sens d'une remise en question des savoirs et des instructions reçues).

La revue *S.É.T.* apparaît un moment comme un lieu de rencontre privilégié, autrement dit une *étape* entre des traditions aux trajectoires diverses et des élaborations aux destins variables. Avec la revue, il s'agit de donner une existence sociale aux idées, de faire consister un lieu d'échange là où Comte instaurait une séparation de l'ingénieur et du philosophe.

Les grandes lignes éditoriales de *S.É.T.* figurent dans un cartouche, d'abord en deuxième de couverture, puis, à partir de 1953, en quatrième de couverture ; l'évolution de ce cartouche suit pas à pas l'évolution des centres d'intérêt de Ducassé.

A NOS LECTEURS ET CORRESPONDANTS

S.E.T., Revue de documentation, présente périodiquement:
— un BILAN des Informations scientifiques et techniques;
— desESQUISSES de synthèses rationnelles;
— des CONFRONTATIONS entre techniques et valeurs.

FIG. XXXVIIIa – Cartouche de *S.É.T.*, 1952.

Informations Scientifiques
Esquisses de Synthèses rationnelles
Confrontations entre Techniques et Valeurs
Travaux du Cercle d'Etudes Cybernétiques

FIG. XXXVIIIb – Cartouche de *S.É.T.*, 1953.

24 F. Vatin, « Comte et Cournot. Une mise en regard biographique et épistémologique », *Revue d'histoire des sciences humaines* n° 8, p. 9-40, 2003.

Informations Scientifiques
Esquisses de Synthèses rationnelles
Confrontations entre Techniques et Valeurs
Cybernétique (Travaux et Bibliographies)
Recherches de Sciences Comparées
Méthodes d'expression de la Pensée Scientifique et Technique

Fig. XXXVIIIc – Cartouche de *S.É.T.*, 1960.

Les « confrontations entre techniques et valeurs » sont certes plutôt courantes, à cette époque où l'on débat beaucoup sur l'humanisme et la technocratie, mais on pourra noter que le thème des valeurs apparaît ici en vertu d'un intérêt philosophique général de Ducassé, comme il ressort à la lecture de son *vade mecum* de 1941 sur *Les grandes philosophies* : c'est cette notion de valeur qui fait le pivot de la dernière partie sur la philosophie contemporaine (philosophie qui, d'ailleurs – ainsi s'achève l'ouvrage – « compenserait les effets du machinisme »).

Les « esquisses de synthèses rationnelles » sont probablement à mettre en rapport avec le Centre de synthèse d'Henri Berr, que Ducassé connaissait bien. Il collabore à la *Revue de synthèse* dès octobre 1932. On peut supposer qu'il a tenu à reproduire avec *S.É.T.* quelque chose du dispositif intellectuel de la *Revue de synthèse.* Ce qui se profile derrière cette démarche, c'est une coordination des savoirs, pour que les rapports qui les lient ne soient pas perdus de vue dans un contexte d'éparpillement (rappelons que le CNRS ne trouve son véritable essor qu'après la guerre) ; *S.É.T.* serait ainsi aux techniques une réplique miniature de ce que la *Revue de synthèse* est aux sciences. Le texte fondateur de l'Association SéT, qui ouvre le premier numéro de la revue, insiste précisément sur la vocation de « coordination », ainsi que d'« assimilation historique et philosophique », de la revue. On aperçoit, à l'occasion de ce rapprochement, l'intérêt qu'ont pu éprouver des membres du Centre de synthèse à l'égard de la visée interdisciplinaire de la cybernétique[25].

25 Parmi les membres du CÉCyb, outre François Le Lionnais, figure une autre collaboratrice du Centre de synthèse : Suzanne Colnort, qui publie en 1955 un article sur la cybernétique dans la *Revue de Synthèse.* Le Centre s'intéresse lui aussi occasionnellement à la cybernétique : par exemple, le mathématicien Benoît Mandelbrot présente un exposé sur la cybernétique lors de la 21e « Semaine de synthèse » en mai 1958 (*cf.* chapitre 5).

Le Cercle d'études cybernétiques n'est mis en vedette dans le cartouche que l'année à la fin de laquelle il cesse son activité (1953). Le CÉCyb ne sera pourtant jamais officiellement dissout. La référence du cartouche restera jusqu'en 1957, où elle sera remplacée simplement par « Cybernétique (Travaux et bibliographie) ».

La mention « Recherche de Sciences Comparées » est incluse à partir du n° 39-40 de 1954, sans doute pas par simple intérêt intellectuel. Cela fait en effet deux ans que les Sciences comparées existent théoriquement, sans s'être vues attribuer de rubrique particulière dans *S.É.T.*, tandis que dans la pratique les réunions n'auront lieu qu'en 1956. Pourquoi la date de 1954 ? Entre temps, Ducassé et Couffignal se sont rapprochés, et se soutiennent mutuellement : Couffignal appuie la candidature de Ducassé au CNAM, en prévision du départ de ce dernier de l'IHST l'année 1955, tandis que *S.É.T.* accorde une part importante de ses parutions à Couffignal et aux sciences comparées (ce qui apparaît nettement à partir du n° 39-40), comme par exemple les articles de méthodologie générale d'un chimiste du CNRS, Paul Renaud, que Couffignal a fait intervenir dans sa Société de Sciences comparées.

Quant à la dernière mention, « Méthodes d'expression de la pensée scientifique et technique », qui apparaît en 1960 avec le n° 69-70, elle correspond mot à mot à l'intitulé de la chaire qu'occupe Ducassé au CNAM dans les années soixante[26]. Cette chaire est créée spécialement pour lui, après qu'il y ait occupé deux ans un poste de chargé d'enseignement. Il publie, en rapport avec cet enseignement, deux ouvrages chez Dunod. Cet intérêt pour « l'art de s'exprimer », comme il titre l'un de ses articles (*S.É.T.* n° 77-78), reste en fait en continuité avec son investissement dans l'enseignement technique et ses réflexions sur l'éducation des techniciens (peut-être, aussi, avec les activités de Couffignal, qui crée les Brevets de Technicien Supérieur, et cherche des applications de la cybernétique à la pédagogie), à une époque où l'on nourrit des espoirs de reconnaissance de la dignité de l'enseignement technique.

Passionné d'horlogerie, Ducassé s'intéresse de près aux techniques de mesure du temps. Sa nomination, parallèlement à ses activités à l'IHST, à la Faculté des lettres de Besançon – ville qui accueille une véritable « technopole » de l'horlogerie –, au début des années quarante,

26 R. Le Roux, « Ducassé Pierre (1905-1983), Chaire de Méthode d'expression de la pensée scientifique et technique (1960-1975) », *Cahiers d'histoire du CNAM* n° 4, 2015, p. 109-117.

est une heureuse coïncidence qui va lui permettre de nouer des liens avec l'industrie horlogère ; ainsi s'explique la profusion des « réclames » ornant les trente premiers numéros de *S.É.T.*, mais aussi le fait que Ducassé coordonne un numéro spécial de la revue *La Suisse horlogère* sur la cybernétique (publié en mars 1957).

Peut-être l'originalité de l'entreprise éditoriale de Ducassé, sa curiosité à l'égard des initiatives qu'il accueille, impliquait-elle un lectorat quelque peu hasardeux. On sait peu de choses de l'espace de réception de *S.É.T.* La revue était distribuée par les Services d'édition et de vente des publications de l'éducation nationale, dont les fichiers de vente n'ont pas été conservés pour cette période ; hormis la diffusion de la revue dans le réseau du Centre national de documentation pédagogique, on ne sait donc pas grand chose de son public.

Pour ce qui relève du réseau plus informel de Ducassé, il apparaît que *S.É.T.* s'avère un vecteur important de constitution du Cercle d'études cybernétiques, puisqu'un certain nombre de membres entendent parler du CECyb en lisant *S.É.T.*, et contactent la revue pour se renseigner ou carrément demander à s'inscrire au CECyb. La revue sert aussi à connecter le CECyb à l'étranger, comme cet Américain qui cherche à constituer une bibliographie sur la cybernétique française, et à la comparer à son homologue outre-Atlantique ; plus encore, *S.É.T.* met en relation le CECyb avec le Centro Italiano de Cibernetica (voir le chapitre sur le CECyb).

Si le rôle de *S.É.T.* dans cette connexion des groupements de cybernétique est susceptible de *représenter* la portée encyclopédique de la technique, en revanche on peut douter qu'il l'*incarne*. En effet, sous sa forme la plus opératoire, la cybernétique a consisté en la mise en circulation de modèles de machines en sciences biologiques et humaines ; et c'est précisément ce que *n'a pas été* la revue *S.É.T.* : un catalogue ou un lieu de développement de modèles ; cela sans doute, notamment, parce que le CECyb lui-même n'avait pas abouti à définir ainsi sa raison d'être, qu'il cherchait au gré des différents horizons d'attente et modalités de réception et d'appropriation de la cybernétique qui furent ceux des acteurs français. Alors que les périodiques techniques jouent en général un rôle important dans la structuration de groupes et d'identités professionnelles[27], *S.É.T.* ne rentrait justement pas dans ce cadre : revue *sur* les techniques, elle

---

27 P. Bret, K. Chatzis, L. Pérez, *La Presse et les périodiques techniques en Europe, 1750-1950*, Paris : L'Harmattan, 2008.

n'a pas été une revue technique, reflétant le fait que les cybernéticiens ne constituaient pas un véritable groupe avec une identité définie.

En tout cas, la présence au CECyb, d'historiens des techniques et de philosophes des techniques – pour rappel, hormis Ducassé : J. Gimpel le médiéviste, S. Colnort la philosophe assistante de Maurice Daumas, U. Zelbstein, spécialiste de métrologie qui écrira aussi de nombreux articles d'histoire des instruments scientifiques et médicaux, et F. Russo – n'a pas valeur de coïncidence pour le propos de ce chapitre.

DU CÔTÉ DE L'UNESCO (I) : PIERRE AUGER ET FRANÇOIS LE LIONNAIS

L'Unesco a quelque chose d'une tentative encyclopédique faite grande organisation, comme si la concorde mondiale dépendait en quelque manière d'une synthèse harmonieuse des idées et des cultures. « L'Unesco est par nature vouée à l'esprit de synthèse », déclare son président à un colloque « Science et synthèse » organisé en 1965 pour commémorer les dix ans de la disparition d'Einstein et de Teilhard de Chardin.

> Mais qui dit société dit complexité et organisation. Le problème de la synthèse dans la science ne se pose donc pas seulement au plan des connaissances et à celui de la pensée : il se pose aussi au plan de l'organisation du travail scientifique considéré à l'échelle de l'humanité. [...] s'il est vrai que l'organisation de la recherche scientifique n'est pas par elle-même créatrice de synthèse, il est certain qu'elle en est une condition, et en quelque sorte la préfiguration ou la projection sur le plan de la société des esprits. C'est dans cette [...] dimension du Colloque que se situera le dernier débat de la Table ronde, demain après-midi, qu'ouvrira le professeur Pierre Auger et qu'animera M. Le Lionnais[28].

Voilà deux noms qui ne sont pas inconnus dans ce livre. En fait, d'autres participants à ce colloque apparaissent ailleurs dans l'histoire de la cybernétique, en France ou à l'étranger : Dominique Dubarle, François Russo, Ferdinand Gonseth, Giorgio de Santillana (philosophe et historien des sciences du MIT, participant au colloque de Royaumont

28 R. Maheu, « Allocution », in *Science et synthèse*, Paris : Gallimard, 1967, p. 12, 15-16.

sur le concept d'information en 1962). Il y a là de toute évidence une logique du carnet d'adresses qui, sans se limiter aux discussions de cybernétique, a trouvé matière à s'y étoffer.

L'Unesco apporte un soutien non négligeable à l'organisation du premier Congrès international de cybernétique, tenu à Namur en Belgique en juin 1956, puisque celui-ci, lit-on dans les actes, se déroule « sous le haut patronage du Ministère de l'instruction publique de Belgique et de l'Unesco ». Pierre Auger est l'un des cinq membres du comité scientifique, aux côtés de Georges Boulanger, Louis Couffignal, Grey Walter, et d'un administrateur régional qui tient le rôle de secrétaire. Des quatre allocutions inaugurales, la troisième revient à l'Unesco : Auger étant excusé au motif d'une intoxication alimentaire, c'est Le Lionnais qui prend la parole, et donne trois raisons pour l'intérêt de l'Unesco envers la cybernétique : l'enjeu intellectuel, l'enjeu socio-économique (« le spectre du chômage qui pourrait résulter d'un remplacement de l'homme par la machine, s'il n'était accompagné d'une réorganisation adéquate de nos structures sociales[29] »), et enfin la dynamique d'internationalisation (le congrès rassemble 800 participants de 22 pays). La participation financière de l'Unesco n'est pas précisée ; dans son allocution, Boulanger évoque uniquement le soutien symbolique d'un coup de pouce à l'internationalisation.

Pierre Auger n'a donc apparemment pas assisté au congrès, mais il a écrit un texte qui ouvre la série des exposés[30]. Le ton en est assez emphatique, puisque la cybernétique y est présentée comme une révolution, un nouvel âge succédant aux âges de la matière et de l'énergie (pour s'assurer que le message soit bien reçu, l'exposé suivant, du Père Russo, s'intitule « La révolution cybernétique »). L'essentiel de l'article est consacré à défendre une position déterministe : le hasard n'existe pas, les machines vivantes, à la différence des machines humaines, intègrent le mouvement brownien dans leurs conditions normales de fonctionnement. Seule a été imprimée dans les actes la moitié de l'article original[31], qui contient des paragraphes supplémentaires visitant un éventail assez varié de questions et de réflexions dont certaines sont assez originales

29 F. Le Lionnais, allocution, in *1er Congrès international de cybernétique*, *op. cit.*, p. XX.

30 P. Auger, « Quelques aspects de la cybernétique vus par un non spécialiste », *1er Congrès international de cybernétique*, *op. cit.*, p. 3-11.

31 P. Auger, « Quelques aspects de la cybernétique vus par un non spécialiste », fonds Auger 46/132.

(par exemple sur l'individualité des machines), et montrent en tout cas une authentique appropriation des thèmes cybernétiques repensés par un physicien qui s'avère volontiers métaphysicien, au moins dans quelques-uns de ses brouillons inédits.

L'intérêt d'Auger pour la cybernétique est surtout une étape et une facette d'une préoccupation plus générale pour la cosmologie : quelle synthèse désormais entre physique, biologie et humanité ? Ces questions vont l'occuper de façon très compréhensible à son poste de directeur du Département des sciences exactes et naturelles à l'Unesco, qu'il occupe entre 1948 et 1959. Il publie en 1952 un essai *L'Homme microscopique*[32], qui fait un point sur ces réflexions. S'il y est question des notions de message, d'information, de machine, aucune référence à Wiener ni à la cybernétique, ce qui peut surprendre en comparaison de réflexions comparables qui occupent alors d'autres physiciens tels Léon Brillouin ou Louis de Broglie. Comme eux et bien d'autres scientifiques d'alors, Auger ne craint pas de s'aventurer à discuter les répercussions métaphysiques des avancées de la recherche, avec d'autres scientifiques éminents comme Fessard[33], mais aussi avec des philosophes « de carrière », comme Raymond Ruyer, sans doute à l'invitation de Jean Wahl[34]. Il est aussi invité par le Centre international de synthèse pour les 100 ans d'Henri Berr[35]. Du côté de la Société française de philosophie, il est sollicité par la pour la mise à jour du *Vocabulaire* d'André Lalande[36], et il écrit pour

32 P. Auger, *L'Homme microscopique. Essai de monadologie*, Paris : Flammarion, 1952.

33 « Cher Ami, je souscris bien volontiers à votre dernière proposition relativement à la définition de la "Finalité". Pour ma gouverne personnelle, je serais cependant heureux de savoir si vous ne pensez pas que "projet ou intention" et "boucle d'asservissement naturelle" ne diffèrent que par le fait que les premiers sont conscients ? Les trois processus sont régis par la causalité ordinaire (causes efficientes d'Aristote) puisque le projet et l'intention précèdent le déroulement de l'enchaînement, et pour la boucle, on peut à l'avance en calculer et prévoir les effets si on en connaît exactement le paramètre » (lettre de P. Auger à A. Fessard, 25 janvier 1971, fonds Auger 57/150).

34 Lettre de J. Wahl à P. Auger, 10 avril 1952 ; lettres de R. Ruyer à P. Auger, 5 septembre 1953, 23 septembre 1957 (fonds Auger 54/147). Auger envoie l'un de ses articles « Micro-finalisme » en réponse au livre de Ruyer *Néo-finalisme*. Wahl semble avoir attiré l'attention d'Auger sur ce livre (l'écriture de Wahl est difficile à déchiffrer, celle de Ruyer plus encore !).

35 Lettre du Secrétariat général du Centre international de synthèse à P. Auger, 15 mars 1963, fonds Auger 56-149.

36 Bureau de la Société française de philosophie, « Questionnaire lié au projet de révision du Vocabulaire technique et critique de la philosophie », novembre 1972. Dans sa réponse, Auger écrit qu'il a « eu l'occasion de participer aux travaux d'un petit groupe qui a tenté de préciser les définitions de termes tels que structure, organisation, hiérarchie, intégration,

proposer une communication[37]. Il considère également que l'histoire des sciences et des techniques, associée à la philosophie, devrait jouer un rôle plus important et mieux coordonné dans l'enseignement supérieur[38].

L'intérêt d'Auger pour la cybernétique n'est pas uniquement philosophique. Rappelons que parmi les responsabilités et initiatives institutionnelles qui sont celles de Pierre Auger, certaines mentionnées au chapitre 1 œuvrent en faveur de décloisonnements très emblématiques : la formation de groupes de recherche opérationnelle dans le cadre de la mission Rapkine ; le Mouvement pour l'expansion de la recherche scientifique (voir ce que dit Auger au Colloque de Caen, p. 108-109) ; ouverture de l'université à l'électronique et à la biophysique, et ouverture des écoles d'ingénieur à la recherche scientifique.

Comte est dans le collimateur d'Auger :

> Cette division de la connaissance des disciplines scientifiques, division qui était sans doute utile dans la pratique et l'administration de l'enseignement et de la recherche a présenté de graves inconvénients par une application trop stricte en particulier dans l'université, les sociétés savantes et les académies. Poussé à l'extrême par des subdivisions [...] cette tendance a souvent paralysé des recherches utiles, et il a fallu créer au cours du début de ce siècle des disciplines hybrides telles que chimie, physique, astrophysique, biochimie. Il est clair qu'il ne s'agissait absolument pas de [les] juxtaposer, mais que le développement des connaissances dans chacune des anciennes disciplines exigeait l'intervention des lois et des principes d'autres disciplines qui se trouvaient ainsi leur être associées[39].

Alors que le premier Congrès international de cybernétique semblait annoncer une relation symbiotique entre la cybernétique et L'Unesco, cette dernière n'est plus impliquée dans l'organisation des congrès de Namur ultérieurs. Le contraste avec la première édition peut donc surprendre. Que s'est-il passé ? L'historique des échanges entre l'Unesco et l'Association internationale de cybernétique (formée

---

etc. et il est apparu que de tels termes ont une signification qui s'étend bien au-delà de leur emploi strictement scientifique. Une confrontation des domaines d'utilisation, et des sens précis qui s'y rattachent me semblent intéressant » (lettre de P. Auger à S. Delorme, 2 janvier 1973, fonds Auger 56/149).

37 Lettre de P. Auger à S. Delorme, 20 avril 1976, fonds Auger 56/149.

38 Il propose à Lévi-Strauss d'en créer un Institut à l'EHESS (lettre de P. Auger à C. Lévi-Strauss, 10 mars 1975, fonds Auger 58-151).

39 P. Auger, « L'interdiscipline », fonds Auger 46/132, p. 1.

à l'issue du premier congrès et fondée officiellement en janvier 1957), lacunaire pour cette période initiale[40], donne certes pour les congrès suivants une impression d'intérêt limité de la part de l'Unesco, mais pas d'une rupture diplomatique : les différents départements ne se bousculent pas au portillon pour être présents à Namur, mais restent demandeurs de documentation ; et lorsque l'AIC dépose fin 1970 une demande de classement en tant qu'organisation non gouvernementale de catégorie C (c'est-à-dire entretenant avec l'Unesco des « relations d'information mutuelle » – il en existe à l'époque une vingtaine), l'AIC est jugée « sérieuse et active » et voit sa demande exaucée[41]. L'Unesco a conservé un intérêt à long terme pour la cybernétique, basant son propre organigramme de politique scientifique sur un modèle cybernétique[42]. En 1978, le directeur général de l'Unesco d'alors prononce une allocution au « quatrième Congrès international de la cybernétique et des systèmes » à Amsterdam[43], (à ne pas confondre avec le quatrième Congrès international de cybernétique de Namur, qui s'est tenu en 1964). Le désengagement de l'Unesco des congrès de Namur serait-il le seul fait d'Auger ? Il n'est pas impossible qu'Auger, dont le mandat coïncide avec les premières années du Département des sciences exactes, ait bénéficié d'une autorité suffisante pour ce type de

40 Archives de l'Unesco, ONG.1-137.3.

41 « En plus, son Président, le Professeur Boulanger, jouit d'une excellente réputation dans les milieux universitaires et scientifiques de son pays » (note interne de A. Buzzati-Traverso, sous-directeur général chargé des sciences, au directeur, 2 février 1971, mémo SCP/419/5-116) ; « Classement des organisations non gouvernementales en catégorie C » ; lettre de R. Maheu à G. R. Boulanger, 19 février 1971. Archives Unesco, ONG.1-137.3.

42 B. de Padirac, « Parlons franc. La controverse autour de la contribution de l'Unesco à la gestion de l'entreprise scientifique, 1946-2005 », in P. Petitjean et al. (dir.), *Soixante ans de science à l'UNESCO, 1945-2005*, Paris : Unesco, 2009, p. 527-532.

43 « Ainsi, en même temps que chaque société prise séparément devient de plus en plus complexe, les relations entre elles se multiplient à un rythme tel que le monde devient, chaque jour davantage, un seul et même système intégré. Il s'agit dès lors de savoir si, en dépit des antagonismes et des tensions, les civilisations humaines pourront concilier les forces contradictoires qui naissent de leur propre progrès [...]. Dans cette perspective, les disciplines sur lesquelles portent vos activités ont un rôle majeur à jouer. Et cette action peut, et doit, être soutenue par l'Unesco dont les objectifs sont étroitement liés aux vôtres, puisqu'ils portent sur la coopération intellectuelle mondiale. Au cours de ces dernières années, l'Unesco a d'ailleurs développé une méthodologie systémique, visant à concevoir son programme de manière à ce que ses activités puissent constituer une contribution à la solution des principaux problèmes auxquels le monde est confronté » (A.-M. M'Bow, allocution au quatrième Congrès international de la cybernétique et des systèmes, Amsterdam, 22 août 1978, en ligne).

décisions, et que celles-ci n'aient pas été archivées. Ses archives personnelles ne contiennent pas non plus de réponse. En 1959, dernière année de son mandat, Auger est chargé de rédiger un aperçu de l'état de la recherche scientifique mondiale, dont va résulter un rapport célèbre[44], qui incarne une démarche de recensement encyclopédique en lien avec des préoccupations de politique scientifique internationale. P. Breton a souligné que la cybernétique n'y occupe « qu'une dizaine de lignes particulièrement tièdes[45] » :

> Considérées sous les aspects évoqués dans ce rapport, la théorie de l'information et la cybernétique présentent quelques tendances assez précises, mais aussi isolées telles que la théorie de la sémantique de l'information, et l'application de la théorie de l'information à la théorie des « machines ».
>
> La cybernétique conçue comme étant une forme moderne d'analyse par comparaison, par analogie, ou, si l'on préfère, comme une théorie de l'« adaptation » aussi bien dans les phénomènes vitaux, mentaux, sociaux que matériels, glanera dans ces travaux des points de repère précis. Mais aussi longtemps que la cybernétique n'aura pas elle-même forgé ses concepts de base, ces enseignements ne seront que provisoires[46].

Effectivement, seulement trois ans le colloque de Caen et le premier Congrès de Namur, l'heure semble au bilan plus qu'aux promesses. Surtout, il est difficile ne pas y lire un camouflet littéral, discret mais cinglant, aux efforts qui sont alors ceux de Couffignal pour définir, justement, ces concepts de base[47], mais aussi (*cf.* infra, p. 596-598) pour obtenir les faveurs de l'Unesco… Auger n'en continue pas moins à priser l'interdisciplinarité et la transversalité, dans lesquelles il voit les signes possibles d'une nouvelle Renaissance :

> … les méthodes de pensée elles-mêmes s'étendent bien au-delà des frontières des disciplines classiques. Cela explique les migrations, à certains égards surprenantes, de certaines personnalités marquantes de la recherche, qui sont passées parfois de la physique nucléaire à la biologie, ou de la chimie aux mathématiques. Peut-être assistons-nous, d'une certaine manière, à un retour vers cette unité de la science que la Renaissance avait cru pouvoir réaliser,

44 P. Auger, *Tendances actuelles de la recherche scientifique*, Paris : Unesco, 1961.
45 P. Breton, « La cybernétique et les ingénieurs », *op. cit.*, p. 156.
46 P. Auger, *Tendances actuelles de la recherche scientifique*, *op. cit.*, p. 32.
47 L. Couffignal, *Les Notions de base*, Paris : Gauthier-Villars, 1958. Dans bien d'autres de ses publications d'alors, Couffignal répète le même travail de définition des concepts (*cf.* annexe V).

> mais que les grandes découvertes du dix-neuvième siècle avaient éloignée pour un temps des préoccupations des savants[48].

Auger reste donc fidèle à ces intérêts, comme on le constate lorsqu'il félicite François Jacob, Henri Atlan ou encore Benoît Mandelbrot pour leurs best-sellers respectifs du début des années 1970[49]. À la fin des années 1980, Auger présentera l'aboutissement de ses réflexions sur l'organisation biologique dans les séminaires qui sont des points de ralliement pour un certain nombre d'« anciens » de la cybernétique et des tenants de la biologie théorique : au séminaire « Synergie et cohérence dans les systèmes biologiques » à Jussieu (*cf.* p. 602) en avril 1986, et au « Séminaire de systémique théorique et appliquée » de l'AFCET en juin 1989[50]. On peut donc douter qu'il y ait eu un véritable rejet de la cybernétique par Auger à la fin des années 1950 ; plus probablement un constat que la cybernétique ne suffirait finalement pas à l'ambitieuse « grande unité » dont un tapuscrit dévoile la vision pythagoriste :

> Tout est nombre, avait dit Pythagore, et cette prophétie se réalise de plus en plus exactement avec les théories quantiques, la découverte des lois de l'hérédité, celle de la forme géométrique des grosses molécules qui composent

48 P. Auger, « Quelques tendances de la recherche scientifique », 21 décembre 1960, fonds Auger 39/120/012, p. 8.

49 « Cher ami, [...] j'ai surtout été frappé de la généralité en même temps que la précision de la théorie des "intégrons". Il me semble qu'elle n'est pas trop éloignée des idées avec lesquelles j'avais joué un peu dans *L'Homme microscopique* [...] » (lettre de P. Auger à F. Jacob, 4 décembre 1970, fonds Auger 57/150). « Je viens de lire avec le plus grand intérêt votre livre sur la théorie de l'Information et la Biologie, paru chez Hermann, et qui m'a été signalé par A. Fessard. J'ai moi-même beaucoup réfléchi à ces questions, et j'ai d'ailleurs dès 1951 indiqué quelques-unes des idées qui peuvent venir à un physicien lorsqu'il se plonge dans les problèmes de l'organisation des êtres vivants » (lettre de P. Auger à H. Atlan, 12 février 1973, fonds Auger 55/148). « Je vous remercie de l'envoi de votre livre sur les objets fractals qui m'a vivement intéressé. [...] Comme actuellement je m'intéresse particulièrement à la biophysique, je serais heureux de savoir ce que vous pensez de la structure des macromolécules de protéines, objets dont l'aspect général est fractal [...], un faible changement d'un détail de cette forme pouvant transformer d'un coup les propriétés du total » (lettre de P. Auger à B. Mandelbrot, 15 septembre 1975, fonds Auger 58/151).

50 P. Auger, « Dynamique des systèmes hiérarchisés : un modèle général appliqué à la biologie », in Z. W. Wolkowski (dir.), *Synergie et cohérence dans les systèmes biologiques. Troisième série*, 1988, p. 93-123 ; « Dynamique et thermodynamique des systèmes composés de plusieurs niveaux d'organisation », *Revue internationale de systémique*, vol. 3, n° 2, 1989, p. 129-158.

> le protoplasme, le noyau et la membrane des cellules vivantes, et enfin il faut citer l'utilisation en sciences humaines des méthodes de calcul automatique. Ainsi se construit peu à peu la grande unité interdisciplinaire de la science entrevue par les Grecs, – mais contenant maintenant l'Homme lui-même et ses sociétés[51].

Quant à François Le Lionnais (1901-1984), la démarche encyclopédique semble l'objet même de sa vie : chimiste, maître de forge, mathématicien, spécialiste des échecs, prestidigitateur[52]… Son dernier ouvrage publié, *Les Nombres remarquables* (1983), contient « seulement » une liste de nombres accompagnés de leurs propriétés mathématiques particulières, mais l'on y reconnaît un dispositif de renvoi caractéristique du montage d'une encyclopédie. L'initiative apparentée la plus notoire que l'on doive à Le Lionnais réside dans la coordination du recueil *Les Grands courants de la pensée mathématique* (1948), mis en chantier dès avant la Guerre, et contrarié par celle-ci. Pour saisir quelque chose de la vocation de Le Lionnais, au moins dans l'esprit et le style, il faut tenir compte de deux grandes influences de jeunesse : d'une part l'art Dada, marque de fabrique que l'on retrouve dans un certain dandysme caractéristique d'un écosystème germanopratin auquel appartient Le Lionnais, et où la problématique encyclopédique n'est pas prise à la légère : l'Oulipo, Raymond Queneau[53], Paul Braffort (*cf.* p. 287-291)… Et d'autre part, il y a la découverte d'un ouvrage aussi méconnu que significatif : les *Mécanismes communs aux phénomènes disparates* de Michel Petrovitch[54]. Passant en revue un grand nombre d'analogies connues entre des phénomènes mécaniques, électriques, hydrauliques,

51 P. Auger, « L'interdiscipline », *op. cit.*, p. 2. « J'ai poursuivi depuis cette recherche de l'unité dans les sciences, unité qui est basée sur la logique de notre pensée qui régit les modèles construits pour obtenir une représentation intérieure du monde extérieur. […] En fait on peut dire que les mathématiques imprègnent toutes les sciences, et qu'elles sont en réalité non une science mais la forme même de la pensée scientifique dans tous les domaines. » (P. Auger, « L'unité de la science », p. 2, fonds Auger 46/132).

52 Quelques sources sur Le Lionnais : P. Braffort (dir.), *Viridis Candela* n° 18, Carnets trimestriels du Collège de 'Pataphysique, 2004 ; O. Salon, « François Le Lionnais, visionnaire et pédagogue discret », *Les Nouvelles d'Archimède* n° 50, 2009, p. 35-39. On y trouvera d'autres références : il existe un recueil d'entretiens non publiés, ainsi qu'un mémoire de DEA, non consulté. On trouve également quelques anecdotes sur le site internet de Braffort.

53 « "À cœur vaillant, rien d'impossible." Raymond Queneau au pavillon des encyclopédistes », *La lettre de la Pléiade* n° 5, 2000, http://www.la-pleiade.fr/La-vie-de-la-Pleiade/L-histoire-de-la-Pleiade/Raymond-Queneau-au-pavillon-des-encyclopedistes.

54 M. Petrovitch, *Mécanismes communs aux phénomènes disparates*, Paris : Alcan, 1921.

chimiques, etc., Petrovitch proposait d'isoler les « noyaux d'analogies » communs à divers phénomènes donnés, à les décomposer en « types de rôles » indépendants de la nature des éléments propres à ces phénomènes. Cela le conduit à une classification transversale à la classification des sciences, ou encore à un catalogue générique de mécanismes valables dans différentes disciplines. Le « langage » de cette classification transversale n'est toutefois pas mathématique (bien qu'un entendement mathématique soit présent dans la réflexion de Petrovitch) ; il consiste en une « phénoménologie qualitative », que l'auteur entend au sens où, par exemple, l'interprétation « qualitative » d'une courbe peut être plus pertinente dans certains cas que le recours à une résolution analytique de l'équation correspondante[55]. La démarche de Wiener n'est bien évidemment pas sans rappeler celle de Petrovitch : sa classification des comportements de 1943 définit une analyse comparable[56], son livre *Cybernetics* donne des exemples de certains de ces comportements dans divers domaines, et, de façon générale, tout son style de recherche correspond à ce genre de pratique.

En 1950, Le Lionnais est embauché à la direction scientifique de l'Unesco, où il occupe la fonction de « Chef de la division d'enseignement et de diffusion des sciences » auprès de Pierre Auger. Le Lionnais, peu après, est membre du Cercle d'études cybernétiques. En 1955, il publie dans la revue *Diogène* un article de vulgarisation intitulé « Bases et lignes de force de la cybernétique » : la notion d'information, écrit-il, « permet de retrouver une certaine unité entre les phénomènes les plus disparates[57] ». Le concept de *feedback*, en revanche, trouve une place marginale dans son tableau. Cette pondération doit peut-être quelque chose au fait que l'un de ses premiers emplois fut ingénieur en télécommunications. Le Lionnais est également l'un des quatre orateurs de la séance solennelle d'ouverture du premier Congrès de Namur.

À la fin des années 1950, Le Lionnais prend en charge l'organisation et la publication d'un ouvrage collectif intitulé *La Méthode dans les sciences modernes*. On retrouve parmi les participants des connaissances liées au Cercle d'études cybernétiques : Robert Vallée, Norbert Wiener, Jacques Riguet, François Russo.

---

55 P. Braffort, « La deuxième vie de Michel Petrovitch », *op. cit.* Le livre de Petrovitch a attiré l'attention d'une figure encyclopédique de son temps, André Lalande, qui en donne un compte-rendu dans la *Revue philosophique*.

56 A. Rosenblueth, N. Wiener, J. Bigelow, « Behavior, Purpose, and Teleology », *op. cit.*

57 F. Le Lionnais, « Bases et lignes de force de la cybernétique », *Diogène* n° 9, 1955, p. 67.

> Dès le début, nous voici affrontés à une question que nous retrouverons tout au long de ce livre : l'existence de ces cloisonnements qui peuvent conduire à négliger les « problèmes frontaliers » et à scléroser le dynamisme de la Recherche. Nous sommes amenés à considérer les principes d'intelligibilité communs à plusieurs sciences, seuls remèdes à des distinctions peu profondes qui, négligeant les structures, ne s'attachent qu'aux contenus[58].

En 1962, donnant la réplique à Wiener au colloque de Royaumont sur le concept d'information, il souligne la valeur heuristique des machines pour les sciences sociales (*cf.* p. 511). Dans les années 1960, il participera en tant que spécialiste des échecs au groupe SEMEC (« sémantique des échecs ») piloté par Paul Braffort à Euratom (aux côtés, notamment, du mathématicien Claude Berge). Il sera aussi l'organisateur de colloques à Cerisy : « La Vie et la Pensée dans l'Univers » (en 1961), et « Pensée artificielle et Pensée vécue » (en 1963). En 1964, il rédige l'article « Cybernétique » pour l'*Histoire générale des sciences* de René Taton[59].

Au-delà des quelques années de leur collaboration à l'Unesco, Pierre Auger et François Le Lionnais trouvent aussi un point commun dans leur investissement dans le développement de la vulgarisation scientifique, notamment sur les ondes où chacun anime une émission : Le Lionnais anime « La Science en marche » sur France III, où il invite des intervenants que l'on croise ailleurs dans ce livre, comme Schützenberger, Raymond, Riguet et Dubarle[60] ; Pierre Auger animera plus tardivement « Les grandes avenues de la science moderne » sur France Culture. Ce point commun est l'occasion d'échanges de vues entre les deux anciens collaborateurs[61],

58 F. Le Lionnais, *La Méthode dans les sciences modernes*, *op. cit.*, p. 15. « … la table des matières idéale devrait se développer en autant de dimensions que le sujet en comporte. Déjà, je ne doute pas qu'un proche avenir voie se généraliser l'usage des tables des matières à deux dimensions, tout à fait compatibles avec les ressources de la typographie. Les tables des matières à trois dimensions seraient de nature à embarrasser les éditeurs et les imprimeurs. Celles à plus de trois dimensions, dont j'ai souvent ressenti la nostalgie, resteront du domaine de la Science-fiction. On possède heureusement un moyen, peu économique mais commode, de tourner l'obstacle : il suffit d'introduire, dans chaque division, des rappels des autres divisions » (*ibid.*, p. 12).

59 F. Le Lionnais, « Cybernétique », in R. Taton (dir.), *Histoire générale des sciences*, t. III/2, Paris : Presses universitaires de France, 1964, p. 101-121.

60 « La notion d'information en cybernétique », synopsis d'émission RTF France III présentée par F. Le Lionnais, avec F.-H. Raymond et M.-P. Schützenberger, avril-mai 1959, http://www-igm.univ-mlv.fr/~berstel/Mps/Radios/1959lelionnais.pdf ; lettre de F. Le Lionnais à J. Riguet et D. Dubarle, 15 octobre 1958, archives personnelles de Jacques Riguet.

61 Lettre de P. Auger à F. Le Lionnais, 19 mars 1964, fonds Auger 58/151.

qui prennent la question de la vulgarisation très au sérieux (Auger, notamment, écrit plusieurs réflexions sur le sujet). Auger le pythagoricien unificateur, et Le Lionnais, l'« encyclopédisparate » – comme l'appelle Braffort – dont le style plus borgésien ne renonce cependant pas à des « lignes de force » et des « principes d'intelligibilité communs », forment un tandem peut-être moins contrasté qu'il pourrait n'y paraître de prime abord. En 1963, les voici tous deux aux débuts de la Société française de cybernétique, dont Auger dans le comité de patronage aux côtés de Louis de Broglie et Claude Lévi-Strauss[62].

DU CÔTÉ DE L'UNESCO (II) : LE « LOBBYING » DE LÉVI-STRAUSS AU CONSEIL INTERNATIONAL DES SCIENCES SOCIALES

Une autre émanation de l'Unesco mérite l'attention dans le cadre de ce livre : le Conseil international des sciences sociales (CISS), mis en place à la fin de l'année 1952. Cette entité présente en effet un double intérêt : d'une part, elle joue un rôle de coordination internationale et interdisciplinaire (inventaires, annuaires, bibliographies, rapports, terminologie), avec une véritable tentative d'état des lieux des recherches en sciences sociales, de fédération des sociétés savantes, et d'orientation des recherches vers certains thèmes. D'autre part, c'est Claude Lévi-Strauss qui en occupe la première décennie durant le poste de Secrétaire général, et l'anthropologue utilise cette place pour essayer de promouvoir pour les sciences sociales un certain cap, dont on a vu qu'il est très sensible aux concepts cybernétiques, et plus généralement aux perspectives ouvertes par de nouvelles méthodes mathématiques (*cf.* chapitre précédent). Il pourrait être tentant de considérer que le produit le plus emblématique de cette implication de Lévi-Strauss au sein du CISS serait le numéro du *Bulletin international des sciences sociales* consacré aux « Mathématiques de l'Homme[63] » ; en fait, Lévi-Strauss n'a

62 Minutes de la Société française de cybernétique, archives personnelles de R. Vallée. Voir annexe p. 658.

63 *Bulletin international des sciences sociales*, vol. VI, n° 4, 1954. « Les mathématiques de l'homme » est le titre de la préface de Lévi-Strauss.

manifestement été sollicité que pour le préfacer, et non le superviser[64]. Des aspects plus significatifs de l'implication de l'anthropologue figurent dans les archives du CISS. Ces aspects sont peu connus et il n'en reste que peu de traces à ce jour. On y voit comment Lévi-Strauss utilise sa position au CISS pour son agenda scientifique personnel, tout en essayant, selon ses propres termes, de faire du « lobbying » avec le programme du CISS.

Tout d'abord, le séminaire privé de 1953-1954, l'une des premières initiatives au nom du CISS :

> Au début de l'année 1953, sous les auspices du Conseil international des sciences sociales, le secrétaire général [*i.e.* Lévi-Strauss] a organisé un séminaire privé sur l'utilisation des mathématiques dans les sciences sociales. À cette fin, il a disposé d'une bourse de la Fondation Ford et de la collaboration du Département des sciences sociales de l'Unesco. Les séances se sont déroulées en 1953 et 1954, et ont abordé les thèmes suivants :
>
> B. Mandelbrot (Institute for Advances Studies, Princeton) : Esquisse d'une théorie générale des coalitions.
>
> C. Lévi-Strauss (École pratique des hautes études, Paris) : Problèmes relatifs au mariage et à la parenté.
>
> A. Ross (Université de Birmigham, G.-B.) : Problèmes de statistiques en linguistique.
>
> P. Chombart de Lauwe (CNRS, Paris) : Structures de l'espace social et schémas culturels.
>
> J. Riguet (CNRS, Paris) : Structures et relations.
>
> E. Benveniste (Collège de France, Paris) : Suggestions de problèmes linguistiques.
>
> G. Th. Guilbaud (Institut de science économique appliquée, Paris) : Théories de l'intérêt général.
>
> J. Piaget (Universités de Genève et Paris) : Utilisation de la théorie des groupes en psychologie de la pensée.
>
> M. Schützenberger (Institut national d'hygiène, Paris) : Discussion de la théorie classique de l'information.
>
> J. Lacan (Docteur en médecine) : Schémas logiques dans la pratique de la psychanalyse.

64 « Merci du document que vous avez bien voulu me communiquer au sujet du *Bulletin international des sciences sociales* consacré aux mathématiques. Le plan d'ensemble me paraît très satisfaisant. […] Quant aux collaborateurs envisagés, je ne connais ni "Finetti", ni "Tintner" mais les sujets que vous leur attribuez sont tout à fait appropriés » (lettre de C. Lévi-Strauss à S. Friedman, du Département des sciences sociales de l'Unesco, 25 janvier 1954, archives CISS : Chronological Files 1953-1955, ISSC/5/1.1) ; « J'ai accepté voici un certain temps d'écrire une préface pour un […] numéro du Bulletin consacré aux mathématiques et aux sciences sociales » (lettre de C. Lévi-Strauss à D. Young, président du CISS, 3 mai 1954, archives CISS : Chronological Files 1953-1955, ISSC/5/1.1).

P. Auger (Département des sciences naturelles, Unesco) : Discussion des résultats.
J. Riguet : Travaux récents à l'étranger en psychologie des groupes.
R. Chauvin : Problèmes de sociologie animale.
B. Poortman (Commandant, Chef du 4e Bureau du Quartier général de la Marine hollandaise) : Fondements de l'organisation.
J. Riguet, C. Faucheux & J. van Bockstaele : Formalisation d'un problème de psychologie sociale.
J. Riguet : Formalisation mathématique d'un problème de psychologie sociale[65].

Cette assemblée est remarquable de par la diversité et la qualité de ses participants, dont un certain nombre apparaissent ailleurs dans ce livre. On constate l'absence d'ingénieur et de thèmes servomécanistiques. On voit que la programmation du séminaire n'a rien à voir avec celle du numéro du *Bulletin international des sciences sociales* sur le même sujet. Les séances auraient été enregistrées et sténographiées, certains membres recevant un polycopié[66]. Ces documents restent à retrouver. Le séminaire figure dans le rapport d'activité du CISS, et les dépenses liées au séminaire inscrites dans la comptabilité du CISS. Bien que dans ses communications avec les autres membres du CISS Lévi-Strauss parle toujours de la fondation Ford, ce n'est pas uniquement celle-ci qui a contribué au financement du séminaire : il s'agit en fait du Centre d'études internationales (CENIS) du MIT, fondé et financé initialement par la CIA, puis à partir des années 1960 par la fondation Ford (celle-ci servant également parfois de paravent au « plan Marshall de l'esprit »

65 International Social Science Council, *Five Years of Activities: 1953-1958*, Paris, 1er décembre 1958, p. 21-22, archives CISS : Chronological Files 1956-1958, ISSC/5/1.2. Document reproduit en annexe, p. 619-620.

66 « … j'ai le plaisir de vous soumettre de ce pas un compte rendu de l'utilisation des moyens généreusement mis à disposition par la fondation Ford. […] Organisation d'un séminaire sur l'utilisation du raisonnement mathématique en sciences humaines et sociales : le séminaire s'est tenu à un rythme hebdomadaire en 1953-1954 et les dépenses incluent l'aide au déplacement pour les participants étrangers, le secrétariat, l'enregistrement et la transcription des actes. Total : 1300 dollars. […] Les actes du séminaire sur les mathématiques et les sciences sociales […] ne sont pas destinés à la publication dans leur forme présente, mais nous en avons mis une version tapuscrite à disposition des membres du séminaire qui ont l'intention d'en faire usage dans leurs futures publications » (lettre de C. Lévi-Strauss à B. Berelson, directeur de la Division des *behavioral sciences* de la fondation Ford, 25 octobre 1954, p. 1, archives CISS : Chronological Files 1953-1955, ISSC/5/1.1. La subvention totale était de 2300 dollars, le reste ayant servi à des achats de livres et à des recherches sur les mythes.

de la CIA). Au début des années 1950, le CENIS vient d'être créé, et il est essentiellement une émanation de la CIA, tant sur le plan stratégique que financier[67]. Son directeur est Max Millikan, un professeur d'économie du MIT, agent de la CIA, et l'un des principaux fers de lance de la propagande d'État américaine[68]. Lévi-Strauss écrit à Millikan pour le remercier chaleureusement du soutien financier du Centre[69], et le tenir au courant de l'évolution du séminaire.

> Comme je l'expliquais dans mon dernier rapport, le séminaire a soulevé un intérêt considérable. De mars à juillet 1953, nous avons tenu une séance par semaine, et en octobre nous avons repris les séances à raison d'une toutes les deux semaines. La fréquentation a été satisfaisante avec à chaque séance 10 à 20 personnes, chacune hautement qualifiée dans son domaine. Notre éventail interdisciplinaire s'étend de l'anthropologie aux mathématiques, et nous sommes fiers de compter parmi les membres des chercheurs aussi éminents que Pierre Auger, professeur à la Sorbonne et chef du Département des sciences naturelles de l'Unesco, ou encore Émile Benveniste du Collège de France, et d'autres. Je puis aussi ajouter que les participants ont salué de façon récurrente le grand profit intellectuel qu'ils retiraient du séminaire, et que le souhait de le voir se poursuivre est unanime.
>
> Par contre, je dois avouer qu'en dépit de mes encouragements, personne n'est très enthousiaste à l'idée de contribuer au projet de publication. Le sentiment général est que l'effort de découverte d'un langage commun aux mathématiciens, sociologues, psychologues, etc., est si grand que du temps sera encore nécessaire avant qu'un travail créatif commun puisse être entrepris

67 Le CENIS est créé en 1952 dans la foulée du projet « Troie », destiné à rétablir la radio Voice of America brouillée par les Russes pendant la guerre de Corée, et à en affiner la propagande (http://web.mit.edu/cis/pdf/Panel_ORIGINS.pdf). Plus généralement, le rapport final de ce projet est considéré comme un manifeste de la « Guerre froide totale », qui définit la nécessité de s'assurer le concours du milieu académique à cette fin (A. A. Needell, « "Truth Is Our Weapon": Project TROY, Political Warfare, and Government-Academic Relations in the National Security State », *Diplomatic History*, vol. 17, n° 3, 1993, p. 399-420).

68 Entre 1951 et 1952 ou 1953, Millikan est directeur adjoint de l'Office of Research and Reports de la CIA, une officine chargée d'analyser l'économie soviétique. Partisan d'une ligne dure en relations internationales, il est ardemment convaincu que la recherche en sciences sociales doit être avant tout un outil au service du politique.

69 « Je suis très heureux d'apprendre que le Centre d'études internationales a accordé son soutien au séminaire sur les mathématiques et les sciences sociales, et je voudrais vous demander si vous auriez la gentillesse d'exprimer notre gratitude au comité » (lettre de C. Lévi-Strauss à M. F. Millikan, 21 janvier 1953, archives CISS : Chronological Files 1953-1955, ISSC/5/1.1). Le CENIS étant fondé officiellement en janvier 1952, et Lévi-Strauss étant désigné secrétaire général du CISS en novembre de la même année, la chronologie suggère que ce dernier a vite su à quelles portes frapper.

> avec quelque profit. Je ne peux pas dire que je partage ce sentiment, mais le consensus est suffisamment fort pour devoir abandonner l'espoir de voir ce livre apparaître dans un avenir proche[70].

Lévi-Strauss propose alors d'abandonner l'enregistrement et la transcription des séances, et de rembourser la subvention de 1000 dollars en attendant de parvenir à un éventuel manuscrit. Finalement, seule la subvention de la fondation Ford (1300 dollars) aurait servi au séminaire, la subvention du CENIS n'étant destinée qu'à la publication d'un ouvrage chez Wiley & Sons. Ce séminaire, qui a vraisemblablement été l'occasion des premières rencontres entre Piaget et Mandelbrot, entre Lacan, Riguet et Guilbaud, et peut-être d'autres, semble avoir été poursuivi dans le cadre de la VIe section de l'EPHE, où, écrit Lévi-Strauss en 1957, « mon collègue le Pr. Guilbaud et moi-même avons prévu de reprendre sous peu notre séminaire sur les mathématiques et les sciences sociales[71] ».

> J'ai bien reçu votre lettre […] relative à la préparation du budget 1959-60 et plus particulièrement au renforcement de la collaboration entre mathématiciens et spécialistes des sciences sociales.
>
> À ce propos, j'ai plaisir à vous informer que le séminaire, auquel nous avions projeté d'offrir l'aide du Conseil, a commencé à travailler lundi dernier, de façon indépendante et sous la direction de mon collègue G. Th. Guilbaud. Les séances auront lieu chaque semaine à la 6e Section de l'École Pratique des Hautes Études. J'y participerai régulièrement.
>
> De quelle manière l'Unesco pourrait-elle contribuer à développer ce genre de recherches ? Certainement pas, à mon sens, au moyen d'une conférence d'experts pour fixer le programme de tels séminaires ou stages. Les idées des chercheurs sont suffisamment claires là-dessus, et s'il en était besoin, ils pourraient s'inspirer des réflexions et de l'expérience très poussées de nos collègues américains […]. Comme il arrive souvent, ce serait donc trop peu et trop tard.
>
> Je vois, par contre, deux lignes d'action concevables. L'une consisterait en une aide matérielle au séminaire de la 6e Section pour lui permettre de a) prendre un certain caractère international, b) de transcrire, de publier et de diffuser le résultat de ses travaux.
>
> L'autre formule serait l'organisation d'un ou plusieurs stages d'enseignement des mathématiques pour les spécialistes des sciences sociales, d'une durée

---

70 Lettre de C. Lévi-Strauss à M. F. Millikan, 4 février 1954, p. 1, archives CISS : Chronological Files 1953-1955, ISSC/5/1.1, annexe p. 625-626.

71 Lettre de C. Lévi-Strauss à E. Sibley, 28 janvier 1957, archives CISS : Chronological Files 1956-1958, ISSC/5/1.2.

> approximative de 8 semaines (c'est un minimum) à l'exemple de ce qui se fait depuis plusieurs année aux États-Unis [...].
>
> N'oubliez pas, pourtant, que nous autres européens ne goûtons guère les « summer seminars ». Beaucoup répugneraient à la vie collective, accompagnée d'un enseignement intensif, pendant près de deux mois. Ce serait certainement mon cas, mais je ne voudrais pas décourager une entreprise qui, si elle pouvait être mise sur pied, rendrait un service considérable à ceux d'entre nous qui ne sont pas rebelles à toute discipline[72]...

Le second point d'intersection important entre le CISS et les centres d'intérêts de Lévi-Strauss qui nous importent dans ce livre réside dans le premier projet de programme scientifique du CISS. Lévi-Strauss rédige un document circulaire où il affirme l'importance de se doter d'un programme ambitieux (le CISS, qui est alors encore Conseil international *provisoire* des sciences sociales, est sujet, durant sa première décennie d'existence au moins, au problème de définir et justifier sa mission face au Département des sciences sociales de l'Unesco, ainsi qu'aux sociétés savantes internationales de sciences sociales) ; ce document propose trois esquisses de programmes de recherche : A) « L'idée de densité subjective de la population », B) « L'élargissement des dimensions des groupes nationaux », C) « Les conséquences de la lutte contre l'analphabétisme du point de vue de la communication entre les individus et les groupes ». Ces trois projets, écrit Lévi-Strauss un peu plus loin dans son texte, « orientent le programme du Conseil plus ou moins dans la même direction[73] ». Laquelle ? W. Stoczkowski a souligné, notamment sur la base de ces mêmes archives du CISS mises en perspective avec l'ensemble de l'œuvre de Lévi-Strauss, la centralité d'une préoccupation malthusienne chez l'anthropologue : la croissance démographique serait à l'origine de la plupart des maux du monde moderne[74]. En fait, ce n'est pas le seul dénominateur commun de ce document préliminaire. Le plus explicite est celui concernant la communication : les moyens de communication modifient la perception qu'a une population de sa densité objective

---

72 Lettre de C. Lévi-Strauss à K. Szczerba-Likiernik (Chef de la Division pour le développement international des sciences sociales, Département des sciences sociales de l'Unesco), 18 février 1957, archives CISS : Chronological Files 1956-1958, ISSC/5/1.2.

73 C. Lévi-Strauss, « Note préliminaire du secrétaire général sur le programme du Conseil », 27 février 1953, archives CISS : Administration General, ISSC/1/7.1.

74 W. Stoczkowski, « Une "humanité inconcevable" à venir : Lévi-Strauss démographe », *Diogène* n° 238, 2012, p. 106-126.

(projet A) ; les modalités de communication ne pourraient être les mêmes dans les super-États (projet B) ; et tout le projet C est basé sur une problématique de communication, et non de démographie. On doute d'autant moins de la principale source d'inspiration de ce projet C qu'y est citée la seule référence bibliographique fournie comme telle dans le document :

> L'Unesco a entrepris une vaste lutte contre l'analphabétisme et ses efforts ne feront certainement qu'accélérer une tendance universelle. On peut donc s'attendre à ce que l'information écrite prenne une place de plus en plus grande par rapport à l'information orale. Il ne s'agit pas de discuter cette tendance qui est à la fois nécessaire et inéluctable. Mais on ne se rend pas toujours compte qu'elle implique des conséquences psychologiques et sociales d'une extrême gravité et qu'il serait important de les prévoir et de remédier à certaines d'entre elles. Ces conséquences sont les suivantes :
>
> 1. Dans la mesure où l'information écrite s'accroît, elle devient plus difficilement accessible. [...]
>
> 2. De plus en plus, par conséquent, un élément d'arbitraire tend à s'introduire dans la recherche de l'information, l'individu moyen n'est pas maître de son information, mais l'information est maîtresse de lui. Il dépend en quelque sorte de la seule information qui lui est accessible dans des circonstances données.
>
> 3. L'information ne pouvant être disséminée sans moyens matériels, les détenteurs de ces moyens tendent à modeler l'information en fonction de leurs intérêts propres, et la fonction primaire de la communication, qui est d'établir la communication entre les groupes, s'en trouve gravement altérée.
>
> Ici encore nous avons un problème qui implique la collaboration de toutes les sciences sociales, qui devraient chercher à approfondir les raisons pour lesquelles l'information verbale qu'utilisent de petits groupes sans écriture (comme les sociétés primitives) est mieux apte à maintenir l'équilibre et la cohésion du groupe, que ce n'est souvent le cas pour l'information écrite des sociétés contemporaines.
>
> J'ajoute que ce problème a déjà retenu l'attention des spécialistes de la théorie de la communication (Norbert Wiener, *Cybernetics*, 1948, chapitre 8) et serait dès à présent susceptible d'un traitement mathématique si les diverses sciences sociales en fournissaient les données[75].

Ce projet C, où il n'est pas question de croissance démographique, vient en dernier et totalise deux pages et demi contre une page pour les autres, ce qui semble suggérer qu'il était préféré de l'anthropologue.

---

75 C. Lévi-Strauss, « Note préliminaire du secrétaire général sur le programme du Conseil », *op. cit.*, p. 5-6. Reproduit en annexe p. 623-624.

C'est le projet B (la taille des nations) qui est adopté par le Conseil, en y conservant les projets A et C à titre de sous-questions, et en rebaptisant l'ensemble « L'influence du changement d'échelle sur les propriétés des groupes sociaux et sur la nature des problèmes sociaux[76] ». En octobre 1953, un nouveau rapport est rédigé par Lévi-Strauss avec l'aide de Guilbaud. Parmi l'éventail des thèmes qui y sont abordés, la préoccupation démographique gagne en importance, mais « l'objectif majeur [est] d'établir des relations aussi précises que possible entre le nombre des individus qui composent une société ou un groupe social, et la structure de ce groupe[77] », notamment contre une conception américaine trop quantitativiste. Ainsi la croissance démographique, si elle peut déstabiliser des structures sociales ou culturelles, est aussi fonction de ces structures qui la régulent[78]. Autrement dit, à l'époque, la croissance démographique n'est peut-être pas plus intrinsèquement menaçante pour Lévi-Strauss que des phénomènes « qualitatifs » susceptibles de la déréguler, et qui seraient de l'ordre d'interactions déstabilisantes entre structures culturelles, liées à une mondialisation amplifiée par l'essor des communications médiatiques. L'hypothèse n'est pas formulée jusqu'à cette extrémité, mais elle est très cohérente avec l'« entropie » qui, selon l'anthropologue, menace la diversité culturelle. Vient peu après un paragraphe sur « la notion de taille critique », où l'on reconnaît encore l'origine des arguments : « Au-delà ou en deçà d'une certaine taille, telle ou telle structure ne peut exister[79] » ; les exemples (taille maximale des insectes et des mammifères) sont extraits directement du chapitre 7 de *Cybernetics*[80], où Wiener s'appuie sur les recherches de D'Arcy Thompson.

---

76 Lettre de C. Lévi-Strauss à Bryce Wood, 4 mai 1953 ; « Compte-rendu sommaire des travaux de la seconde session du Comité exécutif, paris, les 7-10 avril 1953 », archives CISS : Administration General, ISSC/1/7.2.

77 C. Lévi-Strauss, G. Th. Guilbaud, « Report on the Programme of the Council, Paris, November 1953 », archives CISS : Administration General, ISSC/1/7.1, p. 5.

78 « La majorité des modèles [démographiques] mathématiques existants ne tient aucun compte du phénomène du mariage, non plus généralement que des systèmes compliqués de normes légales ou mêmes morales et esthétiques, qui donnent une *structure qualitative* à chaque groupe et doivent avoir une répercussion profonde sur leurs propriétés numériques » (*ibid.*, p. 17).

79 *ibid.*, p. 19.

80 N. Wiener, *La Cybernétique*, *op. cit.*, p. 269-270. Wiener énumère divers exemples issus des mondes animal, végétal, et de l'architecture, pour expliquer ensuite qu'il en va de même avec les réseaux de communication tels un central téléphonique, et donc probablement le

> … les nécessités géométriques interfèrent avec d'autres nécessités impliquées par le fonctionnement de l'objet étudié, dans le cas présent un être vivant, mais cela pourrait aussi bien être une machine […]. Ces interférences peuvent rendre impossible la construction de « machines » dix, vingt ou cent fois plus grosses que d'autres. Ne rencontre-t-on pas le même type de limites dans les sociétés ? Il semble assez certain, à première vue, que l'on ne saurait multiplier arbitrairement le nombre d'individus dans une collectivité de structure donnée par dix, cent ou mille. Un simple exemple suffira. Si quatre individus communiquent les uns avec les autres, le nombre de relations possibles entre eux sera de six. Mais si l'on double le nombre de participants, le nombre de relations est plus que quadruplé et monte à 28. Ce sont des rapports numériques de ce genre […] qui interfèrent avec les modes particuliers de fonctionnement du groupe[81].

La référence bibliographique au livre de Wiener a disparu de ce nouveau document, mais sans doute s'agissait-il de ne pas trop en ajouter, puisqu'on lit plus loin que « les trois domaines que nous venons de mentionner [*i.e.*, théorie du vote, théorie des organisations économiques et stratégie militaire, que Guilbaud – qui tient cette fois vraisemblablement la plume – voit comme trois applications d'une "théorie générale des assemblées"] sont en train de converger pour former un art ou une science dont l'objet est extrêmement vaste, et qui, si le nom n'avait été récemment adopté par les ingénieurs, mériterait le nom de cybernétique, science du gouvernement et de l'administration[82] ». Guilbaud, pour rappel, est alors en pleine rédaction du premier « Que sais-je ? » sur la cybernétique.

Le Conseil demande alors au politiste américain Bryce Wood de rédiger un rapport synthétisant les réactions au texte de Lévi-Strauss et Guilbaud et devant servir de base à un questionnaire destiné aux principales associations savantes de sciences sociales[83]. Le rapport est

---

cerveau humain. La taille des groupes sociaux n'est évoquée par Wiener qu'au chapitre suivant.

81 C. Lévi-Strauss, G. Th. Guilbaud, « Report on the Programme of the Council », *op. cit.*, p. 19-20.

82 *ibid.*, p. 21-22. Plus haut (p. 13-14), on lisait dans un paragraphe sur les « concentrations et dispersions » qu'un certain nombre de distributions à la Pareto, bien que « concernant des domaines très variés, […] évoquent cependant des moyens de communication », et que s'« il est urgent de trouver des modèles théoriques expliquant la forme des concentrations observées », « des éléments de solution ont été apportés par le point de vue cybernétique », la référence étant ici au travail de Mandelbrot sur la loi de Zipf.

83 « Ce questionnaire solliciterait des associations une formulation et une analyse du problème du changement d'échelle en fonction de leurs intérêts disciplinaires respectifs. Après que

prêt en mars 1954 et diffusé à plus de 400 exemplaires. Si la démarche semble bien accueillie, elle rencontre une limite relative à la vocation floue du CISS : ce dernier voudrait orienter des recherches mondiales, mais avec quelle légitimité et quels moyens pourrait-il prétendre à une coordination qui rencontre inévitablement les programmes préexistants des associations savantes[84] ? Néanmoins, l'Association internationale des sciences économiques répond à l'appel avec un congrès sur « Les conséquences économiques de la taille des nations » ; le Comité international de Droit comparé met également des questions à l'étude. En outre, le CISS demande à son Comité international pour la documentation des sciences sociales, dirigé par Jean Meyriat, d'établir une bibliographie sur le thème du programme ; longue de 46 pages, elle est livrée fin 1957 à 250 exemplaires, avec deux années de retard.

Rappelons qu'en 1958 (*cf.* chapitre précédent), Lévi-Strauss écrit du livre de Wiener que ses pages consacrées aux sociétés humaines « mériteraient d'être transcrites tout entières dans la charte de l'Unesco[85] ». Ainsi, l'anthropologue, secondé par Guilbaud, a essayé de fonder le programme du CISS sur sa lecture de Wiener. Les débats démographiques remontant au début du XXe siècle, rappelés par Stoczkowski, sur l'idée de la taille optimale d'une population, constituent certes un éclairage contextuel pertinent pour lire ces documents du CISS, mais dont l'influence, par rapport à celle de Wiener, est alors bien moins explicite et mise en exergue dans les textes phares de l'époque de l'anthropologue. Autrement dit, le malthusianisme de Lévi-Strauss semble devoir quelque chose au thompsonisme de Wiener, selon qui les petites communautés sont plus homéostatiques que les grandes sociétés urbaines contemporaines.

Le troisième angle d'attaque intéressant de Lévi-Strauss vis-à-vis des activités du CISS, s'il est plus marginal, n'en est pas moins ambitieux.

---

les réponses des associations auront été reçues, elles feront l'objet d'une confrontation, avec l'espoir de dégager des analogies sur la base desquelles un programme interdisciplinaire sera élaboré par le Comité exécutif, en consultation avec les membres du Conseil » (« Rapport sur la première assemblée générale plénière du CISS, janvier 1954 », archives CISS : Administration General, ISSC/1/7.2, p. 10).

84 « D'autres associations, dont la situation financière est moins prospère, nous ont laissé entendre, par la voix de leurs représentants, qu'elles seraient heureuses de faire un effort similaire si une aide matérielle pouvait leur être apportée » (lettre circulaire du Secrétaire général, 21 janvier 1957, archives CISS : Chronological Files 1956-1958, ISSC/5/1.2).

85 C. Lévi-Strauss, « Place de l'anthropologie dans les sciences sociales et problèmes posés par son enseignement », *op. cit.*, p. 401.

La subvention de 1300 dollars obtenue de la fondation Ford, pour le séminaire sur l'utilisation des mathématiques en sciences sociales et d'autres fins, avait en fait été accordée faute de mieux, en lieu et place d'un projet beaucoup plus important. Début 1954, Lévi-Strauss est invité à séjourner au Center for Advanced Studies in Behavioral Sciences que la fondation Ford est en train de créer à Stanford. Si l'anthropologue décline l'invitation, l'idée d'un tel centre de recherche semble l'enthousiasmer :

> Permettez-moi d'abord de vous dire à quel point je suis intéressé par ce projet de Centre. Il se trouve que, récemment, nous avons eu avec des collègues des discussions allant dans le même sens, *i.e.* le besoin en France d'une institution qui couperait à travers les divisions traditionnelles entre sciences de la nature, de l'homme et de la société, et regroupant tous les aspects de ces domaines, qui sont pertinents pour mieux comprendre ce qu'on appelle en français « la condition humaine ». Cette terminologie correspond étroitement au terme « behavioral sciences ». Je vous serais ainsi très reconnaissant de bien vouloir m'envoyer plus d'information au sujet du Centre, son organisation et ses programmes de recherche. Cette documentation nous aiderait grandement à clarifier notre propre point de vue.
>
> [...] La situation des behavioral sciences en France est si précaire que la perspective d'interrompre les travaux en cours pour plusieurs mois, à plus forte raison pour une année entière, implique nombre de difficultés pratiques. Ainsi, je regrette vraiment que la fondation Ford, au lieu de prendre la décision d'aider les étrangers à visiter le Centre, n'ait pas considéré la solution alternative d'en ouvrir une annexe en Europe de l'Ouest. Néanmoins, les deux solutions ne sont nullement exclusives l'une de l'autre et j'espère que la seconde sera considérée à l'avenir[86].

L'expression « condition humaine » peut surprendre au premier abord ; en fait, elle est récurrente chez Lévi-Strauss, et occupe une place importante, puisqu'elle renvoie ni plus ni moins qu'à l'objet de l'anthropologie[87]. Quant aux collègues dont parle Lévi-Strauss dans cette lettre, ils pourraient bien être ceux qui participent au même

86 Lettre de C. Lévi-Strauss à Ralph W. Tyler, directeur du CASBS, 15 février 1954, archives CISS : Chronological Files 1953-1955, ISSC/5/1.1.

87 « Surmonter l'antinomie apparente entre l'unicité de la condition humaine et la pluralité inépuisable des formes sous lesquelles nous l'appréhendons, tel est le but essentiel que s'assigne l'anthropologie » (C. Lévi-Strauss, « La diversité culturelle, patrimoine commun de l'Humanité », article 1, Déclaration universelle de l'Unesco sur la diversité culturelle, 2001, en ligne). En 1956, Lévi-Strauss écrit que « la meilleure traduction française de *behavioral sciences* est : "sciences de la conduite humaine" » (C. Lévi-Strauss, « L'apport des sciences sociales à l'humanisation de la civilisation technique », Stage d'études

moment à son séminaire sur l'utilisation des mathématiques en sciences sociales… Lévi-Strauss écrit aussitôt une lettre-fleuve à la fondation Ford pour lui demander d'examiner la seconde option – ce long plaidoyer est reproduit en annexe[88]. La réponse, écrit-il, fut « très aimable mais peu encourageante[89] ». À aucun moment Lévi-Strauss ne parle d'impliquer le CISS ; mais il correspond en qualité de secrétaire général, ce qui pose la question de la façon dont il instrumentalise sa fonction pour ses projets personnels. Parmi les factures de commandes de livres parsemant les archives du Conseil, une proportion significative concerne des ouvrages traitant de modélisation mathématique, qui n'intéressent pas tous les membres[90]… En 1956, une nouvelle opportunité se profile : le CISS dispose d'un reliquat de 8000 dollars, que Lévi-Strauss propose d'utiliser pour la création d'un nouveau micro centre permanent – à côté des deux centres alors existants du CISS, le Bureau international de recherche sur les implications sociales du progrès technique et le Comité international pour la documentation des sciences sociales – qui « aboutirait à doter l'Europe occidentale d'un groupe d'études analogue à celui qui anime la revue *Behavioral science* récemment fondé aux États-Unis[91] ». La proposition ne semble pas avoir été adoptée, puisque aucune trace d'une telle création n'est perceptible dans les rapports d'activité ultérieurs.

Les projets du Secrétaire général semblent en perte de vitesse à la fin des années 1950. Son entrée au Collège de France, après plusieurs tentatives, est donc d'autant opportune ; il donne sa démission en juillet 1959, tout en restant membre du Conseil. Le programme du CISS est

franco-polonais sur la notion de progrès économique et social, Paris, 8 août 1956, p. 1, archives Unesco n° 154437).

88 Lettre de C. Lévi-Strauss à Bernard Berelson, directeur de la Division des behavioral sciences, fondation Ford, 23 février 1954, archives CISS : Chronological Files 1953-1955, ISSC/5/1.1, annexe p. 628-630.

89 Lettre de C. Lévi-Strauss à Donald Young, 20 mai 1954, archives CISS : Chronological Files 1953-1955, ISSC/5/1.1.

90 On y trouve des ouvrages traitant de théorie des jeux, ainsi que l'*Introduction to Cybernetics* d'Ashby. Bien que le CISS ait inclut dans ses activités le séminaire sur l'utilisation des mathématiques en sciences sociales, les données manquent pour se faire une idée du degré de sympathie rencontré par le prosélytisme lévi-straussien parmi les autres membres. Il est remarquable, par exemple, que l'anthropologue présente Guilbaud comme un « économiste » dans un courrier circulaire aux membres du Comité exécutif du CISS (25 mars 1954, archives CISS : Chronological Files 1953-1955, ISSC/5/1.1).

91 C. Lévi-Strauss, « Memorandum sur l'emploi des fonds disponibles en 1957 », envoyé le 12 décembre 1956, p. 3, archives CISS : Chronological Files 1956-1958, ISSC/5/1.2.

fortement remanié, et les intuitions inspirées par Wiener, jugées parfois trop abstraites par d'autres membres ou interlocuteurs du Conseil, sortent du tableau. Elles disparaissaient déjà dans les traitements disciplinaires différenciés (alors même que Bryce Wood proposait initialement l'étude de divers modes de contrôle gouvernemental, sujet très cybernétique en sciences politiques[92]), et le temps de convaincre les grands associations internationales, d'en obtenir un résultat, et d'en entreprendre une nouvelle synthèse, l'élan initial est perdu. « J'espère que vous aurez plus de succès que nous n'en avons eu à l'époque en essayant de rendre [ce projet] agréable à l'Unesco et aux États membres », écrit Lévi-Strauss au futur président du CISS[93]. Las, le thème du changement d'échelle passe aux oubliettes au tournant des années 1960. Avant même son départ, le « lobbying[94] » de Lévi-Strauss n'aura pas porté ses fruits.

L'ÉPHÉMÈRE « SOCIÉTÉ FRANÇAISE DE SCIENCES COMPARÉES » DE LOUIS COUFFIGNAL

Au tout début des années 1950, Couffignal se montre critique à l'égard de la cybernétique américaine : Wiener et ses collègues semblent capter l'attention générale par des extrapolations dont il ne cesse de dénoncer le manque de rigueur (*cf.* annexe V). Il souhaite faire une mise au point sur la question du raisonnement par analogie. Lui-même, en 1942, avait participé, en tant que spécialiste des machines à calculer, à des travaux visant à comparer des structures cérébrales et des dispositifs propres à

92 Extrait d'une lettre de B. Wood à C. Lévi-Strauss, 20 novembre 1953, in C. Lévi-Strauss, G. Th. Guilbaud, « Report on the Programme of the Council », *op. cit.* Dans une liste de noms que Wood recommandait à Lévi-Strauss en lien avec le programme sur le changement d'échelle, on trouve notamment Karl Deutsch et Jürgen Ruesch, deux auteurs très influencés par la cybernétique.

93 Lettre de C. Lévi-Strauss à S. Groenman, 18 avril 1958, archives CISS : Chronological Files 1956-1958, ISSC/5/1.2.

94 « Quant au travail du Bureau exécutif de l'Unesco, j'ai fait autant de lobbying que j'ai pu pour soutenir un grand projet en sciences sociales, et j'espère vraiment que la refonte du programme de l'Unesco pour le congrès général de novembre montrera des progrès dans cette direction » (lettre de C. Lévi-Strauss à l'anthropologue D. Forde, 21 mai 1958, archives CISS : Chronological Files 1956-1958, ISSC/5/1.2).

ce type de machines (*cf.* p. 310-311). De l'infécondité de ces travaux, il souhaite tirer un double bilan : nécessité d'élaborer une méthodologie du raisonnement par analogie, d'organiser rationnellement son exploitation dans une structure collaborative appropriée, et s'appuyant sur des systèmes automatisés de recherche documentaire. La mise en place de la « Société française de sciences comparées » correspond à ce souhait de franchir un seuil par rapport à la cybernétique américaine, par une initiative plus systématique et plus méthodique, où des questions de logistique documentaire (indexation, classification, recherche automatique) constituent l'horizon. Ce qui semble en être le texte fondateur est reproduit en annexe (p. 655). Les seules traces d'activités de la SFSC résident dans les deux comptes-rendus de réunions publiés dans la revue *Structure et évolution des techniques*[95].

La SFSC s'appuie selon toute vraisemblance sur le réseau du CECyb : on y retrouve nommément Ducassé, Paycha, David, Delpech, Riguet, Le Lionnais. Mais aussi des noms qui n'étaient pas au CECyb : à commencer par Pierre Auger, via lequel Couffignal espère manifestement obtenir un soutien matériel à long terme de l'Unesco ; mais aussi M.-P. Schützenberger (*cf.* p. 274-286), Simone Lévy (juriste, s'intéressant aux questions d'automatisation des procédures légales, et accessoirement avocate de Couffignal)[96] ; Gaston Mialaret, futur didacticien des mathématiques et fondateur de la filière « sciences de l'éducation », qui a probablement des liens avec Couffignal du fait que ce dernier est inspecteur général de l'enseignement technique et s'intéresse activement à l'enseignement des mathématiques – Mialaret jouera peut-être un rôle dans la réorientation terminale de Couffignal vers la pédagogie cybernétique[97] ; un certain Walter (William Grey Walter ?) ; Georges Boulanger ; « Moreau » est sans doute le commandant René Moreau, spécialiste de traduction automatique ; Glangeaud est sans doute le géologue Louis

95 Réunion du 11 février 1956, *SET* n° 43-44, p. 14-20 ; Réunion du 9 juin 1956, *SET* n° 47-48, p. 19-20.

96 S. Lévy est avocate à la Cour d'appel de Besançon, ce qui soulève la question d'une mise en relation initiale par P. Ducassé, en poste à Besançon (*cf.* supra). Elle présente par ailleurs le 22 février 1964 à la Société française de cybernétique un exposé « Cybernétique et Droit », où elle compare les lenteurs de l'appareil juridique à des constantes de temps de servomécanismes (minutes de la SFCyb, archives privées de R. Vallée).

97 Mialaret participe par exemple au numéro spécial « La cybernétique et les enseignants » de la revue *Europe* (n° 433-434, 1965).

Glangeaud, que Ducassé a côtoyé à l'université de Besançon, et qui pourrait s'intéresser à la classification en rapport avec la minéralogie ; « Matoré » est sans doute le lexicologue Georges Matoré ; et d'autres noms qui restent à identifier : Pagès ; Prot ; Cordonnier.

La première des deux réunions mentionnées dans *S.E.T.* (inaugurale ?) est consacrée à la question de la codification des connaissances. Couffignal expose le principe de la numération binaire. Un axe de travail du groupe concerne la possibilité de l'utilisation de technologies documentaires dans la pratique du Droit (d'où la présence des juristes A. David et S. Lévy) ; une autre l'automatisation des diagnostics (travaux de F. Paycha). En fait, en abordant le problème de la symbolisation de la connaissance d'un point de vue documentaire, Couffignal pousse à l'extrême la difficulté de la normalisation du raisonnement par analogie. Il s'agit aussi d'un « saut » du *contenu* des connaissances (comparaison de modèles de « machines » dans différentes disciplines) aux conditions formelles de leur traitement mécanique.

La SFSC ne tiendra apparemment que deux réunions. Les circonstances et les raisons de cet abandon restent inconnues. Dans les archives de Pierre Auger, un tapuscrit non signé, non daté, que l'on devine facilement être un document préparatoire à la SFSC avant que Couffignal ne la baptise ainsi, apporte un supplément d'éclairage. La preuve de concept d'un système automatique, utilisant un « symbolisme élémentaire » défini par Couffignal à partir de ses travaux en calcul mécanique, et que ses alliés (et disciples) devaient tester dans leur domaine respectif (Paycha pour l'aide au diagnostic en ophtalmologie, Aurel David et Simone Lévy en droit, Delpech pour les concepts de la psychologie), avait vocation à servir de modèle pour une véritable encyclopédie générale automatique :

> L'achèvement des travaux de recherche des concepts élémentaires en cours dans diverses disciplines et leur extension aux autres disciplines, ainsi que la détermination du meilleur symbolisme élémentaire, demandent des efforts concertés de spécialistes de ces disciplines et d'un organisme de coordination : les recherches dans une discipline particulière ne peuvent être poursuivies que par des spécialistes ; la coordination de leurs travaux est nécessaire, tout ua moins pour les notions, au reste très nombreuses, qui appartiennent à plus d'une discipline.
>
> Il paraît rationnel, par le caractère de ces recherches et par l'étendue des domaines scientifiques qu'elles doivent toucher, que l'organisme coordinateur dépende du CNRS, et, par suite, que le CNRS prenne l'initiative de la créer. [...]

> En outre, le choix d'un système de représentation des connaissances par l'Unesco doit en principe être fait à la suite d'un examen comparatif des réalisations obtenues par toutes les méthodes de classification imaginées jusqu'à présent. Dans ces conditions, le groupe de chercheurs français qui s'est attaché à la mise en œuvre du symbolisme précédemment caractérisé, ayant la conviction que ce système, ou quelque dérivé encore plus efficace, a de grandes chances, après les confirmations expérimentales en préparation, de l'emporter sur tout autre, souhaitent que la représentation à la Conférence générale de l'Unesco puisse en être faite au nom de la France par un organisme français[98].

En rappelant qu'Auger n'est pas seulement fort de ses responsabilités d'alors à l'Unesco, mais aussi le créateur du service de documentation du CNRS au début de la guerre[99], et qu'il était pressenti pour devenir directeur du CNRS[100], on devine qu'il représente pour Couffignal l'interlocuteur stratégique à convaincre en priorité. Les deux réunions de la SFSC (auxquelles ont donc assisté Auger et Le Lionnais) ayant eu lieu dans les semaines précédant le premier congrès de Namur, on peut soulever la question d'un quelconque rapport entre le désengagement de l'Unesco de l'organisation des congrès ultérieurs, et la fin prématurée de la SFSC. Une hypothèse serait qu'Auger et Le Lionnais n'auraient pas été convaincus par Couffignal (dont ils ne pouvaient ignorer le limogeage par le CNRS en 1951) ; à peu près au moment de la mise en place de la SFSC, Couffignal et Paycha auraient soumis aux *Comptes rendus de l'Académie des sciences* une double note sur leur système de diagnostic automatique qui se serait vue rejetée[101]. Le système n'était donc sans

98 « Organisation d'un groupe d'étude pour la symbolisation et la classification mécaniques des connaissances avec application au programme de l'Unesco », fonds Auger 46/131, p. 6-7.

99 J. Astruc, J. Le Maguer, J.-F. Picard, « Le CNRS et l'information scientifique et technique en France », *Solaris* n° 4, 1997, en ligne.

100 « En 1959, on m'a proposé la direction de l'organisme au départ de Gaston Dupouy. [...] J'ai fait toute une série de visites. Finalement, je n'ai pas voulu y aller... Il aurait fallu faire une réforme profonde, un grand... Un de mes amis [...] me disait : "Vous êtes un créateur, mais vous ne suivez pas vos créations". Et c'est vrai, même le Centre de documentation du CNRS, je l'ai mis sur pied, mais les circonstances ont fait que je n'ai pas pu continuer. J'ai présidé à la création du CERN, mais je n'en ai pas pris la direction. Pareil pour le CNES, je l'ai quitté au bout de deux ans pour faire l'ESRO. [...] J'ai quitté l'Unesco à soixante ans (en 1959) parce que c'était la limite d'âge. C'est tôt, mais c'est comme ça. » (entretien de P. Auger avec J.-F. Picard et E. Pradoura, 23 avril 1986, http://www.histcnrs.fr/archives-orales/auger.html).

101 L.-J. Delpech, *La cybernétique et ses théoriciens*, *op. cit.*, p. 83. Delpech date cet épisode d'octobre 1955, soit avant la tenue des réunions de la SFSC ; mais les références et datations dans ce livre de Delpech sont souvent très approximatives.

doute pas au point au moment des deux réunions de la SFSC. Même s'il n'est pas exceptionnel qu'une note soit refusée, et même si l'époque est encore aux balbutiements de l'intelligence artificielle (la fameuse rencontre inaugurale de Dartmouth se déroule le même été que le premier congrès de Namur), Auger et Le Lionnais (spécialiste du jeu d'échecs, et à ce titre susceptible d'être au courant de certains travaux d'IA dès avant les années 1960) auraient pu vouloir rester prudents et ne pas engager le CNRS et l'Unesco dans un projet bien incertain, quelle qu'ait pu être leur indulgence par ailleurs.

CONCLUSION

Si les différents carrefours de la cybernétique dans la France des Trente glorieuses présentent des interconnexions, ce n'est pas selon un maillage homogène. Il ne s'agit pas seulement des contacts entre chercheurs ou institutions, mais aussi des perceptions de l'apport scientifique et épistémologique de la cybernétique. Ainsi, à la même époque où Jacques Paillard souligne les limites de l'approche cybernétique en neurophysiologie (*cf.* p. 325-326), le physiologiste François Morel, titulaire de la chaire de physiologie cellulaire au Collège de France, remarque qu'« il est frappant que l'approche cybernétique des fonctions biologiques (au sens de Wiener) n'ait pas eu davantage d'impact en biologie[1] ». Pour l'un, elle a fait son temps, pour l'autre, elle n'est pas encore advenue. Affirmer que la cybernétique est devenue un horizon intellectuel généralisé, comme l'ont prétendu certains commentateurs, avec ou sans recours aux concepts d'épistémè ou de paradigme (*cf.* introduction), est de peu d'utilité pour comprendre comment deux ténors de la même discipline peuvent avoir au même moment des perceptions aussi diamétralement opposées.

Chronologiquement, c'est plus tardivement que l'on observe des convergences significatives. Ces ralliements, qui gagnent en importance et en visibilité après 1975, font souvent référence à la cybernétique, mais se reconnaissent désormais plutôt sous d'autres bannières : systémique, complexité… Le Groupe des Dix[2] en est un exemple limité, car c'est un club fermé, et qui n'est pas vraiment orienté vers la production de publications ou d'événements.

Dans les années 1970, l'économiste François Perroux (*cf.* p. 491-497), le philosophe Gilbert Gadoffre et le mathématicien André Lichnerowicz organisent une série de colloques au Collège de France. Ces colloques interdisciplinaires contribuent à manifester la « normalisation » des

1 F. Morel, « Un point de vue de physiologiste expérimentateur sur les modèles », in P. Delattre, M. Tellier (dir.), *Élaboration et justification des modèles*, *op. cit.*, p. 36.

2 B. Chamak, *Le Groupe des Dix*, *op. cit.*

pratiques de modélisation ; ils portent la marque de la « systémique », mais l'on y retrouve en fait des thématiques plus spécifiquement inspirées de la cybernétique : « Structure et dynamique des systèmes », « L'idée de régulation dans les sciences », « L'analogie dans les sciences de la nature et les sciences humaines », « Information et communication[3] ».

L'arrivée des années 1980 confirme ces convergences, notamment autour de Pierre Delattre et de ses colloques sur la modélisation biologique (qui font office de première grande réunion de famille pour la biologie théorique)[4], de l'Action thématique programmée « Analyse des systèmes » de Jacques Lesourne[5], du « collège de systémique » de l'AFCET, et de la *Revue internationale de systémique*, dont le comité de rédaction rassemble des noms éparpillés dans ce livre[6]. L'un des groupes de travail du collège systémique de l'AFCET est le séminaire du biophysicien Zbigniev Wolkowski à Jussieu : on y croise là aussi bien du monde[7]. En 1984, à Cerisy, au colloque organisé par la spécialiste en réseaux connexionnistes Françoise Fogelman-Soulié, en hommage à Henri Atlan[8], on entend notamment Jean-Arcady Meyer ; à celui sur « Praxis et cognition », organisé en 1988 par Élie Bernard-Weil et Jean-Claude Tabary[9], on retrouve Robert Vallée, Jacques Richalet…

3 A. Lichnerowicz, F. Perroux, G. Gadoffre, *Structure et dynamique des systèmes*, Paris : Maloine, 1976 ; *L'idée de régulation dans les sciences*, Paris : Maloine, 1977 ; *L'analogie dans les sciences de la nature et dans les sciences humaines*, Paris : Maloine, 1980 (vol. 1), 1981 (vol. 2) ; *Information et communication*, Paris : Maloine, 1983.

4 P. Delattre, M. Tellier (dir.), *Élaboration et justification des modèles*, *op. cit.* En plus de Delattre, y participent : René Thom, Philippe Courrège, Antoine Danchin, Henri Atlan, le groupe Systema, Jacques Riguet, Élie Bernard-Weil, François Bonsack, Jacques Demongeot, Yves Cherruault, Ivar Ekeland, Jean-Arcady Meyer…

5 J. Lesourne (dir.), *La Notion de système dans les sciences contemporaines*, *op. cit.*

6 Notamment : Élie Bernard-Weil, Thiébaut Moulin, Jacques Richalet, Jean-Claude Tabary, Robert Vallée, Bernard Walliser. Dans le comité scientifique : Atlan, Lesourne, Prigogine, Thom, Herbert Simon, H. von Foerster, Niklas Luhmann, les automaticiens Alain Bensoussan et Rudolf Kalman…

7 Pierre Delattre, Thiébaut Moulin, Robert Vallée, René Thom, Pierre Auger, Françoise Fogelman, Henri Laborit, Élie Bernard-Weil, Rémy Chauvin, Ivar Ekeland, Bernard Walliser, Jean-Claude Tabary, Francisco Varela… Mais aussi Isabelle Stengers, Michel Morange et Bruno Latour (Z. W. Wolkowski, *Synergie et cohérence dans les systèmes biologiques*, 3 tomes, 1988).

8 F. Fogelman-Soulié (dir.), *Les Théories de la complexité : autour de l'œuvre d'Henri Atlan, Colloque de Cerisy*, Paris : Seuil, 1991.

9 É. Bernard-Weil, J.-C. Tabary (dir.), *Praxis et cognition. Colloque de Cerisy 1988*, Lyon : Éditions L'Interdisciplinaire, 1992.

Si l'on remonte dans le temps la généalogie de ce qui s'apparente désormais bien davantage à une communauté, on trouvera des groupements intermédiaires et plus spécialisés, comme l'AFCET, la Société francophone de biologie théorique, ou encore l'ISMEA de Perroux. Mais la véritable plaque tournante, qui assure un passage de relais à ces groupes depuis le Cercle d'études cybernétiques de Vallée au début des années 1950, est la Société française de cybernétique (1963-1986) : y interviennent notamment Jacques Robin (le fondateur du Groupe des Dix), le groupe Systema, Pierre Delattre, Jean-Claude Lévy, Lesourne[10]... Louis Couffignal est le président d'honneur, Léon Delpech le président, Abraham Moles le fidèle secrétaire général, Jacques Sauvan, Robert Vallée, Uri Zelbstein et l'épistémologue René Poirier les vice-présidents. L'on y croise, au moins aux débuts, Auger, Le Lionnais et même Lévi-Strauss (*cf.* annexe p. 658).

Si ce tuilage confirme une certaine continuité diachronique entre les réseaux (par opposition à la continuité synchronique qui ne survient que sur le tard), en revanche, la continuité intellectuelle fait question. Continuité relative, mais pour quel héritage ? Cette communauté ne partage pas vraiment un capital de travaux scientifiques qui définirait une identité ou une unité. Ce capital absent, c'est tout ce qui n'a pas eu lieu dans les années 1950-1965/70 : c'est la dispersion du CECyb avant la mise en place d'un programme de recherche ou de collaborations ; les incursions solitaires de mathématiciens ; les hommages des biologistes qui restent sans suite ; les intuitions inexploitées des ingénieurs-économistes ; le « lobbying » de Lévi-Strauss qui échoue. En deux mots, c'est l'absence d'un Pat Merton français, d'un Quastler français, d'un Tustin français. Il aura fallu dix ans à domicile pour que le programme de Wiener & Bigelow sur la commande musculaire soit relayé par Larry Stark, il en aura fallu vingt pour la France avec Laporte, Richalet *et al.* C'est vingt ans après Tustin et Phillips que la modélisation mathématique du Plan se dote finalement d'un gouvernail. Tout ce temps, les idées travaillent plus ou moins souterrainement, mais sans traduction

10 Jacques Robin, « Politique et cybernétique », 9 janvier 1971 ; Pierre Delattre, « Système et structure », 15 avril 72 (annexe p. 659) ; Jean-Claude Lévy, « Notion d'entropie appliquée à la prévision psychologique de l'avenir », 12 décembre 1970 ; « Un modèle d'électroencéphalogramme servant de vérification expérimentale d'une théorie neurocybernétique », 18 novembre 1978 (minutes de la Société française de cybernétique, archives personnelles de R. Vallée).

pratique ou méthodologique. Comment expliquer le contraste entre l'intérêt suscité par la cybernétique, et son faible rendement ?

La cybernétique a été l'emblème d'un décloisonnement fantasmé, d'une union sacrée à un moment où, simultanément, la science et l'ingénierie s'imposaient comme phare de la civilisation occidentale, et la spécialisation excessive un fléau à contrecarrer. Attentes et promesses n'étaient-elles pas excessives, pour un pays qui devait reconstruire son potentiel scientifique et technique ? Mais avant de blâmer les circonstances, il faut reconnaître que la cybernétique a prêté le flanc à un certain nombre de problèmes.

Tout d'abord, l'un des plus évidents, le reproche d'une vulgarisation outrancière et d'un effet de mode. Chez un lecteur en quête de choses précises et sérieuses, le *best-seller* de Pierre de Latil joue dans un registre susceptible de générer un agacement légitime, à ne considérer que les sous-titres : « clé d'or », « science explosive », « Les miracles du feed-back », « La rétro-action, secret de la nature »... Dans un style où l'on reconnaît sans peine les futures habitudes des journalistes scientifiques, cet auteur de livres de jeunesse risque de rebuter autant de scientifiques et d'ingénieurs qu'il n'émerveillera de chalands. La traduction anglaise, publiée trois ans plus tard, est préfacée par Isaac Asimov[11], donnant du grain à moudre aux détracteurs reprochant un manque de sérieux scientifique.

Ensuite, le problème du flou. Le flottement sémantique des emplois du mot « cybernétique » le fragilise doublement : d'abord, en raison des problèmes de distinction avec d'autres théories (jeux, décision, automates, équilibres dynamiques...) ou disciplines (automatique, recherche opérationnelle, biophysique...). Deuxièmement, du côté de son domaine d'application, de l'extension de son domaine d'objets. Sous la plume ou dans la bouche de certains, celle-ci s'étend indéfiniment. Ainsi, André Léauté, missionné par l'Académie des sciences pour assister au troisième congrès de Namur en 1961 et en rapporter un compte rendu, écrit que « les organisateurs du Congrès international de Namur [...] insistent sur la multiplicité des domaines qu'à leur sens régit dès à présent la Cybernétique à les entendre, ce serait au vrai toutes les sciences, toutes

11 P. de Latil, *Thinking by Machine – A Study of Cybernetics*, Boston : Houghton Mifflin Company, 1957. Il s'agit de l'éditeur de N. Wiener, *Cybernétique et société*, *op. cit.*

les techniques et même davantage[12] ». On a rapporté dans ce livre des reproches analogues adressés à Greniewski ou à Couffignal.

Or, face à ces problèmes, que proposent les porte-drapeaux français de la cybernétique ? Couffignal consacre les quinze dernières années de sa vie au cadrage de la définition de la cybernétique, mais faute de l'alimenter par un contenu spécifique, le cadre reste assez vide (voir annexe V). De façon assez symptomatique, il s'entoure d'individus qui, naïvement pour certains, ne perçoivent pas le problème et soutiennent donc ce décrochage vers une scolastique stérile[13]. Cette dérive sur le plan de l'organisation sociale d'une communauté intellectuelle (dans ce cas précis on n'ose plus dire scientifique) n'est pas isolée. Les deux principales organisations de cybernétique dans l'espace francophones à partir des années 1960, l'Association internationale de cybernétique (AIC) en Belgique, et la Société française de cybernétique (SFCyb), étaient-elles de véritables sociétés savantes ? Toutes deux sont des structures dotées de présidents à vie. Lorsqu'on met en perspective, pour chacune d'elles, leur agenda scientifique et leur mode de gouvernance, les critères d'inclusion ou d'adhésion ne sont pas explicites ; autrement dit, ces organisations semblent avoir pour finalité leur propre existence plutôt que la soumission aux dures lois des sociétés savantes consacrées. À la lecture de son acte de fondation (*cf.* annexe p. 657), il n'est pas clair si la SFCyb possédait un statut

12 Académie des sciences, séance du lundi 18 septembre 1961, *Comptes rendus hebdomadaires des séances de l'Académie des sciences*, t. 253, n° 12, 1961, p. 1233. Léauté (1882-1966) est le fondateur de la compagnie La Précision moderne, spécialisée en appareils de conduite de tir. Son père, Henry Léauté, professeur comme lui à Polytechnique, était un spécialiste des techniques de régulation et de télécommande. Le compte rendu du congrès de Namur de 1961, à l'exception du passage cité, est beaucoup plus positif.

13 L'ophtalmologiste F. Paycha dédicace le livre qu'il publie dans la collection de Couffignal à Couffignal, « maître à penser de la Cybernétique » (F. Paycha, *Cybernétique de la consultation*, Paris : Gauthier-Villars, 1963, p. 5). Le philosophe A. David écrit dans son livre : « M. Louis Couffignal est pour beaucoup dans l'attrait qu'exerce la Cybernétique sur ma pensée et je le remercie de la simplicité et de l'efficacité de son accueil qui sont le fait de rares grands esprits » ; il ajoute qu'avec d'autres il a « appris à croire à la Cybernétique », quoique « pas au-delà de la limite permise », ce qui reste néanmoins une façon assez particulière qu'a l'auteur de se représenter ce que peut être la cybernétique et quel type d'engagement intellectuel est en jeu (A. David, *La Cybernétique et l'humain*, *op. cit.*, p. 9). Delpech, quant à lui, dédicace son ouvrage à Couffignal, son « maître en cybernétique ». Plus loin : « la profondeur de ses observations me donna le sentiment vécu d'être en face d'un génie » (L. Delpech, *La Cybernétique et ses théoriciens*, *op. cit.*, p. 93).

légal d'association[14]. Pas plus que la gestion du budget, la réflexion quant à la programmation du séminaire n'est rapportée dans les minutes du séminaire ; peut-être des réunions du bureau étaient-elles organisées séparément du séminaire, mais ce n'est pas ce que semble dire Robert Vallée : « Il y avait là plus d'une demi-douzaine de vice-présidents (dont moi-même) à qui on n'a jamais demandé leur avis sur la conduite de cette association[15] ». L'opuscule publié par le Président en 1970 dit quelque chose d'un certain rapport au savoir, au pouvoir et à l'éthique : il a probablement fait rédiger les parties consacrées à certains chercheurs (Moles, Huant) par ces chercheurs eux-mêmes (puisqu'on sait qu'il a fait avec Laborit[16], dont il avait finalement gardé le texte pour un ouvrage ultérieur) ; et la description du livre *Cybernetics* de Wiener y est directement plagiée d'un article de Robert Vallée[17].

Quant à l'AIC, fondée en janvier 1957 par les organisateurs du premier Congrès de Namur, elle ne change pas de mains, au moins jusqu'à la mort de son indétrônable président, l'ingénieur-docteur Georges Boulanger (1909-1982). Des cinq autres membres du Conseil d'administration de l'AIC, deux étaient dans le comité d'accueil du premier congrès de Namur : l'avocat et député socialiste belge René Close, et Josse Lemaire, directeur de l'Office économique, social et culturel de la province de Namur. En 1996, l'Unesco retire l'AIC de la liste des ONG internationales de catégorie C (relation d'information mutuelle)[18]. Une analyse interne de l'Unesco ayant conduit à cette « rétrogradation » fait état d'un belgo-centrisme incompatible avec ses buts : le Président, le Secrétaire général et le Trésorier sont Belges ; « Extension géographique très

14 Au-delà de l'utilisation des termes « président » et « trésorier » ; de fait, les cotisations étaient à envoyer au nom de la trésorière, la SFCyb n'avait donc peut-être pas de compte en banque (même si la Loi de 1901 n'y oblige pas). Aucun compte rendu de réunion n'évoque de discussion d'un bureau concernant l'état ou l'utilisation des finances. Cela peut sembler d'autant plus curieux que, à ma connaissance, la SFCyb ne produit aucune publication et n'organise aucun événement.

15 R. Vallée, communication personnelle, courrier électronique du 20 juin 2006.

16 Lettre de L.-J. Delpech à H. Laborit, 16 janvier 1969 ; archives H. Laborit, Faculté de médecine de Créteil, B76.

17 L. Delpech, *op. cit.*, p. 74-78 ; R. Vallée, « Quelques thèmes initiaux de la cybernétique », *Structure et évolution des techniques*, n° 27-28, 1951, p. 3-8. Delpech n'a repris que les paragraphes sans équations.

18 Lettre de L. Schaudinn, Directrice de la Division des relations avec les organisations internationales de l'Unesco, à J. Ramaekers, Président de l'AIC, 15 novembre 1996, archives Unesco ONG.1-137.3.

limitée [...], quasi-exclusivement restreinte à quelques pays de la région EUR » ; « Toutes les activités (réunions statutaires, congrès triennaux) ont lieu dans la même ville » ; « Aucun mécanisme de représentation avec différents pays » ; et enfin, aucun contact avec l'Unesco autre que de routine réglementaire depuis des années[19]. Il est très plausible que cet état de fait ait délibérément perduré depuis le départ, étant donné les intérêts politiques objectifs de Close et Lemaire à instrumentaliser l'AIC à des fins de développement régional. Scientifiquement, l'AIC continue à organiser ses congrès internationaux de cybernétique. Mais sa revue, *Cybernetica*, lancée en 1958, montrait depuis longtemps déjà des signes de perte de dynamisme et de sélectivité. Ainsi donc, lorsque Boulanger intitule l'un de ses articles « Une science cherche son identité à travers une association internationale[20] », l'on pourrait se demander s'il n'y a pas dans l'ordre de ces termes une ironie cruelle.

Les réseaux des dirigeants de la SFCyb et l'AIC sont nettement interconnectés[21]. On a donc là toutes les caractéristiques d'une « clique », au sens sociologique comme au sens péjoratif. Mais ce n'est pas tout. Il ne s'agit pas seulement, pour ces présidents et leurs alliés, d'organiser un espace permettant de générer artificiellement du capital symbolique à fins d'auto-promotion. Il s'agit aussi d'en faire profiter deux catégories d'acteurs en principe privés d'accès au capital symbolique produit par le champ scientifique. Les premiers, essentiellement du côté de l'AIC, sont des théologiens[22]. Les seconds, du côté cette fois de la SFCyb, sont des néo-pythagoriciens, des parapsychologues, ou encore des philosophes de la nature... Certains d'entre eux, dotés d'une formation scientifique, relèvent de ce que A. Moatti appelle « alterscience[23] ». Il s'agit souvent de présenter de grandes cosmologies « inspirées », mais parfois des exposés

19 Conseil exécutif, 150e session, 8 octobre 1996, 150 EX/ONG.2, partie II C., NS015, page 9.

20 G. Boulanger, « Une science cherche son identité à travers une association internationale », *Associations transnationales* n° 4, 1981, p. 248-250.

21 Voir par exemple : G. Boulanger (dir.), *Le Dossier de la cybernétique*, *op. cit.*

22 G. Isaye, « La cybernétique et Teilhard de Chardin », *op. cit.* (Isaye intervient aussi à d'autres congrès de Namur pour des conférences non théologiques ; E. D. Vogt, « Towards a Cybernetical Theology », *4e Congrès international de cybernétique, Namur, 19-23 octobre 1964*, Namur : Association Internationale de Cybernétique, 1967. Je remercie Yves Winkin d'avoir, à mes débuts, attiré mon attention sur ce point (Y. Winkin, « L'irrésistible ascension de Sainte-Systémique », *Convergence*, n° 7, 1986, p. 4-6).

23 A. Moatti, *Alterscience : Postures, dogmes, idéologies*, Paris : Odile Jacob, 2013.

ciblés plus spécifiquement sur des phénomènes « alternatifs », comme « l'orgone » ou les « rayons N[24] »... Cette présence de conférenciers « originaux » au séminaire de la SFCyb s'accroît au fil du temps, et continue d'alterner curieusement avec des exposés conventionnels. C'est que Delpech a laissé beaucoup moins de traces parmi les psychologues français que parmi leurs « confrères » parapsychologues. Bien connu dans les milieux de l'ésotérisme, du New Age et de la parapsychologie[25], il aurait animé pendant trois ans, de 1973 à 1976, deux UV de parapsychologie à l'université Paris VII[26].

« Il est certain, répond Laborit à un éditeur, que l'attrait intellectuel de la cybernétique a fait se projeter sur elle une quantité de gens qui, souvent, ont pu accéder grâce à elle à une autorité facile[27] ». Voici qui résume bien des choses et laisse entrevoir des stratégies de contournement opportunistes qui, *in fine*, sombrent avec le bateau qu'elles ont grignoté de l'intérieur comme des termites. N'est-ce pas là une interprétation sociologique tentante pour expliquer les difficultés rencontrées, en France, par la cybernétique ? Galvaudée par certains de ceux qui prétendaient la représenter, référence floue, survendue, sclérosée, farfelue parfois, rien d'étonnant à ce que son attrait ait périclité sous l'effet prévisible des mécanismes ordinaires du champ scientifique. La bulle spéculative engendrée par les capitaux symboliques toxiques de divers profiteurs aurait fini par éclater. La cybernétique n'aurait été qu'un feu de paille, une tulipomanie. Or cet argument n'est pas satisfaisant, pour trois raisons :

– Tout d'abord, la cybernétique n'a pas disparu ; le galvaudage concerne tout au plus l'appellation, cela ne suffit pas pour rendre compte de la fortune des pratiques.
– Ensuite, si l'on excepte la vulgarisation, les problèmes évoqués ne commencent à se poser véritablement que dans les années 1960, c'est-à-dire déjà postérieurement à la période dont il s'agit d'expliquer

24 L. Romani, « Les rayons N... ou Blondlot avait raison », 28 mai 1983 ; A. Masson « Orgone et cybernétique », 26 avril 1986 (archives personnelles de R. Vallée).

25 « Hommage à Léon-Jacques Delpech », *Arkologie fondamentale. Revue de réflexion, d'application, de recherche*, n° 2, 1987, p. 16-17 ; voir aussi les articles Delpech sur le site internet http://www.revue3emillenaire.com/.

26 Delpech invité à l'émission de Jacques Pradel « Vous avez dit étrange ? », France Inter, 17 février 1982, http://psiland.free.fr/parapsychologie.htm.

27 Lettre de Henri Laborit à Michel Labre, des Éditions Test, 12 décembre 1967, fonds Laborit B159.

l'improductivité. Or l'agacement suscité par le sensationnalisme de la vulgarisation ne peut à lui seul fournir cette explication, car il n'a pas joué de rôle suffisamment dissuasif.

– Enfin, les différents problèmes énumérés ne sont pas propres à la cybernétique ; ils ne fourniraient donc au mieux qu'une partie de l'explication.

Ce troisième point appelle quelques détails. La vulgarisation sensationnaliste, une définition imprécise, des spéculations débridées, des réseaux aux pratiques discutables, existent dans tous les domaines, y compris scientifiques. Vulgarisation, délires et dissidents n'ont pas empêché la physique de jouir d'une identité solide. Dans d'autres domaines plus flous, la comparaison est encore plus intéressante : si l'on examine les cas de la biophysique, de la recherche opérationnelle, des *behavioral sciences*, de l'informatique, le problème a été exactement le même que pour la cybernétique[28], avec laquelle des empiétements ont d'ailleurs eu lieu[29]. Rappelons que, les acteurs luttant de façon routinière pour délimiter les champs selon les rapports de domination intra- et interdisciplinaires, la terminologie est un terrain privilégié pour l'exercice de la violence symbolique, et les sarcasmes n'épargnaient pas l'éminente biologie moléculaire à ses débuts, comme l'a rapporté J.-P. Gaudillière. Le flottement sémantique n'est donc pas du tout un indice d'anormalité

28 Pour la biophysique : « À Caltech, le mot biophysique état interdit » (B. Mandelbrot, *The Fractalist*, *op. cit.*, p. 124); « Il ne fallait pas trop prononcer ce mot-là » (entretien avec Alain Faure, 6 février 2014); voir aussi J. de Certaines, *op. cit.* Pour les *behavioral sciences* : « un amalgame de sociologie, de psychologie sociale et d'anthropologie culturelle, mal défini mais en fin de compte très bien subventionné » (D. Engerman, « The Rise and Fall of Wartime Social Science: Harvard's Refugee Interview Project, 1950-1954 », in M. Solovey, H. Cravens (dir.), *Cold War Social Science : Knowledge Production, Liberal Democracy, and Human Nature*, New York : Palgrave-McMillan, 2012, p. 26); J. Pooley, « A "Not Particularly Felicitous" Phrase: A History of the "Behavioral Sciences" Label », *Serendipities*, vol. 1, nº 1, 2016, p. 38-81.

29 Pour la recherche opérationnelle : outre les articles cités au chapitre sur la cybernétique économique, voir par exemple : C. Salzmann, « La recherche opérationnelle. Introduction à son application industrielle », *Revue de statistique appliquée*, vol. 2, nº 1, 1954, p. 65 ; S. Littauer, « Méthode expérimentale, contrôle statistique et cybernétique dans la direction des entreprises industrielles », exposé à l'Association française pour l'accroissement de la productivité, Mission des experts américains de l'OECE, 16 juin 1954, Commission de Recherche opérationnelle du CSRSPT, archives nationales 19770321/286; M. Verhulst, « Interdépendance des méthodes de la recherche opérationnelle et des techniques de l'Automatique », *Congrès international de l'automatique. Paris 18-24 juin 1956*, *op. cit.*, p. 140.

ou de faiblesse intrinsèques à une discipline, et l'on peut en dire autant de la génération de capitaux symboliques négatifs par des acteurs malvenus. Le problème majeur dont souffre, en France en particulier, la cybernétique dans sa période initiale, n'est donc pas que les différentes dérives énumérées existent (puisqu'elles existent partout), mais qu'elles occupent un terrain qui reste vide par manque de production positive. La thèse retenue pour cette conclusion est que ce sont des facteurs structurels qui expliquent ce vide initial de productivité scientifique. Les journalistes contribuent ensuite à entretenir ce vide, mais il est douteux qu'ils le créent, dans une époque où l'essor de la vulgarisation requiert une certaine complicité de scientifiques et d'ingénieurs qui contribuent généralement à la même dynamique moderniste.

En comparaison, les facteurs structurels sont bien mis en évidence. La période des Trente glorieuses n'a pas vu une simple persistance des cloisonnements, elle a été une période de consolidation disciplinaire. L'examen des Actions concertées de la DGRST confirme dans le détail ce que la bibliométrie mesure à grande échelle. Si les pratiques de modélisation interdisciplinaires ne sont pas soutenues alors qu'elles sont souhaitées (*cf.* les commissions du CNRS au premier chapitre), ce n'est pas tant en raison d'oppositions que de priorités autres.

C'est encore plus vrai pour les profils potentiels de modélisateurs, dont l'indisponibilité est remarquée. Pour un détenteur des compétences de modélisation de machines, faire de la recherche ou de l'enseignement en sciences « molles » est ingrat, tant en capital symbolique que financier. Alors que les mécanismes du champ scientifique limitent généralement la visibilité des électrons libres et des activités interdisciplinaires, un contexte dépourvu d'Internet rend encore plus difficile leur identification.

Ces priorités concernent aussi le contenu des recherches. Avec des moyens de calcul électronique et des données expérimentales loin d'être ce qu'ils sont aujourd'hui, la modélisation mathématique ne pouvait avoir qu'un rôle très limité. Pour un rendement aussi incertain, l'investissement dans des collaborations « contre-nature » a quelque chose d'ingrat. À des stratégies scientifiques ordinaires de faible prise de risque[30] s'ajoute ainsi l'incertitude d'une conversion de capital symbolique en un capital

30 G. Lemaine, B. Matalon, B. Provansal, « La lutte pour la vie dans la cité scientifique », *Revue française de sociologie*, vol. 10, nº 2, 1969, p. 139-165.

technique qui, non seulement, n'avait pas encore fait ses preuves, mais *ne pouvait les faire à une échéance prévisible.* À l'échelle d'une carrière, c'est un retour sur investissement qui pouvait sembler bien long.

Face à l'état de développement des sciences biologiques, humaines et sociales, il faut aussi tenir compte de celui de l'outillage mental. La transition de la théorie des asservissements vers la théorie du contrôle optimal peut creuser davantage l'écart cognitif entre les modélisateurs et leurs « clients » (*cf.* Alain Berthoz et Austin Blaquière, p. 361-362). Cette transition n'avait pas été problématisée par les historiens de la cybernétique ; elle reste à analyser dans le cadre d'une cartographie plus complète.

En raison de ces facteurs intrinsèques, propres aux contenus et aux contraintes qu'ils induisent, il ne faudrait donc pas croire qu'un paysage scientifique et technique décloisonné aurait nécessairement eu un meilleur rendement.

Ces différents aspects justifiaient une approche multiplement comparative, à une échelle intermédiaire entre le micro et le macro, en dépit des limites assez évidentes de l'exhaustivité impossible et du tâtonnement exploratoire. L'ambition première, à défaut, était celle d'une exhaustivité suffisante pour apercevoir l'importance de certaines questions. À l'horizon d'une méthodologie moins casuistique, il s'agit de donner à voir une histoire des sciences qui articule la métaphorologie des machines restée en gestation dans l'épistémologie française (Canguilhem, Simondon, Beaune) avec une sociologie rendant compte à la fois de la résilience des frontières et des efforts que consentent les acteurs pour y chercher ou diffuser des outillages mentaux.

ANNEXE I

Documents relatifs au Cercle d'études cybernétiques

CECYB membres anciens ~1952

Nom	Adresse
AUBRAS	37, square Tolstoï, Paris, 15ème.
AUREL DAVID	6, rue du Casino, Aix-les-Bains, (et 104, rue de Richelieu, RIC 6316)
COLOMBO, Serge	
Mme COLNORT, Suzanne	Centre de Synthèse, 12 rue Colbert, Paris,
COUFFIGNAL, Louis	, rue Gazan, Paris,
DELPECH, Léon	4, rue du Vieux-Colombier, Paris, 6ème.
R.P. DUBARLE	29, bld de la Tour-Maubourg, Paris,
Col DUBOST	74, rue de Rome, Paris, 8ème.
DUCASSÉ, Pierre	120, rue d'Assas, Paris, 6ème.
DUCROCQ, Albert.	
DE LATIL, Pierre	, rue Guersant, Paris,
FESSARD, A.	4, avenue Gordon-Benett, Paris, 16ème.
FRANCK, A.	16, rue Dupont-des-Loges, Paris, 7ème.
GENDRE	Centre Emetteur de la Brague, Antibes.
GEORGE, André	174, bld Saint-Germain, Paris, 6ème.
GIMPEL	
GUILBAUD, Georges Th.	30, rue de la République, Saint-Germain-en-Laye, Seine-et-Oise.
HELIARD, Pierre	46, rue d'Artois, Paris,
HUGON, Maurice	2, rue Elie-Le-Gallais, Châtenay-Malabry.
HUSSON, Raoul	10, rue Pierre-Picard, Paris, 8ème.
Ing. INSOLERA, Delfino	Olivetti, Ivrea (Torino), Italie.
LAFITTE, Jacques	2, rue E.-Bourneuf, Herblay, Seine-et-Oise. (et avenue de l'Europe, Juan-les-Pins)
LE LIONNAIS, François	23, route de la Reine, Boulogne, Seine.
LEULLIETTE, Jacques	46bis, avenue Marceau, Courbevoie, Seine.
BOURDIER, Franck	140, avenue de Paris, Vincennes,
Dr. LISSITZKY,	Faculté de Médecine, Alger.
MANDELBROT, Benoit	
PAYCHA, François	26, rue du Faubourg-Saint-Jaume, Montpellier, Hérault
PELEGRIN, Marc	11bis, rue de la Planche, Paris,
RIGUET, J.	6, rue des Ecoles, Paris, 5ème.
R.P. RUSSO, François	15, rue Monsieur, Paris, 7ème.
Dr. SAMAIN, J.	74, rue des Saints-Pères, Paris, 7ème.
Dr. SCHERRER, Jean	Hôpital de la Salpêtrière,
Dr. SAUVAN, Jacques	Le Mas, 47 bld Albert 1er, Antibes, 26, av. V.-Hugo Bourg-la-Reine, Seine
Cdt. SCOTTO DI VETTIMO	
Col. SOUSSELIER, René	1bis, rue Nicolas-Houel, Paris, 5ème.
TALBOTIER, Jacques	L.R.B.A., Vernon, Eure.
VALLEE, Robert	10, rue du Dobropol, Paris, 17ème.
WIENER, Norbert	Massachusetts Institute of Technology, Department of Mathematics, Cambridge 39, Massachusetts, Etats-Unis.
ZELBSTEIN, U.	41, avenue Gaston-Boissier, Viroflay, Seine.

FIG. 1 – Liste des membres du Cercle d'études cybernétiques, non datée, archives personnelles de Robert Vallée.

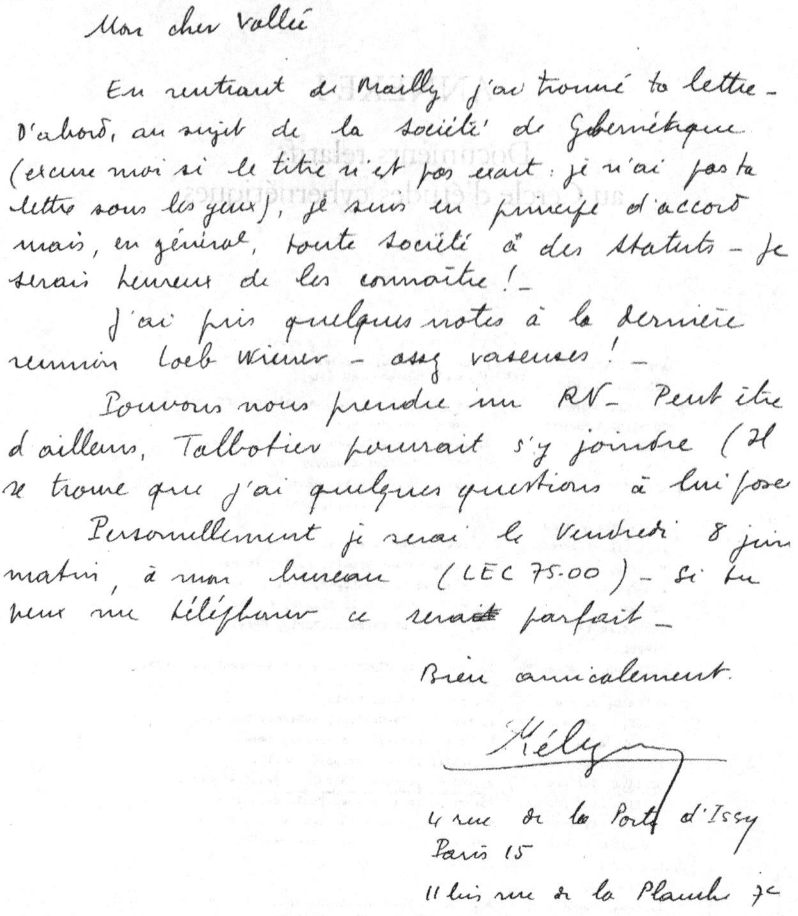

Mon cher Vallée

En rentrant de Mailly j'ai trouvé ta lettre – D'abord, au sujet de la société de Cybernétique (excuse moi si le titre n'est pas exact : je n'ai pas ta lettre sous les yeux), je suis en principe d'accord mais, en général, toute société a des statuts – je serais heureux de les connaître ! –

J'ai pris quelques notes à la dernière réunion Loeb Wiener – assez vaseuses ! –

Pouvons nous prendre un RV – Peut être d'ailleurs, Talbotier pourrait s'y joindre (Il se trouve que j'ai quelques questions à lui poser

Personnellement je serai le Vendredi 8 juin matin, à mon bureau (LEC 75-00) – Si tu peux me téléphoner ce serait parfait –

Bien amicalement.

Pélegrin

4 rue de la Porte d'Issy
Paris 15

11 bis rue de la Planche 7e

FIG. 2 – Lettre de Marc Pélegrin à Robert Vallée, 5 juin 1951, archives personnelles de Robert Vallée.

COLLÈGE DE FRANCE

LABORATOIRE DE NEUROPHYSIOLOGIE GÉNÉRALE

Station de l'Institut Marey
Tél. : MOLITOR 00-62

4, Avenue Gordon-Bennett
PARIS (16e)

Paris, le 9 Juillet 1951

Monsieur Robert VALLEE
2, rue Coustou
PARIS (XVIIIème)

Monsieur,

Je réponds à votre lettre avec un retard considérable, dû au fait que j'étais tous ces temps-ci à l'étranger en tournée de conférences. J'accepte volontiers de faire partie de votre Centre d'Etudes de Cybernétique; ce sera pour moi une excellente occasion de m'instruire !

Par contre, il est bien tard étant donné les délais prévus et surtout mon lourd arriéré actuel, pour participer au Numéro de "Thalès" dont vous me parlez. En fait, je ne tiendrais pas non plus à répéter tout ce qui a déjà été écrit, et parfois fort bien, sur la Cybernétique en Biologie. Or, pour approfondir davantage la question, il me faudrait un temps et une liberté d'esprit dont je ne dispose pas actuellement. J'ai d'ailleurs l'intention de consacrer à cette étude une grande partie de mon année prochaine, et c'est seulement à la fin de ce temps que j'espère me sentir assez mûr pour pouvoir parler utilement d'une question qui me passionne, mais que je ne domine pas encore.

En vous remerciant, en tout cas, de votre offre je vous prie de croire, Monsieur, à mes sentiments les meilleurs.

Fessard

Professeur FESSARD.

FIG. 3 – Lettre d'Alfred Fessard à Robert Vallée, 9 juillet 1951, archives personnelles de Robert Vallée.

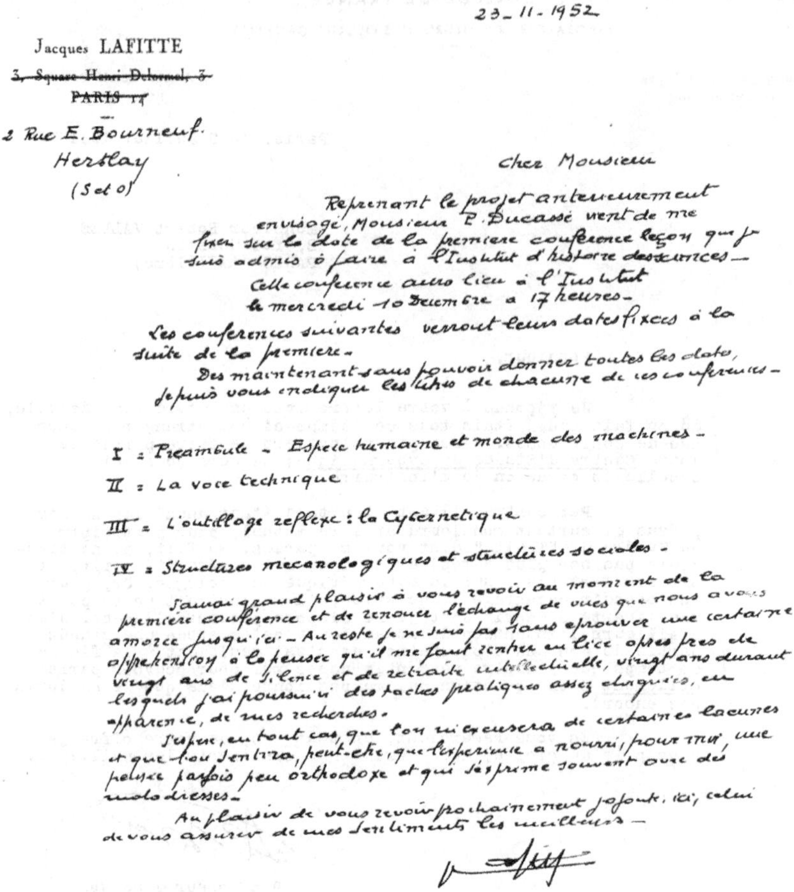

23-11-1952

Jacques LAFITTE
~~3, Square Henri-Delormel, 3~~
~~PARIS 14~~

2 Rue E. Bourneuf.
Herblay
(S et O)

Cher Monsieur

Reprenant le projet antérieurement envisagé, Monsieur P. Ducassé vient de me fixer sur la date de la première conférence leçon que je suis admis à faire à l'Institut d'histoire des sciences — Cette conférence aura lieu à l'Institut le mercredi 10 Décembre à 17 heures.

Les conférences suivantes verront leurs dates fixées à la suite de la première.

Dès maintenant sans pouvoir donner toutes les dates, je puis vous indiquer les titres de chacune de ces conférences —

I : Préambule — Espèce humaine et monde des machines —

II : La voie technique

III : L'outillage réflexe : la Cybernétique

IV : Structures mécanologiques et structures sociales —

J'aurai grand plaisir à vous revoir au moment de la première conférence et de renouer l'échange de vues que nous avons amorcé jusqu'ici — Au reste je ne suis pas sans éprouver une certaine appréhension à la pensée qu'il me faut rentrer en lice après près de vingt ans de silence et de retraite intellectuelle, vingt ans durant lesquels j'ai poursuivi des tâches pratiques assez éloignées, en apparence, de mes recherches.

J'espère, en tout cas, que l'on m'excusera de certaines lacunes et que l'on sentira, peut-être, que l'expérience a nourri, pour moi, une pensée parfois peu orthodoxe et qui s'exprime souvent avec des maladresses.

Au plaisir de vous revoir prochainement je joins, ici, celui de vous assurer de mes sentiments les meilleurs —

[signature]

FIG. 4 – Lettre de Jacques Lafitte à Robert Vallée, 23 novembre 1952, archives personnelles de Robert Vallée.

DOCTEUR JEAN SCHERRER
ANCIEN INTERNE DES HOPITAUX DE PARIS
CHEF DE CLINIQUE NEUROLOGIQUE À LA SALPÊTRIÈRE

PARIS, LE 13/XII 53

Monsieur Robert Vallée.

C'est avec plaisir que je rencontrerai à nouveau Mr. N. Wiener que j'ai déjà eu l'occasion de voir à deux ou trois reprises. Je vous remercie d'avoir pensé à me prévenir de son passage.

Il est possible de me toucher par téléphone le dimanche 20/XII dans la matinée à Suffren 56-35 et le lundi à l'hôpital de la Salpêtrière – Gobelins 84-90.

Croyez, Monsieur Vallée, à mes sentiments les plus [illegible]

P.S. Un rendez-vous vers 19 h ou après-midi (lundi 21/XII [illegible]) me paraîtrait commode.

FIG. 5 – Lettre de Jean Scherrer à Robert Vallée, 13 décembre 1953, archives personnelles de Robert Vallée.

ANNEXE II

Documents relatifs à Claude Lévi-Strauss

- 21 -

8. Utilization of Mathematics in the Social Sciences

At the beginning of 1953 and under the auspices of the International Social Science Council, the Secretary-General, in a private capacity, organized a seminar on the Utilisation of Mathematics in the Social Sciences. To this effect he had a personal grant from the Ford Foundation and the collaboration of Unesco's Department of Social Sciences. The meetings were held throughout 1953 and 1954 and the main topics discussed were as follow:

B. Mandelbrot (Institute for Advanced Studies, Princeton University, USA):
Outline of a general theory of coalitions

C. Lévi-Strauss (Ecole Pratique des Hautes Etudes, Paris):
Problems relating to marriage and kinship

A. Ross (University of Birmingham, U.K.):
Problem of statistics in linguistics

P. Chombart de Lauwe (Centre National de Recherche Scientifique, Paris):
Structures of social space and cultural patterns

J. Riguet (C.N.R.S., Paris):
Structures and relations

E. Benveniste (Collège de France, Paris):
Suggestions of linguistic problems

G. Th. Guilbaud (Institut de Science Economique Appliquée, Paris):
Theories of Common interest

J. Piaget (Universities of Geneva and Paris):
Utilization of group-theory in the psychology of thought

M. Schutzenberger (Institut National d'Hygiène, Paris):
Discussion of the classical theory of information

J. Lacan, M.D.
Logical patterns in the Practice of Psychoanalysis

P. Auger (Department of Natural Sciences, Unesco):
Discussion of results.

J. Riguet:
Recent foreign works on the Psychology of Groups

M.R. Chauvin
Problems of Animal Sociology

\- 22 -

B. Poortman (Commander, Chief of the 4th Bureau of the Dutch Naval Headquarters):
Foundations of Organization

J. Riguet & C. Faucheux & J. Van Bockstaele
Formalization of a problem of social psychology

J. Riguet
Mathematical Formalization of a problem of Social Psychology

FIG. 6a et 6b – Séminaire de C. Lévi-Strauss sur l'utilisation des mathématiques en sciences sociales, rapport d'activité du Conseil international des sciences sociales, 1953-1958, « Five Years of Activities », p. 21-22. Archives du Conseil international des sciences sociales de l'Unesco.

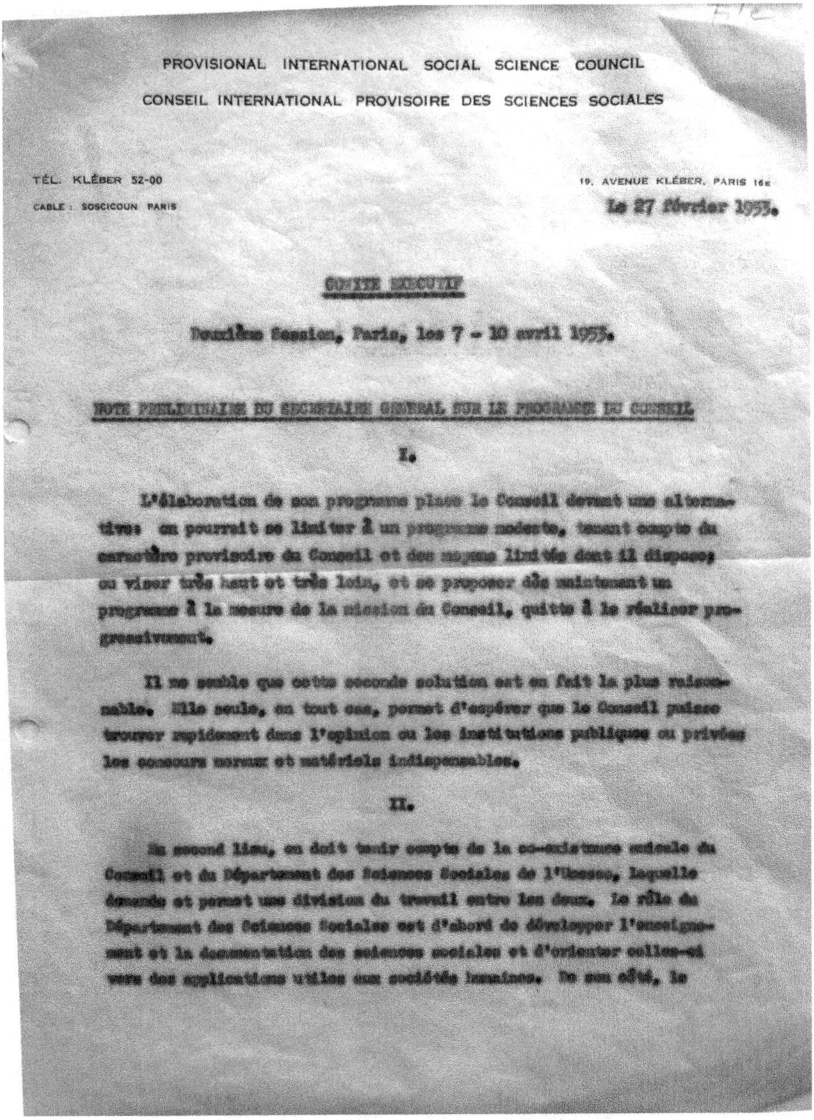

PROVISIONAL INTERNATIONAL SOCIAL SCIENCE COUNCIL

CONSEIL INTERNATIONAL PROVISOIRE DES SCIENCES SOCIALES

TÉL. KLÉBER 52-00
CABLE : SOSCICOUN PARIS

19, AVENUE KLÉBER, PARIS 16e

Le 27 février 1953.

COMITE EXECUTIF

Deuxième Session, Paris, les 7 - 10 avril 1953.

NOTE PRELIMINAIRE DU SECRETAIRE GENERAL SUR LE PROGRAMME DU CONSEIL

I.

L'élaboration de son programme place le Conseil devant une alternative: on pourrait se limiter à un programme modeste, tenant compte du caractère provisoire du Conseil et des moyens limités dont il dispose; ou viser très haut et très loin, et se proposer dès maintenant un programme à la mesure de la mission du Conseil, quitte à le réaliser progressivement.

Il me semble que cette seconde solution est en fait la plus raisonnable. Elle seule, en tout cas, permet d'espérer que le Conseil puisse trouver rapidement dans l'opinion ou les institutions publiques ou privées les concours moraux et matériels indispensables.

II.

En second lieu, on doit tenir compte de la co-existence actuelle du Conseil et du Département des Sciences Sociales de l'Unesco, laquelle demande et permet une division du travail entre les deux. Le rôle du Département des Sciences Sociales est d'abord de développer l'enseignement et la documentation des sciences sociales et d'orienter celles-ci vers des applications utiles aux sociétés humaines. De son côté, le

FIG. 7a – C. Lévi-Strauss, « Note préliminaire du secrétaire général sur le programme du Conseil », 1953, p. 1. Archives du Conseil international des sciences sociales de l'Unesco.

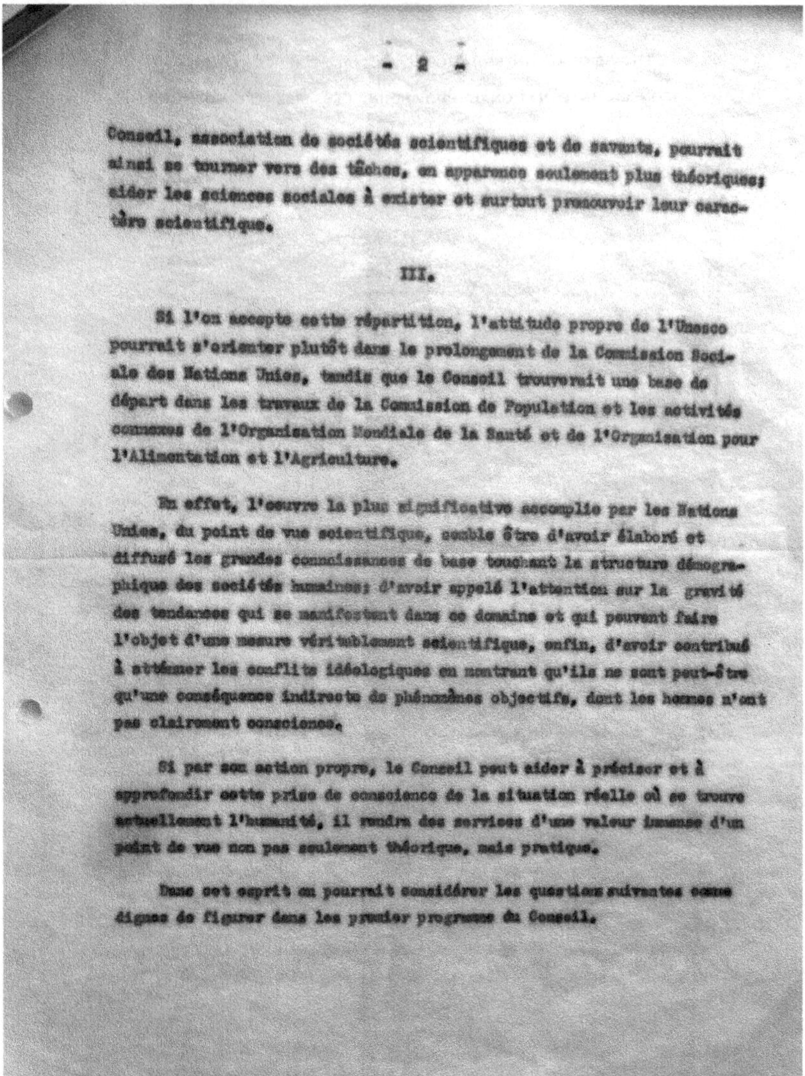

- 2 -

Conseil, association de sociétés scientifiques et de savants, pourrait ainsi se tourner vers des tâches, en apparence seulement plus théoriques; aider les sciences sociales à exister et surtout promouvoir leur caractère scientifique.

III.

Si l'on accepte cette répartition, l'attitude propre de l'Unesco pourrait s'orienter plutôt dans le prolongement de la Commission Sociale des Nations Unies, tandis que le Conseil trouverait une base de départ dans les travaux de la Commission de Population et les activités connexes de l'Organisation Mondiale de la Santé et de l'Organisation pour l'Alimentation et l'Agriculture.

En effet, l'oeuvre la plus significative accomplie par les Nations Unies, du point de vue scientifique, semble être d'avoir élaboré et diffusé les grandes connaissances de base touchant la structure démographique des sociétés humaines; d'avoir appelé l'attention sur la gravité des tendances qui se manifestent dans ce domaine et qui peuvent faire l'objet d'une mesure véritablement scientifique, enfin, d'avoir contribué à atténuer les conflits idéologiques en montrant qu'ils ne sont peut-être qu'une conséquence indirecte de phénomènes objectifs, dont les hommes n'ont pas clairement conscience.

Si par son action propre, le Conseil peut aider à préciser et à approfondir cette prise de conscience de la situation réelle où se trouve actuellement l'humanité, il rendra des services d'une valeur immense d'un point de vue non pas seulement théorique, mais pratique.

Dans cet esprit on pourrait considérer les questions suivantes comme dignes de figurer dans les premier programme du Conseil.

FIG. 7b – C. Lévi-Strauss, « Note préliminaire du secrétaire général sur le programme du Conseil », 1953, p. 2. Archives du Conseil international des sciences sociales de l'Unesco.

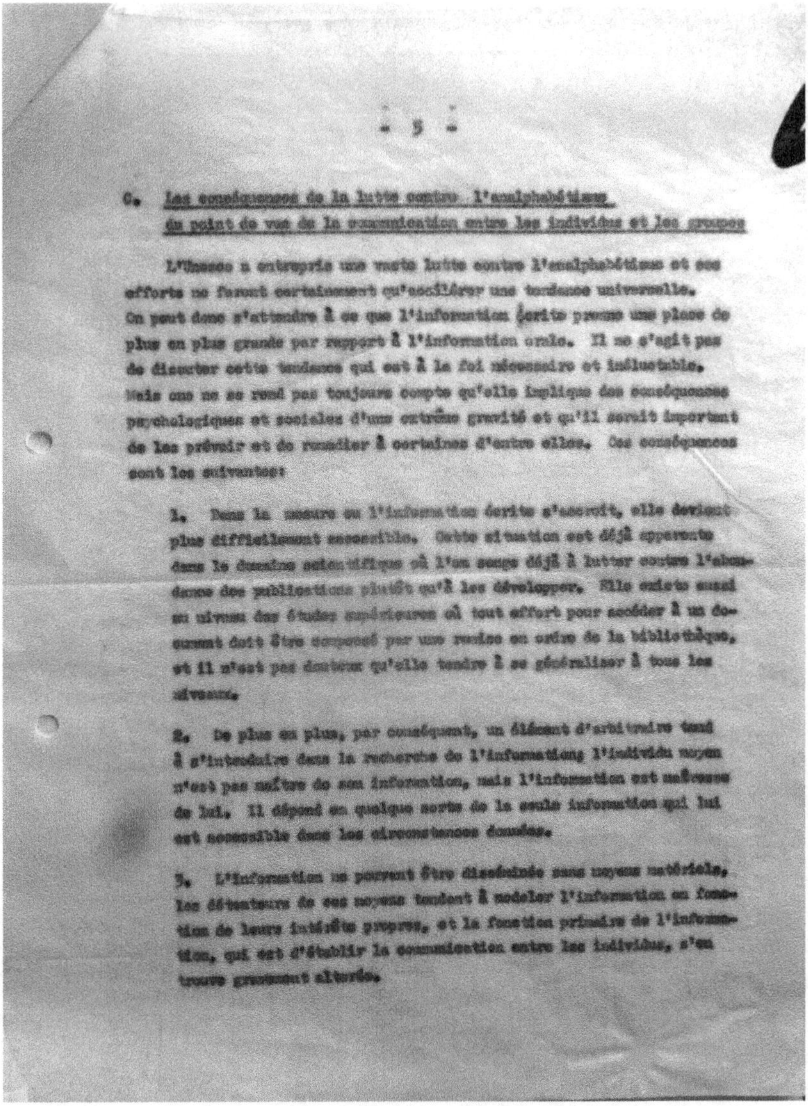

\- 5 -

6. <u>Les conséquences de la lutte contre l'analphabétisme du point de vue de la communication entre les individus et les groupes</u>

L'Unesco a entrepris une vaste lutte contre l'analphabétisme et ses efforts ne feront certainement qu'accélérer une tendance universelle. On peut donc s'attendre à ce que l'information écrite prenne une place de plus en plus grande par rapport à l'information orale. Il ne s'agit pas de discuter cette tendance qui est à la fois nécessaire et inéluctable. Mais on ne se rend pas toujours compte qu'elle implique des conséquences psychologiques et sociales d'une extrême gravité et qu'il serait important de les prévoir et de remédier à certaines d'entre elles. Ces conséquences sont les suivantes:

1. Dans la mesure où l'information écrite s'accroît, elle devient plus difficilement accessible. Cette situation est déjà apparente dans le domaine scientifique où l'on songe déjà à lutter contre l'abondance des publications plutôt qu'à les développer. Elle existe aussi au niveau des études supérieures où tout effort pour accéder à un document doit être compensé par une remise en ordre de la bibliothèque, et il n'est pas douteux qu'elle tendra à se généraliser à tous les niveaux.

2. De plus en plus, par conséquent, un élément d'arbitraire tend à s'introduire dans la recherche de l'information; l'individu moyen n'est pas maître de son information, mais l'information est maîtresse de lui. Il dépend en quelque sorte de la seule information qui lui est accessible dans les circonstances données.

3. L'information ne pouvant être disséminée sans moyens matériels, les détenteurs de ces moyens tendent à modeler l'information en fonction de leurs intérêts propres, et la fonction primaire de l'information, qui est d'établir la communication entre les individus, s'en trouve gravement altérée.

FIG. 7c – C. Lévi-Strauss, « Note préliminaire du secrétaire général sur le programme du Conseil », 1953, p. 5. Archives du Conseil international des sciences sociales de l'Unesco.

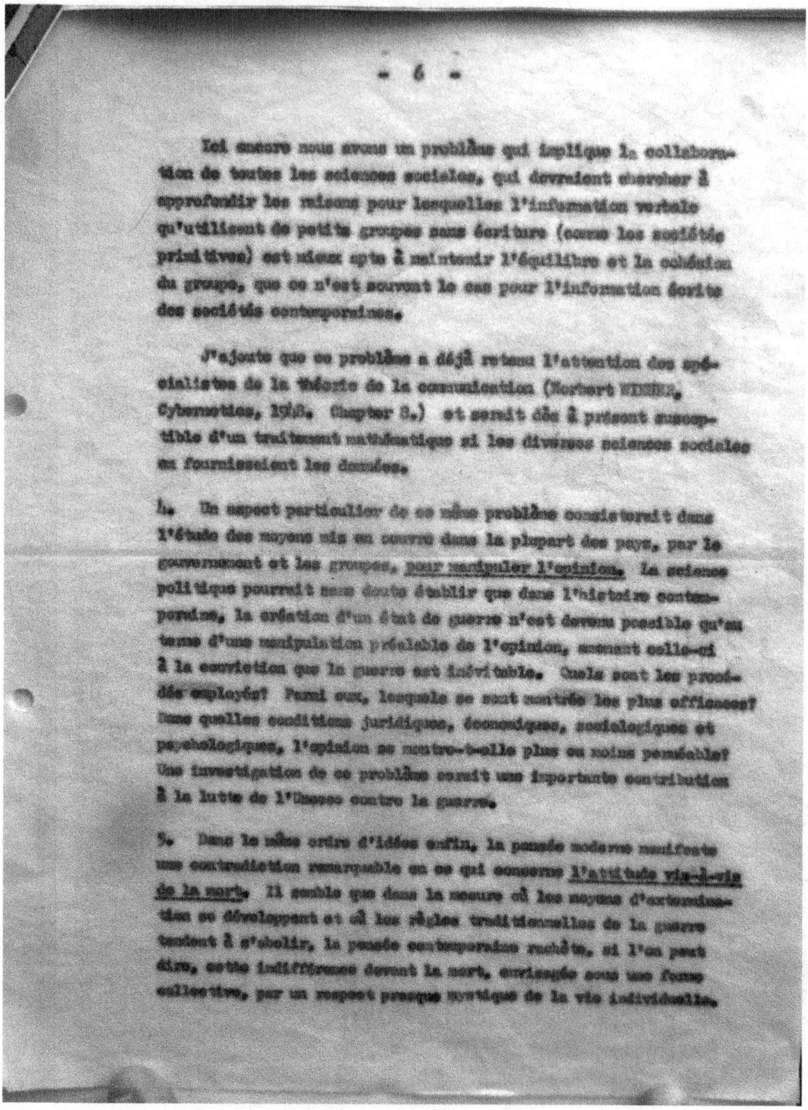

\- 6 -

Ici encore nous avons un problème qui implique la collaboration de toutes les sciences sociales, qui devraient chercher à approfondir les raisons pour lesquelles l'information verbale qu'utilisent de petits groupes sans écriture (comme les sociétés primitives) est mieux apte à maintenir l'équilibre et la cohésion du groupe, que ce n'est souvent le cas pour l'information écrite des sociétés contemporaines.

J'ajoute que ce problème a déjà retenu l'attention des spécialistes de la théorie de la communication (Norbert WIENER, Cybernetics, 1948. Chapter 8.) et serait dès à présent susceptible d'un traitement mathématique si les diverses sciences sociales en fournissaient les données.

4\. Un aspect particulier de ce même problème consisterait dans l'étude des moyens mis en oeuvre dans la plupart des pays, par le gouvernement et les groupes, pour manipuler l'opinion. La science politique pourrait sans doute établir que dans l'histoire contemporaine, la création d'un état de guerre n'est devenu possible qu'au terme d'une manipulation préalable de l'opinion, amenant celle-ci à la conviction que la guerre est inévitable. Quels sont les procédés employés? Parmi eux, lesquels se sont montrés les plus efficaces? Dans quelles conditions juridiques, économiques, sociologiques et psychologiques, l'opinion se montre-t-elle plus ou moins perméable? Une investigation de ce problème serait une importante contribution à la lutte de l'Unesco contre la guerre.

5\. Dans le même ordre d'idées enfin, la pensée moderne manifeste une contradiction remarquable en ce qui concerne l'attitude vis-à-vis de la mort. Il semble que dans la mesure où les moyens d'extermination se développent et où les règles traditionnelles de la guerre tendent à s'abolir, la pensée contemporaine rachète, si l'on peut dire, cette indifférence devant la mort, envisagée sous une forme collective, par un respect presque mystique de la vie individuelle.

Fig. 7d – C. Lévi-Strauss, « Note préliminaire du secrétaire général sur le programme du Conseil », 1953, p. 6. Archives du Conseil international des sciences sociales de l'Unesco.

interest. From March to July 1953, we met once a week and in October we
resumed our meetings on a fortnightly basis. The attendance is quite
satisfactory for at each meeting we have between 10 and 20 persons, each
highly qualified in his or her field. Our inter-disciplinary range extends
from anthropology to mathematics and we are glad to have among our members
such outstanding scholars as Dr. Pierre Auger, Professor at the Sorbonne
and Head of the Department of Natural Sciences of Unesco, Dr. Emile Benveniste
of the Collège de France and others.

4 February 1954

Prof. Max F. Millikan
Director
Center for International Studies
Massachusetts Institute of Technology
50 Memorial Drive
Cambridge 39, Mass.
U.S.A.

Dear Professor Millikan:

By the end of this month a full year will have elapsed since, with your aid, we started the seminar on the use of mathematics in the human and social sciences. At this stage, it seems advisable to submit to you a summary of our past activities and our prospects for the future, which I deem all the more necessary in that I am becoming more and more worried as to our ability to fulfill our commitment for a manuscript to be published by John Wiley & Son.

As I explained in my last report, the seminar has aroused considerable interest. From March to July 1953, we met once a week and in October we resumed our meetings on a fortnightly basis. The attendance is quite satisfactory for at each meeting we have between 10 and 20 persons, each highly qualified in his or her field. Our inter-disciplinary range extends from anthropology to mathematics and we are glad to have among our members such outstanding scholars as Dr. Pierre Auger, Professor at the Sorbonne and Head of the Department of Natural Sciences of Unesco, Dr. Emile Benveniste of the Collège de France and others. I may also add that all the participants have repeatedly stated that they derive great intellectual benefit from the seminar, and there is a unanimous wish that it should continue in the future.

On the other hand, I must confess that in spite of my encouragement nobody appears to be very enthusiastic about contributing his share of the contemplated book. There is a general feeling that the task of discovering a common language between mathematicians, sociologists, psychologists, etc. is so great that some time yet may elapse before they feel they can profitably undertake a creative work together. I cannot say that I personally agree with this feeling, however, the consensus of opinion is so strong that I have no hope of seeing the book ready in the near future.

Having thought a great deal about this matter, I would like to submit to you the following proposals:

FIG. 8a – Lettre de C. Lévi-Strauss à Max Millikan (CENIS, officine de la CIA au MIT), 1954 (recto). Archives du Conseil international des sciences sociales de l'Unesco.

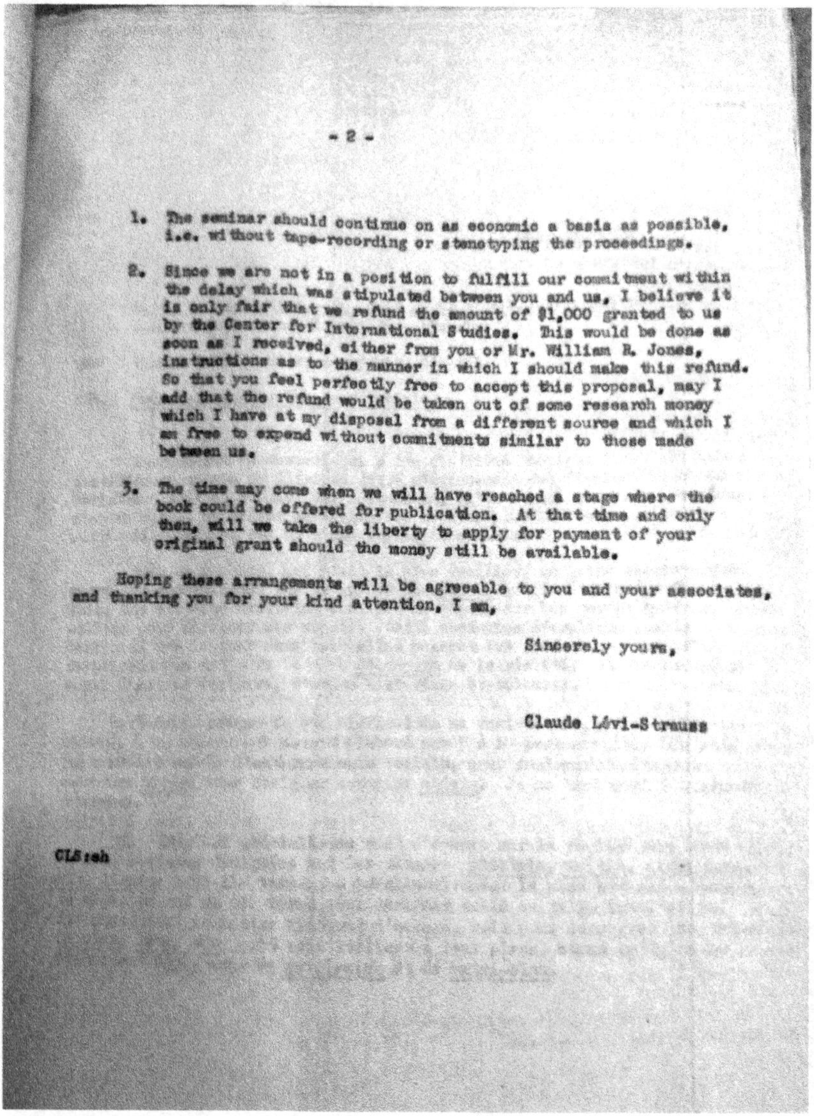

- 2 -

1. The seminar should continue on as economic a basis as possible, i.e. without tape-recording or stenotyping the proceedings.

2. Since we are not in a position to fulfill our commitment within the delay which was stipulated between you and us, I believe it is only fair that we refund the amount of $1,000 granted to us by the Center for International Studies. This would be done as soon as I received, either from you or Mr. William R. Jones, instructions as to the manner in which I should make this refund. So that you feel perfectly free to accept this proposal, may I add that the refund would be taken out of some research money which I have at my disposal from a different source and which I am free to expend without commitments similar to those made between us.

3. The time may come when we will have reached a stage where the book could be offered for publication. At that time and only then, will we take the liberty to apply for payment of your original grant should the money still be available.

Hoping these arrangements will be agreeable to you and your associates, and thanking you for your kind attention, I am,

Sincerely yours,

Claude Lévi-Strauss

CLS:eh

FIG. 8b – Lettre de C. Lévi-Strauss à Max Millikan (CENIS, officine de la CIA au MIT), 1954 (verso). Archives du Conseil international des sciences sociales de l'Unesco.

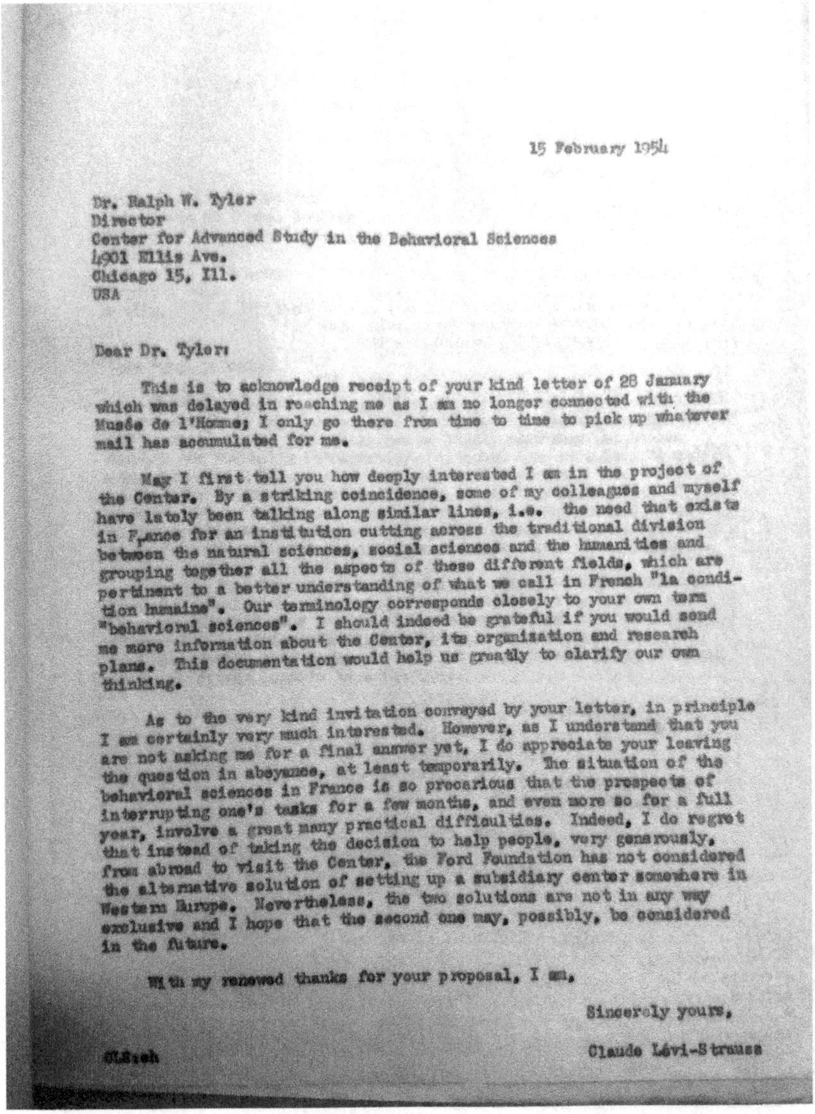

15 February 1954

Dr. Ralph W. Tyler
Director
Center for Advanced Study in the Behavioral Sciences
4901 Ellis Ave.
Chicago 15, Ill.
USA

Dear Dr. Tyler:

This is to acknowledge receipt of your kind letter of 28 January which was delayed in reaching me as I am no longer connected with the Musée de l'Homme; I only go there from time to time to pick up whatever mail has accumulated for me.

May I first tell you how deeply interested I am in the project of the Center. By a striking coincidence, some of my colleagues and myself have lately been talking along similar lines, i.e. the need that exists in France for an institution cutting across the traditional division between the natural sciences, social sciences and the humanities and grouping together all the aspects of these different fields, which are pertinent to a better understanding of what we call in French "la condition humaine". Our terminology corresponds closely to your own term "behavioral sciences". I should indeed be grateful if you would send me more information about the Center, its organization and research plans. This documentation would help us greatly to clarify our own thinking.

As to the very kind invitation conveyed by your letter, in principle I am certainly very much interested. However, as I understand that you are not asking me for a final answer yet, I do appreciate your leaving the question in abeyance, at least temporarily. The situation of the behavioral sciences in France is so precarious that the prospects of interrupting one's tasks for a few months, and even more so for a full year, involve a great many practical difficulties. Indeed, I do regret that instead of taking the decision to help people, very generously, from abroad to visit the Center, the Ford Foundation has not considered the alternative solution of setting up a subsidiary center somewhere in Western Europe. Nevertheless, the two solutions are not in any way exclusive and I hope that the second one may, possibly, be considered in the future.

With my renewed thanks for your proposal, I am,

Sincerely yours,

CLS:ch

Claude Lévi-Strauss

FIG. 9 – Lettre de C. Lévi-Strauss à Ralph Tyler, 15 février 1954. Archives du Conseil international des sciences sociales de l'Unesco.

Person

February 23, 1954

Dr. Bernard Berelson
Director
Behavioral Sciences Division
Ford Foundation
655 Madison Avenue
New York 21, N.Y.

Dear Dr. Berelson:

May I begin by excusing myself for taking the liberty of writing this purely personal, informal letter which contains suggestions perhaps completely foreign to the programme of the Ford Foundation.

I wish to inquire, on behalf of a few colleagues of mine, whether the Ford Foundation might, sometime in the future, consider the setting up in France, on a small scale, of an organization planned along the same lines as those which have inspired the Center for Advanced Study in the Behavioral Sciences. I believe this Center is to be opened in the near future in the San Francisco area.

It so happened that the announcement of the opening of this Center reached me, together with a kind invitation from its Director, Dr. Ralph W. Tyler, at a moment when I had for some time been carrying on discussions with some colleagues regarding the possibility of doing something similar in or near Paris. Following is a brief explanation of the quite independent manner in which we conceived a plan startlingly close to your own.

1. About a year and a half ago, I was able to start an inter-disciplinary seminar on mathematical formalisation in the social sciences and the humanities. This seminar has brought together, over the past year and in weekly meetings, experts in widely divergent fields, viz. mathematicians, physicists, biologists, economists, social historians, linguists, demographers, psychologists, sociologists and anthropologists. There is general agreement among the seminar members that they have been very much intellectually stimulated by these meetings. Many problems have been brought up for which they feel this kind of inter-disciplinary collaboration may open new perspectives and perhaps permit them to discover fresh solutions.

2. Thanks to some of our members, we have become interested in a schism which has recently developed among French psychoanalysts (and I could even say among French-speaking psychoanalysts since other countries are involved). The theoretical origin of this schism bears a close connection to the trend of thought we were following at the time, viz. the dispute about the true nature of psychoanalysis: wehther it is merely therapeutic and an outgrowth of neuro-biology, or whether it is a wider system of interpretation of the workings of the human mind, in which case it should be closely connected to anthropology, social psychology and the humanities. I hard need to add that the second alternative is the correct one as far as we, as well as the newly established Société Française de Psychanalyse, are concerned.

FIG. 10a – Lettre de C. Lévi-Strauss à la fondation Ford, 23 février 1954 (1/3). Archives du Conseil international des sciences sociales de l'Unesco.

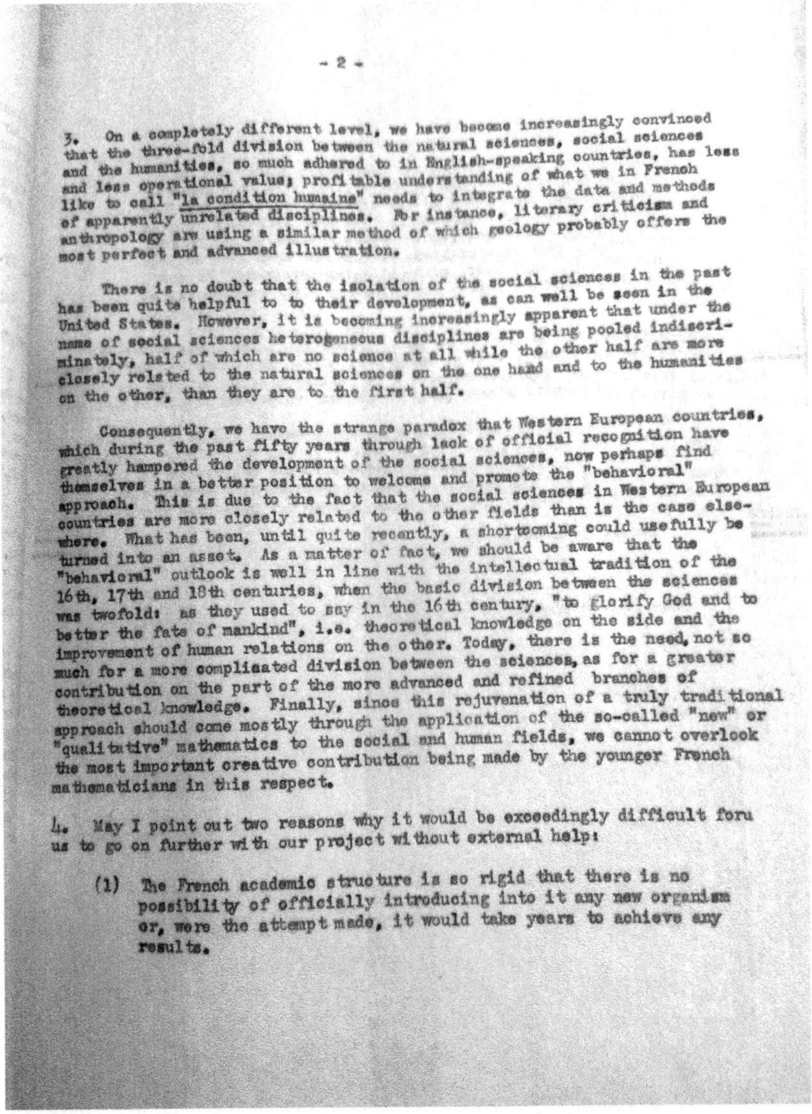

- 2 -

3. On a completely different level, we have become increasingly convinced that the three-fold division between the natural sciences, social sciences and the humanities, so much adhered to in English-speaking countries, has less and less operational value; profitable understanding of what we in French like to call "la condition humaine" needs to integrate the data and methods of apparently unrelated disciplines. For instance, literary criticism and anthropology are using a similar method of which geology probably offers the most perfect and advanced illustration.

There is no doubt that the isolation of the social sciences in the past has been quite helpful to to their development, as can well be seen in the United States. However, it is becoming increasingly apparent that under the name of social sciences heterogeneous disciplines are being pooled indiscriminately, half of which are no science at all while the other half are more closely related to the natural sciences on the one hand and to the humanities on the other, than they are to the first half.

Consequently, we have the strange paradox that Western European countries, which during the past fifty years through lack of official recognition have greatly hampered the development of the social sciences, now perhaps find themselves in a better position to welcome and promote the "behavioral" approach. This is due to the fact that the social sciences in Western European countries are more closely related to the other fields than is the case elsewhere. What has been, until quite recently, a shortcoming could usefully be turned into an asset. As a matter of fact, we should be aware that the "behavioral" outlook is well in line with the intellectual tradition of the 16th, 17th and 18th centuries, when the basic division between the sciences was twofold: as they used to say in the 16th century, "to glorify God and to better the fate of mankind", i.e. theoretical knowledge on the side and the improvement of human relations on the other. Today, there is the need, not so much for a more compliacated division between the sciences, as for a greater contribution on the part of the more advanced and refined branches of theoretical knowledge. Finally, since this rejuvenation of a truly traditional approach should come mostly through the application of the so-called "new" or "qualitative" mathematics to the social and human fields, we cannot overlook the most important creative contribution being made by the younger French mathematicians in this respect.

4. May I point out two reasons why it would be exceedingly difficult foru us to go on further with our project without external help:

(1) The French academic structure is so rigid that there is no possibility of officially introducing into it any new organism or, were the attempt made, it would take years to achieve any results.

Fig. 10b – Lettre de C. Lévi-Strauss à la fondation Ford, 23 février 1954 (2/3). Archives du Conseil international des sciences sociales de l'Unesco.

- 3 -

(2) French University professors are so under paid and so over-burdened with work (for, although his teaching load is small, a French professor in Paris may be responsible for several hundred students) that most of them have to use their spare time adding to their incomes. Thus, any undertaking of the kind we have been thinking of would require that a small group of "behavioral scientists" be freed from all other duties besides their academic ones during a substantial period of time.

In conclusion, may I say that I have, of course, no idea whether the Ford Foundation would one day be interested in a re-grouping of different fields of research to be organized in a foreign country. My letter is intended purely as exploring the possibility, should it ever arise.

Would you kindly excuse me if my weak English has not allowed me to make myself as clear to you as I hope to be? Also, please consider me at your entire disposal to answer specific questions should you think it useful to continue this correspondence, or else kindly disregard my letter and accept my apologies for having taken too much of your valuable time.

Sincerely yours,

Claude Lévi-Strauss

CLS:eh

FIG. 10c – Lettre de C. Lévi-Strauss à la fondation Ford, 23 février 1954 (3/3). Archives du Conseil international des sciences sociales de l'Unesco.

2, rue des Marronniers, 75016
Paris, 20 novembre 2006

Cher Monsieur,

Votre texte m'a vivement intéressé et je suis dans l'ensemble d'accord. J'accepte votre troisième hypothèse qui met les difficultés que vous relevez sur le compte d'une interprétation dans un sens vague de la cybernétique (p. 11). J'ajouterai seulement quelques remarques.

1. Vous avez raison de contester (p. 12) que *Les Structures*, livre écrit de 1943 à 1947, doive quelque chose à la cybernétique. Son climat intellectuel est encore largement celui de la Gestalt-Psychologie qui fit de moi un structuraliste bien avant que je ne connaisse la linguistique structurale. Il me semble que la GP devrait avoir une place dans votre discussion.

2. Si peu scientifiques, les sciences sociales et humaines se doivent d'être modestes et de n'emprunter aux vraies sciences qu'un point de vue holiste et globalisant (p. 8). Je me méfie de ceux qui, comme Bateson, étendent la validité de leurs hypothèses aux détails : niveau où l'imprécision de nos concepts les rendent invérifiables.

Au demeurant, je ne suis nullement convaincu que, dans nos domaines, les capacités de réponse des systèmes soient toujours modélisables (p. 10) : comme je le dis dans les dernières lignes de *Du Miel aux cendres*, il faut réserver leurs droits aux contingences, question à laquelle mon livre *La Pensée sauvage* est en grande partie consacré (voyez l'index sous *Histoire*).

3. Au fil des ans, c'est moins dans la cybernétique que dans la théorie de l'information que j'ai trouvé une inspiration (voyez *La Pensée sauvage*, éd. Poche, p. 318-321).

4. Dans *Les Structures*, je ne m'occupe pas, sauf de façon incidente, de ce qui se passe réellement dans telle ou telle société, mais de la façon dont leurs membres conçoivent ce qui devrait idéalement se passer : le système, dégagé de ses accidents. Mon étude porte sur le Droit, non sur les faits. D'où la prépondérance que je donne à l'aspect "communication".

En vous remerciant de votre attention, je vous prie, cher Monsieur, de croire à mes sentiments les meilleurs.

Claude Lévi-Strauss

P.S. Je partage votre estime pour l'article de Mauro de Almeida.

FIG. 11 – Lettre de C. Lévi-Strauss, 20 novembre 2006, en réponse à l'article « Lévi-Strauss, une réception paradoxale de la cybernétique ».

ANNEXE III

Échanges entre W. Ross Ashby et Jacques Riguet (1953-1960)

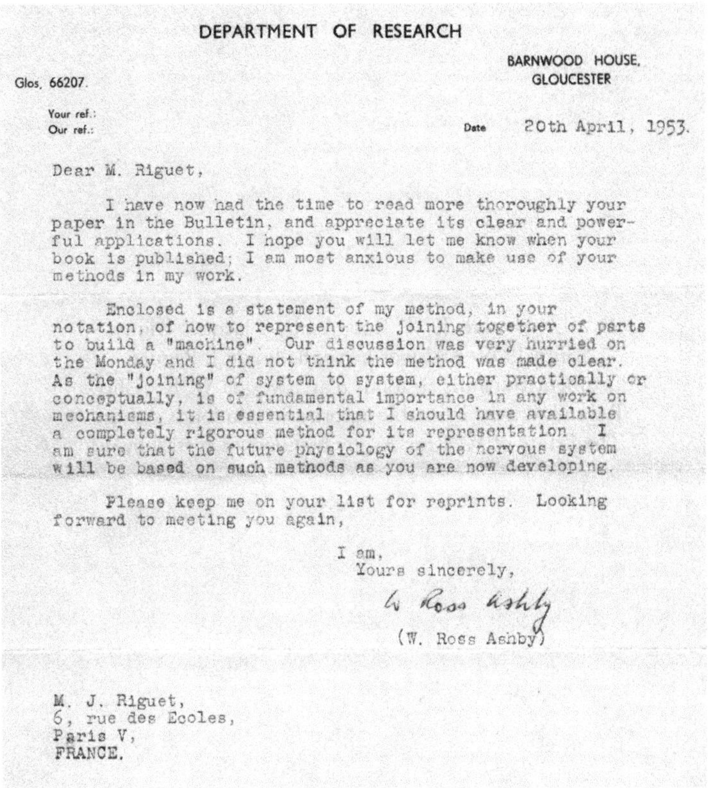

DEPARTMENT OF RESEARCH

BARNWOOD HOUSE,
GLOUCESTER

Glos, 66207.

Your ref.:
Our ref.:

Date 20th April, 1953.

Dear M. Riguet,

I have now had the time to read more thoroughly your paper in the Bulletin, and appreciate its clear and powerful applications. I hope you will let me know when your book is published; I am most anxious to make use of your methods in my work.

Enclosed is a statement of my method, in your notation, of how to represent the joining together of parts to build a "machine". Our discussion was very hurried on the Monday and I did not think the method was made clear. As the "joining" of system to system, either practically or conceptually, is of fundamental importance in any work on mechanisms, it is essential that I should have available a completely rigorous method for its representation. I am sure that the future physiology of the nervous system will be based on such methods as you are now developing.

Please keep me on your list for reprints. Looking forward to meeting you again,

I am,
Yours sincerely,

W. Ross Ashby
(W. Ross Ashby)

M. J. Riguet,
6, rue des Ecoles,
Paris V,
FRANCE.

FIG. 12 – Lettre de W. Ross Ashby à Jacques Riguet, 20 avril 1953. Archives personnelles de J. Riguet, document transmis au fonds d'archives de W. R. Ashby. Reproduit avec l'aimable autorisation du fonds Ashby. © The Estate of W. Ross Ashby http://www.rossashby.info/.

BURDEN NEUROLOGICAL INSTITUTE

W. ROSS ASHBY, M.D., D.P.M.
DIRECTOR

TELEPHONE: BRISTOL 65-3221/2

STOKE LANE,
STAPLETON,
BRISTOL.

WRA/AH.

Dr J.Riguet,
6 rue des Ecoles,
Paris V,
FRANCE.

5th June, 1959.

My dear Riguet,

As you can see I now have more facilities for research and I am wondering whether you would now be able to join me in getting written a book on the theory and relations of biology that we have often discussed. If I could find funds for you to come here for a year, would you be able to manage it?

I hope that you can, for there seems to be no doubt that the work in Cybernetics particularly is crying out for a text that, as far as I can see, only you and I together can write.

With best wishes,

Yours sincerely,

W. Ross Ashby

W. Ross Ashby, M.D., D.P.M.,
Director.

FIG. 13 – Lettre de W. Ross Ashby à Jacques Riguet, 5 juin 1959. Archives personnelles de J. Riguet, document transmis au fonds d'archives de W. R. Ashby. Reproduit avec l'aimable autorisation du fonds Ashby. © The Estate of W. Ross Ashby http://www.rossashby.info/.

The Book

Title:

The complex machine and the brain
or Combinatorial dynamics

or

Complex mechanism and the brain
- a study of combinatorial dynamics

The typical reader: One who wants to read about systems that are brain-like and machine-like.

e.g. (1) the physiologist studying the cerebral cortex;
(2) the programmer who wants a brain-like computer
(3) those interested in general systems theory -
physicist
sociologist
econometrician
mathematical biophysicist

General style

(1) Will assume no mathematical knowledge and will give what is necessary (except when results are being quoted).

(2) Will be chiefly of the "applied" type of maths

(3) Nearest example: von Neumann _ Morgensterns "Theory of games and economic behaviour."

Lay-out

Progressive, with "The complex" system" as its goal.

Mention of a topic in the list below implies that this topic will not be treated (except briefly) before that point.

On the introduction of each topic, its relations and interactions with the earlier topics will be taken seriatim before proceeding further.

At each stage, the text will make full use of what has been written earlier, but will make no use (other than a passing reference) of what comes later.

FIG. 14a – W. R. Ashby, « The Book »,
projet d'ouvrage commun avec J. Riguet,
annoté par J. Riguet. Archives personnelles de J. Riguet,
document transmis au fonds d'archives de W. R. Ashby.
Reproduit avec l'aimable autorisation du fonds Ashby.

The main features

(to be answered somewhere, but not necessarily in one place)

1. Principles for dealing with the excessively complex machine or dynamic system.

2. The "logic of mechanism" fully treated (so far as it relates to brain-like mechanisms) Riguet

3. "Structure and pattern" shown in full from its biological aspects to its mathematical.

4. The "artificial brain" - can it be made? and how?

? Always we show how the passage is to be made from the discrete to the continuous case

FIG. 14b – W. R. Ashby, « The Book », projet d'ouvrage commun avec J. Riguet, annoté par J. Riguet. Archives personnelles de J. Riguet, document transmis au fonds d'archives de W. R. Ashby. Reproduit avec l'aimable autorisation du fonds Ashby. © The Estate of W. Ross Ashby http://www.rossashby.info/.

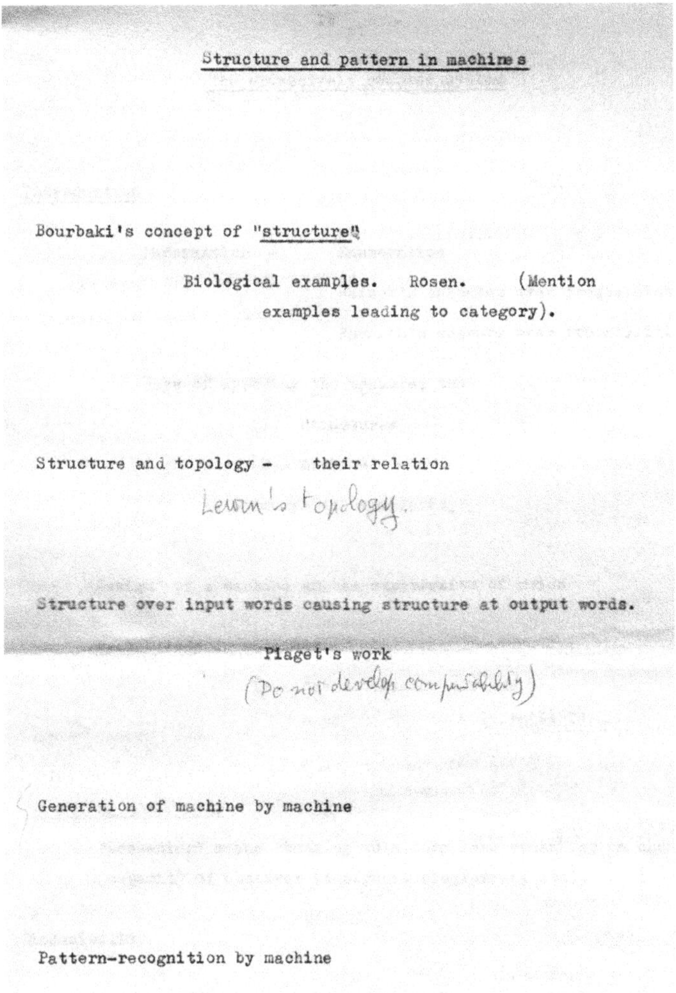

Structure and pattern in machines

Bourbaki's concept of "structure"

Biological examples. Rosen. (Mention examples leading to category).

Structure and topology - their relation

Lewin's topology.

Structure over input words causing structure at output words.

Piaget's work

(Do not develop computability)

Generation of machine by machine

Pattern-recognition by machine

FIG. 14c – W. R. Ashby, « The Book », projet d'ouvrage commun avec J. Riguet, annoté par J. Riguet. Archives personnelles de J. Riguet, document transmis au fonds d'archives de W. R. Ashby. Reproduit avec l'aimable autorisation du fonds Ashby. © The Estate of W. Ross Ashby http://www.rossashby.info/.

IV

The excessively complex system

Introduction

Information - Enumeration

Garner's calculus over frequencies

Shannon's measure over probabilities

Ways of applying the measures to:

(a) structures

(b) machines

as measures of "complexity"

"Design" of a machine and the suppression of noise

Probability in machines

(a) one stochastic machine

(b) a set of determinate machines.

Lessening complexity

"Lessening" means changing to a form less demanding on channel capacity of observer (designer, programmer, etc).

Reducibility

Homomorphisms

Categories

Functors and models

Local properties: (equilibria)

FIG. 14d – W. R. Ashby, « The Book »,
projet d'ouvrage commun avec J. Riguet,
annoté par J. Riguet. Archives personnelles de J. Riguet,
document transmis au fonds d'archives de W. R. Ashby.
Reproduit avec l'aimable autorisation du fonds Ashby.

Dear Dr Ashby.

I have been very ~~happy~~ glad to ~~learn~~ know ~~from you~~ that you have
been promoted Director of the Burden neurological institute.
and I ask you to receive my sincere congratulations
~~Will you~~
~~As have yet the hope to see you in Paris.~~
Shall I have the pleasure to see you soon in Paris? I have
now a flat of reasonable dimension and it would be possible
to offer you a room in it. Perhaps the International
Conference on information processing organised by
the Unesco in Paris from 15 bis 20 june would be a good opportunity
I was in ~~England~~ Edinburgh last year for the International Congress
of mathematic ~~in Edinburgh~~ but
~~per the shortage of time~~ the timing was
so drastic (I was still at the IBM laboratorium at this time) that
I have had no possibility to avail myself of the opportunity to
see any friend in England.

~~The Sorbonne~~
The next year a Seminar on Cybernetics will be created (at the Sorbonne)
As I have the responsability of conducting the part of this
seminar on the logical organisation of machine I hope that you will
accept to give some lectures in it.

FIG. 15 – Brouillon de lettre de Jacques Riguet
à W. Ross Ashby, fin 1959. Archives personnelles de J. Riguet.

ANNEXE IV

Projet de licence de cybernétique de la commission du CSRSPT, 1956

Présidence du Conseil

CONSEIL SUPERIEUR DE LA
RECHERCHE SCIENTIFIQUE
ET DU PROGRES TECHNIQUE

Commission 15-IIs
Sous-Commission n°3
Président : Monsieur
l'Ingénieur Général ANGOT

ND/

PROJET DE PROGRAMME D'ENSEIGNEMENT (1.)
DE CYBERNETIQUE – "SCIENCE DES RELATIONS"

-:-:-:-

SOMMAIRE.

I – INTRODUCTION.-

II – THEORIE de l'INFORMATION.-

III – APPLICATIONS de la THEORIE de l'INFORMATION.-

.../...

---

(1) – Programme limité aux travaux du groupe d'étude III

- structures fonctionnelles – (titre modifié).
- Théorie de l'Information.
- Logique Mathématique – théorie des jeux et logistiques.

- 5 -

III/ - APPLICATIONS de la THEORIE de l'INFORMATION.-

Tour d'horizon très général sur les domaines d'application de la théorie de l'Information : en particulier au domaine des télécommunications :

Télégraphie, Systèmes multiplex, Compression de fréquences et codages des messages, Cryptographie, Télévision, Radar, Brouillage et antibrouillage des communications, Mesures en physique considérées comme problèmes de télécommunications,

et à d'autres domaines comme :

Industrie, Météorologie, Biologie, Médecine, Economie Politique et humaine.

FIG. 16a et 16b – Projet de licence de cybernétique de la commission 15-IIs du CSRSPT, 1956. Archives nationales 19770321/101.

ANNEXE V

Couffignal et la cybernétique : quelques points de repère

Les développements relatifs à Louis Couffignal (1902-1966) sont dispersés dans les différents chapitres de ce livre. Cet inconvénient de présentation est bien sûr le lot des profils interdisciplinaires ; il convient donc de centraliser un certain nombre d'éléments significatifs pour y remédier. Ce n'est que justice dans le cas de Couffignal, puisqu'il est à la fois, dans le contexte qui nous concerne, un mathématicien qui a touché à une grande variété de domaines scientifiques, mais aussi celui qui a le plus revendiqué (non sans quelques tergiversations) le label cybernétique. À défaut d'un plein chapitre, et même d'une monographie qui ne serait pas imméritée[1], on y consacre cette petite annexe. On y résume les arguments que Couffignal oppose à la cybernétique « américaine », quelques dates indiquant l'évolution de ses travaux, de ses idées théoriques et de sa définition de la cybernétique, et enfin quelques réflexions critiques. Ce bilan du rapport de Couffignal à la cybernétique est plutôt négatif, mais rappelons simplement que la cybernétique n'est pas tout Couffignal, de même que Couffignal n'est pas toute la cybernétique[2].

---

1 Il en existe à ce jour une et une seule : il s'agit d'une petite brochure « artisanale » de 80 p. réalisée par une association de sa commune natale (*Louis Couffignal, de la cybernétique aux ordinateurs*, Éd. de la MJC de Monflanquin, août 2003).

2 Rappelons que la principale contribution scientifique de Couffignal est d'avoir démontré la supériorité du codage binaire pour le calcul mécanique, ce pour quoi il est pleinement et internationalement reconnu par les historiens de l'informatique. Je remercie Paul-Henri Couffignal (1938-2016), son fils, qui a eu la générosité de m'accueillir, de me permettre de parcourir la collection des écrits de son père, et d'en rapporter environ 800 pages photocopiées (ce qui donne une idée de la difficulté de tout résumer en si peu de pages).

LES ARGUMENTS CONTRE LA CYBERNÉTIQUE « AMÉRICAINE »

De façon générale, la position de Couffignal est celle d'un scepticisme prononcé à l'égard de l'utilisation des mathématiques en sciences biologiques et sociales ; c'est surtout sur ce point qu'il attaque les Américains. Selon lui, le calcul opérationnel (qui sert pour l'étude des fonctions de transfert des machines, dont les servomécanismes) ne peut être appliqué à la biologie. Le texte de 1951 « La mécanique comparée », qui fait transition entre les travaux d'avant guerre sur « l'analyse mécanique » (*cf.* p. 212-219) et la cybernétique, soulève le problème d'une trop grande généralité des modèles mathématiques, qui ferait perdre de vue la spécificité du vivant. Il ne faudrait pas s'inspirer des machines technologiques pour construire la catégorie générale de machine. Il faut développer une méthode de raisonnement par analogie qui serait indépendante des mathématiques. L'argument de Couffignal s'appuie notamment sur le fait que les machines remplacent les hommes sans les copier (la machine à coudre ne répète pas les gestes de la couturière) ; autrement dit, lorsqu'elles remplissent les mêmes fonctions, c'est avec des « organes » et des modes opératoires différents, de sorte que ces organes et ces opérations technologiques ne nous apprennent pas nécessairement quelque chose sur les organes et opérations des êtres vivants. Couffignal invoquera ensuite un certain « théorème de Bückner » pour affirmer que « l'unité espérée par les créateurs de la cybernétique ne peut [...] se réaliser sur la base d'une théorie des servomécanismes[3] ». L'argument porte ici sur les facultés psychologiques, qui ne seraient pas adéquatement représentées par des servomécanismes[4]. C'est également

3 L. Couffignal, « La cybernétique est la science de l'efficacité de l'action », *Productivité française* n° 54, 1953, p. 2. Ce « théorème », qui serait donc probablement dû au mathématicien allemand Hans Bückner, « énonce que le produit du fonctionnement d'un servomécanisme est une solution d'un système de Pfaff » (L. Couffignal, « Méthodes et limites de la cybernétique », *Structure et évolution des techniques*, n° 35-36, 1953, p. 3), ou encore « qu'un analyseur différentiel, aussi compliqué soit-il, ne peut intégrer d'équations d'autre type qu'un système d'équation de Pfaff » (L. Couffignal, *Les Machines à penser*, *op. cit.*, p. 84).

4 « Il n'est pas nécessaire de donner même une idée de la place qu'occupe la famille des équations de Pfaff – place immensément vaste au demeurant – dans l'ensemble des

l'usage du calcul des probabilités en biologie qui est fautif aux yeux de Couffignal (notamment pour l'étude des transmissions nerveuses), de même que la « théorie de l'information » de Shannon, qu'il essaye de prendre en défaut à plusieurs reprises (en général et pas seulement en biologie), calculs à l'appui[5]. Enfin, Couffignal affirme une autre insuffisance des analogies « américaines » :

> Selon la méthode classique, magistralement exposée par Claude Bernard, il faut que la vérité pressentie soit confirmée par une expérience cruciale. C'est ce qui manque aux raisonnements de Wiener et de Shannon ; on y trouve la suggestion, on assiste à la naissance de l'idée, il manque l'expérience cruciale[6].

De façon générale, les arguments de Couffignal font jouer un mauvais rôle aux Américains, non sans une certaine mauvaise foi. Indépendamment de la pertinence des arguments évoqués, les idées qu'il critique ne sont *pas* celles de Wiener[7]. On va voir qu'il s'agit pour Couffignal de discréditer les Américains pour se poser en rassembleur et « faire école ».

équations différentielles. Il suffit de constater que la catégorie de pensées qui constitue les mathématiques – et qui *a priori* ne contient pas toutes les pensées possibles – ne peut être représentée dans sa totalité par des analyseurs différentiels » (*ibid.*, p. 84-85).

5 Il prétend ainsi obtenir des gains de durée de transmission de 30 % ou 40 % dans certains cas par rapport aux calculs de Shannon (L. Couffignal, « La mécanique comparée », *Thalès, Recueil annuel des travaux de l'institut d'Histoire des Sciences et des Techniques de l'Université de Paris*, n° 7, 1953, p. 26-29 ; « Méthodes et limites de la cybernétique », *op. cit.*, p. 5). Curieusement, ces récriminations de Couffignal n'ont jamais été commentées ; de fait, elles n'ont pas paru dans des publications techniques.

6 *ibid.*, p. 7.

7 Par exemple : « …Wiener poursuit le raisonnement comme suit : puisqu'il y a dans un système nerveux des groupements de nerfs qui se présentent comme des servomécanismes et que tous les nerfs sont faits de la même façon, tous les nerfs sont groupés en servomécanismes : il en est ainsi en particulier des nerfs des centres nerveux supérieurs, c'est-à-dire du cerveau : par conséquent, le produit de l'activité de ces nerfs […] est le produit de l'activité de servomécanismes ; par conséquent, encore, la théorie mathématique des servo-mécanismes doit expliquer le fonctionnement […] du cerveau. […] [Mais en conséquence du "théorème de Bückner"], un servomécanisme ne peut pas créer à lui seul toute la pensée humaine. Voilà donc une première partie, et qui est importante, de la doctrine de Wiener, qu'il faut abandonner » (L. Couffignal, « Méthodes et limites de la cybernétique », *op. cit.*, p. 3-4 ; voir aussi p. 314). Ou encore : « Pour ce qui est de l'affirmation de Wiener que la théorie de l'information expliquera les relations entre les sociétés humaines, il suffit de constater que ces relations s'établissent sur la base d'un langage, c'est-à-dire d'un système de signaux discrets, pour que la conclusion erronée de cette théorie que nous avons mise en évidence montre que tous les problèmes de relations humaines ne peuvent être résolus par ce moyen » (*ibid.*, p. 5).

QUELQUES DATES

Les quelques dates qui suivent ne résument nullement la carrière de Couffignal. Il s'agit juste des jalons nécessaires pour se repérer quant aux changements d'attitude de Couffignal par rapport à la référence cybernétique.

- 1938 Thèse sur l'analyse mécanique (*cf.* p. 212-219).
- 1942 Collaboration avec le physiologiste Louis Lapicque sur la comparaison entre structures cérébrales et machines à calculer (*cf.* p. 310-311).
- 1951 Congrès de Paris sur « Les machines à calculer et la pensée humaine », rassemblant une bonne partie du « gratin » international de la cybernétique. Couffignal rejoint le Cercle d'études cybernétiques.
  Article « La mécanique comparée », qui consiste à peu près en une confrontation de l'analyse mécanique et de la cybernétique (américaine).
- 1952 Ouvrage *Les machines à penser.*
  Projet de société de « Sciences comparées » pour l'exploitation méthodique du raisonnement analogique (*cf.* p. 595-599). « Substitution proposée du terme de SCIENCES COMPARÉES, au terme de CYBERNÉTIQUE » (*cf.* annexe VI).
- 1953 Adoption du terme « cybernétique », définition comme « *science* de l'efficacité de l'action » (in « La cybernétique est la science de l'efficacité de l'action », *op. cit.*) ; dans le même article, la définition est en fait équivalente à celle des « sciences comparées » (*ibid.*, p. 2). *Idem* dans « Méthodes et limites de la cybernétique », *op. cit.*
- 1956 Deux réunions de la « Société française de sciences comparées » ; le mot « cybernétique » n'apparaît pas dans les comptes-rendus des réunions.
  Congrès international de cybernétique de Namur. Couffignal y définit la cybernétique comme « *art* de rendre efficace l'action » (et non plus *science* comme en 1953). Selon Couffignal, la cybernétique n'est ni science ni technique.

« L'art de rendre efficace l'action » sera la définition la plus fréquente utilisée par Couffignal entre 1956 et sa mort en 1966. Toutefois, d'autres termes sont encore employés : « raisonnement[8] », « méthodologie[9] »,

8 L. Couffignal, « Applications récentes du raisonnement cybernétique », archives privées P.-H. Couffignal.

9 L. Couffignal, « La cybernétique comme méthodologie », *Les Études philosophiques*, 1961, n° 2, p. 157-164.

et même, titre d'un manuscrit inachevé, *La connaissance cybernétique*[10] ; on trouve aussi une conférence intitulée « Les systèmes cybernétiques auto-organisateurs[11] ». On ne commentera pas ici ces différents termes.

Sur la période 1952-1956, on constate une hésitation quant à l'intitulé des projets doctrinaux : en 1952, Couffignal propose de substituer « sciences comparées » à « cybernétique », mais il adopte finalement « cybernétique » l'année suivante[12]. Remarquons bien qu'il s'agit du même contenu, du même projet ; pourtant, en 1956, alors qu'il ne revient plus sur le choix du mot « cybernétique », il organise quand même deux réunions de son éphémère Société française de sciences comparées ; y a-t-il alors deux projets différents ? La réponse est loin d'être évidente. On pourrait voir dans cette espèce de double jeu des hésitations stratégiques de Couffignal, qui essaye de devenir chef de file de la cybernétique française :

> Je crains d'avoir brisé le globe de cristal d'où la magie des mathématiques avait fait s'exhaler de mystérieuses et séduisantes images. Que reste-t-il des idées de Wiener ? D'abord un mot. Un mot aux consonances éclatantes et dont l'étymologie est riche de promesses, un mot qui, pour une École, pourrait sonner comme un étendard ; c'est le mot : « Cybernétique[13] ».
>
> Au cours des deux ou trois dernières années des efforts ont été faits en France pour « repenser » la cybernétique de Wiener [en note : notamment au sein du « Cercle d'Études Cybernétiques », 2 rue Mabillon, Paris]. Critique rationnelle des uns, propositions constructives des autres ont abouti, semble-t-il, à une délimitation assez nette de la signification de ce mot pour satisfaire un esprit cartésien : *La Cybernétique est la science de l'efficacité de l'action*[14].

Le message semble assez clair : les « efforts » du CECyb convergeant « naturellement » vers une définition qui n'est autre, bien sûr, que celle de Couffignal, cela ne fait-il pas de lui le rassembleur tout désigné pour une école française de cybernétique ?

---

10 L. Couffignal, *La Connaissance cybernétique*, manuscrit inachevé, archives privées P.-H. Couffignal.

11 L. Couffignal, « Les systèmes cybernétiques auto-organisateurs », conférence à l'École supérieure de guerre aérienne, 22 mars 1962, archives privées P.-H. Couffignal.

12 « … tentative de faire progresser des sciences différentes en comparant des résultats qu'elles ont obtenu séparément. […] C'est là une première idée nouvelle que le mot cybernétique pourrait couvrir, à savoir, l'emploi dans le domaine le plus large, du raisonnement par analogie » (L. Couffignal, « Méthodes et limites de la cybernétique », *op. cit.*, p. 6).

13 *ibid.*, p. 5.

14 L. Couffignal, « La cybernétique est la science de l'efficacité de l'action », *op. cit.*

UN BILAN CRITIQUE

Le problème, c'est que Couffignal va quasiment arrêter la recherche après l'abandon de son projet de calculateur en 1951-1952. Il va continuer d'être productif au sujet de la cybernétique – livres, articles, conférences – mais cette cybernétique, justement, va se trouver coupée de la recherche scientifique : elle va consister principalement en une pratique de *commentaire* épistémologique d'analogies, qui ne sera plus elle-même productive de nouveauté scientifique. Il n'est pas évident de comprendre ce que veut faire exactement Couffignal, intellectuellement parlant, à ce stade de sa carrière. Son projet reste dans un certain fil directeur (l'idée d'une sorte de méthodologie du raisonnement par analogie), mais il y a tout de même un changement par rapport à ce que représentait l'analyse mécanique de 1938 : il ne s'agit plus d'analyser des systèmes (machines), mais des raisonnements ; autrement dit, il ne s'agit plus de produire des modèles, mais d'analyser le processus de modélisation lui-même ; pour le dire encore autrement, la cybernétique n'est plus, dans l'acception de Couffignal, une certaine catégorie de modèles issus d'analogies, mais elle est une sorte de méthodologie de ces modèles. La meilleure synthèse des idées de Couffignal est sans doute sa communication au colloque de Royaumont de 1962 sur la notion d'information[15]. Il reprend la plupart des points et exemples abordés dans des conférences et préfaces diverses. Il attire l'attention sur l'importance du raisonnement par analogie dans les pratiques de modélisation : « Un raisonnement scientifique est toujours constitué d'un raisonnement déductif, parfois long, parfois bref comme ici, placé entre deux raisonnements analogiques[16] ».

Qu'est-ce qui spécifie alors le « cybernéticien » tel que Couffignal le conçoit ? Un « usage systématique et intense du raisonnement analogique et des modèles », « une très grande disponibilité d'esprit », et « des

15 L. Couffignal, « Information et théorie de l'information », in *Le Concept d'information dans la science contemporaine*, actes du VIe Colloque de Royaumont, 1962, Paris : Éd. de Minuit / Gauthier-Villars, 1964, p. 337-374.

16 *ibid.*, p. 344. Il prend l'exemple de la superposition de deux sons : l'analogie mathématique incite à supposer que cette superposition équivaut à un son « intermédiaire », mais cette supposition est pourtant démentie, puisqu'un *do* et un *sol* ne font pas un *mi*.

connaissances aussi étendues que possible, mais de type fonctionnel[17] » ; ce dernier aspect est plus intéressant : Couffignal pose un principe méthodologique selon lequel « il est avantageux que le modèle porte sur des analogies fonctionnelles, à l'exclusion des analogies structurales. [...] un modèle portant sur les structures est rarement efficace ; il est rarement suggestif de quoi que ce soit. Un modèle portant sur les fonctions est rarement inutile[18] ». Ici, « structure » et « fonction » ne sont pas à entendre au sens du mathématicien, mais du biologiste (ou de l'ingénieur). Couffignal tire cette recommandation de son expérience infructueuse de modélisation biologique[19] : par précaution, il vaudrait mieux étudier uniquement des analogies « fonctionnelles ». Mais ce critère ne peut être érigé en loi générale, car il existe, bien sûr, des analogies « structurales » fructueuses, et, surtout, certaines disciplines ne peuvent s'en passer. C'est ce qui est reproché à Couffignal au cours de la discussion de sa conférence. Cette proposition de critère a le mérite d'exister (tant il est rarissime qu'on en propose) ; mais, de l'aveu même de Couffignal, il n'a pas de valeur méthodologique précise, il ne peut guider l'élaboration d'analogies ou l'amélioration de modèles[20]. Ce qui fait la spécificité du

17 *ibid.*, p. 357.

18 *ibid.*, p. 344.

19 « ... en 1942, Louis Lapicque, qui avait été frappé par l'analogie entre la structure du cervelet et la structure d'un clavier de machine à écrire, m'a demandé que nous étudions [sic] ensemble les possibilités de mieux expliquer le fonctionnement du cervelet au moyen des structures de machines à calculer. Nous n'avons abouti à rien, pour la raison très simple qu'il s'agit d'une analogie structurale ; il y a un hasard qui fait que les cellules de Purkinje sont disposées dans le cervelet en colonnes et en rangées et un autre hasard qui fait qu'on a choisi la disposition en colonnes et en rangées pour les claviers des premières machines à calculer, mais cela n'a pas plus de rapport que le fait que la fonction $x/y = a$ représente à la fois le prix du chocolat et la formule d'Einstein pour l'émission des photons ; les deux phénomènes n'ont aucun lien, sauf celui d'être représentés par une même formule. Revenant sur la théorie de l'information, l'application de la fonction de Shannon à la thermodynamique et à l'information est aussi un hasard de rencontre d'une même formule mathématique ; cela n'a, à mon sens, aucune signification » (*ibid.*, p. 351).

20 Ainsi, l'adoption d'un nouveau modèle « est un résultat de l'imagination du chercheur ; il y en a qui trouvent de nouveaux modèles efficaces et d'autres qui cherchent toute leur vie sans rien trouver ; c'est un phénomène de l'imagination propre à chaque individu » (*ibid.*, p. 372). Tout ça pour ça ! « Ce que j'ai constaté, c'est, dans une certaine masse de raisonnements de type analogique, que les analogies proposées, et qui étaient strictement structurales, se sont révélées inféecondes, et que les analogies portant sur la fonction des organes ont été suggestives de quelque chose. » [...] [Rosenblith :] « Pour moi, je ne pense pas qu'on puisse donner un livre de règles disant d'utiliser telle ou telle analogie, ou de cesser de l'utiliser » [Couffignal :] « Absolument pas » (*ibid.*, p. 363, 366).

« cybernéticien » reste ainsi bien mystérieux : très disponible d'esprit, celui-ci fait un usage intense et systématique d'analogies selon un critère dont Couffignal garde plus ou moins le secret.

La difficulté est de comprendre la nature de la démarche proposée par Couffignal sous le nom de « cybernétique », et surtout quelle est son utilité scientifique. On perçoit qu'il y a une sorte de réflexivité du modélisateur sur sa démarche, mais en quoi est-elle autre que philosophique[21] ? En quoi cela consiste-t-il, au juste, de *faire* de la cybernétique telle que Couffignal l'entend ? Il n'est pas possible de dresser une liste de domaines dans lesquels la présence ou l'absence de cette cybernétique change quoi que ce soit en pratique. Elle ne produit aucun résultat scientifique, il n'y a pas de méthode, on ne sait pas quels problèmes elle pourrait aider à résoudre. Des comptes rendus témoignent de cette indétermination[22]. La cybernétique de Couffignal est déconnectée de la recherche scientifique. Elle est un système de définitions servant soit à commenter ou paraphraser des modèles existants, soit à décrire des situations d'action (auquel cas on pourrait admettre qu'elle sert à construire des « modèles », mais ce ne sont pas des modèles très opératoires, puisque par ailleurs aucune méthode n'est proposée pour les faire fonctionner et en obtenir quoi que ce soit – on pourrait dire qu'il s'agit d'une phénoménologie de l'action, cherchant, à la rigueur, à identifier les paramètres de l'efficacité d'une action en général).

21 Les philosophes n'ont pas le monopole de la réflexivité : intuitivement, il est clair qu'on peut faire de l'histoire de l'histoire, de la sociologie de la sociologie. La métrologie constitue une application par le physicien de ses méthodes à ses propres instruments.

22 F. Bresson écrit ainsi de la réédition du livre de P. Cossa (*La cybernétique*, *op. cit.*) : « La discussion de la cybernétique y porte sans cesse à faux car ses développements actuels ne vont ni dans le sens de M. Couffignal, ni dans celui des tortues de G. Walter » (F. Bresson, recension de : P. Cossa, *La cybernétique, du cerveau humain aux cerveaux artificiels*, *L'Année psychologique*, vol. 58, nº 1, 1958, p. 292). L'année suivante paraît ce commentaire du livre de Couffignal *Les notions de base* dans une revue technique étrangère : « Monsieur Couffignal [en français dans le texte] se contente de dérouler et commenter les notions de base, sans introduire de nouveauté. En fait, une bonne partie du texte consiste en des citations de ses publications précédentes. [...] De toute évidence, M. Couffignal est persuadé d'être l'instigateur de quelque chose qui aura d'importantes répercussions. Il présente un programme qui nécessitera le travail d'une génération entière. Mais il n'a fait qu'esquisser de grands domaines aux frontières vagues ; les titres à suivre dans sa collection devront se montrer beaucoup plus précis pour être d'une quelconque valeur scientifique » (H. Campaigne, recension de : L. Couffignal, *Les Notions de base*, *Mathematical Tables and Other Aids to Computation*, vol. 13, nº 67, 1959, p. 225-226).

Cette « cybernétique » quelque peu spéculative n'est pas un supplément d'âme à une production intensive de modèles : dans les quelques 120 textes écrits (et la plupart publiés) par Couffignal à partir de 1953 (sur les quelques 170 écrits depuis le début de sa carrière proprement scientifique en 1930)[23], on n'en trouve que 3 qui nous semblent être des articles de recherche scientifique proprement dite[24] ; on peut classer approximativement le reste comme suit : 24 textes ou conférences sur l'enseignement technique ou l'enseignement des mathématiques, manuels, préfaces d'ouvrages techniques, comptes-rendus d'ouvrages scientifiques et techniques ; 8 textes de vulgarisation sur les machines à calculer ou autres ; 5 hors catégorie ; 45 textes sur la « cybernétique » ; 4 sur « cybernétique et économie » ; et 24 sur la « pédagogie cybernétique ».

Couffignal est limogé du CNRS en 1957 (suite à l'abandon de son projet de machine à calculer), et l'on peut s'interroger sur un isolement progressif du champ scientifique. Son hostilité ouverte à Bourbaki, au nom des « mathématiques utilisables », ne contribue sans doute pas à améliorer les choses, tandis que, de l'autre côté, son mépris du calcul des probabilités[25] rend sans doute la communication difficile avec les mathématiciens « appliqués ». Couffignal se repose surtout sur ses acquis d'avant guerre, ses rôles d'inspecteur général de l'instruction publique et de directeur de collection (la collection « Information et cybernétique » chez Gauthier-Villars. On peut même se demander si l'investissement terminal dans la « pédagogie cybernétique », à partir de 1963, n'est pas un ultime moyen d'exploiter un capital dont le champ scientifique n'a alors plus besoin[26].

---

23 Bibliographie intégrale transmise par P.-H. Couffignal.

24 L. Couffignal, « Méthodes pratiques de réalisation des calculs matriciels », *Rendiconti di Matematica e delle sue applicazioni*, série 5, vol. 13, n° 2-3, 1954, p. 85-97 ; « A Method for Linear Programming Computation », Actes du congrès de Stockholm, *Bulletin de l'institut international de statistique*, vol. 36, n° 3, 1957, p. 290-302 ; et enfin, l'étude sur l'impact d'une campagne publicitaire menée en collaboration avec l'économiste F. Perroux (L. Couffignal, « Étude sur la prévision de la vente dans un grand magasin après une campagne publicitaire », *op. cit.*).

25 « En dehors de ce processus [de vérification expérimentale], les mathématiques, en l'espèce la théorie de Shannon, ne peuvent donner que l'illusion de découvertes, qui se réduisent au jeu des mots, comme lorsqu'on applique à n'importe quel ensemble d'êtres physiques les termes d'information, hasard, désordre, etc., et tout le pathos probabiliste » (L. Couffignal, préface à : A. Moles, B. Vallancien (dir.), *Communications et langages*, Paris : Gauthier-Villars, 1963, p. IX).

26 Ce qui n'empêche pas une continuité profonde, dans les conceptions de Couffignal, entre analyse mécanique, organisation scientifique du travail et pédagogie (R. Le Roux, « Le

Alors même qu'il ne produit plus de résultats et n'effectue quasiment plus de recherche, Couffignal essaye systématiquement de normer les conditions de production symbolique (lexique, définitions…), mais sans donner par ailleurs des preuves concrètes de l'intérêt de ses démarches et de ses idées (en donnant des exemples de problèmes résolus). Le cadrage terminologique est certes un acte de rigueur, mais la science n'est pas que rigueur : elle est aussi créativité. Ce que propose Couffignal ne paraît pas intéressant pour d'autres scientifiques, qui se verraient régentés dans leur créativité avant même d'avoir entrepris des recherches. Couffignal essaye d'avoir un rôle de leader, il distribue les bons et les mauvais points sans donner lui-même l'exemple de recherches probantes. Publiant des auteurs dans sa collection chez Gauthier-Villars, il tend systématiquement à corriger leur point de vue dans les préfaces qu'il leur écrit… L'habitus d'inspecteur général de l'instruction publique semble avoir pris le pas sur celui de l'audacieux inventeur qui déposait des brevets vingt ans plus tôt.

Le genre de cadrage auquel Couffignal s'adonne dans les écrits et conférences de ses dix dernières années est au mieux une condition nécessaire mais non suffisante de la production scientifique ; si cette condition est posée avant la liberté requise pour toute recherche, rien ne risque de sortir. On voit clairement l'opposition de style avec Wiener, ce dernier tendant à l'excès inverse. Mais Wiener a eu la chance de disposer d'assistants qui savaient faire efficacement le travail de cadrage – après coup.

De plus, les profils correspondants aux projets de Couffignal (du moins ceux qui coïncident avec la cybernétique en tant que domaine transversal) sont aussi par définition les plus difficiles à trouver et les plus difficiles à cadrer. L'attitude de Couffignal était peut-être appropriée pour la constitution d'une discipline, sa normalisation institutionnelle, terminologique, etc., mais la cybernétique n'est justement pas une

domaine du mécanisable. Les projets doctrinaux de Louis Couffignal, de 1938 à 1966 », séminaire « La technologie, science humaine », S. de Beaune, L. Pérez, K. Vermeir, 17 janvier 2013, université Paris 7). Pour replacer la « pédagogie cybernétique » dans le contexte de l'histoire des idées de pédagogie assistée par ordinateur : E. Bruillard, *Les machines à enseigner*, Paris : Hermès, 1997. Il faut rappeler aussi les liens établis par Couffignal avec Gaston Mialaret, et, plus généralement, les liens étroits chez Papert, Piaget, ou encore Grey Walter, entre cybernétique et apprentissage. M. Boenig-Liptsin, *Making Citizens of the Information Age : A Comparative Study of the First Computer Literacy Programs for Children in the United States, France, and the Soviet Union, 1970-1990*, thèse, université de Harvard, 2015.

discipline. On pourrait ainsi dire que la stratégie de Couffignal n'était appropriée ni à son projet ni à sa pensée.

Il y a donc une certaine ironie à constater que la cybernétique de Couffignal, « art de rendre efficace l'action » et qui, comme il concluait souvent ses articles et conférences, « ne demande qu'à servir », fut inefficacement mise en œuvre et n'a finalement servi à rien. Constat sévère ; mais en cherchant à s'accaparer le label de la cybernétique en France, sans rien proposer sous ce label de scientifiquement constructif, Couffignal ne lui aura sans doute pas rendu service – pas seulement à l'utilisation du mot, mais aussi peut-être en contribuant à rendre ce mot répulsif pour des modélisateurs plus créatifs, ou des biologistes, économistes, etc., en quête de modèles.

Si la trajectoire de Couffignal semble avoir été fauchée dans son élan par la guerre, donnant parfois à son style et ses conceptions l'impression d'avoir, au sens littéral de l'expression, une guerre de retard, on ne peut imputer toute son infortune à la tourmente : il est peu probable que ses recherches informatiques eussent mieux abouti, et son choix d'endosser de trop nombreuses responsabilités, notamment son ancrage (trop ?) profond dans l'enseignement, n'a pas joué en faveur de son ouverture à la recherche.

ANNEXE VI

L. Couffignal, « L'organisation des recherches de sciences comparées », 1952

L'Organisation des Recherches de Sciences Comparées

par Louis COUFFIGNAL

Inspecteur Général de l'Instruction Publique
Directeur du Laboratoire de Calcul Mécanique de l'Institut Blaise Pascal

SOMMAIRE : *Substitution proposée du terme de :* SCIENCES COMPARÉES, *au terme de* CYBERNÉTIQUE*; programme de coordination des recherches correspondantes sous forme internationale.*

M. Wiener a appelé cybernétique la théorie des communications dans les machines, les êtres vivants et les sociétés animales et humaines. Bien qu'une théorie aussi générale ne puisse encore être établie, à supposer qu'elle soit possible, les similitudes étroites qui ont été découvertes dans le fonctionnement de mécanismes appartenant les uns aux machines, les autres aux vivants, et l'identité entre les produits de l'activité de certaines machines et certains résultats de l'activité de l'esprit, font apparaître la nécessité de considérer sous un jour nouveau nombre de notions, fondamentales en biologie et en psychologie, et touchant, sur les marges de ces deux sciences, d'un bord, à la mécanique et à la physico-chimie, de l'autre à la métaphysique. C'est aux études synthétiques de cette nature que, semble-t-il, on applique en Europe le terme de cybernétique. Le terme de *Sciences comparées* serait plus exact.

⁂

La méthode fondamentale dans ces recherches, et qui est peut-être la seule efficace, est l'analogie. Elle consiste à rechercher les similitudes fonctionnelles que présentent des systèmes différents, en général des systèmes mécaniques et des systèmes biologiques, les similitudes que l'on découvre ainsi en suggérant d'autres, plus profondes, qui ouvrent la voie à une exploration nouvelle de phénomènes connus ou à la découverte de vérités scientifiques nouvelles.

La mise en œuvre d'une telle méthode exige des connaissances étendues dans plusieurs sciences, car les phénomènes dépendant de disciplines différentes que l'analogie a rapprochés généralement en les considérant sous un angle différent de la coutume doivent être explorés à nouveau, de ce nouveau point de vue, par les méthodes propres aux sciences dont ils relèvent.

Les progrès de ces recherches, leur productivité, pour user d'un terme contemporain, ici fort à sa place, dépendent donc de la constitution d'équipes de chercheurs de disciplines diverses dont les travaux se coordonnent dans un programme harmonieux.

La dispersion dans le monde entier des savants intéressés à ces travaux ne permet guère d'envisager leur groupement que sous l'une ou l'autre des deux formes, ou les deux simultanément :

1° une organisation internationale spécialisée, pourvue du matériel et des hommes adéquats, telle que seule l'UNESCO paraît en mesure de l'établir, par exemple, dans le cadre de ses laboratoires internationaux ;

2° Un centre permanent de coopération, où les spécialistes pourraient se rencontrer, soit que ce centre, à l'instar du Centre international de coopération pédagogique de Sèvres, dispose en permanence de salles de travail et de facilités d'hébergement, soit qu'il se borne à organiser périodiquement des réunions de travail et à assurer un secrétariat. Dans les deux cas, une telle action pourrait être menée en accord avec l'International Council of Scientific Unions.

⁂

On peut dès à présent proposer à cet organisme un vaste programme d'importantes recherches ; y figureraient notamment :

1° Etude expérimentale de la structure de la logique des langages : usuel, courant, scientifique, imaginatif et de la logique de l'enfant, du primitif, de l'animal.

— Ajustement des résultats de ces recherches.

2° Etude expérimentale de la structure des parties du système nerveux qui participent à l'élaboration de la pensée logique, chez l'homme adulte, l'enfant, le primitif, l'animal.

— Recherche des divers mécanismes propres à réaliser des opérations de logique.

— Ajustement des résultats de ces travaux.

3° Recherches sur la structure des diverses formes de la pensée consciente, mémoire, volonté, etc.., et du subconscient.

— Recherche des supports biologique des modes de pensée autres que la logique.

— Recherche de modèles mécaniques de ces organes.

Tenant compte des délais considérables, de l'ordre de plusieurs années, que pourrait demander l'établissement d'un organisme tel qu'un Laboratoire international de l'UNESCO, la création d'un Centre de Coopération de Recherches de Sciences comparées semble devoir être préférée. Une telle réalisation pouvant être envisagée en accord avec l'I.C.S.U.

L. COUFFIGNAL.

FIG. 17 – L. Couffignal, « L'organisation des recherches de sciences comparées », *Structure et évolution des techniques*, n° 31-32, 1952, p. 8-9.

ANNEXE VII

Société francaise de cybernétique

SOCIETE FRANCAISE DE CYBERNETIQUE

Un certain nombre de membres du CERCLE D'ETUDES CYBERNETIQUES et de la SOCIETE DE MECANIQUE COMPAREE ET DE RECHERCHES CYBERNETIQUES ont décidé de reprendre les activités de ces deux associations en constituant une "SOCIETE FRANCAISE DE CYBERNETIQUE".

Au moment où, sur le plan national comme international, se multiplient les groupes de recherches spécialisées portant sur la linguistique, la pédagogie, la médecine, etc., nous croyons qu'il est utile de maintenir et de promouvoir les recherches cybernétiques dans toute leur ampleur. La Cybernétique apparait, en effet, moins comme une discipline particulière que comme une direction de recherches en rapport direct avec la Biologie, l'Esthétique, la Sociologie, l'Economie Politique, la Linguistique et la Philosophie.

L'activité de la SOCIETE FRANCAISE DE CYBERNETIQUE comprondra une réunion par mois, un samedi après-midi, durant l'année universitaire.

Les séances auront lieu à la Sorbonne, salle Cavaillès : escalier C (à côté du secrétariat de la Faculté des Lettres), 1er étage, à droite et au fond.

La 1ère réunion est fixée au samedi 23 février à 17h.

Au programme :
La situation de la Cybernétique en France par Mr le Professeur DELPECH
La Cybernétique clef des sciences humaines par Mr.U.ZELBSTEIN

Autres réunions prévues :
16 mars : La sémantique généralisée de A.KORZYBSKI par S.LANTIERI
27 avril : Le néo-cartésianisme de la machine par M.PHILIPPOT

Ultérieurement, conférences de M.M. LAVOCAT, MOLES, COUFFIGNAL, COPIN, DELPECH, CHAUCHARD, LUPASCO, etc,.

Composition du Bureau
de la Société

Président d'Honneur	: L.COUFFIGNAL, Inspecteur Général de l'Education Nationale
Président	: L.DELPECH (Faculté de Caen)
Vice-Président	: R.POIRIER, membre de l'Institut, (Sorbonne)
–	: Dr SAUVAN
–	: R.VALLEE (Faculté de Besançon)
–	: U.ZELBSTEIN
Secrétaire Général	: A.MOLES (Faculté de Strasbourg)
Trésorier	: M.L.FANCHON (Ecole de Psychologues Praticiens, Institut Catholique de Paris)

Montant de la cotisation annuelle : 10 F

FIG. 18 – Création de la Société française de cybernétique, 1963, archives privées Robert Vallée.

SOCIETE FRANCAISE DE CYBERNETIQUE

La réunion mensuelle de la Société Française de Cybernétique a eu lieu le samedi I6 Mars, à la Sorbonne. Le Président, Monsieur DELPECH, a signalé la création d'un Comité de Patronage comportant entre autres, MM. AUGER, de BROGLIE, LEVI-STRAUSS. Dans le cadre d'un bref compte-rendu mensuel : les Activités en Cybernétique, Monsieur DELPECH a signalé l'apparition du N°1 du " Bulletin de Pédagogie Cybernétique" (Gauthier-Villars). Le secrétaire, Monsieur A. MOLES, a fait part de la parution du V° Annuaire de la Society for General Systems, présidée par VON BERTALANFFY.(University of Edmonto(Canada) - qui est constitué d'une série de contributions scientifiques.

La Cybernétique comporte actuellement un enseignement partiel de fait, sinon de droit, dans le cadre d'un grand nombre d'institutions universitaires, et cet aspect entre dans le champ des intérêts de notre Société. Aussi prévoit-on une enquête devant établir :

a)- Qui enseigne en France des parties notables de doctrines constituant actuellement la Cybernétique et la Théorie de l'Information ?

b)- Y-a-t-il des éléments généraux communs à tous ces enseignements ?

Ce travail pourrait être fait par une commission de la Société.

Un deuxième aspect est celui de la terminologie cybernétique qui requerrait l'établissement d'un vocabulaire.

Les personnes qualifiées, intéressées par cet aspect, sont priées d'envoyer leurs suggestions, concernant le choix des mots et éventuellement des définitions, à l'un des membres du Bureau.

Monsieur P. VENDRYES a ensuite fait une communication sur les "Précurseurs français de la Cybernétique", insistant sur les travaux de LAVOISIER et Claude BERNARD; il a montré que ce dernier avait dégagé les principes essentiels de régulation biologique, repris par CANNON et ROSENBLUTH. Cet exposé a provoqué des interventions de MM AUGER, LE LIONNAIS, SAUVAN, portant sur la conscience claire que pouvait avoir eue de la notion cybernétique, Claude BERNARD, dans l'énoncé de ses principes de régulation.

Monsieur A. MOLES a présenté un exposé, illustré de projections, sur la méthode de cybernétique en esthétique. Mr MOLES a défini la méthode cybernétique basée sur l'exploitation de modèles analogiques et en a dégagé les règles (conditions de principalité et réalisabilité) résumées dans un organigramme. L'orateur a présenté ensuite une application de l'attitude de l'esthéticien, étudiant les principales possibilités de réaliser des oeuvres apportant une perception esthétique. Il s'est basé sur une définition purement pragmatique de l'oeuvre d'art; Ces possibilités donnent lieu, chacune, à un schéma de programmation de "machines imaginaires" (M. PHILIPPOT) détaillant de façon critique les différentes étapes du processus.

La discussion de cet exposé aura lieu le 27 Avril.

Prochaine réunion : samedi 27 Avril à I6 H. 30, Salle Cavaillès à la Sorbonne.

Exposé : Mr. M. PHILIPPOT : le NEO-CARTESIANISME et la MACHINE "

Nous rappelons à nos membres que la séance suivante aura lieu le I8 Mai et sera consacrée à un exposé de Mr. S. LANTIERI sur " SEMANTIQUE GENERALE et CYBERNETIQUE "

Versement des cotisations : IO Fr. Melle L. FANCHON, Trésorière, 2 rue Alice à COURBEVOIE - C.C.P. Paris 8766-38

FIG. 19 – Société française de cybernétique, réunion du 16 mars 1963, archives privées R. Vallée.

SOCIETE FRANCAISE DE CYBERNETIQUE

La prochaine réunion de la Société Française de Cybernétique aura lieu le samedi 15 avril à 17 heures à l'Amphithéâtre de Géologie de la Sorbonne -1, rue Victor Cousin- 3ème porte à gauche au rez-de-chaussée.

Monsieur P. DELATTRE traitera de :

"Système et structure".

Les concepts de système et de structure se rencontrent dans de nombreuses disciplines, mais avec des significations souvent différentes. Si l'on veut parvenir à de meilleurs échanges interdisciplinaires, il est nécessaire de dégager le substratum commun à ces acceptions diverses.

Partant de la notion très générale de système, il est possible de définir plusieurs types de structure qui sont liés à différents aspects des propriétés du système. Certains de ces concepts rejoignent les notions courantes de modèle physique ou de modèle mathématique.

A partir de propriété générale des systèmes de transformation, le problème de la stabilité et de l'évolution des structures peut faire l'objet d'une première approche assez simple.

Les Secrétaires

A. MOLES
J. DETTON

Le Président

L.J. DELPECH

Rappel - La cotisation annuelle (40 F) est à payer par chèque bancaire libellé au nom de Mademoiselle FANCHON -21, rue d'Assas PARIS 6°- ou par virement postal au compte de Mademoiselle FANCHON : PARIS 8766-38.

FIG. 20 – Pierre Delattre à la Société française de cybernétique, 15 avril 1972, archives privées R. Vallée.

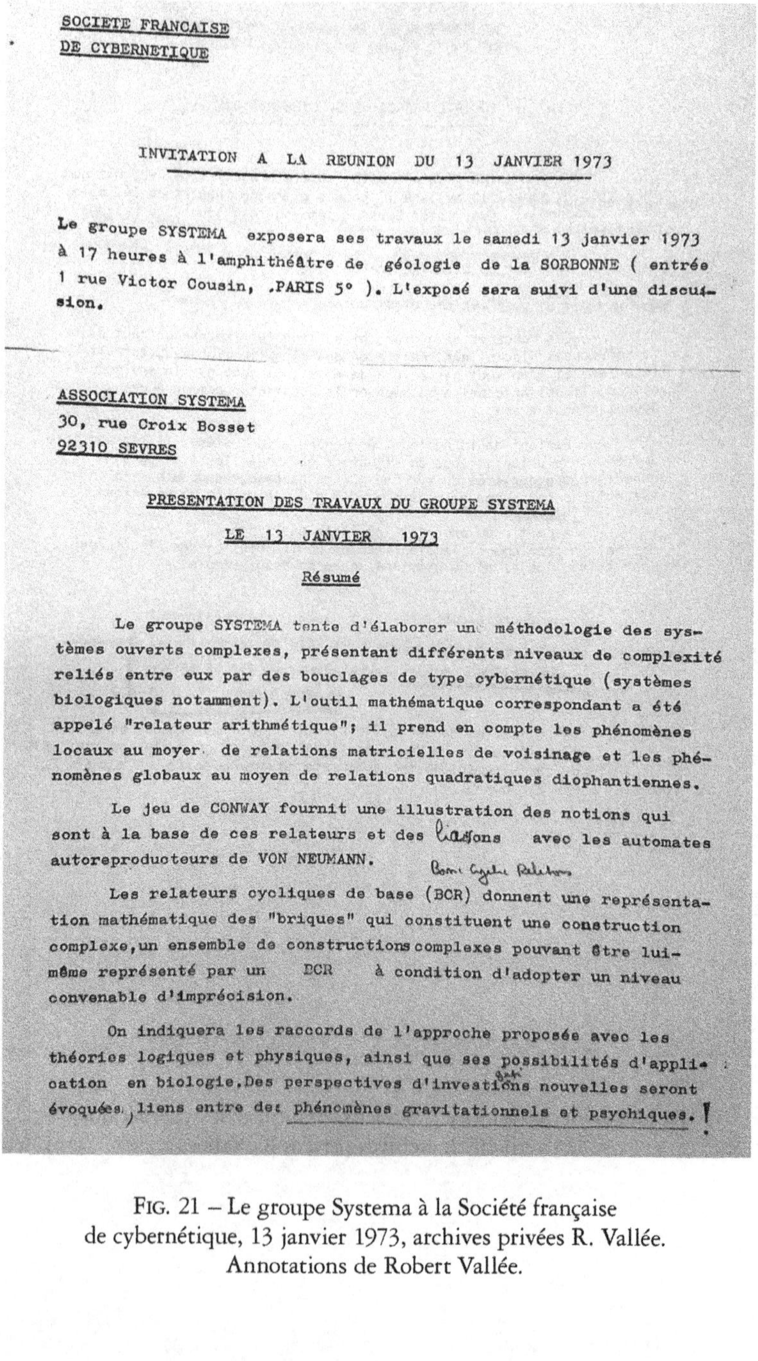

SOCIETE FRANCAISE
DE CYBERNETIQUE

INVITATION A LA REUNION DU 13 JANVIER 1973

Le groupe SYSTEMA exposera ses travaux le samedi 13 janvier 1973 à 17 heures à l'amphithéâtre de géologie de la SORBONNE (entrée 1 rue Victor Cousin, .PARIS 5°). L'exposé sera suivi d'une discussion.

ASSOCIATION SYSTEMA
30, rue Croix Bosset
92310 SEVRES

PRESENTATION DES TRAVAUX DU GROUPE SYSTEMA

LE 13 JANVIER 1973

Résumé

Le groupe SYSTEMA tente d'élaborer une méthodologie des systèmes ouverts complexes, présentant différents niveaux de complexité reliés entre eux par des bouclages de type cybernétique (systèmes biologiques notamment). L'outil mathématique correspondant a été appelé "relateur arithmétique"; il prend en compte les phénomènes locaux au moyen de relations matricielles de voisinage et les phénomènes globaux au moyen de relations quadratiques diophantiennes.

Le jeu de CONWAY fournit une illustration des notions qui sont à la base de ces relateurs et des liaisons avec les automates autoreproducteurs de VON NEUMANN.

Basic Cyclic Relations

Les relateurs cycliques de base (BCR) donnent une représentation mathématique des "briques" qui constituent une construction complexe, un ensemble de constructions complexes pouvant être lui-même représenté par un BCR à condition d'adopter un niveau convenable d'imprécision.

On indiquera les raccords de l'approche proposée avec les théories logiques et physiques, ainsi que ses possibilités d'application en biologie. Des perspectives d'investigations nouvelles seront évoquées, liens entre des phénomènes gravitationnels et psychiques. !

Fig. 21 – Le groupe Systema à la Société française de cybernétique, 13 janvier 1973, archives privées R. Vallée. Annotations de Robert Vallée.

SOCIETE FRANCAISE DE CYBERNETIQUE ET DES SYSTEMES GENERAUX

La première réunion de la Société aura lieu le samedi 19 novembre à 17 heures à la Sorbonne, salle Cavaillès (escalier C, 1er étage à droite et au fond).

Monsieur L. ROMANI traitera le sujet suivant :

ONDES MECONNUES

L'auteur affirme qu'il a constaté personnellement l'existence d'ondes inconnues des physiciens mais probablement utilisées inconsciemment ou empiriquement par les êtres vivants (animaux, sourciers, guérisseurs...). Les constatations sont d'ordres très divers, il s'agit tantôt de faits fortuits, observés par chance, tantôt d'expériences systématiques reproductibles à volonté.

Pour coordonner cet ensemble disparate, l'auteur émet une hypothèse de travail tirée de ses travaux de Physique théorique. Sur cette base il édifie la théorie générale des ondes dans les milieux isotropes et en dégage effectivement une catégorie d'ondes dont on soupçonnait l'existence mais dont la nature n'avait jamais été définie. Leur existence peut expliquer "en gros" tous les faits relatés.

Enfin, l'auteur esquisse un projet de production, filtrage, réception et enregistrement des ondes ainsi identifiées.

D'autres conférences suivront de MM HUANT, PALMADE, LUPASCO, LESOURNE, etc...

Les Secrétaires
A. MOLES
J. DETTON

Le Président
L.J. DELPECH

P. S. - D'une façon générale les réunions ont lieu le deuxième samedi du mois, sauf pour avril et mai où elles ont lieu le troisième.

FIG. 22 – La parapsychologie à la Société française de cybernétique, 19 novembre 1977, archives privées R. Vallée.

ANNEXE VIII

Henri Laborit et la cybernétique (avec un texte inédit de H. Laborit)

QUELQUES REPÈRES

Il existe suffisamment d'ouvrages et de thèses sur la vie et l'œuvre d'Henri Laborit (1914-1995) pour se dispenser d'y revenir ici en détail. D'autant que le court texte inédit qui suit frappe par le fait que le rapport de Laborit à la cybernétique peut servir de fil conducteur central traversant les grandes étapes de sa carrière médicale et scientifique. On se contentera donc d'y apposer quelques commentaires à fins de repérage.

Le texte, sans titre ni date, est manifestement écrit en 1969 en réponse à une demande de Léon-Jacques Delpech (philosophe enseignant alors la psychologie à la Sorbonne, président de la Société française de cybernétique, et ancien membre du Cercle d'études cybernétiques), pour la préparation de son petit livre *La Cybernétique et ses théoriciens*[1]. Le texte de Laborit n'y sera finalement pas utilisé, mais conservé en vue d'une étude ultérieure qui ne verra semble-t-il jamais le jour.

Laborit écrit avoir découvert la cybernétique en 1956. Dans son autobiographie, il précise que c'est à partir du *best seller* de Pierre de Latil, ainsi que d'articles de Couffignal (sans que l'on sache lesquels),

---

1 L.-J. Delpech, *La cybernétique et ses théoriciens*, *op. cit.* « … je suis en train d'écrire, à toute allure, une courte histoire de la cybernétique contemporaine particulièrement en France. Or vous avez participé brillamment à cette aventure intellectuelle. Je serai heureux si vous pouviez me donner d'ici un mois un résumé d'une dizaine de pages sur vos travaux allant dans ce sens […]. Ajoutez ici une notice biographique et une bibliographie » (lettre de L.-J. Delpech à H. Laborit, 16 janvier 1969, fonds Laborit B76). Au moment de cet échange, Delpech et Laborit ne se connaissent pas depuis longtemps, ou pas très bien, à en juger par le ton de la lettre de Laborit à Delpech du 8 octobre 1968 (fonds Laborit, ci-après).

et qu'il a « entraîné [ses collègues] à assimiler cette forme de pensée[2] ». Cependant, c'est seulement à partir de 1958 que ses publications s'inscrivent explicitement dans une démarche cybernétique, comme le montre la comparaison entre deux articles de 1957 et un article de 1958. Les deux premiers[3] traitent de questions de régulation physiologique, cherchant notamment à consolider la thèse que défend alors Laborit d'une autorégulation de la cellule dans son milieu, mais aucune mention n'y est faite de la cybernétique, et plus généralement aucune référence comparative extérieure au domaine. Le troisième[4], au contraire, propose d'introduire l'approche cybernétique en physiologie générale. Et l'on peut donc s'étonner qu'aucune forme préparatoire ne figure dans les deux articles précédents, si ceux-ci ont bien été rédigés après que Laborit ait découvert la cybernétique en 1956 comme il le prétend. Ce délai reste à expliquer ; peut-être Laborit peaufinait-il en parallèle de ses recherches « normales » son nouveau cadre conceptuel, avec le temps requis pour en saisir les implications et ne pas se risquer à en introduire des aspects qui pourraient s'avérer prématurés, ou nécessitant de longues justifications qu'il était plus approprié de garder pour une mise au point à part entière. Celle-ci arrive donc avec l'article de 1958, co-écrit avec son collaborateur le Dr Bernard Weber, et les traités de 1958-1959 affirment en introduction que « dans l'état physiologie idéal, la cellule vivante fonctionne comme un système autorégulé, comme un feed-back des cybernéticiens[5] ».

La cybernétique restera ensuite au premier plan des publications principales de Laborit, dont elle constitue le cadre conceptuel déclaré. C'est évident dans le précis *Physiologie humaine* de 1961[6], dont le premier chapitre « Principes généraux » s'ouvre sur une présentation des concepts cybernétiques, qui reprend en partie le canevas de l'article de 1958, ainsi qu'un appendice un peu spéculatif repris du rapport « Cybernétique

2 H. Laborit, *La Vie antérieure*, Paris : Grasset & Fasquelle, 1989, p. 137.

3 H. Laborit, « Essai d'interprétation du mécanisme physio-biologique assurant l'automatisme de certaines fonctions organiques (automatisme cardiaque en particulier) », *Thérapie*, XII, 1957, p. 846-852 ; « Sur la régulation de l'équilibre hydro-électrolytique », *La Presse médicale*, vol. 65, n° 70, 1957, p. 1567-1569.

4 H. Laborit, B. Weber, « Intérêt de l'application aux régulations physiologiques d'un mode de représentation cybernétique », *La Presse médicale*, vol. 66, n° 79, 1958, p. 1779-1781.

5 H. Laborit, *Bases physio-biologiques et principes généraux de réanimation*, Paris : Masson, 1958, p. 10 ; *Stress and Cellular Function*, Philadelphie : Lippincott, 1959, p. 8.

6 H. Laborit, *Physiologie humaine cellulaire et organique*, Paris : Masson, 1961.

et biologie » que Laborit présente, en septembre de la même année, au troisième Congrès international de cybernétique à Namur, où il est le premier des trois *keynote speakers*[7]. Si la cybernétique est plus discrète dans la somme de 1965 sur *Les régulations métaboliques*[8], l'essai de 1968 *Biologie et structure* contient un chapitre « La cybernétique et la machine humaine[9] », et de façon générale la cybernétique constituera le cadre théorique des essais de l'époque. Le 8 février 1969, Laborit présente *Biologie et structure* au séminaire de la Société française de cybernétique, au moment donc où il prépare pour Delpech le court texte qui suit. « Si j'insiste sur cette période déjà lointaine de mon activité, écrira-t-il vingt ans plus tard, c'est qu'elle transforma profondément notre méthodologie de recherche et notre compréhension des mécanismes du vivant[10] ».

En quoi consiste la cybernétique selon Laborit ? L'article de 1958 voulait insister sur la dimension méthodologique :

> … cette méthodologie est capable de nous aider :
> 1° À poser correctement et graphiquement les données d'un problème et à en exprimer clairement la solution ;
> 2° À intégrer de ce fait des corrélations dont la complexité rend souvent la synthèse difficile et à en suivre de façon simple les conséquences plus ou moins lointaines ;
> 3° À mettre en évidence certains faits et l'intérêt de certains protocoles expérimentaux ;
> 4° À préciser et à mieux satisfaire la finalité interne des organismes complexes, tels que l'organisme humain[11].

L'aspect méthodologique repose en fait essentiellement sur l'établissement de schémas des systèmes dont il s'agit d'étudier le métabolisme. Comme son ami Jacques Sauvan, Laborit reprend la codification diagrammatique proposée par de Latil. C'est ainsi que des

7 H. Laborit, « Cybernétique et biologie », *3e Congrès international de cybernétique*, Namur : Association internationale de cybernétique, 1965, p. 3-26.

8 H. Laborit, *Les régulations métaboliques*, Paris : Masson, 1965, p. 11.

9 H. Laborit, *Biologie et structure*, Paris : Gallimard, 1968 ; le chapitre « La cybernétique et la machine humaine » a été publié initialement dans le numéro de septembre 1967 de la *BP Review* (magazine d'entreprise de la British Petroleum, qui a consacré quatre numéros successifs à la cybernétique) ; l'ensemble a été republié en 1968 dans le recueil de vulgarisation *Le Dossier de la cybernétique* chez Marabout.

10 H. Laborit, *La Vie antérieure*, *op. cit.*, p. 141-143.

11 H. Laborit, B. Weber, « Intérêt de l'application aux régulations physiologiques d'un mode de représentation cybernétique », *op. cit.*, p. 1781.

schémas élémentaires tirés d'un ouvrage à mi-chemin entre essai et vulgarisation deviennent la grammaire d'une véritable entreprise de reformulation de la physiologie. Cette dimension graphique convenait manifestement très bien au style cognitif de Laborit[12]. Mais il s'agit d'en faire une méthode, qui puisse être transmise, adoptée et adaptée.

> Nous voudrions montrer que l'utilisation d'un mode de représentation clair fournit déjà au biologiste un instrument de travail efficace. Il l'oblige à poser de façon précise les données des problèmes qu'il se propose de résoudre, et lui permet l'intégration et la visualisation de fonctionnements autorégulés dans la complexité desquels il risque souvent de se perdre[13].

Ainsi le diagramme facilite, sinon force deux choses : d'une part l'explicitation des éléments du raisonnement, et d'autre part le périmètre fonctionnel de référence (que Laborit appellera « niveaux d'organisation » : il s'agit donc pour le biologiste d'identifier à quel niveau il se situe dans une hiérarchie d'unités fonctionnelles imbriquées comme des poupées russes, pour ne pas risquer de rater la façon dont chaque unité est impliquée dans des rapports de commande avec les unités de niveaux inférieur et supérieur). La cybernétique, ici, consiste donc surtout à styliser le raisonnement physiologique traditionnel, à en extraire la substantifique moelle : « la notion de niveau d'organisation est inconnue aux traités classiques[14] ». Or, ajoute Laborit, « la représentation cybernétique devrait être appelée à devenir ainsi pour nous ce qu'est l'algèbre pour le mathématicien[15] ». Évidemment, la grande différence est qu'une algèbre fournit des règles opératoires, ce qui n'est pas le cas d'une simple

12 En école de médecine militaire, raconte-t-il, « Je paraissais curieux à mes condisciples et certains de mes comportements étaient considérés comme assez étranges. […] Le fait de tout dessiner, avec des schémas compréhensibles pour moi seul. Nanti d'une bonne mémoire visuelle, j'avais depuis longtemps compris que l'on retient plus facilement un dessin que quarante pages d'un livre. La difficulté était de transformer en schémas l'ensemble de la pathologie. Je passais autant de temps à imaginer mes schémas que d'autres à apprendre leurs questions écrites. [en note] Je continue aujourd'hui à tout dessiner. En lisant un article de biochimie, physiologie ou toute autre discipline, je traduis sur une feuille blanche le texte en schéma, avec régulations positives et négatives » (H. Laborit, *La Vie antérieure*, *op. cit.*, p. 39).

13 H. Laborit, B. Weber, *op. cit.*, p. 1779.

14 H. Laborit, *La Vie antérieure*, *op. cit.*, p. 213.

15 *ibid.*, p. 1779 ; et *Physiologie humaine*, *op. cit.*, p. 3 : « La représentation cybernétique appelée à devenir, croyons-nous, pour le physiologiste ce qu'est l'algèbre pour le mathématicien, fournira également à l'étudiant un moyen mnémotechnique commode ».

codification graphique comme dans le cas présent. Laborit, pourtant, se référera ultérieurement plusieurs fois à la « théorie mathématique des ensembles », d'une façon qui peut laisser perplexe puisqu'il n'en a, semble-t-il, jamais fait usage (mathématiquement parlant) :

> [Une] notion qu'il nous paraît important d'exprimer : c'est la nécessité en biologie de rechercher avant tout la mise en évidence des structures, c'est-à-dire des relations existant entre les éléments dont la réunion constitue des sous-ensembles et des ensembles à différents niveau d'organisation. La théorie mathématique des ensembles et la méthodologie cybernétique nous ont beaucoup aidé dans la schématisation de ces structures[16].

Ce terme de « structure » vient ainsi au premier plan avec *Biologie et structure*[17]. Il ne peut qu'interroger dans le contexte d'alors. Le rapport avec la vogue du structuralisme ou avec Bourbaki semble pour le moins approximatif (quel sens peut bien en effet avoir le concept de structure en théorie mathématique des ensembles, si ce n'est celui défini par Bourbaki ?). Aucun rapport, d'autre part, avec les tentatives pour importer une méthode axiomatique, ensembliste, en biologie mathématique (notamment par Sommerhoff, mais aussi par Ashby, dont Laborit cite pourtant occasionnellement l'*Introduction à la cybernétique*). En fait, l'intérêt de Laborit pour cette référence tient peut-être à son intérêt pour la « sémantique générale » d'Alfred Korzybski, qui fait un usage intensif du terme « structure ». Laborit, qui est membre de l'Institut de sémantique générale, est en 1963 le conférencier du discours commémoratif annuel en l'honneur de Korzybski : son exposé est consacré au « rôle de la théorie mathématique des ensembles pour les besoins de la généralisation dans la recherche biologique[18] ». Dans cet exposé, pourtant, comme ailleurs, nulle mathématique (on ne

16 H. Laborit, *Les régulations métaboliques*, *op. cit.*, p. 11.

17 « Un mot reviendra dans cet ouvrage de façon lassante. Nous n'avons pu faire autrement. C'est le modèle sémantique d'un concept essentiel. Il est donc nécessaire d'en donner d'abord une définition qui nous assurera de la précision de l'information transmise grâce à lui. Il s'agit du mot "structure". Nous emprunterons sa définition à la théorie des ensembles. Une structure est alors "l'ensemble des relations existant entre les éléments d'un ensemble" (….) » (H. Laborit, *Biologie et structure*, *op. cit.*, avant-propos).

18 H. Laborit, « The Need for Generalization in Biological Research : Role of the Mathematical Theory of Ensembles », Alfred Korzybski Memorial Lecture 1963, *General Semantics Bulletin* n° 30-31, 1963-1964, p. 7-15. Parmi les conférenciers invités les autres années, on trouve notamment Gregory Bateson (1970), W. McCulloch (1960), l'anthropologue Clyde

peut qualifier ainsi le diagramme de Venn pédagogique au début de *La Nouvelle grille*[19]). On peut rappeler que parmi ses interlocuteurs, Couffignal (dont il cite souvent la définition de la cybernétique comme « art de rendre efficace l'action », et à qui il ouvre les colonnes de sa revue *Agressologie*) est très hostile à la biomathématique ; mais alors que Couffignal a tiré argument de la distance que Laborit a conservé avec les mathématiques[20], ce dernier exprime en fait, dans le texte inédit qui suit, le regret que son manque de culture mathématique ne lui aie pas permis d'exploiter tout le potentiel de la cybernétique. C'est aussi autour de Laborit que se noue au début des années 1970 un lien entre son élève neurophysiologiste Bernard Calvino et le groupe Systema, qui va poursuivre une activité de modélisation et de simulation informatique fondée sur l'idée des niveaux d'organisation imbriqués ; contacté par l'informaticien Daniel Verney de Systema, par l'intermédiaire d'un ingénieur de la Marine, Laborit – qui est initialement chirurgien de la Marine, comme son ami Jacques Sauvan – aurait accueilli quelques réunions initiales chez lui[21]. Il y a donc ici passage de relais entre la biocybernétique « qualitative » de Laborit et l'un des groupuscules noyaux de la future Société française de biologie théorique, très portée sur la modélisation mathématique. Il n'échappera pas toutefois combien cette idée de hiérarchie de systèmes organisés est alors dans l'air du temps, que l'on pense à la théorie de l'« intégron » de François Jacob, à la « systémologie générale » de Bertalanffy, etc. Par ailleurs, Laborit semble être resté étranger et indifférent à la culture des ingénieurs, puisqu'il attribue apparemment le terme « servomécanisme » à de Latil[22].

L'apport de la cybernétique à Laborit, dès le départ, ne se limite pas du tout à la dimension méthodologique. Bien que cela reste plus implicite dans l'article de 1958, s'affirme ensuite clairement un recours aux concepts cybernétiques à des fins de discussion des fondements théoriques de la biologie. Il y a indubitablement chez Laborit une

Kluckhohn de Harvard (1956), et le philosophe Filmer Northrop de Yale (1954), tous deux également participants aux conférences Macy de cybernétique quelques années plus tôt.

19 H. Laborit, *La Nouvelle grille*, Paris : Gallimard, 1974, p. 21.

20 L. Couffignal, « L'automatisme des systèmes non mécaniques », *op. cit.* (*cf.* p. 315, note 32).

21 Entretien avec B. Calvino, 25 février 2014 (chapitre 6, p. ###) ; entretien avec D. Verney, 26 février 2016.

22 H. Laborit, *La Vie antérieure*, *op. cit.*, p. 138.

propension à la théorisation et à la spéculation (la frontière entre les deux étant mince), qui a pu lui être reprochée déjà à propos de ses travaux médicaux[23] – pour ne rien dire des essais d'après 1968, qui s'aventurent allègrement à dresser une fresque allant de l'origine de la vie sur terre à la vie sociale, politique et morale des êtres humains[24]. Laborit cherche et revendique une vue unifiée, de la vie, du monde, et de l'univers, et c'est principalement à la cybernétique qu'il va confier ce rôle de liant, de paradigme unificateur. Mais avant cela, c'est déjà dans ses publications biologiques et médicales que Laborit utilise les concepts cybernétiques pour discuter et réinterpréter des postulats théoriques fondamentaux. Ainsi dans l'article de 1958, qui se présente pourtant comme un article méthodologique :

> Munis de ces éléments schématisés, nous devons d'abord nous demander quelle est la finalité d'un organisme vivant. Depuis Claude Bernard, on a répété que c'était le maintien de la constance des conditions de vie dans le milieu intérieur, l'homéostasie de Cannon. Or nous devons constater qu'en physiopathologie cette constance disparaît, [...] le maintien de cette « constance » (qui fait, on le devine, forcément appel à des systèmes autorégulés) n'est simplement que le moyen de réaliser la vraie finalité. *Celle-ci est le maintien du degré d'organisation de la matière vivante* malgré et contre la tendance au nivellement, à l'entropie[25].

Cette remise en question du postulat bernardien, c'est à sa pratique chirurgicale que Laborit la doit : les blessés graves, en état de choc, meurent lorsqu'on laisse l'organisme mobiliser ses défenses correctives naturelles. Pour éviter cela, il faut « débrancher » le système nerveux central qui contrôle ces mécanismes. Cette leçon empirique, qui débouche sur une modernisation considérable de la pratique de l'anesthésie, ne doit rien à la cybernétique ; mais cette dernière, en obligeant à expliciter les fonctions, les finalités des divers systèmes imbriqués, oblige en fait par la même occasion des décisions théoriques. C'est en substance le message du texte inédit qui suit. On peut même ajouter qu'en découle une conception de la maladie : l'agression dérègle la synergie des fonctions

---

23 Voir par exemple le compte rendu de l'un de ses livres dans *The Quarterly Review of Biology*, vol. 31, n° 3, 1956, p. 230.

24 C'est aussi l'époque du « Groupe des Dix » auquel Laborit participe jusqu'en 1975, aux côtés notamment de J. Sauvan, H. Atlan, J. Monod, et où il sera beaucoup question de cybernétique pour des discussions sur les rapports entre science et politique (*cf.* B. Chamak, *Le Groupe des dix*, *op. cit.*).

25 H. Laborit, B. Weber, *op. cit.*, p. 1779.

biologiques jusqu'au conflit. La méthode est ainsi connectée à la théorie. On ne peut que remarquer la position originale de cette physiologie cybernétique « non bernardienne » (au sens où l'on parle de géométrie non euclidienne), alors même que tout le monde à l'époque veut souligner la continuité entre Bernard, Cannon et Wiener. Laborit préfère Le Chatelier : « … cette courte description des régulateurs n'est autre que la description graphique du principe énoncé en 1884 par Le Chatelier qui indique que "toute variation de l'un des facteurs d'un équilibre tend à produire une variation de l'état d'équilibre dans un sens tel qu'il en résulte une variation en sens contraire du facteur considéré[26]" ».

> Il semble bien que l'on puisse considérer que le caractère essentiel de l'être vivant réside dans le maintien de sa structure différenciée au sien du milieu extérieur moins organisé. […] La finalité découle en définitive du principe d'équilibre de Le Chatelier. […] Le but d'un fil de cuivre dans un circuit électrique peut être de conduire le courant. s'il est séparé de sa source d'énergie, il n'en demeure pas moins fil de cuivre, sa structure ne varie pas bien que sa finalité ait disparu. Un organisme vivant par contre, qui ne réalise plus sa finalité, est un cadavre. Sa structure disparaît avec la disparition de l'action finalisée[27].

Cette réinterprétation cybernétique de la biologie – on notera le contraste avec François Jacob, qui, bien que suivant une ligne de pensée très comparable, évacuera la notion de vie de sa définition de la biologie – donne l'occasion à Laborit de formules typiquement provocatrices :

> La biologie ne peut se réduire à la thermodynamique et il a fallu la naissance de la théorie de l'information et des lois structurales avec leur dynamique, la cybernétique, pour qu'elle puisse prendre naissance. L'information n'est ni énergie, ni matière, et la vie est une mise « en forme » de celles-ci. C'est pourquoi l'on peut dire que la biologie n'a guère plus de trente ans d'existence et que dans ce domaine la biologie du fonctionnement nerveux a moins de vingt ans[28].

Cependant, la cybernétique n'est pas pour Laborit la seule perspective unitaire sur la physiologie, qui toute entière « pourrait être résumée […] en disant qu'elle consiste en une ionisation de la molécule d'hydrogène[29] ».

---

26 H. Laborit, *Physiologie humaine*, *op. cit.*, p. 5-6.
27 *ibid.*, p. 7-8.
28 H. Laborit, lettre du 28 septembre 1970 (destinataire inconnu), fonds Laborit B159.
29 H. Laborit, « Cybernétique et biologie », *op. cit.*, p. 7 ; de même : « …la vie nous apparaît comme l'ionisation dans la cellule de la molécule d'hydrogène apportée par les substrats » (H. Laborit, *Physiologie humaine*, *op. cit.*, p. 1).

Le texte inédit qui suit a l'intérêt de montrer que, dans l'œuvre de Laborit, la cybernétique n'est pas reléguée tardivement à la spéculation au détriment de la méthodologie : les publications pourraient suggérer en effet que la cybernétique n'intervient plus que pour la théorisation dans les essais à partir de 1968 (où Laborit s'aventure désormais bien au-delà de la biologie), et plus du tout dans ses activités de recherche neuropharmacologique. Laborit affirme ici au contraire que le mode de pensée fonctionnaliste, dont il trouve avec la cybernétique la forme la plus claire, participe à la réflexion de mise au point de molécules.

In fine, même si l'on souhaite s'en tenir à ce qui concerne l'histoire de la cybernétique en France, il est difficile d'ignorer la biographie mouvementée de Laborit. L'ostracisation dont il s'est plaint aurait entretenu un rapport étroit avec son interdisciplinarité[30], qui a commencé dans sa pratique médicale avant de se propager à la recherche scientifique. Laborit lie directement le cloisonnement disciplinaire qu'il dénonce à sa théorie des niveaux d'organisation : « ... chaque spécialiste ne fait autre chose que [...] d'observer un niveau d'organisation isolé[31] ». Quoiqu'on pense de l'animosité dont il a pu faire l'objet, on peut s'interroger sur les conséquences qu'elle a pu avoir sur le développement de la biocybernétique en France, notamment dès lors que Laborit va s'investir plus particulièrement dans la neurobiologie naissante. La cybernétique de Laborit, avec ses schémas latiliens arrondis, et la cybernétique des neurophysiologistes (*cf.* chapitre 6), avec ses schémas rectangulaires d'ingénieurs, semblent être restées deux mondes longtemps séparés.

30 « Or, si j'avais continué dans la voir chirurgicale, [...] personne n'y aurait rien trouvé à redire. Mais je me mêlais de faire de la biochimie, de la physiologie, de la pharmacologie, de trouver des choses et de les dire, alors que je n'étais pas compétent puisque non "certifié" dans ces disciplines » (H. Laborit, *La Vie antérieure*, *op. cit.*, p. 139). « Écrire en 1960 un traité de physiologie (alors qu'à l'époque le dernier en date était le *Hedon* datant de 1923) et avoir l'audace de commencer sa rédaction par un chapitre d'éléments de cybernétique, cela sans être professeur titulaire d'une chaire de physiologie, était insupportable » (*ibid.*, p. 213).

31 *ibid.*, p. 144.

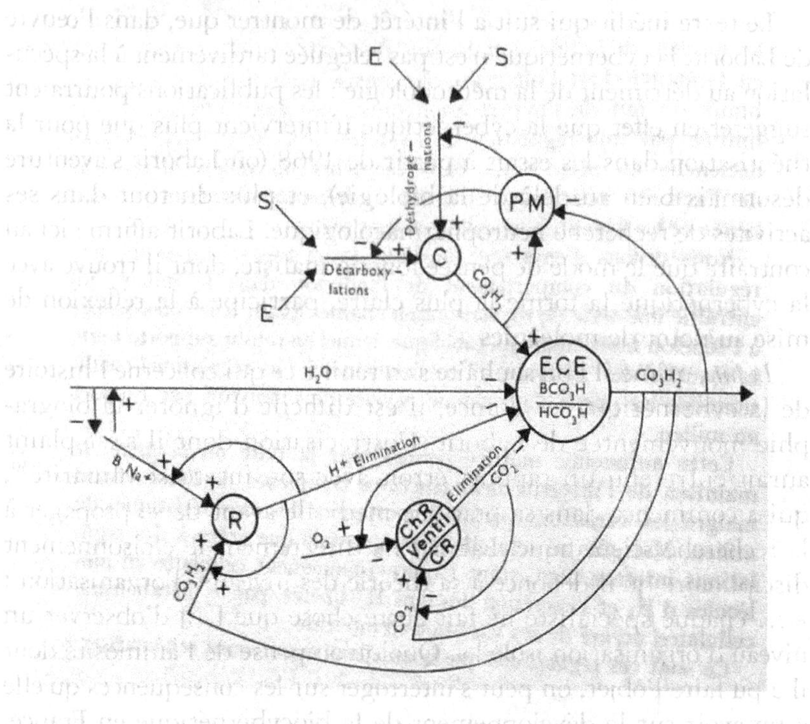

FIG. 23 – Fonctionnement métabolique cellulaire,
avec les conventions graphiques de P. de Latil.
(H. Laborit, « Biologie et cybernétique », op. cit., p. 18).

UN TEXTE INÉDIT DE H. LABORIT (1969)

La cybernétique est née en 1943 de la réunion de mathématiciens comme Wiener et de neurophysiologistes comme Lorente de No, Rosenblueth, McCulloch. C'est que le fonctionnement du système nerveux met en jeu et en évidence pour les observateurs inopinés qu'ils étaient, de multiples rétroactions (feed-back) et systèmes régulés. En France en 1942 une même conjonction réunissait ans le laboratoire de Louis Lapicque, neurophysiologiste, des mathématiciens comme Louis Couffignal. À partir de 1947 la cybernétique avec son manifeste signé de Wiener continua de s'orienter de la neurophysiologie à la psychologie, puis à la sociologie, et l'économie. Lorsqu'en 1956 nous avons pris connaissance de ces premiers travaux, notre orientation propre, nous dirigea d'abord vers la physiologie générale, plutôt que la neurophysiologie, et pendant deux années avec nos collaborateurs, B. Weber en particulier, nous prîmes plaisir à pourchasser les régulations physiologiques à travers tout l'organisme, à les {mettre}[32] *en schéma. Nous trouvions à ce jeu un premier {intérêt} : celui de poser correctement de façon {graphique} les éléments d'une régulation. Nous avons exprimé ces aspects dynamiques de la physiologie dans plusieurs articles publiés en France (Laborit 1957a et b, Laborit 1958, Laborit et Weber 1958), en Amérique (Laborit 1958), puis à la société internationale de cybernétique (1958) dans un congrès de cette société où l'on me confia la rédaction d'un rapport sur « Biologie et cybernétique » (1961). | La même année nous faisions paraître chez Masson un traité de physiologie cellulaire et organique, dont le premier chapitre expose les principes généraux des régulations sous leur aspect cybernétique et dont tous les chapitres font appel ensuite aux schémas montrant l'aspect dynamique des faits physiologiques sous leur forme cybernétique.*

Mais dès cette époque nous avons compris que, s'il pouvait être intéressant tant du point de vue mnémotechnique que doctrinal de préciser les principales régulations, il s'agissait là d'un travail qui ne serait jamais fini, car il n'existe pas de fait physiologique ou biologique qui ne fasse appel à une régulation. Il n'est que de se baisser pour en ramasser. Les congrès de médecine cybernétique qui se multiplient en apportent la preuve, par la multitude de régulations rapportées. Cela résulte notamment du fait que l'Homme ne peut espérer atteindre l'« ensemble » des relations existant entre les « éléments » d'un ensemble dynamique. D'autre part nous étions amenés à constater que des régulations existant à chaque niveau

32 Les mots au déchiffrage incertain sont placés entre accolades.

d'organisation de la nature vivante depuis la réaction enzymatique jusqu'au comportement et dépassant même le comportement individuel que les régulations {envahissaient} le comportement des groupes sociaux et des sociétés humaines. À tel point que l'on peut se demander si l'approche cybernétique des problèmes sociaux et économiques entrepris dans l'ignorance des régulations existant à des niveaux de complexité moindre est logique.

C'est alors que nous avons compris la relativité de l'intérêt des « régulateurs ». Obnubilés comme bien d'autres | par le régulateur à boule de Watt, le baille-grain, le thermostat, le pilote automatique et toute l'imagerie de la vulgarisation cybernétique naissante, nous n'avions pas encore correctement réalisé l'importance du servo-mécanisme tel qu'il a été correctement défini par de Latil et semble-t-il pour la première fois, à savoir : « qu'il se distingue d'un régulateur en ceci que la commande intervient, en venant de l'extérieur du moteur, pour agir sur la boucle rétro-active ». Cette notion nous est apparue alors essentielle en biologie car chaque système régulé se trouve dépendre d'une commande extérieure à lui et émanant du niveau d'organisation immédiatement supérieur. En schématisant on peut dire que la réaction enzymatique dépend de la chaîne métabolique à laquelle elle appartient, que celle-ci dépend de l'activité énergétique demandée à l'élément cellulaire, qui dépend elle-même de celle exigée de l'organe auquel il appartient. L'organe a son activité variable régulée par celle des systèmes dont l'activité elle-même dépend de celle de l'organisme. Celui-ci enfin présente une activité qui dépend de l'environnement. {Entre} chaque niveau d'organisation chaque régulateur est transformé en servo-mécanisme par une commande de la régulation qui prend ses {informations} à l'extérieur du système.

Cette notion est à notre avis essentielle – non seulement parce qu'elle permet de « structurer » dynamiquement l'organisme, c'est-à-dire de décrire les relations existant entre ses éléments, de constituer des éléments qui réalisent eux-mêmes | les sous-ensembles d'ensembles plus vastes et ainsi de suite, de niveaux d'organisation en niveaux d'organisation, mais encore parce qu'à chaque étape elle oblige à définir la finalité du système observé. Comme l'a dit Couffignal, pour agir un effecteur a besoin d'un but. Définir ce but est souvent très éclairant en physiologie. Pour ne prendre qu'un exemple entre des milliers d'autres, la régulation des valeurs de la pression artérielle aurait-elle pour but de maintenir celle-ci à une valeur de 12-8 ? On pourrait le penser si l'on en juge par le nombre de cliniciens qui jusqu'à aujourd'hui, en présence d'une chute de cette pression, s'efforce de la restaurer cette valeur par des vasopresseurs élevant par vaso-constriction la résistance vasculaire. C'est n'envisager que le fonctionnement du régulateur isolé de l'ensemble organique. Le maintien d'une certaine valeur de la pression artérielle a pour finalité le maintien d'un certain débit de perfusion des organes et les vaso-constricteurs {infectés} ne rétablissent une valeur normale qu'en {éliminant} ce débit de perfusion de façon catastrophique au niveau d'organes indispensables comme le foie et le rein. Leur emploi résulte d'une erreur d'appréciation de la finalité du système cardio-musculaire.

Cette recherche de la finalité des effecteurs amène à la correction de notions apparemment solidement établies, d'autant plus qu'elles ont été émises à une certaine époque de l'évolution des sciences biologiques par une personnalité plus marquante. C'est ainsi que celle émise par Claude Bernard assurant que « tous les processus vitaux n'ont qu'un but : le maintien de la constance des conditions de vie dans le milieu intérieur », le maintien de l'homéostasie comme la qualifiera plus tard Cannon a eu, à côté de conséquences | fructueuses, des conséquences moins bénéfiques. Elle a conduit à considérer que, l'homéostasie du milieu intérieur paraissant nécessaire à la vie et les réactions correctives à une agression devant, suivant Claude Bernard, n'avoir pour but que le maintien de l'homéostasie, ces réactions constituaient des « moyens de défense » de l'homéostasie, donc de la vie. Or l'étude des faits physio-pathologiques montre que ces réactions au contraire détruisent l'homéostasie du milieu intérieur, comme l'hypoglycémie, l'acidose, l'hypercoagulabilité, l'hyperazotémie, etc. en apportent la preuve. Les protéger, les défendre, les accroître, ce qui fut le but de la thérapeutique classique, résulte donc encore d'une erreur sur la pluralité des systèmes de régulations. Ceci nous a conduit à considérer que à côté d'une homéostasie que nous avons appelée « retreinte » par ce que effectivement restreinte au milieu intérieur, il fallait envisager une homéostasie {« personnalisée »} de l'organisme dans l'environnement. Si l'homéostasie restreinte permet l'accomplissement des activités métaboliques cellulaires dans les environnements dont les valeurs physico-chimiques, énergétiques, ne valent que dans un domaine restreint, elle n'est plus d'aucun secours quand ces dernières s'éloignent des valeurs auxquelles l'organisme est adapté. Le « programme » des mécanismes régulateurs change bien que sa finalité reste la même, à savoir la survie de l'individu. Mais alors que cette survie était assurée jusque là par l'homéostasie du milieu intérieur, elle ne devient possible | que par une action directe de l'organisme sur le milieu, par son autonomie motrice, lui donnant la possibilité soit de fuir l'environnement anormal, soit d'en rétablir la normalité. Grâce à cette attitude nouvelle, obtenue grâce au sacrifice temporaire de son homéostasie « retreinte », il pourra secondairement rétablir celle-ci et retrouver des conditions normales de survie dans l'environnement. La finalité des régulations physiologiques demeure donc bien la survie de l'organisme, mais elle ne passe plus directement parle moyen que constitue « le maintien de la constance des conditions de vie dans le milieu intérieur ». le moyen rétabli devient alors l'autonomie motrice par rapport à l'environnement. Si ce moyen s'avère inopérant, les réactions mises en jeu, perturbatrices de l'homéostasie « restreinte » deviennent dangereuses pour la survie tissulaire et organique. Si d'autre part une intervention extérieure au système organisme-environnement, en l'occurrence le thérapeute, se charge de rétablir les caractéristiques normales de l'environnement, d'en faire disparaître l'agressivité, ces réactions dangereuses deviendront également inutiles. D'où une {attitude} thérapeutique nouvelle qui au lieu de les {fortifier} ou de les accroître consiste au contraire à les minimiser ou les supprimer. C'est le but que se proposent les techniques de neuroplégie et d'hibernation artificielle.

La recherche des régulations nous aura également conduit sous l'aspect dominant des servo-mécanismes à découvrir leur importance à l'échelon du métabolisme cellulaire et à décrire en particulier | celui existant entre les processus de libération énergétique et ceux de mise en réserve d'énergie potentielle. Les mécanismes de ces régulations, les structures métaboliques qui leur sont associées a fait l'objet de notre ouvrage Les régulations métaboliques *(1965) et a orienté notre recherche depuis près de dix ans tant en biologie, qu'en physiologie et pharmacologie.*

En neurophysiologie et neuropsychopharmacologie elle nous a orienté différemment des premiers cybernéticiens sans doute du fait du développement entre temps de la biologie du système nerveux central. Nous avons été moins attiré par l'organisation neurophysiologique proprement dite que par l'aspect cybernétique des régulations métaboliques des différentes structures cérébrales. Ces recherches nous ont conduit à donner à la {névroglie} une importance physiologique qu'elle n'avait pas et à bâtir autour de ses rapports avec le neurone une biophysiologie du couple {neurono-névroglique} qui, bien qu'encore récente, a éclairé déjà pour nous bien des problèmes complexes, tels que [la] celui de la douleur ou du sommeil – tout en nous suggérant la synthèse de nouvelles molécules chimiques à activité psychotrope et au mécanisme d'action original, tel que le GHB *ou l'*Ag246.

*Cette orientation de notre travail se trouvera exprimée dans un ouvrage qui paraîtra chez Masson prochainement | (*Neurophysiologie. Aspects métaboliques et pharmacologiques*). Il vise à dégager la neurophysiologie de l'étude exclusive de l'action neuronale, en montrant la nécessité d'envisager le couple {neurono-névroglique}.*

La méthode des modèles qui est un acquis direct de la cybernétique nous a été également utile dans cette recherche. Compte tenu de la mise en évidence d'analogies de structure métabolique entre éléments centraux et périphériques nous avons pu établir une pharmacologie dissociative sur des modèles périphériques, {organes isolés [illisible]} dont l'exploration spécifique était plus simple et nous servir des informations acquises grâce à eux, pour induire du comportement d'éléments centraux indissociables.

[paragraphe inséré] Enfin c'est sans doute à la cybernétique que nous devons d'avoir compris le danger de la notion d'équilibre appliquée aux systèmes vivants, des plus simples aux plus complexes. L'équilibre concevable pour une réaction enzymatique isolée in vitro n'est plus applicable à une chaîne de réactions dans un système ouvert comme celui que représentent les processus vivants. Dans l'équilibre aucune évolution n'est possible, aucune adaptation aux variables de l'environnement non plus. À chaque niveau d'organisation de la matière vivante l'équilibre ne peut se concevoir que par action du système régulé sur son environnement, si bien que d'étape en étape on aboutit à l'équilibre de l'espèce humaine dans son environnement cosmique. Mais avant d'en arriver là, le danger de la notion d'équilibre réside dans le jugement de valeur qui lui est attaché inconsciemment, tout équilibre étant considéré comme favorable, du fait qu'il exprime le maintien d'une situation acquise. Du point de vue social en particulier, un super équilibre est un état idéal car il ne peut être à l'origine d'aucune révolte, d'aucune perturbation du milieu social dans lequel il est inséré. Autant dire qu'il est la négation de toute évolution.]

Pour conclure, avec le léger recul de plusieurs années nous avons conscience d'avoir bien mal exploité la cybernétique. Elle ne nous a pas permis, sans doute du fait de l'insuffisance de notre culture mathématique, de mathématiser les faits biologiques, ce qui fut et reste le désir de nombreux cybernéticiens et permettrait de faire pénétrer les œuvres de la vie dans le royaume des sciences exactes. Mais nous lui sommes reconnaissant de nous avoir libéré de certaines conceptions inexactes, statiques et ce faisant de nous avoir fourni une conception plus vaste, plus cohérente et plus dynamique du monde vivant. N'ayant pas aucune propension particulière au prosélytisme, nous n'essayerons pas de convaincre que notre mode d'emploi peut être de quelque intérêt pour d'autres que pour nous. Il nous suffit de savoir qu'il a rendu notre recherche plus efficace, mais à partir du moment où un certain état d'esprit | qui découle de sa pratique se met à ordonner notre comportement, il devient impossible de définir les limites de ce que l'on doit à la cybernétique, tant elle ne paraît être qu'une façon d'exprimer la vie elle-même. Avec la notion d'information, d'entropie et de structure, elle a transformé notre compréhension du monde, et doit donc transformer notre action sur lui.

Archives Henri Laborit, Faculté de médecine de Créteil, B76.

Paris, le 8 Octobre 1968

Monsieur le Professeur DELPECH
82 Boulevard du Port-Royal
PARIS.

Cher Monsieur,

Comme suite à notre conversation téléphonique, je vous exprime par écrit le souhait que la méthodologie et la forme de pensée cybernétique puissent être enseignées en France sur une large échelle, ce qui correspond je crois à votre opinion personnelle.

Il ne s'agirait certes pas de décrire dans des disciplines variées le rôle des régulateurs et du servo mécanisme, mais bien plutôt de fournir à un large public un mode de pensée permettant, dans des disciplines variées, de découvrir les régulations et d'en inventer d'autres. Il est fort probable que la pensée cybernétique est à notre époque un des moyens essentiels de transformer le comportement individuel et collectif.

En espérant que vous réussirez dans votre entreprise, je vous prie de croire, Cher Monsieur, à mon fidèle dévouement.

Dr. H. LABORIT

FIG. 24 – H. Laborit à L.-J. Delpech, 8 octobre 1968, fonds Laborit, B159.

ANNEXE IX

DRME

REUNION DU 24 JUIN 1965

LA COMMANDE NEURO - MUSCULAIRE

Le Professeur FESSARD, du Collège de France, présidait la réunion.

Participants : Professeur ALBE-FESSARD (Faculté Sciences PARIS),
Monsieur ANGERS (C.E.R.A.),
Monsieur DEHORS (Faculté Sciences LILLE),
Monsieur DONJON (S.F.I.M.),
Monsieur GERARDIN (Cie. Française THOMSON-HOUSTON),
Ingénieur en Chef GILLE (E.N.S.A.),
Professeur LAPORTE (Faculté Médecine TOULOUSE),
Monsieur LEFEVRE (C.E.R.A.),
Monsieur NIGOUL (E.L.E.C.M.A.),
Monsieur POULIQUEN (C.E.R.A.),
Docteur SAUVAN (S.N.E.C.M.A.),
Docteur TABARY (Faculté Médecine PARIS),
Madame TARDIEU (I.N.S.E.R.M.),
Monsieur VIDAL (Faculté des Sciences LILLE),

Médecin Principal BOURCART,)
Médecin Commandant GRANIER,) DRME/DRS - Division BIOLOGIE
Ingénieur Principal du Génie Maritime NICOLAS (C.P.E.),
Monsieur ATLAN,)
Monsieur BERTHON,)
Monsieur CONTESSE,)
Monsieur GUILLET,)
Monsieur HAYAT,) Groupe BIONIQUE.
Monsieur HENRY,)
Monsieur POUYET,)
Monsieur PRIGENT.)

FIG. 25 – Réunion du 24 juin 1965,
projet « commande neuro-musculaire ».
© MINARM, Service historique de la Défense,
Châtellerault, AA 217 1F1 5169.

UNIVERSITÉ DE PARIS
FACULTÉ DES SCIENCES

Physiologie des
Centres Nerveux

4, Av. Gordon-Bennett, PARIS-XVI°
Téléphone : MOLitor 00-62

Paris le 12 septembre 1966

Le Professeur D. ALBE-FESSARD
à
Monsieur le Directeur de la
Division de Biologie de la D.R.ME

Monsieur le Directeur,

Vous m'avez demandé mon avis sur la valeur du projet de recherche sur la Régulation des Commandes Neuromusculaires, qui vous a été soumis par un groupe comprenant des automaticiens (Contrat PELEGRIN - RICHALET) et des physiologistes (Contrat LAPORTE) travaillant en collaboration.

J'ai eu la possibilité, ainsi que mon mari, de suivre ce travail de très près et de constater l'intérêt qu'il a déjà suscité à l'étranger dans les milieux qui s'occupent de cette question, en Angleterre notamment; interêt qui semble d'ailleurs y avoir fait naitre un certain esprit de compétition.

Il est certain qu'en France ce groupe est de beaucoup le mieux placé pour d'une part établir la réalité des faits sur les propriétés des récepteurs de tension et de vitesse liés aux muscles(Professeur Y.Laporte, dont la réputation internationale est notoire), et d'autre part faire la théorie du système de régulation et de réactions qui entre en jeu au cours de la contraction réflexe du muscle interessé, imposant des lois complexes aux courbes de réponse des récepteurs émettant leurs messages. Le professeur Laporte a besoin des théoriciens et de leurs modèles pour comprendre les faits physiologiques; d'autre part, les automaticiens ont besoin du physiologiste pour connaitre les faits et ne pas s'écarter, dans l'estimation de leurs paramètres, des valeurs naturelles de ceux-ci.

On sait que le premier modèle, correspondant à un cas simple, a abouti à une réussite. Cette réussite vient sans doute de la juxtaposition des deux approches, mais elle est due aussi à l'esprit ouvert et à l'excellence des deux parties.

Il y a certainement là un effort à soutenir.

Veuillez agréer, Monsieur le Directeur, l'assurance de mes sentiments distingués.

D. Albe-Fessard

13 SEP 1966
COURRIER ARRIVÉE
N° 16050

Prof. D.ALBE-FESSARD

FIG. 26 – Lettre de D. Albe-Fessard à la DRME, 12 septembre 1966. © MINARM, Service historique de la Défense, Châtellerault, AA 217 1F1 1755.

ANNEXE X

Projets biomédicaux impliquant Jacques Richalet et ses collaborateurs, 1966-1973

Événement	Collaborateurs	Communication	Publication	Financement
34e réunion de l'Association des physiologistes, Orsay, 8-11 juin 1966	J. Richalet R. Pouliquen	Étude des réponses à des perturbations du maintien postural : simulation analogique	*Journal de physiologie*, vol. 58, n° 5, 1966, p. 602.	DRME n° 550/65
35e réunion de l'Association des physiologistes, réunion complémentaire, Bordeaux, 9-11 février 1967	J. Richalet (présenté par Y. Laporte)	Interprétation mathématique de fréquencegrammes de terminaisons fusoriales primaires obtenues par stimulation de certaines fibres fusimotrices statiques	*Journal de physiologie*, vol. 59, n° 1 bis, 1967, p. 288.	DRME n° 550/65
36e réunion de l'Association des physiologistes, réunion de Toulouse, 23-24 février 1968	R. Pouliquen J. Richalet	Analyse d'une expérience de perturbation du maintien postural	*Journal de physiologie*, vol. 60, supplément 1, 1968, p. 289-290.	?
	H. Stéphenne J. Houk J. Richalet	Détermination des caractéristiques du processus générateur des potentiels d'action du fuseau neuromusculaire à partir de l'analyse du fréquencegramme spontané	*Journal de physiologie*, vol. 60, supplément 1, 1968, p. 311-312.	?
Association des physiologistes, réunion de Poitiers, 28 février-1er mars 1969	P. Caspi R. Pouliquen J. Richalet	Comportement d'un muscle tétanisé pendant un étirement forcé : modèle mathématique	*Journal de physiologie*, vol. 61, supplément 1, 1969, p. 100-101.	?

Association des physiologistes, réunion de Lausanne, 19-20 décembre 1969	J. P. Bourdarias J. Mensch-Dechêne J. F. Boisvieux J. Richalet	Réponse d'un cathéter densitomètre à des variations de densité optique	*Journal de physiologie*, vol. 62, supplément 1, 1970, p. 133.	DGRST n°69, 01, 824 et INSERM
	P. Caspi J. Richalet	Identification d'un réseau neuronique caractérisé par un post-stimulus-histogramme de réponse à une stimulation	*Journal de physiologie*, vol. 62, supplément 1, 1970, p. 138.	DRME n°531/66
Association des physiologistes, réunion de Hombourg, 18-19 février 1972	G. Atlan L. Dams R. Pouliquen J. Richalet	Identification d'un capteur de débit par la méthode du modèle	*Journal de physiologie*, vol. 65, supplément 1, 1972, p. 93A.	?
Association des physiologistes, réunion d'Amsterdam, 12-13 mai 1972	G. Atlan L. Dams J. Papon J. Richalet	Élaboration d'un modèle de mécanique ventilatoire pour la ventilation spontanée	*Journal de physiologie*, vol. 65, supplément 2, 1972, p. 192A.	?
Association des physiologistes, réunion d'Amsterdam, 12-13 mai 1972	R. Peslin J. Papon C. Duvivier J. Richalet	Réponse en fréquence du système mécanique ventilatoire total interprétée avec un modèle du quatrième ordre	*Journal de physiologie*, vol. 65, supplément 2, 1972, p. 283A.	?
Association des physiologistes, réunion de Créteil, 9-10 février 1973	J. Papon G. Coulon A. Berthon R. Peslin G. Atlan J. Richalet	Identification et exemple d'un type de fonctionnement d'un système pléthysmographique corporel volumétrique	*Journal de physiologie*, vol. 67, supplément 1, 1973, p. 226A.	?

FIG. 27 – Projets biomédicaux impliquant Jacques Richalet et ses collaborateurs, 1966-1973.

ANNEXE XI

Classification de procédés d'intelligence artificielle

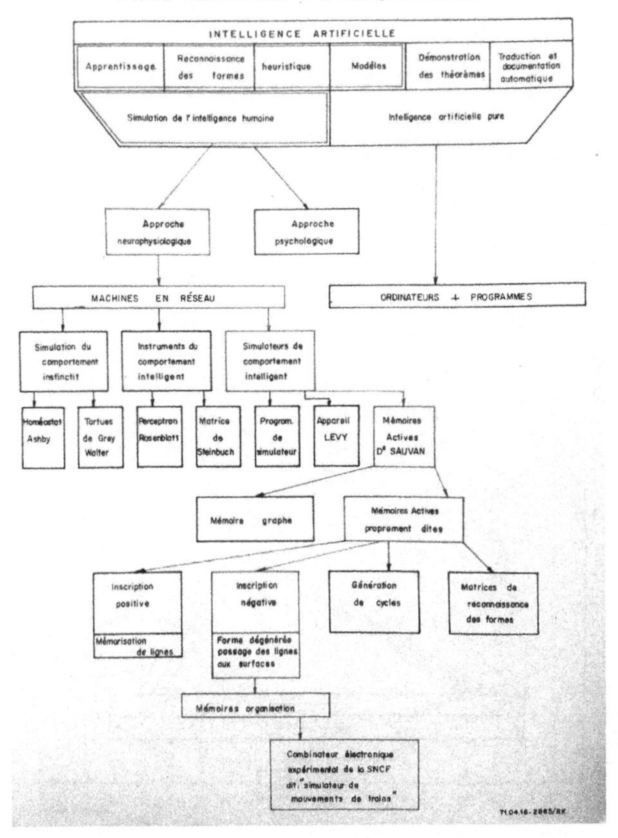

FIG. 28 – Classification de procédés d'intelligence artificielle.
(M. Genête, *Contribution à l'étude, à la réalisation et à l'exploitation d'un prototype expérimental de combinateur électronique optimisant*, *op. cit.*, 1971, annexe).

ANNEXE XII

Documents relatifs à René Thomas

Annexe lettre R.Thomas du 17.01.73 (Critique de l'article R.T par M. Hofnung MB

Boolean formalization of genetic control circuits

René Thomas

Nature du travail

Ce travail constitue une tentative d'application de techniques de formalisation utilisées en particulier en électronique, à l'analyse de circuits de régulation génétique.

Intérêt

L'intérêt immédiat du travail est double. La formulation utilisée est simple; elle permet un énoncé clair et rigoureux des propriétés de circuits de régulation, même complexes. Ce type d'énoncé doit permettre d'éviter des erreurs de raisonnement; en outre, il présente un intérêt pédagogique et doit séduire ceux qui ont du goût pour la logique.

La technique décrite fournit un moyen systématique, peut-être un peu lourd dans sa forme actuelle, de recenser toutes les prédictions d'un modèle et de les visualiser par des diagrammes matériels.

A plus long terme ce travail pourrait avoir des conséquences intéressantes à des titres divers. S'il est poussé un peu plus loin sur le plan des applications, il devrait permettre d'utiliser efficacement un ordinateur dans l'étude de problème de régulation. Sur le plan théorique, il pourrait peut-être permettre de se poser des questions sous une nouvelle forme et de déceler des modules de base dans les circuits de régulation complexes. Enfin il pourrait permettre d'intéresser les logiciens et autres mathématiciens à ces circuits et leur fournir du même coup un matériel nouveau sur lequel exercer leurs instruments.

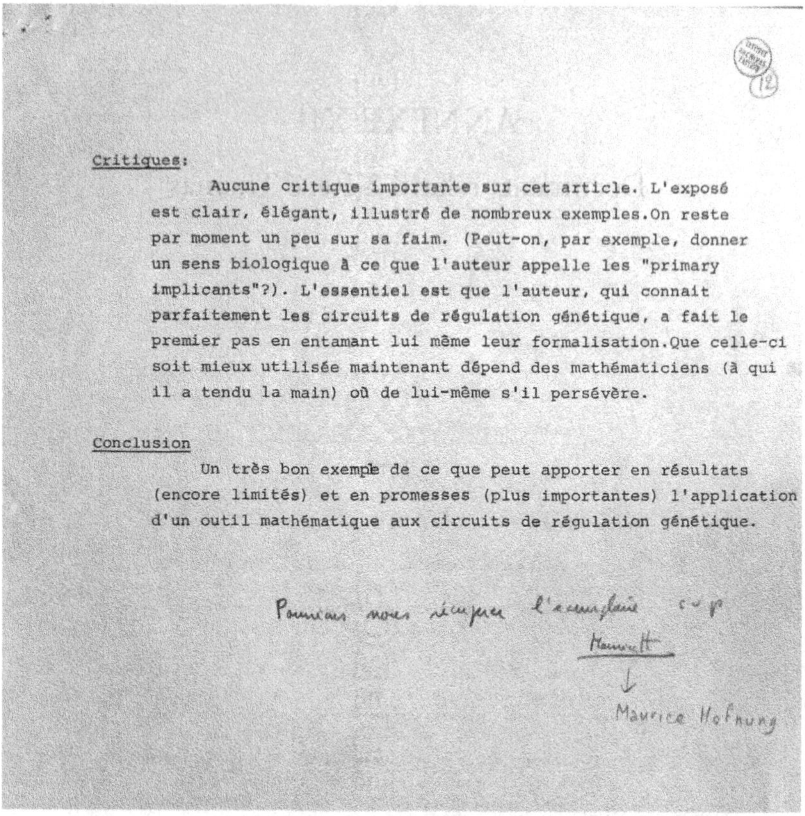

Critiques:

Aucune critique importante sur cet article. L'exposé est clair, élégant, illustré de nombreux exemples. On reste par moment un peu sur sa faim. (Peut-on, par exemple, donner un sens biologique à ce que l'auteur appelle les "primary implicants"?). L'essentiel est que l'auteur, qui connait parfaitement les circuits de régulation génétique, a fait le premier pas en entamant lui même leur formalisation. Que celle-ci soit mieux utilisée maintenant dépend des mathématiciens (à qui il a tendu la main) où de lui-même s'il persévère.

Conclusion

Un très bon exemple de ce que peut apporter en résultats (encore limités) et en promesses (plus importantes) l'application d'un outil mathématique aux circuits de régulation génétique.

Maurice Hofnung

FIG. 29a et 29b – Compte rendu de Maurice Hofnung sur un article de René Thomas, 1973.
Archives de l'Institut Pasteur, fonds Monod MON.COR.17.

Paris,le 14 FEV. 1973

D/73 - 6.
Réf. : V/lettre du 17 Janvier 1973.

Monsieur R. THOMAS
Université Libre de Bruxelles
Faculté des Sciences
Laboratoire de Génétique
rue des Chevaux, 67
1640 - RHODE-SAINT-GENESE
Belgique.

Cher Monsieur,

J'ai lu avec beaucoup d'intérêt votre article sur la formalisation booléenne de concepts génétiques. C'est un exposé clair, élégant, illustré de nombreux exemples et qui prouve que vous connaissez parfaitement les circuits de régulation génétique.

L'intérêt de votre travail est double. Lasformulation utilisée est simple ; elle permet un énoncé clair et rigoureux des propriétés de circuits de régulation, même complexes. Ce type d'énoncé doit permettre d'éviter des erreurs de raisonnement ; en outre, il présente un intérêt pédagogique et doit séduire ceux qui ont du goût pour la logique.

La technique décrite fournit un moyen systématique, peut-être un peu lourd dans sa forme actuelle, de recenser toutes les prédictions d'un modèle et de les visualiser par des diagrammes matériels.

A plus long terme, ce travail pourrait avoir des conséquences intéressantes à des titres divers. S'il est poussé un peu plus loin sur le plan des applications, il devrait permettre d'utiliser efficacement un ordinateur dans l'étude de problème de régulation. Sur le plan théorique, il pourrait peut-être permettre de se poser des questions sous une nouvelle forme et de déceler des modules de base dans les circuits de régulation complexes. Enfin il pourrait permettre d'intéresser les logiciens et autres mathématiciens à ces circuits et leur fournir du même coup un matériel nouveau sur lequel exercer leurs instruments.

En résumé, cet article montre très bien ce que peut apporter en résultats (encore limités) et en promesses (plus importantes) l'application d'un outil mathématique aux circuits de régulation génétique.

Avec mes félicitations, recevez, je vous prie, cher Monsieur, l'assurance de mes sentiments les meilleurs.

Jacques MONOD.

FIG. 30 – Lettre de J. Monod à R. Thomas à propos de son article, 14 février 1973. Archives de l'Institut Pasteur, fonds Monod MON.COR.17.
Comparer avec le compte rendu de M. Hofnung, page précédente.

ANNEXE XIII

Entretien avec Jean-Arcady Meyer (né en 1941), 28 novembre 2013

En préliminaire, une question me turlupine : la cybernétique, d'une certaine manière, c'est tout, n'importe quoi et le reste ; et donc pourquoi, moi, est ce que je suis classé comme cybernéticien, et au nom de quel argument ?

Votre article en entomologie[1].

Ah oui, il y avait le mot-clé « cybernétique » dans le titre d'un de mes papiers…

Mais vous êtes passé par plusieurs disciplines, donc c'est très intéressant en dehors de la cybernétique.

Ça va vous poser un problème : celui de définir ce que c'est, à part de dire que c'est tenir compte de boucles de rétroactions, tout le monde en tient compte maintenant. Comment faire le tri des gens qui font plus de boucles que les autres, si je puis dire ?

Votre parcours.

J'étais ingénieur de formation dans le domaine de la physique et de la chimie mais par accident, parce que j'avais fait mes études au Lycée Louis Le Grand à Paris. J'y étais notamment en classe de mathélèm. Un beau jour, on a fait circuler un document demandant aux élèves ce qu'ils voulaient faire après, et il se trouve que j'avais un père qui ne s'occupait pas spécialement de moi à l'époque, personne pour me conseiller, et

1 J. Meyer, « Essai d'application de certains modèles cybernétiques à la coordination chez les insectes sociaux », *Insectes Sociaux*, vol. 13, nº 2, 1966, p. 127-138.

donc j'avais répondu que j'aimerais candidater à Supéléc pour faire des études en électricité. J'aurais pu dire autre chose, mais c'est ce que j'ai répondu. Toujours est-il qu'à la rentrée suivante, je suis revenu à Louis Le Grand, je n'ai pas vu mon nom sur la liste des admis en math sup. Alors j'ai été me renseigner à l'administration, et là on m'a dit « Mais Monsieur, il n'y a pas de place pour vous. Vous avez demandé à faire Supélec, et nous on ne prépare pas Supélec, et donc au revoir Monsieur, portez-vous bien ». Alors quand ça vous arrive et que la rentrée est là, eh bien vous cherchez un autre lycée. Alors, je ne me souviens pas des détails, mais il y en a quelques-uns qui ont dû me dire « On n'a pas de place pour vous ». Heureusement, il y en a eu un, pas trop loin de chez moi en plus, le lycée Claude Bernard, qui me dit « Vous tombez bien, on a encore des places, votre livret scolaire est honorable... Bon d'accord on vous prend ». Mais ce que je ne savais pas à l'époque, c'est que quand vous rentrez dans un lycée, dans une classe préparatoire, vous êtes destiné à candidater à tel ou tel concours plutôt qu'à tel autre. Et là, la spécialité de Claude Bernard, c'était plutôt la physique-chimie, et donc je me suis retrouvé dans cette filière et j'ai fini par intégrer l'École Nationale Supérieure de Chimie de Paris. J'ai subi mes trois années d'études d'ingénieur avec regret, en faisant beaucoup plus de sport que d'études normales. J'ai quand même eu le diplôme. À la fin de mes trois ans d'études, je me suis dit que je n'allais pas rentrer dans une boite privée comme certains de mes collègues, ça c'était au-dessus de mes forces. Ce qui m'intéressait, c'était de faire de la recherche, donc qu'est-ce-que je pourrais bien faire ? Je suis sorti de l'école en 1964, et quelques années avant venait de se créer une société internationale, et une nouvelle discipline scientifique, la bionique. Et ça, ça me plaisait bien. Être à l'interface entre les activités d'ingénieur, la biologie, les mots clés « cybernétique », « bionique », tout ça me plaisait. Seulement, personne n'en faisait en France, absolument personne.

Comment en avez-vous entendu parler, alors ?

Dans la presse, je pense. La discipline était nouvelle, il y avait eu quelques succès ailleurs dans le monde. J'ai alors pris contact avec un type qui me paraissait susceptible d'en connaître plus : Rémy Chauvin, professeur à Strasbourg, un type assez étonnant par ailleurs, en tout cas susceptible d'être absolument passionnant, parce qu'il avait une culture générale et une culture zoologique incroyables. Discuter avec lui était un plaisir, et quand je lui ai dit que je voulais faire une recherche en bionique, il m'a répondu « Certainement, on va regarder la littérature. Ma spécialité, c'est les insectes sociaux ». Et à force de discuter, il me dit « Ce que je vous propose, c'est de faire une thèse en appliquant les théories cybernétiques à la compréhension des sociétés d'insectes : fourmis, termites, ou ce que vous voudrez ». Je lui ai dit d'accord. J'ai été prof au collège Stanislas pour gagner ma vie, et dans le même temps je posais ma candidature au CNRS. Pendant cette année où j'ai été prof pour des raisons alimentaires, j'en ai profité pour faire une licence de psychologie à la Sorbonne. Pourquoi la psychologie ? Parce que ça m'intéressait d'être à l'interface entre les études littéraires et les études scientifiques, il y avait des certificats de psychophysiologie dans cette licence, et donc j'ai commencé à en savoir plus sur la psychophysiologie et sur, notamment, le système nerveux ce qui m'a bien servi par la suite. De temps en temps j'allais voir Chauvin à Strasbourg, régulièrement. Au bout d'un an j'ai réussi à pondre un article qui montrait comment certains concepts cybernétiques pouvaient être appliqués aux insectes sociaux, et ça a vraiment plu au CNRS qui m'a recruté tout de suite. C'est tout juste s'ils ne m'ont pas supplié de condescendre à rejoindre leur auguste maison – ce qui est assez ironique quand on sait maintenant les difficultés qu'il y a à rentrer au CNRS – mais à l'époque on m'a déroulé le tapis rouge.

Ils vous avaient expliqué ce qui leurs avait plu dans cet article ?

Je ne connais pas les détails, mais de toute façon je devais être soutenu par Chauvin, qui était assez brillant pour mettre en valeur quelqu'un ou une recherche qui l'intéressait, et je pense que le CNRS s'est dit « Voilà un gars qui est ingénieur, qui vient de faire une licence de psychologie, ce qui prouve qu'il n'est pas exclusivement focalisé sur la physique et la chimie. Son article il n'y a personne pour dire que c'est un tombereau de conneries », et ils se sont dit que ce gars-là ce serait bien de le recruter. Enfin j'imagine que c'est ça. Donc je suis entré au CNRS, et comme j'avais un salaire assuré, j'ai rejoint Chauvin à Strasbourg. J'y ai passé trois ans à essayer de comprendre le fonctionnement des sociétés animales, notamment de la fourmilière, et à essayer d'en dire des choses qui pourraient venir à l'esprit d'un ingénieur et non d'un biologiste lambda. C'était incroyablement difficile, les esprits n'étaient pas prêts, le mien encore moins, parce que je débutais. Et Chauvin n'était pas bon pour guider ce genre de recherche. Donc pendant trois ans, cette thèse n'a pas avancé vite, et d'autant moins qu'au bout de trois ans, Chauvin était nommé à la Sorbonne, justement. Il a été muté de Strasbourg à la Sorbonne. Il avait une maison de campagne près de Rambouillet. Je l'ai suivi. Comme il mettait sa maison de campagne à la disposition des chercheurs, on a construit un laboratoire de nos propres mains. Je me suis donc installé du côté de Rambouillet, je n'en ai plus bougé depuis. Donc, ce que je faisais à Strasbourg, il fallait que je le continue dans ce coin. Plus ça allait, moins je me sortais de ces histoires de cybernétique et de fourmis. Petit à petit, je me suis intéressé à quelque chose qui était plus dans mes cordes, qui était sensiblement différent. C'était d'essayer de comprendre les incidences que l'environnement, au sens très large, peut avoir sur le vivant. Et ça, je pouvais l'étudier avec des outils statistiques très pointus, je savais faire, j'avais des données, enfin bref, c'était un moyen inespéré de me sortir de cette thèse sur les fourmis qui ne me menait nulle part à l'époque. Et donc, j'ai fini par faire une thèse sur les influences de l'environnement physique sur la matière vivante. « Environnement physique » veut dire des choses subtiles, ce n'est pas uniquement la température de la pièce ou l'hygrométrie de l'atmosphère, parce que ça tout le monde y pense. Il s'agissait de mettre en évidence l'influence de facteurs beaucoup plus subtils, comme le champ magnétique terrestre, l'activité solaire, l'ionisation de l'atmosphère, etc. C'est un sujet délicat parce que ça demande des statistiques pointues, et il n'y avait pas beaucoup de spécialistes de ça en France. Et surtout parce que s'intéresser à l'activité solaire, c'était pour certains s'intéresser aussi à l'influence des planètes, et donc l'idée qu'on faisait de l'astrologie s'était assez vite répandue. Et là le CNRS m'a emmerdé vraiment. Il y a des gens qui ont dit : « Ce type, d'abord on le recrute pour travailler sur des fourmis, il se met à travailler sur des souris. En plus il s'égare dans des considérations astrologiques. Et d'abord, sa thèse, il serait temps qu'il la termine ». J'ai vraiment eu le couteau sous la gorge, et en plus je me fâche avec Chauvin pour différentes raisons. Je suis parti de son laboratoire, et je me suis retrouvé avec la nécessité de terminer ma thèse au plus vite, sinon le CNRS me virait. On passait du tapis rouge à l'alerte rouge ! Je me suis retrouvé avec quelques collègues – car je n'étais pas seul à partir de chez Chauvin – dans un laboratoire de l'INSERM, où j'étais libre de faire ce que je voulais, et donc j'ai pu terminer ma thèse. Comme je m'étais fâché avec Chauvin, il fallait que je me trouve un autre directeur de thèse. Et il fallait que je me trouve un jury de thèse d'autant plus bétonné qu'on m'accusait à tort de faire de l'astrologie. J'ai eu la chance d'avoir les deux, parce qu'il y avait un professeur à Strasbourg que j'avais fréquenté à l'époque, Bernard Metz, le directeur du Centre d'études bio-climatologiques de Strasbourg. La bioclimatologie, c'est les influences du climat au sens large sur la biologie, donc il s'intéressait à ce que je faisais. Il a bien voulu me reprendre en direction de thèse. Il m'a bien fallu encore deux ans pour terminer, puis j'ai soutenu cette thèse chez Ivan Assenmacher à Montpellier. Assenmacher c'était le pape, le ponte, Dieu le Père en matière de psychophysiologie. Et, du coup, on ne m'a plus emmerdé, parce qu'on m'avait demandé de passer ma thèse et que je l'ai passée avec toutes les onctions scientifiques souhaitées pour qu'on ne m'embête plus. Et on ne m'a plus embêté. Enfin, si : on m'a dit « Votre laboratoire de l'INSERM c'est bien, mais rejoignez un laboratoire que le CNRS connaît ». Je ne sais pas si ces choses-là se feraient encore à notre époque. J'ai eu la veine d'atterrir dans le laboratoire de zoologie de l'École normale supérieure. L'ENS, ça calme pas mal de velléités de contestation, et donc le CNRS a dit : « Parfait, si M. Meyer se plaît là-dedans et puisque l'ENS veut de lui, alors d'accord. » Je suis donc entré au laboratoire de zoologie de l'ENS, au nom notamment de mes compétences en statistique, puisque ma thèse reposait lourdement sur des statistiques et de l'informatique. J'en avais marre d'être accusé de faire de l'astrologie et j'en avais un peu marre des statistiques, donc qu'est ce qu'il y a comme outil mathématique utile au vivant qui aille au-delà de la statistique ? Comme l'étymologie le suggère, la statistique traite des données statiques, on ne prend pas en compte (ou très mal) le temps. Donc le *shift*, ça été justement de tenir compte de l'évolution des phénomènes dans le temps, et donc de faire de la modélisation et de la simulation. Je me suis mis à m'intéresser aux techniques correspondantes, et je suis devenu un spécialiste de la modélisation et de la simulation des écosystèmes. Ça m'a conduit par exemple à faire le modèle d'une savane africaine, ou un modèle du fonctionnement du lac de Nantua. C'étaient des simulations qui décrivaient l'évolution dans le temps d'un système naturel. J'ai fait ça quelques années, jusqu'à ce que j'en revienne un peu, au sens où je me suis aperçu que les modèles que je faisais étaient très bien pour décrire l'état actuel d'un système et son évolution passée, pour prédire un peu son évolution future, mais qu'il ne fallait pas être dupe de la qualité des prédictions correspondantes à long terme. Vous faites le modèle du fonctionnement d'un lac, par exemple, et donc ce modèle vous conduit à dire « Le zooplancton va évoluer comme ça, le phytoplancton va évoluer comme ça, tel poisson va évoluer comme ça, etc. ». Le problème, c'est de valider ce modèle. C'est-à-dire démontrer que je ne raconte pas des conneries, parce qu'on peut mettre des points expérimentaux en regard des prédictions du modèle. Je dépendais des données de gens qui allaient travailler sur le lac de Nantua. Ils me disaient : tel mois le phytoplancton il y en avait tant, tel mois il y en avait tant, etc. Donc j'avais les courbes de mon modèle, et puis des données expérimentales. Dans la mesure où les deux correspondaient, je pouvais publier mes résultats. Et je pouvais dire que, si je n'ai probablement pas tout compris, j'ai quand même compris quelque chose car sinon il n'y aurait pas de rapport entre mon modèle et les données. Mais ce modèle, si je le prolonge dans les années qui suivent, je n'ai plus de données expérimentales. Et surtout, je m'aperçois que, très vite, un certains nombres de variables partent à zéro et d'autres vont à l'infini, c'est-à-dire qu'il n'y a aucune résilience, alors que le lac de Nantua est là depuis des siècles, et si on ne fait pas trop de conneries il sera là pendant encore des siècles. Et mon modèle est infoutu de rendre compte de l'évolution du lac au-delà des toutes premières années. Ça voulait dire qu'il y avait un aspect tout à fait fondamental du fonctionnement du système qui m'échappait. Et cet aspect fondamental, le mot clé décisif c'est « adaptation ». L'écosystème est capable de s'adapter, il va survivre encore cent ans si on en fait pas trop de bêtises, parce qu'il s'adaptera à l'effort de pêche qui sera augmenté, au réchauffement climatique, etc. Mais l'écosystème a en lui des mécanismes d'adaptation que je n'ai absolument pas pris en compte, que je ne connais pas. M'apercevant qu'il y avait ce problème, je me suis dit qu'il fallait complètement changer de point de vue ou de technique. Et où diable est ce qu'il y a des gens qui s'intéressent aux phénomènes d'adaptation et qui auraient des choses intéressantes à m'apprendre ? Je me suis aperçu que dans le fond, il y avait une discipline qui pouvait m'apprendre des choses, c'était la nouvelle discipline de l'intelligence artificielle. C'était dans les années 80/85. J'ai fréquenté les milieux correspondants, j'ai même enseigné la discipline à l'université. Comment s'est terminée cette affaire-là ? D'abord, le laboratoire de zoologie de l'ENS, quand je faisais des modèles de lacs ça allait, parce qu'en fait ce laboratoire était devenu un laboratoire d'écologie. Il avait shifté vers l'écologie plutôt qu'être resté dans la zoologie pure et dure. Ce laboratoire avait des antennes notamment en Côte d'Ivoire, c'est là qu'il y avait des chercheurs qui m'ont fourni des informations et qui m'ont permis d'avoir des données sur le fonctionnement d'une savane. Beaucoup de chercheurs travaillaient sur un lac à Créteil, d'autres m'ont fourni des données sur le lac de Nantua. Bref, tant que je faisais des modèles d'écologie, de fonctionnement d'écosystèmes, ma présence au sein de l'ENS ne posait pas de problème. Sauf que cette biologie-là a été désapprouvée par la direction de l'école, mais ça n'a rien à voir avec moi. La direction de l'école renouvelait tout le département de biologie, dont le laboratoire dont je faisais partie, et il y a eu plusieurs années où la direction de l'école normale et le CNRS ont forcé les différents laboratoires qui étaient dans l'ENS à se réorganiser. Plus ça allait, plus je sentais que je n'aurais plus ma place là-dedans, parce que faire de l'intelligence artificielle faisait tache. Du coup j'en suis parti, et j'ai atterri à l'endroit où on fait de l'intelligence artificielle, le laboratoire d'informatique de Paris 6 où, là encore, on a été très content de m'héberger. Et où j'ai pu m'intéresser de plus près à ces phénomènes d'adaptation qui manquaient à mes modèles précédents. Assez vite, ce que je faisais dans ce laboratoire s'est focalisé sur l'idée de faire un robot inspiré d'un être naturel particulier qui est le rat, dans le but de valider les idées que je me faisais sur le fonctionnement du cerveau du rat. En fait, mon modèle est devenu le cerveau du rat et les capacités d'adaptation qu'il lui procure, et j'ai mis à l'épreuve ce que j'en comprenais en essayant de faire fonctionner un robot pour montrer qu'il peut s'adapter comme un rat. Au début je n'étais pas spécialiste des fourmis, je n'étais pas spécialiste des souris, je n'étais pas spécialiste des lacs africains ou des savanes, je n'étais pas spécialiste du cerveau du rat. À chaque fois je me suis intéressé à des problèmes qui intéressaient des spécialistes de ces questions, et j'ai dû collaborer avec eux. C'est comme ça que je suis tombé sur Alain Berthoz au collège de France, avec lequel j'ai collaboré pendant plusieurs années. Grâce à lui, on a pu, soit moi-même, soit par élèves interposés, comprendre des détails du fonctionnement du cerveau du rat que l'on a pu transposer dans un robot réel. J'ai donc terminé ma carrière en ayant fabriqué un robot, Psikharpax, qui exhibe certaines capacités d'adaptation du rat. En particulier, il est capable d'apprendre. L'idée est de s'améliorer au cours du temps. C'est une idée qui était complètement farfelue pour le fonctionnement d'un lac, qu'est-ce que ça voulait dire apprendre ? C'est l'idée de s'adapter. Un rat, par exemple, lorsque vous le lâchez dans un environnement inconnu, dans ce laboratoire, il va se déplacer et associer certains repères visuels à l'endroit où il se trouve. Quand il sera là, il enregistrera qu'il a une fenêtre devant lui, qu'il voit un extincteur rouge à sa gauche, une porte bleue à sa droite, que par contre ailleurs il y a une porte verte, etc. Dorénavant, quand il verra une fenêtre avec un extincteur rouge, il se dira qu'il est probablement là, et ainsi de suite. Petit à petit, il reconnaît les lieux, il mémorise les lieux dans lesquels il se trouve et les moyens de passer d'un lieu à l'autre. Grâce à ça, il peut faire des prouesses, il peut avoir enregistré que son nid est ici, qu'il peut trouver de la nourriture là et de la boisson là. S'il a faim, il va essayer d'aller vers la nourriture la plus proche mais, si quelque chose menace sa survie et qu'il ne peut plus aller où il voulait, il se sert de la carte mentale qu'il s'est fabriquée pour chercher si, par là, éventuellement, il n'y aurait pas de la nourriture. Du coup, il partira plus loin, vers un endroit où il en a trouvé dans le passé. Tout ça, ce sont des propriétés que j'étais vraiment heureux d'investiguer et d'essayer de comprendre, et qui me faisaient considérablement progresser. J'en ai terminé et mon rat est fonctionnel, il doit être exposé dans un musée, je ne sais pas où, et maintenant, place aux jeunes et on fait autre chose.

Quelle continuité dans votre parcours ?

Il y a une continuité, qui n'est pas évidente si l'on se contente de dire : « il est passé de la fourmi à la souris », etc. En fait, il y a une continuité sous-jacente liée au fait que j'ai toujours réussi à faire ce qui m'intéressait. Et ce n'est peut-être plus possible maintenant, mais j'ai eu la chance – dans certains cas cela n'a pas été facile – d'arriver à ne pas me laisser dicter les recherches que je devais faire, jamais, jamais. Ça m'a conduit à me fâcher dans certain cas, ça n'a pas toujours été facile vis-à-vis du CNRS, mais j'ai toujours fait ce que je voulais, et c'est grâce à ça qu'il y a une certaine logique. Sinon vous allez là où on vous dit d'aller, vous travaillez sur le sujet de votre patron ou sur le sujet qui vous rapporte le plus de crédits, mais ça je n'ai jamais voulu le faire.

Cette logique, je l'ai évoquée précédemment. Elle a consisté à essayer de comprendre les relations entre les êtres vivants et leur environnement en les soumettant aux trois interrogations fondamentales : *quoi, comment, pourquoi*. Je me posais la première question lorsque j'essayais de démontrer l'existence de telles relations lorsqu'elles ne sont pas évidentes, une démonstration qui nécessitait l'usage de méthodes statistiques adaptées et puissantes. La deuxième interrogation portait sur l'étude des mécanismes causaux impliqués dans ces relations. J'ai conduit cette étude en utilisant des techniques de simulation numérique, lesquelles permettent de tester la cohérence et la validité des hypothèses que l'on peut émettre sur ces mécanismes. Enfin, la troisième interrogation visait à comprendre pourquoi ce sont ces mécanismes, et non d'autres, qui ont été conservés par la sélection naturelle. Une telle recherche conduisait à s'interroger sur les propriétés adaptatives des êtres vivants ou des écosystèmes.

Cette continuité fait penser à la problématique d'Ashby, l'adaptation.

Tout à fait, c'était dans les années soixante, avec les histoires de bionique et ses bouquins *Design for a Brain* et *Introduction à la cybernétique*. J'avais trouvé ses idées absolument passionnantes, mais je ne m'y connaissais pas suffisamment dans un domaine particulier pour les mettre à l'épreuve. Et ça a été ça mon problème, et celui de Chauvin pire encore. Chauvin avait ses défauts, mais il était visionnaire et avait compris que, derrière ces idées nouvelles, il y avait des choses qui seraient passionnantes à appliquer à la biologie. Lui n'était pas ingénieur, et il comptait sur moi, mais moi je démarrais une thèse et il a fallu que j'acquière de la bouteille. En plus, le savoir dans le vaste monde qui nous entourait n'étais pas encore mûr. Il y a eu des précurseurs, il y a eu Ashby, et un autre type génial, John H. Holland. Il avait pondu un bouquin absolument remarquable[2],

2 J. H. Holland, *Adaptation in Natural and Artificial Systems: an Introductory Analysis with Applications to Biology, Control, and Artificial Intelligence*, Ann Arbor : University of Michigan Press, 1975. John Holland (1929-2015) a commencé à étudier les réseaux adaptatifs à la fin des années 1950, alors que les courants d'Intelligence artificielle sont en train de se différencier, mais n'ont pas encore divorcé. Son questionnement initial décalque celui

que j'étais sans doute en France le seul à lire à l'époque. Je me suis dit : « Ce mec a tout compris, qu'est ce que j'aimerais bien mettre ses idées à l'épreuve », mais je n'en étais pas capable. C'est dans les années 85-90 que ma carrière scientifique a pris un tournant, parce que c'est à ce moment-là qu'ont commencé à apparaître les travaux d'une discipline scientifique nouvelle qui s'appelait *Artificial life*, vie artificielle. L'expression n'était pas bien choisie au plan scientifique, parce qu'il y a une contradiction dans ses termes, mais se recommandaient de cette discipline des gens qui commençaient maintenant à mettre en pratique sur ordinateur, dans des simulations, des idées à la Ashby, à la Holland, etc. Ce qui me manquait. Il a commencé à y avoir des exemples, des applications pratiques. Sur ces exemples, je me suis dit que oui, c'était bon et que je pouvais en faire autant. J'ai commencé à travailler dans le domaine, et dans les années 90, je me suis dit « Il y a une communauté de gens passionnants qui commencent à se connaître », mais plus ou moins, et moi je veux jouer mon rôle là-dedans. En 1990, j'ai organisé à Paris une conférence internationale que j'ai appelée « From Animals to Animat », qui visait à s'inspirer du savoir sur les animaux et sur la biologie pour faire des systèmes artificiels capables de s'adapter et de survivre. Toute cette communauté s'intéressait à ce problème. J'ai voulu la fédérer, et j'ai créé la première conférence internationale du type *Artificial life*, mais sur un sujet plus restreint. À *Artificial life*, ils pouvaient s'intéresser à l'évolution d'un rat, mais aussi à faire de l'ADN artificiel. Moi c'était plus centré sur le comportement animal et sa simulation sur ordinateur ou au moyen de robots. J'ai fait cette première conférence internationale, qui a été un énorme succès, que depuis j'ai organisée tous les deux ans un peu partout dans le monde.

d'Ashby une décennie plus tôt, sans le citer : « Comment un mécanisme s'organise-t-il au contact des conditions définies par un environnement qu'il connaît mal ? Comment un mécanisme s'adapte-t-il ? Apprend ? » (J. H. Holland et al., *Machine Adaptive Systems*, ORA Project 05089 Final Report, université du Michigan, 1963, p. 4, à comparer avec W. R. Ashby, *Design for a Brain*, *op. cit.*). Holland rattache son travail à la théorie des automates. Il s'est d'abord intéressé aux mécanismes neurophysiologiques de renforcement à la Hebb, puis a fait une thèse sur les circuits logiques itératifs. « L'intérêt considérable manifesté les vingt dernières années pour les théories mathématiques de l'organisme, dû en grande partie au livre phare de Norbert Wiener *Cybernetics*, n'a pas encore atteint son sommet. Une part importante et incessante de cette activité a consisté à aborder aux moyens de la logique et de la théorie des automates des problèmes complexes tels l'auto-reproduction et l'adaptation » (J. H. Holland, « Universal Embedding Spaces for Automata », in N. Wiener, J.-P. Schadé (dir.), *Cybernetics of the Nervous System*, *Progress in Brain Research* n° 17, *op. cit.*, 1965, p. 223).

[...] Donc c'est ça qui est étonnant, il y avait dans les années 60-70 des grands précurseurs mais pas encore les moyens de mettre à l'épreuve leurs idées. Ça a commencé à cristalliser vers les années 85-90 et, à partir de 90 et de cette conférence, ça a explosé. Ça a tellement explosé que le MIT Press a créé un journal dédié à la discipline, et j'en étais l'éditeur en chef. Dans une discipline donnée, surtout à l'époque, c'était très, très important d'avoir un médium, un journal dédié, parce que sinon publier ces choses-là dans des revues qui n'en avaient pas l'habitude, c'était assez galère. Depuis, il y a d'autres revues qui se sont créées. Maintenant, les jeunes qui m'ont succédé n'ont pas tellement de problèmes pour savoir où ils vont publier leurs travaux. Mais dans les années 90 c'était un sacré goulot d'étranglement. Donc le fait d'avoir créé le journal de la discipline nous a bien aidés.

Ça fait cinq ou six communautés différentes au travers desquelles vous avez circulé. Avez-vous fait l'apprentissage de cette circulation, dans les façons de dialoguer entre spécialités différentes par exemple, et qu'est ce que vous diriez de cette expérience-là ?

C'était à chaque fois la même question : vous n'êtes pas spécialiste dans un domaine et vous entrez dans ce domaine que d'autres occupent, avec des mâles dominant, avec des problèmes stratégiques et politiques propres. Et pour faire son trou, d'abord il faut s'immiscer dans la problématique, il faut quand même se mettre à comprendre ce que c'est qu'un lac et comment ça fonctionne. C'est passionnant, mais ce n'est pas évident donc vous y passez du temps. Vous shiftez du lac de Nantua au cerveau du rat, donc ce n'est pas évident non plus. Arriver dans une nouvelle discipline avec ses contraintes et ses obligations, ce n'est pas évident. À chaque fois il faut se réadapter, mais c'est d'autant plus facile que l'on a acquis de la bouteille. Je me suis plus vite réorganisé dans les années 90 que dans les années 60. Les problèmes sont les mêmes, mais j'ai réalisé un apprentissage interne qui fait que sans doute il était plus facile sur la fin qu'au début de m'adapter à une nouvelle problématique. Et puis il y a l'argument d'autorité : dès l'instant ou je suis devenu directeur de recherche et non plus simple stagiaire, il y a des choses qui m'ont été facilitées. C'est aussi bête que ça. Enfin, dans tout ce que j'ai dit, j'ai beaucoup parlé de moi, mais il arrive un moment où on a des élèves. Et ça aide beaucoup, si on a la chance d'avoir des élèves brillants, dynamiques, on n'est plus seul à se battre contre un milieu qui peut être hostile à l'occasion. J'ai été beaucoup aidé par les élèves que j'ai eus.

Est-ce que vous diriez que le milieu et les institutions ont appris sur ces décennies à être mieux disposées vis-à-vis de l'interdisciplinarité, justement ?

L'interdisciplinarité, ce mot-clé est utilisé par le CNRS depuis que j'y suis entré. C'est au nom de cette pluridisciplinarité que l'on m'a recruté, ça je le reconnais. Mais après, ça m'a vraiment desservi, parce que vous n'êtes jamais vraiment le spécialiste d'une discipline, et que ce sont les spécialistes d'une discipline qui se protègent les uns les autres et qui facilitent les recrutements. Il y a eu dans le fonctionnement du CNRS, dans le passé, énormément de dysfonctionnements dont j'ai beaucoup souffert. Mais, pour dépasser mon cas, c'est le problème de la pluridisciplinarité qui est posé. Alors qu'à un moment tous les documents officiels du CNRS disaient « La pluridisciplinarité, on en veut, on en veut », on brimait les gens qui en faisaient. Ça a changé, notamment parce qu'il y a eu des gens comme Alain Berthoz qui y ont vraiment cru, l'ont défendue et avaient suffisamment de poids pour que ça ait des conséquences. Il n'était sans doute pas le seul, mais il a joué un rôle vraiment fondamental dans ce mouvement des idées et des pratiques. Un beau jour, des sections pluridisciplinaires ont été créées au CNRS. On a recruté des chercheurs au nom de leur pluridisciplinarité, notamment certains de mes élèves, donc ça je dois en être reconnaissant et le reconnaître. Mais leur statut est toujours un peu ambivalent, parce que, d'accord, ils sont recrutés au nom de leur pluridisciplinarité, mais ils sont jugés par une section spécialisée. Les problèmes du passé sont moins dramatiques, moins exacerbés, mais la situation n'est toujours pas idéale pour le moment. Mais elle a tellement évolué en dix ans que, si on fait des prédictions faciles, on peut espérer que ça ira de mieux en mieux.

Quand vous passiez de communauté en communauté, vous poursuiviez vos questions ; mais pour vous faire accepter à chaque fois, qu'apportiez-vous en échange ? Est-ce-que les gens vous demandaient d'apporter des outils de modélisation ?

Exactement. Si vous voulez, pour investiguer une certaine problématique, j'étais obligé d'utiliser des outils et des concepts qui ont longtemps été ceux de la statistique, après ça a été ceux de la modélisation et de la simulation, puis après ça a été ceux de l'intelligence artificielle et de la robotique. Je devais apprendre l'usage de ces techniques, alors que je n'étais pas du tout spécialiste, mais je les appliquais et finissais par en devenir spécialiste, et parce que j'étais devenu spécialiste j'ai intéressé les directeurs de laboratoires successifs qui m'ont recruté. Je suis arrivé à l'ENS en étant spécialiste de statistique, et c'était une époque où on ne pouvait pas publier un article scientifique s'il n'y avait pas des tests statistiques l'accompagnant. C'était justifié dans de très nombreux cas, un peu excessif dans d'autres. Les chercheurs étaient stressés à l'idée qu'ils n'allaient publier que s'il y avait un traitement statistique accompagnant leurs données, et c'était également l'époque où l'ordinateur commençait à apparaître dans les laboratoires. Donc, stressés à l'idée de faire des statistiques et de les faire sur ordinateur. Moi, je savais faire et, du coup, j'intéressais le laboratoire en question. Le directeur me recrutait avec plaisir, mon problème étant alors de ne pas devenir le technicien du laboratoire. Ça se passait bien pendant un petit bout de temps, et moins bien après. Je suis parti de chez Chauvin, je suis parti de l'ENS, pas fâché, mais l'ENS se réorganisait et moi j'étais content de partir ailleurs parce qu'ils voulaient que je ne fasse que de l'ordinateur et du traitement de leurs données. Combien de fois ai-je été confronté au cas d'un thésard qui avait passé quatre ans de sa vie en Côte-d'Ivoire, qui revenait en France et me tombait dessus en me disant : « Bonjour, fais-moi un modèle »… ? C'est délirant, ce n'est pas comme ça qu'il faut procéder. Mais c'était vital pour un chercheur que ses données soient traitées au plan statistique ou au plan modélisation. Et moi, j'intéressais les laboratoires parce que je savais faire, mais je ne voulais pas devenir l'ingénieur de service, le technicien de service. Donc ça finissait par poser problème, et ça explique aussi pourquoi au bout d'un certain temps je passais d'un truc à un autre.

Vous avez dit que vous vouliez arrêter de faire des statistiques, et vous avez parlé plusieurs fois d'astrologie. Quand vous dites « astrologie », c'est parce que les corrélations que vous cherchiez, entre environnement, etc., étaient originales ?

C'est une accusation dont j'ai pâti, qui était injustifiée. Je n'ai aucun goût particulier pour l'astrologie et, même, je n'y crois pas. J'étais le seul à aller chercher des données absolument improbables sur l'activité solaire, le paramètres d'ionisation de l'atmosphère, des choses comme ça. J'aurais pu essayer d'intégrer la configuration des planètes à mes recherches, mais je ne l'ai simplement pas fait. L'idée de s'intéresser à l'activité solaire, ça poussait les gens à dire : « Dès qu'il va pouvoir, il va s'intéresser aux planètes et à l'astrologie ». C'était curieux, mais ça m'a vraiment embêté. C'est très curieux, parce que j'ai terminé cette thèse en 1974, et j'ai l'impression qu'elle a … je ne sais pas quel sera son devenir. Je crois qu'il ne s'est rien passé entre 1974 et maintenant. Or, si je ne me suis pas trompé, j'ai mis en évidence des choses assez étonnantes à propos de divers phénomènes – qu'il s'agisse d'un comportement d'évitement chez la souris, des paramètres physiologiques d'un rat, ou de l'activité sexuelle des béliers en Île-de-France (j'avais des données là-dessus). Il y a eu plusieurs domaines où j'ai cherché quelles pouvaient être les corrélations entre les fluctuations de ces paramètres biologiques et des fluctuations environnementales, et j'ai mis en évidence des choses étonnantes. La variabilité biologique, c'est quelque chose qui frappe n'importe quel observateur : quand vous faites une mesure répétitive sur un être vivant, ce que vous trouvez aujourd'hui ce n'est pas la même chose que demain, et on tendait à mettre ces variations sur le compte des erreurs de mesures. Pourquoi pas, mais j'ai démontré qu'il y a une grande partie de ces fluctuations qui dépend des fluctuations du milieu extérieur. Si c'est vrai, c'est très important. Parce qu'on pourrait soustraire la part liée à ces fluctuations et avoir du phénomène lui-même une vision plus précise. Donc si j'ai raison, c'est très important. Pourtant tout le monde à l'air de s'en foutre. Je suis obligé de le constater, ce truc là personne n'en a reparlé depuis que j'ai fini ma thèse…

C'est depuis, peut-être, que tous les travaux sur les biorythmes se sont affinés ?

Je ne peux pas dire que j'ai influencé les travaux sur les biorythmes, parce que ça se faisait déjà à l'époque, il y avait des spécialistes de la question, et personne ne va trop contester l'influence de la Lune, par exemple, sur certains paramètres. Ce sont des choses connues et à peu près acceptées. Mais parler du magnétisme terrestre, de l'activité du soleil, c'était de l'astrologie pour beaucoup, et pour les autres ça n'a apparemment servi à rien. Je suis curieux de voir si un jour quelqu'un reprendra ça, et enfin en parlera. […]

Vous avez parlé de Berthoz. Avant lui, avez-vous croisé d'autres profils interdisciplinaires ?

Le profil le plus extraordinaire dans ce domaine, c'était Chauvin. Pourquoi m'a-t-on accusé d'astrologie, c'était aussi parce que j'étais l'élève de Chauvin. Comme je vous l'ai dit, c'était quelqu'un d'une culture générale fabuleuse et d'une culture zoologique incroyable, c'est un spécialiste de l'abeille et des insectes sociaux. Mais il s'intéressait aussi à des choses inavouables comme l'astrologie et la parapsychologie. Donc, en tant qu'élève de Chauvin, le mot-clé astrologie venait facilement à l'esprit des gens. Je pense qu'il y a eu aussi ça. Toujours est-il que ce type était assez exceptionnel, tout à fait en avance sur son temps, pour m'avoir lancé sur l'étude cybernétique des insectes sociaux, il fallait que ce soit lui. Mais en même temps, très peu solide au plan expérimental. Il se piquait de mettre ses idées à l'épreuve sous forme d'expériences diverses. D'une certaine manière il était très doué pour le bricolage, mais c'était un bricolage tellement bricolé que ça ne s'accordait pas toujours avec les rigueurs de la science. Je vais vous en donner un exemple qui m'a marqué à jamais. L'ennui c'est que vous pouvez ne pas être très bon au plan expérimental, pas très rigoureux dans un certain domaine pour tester une idée. S'il s'agit d'étudier le comportement de l'abeille, c'est moins risqué que s'il s'agit de montrer la transmission de pensée entre deux humains. Parce que là, on vous attend au tournant. Les expériences qu'il pouvait faire n'avaient pas la rigueur suffisante, de mon point de vue, pour que j'aie eu envie de rester jusqu'au bout. Une des raisons pour lesquelles je suis parti, c'est que je ne m'entendais plus avec lui sur le plan scientifique. Mais ce que j'en dis au négatif ne doit pas occulter tout le bien que je pense de lui au plan de l'innovation, des idées et de l'originalité. Un moment qui m'a marqué : à l'époque où je corrélais plusieurs aspects du comportement d'un animal avec des variables environnementales, Chauvin me dit un jour : « C'est formidable, je viens d'inventer un appareil pour mesurer l'activité des abeilles en dehors de la ruche, ça manque terriblement, je suis très content de ce que je viens de faire. L'idée (sous-entendue géniale) est la suivante : vous avez une ruche, et au sortir de la ruche, j'ai construit un petit pont basculant qui fait que les abeilles sortent en passant sur ce pont et j'ai des petits contacts électriques qui font que je peux compter combien d'abeilles passent par unité de temps. Ça manque complètement à la discipline, ça va révolutionner l'apidologie. Sachant ce que vous êtes en train de faire, je me dis que j'ai accumulé des tonnes de données depuis plusieurs mois et que vous pourriez essayer de voir quelle corrélation il peut y avoir avec les facteurs environnementaux qui vous intéressent ». Il avait recueilli ces données, disons, pendant un an. Il se trouve que moi, j'avais recueilli toutes les données concomitantes d'humidité de l'air, la température, la vitesse du vent, l'activité solaire, enfin tout ce que vous voudrez. J'avais comme ça cinquante variables que je pouvais corréler à ses données. Je mets tout ça dans l'ordinateur. Et un beau jour, je vais voir Chauvin, je lui dis que je viens de faire les calculs sur les données qu'il m'a fournies, et qu'il y a un effet énorme qui apparaît, qui surpasse tous les autres : ses mesures sont massivement corrélées avec la vitesse du vent. Il me répond qu'il n'a pas besoin d'un ordinateur pour savoir ça, que c'est évident que, quand il y a du vent, les abeilles ne sont pas assez connes pour sortir. Et je lui dis « Oui, mais moi c'est le contraire que je trouve, c'est que, plus il y a du vent, plus elles sortent ». Et là il me dit : « Ce qu'il y a de bien avec vous c'est que je ne sais jamais quelle va être votre prochaine ânerie, je sais juste qu'elle sera énorme. Là, ce n'est pas possible, refaites vos calculs ». Je n'ai sûrement pas refait mes calculs, mais je suis revenu le voir en lui disant que, non, ses mesures étaient positivement corrélées à la vitesse du vent. Et c'est à ce moment-là que j'ai été voir le bricolage en question, et c'est vrai qu'il avait fait un truc qui basculait, mais sans aucune protection, ce qui fait que plus il y avait de vent, plus ça basculait. L'apidomètre génial était, en fait, un anémomètre banal... C'est typique de la façon dont Chauvin traitait l'expérimentation sur du matériel biologique. Faire des conneries comme ça quand il s'agit de mesurer l'activité des abeilles, ce n'est pas dramatique parce qu'il n'a pas breveté son appareil, ou alors il l'a peut-être protégé du vent après, je n'en sais rien. Mais si c'est pour aller dire, à partir d'autres bricolages, qu'il y a des échanges télépathiques entre vous et moi, là ça pose problème. Et plus ça allait, plus il délirait, je ne me sentais plus en accord avec ce qui se passait là-bas, et je suis parti. Je n'étais pas le seul. Mais ce type a été un des premiers à se dire qu'il y avait des choses à comprendre si on interrogeait différemment le fonctionnement de la fourmilière ce qui, suite aux travaux de Holland, a donné lieu à des tas d'expérimentations bien connues, où sur ordinateur on voit des fourmis qui s'échangent des signaux antennaires, qui déposent des phéromones, etc., et permet d'étudier les conséquences que ça a sur l'évolution de la fourmilière. Ce sont des choses que j'aurais aimé faire quand il m'a donné ce sujet-là en 1960 et quelques, mais dont je n'avais pas les moyens – ni conceptuels, ni matériels – et qui sont devenues courantes à partir des années 85-90. Donc, Chauvin, il avait parfois plus de vingt ans d'avance sur son époque !

C'est lui qui vous avait suggéré la littérature cybernétique et ces modèles-là. Comment avez-vous composé votre corpus, étiez-vous isolé, aviez-vous des interlocuteurs ?

Non, c'était tellement novateur, il n'y avait personne, en tout cas en France et que je sache, avec qui discuter de ces questions.

Vous avez cherché des contacts ?

Oui oui, il y avait un type qui s'appelait Sevran, je crois…

Jacques Sauvan[3] ?

Sauvan, oui, qui avait fait un modèle électronique et avec qui j'avais été discuter. Mais je n'avais pas eu le déclic. C'est toujours pareil, quand vous êtes jeune. Je n'avais sans doute pas réussi à comprendre ce qu'il faisait, et je n'ai pas pu en profiter. Et voilà aussi quelqu'un, c'est étonnant que vous vous en souveniez, parce qu'on n'a plus jamais parlé de lui. Jacques Sauvan, à part vous, il n'y a pas beaucoup de gens qui le connaissent.

C'était un problème de compréhension ?

Je ne sais pas s'il m'avait tout expliqué aussi, il ne voulait peut-être pas tout dévoiler. Ce qu'il m'avait dit de son système, je ne me souviens plus du tout de ce que c'était. C'était inspiré des idées d'Ashby. Je ne sais plus ce que c'était, mais voilà, je n'ai pas su en… Ou alors je n'ai pas vu le rapport avec le sujet que Chauvin m'avait donné, c'est-à-dire le fonctionnement des fourmis. Mais si maintenant j'étais en contact avec Sauvan, je pense que ça se passerait complètement différemment,

3 *cf.* p. 177-188.

parce que maintenant j'ai le recul, j'ai le background. À l'époque je n'avais pas su ni comprendre, ni exploiter ce qu'il faisait.

Comment aviez-vous entendu parler de lui ?

Par Chauvin, je pense.

Vous n'avez pas cherché de contacts à l'étranger ?

Ce n'était pas aussi facile en 1965 : Internet n'existait pas, l'étranger il fallait y aller, donc il fallait trouver qui aller voir et pourquoi. Si j'avais été dans un laboratoire normalement constitué… Comme je vous l'ai dit, le laboratoire de Chauvin, on l'a construit nous-mêmes, et donc pendant que vous accumulez des parpaings sur des parpaings et que vous posez des fenêtres, vous n'êtes pas en contact avec ce qui se passe dans le vaste monde. Je n'ai pas eu la possibilité, et ce qui se passait ailleurs, je n'étais pas au courant. Il s'est vraiment passé du temps entre le moment où moi j'ai mûri, et où suffisamment d'applications ont été publiées dans la littérature pour qu'en 1990 il y ait un saut catastrophique, au sens premier de la théorie des catastrophes, qui a bouleversé la discipline. Mais, là, j'étais enfin prêt à percevoir ce phénomène, à le comprendre et à l'exploiter.

Comme vous étiez ingénieur, à l'origine, vous n'avez pas été chercher du côté des ingénieurs, automaticiens ou autres ?

Eh bien c'est pareil, si vous voulez, s'il s'agit de construire la énième version d'un régulateur à boule, les ingénieurs sont parfaits. S'il faut travailler sur la façon de corriger la trajectoire d'un missile pour qu'il atteigne son but, les ingénieurs sont parfaits. Mais lequel aller voir pour comprendre le fonctionnement d'une fourmilière ? Eh bien je ne savais pas. Je ne savais pas et donc je n'ai vu personne.

Vous souvenez-vous de Jacques Riguet[4] *?*

C'est un nom qui me dit quelque chose, mais je ne saurais vous en dire davantage.

---

4 J. Riguet avait apparemment demandé à J.-A. Meyer un tiré-à-part de son article de 1966, et une intervention dans son séminaire (sans doute son séminaire de théorie des

Vous parliez d'Henri Atlan ?

J'étais en contact avec Atlan, notamment parce qu'une de mes thésardes l'a eu dans son jury de thèse, et qu'il y a eu un colloque à Cerisy, autour de ses idées, auquel j'avais été invité. Il faisait partie de ces gens qui avaient une vision assez originale de la biologie pour en dire des choses intéressantes. Je pense qu'il était en Israël et qu'il y est toujours, mais qu'est-ce qu'il fait maintenant ? Mon élève travaillait sur un modèle d'apparition de la vie, et ça avait un rapport avec son livre *Entre le cristal et la fumée.* Atlan faisait partie du jury de thèse en tant que spécialiste extérieur. Je pense qu'il est l'un des seuls à avoir été au courant rapidement des travaux de John Holland. Mais je n'ai pas eu beaucoup de contacts avec lui.

Au fil de votre évolution, entre ces différentes communautés de recherche, le rapport que vous avez – ou n'avez pas – eu avec les ingénieurs a-t-il évolué, comme vous êtes allé du côté de la simulation puis de la robotique ?

Dès l'instant que j'ai commencé à faire de la robotique, là oui, bien sûr, mes contacts avec les ingénieurs ont changé de nature. J'aurais pu rester au laboratoire d'informatique de Paris 6 tant que je travaillais sur l'intelligence artificielle, mais quand je me suis mis à faire plus de robotique, là c'est pareil, le CNRS aime bien que ses ressortissants soient dans des cases reconnues et que les cases soient assez homogènes. Au bout d'un certain temps, mon activité robotique au sein d'un laboratoire d'informatique a posé quelques problèmes, et comme l'université de Paris

automates). « Cher Monsieur, j'ai retrouvé un des seuls tirés à part de l'article dont Chauvin a dû se servir comme tremplin pour se propulser vers je ne sais quelles hauteurs inexplorées… et je l'ai photocopié. Je n'ai pas tellement envie de développer ce papier dans vos séminaires parce que : au plan pratique, il n'a – à ma connaissance – débouché sur rien ; au plan théorique, ce n'est pas moi qui ai fait le boulot et que, depuis sa parution, bien d'autres choses ont été racontées, qu'il faudrait réunir dans un ensemble cohérent (*cf.* le bouquin d'Atlan par exemple). J'ai eu, depuis, d'autres activités – plus concrètes – ayant trait à l'étude de systèmes complexes qu'il serait peut-être plus intéressant de développer devant vous… Enfin, tout cela se plaide, et j'attends de vous voir à cet égard. Respectueusement vôtre, J.-A. Meyer » (lettre de J.-A. Meyer à J. Riguet, 8 mars, année inconnue, archives personnelles de J. Riguet). La lettre est à en-tête du laboratoire de zoologie de l'ENS, donc postérieure à 1975. Riguet et Meyer étaient tous deux intervenants au colloque « Élaboration et justification des modèles » organisé par P. Delattre en octobre 1978.

6 m'a proposé de rejoindre avec mon équipe un nouveau laboratoire de robotique qui se créait, j'ai accepté. Je suis passé de l'informatique à la robotique, et là évidemment j'ai eu affaire à des ingénieurs de recherche, parce que ce n'est pas moi qui fabriquais certains prototypes ou certaines pièces. J'étais bien content de rejoindre ce laboratoire où ce dialogue avec les ingénieurs était normal et indispensable.

Concernant vos travaux en écologie, en quel sens peut-on dire qu'un lac apprend ?

Apprend, certainement pas, mais qu'est-ce-que ça veut dire apprendre, ça veut dire changer et en principe pour le mieux, c'est-à-dire s'adapter. Donc entre adaptation et apprentissage, il y a plein de rapports. Et donc les techniques que vous utilisez pour faire de l'apprentissage, vous pouvez les utiliser pour faire de l'adaptation. C'est en ça que John Holland est important, c'est qu'il a proposé une méthode qui permet de simuler l'évolution, parce que ça permet d'utiliser l'équivalent d'un code génétique pour relier des chromosomes à des caractères phénotypiques. On peut, sur ordinateur, équiper des entités d'un matériel génétique et faire que, de génération en génération, ce matériel se modifie, soit pour améliorer les performances dans un environnement constant, soit pour changer les performances quand l'environnement change. Ces méthodes qui ont l'air de s'appliquer à un seul individu, qui va évoluer de génération en génération, elles peuvent être appliquées à un ensemble d'individus dans un système. On peut comme ça étudier comment un écosystème – un lac par exemple – comment les entités qui y sont peuvent se modifier au cours du temps de façon à ce que le système soit encore là dans dix ans, dans cent ans, dans mille ans. Ces techniques qui mettent en œuvre soit de l'évolution au niveau de l'espèce, soit de l'apprentissage au niveau d'un individu – par exemple le conditionnement, le phénomène qui permet à un rat d'appuyer sur une pédale pour recevoir de la nourriture, c'est un apprentissage individuel, c'est durant la vie de l'animal. Ces modifications génétiques, physiologiques et comportementales sont celles que des individus dans un lac peuvent subir. Les techniques qui permettent de les simuler peuvent être utilisées dans le milieu de l'intelligence artificielle, mais elles vont être utilisées de plus en plus souvent dans des domaines d'application différents.

Vous m'aviez dit que pendant la durée de votre thèse vous aviez accès à un ordinateur ?

Oui, c'est très immodeste de dire ça, mais j'étais pionnier dans plusieurs domaines. La modélisation et la simulation, j'étais un des premiers. La vie artificielle, j'étais aussi un des premiers. Je me souviens avec plaisir, ça devait être dans les années 66-67, de mon service militaire, que j'ai eu la chance de faire en tant que scientifique du contingent. Je l'ai fait au Centre d'études bio-climatologiques de Strasbourg, chez Bernard Metz, qui a dirigé la fin de ma thèse. Ils venaient de recevoir un des tous premiers ordinateurs de France, enfin de laboratoire. C'était un engin qui s'appelait le PDP, il ne marchait qu'avec des bandes perforées, et il fallait programmer ça à la main. De nuit, j'allais travailler là-bas parce que le reste du temps l'ordinateur était pris à autre chose. Mais de nuit je pouvais aller m'amuser avec et l'utiliser. J'ai donc appris à programmer, et les calculs statistiques que j'avais besoin de faire, je pouvais les faire sur ordinateur. Et la fin de ma thèse, c'est-à-dire la fin des années 73-74, je l'ai faite au centre de calcul du CNRS sur le campus d'Orsay, où il y avait une gigantesque machine accessible aux chercheurs dans tous les domaines étudiés au CNRS, donc là j'ai pu me servir de cette machine. Vers les années 75, à peu près, il y a eu le premier PC, et là aussi j'étais un des tous premiers à m'en servir. J'étais un des premiers à me servir d'Internet, dans les années 85-86, et je me revois encore allant appuyer sur le bouton qui allait envoyer à tous les contacts que j'avais pu trouver le mail qui annonçait la conférence que j'ai créée à Paris en 1990. C'était une époque ou Internet n'était utilisé que dans les laboratoires, et après ça s'est répandu à tout. Et donc je ne sais plus quelle était exactement votre question, mais j'ai été un des tout premiers à me servir des ordinateurs quand ils sont apparus, que ce soit l'énorme machine du CNRS ou les PC de bureau.

ANNEXE XIV

La collaboration Danchin-Changeux-Courrège *et al.* à l'IBPC, selon A. Danchin

Jacques Monod décidait de construire un Centre Royaumont pour une science de l'Homme, avec l'idée de concilier la biologie moléculaire et les neurosciences. [...] Monod m'a alors sollicité [...] pour y développer de nouveaux programmes visant à comprendre les relations entre le corps humain, le cerveau en particulier, et les caractéristiques les plus évoluées et « abstraites » du comportement humain. À la fermeture du Centre j'ai maintenu pendant un certain temps un séminaire de travail sur la mémoire et l'apprentissage, tous les mercredis après-midi à la salle de conférence de l'Institut de biologie physico-chimique[1].

Avec le mathématicien Philippe Courrège je travaillais à cette époque sur la formalisation mathématique des théories sélectives, à l'Institut de biologie physico-chimique, juste à côté de l'Institut Henri Poincaré. À l'occasion d'une rencontre avec Jean-Pierre Changeux, celui-ci nous avait demandé si nous pourrions choisir le système nerveux comme objet d'étude des processus sélectifs, ce qui nous a paru particulièrement intéressant. Nous avons donc élaboré un certain nombre de modèles mathématiques pour échafauder une théorie de l'apprentissage par sélection stabilisatrice des synapses entre les neurones[2]*. Cela a duré quatre ans, avec des réunions tous les mercredis après-midi à l'IBPC. C'est ce premier travail collectif – ceux qui participaient à nos échanges allaient et venaient, parfois pour une seule séance, nous avons même eu la participation de Benoît Mandelbrot, juste au moment où il inventait les fractals – qui m'a donné l'idée de créer un être fictif qui représenterait notre collectivité de chercheurs (cf. le*

1 A. Danchin, « Remarques sur un projet à long terme pour une étude épistémologique de la représentation interne (cognition) en relation avec les processus de communication », en ligne.

2 J.-P. Changeux, P. Courrège, A. Danchin, « A Theory of the Epigenesis of Neuronal Networks by Selective Stabilization of Synapses, *Proceedings of the National Academy of Sciences USA*, vol. 70, n° 10, 1973, p. 2974-2978.

concept d'« Aristote composite » imaginé par la fondation Rockefeller dans les années 1930, et pour les mathématiciens, Nicolas Bourbaki, de l'Université de « Nancago » – Nancy/Chicago, toujours en activité). La majorité des résultats de cet énorme travail – qui n'est pas obsolète – n'a jamais été publiée alors qu'ils pourraient peut-être être réutilisés aujourd'hui dans la perspective de théories qu'on ne pouvait valider à l'époque, faute des moyens de simulation adéquats. Voilà d'ailleurs un exemple qui montre comment il arrive souvent que des gens qui travaillent sur des sujets inédits peuvent rester dans l'obscurité[3].

Pourtant nos travaux ont été, je crois, très constructifs et ont permis d'élaborer les grandes lignes d'une théorie générale de l'apprentissage qui me semble beaucoup apporter à notre compréhension des propriétés originales du système nerveux. Plus de trente ans après, au moment où, après une longue période de silence et de consolidation, les expériences sur le système nerveux central des vertébrés sont redevenues d'actualité, il serait certainement du plus grand intérêt de reconsidérer entièrement nos approches, et d'explorer plus avant la façon dont des rétroactions imprécises peuvent, par l'échec même de leur recherche de la précision, donner quelques unes des bases de ce qui pourrait être à l'origine des processus conscients, et de leur rôle dans la réorganisation cérébrale de l'environnement[4]*…*

3 A. Danchin, séminaire CNRS-ENS « Histoires de séquençage », 15 mars 2012, en ligne.

4 A. Danchin, « Mémoire et apprentissage dans le système nerveux », en ligne. Lors de son intervention au séminaire « Histoires de séquençage » à l'ENS (*cf.* ci-dessus), A. Danchin avait amené cet épais manuscrit inédit intitulé *Réflexion mathématique sur l'épigénèse des réseaux de neurones*, qui fait notamment référence aux neurones de Pitts & McCulloch.

ANNEXE XV

« L'adieu au CEREMADE », texte inédit de Jean-Pierre Aubin

Ce n'est ni à la légère, ni de gaieté de cœur que je me suis résolu à quitter le Centre de recherches de mathématiques de la décision afin de poursuivre autrement ses objectifs originaux et de rester fidèle à mes idées.

Lorsque j'ai créé en 1970 l'Unité d'enseignement et de recherche de Mathématiques de la décision et le CEREMADE de l'Université de Paris-Dauphine, je souhaitais faire œuvre originale et utile à notre pays afin de

1. *développer en milieu universitaire de* nouveaux *domaines de motivation et d'application des mathématiques laissés en jachère ailleurs, tant au niveau de l'enseignement que de la recherche. Profitant du cadre de Dauphine*[1], *privilégier les* mathématiques de la décision, *qui englobent les mathématiques motivées par l'économie, la gestion et la finance, par des aspects des sciences cognitives et donc, dans une certaine mesure, de problèmes biologiques, par des aspects des sciences sociologiques et des sciences de l'homme. Bref, par les mathématiques motivées par l'évolution et la régulation des grandes organisations, particulièrement celles issues des sciences de l'homme et de la société.*
2. *attirer des jeunes mathématiciens de talent, spécialistes de ces questions s'il y en a, dans l'espoir de les convaincre de les étudier sinon, étant entendu que tout chercheur a toujours eu la liberté de faire ce qu'il souhaite, pour* collaborer – dans la bonne humeur – *à la réalisation de ces objectifs,*

entre autres principes fondateurs[2] *– souvent hétérodoxes – auxquels j'ai tenté de rester fidèle durant toute ma vie professionnelle.*

---

1 … et du CNRS, en demandant le rattachement du CEREMADE aux sections 01, 07 et 37, et en ayant toujours plaidé la cause du CEREMADE auprès des départements SPI et SHS.

2 Voir mon témoignage sur « La genèse des mathématiques de la décision à l'Université de Paris-Dauphine » paru en 1995 dans *La Gazette des Mathématiciens* n° 65, p. 39-45.

Si les postes que j'ai obtenus en une période difficile « de pilotage de la recherche par l'aval » et les recrutements que j'ai personnellement suggérés[3] *jusqu'en 1982, qui se sont effectivement avérés figurer ensuite parmi les meilleurs de leur génération, ont conduit le CEREMADE au succès au delà de toute espérance, l'élection récente du nouveau directeur de cette unité a révélé l'échec des autres objectifs fondateurs au niveau de l'ensemble du CEREMADE.*

Le CEREMADE a été au fil des ans « normalisé » pour ressembler à un centre de recherches canonique de mathématiques – certes appliquées, mais à la physique et à la mécanique bien plus qu'à l'économie et la gestion.

Je n'ai pas su ou pu protéger longtemps le CEREMADE d'une situation spécifique à notre pays où l'analyse appliquée est considérée comme une branche des « équations aux dérivées partielles de la physique et de la mécanique », qui par le jeu dynamogénique d'élections aux instances de recrutement du CNRS et des universités, n'a cessé de se renforcer et d'imposer une orthodoxie bien française. La contribution de la section mathématique en postes de chercheur par le comité national du CNRS est restée pour le moins marginale dans les domaines motivés par les sciences économiques, tandis que les universités ont été moins sectaires. Cela a conduit à freiner dangereusement dans notre pays le développement des mathématiques motivées par les « sciences du vivant », où le rôle des mathématiciens ne consiste pas seulement a répondre aux questions posées par d'autres, mais doit contribuer à la modélisation de ces problèmes[4], ce qui est une activité très différente, et qui est loin d'être encouragée. *Pour l'instant, ces disciplines ont connu des développements considérables sans une intervention a grande échelle des mathématiques, sauf peut-être en économie, qui traite de la partie des interactions sociales médiatisée par des valeurs monétaires, donc mesurables.*

Une partie de la communauté mathématique devrait franchir les frontières qui l'isolent de nombreux domaines de la connaissance autres que la physique. C'est ce qu'ont tenté de faire les chercheurs du groupe de recherche « Viabilité et Contrôle » qui ont poursuivi jusqu'ici les objectifs initiaux du CEREMADE. Ils ne se sont pas contentés d'appliquer les outils mathématiques existants aux

---

3 Alain Bensoussan, Ivar Ekeland, Luc Tartar, Pierre Bernhard, Hervé Moulin, Jean-Michel Lasry, Pierre-Louis Lions (choisis à l'issue de leurs thèses avant que leur réputation soit bien établie) et Yves Meyer (sur la chaire de la Ville de Paris), ainsi que l'affectation de Daniel Gabay au CEREMADE. Il n'a pas toujours été facile de convaincre les mathématiciens de l'intérêt des thèmes de recherche du CEREMADE ni de convaincre les collègues de Dauphine de recruter les meilleurs d'entre eux.

4 Le CEREMADE s'était fixé explicitement cette mission de modélisation dans le rapport de recherches de son dixième anniversaire.

systèmes complexes issus des sciences du vivant, mais de chercher – très modestement – si l'on pouvait fabriquer des outils adéquats qui puissent fournir des métaphores mathématiques aux problèmes – peut-être faciles aux yeux de certains – motivés par les sciences qualifiées injustement de « molles ». Peu nombreux sont ceux qui ont essayé de s'engager dans cette voie, et ce qui arrive au CEREMADE révèle pourquoi il est périlleux de s'y aventurer.

Si pendant les douze premières années du CEREMADE, *j'ai tenu à ce que la qualité mathématique des recherches soit au dessus de tout soupçon pour arrimer autant que faire se peut ces thèmes (économie, contrôle, intelligence artificielle) aux mathématiques, je n'ai pas su ou pu éviter la dérive classique de* l'isolement par le mépris de thèmes de recherche ressentis comme moins purs ou moins nobles. *On reconnaît là une constante de la société française, et je pourrais reprendre ce que j'avais déclaré à la Société mathématique de France peu avant la création de la Société de mathématiques appliquées et industrielles :* sont aristocrates ceux qui héritent de privilèges qu'ils n'ont pas eux-mêmes gagnés en récompense de leurs exploits. *En défendant becs et ongles leurs privilèges ou leurs acquis, en freinant l'innovation, ils précipitent ainsi les révolutions qui les remettent en cause.*

Il me semble rétrospectivement que si je n'avais pas été issu de ce milieu mathématique, l'aventure scientifique du CEREMADE *n'aurait tout simplement pas pu commencer.*

Le raffermissement de l'orthodoxie et les dissidences hétérodoxes sont les forces agonistes-antagonistes de l'évolution lourde des idées et des idéologies, formant un couple paradoxal de partenaires à la fois associés sur le fond des sujets en différend et opposés par une inimitié hors de proportion avec la partie visible des litiges. C'est généralement la crainte d'éminences grises, rouges, vertes ou d'autres couleurs, fortes du prestige et de la sécurité qu'ils empruntent a leurs églises ou à leurs partis, qui invoquent l'esprit de chapelle pour écarter dissidents et hérétiques. Si tenter de rompre avec cette orthodoxie me met à l'écart d'une coterie de mathématiciens qui me reprochent des mésalliances en dehors des sciences physiques, alors, tant pis, car je ne souhaite pas être retardé par ceux qui souhaitent poursuivre d'autres directions bien établies. S'ils les jugent plus glorieuses, c'est leur affaire. Si c'est une question de vraie foi, ce n'est pas mon affaire.

Il semble exister une « loi des hérésies parfaites », qui, à l'instar de la « loi des gaz parfaits », énonce que l'intensité de la lutte contre l'hérésie est inversement proportionnelle à l'écart qui la sépare du dogme. « Je n'y comprends rien assurément ; personne n'y a jamais rien compris, et c'est la raison pour laquelle on s'est égorgé », *constatait Voltaire dans son dictionnaire philosophique à propos d'Arius.*

Il eût fallu peut-être trouver des moyens protectionnistes, céder malgré mes réticences à l'auto-recrutement que l'originalité du CEREMADE aurait pu justifier. Par le jeu des départs et des recrutements[5]*, une diversité enrichissante a donc été peu à peu remplacée par une dispersion trop vaste des thèmes de recherche par rapport au nombre de chercheurs, nuisant de ce fait aux collaborations et synergies que chacun appelle de ses vœux. Le respect de la liberté du choix des sujets de recherche a fait place à l'intolérance envers des directions que d'aucuns jugent « exotiques ». Mais rendre compte de cette sorte de procès en sorcellerie qui a été instruit pour purger le CEREMADE de ses principes fondateurs ne présente aucun intérêt autre qu'anecdotique. Pour que mon activité puisse être poursuivie au CEREMADE, comme l'a recommandé le dernier rapport du « comité scientifique du CEREMADE », il aurait fallu abjurer l'usage de l'analyse multivoque, me convertir aux équations différentielles partielles, et devenir un marrane scientifique.* Pourtant, utiliser à tout prix ces outils motivés par les sciences physiques pour résoudre des problèmes nouveaux issus des sciences du vivant conduit à fausser leur modélisation et pervertir leur résolution.

Ainsi vont l'histoire et le destin des entreprises novatrices : cet échec, qui est le mien, et que j'assume, est peut-être porteur de leçons pour ceux qui voudront tenter pareille aventure scientifique.

C'est donc le moment d'accorder mes actes à des propos que j'ai tenus depuis longtemps. Yves Meyer, lorsqu'il partit l'an dernier du CEREMADE, disait que le meilleur service que l'on pouvait rendre à une institution était de la quitter. Voici venu mon tour de rendre ce service au CEREMADE pour qu'il survive sous la forme que semble désirer une partie de ses chercheurs.

Mais aux yeux de son fondateur, le *Centre de recherches de mathématiques de la décision de l'Université de Paris-Dauphine* tel qu'il était conçu est décédé à l'âge de 25 ans, après une agonie de 10 ans.

(20 avril 1996)

---

5 *En particulier par transfert au CEREMADE de chercheurs du CNRS en physique mathématique à la seule discrétion du directeur de l'unité sans aucune consultation d'un conseil de laboratoire ou de la commission de spécialité.*

BIBLIOGRAPHIE

ABIR-AM, Pnina « From Multidisciplinary Collaboration to Transnational Objectivity: International Space as Constitutive of Molecular Biology, 1930-1970 », in E. Crawford, T. Shinn, S. Sörlin (dir.), *Denationalizing Science. The Contexts of International Scientific Practice*, Dordrecht: Kluwer Academic Publishers, 1993, p. 153-186.

ACKERMANN, Charles, recension de : Cl. Lévi-Strauss *Structural Anthropology*, *The American Journal of Sociology*, vol. 71, n° 2, 1965, p. 215.

ACOT, Pascal, « Le colloque international du CNRS sur l'écologie (Paris, 20-25 février 1950) », in C. Debru, J. Gayon (dir.), *La Recherche biologique et médicale en France. 1920-1950*, Paris : CNRS Éditions, 1994, p. 233-240.

ACZEL, Amir, *Nicolas Bourbaki, Histoire d'un génie des mathématiques qui n'a jamais existé*, Paris : Éd. JC Lattès, 2009.

AFTALION, Albert, *Les Crises périodiques de surproduction, t. II : Les mouvements périodiques de la production*, Paris : Rivière, 1913.

AKHABBAR, Amanar, 2008, « La matrice russe. Les origines soviétiques de l'analyse input-output. 1920-1925 », *Courrier des statistiques* n° 123, INSEE, http://www.insee.fr/fr/ffc/docs_ffc/cs123f.pdf.

ALBE-FESSARD, Denise, NAQUET, Robert, BUSER, Pierre, « L'institut Marey, les dessous de l'histoire », *La Revue pour l'histoire du CNRS* n° 19, 2007, http://histoire-cnrs.revues.org/4893.

ALLAIS, Maurice, *Économie et intérêt*, Paris : Imprimerie Nationale et Librairie des Publications Officielles, 1947.

ALLAIS, Maurice, « Explication des cycles économiques par un modèle non linéaire à régulation retardée, mémoire complémentaire », in *Les modèles dynamiques en économétrie*, Collection des Colloques Internationaux du CNRS, vol. LXII, 1956, p. 259-308.

ALLEN, Roy G. D., « The Engineer's Approach to Economic Models », *Economica*, vol. 22, n° 86, 1955, p. 158-168.

ALLEN, Roy G. D., *Mathematical Economics*, New York: St Martin's Press, 1956.

ALLEN, Roy G. D., *Macro-Economic Theory*, New York: St Martin's Press, 1967.

ALLIX, André, « Présentation de M. Louis Couffignal par M. le Recteur André Allix », *Technica* n° 173, 1954, p. 2-3.

ALMEIDA, Mauro W. B. de, « Symmetry and Entropy. Mathematical Metaphors in the Work of Lévi-Strauss », *Current Anthropology*, vol. 31, nº 4, 1990, p. 367-385.

ALUNNI, Charles, « Diagrammes, catégories comme prolégomènes à la question : Qu'est-ce que s'orienter diagrammatiquement dans la pensée ? », in N. Batt, (dir.), *Penser par le diagramme, de Gilles Deleuze à Gilles Châtelet*, Théorie Littérature Enseignement nº 22, Saint-Denis : Presses universitaires de Vincennes, 2004, p. 83-93.

ANCEAU, François, ASTIC, Isabelle, CORPORON, Serge, « La machine de Louis Couffignal : analyse d'un échec », séminaire d'histoire de l'informatique et du numérique, Paris, CNAM, 24 avril 2014.

ANDERSON, James A., ROSENFELD, Edward (dir.), *Talking Nets. An Oral History of Neural Networks*, Cambridge (Ma) : The MIT Press, 2000.

ANDLER, Daniel, « Cognitive Science », in L. D. Kritzman, B. J. Reilly, M. B. DeBevoise, *The Columbia History of Twentieth-century French Thought*, New York : Columbia University Press, 2006, p. 175-181.

AOKI Masanao, LEIJONHUFVUD, Axel, « Cybernetics and Macroeconomics: A Comment », *Economic Inquiry*, vol. 14, nº 2, 1976, p. 251-258.

ARBIB, Michael A., « A Common Framework for Automata Theory and Control Theory », *SIAM Journal on Control and Optimization*, vol. 3, nº 7, 1962, p. 206-222.

ARBIB, Michael A., *Notes on a Partial Survey of Cybernetics in Europe and the U.S.S.R.*, Final Report, Directorate of Information Sciences, Air Force office of Scientific Research, Contract AF49(638)-1446, 1965.

ARBIB, Michael A., *Brains, Machines and Mathematics*, New York : Springer-Verlag, 1987.

ARBIB, Michael A., MANES Ernest. G., « Machines in a Category: An Expository Introduction », *SIAM Review*, vol. 16, nº 2, 1974, p. 163-192.

ARMATTE, Michel, compte rendu de D. Pestre, A. Dahan *Les Sciences pour la guerre*, *Traverse*, 2009, nº 3, p. 157-159.

ARMATTE, Michel, *La Science économique comme ingénierie. Quantification et modélisation*, Paris : Presses des Mines, 2010.

ARROUS, Jean, « Socialisme et planification : O. Lange et F. A. von Hayek », *Revue française d'économie*, vol. 5, nº 2, 1990, p. 61-84.

ARROW, Kenneth, « Applications of Control Theory to Economic Growth », *Lectures on Applied Mathematics* vol. 12 : Mathematics of the Decision Sciences pt. 2, American Mathematical Society : Providence, 1968, p. 85-119.

ASHBY, W. Ross, « The Nervous System as Physical Machine: With Special Reference to the Origin of Adaptive Behavior », *Mind*, vol. 56, nº 221, 1947, p. 44-59.

ASHBY, W. Ross, « The Stability of a Randomly Assembled Nerve Network », *EEG and Clinical Neuro-Physiology* n° 2, 1950, p. 471.

ASHBY, W. Ross, « Statistical Machinery », *Thalès, Recueil annuel des travaux de l'institut d'histoire des sciences et des techniques de l'université de Paris*, n° 7, 1951, p. 1-7.

ASHBY, W. Ross, *An Introduction to Cybernetics*, Londres : Chapman & Hall, 1956.

ASHBY, W. Ross, « Design for an Inteligence Amplifier », in C. E. Shannon, J. McCarthy (dir.), *Automata Studies*, Princeton University Press, 1956, p. 215-234.

ASHBY, W. Ross, « The Set Theory of Mechanism and Homeostasis », Technical Report n° 7, Electrical Engineering Research Laboratory, University of Illinois, Urbana, 1962 ; rééd. in *General Systems Yearbook* vol. IX, Washington DC : Society for General Systems Research, 1964, p. 83-98 ; D. J. Stewart, (dir.), *Automaton Theory and Learning Systems*, Londres, Academic Press, 1967, p. 23-51.

ASHBY, W. Ross, RIGUET Jacques, « The Avoidance of Over-writing in Self-Organizing Systems », Technical Report n° 1, National Bureau of Standards, NBS00654, 1960 ; *Journal of Theoretical Biology*, vol. 1, n° 4, 1961, p. 431-439.

ASHBY, W. Ross, WALTER W. Grey, BRAZIER, Mary, BRAIN, W. Russell, *Perspectives cybernétiques en psychophysiologie*, tr. fr. J. Cabaret, Paris : Presses universitaires de France, 1951.

ASSOCIATION DES PHYSIOLOGISTES DE LANGUE FRANÇAISE, Marseille 1er-4 juin 1959, « Discussion des rapports », *Journal de physiologie*, vol. 51, 1959, p. 929-935.

ASTRUC, Jean, LE MAGUER, Jacques, PICARD, Jean-François, « Le CNRS et l'information scientifique et technique en France », *Solaris* n° 4, 1997, http://gabriel.gallezot.free.fr/Solaris/d04/4lemaguer.html.

ATLAN, Henri, *L'Organisation biologique et la théorie de l'information*, Paris : Hermann, 1972.

AUBIN, David, *A Cultural History of Catastrophes and Chaos: Around the Institut des Hautes Études Scientifiques, France 1958-1980*, thèse, Princeton University, 1998.

AUBIN, David, BRET, Patrice (dir.), *Le Sabre et l'éprouvette. L'invention d'une science de guerre, 1914-1939*, Paris : Viénot, 2003.

AUBIN, Jean-Pierre, « La genèse des mathématiques de la décision à l'Université de Paris-Dauphine », *La Gazette des Mathématiciens* n° 65, 1995, p. 39-45.

AUBIN, Jean-Pierre, « L'Adieu au CEREMADE », inédit, *cf.* annexe XV.

AUBIN, Jean-Pierre, *La Mort du devin, l'émergence du démiurge. Essai sur la contingence, la viabilité et l'inertie des systèmes*, Paris : Beauchesne, 2010.

AUBIN, Jean-Pierre, EKELAND, Ivar, « Des mathématiciens doivent-ils participer au programme STS ? », *Cahiers S.T.S.* n° 1, 1984, p. 78-81.

AUGER, Pierre, *L'Homme microscopique. Essai de monadologie*, Paris : Flammarion, 1952.

AUGER, Pierre, « Quelques aspects de la cybernétique vus par un non spécialiste », fonds Auger 46/132.

AUGER, Pierre, « Quelques aspects de la cybernétique vus par un non spécialiste », *1er Congrès international de cybernétique*, *op. cit.*, p. 3-11.

AUGER, Pierre, « La France et le problème mondial de la recherche scientifique », *Les Cahiers de la République* n° 5, 1957, p. 60-64.

AUGER, Pierre, « L'interdiscipline », fonds Auger 46/132, tapuscrit non daté.

AUGER, Pierre, « L'unité de la science », fonds Auger 46/132, tapuscrit non daté.

AUGER, Pierre, « Quelques tendances de la recherche scientifique », fonds Auger 39/120/012, 21 décembre 1960.

AUGER, Pierre, *Tendances actuelles de la recherche scientifique*, Paris : Unesco, 1961.

AUGER, Pierre, « Dynamique des systèmes hiérarchisés : un modèle général appliqué à la biologie », in Z. W. Wolkowski (dir.), *Synergie et cohérence dans les systèmes biologiques. Troisième série*, 1988, p. 93-123.

AUGER, Pierre, « Dynamique et thermodynamique des systèmes composés de plusieurs niveaux d'organisation », *Revue internationale de systémique*, vol. 3, n° 2, 1989, p. 129-158.

AUGUSTIN, Pierre, *Essai sur l'artillerie contre-aérienne française et la guerre aéroterrestre des origines à nos jours*, thèse, université Montpellier III, 1991.

AUROUX, Sylvain, « Histoire des sciences et entropie des systèmes scientifiques. Les horizons de rétrospection », *Archives et documents de la Société d'histoire et d'épistémologie des sciences du langage*, vol. 7, n° 1, 1986, p. 1-26.

AUSTRUY, Jacques, « Méthodes mathématiques et sciences de l'homme », *Revue économique*, vol. 12, n° 3, 1961, p. 414-439.

BAILEY, James E., « Lessons From Metabolic Engineering for Functional Genomics and Drug Discovery », *Nature Biotechnology* n° 17, 1999, p. 616-618.

BAILLET, Jack, « Homéostasie », *Encyclopædia Universalis*, http://www.universalis.fr/encyclopedie/homeostasie/.

BAILLET, Jack, NORTIER, Erik, *Précis de physiologie humaine*, Paris : Marketing Ellipses, 1992.

BAIRD, Davis, *Thing Knowledge. A Philosophy of Scientific Instruments*, Berkeley : University of California Press, 2004.

BARBARA, Jean-Gaël, « Les heures sombres de la neurophysiologie à Paris (1909-1939) », *La Lettre des Neurosciences* n° 29, 2005, p. 3-6.

BARBARA, Jean-Gaël, « La neurophysiologie à la française. Alfred Fessard et le renouveau d'une discipline », *La revue pour l'histoire du CNRS* n° 19, 2007, http://histoire-cnrs.revues.org/4823.

BARBARA, Jean-Gaël, « Alfred Fessard : regard critique sur la cybernétique et la théorie des systèmes », in C. Debru, J.-G. Barbara, C. Cherici (dir.), *L'Essor des neurosciences. France, 1945-1975*, Paris : Hermann, 2008, p. 135-147.

Barbin, Évelyne, Lombard, Philippe, (dir.), *La Figure et la Lettre*, Nancy : Presses universitaires de Nancy, 2011.

Barbut, Marc, 2004, « Mathématiques et sciences humaines », allocution pour le grade de docteur *Honoris causa* de la Faculté de Sociologie et de sciences politiques, Universidad nacional de educación a distancia, www.uned.es/fac-poli/Marc_barbut_fran.pdf.

Barkai N., Leibler S., « Robustness in Simple Biochemical Networks », *Nature* n° 387, 1997, p. 913-917.

Barlow, John S., « The Human Alpha Rythm as a Brain Clock », in *Norbert Wiener : Collected Works*, vol. IV, Cambridge (Ma) : MIT Press, 1985, p. 349-356.

Barnes, W. Jon P., Gladden, Margaret H., (dir.), *Feedback and Motor Control in Invertebrates and Vertebrates*, Londres/Sydney/Dover : Croom Helm, 1985.

Barnett, Vincent, *A History of Russian Economic Thought*, New York : Routledge, 2005.

Barrué-Pastor, Monique, « L'interdisciplinarité en pratiques », in M. Jollivet, (dir.), *Sciences de la nature, sciences de la société. Les passeurs de frontières*, Paris : Éditions du CNRS, 1992, p. 457-475.

Barthes, Roland, « L'activité structuraliste », in *Essais critiques*, Paris : Seuil, 1964, p. 211-219.

Bateson, Gregory, *Naven*, Cambridge University Press, 1936 ; tr. fr. *La cérémonie du Naven*, Paris : Minuit, 1971.

Bateson, Gregory, « Bali : le système de valeur d'un état stable », in *Vers une écologie de l'esprit*, t. 1, Paris : Seuil, 1977, p. 143-165.

Bateson, Gregory, Ruesch Jürgen, 1951, *Communication. The Social Matrix of Psychiatry*, New York : Norton & Co. ; tr. fr. G. Dupuis, *Communication et société*, Paris : Seuil, 1988.

Bauer, Edmond, Lichnerowicz, André, Monod, Jacques, « Rapport sur la recherche fondamentale et l'enseignement supérieur », *Les Cahiers de la République* n° 5, 1957, p. 81-106.

Beaune, Jean-Claude, « Les rapports entre la technologie et la biologie, du XVIIe au XIXe s. : L'automate, modèle du vivant », in P. Delattre, M. Tellier, (dir.), *Actes du colloque élaboration et justification des modèles. Applications en biologie*, vol. 1, 1979, p. 199-214.

Beer, A. Stafford, *Cybernetics and Management*, Londres : English Universities Press, 1959.

Bellman, Richard, *Adaptive Control Processes: A Guided Tour*, Princeton : Princeton University Press, 1961.

BEN-DAVID, Joseph, « The Rise and Decline of France as a Scientific Centre », *Minerva* vol. 8, n° 1, 1970, p. 160-180.

BEN-DAVID, Joseph, COLLINS, Randall, « Social Factors in the Origins of a New Science: The Case of Psychology », *American Sociological Review*, vol. 31, n° 4, 1966, p. 451-465.

BENIGER, James, *The Control Revolution. Technological and Economic Origins of the Information Society*, Cambridge (Ma) / London : Harvard University Press, 1982.

BENNETT, Stuart, *A history of Control Engineering, 1930-1955*, IEE Control Engineering Series n° 47, Stevenage : Peter Peregrinus, 1993.

BENSOUSSAN, Alain, LIONS, Jacques-Louis, (dir.), *New Trends in Systems Analysis. International Symposium, Versailles, December 13–17, 1976. Lecture Notes in Control and Information Sciences*, vol. 2, Berlin/Heidelberg : Springer, 1977.

BENZÉCRI, Jean-Paul, « Thème de recherche objet du contrat DGRST 64 FR 162 », *Imago primi anni. La première année du Laboratoire de calcul de la faculté des sciences de Rennes*, 1964, non paginé.

BENZÉCRI, Jean-Paul, « Le Coût de la perception », in *4e Congrès international de cybernétique, Namur, 19-23 octobre 1964*, Namur : Association internationale de cybernétique, 1967, p. 650-654.

BENZÉCRI, Jean-Paul, « Approximation stochastique dans une algèbre normée non commutative », *Bulletin de la Société mathématique de France* n° 97, 1969, p. 225-241.

BENZÉCRI, Jean-Paul, « La Psychophysique : histoire et critique de la notion de seuil », *Les Cahiers de l'analyse des données*, vol. 4, n° 4, 1979, p. 391-404.

BENZÉCRI, Jean-Paul, « L'âme au bout d'un rasoir », *Les Cahiers de l'analyse des données*, vol. 5, n° 2, 1980, p. 229-242.

BENZÉCRI, Jean-Paul, « Sur l'instauration d'un code : (1) expérimentation et modèle », *Les Cahiers de l'analyse des données*, vol. 20, n° 3, 1995, p. 301-320.

BENZÉCRI, Jean-Paul, « Sur l'instauration d'un code : (3) psychophysiologie et structure des automates », *Les Cahiers de l'analyse des données*, vol. 20, n° 3, 1995, p. 359-372.

BENZÉCRI, Jean-Paul, « Convergence des processus et modèles d'économie libérale et de phylogenèse », *Les Cahiers de l'analyse des données*, vol. 20, n° 4, 1995, p. 473-482.

BENZÉCRI, Jean-Paul, « Approximation stochastique, réseaux de neurones et analyse des données », *Les Cahiers de l'analyse des données*, vol. 22, n° 2, 1997, p. 211-220.

BERNANOS, Georges, *La France contre les robots*, Paris : Robert Laffont, 1947.

BERNARD-WEIL, Élie, TABARY, Jean-Claude, (dir.), *Praxis et cognition. Colloque de Cerisy 1988*, Lyon : Éditions L'Interdisciplinaire, 1992.

BERTHELOT, Jean-Marie, MARTIN, Thierry, COLLINET, Cécile, *Les Études sur la science en France*, Paris, Presses Universitaires de France, 2005.

BERTHOZ, Alain, *Étude biomécanique des vibrations de basses fréquences subies par l'homme*, thèse, faculté des sciences de Paris, 1966.

BERTHOZ, Alain, *Contrôle vestibulaire des mouvements oculaires et des réactions d'équilibration chez le chat*, thèse, université Paris VI, 1973.

BERTHOZ, Alain, *Le Sens du mouvement*, Paris : Éditions Odile Jacob, 1997.

BERTHOZ, Alain, « Les relations entre psychologie et neurosciences cognitives », in C. Debru, J.-G. Barbara, C. Cherici (dir.), *L'Essor des neurosciences. France, 1945-1975*, Paris : Hermann, 2008, p. 123-133.

BERTOLONI MELI, Domenico, *Thinking With Objects. The Transformation of Mechanics in the Seventeenth Century*, Baltimore : John Hopkins University Press, 2006.

BERTRAND, Gustave, *Enigma ou la plus grande énigme de la guerre 1939–1945*, Paris : Plon, 1973.

BESSON, Jacques, « La quête de M.-P. Schützenberger en médecine et biologie », 2001, http://www-igm.univ-mlv.fr/~berstel/Mps/index.html

BESSOU, Paul, LAPORTE, Yves, PAGÈS, Bernard, « A Method of Analysing the Responses of Spindle Primary Endings to Fusimotor Stimulation », *The Journal of Physiology* vol. 196, n° 1, 1968, p. 37-45.

BIRCK, Françoise, *L'École des Mines de Nancy (ENSMN) 1919-2012. Entre université, grand corps d'État et industrie*, Nancy : Presses universitaires de Nancy / Éditions universitaires de Lorraine, 2013.

BISSELL, Chris, « Arnold Tustin 1899-1994 », *International Journal of Control*, vol. 60, n° 5, 1994, p. 649-652.

BISSELL, Chris, « Models and "Black Boxes": Mathematics as an Enabling Technology in the History of Communications and Control Engineering », *Revue d'histoire des sciences*, tome 57, n° 2, 2004, p. 307-340.

BISSELL, Chris, « The Information Turn in Modelling People and Society. Early German Work », in Y. Espiña, (dir.), *Images of Europe : Past, Present, Future. Proceedings of the XIV Conference of the International Society for the Study of European Ideas*, Porto : Universidade Católica Editora, 2016, p. 53-60.

BITTAR, Edward, BITTAR, Neville, (dir.), *Molecular and Cellular Endocrinology*, Londres : JAI Press, 1997.

BLACK, Max, *Models and Metaphors: Studies in Language and Philosophy*, Ithaca : Cornell University Press, 1962.

BLAQUIÈRE, Austin, CRÉMIEUX-ALCAN, Étienne (dir.), *Journées d'étude sur le contrôle optimum et les systèmes non linéaires. 13, 14, 15 et 16 juin 1962*, Paris : Presses universitaires de France, 1963.

BLAQUIÈRE, Austin (dir.), *Modeling and Control of Systems in Engineering, Quantum Mechanics, Economics and Biosciences. Proceedings of the Bellman Continuum*

Workshop 1988, June 13–14, Sophia Antipolis, France, *Lecture Notes in Control and Information Sciences* nº 121, Springer, 1989.

BLUMENBERG, Hans, *Paradigmes pour une métaphorologie*, tr. fr. D. Gamellin, Paris : Vrin, 2006.

BOENIG-LIPTSIN, Margarita, *Making Citizens of the Information Age: A Comparative Study of the First Computer Literacy Programs for Children in the United States, France, and the Soviet Union, 1970-1990*, thèse, université de Harvard, 2015.

BOISSEL, Jean-François, *Socialisme et utopie*, Sète : Édition de la Mouette, 2010.

BOITEUX, Marcel, « Perspectives nouvelles de la recherche opérationnelle », *Revue française de recherche opérationnelle*, vol. 7, nº 26, 1963, p. 201-213.

BONAMY, Maurice, *Servomécanismes, théorie et technologie*, Paris : Masson, 1957.

BONNARD, Elsa, *L'Introduction de l'ordinateur dans les neurosciences françaises. Fenêtre sur le lancement de l'informatique biomédicale*, mémoire de master 2 recherche en Histoire et philosophie des sciences, université Lyon 1, 2010.

BONNER, David (dir.), *Control Mechanisms in Cellular Processes*, New York : The Ronald Press Company, 1961.

BONNOT, Thierry, *L'Attachement aux choses*, Paris : CNRS Éditions, 2014.

BONO, James, « Science, Discourse, and Literature: The Role/Rule of Metaphor in Science », in S. Peterfreund, (dir.), *Literature and Science: Theory and Practice*, Boston : Northeastern University Press, 1990, p. 59-89.

BORCK, Cornelius, « Toys are Us. Models and Metaphors in Brain Research » in J. Choudhury, J. Slaby, (dir.), *Critical Neuroscience: A Handbook of the Social and Cultural Contexts of Neuroscience*, Chichester : Wiley-Blackwell, 2012, p. 113-133.

BOUCHARD, Julie, *Comment le retard vient aux Français. Analyse d'un discours sur la recherche, l'innovation et la compétitivité 1940-1970*, Villeneuve d'Ascq : Presses Universitaires du Septentrion, 2008.

BOULANGER, Georges, (dir.), *Le Dossier de la cybernétique. Utopie ou science de demain dans le monde d'aujourd'hui ?*, Marabout université, Verviers : Éditions Gérard & Co., 1968.

BOULANGER, Georges, « Une science cherche son identité à travers une association internationale », *Associations transnationales* nº 4, 1981, p. 248-250.

BOULDING, Kenneth, recension de : N. Wiener, *The Human Use of Human Beings: Cybernetics and Society*, *Econometrica*, vol. 20, nº 4, 1952, p. 702-703.

BOUMANS, Marcel, *How Economists Model the World Into Numbers*, Abingdon / New York : Routledge, 2005.

BOURBAKI, Nicolas, « L'architecture des mathématiques », in F. Le Lionnais, (dir.), *Les Grands courants de la pensée mathématique*, Éd. Des Cahiers du Sud, 1948, p. 35-47.

BOURDIEU, Pierre, « Le champ scientifique », *Actes de la recherche en sciences sociales*, vol. 2, n° 2, 1976, p. 96

BOURDIEU, Pierre, « Sur le pouvoir symbolique », *Annales. Économies, Sociétés, Civilisations*, vol. 32, n° 3, 1977, p. 405-411.

BOURDIEU, Pierre, *Science de la science et réflexivité*, Paris : Raisons d'agir, 2001.

BOWKER, Geoff, « How to Become Universal: Some Cybernetic Strategies, 1943-1970 », *Social Studies of Science*, vol. 23, n° 1, 1993, p. 107-127.

BOYER, Robert, « Les modèles macroéconomiques globaux et la comptabilité nationale : un bref historique », rapport CEPREMAP n° 8108, 1981.

BRAFFORT, Paul, « Cybernétique et physiologie généralisée », in *Ier Congrès international de cybernétique. Namur, 26-29 juin 1956*, Paris : Gauthier Villars / Namur : Association internationale de cybernétique, 1958, p. 101-102.

BRAFFORT, Paul, « L'information dans les mathématiques pures et dans les machines », in *Ier Congrès international de cybernétique. Namur, 26-29 juin 1956*, Paris : Gauthier Villars / Namur : Association internationale de cybernétique, 1958, p. 248.

BRAFFORT, Paul, « Des mots-clés aux phrases clés. Les progrès du codage et l'automatisation des fonctions documentaires », *Bulletin des bibliothèques de France*, n° 9, 1959, p. 383-391.

BRAFFORT, Paul, *L'Intelligence artificielle*, Presses universitaires de France, 1968.

BRAFFORT, Paul (dir.), *Viridis Candela* n° 18, Carnets trimestriels du Collège de 'Pataphysique, Dossier consacré à François Le Lionnais, 2004.

BRAFFORT, Paul, « Le grand docteur Marco », non daté, www.paulbraffort.net/litterature/critique/marco.htm

BRAFFORT, Paul, « Le jardin des entiers qui bifurquent », non daté, www.paulbraffort.net/science_et_tech/formes_et_infomation/mathematiques/jardin_entiers.html

BRAFFORT, Paul, « Les digitales du mont Analogue », non daté, www.paulbraffort.net/science_et_tech/atomistique_et_automatique/calc_analog_et_auto/mont_analogue.html

BRAFFORT, Paul, « Une trace de mes travaux et de mes jours », non daté, http://www.paulbraffort.net/science_et_tech/physique_et_autres_sciences/physique/modele_univers_02.html

BRAFFORT, Paul, 2007-2008, « La deuxième vie de Michel Petrovitch », *Epistémocritique. Revue d'études et de recherches sur la littérature et les savoirs*, http://www.epistemocritique.org, 1re partie : 4 juin 2007 ; 2e partie : 15 janvier 2008.

BRAFFORT, Paul, « Le jugement des flèches. Un essai d'épistémologie appliquée », *Revue de synthèse*, vol. 130, n° 1, 2009, p. 67-101.

BRAFFORT, Paul, « Paul Braffort, un pied dans la littérature, un pied dans la science. Entretien avec J.-L. Giavitto et V. Schafer », *Bulletin de la société informatique de France*, n° 3, 2014, p. 49-57.

BRAFFORT, Paul, CAILLET Claude, « Schémas analogiques et diagrammes fonctionnels dans l'étude des problèmes de stabilité », *Cours de Génie Atomique*, vol. XXIII, Saclay : Commissariat à l'Énergie Atomique, 1959.

BRAILLARD, Pierre-Alain, *Enjeux philosophiques de la biologie des systèmes*, thèse, université Paris 1, 2004.

BREITNER, M. H., « The Genesis of Differential Games in Light of Isaacs' Contributions », *Journal of Optimization Theory and Applications*, vol. 124, n° 3, 2005, p. 523–559.

BRENDER, Anton, *Les intermédiaires financiers et la régulation de l'équilibre macroéconomique : une analyse cybernétique*, Thèse de Sciences économiques, université Paris 1, 1975.

BRENDER, Anton, *Analyse cybernétique de l'intermédiation financière*, Cahiers de l'ISMEA, série EM n° 7, 1980, p. 1600-1813.

BRENDER, Anton, *Socialisme et cybernétique*, Paris : Calmann-Lévy, 1977.

BRESSON, François, recension de : P. Cossa, *La cybernétique, du cerveau humain aux cerveaux artificiels*, *L'Année psychologique*, vol. 58, n° 1, 1958, p. 292.

BRETON, Philippe, « La cybernétique et les ingénieurs. Dans les années cinquante », *Culture technique* n° 12, 1984, p. 155-161.

BRETON, Philippe, *L'Utopie de la communication*, Paris : La Découverte, 1997.

BRIAN, Éric, *La Mesure de l'État. Administrateurs et géomètres au XVIIIe siècle*, Paris : Albin Michel, 1994.

BRIAN, Éric, *Comment tremble la main invisible. Incertitude et marchés*, Paris : Springer, 2009.

BRILLOUIN, Léon, *Vie, matière et observation*, Paris : Albin Michel, 1959.

BRUILLARD, Éric, *Les Machines à enseigner*, Paris : Hermès, 1997.

BUNGENER, Martine, JOËL, Marie-Ève, « L'essor de l'économétrie au CNRS », *Cahiers pour l'histoire du CNRS*, 1989, n° 4, p. 45-78.

BURGUIÈRE, André, « Plozévet, une mystique de l'interdisciplinarité », *Cahiers du Centre de recherches historiques* n° 36, 2005, p. 231-263.

BURIAN, Richard, GAYON, Jean, ZALLEN, Doris, « The Singular Fate of Genetics in the History of French Biology, 1900–1940 », *Journal for the History of Biology* n° 21, 1988, p. 357-402.

BURIAN, Richard, GAYON, Jean, « The French School of Genetics: From Physiological and Population Genetics to Regulatory Molecular Genetics », *Annual Review of Genetics* n° 33, 1999, p. 313-349.

BURT, Ronald, « The Social Capital of Opinion Leaders », *The Annals of the American Academy of Political and Social Science* n° 566, 1999, p. 37-54.

BUSER, Pierre, IMBERT, Michel, *Neurophysiologie fonctionnelle*, Paris : Hermann, 1975.

CALVINO, Bernard, Vallet, Claude, Verney, Daniel, Moulin, Thiébaut, « Vers l'utilisation d'un langage arithmétique pour représenter le réel sous forme de systèmes ouverts », *Agressologie*, vol. 13, n° 4, 1972, p. 217-232.

CALVINO, Bernard, « Level of Organization and Complex Formation in Living Systems », *Agressologie*, vol. 15, n° 4, 1974, p. 231-238.

CALVINO, Bernard, *Introduction à la physiologie. Cybernétique et régulations*, Paris : Belin, 2003.

CAMINATI, Mauro, « Function, Mind and Novelty: Organismic Concepts and Richard M. Goodwin Formation at Harvard, 1932 to 1934 », *European Journal of the History of Economic Thought* n° 17, 2010, p. 255-277.

CAMPAIGNE, H., recension de : L. Couffignal, *Les Notions de base*, *Mathematical Tables and Other Aids to Computation*, vol. 13, n° 67, 1959, p. 225-226.

CANGUILHEM, Georges, « Modèles et analogies dans la découverte en biologie », in *Études d'histoire et de philosophie des sciences*, Paris : Vrin, 1994, p. 305-318.

CANGUILHEM, Georges, « La philosophie biologique d'Auguste Comte et son influence en France au XIXe siècle », in *Études d'histoire et de philosophie des sciences*, Paris : Vrin, 1994, p. 61-74.

CANGUILHEM, Georges, « Machine et organisme », in *La Connaissance de la vie*, Paris : Vrin, 1998, p. 101-127.

CANGUILHEM, Georges, « Le tout et la partie dans la pensée biologique », in *Études d'histoire et de philosophie des sciences*, Paris : Vrin, 1994, p. 319-333.

CAPUTO, Michael, *Foundations of Dynamic Economic Analysis: Optimal Control Theory and Applications*, Cambridge University Press, 2005.

CARRARO, Carlo, SARTORE, Domenico, (dir.), *Developments of Control Theory for Economic Analysis*, Dordrecht/Boston/Lancaster : Kluwer academic Publishers, 1987.

CARVALLO, Marc (dir.), *Nature, Cognition and System I*, Dordrecht : Kluwer, 1988.

CHALINE, Jean-Pierre, *Sociabilité et érudition, les sociétés savantes en France*, Paris : CTHS, 1995.

CHAMAK, Brigitte, *Étude de la construction d'un nouveau domaine : les sciences cognitives. Le cas français*, thèse, université Paris VII, 1997.

CHAMAK, Brigitte, *Le Groupe des Dix ou les avatars des rapports entre science et politique*, Monaco : Éditions du Rocher, 1997.

CHAMAK, Brigitte, « The Emergence of Cognitive Science in France: A Comparison with the USA », *Social Studies of Science* vol. 29, n° 5, 1999, p. 643-684.

CHANGEUX, Jean-Pierre, « The Feedback Control Mechanism of Biosynthetic L-Threonine Deaminase by L-Isoleucine », *Cold Spring Harbor Symposium on Quantitative Biology* n° 26, 1961, p. 313-318.

CHANGEUX, Jean-Pierre, COURRÈGE, Philippe, DANCHIN, Antoine, « A

Theory of the Epigenesis of Neuronal Networks by Selective Stabilization of Synapses », *Proceedings of the National Academy of Sciences USA*, vol. 70, nº 10, 1973, p. 2974-2978.

CHAOUIYA, Claudine, DE JONG, Hidde, THIEFFRY, Denis, « Dynamical Modeling of Biological Regulatory Networks », *Biosystems* nº 84, 2006, p. 77-80.

CHARBONNIER, Georges, *Entretiens avec Claude Lévi-Strauss*, Paris : Julliard/Plon, 1961.

CHARTIER, Roger, « Outillage mental », in J. Le Goff, R. Chartier, J. Revel, (dir.), *La Nouvelle histoire*, Paris : Retz, 1978, p. 448-452.

CHAUCHARD, Paul, « Psycho-physiologie des cerveaux artificiels », *Esprit* nº 171, 1950, p. 318-332.

CHAUCHARD, Paul, « Descartes et la cybernétique », *Revue de Synthèse* nº 27, 1950, p. 39-62.

CHAUCHARD, Paul, « La commande centrale de la machine nerveuse », in *Les machines à calculer et la pensée humaine. Paris 8-13 janvier 1951*, Colloques internationaux du CNRS nº 37, Paris : Éditions du CNRS, 1953, p. 531-538.

CHAUCHARD, Paul, « Cybernétique et physiologie de la conscience », *Cybernetica* vol. I, nº 2, 1958, p. 108-113.

CHAUCHARD, Paul, « À propos du Cinquantenaire de la Chronaxie : l'importance de l'œuvre de Louis Lapicque en Neurophysiologie », *Revue d'histoire des sciences et de leurs applications*, vol. 13, nº 3, 1960, p. 247-258.

CHEN, Shiji, ARSENAULT, Clément, GINGRAS, Yves, LARIVIÈRE, Vincent, « Exploring the Interdisciplinary Evolution of a Discipline: the Case of Biochemistry and Molecular Biology », *Scientometrics* nº 102, 2015, p. 1307-1323.

CHERRUAULT, Yves, *Biomathématiques*, Paris : Presses universitaires de France, coll. « Que sais-je ? », 1983.

CHERRUAULT, Yves, *Mathematical Modelling in Biomedicine: Optimal Control of Biomedical Systems*, Dordrecht : Reidel, 1986.

CHERRUAULT, Yves, LORIDAN, Pierre, *Modélisation et méthodes mathématiques en bio-médecine*, Paris : Masson, 1977.

CHERRY, Colin, « La mathématique des communications sociales », *Bulletin international des sciences sociales*, vol. VI, nº 4, 1954, p. 672-685.

CHEVALLIER, Philippe, *Michel Foucault. Le pouvoir et la bataille*, Paris : Presses universitaires de France, 2004.

CHEVASSUS-AU-LOUIS, Nicolas, *Savants sous l'Occupation*, Paris : Perrin, 2008.

CHOW, Gregory, « Analysis and Control of Dynamic Economic Processes », Research Memorandum nº 126, Economic Research Program, 1971, Princeton University.

CLARK, Terry, « The Rise and Decline of France as a Scientific Centre », *Minerva*, vol. 8, n° 1-4, 1970, p. 599-601.

COCHRANE, James, GRAHAM, John, « Cybernetics and Macroeconomics », *Economic Inquiry*, vol. 14, n° 2, 1976, p. 241-250.

COLNORT, Suzanne, « Sur deux pôles de la pensée humaine et sur deux limites immanentes a la technique cybernétique », *Revue de synthèse*, t. 76, 1955, p. 189-206.

COLOMBO, Serge, « Sur un schéma général relatif à un problème de cybernétique », *Comptes rendus de l'Académie des sciences*, 1951, p. 1287-1288.

COMTE, Auguste, *Cours de philosophie positive. Tome premier, contenant les préliminaires généraux et la philosophie mathématique*, Paris : Bachelier, 1830.

CONWAY, Flo, SIEGELMAN, Jim, *Dark Hero of the Information Age. In search of Norbert Wiener, the Father of Cybernetics*, New York : Basic Books, 2005.

COSENTINO, Carlo, BATES, Declan, *Feedback Control in Systems Biology*, Boca Raton / Londres / New York : CRC Press, 2012.

COSSA, Paul, *La Cybernétique : du cerveau humain aux cerveaux artificiels*, Paris : Masson, 1955.

COUFFIGNAL, Louis, *Sur l'analyse mécanique. Application aux machines à calculer et aux calculs de la mécanique céleste*, thèse, faculté des Sciences de Paris, 1938.

COUFFIGNAL, Louis, « Un point de vue nouveau dans l'étude de la machine : l'analyse mécanique », *Europe*, n° 188, 1938, p. 438-450.

COUFFIGNAL, Louis, « La mécanique comparée », *Thalès, Recueil annuel des travaux de l'institut d'Histoire des Sciences et des Techniques de l'Université de Paris*, n° 7, 1953, p. 9-36.

COUFFIGNAL, Louis, *Les Machines à penser*, Paris : Éd. de Minuit, 1952.

COUFFIGNAL, Louis, « La cybernétique est la science de l'efficacité de l'action », *Productivité française* n° 54, 1953.

COUFFIGNAL, Louis, « Méthodes et limites de la cybernétique », *Structure et évolution des techniques*, n° 35-36, 1953, p. 2-11.

COUFFIGNAL, Louis, « Méthodes pratiques de réalisation des calculs matriciels », *Rendiconti di Matematica e delle sue applicazioni*, série 5, vol. 13, n° 2-3, 1954, p. 85-97.

COUFFIGNAL, Louis, « Quelques réflexions et suggestions », *Dialectica*, vol. 10, n° 4, 1956, p. 336-339.

COUFFIGNAL, Louis, « La cybernétique des machines », *Structure et Évolution des Techniques*, n° 55-56, 1957, p. 1-10, (1re partie) ; n° 57-58, 1957, p. 1-11, (2e partie).

COUFFIGNAL, Louis, « A Method for Linear Programming Computation », Actes du congrès de Stockholm, *Bulletin de l'institut international de statistique*, vol. 36, n° 3, 1957, p. 290-302.

Couffignal, Louis, « Étude sur la prévision de la vente dans un grand magasin après une campagne publicitaire », tapuscrit, Congrès international de la C.E.G.O.S., Bruxelles, 25-28 juin 1958.

Couffignal, Louis, *Les Notions de base*, Paris : Gauthier-Villars, 1958.

Couffignal, Louis, « La cybernétique et le terme de structure », *Cahiers de l'ISEA* n° 96, série M, 1959, p. 99-102.

Couffignal, Louis, « La cybernétique », conférence à l'École de l'Air, 7 mai 1960, archives privées P.-H. Couffignal.

Couffignal, Louis, « La cybernétique comme méthodologie », *Les Études philosophiques*, 1961, n° 2, p. 157-164.

Couffignal, Louis, « Bourbaki, structures et réalité », *Cybernetica*, 1961, n° 3, p. 195-203 ; *3e Congrès international de cybernétique. Namur, 11-15 septembre 1961*, Namur : Association internationale de cybernétique, 1965, p. 119-127.

Couffignal, Louis, « L'automatisme des systèmes non mécaniques », exposé au séminaire des inspecteurs de l'enseignement technique, 23 mars 1962, archives privées P.-H. Couffignal.

Couffignal, Louis, « La gestion cybernétique d'une entreprise », *Cybernetica*, vol. 5, n° 2, 1962, p. 71-87.

Couffignal, Louis, « Les systèmes cybernétiques auto-organisateurs », inédit, conférence à l'École supérieure de guerre aérienne, 22 mars 1962, archives privées P.-H. Couffignal.

Couffignal, Louis, *La Cybernétique*, « Que-Sais-Je ? » n° 638, Paris : Presses Universitaires de France, 1963.

Couffignal, Louis, préface à : A. Moles, B. Vallancien (dir.), *Communications et langages*, Paris : Gauthier-Villars, 1963, p. VII-X.

Couffignal, Louis, « Information et théorie de l'information », in *Le Concept d'information dans la science contemporaine*, actes du VIe Colloque de Royaumont, 1962, Paris : Éd. de Minuit / Gauthier-Villars, 1964, p. 337-374.

Couffignal, Louis, « L'utilisation des mathématiques », in G. Mialaret (dir.), *L'Enseignement des mathématiques. Études de pédagogie expérimentale*, Paris : Presses universitaires de France, 1964, p. 1-38.

Couffignal, Louis, « Applications récentes du raisonnement cybernétique », archives privées P.-H. Couffignal. Paru en allemand : « Die kybernetische Denkweise », in *Wissenschaft und Menscheit*, Leipzig/Jena/Berlin : Urania-Verlag, 1965.

Couffignal, Louis, « La cybernétique des fonctions mentales », *Agressologie*, vol. 7, n° 2, 1966, p. 127-144.

Couffignal, Louis, 1966, *La Connaissance cybernétique*, manuscrit inachevé, archives privées P.-H. Couffignal.

Coumet, Ernest, « Sur l'histoire des diagrammes logiques, "figures géométriques" », *Mathématiques et Sciences Humaines* n° 60, 1977, p. 31-62.

COURT, Robin, 2000, « The Lucas Critique: Did Phillips Make a Comparable Contribution ? », in Leeson, (dir.), *A.W.H. Phillips, Collected works in contemporary perspective*, Cambridge University Press, p. 460-467.

CRÉMIEUX-BRILHAC, Jean-Louis, « Le Mouvement pour l'expansion de la recherche scientifique (1954-1968) », in J.-L. Crémieux-Brilhac et J.-F. Picard, *Henri Laugier en son siècle*, Paris : CNRS Éditions, 1995, p. 123-138.

CRÉMIEUX-BRILHAC, Jean-Louis, « Une politique pour la recherche », in A. Chatriot et V. Duclert (dir.), *Le Gouvernement de la recherche*, Paris : La Découverte, 2006, p. 196-202.

CROSS, Stephen, ALBURY, William, « Walter B. Cannon, L. J. Henderson, and the Organic Analogy », *Osiris*, 1987, n° 3, p. 165-192.

CULL, Paul, « The Mathematical Biophysics of Nicolas Rashevsky », *BioSystems* n° 88, 2007, p. 182.

CURTIS, Howard, KOSHLAND, M. E., NIMS, L. F., QUASTLER, Henry (dir.), *Homeostatic Mechanisms. Report of Symposium Held June 12 to 14, 1957*, Upton : Brookhaven National Laboratory, 1958.

CURZON, L.B., 1994, « Obituary: Professor Arnold Tustin », *The Independent*, 18 février 1994.

CYERT, Richard, MARCH, James, *Behavioral Theory of the Firm*, New Jersey : Prentice-Hall Inc., 1963.

DAHAN-DALMEDICO, Amy, « Polytechnique et l'école française de mathématiques appliquées », in A. Picon, B. Belhoste, A. Dahan-Dalmedico, D. Pestre, *La France des X, deux siècles d'histoire*, Paris : Economica, 1995, p. 283-295.

DAHAN-DALMEDICO, Amy, « L'essor des mathématiques appliquées aux États-Unis : l'impact de la Seconde guerre mondiale », *Revue d'histoire des mathématiques* n° 2, 1996, p. 149-213.

DAHAN-DALMEDICO, Amy, *Jacques-Louis Lions, un mathématicien d'exception : entre recherche, industrie et politique*, Paris : La Découverte, 2005.

DAHAN, Amy, PESTRE, Dominique, « Transferring Formal and Mathematical Tools from War Management to Political, Technological, and Social Intervention, 1940-1960) », in M. Lucertini et al., (dir.), *Technological Concepts and Mathematical Models in the Evolution of Modern Engineering Systems. Controlling – Managing – Organizing*, Springer Basel AG, 2004, p. 79-100.

DAHAN, Amy, PESTRE, Dominique (dir.), *Les Sciences pour la guerre*, Paris : Éditions de l'EHESS, 2004.

DAHAN, Amy, ARMATTE, Michel, « Modèles et modélisations, 1950-2000 : nouvelles pratiques, nouveaux enjeux », *Revue d'histoire des sciences*, vol. 57, n° 2, 2004, p. 243-303.

DANCHIN, Antoine, « Remarques sur un projet à long terme pour une étude épistémologique de la représentation interne (cognition) en relation avec les processus de communication », non daté, http://www.normalesup.org/~adanchin/causeries/communication.html.

DANCHIN, Antoine, séminaire CNRS-ENS « Histoires de séquençage », 15 mars 2012, http://www.histrecmed.fr/index.php?option=com_content&view=article&id=269:danchin-antoine&catid=8.

DANCHIN, Antoine, « Mémoire et apprentissage dans le système nerveux », non daté, http://www.normalesup.org/~adanchin/AD/ch3.html.

DARD, Olivier, LÜSEBRINK, Hans-Jürgen (dir.), *Américanisations et anti-américanismes comparés*, Lille : Presses universitaires du Septentrion, 2008.

DARDEL, Jean-Didier, « Le Conseil supérieur de la recherche scientifique et du progrès technique vu de l'intérieur », in A. Chatriot et V. Duclert (dir.), *Le Gouvernement de la recherche*, Paris : La Découverte, 2006, p. 205-211.

DARNTON, Robert, « The Research Library in the Digital Age », *Bulletin of the American Academy of Arts and Sciences* n° 61, 2008, p. 9-15.

DAVID, Aurel, *La Cybernétique et l'humain*, Paris : Gallimard, 1966.

DAVID, Aurel, « La recherche documentaire automatique appliquée au droit », *Revue internationale de droit comparé*, vol. 20, n° 4, 1968, p. 629-945.

DAVIS, J. F., « A Profession in Search of a Name », *Medical Electronics & Biological Engineering*, vol. 1, n° 2, 1963, p. 258.

DE BERNIS, Gérard, « La dynamique de François Perroux, l'homme, la création collective, le projet humain », in F. Denoël (dir.), *François Perroux*, Lausanne : L'Âge d'homme, 1990, p. 121-163.

DEBRÉ, Michel, BAUMGARTNER, Wilfrid, GISCARD D'ESTAING, Valéry, « Projet de loi de programme relative à des actions complémentaires coordonnées de recherche scientifique ou technique », annexe au procès-verbal de la séance du 22 juillet 1960, Assemblée nationale, Paris : Imprimerie nationale.

DE BROGLIE, Louis (dir.), *La Cybernétique, théorie du signal et de l'information*, Réunions d'étude et de mise au point, Paris, Éd. de la Revue d'optique théorique et expérimentale, 1951.

DE BROGLIE, Louis, « Sens philosophique et portée pratique de la cybernétique », *Structure et évolution des techniques*, n° 35-36, 1953, p. 47-57.

DEBRU, Claude, « La Biophysique en France : Victor Henri et René Wurmser », in C. Debru, J. Gayon, (dir.), *Les sciences biologiques et médicales en France 1920-1950*, Cahiers pour l'histoire de la recherche, Paris, CNRS Éditions, 1994, p. 27-40.

DEBRU, Claude, BARBARA, Jean-Gaël, CHÉRICI, Céline (dir.), *L'Essor des neurosciences. France, 1945-1975*, Paris : Hermann, 2008.

DE CERTAINES, Jacques, « La Biophysique en France. Critique de la notion de discipline scientifique », in G. Lemaine et al., (dir.), *Perspectives on the Emergence of Scientific Disciplines*, La Hague : Mouton / Paris : éd. de la MSH, 1976, p. 99-121.

DEFFONTAINES, Jean-Pierre, « Chronique des comités ELB, GRNR, ECAR et DMDR de la DGRST (1972-1982) », in M. Jollivet (dir.), *Sciences de la nature, sciences de la société. Les passeurs de frontières*, Paris : CNRS Éditions, 1992, p. 539-543.

DE FINETTI, Bruno, « Rôle de la théorie des jeux dans l'économie, et rôle des probabilités personnelles dans la théorie des jeux », in *Économétrie*, Collection des Colloques Internationaux du CNRS, 1953, p. 49-63.

DE LATIL, Pierre, *Introduction à la cybernétique. La Pensée artificielle*, Paris : Gallimard, 1953.

DE LATIL, Pierre, « De la machine considérée comme un moyen de connaître l'homme », *Dialectica*, vol. 10, n° 4, 1956, p. 288.

DE LATIL, Pierre, *Thinking by Machine–A Study of Cybernetics*, Boston : Houghton Mifflin Company, 1957.

DELATTRE, Pierre, THELLIER, Michel, *Élaboration et justification des modèles. t. 1 Applications en biologie*, Paris : Maloine, 1979.

DELEAU, Michel, MALGRANGE, Pierre, OUDET, Bruno, « L'application du contrôle aux modèles macroéconomiques français : expériences et perspectives d'avenir », in A. Bensoussan, J.-L. Lions (dir.), *New Trends in Systems Analysis*, vol. 2, Berlin/Heidelberg : Springer, 1977, p. 576-590.

DELEAU, Michel, GUESNERIE, Roger, MALGRANGE, Pierre, « Planification, incertitude et politique économique. I. L'opération Optimix : une procédure formalisée d'adaptation du Plan à l'aléa », *Revue économique*, vol. 24, n° 5, 1973, p. 801-836.

DE L'ESTOILE, Hugues, « La prospective et les armées », *L'Armée*, n° 65, 1967.

DELPECH, Léon-Jacques, *La Cybernétique et ses théoriciens*, Tournai : Casterman, 1972.

DEMONGEOT, Jacques, HAZGUI, Hana, « The Poitiers School of Mathematical and Theoretical Biology: Besson–Gavaudan–Schützenberger's Conjectures on Genetic Code and RNA Structures », *Acta Biotheoretica*, vol. 64, n° 4, 2016, p. 403-426.

DENIZOT, Michel, « L'Union Catholique des scientifiques français : recherche sur la recherche pendant quarante ans », *Bulletin mensuel de l'Académie des sciences et lettres de Montpellier* n° 22, 1991, p. 269-280.

DE PADIRAC, Bruno, « Parlons franc. La controverse autour de la contribution de l'Unesco à la gestion de l'entreprise scientifique, 1946-2005 », in P. Petitjean et al. (dir.), *Soixante ans de science à l'UNESCO, 1945-2005*, Paris : Unesco, 2009, p. 527-532.

DESCAMPS, R., « Pour une dynamique de la gestion », *Revue française de recherche opérationnelle*, vol. 7, n° 26, 1963, p. 215-236.

DESCOMBES, Vincent, *Le Même et l'Autre. Quarante-cinq ans de philosophie française, 1933-1978*, Paris : Minuit, 1979.

DESROSIÈRES, Alain, « La commission et l'équation : une comparaison des Plans français et néerlandais entre 1945 et 1980 », *Genèses* n° 34, 1999, p. 28-52.

DEUTSCH, Karl, *The Nerves of Government: Models of Political Communication and Control*, New York : The Free Press, 1963.

DEUTSCH, Karl, « This Week's Citation Classic: Deutsch, K. W. The Nerves of Government… », *Current Contents Social and Behavioral Sciences* n° 19, 1986, p. 18.

DEVILLARD, Joëlle, JEANNIN, Philippe, « La place des mathématiques dans la *Revue économique* (1950-1995). Ébauche d'une analyse comparative », 1998.

DE VROEY, Michel, MALGRANGE, Pierre, 2006, « La théorie et la modélisation macroéconomiques, d'hier à aujourd'hui », Working Paper 2006-33, Paris School of Economics.

DHURJATI P., RAMKRIHNA, D., FLICKINGER, M. C., TSAO, G. T., « A Cybernetic View of Microbial Growth: Modeling of Cells as Optimal Strategists », *Biotechnology and Bioengineering*, vol. 27, n° 1, 1985, p. 2.

DIETERLEN, Pierre, « La monnaie, auxiliaire du développement. Contribution à l'étude de l'inflation séculaire », *Revue économique*, vol. 9, n° 4, 1958, p. 513-546.

DI MATTEO, Massimo, FILIPPI, Francesco, SORDI, Serena, « 'The confessions of an Unrepentant Model Builder': Rummaging in Goodwin's Archive », *Structural Change and Economic Dynamics* n° 17, 2006, p. 400-414.

DI STEFANO III, Joseph, STUBBERUD, Allen, WILLIAMS, Ivan, *Feedback and Control Systems*, McGraw-Hill, 1967.

DOSSE, François, *Histoire du structuralisme. t. 1 : le champ du signe, 1945-1966*, Paris, Ed. La Découverte, 1992.

DOSSO, Diane, *Louis Rapkine, 1904-1948) et la mobilisation scientifique de la France libre*, thèse, université Paris VII, 1998.

DOSSO, Diane, « Le plan de sauvetage des scientifiques français. New York, 1940-1942 », *Revue de synthèse*, 2006, n° 2, 2006, p. 429-451.

DOYO, Daisuke, SAKAMOTO, Katsuhiro, AOKI, Katsuya, « A Study of Production/Transaction-Related Model Using Control Theory », in M. Smith, G. Salvendy, (dir.), *Human Interface and the Management of Information. Interacting in Information Environments*, Lecture Notes in Computer Science, vol. 4558. Berlin/Heidelberg : Springer, 2007, p. 855-862.

DUBARLE, Dominique, « Une nouvelle science : la cybernétique – Vers la machine à gouverner ? », *Le Monde*, 28 décembre 1948.

DUBARLE, Dominique, « Idées scientifiques actuelles et domination des faits humains », *Esprit*, vol. 18, n° 9, 1950, p. 296-317.

DUBARLE, Dominique, « Regards sur la cybernétique », *La Vie intellectuelle*, août 1954, p. 5-35.

DUCASSÉ, Pierre, *Essai sur les origines intuitives du positivisme*, Paris : Alcan, 1939.

DUCASSÉ, Pierre, « Auguste Comte et la philosophie des techniques », *Structure et Évolution des Techniques* n° 55-56, 1957, p. 11-15.

DUCASSÉ, Pierre, *Les Techniques et le philosophe*, Paris : Presses universitaires de France, 1958.

DUCASSÉ, Pierre, VALLÉE Robert, 1958, « Grandeur, décadence et ténacité des thèmes cybernétiques », *Structure et évolution des techniques* n° 59-60, 1958, p. 1-12.

DUCRET, Jean-Jacques, « Jean Piaget et les sciences cognitives », *Intellectica* n° 33, 2001, p. 209-229.

DUCROCQ, Albert, *L'Ère des robots* Paris : Julliard, 1953.

DUCROCQ, Albert, *Découverte de la cybernétique*, Paris : Julliard, 1955.

DUCROCQ, Albert, *Cybernétique et univers I : Le roman de la matière*, Paris : Julliard,1963.

DUCROCQ, Albert, *Cybernétique et univers II : Le roman de la vie*, Paris : Julliard, 1966.

DUCROCQ, Albert, *Cybernétique et automation*, Montreuil : Groupement interprofessionnel des industries de la région Est de Paris, 1958.

DUMAY, Anne-Laure, « Contribution de la théorie des asservissements a l'étude des modèles macro-économiques », *Revue d'économie politique*, vol. 82, n° 2, 1972, p. 383-416.

DUMONTIER, Jacques, *Équilibre physique, équilibre biologique, équilibre économique*, Paris : Presses universitaires de France, 1949.

DUPUY, Jean-Pierre, « L'essor de la première cybernétique », *Cahiers du CREA* n° 7, 1985, p. 7-139.

DUPUY, Jean-Pierre, *Aux origines des sciences cognitives*, 2e éd., Paris, Ed. La Découverte, 1999.

DWORKIN, Barry, *Learning and physiological regulation*, The University of Chicago Press, 1993.

ECKMAN, Donald, MESAROVIĆ, Mihajlo, « On the Basic Concepts of the General Systems Theory », *3e Congrès international de cybernétique. Namur, 11-15 septembre 1961*, Namur : Association internationale de cybernétique, 1965, p. 104-118.

EDGERTON, David, *The Shock of the Old. Technology and Global History Since 1900*, New York : Oxford University Press, 2007 ; tr. fr. C. Jeanmougin : *Quoi de neuf ? Du rôle des techniques dans l'histoire globale*, Paris : Seuil, 2013.

EDWARDS, Paul, *The Closed World. Computers and the Politics of Discourse in Cold War America*, Cambridge : The MIT Press, 1997.

ENGERMAN, David, « The Rise and Fall of Wartime Social Science: Harvard's Refugee Interview Project, 1950-1954 », in M. Solovey, H. Cravens (dir.),

Cold War Social Science: Knowledge Production, Liberal Democracy, and Human Nature, New York : Palgrave-McMillan, 2012, p. 25-43.

ERIBON, Didier, 1988, *De près et de loin. Entretiens avec Claude Lévi-Strauss*, Paris, Odile Jacob.

FABIANI, Jean-Louis, « À quoi sert la notion de discipline ? », in J. Boutier, J.-C. Passeron, J. Revel, *Qu'est-ce-qu'une discipline ?*, Paris : Éditions de l'EHESS, 2006, p. 11-34.

FAURE, Alain, *Cybernétique des réseaux neuronaux. Commande et perception*, Paris : Hermès-Lavoisier, 1998.

FAVERGE, Jean-Marie, « Les modèles de régulation en psychologie pratique », in *Les Modèles et la formalisation du comportement*, colloque international du CNRS 5-10 juillet 1965, Paris : Ed. Du CNRS, 1967, p. 347-358.

FESSARD, Alfred, TOURNAY, Auguste, « Quelques données et réflexions sur le phénomène de la post-contraction involontaire », *L'Année psychologique*, vol. 50, n° 1, 1949, p. 217-235.

FESSARD, Alfred, « Neurophysiologie de la motricité : fonctionnement et rôle des propriocepteurs », *L'Année psychologique*, vol. 52, n° 1, 1952, p. 101-113.

FESSARD, Alfred, « Projet portant sur la création d'un Institut international du cerveau », archives de l'Unesco n° 149004 NS/BR/3WS/062.90, 1952, http://www.unesco.org/ulis/cgi-bin/ulis.pl?catno=149004.

FESSARD, Alfred, « Points de contact entre neurophysiologie et cybernétique », *Structure et évolution des techniques* n° 35-36, 1953-1954, p. 25-33.

FESSARD, Alfred, « Cybernétique et biologie », *Encyclopædia Universalis*, Paris, 1985, p. 914.

FISCHGOLD, Hermann (dir.), *2e Congrès international d'électroencéphalographie, Paris 1er-5 septembre 1949. Rapports, conférences, symposium*, Marseille : Fédération internationale d'électroencéphalographie et de neurologie clinique, 1951.

FLOOD, M. M., recension de : N. Wiener, *Cybernetics*, *Econometrica*, vol. 19, n° 4, 1951, p. 477-478.

FOGELMAN-SOULIÉ, Françoise, *Les Théories de la complexité : autour de l'œuvre d'Henri Atlan, Colloque de Cerisy*, Paris : Seuil, 1991.

FORRESTER, Jay W., *Industrial Dynamics*, Waltham : Pegasus Communications, 1961.

FORRESTER, Jay W., « The Beginning of System Dynamics », International meeting of the System Dynamics Society, Stuttgart, 13 juillet 1989, sysdyn.clexchange.org/sdep/papers/D-4165-1.pdf.

FOUCAULT, Michel, *Les mots et les choses*, Paris : Gallimard, 1966.

FOUCAULT, Michel, « Qu'est-ce qu'un auteur ? », in *Dits et écrits. 1954-1988*, t. I, Paris : Gallimard, 1994, p. 789-821.

FOURNIER, Emmanuel, « Histoire de la Physiologie à La Pitié-Salpêtrière, de Duchenne de Boulogne au Pr Jean Scherrer », exposé à La Salpêtrière, Paris, 16 octobre 2012, http://pitie-salpetriere.aphp.fr/400ans/images/stories/Historique%20Neurophysiologie%20Scherrer%20Pitié-Salpêtrière%202.pdf.

FRANKENSTEIN, Robert, « Intervention étatique et réarmement en France, 1935-1939 », *Revue économique*, vol. 31, n° 4, 1980, p. 743-781.

FRIEDBERG, Erhard, « Les systèmes formalisés de Niklas Luhmann », *Revue française de sociologie*, vol. 19, n° 4, 1978, p. 593-601.

FRONTIER, Serge, « Les outils mathématiques nouveaux du transfert d'échelle », in C. Mullon (dir.), *Le Transfert d'échelle*, Paris : ORSTOM, p. 379-403.

FUERXER, Jean, FUERXER, Pierre, « Les fluctuations cycliques fondamentales des économies capitalistes », *Économies et sociétés*, série EM, n° 11, 1990, p. 95-113.

GALISON, Peter, « The Ontology of the Enemy: Norbert Wiener and the Cybernetic Vision », *Critical Inquiry*, vol. 21, n° 1, 1994, p. 228-266.

GALISON, Peter, *Image and Logic. A Material Culture of Microphysics*, Chicago : The University of Chicago Press, 1997.

GARÇON, Anne-Françoise, *L'Imaginaire et la pensée technique. Une approche historique, XVIe-XXe siècles*, Paris : Classiques Garnier, 2012.

GASS, Saul, ASSAD, Arjang, *An Annotated Timeline of Operations Research: An Informal History*, Boston : Kluwer, 2005.

Gastaut, Henri, « Sur l'autorégulation comparée des machines et du cerveau par les circuits réactifs ou réflexions sur la cybernétique », *Semaine des hôpitaux de Paris* n° 65, 1949, p. 2710-2717.

GAUDILLIÈRE, Jean-Paul, « Chimie biologique ou biologie moléculaire ? La biochimie au CNRS dans les années soixante », *Cahiers pour l'histoire du CNRS* n° 7, 1990, p. 91-147

GAUDILLIÈRE, Jean-Paul, « Molecular Biology in the French Tradition? Redefining Local Traditions and Disciplinary Patterns », *Journal of the History of Biology*, vol. 26, n° 3, 1993, p. 473-498.

GAUDILLIÈRE, Jean-Paul, « Molecular Biologists, Biochemists, and Messenger RNA: The Birth of a Scientific Network », *Journal of the History of Biology* vol. 29, n° 3, 1996, p. 417-445.

GAUDILLIÈRE, Jean-Paul, « Paris-New York Roundtrip: Transatlantic Crossings and the Reconstruction of the Biological Sciences in Post-war France », *Studies in History and Philosophy of the Biological and Biomedical Sciences* n° 33, 2002, p. 389-417.

GAYON, Jean, « *Cybernétique enzymatique* : un inédit de Jacques Monod », in C. Debru, M. Morange, F. Worms, *Une Nouvelle connaissance du vivant. François Jacob, André Lwoff et Jacques Monod*, Paris : Éditions de la rue d'Ulm, 2012, p. 27-44.

GEISSLER, Erhard, Scharf, Joachim-Hermann, Scheler, W. (dir.), *Diskretität und Stetigkeit von der Lebensprozessen*, Berlin : Akademie-Verlag, 1974.

GEMELLI, Giuliana, *Fernand Braudel*, Paris : Odile Jacob, 1995.

GENDRON, Pierre, « L'Institut du cerveau. Un projet français unique au monde », *Science & Vie* n° 429, juin 1953, p. 58-63.

GENÊTE, Maurice, *Contribution à l'étude, à la réalisation et à l'exploitation d'un prototype expérimental de combinateur électronique optimisant adapté à l'ordonnancement et à la fluidification du trafic ferroviaire, basé sur le principe dit « Mémoire active »*, thèse, université Paris 6, 1971.

GEOGHEGAN, Bernard, *The Cybernetic Apparatus: Media, Liberalism, and the Reform of the Human Sciences*, thèse, Northwestern University, Evanston, Illinois, 2012.

GEOGHEGAN, Bernard, « La cybernétique "américaine" au sein du structuralisme "français". Jakobson, Lévi-Strauss et la Fondation Rockefeller », *Revue d'anthropologie des connaissances*, vol. 6, n° 3, 2012, p. 585-601.

GEOGHEGAN, Bernard, « From Information Theory to French Theory: Jakobson, Lévi-Strauss, and the Cybernetic Apparatus », *Critical Inquiry* n° 38, 2011, p. 96-126.

GEORGE, André, « La cybernétique va-t-elle asservir l'homme ou le libérer ? », *Les Nouvelles Littéraires*, 5 juin 1952.

GEORGE, Frank H., « Models in Cybernetics », in Beament, (dir.), *Models and Analogues in Biology*, Symposia of the Society for Experimental Biology n°XIV, Cambridge University Press, 1960, p. 169-191.

GEORGESCU-ROEDEN, Nicholas, *The Entropy Law and Economic Process*, Harvard University Press, 1971.

GERHART, John, Pardee, Arthur, « The Enzymology of Control by Feedback Inhibition », *Journal of Biological Chemistry*, vol. 237, n° 3, 1962, p. 891-896.

GÉRIN, Paul, *Notions d'électronique appliquée à la biologie*, Paris : Masson, 1966.

GEROVITCH, Slava, *From Newspeak to Cyberspeak. A History of Soviet Cybernetics*, Cambridge (Ma) : MIT Press, 2002.

GEYER, Herbert, OPPELT, Winfried (dir.), *Volkswirtschaftliche Regelungsvorgänge im Vergleich zu Regelungsvorgängen der Technik*, Münich : R. Oldenbourg, 1957.

GIANNAKIS, Georgios, SERPEDIN, Erchin, « A Bibliography on Nonlinear System Identification », *Signal Processing*, vol. 81, n° 3, 2001, p. 533-580.

GIBBONS, Michael, et al., *The New Production of Knowledge. The Dynamics of Science and Research in Contemporary Societies*, Londres : SAGE Publications, 1994.

GILLE, Jean-Charles, PÈLEGRIN, Marc, DECAULNE, Paul, *Théorie et technique des asservissements*, Paris : Dunod, 1956.

GILLE, Jean-Charles, PÈLEGRIN, Marc, DECAULNE, Paul, *Théorie et calcul des asservissements*, Paris : Dunod, 1958.

GINGRAS, Yves, « Mathématisation et exclusion : Socio-analyse de la formation des cités savantes », in J.-J. Wunenburger, (dir.), *Bachelard et l'épistémologie française*, Paris : Presses universitaires de France, 2003, p. 115-152.

GILPIN, Robert, *La Science et l'État en France*, Paris : Gallimard, 1970.

GLEICK, James, *The Information: A History, a Theory, a Flood*, New York : Pantheon Books, 2011 ; tr. fr. *L'Information : l'histoire, la théorie, le déluge*, Cassini, 2015.

GODEMENT, Roger, « Scientifiques, militaires et industriels », 1985, http://godement.eu

GODEMENT, Roger, « Science, technologie, armement », in *Analyse mathématique*, vol. 2, Berlin / Heidelberg / New York : Springer, 2003, p. 393-482.

GOLDBERG, Alain, *Modélisation des systèmes de contrôle vestibulo-oculaire*, thèse, université Paris 7, 1973.

GOMBERT Andreas, NIELSEN Jens, « Mathematical Modelling of Metabolism », *Current Opinion in Bio-technology* 11, 2000, p. 180-186.

GORAYSKA, Barbara, MARSH, Jonathon, MEY, Jacob, « Cognitive Technology: Tool or Instrument? », *Cognitive Technology: Instruments of Mind. Lecture Notes in Computer Science*, v2117, 2001, p. 1-16.

GORAYSKA, Barbara, MEY, Jacob (dir.), *Cognition and Technology: Co-existence, Convergence, and Co-evolution*, Philadelphie : John Benjamins Publishing, 2004.

GOYA, Michel, *L'Invention de la guerre moderne. Du pantalon rouge au char d'assaut, 1871-1918*, Paris : Tallandier, 2014.

GRALL, Bernard, *Économie de forces et production d'utilités. L'émergence du calcul économique chez les ingénieurs des Ponts et Chaussées (1831-1891)*, manuscrit révisé et commenté par F. Vatin, Rennes : Presses universitaires de Rennes, 2004.

GRANDVAUX, M. : « Cybernétique et sociologie », *3e Congrès international de cybernétique, 11-15 septembre 1961*, Namur : Association internationale de cybernétique, 1965, p. 590.

GRANOVETTER, Mark, « The Strength of Weak Ties », *American Journal of Sociology*, vol. 78, n° 6, 1973, p. 1360-1380.

GREGORY, Jane, MILLER, Steve, *Science in Public. Communication, Culture and Credibility*, New York : Plenum Press, 1998.

GRELON, André, « Les écoles d'ingénieurs et la recherche industrielle. Un aperçu historique », *Culture technique* n° 18, 1988, p. 232-238.

GREY WALTER, William, *The Living Brain*, Harmondsworth : Penguin Books, 1961.

GRENIEWSKI, Henryk, *Cybernétique sans mathématiques*, Paris : Gauthier Villars, 1964.

GRISET, Pascal, « Le renouveau de la recherche, 1943-1949 », in J. Villain (dir.), *La France face aux problèmes d'armement (1945-1950)*, Paris : Éditions Complexe, 1996, p. 139-150.

GRISET, Pascal, PICARD, Jean-François, *L'Atome et le vivant*, Paris : Cherche-Midi, 2015.

GRISON, Emmanuel, « Le calme précurseur », *Bulletin de la Sabix* n° 46, 2010, http://sabix.revues.org/935.

GROSS, Maurice, SCHÜTZENBERGER, Marcel-Paul, « On prétend que… », in F. Galluedec-Genuys, P. Lemoine, in F. Gallouedec-Genuys et P. Lemoine, *Les Enjeux culturels de l'informatisation*, Paris : La Documentation française, 1980, p. 127-128.

GROTHENDIECK, Alexandre, « Allons-nous continuer à faire de la recherche scientifique ? », conférence au CERN, 27 janvier 1972, https://www.youtube.com/watch?v=ZW9JpZXwGXc.

GUILBAUD, Georges Théodule, « Divagations cybernétiques », *Esprit*, n° 9, 1950, p. 281-295.

GUILBAUD, Georges Théodule, « Pilotes, stratèges et joueurs », *Structure et évolution des techniques* n° 35-36, 1953, p. 34-46.

GUILBAUD, Georges Théodule, « Stratégies et décisions », *La Vie intellectuelle*, août-septembre 1954, p. 36-57.

GUILBAUD, Georges Théodule, *La cybernétique*, « Que-Sais-Je ? » n° 638, Paris : Presses universitaires de France, 1954.

GUILBAUD, George Théodule, « Leçons sur les éléments principaux de la théorie mathématique des jeux », in *Stratégies et décisions économiques. Études théoriques et applications aux entreprises*, Cours et conférences de recherche, Paris, Éditions du CNRS, 1955.

GUILBAUD, George Théodule, « La recherche opérationnelle en France », Actes du Congrès de l'Institut international de statistiques, 29e session, Rio de Janeiro, 1955, p. 395-398.

GUILBAUD, George Théodule, « Pour une étude de la Recherche Opérationnelle », *Revue de Recherche Opérationnelle* vol. 1, n° 1, p. 2-12.

GUILBAUD, Georges Théodule, « Mathématiques et structures sociales », Compte-rendu tapuscrit du 3e colloque « Mathématiques et sciences sociales », Institut des sciences humaines appliquées, Centre d'étude des relations sociales, Aix, 4 mai 1959.

GUILBAUD, Georges Théodule, 1961, « Faut-il jouer au plus fin ? (Notes sur l'histoire de la théorie des jeux) », in *La décision*, Colloques internationaux du CNRS, Paris 25-30 mai 1959, Paris, Éd. du CNRS.

GUILBAUD, Georges Théodule, « Système parental et matrimonial au Nord Ambrym », *Journal de la société des océanistes* n° 26, 1970, p. 9-32 ; rééd. in *Mathématiques et sciences humaines* n° 183, 2008, p. 73-96.

GUILBAUD, George Théodule, 1993, « Mathématique sociale », entretien avec E. Coumet, P. de Mendez, P. Rosenstiehl, collection Savoir et mémoire n° 4, Paris, AREHESS.

GUILBAUD, George Théodule, 2002 « La mathématique et le social », entretien avec B. Colasse, F. Pave, *Les annales des Mines*, série Gérer et comprendre, n° 67, p. 67-74.

GUITTON, Henri, recension de A. T. Peacock, R. Turvey : International Economic Papers n° 3, *Revue Économique*, vol. 5, n° 4, 1954, p. 656-658.

GUITTON, Henri, « Le problème économique de l'indexation », *Revue Économique*, vol. 6, n° 2, 1955, p. 187-217.

GUITTON, Henri, « Les rencontres économiques », *Revue Économique*, vol. 6, n° 6, 1955, p. 857-880.

GUITTON, Henri, *Fluctuations économiques*, Paris : Dalloz, 1958.

GUITTON, Henri, *Entropie et gaspillage*, Paris : Éd. Cujas, 1972.

GUTHLEBEN, Denis, *Histoire du CNRS de 1939 à nos jours*, Paris : Armand Colin, 2013.

HALLYN, Fernand, *La Structure poétique du monde : Copernic, Kepler*, Paris : Seuil, 1987.

HAYLES, N. Katherine, *How We Became Posthuman. Virtual Bodies in Cybernetics, Literature, and Informatics*, The University of Chicago Press, 1999.

HEBENSTREIT, Jean, « Principes de la cybernétique », *Encyclopaedia Universalis*, 1985, p. 909-912.

HEIMS, Steve J., « Gregory Bateson and the Mathematicians: From Interdisciplinary Interaction to Societal Functions », *Journal of the History of the Behavioral Sciences*, vol. 13, n° 2, 1977, p. 141-159.

HEIMS, Steve J., *The Cybernetics Group. Constructing a Social Science for Postwar America*, Cambridge (Ma) : MIT Press, 1991.

HELMER, Jean-Yves, *La Commande optimale en économie*, Paris : Dunod, 1972.

HÉNAFF, Marcel, *L'Anthropologie structurale de Claude Lévi-Strauss*, Paris : Belfond, 1991.

HERREMAN, Alain, « Découvrir et transmettre : la dimension collective des mathématiques dans *Récoltes et semailles* d'Alexandre Grothendieck », *Texto !* vol. 15, n° 4, 2010, et vol. 16, n° 1, 2011, http://www.revue-texto.net/index.php?id=2722.

HESSE, Mary, *Models and Analogies in Science*, Indiana : University of Notre Dame Press, 1966.

HETHERINGTON, Norriss, « Air Power and Governmental Support for Scientific Research: The Approach to the Second World War », *Minerva*, vol. 29, n° 4, 1991, p. 420-439.

HOFFSAES, Colette, BRYGOO, Anne, PAOLETTI, Félix, « Histoire de l'AFCET et des sociétés l'ayant constituée », *AFCET-Interfaces* n° 68, 1988, p. 12-21.

HOFNUNG, Maurice, rapport d'évaluation de l'article de R. Thomas « Boolean Formalization of Genetic Control Circuits », 1973, fonds Monod MON. COR.17.

HOLLAND, John, BURKS, Arthur, CRICHTON, J. Willison, FINLEY, Marion, *Machine Adaptive Systems*, ORA Project 05089 Final Report, université du Michigan, 1963.

HOLLAND, John, « Universal Embedding Spaces for Automata », in N. Wiener, J.-P. Schadé (dir.), *Cybernetics of the Nervous System*, *Progress in Brain Research* nº 17, *op. cit.*, 1965, p. 223-243.

HOLLAND, John, *Adaptation in Natural and Artificial Systems: an Introductory Analysis with Applications to Biology, Control, and Artificial Intelligence*, Ann Arbor : University of Michigan Press, 1975.

HOLLOWAY, David, « Innovation in Science–The Case of Cybernetics in the Soviet Union », *Science Studies*, vol. 4, nº 4, 1974, p. 299-337.

HOLT, Charles, « Interactions with a fellow research engineer-economist », in R. Leeson, (dir.), *A.W.H. Phillips, Collected works in contemporary perspective*, Cambridge University Press, 2000, p. 308-314.

HOLTON, Gerald, *Thematic Origins of Scientific Thought*, Cambridge : Harvard University Press, 1973.

HOLTON, Gerald, « Thémata », in D. Lecourt, (dir.), *Dictionnaire d'histoire et de philosophie des sciences*, Paris : Presses universitaires de France, 2003, p. 937-940.

HOTTOIS, Gilbert, *Philosophies des sciences, philosophies des techniques*, Paris : Odile Jacob, 2004.

HUANT, Ernest, *Biologie et cybernétique*, Cahiers Laënnec, vol. 14, nº 2, 1954.

HUANT, Ernest, « Ce que la pensée thomiste peut apporter au niveau de certains carrefours cruciaux de la pensée scientifique actuelle », *Bulletin du Cercle thomiste Saint-Nicolas de Caen*, Nouvelle Série, nº 34, 1966, p. 20-30.

HUGELIN, André, BONVALLET, Marthe, « Étude expérimentale des interrelations réticulo-corticales. Proposition d'une théorie de l'asservissement réticulaire à un système diffus cortical », *Journal de physiologie*, vol. 49, 1957, p. 1201-1223.

HUSBANDS, Phillip, HOLLAND, Owen, « The Ratio Club: A Hub of British Cybernetics », in Husbands, Holland, Wheeler, (dir.), *The Mechanical Mind in History*, Cambridge (Ma) : MIT Press, 2008, p. 91-148.

HUSBANDS, Phillip, HOLLAND, Owen, « Warren McCulloch and the British Cyberneticians », *Interdisciplinary Science Reviews*, vol. 37, nº 3, 2012, p. 239.

IDATTE, Paul, *Clefs pour la cybernétique*, Paris : Seghers, 1969.

IGLESIAS, Pablo, INGALLS, Brian, *Control Theory and Systems Biology*, Cambridge (Ma) : The MIT Press, 2010.

IMBERT, Cyrille, « Sciences différentes, explications similaires, régularités transversales », in T. Martin, (dir.), *L'Unité des sciences, nouvelles perspectives*, Paris, Vuibert, 2009, p. 27-44.

INTERNATIONAL SOCIAL SCIENCE COUNCIL, *Five Years of Activities: 1953-1958*, Paris, 1er décembre 1958, archives CISS : Chronological Files 1956-1958, ISSC/5/1.2.

INTRILIGATOR, Michael, « Applications of Optimal Control in Economics », *Synthese* n° 31, 1975, p. 271-288.

ISAAC, Joel, « Tool Shock: Technique and Epistemology in the Postwar Social Sciences », *History of Political Economy*, vol. 42, supplément n° 1, 2010, p. 133-164.

ISAACS, Rufus, *Differential Games: A Mathematical Theory with Applications to Warfare and Pursuit, Control and Optimization*, New York : Wiley & Sons, 1965.

JACOB, Christian, *Qu'est-ce-qu'un lieu de savoir ?*, Marseille : Open Edition Press, 2014.

JACOB François, MONOD Jacques, « Genetic Repression, Allosteric Inhibition and Cellular Differenciation » in *Cytodifferential and macro-molecular synthesis*, New York : Academic Press, 1963, p. 30-64.

JACOB, François, *La Logique du vivant*, Paris : Gallimard, 1970.

JACOB, François, *La Statue intérieure*, Paris, Odile Jacob, 1987.

JACQ, François, *Pratiques scientifiques, formes d'organisation et représentations politiques de la science dans la France de l'après-guerre*, thèse, École nationale supérieure des Mines de Paris, 1996.

JACQ, François, « Aux sources de la politique de la science : mythes ou réalité ? 1945-1970 », *La Revue pour l'histoire du CNRS* n° 6, 2002, http://histoire-cnrs.revues.org/3611.

JACQ, François, « Le laboratoire au cœur de la reconstruction des sciences en France 1945-1965. Formes d'organisation et conceptions de la science », *Cahiers du Centre de recherches historiques*, n° 36, 2005, p. 83-105.

JAKOBI, Jacques-Marie, *Étude des équipes de recherche multidisciplinaires*, thèse, contrat DGRST, 1969.

JAKOBSON, Roman, « Linguistique et théorie de la communication », in *Essais de linguistique générale*, T. 1., Paris : Minuit, 1963, p. 87-99.

JAMARD, Jean-Luc, « Ce que pensent les anthropologies françaises… ou prudence : de quoi parlent-elles, et comment ? », *Anthropologie et sociétés*, vol. 19, n° 3, 1995, p. 199-216.

JASPER, Herbert, SMIRNOV, Georgy (dir.), *The Moscow Colloquium on Electroencephalography of Higher Nervous Activity, Moscow, October 6-11, 1958*, Electroencephalography and clinical neurophysiology vol. 13 (supplément), Montréal, 1960.

JEANNERET, Yves, *L'Affaire Sokal, ou la querelle des impostures*, Paris : Presses universitaires de France, 1998.

JEANPIERRE, Laurent, « Les structures d'une pensée d'exilé. La formation du structuralisme de Claude Lévi-Strauss », *French Politics, Culture and Society* n° 28(1), 2010, p. 58-76.

JONES, Allan, « Brains, Tortoises, and Octopuses: Postwar Interpretations of Mechanical Intelligence on the BBC », *Information and Culture: A Journal of History*, vol. 51, n° 1, p. 81-101.

JUNGCK, John, « Ten Equations That Changed Biology: Mathematics in Problem-Solving Biology Curricula », *Bioscene*, vol. 23, n° 1, 1997, p. 11-36.

JURDANT, Beaudouin (dir.), *Impostures scientifiques : Les malentendus de l'affaire Sokal*, Paris : La Découverte, 1998.

KAHANE, Jean-Pierre, « Le mouvement brownien et son histoire, réponses à quelques questions », *Images des mathématiques*, Paris : CNRS Éditions, 2006, http://images.math.cnrs.fr/Le-mouvement-brownien-et-son.html.

KAISER, David, ITO, Kenji, HALL, Karl, « Spreading the Tools of Theory: Feynman Diagrams in the USA, Japan, and the Soviet Union », *Social Studies of Science*, vol. 34, n° 6, 2004, p. 879-922.

KAY, Lily E., « Who Wrote the Book of Life? Information and the Transformation of Molecular Biology, 1945-1955 », *Science in Context* n° 8, 1995, p. 609-634.

KAY, Lily E., « Cybernetics, Information, Life: The Emergence of Scriptural Representations of. Heredity », *Configurations* n° 5, 1997, p. 23-91.

KAY, Lily E., *Who Wrote the Book of Life? A History of the Genetic Code*, Stanford University Press, 2000.

KELLER, Evelyn F., *Refiguring Life: Metaphors of Twentieth-Century Biology*, New York : Columbia University Press, 1995.

KELLER, Evelyn F., *Making Sense of Life. Explaining Biological Development with Models, Metaphors and Machines*, Cambridge (Ma) / London : Harvard University Press, 2002.

KENDRICK, David, *Feedback: A New Framework for Macroeconomic Policy*, Dordrecht/Boston/Lancaster : Kluwer academic Publishers, 1988.

KERNÉVEZ, Jean-Pierre, *Évolution et contrôle de systèmes bio-mathématiques*, thèse, université Pierre et Marie Curie, 1972.

KERNÉVEZ, Jean-Pierre, THOMAS, Daniel, « Numerical Analysis and Control of Biochemical Systems », *Applied Mathematics & Optimization*, vol. 1, n° 3, 1975, p. 222-285.

KITANO, Hiroaki, « Systems Biology: A Brief Overview », *Science*, vol. 295, 2002, p. 1662-1664.

KLINE, Ronald, « Where are the Cyborgs in Cybernetics? », *Social Studies of Science*, vol. 39, n° 3, 2009, p. 331-362.

KOLMAN, Arnost, « A Life-Time in Soviet Science Reconsidered: The Adventure of Cybernetics in the Soviet Union », *Minerva*, vol. 16, n° 3, 1978, p. 416-424.

KORN, Henri (dir.), *Neurosciences et maladies du système nerveux*, Rapport sur la science et la technologie n° 16, Paris : Académie des sciences, 2003.

KORNAI, János, T. Lipták, « A Mathematical Investigation of Some Economic Effects of Profit Sharing in Socialist Firms », *Econometrica*, vol. 30, n° 1, 1962, p. 140-161.

KORNAI, János, T. Lipták, « Two-Level Planning », *Econometrica*, vol. 33, n° 1, 1965, p. 141-169.

KORNAI, János, B. Martos, « Autonomous Control of the Economic System », *Econometrica*, vol. 41, n° 3, 1973, p. 509-528.

KORNAI, János, A. Simonovits, « Decentralized Control Problems in Neumann-Economies », *Journal of Economic Theory* n° 14, 1977, p. 44-67.

KORNAI, János, *Anti-Equilibrium. On Economic Systems Theory and the Tasks of Research*, Amsterdam/Oxford :North-Holland Publishing Company, 1975.

KORNAI, János, *By Force of Thought: Irregular Memoirs of an Intellectual Journey*, Cambridge (Ma) : The MIT Press, 2007.

KOSTĪTSYN, Vladīmīr, *Biologie mathématique*, Paris : Armand Colin, 1937.

KUBIE, Lawrence, « Repetitive Core of Neuroses », *Psychoanalytic Quarterly* n° 10, 1941, p. 23-43.

KUBIE, Lawrence, « Neurotic Potential and Human Adaptation », KUBIE, Lawrence, « Neurotic Potential and Human Adaptation », in H. von Foerster (dir.), *Cybernetics. Circular Causal, and Feedback Mechanisms in Biological and Social Systems. Transactions of the Sixth Conference, March 24-25, 1949*, New York : Macy Foundation, 1950, p. 64-74.

KUBIE, Lawrence, « The Place of Emotions in the Feedback Concept », in von Foerster, (dir.), *Cybernetics. Circular Causal, and Feedback Mechanisms in Biological and Social Systems. Transactions of the Ninth Conference, March 20-21, 1952*, New York, Pub. of Josiah Macy Jr. Foundation, 1953, p. 48-72.

KUHN, Harold, SZEGŐ, Gábor (dir.), *Mathematical Systems Theory and Economics I / II. Proceeding of an International Summer School held in Varenna, Italy, June 1–12, 1967*, Lecture Notes in Operations Research and Mathematical Economics vol. 11-12, Berlin/Heidelberg : Springer, 1969.

KUHN, Thomas : *La Structure des révolutions scientifiques*, Paris : Flammarion, 1972.

KUISEL, Richard, « L'américanisation de la France (1945-1970) », *Cahiers du Centre de Recherches Historiques* n° 5, 1990, http://ccrh.revues.org/2889.

LABORIT, Henri, « Essai d'interprétation du mécanisme physio-biologique assurant l'automatisme de certaines fonctions organiques (automatisme cardiaque en particulier) », *Thérapie*, XII, 1957, p. 846-852.

LABORIT, Henri, « Sur la régulation de l'équilibre hydro-électrolytique », *La Presse médicale*, vol. 65, n° 70, 1957, p. 1567-1569.

LABORIT, Henri, *Bases physio-biologiques et principes généraux de réanimation*, Paris : Masson, 1958.

LABORIT, Henri, *Stress and Cellular Function*, Philadelphie : Lippincott, 1959.

LABORIT, Henri, *Physiologie humaine cellulaire et organique*, Paris : Masson, 1961.

LABORIT, Henri, « The Need for Generalization in Biological Research: Role of the Mathematical Theory of Ensembles », Alfred Korzybski Memorial Lecture 1963, *General Semantics Bulletin* n° 30-31, 1963-1964, p. 7-15.

LABORIT, Henri, « Cybernétique et biologie », *3e Congrès international de cybernétique*, Namur : Association internationale de cybernétique, 1965, p. 3-26.

LABORIT, Henri, *Les régulations métaboliques*, Paris : Masson, 1965.

LABORIT, Henri, *Biologie et structure*, Paris : Gallimard, 1968.

LABORIT, Henri, *La Nouvelle grille*, Paris : Gallimard, 1974.

LABORIT, Henri, *La Vie antérieure*, Paris : Grasset & Fasquelle, 1989.

LABORIT, Henri, WEBER, Bernard, « Intérêt de l'application aux régulations physiologiques d'un mode de représentation cybernétique », *La Presse médicale*, vol. 66, n° 79, 1958, p. 1779-1781.

LACAN, Jacques, « Le séminaire sur "la Lettre volée" », in *Écrits*, Paris : Seuil, 1966, p. 11-61.

LACAN, Jacques, *Les Écrits techniques de Freud. 1953-1954. Le séminaire, livre I*, Paris : Seuil, 1975

LACAN, Jacques, *Le Moi dans la théorie de Freud et dans la technique de la psychanalyse. 1954-1955. Le séminaire, livre II*, Paris : Seuil, 1978.

LACAN, Jacques, *Les Psychoses. 1955-1956. Le séminaire, livre III*, Paris : Seuil, 1981.

LACAN, Jacques, *Les formations de l'inconscient. 1957-1958. Le séminaire, livre V*, Paris : Seuil, 1998.

LAFITTE, Jacques, *Réflexions sur la science des machines*, Paris : Bloud & Gay, 1932.

LAFITTE, Jacques, « Sur la science des machines », *Revue de synthèse*, t. 6, n° 2, 1933, p. 143-158.

LAFONTAINE, Céline, *L'Empire cybernétique. Des machines à penser à la pensée machine*, Paris : Seuil, 2004.

LAGASSE, Jean, « Organisation et développement de la recherche en sciences pour l'ingénieur en France : la place de l'automatique et de l'informatique », in Santesmases, (dir.), *Cibernetica. Aspectos y tendencias actuales*, Madrid, Real Academia de Ciencias Exactas, Físicas y Naturales, 1980, p. 17-31.

LAMY, Jérôme, *Faire de la sociologie historique des sciences et des techniques*, Paris : Hermann, 2018.

LAMY, Jérôme, SAINT-MARTIN, Arnaud, « Pratiques et collectifs de la science en régimes. Note critique », *Revue d'histoire des sciences*, vol. 64, n° 2, 2011, p. 377-389.

LANGE, Jean-Marc, « Rencontre entre deux disciplines scolaires, biologie et mathématiques : première approche des enjeux didactiques de la formation des enseignants de biologie », *Canadian Journal of Science, Mathematics and Technology Education*, vol. 4, n° 5, 2005, p. 485-502.

LANGE, Oskar, *Wstęp do cyberntyki ekonomicznej*, Varsovie : PWN Polish Scientific Publishers, 1965 ; tr. anglaise J. Stadler : *Introduction to Economic Cybernetics*, Oxford/London, Pergamon Press, Varsovie : PWN, 1970 ; tr. fr. C. Berlet-Langlois : *Introduction à l'économie cybernétique*, Paris : Sirey, 1976.

LANGROD, Georges, « Les applications de la Cybernétique à l'Administration publique », *International Review of Administrative Sciences*, vol. 24, n° 3, 1958, p. 295-312.

LAPICQUE, Louis, *La Machine nerveuse*, Paris : Flammarion, 1943.

LAPORTE, Yves, *Leçon inaugurale, faite le jeudi 14 décembre 1972*, Paris : Collège de France, 1973.

LAPORTE, Yves, « Les débuts de la neurophysiologie à Toulouse », in C. Debru, J.-G. Barbara, C. Cherici (dir.), *L'Essor des neurosciences. France, 1945-1975*, Paris : Hermann, 2008, p. 285-292.

LARDIER, Christian, « Contribution of Albert Ducrocq (1921-2001) to Astronautics », in M. L. Ciancone (dir.), *History of Rocketry and Astronautics. Proceedings of the Thirty-Sixth History Symposium of the International Academy of Astronautics, Houston, Texas, U.S.A., 2002*, AAS History Series, vol. 33 / IAA History Symposia, vol. 22, 2010, p. 3-29.

LARIVIÈRE, Vincent, GINGRAS, Yves, « Measuring Interdisciplinarity », in B. Cronin, C. Sugimoto, (dir.), *Beyond Bibliometrics: Harnessing Multidimensional Indicators of Scholarly Impact*, Cambridge Ma : MIT Press, 2014, p. 187-200.

LARNAC, Pierre-Marie, *Essai sur la logique et les limites du calcul économique moderne*, thèse, faculté de Droit et de sciences économiques, Paris, 1966.

LARNAC, Pierre-Marie, « Retards moyens et multiplicateurs dynamiques », *Revue économique*, vol. 24, n° 4, 1973, p. 646-664.

LAROCHE Florent, BERNARD Alain, COTTE Michel, « Methodology for Simulating Ancient Technical Systems », *Revue internationale d'ingénierie numérique*, vol. 2, n° 1-2, 2006, p. 9-27.

LATOUR, Bruno, *La Science en action*, Paris : La Découverte, 1989.

LAUFFENBURGER, Douglas, « Cell signaling pathways as control modules: Complexity for simplicity ? », *Proceedings of the National Academy of the Sciences*, vol. 97, n° 10, 2000, p. 5031-5033.

LAURIN, Danièle, (dir.), *Gotthard Günther. L'Amérique et la cybernétique. Autobiographie, réflexions, témoignages*, Paris : Éditions Petra, 2015.

LAX, Peter, MAGENES, Enrico, TEMAM, Roger, « Jacques-Louis Lions (1928-2001) », *Notices of the American Mathematical Society*, vol. 48, n° 1, 2001, p. 1315-1321.

LECLÈRE, Didier, *Analyse microéconomique et cybernétique : vers une approche systémique des pro-cessus d'adaptation de la firme*, thèse de Sciences économiques, Université Paris II, 1974.

LEESON, Robert, « A. W. H. Phillips: An Extraordinary Life », in R. Leeson, (dir.), *A. W. H. Phillips, Collected Works in Contemporary Perspective*, Cambridge University Press, 2000, p. 3-17.

LEFEBVRE, Henri, *Vers le cybernanthrope, contre les technocrates*, Paris, Denoël/Gonthier, 1967.

LEFÈVRE, Claude, *Le Labyrinthe. Un paradigme du monde de l'interconnexion. Applications à l'urbanisme, l'esthétique et l'épistémologie*, Rennes : Presses universitaires de Rennes, 2001.

LE GALL, Philippe, *A History of Econometrics in France. From Nature to Models*, Abingdon / New York, Routledge, 2007.

LE GENTIL, René, *Ce que le monde nous doit. Inventions et découvertes françaises*, Paris : Ventadour, 1957.

LE GUYADER, Hervé, MOULIN, Thiébaut, VALLET, Claude, BOUHOU, André, « Fondements épistémologiques de la modélisation par formes quadratiques et relateurs arithmétiques », in P. Delattre, M. Thellier (dir.), *Élaboration et justification des modèles. t. 1 Applications en biologie*, Paris : Maloine, 1979, p. 161-179.

LE GUYADER, Hervé, MOULIN, Thiébaut (dir.), *Actes du premier Séminaire de l'École de biologie théorique du Centre national de la recherche scientifique, 1-4 juin 1981*, Paris : ENSTA, 1981.

LEIJONHUFVUD, Axel, *On Keynesian Economics and the Economics of Keynes: A Study in Monetary Theory*, New York, Oxford University Press, 1968.

LEMAINE, Gérard, MATALON, Benjamin, PROVANSAL, Bernard, « La lutte pour la vie dans la cité scientifique », *Revue française de sociologie*, vol. 10, n° 2, 1969, p. 139-165.

LENOIR, Timothy, *The Strategy of Life. Teleology and Mechanics in Nineteenth-Century German Biology*, Chicago : The University of Chicago Press, 1982.

LENTIN, André, « Rapport sur les applications des mathématiques aux sciences de l'Homme, aux sciences de la Société et à la Linguistique », *Mathématiques et sciences humaines* n° 86, 1984, p. 5-58.

LE LIONNAIS, François, « Bases et lignes de force de la cybernétique », Diogène, n° 9, 1955, p. 67-98.

LE LIONNAIS, François (dir.), *La Méthode dans les sciences modernes*, Numéro hors-série de la revue « Travail et méthodes », Paris, Éd. Science et Industrie, 1959.

LE LIONNAIS, François, « Cybernétique », in R. Taton (dir.), *Histoire générale des sciences*, t. III-2, Paris : Presses universitaires de France, 1964, p. 101-121.

LE ROUX, Ronan, « Analogies Between Systems, an Epistemological Loophole », *Actes du VIe Congrès européen de systémique*, 2005, http://www.afscet.asso.fr/resSystemica/Paris05/leroux.pdf

LE ROUX, Ronan, « L'homéostasie sociale selon Norbert Wiener », *Revue d'Histoire des Sciences Humaines* n° 16, 2007, p. 113-135.

LE ROUX, Ronan, « Psychanalyse et cybernétique. Les machines de Lacan », *L'Évolution psychiatrique*, vol. 72, n° 2, 2007, p. 346-369.

LE ROUX, Ronan, recension de : C. Lafontaine, *L'Empire cybernétique*, *Revue de synthèse*, vol. 128, n° 3-4, 2007, p. 472-475.

LE ROUX, Ronan, « Lévi-Strauss, une réception paradoxale de la cybernétique » (avec une réponse de Cl. Lévi-Strauss), *L'Homme* n° 189, 2009, p. 165-190.

LE ROUX, Ronan, « Revue critique : Sur le moment cybernétique, à propos de : M. Triclot, *Le Moment cybernétique. La constitution de la notion d'information*, Champ Vallon, 2008) », *Revue de synthèse*, vol. 130, n° 1, 2009, p. 181-185

LE ROUX, Ronan, « Pierre Ducassé et la revue *Structure et évolution des techniques* (1948-1964) », *Documents pour l'histoire des techniques* n° 20, 2011, p. 119-134.

LE ROUX, Ronan, « Structuralisme(s) et cybernétique(s). Lévi-Strauss, Lacan et les mathématiciens », *Les Dossiers d'HEL* n° 3, Ch. Puech (dir.), « Les structuralismes linguistiques : problèmes d'historiographie comparée », SHESL, http://htl.linguist.univ-paris-diderot.fr/hel/dossiers/numero3.

LE ROUX, Ronan, « Un jésuite, des machines, une histoire teilhardienne des techniques ? Russo dans le contexte de la pensée catholique française d'après-Guerre », *Bulletin de la Sabix* n° 53, 2013, p. 17-25.

LE ROUX, Ronan, « Cybernétique et société au XXIe siècle », in N. Wiener, *Cybernétique et société*, Paris : Seuil, 2014, p. 7-40.

LE ROUX, Ronan, « Ducassé Pierre (1905-1983), Chaire de Méthode d'expression de la pensée scientifique et technique (1960-1975) », *Cahiers d'histoire du CNAM* n° 4, 2015, p. 109-117.

LE ROUX, Ronan, « À propos de la filiation entre cybernétique et sciences cognitives. Une analyse critique de *Aux Origines des sciences cognitives* de J.-P. Dupuy, 1994) », *Bulletin d'histoire et d'épistémologie des sciences de la vie*, vol. 22, n° 1, 2015, p. 77-100.

LE ROUX, Ronan, « Zipf-Mandelbrot's Law Recoded With Finite Memory », in J. Léon, S. Loiseau (dir.), *Quantitative Linguistics in France*, Lüdenscheid : Ram-Verlag, 2016, p. 157-172.

LE ROUX, Ronan, « Rise of the Machines. Challenging Comte's Legacy with Mechanology, Cybernetics, and the Heuristic Values of Machines », in S. Loève, X. Guchet, B. Bensaude-Vincent (dir.), *French Philosophy of Technology. Classical Readings and Contemporary Approaches*, Springer, 2018.

LESAVRE, René, DE LAUNET, Michel, *Les Armements de défense anti-aérienne par canons et armes automatiques*, Paris : CHEAR, 2007.

LESOURNE, Jacques, *Technique économique et gestion industrielle*, Paris : Dunod, 1958.

LESOURNE, Jacques, « La recherche opérationnelle entre l'économique et la cybernétique », *Gestion*, avril 1963, p. 204-207.

LESOURNE, Jacques, « Un programme pour la science économique », *Revue économique*, vol. 26, nº 6, 1975, p. 931-945.

LESOURNE, Jacques, *Les Systèmes du destin*, Paris : Dalloz, 1976.

LESOURNE, Jacques, *La Notion de système dans les diverses disciplines : introduction*, Paris : CNAM, 1979.

LESOURNE, Jacques (dir.), *La Notion de Système dans les sciences contemporaines* (2 vol.), Aix-en-Provence : Librairie de l'université, 1982.

LESOURNE, Jacques, *Un Homme de notre siècle*, Paris : Éditions Odile Jacob, 2000.

LÉVI-STRAUSS, Claude, GUILBAUD, Georges Théodule, « Report on the Programme of the Council, Paris, November 1953 », archives CISS : Administration General, ISSC/1/7.1.

LÉVI-STRAUSS, Claude, « Introduction à l'œuvre de Marcel Mauss » in M. MAUSS, *Sociologie et anthropologie*, PUF, 1950.

LÉVI-STRAUSS, Claude, « Note préliminaire du secrétaire général sur le programme du Conseil », 27 février 1953, archives CISS : Administration General, ISSC/1/7.1.

LÉVI-STRAUSS, Claude, 1954, « Les mathématiques de l'homme », *Bull. Int. des Sc. Sociales*, vol. VI, nº 4, UNESCO, p. 643-653.

LÉVI-STRAUSS, Claude, « L'apport des sciences sociales à l'humanisation de la civilisation technique », Stage d'études franco-polonais sur la notion de progrès économique et social, Paris, 8 août 1956, p. 1, archives Unesco nº 154437.

LÉVI-STRAUSS, Claude, « Langage et société », in *Anthropologie structurale*, Paris : Plon, 1958, p. 63-75.

LÉVI-STRAUSS, Claude, « La notion de structure en ethnologie », in *Anthropologie structurale*, Paris : Plon, 1958, p. 303-351.

LÉVI-STRAUSS, Claude, « Place de l'anthropologie dans les sciences sociales et problèmes posés par son enseignement », in *Anthropologie structurale*, Paris : Plon, 1958, p. 376-418.

LÉVI-STRAUSS, Claude, « Le sorcier et sa magie », in *Anthropologie structurale*, Paris : Plon, 1958, p. 183-203.

LÉVI-STRAUSS, Claude, *Anthropologie structurale*, Paris : Plon, 1958.

LÉVI-STRAUSS, Claude, *La Pensée sauvage*, Paris : Plon, 1962.

LÉVI-STRAUSS, Claude, *Les structures élémentaires de la parenté*, 2e éd., Paris / La Haye : Mouton, 1967.

LÉVI-STRAUSS, Claude, « La diversité culturelle, patrimoine commun de l'Humanité », article 1, Déclaration universelle de l'Unesco sur la diversité culturelle, 2001, http://www.unesco.org/culture/aic/echoingvoices/index-fr.php.

LICHNEROWICZ, André, « Marcel-Paul Schützenberger. Informaticien de génie, esprit paradoxal et gentilhomme de la science », *La Recherche* n° 291, 1996, p. 9.

LICHNEROWICZ, André, PERROUX, François, GADOFFRE, Gilbert, *Structure et dynamique des systèmes*, Paris : Maloine, 1976.

LICHNEROWICZ, André, PERROUX, François, GADOFFRE, Gilbert, *L'idée de régulation dans les sciences*, Paris : Maloine, 1977.

LICHNEROWICZ, André, PERROUX, François, GADOFFRE, Gilbert, *L'analogie dans les sciences de la nature et dans les sciences humaines*, Paris : Maloine, 1980 (vol. 1), 1981 (vol. 2).

LICHNEROWICZ, André, PERROUX, François, GADOFFRE, Gilbert, *Information et communication*, Paris : Maloine, 1983.

LICHTERMAN, Boleslav, « The *Moscow Colloquium on Electroencephalography of Higher Nervous Activity* and Its Impact on International Brain Research », *Journal of the History of the Neurosciences: Basic and Clinical Perspectives* vol. 19, n° 4, 2010, p. 313-332.

LIONS, Jacques-Louis, *Some Aspects of the Optimal Control of Distributed Parameter Systems*, Philadelphie : Society for Industrial and Applied Mathematics, 1972.

LITTAUER, Sebastian, « Méthode expérimentale, contrôle statistique et cybernétique dans la direction des entreprises industrielles », exposé à l'Association française pour l'accroissement de la productivité, Mission des experts américains de l'OECE, 16 juin 1954, Commission de Recherche opérationnelle du CSRSPT, archives nationales 19770321/286.

LIU, Lucy, « The Cybernetic Unconscious: Rethinking Lacan, Poe, and French Theory », *Critical Inquiry*, vol. 36, n° 2, 2010, p. 288-320.

LIU, Lucy, *The Freudian Robot. Digital Media and the Future of the Unconscious*, Chicago : University of Chicago Press, 2010.

LIVESEY, Steven, « William of Ockham, the Subalternate Sciences, and Aristotle's Theory of Metabasis », *The British Journal for the History of Science*, vol. 18, n° 2, 1985, p. 127-145.

LOEB, Julien, « Information, communication et servomécanismes », *Structure et évolution des techniques* n° 35-36, 1953-1954, p. 12-24.

LOGEAT, Jean-Marc, *Cybernétique et chemin de fer*, thèse, université Paris IV, 1997.

LOHMANN, Johannes, « Mythos et Logos », in *Mousiké et Logos. Contributions à la philosophie et à la théorie musicale grecques*, Mauvezin : Trans-Europ-Repress, 1989, p. 141-152.

LORENZ, Konrad, *Les Fondements de l'éthologie*, Paris : Flammarion, 1984.

LORIGNY, Jacques, VALLÉE, Robert, MAUGÉ, Guy, « Pierre Vendryès, la vie d'un chercheur remarquable », *Res-Systemica* n° 7, 2008, www.res-systemica.org/afscet/resSystemica/Lisboa08/vendryesWS1.pdf.

LOYER, Emmanuelle, « La débâcle, les universitaires et la Fondation Rockefeller : France / États-Unis, 1940-1941 », *Revue d'histoire moderne et contemporaine*, vol. 48, n° 1, 2001, p. 138-159.

LWOFF, André, « Le concept d'information dans la biologie moléculaire », in *Le Concept d'information dans la science contemporaine*, actes du VIe Colloque de Royaumont, 1962, Paris : Éd. de Minuit / Gauthier-Villars, 1965, p. 173-202.

LWOFF, André, *L'Ordre biologique*, Paris : Robert Laffont, 1969.

M'BOW, Amadou-Mahtar, allocution au quatrième Congrès international de la cybernétique et des systèmes, Amsterdam, 22 août 1978, unesdoc.unesco.org/images/0003/000346/034610fb.pdf.

MACK, Arien (dir.), *Technology and the Rest of Culture*, Columbus : The Ohio State University Press, 2001.

MAHEU, René, « Allocution », in *Science et synthèse*, Paris : Gallimard, 1967.

MALLET, Alain, FABER, Donald, KORN, Henri, « Statistical Analysis of Visual Fits : Answer to J. Ninio », *Journal of Neurophysiology* vol. 98, n° 3, 2007, p. 1836-1840.

MANDELBROT, Benoît, *Contribution à la théorie des jeux de communication*, thèse, Faculté des sciences de Paris, 1953.

MANDELBROT, Benoît, « L'Ingénieur en tant que stratège : Théories du comportement. Une définition de la cybernétique ; Applications linguistiques », *Revue des sciences pures et appliquées*, vol. 62, n° 9-10, 1955, p. 278-294.

MANDELBROT, Benoît, « Sur la définition abstraite de quelques degrés de l'équilibre », in J. Piaget, L. Apostel, B. Mandelbrot (dir.), *Logique et équilibre*, Études d'épistémologie génétique vol. II, Paris : Presses universitaires de France, 1957, p. 1-26.

MANDELBROT, Benoît, « La cybernétique. Théorie des automates ; théorie de l'information et ses applications en physique et dans les sciences sociales », *Revue de synthèse*, t. 83, 1962, p. 10.

MANDELBROT, Benoît, in D.J. Albers, G.L. Alexanderson, *Mathematical People: Profiles and Interviews*, Boston : Birkhäuser, 1985, p. 205-225.

MANDELBROT, Benoît, *The Fractalist. Memoir of a Scientific Maverick*, New York : Pantheon Books, 2012.

MARÉCHAL, André, « Pourquoi les actions concertées », in Délégation générale à la recherche scientifique et technique, *Les Actions concertées. Rapport d'activité 1961*, Paris : La Documentation française, 1962, p. 5-8.

MASANI, Pesi, *Norbert Wiener 1894-1964*, Vita Mathematica n° 5, Bâle/Boston/Berlin : Birkhaüser-Verlag, 1990.

MASON, Samuel, « Feedback Theory–Some Properties of Signal Flow Graphs », *Proceedings of the IRE*, vol. 41, 1953, p. 1144-1156.

MASSÉ, Pierre, « The French Plan and Economic Theory », *Econometrica*, vol. 33, n° 2, 1965, p. 265-276.

MASSION, Jean, CLARAC, François, « Jacques Paillard, son œuvre et son rayonnement scientifique », in C. Debru, J.-G. Barbara, C. Cherici (dir.), *L'Essor des neurosciences. France, 1945-1975*, Paris : Hermann, 2008, p. 227-244.

MASTURZO, Aldo, *Cybernetic Medicine*, Springfield : Charles C. Thomas, 1965.

MATARASSO, Michel, compte rendu de P. Sorokin, *Tendances et déboires de la sociologie américaine*, *Revue française de sociologie*, vol. 1, n° 2, 1960, p. 246-247.

MATHIEN, Michel, « L'approche physique de la communication sociale. L'itinéraire d'Abraham Moles », *Hermès* n° 11-12, 1992, p. 331-343.

MATHIEN, Michel, SCHWACH, Victor, « De l'ingénieur à l'humaniste : l'œuvre d'Abrahams Moles », *Communication et langages*, n° 93, 1992, p. 84-98.

MATHIEU, Nicole, SCHMID, Anne-Françoise, *Modélisation et interdisciplinarités. Six disciplines en quête d'épistémologie*, Versailles : Éditions Quae, 2014.

MAYNE, David, « John Hugh Westcott. 3 November 1920–10 October 2014 », *Biographical Memoirs of Fellows of the Royal Society* n° 61, 2015, p. 541-554.

MAYR, Otto, *The Origins of Feedback Control*, Cambridge (Ma) : MIT Press, 1970.

MAZLIAK, Laurent, « Borel, Fréchet, Darmois. La découverte des statistiques par les probabilistes français dans les années 1920 », *Journal électronique d'histoire des probabilités et de la statistique*, vol. 6, n° 2, 2010, http://www.jehps.net/decembre2010.html.

MAZON, Brigitte, *Aux origines de l'École des hautes études en sciences sociales. Le rôle du mécénat américain*, Paris : Éditions du Cerf, 1988.

MCCULLOCH, Warren, PITTS, Walter, « A Logical Calculus of the Ideas Immanent in Nervous Activity », *Bulletin of Mathematical Biophysics* n° 5, 1943, p. 115-133.

MCCULLOCH, Warren, « Where is Fancy Bred ? », in *Embodiments of Mind*, Cambridge (Ma) : The MIT Press, 1988, p. 216-229.

MCCULLOCH, Warren, « What Is a Number, that a Man May Know It, and a Man, that He May Know a Number ? », in *Embodiments of Mind*, *op. cit.*, p. 1-18.

MCCULLOCH, Warren, « Comment les structures nerveuses ont des idées », tr. fr. J. Scherrer, in H. Fischgold (dir.), *2e Congrès international d'électroencéphalographie, Paris 1er-5 septembre 1949. Rapports, conférences, symposium*, Marseille : Fédération internationale d'électroencéphalographie et de neurologie clinique, 1951, p. 112-122.

McCulloch, Warren, *Embodiments of Mind*, Cambridge (Ma) : MIT Press, 1988.

McIntyre, Joseph, Bizzi, Emilio, « Servo Hypotheses for the Biological Control of Movement », *Journal of Motor Behavior*, vol. 25, n° 3, 1993, p. 193-202.

Medina, Eden, *Cybernetic Revolutionaries. Technology and Politics in Allende's Chile*. Cambridge : The MIT Press, 2011.

Mehl, Lucien, « Cybernétique et administration », in *1er Congrès international de cybernétique*, Paris : Gauthier-Villars / Namur : Association internationale de cybernétique, 1958, p. 429-469.

Menahem, Georges, *La Science et le militaire*, Paris : Seuil, 1976.

Mercillon, Henri, « Fluctuations économiques et variations du revenu. Quelques modèles de R.M. Goodwin », *Revue économique*, vol. 7, n° 5, 1956, p. 802-832.

Merton, Patrick, « Significance of the 'Silent Period' of Muscles », *Nature* n° 166, 1950, p. 733-734.

Merton, Patrick, « Speculations on the Servo Control of Movement », in J. L. Malcolm et al. (dir.), *The Spinal Cord. CIBA Foundation Symposium*, Boston : Little Brown, 1953, p. 247-260.

Meusnier, Norbert, « Sur l'histoire de l'enseignement des probabilités et des statistiques », in E. Barbin, J.-P. Lamarche, *Histoires de probabilités et de statistiques*, Paris, Ellipses, 2004, p. 237-273.

Meyer, Jean[-Arcady], « Essai d'application de certains modèles cybernétiques à la coordination chez les insectes sociaux », *Insectes sociaux*, vol. 13, n° 2, 1966, p. 127-138.

Meynaud, Jean, « Les mathématiciens et le pouvoir », *Revue française de science politique*, vol. 9, n° 2, 1959, p. 340-367.

Miller, George, Galanter, Eugene, Pribram, Karl, *Plans and the Structure of Behavior*, New York : Henry Holt, Co., 1960.

Mindell, David, *Between Human and Machine. Feedback, Control and Computing before Cybernetics*, Baltimore : John Hopkins University Press, 2002.

Mindell, David, Segal, Jérôme, Gerovitch, Slava, « Cybernetics and Information Theory in the United States, France and the Soviet Union », in Walker, (dir.), *Science and Ideology: A Comparative History*, Londres : Routledge, 2003, p. 66-95.

Mirowski, Philip, *Machine Dreams: Economics Becomes a Cyborg Science*, Cambridge University Press, 2002.

Moatti, Alexandre, *Alterscience : Postures, dogmes, idéologies*, Paris : Odile Jacob, 2013.

MOLES, Abraham, ROHMER, « Autobiographie d'Abraham Moles. Le cursus scientifique d'Abraham Moles », *Bulletin de micropsychologie*, n° 28-29, 1996.

MONOD, Jacques, *Cybernétique enzymatique*, 1959, archives de l'Institut Pasteur, MON.MSS.08.

MONOD, Jacques, « Cybernétique chimique de la cellule », inédit, transcription d'une conférence donnée à L'Association française pour l'étude du cancer, 12 mai 1969, archives de l'Institut Pasteur, MON.MSS.04.

MONOD, Jacques, *Le Hasard et la nécessité. Essai sur la philosophie naturelle de la biologie moderne*, Paris : Seuil, 1970.

MORANGE, Michel, « L'Institut de biologie physico-chimique de sa fondation à l'entrée dans l'ère moléculaire », *La Revue pour l'histoire du CNRS* n° 7, 2002, http://histoire-cnrs.revues.org/document538.html.

MORANGE, Michel, *Histoire de la biologie moléculaire*, Paris : La Découverte, 2003.

MOREL, François, « Un point de vue de physiologiste expérimentateur sur les modèles », in P. Delattre, M. Tellier (dir.), *Élaboration et justification des modèles. t. 1 Applications en biologie*, Paris : Maloine, 1979, p. 31-37.

MORGAN, Mary, MORRISSON, Margaret, (dir.), *Models as Mediators. Perspectives on Natural and Social Science*, Cambridge : Cambridge University Press, 1999.

MORGAN, Mary, « The Formation of "Modern" Economics : Engineering and Ideology », Working Paper n° 62/01, London School of Economics, Department of Economic History, 2001.

MORGAN, John, RHODES, David, « Mathematical Modeling of Plant Metabolic Pathways », *Metabolic Engineering* 4, 2002, p. 80–89.

MORTON, George, ZAUBERMAN, Alfred, « Von Neumann's Model And Soviet Long-Term, Perspective) Planning », *Kyklos*, vol. 22, n° 1, 1969, p. 45-61.

MOSCONI, Jean, *La Constitution de la théorie des automates*, thèse, université Paris 1, 1989.

MOUGEOT, Laurence, 1972, « L'application de la théorie des asservissements à la régulation des systèmes interrégionaux », *Revue d'économie politique*, vol. 82, n° 2, 1972, p. 355-382.

MOULIN, Thiébaut, et al., *Quelques applications des relateurs arithmétiques : de la physique à la socio-économie*, rapport de recherche n° 265, ENSTA, 1992.

MOUNIER-KUHN, Pierre-Éric, « Du radar naval à l'informatique : François-Henri Raymond (1914-2000) », in M.-S. Corcy, C. Douyère-Demeulenaere, L. Hilaire-Pérez (dir.), *Archives de l'invention : écrits, objets et images de l'activité inventive*, Toulouse : Presses Universitaires de Toulouse-Le Mirail, 2006, p. 269-290.

MOUNIER-KUHN, Pierre-Éric, *L'informatique en France de la seconde guerre mondiale au plan Calcul. L'émergence d'une science*, Paris : Presses de l'université Paris-Sorbonne, 2010.

MOUTOT, Lionel, *Biographie de la revue Diogène : les « sciences diagonales » selon Roger Caillois*, Paris, L'Harmattan, 2006.

MUGLIONI, Jacques, « Auguste Comte, (1798-1857) », *Perspectives. Revue trimestrielle d'éducation comparée*, vol. 36, nº 1, 2000, p. 221-234.

MÜLLER, Albert, « The End of the Biological Computer Laboratory », in A. Müller, K. Müller, (dir.), *An Unfinished Revolution? Heinz von Foerster and the Biological Computer Laboratory, 1958-1976*, Vienne : Echoraum, 2007, p. 303-321.

MURAT, François, PUEL, « Jacques-Louis Lions », *Images des mathématiques*, Paris : CNRS Éditions, 2006, p. 103-105.

NAQUET, Robert, « Hommage à Henri Gastaut », in M. Bureau, P. Kahane, C. Munari (dir.), *Épilepsies partielles graves pharmaco-résistantes de l'enfant : stratégies diagnostiques et traitements chirurgicaux*, Montrouge : John Libbey Eurotext, 1998, p. 3-9.

NASHNER, Lewis, BERTHOZ, Alain, « Visual Contribution to Rapid Motor Responses During Postural Control », *Brain Research* nº 150, 1978, p. 403-407.

NASLIN, Pierre, « Analogies, homologies et modèles », *Dialectica*, vol. 17, nº 2-3, 1963, p. 215-239.

NASLIN, Pierre, « L'évolution des modèles en automatique », in *Analogies et modèles, outils de progrès des sciences*, Actes du 94e Congrès de l'Association française pour l'avancement des sciences, 1975, G3.

NATAF, André, « Essais de formalisation de la planification », *L'Actualité économique*, vol. 9, nº 3-4, 1963-1964, p. 581-614.

NAVILLE, Pierre, « Les schémas du comportement : utilisés par les psychologues et les économistes », *Revue économique*, vol. 4, nº 3, 1953, p. 394-415.

NECK, Reinhard, « Control Theory and Economic Policy: Balance and Perspectives », *Annual Reviews in Control* nº 33, 2009, p. 79-88.

NEEDELL, Allan, « "Truth Is Our Weapon" : Project TROY, Political Warfare, and Government-Academic Relations in the National Security State », *Diplomatic History*, vol. 17, nº 3, 1993, p. 399-420.

NIVAULT, Michel, *Logiciel et matériel permettant de traiter en temps réel des problèmes hautement combinatoires*, thèse, Toulouse, 1976.

ORTEGA M., LIN L., « Control Theory Applications to the Production–Inventory Problem: a Review », *International Journal of Production Research*, 42, 2004, p. 2303–2322.

OUAKNINE, Maurice, « Maurice Hugon, hommage personnel », Association pour le développement et l'application de la posturologie, 2011, http://ada-posturologie.fr/Hugon_Maurice.pdf.

PAILLARD, Jacques, *Réflexes et régulations d'origine proprioceptive chez l'Homme. Étude neurophysiologique et psychophysiologique*, Paris : Librairie Arnette, 1955.

PAILLARD, Jacques, « Tonus, postures et mouvements », in Ch. Kayser (dir.), *Physiologie*, 1976, p. 521-728.

PAILLARD, Jacques, « Le codage nerveux des commandes motrices », *Revue d'électroencéphalographie et de neurophysiologie clinique* vol. 6, n° 4, 1976, p. 453-472.

PAILLARD, Jacques, « La machine organisée et la machine organisante. Conceptions récentes sur la neurobiologie des fonctions motrices », *Revue de l'éducation physique* n° 17, 1977, p. 19-48.

PANOFSKY, Erwin, *Architecture gothique et pensée scolastique*, tr. fr. P. Bourdieu, Paris : Les Éditions de Minuit, 1986.

PAPERT, Seymour, « Épistémologie de la cybernétique », in Piaget, (dir.), *Logique et connaissance scientifique*, Encyclopédie de la Pléiade, Paris, 1968, p. 822-840

PAPERT, Seymour, « Remarques sur la finalité », in Piaget, (dir.), *Logique et connaissance scientifique*, Encyclopédie de la Pléiade, Paris, 1968, p. 841-861.

PARASCANDOLA, John, « Organismic and Holistic Concepts in the Thought of L. J. Henderson », *Journal of the History of Biology* n° 4, 1971, p. 63-113.

PARDEE, Arthur B., « Regulation, Restriction, and Reminiscences », *Journal of Biological Chemistry*, vol. 277, n° 30, 2002, p. 26709-26716.

PARODI, Maxime, *La Modernité manquée du structuralisme*, Paris : Presses universitaires de France, 2004.

PATNAIK, Pratap, « Are Microbes Intelligent Beings? An Assessment of Cybernetic Modeling », *Biotechnology Advances* 18, 2000, p. 267-288.

PATNAIK, Pratap, « Toward a Comprehensive Description of Microbial Processes Through Mechanistic and Intelligent Approaches », *Biotechnology and Molecular Biology Reviews*, vol. 4, n° 2, 2009, p. 29-41.

PAUMIER, Anne-Sandrine, *Laurent Schwartz (1915-2002) et la vie collective des mathématiques*, thèse, université Pierre et Marie Curie, 2014.

PAYCHA, François, *Cybernétique de la consultation*, Paris : Gauthier-Villars, 1963.

PÉLEGRIN, Marc, « Les automatismes et l'apport américain, un témoignage », in J. Villain (dir.), *La France face aux problèmes d'armement (1945-1950)*, Paris : Éditions Complexe, 1996, p. 127-138.

PERROUX, François, « Propos sur les techniques quantitatives de l'information et politique économique », *Revue de l'Institut de sociologie*, 1957, n° 3, p. 329-344.

PERROUX, François, « Suggestions for the Organization of a Round Table of the International Social Science Council on the Social Premises of Economic Development », archives CISS : Chronological Files 1959-1960, ISSC/5/1.3.

PERROUX, François, *Unités actives et mathématiques nouvelles : révision de la théorie de l'équilibre économique général*, Paris : Dunod, 1975.

PERROUX, François, « La rénovation de la théorie de l'équilibre économique général », in A. Lichnerowicz, F. Perroux, G. Gadoffre, *L'Idée de régulation dans les sciences*, Paris : Maloine, 1977, p. 233-258.

Pestre, Dominique, « Le renouveau de la recherche à l'École Polytechnique et le laboratoire de Louis Leprince-Ringuet, 1936-1965) », in B. Belhoste, A. Dahan-Dalmedico, A. Picon, (dir.), *La Formation polytechnicienne 1794-1994*, Paris : Dunod, 1994, p. 333-356.

Pestre, Dominique, « La production des savoirs entre académies et marché – Une relecture historique du livre *The New Production of Knowledge*, édité par M. Gibbons », *Revue d'économie industrielle* n° 79, 1997, p. 163-174.

Pestre, Dominique, « Regimes of Knowledge Production in Society: Towards a More Political and Social Reading », *Minerva*, vol. 41, n° 3, 2003, p. 245-261.

Pestre, Dominique, « Le nouvel univers des sciences et des techniques : une proposition générale », in A. Dahan, D. Pestre (dir.), *Les Sciences pour la guerre*, *op. cit.*, p. 11-47.

Pestre, Dominique, Jacq, François, « Une recomposition de la recherche académique et industrielle en France dans l'après-guerre, 1945-1970. Nouvelles pratiques, formes d'organisation et conceptions politiques », *Sociologie du travail*, vol. 38, n° 1, 1996, p. 263-277.

Petit, Annie, 1994, « L'impérialisme des géomètres à l'école Polytechnique. Les critiques d'Auguste Comte », in B. Belhoste, A. Dahan-Dalmedico, A. Picon, (dir.), *La Formation polytechnicienne 1794-1994*, Paris : Dunod, 1994, p. 59-75.

Petit, Jean-Pierre, *Un Siècle de défense sol-air française*, Base documentaire artillerie *Bas'Art*, 2015, http://basart.artillerie.asso.fr/rubrique.php3?id_rubrique=150

Petitgirard, Laurent, *Le Chaos : Des questions théoriques aux enjeux sociaux. Philosophie, épistémologie, histoire et impact sur les institutions (1880-2000)*, thèse, université Lyon II, 2004.

Petitot, Jean, *Les Catastrophes de la parole de Roman Jakobson à René Thom*, Paris : Maloine, 1985.

Petrovitch, Michel, *Mécanismes communs aux phénomènes disparates*, Paris : Alcan, 1921.

Peyrega, Jacques, *Approche cybernétique et interprétation marxiste de la structure et du développement de la « formation économique de la société »*, ACEDES, 1976.

Peyrega, Jacques, *Dialectique et cybernétique : la conception dialectique de l'analyse cybernétique d'un système socio-économique*, ACEDES, 1976.

Peyrega, Jacques, *Introduction à l'analyse cybernétique des systèmes socio-économiques*, cours de licence et de maîtrise en sciences économiques, Faculté des sciences économiques de Bordeaux I, ACEDES, 1978.

Phillips, Alban, « Stabilisation Policy in a Closed Economy », *The Economic Journal*, vol. 64, n° 254, 1954, p. 290-323.

Phillips, Alban, recension de : A. Tustin, *The Mechanism of Economic Systems*, *The Economic Journal*, vol. 64, n° 256, 1954, p. 805-807.

PHILLIPS, Alban, « Stabilisation Policy and the Time-Form of Lagged Responses », *The Economic Journal*, vol. 67, n° 2066, 1957, p. 265-277.

PHILLIPS, Alban, « La cybernétique et le contrôle des systèmes économiques », *Cahiers de l'ISEA*, série N, n° 2, 1958, p. 41-50 ; version anglaise : « Cybernetics and the Regulation of Economic Systems », in R. Leeson, (dir.), *A.W.H. Phillips, Collected works in contemporary perspective*, Cambridge University Press, p. 3-17.

PIAGET, Jean, « Structures opérationnelles et cybernétique », *L'Année psychologique*, vol. 53, n° 1, p. 379-388.

PIAGET, Jean, « Programmes et méthodes de l'épistémologie génétique », *Études d'épistémologie génétique* n° 1, Paris : Presses universitaires de France, 1957.

PIAGET, Jean, « Le système et la classification des sciences », in J. Piaget (dir.), *Logique et connaissance scientifique*, Paris : Gallimard, Encyclopédie de la Pléiade n° 22, 1967, p. 1151-1224.

PIAGET, Jean, *Le Structuralisme*, « Que sais-je ? » n° 1311, Paris : Presses universitaires de France, 1968.

PICARD, Jean-François, *La République des savants. La Recherche française et le C.N.R.S.*, Paris, Flammarion, 1990.

PICARD, Jean-François, Mouchet, Suzy, *La Métamorphose de la médecine. Histoire de la recherche médicale dans la France du XXe siècle*, Paris : Presses universitaires de France, 2015.

PICHOT, André, « L'intériorité en biologie », *Rue Descartes* n° 43, 2004, p. 39-48.

PICKERING, Andrew, *The Cybernetic Brain. Sketches of Another Future*, Chicago : University of Chicago Press, 2010.

PICKERING, Mary, « Auguste Comte and the Académie des sciences », *Revue philosophique de la France et de l'étranger*, vol. 132, n° 4, 2007, p. 437-450.

PIÉRON, Henri, « Chronique », *L'Année psychologique* vol. 58, n° 2, 1958, p. 569-580.

PITRAT, Jacques, « Simulation de l'intelligence sur machine », *Automatisme*, vol. 7, n° 7-8, 1962, p. 259-271.

POLANCO, Xavier, « La mise en place d'un réseau scientifique. Les rôles du CNRS et de la DGRST dans l'institutionnalisation de la biologie moléculaire en France (1960-1970) », *Cahiers pour l'histoire du CNRS* n° 7, 1990, p. 55-90.

POMIAN, Krzysztof (dir.), *La Querelle du déterminisme*, Paris : Gallimard, 1990.

POOLEY, Jefferson, SOLOVEY, Mark, « Marginal to the Revolution: The Curious Relationship Between Economics and the Behavioral Sciences Movement in Mid-Twentieth-Century America », *History of Political Economy*, vol. 42, supplément n° 1, 2010, p. 199-233.

POOLEY, Jefferson, « A "Not Particularly Felicitous" Phrase: A History of the "Behavioral Sciences" Label », *Serendipities*, vol. 1, n° 1, 2016, p. 38-81.

POULIQUEN, R., RICHALET, Jacques, « Analyse d'une expérience de maintien postural », *Journal de physiologie*, t. 60, 1968, p. 261-273.

PRUD'HOMME, Julien, GINGRAS, Yves, « Les collaborations interdisciplinaires : raisons et obstacles », *Actes de la recherche en sciences sociales* n° 210, 2015, p. 43.

PRUVOT, Samuel, *Monseigneur Charles, aumônier de la Sorbonne : 1944-1959*, Paris : Éditions du Cerf, 2002.

QUASTLER, Henry, « Feedback Mechanisms in Cellular Biology », in H. von Foerster (dir), *Cybernetics. Circular Causal and Feedback Mechanisms in Biological and Social Systems, Transactions of the Ninth Conference* (1952), New York : Josiah Macy Jr. Foundation, 1953, p. 167-181.

RABOUIN, David, *Mathesis Universalis*, Paris : Presses universitaires de France, 2009.

RAIBAUD, Jean, HENRIC, Henri, *Témoins de la fin du IIIe Reich : des polytechniciens racontent*, Paris : L'Harmattan, 2004.

RAIFFA, Howard, « History of IIASA », 1992, http://www.iiasa.ac.at/docs/history.html.

RASLE, Bruno, *La Physique selon Albert Ducrocq*, Paris : Vuibert, 2006.

RAYMOND, François-Henri, « Sur la stabilité d'un asservissement linéaire multiple », *Comptes rendus de l'Académie des sciences*, t. 235, 1952, p. 508-510.

RAYMOND, François-Henri, *L'Automatique des informations*, Paris : Masson, 1957.

RAYMOND, François-Henri, « Quelques remarques sur l'automatique », exposé d'ouverture, *Congrès international de l'automatique. Paris 18-24 juin 1956*, Bruxelles : Presses académiques européennes, 1959, p. III-VIII.

RAYMOND, François-Henri, « Analogie et intelligence artificielle », *Dialectica*, vol. 17, n° 2-3, 1963, p. 203-213.

REDONDI, Pietro, « Science moderne et histoire des mentalités. La rencontre de Lucien Febvre, Robert Lenoble et Alexandre Koyré », *Revue de synthèse* n° 111-112, 1983, p. 309-332.

REMAUD, Patrice, *Une Histoire de l'automatique en France 1850-1950*, Paris : Hermès-Lavoisier, 2007.

RÉMOND, Antoine, « Échantillonnages successifs d'une tension variable et échantillonnages simultanés de collections de tensions en électrophysiologie », in *2e Congrès international de cybernétique. Namur, 3-10 septembre 1958*, Namur : Association internationale de cybernétique, 1960, p. 960-961.

REMOUSSENARD, Patricia, « La formation au métier d'ingénieur et ses limites à l'École nationale supérieure d'électricité et de mécanique de Nancy entre 1900 et 1960 », in F. Birck, A. Grelon, *Un Siècle de formation des ingénieurs électriciens. Ancrage local et dynamique européenne, l'exemple de Nancy*, Paris : Éditions de la MSH, 2006, p. 237-268.

REY, Abel, « Évolution de la pensée », in A. Rey, A. Meillet, P. Montel, (dir.),

L'Encyclopédie française, t. 1 : L'Outillage mental. Pensée, langage, mathématiques, Paris : S^té de gestion de l'Encyclopédie française, 1937 : 1°14-1.

RICHALET, Jacques, POULIQUEN, R. « Étude des réponses à des perturbations du maintien postural : simulation analogique », *Journal de physiologie*, t. 58, 1966, p. 602.

RICHALET, Jacques, CASPI, Paul, « Étude d'un modèle statistique d'activité neuronique destiné à l'interprétation des post-stimulus-histogrammes », *Comptes rendus de l'Académie des sciences*, t. 268, série D, 1969, p. 1545-1548.

RICHALET, Jacques, RAULT, A., POULIQUEN, R., *Identification des processus par la méthode du modèle*, Londres / Paris / New York : Gordon & Breach, 1971.

RICHALET, Jacques, *Projet I.R.BIO.S.*, 1969, archives DRME 217-1F1-5166.

RICHALET, Jacques, interview, *ISA Flash – Bulletin d'information d'ISA France*, n° 27, 2008, p. 1-3.

RICHALET, Jacques, O'DONOVAN, Donal, *Predictive Functional Control. Principles and Industrial Applications*, Londres : Springer, 2009.

RICHARDSON, Jacques, « What's becoming of Cybernetics? Thoughts inspired by the Namur Conference », *Medical Electronics & Biological Engineering* n° 3, 1965, p. 327-328.

RICHMOND, Barry, « Neural Coding », in D. Jaeger, R. Jung (dir.), *Encyclopedia of Computational Neuroscience*, New York : Springer, 2015, p. 1869-1872.

RIEFFEL, Rémy, *La Tribu des clercs. Les intellectuels sous la Ve République*, Paris : Calmann-Lévy / CNRS Éditions, 1993.

RIEKE, Fred, BIALEK, William, WARLAND, David, DE RUYTER VAN STEVENINCK, Rob, *Spikes. Exploring the Neural Code*, Cambridge : The MIT Press, 1999.

RIGUET, Jacques, *Fondements de la théorie des relations binaires*, thèse, Faculté des sciences de Paris, 1951.

RIGUET, Jacques, « Sur les rapports entre les concepts de machine de multipôle et de structure algébrique », *Comptes rendus de l'Académie des sciences*, t. 237, 1953, p. 425-427.

RIGUET, Jacques, « Applications de la théorie des relations binaires à l'algèbre et à la théorie des machines », *Proceedings of the International Congress of Mathematicians, 1954*, vol. II, Groningen : Noordhoff / Amsterdam : North-Holland, 1957, p. 61.

RIGUET, Jacques, « Causalité et théorie des machines », *Ier Congrès international de cybernétique. Namur, 26-29 juin 1956*, Paris : Gauthier Villars / Namur : Association internationale de cybernétique, 1958, p. 100.

RIGUET, Jacques, « Syntaxe, programmation et synthèse des machines », *Ier Congrès international de cybernétique. Namur, 26-29 juin 1956*, Paris : Gauthier Villars / Namur : Association internationale de cybernétique, 1958, p. 241.

RIGUET, Jacques, « Le calcul des relations en tant qu'outil méthodologique », in F. Le Lionnais (dir.), *La Méthode dans les sciences modernes*, Paris : Éd. Science et Industrie, 1959, p. 69-82.

RIGUET, Jacques, « Décomposition du groupe symétrique suivant un double module cyclique et théorie du tissage », séminaire Dubreil, *Algèbre et théorie des nombres*, 12/1, 1958-1959, exposé n° 11, p. 1-10.

RIGUET, Jacques, « Les mathématiques pures », in J. Bergier, (dir.), *Encyclopédie des Sciences et des techniques*, t. II, Paris, Rombaldi, 1961, p. 21-63.

RIGUET, Jacques, « Information préliminaire sur : un séminaire sur la théorie des automates et des systèmes chimiques et biologiques ; un symposium sur le même sujet », feuillet tapuscrit, Université Paris V René Descartes, 29 octobre 1973.

RIGUET, Jacques, « Critères de choix des formalismes de la théorie des jeux et de la théorie des automates pour l'élaboration d'un modèle », in P. Delattre, M. Thellier (dir.), *Élaboration et justification des modèles. t. 1 Applications en biologie*, Paris : Maloine, 1979, p. 181-189.

ROBERT, Pascal, « Qu'est-ce qu'une technologie intellectuelle ? », *Communication et langages* n° 123, 2000, p. 97-114.

ROBERT, Pascal, *Mnémotechnologies, une théorie générale critique des technologies intellectuelles*, Paris : Lavoisier, 2010.

ROBEVA, Raina, HODGE, Terrell, *Mathematical Concepts and Methods in Modern Biology: Using Modern Discrete Models*, Academic Press, 2013.

ROBINSON, Dawn, « Control Theories in Sociology », *Annual Review of Sociology* n° 33, 2007, p. 157-174.

ROBINSON, Thomas, « Game Theory and Politics: Recent Soviet Views », *Studies in Soviet Thought* n° 10, 1970, p. 291-315.

ROSENBLUETH, Arturo, WIENER Norbert, BIGELOW John, « Behavior, Purpose and Teleology », *Philosophy of Science* n° 10, 1943, p. 18-24.

ROSENBLUETH, Arturo, WIENER Norbert, « Purposeful and Non-purposeful Behavior », *Philosophy of Science* n° 17, 1950, p. 318-326.

ROSENBLUETH, Arturo, WIENER Norbert, GARCIA RAMOS, Juan, « Muscular Clonus: Cybernetics and Physiology », in P. Masani, (dir.), *Norbert Wiener : Collected Works* vol. IV, Cambridge (Ma) : MIT Press, 1985, p. 466-510.

ROSENSTIEHL, Pierre, « La Mathématique et l'École », *Cahiers du CAMS* n° 105, 1995.

ROUBINE, Elie, « Les mathématiques modernes et l'ingénieur. Y a-t-il un problème ? », *Technique, art, science* n° 286, 1975, p. 5-12.

ROUSE, Joseph, 1993, « What Are Cultural Studies of Scientific Knowledge? », *Configurations* 1/1, p. 57-94.

ROUX, Sophie, 2009, « À propos du colloque "The Machine as Model and

Metaphor", Max-Planck-Institut für Wissenschaftsgeschichte, Berlin, novembre 2006 », *Revue de synthèse*, 130/1, p. 165-175.

ROY, Bernard, « Regard historique sur la place de la Recherche opérationnelle et de l'aide à la décision en France », *Mathématiques et sciences humaines* n° 175, 2006, p. 25-40.

RUSSO, François, « La cybernétique située dans une phénoménologie générale des machines », *Thalès, Recueil annuel des travaux de l'institut d'Histoire des Sciences et des Techniques de l'Université de Paris*, n° 7, 1951, p. 69-75.

RUSSO, François, « Fondements de la théorie des machines », *Revue des questions scientifiques*, 20 janvier 1955, p. 43-74.

RUSSO, François, « Le système des sciences et des techniques et l'évolution de la classification des sciences », in F. Le Lionnais (dir.), *La Méthode dans les sciences modernes*, Paris : Éd. Science et Industrie, 1959, p. 17-23.

RUSSO, François, « Le système des sciences et sa structure », *Revue des questions scientifiques*, avril 1961, p. 234-251.

RUTSTEIN, David, EDEN, Murray, SCHÜTZENBERGER, Marcel-Paul, « Report on Mathematics in the Medical Sciences », *The New England Journal of Medicine* n° 265, 1961, p. 172-176.

RUYER, Raymond, *La Cybernétique et l'origine de l'information*, Paris : Flammarion, 1954.

SALON, Olivier, « François Le Lionnais, visionnaire et pédagogue discret », *Les Nouvelles d'Archimède* n° 50, 2009, p. 35-39.

SALZMANN, Charles, « La recherche opérationnelle. Introduction à son application industrielle », *Revue de statistique appliquée*, vol. 2, n° 1, 1954, p. 57-68.

SAMUELSON, Paul, « Some Memories of Norbert Wiener », in D. Jerison, I. M. Singer, D. W. Strook (dir.), *The Legacy of Norbert Wiener: a Centennial Symposium in Honor of the 100th Anniversary of Norbert Wiener's birth*, Proceedings in Symposia of Pure Mathematics vol. 60, American Mathematical Society, 1997, p. 37-42.

SARYCHEV, Andrey, SHIRYAEV, Albert, GUERRA, Manuel, GROSSINHO, Maria, *Mathematical Control Theory and Finance*, Berlin/Heidelberg : Springer-Verlag, 2008.

SAUNDERS, Frances, *Who Paid the Piper? The CIA and the Cultural Cold War*, Londres : Granta Books, 1999.

SAUVAN, Jacques, « La connaissance objective. Essai de caractérisation par la méthode des modèles », *Cybernetica*, vol. 1, n° 3, 1958, p. 174-188.

SAUVAN, Jacques, « Les systèmes multistatiques », *Cybernetica*, vol. 2, n° 3, 1959, p. 139-151.

SAUVAN, Jacques, « Modèle cybernétique d'une mémoire active à capacité d'accueil illimitée », in N. Wiener, J. P. Schadé, *Nerve, Brain and Memory Models. Progress in Brain Research*, vol. 2, Amsterdam / Londres / New York : Elsevier, 1963, p. 142-153.

SAUVAN, Jacques, BERTHÉLÉMY, Jacques, BOUÉ, Pierre, « Procédé et dispositif de recherche de trajet optimal », Brevet d'invention n° 1.483.778, délivré par arrêté du 2 mai 1967.

SAUVAN, Jean-Pierre, « Synthèse des travaux de Jacques Sauvan », inédit.

SCHNEEBERGER, Patricia, *Problèmes et difficultés de l'enseignement d'un concept transversal : le concept de régulation*, thèse, université Paris VII, 1992.

SCHERRER, Jean, « La cybernétique compare les hommes et les robots », *Science & Vie* n° 397, 1950, p. 207-213.

SCHÜTZENBERGER, Marcel-Paul, « À propos de la "cybernétique" (Mathématiques et psychologie) », *L'Évolution psychiatrique* n°IV, 1949, p. 585-607.

SCHÜTZENBERGER, Marcel-Paul, « Applications biométriques de la théorie de l'information », *Semaine des hôpitaux de Paris*, vol. 28, n° 44, 1952, p. 1859-1865.

SCHÜTZENBERGER, Marcel-Paul, « A Tentative Classification of Goal-Seeking Behaviours », *The Journal of Mental Science (The British Journal of Psychiatry)* vol. 100, n° 418, 1954, p. 97-102.

SCHÜTZENBERGER, Marcel-Paul, *Contribution aux applications statistiques de la théorie de l'information*, Paris : Publications de l'Institut de statistique de l'université de Paris, vol. III, n° 1-2, 1954.

SCHÜTZENBERGER, Marcel-Paul, « Titres et travaux », 1956, http://igm.univ-mlv.fr/~berstel/Schutzenberger/Travaux/TitresTravaux/1956TitresTravaux.pdf.

SCHÜTZENBERGER, Marcel-Paul, « La Théorie de l'information », *Cahiers d'actualité et de synthèse, Encyclopédie française*, Paris : Société Nouvelle de l'Encyclopédie Française, 1957, p. 9-21.

SCHÜTZENBERGER, Marcel-Paul, « La méthode des modèles dans les sciences humaines », in F. Le Lionnais (dir.), *La Méthode dans les sciences modernes*, Paris : Éd. Science et Industrie, 1959, p. 195-197.

SCHÜTZENBERGER, Marcel-Paul, « Algorithms and the Neo-Darwinian Theory of Evolution », in P. S. Moorhead, M. M. Kaplan (dir.), *Mathematical Challenges to the Neodarwinian Theory of Evolution*, Philadelphie : Wistar Institute Press, 1967, p. 73-80.

SCHÜTZENBERGER, Marcel-Paul, « Mathématiques et linguistique », *Cahiers Fundamenta Scientiae* n° 92, 1979, p. 28.

SCHÜTZENBERGER, Marcel-Paul, « Sur l'analyse des systèmes », in F. Gallouedec-Genuys et P. Lemoine, *Les Enjeux culturels de l'informatisation*, Paris : La Documentation française, 1980, p. 203-215.

SCHÜTZENBERGER, Marcel-Paul, « La Théorie de l'information », in A. Lichnerowicz, F. Perroux, G. Gadoffre, *Information et communication*, Paris : Maloine, 1983, p. 11-16.

SCHÜTZENBERGER, Marcel-Paul, préface à P. Gavaudan, *Atomes et molécules biogéniques dans l'univers des nombres*, Sorgues : P. Gavaudan, 1984, p. 7-11.

SCHÜTZENBERGER, Marcel-Paul, « Informatique et mathématiques », *Comptes rendus de l'Académie des sciences, série générale « La Vie des sciences »*, t. 1, n° 3, 1984, p. 175-179.

SCHÜTZENBERGER, Marcel-Paul, « Théorie des systèmes auto-adaptatifs. Théorie et pratique », in M. Delsol et al. (dir.), *Hommage au Professeur Pierre-Paul Grassé. Évolution – histoire – philosophie*, Paris : Masson, 1987, p. 145-153.

SCHÜTZENBERGER, Marcel-Paul, « Les chantres de l'interdisciplinarité », *Dynasteurs*, avril 1988, p. 101-102.

SCHÜTZENBERGER, Marcel-Paul, « Intelligence artificielle, néo-darwinisme et principe anthropique », in J. Delumeau (dir.), *Le Savant et la Foi*, Paris : Flammarion, 1989, p. 273-283.

SCHÜTZENBERGER, Marcel-Paul, « Et aussi avec Charles Darwin », préface à R. Chandebois, *Pour en finir avec le darwinisme. Une nouvelle logique du vivant*, Les Matelles : Éditions Espaces 34, 1993, p. 7-14.

SCHWARTZ, Laurent, *Un Mathématicien aux prises avec le siècle*, Paris : Odile Jacob, 1997.

SEGAL, Jérôme, 1999, « L'introduction de la cybernétique en RDA : rencontres avec l'idéologie marxiste », in R. G. Stokes, D. Hoffmann, B. Severyns (dir.), *Science, Technology and Political Change. Proceedings of the XXth International Congress of History of Science, Liège, 20-26 July 1997*, vol. I, Turnhout : Brepols, p. 67-80.

SEGAL, Jérôme, *Le Zéro et le un. Histoire de la notion scientifique d'information au XXe siècle*, Paris : Syllepse, 2003.

SERRES, Michel, *Hermès III. La Traduction*, Paris : Éditions de Minuit, 1974.

SHANNON, Claude, « A Mathematical Theory of Communication », *The Bell System Technical Journal*, vol. 27, 1948, p. 379-423 (1re partie) ; p. 623-656, (2e partie).

SHILOV, Valery, « Reefs of Myths: Towards the History of Cybernetics in the Soviet Union », *Third International Conference on Computer Technology in Russia and in the Former Soviet Union (SoRuCom)*, 2014, p. 177-182.

SHINN, Terry, « Formes de division du travail scientifique et convergence intellectuelle : la recherche technico-instrumentale », *Revue Française de Sociologie*, vol. 41, n° 3, 2000, p. 447-473.

SHINN, Terry, *Research-Technology and Cultural Change. Instrumentation, Genericity, Transversality*, Oxford : Bardwell Press 2008.

SHINN Terry, RAGOUET Pascal, *Controverses sur la science. Pour une sociologie transversaliste de l'activité scientifique*, Paris, Raisons d'agir, 2005.

SIDJANSKI, Susan, « En guise d'hommage : Karl W. Deutsch et son rôle dans le développement de la science politique européenne », *Revue internationale de politique comparée*, vol. 10, nº 4, 2003, p. 523-542.

SIMON, Herbert, « An Exploration Into the Use of Servomechanism Theory in the Study of Production Control », Cowles Commission Discussion Paper : Economics nº 388, 1950.

SIMON, Herbert, « On the Application of Servomechanism Theory in the Study of Production Control », *Econometrica*, vol. 20, nº 2, 1952, p. 247-268.

SIMONDON, Gilbert, « Cybernétique et philosophie », in *Sur la philosophie 1950-1980*, Paris : Presses universitaires de France, 2016, p. 35-68.

SIMONDON, Gilbert, « Épistémologie de la cybernétique », in *Sur la philosophie 1950-1980*, Paris : Presses universitaires de France, 2016, p. 177-199.

SIMONDON, Gilbert, « Psychosociologie de la technicité. Aspects psychosociaux de la genèse de l'objet d'usage », in *Sur la technique*, Paris : Presses universitaires de France, 2014, p. 27-129.

SIMONDON, Gilbert, 2005, *L'Invention dans les techniques. Cours et conférences*, Paris : Seuil.

SIMONDON, Gilbert, *L'Individuation à la lumière des notions de forme et d'information*, Grenoble : Millon, 2005

SIMONDON, Gilbert, « Mentalité technique », *Revue philosophique* vol. 131, nº 3, 2006, p. 343-357.

SIMONDON, Gilbert, *Imagination et invention, 1965-1966*, Chatou : Éd. de la Transparence, 2008.

SIMONDON, Gilbert, « L'effet de halo en matière technique : vers une stratégie de la publicité », in *Sur la technique*, Paris : Presses universitaires de France, 2014, p. 279-293.

SIMONDON, Gilbert, « Fondements de la psychologie contemporaine », in *Sur la psychologie*, Paris : Presses universitaires de France, 2015, p. 20-270.

SIMONDON, Gilbert, « L'objet technique comme paradigme d'intelligibilité universelle », in *Sur la philosophie, 1950-1980*, Paris : Presses universitaires de France, 2016, p. 397-420.

SIMONDON, Nathalie, « Gilbert Simondon and the 1962 Royaumont Colloquium : Information, Cybernetics, and Philosophy », in A. Iliadis et al., « Book Symposium on Le concept d'information dans la science contemporaine », *Philosophy & Technology*, vol. 29, nº 3, p. 284-291.

SIROYEZHIN, Ivan, « Operations Research in the USSR as Education and Research Work », *Management Science*, vol. 11, nº 5, 1965, p. 593-601.

SNOW, Charles, *The Two Cultures*. Cambridge : Cambridge University Press, 1959.

SOKAL, Alan, Bricmont, Jean, *Impostures intellectuelles*, Paris : Odile Jacob, 1997.

SOLER, Léna, ZWART, Sjoerd LYNCH, Michael, ISRAEL-JOST, Vincent, (dir.), *Science After the Practice Turn in Philosophy, History, and the Social Studies of Science*, Londres : Routledge, 2014.

SOMSEN, Gert, « A History of Universalism: Conceptions of the Internationality of Science from the Enlightenment to the Cold War », *Minerva* vol. 46, n° 3, 2008, p. 361-379.

SOUBIRAN, Sébastien, « La protection contre le brouillage ennemi des systèmes de télécommande de la Marine française durant l'entre-deux guerres », in *La Guerre électronique en France au XXe siècle*, Paris : CHEAR, 2003, p. 25-41.

SOUBIRAN, Sébastien, « Les acteurs du système d'innovation technique des Marines française et britannique durant l'entre-deux-guerres : l'exemple de la conduite du tir des navires », in D. Pestre, (dir.), *Deux siècles d'histoire de l'armement en France, de Gribeauval à la force de frappe*, Paris : CNRS Éditions, 2005, p. 111.

SOULEZ, Antonia, « La réception du Cercle de Vienne aux congrès de 1935 et 1937 à Paris, ou le "style-Neurath" », in Bitbol, Gayon, (dir.), *L'Épistémologie française*, Paris : Presses universitaires de France, 2006, p. 27-66.

STAR, Susan, GRIESEMER, James, « Institutional Ecology, 'Translations' and Boundary Objects », *Social Studies of Science*, vol. 19, n° 3, 1989, p. 387-420.

STARK, Lawrence, SHERMAN, Philip, « A Servoanalytic Study of Consensual Pupil Reflex to Light », *Journal of Neurophysiology*, vol. 20, n° 1, 1957, 17-26.

STARK, Lawrence, *Neurological Control Systems. Studies in Bioengineering*, New York : Plenum Press, 1968.

STELLING, Jörg, « Mathematical Models in Microbial Systems Biology », *Current Opinion in Microbiology* 7, 2004, p. 513–518.

STOCZKOWSKI, Wiktor, « Une "humanité inconcevable" à venir : Lévi-Strauss démographe », *Diogène* n° 238, 2012, p. 106-126.

STRASSER, Bruno, « Institutionalizing Molecular Biology in Post-war Europe: a Comparative Study », *Studies in History and Philosophy of Biological & Biomedical Sciences* n° 33, 2002, p. 515-546.

SWANSON, Rowena, *Cybernetics in Europe and the U.S.S.R. Activities, plans and impressions*, Directorate of Information Sciences, Air Force office of Scientific Research, Contract AFOSR 66-0579, 1966.

SZALAI, Sándor (dir.), *A Kibernetika klasszikusai*, Budapest : Gondolat, 1965.

TABARY, Jean-Claude, TARDIEU, Catherine, TARDIEU, Guy, CHANTRAINE, Alex, « Étude cinématographique et électromyographique du maintien postural avec changement de charge », *Journal de physiologie* t. 57, 1965, p. 799-810.

TABATONI, Pierre, « Le néo-classicisme monétaire aux États-Unis depuis 1950 », *Revue économique*, vol. 8, n° 4, 1957, p. 696-744.

TANNER, J. A., « Feedback Control in Living Prototypes: A New Vista in Control Engineering », *Medical Electronics & Biological Engineering*, vol. 1, nº 3, 1963, p. 333-351.

TANNER, James. M., Inhelder, Bärbel (dir.), *Discussions on Child Development. A Consideration of the Biological, Psychological, and Cultural Approaches to the Understanding of Human Development and Behaviour*, vol. 2, New York : International Universities Press, 1954.

TARDIEU, Catherine, TABARY, Jean-Claude, TARDIEU, Guy, « Étude mécanique et électromyographique des réponses à différentes perturbations du maintien postural », *Journal de physiologie* t. 60, 1968, p. 243-259.

TARDIEU, Catherine, TABARY, Jean-Claude, TABARY, C., TARDIEU, Guy, « Période de silence chez l'homme pendant l'allongement musculaire dû à une adjonction de charge », *Journal de physiologie* t. 64, 1972, p. 131-145.

TASSEAU, Jean-Pierre, « Le contexte, 50 ans d'évolutions », in *Un demi-siècle d'aéronautique en France, t. 1 : La formation*, Les Cahiers du COMAERO, Paris : CHEAR, 2013, p. 17-93.

TAVARÈS, Jean, « La "synthèse" chrétienne : dépassement vers l'"au-delà" », *Actes de la recherche en sciences sociales*, vol. 34, nº 1, 1980, p. 45-65.

THIM, Johan, *Continuous Nowhere Differentiable Functions*, thèse, université de technologie de Luleå, Suède, 2003.

THOM, René, *Stabilité structurelle et morphogenèse. Essai d'une théorie générale des modèles*, Reading : W. A. Benjamin, Inc., 1972.

THOM, René, *Modèles mathématiques de la morphogenèse*, Paris : UGE 10/18, 1974.

THOM, René, *Paraboles et catastrophes. Entretiens sur les mathématiques, la science et la philosophie*, Paris : Flammarion, 1980.

THOM, René, « Halte au hasard, silence au bruit », *Le Débat* nº 3, 1980, p. 119-132.

THOM, René, « La méthode expérimentale : Un mythe des épistémologues (et des savants ?) », *Le Débat* nº 34, 1985, p. 11-20.

THOMAS, René, « Boolean Formalisation of Genetic Control Circuits », *Journal of Theoretical Biology* nº 42, 1973, p. 565-583.

THOMAS, René, D'ARI, Richard, *Biological Feedback*, Boca Raton : CRC Press, 1993.

TIXADOR, Maurice, *Contribution à l'étude des perspectives cybernétiques en psychophysiologie normale et pathologique*, thèse, faculté de médecine de Paris, 1952.

TORRES Y QUEVEDO, Leonardo, « Essai sur l'Automatique. Sa définition. Étendue théorique de ses applications », *Revue générale des sciences pures et appliquées*, t. 26, 1915, p. 601-616.

TOUPIN-GUYOT, Claire, *Modernité et christianisme. Le Centre catholique des intellectuels français, 1941-1976*, thèse, université Lyon II, 2000.

TRICLOT, Mathieu, *Le Moment cybernétique. La constitution de la notion d'information*, Seyssel : Champ Vallon, 2008.

TROISVALLETS, Marc, « Canguilhem et les économistes : aux sources des visions régulationnistes », *Ergologia* n° 0, 2008, p. 77-117.

TOURNÈS, Ludovic, *Sciences de l'homme et politique. Les fondations philanthropiques américaines en France au XXe siècle*, Paris : Classiques Garnier, 2011.

TUSTIN, Arnold, « Feedback », *Scientific American* n° 186, 1952, p. 48-55.

TUSTIN, Arnold, *The Mechanism of Economic Systems: An Approach to the Problem of Economic Stabilization from the Point of View of Control-System Engineering*, Londres : Heinemann, 1953.

TUSTIN, Arnold, « L'économie dirigée à l'aide de systèmes de contrôle automatique », *Science et société*, vol. IV, n° 2, 1953, p. 87-116.

TYC-DUMONT, Suzanne, « Le laboratoire de neurophysiologie de l'hôpital Henri-Rousselle, 1954-1964 », in C. Debru, J.-G. Barbara, C. Cherici (dir.), *L'Essor des neurosciences. France, 1945-1975*, Paris : Hermann, 2008, p. 57-66.

ULLMANN, J. R., « Cybernetic Models Which Learn Sensory-Motor Connections », *Medical Electronics & Biological Engineering*, vol. 1, n° 1, 1963, p. 91-100.

UMBARGER, H. Edwin, « Evidence for a Negative-Feedback Mechanism in the Biosynthesis of Isoleucine », *Science*, vol. 123, n° 3202, 1956, p. 848.

UMBARGER, H. Edwin, « End-Product Inhibition of the Initial Enzyme in a Biosynthetic Sequence as a Mechanism of Feedback Control », in D. Bonner (dir.), *Control Mechanisms in Cellular Processes*, New York : Ronald Press, 1961, p. 67-86.

UNESCO, *Tendances principales de la recherche dans les sciences sociales et humaines. Première partie : Sciences sociales*, Paris : Mouton/Unesco, 1970.

UNESCO, Conseil exécutif, 150e session, 8 octobre 1996, « Comité sur les organisations internationales non gouvernementales », 150 EX/ONG.2, http://unesdoc.unesco.org/images/0010/001043/104395fo.pdf

USUI, Shiro, « On Lawrence Stark and Biomedical Engineering », *Scientiae Mathematicae Japonicae Online*, 2006, p. 861-863.

VALLÉE, Robert, « Réduction d'un problème de cybernétique à un problème de poursuite dans un espace de Hilbert », *Comptes rendus de l'Académie des sciences*, 1951, p. 1288-1290.

VALLÉE, Robert, « Quelques thèmes initiaux de la cybernétique », *Structure et évolution des techniques*, n° 27-28, 1951, p. 3-8.

VALLÉE, Robert, « The Cercle d'Études Cybernétiques », *Systems Research*, vol. 7, n° 3, 1990, p. 205.

VALLÉE, Robert, « A Week in Hampshire With Norbert Wiener », in R. Trapl (dir.), *Cybernetics and Systems '90. Proceedings of the Tenth European Meeting on Cybernetics and Systems Research*, 1990, p. 343-348.

VAN LINT, Jacobus, « L'enseignement des mathématiques à l'université », in *Tendances nouvelles de l'enseignement des mathématiques*, Paris : Unesco, 1979, p. 70-89.

VARENNE, Franck, *Le Destin des formalismes : à propos de la forme des plantes. Pratiques et épistémologies des modèles face à l'ordinateur*, thèse, université Lyon II, 2004.

VATIN, François, « Comte et Cournot. Une mise en regard biographique et épistémologique », *Revue d'histoire des sciences humaines* n° 8, 2003, p. 9-40.

VENDRYÈS, Pierre, « Introduction à la théorie mathématique de la physiologie respiratoire », *Revue française d'études cliniques et biologiques*, vol. 3, n° 8, 1958, p. 829-846.

VERHULST, Michel, recension de : A. Tustin, *The Mechanism of Economic Systems*, *Revue économique*, vol. 6, n° 2, 1955, p. 332.

VERHULST, Michel, « Interdépendance des méthodes de la recherche opérationnelle et des techniques de l'Automatique », *Congrès international de l'automatique. Paris 18-24 juin 1956*, Bruxelles : Presses académiques européennes, 1959, p. 140.

VIAUD, Gaston, « Recherches expérimentales sur le galvanotropisme des planaires », *L'Année psychologique*, vol. 54, n° 1, 1954, p. 1-33.

VIAUD, Gaston, « Langage des abeilles », *L'Année psychologique*, vol. 57, n° 1, 1957, p. 220-226.

VIAUD, Gaston, « L'éthologie », *L'Année psychologique*, vol. 60, n° 1, 1960, p. 129-132.

VIGIÉ, Jean-Paul, *Essai de cybernétique économique. Contribution au renouvellement des méthodes et techniques de l'économétrie*, thèse de Sciences économiques, Paris, 1966.

VIGNERAS, Marcel, *Rearming the French*, Washington D.C. : Center for Military History, 1989.

VILLAIN, Jacques (dir.), *La France face aux problèmes d'armement, 1945-1950*, Paris : Éd. Complexe, 1996.

VILLAIN, Jacques, « L'apport des scientifiques allemands aux programmes de recherche relatifs aux fusées et avions à réaction à partir de 1945 », in *La France face aux problèmes d'armement, 1945-1950*, Paris : Éd. Complexe, 1996, p. 97-126.

VIRTANEN, Reino, « Le colloque Claude Bernard, Paris 1965 », *Revue d'histoire des sciences et de leurs applications*, vol. 19, n° 1, 1966, p. 55-58.

VIVIANI, Paolo, TERZUOLO, « Modeling of a Simple Motor Task in Man: Intentional Arrest of an Ongoing Movement », *Kybernetik* n° 14, 1973, p. 35-62.

VODOVNIK, L., « The Modelling of Conditioned Reflexes », *Medical Electronics & Biological Engineering*, vol. 3, n° 1, p. 1-10.

VOGEL, Théodore, « Servomécanismes, cybernétique et information », *Il Nuovo Cimento* vol. 10, nº 2 (supplément), 1953, p. 166-196.

VOGEL, Théodore, « Breaking Oscillations in Servo Systems », *The Journal of Mental Science (The British Journal of Psychiatry)*, vol. 100, nº 418, 1954, p. 103-113.

VOGEL, Théodore, *Théorie des systèmes évolutifs*, Paris : Gauthier-Villars, 1965.

VOGEL, Théodore, *Pour une théorie mécaniste renouvelée*, Paris : Gauthier-Villars, 1973.

VOGT, E. D., « Towards a Cybernetical Theology », *4e Congrès international de cybernétique, Namur, 19-23 octobre 1964*, Namur : Association Internationale de Cybernétique, 1967.

VON FOERSTER, Heinz (dir.), *Cybernetics. Circular Causal, and Feedback Mechanisms in Biological and Social Systems. Transactions of the Sixth Conference, March 24-25, 1949*, New York : Josiah Macy Jr. Foundation, 1950.

VON FOERSTER, Heinz, MEAD, Margaret, TEUBER, Hans, « A Note by the Editors », in H. von Foerster, (dir.), *Cybernetics. Circular Causal and Feedback Mechanisms in Biological and Social Systems. Transactions of the Eighth Conference*, New York : Josiah Macy Foundation, 1952, p. XI-XX.

VON FOERSTER, Heinz, ZOPF, George (dir.), *Principles of Self-Organization: Transactions of the University of Illinois Symposium, 8 and 9 June, 1961*, International Tracts in Computer Science and Technology and their Application, vol. 9, Londres : Pergamon Press, 1962.

VON GLASERSFELD, Ernst, « Why I Consider Myself a Cybernetician », *Cybernetics and Human Knowing*, vol. 1, nº 1, 1992, p. 21-25.

VON GLASERSFELD, Ernst, « Silvio Ceccato and the Correlational Grammar », in W. J. Hutchins, (dir.), *Early Years in Machine Translation*, Amsterdam/Philadelphie : John Benjamins Publishing Co., 2001, p. 313–324.

VON HAYEK, Friedrich, « The Use of Knowledge in Society », *The American Economic Review*, vol. 35, nº 4, 1945, p. 519-530.

WALLISER, Bernard, *Systèmes et modèles. Introduction critique à l'analyse des systèmes*, Paris : Seuil, 1977.

WALLISER, Bernard, « Théorie des systèmes et régulation économique », *Économie appliquée*, vol. 31, nº 3-4, 1978, p. 337-351.

WALL, Kent, Westcott, John, « Macroeconomic Modeling for Control », *IEEE Transactions on Automatic Control*, vol. 19, nº 6, 1974, p. 862-873.

WALSH, Joseph, « Another Contribution to the Rapidly Growing Literature of Mathematics and Human Behavior », *Scientific American*, nº 181(2), 1949, p. 56-58.

WEGENER, Mai, « An den Straßenkreuzung: der Mathematiker Georges Théodule Guilbaud. Kybernetik und Strukturalismus », in L. Engell (dir.), *Archiv für Mediengeschichte. 1950*, Weimar : Universitätsverlag, 2004, p. 167-174.

WEIL, Bernard, *Formalisation et contrôle du système endocrinien surréno post-hypophysaire par le modèle mathématique de la régulation des couples ago-antogonistes*, thèse, université Paris VI, 1979.

WEILLER Jean, CARRIER, Bruno, *L'Économie non conformiste en France au XXe siècle*, Paris, PUF, 1994.

WELLSTEAD, Peter, « Systems Biology and the Spirit of Tustin », *IEEE Control Systems*, vol. 30, n° 1, 2010, p. 57-72.

WIENER, Norbert, *Cybernetics or Control and Communication in the Animal and the Machine*, Paris : Hermann / New York : J. Wiley & Sons / Cambridge (Ma) : Technology Press, 1948 ; tr. fr. R. Le Roux, N. Vallée-Lévi, R. Vallée, *La Cybernétique. Information et régulation dans l'organisme et la machine*, Paris : Éditions du Seuil, 2014.

WIENER, Norbert, « Ideas for an Outline of a Treatise on Cybernetics », 1953, archives de N. Wiener au MIT : 30C-730.

WIENER, Norbert, *I Am a Mathematician*, New York : Doubleday, 1956 ; Cambridge (Ma) : MIT Press, 1969.

WIENER, Norbert, « The Mathematics of Self-Organizing Systems », in R. Machol, P. Gray (dir.), *Recent Developments in Information and Decision Processes*, New York, Macmillan, 1962, p. 1-21.

WIENER, Norbert, « L'Homme et la machine », in *Le Concept d'information dans la science contemporaine*, actes du VIe Colloque de Royaumont, 1962, Paris : Éd. de Minuit / Gauthier-Villars, 1965, p. 99-132.

WIENER, Norbert, *God & Golem, Inc. A Comment on Certain Points Where Cybernetics Impinges on Religion*, Cambridge : Ma, MIT Press, 1964.

WIENER, Norbert, *Cybernétique et société*, tr. fr. P.-Y. Mistoulon, R. Le Roux, Paris : Seuil, 2014.

WIENER, Norbert, *Invention. The Care and Feeding of Ideas*, Cambridge (Ma) : MIT Press, 1993.

WIENER, Norbert, SCHADÉ, Johannes P., *Nerve, Brain and Memory Models*, Amsterdam / Londres / New York : Elsevier, 1963.

WIENER, Norbert, SCHADÉ, Johannes P., *Cybernetics of the Nervous System*, Amsterdam / Londres / New York : Elsevier, 1965.

WINKIN, Yves (dir.), *La Nouvelle communication*, Paris : Seuil, 1981.

WINKIN, Yves, « La Fondation Macy et l'interdisciplinarité », *Actes de la recherche en sciences sociales* n° 54, 1984, p. 87-90.

WINKIN, Yves, « L'irrésistible ascension de Sainte-Systémique », *Convergence*, n° 7, 1986, p. 4-6.

WISNER, Alain, *L'Homme comme système de traitement de l'information*, Paris : Éditions du CNAM, 1971.

WISNER, Alain, *Quand voyagent les usines*, Paris : Éditions Syros, 1985.

WOLKENHAUER, Olaf « Systems Biology: The Reincarnation of Systems Theory Applied in Biology ? », *Briefings in Bioinformatics*, vol. 2, n° 3, p. 258-270.

WOLKOWSKI, Zbigniev, *Synergie et cohérence dans les systèmes biologiques*, 3 tomes, 1988.

YATES, Richard, PARDEE, Arthur, « Control of Pyrimidine Biosynthesis in *E. coli* by a Feedback Mechanism », *Journal of Biological Chemistry* n° 221, 1956, p. 743-756.

YI, Tau-Mu, HUANG, Yun, SIMON, Melvin, DOYLE, John, « Robust Perfect Adaptation in Bacterial Chemotaxis Through Integral Feedback Control », *Proceedings of the National Academy of Sciences*, vol. 97, n° 9, 2000, p. 4649-4653.

ZALLEN, Doris, « Louis Rapkine and the Restoration of French Science After the Second World War », *French Historical Studies*, vol. 17, n° 1, 1991, p. 6-37.

ZELBSTEIN, Uri, « Automatique, science ou technique ? », *Congrès international de l'automatique, Paris 18-24 juin 1956*, Bruxelles : Presses académiques européennes, 1959, p. 110-114.

ZELBSTEIN, Uri, *L'Homme face au monde*, Paris : Beauchesne, 1971.

ZELBSTEIN, Uri, « Médecine et électricité. Histoire collatérale de la médecine et de l'électricité au "Siècle des Lumières" », *Culture technique* n° 15, 1985, p. 294-301.

ZELBSTEIN, Uri, « Un aspect de l'histoire de l'électrothérapie : l'origine des courants galvaniques rythmés », *Histoire des sciences médicales*, t. XXII, n° 2, 1987, p. 29-36.

ZELBSTEIN, Uri, *Les Certitudes de l'à-peu-près. Apparence et réalité de la nature des choses*, Genève : Patiño, 1988.

ZELDIN, Theodore, « Higher Education in France, 1848-1940 », *Journal of Contemporary History*, vol. 2, n° 3, 1967, p. 53-80.

ZOLBERG, Aristide, « The Ecole Libre at the New School, 1941-1946 », *Social Research*, vol. 65, n° 4, 1998, p. 921-951.

INDEX

Pour les acronymes, se reporter à la liste des abréviations en début d'ouvrage.

TABLE DES FIGURES

TABLE DES MATIÈRES